JN398758

www.kuhminsa.com

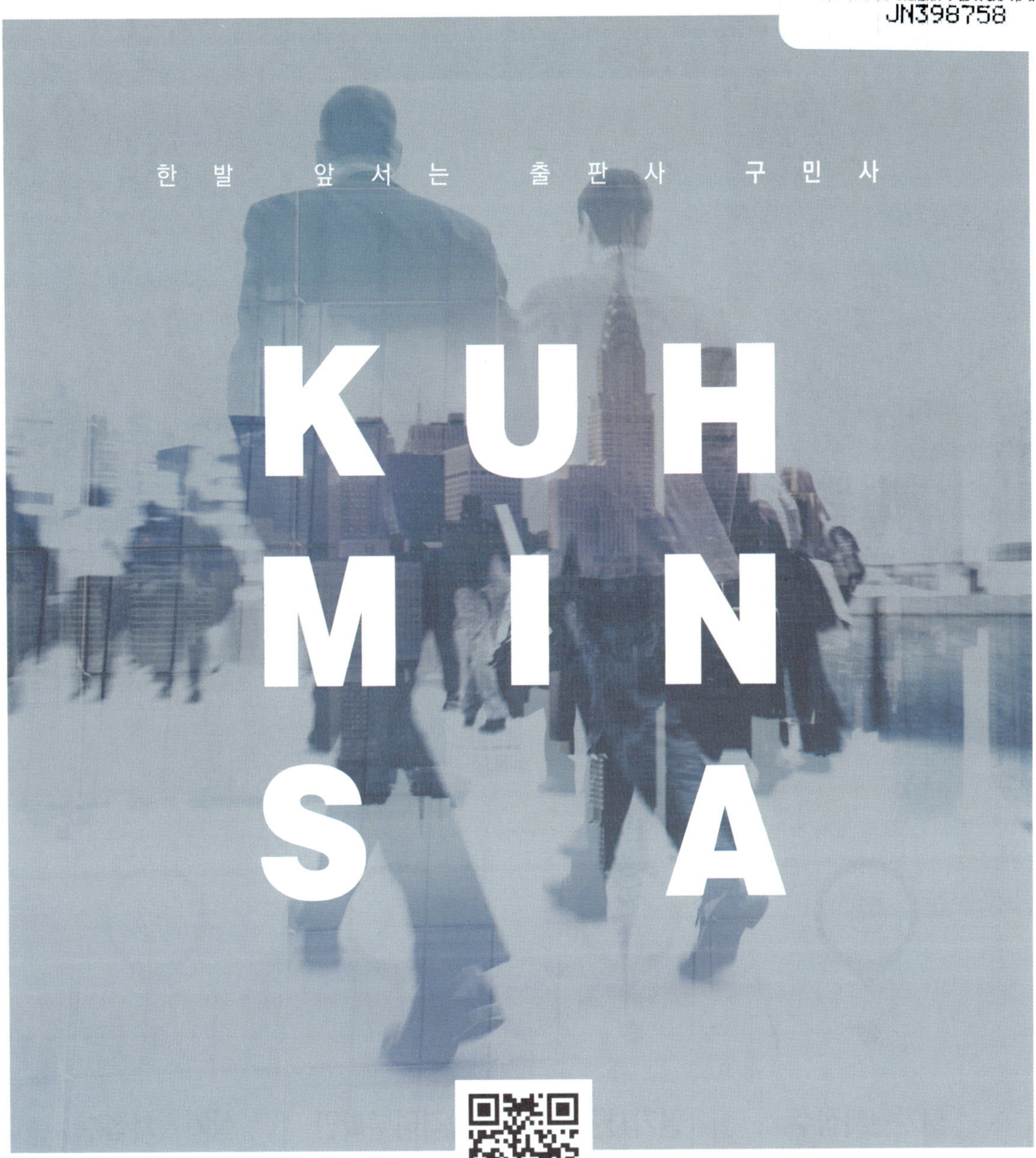

#604, Mullaebuk-ro 116, Yeongdeungpo-gu
Seoul, Republic of Korea

T. 02 701 7421
F. 02 3273 9642

Email kuhminsa@kuhminsa.co.kr

자격증 시험
접수부터
자격증
수령까지

필기원서접수

큐넷 회원 가입 후
(www.q-net.or.kr)
인터넷 접수만 가능
사진 파일, 접수비
(인터넷 결제) 필요
응시자격 요건
반드시 확인할것

필기시험

입실 시간 미준수 시
시험 응시 불가
준비물 : 수험표,
신분증, 필기구 지참

합격여부확인

큐넷 사이트에서 확인
(www.q-net.or.kr)

실기원서접수

큐넷 회원 가입 후
(www.q-net.or.kr)
응시 자격 서류는
**실기시험 접수기간
(4일 내)** 에 제출
해야만 접수 가능

합격

한 발 앞서나가는 출판사 구민사에서 시작하세요!

실기시험

필답형과 작업형으로 분류. 원서 접수 시 선택한 장소와 시간에 맞게 시험을 봅니다.
준비물 : 수험표, 신분증, 필기구 지참!

합격여부확인

큐넷 사이트에서 확인 (www.q-net.or.kr)

자격증신청

방문 or 인터넷 신청 가능. 방문 신청 시 **신분증, 발급 수수료** 지참할 것

자격증수령

방문 or 등기 우편 수령 가능. 등기비용을 추가하면 우편으로 받을 수 있습니다.

무료 동영상 카페 이용방법

STEP 01 무료 동영상을 볼 수 있는 전쌤의 수질환경 필기책을 구입한다

STEP 02 전쌤과 함께하는 네이버 카페에 가입한다

STEP 03 카페에서 도서인증 후 무료 동영상을 마음껏 시청한다

STEP 04 궁금한 점은 네이버 카페를 통해 질의응답 한다

cafe.naver.com/makels

DAY · PLAN

100
100 DAY PLAN

D-70

수질오염공정시험기준

- **STEP 01** 동영상강의 듣기
- **STEP 02** 교재내용 복습
- **STEP 03** 교재의 예제문제 풀이

D-20

이론 중요내용 정리

- **STEP 01** 교재의 과목별 중요내용 확인
- **STEP 02** 교재의 별표 암기
- **STEP 03** 공식 및 예제문제 정리

수질오염개론

- **STEP 01** 동영상강의 듣기
- **STEP 02** 교재내용 복습
- **STEP 03** 교재의 예제문제 풀이

수질오염방지기술

- **STEP 01** 동영상강의 듣기
- **STEP 02** 교재내용 복습
- **STEP 03** 교재의 예제문제 풀이

실전문제(과년도 기출문제)

- **STEP 01** 동영상강의 듣기
- **STEP 02** 교재내용 복습
- **STEP 03** 문제 풀이 후 틀린 문제 체크

실전문제(CBT 복원문제)

- **STEP 01** 동영상강의 듣기
- **STEP 02** 교재내용 복습
- **STEP 03** 문제 풀이 후 틀린 문제 체크

D-10

실전문제 정리

- **STEP 01** 실전문제 중 틀린 문제 다시 풀이
- **STEP 02** 실전문제 풀이 후 틀린 문제 체크
- **STEP 03** 간략하게 정오노트 만들어 틀린 문제 이해하기

D-5

최종 정리

- **STEP 01** 기출문제 풀이 중 최종 틀린문제 다시 확인(2회 반복)
- **STEP 02** 교재의 "별표 3 ~ 2개" 내용 다시 확인
- **STEP 03** 핸드북으로 전체 내용 정리 시험 당일 아침 [핸드북] 지참 잊지마세요!!

◆ PREFACE ◆

  우리 주변의 하천이나 호수는 영양염류를 다량 포함하고 있는 오수 및 폐수의 유입으로 인해서 독소를 가진 조류 개체 수가 급속히 증가하고 있습니다. 하천이나 호수의 오염으로 인하여 하천의 수질관리 문제와 상수원 문제 등이 대두되고 있는 실정이며, 특정한 지역에서는 홍수가 발생하는가 하면, 다른 지역에서는 가뭄에 의한 식수 부족 및 수질오염 등이 사회적 문제로 대두되고 있는 실정입니다.

  따라서 수질환경관리의 업무를 담당할 수질환경산업기사 자격증을 소지한 전문 인력의 수요는 경제가 발전할수록 지속적으로 증가할 것으로 전망되며, 장기적인 관점에서 볼 때 가장 많이 필요로 하고 꾸준히 각광을 받을 것으로 예상되는 환경직종이라 생각됩니다. 이에 도서출판 구민사와 저자는 보다 쉽고 빠르게 누구나 합격할 수 있도록 수질환경산업기사 수험서를 만드는데 온갖 열정과 경험을 쏟아부어 이번에 새롭게 출간하게 되었습니다.

  수질환경산업기사 필기 수험서의 구성을 살펴보면 크게 핵심 이론편과 실전문제편으로 나누어 집니다.

  먼저, 핵심이론편의 특징을 살펴보면 다음과 같습니다.

  각 과목마다 자격증 시험에서 가장 많이 출제되는 이론을 중심으로 구성되었으며, 그중에서도 특히 중요한 이론에는 별표를 사용해 중요도 및 출제 빈도를 표시해 두었으며, 핵심 이론이 문제로 출제되는 경향을 파악하기 위해서 예제문제를 통해 이론내용을 한 번 더 정리하고 실전문제에 충분히 대비할 수 있도록 하였습니다.

  실전문제편의 특징을 펴보면 다음과 같습니다.

  과년도 기출문제에서 이론문제는 정답을 쉽게 찾을 수 있도록 풀이를 아주 상세히 설명해 두었고, 답이 되어야 하는 이유 등 구체적인 설명이 필요한 문제에는 (Tip)을 통해서 풀이에서 설명하지 못한 내용을 한 번 더 설명함으로써 문제를 풀이하는데 아주 쉽게 이해가 될 수 있도록 하였습니다. 계산문제의 풀이는 기본적인 공식과 각 용어설명은 물론이고 단위 환산에 대한 내용까지 (Tip)을 통해 한 번 더 설명하여 혼자서도 충분히 내용을 이해하면서 쉽게 공부할 수 있도록 교재를 만드는 데 중점을 두었습니다.

이번에 출간하는 수질환경산업기사 필기 수험서는 기존의 이론을 중심으로 구성되어 있는 기본 수험서와 기출문제를 중심으로 구성되어 있는 과년도 수험서에서 채워줄 수 없는 내용이나 과년도문제를 한 권의 교재로 정리하여, 이론 내용에 집중하는 수험생과 과년도문제에 집중하는 수험생 모두의 요구에 부합되도록 하이브리드 원리를 적용한 신개념의 수험서가 될 것이라 확신합니다.

20년 이상 환경분야 강의 경험과 강의 노하우를 가진 저자와 수험서 분야 최정상의 도서출판 구민사가 다시 한 번 뜻을 모아 야심차게 출간한 수질환경산업기사 이 한 권의 수험서가 수험생 여러분에게 공부 방향의 기준을 제시함은 물론이고, 핵심 이론편과 과년도문제편의 결합으로 이해도를 높이고, 개념 정리를 쉽게 할 수 있도록 하여 수질환경산업기사 자격증 공부에 신바람을 불어 넣어 드릴 것입니다.

저자와 출판사는 항상 노력하는 자세로 여러분께 다가가 누구나 쉽게 이해하면서 공부할 수 있는 개개인의 수험생이 만족할 수 있는 최적의 환경 수험서를 만들기 위해서 항상 최선의 노력을 다하고 있습니다.

마지막으로 이 책의 출판을 위해 적극적으로 도움 주신 도서출판 구민사 조규백 대표님과 직원 여러분께 깊은 감사를 드립니다.

저자 올림

CONTENTS

PART 01 수질오염개론

제1장 수질화학 • 3
1. 수질환경 기초 단위 • 3
2. 농도 • 7
3. 동력 • 10
4. 산화·환원 반응 • 10
5. 산화·환원 전위(Oxidation Reduction Potential : ORP) • 12
6. 평형상수(K), 물의 이온곱상수(K_w), 이온적(Q), 용해도적(Ksp) • 13
7. pH • 16
8. 완충방정식 • 18
9. 적정 공식 • 20

제2장 반응식 및 반응조 • 21
1. 반응속도식 • 21
2. 반감기 • 22
3. 반응조의 종류 • 23

제3장 수자원 및 물의 특성 • 27
1. 수자원 • 27
2. 물의 특성 • 28
3. 수자원의 특성 • 32
4. SAR(Sodium Adsorption Ratio) : 나트륨 흡착률 • 35

제4장 수질 미생물학 • 37
1. 미생물의 분류 및 특성 • 37
2. 미생물의 종류 • 40
3. 미생물의 성장 단계 • 47

제5장 수질오염지표 • 50
1. 용존산소(DO : Dissolved Oxygen) • 50
2. 생물화학적 산소요구량 (BOD : Biochemical Oxygen Demand) • 51
3. 화학적 산소요구량 (COD : Chemical Oxygen Demand) • 59
4. 총유기탄소 (TOC : Total Organic Carbon) • 60
5. 산소요구량 (OC : Oxygen Consumption) • 61
6. SOD(Sediment Oxygen Demand : 침전물 산소요구량) • 61
7. 경도(Hardness) • 61
8. 알칼리도(Alkalinity) • 63
9. 부유물질(SS : Suspended Solids) • 66

제6장 하천수의 수질관리 • 71
    1. 하천의 자정작용 • 71
    2. 자정계수(f)의 특징 • 72
    3. 용존산소(DO) • 74
    4. 하천의 정화단계 • 77
    5. 하천의 모형화 • 81
    6. 유해물질의 종류 및 특성 • 86
    7. 소독 및 살균 • 89
    8. BIP와 BI • 92
    9. 유독성 단위(TU : Toxic Unit) • 93
    10. 이온강도(I) • 93

제7장 호소수의 수질관리 • 94
    1. 호수의 수질관리 • 94
    2. 성층현상 및 전도현상 • 96
    3. 호수의 부영양화 • 97

제8장 해수의 수질관리 • 101
    1. 해수의 특성 • 101
    2. 적조현상 • 103
    3. 기타 내용정리 • 106

제9장 수질오염개론 공식정리 • 109
    1. 수질오염개론 주요공식 • 109
    2. 수질오염개론 주요반응식 정리 • 117

PART 02 수질오염방지기술

제1장 물리적 처리 • 121
1. 폐·하수 처리 계통도 • 121
2. 스크린(Screen) • 121
3. 정수시설의 착수정 • 123
4. 침사지 • 124
5. 침전지 • 128
6. 부상법 • 136
7. 여과법 • 137

제2장 화학적 처리 • 140
1. 화학적 처리의 특징 • 140
2. 중화 • 140
3. 화학적 응집 • 142
4. Jar Test(응집교반시험) • 147
5. 흡착법 • 148
6. Fenton 산화법 • 151
7. 유해물질 처리법 • 152
8. 살균 • 164

제3장 생물학적 처리 • 170
1. 표준활성슬러지법 • 170
2. 활성슬러지법의 종류 • 186
3. 생물막공법 • 189
4. 혐기성 처리 • 199

제4장 고도처리(3차 처리) • 204
1. 고도처리(3차 처리)의 특징 • 204
2. A/O 공법 • 206
3. A_2/O 공법 • 207
4. 4단계 Bardenpho 공정 • 209
5. 5단계 Bardenpho 공정 (수정 Bardenpho 공정 또는 M – Bardenpho 공정) • 210
6. 포스트립(Phostrip) 공법 • 212
7. VIP공법(Virginia Initative Plant) • 213
8. UCT 공정(University of Cape Town) • 214
9. 연속회분식 활성슬러지법 (SBR : Sequencing Batch Reactor) • 215
10. 질산화 공정 중 부유성장식 및 부착성장식 • 217

제5장 슬러지 처리 • 220
1. 슬러지 처리 공정 • 220

제6장 방지기술 공식 정리 • 227

PART 03 수질오염공정시험기준

제1장 총칙 • 239

제2장 정도보증/정도관리(QA/QC) • 247
1. 목적 • 247
2. 검정곡선(Calibration curve) • 247
3. 검출한계 • 250
4. 정밀도(Precision) • 251
5. 정확도(Accuracy) • 251
6. 현장 이중시료(Field duplicate) • 252

제3장 일반시험기준 • 253
1. 공장폐수 및 하수유량-관(pipe) 내의 유량 측정방법 • 253
2. 공장폐수 및 하수유량-측정용 수로 및 기타 유량 측정방법 • 259
3. 하천유량-유속 면적법 • 269
4. 시료의 채취 및 보존방법 • 271
5. 시료의 전처리 방법 • 280

제4장 일반항목편 • 284
1. 냄새(Odor) • 284
2. 투명도(Transparency) • 286
3. 탁도(Turbidity) • 288
4. 색도(Color) • 290
5. 수소이온농도 (Potential of Hydrogen, pH) • 291
6. 용존산소(DO : Dissolved Oxygen) • 294
7. 생물화학적 산소 요구량 (BOD, Biochemical Oxygen Demand) • 298
8. 화학적 산소요구량 (Chemical Oxygen Demand) • 301
9. 부유물질(Suspended Solids) • 305
10. 노말헥산 추출물질 (n-Hexane Extractable Material) • 308
11. 잔류염소(Residual Chlorine) • 311
12. 염소이온(Chloride, Cl^-) • 313
13. 암모니아성 질소 (Ammonium Nitrogen) • 315
14. 아질산성 질소(Nitrite-Nitrogen) • 317
15. 질산성 질소(Nitrate Nitrogen) • 319
16. 총질소(Total Nitrogen) • 322
17. 용존 총질소 (Dissolved Total Nitrogen) • 326
18. 인산염인 (Phosphate Phosphorus, PO_4-P) • 327
19. 총인(Total Phosphorus) • 330
20. 용존 총인 (Dissolved Total Phosphorus) • 332
21. 페놀류(Phenols) • 333
22. 시안(Cyanides) • 335
23. 불소화합물(Fluoride, F^-) • 337
24. 브롬이온(Bromide) • 340
25. 황산이온(Sulfate) • 341
26. 음이온계면활성제 (Anionic Surfactants) • 341
27. 클로로필 a(Chlorophyll a) • 343
28. 전기전도도(Conductivity) • 344
29. 총 유기탄소 (Total Organic Carbon) • 346
30. 퍼클로레이트(Perchlorate) • 349
31. 음이온류-이온크로마토그래피 • 349
32. 음이온류-이온전극법 • 351

CONTENTS

제5장 금속편 • 354
    1. 금속류(Metals) • 354
    2. 크롬(Chromium, Cr) • 364
    3. 6가 크롬
       (Hexavalent Chromium, Cr^{6+}) • 365
    4. 아연(Zinc, Zn) • 367
    5. 구리(Copper, Cu) • 368
    6. 카드뮴(Cadmium, Cd) • 368
    7. 납(Lead, Pb) • 369
    8. 망간(Manganese, Mn) • 369
    9. 비소(Arsenic, As) • 370
    10. 니켈(Nickel, Ni) • 371
    11. 철(Iron, Fe) • 372
    12. 셀레늄(Selenium, Se) • 372
    13. 수은(Mercury, Hg) • 373
    14. 알킬수은(Alkyl Mercury) • 376
    15. 바륨(Barium, Ba) • 378
    16. 안티몬(Antimony, Sb) • 379
    17. 주석(Tin, Sn) • 379

제6장 유기물질 및 휘발성유기화합물편 • 380
    1. 다이에틸헥실프탈레이트
       (Di-(2-Ethylhexyl)Phthalate) • 380
    2. 석유계총탄화수소 • 382
    3. 유기인
       (Organophosphorus Pesticides) • 383
    4. 폴리클로리네이티드비페닐
       (Polychlorinated Biphenyls) • 385
    5. 휘발성유기화합물
       (Volatile Organic Compounds) • 387

제7장 생물편 • 391
    1. 총대장균군(Total Coliform) • 391
    2. 분원성대장균군(Fecal Coliform) • 393
    3. 대장균(Escherichia coli) • 395
    4. 식물성플랑크톤(Phytoplankton) • 396
    5. 물벼룩을 이용한 급성 독성 시험법
       (Cladocera, Crustacea) • 399

PART 04 실전문제[과년도 기출문제]

2012
- 1회(2012년 3월 7일 시행) • 405
- 2회(2012년 5월 20일 시행) • 419
- 3회(2012년 9월 15 시행) • 433

2013
- 1회(2013년 3월 10일 시행) • 447
- 2회(2013년 6월 2일 시행) • 463
- 3회(2013년 8월 18 시행) • 479

2014
- 1회(2014년 3월 2일 시행) • 495
- 2회(2014년 5월 25일 시행) • 510
- 3회(2014년 8월 17일 시행) • 524

2015
- 1회(2015년 3월 8일 시행) • 539
- 2회(2015년 5월 31일 시행) • 553
- 3회(2015년 8월 16일 시행) • 566

2016
- 1회(2016년 3월 6일 시행) • 580
- 2회(2016년 5월 8일 시행) • 593
- 3회(2016년 8월 21일 시행) • 606

2017
- 1회(2017년 3월 5일 시행) • 620
- 2회(2017년 5월 7일 시행) • 633
- 3회(2017년 8월 26일 시행) • 646

2018
- 1회(2018년 3월 4일 시행) • 658
- 2회(2018년 4월 28일 시행) • 671
- 3회(2018년 8월 19일 시행) • 684

2019
- 1회(2019년 3월 3일 시행) • 698
- 2회(2019년 4월 27일 시행) • 713
- 3회(2019년 8월 4일 시행) • 726

2020
- 1·2회(2020년 6월 13일 시행) • 740
- 3회(2020년 8월 23일 시행) • 753

CBT
- 모의고사 • 767

PART 04 실전문제[CBT 복원문제]

2021
1회 CBT 복원문제 • 781
3회 CBT 복원문제 • 794

2022
1회 CBT 복원문제 • 808
3회 CBT 복원문제 • 821

2023
1회 CBT 복원문제 • 834
3회 CBT 복원문제 • 848

2024
1회 CBT 복원문제 • 862
3회 CBT 복원문제 • 875

2025
1회 CBT 복원문제 • 889
3회 CBT 복원문제 • 902

INSTRUCTION MANUAL
이 책의 **사용설명서**

◆ INSTRUCTION MANUAL ◆

01 핵심 이론 및 예제 문제 수록

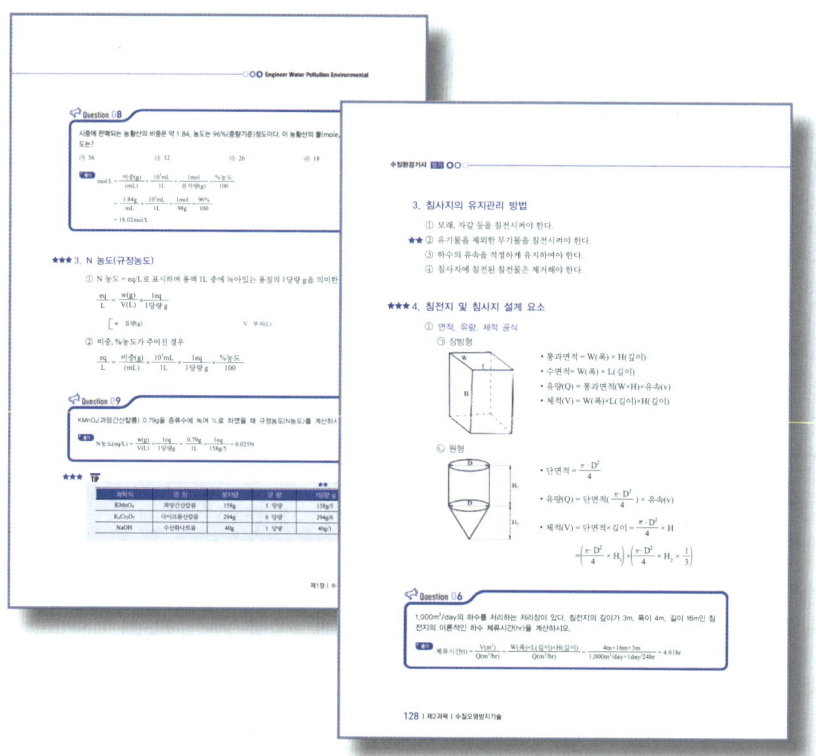

각 과목마다 시험에서 가장 많이 출제되는 이론을 중심으로 구성되어 있으며, 내용의 중요도에 따라(★★★) 표시해 출제 빈도를 파악할 수 있게 하였습니다. 이론에 따른 예제 문제를 통해서 한 번 더 정리하고 실전문제에 충분히 대비할 수 있도록 하였습니다.

02 스스로 학습을 위한 풀이와 Tip

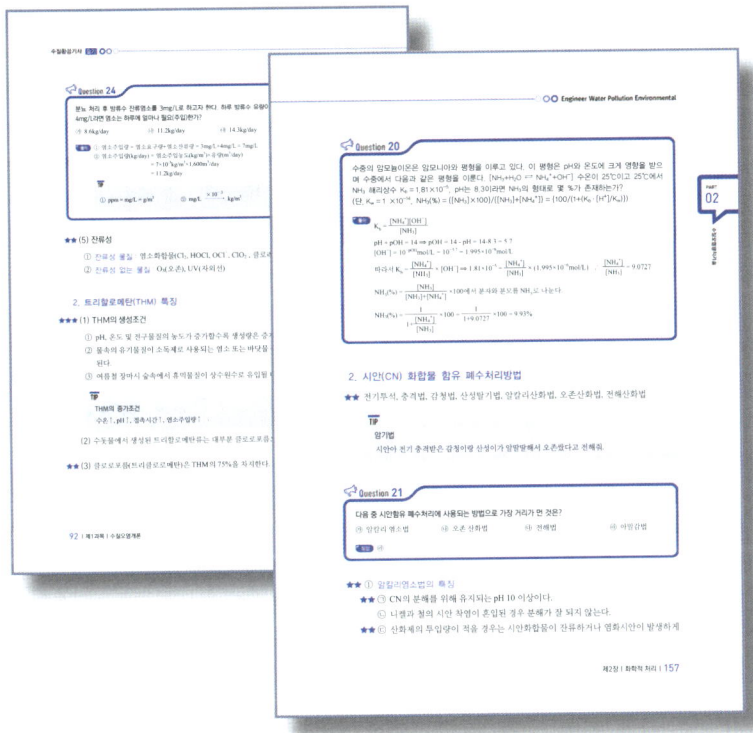

계산문제나 중요 문제는 풀이 및 Tip을 이용해 공식 및 개념을 정리할 수 있도록 하였습니다. 기본적인 공식과 각 용어설명은 물론이고 단위 환산에 대한 내용까지 Tip을 통해 한 번 더 설명을 하여 혼자서도 충분히 내용을 이해하면서 쉽게 공부를 할 수 있도록 교재를 만드는 데 중점을 두었습니다.

INSTRUCTION MANUAL

03   9개년치 과년도 기출문제 수록

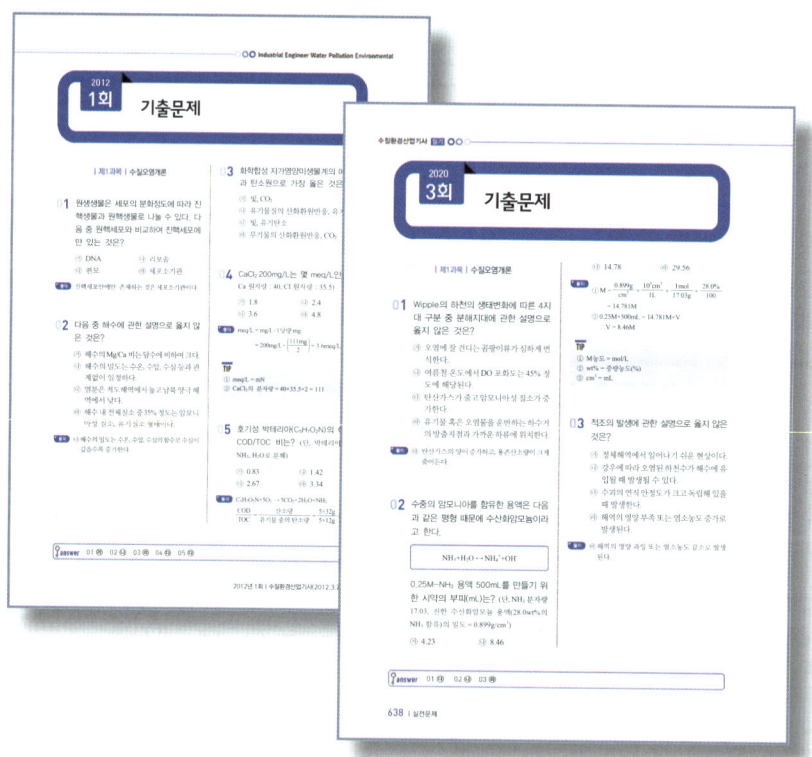

9개년치 과년도 기출문제를 통해 실전시험에 충분히 대비할 수 있도록 체계적으로 수록하였습니다.

◆ 수질환경산업기사 출제기준 ◆

직무 분야	환경·에너지	중직무 분야	환경	자격 종목	수질환경 산업기사	적용 기간	2025.01.01. ~ 2029.12.31

직무내용 : 수질오염상태를 조사 및 실험·분석하여 수질 오염물질을 제거 또는 감소시키기 위한 오염방지시설을 시공, 운영하는 직무이다.

필기검정방법	객관식	문제수	60	시험시간	1시간 30분

필기과목명	문제수	주요항목	세부항목
수질오염개론	20	1. 수질 오염원의 관리	1. 점오염원 및 비점오염원 관리
		2. 수생태계 및 물환경 특성	1. 수생태계 및 물환경 조사 2. 하천·호소 수질 관리
		3. 수질화학	1. 화학양론 2. 화학평형 3. 화학반응 4. 계면화학현상 5. 반응속도 6. 수질오염의 지표

필기과목명	문제수	주요항목	세부항목
수질오염 방지기술	20	1. 생물학적 처리공정 운전	1. 일반 생물학적 처리공정
		2. 생물학적 질소·인 제거 고도처리공정 운전	1. 생물학적 고도처리(질소·인 제거)공정
		3. 물리적 처리공정 운전	1. 물리적 처리공정
		4. 화학적 처리공정 운전	1. 화학적 처리공정
		5. 슬러지 처리공정 운전	1. 슬러지 처리공정
		6. 단위공정별 운전 및 시설 유지 관리	1. 하·폐수 성상 및 시설 유지관리

필기과목명	문제수	주요항목	세부항목
수질오염 공정시험기준	20	1. 공정시험기준 일반사항	1. 총칙 및 용액제조
		2. 일반 항목 분석	1. 시료채취 · 운반 · 보관 2. 일반 항목 분석 방법
		3. 기기분석	1. 시료채취 · 운반 · 보관 2. 분석 방법
		4. 안전 관리	1. 실험실 안전 및 환경관리

※ 출제기준의 세세항목은 한국산업인력공단 홈페이지(http://www.q-net.or.kr/) 자료실에서 확인하실 수 있습니다.

수질환경산업기사 기본정보

개요

수질오염이란 물의 상태가 사람이 이용하고자 하는 상태에서 벗어난 경우를 말하는데 그런 현상 중에는 물에 인, 질소와 같은 비료성분이나 유기물, 중금속과 같은 물질이 많아진 경우 수온이 높아진 경우 등이 있다. 이러한 수질오염은 심각한 문제를 일으키고 있어 이에 따른 자연환경 및 생활환경을 관리 보전하여 쾌적한 환경에서 생활할 수 있도록 수질오염에 관한 전문적인 양성이 시급해짐에 따라 자격제도 제정

실시기관 홈페이지

http://www.q-net.or.kr

실시기관명

한국산업인력공단

진로 및 전망

정부의 환경 관련 공무원, 환경관리공단, 한국수자원공사 등 유관기관, 화공, 제약, 도금, 염색, 식품, 건설 등 오·폐수 배출업체, 전문폐수처리업체 등으로 진출할 수 있다. 또한 우리나라의 환경 투자비용은 매년 증가하고 있으며 이중 수질개선부분 즉, 수질관리와 상하수도 보전에 쓰여진 돈은 전체 환경투자비용의 50%를 넘는 등 환경예산의 증가로 인하여 수질관리 및 처리에 있어 인력수요가 증가할 것이다.

수질환경산업기사 시험정보 안내

수수료
필기 : 19400원 / – 실기 : 20800원

출제경향
– 필기시험의 내용은 고객만족 〉 자료실의 출제기준을 참고바랍니다. – 실기시험은 필답형으로 시행되며 고객만족 〉 자료실의 출제기준을 참고바랍니다.

출제기준
2025년부터는 수질환경산업기사 출제기준 (2025.1.1~2029.12.31) 파일을 참고하시기 바랍니다. 한국산업인력공단 홈페이지에서 메뉴상단 고객지원–자료실–출제기준에서도 보실 수 있습니다.

수수료	
시행처	한국산업인력공단
관련학과	대학 및 전문대학의 환경공학, 환경시스템공학, 환경공업 화학 관련학과
시험과목	– 필기 : 1. 수질오염개론 2. 수질오염방지기술 3. 수질오염 공정시험 기준 – 실기 : 수질오염방지 실무
검정방법	– 필기 : 객관식 4지 택일형 과목당 20문항(과목당 30분) – 실기 : 필답형(2시간 30분)
합격기준	– 필기 : 100점을 만점으로 하여 과목당 40점 이상, 전과목 평균 60점 이상 – 실기 : 100점을 만점으로 하여 60점 이상

수질환경산업기사 검정현황

종목명	연도	필기			실기		
		응시	합격	합격률(%)	응시	합격	합격률(%)
수질환경산업기사	2024	1,340	316	23.6%	581	180	31%
수질환경산업기사	2023	1,433	357	24.9%	559	151	27%
수질환경산업기사	2022	1,623	449	27.7%	679	319	47%
수질환경산업기사	2021	2,070	574	27.7%	889	305	34.3%
수질환경산업기사	2020	1,905	683	35.9%	938	423	45.1%
수질환경산업기사	2019	2,264	637	28.1%	700	346	49.4%
수질환경산업기사	2018	2,312	660	28.5%	725	459	63.3%
수질환경산업기사	2017	2,516	661	26.3%	845	520	61.5%
수질환경산업기사	2016	2,525	821	32.5%	965	526	54.5%
수질환경산업기사	2015	2,519	849	33.7%	1,037	572	55.2%
수질환경산업기사	2014	2,691	861	32%	934	592	63.4%

✦ 수질환경 계산공식 ✦

1. SAR(Sodium Adsorption Ratio) : 나트륨 흡착률

- $SAR = \dfrac{Na^+}{\sqrt{\dfrac{Mg^{2+}+Ca^{2+}}{2}}}$

- 단위 : meq/L = mN = mg/L ÷ 1mg당량
  $Na^+ = Na^+ mg/L ÷ 23$
  $Ca^{2+} = Ca^{2+} mg/L ÷ 20$
  $Mg^{2+} = Mg^{2+} mg/L ÷ 12$

2. BOD_t 공식

① 소모공식, 밑수 10(또는 상용대수)
   $BOD_t = BOD_u \times (1-10^{-k_1 \times t})$

② 소모공식, 밑수 e(또는 자연대수)
   $BOD_t = BOD_u \times (1-e^{-k_1 \times t})$

③ 잔류공식, 밑수 10(또는 상용대수)
   $BOD_t = BOD_u \times (10^{-k_1 \times t})$

④ 잔류공식, 밑수 e(또는 자연대수)
   $BOD_t = BOD_u \times (e^{-k_1 \times t})$

$\begin{bmatrix} BOD_t : \text{t일 BOD(mg/L)} & BOD_u : \text{최종 BOD(mg/L)} \\ k_1 : \text{탈산소계수(/day)} & t : \text{시간(day)} \end{bmatrix}$

3. COD와 BOD와의 관계

$$\begin{cases} COD = BDCOD + NBDCOD \quad \therefore NBDCOD = COD - BDCOD \\ \qquad BDCOD = BOD_u = 20일\ BOD = 최종\ BOD = BOD_5 \times K \\ COD = ICOD + SCOD \end{cases}$$

$\therefore COD = BDICOD + BDSCOD + NBDICOD + NBDSCOD$

- I : 비용해성(불용성)
- BD : 생물학적 분해 가능한
- S : 용해성
- NBD : 생물학적 분해 불가능한

4. 경도 계산식

$$\frac{경도(mg/L)}{50g} = \frac{Ca^{2+}mg/L}{20g} + \frac{Mg^{2+}mg/L}{12g} + \frac{Fe^{2+}mg/L}{28g} + \frac{Mn^{2+}mg/L}{27.5g} + \frac{Sr^{2+}mg/L}{43.8g}$$

5. 산소부족농도

$$D_t(\text{산소부족농도}) = \frac{k_1 \times L_o}{k_2 - k_1} \times (10^{-k_1 \times t} - 10^{-k_2 \times t}) + D_o \times (10^{-k_2 \times t})$$

$\begin{bmatrix} k_1 : \text{탈산소계수(/day)} & k_2 : \text{재폭기계수(/day)} \\ L_o : \text{최종 BOD}(= BOD_u)(mg/L) & D_o : \text{초기산소부족량(mg/L)} \\ D_o = C_s(\text{포화 DO농도}) - C(\text{혼합수중 DO농도}) & t : \text{시간(day)} = \dfrac{\text{거리(m)}}{\text{유속(m/day)}} \end{bmatrix}$

6. 교반조에서 사용되는 공식

$$G = \sqrt{\frac{P}{\mu \times V}} \Rightarrow P = G^2 \times \mu \times V$$

$\begin{bmatrix} G : \text{속도경사(/sec)} & P : \text{동력(watt)} \\ \mu : \text{점성도}(kg/m \cdot sec = N \cdot sec/m^2) & V : \text{반응조 부피}(m^3) \end{bmatrix}$

ⓒ $t(day) = \dfrac{V(m^3)}{Q(m^3/day)}$

7. SRT = MCRT = θc(미생물 체류시간 = 고형물 체류시간)

$$SRT = \frac{\text{살아있는 미생물}}{\text{죽은 미생물}} = \frac{MLSS \times V}{Q_W \times SS_W + Q_o \times SS_o}$$

8. 슬러지량($Q_w \cdot SS_w$; kg/day) = Y · BOD 제거량 − kd · MLSS량

$$Q_w \cdot SS_w(kg/day) = Y \times (BOD_i - BOD_o)(kg/m^3) \times Q(m^3/day)$$
$$- kd(/day) \times MLSS(kg/m^3) \times V(m^3)$$

9. LV : BOD 용적 부하(kg/m³ · day)

$$L_V(kg/m^3 \cdot day) = \frac{BOD\ 총량(kg/day)}{용적(m^3)} = \frac{BOD(kg/m^3) \times Q(m^3/day)}{V(m^3)}$$

10. F/M비(BOD−MLSS 부하)

$$F/M비(/day) = \frac{먹이}{미생물} = \frac{BOD(kg/m^3) \times Q(m^3/day)}{MLSS(kg/m^3) \times V(m^3)}$$

11. VI(슬러지 용적지수) 계산식

① $SVI(mL/g) = \dfrac{SV(mL/L)}{MLSS(mg/L)} \times 10^3$

② $SVI(mL/g) = \dfrac{SV(\%)}{MLSS(mg/L)} \times 10^4$

③ $SVI(mL/g) = \dfrac{1}{SS_r(mg/L)} \times 10^6 = \dfrac{10^6}{SS_w(mg/L)}$

12. 반송비(R)

$$R = \dfrac{MLSS - SS_i}{SS_r - MLSS} = \dfrac{MLSS - SS_i}{\dfrac{10^6}{SVI} - MLSS}$$

13. 막의 면적(m²)

① $Q_F = k \times (\triangle P - \triangle \pi)$

$\begin{bmatrix} Q_F : \text{유출수량}(L/m^2 \cdot day) & k : \text{막의 확산계수}(L/m^2 \cdot day \cdot kPa) \\ \triangle P : \text{압력차}(kPa) & \triangle \pi : \text{삼투압차}(kPa) \end{bmatrix}$

② 25℃의 막의 면적$(A_{25℃}) = \dfrac{Q(\text{유량})}{Q_F(\text{유출수량})}$

③ 10℃의 막의 면적$(A_{10℃}) = 1.58 A_{25℃}$

14. 슬러지 공식정리

① $V_1 \times (100 - P_1) = V_2 \times (100 - P_2)$ 또는 $V_1 \times TS_1 = V_2 \times TS_2$

$\begin{bmatrix} V : \text{슬러지량}(m^3) \quad P : \text{함수율}(\%) \quad TS : \text{고형물 함량}(\%) \Rightarrow TS(\%) = 100 - P(\%) \end{bmatrix}$

② 슬러지량$(m^3/day) = \dfrac{SS\text{농도}(kg/m^3) \times Q(m^3/day) \times \eta(\text{제거율})}{\text{비중량}(kg/m^3)} \times \dfrac{100}{100 - P\%}$

원소주기율표

1 H 수소																	2 He 헬륨
3 Li 리튬	4 Be 베릴륨											5 B 붕소	6 C 탄소	7 N 질소	8 O 산소	9 F 플루오린	10 Ne 네온
11 Na 나트륨	12 Mg 마그네슘											13 Al 알루미늄	14 Si 규소	15 P 인	16 S 황	17 Cl 염소	18 Ar 아르곤
19 K 칼륨	20 Ca 칼슘	21 Sc 스칸듐	22 Ti 타이타늄	23 V 바나듐	24 Cr 크로뮴	25 Mn 망가니즈	26 Fe 철	27 Co 코발트	28 Ni 니켈	29 Cu 구리	30 Zn 아연	31 Ga 갈륨	32 Ge 저마늄	33 As 비소	34 Se 셀레늄	35 Br 브로민	36 Kr 크립톤
37 Rb 루비듐	38 Sr 스트론튬	39 Y 이트륨	40 Zr 지르코늄	41 Nb 나이오븀	42 Mo 몰리브데넘	43 Tc 테크네튬	44 Ru 루테늄	45 Rh 로듐	46 Pd 팔라듐	47 Ag 은	48 Cd 카드뮴	49 In 인듐	50 Sn 주석	51 Sb 안티몬	52 Te 텔루륨	53 I 아이오딘	54 Xe 제논
55 Cs 세슘	56 Ba 바륨	란타넘족	72 Hf 하프늄	73 Ta 탄탈	74 W 텅스텐	75 Re 레늄	76 Os 오스뮴	77 Ir 이리듐	78 Pt 백금	79 Au 금	80 Hg 수은	81 Tl 탈륨	82 Pb 납	83 Bi 비스무트	84 Po 폴로늄	85 At 아스타틴	86 Rn 라돈
87 Fr 프랑슘	88 Ra 라듐	악티늄족	104 Rf 러더포듐	105 Db 더브늄	106 Sg 시보귬	107 Bh 보륨	108 Hs 하슘	109 Mt 마이트너륨	110 Ds 다름슈타튬	111 Rg 뢴트게늄							

란타넘족

57 La 란타넘	58 Ce 세륨	59 Pr 프라세오디뮴	60 Nd 네오디뮴	61 Pm 프로메튬	62 Sm 사마륨	63 Eu 유로퓸	64 Gd 가돌리늄	65 Tb 테르븀	66 Dy 디스프로슘	67 Ho 홀뮴	68 Er 에르븀	69 Tm 툴륨	70 Yb 이터븀	71 Lu 루테튬

악티늄족

89 Ac 악티늄	90 Th 토륨	91 Pa 프로트악티늄	92 U 우라늄	93 Np 넵투늄	94 Pu 플루토늄	95 Am 아메리슘	96 Cm 퀴륨	97 Bk 버클륨	98 Cf 캘리포늄	99 Es 아인슈타이늄	100 Fm 페르뮴	101 Md 멘델레븀	102 No 노벨륨	103 Lr 로렌슘

- 20 : 원자번호
- Ca : 원소기호 (예: ⑩ : 액체, ⓐ : 기체, a : 고체)
- 칼슘 : 이름
- 금속
- 비금속
- 전이원소
- 란타넘족
- 악티늄족

PART 01

수질오염개론

CHAPTER 01   수질화학
CHAPTER 02   반응식 및 반응조
CHAPTER 03   수자원 및 물의 특성
CHAPTER 04   수질 미생물학
CHAPTER 05   수질오염지표
CHAPTER 06   하천수의 수질관리
CHAPTER 07   호소수의 수질관리
CHAPTER 08   해수의 수질관리
CHAPTER 09   수질오염개론 공식정리

수질환경
산업기사
필　　기

CHAPTER 01 수질화학

01 수질환경 기초 단위

1. 계량의 단위 및 기호

종 류	단 위	기 호	종 류	단 위	기 호
길 이	미터	m	용 량	킬로리터	kL
	센티미터	cm		리터	L
	밀리미터	mm		밀리리터	mL
	마이크로미터	μm		마이크로리터	μL
	나노미터	nm			
무 게	킬로그램	kg	부 피	세제곱미터	m^3
	그램	g		세제곱센티미터	cm^3
	밀리그램	mg		세제곱밀리미터	mm^3
	마이크로그램	μg			
	나노그램	ng	압 력	기압	atm
넓 이	제곱미터	m^2		수은주밀리미터	mmHg
	제곱센티미터	cm^2		수주밀리미터	mmH_2O
	제곱밀리미터	mm^2			

2. 기본단위(Unit)

단위계	길 이	질 량	시 간
M·K·S 단위	m	kg	sec
C·G·S 단위	cm	g	sec

① M·K·S의 대표적인 단위는 N(뉴튼) 단위이며 $1N = kg \cdot m/sec^2$의 단위로 표기한다.
② C·G·S의 대표적인 단위는 dyne(다인) 단위이며 $1dyne = g \cdot cm/sec^2$의 단위로 표기

한다.
③ 1N = 10^5 dyne이 된다.

★★ 3. 레이놀드 수(Re)

① 원형일 경우

$$Re = \frac{D \times V \times \rho}{\mu} = \frac{D \times V}{\nu}$$

- Re : 레이놀드 수
- V : 유속(m/sec 또는 cm/sec)
- μ : 점성계수(kg/m·sec 또는 g/cm·sec)
- D : 직경(m 또는 cm)
- ρ : 물의 밀도(kg/m³ 또는 g/cm³)
- ν : 동점성계수(m²/sec 또는 cm²/sec)

TIP

cm²/sec = stoke 단위

② 장방형일 경우

$$Re = \frac{D_o \times V \times \rho}{\mu} = \frac{D_o \times V}{\nu}$$

- D_o : 환산직경(m) $D_o = 4 \times 경심(R)$

③ 경심(R)

㉠ 원형일 경우

$$경심(R) = \frac{단면적}{윤변의 길이} = \frac{\frac{\pi D^2}{4}(m^2)}{\pi \cdot D(m)} = \frac{D}{4}(m)$$

㉡ 장방형일 경우

$$경심(R) = \frac{단면적}{윤변의 길이} = \frac{b \times h}{b + 2h}(m)$$

- b : 폭(m)
- h : 수두(m)

Question 01

20℃의 물이 6.0m/hr의 여과속도로 균일한 모래상을 흐르고 있다. 모래입자는 직경이 0.4mm이고, 비중이 2.65일 때 Reynolds 수를 계산하시오. (단, 20℃에서 물의 비중량은 998.2kg/m³, 점성계수는 1.002×10^{-3} kg/m·sec)

풀이
$$Re = \frac{D \times V \times \rho}{\mu} = \frac{0.4\times10^{-3}m \times 6.0m/hr \times 1hr/3,600sec \times 998.2kg/m^3}{1.002\times10^{-3}kg/m\cdot sec} = 0.66$$

★★ 4. 차원 및 동점성 계수

차원이란 길이를 [L], 질량을 [M], 시간을 [T]로 표시하는 것을 말한다.

① 동점성계수(Kinematic Viscosity) = $\dfrac{\mu(점성계수)}{\rho(밀도)}$

즉, 물의 동점성계수는 점성계수(μ)를 밀도(ρ)로 나눈 값이다.

> 동점성계수(cm²/sec)　　μ : 점성계수(g/cm·sec)　　ρ : 밀도(g/cm³)

Question 02

물의 동점성계수를 가장 알맞게 나타낸 것은?
㉮ 전단력(τ)과 점성계수(μ)를 곱한 값이다.
㉯ 전단력(τ)과 밀도(ρ)를 곱한 값이다.
㉰ 점성계수(μ)를 전단력(τ)로 나눈 값이다.
㉱ 점성계수(μ)를 밀도(ρ)로 나눈 값이다.

풀이 물의 동점성계수(ν) = $\dfrac{점성계수(\mu)}{밀도(\rho)}$

② 단위 : 밀도 - g/cm³, 동점성계수 - cm²/sec, 압력 - dyne/cm², 점성계수 - g/cm·sec, 표면장력 - dyne/cm

Question 03

동점성(Kinematic viscosity)계수와 관계가 가장 먼 것은 어느 것인가?

㉮ Poise
㉯ Stoke
㉰ cm²/sec
㉱ μ/ρ(점성계수/밀도)

풀이 ㉮ Poise = g/cm · sec 로 점성계수의 단위이다.

③ CGS계로 표시한 차원
　㉠ 동점성계수$[L^2T^{-1}]$
　㉡ 밀도$[ML^{-3}]$
　㉢ 점성계수$[ML^{-1}T^{-1}]$
　㉣ 유량$[L^3T^{-1}]$

　　[M : 질량,　L : 길이,　T : 시간]

Question 04

다음의 차원방정식 중 틀린 것은? (단, M : 질량, L : 길이, T : 시간)

㉮ 확산계수 $[LT^{-1}]$
㉯ 밀도 $[ML^{-3}]$
㉰ 점성계수 $[ML^{-1}T^{-1}]$
㉱ 유량 $[L^3T^{-1}]$

풀이 ㉮ $[LT^{-1}]$은 속도를 나타낸다.

5. 온도

온도는 섭씨온도(℃), 화씨온도(°F), 절대온도(K)로 나타낸다.

① °F → ℃ : (°F − 32) ÷ 1.8
② ℃ → °F : (℃ × 1.8) + 32
③ ℃ → K : 273 + ℃
④ °F → °R : °F + 460

6. 압력(표준압력)

① 1atm = 760mmHg = 10,332mmH$_2$O = 10,332mm수주 = 10,332mmAq
    = 10,332kg/m^2 = 1.0332kg/cm^2 = 1013.2mbar = 101.35kPa = 14.7PSI

★★ ② 수은주 비중 = $\dfrac{10{,}332\text{mmH}_2\text{O}}{760\text{mmHg}}$ = 13.6, $\begin{cases} \text{mmH}_2\text{O} \xrightarrow{\div 13.6} \text{mmHg} \\ \text{mmHg} \xrightarrow{\times 13.6} \text{mmH}_2\text{O} \end{cases}$

Question 05

수은주 높이 200mm는 수주로 몇 mm인가?

풀이 200mmHg × 13.6 = 2,720mm 수주

7. 밀도, 비중, 비중량

① 밀도(Density)는 단위부피당 질량이며 $\dfrac{\text{질량(g)}}{\text{부피(cm}^3)}$ 으로 표시한다.

② 비중(Specipic Weight)은 표준물질의 밀도에 대한 물체의 밀도의 비이며,
$\dfrac{\text{물체의 무게}}{4℃\ \text{물의 무게}} = \dfrac{\text{물체의 밀도}}{4℃\ \text{물의 밀도}}$ 로 표시한다.

③ 비중은 단위가 없으므로 무차원수이고 밀도는 C·G·S 단위로 표기하고, 비중량은 M·K·S 단위로 표기한다.

02 농도

1. 농도

① 백분율(Parts Per Hundred)은 용액 100mL 중의 성분무게(g), 또는 기체 100mL 중의 성분무게(g)를 표시할 때는 W/V%, 용액 100mL 중의 성분용량(mL), 또는 기체 100mL 중의 성분용량(mL)을 표시할 때는 V/V%, 용액 100g 중 성분용량(mL)을 표시할 때는 V/W%, 용액 100g 중 성분무게(g)를 표시할 때는 W/W%의 기호를 쓴다. 다만, 용액의 농도를 "%"로만 표시할 때는 W/V%를 말한다.

★★ wt%농도 = $\dfrac{\text{용질 질량}}{\text{용질 질량 + 용매 질량}} \times 100$

Question 06

물 100g에 30g의 NaCl을 가하여 용해시키면 몇 %(W/W)의 NaCl 용액이 제조되는가?

㉮ 23%　　㉯ 27%　　㉰ 30%　　㉱ 33%

풀이 %(W/W) = $\dfrac{\text{용질(g)}}{\text{용매(g)+용질(g)}} \times 100 = \dfrac{30g}{100g+30g} \times 100 = 23.08\%$

② 천분율(ppt, parts per thousand)을 표시할 때는 g/L 또는 g/kg의 기호를 쓴다.
③ 백만분율(ppm, parts per million)을 표시할 때는 mg/L 또는 mg/kg의 기호를 쓴다.
④ 십억분율(ppb, parts per billion)을 표시할 때는 μg/L 또는 μg/kg의 기호를 쓴다.
⑤ 기체 중의 농도는 표준상태(0℃, 1기압)로 환산 표시한다.

★★ 2. M 농도(몰 농도)

① M 농도 = mol/L로 표시하며 용액 1L 중에 녹아있는 용질의 mol수를 의미한다.

$$\dfrac{\text{mol}}{\text{L}} = \dfrac{w(g)}{V(L)} \times \dfrac{1\text{mol}}{\text{분자량}(g)}$$

　　w : 질량(g)　　V : 부피(L)

② 비중, %농도가 주어진 경우

$$\dfrac{\text{mol}}{\text{L}} = \dfrac{\text{비중}(g)}{(\text{mL})} \times \dfrac{10^3 \text{mL}}{1\text{L}} \times \dfrac{1\text{moL}}{\text{분자량}(g)} \times \dfrac{\%\text{농도}}{100}$$

Question 07

$PbSO_4$가 25℃ 수용액에서 용해도가 0.05g/L라면 M 농도를 계산하시오. (단, $PbSO_4$의 분자량은 303이다.)

풀이 $\dfrac{\text{mol}}{\text{L}} = \dfrac{w(g)}{V(L)} \times \dfrac{1\text{mol}}{\text{분자량}(g)} = \dfrac{0.05g}{L} \times \dfrac{1\text{mol}}{303g} = 1.65 \times 10^{-4} \text{mol/L}$

Question 08

시중에 판매되는 농황산의 비중은 약 1.84, 농도는 96%(중량기준)정도이다. 이 농황산의 몰(mole/L) 농도는?

㉮ 56　　　㉯ 32　　　㉰ 26　　　㉱ 18

풀이

$$\text{mol/L} = \frac{비중(g)}{(mL)} \times \frac{10^3 mL}{1L} \times \frac{1mol}{분자량(g)} \times \frac{\%농도}{100}$$

$$= \frac{1.84g}{mL} \times \frac{10^3 mL}{1L} \times \frac{1mol}{98g} \times \frac{96\%}{100}$$

$$= 18.02 \text{mol/L}$$

★★★ 3. N 농도(규정농도)

① N 농도 = eq/L로 표시하며 용액 1L 중에 녹아있는 용질의 1당량 g을 의미한다.

$$\frac{eq}{L} = \frac{w(g)}{V(L)} \times \frac{1eq}{1당량\,g}$$

　　w : 질량(g)　　　　　　　　V : 부피(L)

② 비중, %농도가 주어진 경우

$$\frac{eq}{L} = \frac{비중(g)}{(mL)} \times \frac{10^3 mL}{1L} \times \frac{1eq}{1당량\,g} \times \frac{\%농도}{100}$$

Question 09

KMnO₄(과망간산칼륨) 0.79g을 증류수에 녹여 1L로 하였을 때 규정농도(N농도)를 계산하시오.

풀이

$$N농도(eq/L) = \frac{w(g)}{V(L)} \times \frac{1eq}{1당량g} = \frac{0.79g}{1L} \times \frac{1eq}{158g/5} = 0.025N$$

★★★ TIP

화학식	명 칭	분자량	당 량	1당량 g
KMnO₄	과망간산칼륨	158g	5 당량	158g/5
K₂Cr₂O₇	다이크롬산칼륨	294g	6 당량	294g/6
NaOH	수산화나트륨	40g	1 당량	40g/1

03 동력

$$kW = \frac{r \times Q \times H}{102 \times \eta} \times \alpha$$

- r : 물의 비중량(1,000kg/m³)
- Q : 펌프의 토출량(m³/sec)
- H : 전양정(m)
- η : 효율
- α : 여유율
- 1kW = 102kg · m/sec, 1HP = 76kg · m/sec, 1PS = 75kg · m/sec

TIP

102의 시간단위가 "sec"이므로 토출량(Q)의 시간단위는 반드시 "sec"임을 숙지하셔야 합니다.

Question 10

펌프효율 η = 80%이며 전양정 H = 16m인 조건 하에서 양수율 Q = 12L/sec로서 펌프를 회전시킨다면 모터의 축동력(kW)를 계산하시오. (단, 물의 밀도 r = 1,000kg/m³)

풀이

$$kW = \frac{r \times Q \times H}{102 \times \eta} \times \alpha = \frac{1,000 kg/m^3 \times 12 \times 10^{-3} m^3/sec \times 16m}{102 \times 0.8} = 2.35 kW$$

04 산화 · 환원 반응

1. 산화

① 전자를 주는 것
② 산화수 증가
③ 산소와 화합하는 현상
④ 원자가 증가되는 현상
⑤ 수소화합물에서 수소를 잃는 현상

2. 환원

① 전자를 얻는 것
② 산화수 감소
③ 수소와 화합하는 현상
④ 산소화합물에서 산소를 잃는 현상

3. 산화제

자신은 환원되면서 다른 물질은 산화시켜 주는 물질

① 다른 물질로부터 전자를 빼앗는 것
② 자신이 환원되는 물질
③ 상대방을 산화시키는 물질

4. 환원제

자신이 산화되면서 다른 물질은 환원시켜 주는 물질

① 다른 물질에서 전자를 주는 것
② 자신이 산화되는 물질
③ 상대방을 환원시키는 물질

> **Question 11**
>
> 산화와 환원반응에 관한 내용으로 잘못된 것은 어느 것인가?
> ㉮ 전자를 준 쪽은 산화된 것이고 전자를 얻는 쪽은 환원이 된 것이다.
> ㉯ 산화수가 증가하면 산화, 감소하면 환원반응이라 한다.
> ㉰ 산화제는 전자를 주는 물질이며 전자를 주는 힘이 클수록 더 강한 산화제이다.
> ㉱ 상대방을 산화시키고 자신을 환원시키는 물질을 산화제라 한다.
>
> **풀이** ㉰ 산화제는 다른 물질로부터 전자를 빼앗는 물질이다.

★★★ 5. 산(Acid)

① Arrhenius는 수용액에서 양성자 [H^+]를 내어 놓는 것이다.
② Brönsted-Lowry는 양성자 [H^+]를 내어 주는 물질이다.

③ Lewis는 전자쌍을 수용액에서 받는 화학종이다.

★★ 6. 염기(Base)

① Arrhenius는 수용액에서 수산화이온 [OH$^-$]을 내어 놓는 것이다.
② Brönsted-Lowry는 양성자[H$^+$]를 받는 분자나 이온이다.
③ Lewis는 전자쌍을 수용액에서 주는 화학종이다.

Question 12

산과 염기의 정의에 관한 설명으로 옳지 않은 것은?

㉮ Arrhenius는 수용액에서 수산화이온을 내어 놓는 물질을 염기라고 정의하였다.
㉯ Lewis는 전자쌍을 받는 화학종을 염기라고 정의하였다.
㉰ Arrhenius는 수용액에서 양성자를 내어 놓는 것을 산이라고 정의하였다.
㉱ Brönsted-Lowry는 수용액에서 양성자를 내어주는 물질을 산이라고 정의하였다.

풀이 ㉯ Lewis는 전기쌍을 수용액에서 주는 화학종을 염기라고 정의하였다.

★★ 7. 산의 공통적인 성질

① 신맛이 난다.
② 푸른 리트머스 종이를 붉은색으로 변화시킨다.
③ 물에 용해되면 전해질이 된다.
④ 염기와 반응하여 염과 물을 발생시킨다. (HCl+NaOH → NaCl+H$_2$O)
⑤ 아연 등의 금속과 반응하여 수소를 발생시킨다. (Zn^{2+}+H$_2$SO$_4$ → ZnSO$_4$+H$_2$↑)

산화·환원 전위 (Oxidation Reduction Potential ; ORP)

산화 환원 반응사이에서 전자의 흐름을 측정해 얻어지는 값을 의미한다.

① 호수의 ORP 값은 보통 0.6~0.5 V 이하의 값을 가진다.

② ORP 값의 예

$NO_3^- \rightarrow NO_2^-$: 0.45 ~ 0.40 V, $Fe^{3+} \rightarrow Fe^{2+}$: 0.30 ~ 0.20V

$NO_2^- \rightarrow NH_3$: 0.40 ~ 0.35 V, $SO_4^{2-} \rightarrow S^{2-}$: 0.10 ~ 0.06V

★★ 가장 먼저 반응하는 것은 ORP 값이 가장 큰 $NO_3^- \rightarrow NO_2^-$ 이며

★★ 가장 나중에 반응하는 것은 ORP 값이 가장 작은 $SO_4^{2-} \rightarrow S^{2-}$ 이다.

06 평형상수(K), 물의 이온곱상수(K_w), 이온적(Q), 용해도적(Ksp)

1. 평형상수(K)

$$aA + bB \rightleftharpoons cC + dD, \quad 평형상수(K) = \frac{[C]^c [D]^d}{[A]^a [B]^b}$$

📢 **평형상수**

- 화학반응에서 반응계와 생성계의 양적인 관계를 나타내는 상수
- 질량 작용의 법칙을 적용
- 절대온도의 함수
- 일반적으로 $K_w = 1.0 \times 10^{-14}$ (25℃) $\begin{cases} 수온증가 \rightarrow K_w \uparrow \\ K_w \; 증가 \rightarrow pH \downarrow \end{cases}$

2. 물의 이온적(곱)상수(K_w)

$$H_2O \overset{K_w}{\rightleftharpoons} H^+ + OH^-, \quad K_w = [H^+] \cdot [OH^-] = 1.0 \times 10^{-14} (25℃)$$

$$\therefore [H^+] = \frac{K_w}{[OH^-]}, \quad K_w = [H^+]^2$$

$$\therefore [H^+] = \sqrt{K_w} = \sqrt{1.0 \times 10^{-14}} = 1.0 \times 10^{-7} \, mol/L$$

$$\therefore pH = \log \frac{1}{[H^+]} = -\log[H^+] = -\log[1.0 \times 10^{-7} \, mol/L] = 7.0$$

$$\therefore K_w = K_a \times K_b$$

K_a : 산해리상수 K_b : 염기해리상수

$$CH_3COOH \underset{}{\overset{K_a}{\rightleftharpoons}} CH_3COO^- + H^+$$
(약산)　　　(염기)　　(산)

$$CH_3COO^- \xrightarrow[H_2O(양쪽성\ 물질)]{K_b} CH_3COOH + OH^-$$
　　　　　　　　　　　　　　(약산)　　(염기)

$$\therefore K_a = \frac{[CH_3COO^-][H^+]}{[CH_3COOH]} \Rightarrow [H^+] = \sqrt{K_a \cdot C}$$

$$\therefore K_b = \frac{[CH_3COOH][OH^-]}{[CH_3COO^-]} \Rightarrow [OH^-] = \sqrt{K_b \cdot C}$$

$$\therefore K_a \times K_b = \frac{[CH_3COO^-][H^+]}{[CH_3COOH]} \times \frac{[CH_3COOH][OH^-]}{[CH_3COO^-]}$$

$$= [H^+][OH^-] = K_w(물의\ 이온적) \quad \therefore K_w = K_a \times K_b$$

Question 13

물의 이온화적(K_w)에 관한 설명으로 옳은 것은?

㉮ 25℃에서 물의 K_w가 1.0×10^{-14}이다.
㉯ 물은 강전해질로서 거의 모두 전리된다.
㉰ 수온이 높아지면 감소하는 경향이 있다.
㉱ 순수의 pH는 7.0이며 온도가 증가할수록 pH는 높아진다.

풀이 ㉯ 물은 약전해질이다.
　　　㉰ 수온이 높아지면 물의 이온화적(K_w)은 증가한다.
　　　㉱ 순수의 pH는 7.0이며 온도가 증가할수록 pH는 감소한다.

3. 이온적(곱), 용해도적(곱)

$$A_mB_n \rightleftharpoons mA^+ + nB^-$$

① 이온적 : 현재 이온화된 물질의 농도곱(Q)　$Q = [A^+]^m[B^-]^n$
② 용해도적 : 포화상태에서 이온 농도의 곱(Ksp)　$Ksp[A_mB_n] = [A^+]^m[B^-]^n$

TIP

이온적(Q)은 생성물만 고려하고, 용해도적(Ksp)은 반응물과 생성물을 고려하여 차이가 있음을 숙지하셔야 합니다.

★★ 4. 용해도곱 = 용해도적(Ksp)

① 포화상태 : $Ksp = [A^+]^m[B^-]^n$

② 과포화상태 : $Ksp < [A^+]^m[B^-]^n$ ⇒ 침전물이 생성된다.

③ 불포화상태 : $Ksp > [A^+]^m[B^-]^n$ ⇒ 침전물이 생성되지 않는다.

📢 Question 14

AgCl의 용해도가 1.0×10^{-5} mol/L일 때 Ksp를 계산하시오.

풀이 $AgCl \rightleftharpoons Ag^+ + Cl^-$
   xM   xM   xM

∴ $Ksp = [Ag^+][Cl^-] = xM \times xM = [1.0 \times 10^{-5}M][1.0 \times 10^{-5}M] = 1.0 \times 10^{-10}$

📢 Question 15

$PbSO_4$의 용해도가 0.035g/L이다. Ksp를 계산하시오.($PbSO_4$: 303)

풀이 $PbSO_4 \rightleftharpoons Pb^{2+} + SO_4^{2-}$
   xM   xM   xM

∴ $Ksp = [Pb^{2+}][SO_4^{2-}] = xM \times xM$

$PbSO_4$의 mol/L = $\dfrac{0.035g}{L} \times \dfrac{1mol}{303g} = 1.16 \times 10^{-4}$ mol/L

여기서 $xM = 1.16 \times 10^{-4}$ mol/L

따라서 $Ksp = [1.16 \times 10^{-4}M][1.16 \times 10^{-4}M] = 1.3 \times 10^{-8}$

★★ 5. 이온화 상수(정수) = $\dfrac{\text{생성물 몰농도}}{\text{잔류물의 몰농도}}$

$A_mB_n \rightleftharpoons mA^+ + nB^-$

이온화 상수 = $\dfrac{[A^+]^m[B^-]^n}{[A_mB_n - \text{전리된 농도}]}$

Question 16

CH₃COOH 0.01M 3% 전리시켰다. 이온화 상수와 pH를 계산하시오.

풀이

$$CH_3COOH \xrightarrow{3\%전리} CH_3COO^- + H^+$$

전리 전　　　0.01M　　　　　0M　　　　0M
전리 후　(0.01 − 0.01×0.03)M　　(0.01×0.03)M　(0.01×0.03)M

① 이온화 상수 = $\dfrac{(0.01\times0.03)(0.01\times0.03)}{(0.01-0.01\times0.03)}$ = 9.28×10⁻⁶

② pH = -log[H⁺] = -log[0.01×0.03 mol/L] = 3.52

07 pH

① **pH와 POH의 정의**

$pH = -\log[H^+] \Rightarrow [H^+] = 10^{-pH}\, mol/L$

$pOH = -\log[OH^-] \Rightarrow [OH^-] = 10^{-pOH}\, mol/L$

Question 17

25℃, pH = 4.35인 용액에서 [OH⁻]의 농도는?

㉮ 4.47×10⁻⁵ mol/L　　　　㉯ 6.54×10⁻⁷ mol/L
㉰ 7.66×10⁻⁹ mol/L　　　　㉱ 2.24×10⁻¹⁰ mol/L

풀이
① pH + pOH = 14
　∴ pOH = 14−pH = 14−4.35 = 9.65
② pOH = -log[OH⁻]에서 [OH⁻] = 10⁻ᵖᴼᴴ mol/L
　따라서 pOH = 9.65이므로
　[OH⁻] = 10⁻ᵖᴼᴴ mol/L = 10⁻⁹·⁶⁵ mol/L = 2.24×10⁻¹⁰ mol/L

② **pH와 POH의 상관관계**

　pH + pOH = 14
　pH = 14 - pOH
　pOH = 14 - pH

③ pH 계산식

산성물질에서 pH = -log[H^+]

알칼리성물질에서 pH = 14+log[OH^-]

Question 18

$Mg(OH)_2$ 290mg/L 용액의 pH는 얼마인가? (단, $Mg(OH)_2$는 완전해리 하며, 분자량은 58이다.)

㉮ 12.0　　㉯ 12.3　　㉰ 12.6　　㉱ 12.9

풀이 $Mg(OH)_2 \rightarrow Mg^{2+} + 2OH^-$
　　　　XM　　　XM　　2XM

$Mg(OH)_2$의 mol/L = $\dfrac{0.29g}{L} \times \dfrac{1mol}{58g}$ = 0.005mol/L

따라서 XM = 0.005mol/L이므로
[OH^-] = 2XM = 2×0.005mol/L
pH = 14+log[OH^-] = 14+log[2×0.005mol/L] = 12.0

TIP
이 문제를 풀이할 때 [OH^-]의 농도가 2XM임에 주의하셔야 합니다.

Question 19

아세트산(CH_3COOH) 120mg/L 용액의 pH는 얼마인가? (단, 아세트산 Ka는 1.8×10^{-5})

㉮ 1.65　　㉯ 4.21　　㉰ 3.72　　㉱ 3.52

풀이 $CH_3COOH \rightarrow CH_3COO^- + H^+$

$K_a = \dfrac{[CH_3COO^-][H^+]}{[CH_3COOH]}$ 에서 [CH_3COO^-] = [H^+]이므로

$K_a = \dfrac{[H^+]^2}{[CH_3COOH]}$

[H^+] = $\sqrt{K_a \times [CH_3COOH]}$

① [CH_3COOH]의 농도를 계산한다.

[CH_3COOH]의 mol/L = $\dfrac{0.12g}{L} \times \dfrac{1mol}{60g}$ = 0.002M

② [H^+] = $\sqrt{(1.8 \times 10^{-5}) \times (0.002M)}$ = 1.9×10^{-4} mol/L

③ pH = -log[H^+] = -log[1.9×10^{-4} mol/L] = 3.72

08. 완충방정식

1. 완충방정식

① 약산 + 강염기성 염 ⇒ CH_3COOH + CH_3COOK
                                 (약산)   (강염기)

② 약염기 + 강산성 염

$$CH_3COOH \underset{}{\overset{ka}{\rightleftarrows}} CH_3COO^- + H^+$$
  (약산)   (공통이온)

$$CH_3COOK \xrightarrow{100\% \text{ 전리}} CH_3COO^- + K^+$$
  (강염기)   (공통이온)

$$Ka = \frac{[CH_3COO^-][H^+]}{[CH_3COOH]} \quad \therefore [H^+] = \frac{[CH_3COOH]}{[CH_3COO^-]} \times Ka$$

⎧ 공통이온이 있는 강염기로 대체
⎨ $[CH_3COO^-] \Rightarrow [CH_3COOK]$
⎩ $CH_3COO^- \ll 1$ 으로 무시할 수 있다.

$$\therefore [H^+] = \frac{[CH_3COOH] \cdot Ka}{[CH_3COOK]} = \frac{[CH_3COOH]}{[CH_3COOK]} \times Ka$$

pH를 구하면

$$pH = \log\frac{1}{[H^+]} = \log\frac{1}{\frac{[CH_3COOH](산)}{[CH_3COOK](염기)} \times Ka} = \log\frac{1}{Ka} + \log\frac{[염기]}{[산]}$$

$$\therefore pH = PKa + \log\frac{[염기]}{[산]} \Rightarrow \text{완충 방정식}$$

★★ **TIP**

$$pH = pKa + \log\frac{[염기]}{[산]} \Rightarrow \log\frac{[염기]}{[산]} = pH - pKa$$

$$\Rightarrow \log\frac{[염기]}{[산]} = -\log[H^+] - (-\log Ka) \Rightarrow \frac{[염기]}{[산]} = \frac{Ka}{[H^+]}$$

Question 20

pH가 4가 되는 CH_3COOH와 CH_3COOK의 완충액을 만들려면 CH_3COOH와 CH_3COOK의 혼합비율을 계산하시오. (단, $Ka = 1.8 \times 10^{-5}$)

풀이 완충방정식 : $pH = pKa + \log\dfrac{[\text{염기}]}{[\text{산}]} \Rightarrow \dfrac{[\text{염기}]}{[\text{산}]} = \dfrac{Ka}{[H^+]}$

$\Rightarrow \dfrac{[CH_3COOK]}{[CH_3COOH]} = \dfrac{1.8 \times 10^{-5}}{10^{-4}} = 0.18 \rightarrow [CH_3COOH] : [CH_3COOK] = 1 : 0.18$

2. 완충용액의 특징

① 완충방정식은 $PKa + \log\dfrac{[\text{염기}]}{[\text{산}]}$ 로 표시된다.

② 완충용액은 보통약산과 그 약산의 강염기의 염을 함유하거나 약염기와 그 약염기의 강산의 염이 함유된 용액이다.

③ CH_3COOK에 있어서는 거의 완전히 해리하므로 CH_3COO^- 농도는 거의 CH_3COOK의 농도에 가까워진다.

④ 약산 KH_2PO_4의 $H_2PO_4^-$ 이온과 염이온 Na_2HPO_4의 HPO_4^{2-} 이온이 완충력으로 작용한다.

Question 21

완충용액에 관한 내용으로 틀린 것은 어느 것인가?

㉮ 완충용액의 작용은 화학평형원리로 쉽게 설명된다.
㉯ 완충용액은 한도내에서 산을 가했을 때 pH에 약간의 변화만 준다.
㉰ 완충용액은 보통 약산과 그 약산의 짝염기의 염을 함유한 용액이다.
㉱ 완충용액은 보통 강염기와 그 염기의 강산의 염이 함유된 용액이다.

풀이 ㉱ 완충용액은 보통 약산과 그 산의 강염기의 염이 함유된 용액이다.

09 적정 공식

1. 중화적정 공식

NV = N'V'

Question 22

0.1M H₂SO₄ 10mL를 중화시키기 위해 0.1M NaOH 용액 몇 mL가 필요한가?

풀이 NV = N'V'에서 (0.1×2)N×10mL = (0.1×1)N×V' ∴ V' = 20mL

TIP

M농도 → N농도 : M농도 × 가수
H₂SO₄는 2가이므로 N농도는 0.1M × 2가 되고
NaOH는 1가이므로 N농도는 0.1M × 1이 된다.

① 산 + 산에서 혼합 후의 N농도 = $\dfrac{N_1V_1+N_2V_2}{V_1+V_2}$

② 염기 + 염기에서 혼합 후의 N농도 = $\dfrac{N_1V_1+N_2V_2}{V_1+V_2}$

③ 산 + 염기에서 혼합 후의 N농도 = $\dfrac{N_1V_1 - N_2V_2}{V_1+V_2}$

CHAPTER 02 반응식 및 반응조

01 반응속도식

$$r = \frac{dC}{dt} = -kC^m$$

- k : 반응 속도 상수
- m : 반응 차수

• **영향 인자**
① 농도 : 비례관계 (단, 0차 반응은 농도와 무관)
② 촉매 : 반응속도 증가
③ 온도 : 반응속도 증가(10℃ 증가하면 반응 속도는 2배 증가)
④ 표면적 : 표면적에 비례
⑤ 압력 : 액체에는 영향받지 않는다.(기체에서의 반응은 압력에 비례)
　㉠ 0차 반응 : 어느 시간이 지나면 반응이 끝나버리는 반응

$$r = \frac{dC}{dt} = -k[C]^0 \xrightarrow{\text{적분}} \boxed{C_t - C_o = -k \cdot t}$$

　㉡ 1차 반응 : 반응속도는 반응물질 농도에 비례한다는 반응

$$r = \frac{dC}{dt} = -k[C]^1 \xrightarrow{\text{적분}} \boxed{\ln \frac{C_t}{C_o} = -k \cdot t} \text{★★★}$$

Question 01

방사성 원소의 붕괴반응은 몇 차 반응의 대표적인 예라 할 수 있는가?
㉮ 0차 반응　　㉯ 1차 반응　　㉰ 2차 반응　　㉱ 총괄 2차 반응

 정답 ㉯

Question 02

어느 1차 반응에서 반응개시의 농도가 220mg/L이고 반응 1시간 후의 농도는 94mg/L이었다면 반응 2시간 후의 반응물질의 농도(mg/L)를 계산하시오.

풀이

1차 반응식 : $\ln \dfrac{C_t}{C_o} = -k \cdot t$

① $\ln \dfrac{94mg/L}{220mg/L} = -k \times 1hr$ ∴ $k = 0.85/hr$

② $\ln \dfrac{C_t}{220mg/L} = -0.85/hr \times 2hr$ ∴ $C_t = 220mg/L \times e^{(-0.85/hr \times 2hr)} = 40.19mg/L$

ⓒ 2차 반응 : 반응속도가 한가지 반응물의 농도의 제곱에 비례하여 진행하는 반응

$r = \dfrac{dC}{dt} = -k[C]^2 \xrightarrow{적분} \boxed{\dfrac{1}{C_o} - \dfrac{1}{C_t} = -k \cdot t}$ ★★

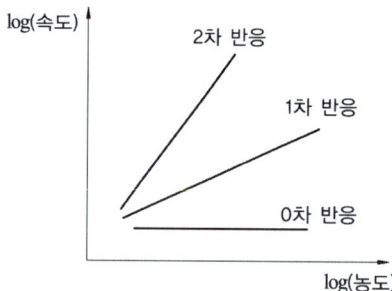

02 반감기

반감기를 사용하면 $C_t = \dfrac{1}{2} C_o$가 된다.

① 0차 : $C_t - C_o = -k \cdot t \xrightarrow[C_t = 0.5C_o]{반감기} 0.5C_o - C_o = -k \cdot t$

② 1차 : $\ln \dfrac{C_t}{C_o} = -k \cdot t \xrightarrow[C_t = 0.5C_o]{반감기} \ln \dfrac{0.5C_o}{C_o} = -k \cdot t \Rightarrow \boxed{\ln \dfrac{1}{2} = -k \times t}$ ★★

③ 2차 : $\dfrac{1}{C_o} - \dfrac{1}{C_t} = -k \cdot t \xrightarrow[C_t = 0.5C_o]{반감기} \dfrac{1}{C_o} - \dfrac{1}{0.5C_o} = -k \cdot t$

Question 03

반감기가 1일인 방사성 폐수의 농도가 100mg/L라면 감소속도상수(/day)를 계산하시오.(단, 1차 반응으로 가정한다.)

풀이

$$\ln \frac{C_t}{C_o} = -k \times t \xrightarrow[C_t = \frac{1}{2}C_o]{\text{반감기}} \ln \frac{1}{2} = -k \times t$$

$$\therefore \ln \frac{1}{2} = -k \times 1\text{day} \quad \therefore k = 0.693/\text{day}$$

03 반응조의 종류

1. 완전혼합흐름상태(CFSTR, CSTR, CMR)

(1) 완전혼합형 활성슬러지법 공정도

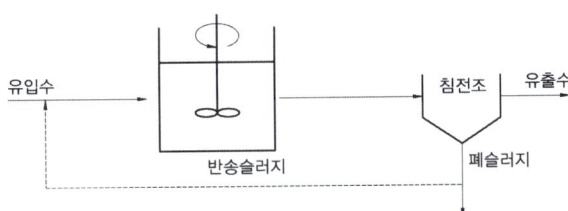

★★ (2) 완전혼합 흐름상태(CFSTR)

① 분산 : 1
② 분산수 : 무한대(∞)
③ 모릴지수(Morrill 지수) : 클수록
④ 지체시간 : 0
⑤ 단로흐름으로 dead space를 동반할 수 있다.
⑥ 반응조 내에 유체는 즉시 완전히 혼합된다고 가정한다.

> **Question 04**
>
> 완전혼합흐름 상태에 대한 내용으로 알맞은 것은 어느 것인가?
> ㉮ 분산이 1일 때 이상적 완전혼합 상태이다.
> ㉯ 분산수가 0일 때 이상적 완전혼합 상태이다.
> ㉰ Morrill 지수의 값이 1에 가까울수록 이상적 완전혼합 상태이다.
> ㉱ 지체시간이 이론적 체류시간과 동일할 때 이상적 완전혼합 상태이다.
>
> **풀이** ㉯ 분산수가 무한대일 때 이상적 완전혼합 상태이다.
> ㉰ Morrill 지수의 값이 클수록 이상적 완전혼합 상태이다.
> ㉱ 지체시간이 0일 때 이상적 완전혼합 상태이다.

(3) 완전혼합형(CFSTR) 반응조에서 1차 반응식

★★ $Q(C_o - C_t) = k \times V \times C_t$

- Q : 유량(m^3/hr)
- C_o : 초기농도(mg/L)
- C_t : t시간 후의 농도(mg/L)
- k : 상수(/hr)
- V : 체적(m^3)

TIP

k가 없거나 희석만 고려하는 경우에는 다음과 같다.

$$\ln \frac{C_t}{C_o} = -\left(\frac{Q}{V}\right) \times t$$

2. 이상적인 플러그흐름 반응조(PFR)

(1) 플러그 흐름 활성슬러지법 공정도

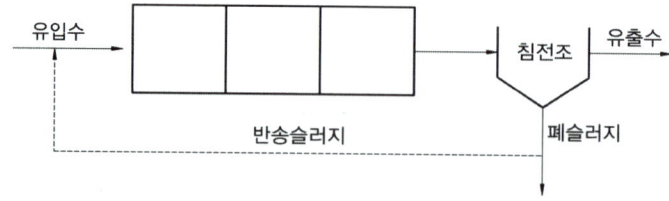

★★ (2) 이상적인 플러그 흐름 상태(PFR)

① 분산 : 0

② 분산수 : 0

③ 모릴지수(Morrill 지수) : 1

④ 지체시간 : 이론적 체류시간과 동일할 때
⑤ 충격부하, 부하변동에 취약하다.
⑥ 탱크가 옆으로 길고 상하는 혼합하나 좌우혼합은 없다.

> **Question 05**
>
> 이상적 Plug flow에 관한 설명으로 옳지 않은 것은?
> ㉮ 분산(Variance)은 0이다.
> ㉯ 분산수(Dispersion No)는 0이다.
> ㉰ 모릴지수(Morrill Index)가 0이다.
> ㉱ 충격부하, 부하변동에 취약한 편이다.
>
> **풀이** ㉰ 모릴지수(Morrill Index)는 1이다.

(3) 플러그반응조(PFR)에서 1차 반응식

★★ $\ln \dfrac{C_t}{C_o} = -\left(\dfrac{Q}{V}\right) \times t$

$\begin{bmatrix} C_o : \text{초기농도(mg/L)} & C_t : t\text{시간 후의 농도(mg/L)} \\ k : \text{상수(/hr)} & V : \text{체적(m}^3\text{)} & Q : \text{유량(m}^3\text{/hr)} \end{bmatrix}$

3. Morrill Index(모릴지수 : Mo)

$M_o = \dfrac{t_{90}}{t_{10}}$

$\begin{bmatrix} t_{90} : 90\% \text{가 유출될 때까지의 시간(min)} & t_{10} : 10\% \text{가 유출될 때까지의 시간(min)} \end{bmatrix}$

★★★ 4. CFSTR과 PFR의 비교

	CFSTR	PFR
분산	1	0
분산수	무한대(∞)	0
모릴지수	클수록	1
지체시간	0	이론적 체류시간과 동일할 때

★★★ 5. 반응조에서 1차반응식 공식 비교

① 플러그흐름 반응조(PFR)

$$\ln \frac{C_t}{C_o} = -\left(\frac{Q}{V}\right) \times t$$

② 완전혼합형 반응조(CFSTR)

㉠ k가 주어진 경우

$$Q \times (C_o - C_t) = k \times V \times C_t$$

㉡ k가 없거나 희석만 고려하는 경우

$$\ln \frac{C_t}{C_o} = -\left(\frac{Q}{V}\right) \times t$$

Question 06

특정의 반응물을 포함한 유체가 CFSTR을 통과할 때 반응물의 농도가 100mg/L에서 10mg/L로 감소하였고, 반응기 내의 반응이 1차반응이며 유체의 유량이 1,000m³/day이라면, 반응기 체적(m³)을 계산하시오. (단, 반응속도상수는 0.5day⁻¹)

풀이 CFSTR에서 1차 반응식은 $Q(C_o - C_t) = k \cdot V \cdot C_t$이다.
1,000m³/day×(100-10)mg/L = 0.5/day×V×10mg/L   ∴ V = 18,000m³

Question 07

용량이 6,000m³인 수조에 400m³/hr의 유량이 유입된다면 수조 내 BOD 200mg/L가 20mg/L로 될 때 까지의 소요시간(hr)을 계산하시오. (단, 유입수 내 BOD = 0이며, 완전 혼합형(희석 효과만 고려함.))

풀이

$$\ln \frac{C_t}{C_o} = -\left(\frac{Q}{V}\right) \times t$$

$\begin{bmatrix} C_o : \text{초기농도(mg/L)} & C_t : t\text{시간 후 농도(mg/L)} & Q : \text{유량(m}^3\text{/hr)} \\ V : \text{체적(m}^3\text{)} & t : \text{시간(hr)} & k = \frac{Q}{V} \end{bmatrix}$

따라서 $\ln\left(\frac{20\text{mg/L}}{200\text{mg/L}}\right) = -\left(\frac{400\text{m}^3\text{/hr}}{6,000\text{m}^3}\right) \times t$ ∴ t = 34.54hr

TIP
완전혼합형 반응조의 1차 반응식은 $Q(C_o - C_t) = k \cdot V \cdot C_t$로 계산되지만 k가 없거나 희석만 고려하는 경우는 $\ln \frac{C_t}{C_o} = -\left(\frac{Q}{V}\right) \times t$를 이용하여 계산한다.

CHAPTER 03 수자원 및 물의 특성

01 수자원

1. 물의 순환

물 순환의 근본에너지는 태양에너지다.

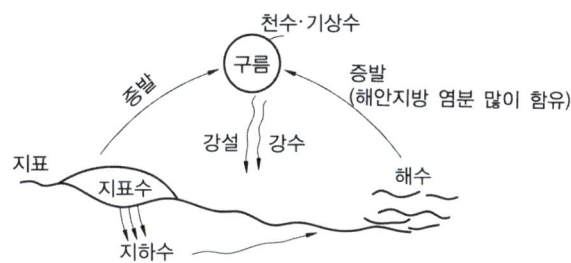

2. 지구상의 수자원은 해수와 담수로 나누어진다.

① 수자원 중 해수가 97%이고 담수가 3%를 차지한다.
 ② 담수의 분포는 다음과 같다.
　　빙하(만년설 포함) > 지하수 > 지표수 > 토양의 수분 > 대기 중의 수분
　　(중요) 담수 중에서 가장 많은 양을 차지하는 것은 빙하(만년설 포함)이다.

> **Question 01**
> 지구에서 물(담수)의 저장 형태 중 가장 많은 양을 차지하는 것은?
> ㉮ 만년설과 빙하　　㉯ 담수호　　㉰ 토양수　　㉱ 대기
> ㉮

★★ ③ 우리나라 수자원 이용현황은
농업용수 > 하천유지용수 > 생활용수 > 공업용수 순서이다.

Question 02

다음 우리나라의 수자원 이용현황 중 가장 많은 용도로 사용하고 있는 용수는 어느 것인가?
㉮ 생활용수 ㉯ 공업용수 ㉰ 하천유지용수 ㉱ 농업용수

정답 ㉱

02 물의 특성

★★ 1. 물의 물리적 성질

① 비열 : 1.0cal/g·℃(15℃)
② 표면장력 : 72.75dyne/cm(20℃)
③ 융해열 : 79.40cal/g(0℃)
④ 음파의 전파속도 : 1482.9m/sec(20℃)
⑤ 비저항 : $2.5 \times 10^7 \Omega \cdot cm$
⑥ 기화열 : 539cal/g(100℃)
⑦ 비점 : 100℃(1기압하)
⑧ 빙점 : 0℃(1기압하)
⑨ 밀도 : 1.000g/cm³(4℃)

Question 03

순수한 물의 물리적 특성에 대한 내용으로 옳지 않는 것은?
㉮ 4℃, 1기압에서 밀도는 1,000kg/m³이다.
㉯ 비열은 1.0 cal/g·℃(15℃) 이다.
㉰ 융해열은 79.4 cal/g(0℃) 이다.
㉱ 표면장력은 539 dyne/cm²(20℃) 이다.

풀이 ㉱ 표면장력은 72.75dyne/cm(20℃) 이다.

★★★ 2. 물의 물리적 특성

① 수소와 산소의 공유결합 및 수소결합으로 되어 있다.
② 물의 점도는 표준상태에서 대기의 대략 100배 정도이다.
③ 물 분자 사이의 수소결합으로 큰 표면장력을 갖으며 수온이 증가하면 표면장력은 감소한다.
④ 상온에서 알칼리금속, 알칼리토금속, 철과 반응하여 수소를 발생시킨다.

> **TIP**
> 철과 물의 반응
> $Fe^{2+} + H_2O \rightarrow FeO + H_2 \uparrow$

⑤ 고체상태인 경우 수소결합에 의한 육각형 결정구조로 되어 있다.
★★ ⑥ 액체상태의 경우 공유결합과 수소결합의 구조로 H^+, OH^-로 전리되어 극성을 가진다.
  (화학구조적으로 극성을 띠어 많은 물질들을 녹일 수 있다.)

> **TIP**
> ① 극성 : 물에 녹으며, 비대칭구조를 가진다.
> ② 비극성 : 물에 녹지 않으며, 대칭구조를 가진다.

⑦ 온도차에 의한 밀도변화는 호수의 계절적 성층화와 전도를 유도한다.

> **TIP**
> ① 성층화 현상 { 강한 성층 : 여름
>   { 약한 성층 : 겨울
> ② 전도현상 : 봄과 가을

★★ ⑧ 물은 2개의 수소원자가 산소원자를 사이에 두고 104.5°의 결합각을 가진 구조로 되어 있다.
★★ ⑨ 물은 유사한 분자량의 화합물보다 비열이 매우 커 수온의 급격한 변화를 방지해 준다.
⑩ 지구상에서의 물의 대규모 순환은 해양에서 대기로, 대기에서 육상 또는 해상으로, 육지에서 해양으로의 이동이다.
★★ ⑪ 기화열이 크기 때문에 생물의 효과적인 체온조절이 가능하다.
★★ ⑫ 생물체의 결빙이 쉽게 일어나지 않음은 물의 융해열이 크기 때문이다.

★★ ⑬ 비열은 1g의 물질을 14.5℃~15.5℃까지 1℃ 올리는데 필요한 열량으로 물은 유사한 분자량을 갖는 다른 화합물보다 비열이 매우 큰 특성이 있다.
★★ ⑭ 물의 점도는 수온과 불순물의 농도에 따라 달라지고, 물분자 상호간의 인력때문에 생기게 되며 온도가 높아짐에 따라 작아진다.
★★ ⑮ 물은 비압축성이며 다른 액체상태의 물질과는 달리 약 4℃일 때 물의 비중은 1.0이며, 물의 밀도는 1,000kg/m^3으로 최대값을 가진다.
⑯ 광합성의 수소공여체이며 호흡의 최종 산물이다.
⑰ 순수한 물은 극히 약한 전해질이다.
⑱ 25℃ 물의 이온곱(K_w)은 $1.0×10^{-14}$이다.
⑲ 온도가 증가하면 이온곱(K_w)은 증가하고, 온도가 일정하면 이온곱(K_w)도 일정하다.
★★ ⑳ 순수한 물에서 온도가 증가하면 pH가 감소한다.
㉑ 순수한 물의 액성은 중성이다.

TIP
① 수소공여체 : 생체 산화 환원계에서 수소를 다른 물질에 공급하고 그 자신은 산화되는 물질
② 수소수용체 : 탈수소반응에서, 반응물질에서 나오는 수소와 결합하여 스스로 변화하는 물질

Question 04
물의 특성에 관한 설명으로 잘못된 것은 어느 것인가?
㉮ 물은 2개의 수소원자가 산소원자를 사이에 두고 104.5°의 결합각을 가진 구조로 되어 있다.
㉯ 물은 극성을 띠지 않아 다양한 물질의 용매로 사용된다.
㉰ 물은 유사한 분자량의 다른 화합물보다 비열이 매우 커 수온의 급격한 변화를 방지해준다.
㉱ 물의 밀도는 4℃에서 가장 크다.

풀이 ㉯ 물은 극성을 띠며 다양한 물질의 용매로 사용된다.

3. 표면장력

① 표면장력은 단위길이당 작용하는 힘으로 액체표면에서 액체 내부의 당기는 힘에 의해 액체표면에 움츠이는 힘이 생기는 것을 말한다.

② 용액의 무게 = 표면장력  × 접촉면 길이(원주길이) × $\cos\theta$

③ 용액의 무게 = 부피 × 비중량

⇒ ②식과 ③식을 등식으로 성립시키면

표면장력 × 접촉면길이 × $\cos\theta$ = 부피 × 비중량

T_m(표면장력) × π × D × $\cos\theta$

$= \dfrac{\pi D^2}{4} \times h(높이) \times rw(물의 비중량)$

★★ ∴ $h = \dfrac{4 \cdot T_m \cdot \cos\theta}{D \cdot rw}$

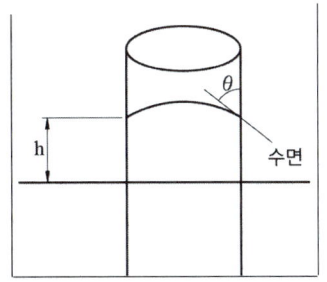

TIP

$\begin{cases} T_m(g_f/cm) = dyne/cm \times \dfrac{1g_f}{980dyne} \\ rw(물의 비중) = 1.0g_f/cm^3 \\ D : 모세관 직경(cm) \end{cases}$

Question 05

모세관현상을 이용한 물 순환장치를 설계하고자 한다. 1cm의 물기둥을 세울 수 있는 유리관의 지름(mm)을 계산하시오. (단, 물은 정지하고 있으며, 물의 온도는 15℃, 이때의 표면장력은 73.5 dyne/cm, 물과 유리와의 접촉각은 8°이다.)

풀이

$D = \dfrac{4 \times T_m \times \cos\theta}{r \times h} = \dfrac{4 \times (73.5 dyne/cm \times \dfrac{1g_f}{980dyne})g_f/cm \times \cos 8°}{1g_f/cm^3 \times 1cm} = 0.297cm = 2.97mm$

TIP

$T_m(g_f/cm) = T_m(dyne/cm) \times \dfrac{1g_f}{980dyne} = T_m(dyne/cm) \div 980$

$T_m(kg_f/m) = T_m(N/m) \times \dfrac{1kg_f}{9.8N} = T_m(N/m) \div 9.8$

03 수자원의 특성

1. 우 수

① 우수의 주성분은 육수(陸水)보다는 해수(海水)의 주성분과 거의 동일하다고 할 수 있다.
② 해안에 가까운 우수는 염분함량의 변화가 크다.
③ 산성비가 내리는 것은 대기오염물질인 NO_X, SO_X 등의 용존성분 때문이다.
④ 완충작용이 작다

Question 06

우수(雨水)에 대한 내용으로 틀린 것은 어느 것인가?

㉮ 우수의 주성분은 육수(陸水)보다는 해수(海水)의 주성분과 거의 동일하다고 할 수 있다.
㉯ 해안에 가까운 우수는 염분함량의 변화가 크다.
㉰ 용해성분이 많아 완충작용이 크다.
㉱ 산성비가 내리는 것은 대기오염물질인 NO_X, SO_X 등의 용존성분 때문이다.

풀이 ㉰ 용해성분이 적어 완충작용이 낮다.

2. 산성강우

① 주요 원인 물질은 유황산화물, 질소산화물, 염산을 들 수 있다.
② 초목의 잎과 토양으로부터 Ca^{2+}, Mg^{2+}, K^+ 등의 용출속도를 증가시킨다.
★★ ③ 보통 대기 중 탄산가스와 평형상태에 있는 물은 약 pH 5.6의 산성을 띠고 있다.

Question 07

산성비를 정의할 때 기준이 되는 수소이온농도(pH)는?

㉮ 4.3   ㉯ 4.5   ㉰ 5.6   ㉱ 6.3

풀이 산성비는 대기중의 탄산가스(CO_2)가 대기 중의 수분이나 운적에 용해되면 약산성인 탄산을 형성하여 포화 평형상태의 pH는 5.6이 된다.

3. 하천수

★★ ① 탁도와 색도를 나타낸다.
★★ ② 하상계수(최대유량과 최소유량의 비)가 크다.
　　③ 갈수기에는 수질이 악화되기 쉽다.
　　④ 미생물과 유기물이 많이 함유되어 있다.
　　⑤ 자연수의 pH는 일반적으로 CO_2와 CO_3^{2-}의 비율로서 결정된다.

Question 08

다음 중 우리나라 하천수에 대한 설명으로 틀린 것은?

㉮ 탁도와 색도를 나타낸다.
㉯ 하상계수가 작다.
㉰ 미생물과 유기물이 많이 함유되어 있다.
㉱ 자연수의 pH는 일반적으로 CO_2와 CO_3^{-2}의 비율로서 결정된다.

[풀이] ㉯ 하상계수가 크다.

4. 호소수

① 냄새, 색도, 탁도를 나타낸다.
★★ ② 영양염류(N, P)가 많아 농업용수로 적합하다.
★★ ③ 부영양화 현상(녹조현상)이 잘 발생한다.
★★ ④ 미생물 중에서 조류가 존재할 경우에는 엽록소를 가지므로 광합성 작용을 한다.

　　㉠ 광합성 작용 : $CO_2 + H_2O \underset{낮}{\overset{빛}{\rightarrow}} [CH_2O] + O_2 \uparrow$

　　㉡ 낮 : CO_2 감소, O_2 증가, pH 증가

　　㉢ 밤 : CO_2 증가, O_2 감소, pH 감소

TIP
CO_2는 약산성 물질이므로 호소수에 CO_2가 증가하면 pH는 낮아지고, 호소수에 CO_2가 감소하면 pH는 증가하게 된다.

5. 지하수

★★★ **(1) 지하수의 특징**

① 분해성 유기물질이 풍부한 토양을 통과하게 되면 지하수 내에 대량의 이산화탄소가 용해된다.
★★ ② 유속이 느리며 국지적 환경조건의 영향을 크게 받는다.
★★ ③ 경도가 높고 탁도가 낮다.
★★ ④ 년중 수온의 변동 및 유량의 변화가 적고, 자정작용이 느리다.
⑤ 세균에 의한 유기물의 분해가 주된 생물작용이다.
★★ ⑥ 비교적 얕은 지하수의 염분농도는 하천수보다 평균 30% 이상 큰 값을 나타낸다.
⑦ 지하수의 오염경로는 복잡하여 오염원에 의한 오염범위를 명확하게 구분하기가 용이하지 못하다.
⑧ 지하수는 흐름을 눈으로 관찰할 수 없기 때문에 대부분의 경우 오염원의 흐름방향을 명확하게 확인하기 어렵다.
⑨ 오염된 지하수층을 제거, 원상 복구하는 것은 매우 어려우며 많은 비용과 시간이 소요된다.
⑩ 지하수는 대부분 지역에서 느린 속도로 이동하여 관측정이 오염원으로부터 원거리에 위치한 경우 오염원의 발견에 많은 시간이 소요될 수 있다.

Question 09

지하수의 특성에 관한 설명으로 가장 거리가 먼 것은?

㉮ 염분함량이 지표수보다 낮다.
㉯ 주로 세균(혐기성)에 의한 유기물 분해작용이 일어난다.
㉰ 국지적인 환경조건의 영향을 크게 받는다.
㉱ 빗물로 인하여 광물질이 용해되어 경도가 높다.

풀이 ㉮ 염분함량이 지표수보다 높다.

TIP

지하수에서 경도가 높은 이유
토양수 내 유기물질 분해에 따른 탄산가스의 발생과 약산성의 빗물로 인하여 광물질이 용해되기 때문이다.

Question 10

자연수 중 지하수의 경도가 높은 이유는 다음 중 주로 어떤 물질의 영향인가?

㉮ NH_3 ㉯ O_2 ㉰ Colloid ㉱ CO_2

정답 ㉱

★★★ (2) 지하수 수질의 수직 분포

① 산화-환원 전위(ORP) : 상층수(고), 하층수(저)
② 용존산소(DO) : 상층수(대), 하층수(소)
③ 황산이온(SO_4^{2-}) : 상층수(대), 하층수(소)
④ 질산이온(NO_3^-) : 상층수(대), 하층수(소)
⑤ pH : 상층수(대), 하층수(소)
⑥ 유리탄산 : 상층수(대), 하층수(소)
⑦ 질소 : 상층수(소), 하층수(대)
⑧ 염분 : 상층수(소), 하층수(대)
⑨ 철이온(Fe^{2+}) : 상층수(소), 하층수(대)
⑩ 알칼리도 : 상층수(소), 하층수(대)

★★ Question 11

다음은 지하수 수질의 수직분포에 대한 설명이다. 틀린 것은?

㉮ ORP : 상층수(고), 하층수(저)
㉯ 용존산소 : 상층수(대), 하층수(소)
㉰ 유리탄산 : 상층수(대), 하층수(소)
㉱ 염분 : 상층수(대), 하층수(소)

풀이 ㉱ 염분 : 상층수(소), 하층수(대)

04 SAR(Sodium Adsorption Ratio) : 나트륨 흡착률

① $SAR = \dfrac{Na^+}{\sqrt{\dfrac{Mg^{2+}+Ca^{2+}}{2}}}$

Question 12

농업용수의 수질을 분석할 때 이용되는 SAR(Sodium Adsorption Ratio)과 관계 없는 것은?

㉮ Na^+ ㉯ Mg^{2+} ㉰ Ca^{2+} ㉱ Fe^{2+}

풀이 SAR(나트륨 흡착률) = $\dfrac{Na^+}{\sqrt{\dfrac{Mg^{2+}+Ca^{2+}}{2}}}$ 이므로 정답은 ㉱번이다.

② 단위 : meq/L = mN = mg/L ÷ 1mg당량

Na^+ = Na^+mg/L ÷ 23

Ca^{2+} = Ca^{2+}mg/L ÷ 20

Mg^{2+} = Mg^{2+}mg/L ÷ 12

③ 판정
- SAR 0~10 : 영향 적음
- SAR 10~18 : 중간 정도 영향
- SAR 18~26 : 큰 영향
- SAR 26 이상 : 아주 큰 영향

Question 13

다음 수질을 가진 농업용수의 SAR값을 계산하시오. (단, Na^+ = 1,725mg/L, PO_4^{3-} = 1,500mg/L, Cl^- = 108mg/L, Ca^{2+} = 600mg/L, Mg^{2+} = 240mg/L, NH_3-N = 380mg/L, Na 원자량 : 23, P 원자량 : 31, Cl 원자량 : 35.5, Ca 원자량 : 40, Mg 원자량 : 24, N 원자량 : 14)

풀이 SAR(Sodium Adsorption Ratio) : 나트륨 흡착률

① SAR = $\dfrac{Na^+}{\sqrt{\dfrac{Mg^{2+}+Ca^{2+}}{2}}}$

② 단위 : meq/L = mN = mg/L ÷ 1mg 당량

Na^+ = 1,725mg/L ÷ 23 = 75mN

Ca^{2+} = 600mg/L ÷ 20 = 30mN

Mg^{2+} = 240mg/L ÷ 12 = 20mN

③ SAR = $\dfrac{75}{\sqrt{\dfrac{30+20}{2}}}$ = 15

CHAPTER 04 수질 미생물학

01 미생물의 분류 및 특성

1. 에너지원과 탄소원에 의한 미생물의 분류

① 광합성 독립(자가) 영양 미생물의 에너지원은 빛이며 탄소원은 CO_2이다.
② 화학합성 독립(자가) 영양 미생물의 에너지원은 무기물의 산화·환원반응이며 탄소원은 CO_2이다.
③ 광합성 종속(타가) 영양 미생물의 에너지원은 빛이며 탄소원은 유기탄소이다.
④ 화학합성 종속(타가)영양 미생물의 에너지원은 유기물의 산화·환원반응이며 탄소원은 유기탄소다.

분 류	에너지원	탄소원
광합성 독립(자가) 영양 미생물	빛	CO_2
화학합성 독립(자가) 영양 미생물	무기물의 산화·환원 반응	CO_2
광합성 종속(타가) 영양 미생물	빛	유기탄소
화학합성 종속(타가) 영양 미생물	유기물의 산화·환원 반응	유기탄소

Question 01

미생물의 분류에서 탄소원이 CO_2이고 에너지원을 무기물의 산화·환원으로부터 얻는 미생물은?

㉮ Photoautotrophics
㉯ Chemoautotrophics
㉰ Photoheterotrophics
㉱ Chemoheterotrophics

정답 ㉯

Question 02

화학합성 자가영양미생물계의 에너지원과 탄소원으로 가장 옳은 것은?

㉮ 빛, CO_2
㉯ 유기물질의 산화환원반응, 유기탄소
㉰ 빛, 유기탄소
㉱ 무기물의 산화환원반응, CO_2

정답 ㉱

2. 광합성 작용

① 호기성 광합성(녹색식물의 광합성)은 진조류와 청록조류를 위시하여 고등식물에서 발견된다.
② 녹색식물의 광합성은 탄산가스와 물로부터 산소와 포도당(또는 포도당 유도산물)을 생성하는 것이 특징이다.
③ 녹색식물의 광합성시 광은 에너지를 그리고 물은 환원반응에 수소를 공급해 준다.
④ 세균활동에 의한 광합성은 황화수소와 수소를 수소원으로 하며 산소가 발생하지 않는다.
⑤ 광합성 반응식 $CO_2 + H_2O \underset{낮}{\overset{햇빛}{\rightarrow}} [CH_2O] + O_2 \uparrow$

3. 이화작용(Catabolic Processes)

① 세포합성에 필요한 전구물질과 에너지를 얻기 위해 세포에 의해서 수행되는 화학반응 (대사, 생물체가 화학적으로 복잡한 물질을 간단한 물질로 분해하는 과정)
② 발열반응이며 에너지 생성 반응이다.

Question 03

미생물에 의한 영양대사과정 중 에너지 생성반응으로서 기질이 세포에 의해 이용되고, 복잡한 물질에서 간단한 물질로 분해되는 과정(작용)을 무엇이라고 하는가?

㉮ 이화　　㉯ 동화　　㉰ 동기화　　㉱ 환원

정답 ㉮

4. 동화작용(Anabolic Processes)

① 세포가 새로운 세포를 합성하는데 이용
② 흡열반응이며 소비반응이다.

5. 질소순환

① 질소를 고정하는 미생물은 공생적 질소 고정작용을 하는 뿌리혹 박테리아(Rhizobium)가 있다.
② 무기질소는 유기질소 형태로 결합된 후 단백질이나 헥산을 거쳐서 노폐물이나 죽은 생물체의 원형질 형태로 되돌아온다.
③ 질산화 미생물은 화학합성을 하는 독립영양미생물이다.
④ 질산화과정에서 암모니아성 질소에서 아질산성 질소를 전환되는 것보다 아질산성 질소에서 질산성 질소로 전환되는 것이 적은 양의 에너지가 소비된다.
⑤ 대기의 질소는 방전작용과 질소고정세균, 조류 특히 남조류에 의하여 끊임없이 제거된다.
⑥ 아질산균은 호기성하에서 암모니아를 아질산염으로 변화시키고 그 산화로부터 필요한 에너지를 얻는다.
⑦ 동물이나 인간은 대기나 무기물 중의 질소를 이용하여 단백질을 만들어 낼 수 없다.
⑧ 호기성 조건에서 암모늄이온은 일부 독립영양미생물에 의하여 아질산성 질소와 질산성 질소의 형태로 전환되는데 이 과정을 Nitrification이라고 한다. (암모니아성 질소는 호기성 조건하에서는 질산균에 의해 NO_2-N, NO_3-N이 된다.)

Question 04

생태계에서 질소의 순환을 설명한 내용으로 옳지 않은 것은?

㉮ 대기 중의 질소는 질소고정박테리아와 특정한 조류에 의해 단백질로 전환된다.
㉯ 질산화 미생물은 호기성미생물이며 독립영양미생물에 속한다.
㉰ Nitrosomonas균은 호기성 상태에서 암모니아를 아질산염으로 전환시킨다.
㉱ 소변 속의 질소는 요소로서 효소 urease에 의하여 질산성 질소로 가수 분해된다.

풀이 ㉱ 소변 속의 질소는 요소로서 효소 urease에 의하여 암모니아성 질소로 가수 분해 된다.

> **TIP**
>
> 우레아제(urease) : 요소를 가수분해하여 암모니아와 이산화탄소로 분해하는 효소로 세균, 효모, 고등 동식물 등에 많이 존재한다.

02 미생물의 종류

1. 환경미생물

① 미생물계에 있어서 진핵세포와 원핵세포의 차이는 핵막의 유무뿐만 아니라 세포구조의 다른 점에도 있다.
② 미생물의 성장단계 중 감소성장단계를 수처리에 주로 적용하고 있다.
③ 진균류는 다핵의 진핵생물이며 비광합성이고 호기성이다.
④ 박테리아는 미세한 단세포 생물로서 분열에 의해서 증식한다.
⑤ 친냉성 미생물 : 10~30℃(최적 12~18℃)
　친온성 미생물 : 20~50℃(최적 25~40℃)
　친열성 미생물 : 35~75℃(최적 55~65℃)

★★★ 2. 중요한 물질의 경험적인 화학식

① 박테리아 : $C_5H_7O_2N$ $\xrightarrow{암기법}$ 오칠이

② 혐기성 박테리아 : $C_5H_9O_3N$ $\xrightarrow{암기법}$ 오구삼

③ 조류 : $C_5H_8O_2N$ $\xrightarrow{암기법}$ 오팔이

④ 곰팡이(Fungi) : $C_{10}H_{17}O_6N$ $\xrightarrow{암기법}$ 일공 일칠 육

⑤ 원생동물(Protozoa) : $C_7H_{14}O_3N$ $\xrightarrow{암기법}$ 칠 일사 삼

Question 05

수질오염에 관계되는 미생물과 그 경험적 분자식이 알맞은 것은 어느 것인가?

㉮ Bacteria : $C_5H_{10}O_2N$
㉯ Algae : $C_7H_{12}O_2N$
㉰ Protozoa : $C_7H_{14}O_3N$
㉱ Fungi : $C_{10}H_{15}O_6N$

정답 ㉰

★ 3. Fungi(곰팡이)

① 유기물질을 섭취하는 식물로 폐수 내의 질소와 용존산소가 부족한 경우에도 잘 성장하며 pH가 낮은 경우에도 잘 자라 산성폐수의 처리에도 이용되는 미생물이다.
★★ ② 경험적인 화학식은 $C_{10}H_{17}O_6N$이다.
★★ ③ 활성슬러지의 팽화(벌킹)현상을 유발한다.
★★ ④ 엽록소가 없어 탄소동화작용을 못한다.

Question 06

곰팡이(fungi)에 대한 설명으로 틀린 것은?
㉮ pH가 낮은 경우에도 잘 자란다.
㉯ 경험적인 화학식은 $C_{10}H_{17}O_6N$이다.
㉰ 활성슬러지의 팽화현상을 유발한다.
㉱ 엽록소가 있어 탄소동화작용을 한다.

풀이 ㉱ 엽록소가 없어 탄소동화작용을 못한다.

★★ 4. Bacteria(박테리아)

① 가장 간단한 식물로서 용해된 유기물을 섭취하며 생물학적 수처리에서 가장 중요한 미생물이다.
★★ ② 경험적 화학식은 $C_5H_7O_2N$이다.
★★ ③ 박테리아는 H_2O가 80%, 고형물이 20%로 구성되어 있으며 고형물은 90%가 유기물이고 10%가 무기물이다.
★★ ④ 박테리아는 0.8~5μm의 단세포생물이며 이분법(세포분열)에 의해 증식한다.
⑤ 환경인자(pH, 온도)에 대하여 민감하며 열보다 낮은 온도에서 저항성이 높다.
⑥ 성장을 위한 환경적인 조건에 따라 분류할 때 바닷물과 비슷한 염 조건하에서 가장 잘

자라는 박테리아(호염균)가 Halophiles이다.
★★ ⑦ 엽록소가 없어 탄소동화작용을 못한다.

> **TIP**
> 혐기성 박테리아의 경험적 화학식은 $C_5H_9O_3N$ 이다.

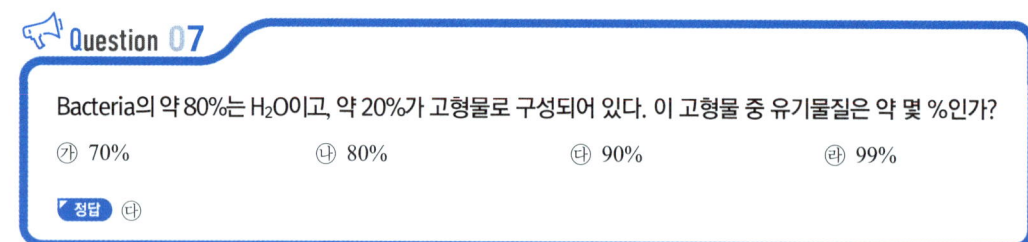

Question 07

Bacteria의 약 80%는 H_2O이고, 약 20%가 고형물로 구성되어 있다. 이 고형물 중 유기물질은 약 몇 %인가?

㉮ 70% ㉯ 80% ㉰ 90% ㉱ 99%

정답 ㉰

★★ 5. 조류

★★ ① 경험적인 화학식이 $C_5H_8O_2N$으로 수중의 용존산소 균형에 영향을 준다.
② 상수원에서는 색, 맛, 불쾌한 냄새유발, pH저하, 여과지나 스크린 폐쇄 등에 영향을 준다.
★★ ③ 엽록소를 가지며 탄소동화작용(광합성작용)을 한다.

(1) 규조류

① 봄과 가을에 순간적 급성장을 보여 호수와 성층현상과 관련 있는 것으로 판단되는 조류는 보통 단세포이며 드물게 군락을 이루고 있는 경우가 있으며 초기지질시대에 호수에 번성하여 축적된 잔해가 가끔 거대한 퇴적층을 형성하기도 하는 조류이다.
② 황조류로 엽록소 a, c와 크산토필의 색소를 가지고 있는 세포벽이 형태상 독특한 단세포 조류이며, 찬물 속에서도 잘 자라 북극지방에서나 겨울철에 번성하는 것을 발견할 수 있는 조류이다.

(2) 남조류(Blue green algae)

① 세포벽의 형태가 박테리아와 유사하며, 섬유상이나 군락상의 단세포로 편모가 없으며, 엽록소가 엽록체 내부에 있지 않고 세포 전체에 퍼져있는 원핵생물이다.
② 내부기관이 발달되어 있지 않고 Bacteria에 가까우며 광합성을 하는 미생물이다.
③ 호기성 신진대사를 하며 전자공여체로 물을 사용한다.
★★ ④ 대기로부터 질소고정능력을 가진다.

Question 08

내부기관이 발달되어 있지 않고 Bacteria에 가까우며 광합성을 하는 미생물로 엽록소가 엽록체 내부에 있지 않고 세포전체에 퍼져있는 것은? (단, 섬유상이나 군락상의 단세포로 편모없음)

㉮ 규조류　　　㉯ 남조류　　　㉰ 녹조류　　　㉱ 진균류

정답 ㉯

(3) 녹조류(Green Algae)

① 조류 중 가장 큰 문(division)이다.
② 세포벽은 엽록소이다.
★★ ③ 클로로필 a, b를 가지고 있다.
④ 종류는 단세포와 다세포가 있으며, 비운동성이 있는가 하면 유영편모(Swimming flagella)를 갖춘 것도 있다.

6. 효 모

★★ ① 무성생식의 하나인 출아에 의해서 번식하는 비사상성 곰팡이다.
② 넓은 범위의 온도 및 pH에 적응하기 때문에 자연수계에서 높은 농도로 발견된다.
③ 광합성 능력이 없고 운동성이 없는 단세포생물의 총칭이다.
★★ ④ 8μm 크기의 타원형과 구형이 있다.
⑤ 포자를 만들지 않는 효모는 불완전 균류에 속한다.

7. 원생동물(Protozoa)

① 많은 원생동물은 녹조류가 진화과정에서 단지 엽록소를 상실함으로써 생긴 것으로 추측할 수 있다.
★★ ② 구성물질은 80% 정도가 물이며 경험적으로 $C_7H_{14}O_3N$의 화학구조식으로 사용한다.
★★ ③ 대개 호기성으로 크기가 100μm 이내의 것이 많으며 용해성 유기물 또는 세균 등을 섭취한다.
④ 원생동물은 위족류, 편모충류, 섬모충류 등으로 나눌 수 있다.
⑤ 단핵, 운동성, 비광합성 미생물이다.

(1) 위족류

① 원형질이 일정한 모양을 유지하지 않으며 유동하여 위족을 만들어서 아메바상 운동을 한다.
② 세포벽을 갖지 않는다.

(2) 편모충류

① 몸에 1개 이상의 편모를 가진다.
② 편모를 움직여 활발히 운동한다.
③ 식물성 편모충류는 색소체를 가지며 독립(자가) 영양성이다.
④ 동물성 편모충류는 색소체가 없으며 종속(타가) 영양성이다.

(3) 섬모충류

① 몸 전체나 일부에 여러 개의 섬모가 있으며 그것으로 움직이거나 물을 빨아들여 먹이를 잡는다.
② 고착형과 자유유영형이 있다.

8. 후생동물(Metazoa)

① 일명 고등동물이라고도 한다.
② 다세포 동물이다.
③ 해면동물, 윤충류(Rotifer), 선형동물, 연체동물, 절지동물 등이 이에 속한다.
★★ ④ 하천에서 윤충이 발견되면 깨끗한 하천수로 본다.

(1) 윤충류(Rotifer)

① 몸통을 자유롭게 움직이며 위에 있는 입으로 먹이를 먹는다.
② 폐수처리장 유출수에서 Rotifer가 나타나면 폐수처리가 잘 된 것으로 본다.
★★ ③ 하천에서 Rotifer가 있으면 하천수가 깨끗한 상태로 간주한다.

(2) 갑각류(Crusfaceans)

① 생긴 모양이 거미와 비슷하다.
② 박테리아(Bacteria)나 원생동물(Protozoa)로 구성되어 있는 슬러지를 먹이로 한다.

Question 09

미생물과 그 특성에 관한 설명으로 옳지 않은 것은?

㉮ Algae : 녹조류와 규조류 등은 조류 중 진핵조류에 해당한다.
㉯ Fungi : 곰팡이와 효모를 총칭하며, 경험적 조성식이 $C_7H_{14}O_3N$ 이다.
㉰ Bacteria : 아주 작은 단세포생물로서 호기성 박테리아의 경험적 조성식은 $C_5H_7O_2N$ 이다.
㉱ Protozoa : 대개 호기성이며 크기가 100 μm이내가 많다.

풀이 ㉯ Fungi : 곰팡이를 의미하며, 경험적 조성식이 $C_{10}H_{17}O_6N$ 이다.

9. 원핵세포

① 원핵세포의 세포벽은 세포막의 외부에 위치하며 세포를 지지하고 보호해주는 견고한 구조로 되어 있다.
② 원핵세포의 리보솜은 단백질과 리보핵산으로 구성되어 있는 작은 과립체이다.
③ 원핵세포의 세포크기는 진핵세포에 비하여 작다.
④ 세포벽은 펩티드 글리칸으로 구성되어 있다.
★★ ⑤ 유사분열을 하지 않는다.
★★ ⑥ 핵막이 없다.
★★ ⑦ 리보솜은 70S이다.

10. 진핵생물(진핵세포)

★★ ① 유사분열을 하며 염색체가 여러 개이다.
② 호흡을 위한 사립체가 있다.
③ 2~9개의 편모가 있다.
④ 세포벽은 셀룰로즈, 키틴질로 되어 있다.
★★ ⑤ 세포소기관으로 미토콘드리아, 엽록체, 액포 등이 존재한다.
★★ ⑥ 핵막이 있다.
★★ ⑦ 리보솜은 80S(예외로 미토콘드리아와 엽록체는 70S)이다.

Question 10

진핵세포에 관한 설명으로 옳지 않은 것은?

㉮ 유사분열이 아닌 분리분열을 한다.
㉯ 세포소기관으로 미토콘드리아, 엽록체, 액포 등이 존재한다.
㉰ 핵막이 있다.
㉱ 리보솜은 80S(예외 : 미토콘드리아와 엽록체는 70S)이다.

풀이 ㉮ 진핵세포는 유사분열을 한다.

▶ 원핵세포(원핵미생물)와 진핵세포(진핵미생물)의 비교

	원핵세포	진핵세포
핵 막	없다	있다
세포벽	있다 (펩티드 글리칸으로 구성)	동물과 대부분의 원생동물에 없음. 식물, 조류, 곰팡이에 있음. (셀룰로즈, 키틴질로 구성)
세포막	있다	있다
리보솜	있다(70S)	있다(80S)
골지체	없다	있다
리소좀	없다	있다
염색체수	있다	여러 개 있다
편모	있다	있다
미토콘드리아(사립체)	없다	있다
미생물군	박테리아, 남조류	조류, 균류, 원생동물

▶ 박테리아의 세포성분 및 기능

세포성분	기능
세포벽	세포의 기계적 보호기능
세포막	영양분 세포로 들어가는 것 조절(투과 및 수송)
편모	세포 이동력 제공(운동력)
★★ 리보솜	단백질 생성
★★ 메소좀	세포의 호흡기능 집중된 부분

Question 11

진핵세포 또는 원핵세포 내 기관 중 단백질 합성이 주요 기능인 것은?

㉮ 미토콘드리아 ㉯ 리보솜 ㉰ 액포 ㉱ 리소좀

풀이 주요기능
- ㉮ 미토콘드리아 : 세포내 에너지 생성
- ㉯ 리보솜 : 단백질 생성
- ㉰ 액포 : 노폐물 배출 및 저장
- ㉱ 리소좀 : 소화기능

03 미생물의 성장 단계

1. 미생물의 성장과 먹이와의 관계

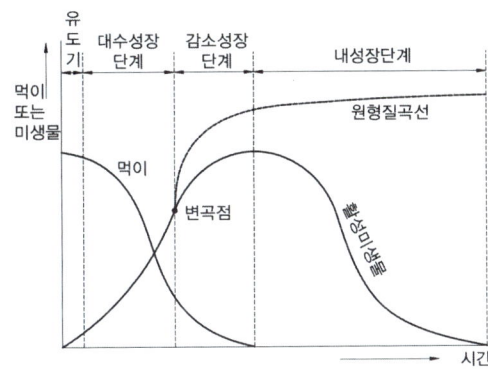

2. 미생물의 성장과 특성

① 순서 : 유도기 → 대수성장단계 → 감소성장단계 → 내성장단계
② 유도기 : 수중에서 미생물과 유기물이 상호작용하는 단계, 각종 효소 단백질을 생합성하는 단계
★★ ③ 대수성장단계 : 미생물이 엉키지 않고 자라는 분산성장단계, 먹이가 풍부하고 증식 속도가 가장 큰 단계, 새로운 세포물질이 지배적인 단계, floc이 비대하여 침강성이 낮은 단계
★★ ④ 감소성장단계 : 미생물이 엉켜 floc 형성 단계, 원형질이 개체수보다 많아지는 단계, 먹이가 부족하게 되는 단계
⑤ 내성장단계 : 미생물의 증식이 정지되는 단계

Question 12

분체증식을 하는 미생물을 회분배양하는 경우 미생물은 시간에 따라 5단계를 거치게 된다. 이 5단계 중 생존한 미생물의 중량보다 미생물 원형질의 전체 중량이 더 크게 되며, 생물수가 최대가 되는 단계로 가장 적합한 것은?

㉮ 증식단계　　　　　　　　　　　㉯ 대수성장단계
㉰ 감소성장단계　　　　　　　　　㉱ 내생성장단계

정답 ㉯

> **TIP**
> 미생물의 증식곡선 단계 순서를 찾는 문제
> ★★① 4단계 : 유도기-대수기-정지기-사멸기
> ② 7단계 : 유도기-대수증식기-감소성장기-정지기-증가사멸기-대수사멸기-사멸기

Question 13

미생물의 증식곡선의 단계 순서로 알맞은 것은 어느 것인가?

㉮ 대수기 - 유도기 - 정지기 - 사멸기　　㉯ 유도기 - 대수기 - 정지기 - 사멸기
㉰ 대수기 - 유도기 - 사멸기 - 정지기　　㉱ 유도기 - 대수기 - 사멸기 - 정지기

정답 ㉯

★★★ 3. Monod식에 의한 세포의 비증식 속도 계산식

$$\mu = \mu_{max} \times \frac{S}{Ks+S}$$

μ : 세포의 비증식 계수(/hr)　　μ_{max} : 세포의 최대 비증식 계수(/hr)　　S : 제한기질의 농도(mg/L)
Ks : 반포화 농도(즉, $\mu = \frac{1}{2}\mu_{max}$ 일 때 제한기질의 농도(mg/L))

Question 14

미생물의 세포증식과 관련한 Monod 형태의 식을 나타낸 것으로 틀린 것은 어느 것인가?

$$\mu = \mu_m \times \frac{S}{K_s+S}$$

㉮ μ는 비성장률로 단위는 시간$^{-1}$이다.
㉯ μ_m는 최대 비성장률로 단위는 시간$^{-1}$이다.
㉰ S는 기질의 감소률(상수)로 단위는 무차원이다.
㉱ K_s는 반속도 상수로 최대성장률이 1/2일 때의 기질의 농도이다.

▸ 풀이 ㉰ S는 제한기질의 농도이며 단위는 mg/L이다.

 Question 15

어느 배양기(培養基)의 제한기질농도(s)가 100mg/L, 세포최대비증식계수(μ_{max})가 0.23/hr일 때 Monod식에 의한 세포의 비증식계수(/hr)를 계산하시오. (단, 제한기질 반포화농도(Ks)는 30mg/L이다.)

▸ 풀이 Monod식에 의한 세포의 비증식 속도 계산식

$$\mu = \mu_{max} \times \frac{S}{K_s+S} = 0.23/hr \times \frac{100mg/L}{(30+100)mg/L} = 0.18/hr$$

CHAPTER 05 수질오염지표

01 용존산소(DO ; Dissolved Oxygen)

★★ 1. 용존산소(DO)의 특징

① 수온이 높을수록 기압이 낮을수록 용존산소량은 감소한다.
② 용존염류의 농도가 높을수록 용존산소량은 감소한다.
③ 현존 용존산소 농도가 낮을수록 산소전달률은 높아진다.
④ 같은 수온하에서는 해수보다 담수의 용존산소량이 높다.

Question 01

수(水) 중의 DO 농도 증감의 요인인 산소 용해율에 관한 내용으로 옳지 않은 것은?

㉮ 압력이 높을수록 산소용해율이 높다.
㉯ 물의 흐름이 난류일 때 산소용해율이 높다.
㉰ 염(분)의 농도가 높을수록 산소용해율은 감소한다.
㉱ 수온이 낮을수록 산소용해율은 감소한다.

풀이 ㉱ 수온이 낮을수록 산소용해율은 증가한다.

2. 산소전달속도

★★★ $\dfrac{dO}{dt} = \alpha \cdot K_{La} \times (\beta \cdot C_s - C)$

$\dfrac{dO}{dt}$: 시간에 따른 용존산소농도 변화(mg/L · hr) K_{La} : 산소전달계수(/hr)
C_s : 포화산소농도(mg/L) C : 물속의 용존산소농도(mg/L) α, β : 상수

> **TIP**
> $C_s - C$ = 산소부족농도 = 폭기해야 할 산소농도

① 기포가 작을수록 교반의 강도가 클수록 커진다.
② 수중의 용존산소 농도가 낮을수록 공기 중 산소분압이 클수록 커진다.

★★ 3. 담수의 DO(용존산소)가 해수의 DO(용존산소)보다 높은 이유는 염도가 낮기 때문이다.

Question 02

20℃의 하천수에 있어서 바람에 의한 DO 공급량이 0.02mgO₂/L·day이고 이 강은 항상 DO 농도가 5mg/L 이상 유지되어야 할 경우 이 강의 산소전달계수(hr^{-1})를 계산하시오. (단, α, β는 무시하며 포화 DO는 9.17mg/L이다.)

 풀이
$$\frac{dO}{dt} = K_{La} \times (C_s - C) \text{에서 } K_{La} = \frac{dO/dt}{(C_s - C)} = \frac{0.02\text{mg/L} \cdot \text{day} \times 1\text{day}/24\text{hr}}{(9.17-5)\text{mg/L}} = 2.0 \times 10^{-4}/\text{hr}$$

4. 수질공학에서 DO(용존산소)의 중요성

① 수처리에서 생물학적 호기성 처리
② 포기조의 크기, 포기장치 결정
③ 수질의 자정능력 척도로 사용

02 생물화학적 산소요구량 (BOD ; Biochemical Oxygen Demand)

호기성 미생물이 수중에서 유기물을 분해할 때 소비되는 산소량을 말한다.

1. 특 징

① 호기성 미생물에 의해 유기물이 산화분해 될 때 소비되는 산소량이다.
② 유기물이 완전히 분해 또는 안정화되는데 사용된 산소의 양을 최종 BOD라 한다.

★★ ③ 최종 BOD 측정은 보통 20일 정도 걸리나 BOD시험은 보통 5일 BOD로 한다.
④ 질소화합물의 산화를 보통 2단계 BOD라 하며 보통 8일부터 질산화가 이루어진다.
★★ ⑤ 시료를 20℃에서 5일간 저장하여 두었을 때 시료 중의 호기성 미생물의 증식과 호흡작용에 의하여 소비되는 용존산소의 양으로부터 측정한다.

2. BOD 곡선

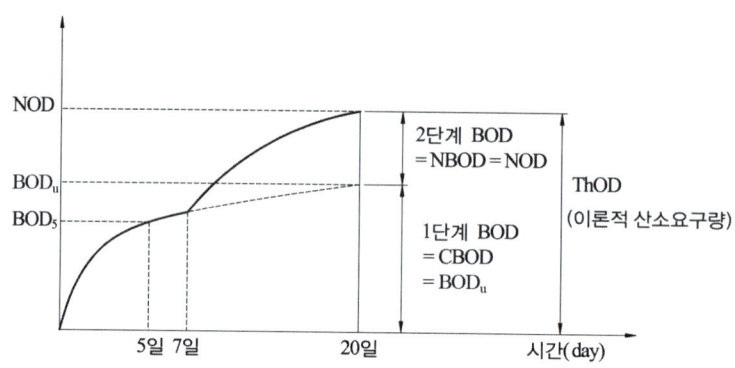

① 1단계 BOD = BOD_u = BOD_{20} = $BOD_5 \times K$ = BDCOD

$$K = \frac{BOD_u}{BOD_5} = \frac{100\%}{67\%} = 1.5$$

② 2단계 BOD = NBOD = NOD

★★★ 3. BOD_t 공식

① 소모공식, 밑수 10(또는 상용대수)
$BOD_t = BOD_u \times (1-10^{-k_1 \times t})$

② 소모공식, 밑수 e(또는 자연대수)
$BOD_t = BOD_u \times (1-e^{-k_1 \times t})$

③ 잔류공식, 밑수 10(또는 상용대수)
$BOD_t = BOD_u \times (10^{-k_1 \times t})$

④ 잔류공식, 밑수 e(또는 자연대수)
$BOD_t = BOD_u \times (e^{-k_1 \times t})$

BOD_t : t일 BOD(mg/L)
k_1 : 탈산소계수(/day)
BOD_u : 최종 BOD(mg/L)
t : 시간(day)

공식해설

㉠ ①식을 기본 공식으로 암기한다.
㉡ ②식은 ①식에서 밑수 10 → e로 바꾼다.
㉢ ③식은 잔류공식이므로 ①식에서 1-를 생략한다.
㉣ ④식은 잔류공식, 밑수가 e이므로 ①식에서 1-를 생략하고 10 → e로 바꾼다.
㉤ BOD_t에서 t는 t일을 의미하므로 5일 BOD를 구하는 문제에서는 BOD_5로, 3일 BOD를 구하는 문제에서는 BOD_3으로 나타내면 된다.

Question 03

도시하수의 최종 BOD가 100mg/L이고, 탈산소계수가 0.1/day(상용대수에 의한 값)라면 BOD_5(mg/L)를 계산하시오.

풀이 $BOD_5 = BOD_u \times (1-10^{-k_1 \times t}) = 100mg/L \times (1-10^{-0.1/day \times 5day}) = 68.38mg/L$

Question 04

BOD_u가 300mg/L일 때 5일 후 잔존 BOD(mg/L)를 계산하시오. (단, 1차 반응기준, 탈산소계수 K_1(자연대수)는 0.1/day)

풀이 $BOD_5 = BOD_u \times (e^{-k_1 \times t}) = 300mg/L \times (e^{-0.1/day \times 5day}) = 181.96mg/L$

4. 질산화 과정

(1) 질산화 과정 반응식

① 단백질 → 아미노산(글리신 ; $C_2H_5O_2N$) →

$$NH_3\text{-}N \xrightarrow[\text{니트로조모나스}]{1단계} NO_2\text{-}N \xrightarrow[\text{니트로박터}]{2단계} NO_3\text{-}N$$

② 질산화 세균에 요구되는 산소량 = 질소 BOD = NOD

$$\begin{array}{l} 1단계 : NH_3 + \frac{3}{2}O_2 \rightarrow NO_2 + H_2O + H^+ \\ 2단계 : NO_2 + \frac{1}{2}O_2 \rightarrow NO_3 \\ \hline NH_3 + 2O_2 \rightarrow NO_3 + H_2O + H^+ \end{array}$$

(2) 질산화 세균

1단계 세균 = 아질산균 : 니트로조모나스(Nitrosomonas)

2단계 세균 = 질산균 : 니트로박터(Nitrobacter)

(3) 질산화 과정에서 pH의 변화

생성물질 $[H^+]$의 농도 증가로 pH가 감소한다.

(4) 아질산화 반응의 특징

① 관련 미생물은 독립(자가) 영양계 세균(미생물)이다.
② NH_4^+-N 산화에 알칼리도 필요하다.
③ NH_4^+-N 산화에 O_2도 필요하다.
④ 증식속도는 $0.21 \sim 1.08 day^{-1}$ 범위 정도이다.

> **Question 05**
>
> 생물학적 질화 중 아질산화에 관한 설명으로 옳지 않은 것은?
>
> ㉮ 증식속도는 $1.44 \sim 3.08 day^{-1}$ 범위 정도이다.
> ㉯ 관련 미생물은 독립영양성 세균이다.
> ㉰ 에너지원은 화학에너지이다.
> ㉱ 산소가 필요하다.
>
> **풀이** ㉮ 증식속도는 $0.21 \sim 1.08 day^{-1}$ 범위 정도이다.

★★★ (5) 질산화 – 탈질화 반응

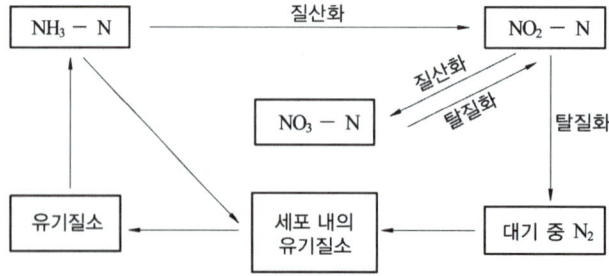

Question 06

다음 중 수중의 질소순환과정의 질산화 및 탈질의 순서를 옳게 표시한 것은?

㉮ $NH_3 \to NO_2^- \to NO_3^- \to N_2$
㉯ $NO_3^- \to NH_3 \to NO_2^- \to N_2$
㉰ $NO_3^- \to N_2 \to NH_3 \to NO_2^-$
㉱ $N_2 \to NH_3 \to NO_3^- \to NO_2^-$

정답 ㉮

TIP
① 질산화과정 : $NH_3-N \to NO_2-N \to NO_3-N$
② 탈질화과정 : $NO_3-N \to NO_2-N \to$ 대기중 N_2

★★★ (6) 생물학적 질산화 공정의 특징

① 질산화반응에 참여하는 미생물은 산소(O_2)가 필요한 호기성미생물이며 독립(자가)영양계 미생물이다.
② 질산화반응에는 O_2가 필요하다.
③ 암모니아성 질소의 질산화는 Nitrosomonas와 Nitrobacter 미생물이 관여하여 2단계로 진행된다.
④ 암모니아성 질소(NH_3-N)를 아질산성질소(NO_2-N)으로 전환시키는 1단계 반응에는 Nitrosomonas(니트로조모나스)가 관여한다.
⑤ 아질산성 질소(NO_2-N)을 질산성 질소(NO_3-N)으로 전환시키는 2단계 반응에는 Nitrobacter(니트로박터)가 관여한다.
⑥ 질산화반응은 호기성 폐수처리의 후기에 진행된다.
⑦ 질산화미생물은 유기탄소보다 무기탄소(CO_2)를 새로운 세포합성에 이용된다.
⑧ 질산화반응의 최적온도는 30℃ 이다.
⑨ 질산화공정에서는 (H^+)의 증가로 pH가 감소한다.
⑩ 질산화 미생물은 절대호기성이어서 높은 산소 농도를 요구한다.
⑪ Nitrobacter는 암모늄이온의 존재하에서 pH 9.5 이상이면 생장이 억제된다.
⑫ Nitrosomonas는 알칼리성 상태에서는 활성이 크지만 pH 6.0 이하에서는 생장이 억제된다.

> **Question 07**
>
> 질산화미생물의 일반적 특성과 가장 거리가 먼 것은?
> ㉮ 독립영양성 미생물이다.
> ㉯ 질화반응으로 알칼리도를 생성한다.
> ㉰ 증식속도가 느리다.
> ㉱ 중온성미생물이다.
>
> **풀이** ㉯ 알칼리도를 생성하는 것은 탈질화미생물의 특성이다.

5. 탈질화 과정

★★★ (1) 생물학적 탈질화 공정의 특징

① 탈질화 공정은 주로 종속(타가) 영양계 미생물에 의해 발생된다.
② 탈질소 반응이 지체없이 진행되기 위해서는 적당한 수소공여체가 적당량으로 존재하여야 한다.
③ 탈질공정에서 일반적으로 탄소원 공급용으로 가해주는 화학약품은 메탄올(CH_3OH)이다.
④ NO_3^-가 박테리아에 의해 N_2로 환원되는 경우 질소환원 박테리아의 탄소공급원으로 제공된 CH_3OH 중 OH^-가 발생해 pH가 증가한다.

TIP

$6NO_3^- + 5CH_3OH \rightarrow 3N_2 + 5CO_2 + 7H_2O + 6OH^-$

⑤ 아질산이온, 질산이온 등이 질소가스로 변환되어 대기로 방출되는 공정이다.
⑥ 생물학적 탈질공정은 anoxic구역에서 Pseudomonas, Micrococcus 등에 의해서 이루어 진다.
⑦ 탈질화 공정에서 용존산소의 농도는 주요 변수이다.

> **Question 08**
>
> 아래와 같은 반응에 관여하는 미생물은?
>
> $$2NO_3^- + 5H_2 \rightarrow N_2 + 2OH^- + 4H_2O$$
>
> ㉮ Pseudomonas ㉯ Sphaerotilus ㉰ Acinetobacter ㉱ Nitrosomonas
>
> **풀이** 생물학적 탈질공정은 anoxic 구역에서 Pseudomonas, Micrococcus등에 의해서 이루어진다.

> **TIP**
>
> 미생물(Bacteria)합성 반응식
>
> ① 유기물(CHONS) + O_2 + Nutriente → CO_2 + NH_3 + $C_5H_7O_2N$(New Cell) + Final Products
> ② $4CO_2 + 2HCO_3 + NH_4^+ + H_2O → C_5H_7O_2N + 5O_2$
> ③ $55NH_4^+ + 76O_2 + 109HCO_3^- → C_5H_7O_2N + 54NO_2^- + 57H_2O + 104H_2CO_3$

> **TIP**
>
> 미생물(Bacteria)의 분해 반응식
>
> $C_5H_7O_2N + 5O_2 → 5CO_2 + 2H_2O + NH_3 + Energy$

★★★ (2) 탈질반응(탈질 미생물)의 특징

① 탈질균 대부분은 통성혐기성균으로 호기, 혐기 어느 상태에서도 증식이 가능하다.
② 에너지원은 유기물이다.
③ 탈질시 DO 농도는 0mg/L에 가깝다.
④ 알칼리도는 NO_3^--N, NO_2^--N 환원에 따라 알칼리도가 생성된다.
⑤ 수소공여체는 NO_3^-, NO_2^-이다.
⑥ 최적 pH는 6~8 정도이다.

Question 09

탈질에 대한 생물반응에 관한 내용으로 잘못된 것은 어느 것인가?

㉮ 관련 미생물 : 통성 혐기성균
㉯ 증식속도 : 2 ~ 8 mg NO_3^--N/MLSS · hr
㉰ 알칼리도 : NO_3^--N, NO_2^--N 환원에 따라 알칼리도 생성
㉱ 용존산소 : 0mg/L에 가까움

정답 ㉯

★★ 6. 시간변화에 대한 질소화합물의 그래프

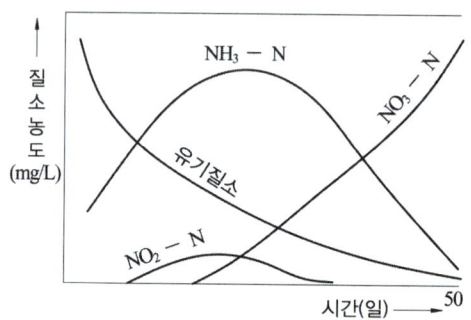

7. 철산화 박테리아

Sphaerotilus(스페로티러스), Crenothrix(크레노트릭스),
Letothrix(레토트릭스), Ferrobacillus(페로바실러스)

★★ 8. 유황산화 박테리아

Beggiatoa(베기아토아), Thiobacillus(티오바실러스),
Thiooxidans(티오옥시던스), Thiotrix(티오트릭스)

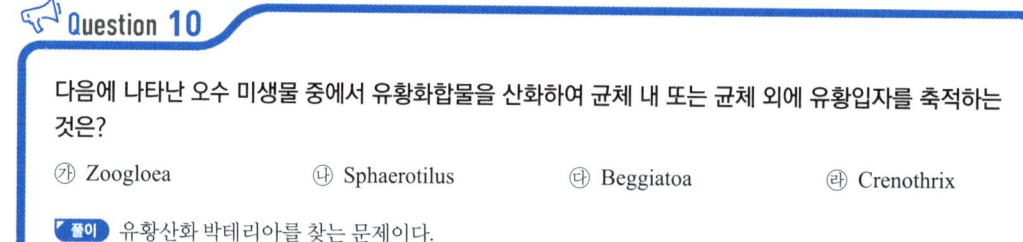

Question 10

다음에 나타난 오수 미생물 중에서 유황화합물을 산화하여 균체 내 또는 균체 외에 유황입자를 축적하는 것은?

㉮ Zoogloea   ㉯ Sphaerotilus   ㉰ Beggiatoa   ㉱ Crenothrix

풀이 유황산화 박테리아를 찾는 문제이다.

9. 탈질세균

Micrococcus(마이크로코크스), Achromobacter(아크로모박터),
Pseudomonas(수도모나스), Bacillus(바실러스)

03. 화학적 산소요구량(COD ; Chemical Oxygen Demand)

수중의 오염물질을 화학적 산화제로 산화시킬 때 소비되는 산화제의 양을 산소의 양으로 환산한 것을 말한다.

① COD는 해수, 폐수, 호소수 중에 존재하는 유기물의 척도로 사용한다.
② BOD는 하천수, 하수 중에 존재하는 유기물의 척도로 사용된다.

1. COD와 BOD와의 관계

$$\begin{cases} COD = BDCOD + NBDCOD \quad \therefore NBDCOD = COD - BDCOD \\ \quad BDCOD = BOD_u = 20일\ BOD = 최종\ BOD = BOD_5 \times K \\ COD = ICOD + SCOD \end{cases}$$

$\therefore COD = BDICOD + BDSCOD + NBDICOD + NBDSCOD$

$\begin{bmatrix} I : 비용해성(불용성) & S : 용해성 \\ BD : 생물학적 분해 가능한 & NBD : 생물학적 분해 불가능한 \end{bmatrix}$

Question 11

BOD_5 = 300mg/L이고 COD = 600mg/L인 경우의 NBDCOD(mg/L)를 계산하시오. (단, 탈산소계수 k_1 = 0.2/day, 상용대수 기준)

풀이 $COD = BDCOD + NBDCOD \quad \therefore NBDCOD = COD - BDCOD(= BOD_u)$

① $BOD_5 = BOD_u \times (1 - 10^{-k_1 \times t})$
   $300mg/L = BOD_u \times (1 - 10^{-0.2/day \times 5day})$
   $\therefore BOD_u = 333.33mg/L$

② $NBDCOD = COD - BDCOD = 600mg/L - 333.33mg/L = 266.67mg/L$

2. NBDVSS(생물학적 분해 불가능한 휘발성 부유물질)

$$NBDVSS = VSS \times \frac{NBDICOD}{ICOD}$$

$\begin{bmatrix} NBDVSS : 생물학적 분해 불가능한 휘발성 부유물질(mg/L) \\ VSS : 휘발성 부유물질(mg/L) \\ NBDICOD : 생물학적 분해 불가능한 불용성 COD(mg/L) \\ ICOD : 불용성 COD(mg/L) \end{bmatrix}$

Question 12

Glucose($C_6H_{12}O_6$) 300mg/L가 완전 산화하는데 필요한 이론적 산소요구량(mg/L)과 COD/TOC의 비를 계산하시오.

풀이
① 이론적 산소요구량(ThOD) 계산
$$C_6H_{12}O_6 + 6O_2 \rightarrow 6CO_2 + 6H_2O$$
  180g : 6×32g
  300mg/L : x(ThOD)   ∴ ThOD = 320mg/L

② $\dfrac{COD}{TOC} = \dfrac{산소량}{유기물\ 중\ 탄소량} = \dfrac{6 \times 32g}{6 \times 12g} = 2.67$

3. 산소요구량과 유기탄소량의 파라미터

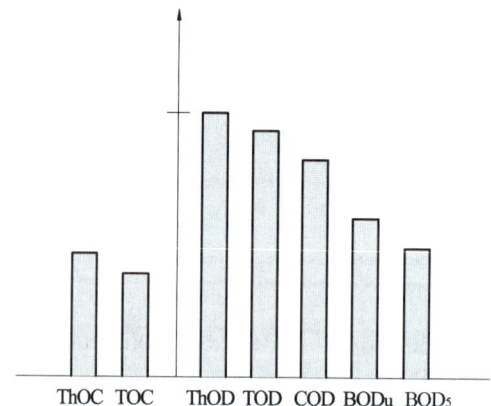

04 총유기탄소(TOC ; Total Organic Carbon)

① 수중의 유기물질을 함유한 시료를 고온에서 유기물질 중에서 탄소를 CO_2로 산화시켜 발생량을 분석장치로 측정한다.
② BOD 및 COD 분석시험보다 소요되는 시간을 단축할 수 있다.
③ 난분해성 물질에 대한 대응성이 높다.
④ 생물분해가 가능한 유기물의 정량화가 어렵다.
⑤ 실제값보다 약간 낮게 측정되는 경향이 있다.

05 산소요구량(OC ; Oxygen Consumption)

수중의 유기물, 다시 말해서 피산화성 물질에 의해 소비되는 산소의 양을 의미한다.

06 SOD(Sediment Oxygen Demand : 침전물 산소요구량)

① 정의 : 수중 침전물 표면에 존재하는 유기물이 호기성 미생물에 의해 분해되면서 침전물층 표면 위 수중에 존재하는 산소소비량이다.
② 단위는 $g/m^2 \cdot day$이다.
③ SOD 크기순서 : 섬유소질 슬러지 > 도시하수 유입구 > 하구뻘 > 모래하상
④ SOD는 유기물의 함량이 낮을수록 낮다.
⑤ SOD의 수치가 가장 낮은 것은 모래하상이다.

07 경도(Hardness)

★★ 경도는 물의 세기 정도를 말하며 2가 양이온 금속성 물질(Ca^{2+}, Mg^{2+}, Mn^{2+}, Fe^{2+}, Sr^{2+})의 양을 탄산칼슘($CaCO_3$)의 농도로 환산한 값(ppm = mg/L)이다.

> **TIP**
>
> 경도유발물질 암기법
> 경철망은 칼슘마 있스!!

★★★ 1. 경도의 특징

① 경도에는 영구경도인 비탄산경도와 일시경도인 탄산경도가 있다.
② 탄산경도 성분은 물을 끓일 때 제거되므로 일시경도라 한다.
③ 비탄산경도 성분은 물을 끓여도 제거되지 않으므로 영구경도라 한다.
★★ ④ 일반적으로 칼슘이온과 마그네슘이온이 경도의 주원인이 된다.

★★⑤ 총경도 = 탄산경도(일시경도) + 비탄산경도(영구경도)
∴ 비탄산경도 = 총경도−탄산경도
㉠ 총경도 > Alk ⇒ Alk = 탄산경도
∴ 비탄산경도 = 총경도−Alk
㉡ 총경도 < Alk ⇒ 총경도 = 탄산경도
∴ 비탄산경도 = 총경도−총경도 = 0

⑥ 농도가 낮은 경우에는 경도를 유발하지 않으나 농도가 높은 경우에 경도를 유발하는 물질을 가경도(유사경도) 유발물질이라 하며 금속이온 중 Na^+, K^+ 등이 있으며 대표적인 물질은 Na^+(나트륨이온)이다.

⑦ 경도값에 따른 물의 구분
㉠ 연수 : 경도 값이 0~75mg/L
㉡ 약한경수 : 경도 값이 75~150mg/L
㉢ 강한 경수 : 경도 값이 150~300mg/L
㉣ 아주 강한 경수 : 경도 값이 300mg/L 이상

TIP
① 탄산경도(일시경도) = 경도유발물질+알칼리도(Alk)유발물질
 (Ca^{2+}, Mg^{2+}, Fe^{2+}, Mn^{2+}, Sr^{2+}) + OH^-, HCO_3^-, CO_3^{2-}
② 비탄산경도(영구경도) = 경도유발물질 + 산이온
 (Ca^{2+}, Mg^{2+}, Fe^{2+}, Mn^{2+}, Sr^{2+}) + SO_4^{2-}, Cl^-, NO_3^-

Question 13

경도(Hardness)에 관한 설명으로 옳지 않은 것은?

㉮ 일반적으로 칼슘이온과 마그네슘이온이 경도의 주원인이 된다.
㉯ 경도는 물의 세기정도를 말하며 2가 양이온 금속의 함량을 탄산칼슘($CaCO_3$)으로 환산한 값이다.
㉰ 표토층이 얇거나 석회암층이 적게 존재하는 곳에서 경도가 높은 물이 생성된다.
㉱ 탄산경도 성분은 물을 끓일 때 제거되므로 일시경도라 한다.

풀이 ㉰ 표토층이 두껍고 석회암층이 많이 존재하는 곳에서 경도가 높은 물이 생성된다.

★★★ 2. 경도 계산식

$$\frac{경도(mg/L)}{50g} = \frac{Ca^{2+}mg/L}{20g} + \frac{Mg^{2+}mg/L}{12g} + \frac{Fe^{2+}mg/L}{28g} + \frac{Mn^{2+}mg/L}{27.5g} + \frac{Sr^{2+}mg/L}{43.8g}$$

Question 14

수질분석 결과 다음과 같다. 이 시료의 총경도(asCaCO₃)(mg/L)를 계산하시오. (단, Ca = 40, Mg = 24, Na = 23, S = 32이다.)

[수질분석결과]
- Ca^{2+} = 420mg/L
- Mg^{2+} = 58.4mg/L
- Na^+ = 40.6mg/L
- SO_4^{2-} = 576mg/L

풀이 $\dfrac{경도(mg/L)}{50g} = \dfrac{Ca^{2+}mg/L}{20g} + \dfrac{Mg^{2+}mg/L}{12g} \Rightarrow \dfrac{경도(mg/L)}{50g} = \dfrac{420mg/L}{20g} + \dfrac{58.4mg/L}{12g}$

∴ 경도 = 1,293.33mg/L

 알칼리도(Alkalinity)

산을 중화할 수 있는 완충능력, 즉 수중에 존재하는 [H⁺]을 중화시키기 위하여 반응할 수 있는 이온의 총량을 말한다.

★★★ 1. 알칼리도(Alkalinity)의 특징

★★ ① P-Alk(P-알칼리도)는 처음 pH에서 pH 8.3까지 소요된 산의 양을 CaCO₃로 환산한 양을 말한다.
★★ ② P-Alk(P-알칼리도)를 측정할 때 사용하는 지시약은 페놀프탈레인이다.
★★ ③ 총알칼리도는 처음 pH에서 pH 4.5까지 소요된 산의 양을 CaCO₃로 환산한 양을 말한다. (M-알칼리도가 총알칼리도이다.)
★★ ④ 총알칼리도를 측정할 때 사용하는 지시약은 메틸 오렌지이다.
★★ ⑤ 자연수 중의 알칼리도 원인물질은 HCO_3^-, CO_3^{2-}, OH^-이다.
★★ ⑥ 유발물질 중 자연수의 경우 중탄산염(HCO_3^-)에 의한 알칼리도가 지배적이다.
⑦ 자연수의 알칼리도는 석회암 등의 지질에 의해 변할 수 있다.
⑧ 실용목적에서는 자연수에 있어서 수산화물, 탄산염, 중탄산염 이외, 기타 물질에 기인되는 알칼리도는 중요하지 않다.
⑨ 알칼리도 자료는 부식제어가 관련되는 중요한 변수인 Langelier 포화지수 계산에 이용된다.

Question 15

알칼리도에 관한 설명으로 옳은 것은?

㉮ 자연수중의 알칼리도는 질산염 형태이다.
㉯ 알칼리도가 높은 물을 폭기시키면 pH가 상승하는 경향을 나타낸다.
㉰ 물의 알칼리도는 산을 알칼리화 시킬 수 있는 능력의 척도로서 주로 SO_4^{2-}가 가장 크게 기여한다.
㉱ 중탄산염은 냉수에서는 OH^-를 발생하므로 pH가 높아진다.

풀이 ㉮ 자연수중의 알칼리도는 HCO_3^- 형태이다.
㉰ 물의 알칼리도는 산을 중화시킬 수 있는 능력의 척도로서 주로 OH^-가 가장 크게 기여한다.
㉱ 중탄산염(HCO_3^-)이 분해되면 CO_3^{2-}와 H^+를 발생시킨다.

TIP

랑겔리어 포화지수(LI : Langelier Index)

① 정의 : 물이 pH 6.5~9.5 범위내에서 탄산칼슘($CaCO_3$)을 용해시킬 것인지 아니면 침전시킬 것인지 예측할 수 있는 일종의 지수로서 물의 안정도를 나타내기 위한 수단으로 사용
② • LI = 0 : 물의 안정도가 평형상태
 • LI > 0 : LI가 양(+) 값이므로 과포화상태로 $CaCO_3$이 침전되어 퇴적
 • LI < 0 : LI가 음(−)의 값이므로 불포화상태로 부식성을 갖는다.

★★★ 2. 알칼리도(Alkalinity) 계산식

① 물속에 존재하는 이온의 농도가 주어질 때

$$\frac{Alk(mg/L)}{50g} = \frac{OH^-(mg/L)}{17g} + \frac{CO_3^{2-}(mg/L)}{60g/2} + \frac{HCO_3^-(mg/L)}{61g}$$

Question 16

어느 하수의 수질을 분석한 결과가 다음과 같다면 총알칼리도(mg/L as $CaCO_3$)를 계산하시오.

[pH : 10.0, CO_3^{2-} : 32.0mg/L, HCO_3^- : 56.0mg/L]

풀이 알칼리도(Alk) 계산식

$$\frac{Alk\,mg/L}{50g} = \frac{OH^-\,mg/L}{17g} + \frac{CO_3^{2-}\,mg/L}{60g/2} + \frac{HCO_3^-\,mg/L}{61g}$$

pH = 10.0 ⇒ pOH = 14 − pH = 14 − 10.0 = 4   ∴ $[OH^-] = 10^{-4}$ mol/L

따라서 OH^- mg/L = $\frac{10^{-4}\,mol}{L} \times \frac{17g}{1mol} \times \frac{10^3 mg}{1g}$ = 1.7mg/L

따라서 $\frac{Alk\,mg/L}{50g} = \frac{1.7mg/L}{17g} + \frac{32.0mg/L}{60g/2} + \frac{56.0mg/L}{61g}$ ∴ Alk = 104.23mg/L

② 적정법에 의한 계산공식

$$\text{알칼리도}(\text{mg/L as CaCO}_3) = \frac{A \times N \times 50{,}000}{V} = A \times N \times f \times \frac{1000}{V} \times 50$$

- A : 주입된 산의 부피(mL)
- V : 시료의 부피(mL)
- N : 주입된 산의 N농도
- 50,000(mg) : $CaCO_3$ 당량

TIP

$CaCO_3$ 1당량 = $\frac{100g}{2}$ = 50g = 50,000mg

Question 17

페놀프탈레인 지시약을 넣은 시료 100mL에 $\frac{1}{20}$ N H_2SO_4로 pH 8.3까지 적정하였더니 4.5mL가 소요되었다. 이때 P-알칼리도를 계산하시오. (단, 펙터(f)는 1.0이다.)

풀이

$$P - \text{알칼리도} = \frac{A \times N \times 50{,}000}{V} = \frac{4.5\text{mL} \times \frac{1}{20}N \times 50{,}000}{100\text{mL}} = 112.5 \text{mg/L as CaCO}_3$$

3. pH와 알칼리도

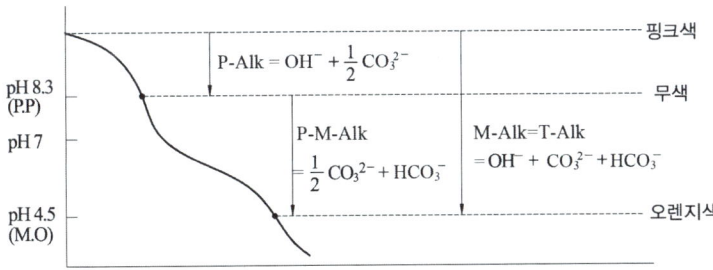

★★ **(1) P-Alk**

① 페놀프탈레인 종말점까지 측정한 알칼리도이다.

② pH 8.3까지 낮추는데 소모된 산의 양을 이에 대응하는 $CaCO_3$ ppm으로 환산한 값이다.

③ $P-Alk = OH^- + \frac{1}{2}CO_3^{2-}$

★★★ (2) 총알칼리도(T-Alk) = M-Alk

① pH 4.5까지 낮추는데 주입된 산의 양을 이에 대응하는 $CaCO_3$ ppm으로 환산한 값
② T-AlK = M-AlK = $OH^- + CO_3^{2-} + HCO_3^-$

4. pH와 알칼리도 유발물질의 관계

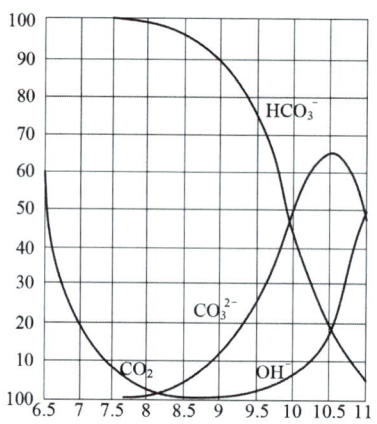

자연수 중의 알칼리도는 주로 중탄산염의 형태로 존재한다.

09 부유물질(SS ; Suspended Solids)

1. 구 분

① 부유물질(SS) : 직경이 0.1μm 이상의 입자
② 용존물질(DS) : 직경이 0.001μm 이하의 입자
③ 콜로이드(Colloid) 물질 : 직경이 0.001~0.1μm 입자

★★★ 2. 고형물의 상호관계식

$$\begin{vmatrix} TS = VS + FS \\ \| \quad \| \quad \| \\ TSS = VSS + FSS \\ + \quad + \quad + \\ TDS = VDS + FDS \end{vmatrix}$$

```
TS : 총고형물        VS : 휘발성 고형물      FS : 잔류고형물
TSS : 총부유고형물   VSS : 휘발성부유고형물  FSS : 잔류부유고형물
TDS : 총용존고형물   VDS : 휘발성용존고형물  FDS : 잔류용존고형물
```

3. 콜로이드성 물질의 종류

★★★ (1) 친수성 콜로이드

　★★① 유탁상태(에멀젼)로 존재한다.
　★★② 염에 민감하지 못하다.
　★★③ 표면장력이 용매보다 약하다.
　★★④ 틴달효과가 약하거나 거의 없다.
　　⑤ 물과 쉽게 반응한다.
　　⑥ 재생이 용이하다.
　★★⑦ 반응이 비활발하며 전해질이 많이 요구된다.
　★★⑧ 전해질에 대한 반응은 활발하며 많은 응집제를 필요로 한다.
　　⑨ 수막 또는 수화수를 형성시킨다.
　　⑩ 매우 큰 분자 또는 이온상태로 존재한다.
　　⑪ 점도를 증가시킨다.

Question 18

친수성 콜로이드에 대한 내용으로 잘못된 것은 어느 것인가?

㉮ 유탁상태(에멀젼)로 존재한다.
㉯ 물에 쉽게 분산된다.
㉰ 친수성 콜로이드의 대부분은 소수성 콜로이드를 보호하는 작용을 한다.
㉱ 틴달(Tyndall) 효과가 크다.

풀이 ㉱ 틴달(Tyndall) 효과가 약하거나 거의 없다.

★★★ (2) 소수성 콜로이드

　★★① 현탁질(Suspensoid) 상태이다.
　★★② 염에 매우 민감하다.
　★★③ 표면장력이 용매와 비슷하다.
　★★④ 틴달효과가 크다.
　　⑤ 물과 반발하는 성질이 있다.

⑥ 재생이 어렵다.
⑦ pH가 낮으면 양전하 콜로이드가 많아진다.
⑧ 소량의 응집제로 쉽게 응집침전시킨다.
⑨ 점도는 분산매와 비슷하다.

> **Question 19**
>
> 소수성 콜로이드의 특성으로 옳지 않은 것은?
> ㉮ 물과 반발하는 성질을 가진다.
> ㉯ 물 속에 suspension으로 존재한다.
> ㉰ 다량의 염을 첨가하여야만 응결 침전한다.
> ㉱ 매우 작은 입자로 존재한다.
>
> **풀이** ㉰번은 친수성 콜로이드에 대한 설명이다.

★★ **(3) 소수성 콜로이드 입자가 전기를 띠고 있는 것을 조사하는 실험**

전해질을 소량 넣고 응집을 조사한다.

> **Question 20**
>
> 소수성 콜로이드 입자가 전기를 띠고 있는 것을 조사하고자 할 때 다음 실험 중 가장 적합한 것은?
> ㉮ 전해질을 소량 넣고 응집을 조사한다.
> ㉯ 콜로이드 용액의 삼투압을 조사한다.
> ㉰ 한외현미경으로 입자의 Brown 운동을 관찰한다.
> ㉱ 콜로이드 입자에 강한 빛을 조사하여 틴달현상을 조사한다.
>
> **정답** ㉮

4. 응집의 화학적 반응기작(메카니즘)

① 이중층의 압축(double layer compression) 강화
② 체거름(enmeshment)
③ 입자간의 가교작용(interparticle bridging)
④ 제타전위(콜로이드 전단면에서의 정전기적 전위, 콜로이드 반발력을 나타내는 지표)의 감소
⑤ 침전물에 의한 포착
⑥ 전하의 중화

Question 21

콜로이드 응집의 기본 메카니즘으로 틀린 것은 어느 것인가?
- ㉮ 전하의 중화
- ㉯ 이중층의 압축
- ㉰ 입자간의 가교 형성
- ㉱ 중력에 따른 전단력 강화

풀이 ㉱ 침전물에 의한 포착

5. 전기침투현상

만약 콜로이드 물질이 고정되어 갇혀있을 경우에 직류전위를 응용하면 입자가 보통 움직이는 방향과는 반대 방향으로 액체가 흐르게 된다. 이 현상을 전기침투현상이라고 하며 슬러지 탈수에 응용되고 있다.

6. 콜로이드 용액의 일반적인 특성

① 광선을 통과시키면 입자가 빛을 산란하여 진로를 볼 수 있게 된다.
② 콜로이드 입자가 분산매 및 다른 입자와 충돌하여 불규칙한 운동을 하게 된다.
③ 콜로이드 입자는 질량에 비해서 표면적이 크므로 용액 속에 있는 다른 입자를 흡착하는 힘이 크다.
④ 콜로이드 용액에서는 콜로이드 입자 전부가 양이온 또는 음이온을 띠고 있다.

★★ 7. 콜로이드의 안정을 도모하기 위하여 입자를 분산상태로 유지하는 힘

① 중력
② 반데르발스힘(Vander waals)
③ 제타포텐셜(Zeta potential)

8. 콜로이드의 안정도

① 일반적으로 Zeta 전위의 크기에 따라 결정된다.
② Zeta 전위가 0에 가까워질수록 응결이 쉽게 일어난다.
★★ ③ Zeta 전위(δ) = $\dfrac{4\pi LQ}{D}$

- L : 전하량의 차가 유효한 입자를 둘러싼 층의 두께
- Q : 입자와 용액부 사이의 전하량의 차   D : 매질의 유전상수

9. 콜로이드 물질 처리 방법

① 메카니즘 : 콜로이드 + 응집제 + 알칼리도 유발물질 → 플록형성 + 기타 부산물

$$Al_2(SO_4)_3 \cdot 18H_2O + 3Ca(HCO_3)_2 \rightarrow 3CaSO_4 + 2Al(OH)_3 + 6CO_2 + 18H_2O$$
(액체상태)   (용해상태) (침전물)

② 응결과 응집

응집제 투입(Al^{3+}) $\xrightarrow[\text{150rpm(2분 정도)}]{\text{급속교반 (혼화목적)}}$ 전기적중화/응결 $\xrightarrow[\text{50rpm(20분 정도)}]{\text{완속교반(플록형성)}}$

거대 floc형성 → 처리

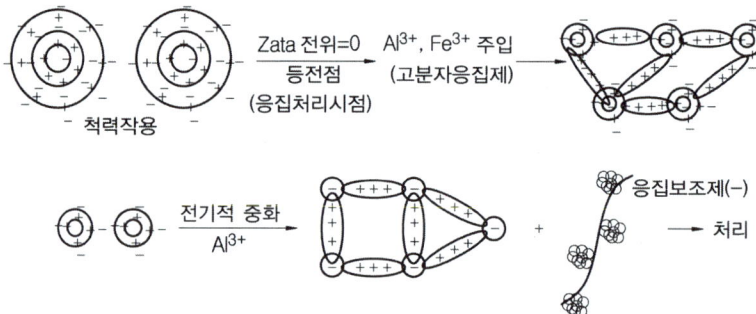

③ 등전점

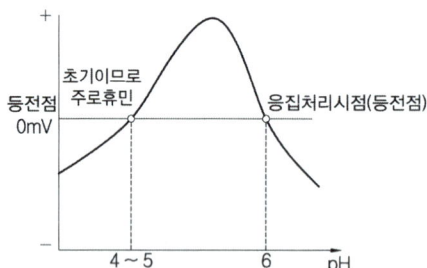

등전점
콜로이드입자의 전하가 0이 되는 pH(pH 6정도)에 이르면 침전이 되기 시작하는데 이점을 등전점이라 한다.

CHAPTER 06 | 하천수의 수질관리

01 하천의 자정작용

① 생물학적 자정작용인 혐기성 분해는 중간 화합물이 휘발성이므로 유해한 경우가 많으며 호기성 분해에 비하여 장시간이 요구된다.

★★ ② 자정 작용 중 가장 큰 비중을 차지하는 것은 생물학적 작용이라 할 수 있다.

③ 화학적 자정작용인 응집작용은 흡수된 산소에 의해 오염물질이 분해될 때 발생되는 탄산가스가 물의 pH를 증가시켜 수산화물의 생성을 촉진시키므로 용해되어 있는 철이나 망간 등을 침전시킨다.

④ 물리적 자정작용인 확산작용은 분자확산과 난류확산이 있으며 하천에서는 난류확산이 주를 이룬다.

★★ ⑤ 일반적으로 겨울보다는 여름에 자정작용이 크다.

⑥ 생물학적 자정작용은 미생물에 의한 유기물 분해작용과 광합성 작용으로 구분할 수 있다.

Question 01

하천의 자정작용에 대한 내용으로 잘못된 것은 어느 것인가?

㉠ 생물학적 자정작용인 혐기성분해는 중간 화합물이 휘발성이므로 유해한 경우가 많으며 호기성분해에 비하여 장시간이 요구된다.
㉡ 자정작용 중 가장 큰 비중을 차지하는 것은 생물학적 작용이라 할 수 있다.
㉢ 자정계수는 탈산소계수/재폭기계수를 뜻한다.
㉣ 화학적 자정작용인 응집작용은 흡수된 산소에 의해 오염물질이 분해될 때 발생되는 탄산가스가 물의 pH를 증가시켜 수산화물의 생성을 촉진시키므로 용해되어 있는 철이나 망간 등을 침전시킨다.

풀이 ㉢ 자정계수는 재폭기계수/탈산소계수를 뜻한다.

★★★ **TIP**

하천의 혼합지점에서 농도 계산식

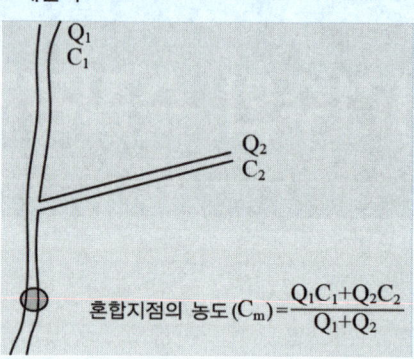

혼합지점의 농도 $(C_m) = \dfrac{Q_1C_1+Q_2C_2}{Q_1+Q_2}$

Question 02

어떤 A도시에 유량 4.2m³/sec, 유속 0.4m/sec, BOD 7mg/L인 하천이 흐르고 있다. 이 하천에 유량 25.2m³/min, BOD 500mg/L인 공장폐수가 유입되고 있다면 하천수와 공장폐수와 합류지점의 BOD는? (단, 완전 혼합이라 가정함)

㉮ 약 33mg/L   ㉯ 약 45mg/L   ㉰ 약 52mg/L   ㉱ 약 67mg/L

풀이 혼합공식 $C_m = \dfrac{Q_1C_1+Q_2C_2}{Q_1+Q_2}$ 를 이용한다.

$$C_m = \dfrac{4.2\text{m}^3/\text{sec}\times 7\text{mg/L} + 25.2\text{m}^3/\text{min}\times 1\text{min}/60\text{sec}\times 500\text{mg/L}}{4.2\text{m}^3/\text{sec} + 25.2\text{m}^3/\text{min}\times 1\text{min}/60\text{sec}} = 51.82\text{mg/L}$$

02 자정계수(f)의 특징

★★ ① 자정계수는 $\dfrac{\text{재폭기 계수}(k_2)}{\text{탈산소 계수}(k_1)}$ 이다.

★★ ② 자정계수의 단위는 없다.

★★ ③ 유속이 빨라지면 자정계수는 커진다.

④ 구배가 크면 자정계수는 커진다.

⑤ 수심이 얕을수록 자정계수는 커진다.

★★ ⑥ 온도가 높아지면 자정계수는 낮아진다.

⑦ 자정계수 순서는 폭포 > 유속이 빠른 하천 > 완만한 하천 > 조그만 연못 순서이다.

⑧ 유기물질의 구조가 간단할수록 탈산소계수는 증가한다.

> **Question 03**
>
> 자정상수(f)의 영향 인자에 관한 설명으로 옳은 것은?
>
> ㉮ 수심이 깊을수록 자정상수는 커진다.
> ㉯ 수온이 높을수록 자정상수는 작아진다.
> ㉰ 유속이 완만할수록 자정상수는 커진다.
> ㉱ 바닥구배가 클수록 자정상수는 작아진다.
>
> **풀이** ㉮ 수심이 깊을수록 자정상수는 작아진다.
> ㉰ 유속이 완만할수록 자정상수는 작아진다.
> ㉱ 바닥구배가 클수록 자정상수는 커진다.

TIP
온도가 증가함에 따라 k_1, k_2가 모두 증가하지만 k_1 증가율이 더욱 커져 자정계수(f)는 감소한다.

2. 재폭기(Reaeration) 계수(k_2)

★★ ① 유속이 클수록 커진다.
② 수심이 얕을수록 커진다.
★★ ③ 재폭기계수가 커지면 자정계수는 커진다.
④ 경사가 급할수록 커진다.
⑤ 하상이 거칠수록 커진다.
★★ ⑥ 수온이 높을수록 커진다.
⑦ 교란이 있을수록 커진다.

★★ 3. 온도 보정식

★★ ① $k_1(T) = k_1(20) \times 1.047^{(T-20)}$

② $k_2(T) = k_2(20) \times 1.018^{(T-20)}$

$k_1(20)$: 20℃에서의 탈산소계수(/day)　　$k_1(T)$: T℃에서의 탈산소계수(/day)
$k_2(20)$: 20℃에서의 재폭기계수(/day)　　$k_2(T)$: T℃에서의 재폭기계수(/day)

Question 04

A 하천의 탈산소계수를 조사한 결과 20℃에서 0.19/day이었다. 하천수의 온도가 25℃로 증가되었다면 탈산소계수(/day)를 계산하시오. (단, 온도보정계수는 1.047이다.)

풀이 $k_{(T)} = k_{1(20℃)} \times 1.047^{(T-20)} = 0.19/day \times 1.047^{(25-20)} = 0.24/day$

03 용존산소(DO)

1. 용존산소 곡선(DO sag curve)

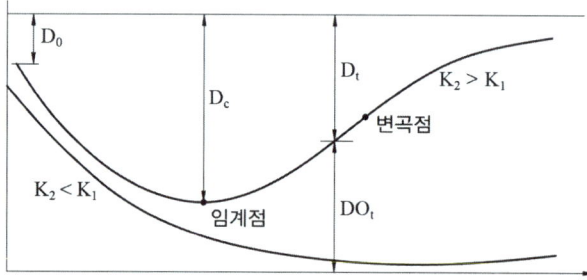

- D_c : 임계점에서 산소부족량(mg/L)
- DO_t : t시간에서 용존산소농도(mg/L)
- k_2 : 재포기계수(/day)
- D_t : t시간에서 용존산소 부족량(mg/L)
- D_0 : 초기 산소부족량(mg/L)
- k_1 : 탈산소계수(/day)

2. 산소부족농도

★★★ $D_t(산소부족농도) = \dfrac{k_1 \times L_o}{k_2 - k_1} \times (10^{-k_1 \times t} - 10^{-k_2 \times t}) + D_o \times (10^{-k_2 \times t})$

- k_1 : 탈산소계수(/day)
- L_o : 최종 BOD(= BOD_u)(mg/L)
- D_o = Cs(포화 DO농도) - C(혼합수중 DO농도)
- k_2 : 재폭기계수(/day)
- D_o : 초기산소부족량(mg/L)
- t : 시간(day) = $\dfrac{거리(m)}{유속(m/day)}$

Question 05

산소의 포화농도가 9mg/L인 하천에서 처음의 DO 농도가 6mg/L라면 물이 3일 유하한 후의 하류에서의 DO 부족량(mg/L)을 계산하시오. (단, 최종 BOD = 10mg/L이며, k_1과 k_2는 각각 0.1/day과 0.2/day, 밑수는 상용대수이다.)

풀이

D_t(산소부족농도) $= \dfrac{k_1 \times L_o}{k_2 - k_1} \times (10^{-k_1 \times t} - 10^{-k_2 \times t}) + D_o \times (10^{-k_2 \times t})$

$= \dfrac{0.1/day \times 10mg/L}{0.2/day - 0.1/day} \times (10^{-0.1/day \times 3day} - 10^{-0.2/day \times 3day}) + 3mg/L \times 10^{-0.2/day \times 3day} = 3.25mg/L$

TIP

$D_o = C_S - C = 9mg/L - 6mg/L = 3mg/L$

3. 임계시간(t_c) 및 임계부족량(D_c)

① 임계시간(t_c) $= \dfrac{1}{k_2 - k_1} \log \left\{ \dfrac{k_2}{k_1} \left(1 - \dfrac{D_o(k_2 - k_1)}{L_o k_1} \right) \right\}$

★★★ $t_c = \dfrac{1}{k_1(f - 1)} \log \left\{ f \left(1 - (f - 1) \dfrac{D_o}{L_o} \right) \right\}$

여기서 자정계수(f) $= \dfrac{k_2(\text{재폭기계수})}{k_1(\text{탈산소계수})}$

② 임계부족량(D_c) $= \dfrac{L_o}{f} 10^{-k_1 \cdot t}$

- f : 자정계수
- L_o : 최종 BOD(mg/L)
- D_o : 초기 산소 부족량(mg/L)
- L_c : t_c시점에서의 BOD(mg/L)

Question 06

어느 하천의 DO가 8mg/L, BOD_u는 20mg/L이었다. 이때 용존산소곡선(DO Sag Curve)에서의 임계점에 도달하는 시간(day)을 계산하시오. (단, 온도는 20℃, DO 포화농도는 9.2mg/L, k_1 = 0.1/day, k_2 = 0.2/day이다.)

풀이

$t_c = \dfrac{1}{k_1(f-1)} \log \left\{ f \left(1 - (f-1) \dfrac{D_o}{L_o} \right) \right\}$

- t_c : 임계점 도달시간(day)
- k_2 : 재폭기계수(/day)
- $L_o = BOD_u$: 최종 BOD(mg/L)
- k_1 : 탈산소계수(/day)
- f : 자정계수($f = \dfrac{k_2}{k_1} = \dfrac{0.2/day}{0.1/day} = 2$)
- D_o : 초기산소부족량(mg/L) → $D_o = C_s - C$

따라서 $t_c = \dfrac{1}{0.1/day \times (2-1)} \log \left\{ 2 \times \left(1 - (2-1) \dfrac{(9.2-8)mg/L}{20mg/L} \right) \right\} = 2.74$ day

Question 07

어떤 도시에서 DO 0mg/L, BOD_u 200mg/L, 유량 1.0m³/sec, 온도 20℃의 하수를 유량 6m³/sec인 하천에 방류하고자 한다. 방류지점에서 몇 km 하류에서 가장 DO 농도가 작아지겠는가? (단, 하천의 온도 20℃, BOD_u 1mg/L, DO 9.2mg/L, 유속 3.6km/hr이며 혼합수의 k_1 = 0.1/day, k_2 = 0.2/day, 20℃에서 산소포화농도는 9.2mg/L이다. 상용대수 기준)

풀이 유하지점(km) = 유속(km/hr) × 임계점도달시간(hr)에서 먼저 임계점도달시간(t_c)를 구한다.

$$t_c = \frac{1}{k_1(f-1)} \log\left\{f\left(1-(f-1)\frac{D_o}{L_o}\right)\right\}$$

① f(자정계수) = $\frac{k_2}{k_1}$ = $\frac{0.2/day}{0.1/day}$ = 2

② 혼합지점의 최종 BOD = L_o를 구하기 위해

혼합공식을 이용 $C_m = \frac{Q_1C_1+Q_2C_2}{Q_1+Q_2}$ 에서

혼합수의 $BOD_u = \frac{1.0m^3/sec \times 200mg/L + 6m^3/sec \times 1mg/L}{1.0m^3/sec + 6m^3/sec}$ = 29.43mg/L

③ D_o(초기산소부족량) = C_s(포화DO 농도) - C(혼합수 DO농도)

혼합수의 DO 농도 = $\frac{Q_1C_1+Q_2C_2}{Q_1+Q_2}$ = $\frac{1.0m^3/sec \times 0mg/L + 6m^3/sec \times 9.2mg/L}{1.0m^3/sec + 6m^3/sec}$ = 7.886mg/L

따라서 D_o = 9.2mg/L - 7.886mg/L = 1.314mg/L

④ 임계점 도달시간(t_c) = $\frac{1}{0.1/day \times (2-1)} \log\left\{2 \times \left(1-(2-1)\frac{1.314mg/L}{29.43mg/L}\right)\right\}$ = 2.812day

⑤ 유하지점(km) = 유속(km/hr) × 임계점 도달시간 = 3.6km/hr × 24hr/day × 2.812day = 242.96km

04 하천의 정화단계

★★★ 1. 하천의 정화단계 정리

Wipple의 하천정화 단계	(초기) 분해지대	활발한 분해지대	회복지대	정수지대
정화 단계별 곡선				
상태	호기성	혐기성	호기성	호기성
특징	Fungi(곰팡이) 증가 DO 감소 CO_2 증가	Fungi 감소 박테리아 증가 CO_2 증가 H_2S 증가 NH_3-N 증가 PO_4^{3-} 증가	DO 증가 NO_2-N 증가 NO_3-N 증가 Fungi 조금씩 증가, 조류 증가 원생, 윤충 갑각류 번식	착색조류 증가 송어 증가 쏘가리 증가 NO_3-N 증가
Kolkwitz와 Marson의 단계별 색깔	강부수성 수역 (빨간색)	α-중부수성 수역 (노란색)	β-중부수성 수역 (초록색)	빈부수성 수역 (파란색)

2. Whipple의 하천정화단계

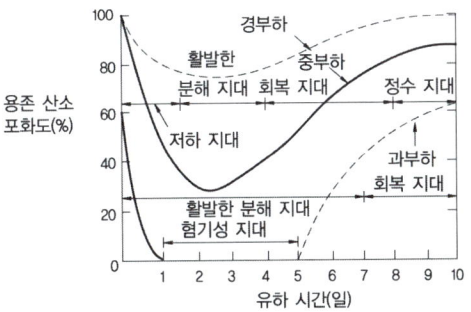

〈자정단계에 따른 용존산소의 변화량〉

(1) (초기)분해지대 = 저하지대

★★ ① 희석이 잘 되는 큰 하천보다 희석이 덜 되는 작은 하천에서 더 뚜렷이 나타난다.
② 세균의 수가 증가하고 유기물을 많이 함유하는 슬러지의 침전이 많아진다.
③ 오염에 잘 견디는 곰팡이류가 녹색 수중식물이나 고등미생물을 대신해 번식한다.
★★ ④ 유기물을 다량 함유하는 슬러지의 침전이 많아지고 용존산소량이 크게 줄어드는 대신에 탄산가스의 양은 증가한다.

> **Question 08**
>
> Wipple의 하천의 상태변화에 따른 4지대 구분 중 '분해지대'에 관한 설명으로 옳지 않은 것은?
>
> ㉮ 오염에 잘 견디는 곰팡이류가 심하게 번식한다.
> ㉯ 여름철 온도에서 DO 포화도는 45% 정도에 해당된다.
> ㉰ 탄산가스가 줄고 암모니아성 질소가 증가한다.
> ㉱ 유기물 혹은 오염물을 운반하는 하수거의 방출지점과 가까운 하류에 위치한다.
>
> **풀이** ㉰ 탄산가스가 증가하고, 용존산소량이 감소한다.

(2) 활발한 분해지대

★★ ① 수중에 DO가 거의 없어 혐기성 bacteria가 번식한다.
② 흑색 및 점성질의 슬러지 침전물이 생기고 기체방울이 수면으로 떠오른다.
★★ ③ 수중에 CO_2 농도나 NH_3-N 농도가 증가하며 fungi가 사라진다.
★★ ④ 호기성세균이 혐기성세균으로 교체된다.

> **Question 09**
>
> 하수 등의 유입으로 인한 하천 변화상태를 Whipple의 4지대로 나타낼 수 있다. 그 중 '활발한 분해지대'에 관한 내용으로 옳지 않은 것은?
>
> ㉮ 용존산소가 없어 부패상태이며 물리적으로 이 지대는 회색 내지 흑색으로 나타난다.
> ㉯ 혐기성세균과 곰팡이류가 호기성균과 교체되어 번식한다.
> ㉰ 수중의 CO_2 농도나 암모니아성 질소가 증가한다.
> ㉱ 화장실 냄새나 H_2S에 의한 달걀 썩는 냄새가 난다.
>
> **풀이** ㉯ 호기성세균이 혐기성세균으로 교체된다.

(3) 회복지대

★★ ① 혐기성균이 호기성균으로 대체되며 조류가 많이 발생하며 fungi도 조금씩 발생한다.
② 광합성을 하는 조류가 번식하며 원생동물, 윤충, 갑각류가 번식하며 큰 수중식물도 다시 나타난다.
③ 바닥에서는 조개나 벌레의 유충이 번식하며 오염에 견디는 힘이 강한 은빛 담수어 등의 물고기도 서식한다.
★★ ④ 용존산소가 포화될 정도로 증가한다.
★★ ⑤ 아질산염이나 질산염의 농도가 증가한다.

Question 10

하수가 유입된 하천의 자정작용을 하천 유하거리에 따라 분해지대, 활발한 분해지대, 회복지대, 정수지대의 4단계로 분류하여 나타내는 경우, 회복지대에 대한 설명으로 틀린 것은 어느 것인가?

㉮ 세균수가 감소한다.
㉯ 발생된 암모니아성 질소가 질산화 된다.
㉰ 용존산소의 농도가 포화될 정도로 증가한다.
㉱ 규조류가 사라지고 윤충류, 갑각류도 감소한다.

풀이 ㉱ 규조류가 번식하고 윤충류, 갑각류가 번식한다.

(4) 정수지대

★★ ① DO와 BOD가 오염 이전으로 회복된다.
② 호기성 세균이 증가하고 착색조류가 증가, 송어, 쏘가리가 증가한다.
★★ ③ NO_3-N가 증가한다.

3. Kolkwitz와 Marson 하천의 4지대

(1) 강부수성 수역

① 악취가 발생하고 DO가 결핍된다.
② 물버들, 실지렁이, 아메바류, 섬모충류, 편모충류 출현한다.
★★ ③ 수질도를 적색으로 표시한다.

(2) α-중부수성 수역

① 남조류, 녹조류, 규조류가 증가한다.
② 물벌레, 메기, 붕어, 잉어 등이 서식한다.
③ 고분자 화합물의 분해로 아미노산이 풍부해진다.
★★ ④ 수질도를 노란색으로 표시한다.

(3) β-중부수성 수역

① 규조, 녹조 등 많은 종류의 조류가 출현한다.
② 태양충, 흡관충류가 출현한다.
★★ ③ 수질도를 초록색으로 표시한다.
④ 생식생물의 생태학적 특성은 pH와 산소의 변동에 약하다. (부패독에 비교적 약함)
⑤ 수중의 유기물은 지방산의 암모니아 화합물이 많다.

> **Question 11**
>
> 하천의 생태변화과정 중 β-중부수성 수역에 관한 설명으로 가장 거리가 먼 것은? (단, Kolkwitz와 Marson의 4지대 구분 기준)
>
> ㉮ 식물 : 규조, 녹조 등 많은 종류의 조류가 출현한다.
> ㉯ 생식생물의 생태학적 특징 : pH와 산소의 변동에 약하다. (부패독에 비교적 약함)
> ㉰ 수중의 유기물 : 지방산의 암모니아 화합물이 많다.
> ㉱ 분류 : 상당히 오염된 수역으로 수질도에 노란색으로 표시한다.
>
> **풀이** ㉱ 분류 : 오염도가 낮은 수역으로 수질도에 초록색으로 표시한다.

(4) 빈부수성 수역

① 하루살이 등의 작은 벌레들이 있다.
② 맑은 물을 좋아하는 산천어, 은어가 서식한다.
③ DO의 농도가 높고 유기물의 농도가 낮다.
★★ ④ 수질도를 파란색으로 표시한다.

★★★ TIP

① 수질도 색깔별 표시
  ㉠ 강부수성 수역(빨간색)
  ㉡ α-중부수성 수역(노란색)
  ㉢ β-중부수성 수역(초록색)
  ㉣ 빈부수성 수역(파란색)
② 암기법 : 빨강 / 노루알이 / 초록배타고 / 블루빈하네

05 하천의 모형화

1. 하천의 모형화

(1) 하천 모형화의 일반적인 가정조건

① 오염물질의 농도 분포가 하천의 흐름방향으로 이루어진다.
② 유속으로 인한 오염물질의 이동이 매우 크므로 확산에 의한 영향은 무시한다.
③ 정상상태이다.
④ 오염물질의 특성이 보전성과 비보전성이다.

★★ (2) 동적모델과 정적모델

★★ ① 정적모델은 변수가 시간의 변화에 관계없이 항상 일정하다는 모델이다.
② 정적모델은 특정지역의 장기적으로 수질관리 대책을 수립할 때 사용한다.
③ 정적모델은 환경조건 변화에 system이 반응하는 정도를 나타낼 때 사용한다.
★★ ④ 동적모델은 부영양화의 관리와 예측에 이용된다.
⑤ 동적모델은 하구의 수질모델링에서 매우 중요하다.
★★ ⑥ 동적모델은 변수가 시간의 변화에 따라 변하는 모델이다.

(3) 확산식

① 확산을 지배하는 Fick의 제1법칙(확산에 의해 어떤 면적 요소를 통과하는 물질의 이동 속도 기준) – 이동속도는 확산물질의 농도경사에 비례한다.
② 확산계수가 가장 큰 것은 수평방향 지표수이다.

★★ 2. 공간성을 나타내는 모형(model)의 종류

(1) 0차원 모형(Zero-dimensional model)

① 적용대상의 오염 물질이 공간적으로 균일하게 분포한다고 가정
② 적용은 호수를 CSTR(연속교반 반응조)로 가정
③ 매년 축적되는 무기물질(인산 등등)의 수지를 평가하는데 적용
★★ ④ 식물성 플랑크톤의 계절적 변동 사항에는 적용하기 곤란

(2) 1차원 모형(One-dimensional model)

① 가장 많이 사용되는 모델
★★ ② 하천은 종방향으로 호수는 수평방향으로 나누고 나누어진 각 구획이 균일한 수질을 유지한다고 가정
③ 연속교반 반응조(Continuous Stirred Tank Reactor ; CSTR)로 가정
④ 하천(종방향) 호수(횡방향)

(3) 2차원 모형

★★ ① 수질의 변동이 일방향성이 아닌 이방향성으로 분포
② 일차원 모형에 비해 복잡하다.

(4) 3차원 모형

★★ ① 대호수의 순환 패턴이나 큰 만에서는 유체역학 연구에 적용
② 복잡한 입력자료와 모델구조를 갖는다.

📢 Question 12

수질예측모형의 공간성에 따른 분류에 관한 설명으로 옳지 않은 것은?

㉮ 0차원 모형 : 식물성 플랑크톤의 계절적 변동사항에 주로 이용된다.
㉯ 1차원 모형 : 하천이나 호수를 종방향 또는 횡방향의 연속교반 반응조로 가정한다.
㉰ 2차원 모형 : 수질의 변동이 일방향성이 아닌 이방향성으로 분포하는 것으로 가정한다.
㉱ 3차원 모형 : 대호수의 순환 패턴분석에 이용된다.

풀이 ㉮ 0차원 모형 : 식물성 플랑크톤의 계절적 변동사항에는 적용하기 곤란하다.

3. 하천모델링의 종류

★★ (1) Streeter-Phelps 모델

① 점오염원으로부터 오염부하량 고려
② 하천수질 모델링의 최초
③ 유기물 분해로 인한 용존산소 소비와 대기로부터 수면을 통해 산소가 재공급되는 재폭기 고려

📢 Question 13

Streeter-Phelps 모델에 대한 설명으로 틀린 것은 어느 것인가?

㉮ 최초의 하천 수질 모델링이다.
㉯ 유속, 수심, 조도계수에 의한 확산계수를 결정한다.
㉰ 점오염원으로부터 오염부하량을 고려한다.
㉱ 유기물의 분해에 따라 용존산소 소비와 재폭기를 고려한다.

풀이 ㉯번의 설명은 QUAL-Ⅰ 모델에 대한 설명이다.

★★ (2) DO SAG - Ⅰ, Ⅱ, Ⅲ 모델

① 1차원 정상상태 모델이다.
② 점오염원 및 비점오염원이 하천의 용존산소에 미치는 영향을 나타낼 수 있다.
③ Streeter-Phelps 식을 기본으로 한다.
④ 저질의 영향과 광합성 작용에 의한 용존산소 반응을 무시한다.

📢 Question 14

하천모델의 종류 중 DO SAG - Ⅰ, Ⅱ, Ⅲ에 관한 설명으로 가장 거리가 먼 것은?

㉮ 2차원 정상상태 모델이다.
㉯ 점오염원 및 비점오염원이 하천의 용존산소에 미치는 영향을 나타낼 수 있다.
㉰ Streeter-Phelps식을 기본으로 한다.
㉱ 저질의 영향이나 광합성 작용에 의한 용존산소반응을 무시한다.

풀이 ㉮ 1차원 정상상태 모델이다.

★★ (3) QUAL - Ⅰ 모델

① 유속, 수심, 조도계수에 의해서 확산계수를 계산한다.
② 하천과 대기사이에서의 열복사를 고려한다.
③ 오염물질의 유입과 용수취수를 고려한다.

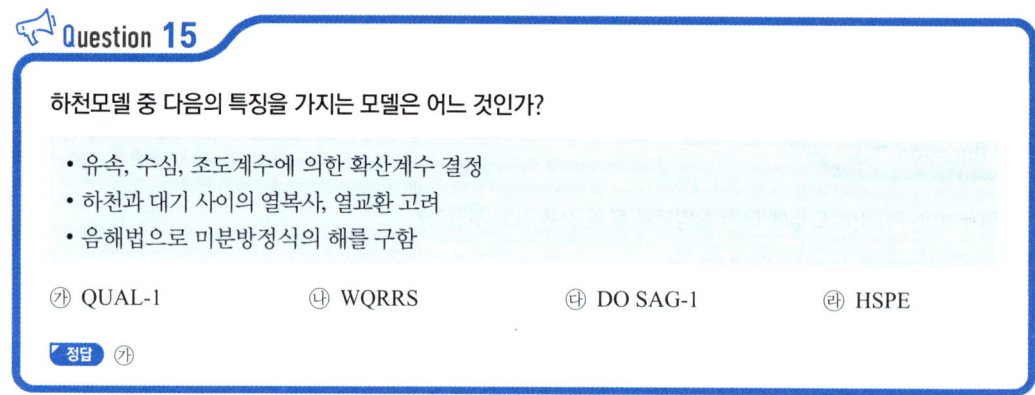

Question 15

하천모델 중 다음의 특징을 가지는 모델은 어느 것인가?

- 유속, 수심, 조도계수에 의한 확산계수 결정
- 하천과 대기 사이의 열복사, 열교환 고려
- 음해법으로 미분방정식의 해를 구함

㉮ QUAL-1　　㉯ WQRRS　　㉰ DO SAG-1　　㉱ HSPE

정답 ㉮

(4) QUAL - Ⅱ 모델

① 질소화합물(NH_3-N, NO_2-N, NO_3-N), P(인), 클로로필-a(chl-a)를 고려
② 음해법을 이용해 미분방정식의 해를 구한다.
③ QUAL-Ⅰ 모델보다 계산시간이 짧다.

★★★ (5) WQRRS 모델

① 하천 및 호수의 부영양화를 고려한 생태계모델이다.
② 정적 및 동적인 하천의 수질, 수문학적 특성이 광범위하게 고려된다.
③ 호수에는 수심별 1차원 모델이 적용된다.

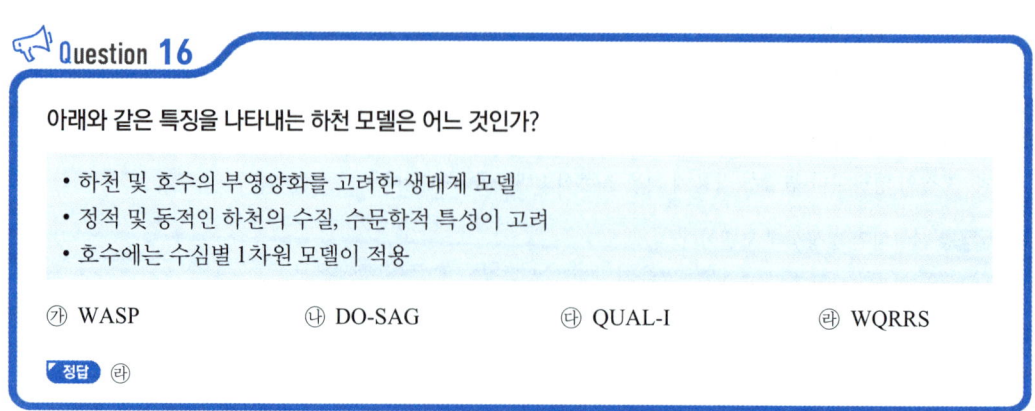

Question 16

아래와 같은 특징을 나타내는 하천 모델은 어느 것인가?

- 하천 및 호수의 부영양화를 고려한 생태계 모델
- 정적 및 동적인 하천의 수질, 수문학적 특성이 고려
- 호수에는 수심별 1차원 모델이 적용

㉮ WASP　　㉯ DO-SAG　　㉰ QUAL-I　　㉱ WQRRS

정답 ㉱

(6) USGS Streeter phelps 모델

① Streeter phelps 모델을 확장시킨 1차원 모델이다.
② 하천의 수리학적 특성, 반응계수 등을 고려
③ 비점오염원 무산소상태를 고려한다.

 ### (7) WASP5 모델

① 하천의 수질모델, 수리학적 모델, 독성물질의 거동을 고려
② 1차원, 2차원, 3차원 고려
③ 저질이 수질에 미치는 영향을 상세히 고려

Question 17

다음에서 설명하는 하천의 수질 모델링은 어느 것인가?

- 하천의 수리학적 모델, 수질모델, 독성물질의 거동모델 등을 고려할 수 있으며, 1차원, 2차원, 3차원까지 고려할 수 있음
- 수질항목간의 상태적 반응기작은 Streeter Phelps식부터 수정
- 수질에 저질이 미치는 영향을 보다 상세히 고려한 모델

㉮ QUAL-Ⅰ model ㉯ WQRRS model
㉰ QUAL-Ⅱ model ㉱ WASP5 model

정답 ㉱

---

(8) HSPF 모델

① 강우, 강설로부터 하구까지 다양한 수체에 적용
② 적용하고자 하는 수체에 따라 필요한 모듈 선택 가능

06 유해물질의 종류 및 특성

1. 유해물질의 특성

(1) 수은(Hg)

① 수은은 상온에서 액체상태로 존재한다.
★★ ② 대표적인 만성질환으로는 미나마타병, 헌터-루셀증후군이 있다.
③ 알킬수은 화합물의 독성은 무기수은 화합물의 독성보다 강하다.
★★ ④ 수은 중독은 BAC, Ca_2EDTA로 치료할 수 있다.
⑤ 유기수은은 금속상태의 수은보다 생물체 내에 흡수력이 강하다.
⑥ 난청, 언어장애, 구심성 시야 협착, 정신장애를 일으킨다.
⑦ 유기수은은 무기수은보다 독성이 강하며 신경계통에 장해를 준다.
★★ ⑧ 무기수은은 황화물 침전법, 활성탄 흡착법, 이온교환법, 아말감법으로 처리할 수 있다.

TIP

암기법 : 수은아 황화강에 이온 좀 붙여라.

Question 18

수은(Hg)에 대한 내용으로 틀린 것은 어느 것인가?

㉮ 아연정련업, 도금공장, 도자기제조업에서 주로 발생한다.
㉯ 대표적 만성질환으로는 미나마타병, 헌터-루셀 증후군이 있다.
㉰ 유기수은은 금속상태의 수은보다 생물체내에 흡수력이 강하다.
㉱ 상온에서 액체상태로 존재하며, 인체에 노출시 중추신경계에 피해를 준다.

풀이 ㉮ 제련, 살충제, 온도계, 압력계 제조업에서 주로 발생한다.

(2) PCB(Poly chlorinated Biphenyl)

★★ ① 만성질환 증상으로는 카네미유증이 대표적이다.
② 간장장해, 피부장해, 전신권태, 수족저림, 발암 등을 유발한다.
③ 화학적으로 불활성이고 절연성이 좋다.
★★ ④ 물에는 난용성이나 유기용제에 잘 녹는다.
⑤ 난연성을 가진다.

Question 19

PCBs에 관한 설명으로 틀린 것은?

㉮ 물에는 난용성이며 유기용제에 잘 녹는다.
㉯ 화학적으로 불활성이고 절연성이 좋다.
㉰ 만성 중독 증상으로 카네미유증이 대표적이다.
㉱ 고온에서 대부분의 금속과 합금을 부식시킨다.

풀이 ㉱ PCBs(폴리클로리네이티드비페닐)은 부식성이 거의 없다.

(3) 카드뮴(Cd)

① 칼슘대사에 장해를 주어 신결석을 동반한 카드뮴 신증후군이 나타나고 다량의 칼슘배설이 일어난다.
② 체내에 축적된 카드뮴의 50~75%는 간과 신장에 축적된다.
③ 카드뮴은 물에는 녹지 않으나 산성용액에는 녹고 공기 중 수분이 존재하면 산화 카드뮴이 형성된다.
④ 만성폭로로 인한 흔한 증상은 단백뇨이다.
★★ ⑤ 대표 질환으로는 이따이이따이병이다.
★★ ⑥ 카드뮴은 흰 은색이며 아연정련업, 도금공업 등에서 배출된다.

(4) 크롬(Cr)

① 크롬에 의한 급성중독의 특징은 심한 신장장해를 일으키는 것이다.
★★ ② 3가크롬은 피부흡수가 어려우나 6가크롬은 쉽게 피부를 통과한다.
★★ ③ 자연 중의 크롬은 주로 3가 형태로 존재한다.
④ 생체 내에서 필수적인 금속으로 결핍시에는 인슐린의 저하로 인한 것과 같은 탄수화물의 대사장해를 일으키는 유해물질이다.
★★ ⑤ 도금, 피혁제조, 색소, 방부제, 약품제조업에서 발생된다.

> **Question 20**
>
> 크롬에 대한 내용으로 잘못된 것은 어느 것인가?
> ㉮ 만성크롬중독인 경우에는 미나마타병이 발생한다.
> ㉯ 3가 크롬은 비교적 안정하나 6가 크롬화합물은 자극성이 강하고 부식성이 강하다.
> ㉰ 3가 크롬은 피부흡수가 어려우나 6가 크롬은 쉽게 피부를 통과한다.
> ㉱ 만성중독현상으로는 비점막염증이 나타난다.
>
> **풀이** ㉮ 미나마타병은 수은(Hg)에 의해 발생되는 질환이다.

(5) 비소(As)

인산염 광물에 존재해서 인 화합물 형태로 환경 중에 유입된다.

(6) 납(Pb)

급성중독은 신장, 생식계통, 간 그리고 뇌와 중추신경계에 심각한 장애를 유발한다.

★★★ 2. 유해물질과 만성질환 및 발생공업

- ★★ ① PCB – 카네미유증
  - 변압기, 콘덴서 공장
- ★★ ② 수은 – 헌터 – 루셀 증후군, 미나마타병, 경구염, 수족 떨림
  - 제련, 살충제, 온도계, 압력계 제조업
- ★★ ③ 망간 – 파킨슨씨 증후군과 유사한 증상
  - 광산, 합금, 유리착색 공업
- ★★ ④ 카드뮴 – 이따이이따이병, 골연화증
  - 아연정련업, 도금공업
- ⑤ 아연 – 소인증
  - 도금, 안료공업
- ⑥ 불소 – 법랑반점
  - 살충제, 도료공업
- ⑦ 비소 – 피부염, 발암, 피부흑색(청색)화
  - 황산제조, 피혁공업
- ⑧ 구리 – 만성중독시 간경변, 윌슨씨 증후군
  - 도금공장, 파이프 제조업

Question 21

유해물질로 인하여 발생하는 대표적 질환으로 알맞은 것은 어느 것인가?

㉮ PCB : 파킨슨씨 증후군과 유사한 증상
㉯ 수은 : 중추신경계의 마비와 콩팥 기능의 장해
㉰ 아연 : 윌슨씨병
㉱ 구리 : 카네미유증

풀이 ㉮ PCB : 카네미유증   ㉰ 아연 : 소인증   ㉱ 구리 : 윌슨씨 증후군

07 소독 및 살균

1. 소독 및 살균

(1) 염소소독의 특징

① 염소소독시 pH가 높을 때 일어나는 반응은 $HOCl \rightarrow H^+ + OCl^-$
② $HOCl$이 OCl^- 보다 살균력이 80배 강하다.
③ 살균능력은 클로라민 < OCl^- < $HOCl$ 순이다.
④ 유기물이 많아서 BOD가 높은 물을 상수원으로 사용하는 경우 염소소독시 생성되는 발암성물질은 THM(Trihalomethane)이다.
⑤ 염소의 살균력은 온도가 높을수록, 반응시간이 길수록, 주입농도가 증가할수록, pH가 낮을수록 증가한다.
⑥ 수중에 암모니아가 존재하면 염소와 반응하여 클로라민을 형성한다.
⑦ 미량의 phenol을 함유하는 물을 염소 처리하면 음료수에 불쾌한 맛과 냄새를 야기시키는 이유는 페놀이 염소와 작용하여 클로로페놀을 생성시키기 때문이다.

Question 22

염소소독시 pH가 높을 때 가장 잘 일어나는 반응은 어느 것인가?

㉮ $HOCl \rightarrow H^+ + OCl^-$
㉯ $Cl_2 + H_2O \rightarrow HOCl + HCl$
㉰ $H^+ + OCl^- \rightarrow HOCl$
㉱ $HOCl + HCl \rightarrow Cl_2 + H_2O$

풀이 ㉮번은 pH가 높을 때 잘 일어나는 반응으로 살균효과 낮다.
㉯번은 pH가 낮을 때 잘 일어나는 반응으로 균효과 높다.

> **Question 23**
>
> 음용수를 염소 소독할 때 살균력이 강한 것부터 순서대로 옳게 배열된 것은? (단, 강함 > 약함)
>
> ① HOCl　② OCl⁻　③ Chloramine
>
> ㉮ ① > ② > ③　　㉯ ② > ③ > ①　　㉰ ② > ① > ③　　㉱ ① > ③ > ②
>
> ▸ 정답　㉮

★ **(2) 클로라민 종류**

① NH_2Cl(모노클로라민)

$$HOCl + NH_3 \xrightarrow{pH\ 8.5\ 이상} NH_2Cl + H_2O$$

② $NHCl_2$(디클로라민)

$$HOCl + NH_2Cl \xrightarrow{pH\ 4.5\sim8.5} NHCl_2 + H_2O$$

③ NCl_3(트리클로라민)

$$HOCl + NHCl_2 \xrightarrow{pH\ 4.4\ 이하} NCl_3 + H_2O$$

★ **(3) 클로라민의 살균력**

① 살균력 순서는 $NHCl_2$(디클로라민) > NH_2Cl(모노클로라민)이다.
② NCl_3(트리클로라민)은 산화력이 0이므로 살균력이 없다.

(4) 염소주입량 계산식

① 염소주입량(mg/L) = 염소요구량(mg/L) + 염소잔류량(mg/L)

> **TIP**
>
> 암기법 : 주입은 요잔에 하세요!!

② 염소주입총량(kg/day) = 염소주입량(kg/m³) × 폐수량(m³/day)

③ ppm = mg/L = g/m³ 이므로 mg/L $\xrightarrow{\times 10^{-3}}$ kg/m³

Question 24

분뇨 처리 후 방류수 잔류염소를 3mg/L로 하고자 한다. 하루 방류수 유량이 1,600m³이고 염소요구량이 4mg/L라면 염소는 하루에 얼마나 필요(주입)한가?

㉮ 8.6kg/day　　㉯ 11.2kg/day　　㉰ 14.3kg/day　　㉱ 18.6kg/day

풀이
① 염소주입량 = 염소요구량 + 염소잔류량 = 3mg/L + 4mg/L = 7mg/L
② 염소주입량(kg/day) = 염소주입농도(kg/m³) × 유량(m³/day)
　　　　　　　　　　　= 7×10⁻³kg/m³ × 1,600m³/day
　　　　　　　　　　　= 11.2kg/day

TIP
① ppm = mg/L = g/m³　　② mg/L $\xrightarrow{\times 10^{-3}}$ kg/m³

★★ (5) 잔류성

① 잔류성 물질 : 염소화합물(Cl_2, $HOCl$, OCl^-, ClO_2, 클로라민)
② 잔류성 없는 물질 : O_3(오존), UV(자외선)

2. 트리할로메탄(THM) 특징

★★★ (1) THM의 생성조건

① pH, 온도 및 전구물질의 농도가 증가할수록 생성량은 증가한다.
② 물속의 유기물질이 소독제로 사용되는 염소 또는 바닷물 중의 브롬과 반응하여 생성된다.
③ 여름철 장마시 숲속에서 휴믹물질이 상수원수로 유입될 때 다량 발생한다.

TIP
THM의 증가조건
수온↑, pH↑, 접촉시간↑, 염소주입량↑

(2) 수돗물에서 생성된 트리할로메탄류는 대부분 클로로포름으로 존재한다.

★★ (3) 클로로포름(트리클로로메탄)은 THM의 75%을 차지한다.

(4) 대책

① 전구물질 제거법 : 활성탄 흡착(용해성), 중간염소처리(용해성), 응집침전(콜로이드 형태)
② 소독방법전환 : 클로라민, O_3(오존), ClO_2(이산화염소), UV(자외선)

08 BIP와 BI

★★ 1. BIP(Biological Index of Pollution)

① $BIP = \dfrac{무색\ 생물수}{전\ 생물수} \times 100(\%)$

② 판정
 - 깨끗한 물 : 0~2%
 - 약간 오염된 물 : 10~20%
 - 심하게 오염된 물 : 70~100%

★★ 2. BI(Biotix Index)

① $BI = \dfrac{2A + B}{A + B + C} \times 100(\%)$

 - A : 맑은 물에 존재하는 규조류
 - C : 오염된 물에 존재하는 규조류
 - B : 광범위하게 나타나는 규조류

② 판정
 - 깨끗한 물 : 20% 이상
 - 약간 오염된 물 : 11~19%
 - 오염된 물 : 6~10%
 - 심하게 오염된 물 : 5% 이하

09 유독성 단위(TU ; Toxic Unit)

$$TU = \frac{\text{환경수 중 오염물질 농도}}{\text{초기 TLm(96TLm)}}$$

Question 25

96TLm은 $NH_3 = 2.5mg/L$, $Cu^{2+} = 1.5mg/L$, $CN^- = 0.2mg/L$이고, 실제 시험수의 농도가 $Cu^{2+} = 0.6mg/L$, $CN^- = 0.01mg/L$, $NH_3 = 0.4mg/L$이였다면 Toxic Unit를 계산하시오.

풀이 유독성 단위(TU) $= \text{합}\left\{\dfrac{\text{실제 시험수의 농도}}{96TLm}\right\} = \dfrac{0.6mg/L}{1.5mg/L} + \dfrac{0.01mg/L}{0.2mg/L} + \dfrac{0.4mg/L}{2.5mg/L} = 0.61$

10 이온강도(I)

① 이온강도(I)는 용액 중에 있는 이온의 전체농도를 나타내는 척도이다.

 ② 이온강도(I) $= \dfrac{\text{합}\{M\text{농도}\times(\text{가수})^2\}}{2}$

Question 26

0.02M−KBr과 0.03M−$ZnSO_4$ 용액의 이온강도를 계산하시오.

풀이
$KBr \rightarrow K^+ + Br^-$
0.02M   0.02M   0.02M
$ZnSO_4 \rightarrow Zn^{2+} + SO_4^{2-}$
0.03M   0.03M   0.03M

이온강도(I) $= \dfrac{\text{합}\{\text{몰수}\times(\text{가수})^2\}}{2} = \dfrac{1}{2}\{(0.02M\times1^2)+(0.02M\times1^2)+(0.03M\times2^2)+(0.03M\times2^2)\}$
$= 0.14$

CHAPTER 07 호소수의 수질관리

01 호수의 수질관리

1. 호수의 특징

★★ ① 심수층은 혐기성 미생물의 증식으로 유기물이 분해되어 수질이 나빠진다.
★★ ② 봄과 가을에는 일정한 방향을 가진 흐름은 없으나 밀도변화에 의한 수직운동이 일어난다.
★★ ③ 표수층에서 조류의 활발한 광합성 활동시 호수의 pH는 8~9 혹은 그 이상을 나타낼 수 있다.
④ 수심별 전기전도도의 차이는 수온의 효과와 용존된 오염물질의 농도차로 인한 결과이다.
⑤ 표수층에서 조류의 활발한 광합성 활동시에는 무기탄소원인 HCO_3^-나 CO_3^{2-}을 흡수하고 OH^-를 내보낸다.
⑥ 일반적으로 수온 1℃ 상승에 대하여 전도율은 2% 정도 증가한다.
★★ ⑦ 여름정체기간 중 호수의 깊이에 따른 CO_2와 DO 농도 변화를 살펴보면 CO_2 농도와 DO농도가 같은 지점(깊이)이 존재한다.

Question 01

호수의 수질특성에 관한 설명으로 옳지 않은 것은?
㉮ 표수층에서 조류의 활발한 광합성 활동시 호수의 pH는 8 ~ 9 혹은 그 이상을 나타낼 수 있다.
㉯ 호수의 유기물량 측정을 위한 항목은 COD보다 BOD와 클로로필-a를 많이 이용한다.
㉰ 수심별 전기전도도의 차이는 수온의 효과와 용존된 오염물질의 농도차로 인한 결과이다.
㉱ 표수층에서 조류의 활발한 광합성 활동시에는 무기탄소원인 HCO_3^-나 CO_3^{2-}를 흡수하고 OH^-를 내보낸다.

풀이 ㉯ 호수의 유기물량 측정을 위한 항목은 COD를 이용한다.

TIP
① COD는 해수, 폐수, 호소수 중에 존재하는 유기물의 척도로 사용된다.
② BOD는 하천수, 하수 중에 존재하는 유기물의 척도로 사용된다.

2. 하천이나 호수의 심층에서 미생물의 작용

① 수중의 유기물은 분해되어 일부가 세포합성이나 유지대사를 위한 에너지원이 된다.
② 호수심층에 산소가 없을 때 질산이온을 전자수용체로 이용하는 종속영양 세균인 탈질화세균이 많아진다.
③ 어느 정도 유기물이 분해된 하천의 경우 조류 발생이 증가할 수 있다.

★★ 3. 깊은 호수나 저수지에서 수면으로부터 성층구분

epilimnion(순환층) → thermocline(수온약층, 변온층) → hypolimnion(심수층) → 침전물층

Question 02

깊은 호수나 저수지의 수직방향의 물 운동이 없을 때 생기는 성층현상(成層現象)의 성층구분 순서로 맞는 것은? (단, 수표면으로부터)

㉮ Epilimnion → Thermocline → Hypolimnion → 침전물층
㉯ Epilimnion → Hypolimnion → Thermocline → 침전물층
㉰ Hypolimnion → Thermocline → Epilimnion → 침전물층
㉱ Hypolimnion → Epilimnion → Thermocline → 침전물층

정답 ㉮

4. 호수나 저수지 등 정체된 수역의 오염도(유기물량)를 BOD값보다 COD값으로 나타내는 이유는 조류의 양을 고려할 수 있기 때문이다.

02 성층현상 및 전도현상

★★ 1. 호소에서 성층현상 및 전도현상

① 수온에 따라 표수층, 수온약층, 심수층의 성층을 이룬다.
② 하층의 물은 표층으로 잘 순환(turn over)되지 않고 수직운동은 상층에만 국한한다.
★★ ③ 수온약층은 표수층에 비하여 수심에 따른 온도차이가 크다.
④ 성층현상 및 전도현상은 수심에 따른 온도변화로 인해 발생되는 물의 밀도차에 의해 일어난다.
⑤ 겨울에는 호수바닥의 물이 최대 밀도를 나타내게 된다.
★★ ⑥ 성층현상 ┌ 강한 성층 : 여름철
　　　　　　└ 약한 성층 : 겨울철
⑦ 겨울과 여름에는 수직혼합이 없어 정체현상이 생기며 수심에 따라 온도와 용존산소농도 차이가 크고 겨울보다 여름이 정체가 더 뚜렷이 생긴다.
⑧ 호소의 성층현상은 기후특성, 호소저수용량에 따른 유입유출량의 크기, 호수의 크기 등 다양한 환경인자에 의해 영향을 받는다.
⑨ 봄철 기온이 높고 바람이 약할 경우에는 성층이 늦게 이루어진다.
⑩ 봄, 가을에는 저수지의 수직혼합이 활발하여 분명한 열 밀도층의 구별이 없어진다.
★★ ⑪ 전도현상은 봄과 가을에 발생한다.
★★ ⑫ 봄철 전도현상은 표수층의 수온이 높아지기 시작하고 4℃가 되면 최대의 밀도를 가짐으로써 표수층의 물이 아래로 이동하게 되고 상대적으로 심수층 물이 표수층으로 이동하게 되어 일어난다.
★★ ⑬ 가을철 전도현상은 표수층의 수온이 점차 감소되기 시작하고 밀도는 증가하기 시작한다. 표수층의 수온이 심수층의 수온과 비슷해지면 바람에 의해서도 표수층의 물이 아래로 이동하고 심수층의 물이 표수층으로 이동하게 되어 발생한다.

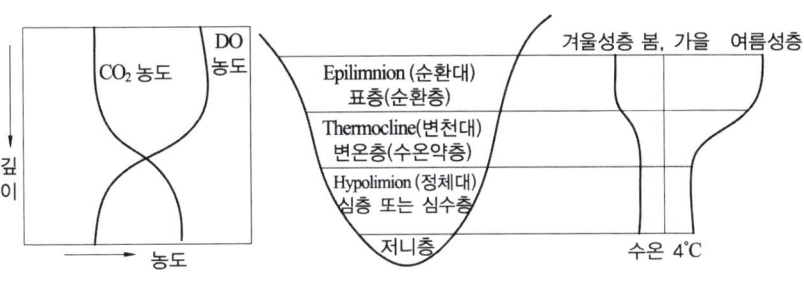

〈호소의 구분 및 성층현상과 CO_2 농도와 DO 농도〉

Question 03

성층현상에 대한 내용으로 틀린 것은 어느 것인가?

㉮ 수심에 따른 온도변화로 발생되는 물의 밀도차에 의해 발생된다.
㉯ 봄, 가을에는 저수지의 수직혼합이 활발하여 분명한 층의 구별이 없어진다.
㉰ 여름에 수심에 따른 연직온도경사와 산소구배는 반대 모양을 나타내는 것이 특징이다.
㉱ 겨울과 여름에는 수직운동이 없어 정체현상이 생기며 수심에 따라 온도와 용존산소농도 차이가 크다.

풀이 ㉰ 여름에 수심에 따른 연직온도경사와 산소구배는 같은 모양을 나타내는 것이 특징이다.

03 호수의 부영양화

★1. 호소수에서 발생되는 부영양화

① 투명도를 기준으로 부영양화의 정도를 지수로 평가하는 대표적인 방법은 칼슨지수이다.
② 부영양화평가모델은 인(P) 부하모델인 Vollenweider모델과 P-엽록소 모델인 사카모토모델 등이 대표적이다.
③ 특정조류의 이상적 번식으로 불꽃현상이 일어나며 한번 발생하면 수일 사이에 급격히 소멸된다. (여기서 불꽃현상은 수화현상이라고도 하며 특정수역에서 조류가 대량 증식하여 물색을 변화시키는 현상을 말한다.)
④ 부영양화가 급속하게 진행되면 호수는 가속적으로 얕아지게 되고 결국 늪지대로 변한 뒤 소멸하게 된다.
⑤ Carlson은 투명도와 클로로필-a의 농도, 총인의 농도 중 어느 한 항목만을 측정하여도 각각의 부영양화 지수로 표시할 수 있도록 하였다.
⑥ 부영양화 메카니즘은 COD의 내부생산과 영양염의 재순환이라 할 수 있다.

⑦ 질소, 인 등의 영양물질의 유입에 의하여 발생된다.
⑧ 부영양화에서 주로 문제가 되는 조류는 남조류이다.
⑨ 성층, 전도현상에 의하여 부영양화가 촉진된다.

Question 04

부영양화의 영향으로 틀린 것은?

㉮ 부영양화가 진행되면 상품가치가 높은 어종들이 사라져 수산업의 수익성이 저하된다.
㉯ 부영양화된 호수의 수질은 질소와 인 등 영양염류의 이상 성장을 초래하고 병충해에 대한 저항력을 약화시킨다.
㉰ 부영양화의 pH는 중성 또는 약산성이나 여름에는 일시적으로 강산성을 나타내어 저니층의 용출을 유발한다.
㉱ 조류로 인해 정수공정의 효율이 저하된다.

풀이 ㉰ 부영양화의 pH는 중성 또는 약알칼리성이나 여름에는 일시적으로 강알칼리성을 나타내어 저니층의 용출을 유발한다.

2. 부영양화가 진행된 상수원

① 조류의 번성으로 인하여 여과지나 스크린이 폐쇄되고 여과지의 역세척 횟수를 증가시키며, 오니 발생량도 증가시킨다.
② 부영양화된 상수원에서는 조류에 의해 냄새가 발생할 수 있으며 보통 비린내, 흙냄새, 곰팡이 냄새 등이 발생한다.
③ 부영양화된 호수에서 취수한 상수원수는 현탁오염물질, 미량의 부식물질 등이 많아 타 수원에 비해 응집처리가 용이하지 못하다.
④ 부영양화란 1차 생산자인 식물성 플랑크톤의 생산량이 증가되는 현상이고 이를 먹이로 하는 동물성 플랑크톤, 어류 등의 생산량을 증대시킬 수 있다.

3. 부영양화 현상의 억제 방법

① 비료나 합성세제의 사용을 줄인다.
② 축산폐수의 유입을 막는다.
★★ ③ 과잉 번식된 조류는 황산동($CuSO_4$)을 살포하여 제거 또는 억제할 수 있다.
④ 하수처리장에서 질소와 인을 제거하기 위해 고도처리 공정을 도입하여 질소, 인의 호소 유입을 막는다.

Question 05

부영양화의 방지 대책과 가장 거리가 먼 것은?

㉮ N, P 유입을 방지하여야 한다.
㉯ 조류의 번식을 방지하기 위해 $CaCO_3$를 살포한다.
㉰ 포기(aeration)등의 방법으로 저산소층을 제거한다.
㉱ 영양염류를 침전시키고 이 침전물질을 불활성화시켜야 한다.

풀이 ㉯ 조류의 번식을 방지하기 위해 황산동($CuSO_4$)을 살포한다.

4. 칼슨지수

칼슨에 의해 개발되어 칼슨지수라고 하는데 칼슨지수는 경험적으로 만든 연속적인 부영양화 지수이다.

★★★ (1) Carlson 지수 산정시 적용되는 Parameter

① 클로로필-a(chl-a)
② T-P(총인)
③ 투명도(SD)

Question 06

호소의 영양상태를 평가하기 위한 Carlson 지수를 산정하기 위해 요구되는 Parameter와 가장 거리가 먼 것은?

㉮ Chlorophyll-a   ㉯ SS   ㉰ 투명도   ㉱ T-P

정답 ㉯

(2) 부영양화 단계를 예측하는 모델

① 인(P) 부하모델 : Vollenweider 모델
② 인(P)-엽록소 모델 : Larsen & Mercier모델, Dillan모델, 사카모토 모델

5. Vollenweider(볼렌와이더)가 제안한 영양물질 수지모델(호소의 부영양화 예측 모델)에서 고려 사항

① 방류 유량
② 침전율 계수
③ 호수의 체적

★★★ 6. Vollenweider model

호수에 부하되는 인산량을 적용하여 대상 호수의 영양상태를 평가, 예측하는 모델 중 호수 내의 인의 물질수지 관계식을 이용하여 평가하는 방법이다.

> **Question 07**
>
> 호수의 수리특성을 고려하여 부영양화도와 인부하량과의 관계를 경험적으로 예측 평가하는 모델은 무엇인가?
>
> ㉮ Streeter-phelps모델   ㉯ WASP모델
> ㉰ Vollenweider모델   ㉱ DO-SAG모델
>
> **정답** ㉰

CHAPTER 08 해수의 수질관리

01 해수의 특성

★★★ 1. 해수의 특징

★★ ① 해수는 pH 약 8.2 정도로 약알칼리성이며 강전해질로 1리터당 35g의 염분을 함유한다.
★★ ② 해수의 밀도는 염분, 수온, 수압의 함수로 수심이 깊을수록 증가한다.
★★ ③ 해수내 전체 질소 중 약 35% 정도는 암모니아성 질소와 유기질소의 형태이다.
★★ ④ 해수의 Mg/Ca 비는 3~4 정도로 담수에 비하여 크다.
★★★ ⑤ 중요한 화학적 성분 7가지(Holy seven)는 Cl^-, Na^+, SO_4^{2-}, Mg^{2+}, Ca^{2+}, K^+, HCO_3^- 이다.

TIP

암기법 : 염나황은 마네칼슘룸에서 중탄산을 먹는다.

★★ ⑥ 해수의 주요성분 농도비는 항상 일정하다.
★★ ⑦ 해수는 HCO_3^-[bicarbonate : 중탄산염]를 포함시킨 상태로 되어 있다. (bicarbonate의 완충용액이다)
⑧ 염분은 통상 천분율로 표시한다.
⑨ 염분농도순서는 중위도 〉 적도 〉 극지방 순서이다.
⑩ 염분은 적도 해역에서는 높고 남극과 북극 해역에서는 다소 낮다.
⑪ 해수는 염분 외에 온도만 측정하면 해수의 비중을 알 수 있다.

> **Question 01**
>
> 해수의 특성으로 가장 거리가 먼 것은?
>
> ㉮ 해수의 밀도는 수온, 염분, 수압에 영향을 받는다.
> ㉯ 해수는 강전해질로서 1L 당 평균 35g의 염분을 함유한다.
> ㉰ 해수내 전체질소 중 35% 정도는 질산성 질소 등 무기성 질소 형태이다.
> ㉱ 해수의 Mg/Ca비는 3 ~ 4 정도이다.
>
> **풀이** ㉰ 해수내 전체질소 중 35% 정도는 암모니아성 질소와 유기질소의 형태이다.

2. 해수의 염분 특징

① 해수 중 염소이온 농도는 일반적으로 19,000ppm 정도이다.
② 염분이란 해수 중 녹아 있는 무기 전해질의 양을 말한다.
③ 해수의 염분농도는 35‰이다.
④ 수심이 깊어짐에 따라 염분농도가 낮아진다.

3. 해수의 성질

① 해수의 수온도 호수와 마찬가지로 표수층, 수온약층, 심수층으로 구분이 가능하다.
② 해수의 염분농도는 평균 35‰ 정도로 표층수는 증발과 강우에 의해, 대륙연안은 하천수의 유입 때문에, 극지방에서는 얼음이 녹거나 얼 때 영향을 받는다.
③ 위도에 따른 염분분포는 증발량이 강우량보다 많은 무역풍대지역에서 염분이 가장 높고, 강우량이 많은 적도지역에서 염분이 낮다.
④ 해수의 영양염류 특성은 표층수에서는 영양염류의 농도가 낮고, 광합성이 이루어지지 않는 심층수에서는 영양염류 농도가 높다.

4. 해수에서 영양염류가 수온이 낮은 곳에 많고 수온이 높은 지역에서 적은 이유

① 수온이 낮은 바다의 표층수는 원래 영양염류가 풍부한 극지방의 심층수로부터 기원하기 때문이다.
② 수온이 높은 바다의 표층수는 적도 부근의 표층수로부터 기원하므로 영양염류가 결핍되어 있다.
③ 수온이 높은 바다는 수계의 안정으로 수직혼합이 일어나지 않아 표층수의 영양염류가 플랑크톤에 의해 소비되기 때문이다.

Question 02

해수의 화학적 특성 중에서 영양염류의 농도는 매우 중요하다. 다음 중 영양염류가 찬 바다에 많고 따뜻한 바다에 적은 이유로 잘못된 것은 어느 것인가?

㉮ 찬 바다의 표층수는 원래 영양염류가 풍부한 극지방의 심층수로부터 기원하기 때문에
㉯ 따뜻한 바다의 표층수는 적도부근의 표층수로부터 기원하기 때문에
㉰ 찬 바다에는 겨울철 성층현상의 심화로 수계가 안정되어 영양염류의 손실이 적기 때문에
㉱ 따뜻한 바다에서 표층수의 영양염류는 공급없이 식물성 플랑크톤에 의한 소비만 주로 일어나기 때문에

정답 ㉰

★★ 5. 해류의 원인

① tidal current(조류) : 태양과 달의 영향으로 발생된다.
② tsunamis(쓰나미) : 지진이나 화산에 의해 발생된다.
③ upwelling(용승류) : 바람과 해양 및 육지의 상호작용으로 형성되는 상승류이다.
④ 심해류 : 해수의 온도와 염분에 의한 밀도차에 의하여 발생된다.

Question 03

해류에 관한 설명으로 옳지 않은 것은?

㉮ 조류 : 지구와 달과 태양의 인력에 의해 발생된다.
㉯ 쓰나미 : 해저의 화산활동으로 인해 발생된다.
㉰ 상승류 : 바람과 해양 및 육지의 상호작용에 의해 해수가 저부에서 상부로 상승하여 발생된다.
㉱ 심해류 : 수층이 안정된 심해에서 지구 자전의 영향으로 발생된다.

풀이 ㉱ 심해류 : 해수의 온도와 염분에 의한 밀도차에 의하여 발생된다.

02 적조현상

1. 적조현상의 특징

★★ ① 여름철 홍수시로 인한 염분농도가 감소된 정체된 해역에서 주로 발생된다.
② 고밀도로 존재하는 적조 생물의 호흡에 의해 수중 용존산소를 소비하여 수중의 다른 생물의 생존이 어렵다.

③ upwelling 현상(용승현상)이 원인이 되는 경우가 있다.
④ 적조생물 중 독성을 갖는 편모조류가 치사성의 독소를 분비, 어패류를 폐사시킨다.
⑤ 높은 광도에서는 잘 증식하고 낮에는 해수표면에 밤에는 해저로 이동하는 특징이 있는 편모조류가 우점종일 경우가 많다.
⑥ 적조의 피해는 적조생물의 독소에 의한 중독현상과 해수 중의 용존산소 결핍에 따른 질식현상으로 구별할 수 있다.
⑦ 적조발생시 점토를 살포하는 것은 콜로이드 입자가 해수 중의 현탁물질을 응집, 흡착하는 성질과 점토성분 중 알루미늄 이온의 적조생물 구제효과를 이용하는 방법이다.
⑧ 플랑크톤의 증식을 위해 햇빛이 강하고 수온이 높을 때 많이 발생한다.
⑨ 질소, 인 등의 영양분이 풍부하고 규소, 칼슘, 마그네슘 등의 영양염과 더불어 미량의 금속, 비타민 등이 존재할 때 많이 발생한다.

Question 04

적조(red tide)에 관한 설명으로 가장 거리가 먼 것은?

㉮ 갈수기로 인하여 염도가 증가된 정체 해역에서 주로 발생한다.
㉯ 수중의 용존산소 감소에 의한 어패류의 폐사가 발생된다.
㉰ 수괴의 연직안정도가 크고 독립해 있을 때 발생된다.
㉱ 해저에 빈산소층이 형성할 때 발생한다.

풀이 ㉮ 홍수시로 인하여 염도가 낮아진 정체 해역에서 주로 발생한다.

★★ 2. 적조발생 조건

★★ ① 해류의 정체(물의 이동이 적은 정체수역)
★★ ② 염분 농도의 감소
③ 수온의 상승
④ 영양염류의 증가
⑤ 햇빛이 강할 때
⑥ 플랑크톤 농도의 증가
⑦ 하천 유입수의 오염도 증가

Question 05

연안해역에서 적조현상의 원인이 되는 조건과 가장 거리가 먼 것은?
- ㉮ 수온이 높을 때
- ㉯ 햇빛이 강할 때
- ㉰ 영양염류가 과다 유입될 때
- ㉱ 염분농도가 높을 때

풀이 ㉱ 염분의 농도가 낮을 때

3. 조류제거를 위하여 살포하는 황산동의 투입량 결정시 고려되는 인자
   ① pH
   ② 수온
   ③ 알칼리도

4. 적조현상의 주원인이 되는 조류를 제거하기 위한 방법으로 황산동을 주입하는 화학적인 방법을 사용하기도 한다. 알칼리도가 40ppm 이하일 경우 주입되는 황산동의 농도는 0.2~0.5ppm이다.

5. 적조에 의해 어패류가 폐사하는 원인
   ① 적조생물에 포함된 치사성의 유독물질로 인해 폐사한다.
   ② 적조생물의 급속한 사후분해에 의해 용존산소(DO)가 소비되면서 황화수소나 부패독과 같은 유해물질로 인해 폐사한다.
   ③ 적조생물이 아가미 등에 부착되어 질식사 한다.
   ④ 수면의 적조생물막에 의한 산소차단 현상으로 인한 대사기능 저하로 폐사한다.

Question 06

적조에 의해 어패류가 폐사하는 원인으로 틀린 것은 어느 것인가?
- ㉮ 강한 독성을 갖는 편모류에 의한 적조 발생
- ㉯ 고밀도로 존재하는 적조생물의 사후분해에 의해 다량의 용존산소가 소비
- ㉰ 적조생물이 어패류의 아가미 등에 부착
- ㉱ 다량의 적조생물 호흡에 의해 수중의 탄산염성분의 과다 배출

정답 ㉱

03 기타 내용정리

★★ 1. 분뇨의 특징

★★ ① 분과 뇨의 구성비는 약 1 : 8~1 : 10 정도이며 고액분리가 어렵다.
② 분뇨 내 질소화합물은 알칼리도를 높게 유지시켜 pH의 강하를 막아준다.
③ 분의 경우 질소산화물은 전체 VS의 12~20%, 뇨는 80~90% 함유되어 있다.
④ 분뇨는 다량의 유기물이 함유되어 있으며 BOD, SS는 COD의 $\frac{1}{3} \sim \frac{1}{2}$ 정도이다.
⑤ 분뇨 내 염소이온의 농도는 약 4,000mg/L 정도이다.
⑥ 분뇨에 포함된 질소화합물은 주로 $(NH_4)_2CO_3$, $(NH_4)HCO_3$ 형태로 존재한다.

Question 07

분뇨의 특징에 관한 설명으로 가장 거리가 먼 것은?

㉮ 분뇨 내 질소화합물은 알칼리도를 높게 유지시켜 pH의 강하를 막아준다.
㉯ 분과 뇨의 구성비는 약 1 : 8 ~ 1 : 10 정도이며 고액분리가 용이하다.
㉰ 분의 경우 질소산화물은 전체 VS의 12 ~ 20% 정도 함유되어 있다.
㉱ 분뇨는 다량의 유기물을 함유하며, 점성이 있는 반고상 물질이다.

풀이 ㉯ 분과 뇨의 구성비는 약 1 : 8 ~ 1 : 10 정도이며 고액분리가 어렵다.

2. 감응도 분석

수질 모델링 주요 절차 중 수질 관련 반응계수, 수리학적 입력계수 등의 입력자료의 변화 정도가 수질항목 농도에 미치는 영향을 파악하는 것이다.

3. 상수원에 대한 수질검사결과 질산성질소만 다량 검출된 경우는 유기질소에 의한 일시적인 오염이다.

4. 환경공학 실무에 있어서 오염물질의 추적자로 사용되는 것은 염화물이다.

5. 포도당이 서로 다른 종류의 미생물에 의해 기질로 이용될 때 서로 다른 많은 종류의 생성물로 변화된다. 이 과정에서 가장 중요한 중간체 역할을 수행하는 산(acid)은 피루빅산(pyruvic acid)이다.

6. 생물체 내에서 일어나는 에너지 대사에 적용되는 열역학법칙

① 에너지의 총량은 일정하다.
② 엔트로피는 끊임없이 증가하고 있다.
③ 절대온도 0K(-273.16℃)에서는 분자운동이 없으며 엔트로피는 0이다.

> **Question 08**
>
> 생물체 내에서 일어나는 에너지 대사에 적용되는 열역학 법칙에 대한 설명으로 틀린 것은 어느 것인가?
> ㉮ 에너지의 총량은 일정하다.
> ㉯ 자연적인 반응은 질서도가 커지는 방향으로 진행된다.
> ㉰ 엔트로피는 끊임없이 증가하고 있다.
> ㉱ 절대온도 0K(-273.16℃)에서는 분자운동이 없으며 엔트로피는 0이다.
>
> **풀이** ㉯ 자연적인 반응은 무질서도가 커지는 방향으로 진행된다.

★★★ 7. 수질에서 사용하는 법칙

① Raoult's 법칙(라울의 법칙)
여러 물질이 혼합된 용액에서 어느 물질의 증기압(분압)은 혼합액에서 그 물질의 몰분율에 순수한 상태에서 그 물질의 증기압을 곱한 것과 같다.

② Schulze – Hardy 법칙(슐츠-하디 법칙)
콜로이드의 침전은 콜로이드 입자의 전하에 반대되는 부호의 전하를 가진 첨가된 전해질 이온에 영향을 받으며, 이 영향은 그 이온이 지니고 있는 전하의 수에 따라 현저하게 증가한다.

③ Graham의 법칙(그레함의 법칙)
기체확산속도(조그마한 구멍을 통한 기체의 탈출)는 기체 분자량의 제곱근에 반비례한다.

④ Gay-Lussac법칙(게이-루삭의 법칙)
기체분석의 이해에 바탕이 되는 법칙으로 기체가 관련된 화학반응에서는 반응하는 기체와 생성된 기체의 부피 사이에는 정수관계가 성립된다.

Question 09

콜로이드의 침전에 미치는 영향이 입자에 반대되는 전하를 가진 첨가된 전해질 이온이 지니고 있는 전하의 수에 따라 현저하게 증가한다는 법칙은 어느 것인가?

㉮ Schulze - Hardy 법칙　　　　㉯ Derjagin - Verwey 법칙
㉰ Vander - Brown 법칙　　　　㉱ Landau - Overbe 법칙

정답 ㉮

Question 10

다음의 기체 법칙 중 옳은 것은?

㉮ Boyle의 법칙 : 일정한 압력에서 기체의 부피는 절대온도에 정비례한다.
㉯ Henry의 법칙 : 기체가 관련된 화학반응에서는 반응하는 기체와 생성되는 기체의 부피 사이에 정수관계가 있다.
㉰ Graham의 법칙 : 기체의 확산속도(조그마한 구멍을 통한 기체의 탈출)는 기체 분자량의 제곱근에 반비례 한다.
㉱ Gay-Lussac의 결합 부피 법칙 : 혼합 기체 내의 각 기체의 부분압력은 혼합물 속의 기체의 양에 비례한다.

풀이　㉮ Boyle의 법칙 : 일정온도에서 기체의 압력과 그 부피는 서로 반비례한다.
　　　㉯ Henry의 법칙 : 용해도가 크지 않은 기체가 일정한 온도에서 일정량의 액체에 녹는 무게는 압력에 비례하며, 혼합기체는 그 부분압력에 비례한다.
　　　㉱ Gay-Lussac의 결합 부피 법칙 : 기체가 관련된 화학반응에서는 반응하는 기체와 생성된 기체의 부피 사이에는 정수관계가 성립된다.

8. 항구 내에서 기름유출에 대한 방지책

① Skimmer나 진공펌프를 이용한다.
② 흡수제를 이용하여 기름을 흡착시킨다.
③ 유화제나 침전제를 사용한다.

CHAPTER 09 수질오염개론 공식정리

01 수질오염개론 주요공식

(1) Monod식에 의한 세포의 비증식 속도 계산식

$$\mu = \mu_{max} \times \frac{S}{K_s + S}$$

- μ : 세포의 비증식 계수(/hr)
- μ_{max} : 세포의 최대 비증식 계수(/hr)
- S : 제한기질의 농도(mg/L)
- K_s : 반포화 농도(즉, $\mu = \frac{1}{2}\mu_{max}$ 일 때 제한기질의 농도(mg/L))

(2) 1차 반응식

$$\ln \frac{C_t}{C_o} = -k \times t$$

- C_t : t시간 후의 농도(mg/L)
- C_o : 초기농도(mg/L)
- k : 상수(/hr)
- t : 시간(hr)

(3) 반감기 사용(1차 반응식에서)

$$\ln \frac{C_t}{C_o} = -k \times t \xrightarrow[C_t = 1/2C_o]{\text{반감기}} \ln \frac{1}{2} = -k \times t$$

(4) 완전혼합형(CFSTR) 반응조에서 1차 반응식

① K(상수)가 없거나 희석만 고려할 경우

$$\ln \frac{C_t}{C_o} = -\left(\frac{Q}{V}\right) \times t \quad \text{여기에서} \quad \frac{Q}{V} = K$$

② K(상수)가 주어진 경우

$$Q \times (C_o - C_t) = k \times V \times C_t$$

(5) 플러그반응조(PFR)에서 1차 반응식

$$\ln \frac{C_t}{C_o} = -k \times \left(\frac{V}{Q}\right) \quad \text{또는} \quad \ln \frac{C_t}{C_o} = -\left(\frac{Q}{V}\right) \times t$$

- C_o : 초기농도(mg/L) C_t : t시간 후의 농도(mg/L)   k : 상수(/hr)
- V : 체적(m^3)   Q : 유량(m^3/hr)

(6) 산소부족농도 계산식

$$D_t(\text{산소부족농도}) = \frac{k_1 \times L_o}{k_2 - k_1} \times (10^{-k_1 \times t} - 10^{-k_2 \times t}) + D_o \times (10^{-k_2 \times t})$$

- k_1 : 탈산소계수(/day) k_2 : 재포기계수(/day)
- L_o : 최종 BOD(= BOD_u)(mg/L) D_o : 초기산소부족량(mg/L)
- D_o = Cs(포화 DO농도) - C(혼합수중 DO농도)   t : 시간(day) = $\frac{\text{거리(m)}}{\text{유속(m/day)}}$

(7) BOD 공식

① 소모공식, 밑수 10(또는 상용대수)
$$BOD_t = BOD_u \times (1 - 10^{-k_1 \times t})$$

② 소모공식, 밑수 e(또는 자연대수)
$$BOD_t = BOD_u \times (1 - e^{-k_1 \times t})$$

③ 잔류공식, 밑수 10(또는 상용대수)
$$BOD_t = BOD_u \times (10^{-k_1 \times t})$$

④ 잔류공식, 밑수 e(또는 자연대수)
$$BOD_t = BOD_u \times (e^{-k_1 \times t})$$

- BOD_t : t일 BOD(mg/L) BOD_u : 최종 BOD(mg/L)
- k_1 : 탈산소계수(/day)   t : 시간(day)

(8) 혼합공식

$$C_m = \frac{Q_1 C_1 + Q_2 C_2}{Q_1 + Q_2}$$

C_m : 혼합지점의 농도 Q_1, Q_2 : 유량(m^3/day) C_1, C_2 : 농도(mg/L)

(9) N농도 계산식

① N농도 = eq/L

화학명	화학식	분자량(g)	당 량	1당량g
과망간산칼륨	$KMnO_4$	158g	5 당량	158g/5
다이크롬산칼륨	$K_2Cr_2O_7$	294g	6 당량	294g/6

$$N농도(eq/L) = \frac{질량(g)}{부피(L)} \times \frac{1eq}{1당량\,g}$$

② 만약에 질량(g)과 부피(L)가 주어지지 않고 비중이 주어지면 비중(g/mL)을 사용하면 된다.

$$N농도(eq/L) = \frac{비중(g)}{(mL)} \times \frac{10^3 mL}{1L} \times \frac{1eq}{1당량\,g} \times \frac{\%}{100}$$

(10) M 농도 계산식

① M농도 = mol/L

$$M농도(mol/L) = \frac{질량(g)}{부피(L)} \times \frac{1mol}{분자량(g)}$$

② 화합물의 1mol = 분자량(g)이다. 만약에 질량(g)과 부피(L)가 주어지지 않고 비중이 주어지면 비중(g/mL)을 사용하여 풀이한다.

$$M농도(mol/L) = \frac{비중(g)}{(mL)} \times \frac{10^3 mL}{1L} \times \frac{1mol}{분자량(g)} \times \frac{\%}{100}$$

(11) pH 계산식

① pH와 POH의 정의

$pH = -\log[H^+] \Rightarrow [H^+] = 10^{-pH} \text{mol/L}$

$pOH = -\log[OH^-] \Rightarrow [OH^-] = 10^{-pOH} \text{mol/L}$

② pH와 POH의 상관관계

$pH + pOH = 14$

$pH = 14 - pOH$

$pOH = 14 - pH$

③ pH 계산식

산성물질에서 $pH = -\log[H^+]$

알칼리성물질에서 $pH = 14 + \log[OH^-]$

(12) 경도 계산식

$$\frac{경도(mg/L)}{50g} = \frac{Ca^{2+}mg/L}{20g} + \frac{Mg^{2+}mg/L}{12g} + \frac{Fe^{2+}mg/L}{28g} + \frac{Mn^{2+}mg/L}{27.5g} + \frac{Sr^{2+}mg/L}{43.8g}$$

(13) 알칼리도(Alk) 계산식

① $\dfrac{Alk(mg/L)}{50g} = \dfrac{OH^-(mg/L)}{17g} + \dfrac{CO_3^{2-}(mg/L)}{60g/2} + \dfrac{HCO_3^-(mg/L)}{61g}$

② $Alk(mg/L) = \dfrac{A \times N \times 50,000}{V}$ 또는 $AlK(mg/L) = A \times N \times f \times \dfrac{1,000}{V} \times 50$

  A : 적정에 사용되는 량(mL) N : 적정용액의 N농도
  V : 시료량(mL) 50,000(mg) : $CaCO_3$ 1당량(mg)

(14) 제거효율 계산(η)

① $\eta = \left(1 - \dfrac{C_o}{C_i}\right) \times 100(\%)$

  η : 효율(%) C_i : 입구농도(mg/L) C_o : 출구농도(mg/L)

② $\eta = \left(1 - \dfrac{C_o \times P}{C_i}\right) \times 100(\%)$

  P (희석배수치) = $\dfrac{\text{유입수의 } Cl^- \text{ 농도}}{\text{유출수의 } Cl^- \text{ 농도}} = \dfrac{\text{희석 후 유량}}{\text{희석 전 유량}}$

③ $\eta_T = 1 - (1 - \eta_1) \times (1 - \eta_2) \times (1 - \eta_3)$

$\begin{bmatrix} \eta_T : 총합 효율(\%) & \eta_1 : 1차처리 효율(\%) \\ \eta_2 : 2차처리 효율(\%) & \eta_3 : 3차처리 효율(\%) \end{bmatrix}$

④ ①식과 ③식을 합치면 다음과 같은 식이 성립된다.

$\left(1 - \dfrac{C_o}{C_i}\right) = 1 - (1 - \eta_1) \times (1 - \eta_2) \times (1 - \eta_3)$

★★ (15) $\dfrac{BOD_6}{BOD_u}$ 비 계산

$BOD_6 = BOD_u \times (1 - 10^{-k_1 \times t})$

$\therefore \dfrac{BOD_6}{BOD_u} = (1 - 10^{-k_1 \times t})$

(16) SAR(Sodium adsorption ratio) : 나트륨 흡착률 계산식

① $SAR = \dfrac{Na^+}{\sqrt{\dfrac{Mg^{2+} + Ca^{2+}}{2}}}$

② 단위 : meq/L = mN = mg/L ÷ 1mg 당량

$Na^+ = Na^+ mg/L \div 23$

$Ca^{2+} = Ca^{2+} mg/L \div 20$

$Mg^{2+} = Mg^{2+} mg/L \div 12$

③ 판정
- SAR 0~10 : 영향 적음
- SAR 10~18 : 중간 정도 영향
- SAR 18~26 : 큰 영향
- SAR 26 이상 : 아주 큰 영향

(17) COD = BDCOD + NBDCOD

$\begin{bmatrix} BDCOD : 생물학적 분해 가능한 COD = BOD_u & NBDCOD : 생물학적 분해 불가능한 COD \\ \therefore NBDCOD = COD - BDCOD (= BOD_u) & \end{bmatrix}$

(18) 총량 계산식

총량(kg/day) = 유량(m^3/day)×농도(kg/m^3)

(19) 중화적정 공식

NV = N'V'

(20) 수은주 비중

$$\frac{1,0332 mmH_2O}{760 mmHg} = 13.6 \Rightarrow \begin{cases} mmH_2O \xrightarrow{\div 13.6} mmHg \\ mmHg \xrightarrow{\times 13.6} mmH_2O \end{cases}$$

(21) 유독성 단위 계산식

$$유독성\ 단위(TU) = \frac{환경수\ 중\ 오염물질\ 농도}{초기\ TLm(96TLm)}$$

(22) 모세관 현상에서 물기둥 높이(h) 계산식

$$h = \frac{4 \cdot \sigma \cdot \cos\theta}{r \cdot d}$$

$\begin{bmatrix} h : 물기둥\ 높이(cm) & \sigma : 표면장력(g_f/cm) & \theta : 접촉각 \\ r : 물의\ 밀도(1g/cm^3) & d : 유리관\ 지름(cm) & \end{bmatrix}$

TIP

$$g_f/cm = dyne/cm \times \frac{g_f}{980 dyne}, \ kg_f/m = N/m \times \frac{kg_f}{9.8N}$$

(23) 탈산소계수(K_1) 보정식, 재폭기계수(K_2) 보정식

$K_1(T) = K_1(20℃) \times 1.047^{(T-20)}$

$K_2(T) = K_2(20℃) \times 1.018^{(T-20)}$

(24) 이온강도(I) 계산식

$$이온강도(I) = \frac{합\{(이온의\ 몰수) \times (이온가수)^2\}}{2}$$

(25) 산소전달계수(K_{La}) 계산식

$$\frac{dO}{dt} = \alpha \cdot K_{La} \times (\beta \cdot C_s - C)$$

- $\frac{dO}{dt}$: 시간에 따른 용존산소농도 변화(mg/L·hr) K_{La} : 산소전달계수(/hr)
- C_s : 포화산소농도(mg/L) C : 물속의 용존산소농도(mg/L) α, β : 계수

TIP

$C_S - C$ = 산소부족농도 = 폭기해야 할 농도

(26) 염소주입량 계산식

염소주입량 = 염소요구량 + 염소잔류량

TIP

암기법 : 주입은 요잔에 하세요!!

(27) DO 포화도 계산식

$$DO\ 포화도(\%) = \frac{현재\ DO\ 농도}{포화\ DO\ 농도} \times 100(\%)$$

(28) 완충방정식

$$pH = pKa + \log\frac{[염기]}{[산]}$$

$$\frac{[염기]}{[산]} = \frac{Ka}{[H^+]}$$

(29) 초산(CH_3COOH)에서 [H^+] 농도

$$[H^+] = \sqrt{Ka \times C}$$

- Ka : 산해리상수 C : CH_3COOH의 mol/L농도

(30) 임계점 도달시간(t_c), 임계부족량(D_c)

$$t_c = \frac{1}{k_1(f-1)} \log\left[f\left\{1-(f-1)\frac{D_o}{L_o}\right\}\right]$$

$$D_c = \frac{L_o}{f} \times 10^{-k_1 \times t}$$

k_1 : 탈산소계수(/day) f : 자정계수($f = \frac{k_2}{k_1}$) k_2 : 재폭기계수(/day)
L_o = BODu : 최종 BOD(mg/L) D_o : 초기산소부족량(D_o = Cs−C)

(31) 생물지수(BI) 계산식

$$BI = \frac{2A+B}{A+B+C} \times 100$$

BI : 생물지수   A : 청수성 미생물
B : 광범위 출현종의 미생물   C : 오수성 미생물

- 판정
  - 깨끗한 물 : 20% 이상
  - 약간 오염된 물 : 11~19%
  - 오염된 물 : 6~10%
  - 심하게 오염된 물 : 5% 이하

(32) BIP = $\frac{\text{무색 생물수}}{\text{전 생물수}} \times 100(\%)$

- 판정
  - 깨끗한 물 : 0~2%
  - 약간 오염된 물 : 10~20%
  - 심하게 오염된 물 : 70~100%

수질오염개론 주요반응식 정리

(1) 박테리아($C_5H_7O_2N$)의 호기성 반응식

$$C_5H_7O_2N + 5O_2 \rightarrow 5CO_2 + 2H_2O + NH_3$$

(2) 프로피온산(C_2H_5COOH)의 이온화 반응식

$$C_2H_5COOH \rightleftarrows C_2H_5COO^- + H^+$$

(3) 초산(CH_3COOH)의 이온화 반응식

$$CH_3COOH \rightleftarrows CH_3COO^- + H^+$$

(4) 글루코스($C_6H_{12}O_6$)의 호기성 반응식

$$C_6H_{12}O_6 + 6O_2 \rightarrow 6CO_2 + 6H_2O$$

(5) 글루코스($C_6H_{12}O_6$)의 혐기성 반응식

$$C_6H_{12}O_6 \rightarrow 3CO_2 + 3CH_4$$

(6) 에탄(C_2H_6)의 호기성 반응식

$$C_2H_6 + 3.5O_2 \rightarrow 2CO_2 + 3H_2O$$

(7) CH_2O(Foramaldehyde)의 호기성 반응식

$$CH_2O + O_2 \rightarrow CO_2 + H_2O$$

(8) $Ca(OH)_2$와 $Ca(HCO_3)_2$ 반응에 의해 $CaCO_3$의 침전형성 반응식

$$Ca(OH)_2 + Ca(HCO_3)_2 \rightarrow 2CaCO_3 + 2H_2O$$

　　　[$Ca(OH)_2$: 수산화칼슘　　$Ca(HCO_3)_2$: 중탄산칼슘　　$CaCO_3$: 탄산칼슘

(9) 자당($C_{12}H_{22}O_{11}$)의 호기성 반응식

$$C_{12}H_{22}O_{11} + 12O_2 \rightarrow 12CO_2 + 11H_2O$$

(10) 아황산나트륨(Na_2SO_3)의 산화 반응식

$Na_2SO_3 + 0.5O_2 \rightarrow Na_2SO_4$

(11) 메탄올(CH_3OH)의 호기성 반응식

$CH_3OH + 1.5O_2 \rightarrow CO_2 + 2H_2O$

(12) $Ca(OH)_2$의 이온화 반응식

$Ca(OH)_2 \rightleftarrows Ca^{2+} + 2OH^-$

(13) Glycine($CH_2(NH_2)COOH$)의 호기성 반응식

$CH_2(NH_2)COOH + 3.5O_2 \rightarrow 2CO_2 + 2H_2O + HNO_3$

(14) 페놀(C_6H_5OH)의 호기성 반응식

$C_6H_5OH + 7O_2 \rightarrow 6CO_2 + 3H_2O$

(15) 에탄올(C_2H_5OH)의 호기성 반응식

$C_2H_5OH + 3O_2 \rightarrow 2CO_2 + 3H_2O$

(16) 질산이온(NO_3^-)의 탈질 반응식

$6NO_3^- + 5CH_3OH \rightarrow 3N_2 + 5CO_2 + 7H_2O + 6OH^-$

… PART

02

수질오염방지기술

CHAPTER 01   물리적 처리
CHAPTER 02   화학적 처리
CHAPTER 03   생물학적 처리
CHAPTER 04   고도처리(3차 처리)
CHAPTER 05   슬러지 처리
CHAPTER 06   방지기술 공식 정리

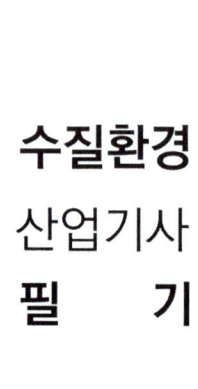

수질환경
산업기사
필　　기

CHAPTER 01 물리적 처리

01 폐·하수 처리 계통도

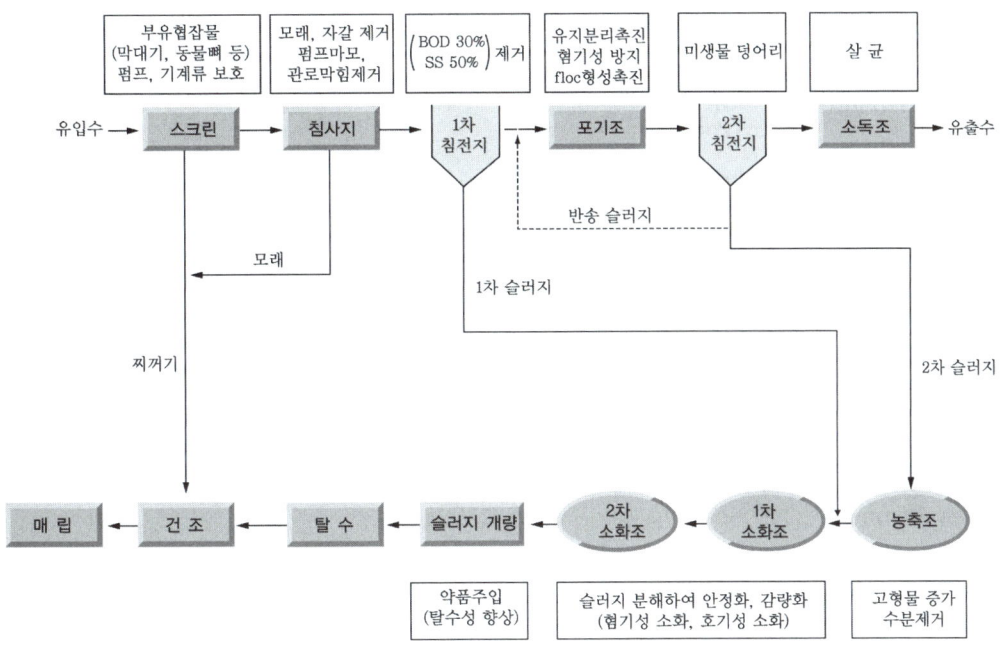

02 스크린(Screen)

1. 분 류

① 조대 스크린 : 스크린 사이 간격이 6~150mm
② 미세 스크린 : 스크린 사이 간격이 6mm 이하

③ 초미세 스크린(마이크로 스크린) : 스크린 사이 간격이 50μm 이하

2. 설치목적

① 나무, 종이 등의 협잡물 제거
② 관로 막힘 방지, 펌프 보호

★★ 3. 스크린 접근 유속은 0.4m/sec 이상이며 통과 유속은 1m/sec 이하이다.
따라서 관에서 모래퇴적을 방지하기 위해 최소 0.45m/sec에서 최대 0.9m/sec로 한다.

4. Kirschmer식에 의한 손실수두(h_L) 계산식

$$h_L = \beta \sin\alpha \left(\frac{t}{b}\right)^{4/3} \times \frac{V^2}{2g}$$

- h_L : 수두손실(m)
- α : 경사각
- b : 스크린의 유효간격(m)
- V : 유속(m/sec)
- β : 형상계수
- t : 스크린의 막대 굵기(m)
- g : 중력가속도(9.8m/sec^2)

Question 01

수면에 대한 스크린 설치 경사각이 60°, 스크린의 막대 굵기 2cm, 스크린의 유효간격이 22mm, 폐수의 유속이 0.45m/sec, 스크린의 막대단면 모습에 따른 계수가 3.5일 때 스크린 설치에 따른 수두손실(m)을 계산하시오.

풀이

$$h_L = \beta \sin\alpha \, \frac{t}{b}^{4/3} \times \frac{V^2}{2g}$$

$$h_L = 3.5 \times \sin 60° \times \left(\frac{20\text{mm}}{22\text{mm}}\right)^{4/3} \times \frac{(0.45\text{m/sec})^2}{2 \times 9.8\text{m/sec}^2} = 0.0276\text{m} = 0.03\text{m}$$

5. 봉 스크린(bar screen)의 손실수두(h_L) 계산식

$$h_L = \frac{1}{0.7} \times \left(\frac{V_b^2 - V_a^2}{2g}\right)$$

- h_L : 손실수두(m)
- V_b : 스크린의 통과유속(m/sec)
- g : 중력가속도(9.8m/sec^2)
- V_a : 접근 유속(m/sec)

Question 02

기계적으로 청소가 되는 바(bar)스크린의 바두께는 5mm이고 바간의 거리는 30mm이다. 바를 통과하는 유속이 0.9m/sec라고 한다면 스크린을 통과하는 수두손실(m)을 계산하시오.

(단, $h_L = \dfrac{1}{0.7} \times \left(\dfrac{V_b^2 - V_a^2}{2g}\right)$)

풀이

$V_a A_a = V_b A_b \Rightarrow V_a = V_b \times \dfrac{A_b}{A_a}$

$A_b = W \times H \times \dfrac{\text{바간격}}{\text{바두께+바간격}} = W \times H \times \dfrac{30mm}{(5+30)mm} = 0.857 W \times H$

$\therefore V_a = 0.90 m/sec \times \dfrac{0.857 W \times H}{W \times H} = 0.77 m/sec$

여기서 $h_L = \dfrac{1}{0.7} \times \dfrac{(0.9 m/sec)^2 - (0.77 m/sec)^2}{2 \times 9.8 m/sec^2} = 0.0158m = 0.02m$

TIP

① W : 수로의 폭, H : 수심
② A_a는 수로이므로 바간격과 바두께를 고려하지 않는다.
③ A_b는 통과면적이므로 바간격과 바두께를 고려한다.

03 정수시설의 착수정

★★ ① 착수정의 고수위와 주변 벽체의 상단간에는 60cm 이상의 여유를 두어야 한다.
② 형상은 일반적으로 직사각형 또는 원형으로 하고 유입구에는 제수밸브 등을 설치한다.
★★ ③ 착수정의 용량은 체류시간 1.5분 이상으로 한다.
★★ ④ 착수정의 수심은 3~5m 정도로 한다.
⑤ 수위가 고수위 이상으로 올라가지 않도록 월류관이나 월류위어를 설치한다.
⑥ 필요에 따라 분말활성탄을 주입할 수 있는 장치를 설치하는 것이 바람직하다.
⑦ 착수정은 2조 이상으로 분할하는 것이 원칙이나 분할하지 않는 경우에는 필히 바이패스관을 설치하여야 한다.
⑧ 착수정에는 원수 수질을 파악할 수 있는 채수시설과 수질측정장치를 설치하는 것이 좋다.

Question 03

상수시설인 착수정의 체류시간, 수심 기준으로 옳은 것은?

㉮ 체류시간 : 1.5분 이상, 수심 : 2 ~ 3m 정도
㉯ 체류시간 : 1.5분 이상, 수심 : 3 ~ 5m 정도
㉰ 체류시간 : 3.0분 이상, 수심 : 2 ~ 3m 정도
㉱ 체류시간 : 3.0분 이상, 수심 : 3 ~ 5m 정도

정답 ㉯

04 침사지

★★★ 1. 상수시설 기준의 침사지 설계사항

① 저부경사는 보통 $\frac{1}{100} \sim \frac{2}{100}$ 로 한다.

★★ ② 수심은 유효수심에 모래 퇴적부의 깊이를 더한 것으로 한다.

★★ ③ 체류시간은 30~60초를 표준으로 한다.

④ 표면부하율은 200~500mm/min을 표준으로 한다.

★★ ⑤ 지내 평균유속은 2~7cm/sec를 표준으로 한다.

⑥ 지의 상단높이는 고수위보다 0.6~1m 정도의 여유고를 둔다.

★★ ⑦ 지의 유효수심은 3~4m를 표준으로 하고, 퇴사심도를 0.5~1m로 한다.

⑧ 지의 길이는 폭의 3~8배를 표준으로 한다.

⑨ 침사지의 형상은 장방형으로 하며 유입부는 점차적으로 확대되고 유출부는 차차 축소되는 모양으로 만든다.

⑩ 용량은 침사지 내의 고수위까지의 유량으로서 계획취수량을 10~20분간 저류할 수 있어야 한다.

> **Question 04**
>
> 상수처리시설인 침사지의 구조 기준으로 틀린 것은 어느 것인가?
> ㉮ 표면부하율은 200 ~ 500mm/min을 표준으로 한다.
> ㉯ 지내 평균유속은 30cm/sec를 표준으로 한다.
> ㉰ 지의 상단높이는 고수위보다 0.6 ~ 1m의 여유고를 둔다.
> ㉱ 지의 유효수심은 3 ~ 4m를 표준으로 한다.
>
> **풀이** ㉯ 지내 평균유속은 2 ~ 7cm/sec를 표준으로 한다.

★★ 2. 하수도 시설의 중력식 침사지

★★ ① 침사지의 평균유속은 0.3m/sec를 표준으로 한다.

★★ ② 침사지의 표면 부하율은 오수침사지의 경우 $1,800 m^3/m^2 \cdot d$, 우수침사지의 경우 $3,600 m^3/m^2 \cdot d$ 정도로 한다.

★★ ③ 침사지 수심은 유효수심에 모래 퇴적부의 깊이를 더한 것으로 한다.

④ 저부의 경사는 보통 $\frac{1}{100} \sim \frac{2}{100}$ 로 하며 그릿 제거설비의 종류별 특성에 따라 범위가 적용된다.

⑤ 수로형 침사지의 길이는 20m 이하로 한다.

⑥ 포기식 침사지는 바닥 중앙 웅덩이에 모인 그릿을 공기 펌프로 퍼 올릴 때 산기관으로 포기를 실시한다.

⑦ 포기식 침사지는 주로 무기성의 그릿만을 제거하게 된다.

> **Question 05**
>
> 하수처리시설에서 중력식 침사지에 대한 설명으로 틀린 것은?
> ㉮ 평균 유속은 0.30m/s를 표준으로 한다.
> ㉯ 체류시간은 2 ~ 3분을 표준으로 한다.
> ㉰ 수심은 유효수심에 모래퇴적부의 깊이를 더한 것으로 한다.
> ㉱ 침사지 표면부하율은 오수침사지의 경우 $1,800 m^3/m^2 \cdot d$ 정도로 한다.
>
> **풀이** ㉯ 체류시간은 30 ~ 60초를 표준으로 한다.

3. 침사지의 유지관리 방법

① 모래, 자갈 등을 침전시켜야 한다.
★★ ② 유기물을 제외한 무기물을 침전시켜야 한다.
③ 하수의 유속을 적정하게 유지하여야 한다.
④ 침사지에 침전된 침전물은 제거해야 한다.

★★★ 4. 침전지 및 침사지 설계 요소

① 면적, 유량, 체적 공식
  ㉠ 장방형

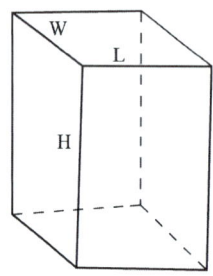

- 통과면적 = W(폭) × H(깊이)
- 수면적 = W(폭) × L(길이)
- 유량(Q) = 통과면적(W×H)×유속(v)
- 체적(V) = W(폭)×L(길이)×H(깊이)

  ㉡ 원형

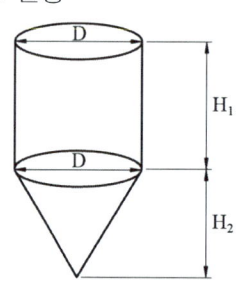

- 단면적 = $\dfrac{\pi \cdot D^2}{4}$
- 유량(Q) = 단면적($\dfrac{\pi \cdot D^2}{4}$) × 유속(v)
- 체적(V) = 단면적×깊이 = $\dfrac{\pi \cdot D^2}{4} \times H$

  = $\left(\dfrac{\pi \cdot D^2}{4} \times H_1\right) + \left(\dfrac{\pi \cdot D^2}{4} \times H_2 \times \dfrac{1}{3}\right)$

Question 06

1,000m³/day의 하수를 처리하는 처리장이 있다. 침전지의 깊이가 3m, 폭이 4m, 길이 16m인 침전지의 이론적인 하수 체류시간(hr)을 계산하시오.

풀이 체류시간(t) = $\dfrac{V(m^3)}{Q(m^3/hr)}$ = $\dfrac{W(폭) \times L(길이) \times H(깊이)}{Q(m^3/hr)}$ = $\dfrac{4m \times 16m \times 3m}{1,000m^3/day \times 1day/24hr}$ = 4.61hr

Question 07

원형 1차 침전지에서 침전지의 유입 폐수량은 18,000m³/day이며 직경은 40m, 측벽의 유효높이는 3m, 원추형 바닥의 깊이는 1.2m이고 톱니형 위어가 설치되어 있다. 여기에서 침전지의 체적(m³)을 계산하시오.

풀이

$$V(m^3) = \left\{\frac{\pi D^2}{4} \times H_1 + \frac{\pi D^2}{4} \times H_2 \times \frac{1}{3}\right\} = \left\{\frac{\pi \times (40m)^2}{4} \times 3m + \frac{\pi \times (40m)^2}{4} \times 1.2m \times \frac{1}{3}\right\} = 4,272.58m^3$$

② Q : 유량(m³/day), V : 체적(m³), t : 시간(day)의 상관관계식

㉠ $Q(m^3/day) = \dfrac{체적}{시간} = \dfrac{V(m^3)}{t(day)}$

㉡ $V(m^3) = Q(m^3/day) \times t(day)$

㉢ $t(day) = \dfrac{V(m^3)}{Q(m^3/day)}$

③ 수면적 부하율(V_o : m³/m²·day)

$$= \frac{Q(m^3/day)}{A(m^2)} = \frac{V(m^3)/t(day)}{A(m^2)} = \frac{A(m^2) \times H(m)/t(day)}{A(m^2)} = \frac{H(m)}{t(day)}$$

Question 08

지름이 20m이고, 깊이가 5m인 원형침전지에서 BOD 200mg/L, SS 240mg/L인 하수 4,000m³/day를 처리할 때 침전지의 수면적 부하율(m³/m²·day)을 계산하시오.

풀이

$$수면적\ 부하율(m^3/m^2 \cdot day) = \frac{Q(m^3/day)}{A(m^2)} = \frac{Q(m^3/day)}{\frac{\pi}{4} \times D^2(m^2)} = \frac{4,000m^3/day}{\frac{\pi}{4} \times (20m)^2} = 12.73m^3/m^2 \cdot day$$

TIP

수면적 부하율의 단위
$m^3/m^2 \cdot day = m/day$

Question 09

유량이 20,000m³/day, 체류시간 3시간인 침전지의 수면적 부하율(m³/m²·day)을 계산하시오. (단, 침전지 깊이는 3m이다.)

풀이

$$수면적\ 부하율(V_o : m^3/m^2 \cdot day) = \frac{Q}{A} = \frac{H}{t} = \frac{3m}{\left(\frac{3}{24}\right)day} = 24m^3/m^2 \cdot day$$

④ 제거효율$(\eta) = \dfrac{V_s(침강속도)}{V_o(수면적 부하율)} \times 100(\%) \Rightarrow V_s = V_o \times \eta$

⑤ 월류위어 부하율$(V_w : m^3/m \cdot day) = \dfrac{Q(월류유량 : m^3/day)}{L_w(위어 길이 : m)}$

    ㉠ 장방형일 경우 $V_w = \dfrac{Q(m^3/day)}{L(m)}$

    ㉡ 원형일 경우 $V_w = \dfrac{Q(m^3/day)}{\pi \cdot D(m)}$

> **Question 10**
>
> 월류판의 반지름이 10m이다. 1일 폐수량이 2,000m³라고 하면 월류부하(m³/m·day)를 계산하시오.
>
> **풀이** 월류부하 $= \dfrac{월류유량}{월류 위어길이} = \dfrac{Q}{\pi \cdot D} = \dfrac{2{,}000 m^3/day}{\pi \times 2 \times 10 m} = 31.83 m^3/m \cdot day$

05 침전지

★★★ 1. 1차 침전지의 조건(하수처리장 기준)

① 침전지의 지수는 2지 이상으로 한다.
② 표면 부하율은 계획1일 최대오수량에 대하여 25~40m³/m²·day로 한다.
★★ ③ 표면부하율은 계획1일 최대오수량에 대하여 분류식의 경우 35~70m³/m²·day, 합류식의 경우 25~50m³/m²·day로 한다.
★★ ④ 유효수심은 2.5~4m를 표준으로 한다.
★★ ⑤ 침전시간은 계획1일 최대 오수량에 대하여 표면부하율과 유효수심을 고려하여 정하며 일반적으로 2~4시간으로 한다.
⑥ 침전지 수면의 여유고는 40~60cm 정도로 한다.
⑦ 직사각형의 경우 폭과 길이의 비는 1 : 3 이상으로 한다.
⑧ 슬러지 수집기를 설치하는 경우의 침전지 바닥기울기는 직사각형에서 1/100~2/100으로 한다.

Question 11

하수도시설인 일차침전지의 시설기준에 관한 설명으로 옳지 않은 것은?

㉮ 표면부하율은 계획1일최대오수량에 대하여 분류식의 경우 35 ~ 70m³/m²·일로 한다.
㉯ 슬러지수집기를 설치하는 경우의 침전지 바닥 기울기는 직사각형에서는 1/100 ~ 2/100으로 한다.
㉰ 침전시간은 계획1일최대오수량에 대하여 표면부하율과 유효수심을 고려하여 정하며, 일반적으로 2 ~ 4시간으로 한다.
㉱ 유효수심은 3 ~ 6m를 표준으로 한다.

풀이 ㉱ 유효수심은 2.5 ~ 4m를 표준으로 한다.

★★★ 2. 2차 침전지의 조건(하수처리장 기준)

★★ ① 표면 부하율은 계획1일 최대오수량에 대하여 20~30m³/m²·day로 한다.
★★ ② 고형물 부하율은 95~145kg/m²·day로 한다.
③ 월류위어의 부하율은 190m³/m·day이다.
★★ ④ 유효수심은 2.5~4m를 표준으로 한다.
★★ ⑤ 침전시간은 계획1일 최대 오수량에 따라 정하며 일반적으로 3~5시간으로 한다.
⑥ 직사각형의 경우 길이와 폭의 비는 3 : 1~5 : 1정도로 하며 덮개를 설치할 경우는 8 : 1정도까지 할 수 있다.
⑦ 슬러지 제거기를 사용할 경우 원형 또는 정사각형인 경우에는 바닥 기울기를 $\frac{1}{20} \sim \frac{1}{10}$ 으로 한다.

Question 12

하수처리시설의 이차침전지에 대한 설명으로 틀린 것은?

㉮ 유효수심은 2.5 ~ 4m를 표준으로 한다.
㉯ 이차침전지의 고형물부하율은 95 ~ 145kg/m²·d로 한다.
㉰ 침전시간은 계획1일 최대오수량에 따라 정하며 일반적으로 6 ~ 8시간으로 한다.
㉱ 침전지 수면의 여유고는 40 ~ 60cm 정도로 한다.

풀이 ㉰ 침전시간은 계획1일 최대오수량에 따라 정하며 일반적으로 3 ~ 5시간으로 한다.

TIP
침전지 유입구에 설치하는 정류판(baffle)의 목적은 유량의 감소, 유량의 분산유도, 침전지 유입수의 균일한 분배이다.

3. 약품 침전지 및 특성

(1) 상수처리시 약품침전지 조건

① 슬러지의 퇴적심도로서 30cm 이상을 고려한다.

★★ ② 유효수심은 3~5.5m로 한다.

③ 지의 저부에는 슬러지 배제에 편리하도록 배출수구를 향하여 경사지게 하여야 한다.

④ 고수위에서 침전지 벽체 상단까지의 여유고는 30cm 정도로 한다.

> **Question 13**
>
> 상수처리를 위한 약품침전지의 구성과 구조로 틀린 것은 어느 것인가?
>
> ㉮ 슬러지의 퇴적심도로서 30cm 이상을 고려한다.
> ㉯ 유효수심은 3 ~ 5.5m로 한다.
> ㉰ 침전지 바닥에는 슬러지 배제에 편리하도록 배수구를 향하여 경사지게 한다.
> ㉱ 고수위에서 침전지 벽체 상단까지의 여유고는 10cm 정도로 한다.
>
> **풀이** ㉱ 고수위에서 침전지 벽체 상단까지의 여유고는 30cm 정도로 한다.

★★ (2) 정수처리시 고속응집 침전시 조건

① 원수탁도는 10NTU(도) 이상이어야 한다.

② 최고탁도는 1,000NTU(도) 이하이어야 한다.

③ 처리수량의 변동이 적어야 한다.

④ 탁도와 수온의 변동이 적어야 한다.

★★ ⑤ 용량은 계획정수량의 1.5~2.0시간 분으로 한다.

★★ ⑥ 지내의 평균 상승유속은 40~50mm/min을 표준으로 한다.

TIP
NTU : Nephelometric Turbidity Unit

Question 14

정수시설인 고속응집침전지를 선택할 때에 고려하여야 하는 조건과 구조 기준으로 틀린 것은 어느 것인가?

㉮ 원수 탁도는 10 NTU 이상이어야 한다.
㉯ 용량은 계획정수량의 1.5 ~ 2.0시간분으로 한다.
㉰ 최고 탁도는 1,000 NTU 이하인 것이 바람직하다.
㉱ 표면부하율은 60 ~ 120mm/min을 표준으로 한다.

풀이 ㉱ 표면부하율은 40 ~ 50mm/min을 표준으로 한다.

4. 침강이론

(1) Ⅰ형 침전(독립침전)

① 고형물의 농도가 낮은 현탁액 속의 입자가 등가속도 영역에서 중력에 의해 침전하는 것을 말한다.
② 농도가 낮은 부유물, 독립입자의 침강형태, 비중이 큰 무기성 입자 침전, 입자 상호간 방해가 없다.
★★ ③ 침사지나 1차 침전지가 해당되고 stokes법칙이 적용된다.

> **TIP**
> **장방형 침전지 설계 조건**
> ① 슬러지 영역에서는 유체 이동이 전혀 없다.
> ② 슬러지 영역 상부에 사영역이나 단락류가 없다.
> ③ 플러그 흐름이다.
> ④ 유입부의 깊이에 따라 SS 농도는 균일하다.

(2) Ⅱ형 침전(응결침전, 응집침전)

① 비교적 농도가 낮은 현탁액에서 침전 중 입자들끼리 결합하고 응집하는 것을 말한다.
② 입자가 침전하는 동안 입자가 점점 커져서 침전속도가 빨라지는 침전형태이다.
③ 부유물의 농도가 낮다.
④ 약품침전지 또는 2차 침전지가 해당된다.

★★ (3) Ⅲ형 침전(지역침전, 간섭침전, 방해침전)

① 중간정도 농도, 서로 방해를 받으며 집단체로 침전하고 침전지나 농축조가 해당된다.
② 침전하는 입자들이 너무 가까이 있어서 입자간의 힘이 이웃입자의 침전을 방해하게

되고 동일한 속도로 침전하며 활성슬러지공법의 최종침전조 중간 깊이에서 일어나는 침전이다.

- **특징**
  ㉠ 생물학적 처리시설과 함께 사용되는 2차 침전시설 내에서 발생한다.
  ㉡ 입자간의 작용하는 힘에 의해 주변입자들의 침전을 방해하는 중간 정도 농도의 부유액에서의 침전을 말한다.
  ★★★ ㉢ 입자 등은 서로 간의 상대적 위치를 변경시키지 않고 입자들은 구조물을 형성하여 한 개의 단위로 침전한다.
  ㉣ 함께 침전하는 입자들은 상부에 고체와 액체의 경계면이 형성된다.

Question 15

폐수처리에 관련된 침전현상으로 입자간의 작용하는 힘에 의해 주변입자들의 침전을 방해하는 중간 정도 농도 부유액에서의 침전은 어느 것인가?

㉮ 제1형 침전(독립입자침전) ㉯ 제2형 침전(응집침전)
㉰ 제3형 침전(계면침전)   ㉱ 제4형 침전(압밀침전)

정답 ㉰

(4) Ⅳ형 침전(압축침전, 압밀침전)

① 입자들은 농도가 너무 커서 입자들끼리 구조물을 형성하여 더 이상의 침전은 압밀에 의해서만 생기는 고농도의 부유액에서 일어나는 침전이다.
② 압밀은 상부의 액체로부터의 침전에 의하여 입자구조물에 연속적으로 가해지는 입자들의 무게 때문에 일어나게 된다.
★★ ③ 깊은 2차침전시설과 슬러지농축시설의 바닥에서와 같이 깊은 슬러지층의 하부에서 보통 일어난다.
④ 농축조가 해당된다.

Question 16

폐수처리 과정인 침전시 입자의 농도가 매우 높아 입자들끼리 구조물을 형성하는 침전형태로 옳은 것은?

㉮ 농축침전   ㉯ 응집침전   ㉰ 압밀침전   ㉱ 독립침전

정답 ㉰

5. 침전효율을 증가시키는 방법

① 체류시간을 증가시킨다.

★★ ② 수면적 부하율($\frac{Q}{A}$)을 작게 한다.

★★ ③ 침전지 면적(수면적)을 증가시킨다.

④ 침전지에 경사판을 삽입하여 침전지 분리면적을 증가시킨다.

⑤ 입자의 직경이 클수록 증가한다.

6. 침전지에서 수면적 = 바닥면적 + 경사판 유효 분리면적

경사판 유효 분리면적 = n × a × cosθ

[n : 경사판 매수   a : 경사판 면적   θ : 경사판 설치각도]

7. Stoke's 침강이론

① 입자의 침강력(Fg)

$$F_g = V \times (\rho_s - \rho_w) \times g$$

[V : 체적 ρ_s : 입자 비중 ρ_w : 물의 비중   g : 중력가속도]

② 액체의 반발력(FD)

$$F_D = \frac{1}{2} \times C_D \times A \times \rho \times V_s^2$$

[C_D : 항력계수 = 저항계수   A : 투영 면적 ρ : 비중 V_s : 침강속도]

TIP

가정조건

① 제거되는 입자는 모두 구형으로 가정
② Re < 0.5 성립
③ 등속도 운동

$$F_g = F_D$$

$$V = \frac{\pi d^3}{6},\ A = \frac{\pi d^2}{4},\ C_D = \frac{24}{Re} = \frac{24\mu}{\rho \cdot V_s \cdot d} \left(Re = \frac{d \cdot V_s \cdot \rho}{\mu} = \frac{dV}{\nu} \right)$$

$$\therefore \frac{\pi d^3}{6}(\rho_s - \rho_w)g = \frac{1}{2} \cdot \frac{24\mu}{d \cdot V_s \cdot \rho} \cdot \frac{\pi d^2}{4} \cdot \rho \cdot V_s^2 = 3\pi \cdot \mu \cdot d \cdot V_s$$

$$\therefore V_S (\text{침강속도}) = \frac{\frac{\pi d^3}{6}(\rho_s - \rho_w) \cdot g}{3\pi \cdot \mu \cdot d} = \boxed{\frac{d^2(\rho_s - \rho_w)g}{18\mu}} \; \bigstar\bigstar\bigstar$$

- V_S : 침강속도(cm/sec)
- ρ_s : 입자의 비중(g/cm³)
- g : 중력가속도(980cm/sec²)
- d : 직경(cm)
- ρ_w : 물의 비중(1.0g/cm³)
- μ : 점성도(g/cm·sec)

Question 17

다음 중 보통 1차침전지에서 부유물질의 침강속도가 작게 되는 조건으로 알맞은 것은 어느 것인가? (단, Stokes 법칙 적용)

㉮ 부유물질 입자의 밀도가 클 경우 ㉯ 부유물질 입자의 입경이 클 경우
㉰ 처리수의 밀도가 작을 경우 ㉱ 처리수의 점성도가 클 경우

 ㉮ 부유물질 입자의 밀도가 작을 경우 ㉯ 부유물질 입자의 입경이 작을 경우
㉰ 처리수의 밀도가 클 경우

Question 18

구형입자의 침강속도가 stokes법칙에 따른다고 할 때 직경 0.5mm이고, 비중이 2.5인 구형입자의 침강속도(m/sec)를 계산하시오. (단, 물의 밀도는 1,000kg/m³이고, 점성계수 μ는 1.002×10⁻³kg/m·sec라고 가정)

 $V_S = \dfrac{d^2(\rho_s - \rho_w)g}{18\mu} = \dfrac{(0.5 \times 10^{-3}\text{m})^2 \times (2{,}500-1{,}000)\text{kg/m}^3 \times 9.8\text{m/sec}^2}{18 \times 1.002 \times 10^{-3}\text{kg/m·sec}} = 0.20\text{m/sec}$

Question 19

비중 1.7, 직경 0.05mm인 입자가 침전지에서 침강할 때 침강속도가 0.36m/hr이었다면 비중 2.7, 입경 0.06mm인 입자의 침강속도(m/hr)를 계산하시오. (단, 물의 온도, 점성도 등 조건은 같고, Stokes 법칙을 따르며, 물의 비중은 1.0이다.)

 $V_S = \dfrac{d^2(\rho_s - \rho_w)g}{18\mu}$, 따라서 $V_S \propto d^2(\rho_s - \rho_w)$이므로

0.36m/hr : {(0.05mm)²×(1.7-1.0)} = V_S : {(0.06mm)²×(2.7-1.0)}

∴ V_S = 1.26m/hr

Question 20

직경이 다른 두 개의 원형입자를 동시에 20℃의 물에 떨어뜨려 침강실험을 했다. 입자 A의 직경은 2×10^{-2}cm이며 입자 B의 직경은 3×10^{-2}cm라면 입자 A와 입자 B의 침강속도의 비율(V_A/V_B)을 계산하시오. (단, 입자 A와 B의 비중은 같으며, stokes 공식을 적용)

풀이

$$V_S = \frac{d^2(\rho_S - \rho_w)g}{18\mu}$$

침강속도(V_S) = d^2이므로 $\dfrac{V_A}{V_B} = \dfrac{(2\times 10^{-2}\text{cm})^2}{(3\times 10^{-2}\text{cm})^2} = 0.44$

Question 21

표면부하율이 28.8m³/m²·day인 한 침전지로 유입되는 부유물(SS)의 침전속도 분포가 다음 표와 같다면 이 침전지에서 기대되는 전체 부유물 제거율(%)을 계산하시오.

침전속도(cm/min)	3	2	1	0.5	0.3	0.1
SS제거율(%)	20	20	25	20	10	5

풀이
100% 제거 : 침전속도(V_S) ≥ 표면부하율(V_o)
일부제거 : 침전속도(V_S) < 표면부하율(V_o)
전체 부유물 제거율 = 100% 부유물 제거율 + 일부 부유물 제거율

① 표면부하율(V_o)의 단위를 침전속도(V_S)의 단위와 일치시킨다.

$$V_o(\text{cm/min}) = \frac{28.8\text{m}^3}{\text{m}^2 \cdot \text{day}} \times \frac{10^2\text{cm}}{1\text{m}} \times \frac{1\text{day}}{24\text{hr}} \times \frac{1\text{hr}}{60\text{min}} = 2\text{cm/min}$$

② 100% 부유물 제거율은 침전속도(V_S) ≥ 표면부하율(V_o)이므로 20% + 20% = 40%

③ 일부 부유물 제거율은 침전속도(V_S) < 표면부하율(V_o)이므로 $\dfrac{\text{합(침전속도} \times \text{SS제거율)}}{\text{표면부하율}}$

$= \dfrac{1}{2\text{cm/min}} \times (1\text{cm/min} \times 25\% + 0.5\text{cm/min} \times 20\% + 0.3\text{cm/min} \times 10\% + 0.1\text{cm/min} \times 5\%)$

= 19.25%

④ 전체 부유물 제거율 = 40% + 19.25% = 59.25%

06 부상법

1. 부상분리의 대상물질은 유지류, 미생물 슬러지, 부유고형물 등이다.

2. 적용 공식

① $V_f = \dfrac{d^2(\rho_w - \rho_s)g}{18\mu}$

V_f : 부상속도(cm/sec)   d : 직경(cm) ρ_w : 물의 비중(1.0g/cm³)
ρ_s : 입자의 비중(g/cm³)   g : 중력가속도(980cm/sec²)   μ : 점성도(g/cm·sec)

Question 22

지름이 균등하게 0.1mm일 때, 비중이 0.4인 기름방울은 비중이 0.9인 기름방울보다 수중에서의 부상속도가 몇 배인지 계산하시오. (단, 물의 비중은 1.0, 기타 조건은 같다고 함)

풀이 $\dfrac{V_{fA}}{V_{fB}} = \dfrac{(1.0-0.4)}{(1.0-0.9)} = 6$배

★★★ ② A/S비 $= \dfrac{1.3 \times Sa \times (f \times P - 1)}{SS} \times R$

Sa : 공기의 용해도(mL/L)   P : 절대압력(atm)   SS : 부유고형물 농도(mg/L)
R : 반송비   -1 : 대기압

Question 23

부상조의 최적 A/S비는 0.04, 처리할 폐수의 부유물질 농도는 500mg/L, 20℃에서 414kPa로 가압할 때 반송율(%)을 계산하시오. (단, f = 0.8, Sa = 18.7mL/L, 순환방식, 1기압 = 101.35kPa)

풀이 절대압력(P) = 대기압 + 게이지압 = 1atm + ($\dfrac{414}{101.35}$)atm = 5.08atm

[참고]
표준기압 : 1atm = 760mmHg = 10,332mmH$_2$O = 101.35kPa

∴ $0.04 = \dfrac{1.3 \times 18.7\text{mL/L} \times (0.8 \times 5.08\text{atm} - 1)}{500\text{mg/L}} \times R$ ∴ R = 0.2685

따라서 반송율(%) = R × 100 = 0.2685 × 100 = 26.85%

3. 부상방법

① 공기부상법
  ㉠ 단순히 공기를 넣어주는 방식이다.
  ㉡ 용해도가 작다.
  ㉢ 잘 사용하지 않는 방법이다.

② 용존공기부상법
  ㉠ 공기를 용존시킨 후 극대화시켜 공기를 불어 넣어 미세한 기포를 형성시킨다.
  ㉡ 상부로 갈수록 부상이 용이하다.
  ㉢ 효율이 가장 우수하다.

③ 진공부상법
  ㉠ 공기가 터져 장치 주위가 지저분해진다.
  ㉡ 고형물 회수가 낮다.
  ㉢ 잘 사용하지 않는 방법이다.

07 여과법

★★★ 1. 완속여과지의 특징(상수시설 기준)

① 여과지의 형상은 직사각형을 표준으로 한다.
★★ ② 여과지의 깊이는 하수집수장치의 높이에 자갈층 두께, 모래층 두께, 모래면 위의 수심과 여유고를 더하여 2.5~3.5m를 표준으로 한다.
★★ ③ 주위벽 상단은 지반보다 15cm 이상 높여서 여과지 내로 오염수나 토사 등의 유입을 방지하여야 한다.
★★ ④ 여과지의 여과속도 표준은 4~5m/day이다.
⑤ 모래층 두께는 70~90cm를 표준으로 한다.
⑥ 여과사의 유효경은 0.3~0.45mm이며, 균등계수는 2.0 이하이다.
⑦ 여과지의 모래면 위의 수심은 0.9~1.2m(90~120cm) 표준으로 한다.
★★ ⑧ 여과지는 2지 이상으로 하고 10지마다 1지 비율로 예비지를 둔다.

⑨ 한냉지에서는 여과지 물이 동결할 염려가 있으므로 여과지를 복개한다.

Question 24

정수시설인 완속여과지에 관한 설명으로 틀린 것은?

㉮ 주위벽 상단은 지반보다 60cm 이상 높여 여과지 내로 오염수나 토사 등의 유입을 방지한다.
㉯ 여과속도는 4 ~ 5m/d를 표준으로 한다.
㉰ 모래층의 두께는 70 ~ 90cm를 표준으로 한다.
㉱ 여과면적은 계획정수량을 여과속도로 나누어 구한다.

풀이 ㉮ 주위벽 상단은 지반보다 15cm 이상 높여 여과지 내로 오염수나 토사 등의 유입을 방지한다.

★★★ 2. 급속여과지의 특징(상수시설 기준)

① 중력식을 표준으로 한다.
★★ ② 1지의 여과면적은 150m² 이하로 한다.
★★ ③ 여과속도는 120~150m/d을 표준으로 한다.
④ 모래층의 두께는 60~120cm의 범위로 한다.
⑤ 여과사의 유효경은 0.45~0.7mm 범위이어야 한다.
⑥ 여과 모래의 최대경은 2mm 이내이다.
⑦ 여과 모래의 균등계수는 1.7 이하로 한다.
★★ ⑧ 여과면적은 계획정수량을 여과속도로 나누어 계산한다.
⑨ 신규로 투입하는 여과사의 세척 탁도는 30° 이하여야 한다.

Question 25

정수시설인 급속여과지 시설기준에 대한 내용으로 틀린 것은 어느 것인가?

㉮ 여과면적은 계획정수량을 여과속도로 나누어 구한다.
㉯ 여과지 1지의 여과면적은 200m² 이하로 한다.
㉰ 모래층의 두께는 여과모래의 유효경이 0.45 ~ 0.7mm의 범위인 경우에는 60 ~ 70cm를 표준으로 한다.
㉱ 여과속도는 120 ~ 150m/d를 표준으로 한다.

풀이 ㉯ 여과지 1지의 여과면적은 150m² 이하로 한다.

3. 하수고도처리에서 급속여과 장치의 특징

① 여과압에 따라서 중력식과 압력식으로 나눌 수 있다.
② 여과속도는 유입수와 여과수의 수질, SS의 포획능력 및 여과지속시간을 고려하여 정한다.
③ 모래 여과기인 경우 여과속도는 일반적으로 300m/day 이하로 한다.

4. 급속모래 여과의 문제점

① 진흙덩어리(mudball)의 축적
② 여과상의 수축
③ 공기결합(air binding)

5. 균등계수 : 체하입경 60%와 체하입경 10%의 입경비

$$균등계수(U) = \frac{P_{60\%}}{P_{10\%}}$$

① 균등계수가 1에 가까울수록 입도분포가 양호하다고 간주한다.
② 균등계수가 클수록 공극률이 작아진다.
③ 균등계수가 클수록 여과저항이 증가한다.
④ 균등계수가 클수록 유효경이 점차 증가될 가능성이 높아진다.

★★★ 6. 완속여과지와 급속여과지 정리

	완속여과지	급속여과지
여과속도	4~5m/day 표준	120~150m/day 표준
모래층 두께	70~90cm	60~120cm
모래 유효경	0.3~0.45mm	0.45~0.7mm
균등계수	2.0 이하	1.7 이하
여과지의 모래면 위의 수심	0.9~1.2m(90~120cm)	1~1.5m(100~150cm)
건설비	비싸다.	싸다.
유지관리비	적게 소요된다.	많이 소요된다.
세균제거	용이하다.	용이하지 못하다.

CHAPTER 02 화학적 처리

01 화학적 처리의 특징

1. 장 점
① 처리시간이 빠르다.
② 처리대상이 광범위하다.
③ 폐수의 유량이나 농도 변화에 쉽게 대응할 수 있다.
④ 장소의 제한을 받지 않는다.

2. 단 점
① 화학약품을 사용하므로 2차오염이 우려된다.
② 고도의 처리기술이 필요하다.
③ 슬러지 발생이 많다.

02 중 화

1. 산성폐수 중화제

구 분	중화제	특 성
알칼리금속염	가성소다(NaOH) 소다회(Na_2CO_3)	① 높은 용해도를 가지므로 반응이 용이하다. ② 가격이 고가이다. ③ pH의 조정이 정확하다. ④ 반응성이 높다.

알칼리토금속류	소석회(Ca(OH)$_2$) 생석회(CaO)	① 낮은 용해도를 가지므로 미분말로 사용한다. ② 가격이 저가이다. ③ 슬러지가 많이 발생한다.
탄산염	석회석(CaCO$_3$)	① 가격이 저가이다. ② 반응시간이 오래 걸린다.

2. 알칼리성 폐수의 중화제

중화제	특 성
황산(H$_2$SO$_4$)	① 부식성이 높다. ② 사용시 주의해야 한다.
염산(HCl)	① 휘발성이 높다. (황산에 비해) ② 부식성이 높다. (황산에 비해)

3. 중 화

① pH = -log[H$^+$], pOH = -log[OH$^-$], pH + pOH = 14

② pH = -log[H$^+$] $\Rightarrow$ [H$^+$] = 10^{-pH} mol/L

  pOH = -log[OH$^-$] $\Rightarrow$ [OH$^-$] = 10^{-pOH} mol/L

③ NV = N'V' (중화적정 공식)

Question 01

pH 3을 pH 7로 만들려고 했을 때 필요한 [OH$^-$] 농도(mol/L)를 계산하시오.

풀이 먼저 pH 7은 중화의 상징적인 의미이므로 pH 3을 [H$^+$]의 농도로 고친 다음 그 농도에 대응하는 [OH$^-$]의 농도를 주입하면 된다.
pH 3 $\Rightarrow$ [H$^+$] = 10^{-pH} mol/L = 10^{-3} mol/L이므로 pH 7 다시 말해서 중화에 필요한 [OH$^-$]의 농도는 10^{-3} mol/L가 된다.

03 화학적 응집

1. **메카니즘** : 콜로이드 + 응집제 + 알칼리도 → 플록형성 + 기타 부산물

   ① $Al_2(SO_4)_3 \cdot 18H_2O + 3Ca(HCO_3)_2 \rightarrow 3CaSO_4 + 2Al(OH)_3 + 6CO_2 + 18H_2O$
   (액체상태)   (용해상태)   (침전물)

   ② 응집제 투입(Al^{3+}) $\xrightarrow[150rpm(2분\ 정도)]{급속교반(혼화목적)}$ 전기적 중화/응결 $\xrightarrow[50rpm(20분\ 정도)]{완속교반(플록형성)}$ 거대 floc형성 → 처리

   > **TIP**
   > 응집처리시 영향을 주는 인자들
   > ① 수온   ② pH   ③ Colloid의 종류와 농도

2. **급속교반조(혼화지)**

   ★★ ① 목적 : 응집제와 하수중의 입자를 균일하게 분산시키기 위해
   ② 급속교반조의 종류로는 프로펠러형과 터빈형이 있다.
   ③ 급속교반조의 속도경사(G)는 400~1,500/sec이다.
   ④ 급속교반조의 체류시간은 2분 정도이다.
   ★★ ⑤ 정수시설내 급속혼합시설의 급속혼화방식
      ㉠ 수류식
      ㉡ 기계식
      ㉢ 펌프확산에 의한 방법

   > **Question 02**
   > 응집지(정수시설)내 급속혼화시설의 급속혼화방식과 가장 거리가 먼 것은?
   > ㉮ 공기식   ㉯ 수류식
   > ㉰ 기계식   ㉱ 펌프확산에 의한 방법
   >
   > **정답** ㉮

3. 완속교반조(floc 형성지)

① 목적 : 급속교반에 의해 생성된 미세 floc을 완속교반에 의해 거대한 floc으로 만드는 데 있다. (응집된 입자의 floc화를 촉진하기 위해서)
② 완속교반조의 종류로는 터빈형과 패들형이 있다.
③ 완속교반조의 속도경사(G)는 40~100/sec이다.
④ 완속교반조의 체류시간은 20분 정도이다.

4. 교반조에서 사용되는 공식

① $G = \sqrt{\dfrac{P}{\mu \times V}} \Rightarrow P = G^2 \times \mu \times V$

  G : 속도경사(/sec)
  μ : 점성도(kg/m·sec = N·sec/m²)
  P : 동력(watt)
  V : 반응조 부피(m³)

Question 03

부피 1,000m³인 탱크의 G값을 50/sec로 하고자 할 때 필요한 이론 소요동력(W)을 계산하시오. (단, 유체점도는 0.001N·s/m²)

풀이 $G = \sqrt{\dfrac{P}{\mu \times V}} \Rightarrow P = G^2 \times \mu \times V = (50/sec)^2 \times 0.001 N \cdot s/m^2 \times 1,000 m^3 = 2,500 watt$

② $G = \sqrt{\dfrac{P}{\mu \times V}}$ 에서 $W = \dfrac{P}{V}$ 이므로 $G = \sqrt{\dfrac{W}{\mu}}$

③ 속도경사(G)의 특징
  ㉠ 속도경사는 점성계수가 클수록 작아진다.
  ㉡ 속도경사는 동력이 클수록 커진다.
  ㉢ 속도경사의 단위는 sec^{-1}이다.
  ㉣ 속도경사는 반응조 용적이 클수록 작아진다.

Question 04

속도경사(velocity gradient)에 대한 설명으로 틀린 것은?

㉮ 속도경사는 점성계수가 클수록 커진다.
㉯ 속도경사는 동력이 클수록 커진다.
㉰ 일반적으로 속도경사의 단위는 sec^{-1}이다.
㉱ 속도경사는 반응조 용적이 클수록 작아진다.

풀이 ㉮ 속도경사는 점성계수가 클수록 작아진다.

$$P = \frac{C_D \times A \times \rho \times V^3}{2}$$

P : 동력(watt = $kg \cdot m^2/sec^3$) C_D : 항력계수 A : Paddle의 이론적 면적(m^2)
ρ : 물의 비중량(1,000kg/m^3) V : Paddle의 상대속도(m/sec)

Question 05

부피가 3,000m^3인 탱크에서 G값을 50/sec로 유지하기 위해 필요한 이론적 소요동력과 패들면적(m^2)을 계산하시오. (단, 유체 점성계수 1.139 $\times 10^{-3}$N·S/m^2, 밀도 1,000kg/m^3, 직사각형 패들의 항력계수 1.8, 패들 주변속도 0.6m/sec, 패들상대속도는 주변속도 × 0.75로 가정하며 패들 면적은 A = [2P/(C·ρ·V^3)]식을 적용한다.)

풀이 ① $P = G^2 \times V \times \mu = (50/sec)^2 \times 3,000m^3 \times 1.139 \times 10^{-3}$N·S/$m^2$
   = 8,542.5N·m/sec(= J/sec = watt = $kg \cdot m^2/sec^3$)

② $A = \dfrac{2 \times 8,542.5 kg \cdot m^2/sec^3}{1.8 \times 1,000 kg/m^3 \times (0.6 m/sec \times 0.75)^3} = 104.16 m^2$

5. 응집제의 종류 및 특징

★★★ **(1) 황산 알루미늄(황산반토, Alum)**

① 장 점
   ★★ ㉠ 철염에 비해 가격이 저렴하다.
   ㉡ 독성이 없다.
   ㉢ 부식성이 없어 취급이 용이하다.
   ㉣ 탁도, 조류, 세균 등의 현탁성 물질, 부유물 제거에 효과적이다.

② 단 점
   ★★ ㉠ 형성된 플록(floc)이 비교적 가볍다.

★★ ⓒ 적정 pH 폭이 좁다.(pH 5~8)

> **Question 06**
>
> 응집제로 많이 사용되고 있는 황산알루미늄의 장점에 대한 설명과 가장 거리가 먼 것은?
>
> ㉮ 여러 폐수에 적용이 가능하다.
> ㉯ 결정은 부식 자극성이 거의 없고 취급이 용이하다.
> ㉰ 저렴하고 독성이 거의 없기 때문에 대량 첨가가 가능하다.
> ㉱ 철염보다 플록(floc)이 무겁다.
>
> **풀이** ㉱ 철염보다 플록(floc)이 가볍다.

★★★ **(2) 철 염**

① 장 점

★★ ㉠ 염화제2철은 고체분말로서 6개의 결정수를 가지며 최적 pH 범위는 4~12 정도이다.
ⓒ 철염의 floc은 무겁고 침강이 빠르며 pH 9 이상에서 망간 제거가 가능하다.
★★ ⓒ 염화제2철은 형성 플록이 무겁고 침강이 빠르다.
㉣ 황산제1철은 pH와 알칼리도가 높은 물에서 주로 사용한다.
㉤ 알칼리 영역에서도 floc이 용해되지 않는다.

② 단 점

★★ ㉠ 가격이 비싸다.
ⓒ 부식성이 강하다.
★★ ⓒ 1철염은 철이온이 잔류하고, 색도를 유발시킨다.
㉣ 황산제1철은 소석회와 함께 첨가한다.

> **Question 07**
>
> 다음은 응집제 중 철염에 대한 설명이다. 틀린 것은?
>
> ㉮ 염화제2철은 최적 pH 범위가 4 ~ 12 정도로 넓은 편이다.
> ㉯ 철염은 형성 플록이 무겁고 침강이 빠르다.
> ㉰ 가격이 저렴하다.
> ㉱ 황산제1철은 소석회와 함께 첨가한다.
>
> **풀이** ㉰ 가격이 비싸다.

> **TIP**
>
> 황산알루미늄(Alum)과 철염의 비교
>
> | 응집제
특징 | 황산알루미늄(Alum) | 철염(염화제2철) |
> |---|---|---|
> | 적정 pH | pH 5~8 | pH 4~12 |
> | 침강속도 | 느리다 | 빠르다 |
> | 가격 | 저렴하다 | 비싸다 |

★ **(3) PAC(폴리염화알루미늄, Poly aluminium chloride)**

알루미늄의 축합에 의하여 폴리머를 형성하고 있으므로 그 이름이 붙은 합성고분자 응집제이다.

① 장 점

★★ ㉠ 황산알루미늄에 비하여 처리수의 pH가 적으며 알칼리도 소비량이 적다.
   ㉡ 플록형성속도가 빠르며 저온 열화하지 않는다.
★★ ㉢ 적정 주입률이 Alum의 4배로 범위가 넓다.
★★ ㉣ 고탁도나 휴민질성 착색수에 효과적이다.
   ㉤ 적정 주입율의 폭이 매우 넓다.

② 단 점

   ㉠ 가격이 고가이다.
   ㉡ Alum보다 부식성이 강하다.
   ㉢ 유지비용이 고가이다.
   ㉣ 손실수두 증가가 크다.

> **Question 08**
>
> 최근 정수장에서 응집제로서 많이 사용되고 있는 폴리염화알루미늄(PACl)에 관한 내용으로 알맞은 것은?
>
> ㉮ 일반적으로 황산알루미늄보다 적정주입 pH의 범위가 넓으며 알칼리도의 감소가 적다.
> ㉯ 일반적으로 황산알루미늄보다 적정주입 pH의 범위가 좁으며 알칼리도의 감소가 적다.
> ㉰ 일반적으로 황산알루미늄보다 적정주입 pH의 범위가 좁으며 알칼리도의 감소가 크다.
> ㉱ 일반적으로 황산알루미늄보다 적정주입 pH의 범위가 넓으며 알칼리도의 감소가 크다.
>
> **정답** ㉮

6. 응집보조제의 종류 및 용도

① 소석회[$Ca(OH)_2$] : pH 조절, 응집효과촉진
② 탄산나트륨(Na_2CO_3) : pH 조절
③ 규산나트륨($NaSiO_3$) : 응집효과촉진

04 Jar Test(응집교반시험)

★★ 1. 목적 : 최적의 응집제 선정과 주입량 결정

2. Jar Test 시점

① 수질 변화시 수시로(홍수시 조류 유입 많을 때)
② 처리과정에서 이상 증후 발생시

3. 측정항목 : pH, 색도, 탁도, floc의 침강성

> **Question 09**
>
> Jar-Test를 한 결과는 다음과 같다. Alum의 주입농도(mg/L)와 주입량(kg/day)을 계산하시오.
>
> - 결과 : 약제 5%의 Alum
> - 시료 : 500mL
> - 주입량 : 5mL
> - 폐수량 : 1,000m³/day
>
> **풀이**
>
> ① Alum의 주입농도(mg/L) = $\dfrac{5 \times 10^4 \text{mg/L} \times 5 \times 10^{-3}\text{L}}{0.5\text{L}}$ = 500mg/L
>
> ② Alum의 주입량(kg/day) = Alum의 주입농도(kg/m³) × 폐수량(m³/day)
> = 0.5kg/m³ × 1,000m³/day = 500kg/day
>
> **TIP**
>
> ① % $\xrightarrow{\times 10^4}$ ppm
> ② ppm = mg/L = g/m³
> ③ mg/L $\xrightarrow{\times 10^{-3}}$ kg/m³
> ④ mL $\xrightarrow{\times 10^{-3}}$ L

05 흡착법

1. 흡착의 특성

① **흡착제** : 활성탄, 실리카겔, 활성백토 등
② **흡착 메카니즘** : 1단계(경막으로 이동) → 2단계(경막내 확산) → 3단계(공극내 확산) → 4단계(흡착)
③ **흡착의 종류**

	물리적 흡착	화학적 흡착
흡착열	작다	물리적 흡착에 비해 크다
재생	재생가능(가역적)	재생 불가능(비가역적)
작용힘	van der waals힘	흡착제-용질의 화학반응
흡착특성	다분자 흡착	단분자 흡착

📢 Question 10

화학흡착에 관한 내용으로 옳지 않은 것은?

㉮ 흡착된 물질은 표면에 농축되어 여러 개의 겹쳐진 층을 형성함
㉯ 흡착 분자는 표면에 한 부위에서 다른 부위로의 이동이 자유롭지 못함
㉰ 흡착된 물질 제거를 위해 일반적으로 흡착제를 높은 온도로 가열함
㉱ 거의 비가역적임

풀이 ㉮번의 설명은 물리적 흡착에 대한 설명이다.

④ **등온 흡착모델의 종류** : 프로인들리히(Freundlich), 랭뮤어(Langmuir), BET, 헨리형
　　활성탄을 이용한 수처리 : 프로인들리히(Freundlich), 랭뮤어(Langmuir)형
⑤ **랭뮤어(Langmuir)형 등온 흡착 모델**
　㉠ 한정된 표면만이 흡착에 이용된다.
　㉡ 공식 : $\dfrac{X}{M} = \dfrac{abC}{1+aC}$
　㉢ 표면에 흡착된 용질물질은 그 두께가 분자 한 개 정도의 두께이다.
　㉣ 흡착은 가역적이고 평형조건이 되어 있다.
　㉤ 한정된 표면에만 흡착된다고 가정한다.

Question 11

Langmuir 등온 흡착식을 유도하기 위한 가정으로 틀린 것은 어느 것인가?

㉮ 한정된 표면만이 흡착에 이용된다.
㉯ 표면에 흡착된 용질물질은 그 두께가 분자 한 개 정도의 두께이다.
㉰ 흡착은 비가역적이다.
㉱ 평형조건이 이루어졌다.

풀이 ㉰ 흡착은 가역적이다.

---

⑥ 프로인들리히(Freundlich) 등온 흡착모델

㉠ 수처리 중 활성탄 흡착에 가장 많이 사용된다.
㉡ 직선의 기울기가 0.5 이내에만 흡착이 용이하다.
★★★ ㉢ 공식 : $\dfrac{X}{M} = KC^{\frac{1}{n}} \Rightarrow \dfrac{C_i - C_o}{M} = K \times C_o^{\frac{1}{n}}$

$\begin{bmatrix} X : \text{농도차(유입수 농도 − 유출수 농도)} & M : \text{흡착제 농도} \\ C : \text{유출수 농도} & k, n : \text{경험적 상수} \end{bmatrix}$

Question 12

냄새 혹은 생물학적 처리불능(NBD)COD를 제거하기 위하여 흡착제로 활성탄(AC)을 사용하였는데 Freundlich 등온 공식이 잘 적용되었다. 즉, COD가 56mg/L인 원수에 활성탄 20mg/L을 주입 시켰더니 COD가 16mg/L로 되었고, 52mg/L을 주입시켰더니 COD가 4mg/L로 되었다. COD 6mg/L로 만들기 위한 활성탄의 주입량(mg/L)을 계산하시오.

풀이

① $\dfrac{(56-16)\text{mg/L}}{20\text{mg/L}} = K \times (16\text{mg/L})^{\frac{1}{n}}$

② $\dfrac{(56-4)\text{mg/L}}{52\text{mg/L}} = K \times (4\text{mg/L})^{\frac{1}{n}}$

③ $\dfrac{(56-6)\text{mg/L}}{M} = K \times (6\text{mg/L})^{\frac{1}{n}}$

①과 ②식을 정리한 다음 나눈다.

$\div \begin{vmatrix} ① \ 2\text{mg/L} = K \times (16\text{mg/L})^{\frac{1}{n}} \\ ② \ 1\text{mg/L} = K \times (4\text{mg/L})^{\frac{1}{n}} \end{vmatrix}$

$2 = 4^{\frac{1}{n}}$

양변에 ln을 취하면 $\ln 2 = \dfrac{1}{n} \ln 4$ ∴ $n = \dfrac{\ln 4}{\ln 2} = 2$

따라서 ①식에 대입하여 계산하면 $2\text{mg/L} = K \times (16\text{mg/L})^{\frac{1}{2}}$ ∴ $k = 0.5$

따라서 $\dfrac{(56-6)\text{mg/L}}{M} = 0.5 \times (6\text{mg/L})^{\frac{1}{2}}$ ∴ $M = 40.82\text{mg/L}$

2. 활성탄의 특성

① 분말 활성탄과 입상활성탄의 흡착력에 차이가 없으나 분말 활성탄의 입경이 작을수록 평형은 입상활성탄보다 더 빨리 도달된다.
② 사용된 활성탄은 화학적 또는 열적으로 재생이 가능하다.
③ 상업용 입상활성탄의 표면적은 600~1,600m^2/g 정도이다.

3. 활성탄의 종류

① 입상 활성탄(GAC ; Granular Activated Carbon)
  ㉠ 분말 활성탄에 비해 흡착속도가 느리다.
  ㉡ 분말 활성탄에 비해 취급이 쉽다.
  ㉢ 재생이 용이하다.
  ㉣ 물과 분리가 용이하다.
② 분말 활성탄(PAC ; Powdered Activated Carbon)
  ㉠ 입상 활성탄에 비해 흡착속도가 빠르다.
  ㉡ 입상 활성탄에 비해 취급이 어렵다.
  ㉢ 분말이라 비산되기 쉽다.
★★ ③ 생물활성탄(BAC ; Biological Activated Carbon)
  ★★ ㉠ 일반 활성탄에 비해 수명을 4배 이상 연장할 수 있다.
  ㉡ 활성탄이 서로 부착, 응집하여 수두손실이 증가할 수 있다.
  ㉢ 정상상태까지의 기간이 길다.
  ㉣ 활성탄에 병원균이 자랄 때 문제가 될 수 있다.
  ★★ ㉤ 오염물질에 따라 생물분해, 흡착작용이 상호보완하여 준다.
  ㉥ 미생물성장에 좋지 않은 조건이라도 흡착기능에 의하여 오염물질 제거가 가능하다.
  ★★ ㉦ 분해에 적응시간이 필요한 용해성 유기물질의 제거에 효과적이다.
  ㉧ 활성탄 사용시간 연장 및 재생이 가능하다.
  ㉨ 충격부하가 강하다.

Question 13

다음은 생물활성탄에 대한 설명이다. 틀린 것은?

㉮ 일반 활성탄에 비해 수명을 4배 이상 연장할 수 있다.
㉯ 오염물질에 따라 생물분해, 흡착작용이 상호 보완하여 준다.
㉰ 분해에 적응이 필요한 용해성 유기물질의 제거에 효과적이다.
㉱ 충격부하에 약하다.

풀이 ㉱ 충격부하에 강하다.

06 Fenton 산화법

★★★ 1. Fenton 산화법의 특징

① 화학적 산화법의 일종이다.
★★ ② 과산화수소는 철염이 과량으로 존재할 때 조금씩 단계적으로 첨가하는 것이 효과적이다.
③ 펜턴 시약으로부터 발생하는 OH라디칼을 이용하는 처리법이다.
④ 펜턴 산화반응에서 철은 촉매로 작용한다.
⑤ pH의 조정은 반응조에 과산화수소와 철염을 가한 후 조절하는 것이 효과적이다.
★★ ⑥ 최적 반응은 pH 3~4.5(3~5) 정도의 범위이다.
★★ ⑦ 폐수의 COD는 감소하지만 BOD는 증가한다.
⑧ 난분해성 유기물의 산화처리에 이용된다.
⑨ 철염을 이용하므로 수산화철의 슬러지가 다량 생성될 수 있다.
⑩ 펜턴시약을 이용하여 난분해성 유기물을 처리하는 과정은 대체로 산화반응과 함께 pH조절, 중화 및 응집, 침전으로 크게 3단계로 나눌 수 있다.

Question 14

펜톤산화처리방법에 대한 내용으로 잘못된 것은 어느 것인가?

㉮ 일반적인 적정 반응 pH는 3 ~ 4.5 이다.
㉯ 펜톤시약은 철염과 과산화수소를 말한다.
㉰ 과산화수소수를 과량으로 첨가하면 수산화철의 침전율을 향상시킬 수 있다.
㉱ 폐수의 COD는 감소하지만 BOD는 증가할 수 있다.

풀이 ㉰ 철염(황산제1철)을 과량으로 첨가하면 수산화철의 침전율을 향상시킬 수 있다.

2. Fenton 산화법 정리

① 펜턴시약 : H_2O_2
② 촉매 : 철염(황산제1철)
③ 강산화제 : OH 라디칼
④ pH 3~4.5(5)
⑤ 특징 : COD 감소, BOD 증가

Question 15

펜톤(Fenton)반응에서 사용되는 과산화수소의 용도는?

㉮ 응집제 ㉯ 촉매제 ㉰ 산화제 ㉱ 침강촉진제

풀이 펜톤(Fenton) 산화법은 펜톤시약(H_2O_2)으로부터 발생하는 OH라디칼을 이용해 처리하는 방법이다. 따라서 과산화수소(H_2O_2)의 용도는 산화제이다.

07 유해물질 처리법

1. 물리·화학적 질소제거 공정

★★ 막공법, 공기탈기법, 선택적 이온교환법, 파과점 염소주입법

> **TIP**
> **암기법**
> 질소는 막공기로 이온해서 파괴한다.

Question 16

물리·화학적으로 질소를 효과적으로 제거하는 방법으로 틀린 것은 어느 것인가?

㉮ 금속염(Al, Fe) 첨가법 ㉯ 공기탈기법(Air Stripping)
㉰ 선택적 이온교환법 ㉱ 파과점 염소주입법

풀이 물리·화학적으로 질소 제거 방법으로는 막공법, 공기탈기법, 선택적이온교환법, 파과점 염소주입법이 있다.

① 물리·화학적 질소제거공정 중 이온교환법
  ㉠ 생물학적 처리 유출수 내의 유기물이 수지의 접착을 야기한다.
  ㉡ 재사용 가능한 물질(암모니아 용액)이 생산된다.
  ㉢ 부유물질 축적에 의한 과다한 수두손실을 방지하기 위하여 여과에 의한 전처리가 대개 필요하다.

★★★ ② 수중의 암모니아성 질소(NH_3-N) 탈기법(Air Stripping)
  ㉠ 원리 : 처리하고자 하는 폐수에 석회 등을 이용하여 pH를 10 이상으로 조절한 후 공기를 불어 넣어 수중에 존재하는 암모니아성 질소를 암모니아가스로 탈기하는 방법이다.
  ㉡ 반응식 : $NH_4^+ + OH^- \rightleftarrows NH_3 + H_2O$
  ㉢ 특징
    ⓐ 암모니아성 질소를 pH 10 이상에서 암모니아 가스로 탈기시킨다.
    ⓑ 기온이 상승할수록 같은 양의 폐수를 처리하는데 필요한 공기의 양은 감소한다.
    ⓒ 동절기에는 제거효율이 현저히 저하되어 적용하기 곤란하다.
    ⓓ 암모니아 유출에 따른 주변에 악취문제가 유발될 수 있다.
  ㉣ 수중의 암모니아성 질소 탈기법에서 가장 중요한 인자는 pH와 온도이다.

Question 17

수중의 암모니아(NH_3)를 포기하여 제거(air stripping)하고자 할 때 가장 중요한 인자는?

㉮ pH와 온도
㉯ pH와 용존산소 농도
㉰ 온도와 용존산소 농도
㉱ 온도와 공기공급량

풀이 수중의 암모니아성 질소 탈기법은 암모니아성 질소를 pH10 이상에서 암모니아 가스로 탈기시키는 공법이며, 기온이 상승할수록 같은 양의 폐수를 처리하는데 필요한 공기의 양은 감소하게 된다. 따라서 가장 중요한 인자는 pH와 온도이다.

★★ ③ 암모니아 제거방법 중 파과점 염소처리법
  ㉠ 원리 : 처리하고자 하는 폐수에 염소(Cl_2)를 주입하여 암모늄염을 질소가스(N_2)로 처리하는 방법이다.
  ㉡ 반응식
    $2NH_4^+ + 3Cl_2 \rightleftarrows N_2 + 6HCl + 2H^+$
    $2NH_3 + 3HOCl \rightleftarrows N_2 + 3HCl + 3H_2O$
  ㉢ 특징
    ⓐ 용존성 고형물 증가

ⓑ 많은 경비 소비
ⓒ THM 등 건강에 해로운 물질 생성

Question 18

물리, 화학적으로 질소제거 공정인 파괴점 염소주입에 대한 설명으로 틀린 것은 어느 것인가? (단, 기타 방법과 비교 내용임)

㉮ 수생생물에 독성을 끼치는 잔류 염소농도가 높아진다.
㉯ pH에 영향이 없어 염소투여요구량이 일정하다.
㉰ 기존 시설에 적용이 용이하다.
㉱ 고도의 질소제거를 위하여 여타 질소제거 공정 다음에 사용 가능하다.

풀이 ㉯ pH에 영향이 있으며, 염소투여 요구량이 일정하지 않다.

Question 19

탈기법을 이용, 폐수 중의 암모니아성 질소를 제거하기 위하여 폐수의 pH를 조절하고자 한다. 수중 암모니아를 NH_3(기체분자의 형태) 99%로 하기 위한 pH를 계산하시오. (단, 암모니아성 질소의 수중에서의 평형은 다음과 같다.)

$$NH_3 + H_2O \rightleftarrows NH_4^+ + OH^- \qquad 평형상수\ K = 1.8 \times 10^{-5}$$

풀이

① $K = \dfrac{[NH_4^+][OH^-]}{[NH_3]} = 1.8 \times 10^{-5}$

② $NH_3(\%) = \dfrac{[NH_3]}{[NH_3]+[NH_4^+]} \times 100 = 99\%$ (분자, 분모를 $[NH_3]$로 나누면)

$= \dfrac{1}{1+\dfrac{[NH_4^+]}{[NH_3]}} \times 100 = 99\%$ 식을 정리하면

$0.99 + 0.99 \dfrac{[NH_4^+]}{[NH_3]} = 1, \quad 0.99 \dfrac{[NH_4^+]}{[NH_3]} = 1 - 0.99$

$\therefore \dfrac{[NH_4^+]}{[NH_3]} = \dfrac{1-0.99}{0.99} = 0.01$

① 식을 정리하면

$1.8 \times 10^{-5} = \dfrac{[NH_4^+][OH^-]}{[NH_3]}$ 에서 $1.8 \times 10^{-5} = \dfrac{[NH_4^+]}{[NH_3]} \times [OH^-] \Leftarrow \dfrac{[NH_4^+]}{[NH_3]} = 0.01$ 대입

$\therefore 1.8 \times 10^{-5} = 0.01 \times [OH^-] \qquad \therefore [OH^-] = 1.8 \times 10^{-3} mol/L$

③ $pH = 14 + \log[OH^-] = 14 + \log[1.8 \times 10^{-3} mol/L] = 11.26$

Question 20

수중의 암모늄이온은 암모니아와 평형을 이루고 있다. 이 평형은 pH와 온도에 크게 영향을 받으며 수중에서 다음과 같은 평형을 이룬다. [$NH_3 + H_2O \rightleftharpoons NH_4^+ + OH^-$] 수온이 25℃이고 25℃에서 NH_3 해리상수 $K_b = 1.81 \times 10^{-5}$, pH는 8.3이라면 NH_3의 형태로 몇 %가 존재하는가?
(단, $K_w = 1 \times 10^{-14}$, $NH_3(\%) = \{[NH_3] \times 100\}/\{[NH_3]+[NH_4^+]\} = \{100/(1+(K_b \cdot [H^+]/K_w))\}$

풀이

$K_b = \dfrac{[NH_4^+][OH^-]}{[NH_3]}$

$pH + pOH = 14 \Rightarrow pOH = 14 - pH = 14 - 8.3 = 5.7$

$[OH^-] = 10^{-pOH} \text{mol/L} = 10^{-5.7} = 1.995 \times 10^{-6} \text{mol/L}$

따라서 $K_b = \dfrac{[NH_4^+]}{[NH_3]} \times [OH^-] \Rightarrow 1.81 \times 10^{-5} = \dfrac{[NH_4^+]}{[NH_3]} \times (1.995 \times 10^{-6} \text{mol/L}) \quad \therefore \dfrac{[NH_4^+]}{[NH_3]} = 9.0727$

$NH_3(\%) = \dfrac{[NH_3]}{[NH_3]+[NH_4^+]} \times 100$에서 분자와 분모를 NH_3로 나눈다.

$NH_3(\%) = \dfrac{1}{1+\dfrac{[NH_4^+]}{[NH_3]}} \times 100 = \dfrac{1}{1+9.0727} \times 100 = 9.93\%$

2. 시안(CN) 화합물 함유 폐수처리방법

★★ 전기투석, 충격법, 감청법, 산성탈기법, 알칼리산화법, 오존산화법, 전해산화법

> **TIP**
>
> 암기법
>
> 시안아 전기 충격받은 감청이랑 산성이가 알딸딸해서 오존쌌다고 전해줘.

Question 21

다음 중 시안함유 폐수처리에 사용되는 방법으로 가장 거리가 먼 것은?

㉮ 알칼리 염소법　　㉯ 오존 산화법　　㉰ 전해법　　㉱ 아말감법

정답 ㉱

★★ ① 알칼리염소법의 특징

　★★ ㉠ CN의 분해를 위해 유지되는 pH 10 이상이다.

　　　㉡ 니켈과 철의 시안 착염이 혼입된 경우 분해가 잘 되지 않는다.

　★★ ㉢ 산화제의 투입량이 적을 경우는 시안화합물이 잔류하거나 염화시안이 발생하게

되므로 산화제는 약간 과잉으로 주입한다.
ㄹ) 염소처리시 강알칼리성 상태에서 1단계 염소를 주입하여 시안화합물을 시안산화물로 변환시킨 후 중화하고 2단계 염소를 재주입하여 N_2와 CO_2로 분해시킨다.
ㅁ) 시안 폐수처리에서 가장 일반적인 방법이다.
ㅂ) 산화에 의해 분해되어 비독성의 화합물로 되는 것으로 반응속도가 빠르고 조정하기도 쉽다.
ㅅ) 공장규모의 대소에 불구하고 시안 폐수의 처리에는 가장 안전하고 확실하다.
② 오존산화법 : 오존은 알칼리성 영역에서 시안화합물을 N_2로 분해시켜 무해화한다.
③ 전해법 : 유가 금속류를 회수할 수 있는 장점이 있다.
④ 충격법 : 시안을 pH 3 이하의 강산성 영역에서 강하게 폭기하여 산화하는 방법이다.
⑤ 감청법 : 알칼리성 영역에서 과잉의 황산제1철 또는 황산제2철염을 가하여 공침시켜 제거하는 방법이다.

Question 22

유해물질인 시안(CN)처리 방법에 대한 내용으로 틀린 것은 어느 것인가?
㉮ 오존산화법 : 오존은 알칼리성 영역에서 시안화합물을 N_2로 분해시켜 무해화한다.
㉯ 전해법 : 유가(有價)금속류를 회수할 수 있는 장점이 있다.
㉰ 충격법 : 시안을 pH 3 이하의 강산성 영역에서 강하게 폭기하여 산화하는 방법이다.
㉱ 감청법 : 알칼리성 영역에서 과잉의 황산알루미늄을 가하여 공침시켜 제거하는 방법이다.

풀이 ㉱ 감청법 : 알칼리성 영역에서 과잉의 황산제1철 또는 황산제2철을 가하여 공침시켜 제거하는 방법이다.

3. 시안의 알칼리 염소 또는 NaOCl 처리법

① 1단계 반응 : $CN^- \xrightarrow{Cl_2 \text{ 및 } NaOH} CNCl \xrightarrow{NaOH} CNO^-$

② 1단계 반응의 조건 : pH 10 이상, ORP(산화환원전위) + 300mV 이상

③ 2단계 반응 : $CNO^- \xrightarrow{NaOH, Cl_2, NaOCl} NaCl + N_2 \uparrow$

④ 2단계 반응의 조건 : pH 8, ORP(산화환원전위) + 650mV 이상

- 실전문제 반응식

$NaCN + NaClO \rightarrow NaCNO + NaCl$ ·· ①
$2NaCNO + 3NaClO + H_2O \rightarrow 2CO_2 + N_2 + 2NaOH + 3NaCl$ ················ ②

①식 × 2를 ③식이라 하면

$2NaCN + 2NaClO \rightarrow 2NaCNO + 2NaCl$ ·· ③

$2NaCNO + 3NaClO + H_2O \rightarrow 2CO_2 + N_2 + 2NaOH + 3NaCl$ ··················· ②

∴ ③식과 ②식을 더하면

$2NaCN + 5NaClO + H_2O \rightarrow 2CO_2 + N_2 + 2NaOH + 5NaCl$

4. 도금 폐수 중의 CN을 알칼리 조건하에서 산화하는데 사용되는 약제

차아염소산나트륨(NaOCl)

5. CN함유 폐수를 화학적 산화에 의해 처리할 경우 단위처리조작

균등조 – 산화반응조(1, 2단계) – 중화조 – 여과조 – 유출수

Question 23

200mg/L의 CN(시안)을 함유한 폐수 $50m^3$을 알칼리 염소법으로 처리하는데 필요한 이론적인 염소량($Cl_2 \cdot kg$)을 계산하시오. (단, 원자량은 Cl : 35.5)

$$2CN^- + 5Cl_2 + 4H_2O \rightarrow 2CO_2 + N_2 + 8HCl + 2Cl^-$$

풀이
$2CN^-$: $5Cl_2$
$2 \times 26g$: $5 \times 71g$
$0.2kg/m^3 \times 50m^3$: X   ∴ X = 68.27kg

6. 크롬함유 폐수처리방법

독성이 있는 6가 크롬을 독성이 없는 3가 크롬으로 pH 2~4에서 환원시키고 3가 크롬을 pH 8.0~8.5 범위에서 침전시켜 처리한다.

① Cr^{6+}는 Cr^{3+}로 환원한 후 알칼리를 주입하여 수산화물을 침전시킨다.

★★ ② $Cr^{3+} + 3OH^- \rightarrow Cr(OH)_3 \downarrow$ (pH 8.0~8.5)

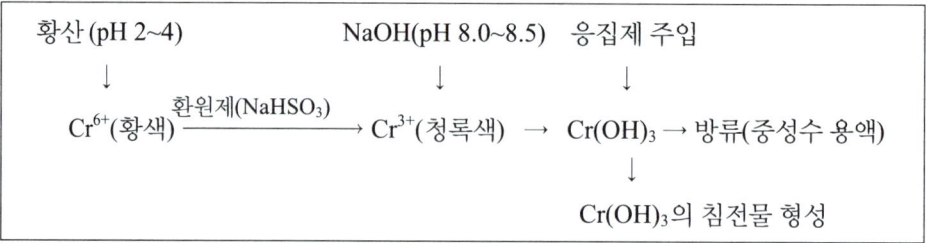

③ 환원제의 종류 : SO$_2$, Na$_2$SO$_3$, FeSO$_4$, NaHSO$_3$

Question 24

환원처리공법으로 크롬함유 폐수를 수산화물 침전법으로 처리하고자 할 때 침전을 위한 적정 pH 범위는 얼마인가? (단, Cr^{+3}+3OH$^-$ → Cr(OH)$_3$ ↓)

㉮ pH 4.0 ~ 4.5　　㉯ pH 5.5 ~ 6.5　　㉰ pH 8.0 ~ 8.5　　㉱ pH 11.0 ~ 11.5

정답　㉰

Question 25

폐액 중의 크롬산을 정량했을 때 6가 크롬으로서 1,000mg/L이었다. 이 폐액을 환원침전법으로 처리하는 경우, 이 폐액 20m^{3}을 환원할 때 필요한 아황산나트륨의 이론적인 양(kg)을 계산하시오. (단, 크롬원자량 52, 아황산나트륨의 분자량 126)

$$2H_2CrO_4 + 3Na_2SO_3 + 3H_2SO_4 \rightarrow Cr_2(SO_4)_3 + 3Na_2SO_4 + 5H_2O$$

풀이
2Cr^{6+}	:	3Na$_2$SO$_3$
2 × 52g	:	3 × 126g
1kg/m^3 × 20m^3	:	X　　　∴ X = 72.69kg

7. 수은함유 폐수처리방법

★★① 무기수은계함유 폐수처리방법 : 아말감법, 황화물침전법, 이온교환법, 흡착법

> **TIP**
> 암기법
> 수은아 황화강에 이온 좀 붙여라

② 유기수은계함유 폐수처리방법 : 산화분해법

> **Question 26**
>
> 무기수은계 화합물을 함유한 폐수의 처리방법으로 틀린 것은 어느 것인가?
>
> ㉮ 황화물 침전법　　㉯ 활성탄 흡착법　　㉰ 산화분해법　　㉱ 이온교환법
>
> **풀이** ㉰ 산화분해법은 유기수은계 화합물 함유 폐수처리방법이다.

8. 납함유 폐수처리방법

수산화물침전법, 황화물침전법

9. 불소함유 폐수처리방법

응집제거법, 활성알루미나법, 골탄법, 전해법(전기분해법)

> **TIP**
> 암기법
> 불고기가 응집되어 할미가 골났다고 전해줘

10. 카드뮴함유 폐수처리방법

부상법, 여과법, 침전법(수산화물, 황화물, 탄산염), 이온교환법, 흡착법

> **TIP**
> 암기법
> 카부여에 침전된(수황탄)에 이온 좀 붙여라

> **Question 27**
>
> 카드뮴 함유폐수의 처리방법으로 틀린 것은 어느 것인가?
>
> ㉮ 수산화물 침전법　　㉯ 황화물 침전법　　㉰ 질화물 침전법　　㉱ 이온교환법
>
> **정답** ㉰

11. 하수 혹은 저수지 물에 있는 철과 망간 제거법

① Mn을 코팅한 녹사 메디아를 사용하여 제거
② 염소 또는 과망간산염을 주입제거
③ 폭기로 제거

12. 비소함유 폐수처리방법

일반적으로 칼슘, 알루미늄, 마그네슘, 철, 바륨 등의 수산화물에 공침시켜 제거하며 이 중에 철의 수산화물인 $Fe(OH)_3$의 플록에 흡착시켜 공침제거하는 방법이 우수한 것으로 알려져 있다.

> **Question 28**
>
> 비소(As)함유 폐수처리 방법으로 가장 일반적인 것은?
>
> ㉮ 아말감법   ㉯ 황화물 침전법   ㉰ 수산화물 공침법   ㉱ 알칼리 염소법
>
> **정답** ㉰

13. 유기인함유 폐수처리방법

① 유기인 화합물은 산성이나 중성에서 안정하며 물에 난용성이다.
② 유기인 화합물이 폐수에 함유된 경우에는 대부분이 현탁입자로 존재한다.
③ 일반적으로 알칼리로 가수분해시키고 응집침전 또는 부상으로 전처리한 후 활성탄 흡착으로 미량의 잔류물질을 제거시킨다.

★★★ 14. 이온교환 선택성 크기

① 음이온 교환수지에서 음이온 선택성순서 : $SO_4^{2-} > I^- > NO_3^- > CrO_4^{2-} > Br^- > Cl^- > OH^-$

> **TIP**
>
> **암기법**
>
> SIN 커 브롬

Question 29

다음 중 보통 음이온 교환수지에 대해서 가장 일반적인 음이온의 선택성 순서가 옳게 배열된 것은?

㉮ $SO_4^{2-} > I^- > CrO_4^{2-} > Br^- > Cl^- > NO_3^- > OH^-$
㉯ $SO_4^{2-} > I^- > NO_3^- > CrO_4^{2-} > Cl^- > Br^- > OH^-$
㉰ $SO_4^{2-} > I^- > CrO_4^{2-} > Cl^- > Br^- > NO_3^- > OH^-$
㉱ $SO_4^{2-} > I^- > NO_3^- > CrO_4^{2-} > Br^- > Cl^- > OH^-$

정답 ㉱

 양이온 교환수지에서 양이온 선택성순서 : $Ba^{2+} > Pb^{2+} > Sr^{2+} > Ca^{2+} > Ni^{2+}$

TIP

암기법

바낫쓰 칼슘

 Question 30

일반적인 양이온 교환물질에 있어 일반적인 양이온에 대한 선택성의 순서로 가장 적합한 것은?

㉮ $Ba^{+2} > Pb^{+2} > Sr^{+2} > Ca^{+2} > Ni^{+2}$
㉯ $Ba^{+2} > Pb^{+2} > Ca^{+2} > Ni^{+2} > Sr^{+2}$
㉰ $Ba^{+2} > Pb^{+2} > Ca^{+2} > Sr^{+2} > Ni^{+2}$
㉱ $Ba^{+2} > Pb^{+2} > Sr^{+2} > Ni^{+2} > Ca^{+2}$

정답 ㉮

15. 해수의 담수화

(1) 해수의 담수화 방법

① **증발법** : 역삼투나 전기투석과는 달리 에너지 요구량이 처리수중의 염의 농도와 비교적 무관하다.
② **역삼투법** : 반투막과 정수압을 이용하여 해수로부터 순수한 물을 분리하는 방법이다.
  ㉠ 생산된 물은 pH나 경도가 낮기 때문에 필요에 따라 적절한 약품을 주입하고 수질을 조정한다.
  ㉡ 막모듈은 플러싱과 약품세척 등을 조합하여 세척한다.
  ㉢ 장기간 운전을 중지하는 경우에는 막보전액으로는 중아황산나트륨 등을 사용한다.
  ㉣ 공급수중의 이물질로 고압 펌프와 막모듈이 손상되지 않도록 하기 위하여 고압펌프의 흡입측 공급수 배관계통에 안전 필터를 사용한다.

ⓐ 고압펌프는 효율과 내식성이 좋은 기종으로 하며 그 형식은 시설규모 등에 따라 선정한다.
③ 전기투석법 : 전위차를 추진력으로 물만을 선택적 통과시키는 원리를 이용하여 분리하는 방법이다.
④ 냉동법 : 해수를 빙점(약 −1.8℃) 이하로 냉각시킨 얼음 결정을 세정한 후 녹여 담수를 얻는 방법이다.

(2) 해수 담수화 방식

① 상변화방식은 증발법과 결정법이 있다.
  ㉠ 증발법 : 다단플래쉬법, 다중효용법, 증기압축법, 투과기화법
  ㉡ 결정법 : 냉동법, 가스수화물법
② 상불변 방식은 막법과 용매추출법이 있다.
  ㉠ 막법 : 역삼투법, 전기투석법
  ㉡ 용매추출법

> **Question 31**
>
> 해수담수화방식 중 상(相)변화방식인 증발법에 해당되는 것은 어느 것인가?
> ㉮ 가스수화물법   ㉯ 다중효용법   ㉰ 냉동법   ㉱ 전기투석법
>
> 정답 ㉯

16. 랑겔리어 지수

랑겔리어지수란 물의 실제 pH와 이론적 pH(pHs : 수중의 탄산칼슘이 용해되거나 석출되지 않는 평형상태로 있을 때의 pH)와의 차이를 말한다.

① 랑겔리어 지수가 부(−)의 값으로 절대치가 클수록 물의 부식성이 강하다.
② 랑겔리어 지수가 (+)의 값으로 절대치가 클수록 탄산칼슘의 석출이 일어나기 쉽다.
③ 랑겔리어 지수가 0이면 물의 안정도가 평형상태에 있다.
④ 물의 부식성이 강한 경우의 랑겔리어 지수는 pH, 칼슘경도, 알칼리도를 증가시킴으로써 개선할 수 있다.

요약
① 랑겔리어 지수(LI) = 0 : 물의 안정도가 평형상태
② 랑겔리어 지수(LI) > 0 : LI가 양(+)의 값이므로 과포화상태($CaCO_3$가 침전되어 퇴적)
③ 랑겔리어 지수(LI) < 0 : LI가 음(-)의 값이므로 불포화상태(부식성 증가)

 Question 32

정수처리시 적용되는 랑게리아 지수에 대한 설명으로 틀린 것은 어느 것인가?
㉮ 랑게리아 지수란 물의 실제 pH와 이론적 pH(pHs : 수중의 탄산칼슘이 용해되거나 석출되지 않는 평형 상태로 있을 때의 pH)와의 차이를 말한다.
㉯ 랑게리아 지수가 양(+)의 값으로 절대치가 클수록 탄산칼슘피막 형성이 어렵다.
㉰ 랑게리아 지수가 음(-)의 값으로 절대치가 클수록 물의 부식성이 강하다.
㉱ 물의 부식성이 강한 경우의 랑게리아 지수는 pH, 칼슘경도, 알칼리도를 증가시킴으로써 개선할 수 있다.

풀이 ㉯ 랑게리아 지수가 양(+)의 값으로 절대치가 클수록 탄산칼슘피막 형성이 쉽다.

★★ 17. 수질성분이 금속도관의 부식에 미치는 영향

① 암모니아는 착화합물의 형성을 통해 구리, 납 등의 금속 용해도를 증가시킬 수 있다.
② 칼슘은 $CaCO_3$로 침전하여 부식을 보호하고 부식속도를 감소시킨다.
③ pH가 높으면 관을 보호하고 부식속도를 감소시킨다.
④ 높은 알칼리도는 구리와 납의 부식을 증가시킨다.
⑤ 구리는 갈바닉 전지를 이룬 배관상에 홈집(구멍)을 야기한다.
⑥ 고농도의 염화물이나 황산염은 철, 구리, 납의 부식을 증가시킨다.
⑦ 용존산소는 여러 부식 반응속도를 증가시킨다.

 Question 33

수질 성분이 부식에 미치는 영향으로 틀린 것은 어느 것인가?
㉮ 높은 알칼리도는 구리와 납의 부식을 증가시킨다.
㉯ 암모니아는 착화물 형성을 통해 구리, 납 등의 금속용해도를 증가시킬 수 있다.
㉰ 잔류염소는 Ca와 반응하여 금속의 부식을 감소시킨다.
㉱ 구리는 갈바닉 전지를 이룬 배관상에 홈집(구멍)을 야기한다.

풀이 ㉰ 잔류염소는 Ca와 반응하여 금속의 부식을 증가시킨다.

08 살균

1. 살균의 특징

(1) 살균력의 크기

① $O_3 > Cl_2$

★★② $HOCl > OCl^- >$ 클로라민(결합잔류염소의 대표적 물질)

③ 클로라민 : 살균력은 약하나 소독 후 물에 이취미가 없고 살균 작용이 오래 지속된다.

★★④ $HOCl$이 OCl^-보다 80배 이상 강하다.

Question 34

다음 중 액체염소의 주입으로 생성된 유리염소, 결합잔류염소의 일반적인 살균력이 순서대로 옳게 나열된 것은?

㉮ $OCl^- > HOCl >$ Chloramines
㉯ $OCl^- >$ Chloramines $> HOCl$
㉰ $HOCl >$ Chloramines $> OCl^-$
㉱ $HOCl > OCl^- >$ Chloramines

정답 ㉱

★★ (2) 클로라민의 생성

① 유리염소(Cl^-)

$$Cl_2 + H_2O \xrightarrow{pH\ 5\sim7} HOCl(유효염소) + H^+ + Cl^-$$

② 모노클로라민(NH_2Cl)

$$HOCl + NH_3 \xrightarrow{pH\ 8.5\ \uparrow} H_2O + NH_2Cl$$

③ 디클로라민($NHCl_2$)

$$HOCl + NH_2Cl \xrightarrow{pH\ 4.5\sim8.5} H_2O + NHCl_2$$

④ 트리클로라민(NCl_3)

$$HOCl + NHCl_2 \xrightarrow{pH\ 4.4\ \downarrow} H_2O + NCl_3$$

★★ **(3) 염소 살균력 증가조건**

온도↑, 반응시간↑, 주입농도↑, 낮은 pH

(4) 염소주입량 = 염소 요구량 + 염소 잔류량

> **TIP**
> 암기법 : 주입은 요잔에 하세요!!

2. THM(트리할로메탄)의 특징

① 생성

$$H-\underset{H}{\overset{H}{C}}-H + Cl^- \rightarrow Cl-\underset{Cl}{\overset{H}{C}}-Cl$$

[Cl^- : 염소소독과정에서 유리된 염소]

② **THM 증가조건** : 수온↑, pH↑, 접촉시간↑, 염소주입량↑

③ 대책
  - 전구물질 제거
    - 활성탄흡착(용해성)
    - 중간염소처리(용해성)
    - 응집침전(현탁성 = 콜로이드형태)
  - 소독방법 전환 — 클로라민, O_3, ClO_2, UV 등등

★★ ④ THM의 75% 이상이 클로로폼(트리클로로메탄)

★★ ⑤ **THM의 종류**
  ㉠ $CHClBr_2$
  ㉡ $CHBr_3$
  ㉢ $CHCll_2$

3. 소독제의 종류

★★★ **(1) 염소살균(소독)의 특징**

★★ ① 살균강도는 HOCl이 OCl^- 보다 약 80배 이상 강하다.
② HOCl은 암모니아와 반응하여 클로라민을 생성한다.
③ 암모니아가 존재하는 경우 결합 잔류 염소로 존재한다.

★★ ④ 잔류효과가 크다.
　　⑤ 처리수의 총용존고형물이 증가한다.
★★ ⑥ 염소의 살균력은 반응시간이 길며, 주입농도가 높을수록, 온도가 높을수록, pH가 낮을수록, 알칼리도가 낮을수록 커진다.
★★ ⑦ 바이러스 사멸효과가 나쁜 편이다. (다른 소독제에 비해서)
　　⑧ 인체에 위해성이 높다.
　　⑨ 하수의 염화물 함유량이 증가한다.
　　⑩ 유량변동에 대해 적응성이 어렵다.
　　⑪ 염소 접촉조로부터 휘발성 유기물이 생성된다.
　　⑫ 처리수의 잔류독성이 탈염소 과정에 의해 제거되어야 한다.

Question 35

염소의 살균력에 대한 설명으로 옳지 않은 것은?

㉮ 살균강도는 HOCl > OCl⁻ 이다.
㉯ 염소의 살균력은 반응시간이 길고 온도가 높을 때 강하다.
㉰ 염소의 살균력은 주입농도가 높고 pH가 낮을 때 강하다.
㉱ Chloramines은 살균력은 강하나 살균작용은 오래 지속되지 않는다.

풀이　㉱ chloramines(클로라민)의 살균력은 약하나 살균작용은 오래 지속된다.

(2) 클로라민의 특징

★★ ① HOCl은 암모니아와 반응하여 클로라민을 생성한다.
　　② 3종의 클로라민 분포는 pH의 함수이다.
★★ ③ 트리클로라민은 불안정하여 N_2로 분해하여 산화력을 상실한다.
★★ ④ 차아염소산과 수중의 암모니아나 유기성 질소화합물이 반응하여 클로라민을 형성할 때 pH가 9인 경우 가장 많이 존재하는 것은 모노클로라민이다.
　　⑤ 클로라민은 수중에 오래 잔류하므로 잔류 보호성을 제공한다.

(3) 브롬화염소의 특징

　　① 브롬화염소는 기화속도가 낮기 때문에 염소보다 덜 유해하다.
　　② 하수의 살균제로 쓰일 때 브롬화염소는 액화기체로서 주입된다.
　　③ 브롬화염소 잔류량은 접촉조 안에서 빨리 감소하므로 주입지점에서 하수와 잘 섞어 줄 필요가 있다.

(4) 이산화염소의 특징

① THMs이 형성되지 않는다.
★★② 소독력이 pH 영향을 크게 받지 않는다.
③ 페놀류 화합물 제거에 이용된다.
④ 염소에 비해 산화력이 강하다.
⑤ 일정농도 이상에서는 폭발 위험성이 있다.
⑥ 할로겐 화합물을 생성하지 않는다.
⑦ 물에 쉽게 녹고 냄새가 적다.
⑧ 일광과 접촉할 경우 분해된다.
★★⑨ 부식성이 있다.
★★⑩ 색도제거 높다.
★★⑪ 바이러스를 비활성화 시키는데 염소보다 효과적이다.

(5) 차아염소산나트륨(상수도 소독제)의 특징

① 액화염소에 비하여 안정성과 취급성이 좋다.
② 담황색 액체로 알칼리성이 강하다.
③ 저장 중에 유효염소가 감소된다.
★★④ 부식성이 있다.
★★⑤ pH영향 없다.
⑥ 색도제거 보통이다.
★★⑦ 바이러스 사멸 효과는 나쁘다.
⑧ 유효염소농도가 5~12% 정도이다.

Question 36

하수처리를 위한 소독방식의 장단점에 관한 내용으로 틀린 것은?

㉮ ClO_2 : 부산물에 의한 청색증이 유발될 수 있다.
㉯ ClO_2 : pH 변화에 따른 영향이 적다.
㉰ NaOCl : 잔류효과가 작다.
㉱ NaOCl : 유량이나 탁도 변동에서 적응이 쉽다.

풀이 ㉰ NaOCl : 잔류효과가 크다.

★★★ **(6) 오존살균의 특징**

★★ ① 오존은 잔류성이 없다.
★★ ② 슬러지가 생기지 않는다.
★★ ③ 철 및 망간의 제거능력이 크다.
　　 ④ 오존은 산소의 동소체로 HOCl보다 더 강력한 산화제이다.
★★ ⑤ 오존은 자체의 높은 산화력으로 염소에 비하여 높은 살균력을 가지고 있다.
　　 ⑥ 병원균에 대하여 살균력이 강하며 탈취, 탈색효과가 크다.
　　 ⑦ 유기화합물의 생분해성을 높이며 바이러스의 불활성화 효과가 크다.
　　 ⑧ 수용액에서 오존은 매우 불안정하여 20℃ 증류수에서의 반감기는 20~30분 정도이다.
　　 ⑨ 오존은 저장할 수 없어 현장에서 생산해야 한다.
★★ ⑩ 경제성이 낮다.
　　 ⑪ 소독 부산물의 생성을 유발하는 각종 전구물질에 대한 처리 효율이 높다.

📢 Question 37

하수 소독시 적용되는 오존소독방법에 관한 일반적 장·단점으로 틀린 것은? (단, 염소소독 방법 등과 비교)

㉮ Cl_2보다 더 강력한 산화제이다.
㉯ 저장시스템 파괴 사고의 위험이 있다.
㉰ 모든 박테리아와 바이러스를 살균시킨다.
㉱ 초기 투자비와 부속설비가 비싸다.

풀이 ㉯ 저장시스템 파괴 사고의 위험이 없다.

★★★ **(7) 자외선(UV) 방사의 특징**

★★ ① 수중에 잔류 방사량(잔류 살균력이 없음)이 존재하지 않는다.
　　 ② 자외선 소독은 화학물질 소비가 없고 해로운 부산물도 생성되지 않는다. (잔류독성이 없다.)
★★ ③ pH변화에 관계없이 지속적인 살균이 가능하다.
　　 ④ 유량과 수질의 변동에 대해 적응력이 강하다.
　　 ⑤ 태양광 중에 파장이 커질수록 살균효과는 감소한다.
　　 ⑥ 물의 탁도가 높으면 소독능력은 저하된다.
★★ ⑦ 소독의 성공여부를 즉시 측정할 수 없다.
　　 ⑧ 염소에 비해 안전성이 높고 요구되는 공간이 적다.
★★ ⑨ 비교적 소독비용이 저렴하다.
　　 ⑩ 접촉시간이 짧다.(1~5초)

⑪ 대부분의 Virus, Spores, Cysts등을 비활성시키는데 염소보다 효과적이다.
⑫ 5~400nm 스펙트럼 범위의 단파장에서 발생하는 전자기 방사를 말한다.
⑬ 물과 수중의 성분은 자외선의 전달 및 흡수에 영향을 주며 Beer-Lambert 법칙이 적용된다.
⑭ 과학적으로 증명된 정밀한 처리시스템이다.

Question 38

하수소독시 적용되는 UV 소독방법에 대한 내용으로 틀린 것은? (단, 오존 및 염소소독 방법과 비교)

㉮ pH 변화에 관계없이 지속적인 살균이 가능하다.
㉯ 유량과 수질의 변동에 대해 적응력이 강하다.
㉰ 설치가 복잡하고, 전력 및 램프수가 많이 소요되므로 유지비가 높다.
㉱ 물이 혼탁하거나 탁도가 높으면 소독능력에 영향을 미친다.

풀이 ㉰ 설치가 간단하고 유지비가 저렴하다.

CHAPTER 03 생물학적 처리

01 표준활성슬러지법

★★★ 1. 표준활성슬러지법(재래식 활성슬러지법)

① MLSS 1,500~2,500mg/L
② F/M비 0.2~0.4/day
③ HRT(수리학적 체류시간) 6~8hr
④ SRT(미생물 체류시간) 3~6day
⑤ 반응조 수심 4~6m
⑥ 반응조 형상 : 사각형, 다단 완전혼합형
⑦ 포기방식 : 전면포기식, 선회류식, 미세기포 분사식, 수중 교반식

Question 01

표준활성슬러지법의 MLSS농도의 표준범위로 가장 옳은 것은?
㉮ 1,000~1,500mg/L ㉯ 1,500~2,500mg/L
㉰ 2,500~3,500mg/L ㉱ 3,500~4,500mg/L

 정답 ㉯

TIP

표준활성슬러지법 운전조건
온도 25~30℃, pH 6~8, DO 2mg/L 이상, BOD : N : P = 100 : 5 : 1

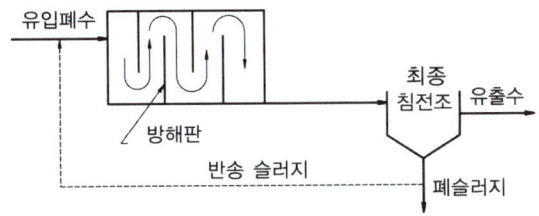

〈표준활성슬러지법(재래식 활성슬러지법)〉

TIP
슬러지를 반송하는 이유는 폭기조내 요구되는 미생물 농도를 유지하기 위해서이다.

2. 완전혼합 활성슬러지의 공법의 장점

① 산소소모율에 있어서 최대 균등화
② 유입물질이 반응조 전체에 빠른 시간 내에 분산됨으로 인한 충격부하 영향의 최소화
③ 호기성 생물학적 산화가 일어나는 동안 발생되는 CO_2의 최대 중화
④ 독성물질 유입시 플록(floc) 형성의 안정성이 떨어진다.

★★ 3. 활성슬러지법 처리방법별 F/M비

① 표준 활성슬러지법 : 0.2~0.4kg BOD/kg SS · day
② 순산소 활성슬러지법 : 0.3~0.6kg BOD/kg SS · day
③ 장기포기법 : 0.03~0.05kg BOD/kg SS · day
④ 산화구법 : 0.03~0.05kg BOD/kg SS · day

Question 02

활성슬러지법 처리방법별 F/M비로 틀린 것은?

㉮ 표준 활성슬러지법 : 0.2 ~ 0.4 kg BOD/ kg SS · day
㉯ 순산소 활성슬러지법 : 0.03 ~ 0.06 kg BOD/ kg SS · day
㉰ 장기포기법 : 0.03 ~ 0.05 kg BOD/ kg SS · day
㉱ 산화구법 : 0.03 ~ 0.05 kg BOD/ kg SS · day

풀이 ㉯ 순산소 활성슬러지법 : 0.3 ~ 0.6 kg BOD/ kg SS · day

4. 표준활성슬러지법의 특징

① 슬러지 팽화가 발생된다.
② 운전비용이 고가이다.
③ 설치면적이 적게 소요된다.
④ BOD, SS의 제거율이 높다.
⑤ 처리수의 수질이 양호하다.
⑥ 슬러지(미생물)을 키워 처리하므로 슬러지의 생성량이 많다.
⑦ F/M비가 높으면 BOD 제거효율이 떨어지게 된다.
⑧ 동일한 COD 제거효율을 얻기 위해서는 온도가 감소함에 따라 F/M비를 감소해야 한다.
⑨ 폭기시간은 원폐수가 폭기조 내에 머무는 시간을 뜻하며 원폐수의 량만을 고려하고 반송 슬러지량은 고려하지 않는다.
⑩ 슬러지 벌킹현상이 현저한 활성슬러지에서 관찰되는 사상성 미생물은 Sphaerotius (스페로티러스)이다.

5. 활성슬러지법에서 F/M비

① F/M비가 낮을수록 잉여슬러지 생산량은 적어진다.
② F/M비율의 단위는 BODkg/MLSSkg·day으로 표현된다.
③ F/M비율을 크게 할수록 세포 체류시간은 짧아진다.
④ F/M비를 크게 할수록 조내의 유기물질 제거율이 감소한다.

★★★ 6. 활성슬러지 공정 중 최종 침전조에서 슬러지 부상원인

① 탈질소화 현상이 발생할 때
② 침전조의 수면적 부하가 높은 경우
③ SVI가 높고 잉여슬러지의 인출량이 부족할 때
④ 폭기조의 폭기량을 증가시켜 질산화 정도를 증가시킬 때

> **TIP**
> ★★ 슬러지 부상(Sludge rising)원인은 침전조의 탈질화작용에 의한다.

Question 03

최종침전지에서 발생하는 침전성이 우수한 슬러지의 부상(sludge rising) 원인으로 알맞은 것은?

㉮ 침전조의 슬러지 압밀 작용에 의한다.
㉯ 침전조의 탈질화 작용(denitrification)에 의한다.
㉰ 침전조의 질산화 작용(nitrification)에 의한다.
㉱ 사상균류(flamentus bacteria)의 출현에 의한다.

정답 ㉯

★★★ 7. 슬러지 팽화(슬러지 벌킹) 현상

(1) 원 인

① 미생물에 비해서 유기물 먹이가 너무 많을 경우
② 포기조의 용존산소가 부족할 때
③ 유입수에 갑자기 산업폐수가 혼합되어 유입될 경우
④ 영양염류(N,P)가 부족할 때

(2) 슬러지팽화 발생으로 나타나는 현상

① 활성슬러지가 백색을 띠며 유동상태로 된다.
② 슬러지의 침전 분리성이 악화되고 압밀침전이 곤란해진다.
③ 포기조의 SVI(슬러지용적지수)가 200 이상이 된다.

Question 04

다음 중 활성슬러지공법으로 하·폐수처리시 슬러지 팽화(bulking)현상이 발생했을 때 사상균의 조절방법으로 거리가 먼 것은?

㉮ 염소나 과산화수소를 반송슬러지에 주입한다.
㉯ 선택반응조(selector)를 이용한다.
㉰ fungi를 성장시켜 F/M비를 감소시킨다.
㉱ 포기조 내의 용존산소의 농도를 변화시킨다.

풀이 ㉰ fungi를 제거한다.

★ 8. 핀플록(Pin Floc)현상

(1) 원 인

① SRT(미생물체류시간)가 너무 길 때
② 세포의 과도한 산화

(2) 방지책

① SRT(미생물체류시간)를 단축시킨다.
② DO를 적정하게 유지한다.
③ 슬러지 인발량을 증가시킨다.

9. 활성슬러지법에서 포기조내 처리상황이 악화되었을 때 검토해야 할 사항

① 유입수의 유해성분 유무 조사
② MLSS가 적정하게 유지되는가 조사
③ 유입수의 pH 변동 유무 조사
④ 유입수의 SS 변동 유무 조사
⑤ 유입수의 BOD 변동 유무 조사

Question 05

활성슬러지법에서 포기조 내 처리상황이 악화되었을 때 검토해야 할 사항과 가장 거리가 먼 것은?

㉮ 유입수의 유해성분 유무 조사
㉯ MLSS가 적정 유지되는가를 조사
㉰ 유입수의 pH 변동 유무를 조사
㉱ 원폐수의 SS농도 변동 유무를 조사

풀이 ㉱ 유입수의 SS 농도 변동 유무를 조사

★★★ 10. 활성슬러지법의 계산식 정리

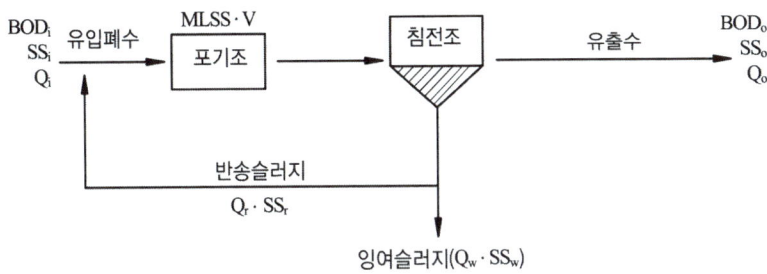

① 유량(Q), 체적(V), 수리학적 체류시간(t)의 상관관계

  ㉠ $Q(m^3/day) = \dfrac{V(m^3)}{t(day)}$

  ㉡ $V(m^3) = Q(m^3/day) \times t(day)$

  ㉢ $t(day) = \dfrac{V(m^3)}{Q(m^3/day)}$

② SRT = MCRT = θ_c (미생물 체류시간 = 고형물 체류시간)

  ㉠ $SRT = \dfrac{\text{살아있는 미생물}}{\text{죽은 미생물}} = \dfrac{MLSS \times V}{Q_w \times SS_w + Q_o \times SS_o}$

  ㉡ 유출수의 SS(SS_o)를 무시하면

  $SRT = \dfrac{MLSS \times V}{Q_w \times SS_w}$

  ㉢ MLSS = X, $SS_w = X_r$이라 하면

  $SRT = \dfrac{MLSS \times V}{Q_w \times SS_w} = \dfrac{V}{Q_w} \times \dfrac{MLSS}{SS_w} = \dfrac{V}{Q_w} \times \left(\dfrac{X}{X_r}\right)$

📢 Question 06

활성슬러지공법으로 100m³/일의 폐수를 처리한다. 포기조 용적이 20m³, 포기조 내 MLSS가 2,000mg/L로 유지된다. 처리수로 유실되는 SS농도는 평균 20mg/L, 폐기시키는 슬러지의 양은 1m³/day이며 폐기되는 슬러지의 SS농도가 1%라면 미생물 체류시간(일)을 계산하시오.

풀이 미생물 체류시간(= SRT = MCRT = θ_C)

$SRT = \dfrac{MLSS \cdot V}{Q_w \cdot SS_w + Q_o \cdot SS_o} = \dfrac{2{,}000\text{mg/L} \times 20\text{m}^3}{1\text{m}^3/\text{day} \times 1 \times 10^4 \text{mg/L} + (100-1)\text{m}^3/\text{day} \times 20\text{mg/L}} = 3.34\text{day}$

TIP

$SS_w = 1\% = 1 \times 10^4 \text{ppm} = 1 \times 10^4 \text{mg/L}$

$Q_o = Q_i - Q_w = (100-1)\text{m}^3/\text{day}$

Question 07

폭기조내의 MLSS가 4,000mg/L, 폭기조 용적이 500m³인 활성슬러지법에서 매일 25m³의 폐슬러지를 뽑아 소화조로 보내 처리한다면 세포의 평균체류시간(day)을 계산하시오. (단, 반송슬러지의 농도는 2%, 비중은 1.0, 유출수내 SS 농도 고려안함.)

풀이

세포의 평균체류시간(SRT) = $\dfrac{\text{MLSS} \cdot V}{Q_w \cdot SS_w} = \dfrac{4,000\text{mg/L} \times 500\text{m}^3}{25\text{m}^3/\text{day} \times 2 \times 10^4 \text{mg/L}} = 4\text{day}$

TIP

① $SS_w = SS_r = 2\%$

② $2\% \xrightarrow{\times 10^4} 2 \times 10^4 \text{mg/L}$

Question 08

잉여 슬러지량이 15m³/day이고, 폭기조 부피가 300m³[폭기조 MLSS농도(X)/반송슬러지농도(X_r)] = 0.3일 때, MCRT(day)를 계산하시오. (단, 최종유출수의 SS농도 고려하지 않음)

풀이

평균 미생물 체류시간(MCRT) = $\dfrac{\text{MLSS} \times V}{Q_w \times SS_w} = \dfrac{V}{Q_w} \times \dfrac{\text{MLSS}}{SS_w} = \dfrac{V}{Q_w} \times \dfrac{X}{X_r} = \dfrac{300\text{m}^3}{15\text{m}^3/\text{day}} \times 0.3$
= 6day

③ L_V : BOD 용적 부하(kg/m³ · day)

$L_V(\text{kg/m}^3 \cdot \text{day}) = \dfrac{\text{BOD 총량(kg/day)}}{\text{용적(m}^3)} = \dfrac{\text{BOD(kg/m}^3) \times Q(\text{m}^3/\text{day})}{V(\text{m}^3)}$

Question 09

BOD 300mg/L, 유량 6,000m³/day인 폐수를 유효용적이 400m³인 포기조로 처리하고자 한다. 이 포기조의 BOD 용적부하(kg/m³ · day)를 계산하시오.

풀이

BOD 용적부하(kg/m³ · day) = $\dfrac{\text{BOD(kg/m}^3) \times Q(\text{m}^3/\text{day})}{V(\text{m}^3)} = \dfrac{0.3\text{kg/m}^3 \times 6,000\text{m}^3/\text{day}}{400\text{m}^3} = 4.5\text{kg/m}^3 \cdot \text{day}$

④ F/M비(BOD-MLSS 부하)

㉠ F/M비(/day) = $\dfrac{\text{먹이}}{\text{미생물}} = \dfrac{\text{BOD(kg/m}^3) \times Q(\text{m}^3/\text{day})}{\text{MLSS(kg/m}^3) \times V(\text{m}^3)}$

ⓛ $t = \dfrac{V}{Q} \Rightarrow \dfrac{1}{t} = \dfrac{Q}{V}$

$F/M비(/day) = \dfrac{BOD(kg/m^3) \times Q(m^3/day)}{MLSS(kg/m^3) \times V(m^3)} = \dfrac{BOD(kg/m^3)}{MLSS(kg/m^3)} \times \dfrac{1}{t(day)}$

ⓒ $L_v(kg/m^3 \cdot day) = \dfrac{BOD(kg/m^3) \times Q(m^3/day)}{V(m^3)}$

$F/M비(/day) = \dfrac{BOD(kg/m^3) \times Q(m^3/day)}{MLSS(kg/m^3) \times V(m^3)}$

$= \dfrac{1}{MLSS(kg/m^3)} \times \dfrac{BOD(kg/m^3) \times Q(m^3/day)}{V(m^3)}$

$= \dfrac{1}{MLSS(kg/m^3)} \times L_v(kg/m^3 \cdot day)$

Question 10

유입수의 BOD 농도가 270mg/L인 폐수를 폭기시간 8시간, F/M비를 0.4로 처리하고자 한다면 유지되어야 할 MLSS의 농도(mg/L)를 계산하시오.

풀이

$F/M비(/day) = \dfrac{BOD \times Q}{MLSS \times V} = \dfrac{BOD}{MLSS} \times \dfrac{1}{t}$

따라서 $0.4/day = \dfrac{270mg/L}{MLSS(mg/L)} \times \dfrac{1}{\left(\dfrac{8hr}{24}\right)day}$ ∴ $MLSS = \dfrac{270mg/L}{0.4/day \times \left(\dfrac{8hr}{24}\right)day} = 2,025.0mg/L$

Question 11

포기조 내 BOD용적부하가 0.5kg-BOD/m³·d일 때 F/M비(/day)를 계산하시오. (단, 포기조 MLSS는 2,000mg/L)

풀이

① $BOD \; 용적부하 = \dfrac{BOD(kg/m^3) \times Q(m^3/day)}{V(m^3)} = 0.5kgBOD/m^3 \cdot day$

② $F/M비(/day) = \dfrac{BOD(kg/m^3) \times Q(m^3/day)}{MLSS(kg/m^3) \times V(m^3)} = \dfrac{0.5kg/m^3 \cdot day}{2kg/m^3} = 0.25/day$

⑤ 슬러지량($Q_w \cdot SS_w$; kg/day) = Y · BOD 제거량 – k_d · MLSS량

$Q_w \cdot SS_w(kg/day) = Y \times (BOD_i - BOD_o)(kg/m^3) \times Q(m^3/day)$

$\quad - k_d(/day) \times MLSS(kg/m^3) \times V(m^3)$

> **TIP**
> $BOD_i - BOD_o = BOD \times \eta$

Question 12

유입 하수량이 10,000m³/day, 유입 BOD가 200mg/L, 폭기조용량 1,000m³, 폭기조내 MLSS가 1,750mg/L, BOD 제거율이 90%이고 BOD의 세포 합성률이 0.55이며 슬러지의 자기 산화율이 0.08/day일 때, 잉여슬러지 발생량(kg/day)을 계산하시오.

풀이 잉여슬러지량(kg/day) = $Y \cdot Q \cdot BOD \cdot \eta - k_d \cdot V \cdot MLSS$
= 0.55×10,000m³/day×0.2kg/m³×0.9 - 0.08/day×1,000m³×1.75kg/m³
= 850kg/day

> **TIP**
> ① 200mg/L = 200g/m³ = 0.2kg/m³
> ② $BOD \cdot \eta = (BOD_i - BOD_o)$

⑥ θv(유기물 반응시간) = $\dfrac{(S_i - S_o)mg/L}{K(L/g \cdot hr) \times MLVSS(g/L) \times S_o(mg/L)}$

$\begin{bmatrix} S_i \text{ (유입수 COD 중 생물학적 분해 가능한 COD)} = COD_i - NBDCOD \\ S_o \text{ (유출수 COD 중 생물학적 분해 가능한 COD)} = COD_o - NBDCOD \end{bmatrix}$

Question 13

SS가 거의 없고 COD가 1,500mg/L인 산업폐수를 활성슬러지공법(완전혼합)으로 처리하여 유출수 COD를 180mg/L 이하로 처리하고자 한다. 아래의 주어진 조건을 이용하여 반응시간(hr)을 계산하시오.

- MLSS = 3,000mg/L
- MLVSS = MLSS × 0.7
- MLVSS를 기준으로 한 반응속도 상수 k = 0.532L/g·hr
- NBDCOD = 155mg/L
- 반송을 고려한 혼합액의 COD = 800mg/L

풀이 반응시간(θ) = $\dfrac{S_i - S_o}{k \times MLVSS \times S_o}$

$S_i = COD_i - NBDCOD = 800mg/L - 155mg/L = 645mg/L$
$S_o = COD_o - NBDCOD = 180mg/L - 155mg/L = 25mg/L$
k = 0.532L/g·hr
MLVSS = MLSS×0.7 = 3,000mg/L×0.7×10⁻³g/mg = 2.1g/L

따라서 반응시간(θ) = $\dfrac{645mg/L - 25mg/L}{0.532L/g \cdot hr \times 2.1g/L \times 25mg/L}$ = 22.20hr

⑦ 슬러지일령(S·A) : 미생물이 포기조에서 생성된 다음 잉여슬러지로 유출되기까지의 시간

$$S \cdot A(day) = \frac{\text{살아있는 미생물}}{\text{유입수의 SS}} = \frac{MLSS(kg/m^3) \times V(m^3)}{SS_i(kg/m^3) \times Q(m^3/day)}$$

Question 14

SS 200mg/L, 폐수량 2,500m³/day의 폐수를 활성슬러지법으로 처리하고자 한다. 포기조 내의 MLSS 농도가 2,000mg/L, 포기조 용적 1,000m³이면 슬러지 일령(day)을 계산하시오.

 슬러지 일령$(S \cdot A) = \frac{MLSS \times V}{Q_i \times SS_i} = \frac{2,000mg/L \times 1,000m^3}{2,500m^3/day \times 200mg/L} = 4\,day$

⑧ 공식응용(1) SRT, Y, kd 주어지고 체적(V) 계산?

㉠ $SRT = \frac{MLSS \cdot V}{Q_w \cdot SS_w}$

㉡ $Q_w \cdot SS_w = Y \cdot Q \cdot BOD \cdot \eta - kd \cdot V \cdot MLSS$

㉡식의 $Q_w \cdot SS_w$를 ㉠식의 $Q_w \cdot SS_w$에 대입

$SRT = \frac{MLSS \cdot V}{Y \cdot Q \cdot BOD \cdot \eta - kd \cdot V \cdot MLSS} \Rightarrow \frac{1}{SRT} = \frac{Y \cdot Q \cdot BOD \cdot \eta - kd \cdot V \cdot MLSS}{MLSS \cdot V}$

$\Rightarrow \frac{1}{SRT} = \frac{Y \cdot Q \cdot BOD \cdot \eta}{MLSS \cdot V} - \frac{kd \cdot V \cdot MLSS}{MLSS \cdot V}$

$\Rightarrow \boxed{\frac{1}{SRT} = \frac{Y \cdot Q \cdot BOD \cdot \eta}{MLSS \cdot V} - kd}$

$\Rightarrow \frac{1}{SRT} + kd = \frac{Y \cdot Q \cdot BOD \cdot \eta}{MLSS \cdot V}$

$\boxed{\therefore V = \frac{Y \cdot Q \cdot BOD \cdot \eta}{\left(\frac{1}{SRT} + kd\right) \cdot MLSS}}$

Question 15

BOD_5가 80mg/L인 하수가 완전혼합 활성슬러지공정으로 처리된다. 유출수의 BOD_5가 10mg/L, 온도 20℃, 유입유량 40,000톤/일, MLVSS가 2,000mg/L, Y 값 0.6mgVSS/mg BOD_5, kd값 $0.6d^{-1}$, 미생물 체류시간 10일이라면 Y값과 kd값을 이용한 반응조의 부피(m^3)를 계산하시오. (단, 비중은 1.0 기준)

풀이

$$\frac{1}{SRT} = \frac{Y \cdot Q \cdot (BOD_i - BOD_o)}{MLVSS \cdot V} - kd$$

- SRT : 미생물 체류시간(day)
- Q : 유량(m^3/day)
- BOD_o : 유출수의 BOD(mg/L)
- V : 체적(m^3)
- Y : 세포생산계수(mgMLVSS/mg 기질) 또는 수율(mg SS/mg BOD)
- BOD_i : 유입수의 BOD(mg/L)
- MLVSS : 미생물의 농도(mg/L)
- kd : 자기분해 속도상수 또는 내호흡계수(/day)

$$\frac{1}{10day} = \frac{0.6 \times 40,000 m^3/day \times (80-10)mg/L}{2,000 mg/L \times V} - 0.6/day \quad \therefore V = 1,200 m^3$$

TIP

유입유량 40,000ton/day는 비중이 $1.0ton/m^3$이므로 40,000ton/day = $40,000m^3$/day가 된다.

⑨ 공식응용(2) SRT, Y, Kd 주어지고 폐슬러지량($Q_w \cdot SS_w$) 계산?

㉠ $SRT = \dfrac{MLSS \cdot V}{Q_w \cdot SS_w}$

㉡ $Q_w \cdot SS_w = Y \cdot Q \cdot BOD \cdot \eta - kd \cdot V \cdot MLSS$

㉠식의 $MLSS \cdot V = SRT \cdot Q_w \cdot SS_w$를 ㉡식의 $MLSS \cdot V$에 대입

$Q_w \cdot SS_w = Y \cdot Q \cdot BOD \cdot \eta - kd \cdot SRT \cdot Q_w \cdot SS_w$

$Q_w \cdot SS_w + kd \cdot SRT \cdot Q_w \cdot SS_w = Y \cdot Q \cdot BOD \cdot \eta$

$Q_w \cdot SS_w(1 + kd \cdot SRT) = Y \cdot Q \cdot BOD \cdot \eta$

$$\Rightarrow \boxed{\therefore Q_w \cdot SS_w = \frac{Y \cdot Q \cdot BOD \cdot \eta}{1 + (kd \cdot SRT)}}$$

TIP

$BOD \cdot \eta = BOD_i - BOD_o$

Question 16

다음과 같은 조건 하에서의 활성슬러지조에서 1일 발생하는 잉여슬러지량(kg/day)을 계산하시오. (단, 유입수량 10,500m^3/day, 유입수 BOD 200mg/L, 유출수 BOD 20mg/L, Y = 0.6, K_d = 0.05/d, θ_C=10일)

풀이

$$잉여슬러지량(Q_w \cdot SS_w) = \frac{Y \cdot Q \cdot (BOD_i - BOD_o)}{1 + (kd \cdot SRT)} = \frac{0.6 \times 10,500 m^3/day \times (0.2-0.02) kg/m^3}{1+(0.05/day \times 10day)} = 756 kg/day$$

★★★ 11. 활성슬러지법의 제어 지표

(1) SVI(슬러지 용적지수)

포기조에서 성장한 미생물의 2차 침전지에서의 침강농축성을 나타내는 지표이며 포기조 혼합액 1L를 30분간 침강시킨 후 1g의 MLSS가 슬러지로 형성시 차지하는 부피(mL)

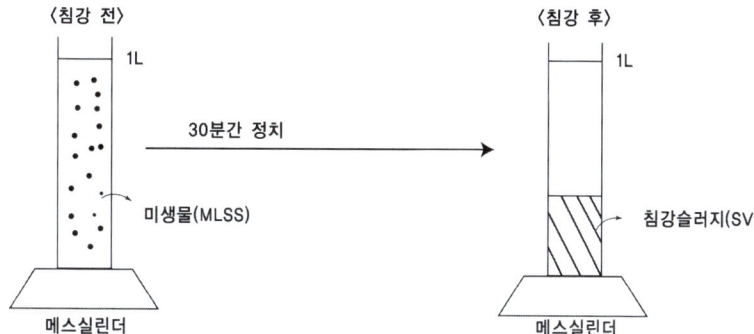

① SVI(슬러지 용적지수) 계산식

★★ ㉠ $SVI(mL/g) = \dfrac{SV(mL/L)}{MLSS(mg/L)} \times 10^3$

TIP

$SVI(mL/g) = \dfrac{SV(mL/L)}{MLSS(mg/L)} \times \dfrac{10^3 mg}{1g}$

★ ㉡ $SVI(mL/g) = \dfrac{SV(\%)}{MLSS(mg/L)} \times 10^4$

TIP

$SVI(mL/g) = \dfrac{SV(\%)}{MLSS(mg/L)} \times \dfrac{10^3 mL}{1L} \times \dfrac{10^3 mg}{1g} \times \dfrac{10^{-2}}{1\%}$

★ ㉢ $SVI(mL/g) = \dfrac{1}{SS_r(mg/L)} \times 10^6 = \dfrac{10^6}{SS_w(mg/L)}$

TIP

$SVI(mL/g) = \dfrac{1}{SS_r(mg/L)} \times \dfrac{10^3 mL}{1L} \times \dfrac{10^3 mg}{1g}$

TIP

SS_r(반송슬러지 농도) = SS_w(폐슬러지 농도)

② 침강성의 판단
  ㉠ SVI 50~150 : 침강성 양호(정상상태)
  ㉡ SVI 200 이상 : 슬러지 팽화(슬러지 벌킹) 발생

Question 17

폭기조 혼합액의 SVI가 170에서 130으로 감소하였다. 처리장 운전시 대응 방법으로 알맞은 것은?

㉮ 별다른 조치가 필요없다.
㉯ 반송슬러지 양을 감소시킨다.
㉰ 폭기시간을 증가시킨다.
㉱ 무기응집제를 첨가한다.

풀이 SVI(슬러지용적지수)가 50~150은 정상범위 이므로 별다른 조치를 취할 필요가 없다.

Question 18

포기조 내 MLSS농도가 3,500mg/L이고, 1L의 임호프콘에 30분간 침전시킨 후 그것의 부피는 500mL였다. 이때의 SVI(Sludge Volume Index)를 계산하시오.

풀이 $SVI = \dfrac{SV(mL/L)}{MLSS(mg/L)} \times 10^3 = \dfrac{500mL/L}{3,500mg/L} \times 10^3 = 142.86$

Question 19

포기조 내 MLSS의 농도가 3,000mg/L이고, 30분 후 침강된 슬러지의 분율이 25%일 때 SVI를 계산하시오.

풀이 $SVI = \dfrac{SV(\%)}{MLSS(mg/L)} \times 10^4 = \dfrac{25\%}{3,000mg/L} \times 10^4 = 83.33$

Question 20

SVI = 150일 때, 반송슬러지 농도(mg/L)를 계산하시오.

풀이 $SVI = \dfrac{10^6}{SS_r}$ 에서 $SS_r = \dfrac{10^6}{SVI} = \dfrac{10^6}{150} = 6,666.67 mg/L$

Question 21

폭기조 혼합액을 30분간 침전시킨 뒤의 침전물의 부피는 400mL/L이었고, MLSS 농도가 3,000 mg/L이었다면 침전지에서 침전상태를 판단하시오.

풀이

① SVI(슬러지 용적지수) = $\dfrac{SV(mL/L)}{MLSS(mg/L)} \times 10^3$

② 판정 SVI ┌ 50~150 : 침강성 양호
　　　　　　└ 200 이상 : 슬러지 팽화 발생

∴ SVI = $\dfrac{SV(mL/L)}{MLSS(mg/L)} \times 10^3 = \dfrac{400mL/L}{3,000mg/L} \times 10^3 = 133.33$(침강성 양호)

(2) 반송비(R), 반송율(%), 반송유량(Q_R) 계산식

★★ ① $R = \dfrac{MLSS - SS_i}{SS_r - MLSS}$

② 유입수의 SS(SS_i)를 무시하면

$R = \dfrac{MLSS}{SS_r - MLSS}$

③ $SVI = \dfrac{10^6}{SS_r} \Rightarrow SS_r = \dfrac{10^6}{SVI}$

★★★ $R = \dfrac{MLSS - SS_i}{SS_r - MLSS}$ 식에 $SS_r = \dfrac{10^6}{SVI}$ 를 대입하면

$R = \dfrac{MLSS - SS_i}{\dfrac{10^6}{SVI} - MLSS}$ $\xrightarrow{SS_i를\ 무시하면}$ $R = \dfrac{MLSS}{\dfrac{10^6}{SVI} - MLSS}$

④ $R = \dfrac{SV(\%)}{100 - SV(\%)}$

⑤ $R = \dfrac{반송유량(Q_R)}{유입유량(Q)}$

⑥ 반송율(%) = 반송비(R) × 100(%)

⑦ 반송유량(Q_R) = 유입유량(Q) × 반송비(R)

Question 22

다음 특성을 갖는 폐수를 활성슬러지법으로 처리할 때 포기조 내의 MLSS 농도를 일정하게 유지하기 위한 반송비를 계산하시오. (단, 유입원수의 SS는 200mg/L, 포기조내의 MLSS는 2,000mg/L, 반송슬러지 농도는 8,000mg/L이며, 포기조 내에서 슬러지 생성 및 방류수 중의 SS는 무시한다.)

풀이

반송비(R) = $\dfrac{MLSS - SS_i}{SS_r - MLSS}$ = $\dfrac{2{,}000mg/L - 200mg/L}{8{,}000mg/L - 2{,}000mg/L}$ = 0.3

Question 23

잉여슬러지의 농도가 10,000mg/L 일 때 포기조 MLSS를 2,500mg/L로 유지하기 위한 반송비를 계산하시오. (단, 기타 조건은 고려하지 않음)

풀이

반송비(R) = $\dfrac{MLSS}{SS_r - MLSS}$ = $\dfrac{2{,}500mg/L}{10{,}000mg/L - 2{,}500mg/L}$ = 0.33

Question 24

활성슬러지법으로 운전되는 하수처리장에서 SVI 100일 때 포기조내의 MLSS 농도를 2,500mg/L로 유지하기 위한 슬러지 반송율을 계산하시오. (단, 유입수의 SS 농도는 무시한다.)

풀이

① 반송비(R) = $\dfrac{MLSS}{\dfrac{10^6}{SVI} - MLSS}$ = $\dfrac{2{,}500mg/L}{\dfrac{10^6}{100} - 2{,}500mg/L}$ = 0.3333

② 반송율(%) = 반송비×100 = 0.3333×100 = 33.33%

Question 25

폐수량이 10,000m³/d, SS농도 500mg/L인 폐수가 처리장으로 유입되고 있다. 폭기조의 MLSS 농도가 3,000mg/L이고 SVI가 125라면, 이 폭기조의 MLSS 농도를 변동없이 유지하기 위한 반송 슬러지 유량(m³/day)을 계산하시오.

풀이

① 반송비(R) = $\dfrac{MLSS - SS_i}{SS_r - MLSS}$

여기서 $SS_r = \dfrac{10^6}{SVI}$ 이므로 R = $\dfrac{MLSS - SS_i}{\dfrac{10^6}{SVI} - MLSS}$ = $\dfrac{3{,}000mg/L - 500mg/L}{\dfrac{10^6}{125} - 3{,}000mg/L}$ = 0.5

② 반송슬러지 유량(Q_R) = Q×R = 10,000m³/day×0.5 = 5,000m³/day

Question 26

포기조 내 혼합액 1L를 30분간 정치했을 때 슬러지 용량이 300mL이다. 유입수 중의 슬러지와 포기조에서 생성슬러지를 무시한다면 슬러지 반송율(%)을 계산하시오. (단, 1L 메스실린더 기준)

풀이

반송비(%) = $\dfrac{SV(\%)}{100-SV(\%)} \times 100(\%)$, $SV(\%) = 300\text{mL/L} \times 10^{-3}\text{L/mL} \times 100 = 30\%$

반송율(%) = $\dfrac{30\%}{100-30\%} \times 100 = 42.86\%$

(3) SDI(슬러지 밀도지수)

① SVI(슬러지 용적지수)의 역수이다.
② SDI는 2~0.67이 적당하다.
③ $SDI(g/100mL) = \dfrac{1}{SVI(mL/g)} \times 100$

Question 27

폭기조 용액을 1L 메스실린더에서 30분간 침강시킨 침전슬러지 부피가 500mL이었다. MLSS 농도가 2,500mg/L이라면 SDI를 계산하시오.

 풀이

① $SVI = \dfrac{SV(mL/L)}{MLSS(mg/L)} \times 10^3 = \dfrac{500\text{mL/L}}{2,500\text{mg/L}} \times 10^3 = 200$

② $SDI = \dfrac{1}{SVI} \times 100 = \dfrac{1}{200} \times 100 = 0.5$

02 활성슬러지법의 종류

1. 점감식 포기법

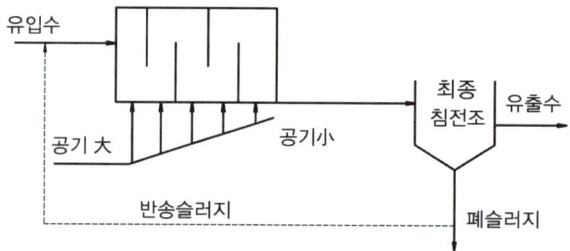

① 공기량이 점점 감소하는 방식
② 질산화 제어에 유리

2. 계단식(단계) 포기법

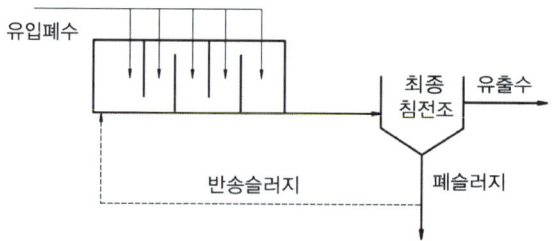

① 구역마다 폐수를 균등하게 공급하는 방식
② BOD의 불균형이 해소된다.

> **TIP**
> 표준 활성슬러지법과 계단식 포기법(Step aeration)의 가장 큰 차이는 수리학적 체류시간(HRT)이다.

3. 산화구법

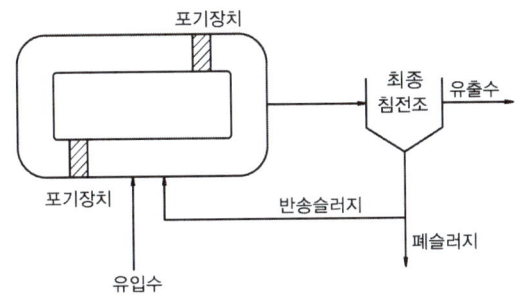

① 1차 침전지를 생략할 수 있다.
② 소요면적이 크다.
③ 질소제거가 가능하다.
④ 슬러지량이 적다.
⑤ 소규모에 경제적이다.
⑥ 저부하에서 운전되므로 유입하수량, 수질의 시간변동이 있어도 안정된 유기물 제거를 기대할 수 있다.
⑦ SRT가 길어 질산화반응이 진행되므로 무산소 조건을 적절히 만들면 70% 정도의 질소 제거가 가능하다.
⑧ 산화구내의 혼합상태에 따른 용존산소농도는 흐름의 방향에 따라 농도구배가 발생하지만 MLSS농도, 알칼리도는 구내에서 균일하다.
⑨ 슬러지 발생량은 유입 SS량당 대략 75%정도로 표준활성슬러지법에 비하여 매우 작다.

4. 심층폭기법

★★ ① 산기수심을 깊게 할수록 단위 송기량당 압축동력은 증대하지만, 산소 용해도가 높은 만큼 송기량이 감소하기 때문에 소비동력은 증가하지 않는다.
★★ ② 수심은 10m 정도이다.
③ 형상은 직사각형이다.
④ 폭은 수심에 비해 1배 정도로 한다.
★★ ⑤ 포기조를 설치하기 위해서 필요한 단위용량당 용지면적은 조의 수심에 비례해서 감소하므로 용지 이용율이 높다.
⑥ 산기수심이 깊을수록 용존질소농도가 증가하여 이차침전지에서 과포화분의 질소가 재기포화 되는 경우가 있다. 따라서 용존질소의 재기포화에 따른 대책이 필요하다.
⑦ U자형관을 이용하여 포기를 실시하며 주로 부상조를 사용하여 슬러지를 분리시킨다.

> **Question 28**
>
> 활성슬러지법인 심층포기법에 관한 설명으로 틀린 것은?
>
> ㉮ 심층포기법은 수심이 깊은 조를 이용하여 용지이용율을 높이고자 고안된 공법이다.
> ㉯ 산기수심을 깊게 할수록 단위 송풍량당 압축동력이 증대하여 소비동력이 증가된다.
> ㉰ 용존질소의 재기포화에 따른 대책이 필요하다.
> ㉱ 포기조를 설치하기 위해서 필요한 단위 용량당 용지면적은 조의 수심에 비례하여 감소한다.
>
> **풀이** ㉯ 산기수심을 깊게 할수록 단위 송풍량당 압축동력이 증대하지만, 산소 용해도가 높은만큼 송기량이 감소하기 때문에 소비동력은 증가하지 않는다.

5. 초심층 폭기법(Deep Shaft Aeration System)

★★ ① 기포와 미생물이 접촉하는 시간이 활성슬러지법보다 길어서 산소전달효율이 높다.
② 순환류의 유속이 매우 빠르기 때문에 난류상태가 되어 산소전달율을 증가시킨다.
③ F/M비는 표준활성슬러지공법에 비하여 높게 운전한다.
★★ ④ 표준활성슬러지공법에 비하여 MLSS농도를 높게 운전한다.
⑤ 수압이 증가하기 때문에 산소전달율이 높다.
⑥ 부지절감효과가 있다.
★★ ⑦ 초심층의 수심은 150m 정도이다.

6. 순산소 폭기법(순산소 활성슬러지법)

① MLSS를 고농도로 유지할 수 있다.
② 폐활성슬러지량을 감소시킬 수 있다.
③ 슬러지 침전 특성을 양호하게 할 수 있다.
★★ ④ 반응시간을 단축시켜 BOD 용적부하를 높일 수 있다.
⑤ 이차 침전지에서 스컴이 발생하는 경우가 많다.
★★ ⑥ 잉여슬러지는 표준활성슬러지법에 비해 적게 발생한다.
⑦ 표준활성슬러지법의 $\frac{1}{2}$ 정도의 포기시간으로 처리수의 BOD, SS, COD 및 투시도 등을 표준활성슬러지법과 비슷한 결과를 얻을 수 있다.
★★ ⑧ MLSS 농도는 표준활성슬러지법의 2배 이상으로 유지 가능하다.

Question 29

순산소활성슬러지법의 특징으로 틀린 것은?

㉮ 이차침전지에서 스컴이 발생하는 경우가 많다.
㉯ 잉여슬러지는 표준활성슬러지법에 비하여 일반적으로 많이 발생한다.
㉰ 표준활성슬러지법의 1/2 정도의 포기시간으로 처리수의 BOD, SS, COD 및 투시도 등을 표준활성슬러지법과 비슷한 결과를 얻을 수 있다.
㉱ MLSS 농도는 표준활성슬러지법의 2배 이상으로 유지 가능하다.

풀이 ㉯ 잉여슬러지는 표준활성슬러지법에 비하여 일반적으로 적게 발생한다.

03 생물막공법

1. 생물막공법의 특징

★ (1) 생물막공법의 처리특성

① 수질, 수량 변동이 강하여 저온처리 효율이 좋다.
★★ ② 질화세균 및 탈질균이 잘 증식된다.
③ 저농도의 폐수처리가 가능하다.
★★ ④ 슬러지 발생량이 적다.
★★ ⑤ 슬러지 보유량이 크고 정화에 관여하는 미생물의 다양성이 높다.
⑥ 생물막 각 단계별 우점종이 다르다.
⑦ 유해물질에 대한 내성이 높다.
⑧ 정수장 면적을 줄일 수 있다.
⑨ 자동화·무인화가 용이하다.
⑩ 균일폭기가 어렵다.
★★ ⑪ 시설의 표준화가 되어있지 않아 부품관리 시공이 어렵다.
★★ ⑫ 분해속도가 빠른 기질제어에 비효과적이다. (분해속도가 빠른 기질제어에 효과적인 방법은 활성슬러지법이다.)

Question 30

하수처리에 생물막법의 효과적 적용이 필요한 경우로 틀린 것은 어느 것인가?
㉮ 특수한 기능을 가진 미생물을 반응조내 고정화해야 할 필요가 있는 경우
㉯ 증식속도가 빨라 고정화하지 않으면 미생물의 유출농도를 제어할 수 없는 경우
㉰ 활성슬러지로는 대응할 수 없는 정도의 큰 부하변동이 있는 경우
㉱ 생물반응의 저해물질이 유입되는 경우

풀이 ㉯ 증식속도가 빠른 경우는 부유 성장식을 이용하는 것이 유리하다.

(2) 막분리법의 영향인자

① 막충전밀도 : 압력용기 단위 부피 중에 설치할 수 있는 막표면적을 나타낸다.
② 염 배제율 : 막의 성질과 염의 농도 구배에 따라 달라지는데 일반적으로 85~99.5%의 값을 얻을 수 있다.
③ 회수율 : 실제 장치 능력을 나타내는 것으로 대개는 75~95% 범위이며 실질적 최대치는 80% 정도이다.

★★★ (3) 막공법 중 물질분리를 유발하는 추진력

★★ ① 전기투석(Electrodialysis) – 전위차
★★ ② 투석(Dialysis) – 농도차
③ 역삼투(RO) – 정압차(정수압차)
④ 한외여과(UF) – 정압차(정수압차)
⑤ 나노여과(NF) – 정압차(정수압차)
⑥ 정밀여과(MF) – 정압차(정수압차)

Question 31

분리막을 이용한 다음의 폐수처리방법 중 구동력이 농도차에 의한 것은?
㉮ 역삼투(Reverse Osmosis)　　㉯ 투석(Dialysis)
㉰ 한외여과(Ultrafiltration)　　㉱ 정밀여과(Microfiltration)

정답 ㉯

(4) 막분리방법 – 역삼투

① 셀룰로오스 아세테이트로 만든 막이 널리 사용되며 비교적 단단하다.
★★ ② 구동력은 정수압차이다.
③ 기본장치에 부착된 기계의 주요 형태는 관형, 중공사형, 나선구조형으로 분류된다.
★★ ④ 역삼투방법의 분리 형태는 용해 확산이다.
★★ ⑤ 해수의 담수화에 사용한다.
⑥ 막교환에 드는 비용은 막공법 운영 소비비용의 많은 부분을 차지한다.

Question 32

역삼투 막분리방법에 관한 내용과 가장 거리가 먼 것은?

㉮ 셀룰로오스 아세테이트로 만든 막이 널리 사용되며 비교적 단단하다.
㉯ 용질의 농도차이로 선택적 투과막을 통과한 용액내 용질을 분리시키는 것이다.
㉰ 기본장치에 부착된 기계의 주요형태는 관형, 중공사형, 나선 구조형으로 분류된다.
㉱ 막 교환에 드는 비용은 막 공법 운영 소요 비용의 많은 부분을 차지한다.

풀이 ㉯ 역삼투 막분리방법의 구동력은 정수압차이다.

(5) 막분리방법 – 정밀여과

① 분리형태는 Pore size 및 흡착현상에 기인한 체걸름이다.
★★ ② 구동력은 정수압차이다. (0.1~1Bar)
③ 전자공업의 초순수제조, 무균수제조, 식품의 무균여과에 적용한다.
★★ ④ 대칭형 다공성막 형태이다. (Pore size 0.1~10㎛)

Question 33

다음에 설명한 분리방법으로 가장 적합한 것은?

- 막형태 : 대칭형 다공성막
- 구동력 : 정수압차
- 분리형태 : Pore size 및 흡착현상에 기인한 체걸음
- 적용분야 : 전자공업의 초순수 제조, 무균수 제조, 식품의 무균여과

㉮ 역삼투   ㉯ 한외여과   ㉰ 정밀여과   ㉱ 투석

정답 ㉰

(6) 정수 처리시 막여과시설 중 막의 열화 및 파울링

★★ ① 열화
  ㉠ 정의 : 막 자체의 변질로 생긴 비가역적인 막성능의 저하를 의미한다.
  ㉡ 내용
    ⓐ 장기적인 압력부하에 의한 막 구조의 압밀화
    ⓑ 원수 중의 고형물이나 진동에 의한 막 면의 상처나 마모, 파단
    ⓒ 건조되거나 수축으로 인한 막 구조의 비가역적인 변화
    ⓓ 막이 pH나 온도 등의 작용에 의한 분해
    ⓔ 산화제에 의한 막 재질의 특성변화나 분해
    ⓕ 미생물과 막 재질의 자화 또는 분비물의 작용에 의한 변화

★★ ② 파울링
  ㉠ 정의 : 막 자체의 변질이 아닌 외적 인자로 생긴 막 성능의 저하를 의미한다.
  ★★ ㉡ 내용
    ⓐ 막의 다공질부의 흡착, 석출, 포착 등에 의한 폐색(막힘)
    ⓑ 막모듈의 공급유로 또는 여과수 유로가 고형물로 폐색되어 흐르지 않은 상태 (유로폐색)
    ⓒ 농축으로 인하여 난분해성 물질이 용해도를 초과하여 막면에 석출된 층

> **Question 34**
>
> 막여과시설에서 막모듈의 열화에 관한 설명으로 틀린 것은 어느 것인가?
> ㉮ 미생물과 막 재질의 자화 또는 분비물의 작용에 의한 변화
> ㉯ 산화제에 의하여 막 재질의 특성변화나 분해
> ㉰ 건조되거나 수축으로 인한 막 구조의 비가역적인 변화
> ㉱ 응집제 투입에 따른 막모듈의 공급유로가 고형물로 폐색
>
> **풀이** ㉱번은 파울링에 대한 내용이다.

★★★ (7) 막의 면적(m²)

① $Q_F = k \times (\triangle P - \triangle \pi)$

  Q_F : 유출수량(L/m² · day)   k : 막의 확산계수(L/m² · day · kPa)
  $\triangle P$: 압력차(kPa) $\triangle \pi$: 삼투압차(kPa)

② 25℃ 의 막의 면적($A_{25℃}$) = $\dfrac{Q(유량)}{Q_F(유출수량)}$

③ 10℃ 의 막의 면적($A_{10℃}$) = $1.58 A_{25℃}$

Question 35

역삼투장치로 하루에 400,000L의 3차 처리된 유출수를 탈염시키고자 한다. 25℃에서 물질전달계수 = 0.2068L/(d·m²)(kPa), 유입수와 유출수 사이의 압력차는 2,400kPa, 유입수와 유출수 사이의 삼투압차는 310kPa, 최저운전온도는 10℃, $A_{10℃} = 1.58A_{25℃}$라면 요구되는 막의 면적(m^2)을 계산하시오.

풀이

① $Q_F = K×(\triangle P - \triangle \pi) = 0.2068 L/m^2 \cdot day \cdot kPa × (2,400-310)kPa = 432.212 L/m^2 \cdot day$

② 25℃의 막의 면적($A_{25℃}$) = $\dfrac{Q(유량)}{Q_F(유출수량)}$ = $\dfrac{400,000 L/day}{432.212 L/day \cdot m^2}$ = $925.47 m^2$

③ 10℃의 막의 면적($A_{10℃}$) = $1.58 A_{25℃}$ = $1.58 × 925.47 m^2 = 1,462.25 m^2$

2. 살수여상법 : 주요 정화작용은 호기성 산화이다.

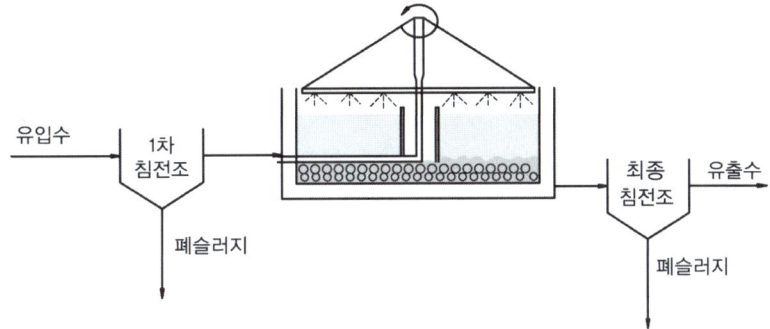

★(1) 살수여상법 특징

★★ ① 슬러지 팽화가 발생되지 않는다.
★★ ② 슬러지의 발생량이 적다.
③ 운전이 용이하다.
④ 총괄 관측수율은 전형적인 활성슬러지공정의 60~80% 정도이다.
⑤ 슬러지 일령은 부유성장 시스템보다 높아 100일 이상의 슬러지일령에 쉽게 도달된다.
⑥ 정기적으로 여상에 살충제를 살포하거나 여상을 침수토록 하여 파리문제를 해결할 수 있다.
⑦ 생물막의 공기유동저항이 커 산소공급 능력에 한계가 있다.

(2) 살수여상 종류 중 초벌살수여상

① 여재는 플라스틱 등이 사용되며 생물막 탈리는 연속적으로 발생된다.
② 저율살수여상에 비하여 여상에 파리가 거의 발생하지 않는다.

③ BOD₅ 제거율이 저율살수여상에 비하여 낮다.
④ 유출수의 질산화가 불량하다.

항 목	2단 살수여상	고율 살수여상	표준 살수여상
수리학적 부하($m^3/m^2 \cdot day$)	10~30	10~30	1~4
BOD 부하($kgBOD/m^3 \cdot day$)	0.7~1.2	0.5~1.5	0.1~0.4
여재 크기(mm)	50~60mm	50~60mm	30~50mm
여상 깊이(m)	1.5~2.1m	1.2~1.4m	1.5~2.4m
SS제거율(%)	70~80%	65~75%	70~80%
BOD제거율(%)	70~80%	65~75%	75~85%

★★ **(3) 문제점**

① 결빙
② 악취 발생
③ 연못화 현상
④ 파리 번식

Question 36

살수여상 상단에서 연못화(ponding)가 일어나는 원인과 가장 거리가 먼 조건은?

㉮ 여재가 너무 작을 때   ㉯ 여재가 견고하지 못하고 부서질 때
㉰ 탈락된 생물막이 공극을 폐쇄할 때   ㉱ BOD 부하가 낮을 때

풀이 ㉱ BOD 부하가 높을 때

Question 37

BOD 250mg/L인 폐수를 살수여상법으로 처리할 때 처리수의 BOD는 40mg/L이었고 이때의 온도가 20℃였다. 만일 온도가 23℃로 된다면 처리수의 BOD 농도(mg/L)를 계산하시오. (단, 온도 이외의 처리조건은 같고, E : 처리효율, $E_t = E_{20} \times C_i^{T-20}$, $C_i = 1.035$임)

풀이
① 20℃에서 살수여상 효율(E) = $\left(1 - \dfrac{BOD_o}{BOD_i}\right) \times 100(\%)$ = $\left\{1 - \dfrac{40mg/L}{250mg/L}\right\} \times 100 = 84\%$

② E(23℃) = $E_{20℃} \times 1.035^{T-20}$ = $84\% \times 1.035^{(23-20)}$ = 93.13%

③ 유출수 BOD 농도를 구한다.

$E_{(23℃)} = \left(1 - \dfrac{BOD_o}{BOD_i}\right) \times 100$

$93.13\% = \left\{1 - \dfrac{BOD_o}{250mg/L}\right\} \times 100$ ∴ $BOD_o = 17.18mg/L$

Question 38

BOD가 200mg/L이고 유량이 7,570m³/day인 도시하수를 2단계 살수여상으로 처리하고자 한다. 요구되는 최종유출수의 BOD는 25mg/L이다. 반송비(R)가 2일 때 요구되는 1단계 여상의 부피(m³)를 계산하시오. (단, $E_1 = E_2$, E_1 : 1단계 살수여상 효율, E_2 : 2단계 살수여상 효율, $F = \dfrac{1+R}{(1+R/10)^2}$, $E_1 = \dfrac{100}{1+0.432\sqrt{\dfrac{W}{VF}}}$)

풀이

① 효율$(\eta) = \left(1 - \dfrac{BOD_o}{BOD_i}\right) \times 100$에서 $1-\eta = \dfrac{BOD_o}{BOD_i}$ 에서 $1-\eta = P$

∴ $P = \dfrac{BOD_o}{BOD_i}$ 1단계와 2단계로 처리하므로($E_1 = E_2$)

$P^2 = \dfrac{25mg/L}{200mg/L}$, P(통과율) $= \sqrt{\dfrac{25mg/L}{200mg/L}} = 0.3536$

$\eta = 1-P = 1-0.3536 = 0.6464$ 따라서 64.64%

② $F = \dfrac{1+R}{\left(1+\dfrac{R}{10}\right)^2} = \dfrac{1+2}{\left(1+\dfrac{2}{10}\right)^2} = 2.0833$

③ $E_1 = \dfrac{100}{1+0.432\sqrt{\dfrac{W}{VF}}}$

$\begin{bmatrix} E_1 : 1단계\ 살수여상의\ 효율 \\ V : 체적(m^3) \end{bmatrix}$ $\quad$ W : BOD 부하량(kg/day) = BOD 농도 × Q
$\quad$ F : 재순환계수

$64.64\% = \dfrac{100}{1+0.432\sqrt{\dfrac{0.2kg/m^3 \times 7,570m^3/day}{V \times 2.0833}}}$ ∴ $V = 453.3m^3$

3. 회전원판법(RBC)

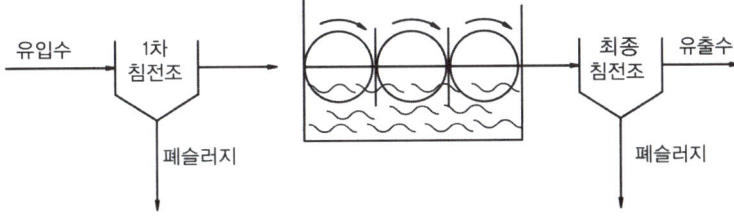

(1) 회전원판생물막 접촉기(RBC)

• 특징

① RBC조 메디아는 전형적으로 40% 정도가 물에 잠기도록 하며 미생물이 여재 위에 부

착 성장함에 따라 막은 액체 내에서 전단력을 증가시킨다.
② 시스템의 산소 전달 능력을 초과하지 않을 정도의 유기물 부하율이 유지되도록 RBC 조가 설계되어야 한다.
③ 활성슬러지 시스템에서 필요한 에너지의 $\frac{1}{3} \sim \frac{1}{2}$의 에너지가 필요하다.
④ 유입수는 침전을 거치거나 적어도 회전속도를 증가시켜 전단력을 작게 하는 방법이 사용된다.
⑤ 슬러지 생산은 살수여상 공정에서의 관측수율과 비슷하다.
⑥ 모델링의 복잡성으로 경험적 설계기준이 발전하였다.
⑦ 살수여상과 같이 파리는 발생하지 않으나 하루살이가 발생하는 수가 있다.
⑧ 설비는 경량 재료로 만든 원판으로 구성되며, 1~2rpm의 속도로 회전한다.
⑨ 고정메디아로 높은 미생물 농도 및 슬러지 일령을 유지할 수 있다.
⑩ 원판의 회전으로 인해 부착생물과 회전판 사이에 전단력이 생긴다.

Question 39

일반적으로 회전원판법에서 원판 직경의 몇 %가 물에 잠긴 상태에서 운영하는가? (단, 공기구동 방식이 아님)

㉮ 약 20% ㉯ 약 40% ㉰ 약 60% ㉱ 약 80%

정답 ㉯

- 장점
① 미생물에 대한 산소공급 소요전력이 작다.
② 다단계 공정에서 높은 질산화율을 얻을 수 있다.
★★ ③ 활성슬러지 공법에 비하여 소요동력이 적다.
★★ ④ 단회로 현상의 제어가 쉽다.
★★ ⑤ 슬러지 반송(재순환)이 필요없다.
⑥ 운전관리상 조작이 간단하고, 유지비가 적게 든다.
⑦ 부하충격(폐수량 변화)에 강하고 유해물질에 대한 내성이 크다.
⑧ 휴지기간에 대한 대응력이 뛰어나다.

- 단점
★★ ① 타 생물학적 처리공정에 비하여 bench-scale의 처리연구를 현장시스템으로 scale-up 시키기가 용이하지 못한다.
★★ ② 운영변수가 많아 모델링이 복잡하다.

③ 공기에 노출되기 때문에 저온시 처리효율이 크게 떨어진다.
★★ ④ 활성슬러지법에 비해 이차침전지에서 미세한 SS가 유출되기 쉽고 처리수의 투명도가 나쁘다.
★★ ⑤ 하루살이가 발생된다.

📢 Question 40

하수처리를 위한 회전원판법에 대한 내용으로 틀린 것은 어느 것인가?

㉮ 질산화가 일어나기 쉬우며 pH가 저하되는 경우가 있다.
㉯ 원판의 회전으로 인해 부착생물과 회전판 사이에 전단력이 생긴다.
㉰ 살수여상과 같이 여상에 파리는 발생하지 않으나 하루살이가 발생하는 수가 있다.
㉱ 활성슬러지법에 비해 이차침전지 SS 유출이 적어 처리수의 투명도가 좋다.

풀이 ㉱ 활성슬러지법에 비해 이차침전지 SS 유출이 많아 처리수의 투명도가 나쁘다.

(2) 회전생물막 접촉기에서 생성되는 생물막의 두께조절수단

① 원판의 전단력 증대를 위해 주기적으로 포기한다.
② 원판 회전방향을 반전시킨다.
③ 염소같은 화학약품을 가해 탈리를 유도한다.

★★★ 4. 생물막법 중 접촉산화법

(1) 장점

★★ ① 분해속도가 낮은 기질제거에 효과적이다.
② 부하, 수량변동에 대하여 완충능력이 있다.
★★ ③ 슬러지 반송이 필요없어 슬러지 발생량이 적고, 운전관리가 용이하다.
④ 슬러지 보유량이 크며 생물상이 다양하며 처리효과가 안정적이다.
★★ ⑤ 슬러지 자산화가 기대되어 잉여슬러지량이 감소한다.
⑥ 난분해성 물질 및 유해물질에 대한 내성이 크다.
⑦ 수온의 변동에 강하다.
⑧ 비표면적이 큰 접촉재를 사용하여 부착생물량을 다량으로 보유할 수 있기 때문에 유입 기질 변동에 유연히 대응할 수 있다.

(2) 단점

① 초기 건설비가 높다.
★★ ② 접촉재가 조내에 있기 때문에 부착생물량의 확인이 용이하지 못한다.
③ 고부하시 매체의 공극으로 인하여 폐쇄위험이 크다.
④ 미생물량과 영향인자를 정상상태로 유지하기 위한 조작이 용이하지 못하다.
⑤ 반응조내에 매체를 균일하게 포기 교반하는 조건 설정이 어렵다.

> **Question 41**
>
> 생물막법 처리방식인 접촉산화법의 장·단점으로 틀린 것은 어느 것인가?
> ㉮ 부하, 수량변동에 대하여 완충능력이 있다.
> ㉯ 미생물량과 영향인자를 정상상태로 유지하기 위한 조작이 어렵다.
> ㉰ 분해속도가 낮은 기질제거에 효과적이며 수온의 변동에 강하다.
> ㉱ 반응조내 매체를 균일하게 포기 교반하는 조건설정이 용이하다.
>
> **풀이** ㉱ 반응조내 매체를 균일하게 포기 교반하는 조건설정이 어렵다.

5. 산화지법

(1) 자연적(생물학적) 정화능력을 이용하여 하·폐수 처리 → 연못

⇒ 산화지 = 안정지 = 라군(lagoon)

★★ (2) 메카니즘 : 박테리아와 조류의 공생 관계 이용

⇒ 수심 1m 이하, 호기성 산화지(혐기성, 포기성 산화지는 안됨).

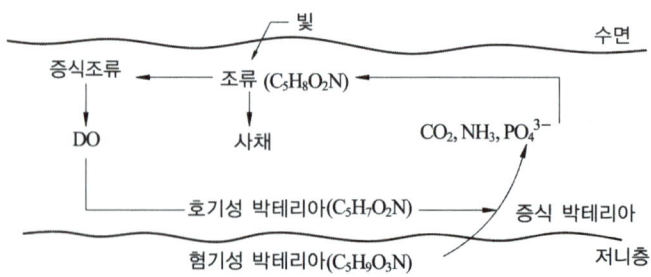

Question 42

호기성 산화지(인위적인 포기를 시켜주는 산화지)에서의 생물학적 특징으로 틀린 것은?
㉮ 미생물 : 박테리아 ㉯ 태양광선 : 필요
㉰ 먹이 : 탄수화물, 단백질 ㉱ 냄새 : 없음

풀이 ㉯ 태양광선 : 불필요

TIP

회전 생물막 접촉판법은 일반적으로 2~4개의 조를 직렬로 배치하여 적용하는 경우가 많은데 첫째 조에서 최종 조로 폐수가 이전됨에 따라 관찰되는 현상
① 최종 조로 갈수록 난분해성 기질이 잔류한다.
② 회전판 표면의 생물막의 두께가 얇아진다.
③ 각 조에서의 원판사이의 간격은 첫째 조에서 상대적으로 가장 넓게 조절한다.

 혐기성 처리

★★ 1. 혐기성 처리의 장·단점

(1) 장 점

① 에너지가 작게 요구된다.
★★ ② 처리 후 슬러지 생성량이 적다.
★★ ③ 메탄을 생성한다.
④ 유기물의 농도가 높은 경우에 적용된다.
⑤ 포기장치가 필요없다.
⑥ 처리 비용이 적게 소요된다.
⑦ 동력비가 적게 든다.
⑧ 유지관리비가 적게 든다.

(2) 단 점

★★ ① 처리수의 수질이 나쁘다.
★★ ② 유출수에 질소와 인의 함량이 높다.
③ 부지면적이 크다.

★★ ④ 처리시간이 길어진다.
⑤ 알칼리도의 보충이 필요하다.

> **Question 43**
>
> 글루코스($C_6H_{12}O_6$) 100mg/L인 용액이 있다. 혐기성 분해시 생산되는 이론적 메탄량(mg/L)을 계산하시오.
>
> **풀이** $C_6H_{12}O_6 \rightarrow 3CO_2 + 3CH_4$
> 180g : 3 × 16g
> 100mg/L : X
> ∴ X = 26.67mg/L

2. 혐기성 처리의 특징

(1) 혐기성 처리

① 메탄형성 미생물은 산형성 미생물보다 느리게 성장하고 약 6.7~7.4 정도의 좁은 pH 범위를 가진다.
② 혐기성 소화 동안의 미생물 작용은 고형물의 액화, 용해성 고형물의 소화, 가스생성의 3가지 단계로 구성된다.

★ (2) 혐기성 소화

① 장점(호기성 소화에 비해)
  ★★ ㉠ 처리 후 슬러지 생성량이 적다.
  ㉡ 동력비가 적게 든다.
  ㉢ 유지관리비가 적게 든다.
  ★★ ㉣ 탈수성이 양호하다.
  ★★ ㉤ 고농도 폐수처리에 양호하다.
  ㉥ 이용 가능한 가스를 생산할 수 있다.
② 단점(호기성 소화에 비해)
  ㉠ 초기 순응시간이 오래 걸린다.
  ★★ ㉡ 소화 체류시간이 길다.
  ★★ ㉢ 상징액에 질소와 인의 함량이 높다.
  ★★ ㉣ 미생물 성장속도가 느리다.
  ㉤ 유출수의 수질이 불량하다.

ⓗ 처리과정 중 악취가 발생한다.
ⓘ 소화속도가 느리다.

 **Question 44**

혐기성 소화법과 비교한 호기성 소화법의 장·단점으로 틀린 것은 어느 것인가?
㉮ 운전이 용이하다. ㉯ 소화슬러지 탈수가 용이하다.
㉰ 가치있는 부산물이 생성되지 않는다. ㉱ 저온시의 효율이 저하된다.

풀이 ㉯ 소화슬러지 탈수가 용이하지 못하다.

(3) 혐기성 소화조 운전시 이상발포(액주모양의 이상발포)

① 원인
  ㉠ 유기물의 과부하
  ㉡ 과다배출로 조내 슬러지 부족
  ㉢ 스컴 및 토사의 퇴적

② 대책
  ㉠ 슬러지의 유입을 줄이고 배출을 일시중지한다.
  ㉡ 소화온도를 높인다.
  ㉢ 토사의 퇴적은 준설한다.
  ㉣ 스컴을 파쇄·제거한다.
  ㉤ 조내 교반을 한다.

 Question 45

혐기성 소화조 운전 중 액주모양의 이상발포가 발생되었을 때의 대책으로 가장 거리가 먼 것은?
㉮ 슬러지의 유입을 줄이고 배출을 일시 중지한다.
㉯ 소화온도를 높인다.
㉰ 조내 교반을 중지한다.
㉱ 스컴을 파쇄·제거한다.

풀이 ㉰ 조내 교반을 한다.

★ (4) 혐기성 소화시 소화가스 발생량 저하원인

① 저농도 슬러지 유입

② 소화슬러지 과잉 배출
③ 조내 온도 저하
④ 소화가스 누출될 때
⑤ 과다한 산이 생성되었을 때
⑥ 소화조내의 pH 상승(8.5 이상)

> **Question 46**
>
> 혐기성 소화조 운전 중 소화가스 발생량이 저하되었다. 그 원인과 가장 거리가 먼 것은?
> ㉮ 조내 온도저하 ㉯ 저농도 슬러지 유입
> ㉰ 소화슬러지 과잉배출 ㉱ 과다교반
>
> **정답** ㉱

3. 혐기성 처리의 종류

(1) 상향류 혐기성 슬러지상 특징

① 미생물의 체류시간을 적절히 조절하면 저농도 유기성 폐수의 처리도 가능하다.
② 기계적인 교반이나 여재가 필요없기 때문에 비용이 적게든다.
③ 고액 및 기액분리 장치를 제외하면 전체적으로 구조가 간단하다.
④ 고형물의 농도가 높은 경우에는 고형물 및 미생물 유실의 우려가 크다.
⑤ 수리학적 체류시간을 적게 할 수 있어 반응조 용량이 축소된다.

(2) 혐기성 유동상

① 장점
  ㉠ 짧은 수리학적 체류시간과 높은 부하율로 운전이 가능하다.
  ㉡ 매질의 첨가나 제거가 쉽다.
  ㉢ 독성 물질에 대한 완충능력이 좋다.
  ㉣ 미생물 체류시간을 적절히 조절하여 저농도 유기성 폐수처리가 가능하다.
② 단점
  ㉠ 유출수 재순환의 필요로 공정이 복잡하다.
  ㉡ 매질의 가격이 비싸다.
  ㉢ 편류현상을 방지하기 위해 유입수 분산장치가 필요하다.

★★★ (3) 자기조립법(UASB ; Upflow Anaerobic Sludge Blanket)

① 특징
  ㉠ 극히 높은 유기물부하를 허용하며 따라서 반응기용량을 콤팩트화 할 수 있다.
  ㉡ 반응기의 접촉재 충전과 생물의 부착담체 등을 이용하지 않고 고농도 MLSS의 혐기성 처리공정이다.
  ㉢ 온도변화, 충격부하, 독성, 저해물질의 존재 등에 상당한 내성을 가진다.
  ㉣ 반응기의 구조는 폐수 유입부, 슬러지 변동부, 슬러지 블랭킷부 및 가스·슬러지 분리장치 등 크게 4가지 부위로 대별된다.
  ㉤ 균체를 고농도의 펠릿모양으로 유지할 수 있다.
  ㉥ 펠릿이 크게 활성화 된다.

② 장점
  ㉠ 고부하 운전이 가능하다.
  ㉡ 고농도 폐수처리에 적합하다.
  ㉢ 수리학적 체류시간을 작게 할 수 있어 반응조 용량이 축소된다.
  ㉣ 미생물 체류시간을 적절히 조절하면 저농도 유기성 폐수의 처리도 가능하다.
  ㉤ 기계적인 교반이나 여재가 필요 없기 때문에 비용이 적게 든다.
  ㉥ 고액 및 기액 분리장치는 제외하면 전체적으로 구조가 간단하다.

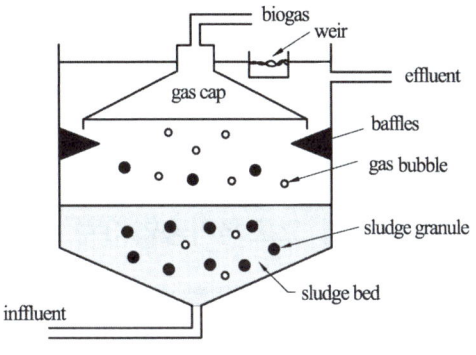

〈UASB(상향류 혐기성 슬러지상)〉

③ 단점
  ㉠ 폐수의 성상에 의하여 슬러지의 입상화가 크게 영향을 받는다.
  ㉡ 고형물의 농도가 높을 경우 고형물 및 미생물이 유실될 우려가 있다.

📢 Question 47

자기조립법(UASB)의 특성으로 가장 거리가 먼 것은?

㉮ 조립시점이 빠르고 인 제거율이 높다.
㉯ 균체를 고농도의 펠렛 모양으로 유지할 수 있다.
㉰ 펠렛이 크게 활성화 된다.
㉱ 고부하 운전이 가능하다.

풀이 ㉮ 혐기성이므로 인 제거율이 낮다.

CHAPTER 04 고도처리(3차 처리)

01 고도처리(3차 처리)의 특징

1. 하수의 고도처리 도입이유
① 방류수역의 수질환경기준의 달성
② 방류수역의 이용도 향상
③ 처리수의 재이용

★★ 2. 하수의 고도처리공법(3차 처리공법)
① 생물학적 원리를 이용하여 하수내 질소를 제거(3차 처리)하는 공법
- SBR 공정, A_2/O공법, 4단계 Bardenpho공법, 5단계 Bardenpho공법(수정 Bardenpho공법), VIP공법, UCT공법

② 생물학적 원리를 이용하여 하수내 인을 제거(3차 처리)하는 공법
- SBR공법, A/O공법, A_2/O공법, 5단계 Bardenpho공법(수정 Bardenpho공법), VIP공법, UCT공법

③ 생물학적 원리와 화학적 원리를 함께 이용하며 인을 제거하는 공법
- 포스트립(Phostrip)공법

④ 생물학적 원리를 이용하여 하수내 질소와 인을 동시에 제거하는 공법
- A_2/O공법, 5단계 Bardenpho공법(수정 Bardenpho공법), VIP공법, UCT공법, SBR공법

⑤ 고도처리법(3차 처리법)은 재래식 2차처리에서 완전히 제거되기 어려운 성분을 다시 제거하는 방법이다.

★★ 3. 생물학적 인, 질소제거 공정

① Anaerobic(혐기성조)
  ㉠ 혐기 또는 절대혐기상태
  ㉡ 분자상 산소 + 결합형 산소도 없는 상태
  ㉢ 역할 : 인(P)의 방출, 유기물 제거
② Anoxic(무산소조)
  ㉠ 결합산소(NO_2, NO_3 등) 이용
  ㉡ 역할 : 탈질작용(질소제거)
③ Aerobic(호기성조 또는 포기조)
  ㉠ 분자상 산소를 포기시켜 사용
  ㉡ 역할 : 인(P)의 과잉흡수, 질산화

Question 01

생물학적 인, 질소제거 공정에서 호기조, 무산소조, 혐기조 공정의 주된 역할을 가장 옳게 설명한 것은? (단, 유기물 제거는 고려하지 않으며, 호기조 - 무산소조 - 혐기조 순서임)

㉮ 질산화 및 인의 과잉 흡수 - 탈질소 - 인의 용출
㉯ 질산화 - 탈질소 및 인의 과잉 흡수 - 인의 용출
㉰ 질산화 및 인의 용출 - 인의 과잉 흡수 - 탈질소
㉱ 질산화 및 인의 용출 - 탈질소 - 인의 과잉 흡수

정답 ㉮

4. 생물학적 폐수처리 시스템 중 하나의 반응조 안에서 질산화, 탈질을 유도할 수 있는 공정

① 산화구
② 간헐 반응조(SBR)
③ PFR

02 A/O 공법

1. A/O 공법의 공정도

2. A/O 공법의 반응조 역할

① 혐기성조(Anaerobic) : 인(P)의 방출, 유기물 제거
② 호기성조(Aerobic) : 인(P)의 과잉흡수

Question 02

하수의 3차 처리 공법인 A/O 공정 중 포기조의 주된 역할을 가장 적합하게 설명한 것은?

㉮ 인의 과잉섭취 ㉯ 질소의 탈기 ㉰ 탈질 ㉱ 인의 방출

정답 ㉮

3. A/O 공법의 특징

① 혐기성조 – 호기성조로 이루어져 있다.
② 인을 주로 처리하기 위한 공법이다.
③ 폐슬러지 내의 인의 함량은 비교적 높아 비료 가치가 있다.
④ 기온이 낮을 때 운전성능이 불확실하다.
⑤ 비교적 수리학적 체류시간이 짧다.
⑥ 높은 BOD/P비가 요구된다.
⑦ 공정의 운전 유연성이 제한적이다.
⑧ 인 제거율은 시스템 내의 SRT가 중요한 변수가 된다.
⑨ 인 제거 성능으로는 우천시에 저하되는 경향이 있다.
⑩ 표준활성슬러지법의 반응조 전반 20~40% 정도를 혐기성 반응조로 하는 것이 표준이다.
⑪ 혐기성 반응조의 운전지표로 산화·환원 전위를 사용할 수 있다.

⑫ 인제거 기능외에 사상성 미생물에 의한 벌킹억제 효과가 있다.
⑬ 처리수의 BOD 및 SS 농도를 표준활성슬러지법과 동등하게 처리할 수 있다.
⑭ 타공법에 비해 운전이 비교적 간단하다.

Question 03

생물학적 인 제거 공정 중 A/O 공법의 장단점으로 틀린 것은?

㉮ 폐슬러지내의 인의 함량(1% 이하)이 낮다.
㉯ 타공법에 비하여 운전이 비교적 간단하다.
㉰ 높은 BOD/P 비가 요구된다.
㉱ 비교적 수리학적 체류시간이 짧다.

풀이 ㉮ 폐슬러지내의 인의 함량이 높다.

03 A_2/O 공법

1. A_2/O 공법의 공정도

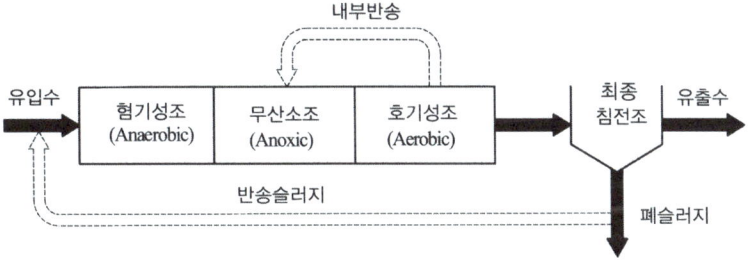

2. A_2/O 공법의 반응조 역할

★★ ① 혐기성조 : 인의 방출, 유기물 제거
★★ ② 무산소조 : 탈질작용(질소 제거)
★★ ③ 호기성조(포기조 또는 폭기조) : 인의 과잉흡수 및 질산화
★★ ④ 내부반송 : 호기성조(폭기조)에서 질산화를 통하여 생성된 질산성 질소를 무산소조로 보내 질소를 제거한다.

Question 04

아래의 공정은 A²/O 공정을 나타낸 것이다. 각 반응조의 주요 기능으로 알맞은 것은 어느 것인가?

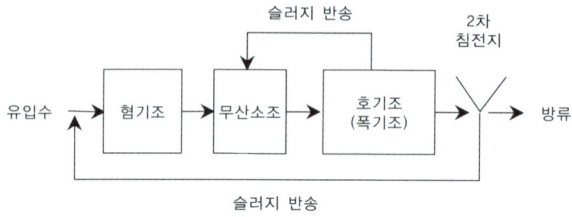

㉮ 혐기조 : 인방출, 무산소조 : 질산화, 폭기조 : 탈질, 인과잉섭취
㉯ 혐기조 : 인방출, 무산소조 : 탈질, 폭기조 : 인과잉섭취, 질산화
㉰ 혐기조 : 탈질, 무산소조 : 질산화, 폭기조 : 인방출 및 과잉섭취
㉱ 혐기조 : 탈질, 무산소조 : 인과잉섭취, 폭기조 : 질산화, 인방출

정답 ㉯

3. A₂/O 공법의 특징

★★ ① 혐기성조 - 무산소조 - 호기성조로 이루어져 있다.
★★ ② 인과 질소를 동시에 처리할 수 있다.
　　③ A/O 공법에 비하여 탈질성능이 우수하다.
★★ ④ 인농도가 높아진 잉여슬러지를 인발함으로써 제거한다.
★★ ⑤ 폐슬러지 내의 인 함유량은 일반슬러지에 비해 3~5% 높아 비료로서의 가치가 높다.
★★ ⑥ 폭기조에서 질산화를 통하여 생성된 질산성 질소를 무산소조에 내부반송하여 질소를 제거한다.
　　⑦ 폭기조의 주된 역할은 질산화와 인의 과잉섭취이며 유입유량의 2배 정도 비율로 다시 무산소조로 반송시킨다.
　　⑧ 무산소조에는 질산염과 아질산염 형태의 화학적으로 결합된 산소가 호기성조로부터 질산화된 MLSS로 내부반송되어 유입된다.
　　⑨ 내부 반송율은 유입유량 기준으로 100~300% 정도이다.

Question 05

하수내 함유된 유기물질뿐 아니라 영양물질까지 제거하기 위하여 개발된 A₂/O공법에 대한 내용으로 틀린 것은 어느 것인가?

㉮ 인과 질소를 동시에 제거할 수 있다.
㉯ 혐기조에서는 인의 방출이 일어난다.
㉰ 폐 sludge내의 인함량은 비교적 높아서(3 ~ 5%) 비료의 가치가 있다.
㉱ 무산소조에서는 인의 과잉섭취가 일어난다.

풀이 ㉱ 무산소조에서는 탈질작용이 일어난다.

04 4단계 Bardenpho 공정

1. 4단계 Bardenpho 공정

생물학적 인 및 질소제거 공정 중 질소 제거를 주목적으로 개발한 공정이다.

2. 4단계 Bardenpho의 공정도

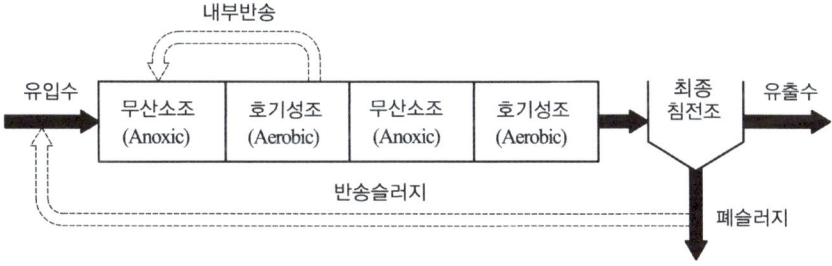

Question 06

다음의 생물학적 인 및 질소제거 공정 중 질소 제거를 주목적으로 개발한 공법으로 가장 적절한 것은?

㉮ 4단계 Bardenpho 공법 ㉯ A²/O 공법
㉰ A/O 공법 ㉱ Phostrip 공법

정답 ㉮

05. 5단계 Bardenpho 공정 (수정 Bardenpho 공정 또는 M-Bardenpho 공정)

1. 5단계 Bardenpho 공정의 공정도

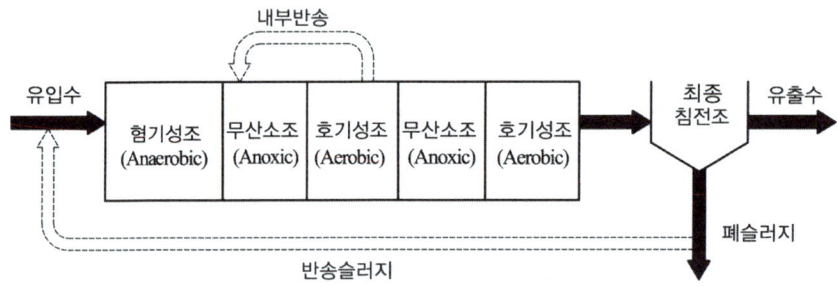

★★ 2. 5단계 Bardenpho 공법의 반응조 역할

① 혐기성조 : 미생물에 의한 인의 방출 및 유기물 제거
② 1단계 무산소조 : 탈질화현상으로 질소제거
③ 1단계 호기성조(포기조 또는 폭기조) : 미생물에 의한 인의 과잉 흡수 및 질산화
④ 2단계 무산소조 : 잔류 질산성 질소 제거
★★ ⑤ 2단계 호기성조(포기조 또는 폭기조) : 종침에서 탈질에 의한 Rising 현상 및 인의 재 방출 방지
⑥ 내부반송 : 1단계 호기성조에서 1단계 무산소조로 이루어지며 1단계 호기성조에서 질산화를 통하여 생성된 질산성 질소를 1단계 무산소조로 보내 질소를 제거한다.

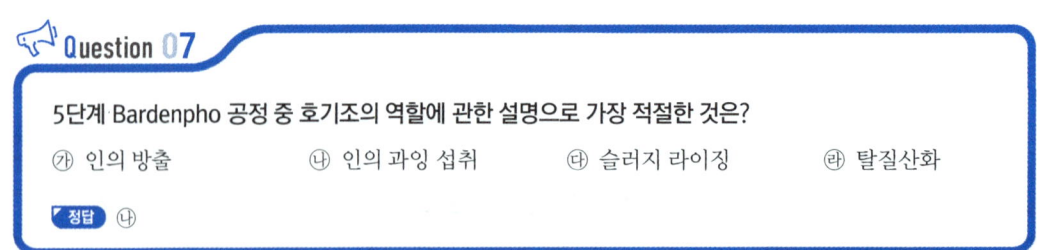

3. 5단계 Bardenpho 공법의 특징

★★ ① 질소와 인을 동시에 처리할 수 있다.
　　② 내부반송율이 높고 비교적 큰 규모의 반응조 사용이 가능하다.
★★ ③ 폐슬러지 내의 인의 함량이 높아 비료가치가 있다.
★★ ④ 2단계 호기성조(재폭기조)의 역할은 종침에서 탈질에 의한 Rising 현상 및 인의 재방출을 방지하는데 있다. (2단계 호기성조는 최종침전지에서의 혐기성 상태를 방지하기 위해 재포기를 실시한다.)
★★ ⑤ 슬러지의 생산량은 적으나 비교적 큰 규모의 반응조가 요구된다.
　　⑥ 효과적인 인 제거를 위해서는 혐기조에서 질산성 질소가 유입되지 않아야 한다.
　　⑦ 인 제거는 과잉의 인을 섭취한 슬러지를 폐기함으로써 이루어진다.

Question 08

생물학적 원리를 이용하여 질소, 인을 제거하는 공정인 5단계 Bardenpho공법에 대한 내용으로 틀린 것은 어느 것인가?

㉮ 인제거를 위해 혐기성조가 추가된다.
㉯ 조 구성은 혐기조, 무산소조, 호기조, 무산소조, 호기조 순이다.
㉰ 내부반송률은 유입유량 기준으로 100~200% 정도이며 2단계 무산소조로부터 1단계 무산소조로 반송된다.
㉱ 마지막 호기성 단계는 폐수내 잔류 질소가스를 제거하고 최종 침전지에서 인의 용출을 최소화하기 위하여 사용한다.

풀이 ㉰ 내부반송은 1단계 호기조에서 1단계 무산소조로 한다.

06 포스트립(Phostrip) 공법

1. 포스트립 공법의 공정도

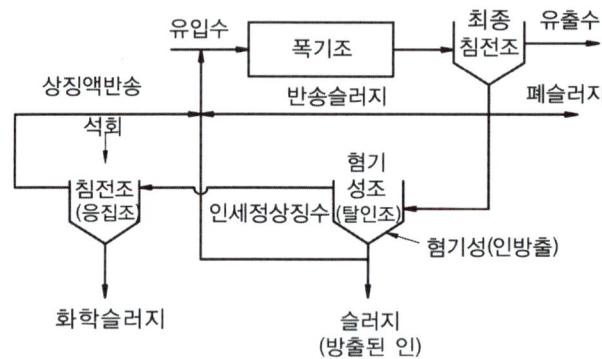

★★ 2. 포스트립(Phostrip) 공법의 반응조 역할

① 포기조 : 인의 과잉 흡수
② 탈인조(혐기성조) : 인의 방출
③ 응집조 : 상징수에 많이 포함되어 있는 인을 석회(Lime)를 이용해 화학침전시켜 제거

> **Question 09**
> 다음의 생물화학적 인 및 질소제거 공법 중 인 제거만을 주목적으로 개발된 공법은?
> ㉮ Phostrip ㉯ A^2/O ㉰ UCT ㉱ Bardenpho
> 정답 ㉮

3. 포스트립(Phostrip) 공법의 특징

★★ Phostrip 프로세스는 폐수 중인 성분을 생물학적, 화학적 원리와 함께 이용하여 제거하는 방법이다.

① 인 침전을 위하여 석회주입이 필요하다.
★★ ② 최종침전지에서 인 용출 방지를 위하여 MLSS내 DO를 높게 유지하여야 한다.
③ 기존 활성슬러지 처리장에 쉽게 적용 가능하다.
★★ ④ Stripping(액체 속에 용해되어 있는 기체를 분리, 제거하는 조작)을 위한 별도의 반응

조가 필요하다.
⑤ Main Stream 화학침전에 비하여 약품사용량이 적다.
⑥ 반송슬러지의 일부를 혐기성 상태의 조로 유입시켜 인을 방출시킨다.
★★ ⑦ 인 제거시 BOD/P에 의하여 조절되지 않는다.
⑧ 유입수의 BOD 부하에 따라 인 방출이 큰 영향을 받지 않는다.

Question 10

Phostrip Process에 관한 설명으로 틀린 것은?
㉮ 질소와 인의 동시 제거시 운전의 유연성이 크다.
㉯ 기존 활성슬러지 처리장에 쉽게 적용 가능하다.
㉰ 인제거시 BOD/P비에 의하여 조절되지 않는다.
㉱ Stripping을 위하여 별도의 반응조가 필요하다.

풀이 ㉮ 질소와 인의 동시 제거시 운전의 유연성이 작다.

TIP
Main Stream(주류) : 유기물 제거 공정
Side Stream(측류) : 인 제거 공정

07 VIP공법(Virginia Initative Plant)

1. VIP공정(Virginia Initative Plant)

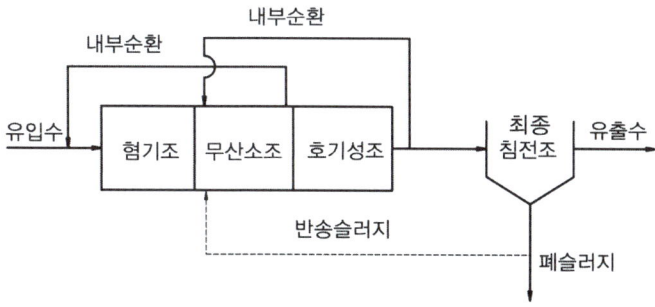

2. VIP공법의 특징

① 슬러지의 침전성이 우수하다.
② UCT 공법에 비해 더 낮은 BOD/P 비가 요구된다.
③ 혐기성조의 질산성 질소 부하가 감소하는데 이는 인 제거 능력을 증가시킨다.
④ 운전이 복잡하며 반송시스템을 필요로 한다.
⑤ 단계적 운전을 위해 많은 장치가 요구된다.

08 UCT 공정(University of Cape Town)

1. UCT 공정

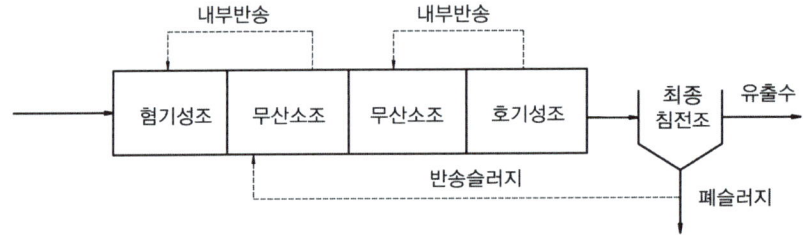

2. UCT 공법의 특징

① 저농도 하수에서 인 제거가 용이하다.
② 슬러지 침전성이 우수하다.
③ 질소 제거율이 높다.
④ 운전이 복잡하며 반송시스템을 필요로 한다.
⑤ 혐기성조의 질산성 질소 부하가 감소하는데 이는 인 제거 능력을 증가시킨다.

> **TIP**
> 하수 내 질소 및 인을 생물학적으로 처리하는 UCT 공법의 경우 다른 공법과 달리 침전지에서 반송되는 슬러지를 혐기조로 반송시키지 않고 무산소조로 반송하는데 그 이유는 혐기성조에 질산염의 부하를 감소시킴으로써 인의 방출을 증대시키기 위해서이다.

Question 11

하수내 질소 및 인을 생물학적으로 처리하는 UCT 공법의 경우 다른 공법과는 달리 침전지에서 반송되는 슬러지를 혐기조로 반송하지 않고 무산소조로 반송하는데, 그 이유로 가장 적합한 것은?

㉮ 혐기조에 질산염의 부하를 감소시킴으로써 인의 방출을 증대시키기 위해
㉯ 호기조에서 질산화된 질소의 일부를 잔류 유기물을 이용하여 탈질시키기 위해
㉰ 무산소조에 유입되는 유기물 부하를 감소시켜 탈질을 증대시키기 위해
㉱ 후속되는 호기조의 질산화를 증대시키기 위해

정답 ㉮

---

09 연속회분식 활성슬러지법 (SBR ; Sequencing Batch Reactor)

★★★ 1. SBR 공법

생물학적 원리를 이용하여 폐수를 고도처리(영양염류 제거공정)하기 위한 공정 중 하나의 탱크에서 시차를 두고 유입, 반송, 침전, 유출 등의 각 과정을 거치는 공정이다.

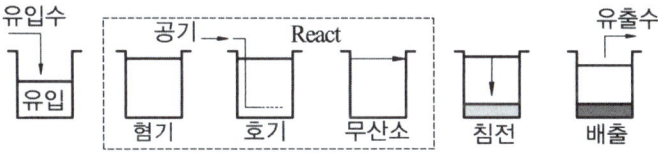

- 장점
★★ ① 단일반응조에서 1주기(Cycle) 중에 호기-무산소 등의 조건을 설정하여 질산화와 탈질화를 도모할 수 있다.
★★ ② 충격부하 또는 첨두유량에 대한 대응성이 우수하다.
③ 자동화를 실시하기가 용이하다.
④ BOD 부하의 변화폭이 큰 경우에 잘 견딘다.
⑤ 슬러지 반송을 위한 펌프가 필요없어 배관과 동력이 절감된다.
★★ ⑥ 질소와 인의 효율적인 제거가 가능하다.
★★ ⑦ 2차 침전지와 슬러지 반송을 생략할 수 있다.
⑧ 수리학적 과부하에도 MLSS의 누출이 없다.

⑨ 팽화방지를 위한 공정의 변경이 용이하다.
⑩ 운전방식에 따라 사상균 벌킹을 방지할 수 있다.
⑪ 고부하형의 경우 다른 처리방식과 비교하여 적은 부지면적에 시설을 건설할 수 있다.
⑫ 활성슬러지 혼합액을 이상적인 정치상태에서 침전시켜 고액분리가 원활히 행해진다.

- 단점
① 처리용량이 큰 처리장에는 적응하기 어렵다. (소용량 처리장에 적합)
★★ ② 설계자료가 제한적이다.

Question 12

연속회분식 반응조(SBR)의 장점에 대한 설명으로 옳지 않은 것은?

㉮ 수리학적 과부하시 MLSS의 누출이 많다.
㉯ 질소와 인의 동시 제거시 운전의 유연성이 크다.
㉰ 설계자료가 제한적이다.
㉱ 소유량에 적합하다.

풀이 ㉮ 수리학적 과부하에도 MLSS의 누출이 없다.

2. SBR의 공정

주입(fill) → 반응(react) → 침전(settle) → 제거(draw) → 휴지(idle)

Question 13

연속회분식반응조(SBR)공법은 한 개의 반응조에서 시간별로 운전단계가 변화하며 하폐수를 처리하는 공정이다. 다음 중 SBR공법의 일반적인 운전단계의 순서로 올바른 것은?

㉮ 주입(Fill) → 휴지(Idle) → 반응(React) → 침전(Settle) → 제거(Draw)
㉯ 주입(Fill) → 반응(React) → 휴지(Idle) → 침전(Settle) → 제거(Draw)
㉰ 주입(Fill) → 반응(React) → 침전(Settle) → 휴지(Idle) → 제거(Draw)
㉱ 주입(Fill) → 반응(React) → 침전(Settle) → 제거(Draw) → 휴지(Idle)

정답 ㉱

① 주입(fill)
  ㉠ 주입과정에서 반응조의 수위가 75%~100%까지 상승한다.
★★ ㉡ 주입단계는 총 cycle 시간의 약 25% 정도이다.
  ㉢ 주입단계의 목적은 기질(원폐수 또는 1차 유출수)를 반응조에 주입하는 것이다.

② 반응(react)
★★ ㉠ 반응단계는 총 cycle 시간의 약 35% 정도이다.
㉡ 반응기간 동안 미생물은 제어된 환경조건에서 기질을 소모한다.
③ 침전(settle)
㉠ 연속 흐름식 공정에 비하여 일반적으로 더 효율적이다.
㉡ 정지한 상태에서 고형물은 액체와 분리되어 정화된 상징수는 유출수로서 배출된다.
④ 제거(draw)
㉠ 침전 후 상징수(처리수)를 반응조로부터 제거하는 것이다.
★★ ㉡ 총 cycle 시간의 5~30% 정도이다.
⑤ 휴지(idle) : 휴지기간은 다중 반응조 시스템에서 다른 반응조의 교체 전에 반응조의 주입단계를 완료하기 위해 한 반응조에 시간을 제공하기 위하여 사용된다. 휴지는 필수적인 단계는 아니기 때문에 때때로 생략될 수 있다.

Question 14

연속회분식(SBR)의 운전단계에 관한 설명으로 틀린 것은?

㉮ 주입 : 주입단계 운전의 목적은 기질(원폐수 또는 1차 유출수)을 반응조에 주입하는 것이다.
㉯ 주입 : 주입단계는 총 cycle 시간의 약 25% 정도이다.
㉰ 반응 : 반응단계는 총 cycle 시간의 약 65% 정도이다.
㉱ 침전 : 연속흐름식 공정에 비하여 일반적으로 더 효율적이다.

풀이 ㉰ 반응 : 반응단계는 총 cycle 시간의 약 35% 정도이다.

10 질산화 공정 중 부유성장식 및 부착성장식

1. 하수고도처리 공정 중 단일단계 질산화공정 중 부유성장식

① BOD와 암모니아성 질소 동시제거 가능
② 온도가 낮은 경우에는 반응조 용적이 매우 크게 소요
③ 운전의 안정성은 미생물 반송을 위한 이차침전지의 운전에 좌우됨
④ BOD/TKN비가 높아 안정적인 MLSS운영이 쉽다.
⑤ 독성물질에 대한 질산화 저해 방지 불가능

> **TIP**
> TKN(총킬달질소) = NH_3-N + 유기질소

2. 하수고도처리 공정 중 단일단계 질산화공정 중 부착성장식

① BOD와 암모니아성 질소 동시제거 가능
② 미생물이 여재에 부착되어 있어 안정성이 이차침전과 연관이 없다.
③ 암모니아 농도가 약 1~3mg/L 정도가 처리수로 유출된다.
④ 독성물질에 대한 질산화 저해 방지가 불가능하다.

Question 15

하수고도처리를 위한 질소제거 방법 중 단일단계 질산화(부착성장식)에 관한 설명으로 옳지 않은 것은?

㉮ BOD와 암모니아성 질소 동시제거 가능
㉯ 미생물이 여재에 부착되어 있어 안정성은 이차침전과 관련됨
㉰ 독성물질에 대한 질산화 저해 방지 불가능
㉱ 유출수의 암모니아 농도는 약 1~3mg/L 정도

풀이 ㉯ 미생물이 여재에 부착되어 있어 안정성은 이차침전과 연관이 없다.

3. 하수고도처리 공정 중 분리단계 질산화공정 중 부유성장식

① 운전이 안정적이다.
② 독성물질에 대한 질산화 저해방지가 가능하다.
③ 미생물 반송을 위한 이차침전지의 운전에 의해 안정성이 좌우된다.
④ 단일단계 질산화공정에 비해 단위 공정이 복잡하다.

4. 하수고도처리 공정 중 분리단계 질산화공정 중 부착성장식

① 운전이 안정적이다.
② 미생물이 여재에 부착되어 있어 안정성이 이차침전과 연관이 없다.
③ 독성물질에 대한 질산화 저해 방지가 가능하다.
④ 단일단계 질산화공정에 비해 단위공정이 복잡하다.

Question 16

질산염(NO_3^-) 10mg/L를 탈질시키는데 소모되는 메탄올(CH_3OH)의 양(mg/L)을 계산하시오.

풀이 $6NO_3^- + 5CH_3OH \rightarrow 3N_2 + 5CO_2 + 7H_2O + 6OH^-$
 $6 \times 62g \ : \ 5 \times 32g$
 $10mg/L \ : \ X$
 $\therefore \ X = 4.30mg/L$

Question 17

유량 1,000m³/day인 폐수를 탈질화하고자 한다. 다음 조건에서 탈질화에 사용되는 anoxic 반응조의 부피(m³)를 계산하시오. (단, 내부반송등 기타 조건은 고려하지 않음.)

- 반응조 유입수 질산염 농도 : 22mg/L
- MLVSS : 2,000mg/L
- 탈질율(R_{DN}) : 0.1day^{-1}
- 반응조 유출수 질산염 농도 : 3mg/L
- 용존산소 : 0.1mg/L

풀이
① 무산소조의 체류시간 = $\dfrac{(S_i - S_o)}{R_{DN} \times MLVSS} = \dfrac{22mg/L - 3mg/L}{0.1/day \times 2,000mg/L} = 0.095day$

② 반응조 부피(V) = 유량(Q) × 시간(t) = 1,000m³/day × 0.095day = 95m³

Question 18

다음에 주어진 조건을 이용하여 질산화/탈질화 혼합반응조에서 요구되는 전체 반송비(R)를 계산하시오. (단, 반송된 질산성 질소는 완전히 탈질되고, 질소동화작용은 무시한다.)

[조건]
① 유입수 암모니아 : 25mg/L as N
② 유출수 암모니아 : 5mg/L as N
③ 유출수 질산염 : 5mg/L as N

풀이 반송비(R) = $\left(\dfrac{\text{유입수 } NH_3 - \text{유출수 } NH_3}{\text{유출수 } NO_3} \right) - 1 = \left\{ \dfrac{(25-5)mg/L}{5mg/L} \right\} - 1 = 3$

CHAPTER 05 슬러지 처리

01 슬러지 처리 공정

1. 처리공정 : 농축 → 유기물의 안정화 → 약품조정조 → 탈수 → 건조 → 최종처분

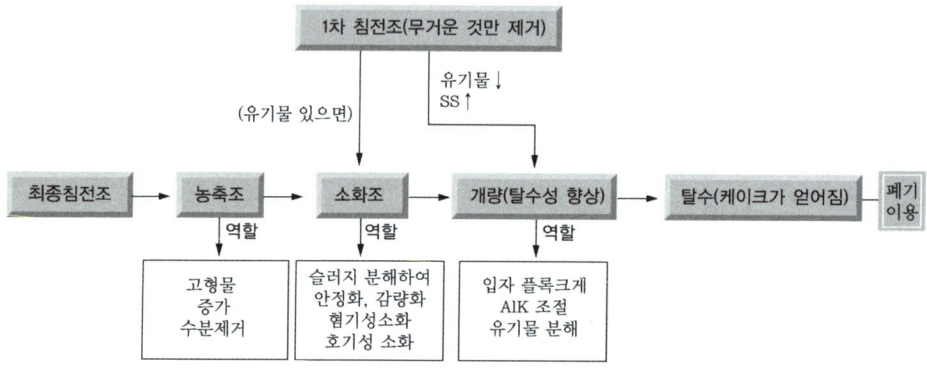

> **Question 01**
>
> 다음은 슬러지 처리 공정을 순서대로 배치한 것이다. 일반적인 순서로 가장 옳은 것은?
>
> ㉮ 농축 → 약품조정 → 유기물의 안정화 → 건조 → 탈수 → 최종처분
> ㉯ 농축 → 유기물의 안정화 → 약품조정 → 탈수 → 건조 → 최종처분
> ㉰ 약품조정 → 농축 → 유기물의 안정화 → 탈수 → 건조 → 최종처분
> ㉱ 유기물의 안정화 → 농축 → 약품조정 → 탈수 → 건조 → 최종처분
>
> **정답** ㉯

2. 농축법의 종류

(1) 중력식 농축

① 구조가 간단하여 유지관리 용이
② 저장과 농축이 동시에 가능
③ 동력비 적게 소요
④ 1차 슬러지에 적합
⑤ 약품 미사용
⑥ 잉여 슬러지 농축에 부적합
⑦ 악취 발생
⑧ 잉여슬러지의 경우 소요면적이 큼

(2) 부상식 농축

① 고형물 회수율이 높음
② 잉여슬러지에 효과적
③ 악취 발생
④ 동력비 많이 소요
⑤ 소요면적 큼
⑥ 부식 발생(실내 설치시)
⑦ 약품주입 없이도 운전이 가능

Question 02

하수 슬러지 농축 방법 중 부상식 농축의 장단점으로 틀린 것은?

㉮ 잉여슬러지의 농축에 부적합하다.　㉯ 소요면적이 크다.
㉰ 실내에 설치할 경우 부식문제가 유발된다.　㉱ 약품 주입없이 운전이 가능하다.

풀이 ㉮ 잉여슬러지의 농축에 적합하다.

(3) 원심분리 농축

① 잉여 슬러지에 효과적
② 운전조작 용이
③ 소요면적이 작음
④ 악취가 적음

⑤ 고농도로 농축 가능
⑥ 연속운전가능
⑦ 유지관리비 고가
⑧ 시설비 고가
⑨ 유지관리가 어려움
⑩ 약품 주입없이 운전이 가능

(4) 중력벨트 농축

① 소요면적이 큼
② 규격(용량)이 제한적
③ 잉여슬러지에 효과적

Question 03

하수 슬러지의 농축 방법별 장단점으로 옳지 않은 것은?

㉮ 중력식 농축 : 잉여 슬러지의 농축에 적합
㉯ 부상식 농축 : 약품 주입 없이도 운전 가능
㉰ 원심분리 농축 : 악취가 적음
㉱ 중력벨트 농축 : 고농도로 농축 가능

풀이 ㉮ 중력식 농축 : 잉여슬러지의 농축에 부적합

3. 슬러지 개량

(1) 슬러지 개량방법 중 세정(Elutriation)의 특징

① 알칼리도를 줄이고 슬러지 탈수에 사용되는 응집제량을 줄일 수 있다.
② 소화 슬러지를 물과 혼합시킨 다음 재침전시킨다.
③ 슬러지의 탈수 특성을 좋게 하기 위한 직접적인 방법은 아니다.
④ 슬러지내의 가스방울을 없애줌으로써 부력을 감소시켜 잘 농축하게 된다.
⑤ 슬러지의 비료가치가 낮아진다.

★(2) 슬러지 개량을 위한 열처리의 특징

① 일반적으로 약품처리가 필요없다.
② 슬러지는 안정화시키고 병원균을 사멸한다.

③ 슬러지 성분변화에 민감하지 않다.
④ 악취가 발생된다.

> **Question 04**
>
> 슬러지 개량을 위한 열처리의 장점으로 틀린 것은?
> ㉮ 고온 분해에 따라 악취가 발생되지 않는다. ㉯ 일반적으로 약품처리가 필요없다.
> ㉰ 슬러지를 안정화시키고 병원균을 사멸한다. ㉱ 슬러지 성분변화에 민감하지 않다.
>
> **풀이** ㉮ 악취가 발생된다.

★★★ 4. 공식정리

★ ① $V_1 \times (100 - P_1) = V_2 \times (100 - P_2)$ 또는 $V_1 \times TS_1 = V_2 \times TS_2$

  [V : 슬러지량(m^3)   P : 함수율(%)   TS : 고형물 함량(%) ⇒ TS(%) = 100 - P(%)]

> **Question 05**
>
> 수분함량이 80%인 슬러지 $100m^3$을 $25m^3$으로 농축하였다면 함수율(%)을 계산하시오. (단, 슬러지의 비중은 항상 1이다.)
>
> **풀이** $V_1 \times (100-P_1) = V_2 \times (100-P_2)$
> $100m^3 \times (100-80) = 25m^3 \times (100-P_2)$ ∴ $P_2 = 20\%$

★★ ② 슬러지량(m^3/day) = $\dfrac{SS농도(kg/m^3) \times Q(m^3/day) \times \eta(제거율)}{비중량(kg/m^3)} \times \dfrac{100}{100 - P\%}$

- **공식설명**

  ㉠ 슬러지의 비중이 주어지면 비중 (g/cm³) $\xrightarrow{\times 10^3}$ 비중량(kg/m³)으로 환산한다.

  ㉡ 100 - P(함수율) = TS(고형물)이므로 $\dfrac{100}{100 - P(\%)} = \dfrac{100}{TS(\%)}$

  따라서 수분의 함량(P)이 주어지면 $\dfrac{100}{100 - P(\%)}$를 사용하고

  고형물 함량(TS)이 주어지면 $\dfrac{100}{TS(\%)}$를 사용한다.

ⓒ 건조 슬러지량(kg/day) = SS(kg/m³)×Q(m³/day)×η(제거효율)

ⓒ 건조 슬러지량(m³/day) = $\dfrac{SS(kg/m^3) \times Q(m^3/day) \times \eta}{비중량(kg/m^3)}$

ⓒ 습 슬러지량(kg/day) = SS(kg/m³)×Q(m³/day)×η × $\dfrac{100}{100 - P(\%)}$

★★ ⓗ 습 슬러지량(m³/day) = $\dfrac{SS(kg/m^3) \times Q(m^3/day) \times \eta}{비중량(kg/m^3)} \times \dfrac{100}{100 - P(\%)}$

Question 06

1차 침전지의 유입유량은 1,000m³/day이고 SS농도는 220mg/L이다. 1차 침전지에서 SS제거효율이 60%일 때 하루에 발생되는 1차 슬러지 부피(m³/day)를 계산하시오. (단, 슬러지 비중은 1.03, 함수율은 94%)

풀이

슬러지량(m³/day) = $\dfrac{SS농도(kg/m^3) \times Q(m^3/day) \times \eta(제거율)}{비중량(kg/m^3)} \times \dfrac{100}{100-P(\%)}$

$= \dfrac{1,000m^3/day \times 0.22kg/m^3 \times 0.6}{1,030kg/m^3} \times \dfrac{100}{100-94} = 2.14 m^3/day$

★★ ③ 슬러지 비중 구하는 문제

$\dfrac{100}{\rho_{SL}} = \dfrac{W_{TS}}{\rho_{TS}} + \dfrac{W_P}{\rho_P}$

ρ_{SL} : 슬러지 비중 ρ_{TS} : 고형물 비중 ρ_P : 수분의 비중
W_{TS} : 고형물 함량(%) W_P : 수분의 함량(%)

Question 07

함수율이 90%인 슬러지 겉보기 비중이 1.02이었다. 이 슬러지를 탈수하여 함수율이 50%인 슬러지를 얻었다면 탈수된 슬러지가 갖는 비중을 계산하시오. (단, 물의 비중은 1.0으로 한다.)

풀이

$\dfrac{1}{\rho_{SL}} = \dfrac{W_{TS}}{\rho_{TS}} + \dfrac{W_P}{\rho_P}$

① $\dfrac{1}{1.02} = \dfrac{0.1}{\rho_{TS}} + \dfrac{0.9}{1.0}$ ∴ $\rho_{TS} = 1.244$

② $\dfrac{1}{\rho_{SL}} = \dfrac{0.5}{1.244} + \dfrac{0.5}{1.0}$ ∴ $\rho_{SL} = 1.11$

④ 슬러지 비중 구하는 문제

$$\frac{100}{\rho_{SL}} = \frac{W_{VS}}{\rho_{VS}} + \frac{W_{FS}}{\rho_{FS}} + \frac{W_P}{\rho_P}$$

- ρ_{SL} : 슬러지 비중
- ρ_P : 수분의 비중(1.0)
- W_{VS} : 휘발성고형물(유기물)함량(%)
- W_P : 수분의 함량(%)
- ρ_{VS} : 휘발성 고형물(유기물)비중
- ρ_{FS} : 잔류성 고형물(무기물)비중
- W_{FS} : 잔류성 고형물(무기물)함량(%)

Question 08

1차 처리결과에 생성되는 슬러지를 분석한 결과 함수율이 90%, 고형물 중 무기성 고형물질이 30%, 유기성 고형물질이 70%, 유기성 고형물질의 비중 1.1, 무기성 고형물질의 비중이 2.2로 판정되었다. 이 때 슬러지의 비중을 계산하시오.

풀이 $\dfrac{1}{\rho_{SL}} = \dfrac{0.1 \times 0.7}{1.1} + \dfrac{0.1 \times 0.3}{2.2} + \dfrac{0.9}{1.0}$ ∴ $\rho_{SL} = 1.0233$

⑤ 소화율(η) 계산식

생슬러지 $\xrightarrow{\text{VSS}_1 / \text{FSS}_1}$ 소화조 $\xrightarrow{\text{VSS}_2 / \text{FSS}_2}$ 소화 슬러지

$$\eta = \left\{ 1 - \frac{\text{VSS}_2/\text{FSS}_2}{\text{VSS}_1/\text{FSS}_1} \right\} \times 100(\%)$$

- VSS_1 : 생슬러지의 휘발성 고형물
- FSS_1 : 생슬러지의 잔류성 고형물
- VSS_2 : 소화 슬러지의 휘발성 고형물
- FSS_2 : 소화 슬러지의 잔류성 고형물

Question 09

도시하수처리장의 농축조를 거친 혼합 슬러지를 고속 혐기성 소화법에 의하여 처리하고자 한다. 다음의 조건을 이용한 소화조 소화율(%)을 계산하시오.

[조건]
- 발생 슬러지량 : Q = 200m³/day
- 생 슬러지 기질농도 : S_o = 42kg BOD_U/m³
- 체류기간 : 10day
- 생 슬러지 고형물 성분 : FSS_1 = 30%, VSS_1 = 70%
- 소화 슬러지 고형물 성분 : FSS_2 = 50%, VSS_2 = 50%

풀이 소화율(%) = $\left\{ 1 - \dfrac{\text{소화후}(\text{VSS}_2/\text{FSS}_2)}{\text{소화전}(\text{VSS}_1/\text{FSS}_1)} \right\} \times 100(\%) = \left\{ 1 - \dfrac{50\%/50\%}{70\%/30\%} \right\} \times 100(\%) = 57.14\%$

5. 냄새를 발생하는 물질

화합물	화학식	특 징
Amines(아민류)	CH_3NH_2 $(CH_3)_3H$	생선 냄새
Diamines(다이아민류)	$NH_2(CH_2)_4NH_2$ $NH_2(CH_2)_5NH_2$	부패된 고기 냄새
Methylamine(메틸아민)	CH_3NH_2	부패된 생선 냄새
암모니아	NH_3	암모니아 냄새
황화수소	H_2S	썩은 계란 냄새
황화다이메틸	$CH_3 - S - CH_3$	썩은 채소 냄새
황화다이페닐	$(C_6H_5)_2S$	비위 상하는 냄새
Crotyl mercaptan (크로틸 머캅탄)	$CH_3 - CH = CH - CH_2 - SH$	스컹크 냄새
Ethyl mercaptan (에틸 머캅탄)	CH_3CH_2-SH	썩은 양배추 냄새
Methyl mercaptan (메틸 머캅탄)	CH_3SH	썩은 양배추 냄새
Skatole(스카톨)	C_9H_9N	구역질 나는 냄새
Indole(인돌)	C_8H_6NH	구역질 나는 냄새
이산화황	SO_2	자극성 냄새
Thiocresol(티오크레졸)	$CH_3 - C_6H_4 - SH$	스컹크 냄새

CHAPTER 06 방지기술 공식 정리

1. 소화조에서 소화율(%) 계산식

$$\text{소화율}(\%) = \left(1 - \frac{VSS_2 / FSS_2}{VSS_1 / FSS_1}\right) \times 100(\%)$$

- VSS_1 : 생 슬러지의 휘발성 고형물
- FSS_1 : 생 슬러지의 잔류성 고형물
- VSS_2 : 소화 슬러지의 휘발성 고형물
- FSS_2 : 소화 슬러지의 잔류성 고형물

2. 탈질반응조(Anoxic basin)의 체류시간 계산식

$$\text{체류시간} = \frac{S_i - S_o}{R_{DN} \times MLVSS}$$

- R_{DN} : T℃에서 탈질화율(mgNO$_3$−N/mg VSS·day)
- $R_{DN}(T℃) = R_{DN}(20℃) \times K^{(T-20)} \times (1-DO)$
- k : 보정계수
- DO : 용존산소 농도(mg/L)
- S_i : 유입수 질산염 농도(mg/L)
- S_o : 유출수 질산염 농도(mg/L)

3. 침강속도 계산식

$$Vs = \frac{d^2(\rho_S - \rho_W)g}{18\mu}$$

- Vs : 침강속도(cm/sec)
- d : 직경(cm)
- ρ_S : 입자의 비중(g/cm^3)
- ρ_W : 물의 비중(1.0g/cm^3)
- g : 중력가속도(980cm/sec^2)
- μ : 점성도(g/cm·sec)

4. 완전혼합형 반응조(CFSTR)에서 반응식

$$Q(C_o - C_t) = K \times V \times C_t^m$$

- Q : 유량(m^3/hr)
- k : 속도상수
- C_o : 초기농도(mg/L)
- V : 반응조 부피(m^3)
- C_t : t시간 후의 농도(mg/L)
- m : 차수

5. 플러그 흐름 반응조(PFR)에서 반응식

$$\ln \frac{C_t}{C_o} = -\left(\frac{Q}{V}\right) \times t$$

- C_o : 초기농도(mg/L) C_t : t시간 후의 농도(mg/L)   Q : 유량(m^3/hr)
- V : 체적(m^3)   t : 시간(hr) $K : \frac{Q}{V}$

6. 1차 반응식

$$\ln \frac{C_t}{C_o} = -k \times t$$

- C_o : 초기농도(mg/L) C_t : t시간 후의 농도(mg/L)   k : 상수(/hr)   t : 시간(hr)

7. Q : 유량(m^3/day), V : 체적(m^3), t : 시간(day)의 상관관계식

① $Q(m^3/day) = \dfrac{V(m^3)}{t(day)}$

② $V(m^3) = Q(m^3/day) \times t(day)$

③ $t(day) = \dfrac{V(m^3)}{Q(m^3/day)}$

8. 슬러지량 계산식

$$슬러지량(m^3/day) = \frac{SS농도(kg/m^3) \times Q(m^3/day) \times \eta(제거율)}{비중량(kg/m^3)} \times \frac{100}{100-P}$$

TIP

여기서 슬러지 비중이 1.0이면 비중량은 1,000kg/m^3이다. 100−P(함수율)은 TS(고형물 함량)과 동일하므로 함수율(P)이 주어지면 $\dfrac{100}{100-P}$, 고형물(TS)가 주어지면 $\dfrac{100}{TS}$를 대입하면 된다.

9. 슬러지 비중 구하는 문제

① $\dfrac{100}{\rho_{SL}} = \dfrac{W_{TS}}{\rho_{TS}} + \dfrac{W_P}{\rho_P}$

  - ρ_{SL} : 슬러지 비중 ρ_{TS} : 고형물 비중 ρ_P : 수분의 비중
  - W_{TS} : 고형물 함량(%) W_P : 수분의 함량(%)

② $\dfrac{100}{\rho_{SL}} = \dfrac{W_{VS}}{\rho_{VS}} + \dfrac{W_{FS}}{\rho_{FS}} + \dfrac{W_P}{\rho_P}$

  - ρ_{SL} : 슬러지 비중 ρ_{VS} : 휘발성 고형물(유기물)비중
  - ρ_P : 수분의 비중(1.0) ρ_{FS} : 잔류성 고형물(무기물)비중
  - W_{VS} : 휘발성 고형물(유기물)함량(%) W_{FS} : 잔류성 고형물(무기물)함량(%)
  - W_P : 수분의 함량(%)

10. 막의 면적(m²)

① $Q_F = k \times (\triangle P - \triangle \pi)$

  - Q_F : 유출수량(L/m²·day) k : 막의 확산계수(L/m²·day·kPa)
  - $\triangle P$: 압력차(kPa) $\triangle \pi$: 삼투압차(kPa)

② 25℃의 막의 면적($A_{25℃}$) = $\dfrac{Q(유량)}{Q_F(유출수량)}$

③ 10℃의 막의 면적($A_{10℃}$) = $1.58 A_{25℃}$

11. 속도경사 계산식

$G = \sqrt{\dfrac{P}{\mu \times V}} \Rightarrow P = G^2 \times \mu \times V$

  - G : 속도경사(/sec) P : 동력(watt)
  - μ : 점성도(kg/m·sec = N·sec/m²) V : 반응조 부피(m³)

12. 동력 계산식

$P = \dfrac{C_D \times A \times \rho \times V^3}{2}$

  - P : 동력(watt = kg·m²/sec³) C_D : 항력계수 A : Paddle의 이론적 면적(m²)
  - ρ : 물의 비중량(1,000kg/m³) V : Paddle의 상대속도(m/sec)

13. 공기와 고형물의 비(A/S비) 계산식

$$A/S비 = \frac{1.3 \times Sa \times (f \times P - 1)}{SS} \times R$$

⎡ Sa : 공기의 용해도(mL/L)   P : 절대압력(atm)
⎣ SS : 부유고형물 농도(mg/L)   R : 반송비

14. 월류부하 계산식

$$월류부하(m^3/m \cdot day) = \frac{Q}{L}$$

⎡ Q : 폐수량(m^3/day)   L : 월류위어 길이(m) ⇒ 원형에서 L = π · D

15. 수분과 고형물에 따른 슬러지 계산식

$V_1 \times (100 - P_1) = V_2 \times (100 - P_2)$

$V_1 \times TS_1 = V_2 \times TS_2$

⎡ V : 슬러지량(m^3)   P : 함수율(%)   TS : 고형물 함량(%)

16. BOD 면적부하 계산식

$$BOD\ 면적부하(g/m^2 \cdot day) = \frac{BOD \times Q}{A}$$

⎡ BOD : BOD 농도(g/m^3)   Q : 유량(m^3/day)   A : 면적(m^2)

17. 등온 흡착공식

$$\frac{X}{M} = KC^{\frac{1}{n}} \Rightarrow \frac{C_i - C_o}{M} = K \times C_o^{\frac{1}{n}}$$

⎡ X : 농도차(처음 농도 − 나중 농도)(mg/L)   M : 활성탄 주입 농도(mg/L)
⎣ k, n : 경험적인 상수   C : 나중 농도(mg/L)

18. 처리효율 계산식

① $\eta = \left(1 - \dfrac{BOD_o}{BOD_i}\right) \times 100(\%)$

② $\eta = \left\{1 - \dfrac{BOD_o \times P}{BOD_i}\right\} \times 100(\%)$

③ $\eta_T = 1 - (1 - \eta_1) \times (1 - \eta_2) \times (1 - \eta_3)$

④ $\left(1 - \dfrac{BOD_o}{BOD_i}\right) = 1 - (1 - \eta_1) \times (1 - \eta_2) \times (1 - \eta_3)$

> η : 처리 효율(%) η_T : 총합효율(%)
> η_1 : 1차 처리 효율(%) η_2 : 2차 처리 효율(%)
> η_3 : 3차 처리 효율(%) BOD_i : 유입수 BOD 농도(mg/L)
> BOD_o : 유출수 BOD 농도(mg/L)
> P : 희석 배수치 ⇒ $P = \dfrac{\text{유입수 } Cl^- \text{ 농도}}{\text{유출수 } Cl^- \text{ 농도}} = \dfrac{\text{희석 전 농도}}{\text{희석 후 농도}} = \dfrac{\text{희석 후 유량}}{\text{희석 전 유량}}$

19. 고형물 부하율 계산식

$$\text{고형물 부하}(kg/m^2 \cdot hr) = \dfrac{\text{고형물 농도}(kg/m^3) \times \text{유량}(m^3/hr)}{\text{면적}(m^2)}$$

20. 수두손실 계산식

$$h_L = \beta \sin\alpha \left(\dfrac{t}{b}\right)^{4/3} \times \dfrac{V^2}{2g}$$

> h_L : 수두손실(m) β : 형상계수 α : 경사각 t : 스크린의 막대 굵기(m)
> b : 스크린의 유효간격(m) g : 중력가속도(9.8m/sec²) V : 유속(m/sec)

21. 부상속도 계산식

$$V_f = \dfrac{d^2(\rho_w - \rho_s)g}{18\mu}$$

> V_f : 부상속도(cm/sec) d : 직경(cm) ρ_w : 물의 비중(1.0g/cm³)
> ρ_s : 입자의 비중(g/cm³) g : 중력가속도(980cm/sec²) μ : 점성도(g/cm · sec)

22. 혼합공식 계산식

$$C_m = \frac{Q_1C_1 + Q_2C_2}{Q_1 + Q_2}$$

> C_m : 혼합지점의 농도(mg/L)　　Q : 유량(m^3/day)　　C : 농도(mg/L)

23. 염소 주입량 계산식

염소 주입량 = 염소 요구량 + 염소 잔류량

TIP
암기법 : 주입은 요잔에 하세요!!

24. 산기관수 계산식

$$산기관수 = \frac{공급공기량(m^3/m^3 \cdot hr) \times 폐수량(m^3/day) \times 체류시간(day)}{산기관의\ 공급\ 공기량(m^3/hr \cdot 개)}$$

25. 선속도 계산식

$$선속도(m^3/m^2 \cdot hr) = \frac{유량(m^3/hr)}{면적(m^2)}$$

26. 원형 침전지에서 부피 계산식

$$원형\ 침전지에서\ 부피(V) = \left(\frac{\pi \cdot D^2}{4} \times H_1\right) + \left(\frac{\pi \cdot D^2}{4} \times H_2 \times \frac{1}{3}\right)$$

27. Re(레이놀드 수) 계산식

① 원형일 때

$$Re = \frac{DV\rho}{\mu} = \frac{DV}{\nu}$$

> Re : 레이놀드 수　　D : 입자 직경(cm)　　V : 유속(cm/sec)
> μ : 점성도(g/cm·sec)　　ν : 동점도(cm^2/sec)

② 장방형

$$Re = \frac{D_o V \rho}{\mu} = \frac{D_o V}{\nu}$$

⌈ D_o(환산직경 = 상당직경) = 4R

$$R(경심) = \frac{A(면적)}{S(윤변길이)} = \frac{b+h}{b+2h}$$

⌈ b : 폭(m)   h : 평균수위(m)

③ 판정

(층류) Re < 2,100

(난류) Re > 4,000

(천이구역) 2,100 < Re < 4,000

28. 활성 슬러지법의 계산식

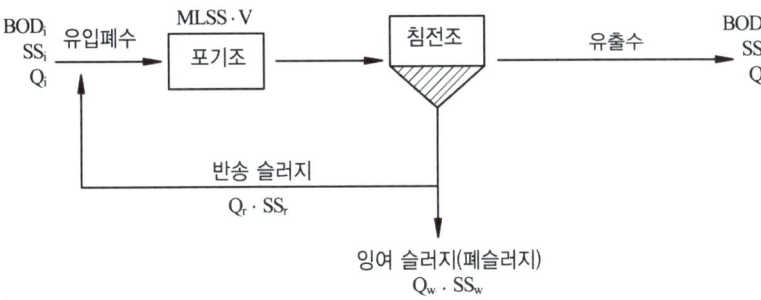

① HRT(수리학적 체류시간) = $\dfrac{V(m^3)}{Q(m^3/day)}$

② SRT = MCRT(미생물 체류시간)

$$= \frac{MLSS \times V}{Q_w \cdot SS_w + Q_o SS_o} \xrightarrow{SS_o \text{ 무시}} \quad \therefore SRT = \frac{MLSS \times V}{Q_w \times SS_w} = \frac{V}{Q_w} \times \frac{X}{X_r}$$

③ L_V (BOD 용적부하) (kg/m³·day) = $\dfrac{BOD \times Q}{V}$

④ F/M비(BOD−MLSS부하)(/day) = $\dfrac{BOD \times Q}{MLSS \times V}$

응용 1 $\dfrac{Q}{V} = \dfrac{1}{t}$ ∴ F/M비 = $\dfrac{BOD}{MLSS} \times \dfrac{1}{t}$

응용 2 $\dfrac{BOD \times Q}{V} = L_V$ ∴ F/M비 $= \dfrac{1}{MLSS} \times L_V$

⑤ 슬러지량($Q_w \cdot SS_w$) = $Y \cdot Q \cdot BOD \cdot \eta - k_d \cdot V \cdot MLSS$

TIP
$BOD \cdot \eta = BOD_i - BOD_o$

⑥ θ_v(유기물 반응시간) $= \dfrac{S_i - S_o}{\text{반응상수}(k) \times MLVSS \times S_o}$

$\begin{cases} MLVSS = MLSS의\ 75\% \\ S_i = COD_i - NBDCOD \\ S_o = COD_o - NBDCOD \end{cases}$

- 응용1 : SRT, Y, Kd 주어지고 체적(V)계산?

① $SRT = \dfrac{MLSS \cdot V}{Q_w \cdot SS_w}$

② $Q_w \cdot SS_w = Y \cdot Q \cdot BOD \cdot \eta - Kd \cdot V \cdot MLSS$

②식의 $Q_w \cdot SS_w$를 ①식의 $Q_w \cdot SS_w$에 대입

$SRT = \dfrac{MLSS \cdot V}{Y \cdot Q \cdot BOD \cdot \eta - kd \cdot V \cdot MLSS}$

$\Rightarrow \dfrac{1}{SRT} = \dfrac{Y \cdot Q \cdot BOD \cdot \eta - Kd \cdot V \cdot MLSS}{MLSS \cdot V}$

$\Rightarrow \dfrac{1}{SRT} = \dfrac{Y \cdot Q \cdot BOD \cdot \eta}{MLSS \cdot V} - \dfrac{Kd \cdot V \cdot MLSS}{MLSS \cdot V}$

$\Rightarrow \boxed{\dfrac{1}{SRT} = \dfrac{Y \cdot Q \cdot BOD \cdot \eta}{MLSS \cdot V} - Kd}$

$\Rightarrow \dfrac{1}{SRT} + Kd = \dfrac{Y \cdot Q \cdot BOD \cdot \eta}{MLSS \cdot V}$

$\boxed{\therefore V = \dfrac{Y \cdot Q \cdot BOD \cdot \eta}{\left(\dfrac{1}{SRT} + Kd\right) \cdot MLSS}}$

- 응용 2 : SRT, Y, Kd 주어지고 폐슬러지량($Q_w \cdot SS_w$)계산?

  ① $SRT = \dfrac{MLSS \cdot V}{Q_w \cdot SS_w}$

  ② $Q_w \cdot SS_w = Y \cdot Q \cdot BOD \cdot \eta - Kd \cdot V \cdot MLSS$

  ①식의 $MLSS \cdot V = SRT \cdot Q_w \cdot SS_w$를 ②식의 $MLSS \cdot V$에 대입

  $Q_w \cdot SS_w = Y \cdot Q \cdot BOD \cdot \eta - Kd \cdot SRT \cdot Q_w \cdot SS_w$

  $Q_w \cdot SS_w + Kd \cdot SRT \cdot Q_w \cdot SS_w = Y \cdot Q \cdot BOD \cdot \eta$

  $Q_w \cdot SS_w (1 + Kd \cdot SRT) = Y \cdot Q \cdot BOD \cdot \eta$

  $\boxed{\therefore Q_w \cdot S_w = \dfrac{Y \cdot Q \cdot BOD \cdot \eta}{1 + (Kd \cdot SRT)}}$

  [$BOD \cdot \eta = BOD_i - BOD_o$

29. 활성슬러지법의 제어 지표

① SVI(슬러지 용적지수) : 포기조에서 성장한 미생물의 2차 침전지에서의 침강농축성을 나타내는 지표이다.

- 판정(SVI) $\begin{cases} 50 \sim 150 : 침강성\ 양호 \\ 200\ 이상 : 슬러지\ 팽화\ 발생 \end{cases}$

$$SVI(mL/g) = \dfrac{SV(mL/L)}{MLSS(mg/L)} \times 10^3 = \dfrac{SV(\%)}{MLSS(mg/L)} \times 10^4 = \dfrac{10^6}{SS_r(mg/L)}$$

여기서 $SS_r = SS_w$이다.

② 반송비(R)와 반송율(%)

㉠ $R = \dfrac{MLSS - SS_i}{SS_r - MLSS} \xrightarrow{SSi\ 무시} R = \dfrac{MLSS}{SS_r - MLSS}$

여기서 $SS_r = SS_w$이다.

㉡ $SVI = \dfrac{10^6}{SS_r} \Rightarrow SS_r = \dfrac{10^6}{SVI}$ 을 ㉠식에 대입

$R = \dfrac{MLSS - SS_i}{10^6/SVI - MLSS}$

㉢ $R = \dfrac{SV(\%)}{100 - SV(\%)}$

㉣ $R = \dfrac{Q_r}{Q_i}$

ⓜ 반송율(%) = R(반송비) × 100(%)

③ SDI(슬러지밀도지수) : SVI의 역수이며 2~0.67 적당

$$SDI = \frac{1}{SVI} \times 100(g/100mL)$$

PART 03

수질오염공정시험기준

CHAPTER 01   총 칙
CHAPTER 02   정도보증/정도관리(QA/QC)
CHAPTER 03   일반시험기준
CHAPTER 04   일반항목편
CHAPTER 05   중금속편
CHAPTER 06   유기물질 및 휘발성유기화합물편
CHAPTER 07   생물편

수질환경
산업기사
필 기

CHAPTER 01 총칙

1. 목적

이 시험기준은 「환경분야 시험·검사 등에 관한 법률」에 따라 수질오염물질을 측정함에 있어 측정의 정확성 및 통일성을 유지하기 위하여 필요한 제반사항에 대하여 규정함을 목적으로 한다.

★ 2. 농도 표시

★★ ① 백분율(Parts Per Hundred)은 용액 100mL 중의 성분무게(g), 또는 기체 100mL 중의 성분무게(g)를 표시할 때는 W/V%, 용액 100mL 중의 성분용량(mL), 또는 기체 100mL 중의 성분용량(mL)을 표시할 때는 V/V%, 용액 100g 중 성분용량(mL)을 표시할 때는 V/W%, 용액 100g 중 성분무게(g)를 표시할 때는 W/W%의 기호를 쓴다. 다만, 용액의 농도를 "%"로만 표시할 때는 W/V%를 말한다.

Question 01

백분율(W/V, %)의 설명으로 알맞은 것은?

㉮ 용액 100g 중의 성분무게(g)를 표시
㉯ 용액 100mL 중의 성분용량(mL)을 표시
㉰ 용액 100mL 중의 성분무게(g)를 표시
㉱ 용액 100g 중의 성분용량(mL)을 표시

정답 ㉰

② 천분율(ppt, parts per thousand)을 표시할 때는 g/L, g/kg의 기호를 쓴다.
★ ③ 백만분율(ppm, parts per million)을 표시할 때는 mg/L, mg/kg의 기호를 쓴다.

📢 Question 02

ppm을 설명한 것으로 틀린 것은?

㉮ ppb농도의 1,000배 이다.　　㉯ 백만분율이라고 한다.
㉰ mg/kg이다.　　㉱ %농도의 1/1,000이다.

풀이 ㉱ %농도의 1/10,000이다.

★ ④ 십억분율(ppb, parts per billion)을 표시할 때는 µg/L, µg/kg의 기호를 쓴다.
★★ ⑤ 기체 중의 농도는 표준상태(0℃, 1기압)로 환산 표시한다.

📢 Question 03

농도표시에 관한 설명으로 틀린 것은?

㉮ 십억분율을 표시할 때는 µg/L, µg/kg의 기호로 쓴다.
㉯ 천분율을 표시할 때는 g/L, g/kg의 기호로 쓴다.
㉰ 용액의 농도는 %로만 표시할 때는 V/V%, W/W%를 나타낸다.
㉱ 용액 100 g 중 성분용량(mL)을 표시할 때는 V/W%의 기호로 쓴다.

풀이 ㉰ 용액의 농도는 %로만 표시할 때는 W/V%로 나타낸다.

★★ 3. 온도 표시

① 온도의 표시는 셀시우스(Celcius) 법에 따라 아라비아 숫자의 오른쪽에 ℃를 붙인다. 절대온도는 K로 표시하고, 절대온도 0K는 -273℃로 한다.
★★ ② 표준온도는 0℃, 상온은 15℃~25℃, 실온은 1℃~35℃로 하고, 찬 곳은 따로 규정이 없는 한 0℃~15℃의 곳을 뜻한다.
★★ ③ 냉수는 15℃ 이하, 온수는 60℃~70℃, 열수는 약 100℃를 말한다.

Question 04

온도에 관한 내용으로 틀린 것은?
㉮ 찬 곳은 따로 규정이 없는 한 0℃~15℃의 곳을 뜻한다.
㉯ 냉수는 15℃ 이하를 말한다.
㉰ 온수는 70℃~90℃를 말한다.
㉱ 상온은 15℃~25℃를 말한다.

풀이 ㉰ 온수는 60℃~70℃를 말한다.

④ "수욕상 또는 수욕중에서 가열한다."라 함은 따로 규정이 없는 한 수온 100℃에서 가열함을 뜻하고 약 100℃의 증기욕을 쓸 수 있다.
★★ ⑤ 각각의 시험은 따로 규정이 없는 한 상온에서 조작하고 조작 직후에 그 결과를 관찰한다. 단, 온도의 영향이 있는 것의 판정은 표준온도를 기준으로 한다.

Question 05

(　　) 안에 옳은 내용은?

제반 시험 조작은 따로 규정이 없는 한 상온에서 실시하고 조작 직후 그 결과를 관찰하는 것으로 한다. 단, 온도의 영향이 있는 것의 판정은 (　　)를(을) 기준으로 한다.

㉮ 실온　　㉯ 표준온도　　㉰ 수온　　㉱ 정온

정답 ㉯

4. 기구 및 기기

공정시험기준에서 사용하는 모든 기구 및 기기는 측정결과에 대한 오차가 허용되는 범위 이내인 것을 사용하여야 한다.

5. 기구

공정시험기준에서 사용하는 모든 유리기구는 KSL 2302 이화학용 유리기구의 모양 및 치수에 적합한 것 또는 이와 동등 이상의 규격에 적합한 것으로, 국가 또는 국가에서 지정하는 기관에서 검정을 필한 것을 사용하여야 한다.

6. 기기

① 공정시험기준의 분석절차 중 일부 또는 전체를 자동화한 기기가 정도관리 목표 수준에 적합하고, 그 기기를 사용한 방법이 국내외에서 공인된 방법으로 인정되는 경우 이를 사용할 수 있다.
② 연속측정 또는 현장측정의 목적으로 사용하는 측정기기는 공정시험기준에 의한 측정치와의 정확한 보정을 행한 후 사용할 수 있다.
③ 분석용 저울은 0.1 mg까지 달 수 있는 것이어야 하며, 분석용 저울 및 분동은 국가 검정을 필한 것을 사용하여야 한다.

7. 시약 및 용액

(1) 시약

시험에 사용하는 시약은 따로 규정이 없는 한 1급 이상 또는 이와 동등한 규격의 시약을 사용한다.

(2) 용액

① 용액의 앞에 몇 %라고 한 것(예 : 20% 수산화소듐 용액)은 수용액을 말하며, 따로 조제방법을 기재하지 아니하였으며 일반적으로 용액 100 mL에 녹아있는 용질의 g 수를 나타낸다.
② 용액 다음의 ( )안에 몇 N, 몇 M, 또는 %라고 한 것[예 : 아황산소듐용액(0.1 N), 아질산소듐용액(0.1 M), 구연산이암모늄용액(20%)]은 용액의 조제방법에 따라 조제하여야 한다.
★★ ③ 용액의 농도를 (1→10), (1→100) 또는 (1→1000) 등으로 표시하는 것은 고체 성분에 있어서는 1 g, 액체성분에 있어서는 1 mL를 용매에 녹여 전체 양을 10 mL, 100 mL 또는 1,000 mL로 하는 비율을 표시한 것이다.
★★ ④ 액체 시약의 농도에 있어서 예를 들어 염산(1+2)이라고 되어있을 때에는 염산 1 mL와 물 2 mL를 혼합하여 조제한 것을 말한다.

★★★ 8. 관련 용어의 정의

★★ ① 시험조작 중 "즉시"란 30초 이내에 표시된 조작을 하는 것을 뜻한다.
★★ ② "감압 또는 진공"이라 함은 따로 규정이 없는 한 15mmHg 이하를 뜻한다.

> **Question 06**
>
> 수질오염공정시험기준에서 진공이라 함은?
> ㉮ 따로 규정이 없는 한 15mmHg 이하를 말한다.
> ㉯ 따로 규정이 없는 한 15mmH$_2$O 이하를 말한다.
> ㉰ 따로 규정이 없는 한 4mmHg 이하를 말한다.
> ㉱ 따로 규정이 없는 한 4mmH$_2$O 이하를 말한다.
>
> **정답** ㉮

③ "이상"과 "초과", "이하", "미만"이라고 기재하였을 때는 "이상" "이하"는 기산점 또는 기준점인 숫자를 포함하며, "초과"와 "미만"의 기산점 또는 기준점인 숫자를 포함하지 않는 것을 뜻한다. 또 "a~b"라 표시한 것은 a 이상 b 이하임을 뜻한다.
★★ ④ "바탕시험을 하여 보정한다."라 함은 시료에 대한 처리 및 측정을 할 때, 시료를 사용하지 않고 정제수를 이용하여 같은 방법으로 측정한 분석값을 시료의 분석값에서 빼는 것을 뜻한다.
★★ ⑤ 방울수라 함은 20℃에서 정제수 20 방울을 적하할 때, 그 부피가 약 1mL 되는 것을 뜻한다.

> **Question 07**
>
> 방울수를 올바르게 정의한 것은?
> ㉮ 방울수라 함은 20℃에서 정제수 10방울을 적하할 때, 그 부피가 약 1mL되는 것을 뜻한다.
> ㉯ 방울수라 함은 20℃에서 정제수 20방울을 적하할 때, 그 부피가 약 1mL되는 것을 뜻한다.
> ㉰ 방울수라 함은 4℃에서 정제수 10방울을 적하할 때, 그 부피가 약 1mL되는 것을 뜻한다.
> ㉱ 방울수라 함은 4℃에서 정제수 20방울을 적하할 때, 그 부피가 약 1mL되는 것을 뜻한다.
>
> **정답** ㉯

★★ ⑥ "항량으로 될 때까지 건조한다."라 함은 같은 조건에서 1시간 더 건조할 때 전후 무게의 차가 g당 0.3mg 이하일 때를 말한다.

Question 08

'항량으로 될 때까지 강열한다.' 는 의미에 해당하는 것은?

㉮ 강열할 때 전후무게의 차가 g당 0.1 mg 이하일 때
㉯ 강열할 때 전후무게의 차가 g당 0.3 mg 이하일 때
㉰ 강열할 때 전후무게의 차가 g당 0.5 mg 이하일 때
㉱ 강열할 때 전후무게의 차가 없을 때

정답 ㉯

⑦ 용액의 산성, 중성, 또는 알칼리성을 검사할 때는 따로 규정이 없는 한 유리전극법에 의한 pH미터로 측정하고 구체적으로 표시할 때는 pH 값을 쓴다.
⑧ 여과용 기구 및 기기를 기재하지 않고 "여과한다." 라고 하는 것은 KSM 7602 거름종이 5종 A 또는 이와 동등한 여과지를 사용하여 여과함을 말한다.
★★ ⑨ "정밀히 단다."라 함은 규정된 양의 시료를 취하여 화학저울 또는 미량저울로 칭량함을 말한다.
★★ ⑩ 무게를 "정확히 단다."라 함은 규정된 수치의 무게를 0.1mg까지 다는 것을 말한다.
★★ ⑪ "정확히 취하여"라 하는 것은 규정한 양의 액체를 부피피펫으로 눈금까지 취하는 것을 말한다.

Question 09

"정확히 취하여" 라고 하는 것은 규정한 양의 액체를 무엇으로 눈금까지 취하는 것을 말하는가?

㉮ 메스실린더   ㉯ 뷰렛   ㉰ 부피피펫   ㉱ 눈금 비이커

정답 ㉰

★★ ⑫ "약"이라 함은 기재된 양에 대하여 ±10%이상의 차가 있어서는 안 된다.

Question 10

수질오염공정시험기준에서 사용되는 용어 중 "약"에 관한 용어정의로 옳은 것은?

㉮ 기재된 양에 대하여 ±0.1% 이상의 차가 있어서는 안 된다.
㉯ 기재된 양에 대하여 ±1% 이상의 차가 있어서는 안 된다.
㉰ 기재된 양에 대하여 ±5% 이상의 차가 있어서는 안 된다.
㉱ 기재된 양에 대하여 ±10% 이상의 차가 있어서는 안 된다.

정답 ㉱

★ ⑬ "냄새가 없다."라고 기재한 것은 냄새가 없거나, 또는 거의 없는 것을 표시하는 것이다.
⑭ 시험에 쓰는 물은 따로 규정이 없는 한 증류수 또는 정제수로 한다.
⑮ "방랭한다"라 함은 상온에 방치하여 상온까지 냉각하는 것을 말한다.

Question 11

수질오염공정시험기준 총칙에서 용어의 정의가 틀린 것은?
㉮ 무게를 "정확히 단다"라 함은 규정된 수치의 무게를 0.1 mg까지 다는 것을 말한다.
㉯ 시험조작 중 "즉시"란 30초 이내에 표시된 조작을 하는 것을 뜻한다.
㉰ "바탕시험을 하여 보정한다"라 함은 시료를 사용하여 같은 방법으로 조작한 측정치를 보정하는 것을 말한다.
㉱ "항량으로 될 때까지 건조한다"라 함은 1시간 더 건조하거나 또는 강열할 때 전후 차가 g당 0.3 mg 이하일 때를 말한다.

풀이 ㉰ "바탕시험을 하여 보정한다"라 함은 시료를 사용하지 않고 같은 방법으로 조작한 측정치를 빼는 것을 말한다.

★★ 9. 용기

① "용기"라 함은 시험용액 또는 시험에 관계된 물질을 보존, 운반 또는 조작하기 위하여 넣어두는 것으로 시험에 지장을 주지 않도록 깨끗한 것을 뜻한다.
★★ ② "밀폐용기"라 함은 취급 또는 저장하는 동안에 이물질이 들어가거나 또는 내용물이 손실되지 아니하도록 보호하는 용기를 말한다.

Question 12

취급 또는 저장하는 동안에 이물이 들어가거나 또는 내용물이 손실되지 아니하도록 보호하는 용기는?
㉮ 차광용기   ㉯ 밀봉용기   ㉰ 밀폐용기   ㉱ 기밀용기

정답 ㉰

★ ③ "기밀용기"라 함은 취급 또는 저장하는 동안에 밖으로부터의 공기 또는 다른 가스가 침입하지 아니하도록 내용물을 보호하는 용기를 말한다.
★ ④ "밀봉용기"라 함은 취급 또는 저장하는 동안에 기체 또는 미생물이 침입하지 아니하도록 내용물을 보호하는 용기를 말한다.

Question 13

취급 또는 저장하는 동안에 기체 또는 미생물이 침입하지 아니하도록 내용물을 보호하는 용기는?
㉮ 밀봉용기　　　㉯ 기밀용기　　　밀폐용기　　　㉱ 완밀용기

정답 ㉮

⑤ "차광용기"라 함은 광선이 투과하지 않는 용기 또는 투과하지 않게 포장을 한 용기이며 취급 또는 저장하는 동안에 내용물이 광화학적 변화를 일으키지 아니하도록 방지할 수 있는 용기를 말한다.

CHAPTER 02 정도보증/정도관리(QA/QC)

01 목적

환경측정의 정도보증/정도관리는 측정·분석 결과의 정밀·정확도를 관리하고 보증하여 국가적인 환경정책 결정, 산업체의 오염물질 관리 및 국민의 삶의 질 관리에 기여하는 것을 그 목적으로 한다.

02 검정곡선(Calibration curve)

분석물질의 농도변화에 따른 지시값을 나타낸 것으로 시료 중 분석 대상 물질의 농도를 포함하도록 범위를 설정하고, 검정곡선 작성용 표준용액은 가급적 시료의 매질과 비슷하게 제조하여야 한다.

★★ 1. 검정곡선법(external standard method)

① 시료의 농도와 지시값과의 상관성을 검정곡선식에 대입하여 작성하는 방법이며, 검정곡선은 직선성이 유지되는 농도범위 내에서 제조농도 3~5개를 사용한다.

② 검정곡선식

$y = a_0 + a_1 \cdot x$

y : 지시값   x : 농도 a_0, a_1 : 계수

★★ 2. 표준물첨가법(standard addition method)

시료와 동일한 매질에 일정량의 표준물질을 첨가하여 검정곡선을 작성하는 방법으로써, 매질효과가 큰 시험 분석 방법에서 분석 대상 시료와 동일한 매질의 표준시료를 확보하지 못한 경우에 매질효과를 보정하여 분석할 수 있는 방법이다.

★★ 3. 내부표준법(internal standard method)

검정곡선 작성용 표준용액과 시료에 동일한 양의 내부표준물질을 첨가하여 시험분석 절차, 기기 또는 시스템의 변동으로 발생하는 오차를 보정하기 위해 사용하는 방법이다. 내부표준법은 시험 분석하려는 성분과 물리·화학적 성질은 유사하나 시료에는 없는 순수 물질을 내부표준물질로 선택한다. 일반적으로 내부표준물질로는 분석하려는 성분에 동위원소가 치환된 것을 많이 사용한다.

> **Question 01**
>
> 검정곡선 작성용 표준용액과 시료에 동일한 양의 내부표준물질을 첨가하여 시험분석 절차, 기기 또는 시스템의 변동으로 발생하는 오차를 보정하기 위해 사용하는 방법은?
> ㉮ 검정곡선법   ㉯ 표준물첨가법   ㉰ 내부표준법   ㉱ 절대검량선법
>
> **정답** ㉰

★★ 4. 검정곡선의 작성 및 검증

① 검정곡선을 작성하고 얻어진 검정곡선의 결정계수(R^2) 또는 감응계수(RF, response factor)의 상대표준편차가 일정 수준 이내이어야 하며, 결정계수나 감응계수의 상대표준편차가 허용범위를 벗어나면 재작성하여야 한다.

★★ ② 감응계수 $= \dfrac{R}{C}$

[C : 검정곡선 작성용 표준용액의 농도   R : 반응값

Question 02

감응계수를 옳게 나타낸 것은? (단, 검정곡선 작성용 표준용액의 농도 : C, 반응값 : R)

㉮ 감응계수 = R/C
㉯ 감응계수 = C/R
㉰ 감응계수 = R×C
㉱ 감응계수 = C - R

정답 ㉮

③ 검정곡선은 분석할 때마다 작성하는 것이 원칙이며, 분석 과정 중 검정곡선의 직선성을 검증하기 위하여 각 시료군(시료 20개 이내)마다 1회의 검정곡선 검증을 실시한다.

④ 검증은 방법검출한계의 5배~50배 또는 검정곡선의 중간 농도에 해당하는 표준용액에 대한 측정값이 검정곡선 작성시의 지시값과 10% 이내에서 일치하여야 한다. 만약 이 범위를 넘는 경우 검정곡선을 재작성하여야 한다.

Question 03

분석물질의 농도변화에 대한 지시값을 나타내는 검정곡선방법에 대한 설명으로 알맞은 것은?

㉮ 검정곡선법은 시료의 농도와 지시값과의 상관성을 검정곡선식에 대입하여 작성하는 방법으로, 직선성이 유지되는 농도범위 내에서 제조농도 3~5개를 사용한다.

㉯ 표준물첨가법은 시료와 동일한 매질에 일정량의 표준물질을 첨가하여 검정곡선을 작성하는 것으로, 시험분석 절차, 기기 또는 시스템의 변동으로 발생하는 오차를 보정하기위해 사용한다.

㉰ 내부표준법은 표준용액과 시료에 동일한 양의 내부표준물질을 첨가하여 검정곡선을 작성하는 것으로, 매질효과가 큰 시험분석 방법에서 분석 대상 시료와 동일한 매질의 시료를 확보하지 못한 경우에 매질효과를 보정하기 위해 사용한다.

㉱ 검정곡선의 검증은 방법검출한계의 2배~5배 또는 검정곡선의 중간 농도에 해당하는 표준용액에 대한 측정값이 검정곡선 작성시의 지시값과 10% 이내에서 일치하여야 한다.

풀이 ㉯ 표준물첨가법은 시료와 동일한 매질에 일정량의 표준물질을 첨가하여 검정곡선을 작성하는 것으로, 매질효과가 큰 시험분석 방법에서 분석대상 시료와 동일한 매질의 표준시료를 확보하지 못한 경우에 매질효과를 보정하여 분석할 수 있는 방법이다.

㉰ 내부표준법은 표준용액과 시료에 동일한 양의 내부표준물질을 첨가하여 시험분석 절차, 기기 또는 시스템의 변동으로 발생하는 오차를 보정하기 위해 사용하는 방법이다.

㉱ 검정곡선의 검증은 방법검출한계의 5배~50배 또는 검정곡선의 중간 농도에 해당 하는 표준용액에 대한 측정값이 검정곡선 작성시의 지시값과 10% 이내에서 일치하여야 한다.

03 검출한계

1. 기기검출한계(IDL : instrument detection limit)

시험분석 대상물질을 기기가 검출할 수 있는 최소한의 농도 또는 양으로서, 일반적으로 S/N 비의 2배~5배 농도 또는 바탕시료를 반복 측정 분석한 결과의 표준편차에 3배한 값 등을 말한다.

2. 방법검출한계(MDL : method detection limit)

① 시료와 비슷한 매질 중에서 시험분석 대상을 검출할 수 있는 최소한의 농도로서, 제시된 정량한계 부근의 농도를 포함하도록 준비한 n개의 시료를 반복 측정하여 얻은 결과의 표준편차(S)에 99% 신뢰도에서의 t-분포값을 곱한 것이다.

② 방법검출한계 = t(n-1, a = 0.01)×S

여기서 t(n-1, a = 0.01)는 아래의 표에서 구한다.

자유도(n-1)	2	3	4	5	6	7	8	9
t-분포값	6.96	4.54	3.75	3.36	3.14	3.00	2.90	2.82

3. 정량한계(LOQ, limit of quantification)

① 시험분석 대상을 정량화할 수 있는 측정값으로서, 제시된 정량한계 부근의 농도를 포함하도록 시료를 준비하고 이를 반복 측정하여 얻은 결과의 표준편차(S)에 10배한 값을 사용한다.

 ② 정량한계 = 10×S

Question 04

정량한계(LOQ)를 옳게 나타낸 것은?

㉮ 정량한계 = 2×표준편차 ㉯ 정량한계 = 3.3×표준편차
㉰ 정량한계 = 5×표준편차 ㉱ 정량한계 = 10×표준편차

정답 ㉱

04 정밀도(Precision)

★★ ① 시험분석 결과의 반복성을 나타내는 것으로 반복시험하여 얻은 결과를 상대표준편차(RSD, relative standard deviation)로 나타내며, 연속적으로 n회 측정한 결과의 평균값($\bar{x}$)과 표준편차(s)로 구한다.

★★ ② 정밀도(%) = $\dfrac{S(표준편차)}{\bar{x}(n회\ 측정한\ 결과의\ 평균값)} \times 100$

Question 05

정도관리 요소 중 정밀도를 옳게 나타낸 것은? (단, n : 연속적으로 측정한 횟수)

㉮ 정밀도(%) = (n회 측정한 결과의 평균값/표준편차)×100
㉯ 정밀도(%) = (표준편차/n회 측정한 결과의 평균값)×100
㉰ 정밀도(%) = (상대편차/n회 측정한 결과의 평균값)×100
㉱ 정밀도(%) = (n회 측정한 결과의 평균값/상대편차)×100

정답 ㉯

05 정확도(Accuracy)

① 시험분석 결과가 참값에 얼마나 근접하는가를 나타내는 것으로 동일한 매질의 인증시료를 확보할 수 있는 경우에는 표준절차서(SOP ; standard operational procedure)에 따라 인증표준물질을 분석한 결과값(C_M)과 인증값(C_C)과의 상대백분율로 구한다.

② 정확도(%) = $\dfrac{C_M}{C_C} \times 100 = \dfrac{C_{AM} - C_S}{C_A} \times 100$

C_{AM} : 인증시료를 확보할 수 없는 경우에 해당 표준물질을 첨가하여 시료를 분석한 분석값
C_S : 인증시료를 확보할 수 없는 경우에는 해당 표준물질을 첨가하지 않은 시료의 분석값
C_A : 첨가 농도

06 현장 이중시료(Field duplicate)

① 동일 위치에서 동일한 조건으로 중복 채취한 시료로서 독립적으로 분석하여 비교한다. 현장 이중시료는 필요시 하루에 20개 이하의 시료를 채취할 경우에는 1개를, 그 이상의 시료를 채취할 때에는 시료 20개당 1개를 추가로 채취하며, 동일한 조건에서 측정한 두 시료의 측정값 차를 두 시료 측정값의 평균값으로 나누어 상대편차백분율(RPD, relative percent difference)로 구한다.

② 상대편차백분율(%) = $\dfrac{C_2 - C_1}{\bar{x}} \times 100\%$

CHAPTER 03 일반시험기준

01 공장폐수 및 하수유량 – 관(pipe) 내의 유량 측정방법

1. 개요

① 목적 : 공장, 하수 및 폐수 종말처리장 등의 원수, 공정수, 배출수 등의 관내의 유량을 측정하는데 사용하며, 관(pipe)내의 유량측정 방법에는 벤튜리미터(venturi meter), 유량측정용 노즐(nozzle), 오리피스(orifice), 피토우(pitot)관, 자기식 유량측정기(magnetic flow meter)가 있다.

Question 01

다음 중 관내의 유량 측정 방법으로 틀린 것은 어느 것인가?
㉮ 오리피스
㉯ 자기식 유량 측정기(Magnetic flow meter)
㉰ 피토우(pitot)관
㉱ 위어(Weir)

풀이 ㉱ 위어(Weir)는 관내의 압력이 필요하지 않은 측정용 수로에서 유량 측정 방법이다.

② 적용범위 : 공장, 하수 및 폐수 종말처리장 등의 원수, 공정수, 배출수 등에서 공장폐수 원수(raw wastewater), 1차 처리수(primary effluent), 2차 처리수(secondary effluent), 1차 슬러지(primary sludge), 반송슬러지(return sludge, thickened sludge), 포기액(mixed liquor), 공정수(process water) 등의 압력 하에 존재하는 관내의 유량을 측정하는 사용한다.

★★★ 폐수처리 공정에서 유량측정장치의 적용

장치	공장폐수 원수 (raw wastewater)	1차 처리수 (primary effluent)	2차 처리수 (secondary effluent)	1차 슬러지 (primary sludge)	반송 슬러지 (return sludge)	농축 슬러지 (thickened sludge)	포기액 (mixed liquor)	공정수 (process water)
벤튜리미터 (venturi meter)	○	○	○	○	○	○	○	
유량측정용 노즐(nozzle)	○	○	○	○	○	○	○	○
오리피스 (orifice)								○
피토우 (pitot)관								○
자기식 유량측정기 (magnetic flow meter)	○	○	○	○	○	○		○

📢 Question 02

공장폐수 및 하수유량(관 내의 유량측정방법)을 측정하는 장치 중 공정수(process water)에 적용하지 않는 것은?

㉮ 유량측정용 노즐 ㉯ 오리피스
㉰ 벤튜리미터 ㉱ 자기식유량측정기

> 풀이 공장폐수나 하수의 관 내 유량측정방법 중 공정수(process water)에 적용되는 장치는 유량측정용 노즐, 오리피스, 피토우관, 자기식유량측정기이다.

㉠ 노즐의 경우 약간의 고형 부유물질이 포함된 폐·하수에도 이용할 수 있고, 피토우관은 부유물질이 많이 흐르는 폐·하수에서는 사용이 곤란하나 부유물질이 적은 대형관에서는 효율적인 유량측정기이다. 또한 자기식 유량 측정기기의 경우에는 고형물질이 많아 관을 메울 우려가 있는 폐·하수에 이용할 수 있다.

TIP

① 벤튜리미터 설치에 있어 관내의 흐름이 완전히 발달하여 와류에 영향을 받지 않고 실질적으로 직선적인 흐름을 유지해야 한다. 그러므로 벤튜리미터는 난류 발생에 원인이 되는 관로상의 점으로부터 충분히 하류지점에 설치해야하며, 통상관 직경의 약 30배~50배 하류에 설치해야 효과적이다.
② 노즐 출구의 분류는 속도분포가 고르기 때문에 관의 끝에 설치하여 유량계로서가 아닌 목적에도 쓰이고 있다.

★★ ▶ 유량계에 따른 정밀/정확도 및 최대유속과 최소유속의 비율

유량계	★★범위 (최대유량 : 최소유량)	★★정확도 (실제유량에 대한, %)	★★정밀도 (최대유량에 대한, %)
벤튜리미터(venturi meter)	4 : 1	±1	±0.5
유량측정용 노즐(nozzle)	4 : 1	±0.3	±0.5
오리피스(orifice)	4 : 1	±1	±1
피토우(pitot)관	3 : 1	±3	±1
자기식 유량측정기 (magnetic flow meter)	10 : 1	±1~2	±0.5

Question 03

관내의 공장폐수 및 하수유량 측정 장치인 벤튜리미터 유량계의 [최대유량 : 최소유량] 범위로 옳은 것은?

㉮ 2 : 1 ㉯ 3 : 1 ㉰ 4 : 1 ㉱ 5 : 1

정답 ㉰

Question 04

유량계에 따른 '정밀도, 정확도'로 옳은 것은? (단, 최대유량 : 최소유량 = 4 : 1)

㉮ 벤튜리미터 정확도(실제유량에 대한 %) : ±3
㉯ 벤튜리미터 정밀도(최대유량에 대한 %) : ±5
㉰ 오리피스 정확도(실제유량에 대한 %) : ±3
㉱ 오리피스 정밀도(최대유량에 대한 %) : ±1

정답 ㉱

2. 유량계 종류 및 특성

(1) 벤튜리미터(venturi meter) 특성 및 구조

벤튜리미터(venturi meter)는 긴 관의 일부로써 단면이 작은 목(throat)부분과 점점 축소, 점점 확대되는 ★★단면을 가진 관으로 축소부분에서 정력학적

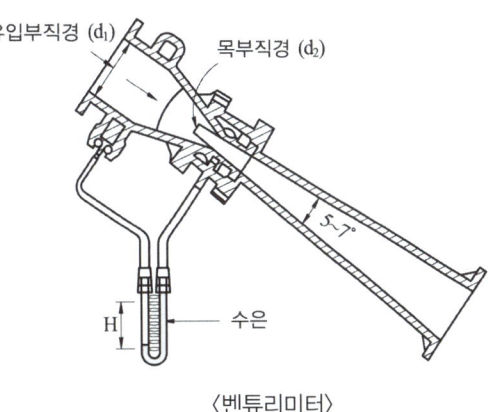

〈벤튜리미터〉

수두의 일부는 속도수두로 변하게 되어 관의 목(throat)부분의 정력학적 수두보다 적게 된다. 이러한 수두의 차에 의해 직접적으로 유량을 계산할 수 있다.

(2) 유량측정용 노즐(nozzle) 특성 및 구조

유량측정용 노즐은 수두와 설치비용 이외에도 벤튜리미터와 오리피스 간의 특성을 고려하여 만든 유량측정용 기구로서 측정원리의 기본은 정수압이 유속으로 변화하는 원리를 이용한 것이다.

그러므로 벤튜리미터의 유량 공식을 노즐에도 이용할 수 있다.

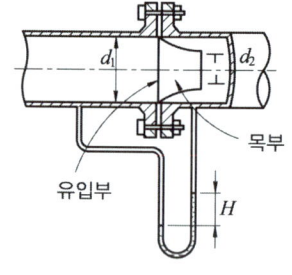

〈유량측정용 노즐〉

Question 05

긴 관의 일부로써 단면이 작은 목 부분과 점점 축소, 점점 확대되는 단면을 가진 관으로 축소 부분에서 정역학적 수두의 일부는 속도수두로 변하게 되어 관의 목부분의 정역학적 수두보다 적어지는 이러한 차에 의해 직접적으로 유량을 측정하는 것은?
㉮ 벤튜리미터　　　　　　　　　　㉯ 피토우관
㉰ 자기식 유량측정기　　　　　　　㉱ 오리피스

정답 ㉮

★★ (3) 오리피스(orifice) 특성 및 구조

오리피스는 설치에 비용이 적게 들고 비교적 유량측정이 정확하여 얇은 판 오리피스가 널리 이용되고 있으며 흐름의 수로 내에 설치한다. 오리피스를 사용하는 방법은 노즐(nozzle)과 벤튜리미터와 같다.

오리피스의 장점은 단면이 축소되는 목(throat)부분을 조절함으로써 유량이 조절된다는 점이며, 단점은 오리피스(orifice) 단면에서 커다란 수두손실이 일어난다는 점이다.

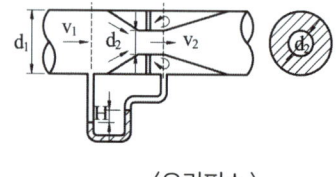

〈오리피스〉

> **Question 06**
>
> 공장폐수 및 하수유량 측정방법 중 오리피스에 대한 내용으로 틀린 것은?
> ㉮ 설치에 비용이 적게 소요되며 비교적 유량측정이 정확하다.
> ㉯ 오리피스판의 두께에 따라 흐름의 수로 내외에 설치가 가능하다.
> ㉰ 오리피스 단면에 커다란 수두손실이 일어나는 단점이 있다.
> ㉱ 단면이 축소되는 목부분을 조절함으로써 유량이 조절된다.
>
> **풀이** ㉯ 얇은 판 오리피스가 널리 이용되고 있으며 흐름의 수로 내에 설치한다.

★★ (4) 피토우(pitot)관 특성 및 구조

피토우관의 유속은 마노미터에 나타나는 수두차에 의하여 계산한다. 왼쪽의 관은 정수압을 측정하고 오른쪽관은 유속이 0인 상태인 정체압력(stagnation pressure)을 측정한다.

피토우관으로 측정할 때는 반드시 일직선상의 관에서 이루어져야 하며, 관의 설치장소는 엘보우(elbow), 티(tee)등 관이 변화하는 지점으로부터 최소한 관 지름의 15배~50배 정도 떨어진 지점이어야 한다.

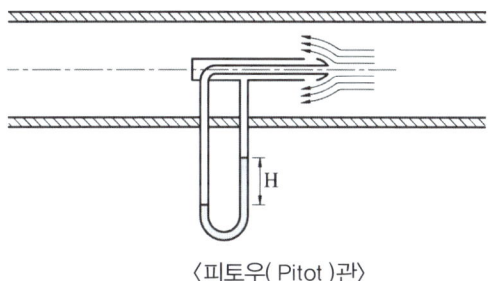

〈피토우(Pitot)관〉

(5) 자기식 유량측정기(magnetic flow meter) 특성 및 구조

측정원리는 패러데이(faraday)의 법칙을 이용하여 자장의 직각에서 전도체를 이동시킬 때 유발되는 전압은 전도체의 속도에 비례한다는 원리를 이용한 것으로 이 경우 전도체는 폐·하수가 되며, 전도체의 속도는 유속이 된다. 이때 발생된 전압은 유량계 전극을 통하여 조절변류기로 전달된다.

이 측정기는 ★★ 전압이 활성도, 탁도, 점성, 온도의 영향을 받지 않고 다만 유체(폐·하수)의 유속에 의하여 결정되며 수두손실이 적다.

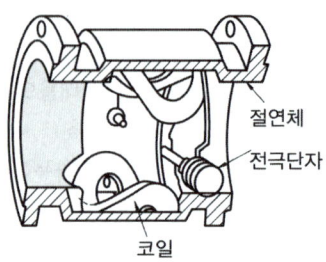

〈자기식 유량측정기〉

Question 07

고형물질이 많아 관을 메울 우려가 있는 폐·하수의 관내 유량을 측정하는 방법으로 알맞은 것은 어느 것인가?

㉮ 자기식 유량측정기(magnetic flow meter)   ㉯ 유량측정용 노즐(nozzle)
㉰ 파샬플룸(parshall flume)   ㉱ 피토우관(pitot)

정답 ㉮

(6) 결과보고

① 벤튜리미터, 유량측정 노즐, 오리피스 측정공식

★★ $Q = \dfrac{C \cdot A}{\sqrt{1 - [\frac{d_2}{d_1}]^4}} \sqrt{2g \cdot H}$

- Q : 유량(cm^3 / sec)
- A : 목(throat)부분의 단면적(cm^2) [$= \dfrac{\pi d_2^2}{4}$]
- H_1 : 유입부 관 중심부에서의 수두(cm)
- g : 중력가속도(980cm / sec^2)
- d_2 : 목(throat)부 직경(cm)
- C : 유량계수
- H : H_1-H_2(수두차 : cm)
- H_2 : 목(throat)부의 수두(cm)
- d_1 : 유입부의 직경(cm)

② 피토우(pitot)관 측정공식

★★ $Q = C \cdot A \cdot V = C \times \dfrac{\pi \cdot D^2}{4} \times \sqrt{2 \cdot g \cdot H}$

- Q : 유량(cm^3 / sec)
- A : 관의 유수단면적(cm^2) [$= \dfrac{\pi D^2}{4}$]
- H : H_1-H_2(수두차 : cm)
- H_1 : 정체압력 수두(cm)
- D : 관의 직경(cm)
- C : 유량계수
- V : $\sqrt{2g \cdot H}$(cm / sec)
- g : 중력가속도(980cm / sec^2)
- H_2 : 정수압 수두(cm)

02 공장폐수 및 하수유량 – 측정용 수로 및 기타 유량 측정방법

1. 개요

(1) 목적

공장, 하수 및 폐수 종말처리장 등의 원수, 공정수, 배출수 등의 개수로의 유량을 측정하는데 사용한다.

(2) 적용범위

★★ ① 관내의 압력이 필요하지 않은 측정용 수로에서 유량을 측정하는데 적용한다.
② 공장, 하수 및 폐수 종말처리장 등의 원수, 공정수 배출수 등에서 공장폐수원수(raw wastewater), 1차 처리수(primary effluent), 2차 처리수(secondary effluent), 공정수(process water)등의 측정용 수로 유량을 측정하는데 사용한다.

★★ ▶ 폐수처리 공정에서 유량측정장치의 적용

	공장폐수 원수 (raw wastewater)	1차 처리수 (primary effluent)	2차 처리수 (secondary effluent)	1차 슬러지 (primary sludge)	반송 슬러지 (return sludge)	농축 슬러지 (thickened sludge)	포기액 (mixed liquor)	공정수 (process water)
웨어 (weir)		○	○					○
플룸 (flume)	○	○	○					○

📢 Question 08

폐수처리 공정 중 관 내의 압력이 필요하지 않은 측정용 수로의 유량측정장치인 웨어가 적용되지 않는 것은?

㉮ 공장폐수원수　　㉯ 1차 처리수　　㉰ 2차 처리수　　㉱ 공정수

풀이 웨어는 1차 처리수, 2차 처리수, 공정수의 유량측정에 적용한다.

유량계에 따른 정밀/정확도 및 최대유속과 최소유속의 비율

유량계	범위 (최대유량 : 최소유량)	정확도 (실제유량에 대한, %)	정밀도 (최대유량에 대한, %)
웨어(weir)	500 : 1	±5	±0.5
파샬수로(flume)	10 : 1~75 : 1	±5	±0.5

Question 09

공장폐수 및 하수유량 측정을 위한 웨어의 최대유량과 최소유량의 비로 옳은 것은?

㉮ 100 : 1   ㉯ 200 : 1   ㉰ 400 : 1   ㉱ 500 : 1

정답 ㉱

Question 10

공장, 하수 및 폐수 종말처리장 등의 원수, 공정수, 배출수 등의 개수로 유량을 측정하는데 사용하는 웨어의 정확도 기준은 얼마인가? (단, 실제유량에 대한 %)

㉮ ±5%   ㉯ ±10%   ㉰ ±15%   ㉱ ±25%

정답 ㉮

(3) 웨어(weir)

① 웨어의 종류 및 구조

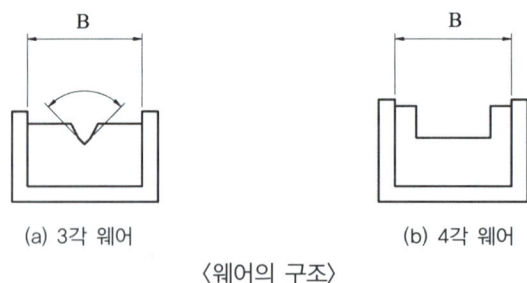

(a) 3각 웨어   (b) 4각 웨어

〈웨어의 구조〉

② 수로

㉠ 수로는 목재, 철판, PVC판, FRP 등을 이용하여 만들며 부식성을 고려하여 내구성이 강한 재질을 선택한다.

㉡ 수로의 크기는 수로의 내부치수로 정하되 폐수량에 따라 적절하게 결정한다.

㉢ 수로는 바닥면을 수평으로 하며 수위를 읽는데 오차가 생기지 않도록 한다.

② 수로의 측면과 바닥면은 안측이 직각으로 접하게 하고, 누수가 없도록 하여야 한다.
⑩ 웨어판에 다가오는 흐름을 고르게 하여 수면의 파동이 없게 하기 위하여 웨어의 상류에 체(눈금의 간격 10mm~20mm 철재의 체를 사용하여도 좋다) 혹은 적당한 다공판으로 만든 정류장치를 마련하며, 그 위치는 따로 정한다.
⑪ 웨어의 수로는 웨어로부터 상류로 향하여 수위측정부분(L_1), 정류부분(L_2), 유수도입부분(L_3)으로 되어 있으며 정류장치의 다공판은 2매 이상, 가능한 한 4매로 하고 정류부분에 같은 간격으로 유수에 직각 또는 수직으로 붙인다.
⑫ **유수의 도입부분은 상류측의 수로가 웨어의 수로 폭과 깊이보다 클 경우에는 없어도 좋다.** 저수량은 될수록 큰 편이 좋다.

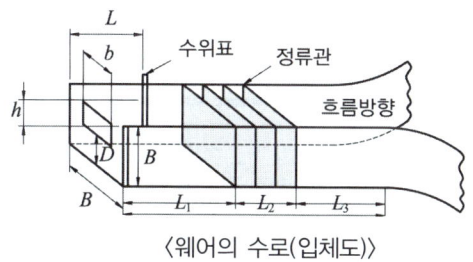

〈웨어의 수로(입체도)〉

Question 11

웨어의 수로에 관한 설명으로 잘못된 것은 어느 것인가?
㉮ 수로는 목재, 철판, PVC판, FRP 등을 이용하여 만들며 부식성을 고려하여 내구성이 강한 재질을 선택한다.
㉯ 수로의 크기는 수로의 내부치수로 정하되 폐수량에 따라 적절하게 결정한다.
㉰ 수로는 바닥면을 수평으로 하며 수위를 읽는데 오차가 생기지 않도록 한다.
㉱ 유수의 도입부분은 상류측의 수로가 웨어의 수로폭과 깊이보다 작을 경우에는 없어도 좋다.

풀이 ㉱ 유수의 도입부분은 상류측의 수로가 웨어의 수로폭과 깊이보다 클 경우에는 없어도 좋다.

③ 웨어판
㉠ 웨어판의 재료는 **3mm 이상의 두께**를 갖는 내구성이 강한 철판으로 한다.
㉡ 웨어판의 가장자리는 웨어판의 안측으로부터 약 2mm의 사이는 웨어판의 양측면에 직각인 평면을 이루고, 그것으로부터 바깥쪽으로 향하여 약 45°의 경사면을 이루는 것으로 한다.
㉢ 웨어판 안측의 가장자리는 직선이어야 하며, 그 귀퉁이는 날카롭거나 둥글지 않게 줄로 다듬는다.
㉣ 웨어판의 내면은 평면이어야 하며, 특히 가장자리로부터 100mm 이내는 될수록 매끄럽게 다듬는다.

ⓜ 웨어판은 유수의 수압에 의하여 바깥쪽으로 굽지 않도록 웨어판 바깥면의 절단 하부점(직각 3각 웨어), 절단 하부 모서리(4각 웨어)로 부터 30cm 이상 떨어져서 보강재를 붙인다.

ⓗ 웨어판은 수로의 장축에 직각 또는 수직으로 하여 말단의 바깥틀에 누수가 없도록 고정한다.

ⓢ 웨어판의 크기는 수로의 붙인 틀의 크기에 맞추며 절단의 크기는 따로 정한다.

ⓞ 직각 3각 웨어의 절단은 절단각도를 90°로 하고 그 2등분선은 수직이며, 또한 수로 폭의 중앙에 위치하도록 붙인다.

ⓩ 웨어판은 절단 하부 귀퉁이의 2등분선이 수로의 중앙에 위치하며 또 그 하부 귀퉁이가 수로 밑면과 수평이며, 또한 평행하게 되도록 붙인다.

> **Question 12**
>
> 유량 측정시 사용되는 웨어판에 대한 내용으로 잘못된 것은 어느 것인가?
>
> ㉮ 웨어판의 재료는 3mm 이상의 두께를 갖는 내구성이 강한 철판으로 한다.
> ㉯ 웨어판의 내면은 평면이어야 한다.
> ㉰ 웨어판 안측의 가장자리는 직선이어야 한다.
> ㉱ 웨어판의 크기는 수로의 붙인 틀의 크기에 맞추고 절단의 크기는 따로 정하지 않는다.
>
> **풀이** ㉱ 웨어판의 크기는 수로의 붙인 틀의 크기에 맞추고 절단의 크기는 따로 정한다.

(4) 유량의 산출 방법

① 직각 3각 웨어

 $Q = K \cdot h^{5/2}$

$\begin{bmatrix} Q : 유량(m^3/분) \\ B : 수로의 폭(m) \\ h : 웨어의 수두(m) \end{bmatrix}$

$K : 유량계수 = 81.2 + \dfrac{0.24}{h} + [8.4 + \dfrac{12}{\sqrt{D}}] \times [\dfrac{h}{B} - 0.09]^2$

$D : 수로의 밑면으로부터 절단 하부 점까지의 높이(m)$

Question 13

수로 및 직각 3각 웨어판을 만들어 유량을 산출할 때 웨어의 수두 0.2m, 수로의 밑면에서 절단 하부점까지의 높이 0.75m, 수로의 폭 0.5m일 때의 웨어의 유량(m^3/min)은 얼마인가? (단, $k = 81.2 + \frac{0.24}{h} + \left[8.4 + \frac{12}{\sqrt{D}} \right] \times \left[\frac{h}{B} - 0.09 \right]^2$)

㉮ 0.54m^3/min　　㉯ 1.15m^3/min　　㉰ 1.51m^3/min　　㉱ 2.33m^3/min

풀이

① $k = 81.2 + \frac{0.24}{h} + \left[8.4 + \frac{12}{\sqrt{D}} \right] \times \left[\frac{h}{B} - 0.09 \right]^2$

$= 81.2 + \frac{0.24}{0.2m} + \left[8.4 + \frac{12}{\sqrt{0.75m}} \right] \times \left[\frac{0.2m}{0.5m} - 0.09 \right]^2 = 84.54$

② $Q = k \cdot h^{\frac{5}{2}} (m^3/min) = 84.54(0.2m)^{\frac{5}{2}} = 1.51 m^3/min$

② 4각 웨어

★★★ $Q = K \cdot b \cdot h^{3/2}$

$\begin{bmatrix} Q : 유량(m^3/분) \\ K : 유량계수 = 107.1 + \frac{0.177}{h} + 14.2 \frac{h}{D} - 25.7 \times \sqrt{\frac{(B-b)h}{D \cdot B}} + 2.04\sqrt{\frac{B}{D}} \\ D : 수로의 밑면으로부터 절단 하부 모서리까지의 높이(m) \\ B : 수로의 폭(m) \quad\quad b : 절단의 폭(m) \quad\quad h : 웨어의 수두(m) \end{bmatrix}$

Question 14

4각 위어를 사용하여 유량을 측정하고자 한다. 위어의 수두가 30cm, 수로의 밑면으로부터 절단 하부 모서리까지의 높이가 0.8m, 수로의 폭이 1.5m, 절단의 폭이 1.0m이다. 이때의 유량은?

(단, $k = 107.1 + \frac{0.177}{H} + 14.2 \frac{H}{D} - 25.7 \times \sqrt{\frac{(B-b)H}{D \cdot B}} + 2.04\sqrt{\frac{B}{D}}$)

㉮ 4.99m^3/분　　㉯ 5.26m^3/분　　㉰ 13.31m^3/분　　㉱ 17.54m^3/분

풀이

$Q(m^3/min) = k \times b \times h^{\frac{3}{2}}$

$\begin{bmatrix} Q : 유량(m^3/min) \quad k : 유량계수 \quad b : 절단의 폭(m) \quad h : 위어의 수두(m) \end{bmatrix}$

따라서 $Q = 109 \times 1.0(m) \times (0.3m)^{\frac{3}{2}} = 17.91 m^3/min$

★★★ TIP

삼각 웨어와 사각 웨어의 유량 적용공식 핵심정리

구분	적용공식	K값
삼각 웨어	$Q = K \cdot h^{5/2}(m^3/min)$	K = 83~85
사각 웨어	$Q = K \cdot b \cdot h^{3/2}(m^3/min)$	K = 109~111

2. 파샬수로(parshall flume)

★★ (1) 특성

수두차가 작아도 유량측정의 정확도가 양호하며 측정하려는 폐하수 중에 부유물질 또는 토사 등이 많이 섞여 있는 경우에도 목(throat) 부분에서의 유속이 상당히 빠르므로 부유물질의 침전이 적고 자연유하가 가능하다.

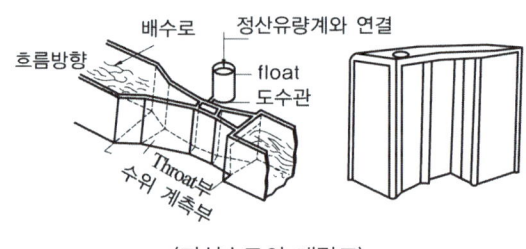

〈파샬수로의 개략도〉

★★ (2) 재질

부식에 대한 내구성이 강한 스테인레스 강판, 염화비닐합성수지, 섬유유리, 강철판, 콘크리트 등을 이용하여 설치하되 면처리는 매끄럽게 처리하여 가급적 마찰로 인한 수두 손실을 적게 한다.

📢 Question 15

파아샬 수로(Parshall flume)에 대한 설명으로 옳지 않은 것은?

㉮ 수두차가 작아도 유량측정의 정확도가 양호하다.
㉯ 부유물질 또는 토사 등이 많이 섞여 있는 경우에도 목(throat)부분에서의 유속이 상당히 빠르므로 부유물질의 침전이 적다.
㉰ 재질은 부식에 대한 내구성이 강한 스테인레스 강판, 염화비닐합성수지 등을 이용한다.
㉱ 관형 및 장방형으로 구분되며 패러데이(Faraday)의 법칙을 이용한다.

풀이 ㉱ 패러데이(Faraday)법칙을 이용하는 것은 자기식 유량 측정기(Magnetic flow meter)이다.

(3) 유량측정 공식

▶ 유량측정 공식(경험식)

목(throat)폭	적용공식
W = 7.6cm	q = 0.143Ha$^{1.55}$(L/s)
W = 15.2cm	q = 0.264Ha$^{1.58}$(L/s)
W = 22.86cm	q = 0.466Ha$^{1.53}$(L/s)
W = 30.48cn~243.84cm	q = 0.964Ha$^{1.52}$(L/s)

Ha : 상류부의 수위(cm)   q : L/초

Question 16

어떤 공장 배수의 유량을 측정하기 위하여 파샬수로를 설치하였다. 파샬수로의 목의 폭(W) = 5.2cm이고 경험에 의한 유량측정공식은 Q = 0.264Ha$^{1.58}$이며 상류부의 수위가 20cm라면 유량은?

㉮ 10L/sec   ㉯ 15L/sec   ㉰ 20L/sec   ㉱ 30L/sec

풀이   Q = 0.264×Ha$^{1.58}$ = 0.264×(20cm)$^{1.58}$ = 30.0L/sec

3. 용기에 의한 측정

★★ (1) 최대 유량이 1m³/분 미만인 경우

① 유수를 용기에 받아서 측정한다.
② 용기는 용량 100~200 L인 것을 사용하여 유수를 채우는 데에 요하는 시간을 스톱워치(stop watch)로 잰다. 용기에 물을 받아 넣는 시간을 20초 이상이 되도록 용량을 결정한다.
③ 다음 계산식에 의하여 그 유량을 구한다.

★★ $Q = 60 \cdot \dfrac{V}{t}$

Q : 유량(m³/분)   V : 측정용기의 용량(m³)
t : 유수가 용량 V를 채우는 데에 걸린 시간(sec)

> **Question 17**
>
> 최대 유량이 1m³/min 미만인 경우, 용기에 의한 유량 측정에 대한 내용으로 틀린 것은 어느 것인가?
> ㉮ 유량(m³/min) = 60×V/t이다. (t : 유수가 용량 V를 채우는데 걸린 시간(sec), V : 측정용기의 용량(m³)
> ㉯ 유수를 채우는데 소요하는 시간을 스톱워치로 잰다.
> ㉰ 용기에 물을 받아 넣는 시간을 20초 이상이 되도록 용량을 결정한다.
> ㉱ 용기는 용량 50~100L인 것을 사용한다.
>
> **풀이** ㉱ 용기는 용량 100~200L인 것을 사용한다.

(2) 최대유량 1m³/분 이상인 경우

① 이 경우는 침전지, 저수지 기타 적당한 수조(水槽)를 이용한다.
② 수조가 작은 경우는 한번 수조를 비우고서 유수가 수조를 채우는 데 걸리는 시간으로부터 최대유량이 1m³/분 미만인 경우와 동일한 방법으로 유량을 구한다.
③ 수조가 큰 경우는 유입시간에 있어서 유수의 부피는 상승한 수위와 상승 수면의 평균 표면적의 계측에 의하여 유량을 산출한다. 이 경우 측정시간은 5분 정도, 수위의 상승 속도는 적어도 매분 1cm 이상이어야 한다.

4. 개수로에 의한 측정

(1) 수로의 구성재질과 수로 단면의 형상이 일정하고 수로의 길이가 적어도 10m까지 똑바른 경우

① 직선 수로의 구배와 횡단면을 측정하고 이어서 자(尺) 등으로 수로폭간의 수위를 측정한다.
② 다음의 식을 사용하여 유량을 계산한다. 평균유속은 케이지(Chezy)의 유속공식에 의한다.

$Q = 60 \cdot V \cdot A$

$\begin{bmatrix} Q : 유량(m^3/분) \\ A : 유수단면적(m^2) \\ C : 유속계수(Bazin의 공식) \\ R : 경심[유수 단면적 A를 윤변 S로 나눈 것(m)] \end{bmatrix}$ ★★ $V : 평균유속(= C\sqrt{Ri})(m/s)$
$i : 홈 바닥의 구배(비율)$
$C = \dfrac{87}{1 + \dfrac{r}{\sqrt{R}}}$ (m/s)

Question 18

그림과 같은 개수로(수로의 구성재질과 수로 단면의 형상이 일정하고 수로의 길이가 적어도 10m까지 똑바른 경우)가 있다. 수심 1m, 수로폭 2m, 수면경사 $\frac{1}{1,000}$ 인 수로의 평균 유속($C(Ri)^{0.5}$)을 케이지(Chezy)의 유속 공식으로 계산하였을 때 유량은?

(단, Bazin의 유속계수 $C = \frac{87}{1+\frac{r}{\sqrt{R}}}$ 이며 $R = \frac{Bh}{B+2h}$ 이고 $r = 0.46$이다.)

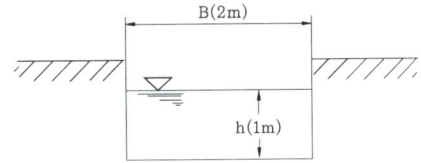

㉮ $102 m^3/min$ ㉯ $122 m^3/min$ ㉰ $142 m^3/min$ ㉱ $162 m^3/min$

풀이

① $R(경심 m) = \frac{A(면적)}{S(윤변의 길이)} = \frac{1m \times 2m}{2m + 2 \times 1m} = 0.5m$

② $C = \frac{87}{1+\frac{r}{\sqrt{R}}} = \frac{87}{1+\frac{0.46}{\sqrt{0.5m}}} = 52.71$

③ Chezy식에서 유속(v) = $C \times (R \times i)^{0.5} = 52.71 \times (0.5m \times \frac{1}{1,000})^{0.5} = 1.1786 m/sec$

④ 유량(Q) = 단면적(A) × 유속(v) = $(1m \times 2m) \times 1.1786 m/sec \times 60 sec/min = 141.43 m^3/min$

▶ 관의 형상에 따른 경심공식

★★ 원형	★★ 장방형	제형
A(면적) = $\frac{\pi \cdot D^2}{4}$	A(면적) = $b \times h$	A(면적) = $\frac{h(B_1+B_2)}{2}$
S(윤변의 길이) = $\pi \cdot D$	S(윤변의 길이) = $b + 2h$	S(윤변의 길이) = $B_2 + 2b$
★★ R(경심) = $\frac{D}{4}$	★★ R(경심) = $\frac{b \times h}{b + 2h}$	R(경심) = $\frac{h(B_1+B_2)}{2(B_2+2b)}$

> **TIP**
>
> 배진(Bazin)의 조도상수 r(수로의 매끄러운 정도를 나타내는 상수)의 값
>
> | 수로의 특성 | r |
> |---|---|
> | 모르타르(mortar)의 바름, 대패로 민 목재판, 기타 곱게 시공을 했거나 매끄러운 면 | 0.06 |
> | 곱게 다듬은 판바름, 절석공(切石工) 또는 연와공 등의 매끄러운 면 | 0.16 |
> | 콘크리트로 만든 수로 | 0.30 |
> | 보통 다듬돌로 쌓은 수로, 거치른 콘크리트 등의 조잡한 면 | 0.46 |
> | 정규의 단면으로 장석을 쌓은 수로 | 0.85 |
> | 단면이 비교적 정돈된 보통의 하천 | 1.30 |

★★ **(2) 수로의 구성, 재질, 수로단면의 형상, 구배 등이 일정하지 않은 개수로의 경우**

① 수로는 될수록 직선적이며, 수면이 물결치지 않는 곳을 고른다.

★★ ② 10m를 측정구간으로 하여 2m마다 유수의 횡단면적을 측정하고, 산술평균값을 구하여 유수의 평균 단면적으로 한다.

★★ ③ 유속의 측정은 부표를 사용하여 10m구간을 흐르는데 걸리는 시간을 스톱워치(stop watch)로 재며 이때 실측유속을 표면 최대유속으로 한다.

④ 수로의 수량은 다음 식을 사용하여 계산한다.

★★ $V = 0.75 \cdot V_e$

$\begin{bmatrix} V : \text{총평균 유속(m/s)} & V_e : \text{표면 최대유속(m/s)} \end{bmatrix}$

Question 19

개수로 평균 단면적이 0.8m²이고, 표면 최대 유속이 2m/sec일 때 총 평균 유속은? (단, 수로의 구성, 재질, 수로 단면의 형상, 구배 등이 일정치 않은 개수로의 경우)

㉮ 60m/min ㉯ 70m/min ㉰ 80m/min ㉱ 90m/min

풀이 $V = 0.75 \times V_e = 0.75 \times 2\text{m/sec} \times 60\text{sec/min} = 90\text{m/min}$

$Q = 60 \cdot V \cdot A$

$\begin{bmatrix} Q : \text{유량(m}^3\text{/분)} \\ A : \text{측정구간의 유수의 평균단면적(m}^2) \end{bmatrix} \quad V : \text{총평균 유속(m/s)}$

Question 20

개수로 유량측정에 관한 설명으로 옳지 않은 것은? (단, 수로의 구성, 재질, 단면의 형상, 기울기 등이 일정하지 않은 개수로의 경우)

㉮ 수로는 가능한 한 직선적이며 수면이 물결치지 않는 곳을 고른다.
㉯ 10m를 측정구간으로 하여 2m마다 유수의 횡단면적을 측정하고, 산출평균 값을 구하여 유수의 평균 단면적으로 한다.
㉰ 유속의 측정을 부표를 사용하여 100m 구간을 흐르는데 걸리는 시간을 스톱워치로 재며 이때 실측 유속을 표면 최대유속으로 한다.
㉱ 총 평균 유속(m/s)은 [0.75×표면 최대유속(m/s)] 식으로 계산된다.

풀이 ㉰ 유속의 측정은 부표를 사용하여 10m 구간을 흐르는데 걸리는 시간을 스톱워치로 재며 이때 실측유속을 표면 최대유속으로 한다.

 하천유량 – 유속 면적법

1. 목적

하천 유량을 측정하여 유역의 수위, 유량, 유사량, 하상의 변동 상황과 강수량과 유출량을 측정하여 하천의 오염 정도를 측정하는데 목적이 있다.

★★ 2. 적용범위

이 시험기준은 단면의 폭이 크며 유량이 일정한 곳에 활용하기에 적합하다.
① 균일한 유속분포를 확보하기 위한 충분한 길이(약 100m 이상)의 직선 하도(河道)의 확보가 가능하고 횡단면상의 수심이 균일한 지점
② 모든 유량 규모에서 하나의 하도로 형성되는 지점
★★ ③ 가능하면 하상이 안정되어 있고, 식생의 성장이 없는 지점
④ 유속계나 부자가 어디에서나 유효하게 잠길 수 있을 정도의 충분한 수심이 확보되는 지점
★★ ⑤ 합류나 분류가 없는 지점
★★ ⑥ 교량 등 구조물 근처에서 측정할 경우 교량의 상류지점
★★ ⑦ 대규모 하천을 제외하고 가능하면 도섭으로 측정할 수 있는 지점
⑧ 선정된 유량측정 지점에서 말뚝을 박아 동일 단면에서 유량측정을 수행할 수 있는 지점

> **Question 21**
>
> 유속 면적법을 이용하여 하천유량을 측정할 때 적용 적합지점에 관한 내용으로 틀린 것은?
>
> ㉮ 가능하면 하상이 안정되어 있고 식생의 성장이 없는 지점
> ㉯ 합류나 분류가 없는 지점
> ㉰ 교량 등 구조물 근처에서 측정할 경우 교량의 상류 지점
> ㉱ 대규모 하천을 제외하고 가능한 부자(浮子)로 측정할 수 있는 지점
>
> **풀이** ㉱ 대규모 하천을 제외하고 가능하면 도섭으로 측정할 수 있는 지점

3. 결과보고

유황(流況)이 일정하고 하상의 상태가 고른 지점을 선정하여 물이 흐르는 방향과 직각이 되도록 하천의 양끝을 로프로 고정하고 등간격으로 측정점을 정한다.

통수단면을 여러개로 소구간 단면으로 나누어 각 소구간 마다 수심 및 유속계로 1개~2개의 점 유속을 측정하고 소구간 단면의 평균유속 및 단면적을 구한다. 이 평균유속에 소구간 단면적을 곱하여 소구간 유량(qm)으로 한다.

소구간 단면에 있어서 평균유속 V_m은 수심 0.4 m를 기준으로 다음과 같이 구한다.

★★ ① 수심이 0.4 m 미만일 때 $V_m = V_{0.6}$

★★ ② 수심이 0.4 m 이상일 때 $V_m = \dfrac{(V_{0.2} + V_{0.8})}{2}$

$V_{0.2}$, $V_{0.6}$, $V_{0.8}$은 각각 수면으로부터 전 수심의 20%, 60% 및 80%인 점의 유속이다.

> **Question 22**
>
> 유속-면적법에 의한 하천유량을 구하기 위한 소구간 단면에 있어서의 평균유속 V_m을 구하는 식은? (단, $V_{0.2}$, $V_{0.4}$, $V_{0.5}$, $V_{0.6}$, $V_{0.8}$은 각각 수면으로부터 전 수심의 20%, 40%, 50%, 60% 80%인 점의 유속이다.)
>
> ㉮ 수심이 0.4 m 미만일 때 $V_m = V_{0.5}$
> ㉯ 수심이 0.4 m 미만일 때 $V_m = V_{0.8}$
> ㉰ 수심이 0.4 m 이상일 때 $V_m = (V_{0.2}+V_{0.8}) \times 1/2$
> ㉱ 수심이 0.4 m 이상일 때 $V_m = (V_{0.4}+V_{06}) \times 1/2$
>
> **정답** ㉰

Industrial Engineer Water Pollution Environmental

시료의 채취 및 보존방법

1. 개요
지표수, 하·폐수 등의 시료채취 및 보존에 적용한다.

2. 시료채취방법

(1) 배출허용기준 적합여부 판정을 위한 시료채취

배출허용기준 적합 여부 판정을 위하여 채취하는 시료는 시료의 성상, 유량, 유속 등의 시간에 따른 변화를 고려하여 현장물의 성질을 대표할 수 있도록 채취하여야 하며, 복수채취를 원칙으로 한다. 단, 신속한 대응이 필요한 경우 등 복수채취가 불합리한 경우에는 예외로 할 수 있다.

★★★ ① 복수시료채취방법 등

★★ ㉠ 수동으로 시료를 채취할 경우에는 30분 이상 간격으로 2회 이상 채취(composite sample)하여 일정량의 단일시료로 한다. 단, 부득이한 사유로 6시간 이상 간격으로 채취한 시료는 각각 측정분석한 후 산술평균하여 측정분석값을 산출한다.

★★ ㉡ 자동시료채취기로 시료를 채취할 경우에는 6시간 이내에 30분 이상 간격으로 2회 이상 채취(composite sample)하여 일정량의 단일시료로 한다.

> **Question 23**
> 자동시료채취기의 시료채취 기준으로 옳은 것은? (단, 배출허용기준 적합여부 판정을 위한 시료채취-복수시료채취방법 기준)
> ㉮ 2시간 이내에 30분 이상 간격으로 2회 이상 채취하여 일정량의 단일시료로 한다.
> ㉯ 4시간 이내에 30분 이상 간격으로 2회 이상 채취하여 일정량의 단일시료로 한다.
> ㉰ 6시간 이내에 30분 이상 간격으로 2회 이상 채취하여 일정량의 단일시료로 한다.
> ㉱ 8시간 이내에 30분 이상 간격으로 2회 이상 채취하여 일정량의 단일시료로 한다.
>
> **정답** ㉰

㉢ 수소이온농도(pH), 수온 등 현장에서 즉시 측정하여야 하는 항목인 경우에는 30분 이상 간격으로 2회 이상 측정한 후 산술평균하여 측정값을 산출한다. (단, pH의 경우 2회 이상 측정한 값을 pH 7을 기준으로 산과 알칼리로 구분하여 평균값을 산정

하고 산정한 평균값 중 배출허용기준을 많이 초과한 평균값을 측정분석값으로 함)
ⓔ 시안(CN), 노말헥산추출물질, 대장균군 등 시료채취기구 등에 의하여 시료의 성분이 유실 또는 변질 등의 우려가 있는 경우에는 30분 이상 간격으로 2개 이상의 시료를 채취하여 각각 분석한 후 산술평균하여 분석값을 산출한다.

★ ② 복수시료채취방법 적용을 제외할 수 있는 경우
ⓐ 환경오염사고 또는 취약시간대(일요일, 공휴일 및 평일 18 : 00 ~ 09 : 00 등)의 환경오염감시 등 신속한 대응이 필요한 경우
ⓑ 물환경 보전법에 의한 비정상적 행위를 할 경우
ⓒ 사업장 내에서 발생하는 폐수를 회분식(batch식) 등 간헐적으로 처리하여 방류하는 경우
ⓓ 기타 부득이 복수시료채취 방법으로 시료를 채취할 수 없을 경우

Question 24

배출허용기준 적합여부 판정을 위한 시료채취 시 복수시료채취방법 적용을 제외할 수 있는 경우가 아닌 것은?

㉮ 환경오염사고 또는 취약시간대의 환경 오염감시 등 신속한 대응이 필요한 경우
㉯ 부득이 복수시료채취방법으로 할 수 없을 경우
㉰ 유량이 일정하며 연속적으로 발생되는 폐수가 방류되는 경우
㉱ 사업장내에서 발생하는 폐수를 회분식 등 간헐적으로 처리하여 방류하는 경우

풀이 ㉰ 물환경 보전법에 의한 비정상적 행위를 할 경우

(2) 하천수 등 수질조사를 위한 시료채취

시료는 시료의 성상, 유량, 유속 등의 시간에 따른 변화(폐수의 경우 조업상황 등)를 고려하여 현장물의 성질을 대표할 수 있도록 채취하여야 하며, 수질 또는 유량의 변화가 심하다고 판단될 때에는 오염상태를 잘 알 수 있도록 시료의 채취 횟수를 늘려야 하며, 이때에는 채취 시의 유량에 비례하여 시료를 서로 섞은 다음 단일시료로 한다.

(3) 지하수 수질조사를 위한 시료채취

지하수 침전물로부터 오염을 피하기 위하여 보존 전에 현장에서 여과(0.45㎛)하는 것을 권장한다. 단, 기타 휘발성유기화합물과 민감한 무기화합물질을 함유한 시료는 그대로 보관한다.

★★ 3. 시료채취시 유의사항

① 시료는 목적시료의 성질을 대표할 수 있는 위치에서 시료채취용기 또는 채수기를 사용하여 채취하여야 한다.

★★ ② 시료 채취 용기는 깨끗이 세척된 용기 또는 멸균된 용기를 사용하며, 시료를 채울 때에는 어떠한 경우에도 시료의 교란이 일어나서는 안 되며 가능한 한 공기와 접촉하는 시간을 짧게하여 채취한다.

★★ ③ 시료채취량은 시험항목 및 시험횟수에 따라 차이가 있으나 보통 3L~5 L정도이어야 한다.

④ 시료채취시에 시료채취시간, 보존제 사용여부, 매질 등 분석결과에 영향을 미칠 수 있는 사항을 기재하여 분석자가 참고할 수 있도록 한다.

★★ ⑤ 용존가스, 환원성 물질, 휘발성유기화합물, 냄새, 유류 및 수소이온 등을 측정하기 위한 시료를 채취할 때에는 운반중 공기와의 접촉이 없도록 시료 용기에 가득 채운 후 빠르게 뚜껑을 닫는다.

TIP
① 휘발성유기화합물 분석용 시료를 채취할 때에는 뚜껑의 격막을 만지지 않도록 주의하여야 한다.
② 병을 뒤집어 공기방울이 확인되면 다시 채취해야 한다.

Question 25

수질분석용 시료 채취시 유의사항으로 틀린 것은 어느 것인가?
㉮ 채취용기는 시료를 채우기 전에 깨끗한 물로 3회 이상 씻은 다음 사용한다.
㉯ 유류 또는 부유물질 등이 함유된 시료는 시료의 균일성이 유지될 수 있도록 채취하여야 하며 침전물 등이 부상하여 혼입되어서는 안된다.
㉰ 용존가스, 환원성 물질, 휘발성유기화합물, 냄새, 유류 및 수소이온 등을 측정하는 시료는 시료용기에 가득 채워야 한다.
㉱ 시료 채취량은 보통 3L ~ 5L 정도이어야 한다.

풀이 ㉮ 시료 채취 용기는 깨끗이 세척된 용기 또는 멸균된 용기를 사용한다.

⑥ 현장에서 용존산소 측정이 어려운 경우에는 시료를 가득 채운 300mL BOD병에 황산망간 용액 1mL와 알칼리성 요오드화포타슘-아자이드화소듐 용액 1mL를 넣고 기포가 남지 않게 조심하여 마개를 닫고 수회 병을 회전하고 암소에 보관하여 8시간 이내 측정한다.

⑦ 유류 또는 부유물질 등이 함유된 시료는 시료의 균일성이 유지될 수 있도록 채취해야 하며, 침전물 등이 부상하여 혼입되어서는 안 된다.

★★ ⑧ 지하수 시료는 취수정 내에 고여 있는 물과 원래 지하수의 성상이 달라질 수 있으므로 고여 있는 물을 충분히 퍼낸 다음 새로 나온 물을 채취한다. 이 경우 퍼내는 양은 고여 있는 물의 4배~5배 정도이나 pH 및 전기전도도를 연속적으로 측정하여 이 값이 평형을 이룰 때까지로 한다.

★★ ⑨ 지하수 시료채취 시 심부층의 경우 저속양수펌프 등을 이용하여 반드시 저속시료채취하여 시료 교란을 최소화하여야 하며, 천부층의 경우 저속양수펌프 또는 정량이송펌프 등을 사용한다.

★★ ⑩ 냄새 측정을 위한 시료채취 시 유리기구류는 사용 직전에 새로 세척하여 사용한다. 먼저 냄새 없는 세제로 닦은 후 정제수로 닦아 사용하고, 고무 또는 플라스틱 재질의 마개는 사용하지 않는다.

⑪ 총유기탄소를 측정하기 위한 시료 채취 시 시료병은 가능한 외부의 오염이 없어야 하며, 이를 확인하기 위해 바탕시료를 시험해 본다. 시료병은 폴리테트라플루오로에틸렌(PTFE)으로 처리된 고무마개를 사용하며, 암소에서 보관하며 깨끗하지 않은 시료병은 사용하기 전에는 산세척하고, 알루미늄 호일로 포장하여 400℃ 회화로에서 1시간 이상 구워 냉각한 것을 사용한다.

★★ ⑫ 퍼클로레이트를 측정하기 위한 시료채취 시 시료 용기를 질산 및 정제수로 씻은 후 사용하며, 시료채취시 시료병의 2/3를 채운다.

Question 26

시료를 채취할 때 유의하여야 할 사항으로 옳지 않는 것은?

㉮ 휘발성유기화합물 분석용 시료를 채취할 때에는 뚜껑의 격막을 만지지 않도록 주의 하여야 한다.
㉯ 지하수 시료채취 시 심부층의 경우 저속양수펌프 등을 이용하여 반드시 저속시료채취하여 시료 교란을 최소화하여야 한다.
㉰ 냄새 측정을 위한 시료채취 시 냄새 없는 세제로 닦은 후 고무 또는 플라스틱 마개로 봉한다.
㉱ 퍼클로레이트를 측정하기 위한 시료채취 시 시료용기를 질산 및 정제수로 씻은 후 사용하며 시료 채취시 시료병의 2/3를 채운다.

풀이 ㉰ 냄새 측정을 위한 시료채취 시 냄새 없는 세제로 닦은 후 정제수로 닦아 사용하고, 고무 또는 플라스틱 재질의 마개는 사용하지 않는다.

4. 시료채취지점

(1) 배출시설 등의 폐수

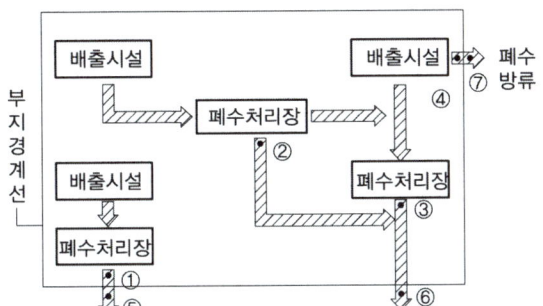

- 당연 채취지점 : ① ② ③ ④
- 필요시 채취지점 : ⑤ ⑥ ⑦
- ① ② ③ : 방지시설 최초 방류지점
- ④ : 배출시설 최초 방류지점(방지시설을 거치지 않을 경우)
- ⑤ ⑥ ⑦ : 부지경계선 외부 배출수로

〈시료 채취 지점 예시〉

폐수의 성질을 대표할 수 있는 곳(그림)에서 채취하며 폐수의 방류수로가 한 지점 이상일 때에는 각 수로별로 채취하여 별개의 시료로 하며 필요에 따라 부지 경계선 외부의 배출구 수로에서도 채취할 수 있다. 시료채취시 우수나 조업목적 이외의 물이 포함되지 말아야 한다.

(2) 하천수

① 하천수의 오염 및 용수의 목적에 따라 채수지점을 선정하며 하천본류와 하천지류가 합류하는 경우에는 그림의 합류이전의 각 지점과 합류 이후 충분히 혼합된 지점에서 각각 채수한다.

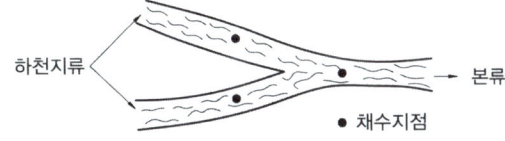

〈하천수 채수지점〉

★★ ② 하천의 단면에서 수심이 가장 깊은 수면의 지점과 그 지점을 중심으로 하여
　　㉠ 좌우로 수면폭을 2등분한 각각의 지점의 수면으로부터
　★★ ㉡ 수심 2m 미만일 때에는 수심의 1/3에서
　★★ ㉢ 수심이 2m 이상일 때에는 수심의 1/3 및 2/3에서 각각 채수한다.

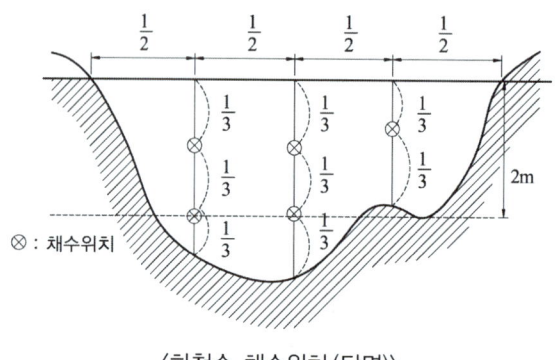

〈하천수 채수위치(단면)〉

Question 27

다음은 하천수의 오염 및 용수의 목적에 따른 채수지점에 관한 내용이다. ( ) 안에 옳은 내용은?

> 하천의 단면에서 수심이 가장 깊은 수면의 지점과 그 지점을 중심으로 하여 좌우로 수면 폭을 2등분한 각각의 지점의 수면으로부터 ( )

㉮ 수심이 2m 미만일 때는 표층수를 대표로 하고, 2m 이상일 때는 수심 1/3 지점에서 채수한다.
㉯ 수심이 2m 미만일 때는 수심의 1/2에서, 2m 이상일 때는 수심 1/3 및 2/3 지점에서 각각 채수한다.
㉰ 수심이 2m 미만일 때는 표층수를 대표로 하고, 2m 이상일 때는 수심 2/3 지점에서 채수한다.
㉱ 수심이 2m 미만일 때는 수심의 1/3에서, 2m 이상일 때는 수심 1/3 및 2/3 지점에서 각각 채수한다.

정답 ㉱

5. 시료의 보존방법

★★★ ▶ 시험에 자주 출제되는 주요항목의 시료 보존방법

항목		시료용기	보존방법	최대보존기간 (권장보존기간)
냄새		G	가능한 한 빨리 분석 또는 냉장 보관	6시간
노말헥산추출물질		G	H_2SO_4로 pH 2 이하	28일
부유물질		P, G	-	7일
색도		P, G	-	48시간
생물화학적 산소요구량		P, G	-	48시간(6시간)
수소이온농도		P, G	-	가능한 한 빨리 현장 측정
온도		P, G	-	가능한 한 빨리 현장 측정
용존산소	적정법	BOD병	가능한 한 빨리 용존산소 고정 후 암소 보관	8시간

항목		시료용기	보존방법	최대보존기간 (권장보존기간)
	전극법	BOD병	-	가능한 한 빨리 현장 측정
잔류염소		G(갈색)	-	가능한 한 빨리 현장 측정
전기전도도		P, G	-	24시간
총유기탄소 (용존유기탄소)		P, G	가능한 한 빨리 분석 또는 H_3PO_4 또는 H_2SO_4를 가한 후 pH 2 이하	28일(7일)
클로로필 a		P, G	가능한 한 빨리 여과하여 −20 ℃ 이하에서 보관	7일(24시간)
탁도		P, G	-	48시간(24시간)
투명도			-	현장 측정
화학적 산소요구량		P, G	H_2SO_4로 pH 2 이하	28일(7일)
불소		P	-	28일
브롬이온		P, G	-	28일
시안		P, G	NaOH로 pH 12 이상	14일(24시간)
아질산성 질소		P, G	-	48시간(즉시)
암모니아성 질소		P, G	H_2SO_4로 pH 2 이하	28일(7일)
염소이온		P, G	-	28일
음이온계면활성제		P, G	-	48시간
인산염인		P, G	가능한 한 빨리 여과	48시간
질산성 질소		P, G	-	48시간
총인(용존 총인)		P, G	H_2SO_4로 pH 2 이하	28일
총질소(용존 총질소)		P, G	H_2SO_4로 pH 2 이하	28일(7일)
퍼클로레이트		P, G	현장에서 멸균된 여과지로 여과	28일
페놀류		G	H_3PO_4로 pH 4 이하 조정한 후 시료 1L 당 $CuSO_4$ 1g 첨가	28일
황산이온		P, G	-	28일(48시간)
금속류(일반)		P, G	HNO_3로 pH 2 이하 (실온에서 보관 가능)	6개월
수은(0.2 μg/L 이하)		P, G	1L 당 HCl(12M) 5mL 첨가	28일
6가 크롬		P, G	-	24시간
알킬수은		P, G	HNO_3 2mL	1개월
다이에틸헥실프탈레이트, 다이에틸헥실아디페이트		G(갈색)	-	7일(추출 후 40일)
1.4-다이옥산		G(갈색)	HCl(1+1)로 pH 2 이하	14일

항목		시료용기	보존방법	최대보존기간 (권장보존기간)
염화비닐, 아크릴로니트릴, 브로모폼		G(갈색)	HCl(1+1)로 pH 2 이하	14일
석유계총탄화수소		G(갈색)	H_2SO_4 또는 HCl로 pH 2 이하	7일 이내 추출, 추출 후 40일
유기인		G, G(갈색)	NaOH 또는 H_2SO_4로 pH 5~9	7일(추출 후 40일)
폴리클로리네이티드비페닐 (PCB)		G, G(갈색)	NaOH 또는 H_2SO_4로 pH 5~9	7일(추출 후 40일)
과불화화합물		PP	2주 이내 분석 어려울 때 냉동 (-20℃)보관	냉동 시 필요에 따라 분석 전까지 시료의 안정성 검토(2주)
휘발성유기화합물		G, G(갈색)	HCl로 pH 2 이하	7일(추출 후 14일)
노닐페놀, 옥틸페놀, 니트로벤젠, 2,6-디니트로톨루엔, 2,4-디니트로톨루엔		G, G(갈색)	H_2SO_4로 pH 2 이하	28일 (추출 후 40일)
총대장균군	환경기준 적용시료	P, G	1℃~5℃	24시간
	배출허용준 및 방류수 기준 적용 시료	P, G	1℃~5℃	6시간
분원성 대장균군		P, G	1℃~5℃	24시간
대장균		P, G	1℃~5℃	24시간
물벼룩 급성 독성		P, G	암소에 통기되지 않는 용기에 보관	72시간(24시간)
식물성 플랑크톤		P, G	가능한 한 빨리 분석 또는 포르말린용액을 시료의 3%~5% 가하거나 글루타르알데하이드 또는 루골용액을 시료의 1%~2% 가하여 냉암소보관	6개월

① P : polyethylene, G : glass, PP : polypropylene
② 시료 채취 후 운반 온도는 (5±3)℃, 실험실 보관 온도는 (3±2)℃로 하여 냉암소에 보관한다.
③ 시료 보존처리는 현장에서 실시하는 것을 원칙으로 한다.

📢 Question 28

냄새항목을 측정하기 위한 시료의 최대보존기간 기준으로 알맞은 것은 어느 것인가?
㉮ 즉시　　　　㉯ 6시간　　　　㉰ 24시간　　　　㉱ 48시간

 ㉯

Question 29

다음 항목 중 최대 보존기간이 서로 다른 것은?

㉮ 질산성 질소 ㉯ 전기전도도
㉰ 색도 ㉱ 음이온계면활성제

풀이 최대 보존기간
 ㉮ 질산성 질소 : 48시간 ㉯ 전기전도도 : 24시간
 ㉰ 색도 : 48시간 ㉱ 음이온계면활성제 : 48시간

Question 30

수질시료를 보존할 때 반드시 유리용기에 넣어 보존해야 하는 측정항목으로 가장 거리가 먼 것은?

㉮ 폴리클로리네이티드비페닐 ㉯ 페놀류 ㉰ 유기인 ㉱ 불소

풀이 ㉱ 불소는 폴리에틸렌병에 보관한다.

Question 31

다음 측정항목 중 시료의 보존방법이 다른 물질은 어느 것인가?

㉮ 유기인 ㉯ 화학적 산소요구량
㉰ 암모니아성 질소 ㉱ 노말헥산추출물질

풀이 측정항목별 시료의 보존방법
 ㉮ 유기인 : NaOH 또는 H_2SO_4로 pH 5~9
 ㉯ 화학적산소요구량 : H_2SO_4로 pH 2 이하
 ㉰ 암모니아성 질소 : H_2SO_4로 pH 2 이하
 ㉱ 노말헥산추출물질 : H_2SO_4로 pH 2 이하

Question 32

다음 항목 중 시료의 보존방법이 틀린 것은?

㉮ 시안 : NaOH로 pH 12 이상
㉯ 1,4-다이옥산 : HCl(1+1)로 pH 2 이하
㉰ 휘발성유기화합물 : HCl로 pH 2 이하
㉱ 폴리클로리네이티드비페닐(PCB) : H_2SO_4로 pH 2 이하

풀이 ㉱ 폴리클로리네이티드비페닐(PCB) : NaOH 또는 H_2SO_4로 pH 5~9

05 시료의 전처리 방법

1. 적용범위

수질오염공정시험기준상 원자흡수분광광도법, 유도결합플라스마 - 원자발광분광법, 유도결합플라스마 - 질량분석법, 양극벗김전압전류법, 자외선/가시선 분광법을 위한 금속측정용 시료의 전처리에 사용한다.

2. 용어정의

① 산분해법 : 시료에 산을 첨가하고 가열하여 시료 중의 유기물 및 방해물질을 제거하는 방법이다. 이 과정에서 시료 중의 유기물 및 방해물질은 산에 의해 분해되고 이들과 착화합물을 형성하고 있던 중금속류는 이온 상태로 시료 중에 존재하게 된다.

② 마이크로파 산분해법 : 전반적인 처리 절차 및 원리는 산분해법과 같으나 마이크로파를 이용해서 시료를 가열하는 것이 다르다. 마이크로파를 이용하여 시료를 가열할 경우 고온 고압 하에서 조작할 수 있어 전처리 효율이 좋아진다.

③ 용매추출법 : 시료에 적당한 착화제를 첨가하여 시료 중의 금속류와 착화합물을 형성시킨 다음 형성된 착화합물을 유기용매로 추출하여 분석하는 방법이다. 이 방법은 시료 중의 분석대상물의 농도가 낮거나 복잡한 매질 중에서 분석대상물만을 선택적으로 추출하여 분석하고자 할 때 사용한다.

★★ 3. 산분해법

① 질산법 : 유기함량이 비교적 높지 않은 시료의 전처리에 사용한다.
② 질산-염산법 : 유기물 함량이 비교적 높지 않고 금속의 수산화물, 산화물, 인산염 및 황화물을 함유하고 있는 시료에 적용되며 휘발성 또는 난용성 염화물을 생성하는 금속 물질의 분석에는 주의한다.
③ 질산-황산법 : 유기물 등을 많이 함유하고 있는 대부분의 시료에 적용된다. 그러나 칼슘, 바륨, 납 등을 다량 함유한 시료는 난용성의 황산염을 생성하여 다른 금속성분을 흡착하므로 주의한다.
④ 질산-과염소산법 : 유기물을 다량 함유하고 있으면서 산분해가 어려운 시료에 적용된다.

TIP

주의사항
① 과염소산을 넣을 경우 질산이 공존하지 않으면 폭발할 위험이 있으므로 반드시 질산을 먼저 넣어주어야 하며, 어떠한 경우에도 유기물을 함유한 뜨거운 용액에 과염소산을 넣어서는 안 된다.
② 납을 측정할 경우, 시료 중에 황산이온(SO_4^{2-})이 다량 존재하면 불용성의 황산납이 생성되어 측정값에 손실을 가져온다. 이때는 분해가 끝난 액에 정제수 대신 아세트산암모늄(5 → 6) 50mL를 넣고 가열하여 액이 끓기 시작하면 비커 또는 킬달플라스크를 회전시켜 내벽을 액으로 충분히 씻어준 다음 약 5분 동안 가열을 계속하고 방치하여 냉각하여 거른다.

⑤ 질산-과염소산-불화수소산법 : 다량의 점토질 또는 규산염을 함유한 시료에 적용된다.

Question 33

유기물 함량이 비교적 높지 않고 금속의 수산화물, 산화물, 인산염 및 황화물을 함유하고 있는 시료에 적용되며 휘발성 또는 난용성 염화물을 생성하는 금속 물질의 분석에는 주의하여야 하는 시료의 전처리 방법(산분해법)으로 가장 적절한 것은?

㉮ 질산 - 염산법 ㉯ 질산 - 황산법
㉰ 질산 - 과염소산법 ㉱ 질산 - 불화수소산법

정답 ㉮

Question 34

시료의 전처리를 위한 산분해법 중 질산 - 과염소산법에 관한 설명으로 옳지 않은 것은?
㉮ 과염소산을 넣을 경우 질산이 공존하지 않으면 폭발할 위험이 있으므로 반드시 질산을 먼저 넣어 주어야 한다.
㉯ 납을 측정할 경우 과염소산에 따른 납 증기 발생으로 측정치에 손실을 가져온다.
㉰ 유기물을 다량 함유하고 있으면서 산분해가 어려운 시료들에 적용한다.
㉱ 유기물을 함유한 뜨거운 용액에 과염소산을 넣어서는 안 된다.

풀이 ㉯ 납을 측정할 경우 시료중에 황산이온이 다량 존재하면 불용성의 황산납이 생성되어 측정값에 손실을 가져온다.

★★ 4. 마이크로파 산분해법

① 밀폐 용기를 이용한 마이크로파 장치에 의한 방법에 적용되는 방법이다.
② 깨끗한 용기에 잘 혼합된 시료 적당량을 옮긴 후 적당량의 질산을 가한다. 이 방법은 유기물을 다량 함유하고 있으면서 산분해가 어려운 시료에 적용된다.
③ 시료와 동일한 방법으로 바탕시험을 하며 전체 회전판의 평형을 맞추기 위하여 남은 용기에도 시료와 동일하게 정제수에 시약을 가하여 용기가 모두 일정하게 가열이 되도록 한다. 기타 전처리 조건은 제조사의 매뉴얼에 따른다.
④ 분해가 완료되면 용기를 꺼내어 시료 용액이 실온이 되도록 냉각시키고 시료를 혼합시키기 위해 용기를 잘 흔들어 섞고 용기 내에 남아 있는 가스를 제거한다. 분해된 시료가 고체 물질을 함유한다면 거르거나, 10분간 2,000rpm~3,000 rpm으로 원심 분리하여 거르거나 정치시켜 사용한다.

★★ 5. 회화에 의한 분해

① 목적성분이 400℃ 이상에서 휘산되지 않고 쉽게 회화될 수 있는 시료에 적용된다. 시료 중에 염화암모늄, 염화마그네슘 등이 다량 함유된 경우에는 납, 철, 주석, 아연, 안티몬 등이 휘산되어 손실을 가져오므로 주의하여야 한다.
② 회화온도 : 400~500℃

Question 35

시료의 전처리 과정 중 '회화에 의한 분해'에 대한 설명으로 가장 옳은 것은?

㉮ 목적성분이 400℃ 이상에서 쉽게 휘산 및 회화될 수 있는 시료에 적용된다.
㉯ 목적성분이 400℃ 이상에서 휘산되고 쉽게 회화되지 않는 시료에 적용된다.
㉰ 목적성분이 400℃ 이상에서 쉽게 휘산 및 회화되지 않는 시료에 적용된다.
㉱ 목적성분이 400℃ 이상에서 휘산되지 않고 쉽게 회화될 수 있는 시료에 적용된다.

정답 ㉱

★ 6. 용매추출법(피로리딘다이티오카르바민산 암모늄(1-pyrrolidinecarbodithioic acid, ammonium salt)추출법)

시료 중 구리, 아연, 납, 카드뮴, 니켈, 철, 망간, 6가 크롬, 코발트 및 은 등의 측정에 적용된다. 다만 망간은 착화합물 상태에서 매우 불안정하므로 추출 즉시 측정하여야 하며, 크롬은 6가 크롬 상태로 존재할 경우에만 추출된다. 또한 철의 농도가 높을 경우에는 다른 금속의 추출에 방해를 줄 수 있으므로 주의해야 한다.

Question 36

중금속 측정을 위한 시료의 전처리 방법 중 용매추출법인 피로리딘 다이티오카르바민산 암모늄 추출법에 관한 내용으로 틀린 것은 어느 것인가?

㉮ 시료중의 구리, 아연, 납, 카드뮴, 니켈, 코발트 및 은 등의 측정에 이용되는 방법이다.
㉯ 철의 농도가 높을 때에는 다른 금속 추출에 방해를 줄 수 있다.
㉰ 망간은 착화합물 상태에서 매우 안정적이기 때문에 추출되기 어렵다.
㉱ 크롬은 6가 크롬 상태로 존재할 경우에만 추출된다.

풀이 ㉰ 망간은 착화합물 상태에서 매우 불안정하므로 추출 즉시 측정하여야 한다.

CHAPTER 04 일반항목편

01 냄새(Odor)

이 시험기준은 측정자의 후각을 이용하는 방법으로 시료를 정제수로 희석하면서 냄새가 느껴지지 않을 때까지 반복하여 희석배수를 수치화하여 냄새를 측정하는 방법이다.

(1) 적용범위

이 시험기준은 지표수, 지하수, 하·폐수 등에 적용할 수 있다.

(2) 간섭물질

잔류염소 냄새는 측정에서 제외한다. 따라서 <u>잔류염소가 존재하면 티오황산소듐 용액을 첨가</u>하여 잔류염소를 제거한다.

Question 01

물 속의 냄새 측정 시 잔류염소 냄새는 측정에서 제외한다. 잔류염소 제거를 위해 첨가하는 시액은?

㉮ 티오황산소듐용액 ㉯ 과망간산포타슘용액
㉰ 아스코르빈산암모늄용액 ㉱ 질산암모늄용액

 ㉮

TIP
① 티오황산소듐용액 1mL는 잔류염소 농도가 1mg/L인 시료 500mL의 잔류염소를 제거할 수 있다.
② 냄새 측정자는 너무 후각이 민감하거나, 둔감해서는 안 된다. 또한 측정자는 측정 전에 흡연을 하거나 음식을 섭취하면 안 되고, 로션, 향수, 진한 비누 등을 사용해서도 아니된다. 감기나 냄새에 대한 알레르기 등이 없어야 한다. 미리 정해진 횟수를 측정한 측정자는 무취 공간에서 30분 이상 휴식을 취해야 한다.
③ 냄새측정 실험실은 주위가 산만하지 않으며, 환기가 가능해야 한다. 필요하다면 활성탄 필터와 항온, 항습장치를 갖춘다.
④ 냄새를 정확하게 측정하기 위하여 측정자는 5명 이상으로 한다.
⑤ 온도 변화에 따라 냄새가 발생할 수 있으므로, 온도변화를 1℃ 이내로 유지한다. 또한 측정자가 시료에 대한 선입견을 갖지 않도록 어둡게 처리된 플라스크 또는 갈색 플라스크를 사용한다.

(3) 냄새역치(TON, threshold odor number)

냄새를 감지할 수 있는 최대 희석배수를 말한다.

(4) 농도계산

냄새 역치(TON, threshold odor number)를 구하는 경우 사용한 시료의 부피와 냄새 없는 희석수의 부피를 사용하여 다음과 같이 계산한다.

★★★ 냄새역치(TON) = $\dfrac{A+B}{A}$

　　A : 시료 부피(mL)　　　　　　　　B : 무취 정제수 부피(mL)

Question 02

물 속의 냄새를 측정하기 위한 시험에서 시료 부피 4mL와 무취 정제수(희석수) 부피 196mL인 경우 냄새역치(TON, threshold odor number)는?

㉮ 0.02　　　㉯ 0.5　　　㉰ 50　　　㉱ 100

 냄새역치(TON) = $\dfrac{A+B}{A} = \dfrac{4mL+196mL}{4mL} = 50$

> **TIP**
> ① 냄새가 있는지 없는지만 보고하는 경우에는 판단한 결과로 보고한다.
> ★★② 냄새 역치로 보고하는 경우에는 각 판정요원의 냄새의 역치를 기하평균하여 결과로 보고한다.

📢 Question 03

수질오염공정시험기준상 냄새 측정에 관한 내용으로 틀린 것은 어느 것인가?
㉮ 물속의 냄새를 측정하기 위하여 측정자의 후각을 이용하는 방법이다.
㉯ 잔류염소의 냄새는 측정에서 제외한다.
㉰ 냄새 역치는 냄새를 감지할 수 있는 최대 희석배수를 말한다.
㉱ 각 판정요원의 냄새의 역치를 산술평균하여 결과로 보고한다.

풀이 ㉱ 각 판정요원의 냄새의 역치를 기하평균하여 결과로 보고한다.

02 투명도(Transparency)

이 시험기준은 지름 30cm의 투명도판(백색원판 또는 세키 디스크)을 사용하여 호소나 하천에 보이지 않는 깊이로 넣은 다음 이것을 천천히 끌어 올리면서 보이기 시작한 깊이를 0.1 m 단위로 읽어 투명도를 측정하는 방법이다.

(1) 적용범위

이 시험기준은 지표수 중 호소수 또는 유속이 작은 하천에 적용할 수 있다.

★★★ (2) 분석기기 및 기구

① 백색원판
   백색원판은 지름이 30 cm로 무게가 약 3 kg이 되는 원판에 지름 5 cm의 구멍 8개가 뚫려 있다.

② 세키 디스크 (Secchi disk)
   지름 20 cm의 흑백으로 채색된 사분원호 모양의 원판으로, 사용 시 약 3kg의 추를 원판 하부에 부착하여 사용한다.

Question 04

투명도 측정에 관한 내용으로 틀린 것은?

㉮ 백색원판의 지름은 30cm 이다.
㉯ 백색원판에 뚫린 구멍의 지름은 5cm 이다.
㉰ 백색원판에는 구멍이 8개 뚫려있다.
㉱ 백색원판의 무게는 약 2kg 이다.

풀이 ㉱ 백색원판의 무게는 약 3kg 이다.

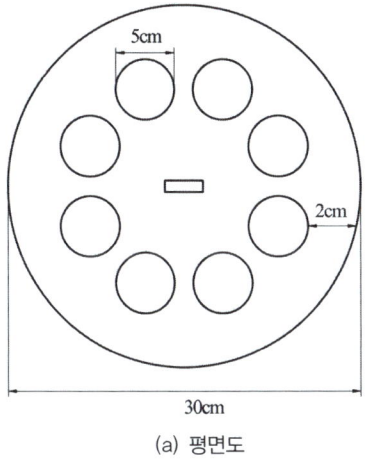
(a) 평면도

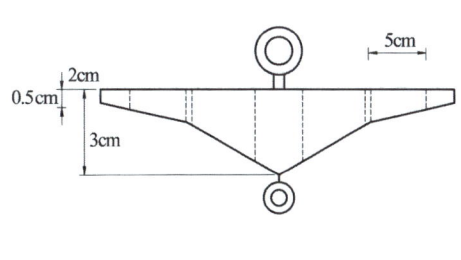
(b) 측면도

〈백색원판〉

(3) 분석절차

① 백색원판 또는 세키 디스크는 측정에 앞서 상판에 이물질이 없도록 깨끗하게 닦아 주고, 측정시간은 오전 10시에서 오후 4시 사이로 한다.
② 날씨가 맑고 수면이 잔잔할 때 직사광선을 피하여 배의 그늘 등에서 백색원판 또는 세키 디스크를 조용히 보이지 않는 깊이로 넣은 다음 천천히 끌어 올리면서 보이기 시작하는 깊이를 2회~3회 반복 측정하고 평균하여 사용한다.

TIP

① 백색원판 또는 세키 디스크의 색도차는 투명도에 미치는 영향이 적지만, 원판의 광 반사능은 투명도에 영향을 미치므로 표면이 더러울 때에는 다시 색칠하여야 한다.
② 투명도는 일기, 시각, 개인차 등에 의하여 약간의 차이가 있을 수 있으므로 측정조건을 기록해 두어야 한다.
③ 흐름이 있어 줄이 기울어질 경우에는 2kg정도의 추를 달아서 줄을 세워야 하고 줄은 10cm 간격으로 눈금표시가 되어 있어야 하며, 충분히 강도가 있는 것을 사용한다.
④ 강우시나 수면에 파도가 격렬하게 일 때는 정확한 투명도를 얻을 수 없으므로 측정하지 않는 것이 좋다.
⑤ 측정결과는 0.1m 단위로 표기한다.

Question 05

투명도의 측정방법에 관한 설명으로 옳지 않은 것은?

㉮ 측정값의 정확성을 기하기 위하여 반복해서 측정하고 평균값을 0.1m 단위로 읽는다.
㉯ 백색원판의 색도차는 투명도에 미치는 영향이 크므로 판의 표면이 더러울 때는 다시 색칠하여야 한다.
㉰ 흐름이 있어 줄이 기울어질 경우에는 2kg 정도의 추를 달아서 줄을 세워야 한다.
㉱ 백색원판은 무게가 약 3kg인 지름 30cm의 백색원판에 지름 5cm의 구멍이 8개 뚫려 있다.

풀이 ㉯ 백색원판의 색도차는 투명도에 미치는 영향이 적지만 원판의 광반사능은 투명도에 영향을 미치므로 표면이 더러울 때에는 다시 색칠하여야 한다.

03 탁도(Turbidity)

이 시험기준은 탁도를 측정하기 위하여 탁도계를 이용하여 물의 흐림 정도를 측정하는 방법이다.

(1) 적용범위

이 시험기준은 지표수와 지하수에 적용할 수 있다.

★★(2) 간섭물질

① 시료 내 입자가 큰 침전물이 빠르게 침전되는 경우 탁도값이 낮게 측정된다.
② 시료 속의 거품은 빛을 산란시켜서 높은 측정값을 나타낸다. 따라서 시료 분취 시 거품 생성을 방지하기 위하여 시료를 측정용기의 벽을 따라 부어야 한다.
③ 물에 색깔이 있는 시료는 색이 빛을 흡수하기 때문에 잠재적으로 ★★측정값이 낮게 분석된다.

Question 06

수질오염공정시험기준상 탁도 측정에 관한 설명으로 틀린 것은?

㉮ 시료 내 입자가 큰 침전물이 빠르게 침전되는 경우 탁도값이 낮게 측정된다.
㉯ 물에 색깔이 있는 시료는 잠재적으로 측정값이 높게 분석된다.
㉰ 시료 속의 거품은 빛을 산란시켜서 높은 측정값을 나타낸다.
㉱ 탁도를 측정하기 위해서는 탁도계를 이용하여 물의 흐림 정도를 측정한다.

풀이 ㉯ 물에 색깔이 있는 시료는 색이 빛을 흡수하기 때문에 잠재적으로 측정값이 낮게 분석된다.

(3) 분석기기 및 기구

① 탁도계(turbidimeter) : 광원부와 광전자식 검출기를 갖추고 있으며 검출한계가 0.02 NTU 이상인 NTU(nephelometric turbidity units) 탁도계로서 광원인 텅스텐필라멘트는 2,200K~3,000K 온도에서 작동하고 측정튜브내의 투사광과 산란광의 총 통과거리는 10cm를 넘지 않아야 하며, 검출기에 의해 빛을 흡수하는 각도는 투사광에 대하여 (90±30)℃를 넘지 않아야 한다.

② 측정용기 : 무색 투명한 유리 또는 플라스틱 재질로서 튜브의 내외부가 긁히거나 부식되지 않아야 한다.

Question 07

탁도 측정 시 사용되는 탁도계의 설명으로 ( )에 들어갈 내용으로 알맞은 것은?

광원부와 광전자식 검출기를 갖추고 있으며, 검출한계가 ( ) NTU 이상인 NTU 탁도계로서 광원인 텅스텐필라멘트는 2,200K~3,000K 온도에서 작동하고 측정튜브내의 투사광과 산란광의 총 통과거리는 10cm를 넘지 않아야 한다.

㉮ 0.01   ㉯ 0.02   ㉰ 0.05   ㉱ 0.1

정답 ㉯

04 색도(Color)

★★★ **(1) 목적**

이 시험기준은 시각적으로 눈에 보이는 색상에 관계없이 단순 색도차 또는 단일 색도차를 계산하는 데 아담스-니컬슨(Adams-Nickerson)의 공식을 근거로 색도를 측정하는 방법이다.

(2) 적용범위

이 시험기준은 지표수, 지하수, 하·폐수 등에 적용할 수 있다.

(3) 간섭물질

근본적인 간섭은 측정 파장에서 콜로이드 물질 및 부유 물질의 존재로 빛이 흡수 혹은 분산 때문에 일어난다. 이러한 물질은 $0.45\ \mu m$ 공극 크기를 가진 셀룰로오스 여과지 또는 유리섬유 여과지 등을 사용하여 제거한다.

★★★ **(4) 아담스-니컬슨(Adams-Nickerson)의 색도공식**

① 육안으로 두개의 서로 다른 색상을 가진 A, B가 무색으로부터 같은 정도로 색도가 있다고 판정되면, 이들의 색도값(ADMI의 기준: American dye manufacturers institute)도 같게 된다.

② 이 방법은 백금-코발트 표준물질과 아주 다른 색상의 하·폐수에서 뿐만 아니라 표준물질과 비슷한 색상의 하·폐수에도 적용할 수 있다.

(5) 분석기기 및 기구

① 여과장치 : 지름이 22mm 또는 47mm이고 공극이 $0.45\ \mu m$ 인 셀룰로오스 여과지 또는 유리섬유여과지를 사용한다. 여과장치는 유리, 스텐인리스강 또는 폴리테트라플루오로에틸렌(PTFE, polytetrafluoroethylene) 재질을 사용한다.

② 분광광도계 (spectrophotometer) : 10nm 이하의 스펙트럼 대역폭 (spectral band width)으로 400nm~700nm 파장범위에서 투과율(%)을 측정할 수 있는 장치 혹은 동등 이상의 성능을 가진 것을 사용한다.

Question 08

다음 중 색도(Color)에 대한 내용으로 틀린 것은?

㉮ 시각적으로 눈에 보이는 색상에 관계없이 단순 색도차 또는 단일 색도차를 계산하는 데 아담스-니컬슨(Adams-Nickerson)의 공식을 근거로 색도를 측정하는 방법이다.
㉯ 근본적인 간섭은 측정 파장에서 콜로이드 물질 및 부유 물질의 존재로 빛이 흡수 혹은 분산 때문에 일어난다.
㉰ 육안으로 두개의 서로 다른 색상을 가진 A, B가 무색으로부터 같은 정도로 색도가 있다고 판정되면, 이들의 색도값도 같게 된다.
㉱ 백금-코발트 표준물질과 아주 다른 색상의 하·폐수에서는 적용할 수 없다.

 ㉱ 백금-코발트 표준물질과 아주 다른 색상의 하·폐수에서뿐만 아니라 표준물질과 비슷한 색상의 하·폐수에도 적용할 수 있다.

05 수소이온농도(Potential of Hydrogen, pH)

(1) 목적

이 시험기준은 기준전극과 유리전극으로 구성된 pH 측정기를 사용하여 양전극 간에 생성되는 기전력의 차를 이용하여 수소이온농도 (pH)를 측정하는 방법이다.

(2) 적용범위

이 시험기준은 수온이 0℃~40℃인 지표수, 하·폐수 등에 적용할 수 있으며, 정량범위는 pH 0.0~pH 14.0이다.

★★ (3) 간섭물질

① pH 10 이상에서 소듐에 의해 오차가 발생할 수 있는데, 이는 "낮은 소듐 오차전극"을 사용하여 줄일 수 있다.
② 기름층이나 작은 입자상이 전극을 피복하여 pH 측정을 방해할 수 있는데, 이 피복물을 세척제로 씻은 후 정제수로 충분히 세척하고 부드러운 재질의 종이 등으로 물기를 제거하여 pH를 측정한다. 염산(1 + 9)을 사용하여 피복물을 제거할 수 있다.
③ pH는 온도변화에 따라 영향을 받는다.
④ 가끔 전극이 부식되는 경우가 있으며, 이는 부정확한 결과를 유발한다.
⑤ 측정이 완료된 후에는 전극을 정제수로 잘 씻은 다음 3M KCl 용액에 담가둔다.

Question 09

기준전극과 유리전극으로 구성된 pH 측정기를 사용하여 수소이온농도를 측정할 때 간섭물질에 대한 내용으로 틀린 것은?

㉮ pH 10 이상에서 소듐에 의해 오차가 발생할 수 있는데, 이는 "낮은 소듐 오차전극"을 사용하여 줄일 수 있다.
㉯ 기름층이나 작은 입자상이 전극을 피복하여 pH 측정을 방해할 수 있다.
㉰ pH는 온도변화에 따라 영향을 받지 않는다.
㉱ 측정이 완료된 후에는 전극을 정제수로 잘 씻은 다음 3M KCl 용액에 담가둔다.

풀이 ㉰ pH는 온도변화에 따라 영향을 받는다.

(4) 용어정의

① 유리전극(작용전극, working electrode)

pH 측정기를 구성하는 유리전극으로서 수소이온의 농도가 감지되는 전극이다.

② 기준전극

은-염화은과 칼로멜 전극 등으로 구성된 전극으로 pH 측정기에서 측정 전위 값의 기준이 되며 작용 전극과 일체형으로 된 결합 전극의 형태가 있다.

(5) 분석기기 및 기구

① pH 측정기

pH 측정기는 보통 유리전극과 기준전극으로 구성된 검출부와 측정된 pH 결과를 표시하는 지시부로 되어 있다.

② 검출부

시료와 접촉되는 부분으로서 유리전극 또는 안티몬전극과 기준전극으로 구성되어 있다.

 TIP

안티몬전극을 사용하는 경우에 정량범위는 pH 2.0 ~ pH 12.0이다.

③ 지시부

비대칭 전위조절(영점조절) 기능과 온도보정 기능이 있다. 온도보정 기능이 없는 것에는 온도보정용 감온부가 있다. 측정기의 운전상태, 측정결과, 교정값 등을 확인하고 기록할 수 있어야 한다.

★★ (6) 표준용액

① pH 표준용액 조제에 사용되는 물은 정제수를 15분 이상 끓여서 이산화탄소를 날려 보내고 산화칼슘(생석회) 흡수관을 달아 식혀서 준비한다.
② 제조된 pH 표준용액의 전도도는 $2\,\mu S/cm$ 이하이어야 한다.
③ 조제한 pH 표준용액은 경질 유리병 또는 폴리에틸렌병에 담아서 보관한다.
④ 보통 빛을 차단하고 냉장 보관하여 산성 표준용액은 3개월, 염기성 표준용액은 산화칼슘 흡수관을 부착하여 1개월 이내에 사용한다.
⑤ 국내외 시판용 표준용액을 사용할 수 있고, 유효기간 내에 사용해야 한다.

Question 10

pH 표준용액의 조제에 대한 내용으로 틀린 것은?

㉮ pH 표준용액 조제에 사용되는 물은 정제수를 15분 이상 끓여서 이산화탄소를 날려 보내고 산화칼슘(생석회) 흡수관을 달아 식혀서 준비한다.
㉯ 제조된 pH 표준용액의 전도도는 $2\,\mu S/cm$ 이하이어야 한다.
㉰ 조제한 pH 표준용액은 경질 유리병 또는 폴리에틸렌병에 담아서 보관한다.
㉱ 산성 표준용액은 산화칼슘 흡수관을 부착하여 1개월 이내에, 염기성 표준용액은 3개월 이내에 사용한다.

풀이 ㉱ 산성 표준용액은 3개월, 염기성 표준용액은 산화칼슘 흡수관을 부착하여 1개월 이내에 사용한다.

★★ ▶ 온도별 표준용액의 pH 값

온도	수산염 표준용액	프탈산염 표준용액	인산염 표준용액	붕산염 표준용액	탄산염 표준용액	수산화칼슘 표준용액
0℃	1.67	4.01	6.98	9.46	10.32	13.43
5℃	1.67	4.01	6.95	9.39	10.25	13.21
10℃	1.67	4.00	6.92	9.33	10.18	13.00
15℃	1.67	4.00	6.90	9.27	10.12	12.81
20℃	1.68	4.00	6.88	9.22	10.07	12.63
25℃	1.68	4.01	6.86	9.18	10.02	12.45
30℃	1.69	4.01	6.85	9.14	9.97	12.30
35℃	1.69	4.02	6.84	9.10	9.93	12.14
40℃	1.70	4.03	6.84	9.07	-	11.99
50℃	1.71	4.06	6.83	9.01	-	11.70
60℃	1.73	4.10	6.84	8.96	-	11.45

(암기법) 수프인 7부옷에 탄숨
(해설) 수 : 수산염, 프 : 프탈산염, 인 : 인산염, 부 : 붕산염, 탄 : 탄산염, 숨 : 수산화칼슘, pH 7 : 인산염

Question 11

다음 pH 표준액 중 pH 값이 0℃에서 가장 높은(큰) 값을 나타내는 표준액은 어느 것인가?

㉮ 프탈산염 표준액　　㉯ 수산염 표준액　　㉰ 탄산염 표준액　　㉱ 붕산염 표준액

풀이 pH 값이 0℃에서 가장 높은(큰) 값을 나타내는 표준액의 순서는 수산화칼슘 > 탄산염 > 붕산염 > 인산염 > 프탈산염 > 수산염 순이다.

06 용존산소(DO : Dissolved Oxygen)

1. 적정법(Titrimetric Method)

★★ (1) 목적

이 시험기준은 시료에 황산망간과 알칼리성 요오드포타슘용액을 넣어 생기는 수산화제일망간이 시료 중의 용존산소에 의하여 산화되어 수산화제이망간으로 되고, 황산 산성에서 용존산소량에 대응하는 요오드를 유리한다. 유리된 요오드를 티오황산소듐으로 적정하여 용존산소를 측정하는 방법이다.

★★ (2) 적용범위

이 시험기준은 지표수, 지하수, 하·폐수 등에 적용할 수 있으며, 정량한계는 0.1mg/L 이다. ★★

Question 12

DO 측정 시 적정법의 정량한계는?

㉮ 1.0mg/L　　㉯ 0.5mg/L　　㉰ 0.3mg/L　　㉱ 0.1mg/L

풀이 ① 적정법의 정량한계 : 0.1 mg/L
② 전극법의 정량한계 : 0.5 mg/L
③ 광화학 센서방법의 정량한계 : 0.5 mg/L

★★ (3) 전처리

① 시료가 착색 또는 현탁된 경우 : 포타슘명반용액과 암모니아용액 주입
② 미생물 플럭(floc)이 형성된 경우 : 황산구리-설파민산용액 주입

③ 산화성 물질(잔류염소 등)을 함유한 경우 : 알칼리성 요오드화포타슘-아자이드화소듐 용액 주입

④ 산화성 물질을 함유한 경우 (Fe(Ⅲ)) : Fe(Ⅲ) 100mg/L~ 200mg/L가 함유되어 있는 시료의 경우, 황산을 첨가하기 전에 플루오린화포타슘용액 1 mL를 가한다.

Question 13

적정법으로 용존산소(DO)를 측정할 때 시료가 착색 또는 현탁된 경우 전처리로 알맞은 것은?

㉮ 포타슘명반용액과 암모니아용액 주입
㉯ 황산구리-설파민산용액 주입
㉰ 알칼리성 요오드화포타슘-아자이드화소듐 용액 주입
㉱ 플루오린화포타슘용액 주입

정답 ㉮

★★ (4) 분석방법

① 시료를 가득 채운 300 mL BOD 병에 황산망간용액 1 mL와 알칼리성 요오드화포타슘-아자이드화소듐용액 1 mL를 넣고 기포가 남지 않게 조심하여 마개를 닫고 병을 수회 회전하면서 섞는다.

② 2분 이상 정치시킨 후에 상층액에 미세한 침전이 남아 있으면 다시 회전시켜 혼화하면 갈색 침전물이 생긴다.

③ 시료를 정치하여 100 mL 이상의 맑은 층이 생기면 마개를 열고 황산 2 mL를 병목으로부터 넣는다.

④ 마개를 다시 닫고 갈색 침전물이 완전히 용해할 때까지 병을 회전시킨다.

⑤ BOD 병의 용액 200 mL를 정확히 취하여 황색이 될 때까지 티오황산소듐용액(0.025M)으로 적정한 다음, 전분용액 1 mL를 넣어 용액을 청색으로 만든다. 이후 다시 티오황산소듐용액(0.025M)으로 용액이 청색에서 무색이 될 때까지 적정한다.

(5) 농도계산

$$\text{용존산소(mg/L)} = a \times f \times \frac{V_1}{V_2} \times \frac{1,000}{V_1 - R} \times 0.2$$

a : 적정에 소비된 티오황산소듐용액(0.025M)의 양(mL)
f : 티오황산소듐용액(0.025 M)의 인자(factor)
V_1 : 전체 시료의 양(mL)
V_2 : 적정에 사용한 시료의 양(mL)
R : 황산망간 용액과 알칼리성 요오드화포타슘-아자이드화소듐 용액 첨가량(mL)

2. 전극법(Electrode Method)

(1) 목적

이 시험기준은 시료 중의 용존산소가 격막을 통과하여 전극의 표면에서 산화, 환원반응을 일으키고 이때 산소의 농도에 비례하여 전류가 흐르게 되는데 이 전류량으로부터 용존산소를 측정하는 방법이다.

★★ (2) 적용범위

이 시험기준은 지표수, 하·폐수 등에 적용할 수 있으며, 정량한계는 0.5mg/L이다.

> **TIP**
> 특히 산화성 물질이 함유된 시료나 착색된 시료와 같이 용존산소-적정법을 적용할 수 없는 하·폐수의 용존산소 측정에 유용하게 사용할 수 있다.

Question 14

산화성물질이 함유된 시료나 착색된 시료에 적합하며 특히 윙클러-아자이드화소듐변법에 사용할 수 없는 폐하수의 용존산소 측정에 유용하게 사용할 수 있는 측정법은?

㉮ 이온크로마토그래피법 ㉯ 기체크로마토그래피법
㉰ 알칼리비색법 ㉱ 전극법

정답 ㉱

---

(3) 간섭물질

격막 필름은 가스를 선택적으로 통과시키지 못하므로 장시간 사용 시 황화수소(H_2S)가스의 유입으로 감도가 낮아질 수 있다. 따라서 주기적으로 격막 교체와 기기교정이 필요하다.

3. 광학식 센서방법(Optical Sensor Method)

(1) 목적

이 시험기준은 형광 소광(fluorescence quenching)의 원리에 따라 작동하는 광학식 센서로 용존산소를 측정하는 방법이다.

(2) 적용범위

이 시험기준은 지표수, 하·폐수 등에 적용할 수 있으며, 정량한계는 0.5mg/L이다.

> **TIP**
> 색도나 탁도가 높은 물, 철 및 요오드 등 간섭물질이 있어 용존산소-적정법에 적합하지 않은 물의 분석에 사용하기 적합하다.

Question 15

용존산소(DO)를 측정하는 방법으로 틀린 것은?

㉮ 적정법   ㉯ 전극법
㉰ 광학식 센서방법   ㉱ 자외선/가시선분광법

풀이 용존산소의 측정방법은 적정법(윙클러-아자이드화소듐변법), 전극법, 광학식 센서방법이다.

07 생물화학적 산소 요구량 (BOD, Biochemical Oxygen Demand)

이 시험기준은 물속에 존재하는 생물화학적 산소 요구량을 측정하기 위하여 시료를 20℃에서 5일간 저장하여 두었을 때 시료 중의 호기성 미생물의 증식과 호흡작용에 의하여 소비되는 용존산소의 양으로부터 측정하는 방법이다.

(1) 적용범위

① 이 시험기준은 지표수, 지하수, 폐수 등에 적용할 수 있다.
② 이 시험기준은 실험실에서 20℃에서 5일 동안 배양할 때의 산소요구량이므로 실제 환경조건의 온도, 생물군, 물의 흐름, 햇빛, 용존산소에서는 다를 수 있어 실제 지표수의 산소요구량을 알고자 할 때에는 위의 조건을 고려해야 한다.
③ 시료 중 용존산소의 양이 소비되는 산소의 양보다 적을 때에는 시료를 희석수로 적당히 희석하여 사용한다.
④ 공장폐수나 혐기성 발효의 상태에 있는 시료는 호기성 산화에 필요한 미생물을 식종하여야 한다.
⑤ 탄소 BOD를 측정해야 할 경우에는 질산화 억제 시약을 첨가한다.

(2) 간섭물질

① 시료가 산성 또는 알칼리성을 나타내거나 잔류염소 등 산화성 물질을 함유하였거나 용존산소가 과포화 되어 있을 때에는 BOD 측정이 간섭받을 수 있으므로 전처리를 행한다.
② 탄소 BOD를 측정할 때, 시료 중 질산화 미생물이 충분히 존재할 경우 유기 및 암모니아성 질소 등의 환원상태 질소화합물질이 BOD 결과를 높게 만든다. 적절한 질산화 억제 시약을 사용하여 질소에 의한 산소 소비를 방지한다.
③ 시료는 시험하기 바로 전에 온도를 (20±1)℃로 조정한다.

★★ (3) 전처리

① pH가 6.5~8.5의 범위를 벗어나는 산성 또는 알칼리성 시료는 염산용액(1M) 또는 수산화소듐용액(1M)으로 시료를 중화하여 pH 7~7.2로 맞춘다. 다만 이때 넣어주는 염산 또는 수산화소듐의 양이 시료량의 0.5%가 넘지 않도록 하여야 한다. pH가 조정된 시료는 반드시 식종을 실시한다.

Question 16

BOD 측정 시 산성 또는 알칼리성 시료에 대하여 전처리를 할 때 중화를 위해 넣어주는 산 또는 알칼리의 양은 시료량의 몇 %가 넘지 않도록 하여야 하는가?

㉮ 0.5   ㉯ 1.0   ㉰ 2.0   ㉱ 3.0

정답 ㉮

② 가능한 한 염소소독 전에 시료를 채취한다. 그러나 잔류염소를 함유한 시료는 시료 100mL에 아자이드화소듐 0.1g과 요오드화포타슘 1g을 넣고 흔들어 섞은 다음 염산을 넣어 산성으로 한다. (약 pH 1) 유리된 요오드를 전분지시약을 사용하여 아황산소듐용액(0.025 N)으로 액의 색깔이 청색에서 무색으로 변화될 때까지 적정하여 얻은 아황산소듐용액(0.025 N)의 소비된 부피(mL)를 남아 있는 시료의 양에 대응하여 넣어 준다. 일반적으로 잔류염소를 함유한 시료는 반드시 식종을 실시한다.

★★ ③ 수온이 20℃ 이하일 때의 용존산소가 과포화 되어 있을 경우에는 수온을 23℃~25℃ 로 상승시킨 이후에 15분간 통기하고 방치하고 냉각하여 수온을 다시 20℃ 로 한다.

④ 기타 독성을 나타내는 시료에 대해서는 그 독성을 제거한 후 식종을 실시한다.

Question 17

20℃ 이하에서 BOD 측정 시료의 용존산소가 과포화되어 있을 때 처리하는 방법은?

㉮ 시료의 산소 과포화되어 있어도 배양전 용존 산소 값으로 측정됨으로 상관이 없다.
㉯ 시료의 수온을 23℃~25℃로 하여 15분간 통기하고 방냉한 후 수온을 20℃로 한다.
㉰ 아황산소듐을 적당량 넣어 산소를 소모시킨다.
㉱ 5℃ 이하로 냉각시켜 냉암소에서 15분간 잘 저어준다.

풀이 온도가 높으면 DO값이 낮아지고, 온도가 낮으면 DO값이 높아지므로 ㉯번이 정답이다.

(4) 분석방법

① 시료(또는 전처리한 시료)의 예상 BOD값으로부터 단계적으로 희석배율을 정하여 3종~5종의 희석 시료를 2개를 한 조로 하여 조제한다.

★★ ② 예상 BOD값에 대한 사전경험이 없을 때 희석하여 시료 조제방법

　★★ ㉠ 오염정도가 심한 공장폐수는 0.1%~1.0%
　★★ ㉡ 처리하지 않은 공장폐수와 침전된 하수는 1%~5%
　★★ ㉢ 처리하여 방류된 공장폐수는 5%~25%

㉣ 오염된 하천수는 25%~100%의 시료가 함유되도록 희석 조제한다.

Question 18

예상 BOD 값에 대한 사전경험이 없을 때 BOD 시험을 위한 시료용액 조제 시 희석기준에 대한 내용으로 틀린 것은?

㉮ 오염된 하천수는 10%~20%의 시료가 함유되도록 희석한다.
㉯ 처리하여 방류된 공장폐수는 5%~25%의 시료가 함유되도록 희석한다.
㉰ 처리하지 않은 공장폐수는 1%~5%의 시료가 함유되도록 희석한다.
㉱ 심한 공장폐수는 0.1%~1.0%의 시료가 함유되도록 희석한다.

풀이 ㉮ 오염된 하천수는 25%~100%의 시료가 함유되도록 희석한다.

③ BOD용 희석수 또는 BOD용 식종희석수를 사용하여 시료를 희석할 때에는 2L 부피실린더에 공기가 갇히지 않게 조심하면서 반만큼 채우고, 시료(또는 전처리한 시료) 적당량을 넣은 다음 BOD용 희석수 또는 식종 희석수로 희석배율에 맞는 눈금의 높이까지 채운다.

④ 공기가 갇히지 않게 젖은 막대로 조심하면서 섞고 2개의 300mL BOD병에 완전히 채운 다음, 한 병은 마개를 꼭 닫아 물로 마개주위를 밀봉하여 BOD용 배양기에 넣고 어두운 상태에서 5일 간 배양한다. 이때 온도는 20℃로 항온한다. 나머지 한 병은 15분 간 방치 후에 희석된 시료 자체의 초기 용존산소를 측정하는데 사용한다.

⑤ 같은 방법으로 미리 정해진 희석배율에 따라 몇 개의 희석 시료를 조제하여 2개의 300mL BOD병에 완전히 채운 후 실험한다. 처음의 희석 시료 자체의 용존산소량과 20℃에서 5일 간 배양할 때 소비된 용존산소의 양을 용존산소 측정법에 따라 측정하여 구한다.

 ⑥ 5일 저장기간 동안 산소의 소비량이 40%~70% 범위 안의 희석 시료를 선택하여 초기 용존산소량과 5일간 배양한 다음 남아 있는 용존산소량의 차로부터 BOD를 계산한다.

Question 19

생물화학적 산소요구량(BOD)을 측정할 때 가장 신뢰성이 높은 결과를 갖기위해서는 용존산소 감소율이 5일 후 어느 정도이어야 하는가?

㉮ 10%~20% ㉯ 20%~40% ㉰ 40%~70% ㉱ 70%~90%

정답 ㉰

⑦ 시료를 식종하여 BOD를 측정할 때는 실험에 사용한 식종액을 희석수로 단계적으로 희석한 이후에 위의 실험방법에 따라 실험하고 배양 후의 산소 소비량이 40% ~ 70% 범위 안에 있는 식종 희석수를 선택하여 배양전후의 용존산소량과 식종액 함유율을 구하고 시료의 BOD 값을 보정한다.

(5) 농도계산

① 식종하지 않은 시료

생물화학적 산소요구량(mg/L) = $(D_1 - D_2) \times P$

- D_1 : 15분간 방치된 후의 희석(조제)한 시료의 DO(mg/L)
- D_2 : 5일간 배양한 다음의 희석(조제)한 시료의 DO(mg/L)
- P : 희석시료 중 시료의 희석배수(희석시료량/시료량)

② 식종희석수를 사용한 시료

생물화학적 산소요구량(mg/L) = $[(D_1 - D_2) - (B_1 - B_2) \times f] \times P$

- D_1 : 15분간 방치된 후의 희석(조제)한 시료의 DO(mg/L)
- D_2 : 5일간 배양한 다음의 희석(조제)한 시료의 DO(mg/L)
- B_1 : 식종액의 BOD를 측정할 때 희석된 식종액의 배양 전 DO(mg/L)
- B_2 : 식종액의 BOD를 측정할 때 희석된 식종액의 배양 후 DO(mg/L)
- f : 희석시료 중의 식종액 함유율(x%)과 희석한 식종액 중의 식종액 함유율(y%)의 비(x/y)
- P : 희석시료 중 시료의 희석배수(희석시료량/시료량)

08 화학적 산소요구량(Chemical Oxygen Demand)

1. 적정법-산성 과망간산포타슘법(COD_{Mn})

이 시험기준은 물속에 존재하는 화학적 산소요구량을 측정하기 위하여 시료를 황산산성으로 하여 과망간산포타슘 일정과량을 넣고 30분간 수욕상에서 가열반응시킨 다음 소비된 과망간산포타슘량으로부터 이에 상당하는 산소의 양을 측정하는 방법이다.

(1) 적용범위

이 시험기준은 지표수, 하수, 폐수 등에 적용하며, 반응시료(100mL)의 염화이온 농도가 2,000mg/L 미만인 경우에 적용한다.

★★ (2) 간섭물질

① 유리기구류나 공기로부터 유기물의 오염이 되지 않게 주의하고 사용하는 정제수에 유기물이 없는지 확인해야 한다.
② 염소이온은 과망간산에 의해 정량적으로 산화되어 양의 오차를 유발하므로 황산은을 첨가하여 염소이온의 간섭을 제거한다.
★★ ③ 아질산염은 아질산성 질소 1mg당 1.1mg의 산소를 소모하여 COD 측정값의 오차를 유발한다. 아질산염의 방해가 우려되면 아질산성 질소 1mg당 10mg의 설파민산을 넣어 간섭을 제거한다.
④ 제일철이온, 아황산염 등 실험 조건에서 산화되는 물질이 있을 때에 해당되는 COD 값을 정량적으로 빼주어야 한다.
⑤ 가열과정에서 오차가 발생할 수 있으므로 물중탕의 온도와 가열시간을 잘 지켜야 한다.

> **Question 20**
>
> 화학적 산소요구량(COD)을 적정법 – 산성 과망간산포타슘법으로 측정할 때 아질산염의 방해가 우려되는 경우, 간섭 제거방법으로 옳은 것은?
>
> ㉮ 아질산성 질소 1mg 당 10mg의 황산은을 넣는다.
> ㉯ 아질산성 질소 1mg 당 10mg의 질산은을 넣는다.
> ㉰ 아질산성 질소 1mg 당 10mg의 옥살산소듐을 넣는다.
> ㉱ 아질산성 질소 1mg 당 10mg의 설파민산을 넣는다.
>
> **정답** ㉱

2. 적정법–알칼리성 과망간산포타슘법(COD$_{Mn}$)

이 시험기준은 물속에 존재하는 화학적 산소요구량을 측정하기 위하여 시료를 알칼리성으로 하여 과망간산포타슘 일정과량을 넣고 60분간 수욕상에서 가열반응 시키고 요오드화포타슘 및 황산을 넣어 남아있는 과망간산포타슘에 의하여 유리된 요오드의 양으로부터 산소의 양을 측정하는 방법이다.

(1) 적용범위

이 시험기준은 하수, 폐수 등에 적용할 수 있으며, 반응시료 (100mL)의 염소이온 농도가 2,000mg/L 이상으로 산성 과망간산포타슘법으로 분석할 수 없는 경우에 적용한다.

(2) 간섭물질

① 유리기구류나 공기로부터 유기물의 오염이 되지 않게 주의하고 사용하는 정제수에 유기물이 없는지 확인해야 한다.
② 시료 중에 환원성 무기물질들의 간섭이나 알코올류, 당류, 단백질 등의 알칼리 가용성 화합물의 방해를 받지 않는다.
③ 가열과정에서 오차를 발생할 수 있으므로 물중탕기의 온도와 가열시간을 잘 지켜야 한다.

Question 21

COD 측정에서 최초의 첨가한 $KMnO_4$량의 1/2 이상이 남도록 첨가하는 이유는?
㉮ $KMnO_4$ 잔류량이 1/2 이하로 되면 유기물의 분해온도가 저하한다.
㉯ $KMnO_4$ 잔류량이 1/2 이상이면 모든 유기물의 산화가 완료한다.
㉰ $KMnO_4$ 잔류량이 많을 경우 유기물의 산화속도가 저하한다.
㉱ $KMnO_4$ 농도가 저하되면 유기물의 산화율이 저하한다.

정답 ㉱

3. 적정법-다이크롬산포타슘법(CODCr)

이 시험기준은 화학적 산소요구량을 측정하기 위하여 시료를 황산산성으로 하여 다이크롬산포타슘 일정과량을 넣고 2시간 가열반응 시킨 다음 소비된 다이크롬산포타슘의 양을 구하기 위해 환원되지 않고 남아 있는 다이크롬산포타슘을 황산제일철암모늄용액으로 적정하여 시료에 의해 소비된 다이크롬산포타슘을 계산하고 이에 상당하는 산소의 양을 측정하는 방법이다.

(1) 적용범위

① 이 시험기준은 지표수, 지하수, 하·폐수 등에 적용하며, COD 5mg/L~50mg/L의 낮은 농도 범위를 갖는 시료에 적용한다. 따로 규정이 없는 한 해수를 제외한 모든 시료의 다이크롬산포타슘에 의한 화학적 산소요구량을 필요로 하는 경우에 이 방법에 따라 시험한다.
② 염소이온의 농도가 1,000mg/L 이상의 농도일 때에는 COD 값이 최소한 250mg/L 이상의 농도이어야 한다. 따라서 해수 중에서 COD 측정은 이 방법으로 부적절하다.

★★ (2) 간섭물질

① 유리기구류나 공기로부터 유기물의 오염이 되지 않게 주의하고 사용하는 정제수에 유기물이 없는지 확인해야 한다.

② 염소이온은 다이크롬산에 의해 정량적으로 산화되어 양의 오차를 유발하므로 황산수은(Ⅱ)을 첨가하여 염소이온과 착물을 형성하도록 하여 간섭을 제거할 수 있다. 염소이온의 양이 40mg 이상 공존할 경우에는 <u>★★ $HgSO_4 : Cl^- = 10 : 1$의 비율</u>로 황산수은(Ⅱ)의 첨가량을 늘린다.

③ 아질산 이온(NO_2^-) 1mg으로 1.1mg의 산소(O_2)를 소비한다. 아질산 이온에 의한 방해를 제거하기 위해 시료에 존재하는 <u>아질산성 질소(NO_2-N) mg당 설퍼민산 10mg을 첨</u>가한다.

Question 22

다이크롬산포타슘에 의한 화학적 산소요구량(COD) 측정 시 염소이온이 40mg 이상 공존할 경우 첨가하는 시약과 염소이온의 비율로 맞는 것은?

㉮ $HgSO_4 : Cl^- = 5 : 1$ ㉯ $HgSO_4 : Cl^- = 10 : 1$
㉰ $AgSO_4 : Cl^- = 5 : 1$ ㉱ $AgSO_4 : Cl^- = 10 : 1$

정답 ㉯

★★★ ▶ COD 내용 정리

	산성 과망간산포타슘법 (COD_{Mn})	알칼리성 과망간산포타슘법 (COD_{Mn})	다이크롬산포타슘법 (COD_{Cr})
시료액성	황산산성	알칼리성	황산산성
가열시간	30분	60분	2시간
적정용액	0.005M 과망간산포타슘 ($KMnO_4$)용액	0.025M 티오황산소듐 ($Na_2S_2O_3$)용액	0.025N 황산제일철암모늄용액
종말점	엷은 홍색	무색	청록색→적갈색
농도(mg/L)	$COD(mg/L) = (b-a) \times f \times \frac{1000}{V} \times 0.2$	$COD(mg/L) = (b-a) \times f \times \frac{1000}{V} \times 0.2$	$COD(mg/L) = (b-a) \times f \times \frac{1000}{V} \times 0.2$

Question 23

알칼리성 KMnO₄법으로 COD를 측정하기 위하여 사용하는 표준적정액은 무엇인가?

㉮ NaOH ㉯ KMnO₄ ㉰ Na₂S₂O₃ ㉱ Na₂C₂O₄

정답 ㉰

Question 24

공장 폐수의 COD를 측정하기 위하여 검수 25mL에 증류수를 가하여 100mL로 하여 실험한 결과 0.025 N-KMnO₄가 10.1mL 최종 소모되었을 때 이 공장의 COD(mg/L)는? (단, 공시험의 적정에 소요된 0.025N-KMnO₄ = 0.1 mL, 0.025N-KMnO₄의 역가 = 1.0)

㉮ 20 ㉯ 40 ㉰ 60 ㉱ 80

풀이
$$COD(mg/L) = \frac{(b-a) \times f \times 0.2}{V(L)} = \frac{(10.1 - 0.1)\,mL \times 1.0 \times 0.2}{25 \times 10^{-3}\,L} = 80\,mg/L$$

09 부유물질(Suspended Solids)

이 시험기준은 미리 무게를 단 유리섬유여과지(GF/C)를 여과장치에 부착하여 일정량의 시료를 여과시킨 다음 항량으로 건조하여 무게를 달아 여과 전·후의 유리섬유 여과지의 무게차를 산출하여 부유물질의 양을 구하는 방법이다.

(1) 적용범위

이 시험기준은 지표수, 지하수, 하·폐수 등에 적용할 수 있다.

★★★ **(2) 간섭물질**

★★ ① 나무 조각, 큰 모래입자 등과 같은 큰 입자들은 부유물질 측정에 방해를 주며, 이 경우 <u>직경 2mm 금속망</u>에 먼저 통과시킨 후 분석을 실시한다.
② 증발잔류물이 1,000mg/L 이상인 경우의 해수, 공장폐수 등은 특별히 취급하지 않을 경우, 높은 부유물질 값을 나타낼 수 있다. 이 경우 여과지를 여러 번 세척한다.
③ 칼슘, 마그네슘, 염화물, 황산염 등의 농도가 높을 경우 금속 침전이 발생하며, 흡습성이 있기 때문에 부유물질 측정에 영향을 줄 수 있다.

④ 유지(oil), 그리스(grease), 왁스(wax) 등을 포함하는 시료의 경우, 시료를 여과하고 여과재와 함께 여과 깔때기를 건조시킨다.

> **Question 25**
>
> 부유물질(SS) 측정 시 간섭물질에 관한 내용으로 잘못된 것은 어느 것인가?
> ㉮ 큰 입자들은 부유물질 측정에 방해를 주며, 이 경우 직경 0.2mm 금속망에 먼저 통과 시킨 후 분석을 실시한다.
> ㉯ 증발잔류물이 1,000mg/L 이상인 경우의 해수, 공장폐수 등은 특별히 취급하지 않을 경우, 높은 부유물질 값을 나타낼 수 있어 여과지를 여러 번 세척한다.
> ㉰ 칼슘, 마그네슘, 염화물, 황산염 등의 농도가 높을 경우 금속 침전이 발생하며, 흡습성이 있기 때문에 부유물질 측정에 영향을 줄 수 있다.
> ㉱ 유지(oil), 그리스(grease), 왁스(wax) 등을 포함하는 시료의 경우, 시료를 여과하고 여과재와 함께 여과 깔때기를 건조시킨다.
>
> **풀이** ㉮ 큰 입자들은 부유물질 측정에 방해를 주며, 이 경우 직경 2mm 금속망에 먼저 통과 시킨 후 분석을 실시한다.

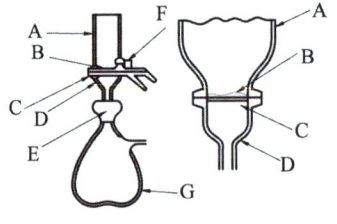

A. 상부 여과관
B. 여과재
C. 여과재 지지대
D. 하부 여과관
E. 고무마개
F. 금속제 집게
G. 흡인병

〈여과장치〉

(3) 분석절차

★★ ① 유리섬유여과지(GF/C)를 여과장치에 부착하여 미리 정제수 20mL씩으로 3회 흡인 여과하여 씻은 다음 시계접시 또는 알루미늄 호일 접시 위에 놓고 105℃~110℃의 건조기 안에서 2시간 건조시켜 황산 데시케이터에 넣어 방치하고 냉각한 다음 항량하여 무게를 정밀히 달고, 여과장치에 부착 시킨다.
② 시료 적당량(건조 후 부유물질로써 1mg 이상)을 여과장치에 주입하면서 흡입 여과한다.
③ 시료 용기 및 여과장치의 기벽에 붙어있는 부착물질을 소량의 정제수로 유리섬유여과지에 씻어 내린 다음 즉시 여지상의 잔류물을 정제수 10mL씩 3회 씻어주고 약 3분 동안 계속하여 흡입 여과한다.
④ 유리섬유여과지를 핀셋으로 주의하면서 여과장치에서 끄집어내어 시계접시 또는 알루미늄 호일 접시 위에 놓고 105℃~110℃의 건조기 안에서 2시간 건조시켜 황산 데시

케이터에 넣어 방치하고 냉각한 다음 항량으로 하여 무게를 정밀히 단다.

TIP ★★
① 유리섬유여과지(GF/C) 또는 이와 동등한 규격으로 지름 47mm의 것을 사용한다.
② 사용한 여과장치의 하부여과재를 다이크롬산포타슘·황산용액에 넣어 침전물을 녹인 다음 정제수로 씻어준다.
③ 용존성 염류가 다량 함유되어 있는 시료의 경우에는 흡입장치를 끈 상태에서 정제수를 여지 위에 부은 뒤 흡입여과하는 것을 반복하여 충분히 세척한다.

Question 26

부유물질(SS) 측정시, 건조시키는 온도와 시간은?

㉮ 100℃ ~ 105℃, 4시간
㉯ 100℃ ~ 105℃, 2시간
㉰ 105℃ ~ 110℃, 4시간
㉱ 105℃ ~ 110℃, 2시간

정답 ㉱

(4) 농도계산

여과 전후의 유리섬유여지 무게의 차를 구하여 부유물질의 양으로 한다.

★★ 부유물질(mg/L) = $(b - a) \times \dfrac{1{,}000}{V}$

a : 시료 여과 전의 유리섬유여지 무게(mg)   b : 시료 여과 후의 유리섬유여지 무게(mg)
V : 시료의 양(mL)

Question 27

폐수중의 부유물질을 측정하고자 실험을 하여 다음과 같은 결과를 얻었다. 폐수중의 부유물질의 양(mg/L)은 얼마인가?

- 시료량 : 100mL
- 시료 여과 전 유리섬유 여지의 무게 : 0.6329g
- 시료 여과 후 유리섬유 여지의 무게 : 0.6531g

㉮ 202mg/L   ㉯ 221mg/L   ㉰ 231mg/L   ㉱ 241mg/L

풀이 부유물질의 양(mg/L) = $\dfrac{(\text{여과후 무게} - \text{여과전 무게})(\text{mg})}{\text{시료량(L)}} = \dfrac{(0.6531\text{g} - 0.6329\text{g}) \times 10^3 \text{mg/g}}{0.1\text{L}} = 202\text{mg/L}$

10 노말헥산 추출물질(n-Hexane Extractable Material)

이 시험기준은 수중에 비교적 휘발되지 않는 탄화수소, 탄화수소유도체, 그리스유상물질 및 광유류를 함유하고 있는 시료를 pH 4 이하의 산성으로 하여 노말헥산층에 용해되는 물질을 노말헥산으로 추출하고 노말헥산을 증발시킨 잔류물의 무게로부터 구하는 방법이다. 다만, 광유류의 양을 시험하고자 할 경우에는 활성규산마그네슘(플로리실) 컬럼을 이용하여 동식물유지류를 흡착·제거하고 유출액을 같은 방법으로 구할 수 있다.

(1) 적용범위

이 시험기준은 지표수, 지하수, 폐수 등에 적용할 수 있으며, 정량한계는 0.5mg/L이다.

Question 28

노말헥산 추출물질의 정량한계는 어느 것인가?

㉮ 0.1mg/L   ㉯ 0.5mg/L   ㉰ 1.0mg/L   ㉱ 5.0mg/L

정답 ㉯

TIP
① 폐수 중의 비교적 휘발되지 않는 탄화수소, 탄화수소유도체, 그리스유상물질 및 광유류가 노말헥산층에 용해되는 성질을 이용한 방법으로 통상 유분의 성분별 선택적 정량이 곤란하다.
② 활성규산마그네슘 컬럼과 동등이상의 성능을 나타낼 수 있는 것을 사용할 수 있다.
③ 활성규산마그네슘은 입경 150μm∼250μm로서 사용전에 노말헥산으로 씻고 150℃로 약 2시간 가열한 후 진공건조용기에서 식힌 것을 사용한다.

Question 29

수질오염공정시험기준상 노말헥산 추출물질에 해당하지 않는 것은 어느 것인가?

㉮ 휘발되지 않는 탄화수소, 탄화수소유도체   ㉯ 그리스유상물질
㉰ 광유류   ㉱ 셀룰로오스류

정답 ㉱

★★ (2) 간섭물질

최종 무게 측정을 방해할 가능성이 있는 입자가 존재할 경우 0.45μm 여과지로 여과한다.

(3) 총 노말헥산 추출물질의 분석절차

★★ ① 시료적당량(노말헥산 추출물질로서 5mg~200mg 해당량)을 분별깔때기에 넣고 메틸오렌지용액(0.1%) 2방울~3방울을 넣고 황색이 적색으로 변할 때까지 염산(1 + 1)을 넣어 시료의 pH를 4 이하로 조절한다.

> **Question 30**
>
> 총 노말헥산추출물질 시험방법에서 시료에 넣어주는 지시약과 염산(1+1)을 넣어 조절해야 하는 pH 범위로 가장 알맞은 것은 어느 것인가?
>
> ㉮ 메틸렌블루용액(0.1%), pH 5.5 이하　　㉯ 메틸레드용액(0.1%), pH 5.5 이하
> ㉰ 메틸오렌지용액(0.1%), pH 4 이하　　㉱ 메틸레드용액(0.1%), pH 4 이하
>
> **정답** ㉰

② 시료의 용기는 노말헥산 20mL씩으로 2회 씻어서 씻은 액을 분별깔때기에 합하고 마개를 하여 2분 간 세게 흔들어 섞고 정치하여 노말헥산층을 분리한다.

③ 수층에 한 번 더 시료용기를 씻은 노말헥산 20mL를 넣어 흔들어 섞고 정치하여 노말헥산층을 분리하여 앞의 노말헥산층과 합한다. 정제수 20mL씩으로 수회 씻어준 다음 수층을 버리고 노말헥산층에 무수황산소듐을 수분이 제거될 만큼 넣어 흔들어 섞고 수분을 제거한다.

④ 분별깔때기의 꼭지부분에 건조여과지를 사용하여 여과한다. 노말헥산을 항량으로 하며 무게를 미리 단 증발용기에 넣고 분별깔때기에 노말헥산 소량을 넣어 씻어 준 다음 여과하여 증발용기에 합한다.

⑤ 노말헥산 5mL씩으로 여과지를 2회 씻어주고 씻은 액을 증발용기에 합한다.

⑥ 증발용기가 알루미늄박으로 만든 접시 또는 비커일 경우에는 용기의 표면을 깨끗이 닦고, 80℃로 유지한 전기열판 또는 전기맨틀에 넣어 노말헥산을 증발시킨다.

⑦ 증류플라스크일 경우에는 U자형 연결관과 냉각관을 달아 전기열판 또는 전기맨틀의 온도를 80℃로 유지하면서 매 초당 한 방울의 속도로 증류한다. 증류플라스크 안에 2mL가 남을 때까지 증류한 다음, 냉각관의 상부로부터 질소가스를 넣어주어 증류플라스크안의 노말헥산을 완전히 증발시키고 증류플라스크를 분리하여 실온으로 냉각될 때까지 질소를 흘려보내어 노말헥산을 완전히 증발시킨다.

⑧ 증발용기 외부의 습기를 깨끗이 닦고 (80±5)℃의 건조기 중에 30분간 건조하고 실리카겔 데시케이터에 넣어 정확히 30분간 방치하여 냉각한 후 무게를 단다.
⑨ 따로 시험에 사용된 노말헥산 전량을 미리 항량으로 하여 무게를 단 증발용기에 넣어, 시료와 같이 조작하여 노말헥산을 날려 보내어 바탕시험을 행하고 보정한다.

(4) 농도계산

① 총 노말헥산추출물질

★★★ 총 노말헥산추출물질(mg/L) = (a - b) × $\dfrac{1,000}{V}$

- a : 시험전후의 증발용기의 무게(mg)
- b : 바탕시험 전후의 증발용기의 무게(mg)
- V : 시료의 양(mL)

Question 31

어떤 공장의 폐수 중 노말헥산의 추출물질량을 측정하기 위해 실험을 한 결과 다음 값을 얻었다. 총 노말헥산 추출물질의 농도는? (단, 측정에 사용한 시료 500mL, 증발용 비이커의 순무게 : 76.1452g, 추출에 사용된 노말헥산 증발 건조 후 비이커의 무게 : 76.1988g이었다.)

㉮ 107.2mg/L   ㉯ 123.2mg/L   ㉰ 159.7mg/L   ㉱ 184.4mg/L

풀이

총 노말헥산추출물질의 농도(mg/L) = $\dfrac{(시료+용기) - 용기}{시료량}$

$= \dfrac{(76.1988-76.1452)g \times 10^3 mg/g}{500mL \times 10^{-3} L/mL} = 107.2 mg/L$

② 노말헥산추출물질 중 광유류

총 노말헥산추출물질 중 광유류(mg/L) = (a - b) × $\dfrac{100}{50}$ × $\dfrac{1,000}{V}$

- a : 유출액 중의 노말헥산추출물질의 무게(mg)
- b : 바탕시험에 의한 잔류물의 무게(mg)
- V : 시료의 양(mL)

③ 총 노말헥산추출물질 중 동·식물유지류

노말헥산추출물질 중 동·식물류(mg/L) = a - b

- a : 노말헥산추출물질의 양(mg/L)
- b : 노말헥산추출물질 중 광유류의 양(mg/L)

11 잔류염소(Residual Chlorine)

1. 비색법(Colorimetric Method)

이 시험기준은 인산염완충용액을 사용하여 시료의 pH를 약산성으로 조절한 후 발색하여 잔류염소 표준비색표와 비교하여 총 잔류염소를 측정하는 방법이다.

Question 32

다음은 잔류염소-비색법 측정에 관한 내용이다. (   ) 안에 옳은 내용은?

시료의 pH를 (   )으로 약산성으로 조절한 후 발색하여 잔류염소 표준비색표와 비교 측정한다.

㉮ 인산염완충용액 ㉯ 프탈산염완충용액
㉰ 붕산염완충용액 ㉱ 수산화포타슘완충용액

정답 ㉮

(1) 적용범위

이 시험기준은 지표수, 지하수, 하·폐수 등에 적용할 수 있으며, 정량한계는 0.05mg/L이다.

(2) 간섭물질

① 유리 잔류염소는 질소(nitrogen, N), 트라이클로라이드(trichloride, Cl_3), 트라이클로라민(trichloramine, NCl_3), 클로린디옥사이드(chlorine dioxide, ClO_2)의 존재하에서는 정확한 측정이 불가능하다.
② 구리에 의한 간섭은 구리 파이프 혹은 황산구리염 처리된 저장고에서 채취된 시료의 측정에서 발생할 수 있다. 이 경우, EDTA를 사용하여 제거할 수 있다.
③ 2mg/L 이상의 크롬산은 종말점에서 간섭을 하는데 이때 <u>염화바륨을 가하여 침전시켜</u> 제거한다.
④ 직사광선 또는 강렬한 빛에 노출되거나 흔들면 염소가 감소되기 때문에 과도한 빛에 노출하거나 교반하지 않는다.

> **Question 33**
>
> 잔류염소를 비색법으로 측정할 때의 내용으로 틀린 것은?
> ㉮ 정량한계는 0.05mg/L이다.
> ㉯ 유리염소는 질소, 트라이클로라이드, 트라이클로라민, 클로린디옥사이드의 존재하에서는 불가능하다.
> ㉰ 2mg/L 이상의 크롬산은 종말점에서 간섭을 하는데 이때 염화소듐을 가하여 침전시켜제거한다.
> ㉱ 직사광선 또는 강렬한 빛에 의해 분해된다.
>
> **풀이** ㉰ 2mg/L 이상의 크롬산은 종말점에서 간섭을 하는데 이때 염화바륨을 가하여 침전시켜 제거한다.

(3) 표정

유리 잔류염소 표준용액 10mL를 취하여 정제수 60mL가 담겨진 250mL 삼각플라스크에 넣는다. 염산용액(1+3) 5mL, 요오드화포타슘 3g을 넣고 밀봉하여 흔들어 섞은 다음 어두운 곳에 약 5분간 방치한다. 티오황산소듐용액(0.1M)으로 적정하여 시료가 연한 노란색이 되면 요오드화아연 전분지시약 용액을 넣고 계속 티오황산소듐용액(0.1M)으로 푸른색이 없어질 때까지 적정한다.

> **TIP**
> 티오황산소듐(0.1 M) 1mL = 유리염소 3.55mg

2. 전류 적정법(Amperometric titration)

이 시험기준은 전류 적정법으로 총 잔류염소를 측정하는 방법이다.

(1) 적용범위

① 이 시험기준은 지표수, 지하수, 하·폐수 등에 적용할 수 있으며, 정량한계는 2mg/L이다. ★★
② 이 시험기준은 물 속의 총염소를 측정하기 위해 적용한다.

> **Question 34**
>
> 잔류염소를 적정법으로 측정할 때 정량한계는?
> ㉮ 0.5 mg/L ㉯ 1 mg/L ㉰ 1.5 mg/L ㉱ 2 mg/L
>
> **정답** ㉱

12 염소이온(Chloride, Cl⁻)

★★ ▶ 적용 가능한 시험방법

염소이온	정량한계(mg/L)	정밀도(% RSD)
이온크로마토그래피	0.1mg/L	± 25% 이내
적정법	0.7mg/L	± 25% 이내
이온전극법	5mg/L	± 25% 이내

1. 이온크로마토그래피

이 시험기준은 지하수, 지표수, 폐수 등을 이온교환 컬럼에 고압으로 전개시켜 분리되는 염소이온을 분석하는 방법이다. 물속에 존재하는 염소이온(Cl^-)의 정성 및 정량분석방법으로 음이온류-이온크로마토그래피에 따른다.

2. 적정법

이 시험기준은 물속에 존재하는 염소이온을 분석하기 위해서, 염소이온을 질산은과 정량적으로 반응시킨 다음 과잉의 질산은이 크롬산과 반응하여 크롬산은의 침전(엷은 적황색 침전)으로 나타나는 점을 적정의 종말점으로하여 염소이온의 농도를 측정하는 방법이다.

Question 35

적정법을 이용한 염소이온의 측정 시 적정의 종말점으로 알맞은 것은 어느 것인가?
㉮ 엷은 적황색 침전이 나타날 때   ㉯ 엷은 적갈색 침전이 나타날 때
㉰ 엷은 청록색 침전이 나타날 때   ㉱ 엷은 황갈색 침전이 나타날 때

 정답 ㉮

(1) 적용범위

① 이 시험기준은 지표수, 지하수, 폐수 등에 적용할 수 있으며, 정량한계는 0.7mg/L이다.
② 비교적 분해되기 쉬운 유기물을 함유하고 있거나 자외부에서 흡광도를 나타내는 브롬이온이나 크롬을 함유하지 않는 시료에 적용된다.

Question 36

적정법으로 염소이온을 측정할 때 정량한계로 옳은 것은?

㉮ 0.1mg/L ㉯ 0.3mg/L ㉰ 0.5mg/L ㉱ 0.7mg/L

풀이 염소이온의 시험방법별 정량한계
① 이온크로마토그래피 : 0.1mg/L ② 적정법 : 0.7mg/L ③ 이온전극법 : 5mg/L

★★ **(2) 간섭물질**

브롬화물이온, 요오드화물이온, 시안화물이온 등이 공존하면 염화물 이온으로 정량된다. 아황산이온, 티오황산이온, 황산이온도 방해하지만 <u>과황산수소로 산화시키면 방해되지 않는다.</u>

Question 37

적정법으로 염소이온 측정시 아황산이온, 티오황산이온, 황산이온의 간섭을 방지하는 방법으로 가장 적절한 것은?

㉮ 황산알루미늄 주입으로 응집제거함
㉯ 클로로폼으로 추출함
㉰ 과황산수소로 산화시킴
㉱ 아세트산아연용액으로 탈이온화

정답 ㉰

(3) 분석절차

① 시료 50mL를 정확히 취하여 삼각플라스크에 담는다.
② 시료가 산성 또는 알칼리성인 경우 수산화소듐용액(4%) 또는 황산(1 + 35)을 사용하여 중화하여 약 pH 7.0으로 조절한다.
③ 크롬산포타슘용액 1mL를 넣어 질산은용액(0.01N)으로 적정한다. 적정의 종말점은 엷은 적황색 침전이 나타날 때로 하며, 따로 정제수 50mL를 취하여 바탕시험액으로 하고 시료의 시험방법에 따라 시험하여 보정한다.

3. 이온전극법

이 시험기준은 염소이온을 이온전극법을 이용하여 분석하는 방법으로 시료에 아세트산염 완충용액을 가해 pH를 약 5로 조절하고, 전극과 비교전극을 사용하여 전위를 측정하고 그 전위차로부터 정량하는 방법으로 음이온류-이온전극법에 따른다.

13. 암모니아성 질소(Ammonium Nitrogen)

★★ 적용 가능한 시험방법

암모니아성 질소	정량한계(mg/L)	정밀도(% RSD)
자외선/가시선 분광법	0.01mg/L	± 25% 이내
이온전극법	0.08mg/L	± 25% 이내
적정법	1mg/L	± 25% 이내

Question 38

암모니아성 질소의 분석방법으로 틀린 것은 어느 것인가? (단, 수질오염공정시험기준)

㉮ 자외선/가시선 분광법　　㉯ 연속흐름법　　㉰ 이온전극법　　㉱ 적정법

풀이 암모니아성 질소의 분석방법으로는 자외선/가시선 분광법, 이온전극법, 적정법이 있다.

★★ 1. 자외선/가시선 분광법

이 시험기준은 물속에 존재하는 암모니아성 질소를 측정하기 위하여 암모늄이온이 하이포염소산의 존재 하에서, 페놀과 반응하여 생성하는 인도페놀의 청색을 630nm에서 측정하는 방법이다.

(1) 적용범위

이 시험기준은 지표수, 지하수, 폐수 등에 적용할 수 있으며, 정량한계는 0.01mg/L이다.

(2) 간섭물질

글라이신, 우레아, 글루타믹산, 시아나이트 그리고 아세트아마이드는 용액 내에서 매우 천천히 지속적으로 가수분해 하지만, pH 9.5에서 우레아는 약 7%, 시아나이트는 약 5%의 양이 전처리된 증류물과 가수분해한다.

★★ 2. 이온전극법

이 시험기준은 물속에 존재하는 암모니아성 질소를 측정하기 위하여 시료에 수산화소듐을 넣어 시료의 ★★pH를 11~13으로 하여 암모늄이온을 암모니아로 변화시킨 다음 암모니아 이온전극을 이용하여 암모니아성 질소를 정량하는 방법이다.

(1) 적용범위

이 시험기준은 지표수, 지하수, 폐수 등에 적용할 수 있으며, ★★정량한계는 0.08mg/L이다.

(2) 간섭물질

① 글라이신, 우레아, 글루타믹산, 시아나이트 그리고 아세트아미드는 용액 내에서 매우 천천히 지속적으로 가수분해하지만, pH 9.5에서 우레아는 약 7%, 시아나이트는 약 5%의 양이 전처리된 증류물과 가수분해한다.
② 아민은 측정값이 높아지는 간섭현상을 일으키며, 이와 같은 영향은 산성화에 의해서 더 커질 수 있다.
③ 수은과 은은 암모니아와 결합함으로써 측정값을 축소하는 간섭현상을 일으키며, NaOH/EDTA 용액을 사용하여 제거할 수 있다.
④ 고농도의 용존 이온은 측정에 영향을 줄 수 있지만, 색도와 탁도는 영향을 주지 않는다.

Question 39

암모니아성 질소를 자외선/가시선 분광법(흡광광도법)으로 측정하고자 할 때의 선택파장(①)과 이온전극법으로 측정하고자 할 때 암모늄 이온을 암모니아로 변화시킬 때의 시료의 pH 범위(②)로 옳은 것은?

㉮ ① 630nm, ② 4~6
㉯ ① 630nm, ② 11~13
㉰ ① 540nm, ② 4~6
㉱ ① 540nm, ② 11~13

정답 ㉯

3. 적정법

이 시험기준은 물속에 존재하는 암모니아성 질소를 측정하기 위하여 시료를 증류하여 유출되는 암모니아를 황산용액에 흡수시키고 수산화소듐용액으로 잔류하는 황산을 적정하여 암모니아성 질소를 정량하는 방법이다.

(1) 적용범위

이 시험기준은 지표수, 지하수, 폐수 등에 적용할 수 있으며, 정량한계는 1mg/L이다.

(2) 분석방법

① 전처리한 시료 전량을 500mL 삼각플라스크에 옮기고 메틸레드-브로모크레졸 그린 혼합지시약 5방울~7방울을 넣은 다음 수산화소듐용액(0.05M)으로 액의 색이 자회색(pH 4.8)을 나타낼 때까지 적정한다.

② 따로 황산용액(0.025M) 50mL를 정확히 취하여 500mL 삼각플라스크에 넣고 메틸레드-브로모크레졸그린 혼합지시약 5~7방울을 넣은 다음 수산화소듐용액(0.05M)으로 액의 색이 자회색(pH 4.8)을 나타낼 때까지 적정하여 황산용액(0.025M) 50mL에서 대응하는 수산화소듐용액(0.05M)의 mL수를 구하고 암모니아성 질소의 농도를 산출한다.

14 아질산성 질소(Nitrite-Nitrogen)

▶ 적용 가능한 시험방법

아질산성 질소	정량한계(mg/L)	정밀도(% RSD)
자외선/가시선 분광법	0.004mg/L	± 25% 이내
이온크로마토그래피	0.1mg/L	± 25% 이내

Question 40

자외선/가시선 분광법과 이온크로마토그래피법만으로 측정하는 항목은?

㉮ 암모니아성 질소　　㉯ 아질산성 질소　　㉰ 질산성 질소　　㉱ 용존 총질소

정답 ㉯

★★ 1. 자외선/가시선 분광법

이 시험기준은 물속에 존재하는 아질산성 질소를 측정하기 위하여, 시료 중 아질산성 질소를 설퍼닐아마이드와 반응시켜 디아조화하고 α―나프틸에틸렌다이아민이염산염과 반응시켜 생성된 디아조화합물의 <u>붉은색의 흡광도 540nm에서 측정</u>하는 방법이다.

(1) 적용범위

이 시험기준은 지표수, 지하수, 폐수 등에 적용할 수 있으며, 정량한계는 0.004mg/L이다.

(2) 간섭물질

① 아질산성 질소는 목적물질보다 1,000배 가량의 농도의 다른 물질이 존재하더라도 거의 방해물질에 의해 간섭받지 않는다. 다만, 시료 중에 강한 산화제 혹은 환원제가 존재할 경우 아질산성 질소의 농도를 쉽게 변화시킬 수 있다.
② 알칼리도가 높은(600mg/L 이상) 시료에서는 pH에 변화가 생겨 과소평가될 수 있다.

(3) 전처리

① 시료를 여과하여도 탁하거나 착색되어 있을 경우에는 시료 100mL에 대하여 포타슘명반용액(황산알루미늄포타슘·12수화물 5g을 물에 녹여 100mL로 한액) 2mL를 넣는다.
② 수산화소듐용액(4%)을 넣어 수산화알루미늄의 플록을 형성시킨 다음 수분간 방치하고 여과하여 여액을 시료로 한다.

2. 이온크로마토그래피

이 시험기준은 지하수, 지표수, 폐수 등을 이온교환 컬럼에 고압으로 전개시켜 분리되는 아질산 이온을 분석하는 방법이다. 물속에 존재하는 아질산 이온(NO_2^-)의 정성 및 정량분석방법으로 음이온류-이온크로마토그래피에 따른다.

15 질산성 질소(Nitrate Nitrogen)

★★ ▶ 적용 가능한 시험방법

질산성질소	정량한계(mg/L)	정밀도(% RSD)
이온크로마토그래피	0.1mg/L	± 25% 이내
자외선/가시선 분광법(부루신법)	0.1mg/L	± 25% 이내
자외선/가시선 분광법 (활성탄흡착법)	0.3mg/L	± 25% 이내
데발다합금 환원증류법	중화적정법 : 0.5mg/L 분광법 : 0.1mg/L	± 25% 이내

Question 41

질산성 질소 분석방법으로 틀린 것은 어느 것인가?

㉮ 이온크로마토그래피법　　　㉯ 자외선/가시선 분광법-부루신법
㉰ 자외선/가시선 분광법-활성탄흡착법　　　㉱ 연속흐름법

정답 ㉱

1. 이온크로마토그래피

이 시험기준은 지하수, 지표수, 폐수 등을 이온교환 컬럼에 고압으로 전개시켜 분리되는 질산성이온을 분석하는 방법이다. 물속에 존재하는 질산성 이온(NO_3^-)의 정성 및 정량분석방법으로 음이온류-이온크로마토그래피에 따른다.

★★ 2. 자외선/가시선 분광법-부루신법

이 시험기준은 물속에 존재하는 질산성 질소를 측정하기 위하여 황산산성(13N H_2SO_4 용액, 100℃)에서 질산이온이 부루신과 반응하여 생성된 <u>황색화합물의 흡광도를 410nm에서 측정</u>하여 질산성 질소를 정량하는 방법이다.

(1) 적용범위

이 시험기준은 지표수, 지하수, 폐수 등에 적용할 수 있으며, 정량한계는 ★★ 0.1mg/L이다.

> **Question 42**
>
> 자외선/가시선 분광법(부루신법)으로 질산성 질소를 측정할 때 정량한계는?
>
> ㉮ 0.01mg   ㉯ 0.05mg   ㉰ 0.1mg   ㉱ 0.5mg
>
> 정답 ㉰

★★**(2) 간섭물질**

① 용존 유기물질이 황산산성에서 착색이 선명하지 않을 수 있으며 이때 부루신설퍼닐산을 제외한 모든 시약을 추가로 첨가하여야 하며, 용존 유기물이 아닌 자연 착색이 존재할 때에도 적용된다.

★★② 바닷물과 같이 염분이 높은 경우, 바탕시료와 표준용액에 <u>염화소듐용액(30%)</u>★★을 첨가하여 염분의 영향을 제거한다.

★★③ <u>모든 강산화제 및 환원제는 방해를 일으킨다</u>. 산화제의 존재 여부는 잔류염소측정기로 알 수 있다.

★★④ 잔류염소는 <u>아산화비소산소듐</u>으로 제거할 수 있다.

⑤ 제1철, 제2철 및 4가 망간은 약간의 방해를 일으키나 1mg/L 이하의 농도에서는 무시해도 된다.

⑥ 시료의 반응시간 동안 균일하게 가열하지 않는 경우 오차가 생기며 착색이 이루어지는 시간대에는 확실한 온도 조절이 필요하다.

(3) 전처리

시료의 pH를 아세트산 또는 수산화소듐으로 약 7로 조절한다. 탁도가 있는 경우에는 여과한다.

(4) 분석방법

① 바탕시료, 표준시료, 시료의 수만큼 시료 용기를 준비하고, 각 시료 용기에 시료를 10mL씩 채운다.

② 시료 자체의 색깔이나 유기성 용해물질이 가열시 발색되어 보정이 필요할 경우에는 시료 한조를 더 취하여 부루신설퍼닐산 용액을 제외한 모든 시약을 넣어서 같은 방법으로 시험하고 보정한다.

> **TIP**
> 바닷물과 같이 염분이 높은 경우, 염화소듐을 바탕시료와 표준용액에 염화소듐용액(30%) 2mL를 넣는다.

③ 황산(4 + 1) 10mL를 각 시료용기에 넣고 흔들어 섞고 수냉한다.
④ 여기에 부루신설퍼닐산 용액 0.5mL를 넣어 흔들어 섞고 끓는 물중탕에서 정확히 20분 간 가열반응 시킨 다음 실온까지 수냉한다.
⑤ 이 용액의 일부를 층장 10mm 흡수셀에 옮겨 시료용액으로 하고 정제수 10mL를 취하여 시료의 시험방법에 따라 시험하여 바탕시험액으로 한다.
⑥ 바탕시험용액을 대조액으로 하여 410nm에서 시료 용액의 흡광도를 구하고 미리 작성한 검정곡선으로 질산성 질소의 양을 구하여 농도를 계산한다.

3. 자외선/가시선 분광법-활성탄흡착법

이 시험기준은 물속에 존재하는 질산성 질소를 측정하기 위하여 pH 12 이상의 알칼리성에서 유기물질을 활성탄으로 흡착한 다음 혼합 산성액으로 산성으로 하여 아질산염을 은폐시키고 질산성 질소의 흡광도를 215nm에서 측정하는 방법이다.

(1) 적용범위

이 시험기준은 지표수, 지하수, 폐수 등에 적용할 수 있으며, 정량한계는 0.3mg/L이다.

(2) 전처리

탁도가 있는 경우에는 여과한다.

📢 **Question 43**

자외선/가시선 분광법(활성탄흡착법)으로 질산성 질소를 측정할 때 정량한계는 얼마인가?
㉮ 0.01mg/L　　㉯ 0.03mg/L　　㉰ 0.1mg/L　　㉱ 0.3mg/L

정답 ㉱

4. 데발다합금 환원증류법

이 시험기준은 물속에 존재하는 질산성 질소를 측정하기 위하여 아질산성 질소를 설퍼민산으로 분해 제거하고 암모니아성 질소 및 일부 분해되기 쉬운 유기질소를 알칼리성에서 증류제거 한 다음 데발다합금으로 질산성 질소를 암모니아성 질소로 환원하여 이를 암모니아성 질소 시험방법에 따라 시험하고 질산성 질소의 농도를 환산하는 방법이다.

(1) 적용범위

이 시험기준은 지표수, 지하수, 폐수 등에 적용할 수 있으며, 정량한계는 중화적정법은 0.5mg/L, 흡광도법은 0.1mg/L이다. ★★

16 총질소(Total Nitrogen)

★★ ▶ 적용 가능한 시험방법

총질소	정량한계(mg/L)	정밀도(% RSD)
자외선/가시선 분광법(산화법)	0.1mg/L	± 25% 이내
자외선/가시선 분광법 (카드뮴 - 구리 환원법)	0.004mg/L	± 25% 이내
자외선/가시선 분광법 (환원증류 - 킬달법)	0.02mg/L	± 25% 이내
연속흐름법	0.06mg/L	± 25% 이내

Question 44

총질소의 측정방법으로 틀린 것은 어느 것인가?
㉮ 자외선/가시선 분광법(산화법)　　㉯ 자외선/가시선 분광법(카드뮴 - 구리 환원법)
㉰ 이온크로마토그래피　　㉱ 자외선/가시선 분광법(환원증류 - 킬달법)

정답 ㉰

★★ 1. 자외선/가시선 분광법-산화법

이 시험기준은 물속에 존재하는 총질소를 측정하기 위하여 시료 중 모든 질소화합물을 알칼리성 과황산포타슘을 사용하여 120℃ 부근에서 유기물과 함께 분해하여 질산이온으로 산화시킨 후 산성상태로 하여 흡광도를 220nm에서 측정하여 총질소를 정량하는 방법이다.

(1) 적용범위

① 이 시험기준은 지표수, 지하수, 폐수 등에 적용할 수 있으며, 정량한계는 0.1mg/L이다.
★★ ② 비교적 분해되기 쉬운 유기물을 함유하고 있거나 자외부에서 흡광도를 나타내는 브롬이온이나 크롬을 함유하지 않는 시료에 적용된다.

(2) 간섭물질

자외부에서 흡광도를 나타내는 모든 물질이 분석을 방해할 수 있으며 특히, 브롬이온 농도 10mg/L, 크롬 농도 0.1mg/L 정도에서 영향을 받으며 해수와 같은 시료에는 적용할 수 없다.

(3) 전처리

시료 50mL(질소함량이 0.1mg 이상일 경우에는 희석)를 분해병에 넣고 알칼리성 과황산포타슘 용액 10mL를 넣어 마개를 닫고 흔들어 섞은 다음 고압증기멸균기에 넣고 가열한다. 약 120℃가 될 때부터 30분간 가열 분해하고 분해병을 꺼내어 냉각한다.

(4) 농도 계산식

$$총질소(mg/L) = a \times \frac{60}{25} \times \frac{1,000}{V}$$

[a : 검정곡선으로부터 구한 질소의 양(mg)   V : 전처리에 사용한 시료량(mL)]

2. 자외선/가시선 분광법-카드뮴·구리 환원법

이 시험기준은 물속에 존재하는 총질소를 측정하기 위하여 시료중의 질소화합물을 알칼리성 과황산포타슘의 존재하에 120℃에서 유기물과 함께 분해하여 질산이온으로 산화시킨 다음 산화된 질산이온을 다시 카드뮴-구리환원 칼럼을 통과시켜 아질산이온으로 환원시키고 아질산성질소의 양을 구하여 총질소로 환산하는 방법이다.(540nm 부근에서 흡광도를 측정)

(1) 적용범위

이 시험기준은 지표수, 지하수, 폐수 등에 적용할 수 있으며, 정량한계는 0.004mg/L이다.

(2) 간섭물질

① 산업폐수 등 매우 혼탁한 시료나 오염이 많이 된 하천, 호소수를 사용할 경우 초음파 균질화기 등을 사용하여 시료중의 입자를 잘게 부순 후 분석하여야 한다.
② 시료가 착색된 경우 흡광도에 영향을 주어 분석결과에 영향을 미친다.
③ 시료의 pH가 5~9의 범위를 초과하면 발색에 영향을 받으므로 염산(2%) 또는 수산화소듐용액(2%)으로 pH를 조절하여야 한다.

(3) 전처리

시료 50mL(질소함량이 0.1mg 이상일 경우에는 희석)를 분해병에 넣고 알칼리성 과황산포타슘용액 10mL를 넣어 마개를 닫고 흔들어 섞은 다음 고압증기멸균기에 넣고 가열한다. 약 120℃가 될 때부터 30분간 가열 분해하고 분해병을 꺼내어 냉각한다.

3. 자외선/가시선 분광법-환원증류·킬달법

이 시험기준은 물속에 존재하는 총질소를 측정하기 위하여 시료에 데발다합금을 넣고 알칼리성에서 증류하여 시료 중의 무기질소를 암모니아로 환원 유출시키고, 다시 잔류시료 중의 유기질소를 킬달 분해한 다음 증류하여 암모니아로 유출시켜 각각의 암모니아성 질소의 양을 구하고 이들을 합하여 총질소를 정량하는 방법이다.

(1) 적용범위

이 시험기준은 지표수, 지하수, 폐수 등에 적용할 수 있으며, 정량한계는 0.02mg/L이다.

(2) 간섭물질

① 시료 중에 잔류염소가 존재하면 정량을 방해하므로 시료를 증류하기 전에 아황산소듐 용액을 넣어 잔류염소를 제거한다. 이 용액 1mL는 0.5mg/L의 잔류염소를 제거할 수 있다.
② 시료 중에 칼슘이온(Ca^{2+})이나 마그네슘이온(Mg^{2+})이 다량 존재하면 발색 시 침전물이 형성되어 흡광도 측정에 영향을 주므로 발색된 시료를 원심분리 한 다음 상층액을 취하여 흡광도를 측정하거나 미리 전처리를 통해 방해이온을 제거한다.

4. 연속흐름법

이 시험기준은 시료 중 모든 질소화합물을 산화분해하여 질산성 질소(NO_3^-) 형태로 변화시킨 다음 카드뮴 - 구리환원 칼럼을 통과시켜 아질산성 질소의 양을 550nm 또는 기기에서 정해진 파장에서 측정하는 방법이다.

> **Question 45**
>
> 다음은 총질소-연속흐름법 측정에 관한 내용이다. ( )안에 내용으로 옳은 것은?
>
> 시료 중 모든 질소화합물을 산화분해하여 질산성질소 형태로 변화시킨 다음, ( )을 통과시켜 아질산성질소의 양을 550nm 또는 기기에서 정해진 파장에서 측정하는 방법이다.
>
> ㉮ 수산화소듐(0.025N)용액 칼럼 ㉯ 무수황산소듐 환원 칼럼
> ㉰ 환원증류 · 킬달 칼럼 ㉱ 카드뮴 - 구리환원 칼럼
>
> **정답** ㉱

(1) 적용범위

① 이 시험기준은 지표수, 지하수, 폐수 등에 적용할 수 있으며, 이 시험기준의 정량한계는 0.06mg/L이다.
② 검출방식을 자외선 흡광도법으로 분석할 경우 자외부에서 흡광도를 나타내는 브롬이온이나 크롬을 함유하지 않는 시료에 적용된다.

(2) 간섭물질

① 산업폐수 등 매우 혼탁한 시료나 오염이 많이 된 하천, 호소수를 사용할 경우 초음파 균질화기를 사용하여 분석 라인의 오염 또는 막힘을 예방할 수 있다.
② 고농도로 오염된 시료의 사용으로 분석 라인의 오염이 발생할 수 있으므로 시료를 분석범위 내로 희석하여 사용하여야 한다.
③ 카드뮴 - 구리 환원법을 사용할 경우 착색된 시료는 흡광도에 영향을 주어 분석결과에 영향을 미칠수 있으며, 시료의 pH가 5~9의 범위를 초과하면 발색에 영향을 받으므로 염산용액(2%) 또는 수산화소듐용액(2%)으로 pH를 조절하여야 한다.

17 용존 총질소(Dissolved Total Nitrogen)

★★

시료 중 용존 질소화합물을 알칼리성 과황산포타슘의 존재하에 120℃에서 유기물과 함께 분해하여 질소이온으로 산화시킨 다음 산성에서 자외부 흡광도를 측정하여 질소를 정량하는 방법이다. 이 시험기준은 비교적 분해되기 쉬운 유기물을 함유하고 있거나 자외부에서 흡광도를 나타내는 브롬이온이나 크롬을 함유하지 않는 시료에 적용된다. 시료를 유리섬유여과지(GF/C)로 여과하여 여액 50mL(질소 함량 0.01mg 이하)를 수질오염공정시험기준 총질소에 따라 시험한다.

> **TIP**
> ① 여액이 혼탁할 경우에는 반복하여 재여과한다.
> ② 전처리한 여액 50mL 중 총질소의 양이 0.1mg을 초과하는 경우 희석하여 전처리 조작을 실시한다.

★★★ ▶ 질소화합물의 분석방법 정리

질소화합물의 종류	★★★ 분석방법
암모니아성 질소(NH_3-N)	① 자외선/가시선 분광법 ② 이온전극법 ③ 적정법
아질산성 질소(NO_2-N)	① 자외선/가시선 분광법 ② 이온크로마토그래피
질산성 질소(NO_3-N)	① 이온크로마토그래피 ② 자외선/가시선 분광법(부루신법) ③ 자외선/가시선 분광법(활성탄 흡착법) ④ 데발다합금 환원 증류법
총질소(T-N)	① 자외선/가시선 분광법(산화법) ② 자외선/가시선 분광법(카드뮴-구리 환원법) ③ 자외선/가시선 분광법(환원증류-킬달법) ④ 연속흐름법

> **TIP**
> **암기법**
> 암모는 자가 이전 적정하고
> 아질은 자가 이마트이다.
> 질산은 자가(부활) 이마트로 대박나고
> 총질은 자가(환산카)로 연속 흐른다.

18 인산염인(Phosphate Phosphorus, PO₄-P)

★★ ▶ 적용 가능한 시험방법

인산염인	정량한계(mg/L)	정밀도(% RSD)
자외선/가시선 분광법 (이염화주석환원법)	0.003mg/L	± 25% 이내
자외선/가시선 분광법 (아스코르빈산환원법)	0.003mg/L	± 25% 이내
이온크로마토그래피	0.1mg/L	± 25% 이내

Question 46

인산염인을 측정하기 위해 적용 가능한 시험방법과 가장 거리가 먼 것은? (단, 공정시험기준)

㉮ 이온크로마토그래피
㉯ 자외선/가시선 분광법(카드뮴-구리 환원법)
㉰ 자외선/가시선 분광법(아스코르빈산환원법)
㉱ 자외선/가시선 분광법(이염화주석환원법)

정답 ㉯

★★ 1. 자외선/가시선 분광법(이염화주석환원법)

이 시험기준은 물속에 존재하는 인산염인을 측정하기 위하여 시료 중의 인산염인이 몰리브덴산 암모늄과 반응하여 생성된 몰리브덴산인 암모늄을 <u>이염화주석으로 환원</u>하여 생성된 몰리브덴 <u>청의 흡광도를 690nm에서 측정</u>하는 방법이다.

Question 47

자외선/가시선 분광법 – 이염화주석환원법으로 인산염인을 분석할 때 흡광도 측정 파장으로 알맞은 것은 어느 것인가?

㉮ 550nm   ㉯ 590nm   ㉰ 650nm   ㉱ 690nm

정답 ㉱

(1) 적용범위

이 시험기준은 지표수, 지하수, 폐수 등에 적용할 수 있으며, 정량한계는 0.003mg/L이다.

> **TIP**
> ① 시료가 산성일 경우에는 P-나이트로페놀용액(0.1%)을 지시약으로 수산화소듐용액(4%) 또는 암모니아수(1 + 10)를 넣어 액이 황색이 나타낼 때까지 중화 한다.
> ★★② 발색제를 넣은 다음 흡광도 측정까지의 소요시간은 10~12분으로 한다.

Question 48

자외선/가시선 분광법(이염화주석환원법)을 이용한 인산염인 측정에서 시료가 산성인 경우 사용하는 지시약은 어느 것인가?

㉮ 메틸오렌지   ㉯ 페놀프탈레인   ㉰ p-나이트로페놀용액   ㉱ 메틸레드

정답 ㉰

★★ 2. 자외선/가시선 분광법(아스코빈산환원법)

이 시험기준은 물속에 존재하는 인산염인을 측정하기 위하여 몰리브덴산암모늄과 반응하여 생성된 몰리브덴산인암모늄을 아스코빈산으로 환원하여 생성된 몰리브덴산 청의 흡광도를 880nm에서 측정하여 인산염인을 정량하는 방법이다.

Question 49

다음은 인산염인(자외선/가시선 분광법 – 아스코빈산환원법) 측정방법에 관한 내용이다. ( )안에 알맞은 말은?

물속에 존재하는 인산염인을 측정하기 위하여 몰리브덴산암모늄과 반응하여 생성된 몰리브덴산인암모늄을 아스코빈산으로 환원하여 생성된 몰리브덴산 (   )에서 측정하여 인산염인을 정량하는 방법이다.

㉮ 적색의 흡광도를 460nm   ㉯ 적색의 흡광도를 540nm
㉰ 청의 흡광도를 660nm   ㉱ 청의 흡광도를 880nm

정답 ㉱

(1) 적용범위

이 시험기준은 지표수, 지하수, 폐수 등에 적용할 수 있으며, 정량한계는 0.003mg/L이다. ★★

(2) 간섭물질

① 5가 비소를 함유한 경우는 인산염인과 마찬가지로 발색을 일으킨다. 이러한 간섭은 아황산소듐을 사용하여 5가 비소를 3가 비소로 환원시켜 제거할 수 있다.

② 과다한 3가 철(30mg 이상)을 함유한 경우에는 몰리브덴 청의 발색정도를 약화시켜 인산염인의 값이 낮게 측정될 수 있다. 아스코빈산용액의 첨가량을 증가시키면 방해를 제어할 수 있다.

TIP

① 시료가 산성일 경우에는 p-나이트로페놀용액(0.1%)을 지시약으로 수산화소듐용액(4%) 또는 암모니아수(1 + 10)를 넣어 액이 황색이 나타낼 때까지 중화 한다.
② 이때 용액은 30분을 초과해서는 안 된다.
★★ ③ 880nm에서 흡광도 측정이 불가능할 경우에는 710nm에서 측정한다.

📢 Question 50

인산염인의 측정법에 관한 설명으로 옳지 않은 것은?

㉮ 이염화주석환원법은 환원하여 생성된 몰리브덴 청의 흡광도를 690nm에서 측정하는 방법이다.
㉯ 아스코빈산환원법으로 측정할 경우 880nm에서 측정이 불가능할 경우에는 710nm에서 측정한다.
㉰ 이염화주석환원법인 경우 발색제를 넣은 다음 흡광도 측정까지의 소요시간은 30분 정도이다.
㉱ 이염화주석환원법에서 시료가 산성일 경우 p-나이트로페놀용액(0.1%)을 지시약으로 수산화소듐용액(4%) 또는 암모니아수(1+10)를 넣어 액이 황색이 나타날 때까지 중화한다.

풀이 ㉰ 이염화주석환원법인 경우 발색제를 넣은 다음 흡광도 측정까지의 소요시간은 10 ~ 12분 정도이다.

3. 이온크로마토그래피

이 시험기준은 지하수, 지표수, 폐수 등을 이온교환 컬럼에 고압으로 전개시켜 분리되는 인산염인을 분석하는 방법이다. 물속에 존재하는 인산이온(PO_4^-)의 정성 및 정량분석방법으로 음이온류-이온크로마토그래피에 따른다.

19 총인(Total Phosphorus)

★★ ▶ 적용 가능한 시험방법

총인	정량한계(mg/L)	정밀도(% RSD)
자외선/가시선 분광법	0.005mg/L	± 25% 이내
연속흐름법	0.003mg/L	± 25% 이내

★★ 1. 자외선/가시선 분광법

이 시험기준은 물속에 존재하는 총인을 측정하기 위하여 유기물화합물 형태의 인을 산화 분해하여 모든 인 화합물을 인산염(PO_4^{3-}) 형태로 변화시킨 다음 몰리브덴산암모늄과 반응하여 생성된 몰리브덴산인암모늄을 아스코빈산으로 환원하여 생성된 몰리브덴산의 흡광도를 880nm에서 측정하여 총인의 양을 정량하는 방법이다.

Question 51

총인을 자외선/가시선 분광법으로 분석할 때 측정파장으로 옳은 것은?
㉮ 460nm　　㉯ 540nm　　㉰ 620nm　　㉱ 880nm

정답 ㉱

(1) 적용범위

이 시험기준은 지표수, 지하수, 폐수 등에 적용할 수 있으며, 정량한계는 0.005mg/L이다.

(2) 간섭물질

① 시료의 전처리 방법에서 축합인산과 유기인 화합물은 서서히 분해되어 측정이 잘 안 되기 때문에 과황산포타슘으로 가수분해시켜 정인산염으로 전환한 다음 다시 측정한다. 이때 시료가 증발하여 건고되지 않도록 약 10mL 정도로 유지한다.
② 전처리한 시료가 염화이온을 함유한 경우는 염소가 생성되어 몰리브덴산의 청색 발색을 방해하는 경우가 있으므로 분해 후 용액에 이황산수소소듐용액(5%) 용액 1mL를 가한다.
③ 상층액이 혼탁한 시료의 여과는 시료채취 후 여과지 5종 C 또는 1㎛ 이하의 유리섬유여과지(GF/C)를 사용하여 여과하고 최초의 여과액 약 5mL~10mL를 버리고 다음의 여

과용액을 사용한다.

★★ (3) 전처리

① 과황산포타슘 분해 : 분해되기 쉬운 유기물을 함유한 시료
② 질산-황산 분해 : 다량의 유기물을 함유한 시료

> **TIP**
> ★★ ① 전처리한 시료가 탁한 경우에는 유리섬유 여과지로 여과하여 여과액을 사용한다.
> ★★ ② 880nm에서 흡광도 측정이 불가능할 경우에는 710nm에서 측정한다.

📢 Question 52

총인 측정에 대한 내용으로 틀린 것은 어느 것인가?
㉮ 아스코르빈산 환원 흡광도법으로 정량하여 총인의 농도를 구한다.
㉯ 분해되기 쉬운 유기물을 함유한 시료는 질산(시료 50mL, 질산 2mL)을 넣고 가열하여 전처리한다.
㉰ 시료 중 유기물을 산화 분해하여 용존 인화합물을 인산염(PO_4) 형태로 변화시킨다.
㉱ 여액이 혼탁할 경우에는 반복하여 재여과한다.

풀이 ㉯ 분해되기 쉬운 유기물을 함유한 시료는 과황산포타슘 분해법을 이용한다.

(4) 농도 계산식

① 과황산포타슘 분해한 경우

$$총인(mg/L) = a \times \frac{60}{25} \times \frac{1,000}{50}$$

$$\left[a : 검정곡선으로 부터 구한 인의 양(mg) \right.$$

② 질산-황산 분해한 경우

$$총인(mg/L) = a \times \frac{1,000}{25}$$

$$\left[a : 검정곡선으로 부터 구한 인의 양(mg) \right.$$

2. 연속흐름법

이 시험기준은 시료 중 유기물화합물 형태의 인을 산화 분해하여 모든 인 화합물을 인산염(PO_4^{3-}) 형태로 변화시킨 다음 몰리브덴산암모늄과 반응하여 생성된 몰리브덴산암모늄을 아스코빈산으로 환원하여 생성된 몰리브덴산 등의 <u>흡광도를 880nm 또는 기기의 정해진 파장에서 측정</u>하여 총인의 양을 분석하는 방법이다.

(1) 적용범위

이 시험기준은 지표수, 지하수, 폐수 등에 적용할 수 있으며, 정량한계는 0.003mg/L이다.

(2) 간섭물질

① 산업폐수 등 매우 혼탁한 시료나 오염이 많이 된 하천, 호소수를 사용할 경우 초음파 균질화기를 사용하여 분석 라인의 오염 또는 막힘을 예방할 수 있다.
② 고농도로 오염된 시료의 사용으로 분석 라인의 오염이 발생할 수 있으므로 시료를 분석범위 내로 희석하여 사용하여 점검하여야 한다.

(3) 전처리

시료가 탁한 경우, 시료 중의 부유물질을 제거하기 위해 필요하다면 초음파 균질화기(ultrasonic homogenizer)를 사용하여 시료를 균일화 시킨다.

20 용존 총인(Dissolved Total Phosphorus)

시료 중의 유기물을 산화 분해하여 용존 인화합물을 인산염(PO_4) 형태로 변화시킨 다음 인산염을 아스코르빈산환원 흡광도법으로 정량하여 총인의 농도를 구하는 방법으로 시료를 유리섬유여과지(GF/C)로 여과하여 여액 50mL(인 함량 0.06mg이하)를 수질오염공정시험기준 총인의 시험방법에 따라 시험한다.

> **TIP**
> ① 여액이 혼탁할 경우에는 반복하여 재여과한다.
> ② 전처리한 여액 50mL중 총인의 양이 0.06mg을 초과하는 경우 희석하여 전처리 조작을 실시한다.

21 페놀류(Phenols)

▶ 적용 가능한 시험방법

페놀 및 그 화합물	정량한계(mg/L)	정밀도(% RSD)
자외선/가시선 분광법	추출법 : 0.005mg/L 직접법 : 0.05mg/L	± 25% 이내
연속흐름법	0.007mg/L	± 25% 이내

1. 자외선/가시선 분광법

이 시험기준은 물속에 존재하는 페놀류를 측정하기 위하여 증류한 시료에 염화암모늄-암모니아 완충용액을 넣어 pH 10으로 조절한 다음 4-아미노안티피린과 헥사시안화철(Ⅱ)산포타슘을 넣어 생성된 붉은색의 안티피린계 색소의 흡광도를 측정하는 방법으로 수용액에서는 510nm, 클로로폼용액에서는 460nm에서 측정한다.

Question 53

자외선/가시선 분광법으로 페놀류를 정량할 때 4-아미노안티피린과 함께 가하는 시약이름과 그때 가장 적당한 pH는 얼마인가?
㉮ 초산이소듐, pH 4
㉯ 헥사시안화철(Ⅱ)산포타슘, pH 4
㉰ 초산이소듐, pH 10
㉱ 헥사시안화철(Ⅱ)산포타슘, pH 10

정답 ㉱

(1) 적용범위

이 시험기준은 지표수, 지하수, 폐수 등에 적용할 수 있으며, 정량한계는 클로로폼추출법일 때 0.005mg/L, 직접측정법일 때 0.05mg/L이다.

> **Question 54**
>
> 페놀류의 자외선/가시선 분광법 측정시 정량한계에 관한 내용으로 옳은 것은?
> ㉮ 클로로폼추출법 : 0.003mg/L, 직접측정법 : 0.03mg/L
> ㉯ 클로로폼추출법 : 0.03mg/L, 직접측정법 : 0.003mg/L
> ㉰ 클로로폼추출법 : 0.005mg/L, 직접측정법 : 0.05mg/L
> ㉱ 클로로폼추출법 : 0.05mg/L, 직접측정법 : 0.005mg/L
>
> **정답** ㉰

TIP
이 시험기준으로는 시료 중의 페놀을 종류별로 구분하여 정량할 수는 없다.

2. 연속흐름법(CFA)

이 시험기준은 물속에 존재하는 페놀 및 그 화합물을 분석하기 위하여 증류한 시료에 염화암모늄-암모니아 완충용액을 넣어 pH 10으로 조절한 다음 4-아미노안티피린과 헥사시안화철(Ⅱ)산포타슘을 넣어 생성된 붉은색의 안티피린계 색소의 흡광도를 510nm 또는 기기에서 정해진 파장에서 측정하는 방법이다.

(1) 적용범위

이 시험기준은 지표수, 지하수, 폐수 등에 적용할 수 있으며, 정량한계는 0.007mg/L이다.

TIP
시료 중의 페놀을 종류별로 구분하여 측정할 수는 없으며 또한 4-아미노안티피린법은 파라 위치에 알킬기, 아릴기(aryl), 니트로기, 벤조일기(benzoyl), 니트로소기(nitroso) 또는 알데하이드기가 치환되어 있는 페놀은 측정할 수 없다.

(2) 간섭물질

황화합물에 의한 간섭은 시료에 인산을 첨가하여 pH 4 이하로 하고 교반 후 황산구리를 넣어서 제거한다.

22 시안(Cyanides)

 ▶ 적용 가능한 시험방법

시안	정량한계(mg/L)	정밀도(% RSD)
자외선/가시선 분광법	0.01mg/L	±25% 이내
이온전극법	0.10mg/L	±25% 이내
연속흐름법	0.01mg/L	±25% 이내

Question 55

시안의 측정방법으로 틀린 것은 어느 것인가?

㉮ 자외선/가시선 분광법   ㉯ 이온전극법   ㉰ 연속흐름법   ㉱ 질량분석법

정답 ㉱

1. 자외선/가시선 분광법

이 시험기준은 물속에 존재하는 시안을 측정하기 위하여 시료를 pH 2 이하의 산성에서 가열 증류하여 시안화물 및 시안착화합물의 대부분을 시안화수소로 유출시켜 포집한 다음 포집된 시안이온을 중화하고 클로라민-T를 넣어 생성된 염화시안이 피리딘-피라졸론 등의 발색시약과 반응하여 나타나는 청색을 620nm에서 측정하는 방법이다.

(1) 적용범위

이 시험기준은 지표수, 지하수, 폐수 등에 적용할 수 있으며, 정량한계는 0.01mg/L이다.

Question 56

시안을 자외선/가시선 분광법으로 측정할 때 정량한계로 옳은 것은?

㉮ 0.1 mg/L   ㉯ 0.05 mg/L   ㉰ 0.01 mg/L   ㉱ 0.005 mg/L

정답 ㉰

TIP
각 시안화합물의 종류를 구분하여 정량할 수 없다.

★★★ (2) 간섭물질

① 다량의 유지류가 함유된 시료는 아세트산 또는 수산화소듐 용액으로 pH 6~7로 조절하고 시료의 약 2%에 해당하는 노말헥산 또는 클로로폼을 넣어 짧은 시간 동안 흔들어 섞고 수층을 분리하여 시료를 취한다.
② 황화합물이 함유된 시료는 아세트산아연용액(10%) 2mL를 넣어 제거한다. 이 용액 1mL는 황화물 이온 약 14mg에 대응한다.
③ 잔류염소가 함유된 시료는 잔류염소 20mg 당 L-아스코르빈산(10%) 0.6mL 또는 아비산소듐용액(10%) 0.7mL를 넣어 제거한다.

> **Question 57**
>
> 다음은 시안을 자외선/가시선 분광법으로 측정 시 시료 전처리에 관한 설명과 가장 거리가 먼 것은?
>
> ㉮ 다량의 유지류가 함유된 시료는 아세트산 또는 수산화소듐용액으로 pH 6~7로 조절하고 시료의 약 2%에 해당하는 노말헥산 또는 클로로포름을 넣어 짧은 시간 동안 흔들어 섞고 수층을 분리하여 시료를 취한다.
> ㉯ 잔류염소가 함유된 시료는 L - 아스코빈산 용액을 넣어 제거한다.
> ㉰ 황화합물이 함유된 시료는 아세트산소듐 용액을 넣어 제거한다.
> ㉱ 잔류염소가 함유된 시료는 아비산소듐용액을 넣어 제거한다.
>
> **풀이** ㉰ 황화합물이 함유된 시료는 아세트산아연용액 (10%) 2mL를 넣어 제거한다.

2. 이온전극법

이 시험기준은 지하수, 지표수, 폐수 등에 존재하는 시안을 측정하기 위하여 pH 12~13의 알칼리성에서 시안이온전극과 비교전극을 사용하여 전위를 측정하고 그 전위차로부터 시안을 정량하는 방법으로 음이온류 - 이온전극법에 따른다.

3. 연속흐름법(CFA)

이 시험기준은 물속에 존재하는 시안을 분석하기 위하여 시료를 산성상태에서 가열 증류하여 시안화물 및 시안착화합물의 대부분을 시안화수소로 유출시켜 포집한 다음 포집된 시안이온을 중화하고 클로라민-T를 넣어 생성된 염화시안이 발색시약과 반응하여 나타나는 청색을 620nm 또는 기기에 따라 정해진 파장에서 분석하는 시험방법이다.

(1) 적용범위

① 이 시험기준은 지표수, 지하수, 폐수 등에 적용할 수 있으며, 정량한계는 0.01mg/L이다. ★★
② 시료의 산화, 발색 반응 및 목적성분의 분리를 위해서는 증류장치와 자외선 분해기(UV digester)를 사용한다.

(2) 간섭물질

① 고농도(60mg/L 이상)의 황화물(sulfide)은 측정과정에서 오차를 유발하므로 전처리를 통해 제거한다.
② 황화시안이 존재하면 분석 시 양의 오차를 유발한다.
③ 고농도의 염(10g/L 이상)은 증류 시 증류코일을 차폐하여 음의 오차를 일으키므로 증류 전에 희석을 한다.
④ 알데하이드는 시안을 시아노하이드린으로 변화시키고 증류 시 아질산염으로 전환시키므로 증류 전에 질산은을 첨가하여 제거한다. 단 이 작업은 총 시안/유리시안의 비율을 변화시킬 수 있으므로 이를 고려하여야 한다.

23 불소화합물(Fluoride, F⁻)

★★ 적용 가능한 시험방법

불소화합물	정량한계(mg/L)	정밀도(% RSD)
자외선/가시선 분광법	0.15mg/L	± 25% 이내
이온전극법	0.1mg/L	± 25% 이내
이온크로마토그래피	0.05mg/L	± 25% 이내
연속흐름법	0.1mg/L	± 25% 이내

Question 56

수질오염공정시험기준상 불소화합물을 측정하기 위한 시험방법과 가장 거리가 먼 것은?
㉮ 원자흡수분광광도법　　　㉯ 이온크로마토그래피
㉰ 이온전극법　　　　　　　㉱ 자외선/가시선 분광법

정답 ㉮

★★ 1. 자외선/가시선 분광법

이 시험기준은 물속에 존재하는 불소를 측정하기 위하여 시료에 넣은 란탄알리자린 콤프렉손의 착화합물이 불소이온과 반응하여 생성하는 <u>청색의 복합 착화합물의 흡광도를 620nm에서 측정</u>하는 방법이다.

📢 Question 59

다음은 자외선/가시선 분광법을 적용한 불소 측정 방법이다. (   ) 안에 옳은 내용은?

> 물속에 존재하는 불소를 측정하기 위해 시료에 넣은 란탄알리자린 콤프렉손의 착화합물이 불소이온과 반응하여 생성하는 (   )에서 측정하는 방법이다.

㉮ 적색의 복합 착화합물의 흡광도를 560nm
㉯ 청색의 복합 착화합물의 흡광도를 620nm
㉰ 황갈색의 복합 착화합물의 흡광도를 460nm
㉱ 적자색의 복합 착화합물의 흡광도를 520nm

정답 ㉯

★★ (1) 적용범위

이 시험기준은 지표수, 지하수, 폐수 등에 적용할 수 있으며, 정량한계는 0.15mg/L이다.

★★ (2) 간섭물질

알루미늄 및 철의 방해가 크나 <u>증류하면 영향이 없다.</u>

★★ TIP

주의사항
① 시료 중 불소함량이 정량범위를 초과할 경우 탈색현상이 나타날 수도 있다. 이러한 경우에는 취하는 시료량을 정량범위 이내에 들도록 감량하거나 희석한 다음 다시 시험한다. (분석 시)
② 증류플라스크를 가열하여 180℃ 이상이 되면 황산이 분해되어 유출되므로 약 178℃에서 가열을 중지한다. (직접증류법에서)
③ 염소이온이 다량 함유되어 있는 시료는 <u>증류하기 전에 황산은을 5mg/mg Cl⁻의 비율로 넣어</u>준다. (직접증류법에서)
④ 증류플라스크에 들어 있는 황산은 오염이 축적되어 불소측정에 방해를 주지 않는 한 계속해서 사용할 수 있다. (직접증류법에서)

Question 60

불소를 자외선/가시선 분광법으로 분석할 때에 관한 설명으로 옳은 것은?

㉮ 염소이온이 다량 함유되어 있는 시료는 증류 전 아황산소듐을 가하여 제거한다.
㉯ 알루미늄 및 철은 증류해도 방해가 크다.
㉰ 정량한계는 0.15mg/L이다.
㉱ 적색의 복합 착화합물의 흡광도를 540nm에서 측정한다.

풀이 ㉮ 염소이온이 다량 함유되어 있는 시료는 증류 전 황산은을 가하여 제거한다.
㉯ 알루미늄 및 철은 증류하면 영향이 없다.
㉱ 청색의 복합 착화합물의 흡광도를 620nm에서 측정한다.

2. 이온전극법

이 시험기준은 물속에 존재하는 불소를 측정하기 위하여 시료에 이온강도 조절용 완충용액을 넣어 pH 5.0~5.5로 조절하고 불소이온 전극과 비교전극을 사용하여 전위를 측정하고 그 전위차로부터 불소를 정량하는 방법으로 음이온류 - 이온전극법에 따른다.

 Question 61

다음은 이온전극법을 적용하여 불소를 측정하는 경우의 설명이다. (   ) 안의 내용으로 옳은 것은?

시료에 이온강도 조절용 완충용액을 넣어 pH(   )로 조절하고 불소이온전극과 비교전극을 사용하여 전위를 측정, 그 전위차로 불소를 정량함

㉮ 4.0~4.5   ㉯ 5.0~5.5   ㉰ 6.5~7.5   ㉱ 8.0~8.5

 ㉯

3. 이온크로마토그래피(IC)

이 시험기준은 지하수, 지표수, 폐수 등을 이온교환 컬럼에 고압으로 전개시켜 분리되는 불소이온을 분석하는 방법이다. 물속에 존재하는 불소이온(F^-)의 정성 및 정량분석방법으로 불소-자외선/가시선분광법의 전처리에 따라 증류한 시료를 음이온류 - 이온크로마토그래피에 따른다.

4. 연속흐름법

이 시험기준은 물속에 존재하는 불소를 분석하기 위하여 시료를 산성상태에서 가열 증류하여 불소화합물을 불소이온으로 만들고, 란탄알리자린 콤프렉손의 착화합물이 불소이온과 반응하여 생성하는 청색의 복합 착화합물의 흡광도를 620nm 또는 기기에 따라 정해진 파장에서 측정하는 방법이다.

(1) 적용범위
① 이 시험기준은 지표수, 지하수, 폐수 등에 적용할 수 있으며, 정량한계는 0.1mg/L이다.
② 시료의 산화, 발색 반응 및 목적성분의 분리를 위해서는 증류장치, 자외선 분해기를 사용한다.

(2) 간섭물질
① 알루미늄, 카드뮴, 철, 코발트, 니켈, 납, 베릴륨 등의 방해가 있으나 증류하면 영향이 없다.
② 염소이온 함량이 높은 경우에는 불소이온의 회수율이 저하된다. 이런 시료의 경우에는 회수율 분석이 필요하다.

24 브롬이온(Bromide)

▶ 적용 가능한 시험방법

브롬이온	정량한계	정밀도(% RSD)
이온크로마토그래피	0.03mg/L	± 25% 이내

이 시험기준은 지하수, 지표수, 폐수 등을 이온교환 컬럼에 고압으로 전개시켜 분리되는 브롬이온을 분석하는 방법이다. 물속에 존재하는 브롬이온(Br^-)의 정성 및 정량분석방법으로 음이온류-이온크로마토그래피에 따른다.

25 황산이온(Sulfate)

★★ ▶ 적용 가능한 시험방법

황산이온	정량한계(mg/L)	정밀도(% RSD)
이온크로마토그래피	0.5mg/L	± 25% 이내

이 시험기준은 지하수, 지표수, 폐수 등을 이온교환 컬럼에 고압으로 전개시켜 분리되는 황산이온을 분석하는 방법이다. 물속에 존재하는 황산이온(SO_4^{-2})의 정성 및 정량분석방법으로 음이온류-이온크로마토그래피에 따른다.

26 음이온계면활성제(Anionic Surfactants)

★★ ▶ 적용 가능한 시험방법

음이온계면활성제	정량한계(mg/L)	정밀도(% RSD)
자외선/가시선 분광법	0.02mg/L	± 25% 이내
연속흐름법	0.09mg/L	± 25% 이내

Question 62

수질오염공정시험기준상 음이온계면활성제 실험방법으로 옳은 것은?
㉮ 자외선/가시선 분광법 ㉯ 원자흡광광도법
㉰ 기체크로마토그래피법 ㉱ 이온전극법

▶ 정답 ㉮

★★ 1. 자외선/가시선 분광법

이 시험기준은 물속에 존재하는 음이온 계면활성제를 측정하기 위하여 메틸렌블루와 반응시켜 생성된 청색의 착화합물을 클로로폼으로 추출하여 흡광도를 650nm에서 측정하는 방법이다.

> **Question 63**
>
> 메틸렌블루와 반응하여 생성된 청색의 착화합물을 클로로폼으로 추출하여 흡광도를 650nm에서 측정하여 정량하는 수질오염물질은 어느 것인가? (단, 자외선/가시선 분광법 기준이다.)
> ㉮ 음이온 계면활성제   ㉯ 유기인
> ㉰ 인산염인   ㉱ 폴리클로리네이티드비페닐
>
> **정답** ㉮

★★ (1) 적용범위

이 시험기준은 지표수, 지하수, 폐수 등에 적용할 수 있으며, 정량한계는 0.02mg/L 이다.

★★ (2) 간섭물질

★★ ① 약 1,000mg/L 이상의 염소이온 농도에서 양의 간섭을 나타내며 따라서 염분농도가 높은 시료의 분석에는 사용할 수 없다.

② 유기 설폰산염(sulfonate), 황산염(sulfate), 카르복실산염(carboxylate), 페놀 및 그 화합물, 무기 티오시안(thiocynide)류, 질산이온 등이 존재할 경우 메틸렌블루 중 일부가 클로로폼 층으로 이동하여 양의 오차를 나타낸다.

③ 양이온 계면활성제 혹은 아민과 같은 양이온물질이 존재할 경우 음의 오차가 발생할 수 있다.

④ 시료 속에 미생물이 있을 경우 일부의 음이온 계면활성제가 신속히 변할 가능성이 있으므로 가능한 빠른 시간 안에 분석을 하여야 한다.

2. 연속흐름법

이 시험기준은 물속에 존재하는 음이온 계면활성제가 메틸렌블루와 반응하여 생성된 청색의 착화합물을 클로로폼 등으로 추출하여 650nm 또는 기기의 정해진 흡수파장에서 흡광도를 측정하는 방법이다.

(1) 적용범위

① 지표수, 지하수, 폐수 등에 적용할 수 있으며, 정량한계는 0.09mg/L이다.

② 이 시험기준은 음이온계면활성제와 같이 메틸렌블루에 활성을 가지는 계면활성제의 총량 측정에 사용할 수 있으며, 모든 계면활성제를 종류별로 구분하여 측정할 수는 없다.

> **TIP**
> 해수와 같이 염도가 높은 시료의 계면활성제 측정에는 적용할 수 없다.

27 클로로필 a(Chlorophyll a)

★★ 이 시험기준은 물 속의 클로로필 a의 양을 측정하는 방법으로 아세톤 용액을 이용하여 시료를 여과한 여과지로부터 클로로필 색소를 추출하고, 추출액의 흡광도를 663nm, 645nm, 630nm 및 750nm에서 측정하여 클로로필 a의 양을 계산하는 방법이다.

(1) 적용범위

이 시험기준은 지표수, 폐수 등에 적용할 수 있다.

(2) 간섭물질

① 여과지 또는 실험실에서 기인하는 오염물질들이 630nm~665nm 파장의 빛을 흡수하여 측정을 방해할 수 있다. 750nm에서의 흡광도 측정은 시료 안의 탁도를 평가하기 위해 시행되며, 663nm, 645nm 및 630nm에서의 시료 흡광도 값에서 750nm에서의 흡광도 값을 뺀 후 실제 클로로필의 양을 측정한다. 측정 전에 시료를 원심분리 또는 여과하여 불순물을 제거한다.
② 색소에 대한 정확도와 회수는 여과된 시료의 충분한 불림과 추출용매내에서 불린 시간에 관계한다.
③ 클로로필 a, b, c의 상대적인 양은 식물성플랑크톤의 분류군에 따라 차이가 있다. 클로로필과 페오포티바이드 a(Pheophotibide a,)·페오파이틴 a(Pheophytin a)의 스펙트럼 겹침 때문에 이 모든 색소를 가지는 용액의 측정값은 증가 또는 감소한다.
④ 모든 광합성 색소들은 빛과 온도에 민감하다.

(3) 전처리

① 시료 적당량(100mL~2,000mL)을 유리섬유여과지(GF/F, 47mm)로 여과한다.
② 여과지와 아세톤(9+1) 적당량(5mL~10mL)을 조직마쇄기에 함께 넣고 마쇄한다.
③ 마쇄한 시료를 마개 있는 원심분리관에 넣고 밀봉하여 4℃ 어두운 곳에서 하룻밤 방치한다.
④ 하룻밤 방치한 시료를 500g의 원심력으로 20분간 원심분리하거나 혹은 용매-저항 주사기를 이용하여 여과한다.
⑤ 원심 분리한 시료의 상층액을 시료로 한다.

Question 64

클로로필 a를 자외선/가시선 분광법으로 측정할 때 클로로필 색소를 추출하는데 사용되는 용액은?

㉮ 아세톤(1+9) 용액   ㉯ 아세톤(9+1) 용액
㉰ 에틸알콜(1+9) 용액   ㉱ 에틸알콜(9+1) 용액

정답 ㉯

---

(4) 클로로필 a양의 계산

$$클로로필\ a(mg/m^3) = \frac{(11.64X_1 - 2.16X_2 + 0.10X_3) \times V_1}{V_2}$$

X_1 : OD663 - OD750 X_2 : OD645 - OD750 X_3 : OD630 - OD750
OD : 흡광도(optical density) V_1 : 상층액의 양(mL) V_2 : 여과한 시료의 양(L)

---

28 전기전도도(Conductivity)

이 시험기준은 전기전도도 측정계를 이용하여 물 중의 전기전도도를 측정하는 방법이다.

(1) 적용범위

이 시험기준은 지표수, 지하수, 하·폐수 등에 적용할 수 있다.

★★ **(2) 간섭물질**

전극의 표면이 부유물질, 그리스, 오일 등으로 오염될 경우, 전기전도도의 값이 영향을 받을 수 있다.

★★ **(3) 전기전도도 측정계**

① 지시부와 검출부로 구성되어 있으며, 지시부는 ★★ 교류 휘트스톤브리지(wheatstonebridge) 회로나 연산 증폭기 회로 등으로 구성된 것을 사용하며, 검출부는 한 쌍의 고정된 전극(보통 백금 전극 표면에 백금흑도금을 한 것)으로 된 전도도 셀 등을 사용한다.

② 전도도 셀은 그 형태, 위치, 전극의 크기에 따라 각각 자체의 셀 상수를 가지고 있다. 셀 상수는 전도도 ★★ 표준용액(염화포타슘용액)을 사용하여 결정하거나 셀 상수가 알려진 다른 전도도 셀과 비교하여 결정할 수 있으나, 일반적으로 기기제작사의 지침서 또는 설명서에 명시되어 있다.

③ 전기전도도 측정계 중에서 25℃에서의 자체온도 보상회로가 장치되어 있는 것이 사용하기에 편리하다. 그러한 장치가 없는 경우에는 온도에 따른 환산식을 사용하여 25℃에서 전기전도도 값으로 환산해야 한다.

④ 전기전도도 셀은 항상 수중에 잠긴 상태에서 보존하여야 하며, 정기적으로 점검한 후 사용한다.

> **Question 65**
>
> 전기전도도 측정계에 대한 설명으로 틀린 것은 어느 것인가?
> ㉮ 전기전도도 셀은 항상 수중에 잠긴 상태에서 보존하여야 하며 정기적으로 점검한 후 사용한다.
> ㉯ 전도도 셀은 그 형태, 위치, 전극의 크기에 따라 각각 자체의 셀 상수를 가지고 있다.
> ㉰ 검출부는 한 쌍의 고정된 전극(보통 백금 전극 표면에 백금흑도금을 한 것)으로 된 전도도셀 등을 사용한다.
> ㉱ 지시부는 직류 휘트스톤브리지 회로나 자체 보상회로로 구성된 것을 사용한다.
>
> **풀이** ㉱ 지시부는 교류 휘트스톤브리지 회로나 연산 증폭기 회로 등으로 구성된 것을 사용한다.

★★ **(4) 시약 및 표준용액**

① 염화포타슘용액(0.01M) : 염화포타슘(potassium chloride, KCl, 분자량 : 74.55)을 105℃에서 2시간 건조한 다음 데시케이터에서 방치하여 냉각 한다. 건조된 염화포타슘 0.7456 g을 25℃의 정제수(2µS/cm이하)에 녹여 1L로 한다. 25℃에서 이 액의 전기전도도 값은 1412µS/cm이다. 제조된 용액은 폴리에틸렌병 또는 경질유리병에 밀봉하여 보

존한다.

② 염화포타슘용액(0.001M) : 염화포타슘용액(0.01M) 100mL를 정확히 취하여 1L 부피플라스크에 넣고 25℃의 정제수(2μS/cm 이하)를 넣어 눈금까지 채운다. 이 액의 25℃에서의 전기전도도값은 147μS/cm이다. 이 용액은 폴리에틸렌병 또는 경질유리병에 밀봉하여 보존한다.

★★ (5) 정밀도는 측정값의 % 상대표준편차(RSD)로 계산하며 <u>측정값이 20% 이내</u>이어야 한다.

> **Question 66**
>
> 전기전도도의 정밀도 기준으로 알맞은 것은 어느 것인가?
> ㉮ 측정값의 % 상대표준편차(RSD)로 계산하며 측정값이 15% 이내이어야 한다.
> ㉯ 측정값의 % 상대표준편차(RSD)로 계산하며 측정값이 20% 이내이어야 한다.
> ㉰ 측정값의 % 상대표준편차(RSD)로 계산하며 측정값이 25% 이내이어야 한다.
> ㉱ 측정값의 % 상대표준편차(RSD)로 계산하며 측정값이 30% 이내이어야 한다.
>
> **정답** ㉯

29 총 유기탄소(Total Organic Carbon)

1. 고온연소산화법

이 시험기준은 물속에 존재하는 총 유기탄소를 측정하기 위하여 시료 적당량을 산화성 촉매로 충전된 고온의 연소기에 넣은 후에 연소를 통해서 수중의 유기 탄소를 이산화탄소(CO_2)로 정량하는 방법이다. 정량방법은 무기성 탄소를 사전에 제거하여 측정하거나, 무기성 탄소를 측정한 후 총 탄소에서 감하여 총 유기탄소의 양을 구한다.

(1) 적용범위

이 시험기준은 지표수, 지하수, 하·폐수 등에 적용하며, ★★ 정량한계는 0.3mg/L으로 한다.

★★★ (2) 용어정의

① 총 유기탄소(TOC, total organic carbon) : 수중에서 유기적으로 결합된 탄소의 합

을 말한다.
② 총 탄소(TC, total carbon) : 수중에서 존재하는 유기적 또는 무기적으로 결합된 탄소의 합을 말한다.
③ 무기성 탄소(IC, inorganic carbon) : 수중에 탄산염, 중탄산염, 용존 이산화탄소 등 무기적으로 결합된 탄소의 합을 말한다.
★ ④ 용존성 유기탄소(DOC, dissolved organic carbon) : 총 유기탄소 중 공극 0.45μm의 막 여지를 통과하는 유기탄소를 말한다. ★★
★ ⑤ 부유성 유기탄소(SOC, suspended organic carbon) : 총 유기탄소 중 공극 0.45μm의 막 여지를 통과하지 못한 유기탄소를 말한다. GF/F로 여과시 입자성 유기탄소(POC, particulate organic carbon)로 구분하기도 하였다.
★★ ⑥ 비정화성 유기탄소(NPOC, nonpurgeable organic carbon) : 총 탄소 중 pH 2 이하에서 포기에 의해 정화(purging)되지 않는 탄소를 말한다. ★★

Question 67

총 유기탄소 측정시 적용되는 용어 정의로 틀린 것은 어느 것인가?
㉮ 비정화성 유기탄소 : 총 탄소 중 pH 5.6 이하에서 포기에 의해 정화되지 않는 탄소를 말한다.
㉯ 부유성 유기탄소 : 총 유기탄소 중 공극 0.45μm의 막여지를 통과하지 못한 유기탄소를 말한다.
㉰ 무기성 탄소 : 수중에 탄산염, 중탄산염, 용존 이산화탄소 등 무기적으로 결합된 탄소의 합을 말한다.
㉱ 총 탄소 : 수중에서 존재하는 유기적 또는 무기적으로 결합된 탄소의 합을 말한다.

풀이 ㉮ 비정화성 유기탄소 : 총 탄소 중 pH 2 이하에서 포기에 의해 정화되지 않는 탄소를 말한다.

Question 68

다음은 총 유기탄소 시험에 적용되는 용어의 정의이다. ( )안에 알맞은 말은?

용존성 유기탄소는 총 유기탄소 중 공극 (①)의 막여지를 통과하는 유기탄소를 말하며, 비정화성 유기탄소는 총 탄소 중 (②) 이하에서 포기에 의해 정화되지 않는 탄소를 말한다.

㉮ ① 0.35μm, ② pH 2　　㉯ ① 0.35μm, ② pH 4
㉰ ① 0.45μm, ② pH 2　　㉱ ① 0.45μm, ② pH 4

정답 ㉰

(3) 총유기탄소 분석기기

① **산화부** : 시료를 산화코발트, 크롬산바륨과 같은 산화성 촉매로 충전된 550℃ 이상의 고온반응기에서 연소시켜 시료중의 탄소를 이산화탄소로 전환하여 검출부로 운반한다.
② **검출부** : 비분산적외선분광분석법(NDIR), 전기량적정법 또는 이와 동등한 검출방법으로 측정한다.

2. 과황산 UV 및 과황산 열 산화법

이 시험기준은 물속에 존재하는 총 유기탄소를 측정하기 위하여 시료에 과황산염을 넣어 자외선이나 가열로 수중의 유기탄소를 이산화탄소로 산화하여 정량하는 방법이다. 정량방법은 무기성 탄소를 사전에 제거하여 측정하거나, 무기성 탄소를 측정한 후 총 탄소에서 감하여 총 유기탄소의 양을 구한다.

(1) 적용범위

이 시험기준은 지표수, 지하수, 하·폐수 등에 적용하며, 정량한계는 0.3mg/L으로 한다.

(2) 총 유기탄소 분석기기

① **산화부** : 시료에 과황산염을 넣은 상태에서 자외선이나 가열로 시료 중의 유기탄소를 이산화탄소로 산화시켜 검출부로 운반한다.
② **검출부** : 비분산적외선분광분석법, 전기량적정법 및 전도도법 또는 이와 동등한 검출방법으로 측정한다.

Question 69

총유기탄소 분석기기 내 산화부에서 유기탄소를 이산화탄소로 산화하는 방법으로 알맞게 짝지은 것은?

㉮ 고온연소 산화법, 저온연소 산화법
㉯ 고온연소 산화법, 전기전도도 산화법
㉰ 과황산 UV산화법, 과황산 열 산화법
㉱ 고온연소 산화방법, 비분산적외선 산화법

정답 ㉰

30 퍼클로레이트(Perchlorate)

★★ ▶ 적용 가능한 시험방법

퍼클로레이트	정량한계(mg/L)	정밀도(% RSD)
액체크로마토그래프-질량분석법	0.002mg/L	± 25% 이내
이온크로마토그래피	0.002mg/L	± 25% 이내

31 음이온류-이온크로마토그래피

이 시험기준은 음이온류(F^-, Cl^-, NO_2^-, NO_3^-, PO_4^{3-}, Br^- 및 SO_4^{2-})를 이온크로마토그래프를 이용하여 분석하는 방법으로, 시료를 0.2μm 막 여과지에 통과시켜 고체미립자를 제거한 후 음이온 교환 컬럼을 통과시켜 각 음이온들을 분리한 후 전기전도도 검출기로 측정하는 방법이다.

(1) 적용범위

이 시험기준은 지표수, 지하수, 폐수 등에 적용할 수 있다.

(2) 간섭물질

① 머무름 시간이 같은 물질이 존재할 경우, 컬럼 교체, 시료희석 또는 용리액 조성을 바꾸어 방해를 줄일 수 있다.
② 정제수, 유리기구 및 기타 시료 주입 공정의 오염으로 베이스라인이 올라가 분석 대상 물질에 대한 양(+)의 오차를 만들거나 검출한계가 높아질 수 있다.
③ 0.45μm 이상의 입자를 포함하는 시료 또는 0.20μm 이상의 입자를 포함하는 시약을 사용할 경우 반드시 여과하여 컬럼과 흐름 시스템의 손상을 방지해야 한다.

(3) 이온크로마토그래프

★★ ① 이온크로마토그래프의 기본구성 : 용리액조, 시료 주입부, 펌프, 분리컬럼, 검출기, 기록계
② 장치의 제조회사에 따라 분리컬럼의 보호 및 분석감도를 높이기 위하여 분리컬럼 전후에 보호컬럼 및 제거장치(억제기)를 부착한 것도 있다.

> **Question 70**
>
> 이온크로마토그래프의 일반적인 구성으로 알맞은 것은 어느 것인가?
> ㉮ 용리액조 - 시료주입부 - 펌프 - 이온화부 - 검출기
> ㉯ 용리액조 - 시료주입부 - 가열판 - 펌프 - 검출기
> ㉰ 용리액조 - 시료주입부 - 펌프 - 분리컬럼 - 검출기
> ㉱ 용리액조 - 시료주입부 - 분광부 - 펌프 - 검출기
>
> **정답** ㉰

1. 검출기

분석목적 및 성분에 따라 전기전도도 검출기, 전기화학적 검출기 및 광학적 검출기 등이 있으나 일반적으로 음이온 분석에는 전기전도도 검출기를 사용한다.

2. 분리컬럼

① 유리 또는 에폭시 수지로 만든 관에 이온교환체를 충전시킨 것
② 억제기형 : 폴리스틸렌계 페리큐라형 음이온 교환수지(10μm~15μm)를 컬럼에 충전시킨 것으로서 안지름 3mm~5mm, 길이 5mm~30mm이다.
③ 비억제기형 : 폴리스틸렌계 페리큐라형 음이온 교환수지(10μm~15μm), 폴리아크릴계 표면다공성음이온 교환수지(10μm~12.5μm) 또는 실리카겔 전다공성형 음이온 교환수지(6μm)를 컬럼에 충전시킨 것으로서 안지름 4mm~6mm, 길이 5cm~10cm이다.

3. 시료 주입부

일반적으로 미량의 시료를 사용하기 때문에 루프-밸브에 의한 주입방식이 많이 이용되며 시료주입량은 보통 10μL~100μL이다.

4. 제거장치(억제기)

① 분리컬럼으로부터 용리된 각 성분이 검출기에 들어가기 전에 용리액 자체의 전도도를 감소시킨다.
② 목적성분의 전도도를 증가시켜 높은 감도로 음이온을 분석하기 위한 장치이다.
③ 고용량의 양이온 교환수지를 충전시킨 컬럼형과 양이온 교환막으로 된 격막형이 있다.

5. 펌프

분리 컬럼 중의 이온교환체의 입자는 약 10μm 이하의 매우 작은 입자로서 용리액 및 시료를 고압에서 전개시키지 않으면 요구되는 유속을 얻기가 어렵다. 따라서 펌프는 150kg/cm² ~350kg/cm² 압력에서 사용될 수 있어야 하며 시간차에 따른 압력차가 크게 발생하여서는 안 된다.

Question 71

이온크로마토그래피법에 관한 설명으로 옳지 않은 것은?

㉮ 액송펌프는 15kg/cm² ~ 35kg/cm² 압력에서 사용될 수 있어야 하고 맥동이 없어야 한다.
㉯ 시료주입량은 보통 10μL ~ 100μL 정도이다.
㉰ 분리컬럼은 유리 또는 에폭시 수지로 만든 관에 이온교환체를 충전시킨 것이다.
㉱ 일반적으로 음이온 분석에는 전기전도도 검출기를 사용한다.

풀이 ㉮ 액송펌프는 150kg/cm² ~ 350kg/cm² 압력에서 사용될 수 있어야 하고 맥동이 일어나서는 안된다.

32 음이온류-이온전극법

이 시험기준은 불소, 시안, 염소 등을 이온전극법을 이용하여 분석하는 방법으로 시료에 이온강도 조절용 완충용액을 넣어 pH를 조절하고 전극과 비교전극을 사용하여 전위를 측정하고 그 전위차로부터 정량하는 방법이다.

(1) 적용범위

이 시험기준은 지표수, 지하수, 폐수 등에 적용할 수 있으며, 정량한계는 불소, 시안은 0.1mg/L, 염소는 5mg/L이다.

> **TIP**
> 염소는 비교적 분해되기 쉬운 유기물을 함유하고 있거나, 자외부에서 흡광도를 나타내는 브롬 이온이나 크롬을 함유하지 않는 시료에 적용된다.

(2) 간섭물질

황화물 이온 등이 존재하면 염소이온의 분석에 방해가 될 수 있다.

(3) 분석기기 및 기구

★★ 1. 비교전극

이온전극과 조합하여 이온 농도에 대응하는 전위차를 나타낼 수 있는 것으로서 표준전위가 안정된 전극이 필요하다. 일반적으로 내부전극으로 <u>염화제일수은 전극(칼로멜 전극)★★ 또는 은-염화은 전극</u>이 많이 사용된다.

2. 이온전극

이온전극은 이온에 대한 고도의 선택성이 있고, 이온농도에 비례하여 전위를 발생할 수 있는 전극이다.

3. 자석교반기

교반에 의하여 열이 발생하여 액온에 변화가 일어나서는 안 되며, 회전속도가 일정하게 유지될 수 있는 것이어야 한다.

4. 저항 전위계 또는 이온측정기

저항 전위계 또는 이온측정기는 mV까지 읽을 수 있는 고압력 저항 측정기여야 한다.

Question 72

이온전극법에서 사용하는 장치에 대한 내용으로 틀린 것은 어느 것인가?
㉮ 저항전위계 또는 이온측정기는 mV까지 읽을 수 있는 고압력 저항 측정기여야 한다.
㉯ 이온전극은 분석대상 이온에 대한 고도의 선택성이 있다.
㉰ 이온전극은 일반적으로 칼로멜전극 또는 산화은 전극이 사용된다.
㉱ 이온전극은 이온농도에 비례하여 전위를 발생할 수 있는 전극이다.

풀이 ㉰ 비교전극은 내부전극으로 염화제일수은 전극(칼로멜 전극) 또는 은-염화은 전극이 사용된다.

★★ ▶ **이온전극의 종류와 감응막 조성**

전극의 종류	측정이온	감응막의 조성
★★ 유리막 전극	Na^+	산화알루미늄 첨가 유리
	K^+	
	NH_4^+	
고체막 전극	F^-	LaF_3
	Cl^-	AgCl + 황화은, AgCl
	CN^-	AgI + 황화은, 황화은, AgI
	Pb^{2+}	PbS + 황화은
	Cd^{2+}	CdS + 황화은
	Cu^{2+}	CuS + 황화은
	NO_3^-	Ni- 베소페난트로닌 / NO_3^-
	Cl^-	디메틸디스테아릴 암모늄 / Cl^-
	NH_4^+	노낙틴 / 모낙틴 / NH_4^+
★★ 격막형 전극	NH_4^+	pH 감응유리
	NO_2^-	pH 감응유리
	CN^-	황화은

(암기법) 암모늄은 공통이고 / 유리나 칼로 / 경아질시하네
(해설) 암모늄 : NH_4^+ 공통 / 유리 : 유리막 전극 / 경 : 격막형 전극
　　　　나 : Na^+　　　아질 : NO_2^-
　　　　칼 : K^+　　　시 : CN^-

Question 73

이온전극법에서 격막형 전극을 이용하여 측정하는 이온과 거리가 먼 것은?
㉮ F^-　　　㉯ CN^-　　　㉰ NH_4^+　　　㉱ NO_2^-

▶정답 ㉮

CHAPTER 05 금속편

01 금속류(Metals)

이 시험기준은 물속에 존재하는 구리, 납, 망간, 비소, 수은, 아연, 바륨, 주석, 카드뮴, 크롬, 6가 크롬, 니켈, 철, 셀레늄, 안티몬 등의 금속류의 분석이다.

(1) 적용 가능한 시험

물속에 존재하는 금속성분을 분석하기 위해 일반적으로 시료를 적절한 방법으로 전처리를 해야 하고 그 후에 기기분석을 실시한다. 금속별로 사용되는 기기분석 방법은 원자흡수분광광도법, 유도결합플라스마 - 원자발광분광법, 유도결합플라스마 - 질량분석법 및 양극벗김전압전류법 등이다.

★★ 1. 불꽃 원자흡수분광광도법

이 시험기준은 물속에 존재하는 중금속을 정량하기 위하여 시료를 2,000K~3,000K의 불꽃 속으로 시료를 주입하였을 때 생성된 바닥상태의 중성원자가 고유 파장의 빛을 흡수하는 현상을 이용하여, 개개의 고유 파장에 대한 흡광도를 측정하여 시료 중의 원소농도를 정량하는 방법으로 분석이 가능한 원소는 구리, 납, 니켈, 망간, 비소, 셀레늄, 수은, 아연, 철, 카드뮴, 크롬, 6가 크롬, 바륨, 주석 등이다.

(1) 적용범위

이 시험기준은 지표수, 지하수, 하·폐수 등에 적용할 수 있다.

(2) 간섭물질

① 광학적 간섭
  ㉠ 분석하고자 하는 원소의 흡수파장과 비슷한 다른 원소의 파장이 서로 겹쳐 비이

상적으로 높게 측정되는 경우이다. 또는 다중원소램프 사용 시 다른 원소로부터 공명 에너지나 속빈 음극램프의 금속 불순물에 의해서도 발생한다. <u>이 경우 슬릿 간격을 좁힘으로서 간섭을 배제할 수 있다.</u> ★★

  ⓒ 시료 중에 유기물의 농도가 높을 경우 이들에 의한 복사선 흡수가 일어나 양(+)의 오차를 유발하게 되므로 바탕선 보정을 실시하거나 분석 전에 유기물을 제거하여야 한다.

  ⓒ 용존 고체물질 농도가 높으면 빛 산란 등 비원자적 흡수현상이 발생하여 간섭이 발생할 수 있다. 바탕값이 커서 보정이 어려울 경우 다른 파장을 선택하여 분석한다.

② **물리적 간섭** : 물리적 간섭은 표준용액과 시료 또는 시료와 시료 간의 물리적 성질(점도, 밀도, 표면장력 등)의 차이 또는 <u>표준물질과 시료의 매질 차이에 의해 발생한다.</u> ★★ 이러한 차이는 시료의 주입 및 분무 효율에 영향을 주어 양(+) 또는 음(-)의 오차를 유발하게 된다. 물리적 간섭은 표준용액과 시료 간의 매질을 일치시키거나 표준물질첨가법을 사용하여 방지할 수 있다.

③ **이온화 간섭** : 불꽃온도가 너무 높을 경우 <u>중성원자에서 전자를 빼앗아 이온이 생성될 수 있으며 이 경우 음(-)의 오차가 발생하게 된다.</u> ★★ 이러한 간섭은 시료와 표준물질에 보다 쉽게 이온화되는 물질을 과량 첨가하면 감소시킬 수 있다.

④ **화학적 간섭** : <u>불꽃의 온도가 분자를 들뜬 상태로 만들기에 충분히 높지 않아서, 해당 파장을 흡수하지 못하여 발생한다.</u> ★★ 그 예로 시료 중에 인산이온(PO_4^{3-}) 존재 시 마그네슘과 결합하여 간섭을 일으킬 수 있다. 칼슘, 마그네슘, 바륨의 분석 시 란타늄(La)을 첨가하여 인산의 화학적 간섭을 배제할 수 있다. 또는 간섭을 일으키는 금속을 킬레이트제 등으로 제거할 수 있다.

Question 01

원자흡수분광광도법의 간섭에 대한 내용으로 잘못된 것은 어느 것인가?

㉮ 분석에 사용하는 스펙트럼선이 다른 인접선과 완전히 분리되지 않은 경우에는 표준시료와 분석시료의 조성을 더욱 비슷하게 하면 간섭의 영향을 피할 수 있다.
㉯ 화학적 간섭은 불꽃의 온도가 분자를 들뜬 상태로 만들기에 충분히 높지 않아서, 해당 파장을 흡수하지 못하여 발생한다.
㉰ 물리적 간섭은 표준물질과 시료의 매질 차이에 의해 발생한다.
㉱ 이온화 간섭은 불꽃온도가 너무 높을 경우 중성원자에서 전자를 빼앗아 이온이 생성될 수 있으며 이 경우 음(-)의 오차가 발생하게 된다.

정답 ㉮

(3) 용어정의

① 속빈 음극램프 : 원자흡수 측정에 사용하는 가장 보편적인 광원으로 네온이나 아르곤 가스를 1torr~5torr의 압력으로 채운 유리관에 텅스텐 양극과 원통형 음극을 봉입한 형태의 램프이다.

② 전극없는 방전램프 : 해당 스펙트럼을 내는 금속염과 아르곤이 들어있는 밀봉된 석영관으로, 전극 대신 라디오주파수 장이나 마이크로파 복사선에 의해 에너지가 공급되는 형태의 램프이다.

★★ (4) 분석기기 및 기구

① 원자흡수분광광도계 : 일반적으로 광원부, 시료원자화부, 파장선택부 및 측광부로 구성되어 있으며 단광속형과 복광속형으로 구분된다. 다원소 분석이나 내부표준물법에 사용할 수 있는 다중 채널형(multi-channel)도 있다.

② 가스 : 불꽃생성을 위해 아세틸렌(C_2H_2)-공기가 일반적인 원소분석에 사용되며, 아세틸렌-아산화질소(N_2O)는 바륨 등 산화물을 생성하는 원소의 분석에 사용된다. 아세틸렌은 일반등급을 사용하고, 공기는 공기압축기 또는 일반 압축공기 실린더 모두 사용 가능하다. 아산화질소 사용시 시약등급을 사용한다.

③ 램프 : 속빈 음극램프 또는 전극 없는 방전램프가 사용 가능하며, 단일파장램프가 권장되나 다중파장램프도 사용 가능하다.

④ 원자화 장치 : 버너는 기기업체에서 제공하는 사양을 따른다.

★★ ▶ 원자흡수분광광도법의 원소별 정량한계

원소	선택파장(nm)	불꽃연료	정량한계(mg/L)
Cu	324.7	공기-아세틸렌	0.008mg/L
Pb	283.3/217.0	공기-아세틸렌	0.04mg/L
Ni	232.0	공기-아세틸렌	0.01mg/L
Mn	279.5	공기-아세틸렌	0.005mg/L
Ba	553.6	아산화질소-아세틸렌	0.1mg/L
As	193.7	환원기화법(수소화물 생성법)	0.005mg/L
Se	196.0	환원기화법(수소화물 생성법)	0.005mg/L
Hg	253.7	냉증기법	0.0005mg/L
Zn	213.9	공기-아세틸렌	0.002mg/L
Sn	224.6	공기-아세틸렌	0.8mg/L
Fe	248.3	공기-아세틸렌	0.03mg/L
Cd	228.8	공기-아세틸렌	0.002mg/L
Cr	357.9	공기-아세틸렌	0.01mg/L(산처리) 0.001mg/L(용매추출)

★★ 2. 흑연로 원자흡수분광광도법

이 시험기준은 물속에 존재하는 중금속을 분석하기 위하여, 일정 부피의 시료를 전기적으로 가열된 흑연로 등에서 용매를 제거하고, 전류를 다시 급격히 증가시켜 2,000K~3,000K 온도에서 원자화시킨 후 각 원소의 고유 파장에 대한 흡광도를 측정하여 시료 중의 원소농도를 정량하는 방법으로 분석이 가능한 원소는 구리, 납, 니켈, 망간, 비소, 셀레늄, 철, 카드뮴, 크롬, 6가 크롬, 바륨, 주석 등이다.

(1) 적용범위

이 시험기준은 지표수, 지하수, 하·폐수 등에 적용할 수 있다.

(2) 간섭물질

① 매질 간섭 : 시료의 매질로 인한 원자화 과정상에 발생하는 간섭이다. 매질개선제 및 수소(5%)와 아르곤(95%)을 사용하여 간섭을 줄일 수 있다.

② 메모리 간섭 : 고농도 시료분석 시 충분히 제거되지 못하고 잔류하는 원소로 인해 발생하는 간섭이다. 흑연로 온도 프로그램 상에서 충분히 제거되도록 설정하거나, 시료를 희석하고 바탕시료로 메모리 간섭 여부를 확인한다.

③ 스펙트럼 간섭 : 다른 분자나 원소에 의한 파장의 겹침 또는 흑체 복사에 의한 간섭으로 발생한다. 매질개선제를 사용하여 간섭을 배제할 수 있다.

(3) 용어정의

① 매질 개선제 : 흑연로 원자흡수분광광도법으로 분석 시 감도 개선과 간섭현상 감소를 위하여 시료 및 표준물질에 첨가하는 화합물이다.

② 속빈 음극램프 : 원자흡수 측정에 사용하는 가장 보편적인 광원으로 네온이나 아르곤 가스를 1torr~5torr의 압력으로 채운 유리관에 텅스텐 양극과 원통형 음극을 봉입한 형태의 램프이다.

★★ (4) 원자흡수분광광도계

원자흡수분광광도계는 일반적으로 광원부, 시료원자화부, 파장선택부 및 측광부로 구성되어 있으며 단광속형과 복광속형으로 구분된다. 다원소 분석이나 내부표준물법에 사용할 수 있는 다중 채널형 (multi-channel)도 있다.

① 가스 : 아르곤-공기 또는 질소-공기가 사용된다. 공기는 공기압축기 또는 일반 압축공기 실린더 모두 사용 가능하다. 99.999% 이상의 고순도 아르곤 또는 고순도 질소가 사

용된다.
② 램프 : 단일파장램프가 권장되나 다중파장램프도 사용 가능하다.
③ 원자화 장치 : 가로 또는 세로 형태의 흑연로 가열장치와 흑연로 튜브를 사용한다. 흑연로 가열장치는 초당 2,000℃ 이상 가열할 수 있는 것을 사용하여야 하며, 흑연로 튜브는 일정 회수(20회~30회) 이상 사용하면 교체하여야 한다.

★★ ▶ 흑연로 원자흡수분광광도법의 원소별 선택파장

원소명	선택파장(nm)	정량한계(mg/L)
Cu	324.7	0.005mg/L
Pb	283.3/ 217.0	0.005mg/L
Ni	232.0	0.005mg/L
Mn	279.5	0.001mg/L
Ba	553.6	0.01mg/L
As	193.7	0.005mg/L
Se	196.0	0.005mg/L
Sn	224.6	0.002mg/L
Fe	248.3	0.005mg/L
Cd	228.8	0.0005mg/L
Cr	357.9	0.005mg/L

★★ 3. 유도결합플라스마 – 원자발광분광법

이 시험기준은 물속에 존재하는 중금속을 정량하기 위하여 시료를 고주파유도코일에 의하여 형성된 아르곤 플라스마에 주입하여 6,000K~8,000K에서 들뜬 상태의 원자가 바닥상태로 전이할 때 방출하는 발광선 및 발광강도를 측정하여 원소의 정성 및 정량분석에 이용하는 방법으로 분석이 가능한 원소는 구리, 납, 니켈, 망간, 비소, 아연, 안티몬, 철, 카드뮴, 크롬, 6가 크롬, 바륨, 주석 등이다.

(1) 적용범위

이 시험기준은 지표수, 지하수, 하 · 폐수 등에 적용할 수 있다.

★★ (2) 간섭물질

① 물리적 간섭
㉠ 시료 도입부의 분무과정에서 시료의 비중, 점성도, 표면장력의 차이에 의해 발생한다.

ⓛ 시료의 물리적 성질이 다르면 플라스마로 흡입되는 원소의 양이 달라져 방출선의 세기에 차이가 생긴다.
ⓒ 특히 비중이 큰 황산과 인산 사용 시 물리적 간섭이 크다.
ⓔ 시료의 종류에 따라 분무기의 종류를 바꾸거나, 시료의 희석, 매질 일치법, 내부표준법, 농축분리법을 사용하여 간섭을 최소화한다.

② 이온화 간섭
ⓖ 이온화 에너지가 작은 소듐 또는 포타슘 등 알칼리 금속이 공존원소로 시료에 존재시 플라스마의 전자밀도를 증가시킨다.
ⓛ 증가된 전자 밀도는 들뜬 상태의 원자와 이온화된 원자수를 증가시켜 방출선의 세기를 크게 할 수 있다.
ⓒ 전자가 이온화된 시료 내의 원소와 재결합하여 이온화된 원소의 수를 감소시켜 방출선의 세기를 감소시킨다.

③ 분광 간섭
ⓖ 측정원소의 방출선에 대해 플라스마의 기체 성분이나 공존 물질에서 유래하는 분광학적 요인에 의해 원래의 방출선의 세기 변동 및 다른 원자 혹은 이온의 방출선과의 겹침 현상이 발생할 수 있다.
ⓛ 시료 분석 후 보정이 반드시 필요하다.

④ 기타 : 플라스마의 높은 온도와 비활성으로 화학적 간섭의 발생가능성은 낮으나, 출력이 낮은 경우 일부 발생할 수 있다.

(3) 유도결합플라스마 – 원자발광광도계

① 분광계 : 검출 및 측정 방법에 따라 다색화분광기 또는 단색화 장치 모두 사용 가능해야 하며, 스펙트럼의 띠 통과는 0.05nm 미만이어야 한다.

② 시료 주입 장치
ⓖ 분무기 : 일반적인 시료의 경우 동심축 분무기 또는 교차흐름 분무기를 사용하며, 점성이 있는 시료나 입자상 물질이 존재할 경우 바빙톤 분무기를 사용한다. 이외에도, 분석 목적에 따라 초음파 분무기등 다양한 형태의 분무기 사용이 가능하다.
ⓛ 아르곤 가스 공급장치 : 순도 99.99% 이상 고순도 가스상 또는 액체 아르곤을 사용해야 한다.
ⓒ 유량조절기 : 아르곤 및 플라스마 기체의 유량조절기를 사용해야 하며, 시료 주입을 위해 속도조절이 가능한 연동펌프를 사용할 수 있다.

③ 유도결합플라스마 발생기
ⓖ 라디오 고주파 발생기 : 라디오고주파 발생기는 출력범위 750W~1,200W 이상의

것을 사용하며, 이때 사용하는 주파수는 27.12 MHz 또는 40.68 MHz를 사용한다.
ⓒ 토치 : 내부직경 18mm, 12mm, 1.5mm인 3개의 동심원 또는 동등한 규격의 석영 관을 사용한다. 가장 바깥쪽관의 냉각기체는 아르곤을 사용하며, 중심관과 중간 관의 운반기체와 보조기체로는 아르곤을 사용한다.

Question 02

금속류 분석을 위한 유도결합플라스마-원자발광분광법에서 장치에 관한 설명으로 옳지 않은 것은?

㉮ 분광계는 검출 및 측정방법에 따라 다색화분광기 또는 단색화장치 모두 사용가능해야 하며, 스펙트럼의 띠 통과는 0.05nm 미만이어야 한다.
㉯ 분무기는 일반적인 시료의 경우 바빙톤 분무기를 사용하며, 점성이 있는 시료나 입자상 물질이 존재할 경우 동심축 분무기를 사용한다.
㉰ 라디오고주파 발생기는 출력범위 750W~1,200W 이상의 것을 사용한다.
㉱ 순도 99.99% 이상 고순도 가스상 또는 액체 아르곤을 사용한다.

> 풀이 ㉯ 분무기는 일반적인 시료의 경우 동심축 분무기를 사용하며, 점성이 있는 시료나 입자상 물질이 존재할 경우 바빙톤 분무기를 사용한다.

▶ 유도결합플라스마 - 원자발광분광법에 의한 원소별 선택파장과 정량한계(mg/L)

원소명	선택파장(1차)[1]	선택파장(2차)[1]	정량한계[1],[2] (mg/L)
Cu	324.75	219.96	0.006mg/L
Pb	220.35	217.00	0.04mg/L
Ni	231.60	221.65	0.015mg/L
Mn	257.61	294.92	0.002mg/L
Ba	455.40	493.41	0.003mg/L
As	193.70	189.04	0.05mg/L
Zn	213.90	206.20	0.002mg/L
Sb	217.60	217.58	0.02mg/L
Sn	189.98	-	0.02mg/L
Fe	259.94	238.20	0.007mg/L
Cd	226.50	214.44	0.004mg/L
Cr	262.72	206.15	0.007mg/L
Se	196.03	203.99	0.03

1) Standard Method 3120 Metals by Plasma Emission Spectroscopy(1999)
2) EPA Method 200.7(1994)

★★ 4. 유도결합플라스마 – 질량분석법

이 시험기준은 물속에 존재하는 중금속을 분석하기 위하여 유도결합플라스마 질량분석법을 사용한다. 유도결합플라스마 질량분석법은 6,000K~10,000K의 고온 플라스마에 의해 이온화된 원소를 진공상태에서 질량 대 전하비(m/z)에 따라 분리하는 방법으로, 분석이 가능한 원소는 구리, 납, 니켈, 망간, 바륨, 비소, 셀레늄, 아연, 안티몬, 카드뮴, 주석, 크롬 등이다.

(1) 적용범위

이 시험기준은 지표수, 지하수, 폐수 등에 적용할 수 있다.

(2) 간섭물질

① 다원자 이온간섭 : 분석하고자 하는 원소와 동일한 질량 대 전하비를 갖는 1개 이상의 원소간에 결합된 이온으로 인한 간섭을 말한다.

② 동중원소 간섭 : 분석하고자 하는 원소와 다른 물질이(1가 또는 2가의 이온화 상태로) 동일한 질량 대 전하비를 가질 경우 질량분석기가 이를 분리해내지 못하여 간섭이 발생한다. 대부분의 원소는 동중원소에 의한 간섭을 거의 받지 않지만, 셀레늄(^{82}Se)과 카드뮴(^{114}Cd)은 각각 크립톤(Kr)과 주석(Sn)에 의한 동중원소 영향을 받는다.

③ 메모리 간섭 : 분석이 끝난 후 시료의 해당원소가 다음 시료의 측정결과에 영향을 미치는 경우이다. 시료주입장치, 스키머콘, 플라스마 토치, 분무장치 등에 분석물질이 흡착되어 발생한다. 이러한 간섭은 다음 시료의 분석 전 충분한 세정을 해 주면 감소시킬 수 있다.

④ 물리적 간섭 : 시료가 분무기나 플라스마 내에서 이온화되는 과정에서 발생한다. 시료 내 용존물 질량이 많을 때도 스키머콘이 막히게 되어 이온화 효율을 감소시킨다. 따라서 시료의 용존고체물질의 농도가 0.2% 이하여야 한다. 이에 대한 보정을 위하여 내부표준물질을 사용할 수 있다.

⑤ 분해능에 의한 간섭 : 측정대상 질량이 인접한 질량에 의한 영향을 받는 경우이다. 이는 분석이온의 운동 에너지와 사중극자 질량분석기 내에 존재하는 기체입자에 의해 발생한다. 또한, 분석질량의 피크가 작을 때 인접한 큰 피크에 포함되어 측정될 수 있다. 이러한 간섭을 최소화하기 위하여 최적의 분해능 조절이 필요하다.

(3) 용어정의

① **원자질량단위(amu)** : 원자의 질량단위를 말하며 탄소의 동위원소 $^{12}_{6}C$를 12 amu로 놓고 이것에 대한 상대적인 값을 표기한다.

② **튜닝용액** : 검정곡선 및 시료분석 전에 유도결합플라스마 - 질량분석기의 감도 및 성능을 확인하고 기기의 상태를 최적화하기 위한 용액이다.

(4) 분석기기 및 기구

① **유도결합플라스마 – 질량분석기**

㉠ 검출기 : 이차전자증폭기를 사용하며, 전자 검출기를 사용할 경우 반드시 과량의 이온을 제거하기 위한 장치가 필요하다. 이로 인하여 증폭기의 감도 저하 내지 증폭기 손상이 발생할 수 있다.

㉡ 라디오고주파발생기 : 유도결합플라스마 - 원자발광분광법에 따른다.

㉢ 시료 주입장치 : 유도결합플라스마 - 원자발광분광법에 따르며, 시료주입을 위한 연동펌프를 사용한다.

㉣ 아르곤 가스 공급장치 : 순도 99.99% 이상 기체 또는 액체 아르곤을 사용한다.

㉤ 인터페이스

ⓐ 샘플링 콘 : 0.8mm~2.0mm 범위의 구경을 가진 니켈 또는 백금 재질의 것을 사용한다.

ⓑ 스키머 콘 : 0.4mm~1.2mm 범위의 구경을 가진 니켈 또는 백금 재질의 것을 사용한다.

ⓒ 진공펌프 : 샘플링 콘과 스키머 콘 사이 구간 내 진공상태를 1torr~2torr 이하로 유지할 수 있는 기계식 회전 펌프와 질량분석기 내부 진공상태를 5torr~7torr 이하로 유지할 수 있는 터보분자 펌프를 사용한다.

㉥ 질량분석기

ⓐ 일반적으로 사중극자 질량분석기를 사용하며, 이 외에도 비행시간 분석기, 자기섹터 분석기등이 사용가능하다.

ⓑ 질량분석기의 질량측정 범위는 5amu~250amu이며, 최소 분해능은 5% 피크 높이에서 1amu이어야 한다.

★★ ▶ 유도결합플라스마 – 질량분석법에 의한 항목별 정량한계 값

원소명	분석질량(amu)	정량한계(mg/L)
Cu	63	0.002mg/L
Pb	206, 207, 208	0.002mg/L
Ni	60	0.002mg/L
Mn	55	0.0005mg/L
Ba	137	0.003mg/L
As	75	0.006mg/L
Se	82	0.03mg/L
Zn	66	0.006mg/L
Sb	123	0.0004mg/L
Sn	118	0.0001mg/L
Cd	111	0.002mg/L
Cr	52	0.0002mg/L

5. 양극벗김전압전류법

이 시험기준은 납과 아연을 은/염화은 기준전극에 대해 각각 약 -1,000mV와 -1,300mV 전위차를 갖는 유리질 탄소전극에 수은 얇은 막을 입힌 작업전극에 금속으로 석출시키고, 시료를 산성화시킨 후 착화합물을 형성하지 않은 자유 이온 상태의 비소, 수은은 작업전극으로 금 얇은 막 전극 또는 금 전극을 사용하며 비소와 수은은 기준전극(Ag/AgCl 전극)에 대하여 각각 약 -1,600mV와 -200mV에서 금속 상태인 비소와 수은으로 석출 농축시킨 다음 이를 양극벗김전압전류법으로 분석하는 방법이다.

(1) 적용범위

① 이 시험기준은 지하수, 지표수에 적용할 수 있다.

★★ ② 이 시험기준에 의한 정량한계는 납 0.0001mg/L, 비소 0.0003mg/L, 수은 0.0001mg/L, 아연 0.0001mg/L이다.

02 크롬(Chromium, Cr)

★★ ▶ **적용 가능한 시험방법**

크롬	정량한계(mg/L)	정밀도(% RSD)
원자흡수분광광도법	산처리법 : 0.01 용매추출법 : 0.001	25% 이내
유도결합플라스마-원자발광분광법	0.007	25% 이내
유도결합플라스마-질량분석법	0.0002	25% 이내

Question 03

수질오염공정시험기준 상 크롬의 시험방법으로 틀린 것은?
㉮ 원자흡수분광광도법　　　　　　　㉯ 유도결합플라스마-원자발광분광법
㉰ 유도결합플라스마-질량분석법　　㉱ 기체크로마토그래피

▶ 정답 ㉱

1. 원자흡수분광광도법

(1) 목적

이 시험기준은 물속에 존재하는 크롬을 측정하는 방법으로, 시료를 산분해하거나 용매 추출 하여 시료를 직접 불꽃으로 주입하여 원자흡수분광광도계로 분석하는 방법이다.

★★ (2) 적용범위

① 이 시험기준은 지표수, 지하수, 하·폐수 등에 적용할 수 있다.
② 크롬은 공기-아세틸렌 불꽃에 주입하여 분석하며 <u>정량한계는 357.9nm에서의 산처리법은 0.01 mg/L, 용매추출법은 0.001 mg/L</u>이다.

Question 04

크롬-원자흡수분광광도법의 정량한계로 알맞은 것은?

㉮ 357.9nm에서의 산처리법은 0.01mg/L, 용매추출법은 0.001mg/L이다.
㉯ 357.9nm에서의 산처리법은 0.001mg/L, 용매추출법은 0.01mg/L이다.
㉰ 357.9nm에서의 산처리법은 0.01mg/L, 용매추출법은 0.01mg/L이다.
㉱ 357.9nm에서의 산처리법은 0.001mg/L, 용매추출법은 0.001mg/L이다.

정답 ㉮

03 6가 크롬(Hexavalent Chromium, Cr^{6+})

★★ ▶ 적용 가능한 시험방법

6가 크롬	정량한계(mg/L)	정밀도(% RSD)
원자흡수분광광도법	0.01	25% 이내
자외선가시선분광법	0.04	25% 이내
유도결합플라스마-원자발광분광법	0.007	25% 이내

Question 05

수질오염공정시험기준 상 6가 크롬의 시험방법으로 알맞은 것은?

㉮ 원자흡수분광광도법 ㉯ 기체크로마토그래피
㉰ 이온크로마토그래피 ㉱ 이온선택전극법

정답 ㉮

1. 원자흡수분광광도법

(1) 목적

6가 크롬을 피로리딘 디티오카르바민산 착물로 만들어 메틸아이소부틸케톤으로 추출한 다음 원자흡수분광광도계로 흡광도를 측정하여 6가 크롬의 농도를 구하는 것이 목적이다. 최종 분석시료는 불꽃에 분무하여 원자화되는 크롬 원소가 그 원자증기층을 투과하는 빛을 흡수하는 흡수 정도를 시료에 포함된 크롬의 농도로 환산한다.

★★ (2) 적용범위

이 시험기준은 지표수, 지하수, 하·폐수 등에 적용할 수 있으며, 정량한계는 0.01mg/L ★★
이다.

★★ (3) 간섭물질

폐수에 반응성이 큰 다른 금속 이온이 존재할 경우 방해 영향이 크므로, 이 경우는 황산소듐 1%를 첨가하여 측정한다. 일반적으로 표층수에 존재하는 원소의 방해 영향은 무시할 수 있다.

> **Question 06**
>
> 6가 크롬의 분석방법인 원자흡수분광광도법에 대한 내용으로 틀린 것은?
> ㉮ 피로리딘 디티오카르바민산 착물로 만들어 메틸아이소부틸케톤으로 추출한다.
> ㉯ 정량한계는 0.01mg/L이다.
> ㉰ 폐수에 반응성이 큰 다른 금속 이온이 존재할 경우 방해 영향이 크다.
> ㉱ 방해의 영향이 큰 경우 질산소듐 1%를 첨가하여 측정한다.
>
> **정답** ㉱ 방해의 영향이 큰 경우 황산소듐 1%를 첨가하여 측정한다.

★★ 2. 자외선/가시선 분광법

★★ (1) 목적

물속에 존재하는 6가 크롬을 자외선/가시선 분광법으로 측정하는 것으로, 산성 용액에서 다이페닐카바자이드와 반응하여 생성하는 적자색 착화합물의 흡광도를 540nm에서 측정한다.

(2) 적용범위

이 시험기준은 지표수, 지하수, 하·폐수 등에 적용할 수 있으며, 정량한계는 0.04mg/L이다.

(3) 간섭물질

몰리브덴(Mo), 수은(Hg), 바나듐(V), 철(Fe), 구리(Cu) 이온이 과량 함유되어 있을 경우 방해 영향이 나타날 수 있다.

Question 07

6가 크롬의 분석방법인 자외선/가시선분광법에 대한 내용으로 틀린 것은?

㉮ 산성 용액에서 다이페닐카바자이드와 반응한다.
㉯ 생성하는 적자색 착화합물의 흡광도를 450 nm에서 측정한다.
㉰ 정량한계는 0.04mg/L이다.
㉱ 몰리브덴(Mo), 수은(Hg), 바나듐(V), 철(Fe), 구리(Cu) 이온이 과량 함유되어 있을 경우 방해 영향이 나타날 수 있다.

정답 ㉯ 생성하는 적자색 착화합물의 흡광도를 540 nm에서 측정한다.

04 아연(Zinc, Zn)

★★ ▶ 적용 가능한 시험방법

아연	정량한계(mg/L)	정밀도(% RSD)
원자흡수분광광도법	0.002	25% 이내
유도결합플라스마 - 원자발광분광법	0.002	25% 이내
유도결합플라스마 - 질량분석법	0.006	25% 이내
양극벗김전압전류법	0.0001	20% 이내

Question 08

수질오염공정시험기준 상 아연의 시험방법으로 틀린 것은?

㉮ 원자흡수분광광도법 ㉯ 유도결합플라스마-원자발광분광법
㉰ 이온크로마토그래피 ㉱ 양극벗김전압전류법

정답 ㉰

05 구리(Copper, Cu)

★★ ▶ 적용 가능한 시험방법

구리	정량한계(mg/L)	정밀도(% RSD)
원자흡수분광광도법	0.008	25% 이내
유도결합플라스마 - 원자발광분광법	0.006	25% 이내
유도결합플라스마 - 질량분석법	0.002	25% 이내

Question 09

수질오염공정시험기준 상 구리의 시험방법으로 틀린 것은?

㉮ 원자흡수분광광도법
㉯ 유도결합플라스마-원자발광분광법
㉰ 유도결합플라스마-질량분석법
㉱ 양극벗김전압전류법

▶ 정답 ㉱

06 카드뮴(Cadmium, Cd)

★★ ▶ 적용 가능한 시험방법

카드뮴	정량한계(mg/L)	정밀도(% RSD)
원자흡수분광광도법	0.002	25% 이내
유도결합플라스마 - 원자발광분광법	0.004	25% 이내
유도결합플라스마 - 질량분석법	0.002	25% 이내

Question 10

수질오염공정시험기준 상 카드뮴의 시험방법으로 틀린 것은?

㉮ 원자흡수분광광도법
㉯ 유도결합플라스마-원자발광분광법
㉰ 유도결합플라스마-질량분석법
㉱ 양극벗김전압전류법

▶ 정답 ㉱

07 납(Lead, Pb)

★★ ▶ 적용 가능한 시험방법

납	정량한계(mg/L)	정밀도(% RSD)
원자흡수분광광도법	0.04	25% 이내
유도결합플라스마 - 원자발광분광법	0.04	25% 이내
유도결합플라스마 - 질량분석법	0.002	25% 이내
양극벗김전압전류법	0.0001	20% 이내

Question 11

수질오염공정시험기준 상 납의 시험방법으로 틀린 것은?

㉮ 원자흡수분광광도법 ㉯ 유도결합플라스마-원자발광분광법
㉰ 기체크로마토그래피 ㉱ 양극벗김전압전류법

정답 ㉰

08 망간(Manganese, Mn)

★★ ▶ 적용 가능한 시험방법

망간	정량한계(mg/L)	정밀도(% RSD)
원자흡수분광광도법	0.005	25% 이내
유도결합플라스마 - 원자발광분광법	0.002	25% 이내
유도결합플라스마 - 질량분석법	0.0005	25% 이내

Question 12

수질오염공정시험기준 상 망간의 시험방법으로 틀린 것은?

㉮ 원자흡수분광광도법 ㉯ 유도결합플라스마-원자발광분광법
㉰ 유도결합플라스마-질량분석법 ㉱ 양극벗김전압전류법

정답 ㉱

09 비소(Arsenic, As)

▶ 적용 가능한 시험방법

비소	정량한계(mg/L)	정밀도(% RSD)
수소화물생성 - 원자흡수분광광도법	0.005	25% 이내
유도결합플라스마 - 원자발광분광법	0.05	25% 이내
유도결합플라스마 - 질량분석법	0.006	25% 이내
양극벗김전압전류법	0.0003	20% 이내

Question 13

수질오염공정시험기준 상 비소의 시험방법으로 틀린 것은?

㉮ 기체크로마토그래피 ㉯ 유도결합플라스마-원자발광분광법
㉰ 유도결합플라스마-질량분석법 ㉱ 양극벗김전압전류법

정답 ㉮

1. 수소화물생성 - 원자흡수분광광도법

(1) 목적

이 시험기준은 물속에 존재하는 비소를 측정하는 방법으로 아연 또는 소듐붕소수소화물($NaBH_4$)을 넣어 수소화 비소로 포집하여 아르곤(또는 질소)-수소 불꽃에서 원자화시켜 193.7nm에서 흡광도를 측정하고 비소를 정량하는 방법이다.

(2) 적용범위

① 이 시험기준은 지표수, 하·폐수 등에 적용할 수 있으며, 정량한계는 0.005mg/L이다.
② 간섭물질 높은 농도의 크롬, 코발트, 구리, 수은, 몰리브덴, 은 및 니켈은 비소 분석을 방해한다.
③ 비소 분석에 아르곤-수소 또는 질소-수소 기체를 사용한다.

Question 14

다음 중 비소를 수소화물생성-원자흡수분광광도법으로 분석할 때 내용으로 틀린 것은?

㉮ 아연 또는 소듐붕소수화물(NaBH₄)을 넣어 수소화 비소로 포집한다.
㉯ 아르곤(또는 질소)-수소 불꽃에서 원자화시켜 228.8nm에서 흡광도를 측정한다.
㉰ 정량한계는 0.005mg/L이다.
㉱ 높은 농도의 크롬, 코발트, 구리, 수은, 몰리브덴, 은 및 니켈은 비소 분석을 방해한다.

정답 ㉯ 아르곤(또는 질소)-수소 불꽃에서 원자화시켜 193.7nm에서 흡광도를 측정한다.

니켈(Nickel, Ni)

★★ ▶ 적용 가능한 시험방법

니켈	정량한계(mg/L)	정밀도(% RSD)
원자흡수분광광도법	0.01	25% 이내
유도결합플라스마 - 원자발광분광법	0.015	25% 이내
유도결합플라스마 - 질량분석법	0.002	25% 이내

Question 15

수질오염공정시험기준 상 니켈의 시험방법으로 틀린 것은?

㉮ 원자흡수분광광도법 ㉯ 유도결합플라스마-원자발광분광법
㉰ 유도결합플라스마-질량분석법 ㉱ 양극벗김전압전류법

정답 ㉱

11. 철(Iron, Fe)

★★ ▶ 적용 가능한 시험방법

철	정량한계(mg/L)	정밀도(% RSD)
원자흡수분광광도법	0.03	25% 이내
유도결합플라스마 - 원자발광분광법	0.007	25% 이내

 Question 16

수질오염공정시험기준 상 철의 시험방법으로 알맞은 것은?
㉮ 원자흡수분광광도법
㉯ 기체크로마토그래피
㉰ 유도결합플라스마-질량분석법
㉱ 양극벗김전압전류법

 정답 ㉮

12. 셀레늄(Selenium, Se)

★★ ▶ 적용 가능한 시험방법

셀레늄	정량한계(mg/L)	정밀도(% RSD)
수소화물생성 - 원자흡수분광광도법	0.005	25% 이내
유도결합플라스마-원자발광분광법	0.03	25% 이내
유도결합플라스마 - 질량분석법	0.03	25% 이내

 Question 17

수질오염공정시험기준 상 셀레늄의 시험방법으로 틀린 것은?
㉮ 원자흡수분광광도법
㉯ 유도결합플라스마-원자발광분광법
㉰ 유도결합플라스마-질량분석법
㉱ 양극벗김전압전류법

 정답 ㉱

1. 수소화물생성 – 원자흡수분광광도법

★★ (1) 목적

이 시험기준은 물속에 존재하는 셀레늄을 측정하는 방법으로, 소듐붕소수화물(NaBH₄)을 넣어 수소화 셀레늄으로 포집하여 아르곤(또는 질소)-수소 불꽃에서 원자화시켜 196.0nm에서 흡광도를 측정하고 셀레늄을 정량하는 방법이다.

★★ (2) 적용범위

① 이 시험기준은 지표수, 지하수, 하·폐수 등에 적용할 수 있으며, 정량한계는 0.005mg/L이다.
② 간섭물질 높은 농도의 크롬, 코발트, 구리, 수은, 몰리브덴, 은 및 니켈은 셀레늄 분석을 방해한다.

> **Question 18**
>
> 셀레늄을 수소화물생성법–원자흡수분광광도법으로 분석할때 내용으로 틀린 것은?
> ㉮ 소듐붕소수화물(NaBH₄)을 넣어 수소화 셀레늄으로 포집한다.
> ㉯ 아르곤(또는 질소)-수소 불꽃에서 원자화시켜 196.0nm에서 흡광도를 측정한다.
> ㉰ 정량한계는 0.05mg/L이다.
> ㉱ 간섭물질 높은 농도의 크롬, 코발트, 구리, 수은, 몰리브덴, 은 및 니켈은 셀레늄 분석을 방해한다.
>
> **정답** ㉰ 정량한계는 0.005mg/L이다.

13 수은(Mercury, Hg)

★★ ▶ 적용 가능한 시험방법

수은	정량한계(mg/L)	정밀도(% RSD)
냉증기-원자흡수분광광도법	0.0005	25% 이내
양극벗김전압전류법	0.0001	20% 이내
냉증기-원자형광법	0.0005 µg/L	25% 이내

Question 19

수질오염공정시험기준 상 수은의 시험방법으로 틀린 것은?
㉮ 냉증기-원자흡수분광광도법
㉯ 양극벗김전압전류법
㉰ 유도결합플라스마-질량분석법
㉱ 냉증기-원자형광법

정답 ㉰

1. 냉증기-원자흡수분광광도법

(1) 목적

이 시험기준은 물속에 존재하는 수은을 측정하는 방법으로, 시료에 이염화주석($SnCl_2$)을 넣어 금속수은으로 산화시킨 후, 이 용액에 통기하여 발생하는 수은증기를 원자흡수분광광도법으로 253.7nm의 파장에서 측정하여 정량하는 방법이다.

(2) 적용범위

이 시험기준은 지하수, 지표수, 하·폐수 등에 적용할 수 있으며, 정량한계는 0.0005mg/L으로 저농도 수은분석시 사용한다.

(3) 간섭물질

① 시료 중 염화물이온이 다량 함유된 경우에는 환원 조작시 유리염소를 발생하여 253.7nm에서 흡광도를 나타낸다. 이때는 염산하이드록실아민용액을 과잉으로 넣어 유리염소를 환원시키고 용기 중에 잔류하는 염소는 질소가스를 통기시켜 추출한다.
② 벤젠, 아세톤 등 휘발성 유기물질도 253.7nm에서 흡광도를 나타낸다. 이때에는 과망간산포타슘 분해 후 헥산으로 이들 물질을 추출 분리한 다음 시험한다.

Question 20

다음 중 수은을 냉증기-원자흡수분광광도법으로 분석할때 내용으로 틀린 것은?
㉮ 시료에 이염화주석($SnCl_2$)을 넣어 금속수은으로 환원시킨다.
㉯ 이 용액에 통기하여 발생하는 수은증기를 원자흡수분광광도법으로 253.7nm의 파장에서 측정한다.
㉰ 정량한계는 0.05mg/L로 저농도 수은분석시 사용한다.
㉱ 시료 중 염화물이온이 다량 함유된 경우에는 환원 조작시 유리염소를 발생하여 253.7nm에서 흡광도를 나타낸다.

정답 ㉰ 정량한계는 0.0005mg/L로 저농도 수은분석시 사용한다.

2. 냉증기-원자형광법

★★ (1) 목적

이 시험기준은 물속에 존재하는 저농도의 수은(0.0002mg/L 이하)을 정량하기 위하여 사용한다. 시료에 이염화주석($SnCl_2$)을 넣어 금속 수은으로 환원시킨 후 이 용액에 통기하여 발생하는 수은증기를 원자형광광도법으로 253.7nm의 파장에서 측정하여 정량하는 방법이다.

★★ (2) 적용범위

이 시험기준은 지하수, 지표수, 하·폐수 등에 적용할 수 있으며, 정량한계는 0.0005㎍/L이다.

★★ (3) 간섭물질

① 시료가 3mg/L 이상의 요오드를 포함시 이염화주석($SnCl_2$)로 전처리하여 환원시킨다. 요오드의 포함 여부는 시료가 갈색을 띠는 것으로 추정할 수 있다.
② 환원기화 분석법은 전처리시 산화제로 브롬을 사용하므로 염소이온, 황산이온 및 기타 분자에 의한 간섭배제가 가능하다.
③ 최적의 감도를 얻기 위해서는 운반가스로 고순도 아르곤(99.998% 이상) 사용해야 한다. 질소가스 사용시 감도가 1/8로, 공기 사용시 1/30로 감소한다.
④ 수증기를 제거하기 위하여 건조 튜브에 막거름(멤브레인 필터)을 장치하여야 한다.

Question 21

다음 중 수은을 냉증기-원자형광법으로 측정할때 내용으로 틀린 것은?

㉮ 시료에 금속분말아연을 넣어 금속 수은으로 환원시킨다.
㉯ 이 용액에 통기하여 발생하는 수은증기를 253.7nm의 파장에서 측정한다.
㉰ 정량한계는 0.0005㎍/L이다.
㉱ 최적의 감도를 얻기 위해서는 운반가스로 고순도 아르곤(99.998% 이상) 사용해야 한다.

정답 ㉮ 시료에 이염화주석($SnCl_2$)을 넣어 금속 수은으로 환원시킨다.

14. 알킬수은(Alkyl Mercury)

▶ 적용 가능한 시험방법

알킬수은	정량한계(mg/L)	정밀도(% RSD)
기체크로마토그래피	0.0005	25%
원자흡수분광광도법	0.0005	25%

Question 22

수질오염공정시험기준 상 알킬수은의 시험방법으로 알맞은 것은?
㉮ 유도결합플라스마-원자발광분광법
㉯ 양극벗김전압전류법
㉰ 기체크로마토그래피
㉱ 냉증기-원자형광법

정답 ㉰

1. 기체크로마토그래피

(1) 목적

이 시험기준은 물속에 존재하는 알킬수은 화합물을 기체크로마토그래피에 따라 정량하는 방법이다. 알킬수은화합물을 벤젠으로 추출하여 L-시스테인용액에 선택적으로 역추출하고 다시 벤젠으로 추출하여 기체크로마토그래프로 측정하는 방법이다.

Question 23

다음은 기체크로마토그래피에 의한 알킬수은의 분석방법이다. ( )안에 알맞은 말은 어느 것인가?

알킬수은화합물을 (①)으로 추출하여 (②)에 선택적으로 역추출하고 다시 (①)으로 추출하여 기체크로마토그래피로 측정하는 방법이다.

㉮ ① 헥산, ② 염화메틸수은용액
㉯ ① 헥산, ② 크로모졸브용액
㉰ ① 벤젠, ② 펜토에이트용액
㉱ ① 벤젠, ② L-시스테인용액

정답 ㉱

★★ **(2) 적용범위**

이 시험기준은 지표수, 지하수, 하·폐수 등에 적용할 수 있으며, 정량한계는 0.0005mg/L 이다.

★★ **(3) 기체크로마토그래피**

① 컬럼은 안지름 0.20mm~0.35mm, 길이 15m~60 m의 모세관 컬럼을 사용한다.
★★ ② 운반기체는 순도 99.999% 이상의 질소 또는 헬륨으로서 유속은 30mL/min~80 mL/min, 시료주입부 온도는 140℃~240℃, 컬럼온도는 130℃~180℃로 사용한다.
★★ ③ 검출기로 전자포획형 검출기(ECD)를 사용하고, 검출기의 온도는 140℃~200℃로 한다.

Question 24

다음 중 알킬수은을 기체크로마토그래피로 분석할때 내용으로 틀린 것은?

㉮ 정량한계는 0.0005mg/L이다.
㉯ 컬럼은 안지름 0.20mm~0.35mm, 길이 15m~60 m의 모세관 컬럼을 사용한다.
㉰ 운반기체는 순도 99.999% 이상의 질소 또는 헬륨을 사용한다.
㉱ 검출기로 불꽃이온화검출기(FID)를 사용한다.

풀이 ㉱ 검출기로 전자포획형 검출기(ECD)를 사용한다.

2. 원자흡수분광광도법

★★ **(1) 목적**

이 시험기준은 물속에 존재하는 알킬수은화합물을 벤젠으로 추출하고 알루미나 컬럼으로 농축한 후 벤젠으로 다시 추출한 다음 박층크로마토그래피에 의하여 농축분리하고 분리된 수은을 산화분해하여 정량하는 방법이다.

★★ **(2) 적용범위**

이 시험기준은 지표수, 지하수, 하·폐수 등에 적용할 수 있으며, 정량한계는 0.0005mg/L 이다.

Question 25

알킬수은을 원자흡수분광광도법으로 분석할 때 ( )안에 공통으로 들어갈 알맞은 것은?

물속에 존재하는 알킬수은화합물을 ( )으로 추출하고 알루미나 컬럼으로 농축한 후 ( )으로 다시 추출한 다음 박층크로마토그래패에 의하여 농축분리하고 분리된 수은을 산화분해하여 정량하는 방법이다.

㉮ 벤젠 ㉯ 헥산 ㉰ 클로로폼 ㉱ 사염화탄소

풀이 ㉮

15. 바륨(Barium, Ba)

 ▶ 적용 가능한 시험방법

바륨	정량한계(mg/L)	정밀도(% RSD)
원자흡수분광광도법	0.1	25% 이내
유도결합플라스마 - 원자발광분광법	0.003	25% 이내
유도결합플라스마 - 질량분석법	0.003	25% 이내

 Question 26

수질오염공정시험기준 상 바륨의 시험방법으로 틀린 것은?

㉮ 유도결합플라스마-원자발광분광법 ㉯ 원자흡수분광광도법
㉰ 유도결합플라스마-질량분석법 ㉱ 냉증기-원자형광법

정답 ㉱

16 안티몬(Antimony, Sb)

★★ ▶ 적용 가능한 시험방법

안티몬	정량한계(mg/L)	정밀도(% RSD)
유도결합플라스마 - 원자발광분광법	0.02	25% 이내
유도결합플라스마 - 질량분석법	0.0004	25% 이내

Question 27

수질오염공정시험기준 상 안티몬의 시험방법으로 알맞은 것은?

㉮ 유도결합플라스마-원자발광분광법
㉯ 양극벗김전압전류법
㉰ 기체크로마토그래피
㉱ 냉증기-원자형광법

정답 ㉮

17 주석(Tin, Sn)

★★ ▶ 적용 가능한 시험방법

주석	정량한계(mg/L)	정밀도(% RSD)
원자흡수분광광도법	0.8(불꽃) 0.002(흑연로)	25% 이내
유도결합플라스마 - 원자발광분광법	0.02	25% 이내
유도결합플라스마 - 질량분석법	0.0001	25% 이내

Question 28

수질오염공정시험기준 상 주석의 시험방법으로 틀린 것은?

㉮ 유도결합플라스마-원자발광분광법
㉯ 유도결합플라스마-질량분석법
㉰ 원자흡수분광광도법
㉱ 냉증기-원자형광법

정답 ㉱

CHAPTER 06 유기물질 및 휘발성유기화합물편

01 다이에틸헥실프탈레이트((Di-(2-Ethylhexyl)Phthalate)

1. 용매추출/기체크로마토그래피-질량분석법

이 시험기준은 물속에 존재하는 다이에틸헥실프탈레이트를 측정하는 방법으로 시료를 중성에서 헥산으로 추출하여 농축한 후, 기체크로마토그래피-질량분석기로 분석하는 방법이다.

(1) 적용범위

이 시험기준은 지표수, 지하수, 폐수 등에 적용 할 수 있으며 정량한계는 0.0025 mg/L이다.

(2) 간섭물질

① 프탈레이트는 플라스틱, 특히 폴리염화비닐(PVC)을 부드럽게 하기 위해 사용하는 화학성분으로 각종 플라스틱 제품, 목재 가공 및 향수의 용매, 가정용 바닥재 등에 이르기까지 광범위한 용도로 사용되므로 실험실에서 사용하는 플라스틱 기구 및 기기, 실험실 공기 속에 기화된 성분이 오염원이 될 수 있다. 따라서 바탕시료를 사용하여 이를 점검하여야 한다.

② 폴리테트라플루오로에틸렌(PTFE) 재질이 아닌 플라스틱의 사용을 피해야 한다.

③ 시료병을 포함한 모든 유리기구는 세정제, 수돗물, 정제수 그리고 아세톤과 메탄올의 비율 1 : 1로 차례로 닦아준 후 마지막으로 고순도 메탄올로 마무리를 하여, 300℃에서 1일~2일 동안 가열한 후 오븐을 끈 상태에서 식혀 보관하고, 시료를 측정할 때는 다시 헥산으로 세척하여 사용한다.

④ 고순도(HPLC용)의 시약이나 용매를 사용하면 방해물질을 최소화할 수 있다.

⑤ 시료나 시약을 보관, 운반, 주입할 때 격막(septum)이나 기체크로마토그래피의 라이

너로 인한 오염 영향이 없는지 확인이 필요하다.

⑥ 시료에서 추출되어 나오는 방해물질이 있을 수 있는데 이는 시료마다 다르다. 만약 방해가 심하면 추가적으로 플로리실 컬럼과 같은 고체상 정제과정이 필요하다.

(3) 분석기구 및 기기

★★ ① 기체크로마토그래피
  ㉠ 컬럼은 안지름 0.20mm~0.53mm, 필름두께 0.25μm~3.0μm, 길이 20m~100m의 DB-1, DB-5 및 DB-624 등의 모세관 컬럼이나 동등한 분리능을 가진 것을 택하여 시험한다.
  ★★ ㉡ 운반기체는 순도 99.999% 이상의 질소 또는 헬륨으로서 유량은 0.5mL/mi~5mL/min, 시료주입구 온도는 280℃, 컬럼온도는 50℃~325℃로 사용한다.
  ㉢ 미량주사기는 1μL~25μL 부피의 기체크로마토그래피용을 사용한다.
  ㉣ 주입구의 격막은 얇은 디스크 형태의 폴리테트라플루오로에틸렌(PTFE) 격막을 사용하거나 폴리테트라플루오로에틸렌을 얇게 입힌 실리콘 고무 격막을 사용한다.

★★ ② 질량분석기
  ★★ ㉠ 이온화방식은 전자충격법(EI, electron impact)을 사용하며 <u>이온화에너지는 35eV ~70eV</u>을 사용한다. ★★
  ㉡ 질량분석기는 자기장형, 사중극자형 또는 이온트랩형 등의 성능을 가진 것을 사용한다.
  ㉢ 정량분석에는 선택이온검출법(SIM) 또는 질량 크로마토그래피(MC)를 이용한다.

③ 원심분리기
  원심분리기는 2,500rpm 이상 가능한 것을 사용한다.

④ 플로리실 컬럼
  플로리실은 입경 150μm~250μm, 400℃ 16시간 건조 후 데시케이터에서 30분간 방치하여 냉각한 것 10g을 비커에 넣고 크로마토그래프용 헥산 20mL~30mL를 넣어 유리막대로 저으면서 기포를 제거한다. 또는 시판용 플로리실 카트리지 제품을 사용할 수 있다.

02 석유계총탄화수소

1. 용매추출/기체크로마토그래피

이 시험기준은 물속에 존재하는 비등점이 높은 (150~500℃) 유류에 속하는 석유계총탄화수소(제트유, 등유, 경유, 벙커C, 윤활유, 원유 등)를 다이클로로메탄으로 추출하여 기체크로마토그래피에 따라 확인 및 정량하는 방법으로 크로마토그램에 나타난 피크의 패턴에 따라 유류 성분을 확인하고 탄소수가 짝수인 노말알칸(C_8~C_{40}) 표준물질과 시료의 크로마토그램 총면적을 비교하여 정량한다.

Question 01

다음은 기체크로마토그래피법을 적용하여 석유계총탄화수소를 측정할 때의 원리이다. ( )안에 알맞은 말은 어느 것인가?

> 시료중의 제트유, 등유, 경유, 벙커 C유, 윤활유, 원유 등을 ( )(으)로 추출하여 기체크로마토그래피법에 따라 확인 및 정량한다.

㉮ 사염화탄소   ㉯ 클로로폼
㉰ 다이클로로메탄   ㉱ 노말헥산+에탄올

정답 ㉰

(1) 적용범위

이 시험기준은 지표수, 지하수, 폐수 등에 적용 할 수 있으며, 정량한계는 0.2mg/L이다.

Question 02

석유계총탄화수소를 용매추출/기체크로마토그래피로 분석할 때 정량한계(mg/L)는 얼마인가?

㉮ 0.01mg/L   ㉯ 0.02mg/L   ㉰ 0.1mg/L   ㉱ 0.2mg/L

정답 ㉱

(2) 간섭물질

① 산업폐수 등 매우 혼탁한 시료나 오염이 많이 된 하천, 호소수를 분석할 경우 주사기 및 주입구등 분석 장비로부터 오염될 수 있으므로 순수한 용매로서 점검해야 한다.

★★ ② 시료와 접촉하는 기구의 재질은 폴리테트라플루오로에틸렌(PTFE), 스테인레스강 또는 유리이어야 한다. 폴리염화비닐(PVC)이나 폴리에틸렌 재질과 접촉해서는 안 된다.

③ 실리카겔 컬럼 정제는 폐수 등 방해성분이 다량으로 포함된 시료에서 이들을 제거하기 위하여 수행하며, 시판용 실리카 카트리지를 사용할 수 있다.

④ 시료의 운반, 보관 및 분석 중 공기 속에 기화된 용매로 오염이 될 수 있으므로 바탕시료를 사용하여 점검하여야 한다.

(3) 분석기기 및 기구

① 기체크로마토그래피

㉠ 컬럼은 안지름 0.20mm~0.35mm, 필름두께 0.1㎛~3.0㎛, 길이 15m~60m의 DB-1, DB-5 및 DB-624 등의 모세관이나 동등한 분리성능을 가진 모세관으로 대상 분석 물질의 분리가 양호한 것을 택하여 시험한다.

★★ ㉡ 운반기체는 순도 99.999% 이상의 헬륨으로서(또는 질소) 유량은 0.5mL/min~5mL/min, 시료 주입부 온도는 280℃~320℃, 컬럼온도는 40℃~320℃로 사용한다.

★★ ㉢ 검출기로 불꽃이온화검출기(FID)로 280℃~320℃로 사용한다.

② 농축장치

구데르나다니쉬(K.D.) 농축기 또는 회전증발농축기를 사용하거나 이와 동등 이상의 성능을 가진 것을 사용한다.

03 유기인(Organophosphorus Pesticides)

1. 용매추출/기체크로마토그래피

이 시험기준은 물속에 존재하는 유기인계 농약성분 중 다이아지논, 파라티온, 이피엔, 메틸디메톤 및 펜토에이트를 측정하기 위한 것으로, 채수한 시료를 헥산으로 추출하여 필요시 실리카겔 또는 플로리실 컬럼을 통과시켜 정제한다. 이 액을 농축시켜 기체크로마토그래피에 주입하고 크로마토그램을 작성하여 유기인을 확인하고 정량하는 방법이다.

★★ (1) 적용범위

이 시험기준은 지표수, 지하수, 폐수 등에 적용할 수 있으며, 각 성분별 정량한계는 0.0005mg/L이다.

> **Question 03**
>
> 유기인을 용매추출/기체크로마토그래피법으로 측정할 경우, 각 성분별 정량한계는 어느 것인가?
> ㉮ 0.5mg/L　　㉯ 0.05mg/L　　㉰ 0.005mg/L　　㉱ 0.0005mg/L
>
> **정답** ㉱

★★ (2) 간섭물질

★★ ① 폴리테트라플루오로에틸렌(PTFE) 재질이 아닌 튜브, 봉합체 및 유속조절제의 사용을 피해야 한다.

② 높은 농도를 갖는 시료와 낮은 농도를 갖는 시료를 연속하여 분석할 때에 오염이 될 수 있으므로, 높은 농도의 시료를 분석한 후에는 바탕시료를 분석하는 것이 좋다.

★★ ③ 실리카겔 컬럼 정제는 산, 염화페놀, 폴리클로로페녹시페놀 등의 극성화합물을 제거하기 위하여 수행하며, 사용 전에 정제하고 활성화시켜야 하거나 시판용 실리카 카트리지를 이용할 수 있다.

④ 플로리실 컬럼 정제는 시료에 유분의 관찰 또는 분석 후 시료 크로마토그램의 방해성분이 유분의 영향으로 판단될 경우에 수행하며 시판용 플로리실 카트리지를 이용할 수 있다.

(3) 분석기기 및 기구

★★ ① 기체크로마토그래피

㉠ 컬럼은 안지름 0.20mm~0.35mm, 필름두께 0.1μm~0.5μm, 길이 30m~60m의 DB-1, DB-5 등의 모세관 컬럼이나 동등한 분리능을 가진 것을 택하여 시험한다.

★★ ㉡ 운반기체는 순도 99.999% 이상의 질소 또는 헬륨으로서 유량은 0.5mL/min~3mL/min, 시료도입부 온도는 200℃~300℃, 컬럼온도는 50℃~300℃, 검출기온도는 270℃~300℃로 사용한다.

★★ ㉢ 검출기는 불꽃광도검출기(FPD) 또는 질소인검출기(NPD)를 사용한다.

② 농축장치

구데르나다니쉬(K.D.) 농축기 또는 회전증발농축기를 사용하거나 이와 동등 이상의 성능을 가진 것을 사용한다.

> **Question 04**
>
> 기체크로마토그래피에 의해 유기인 측정에 관한 내용 중 간섭물질에 대한 설명으로 잘못된 것은 어느 것인가?
>
> ㉮ 폴리테트라플루오로에틸렌(PTFE) 재질이 아닌 튜브, 봉합체 및 유속조절제의 사용을 피해야 한다.
> ㉯ 검출기는 불꽃광도 검출기(FPD) 또는 질소인 검출기(NPD)를 사용한다.
> ㉰ 높은 농도를 갖는 시료와 낮은 농도를 갖는 시료를 연속하여 분석할 때에 오염이 될 수 있으므로 높은 농도의 시료를 분석한 후에는 바탕시료를 분석하는 것이 좋다.
> ㉱ 플로리실 컬럼 정제는 산, 염화페놀, 폴리클로로페녹시페놀 등의 극성화합물을 제거하기 위해 수행한다.
>
> **풀이** ㉱ 실리카겔 컬럼 정제는 산, 염화페놀, 폴리클로로페녹시페놀 등의 극성화합물을 제거하기 위해 수행한다.

TIP

전처리시 주의사항

헥산으로 추출하는 경우 메틸디메톤의 추출율이 낮아질 수도 있다. 이때에는 헥산 대신 다이클로로메탄과 헥산의 혼합용액(15 : 85)을 사용한다.

04 폴리클로리네이티드비페닐(Polychlorinated Biphenyls)

1. 용매추출/기체크로마토그래피

이 시험기준은 물속에 존재하는 폴리클로리네이티드비페닐(PCBs)을 측정하는 방법으로, 채수한 시료를 헥산으로 추출하여 필요시 알칼리 분해한 다음 다시 헥산으로 추출하고 실리카겔 또는 플로리실 컬럼을 통과시켜 정제한다. 이 액을 농축시켜 기체크로마토그래피에 주입하고 크로마토그램을 작성하여 나타난 피크 패턴에 따라 PCB를 확인하고 정량하는 방법이다.

> **Question 05**
>
> 다음은 용매추출-기체크로마토그래피에 의한 폴리클로리네이티드비페닐 시험방법이다. ( ) 안에 가장 적합한 것은?
>
> 시료를 추출하여 필요시 (①)분해한 다음 다시 추출한다. 검출기는 (②)를 사용한다.
>
> ㉮ ① 산, ② 수소불꽃이온화 검출기 ㉯ ① 산, ② 전자포획 검출기
> ㉰ ① 알칼리, ② 수소불꽃이온화 검출기 ㉱ ① 알칼리, ② 전자포획 검출기
>
> **정답** ㉱

(1) 적용범위

이 시험기준은 지표수, 지하수, 폐수 등에 적용할 수 있으며, 정량한계는 0.0005mg/L이다.

(2) 간섭물질

① 기구류는 사용 전에 아세톤, 분석 용매 순으로 각각 3회 세정한 후 건조시킨 것을 사용하여 오염을 최소화할 수 있다.
② 고순도의 시약이나 용매를 사용하여 방해물질을 최소화하여야 한다.
③ 전자포획검출기(ECD)를 사용하여 PCB를 측정할 때 프탈레이트가 방해할 수 있는데 이는 플라스틱용기를 사용하지 않음으로서 최소화 할 수 있다.
④ 실리카겔 컬럼 정제는 산, 염화페놀, 폴리클로로페녹시페놀 등의 극성화합물을 제거하기 위하여 수행하며, 사용 전에 정제하고 활성화시켜야 하거나 시판용 실리카 카트리지를 이용할 수 있다.
⑤ 플로리실 컬럼 정제는 시료에 유분의 관찰 또는 분석 후 시료 크로마토그램의 방해성분이 유분의 영향으로 판단될 경우에 수행하며 시판용 플로리실 카트리지를 이용할 수 있다.

(3) 분석기기 및 기구

① 기체크로마토그래피
  ㉠ 컬럼은 안지름 0.20mm~0.35mm, 필름두께 0.1μm~3.0μm, 길이 30m~100m의 DB-1, DB-5 등의 모세관이나 동등한 분리성능을 가진 모세관으로 대상 분석 물질의 분리가 양호한 것을 택하여 시험한다.
  ㉡ 운반기체는 순도 99.999% 이상의 질소로서 유량은 0.5mL/min~3mL/min, 시료도입부 온도는 250℃~300℃, 컬럼온도는 50℃~320℃, 검출기온도는 270℃~320℃

로 사용한다.
★★ ⓒ 검출기는 전자포획검출기(ECD)를 사용한다.

> **Question 06**
>
> 폴리클로리네이티드비페닐(PCBs)의 측정에서 기체크로마토그래피법을 적용할 때 기구 및 기기의 조건으로 틀린 것은 어느 것인가?
> ㉮ 검출기는 전자포획검출기
> ㉯ 컬럼은 안지름이 0.20mm ~ 0.35mm
> ㉰ 검출기 온도는 270℃ ~ 320℃
> ㉱ 시료도입부 온도는 50℃ ~ 200℃
>
> **풀이** ㉱ 시료도입부 온도는 250℃ ~ 300℃

② 농축장치

구데르나다니쉬(K.D.) 농축기, 또는 회전증발농축기를 사용한다. 또는 이와 동등 이상의 성능을 가진 것을 사용한다.

05 휘발성유기화합물(Volatile Organic Compounds)

이 시험기준은 지표수, 지하수, 폐수 등에 존재하는 휘발성유기화합물에 대한 분석방법이다.

(1) 적용 가능한 시험

★★ ▶ 휘발성유기화합물의 시험방법

휘발성유기화합물	퍼지·트랩-기체크로마토그래피(질량분석법)	헤드스페이스-기체크로마토그래피(질량분석법)	퍼지·트랩-기체크로마토그래피	헤드스페이스-기체크로마토그래피	용매추출/기체크로마토그래피(질량분석법)	용매추출/기체크로마토그래피
1,1-다이클로로에틸렌	○	○	○			
다이클로로메탄	○	○	○			
클로로폼	○	○			○	
1,1,1-트리클로로에탄	○	○				
1,2-다이클로로에탄	○	○			○	
벤젠	○	○	○	○		
사염화탄소	○	○	○	○		

트리클로로에틸렌	○	○	○	○		○
톨루엔	○	○	○	○		
테트라클로로에틸렌	○	○	○	○		○
에틸벤젠	○	○	○	○		
자일렌	○	○	○	○		

1. 퍼지·트랩-기체크로마토그래피-질량분석법

이 시험기준은 물속에 존재하는 휘발성유기화합물의 성분을 측정하기 위한 것으로, 시료 중 휘발성유기화합물을 불활성기체로 퍼지시켜 기상으로 추출한 다음 트랩 관으로 흡착·농축하고, 가열·탈착시켜 모세관 컬럼을 사용한 기체크로마토그래피-질량분석기로 분석한다.

★★ (1) 적용범위

이 시험기준은 매우 혼탁한 시료를 제외한 지하수, 지표수 등에 적용할 수 있으며, 각 성분별 정량한계는 0.001mg/L이다.

(2) 간섭물질

① 유리스파저, 그 연결부위나 트랩 연결관 등의 오염이나 실험실 공기 속에 기화된 용매가 오염원이 될 수 있다. 따라서 바탕시료를 사용하여 이를 점검하여야 한다.
★★ ② 폴리테트라플루오로에틸렌(PTFE) 재질이 아닌 튜브, 봉합제 및 유속조절제의 사용을 피해야 한다.
★★ ③ 다이클로로메탄은 보관이나 운반 중에 격막을 통해 확산되기 때문에 시료에 영향을 미칠수 있고, 공기로부터 직접 오염되거나 옷에 흡착하였다가 오염될 수 있으므로 바탕시료를 사용하여 점검하여야 한다.
④ 높은 농도의 시료와 낮은 농도의 시료를 연속하여 분석할 때에 오염이 될 수 있으므로 시료 분석 사이에 정제수 세척 과정을 두어야 한다. 높은 농도의 시료를 분석한 후에는 바탕시료를 분석하는 것이 좋다.
⑤ 많은 양의 수용성 물질, 부유물질, 고끓는점 또는 휘발성 물질을 함유하는 시료를 분석한 후에는 퍼지장치들을 세척해야 한다.
⑥ 높은 순도의 메탄올에도 아세톤이나 다이클로로메탄 등의 유기용매가 존재할 수 있으므로 이를 사용하여 표준용액을 제조할 때에도 용매 내 잔존량을 조사하여야 한다.

2. 헤드스페이스-기체크로마토그래피-질량분석법

이 시험기준은 물속에 존재하는 휘발성유기화합물을 측정하기 위한 것이다.

(1) 적용범위

이 시험기준은 지표수, 폐수 및 매우 혼탁한 시료 등에 적용할 수 있으며, 각 성분별 정량한계는 0.005mg/L 이다.

(2) 간섭물질

① 용매, 시약, 유리기구류 및 실험도구에 간섭 물질이 존재할 수 있으므로 사용 전에 점검하여야 한다.
② 실험실 공기 중에 기화된 용매로 인해 오염이 발생할 수 있으므로, 바탕시료를 사용하여 점검하여야 한다.
③ 다이클로로메탄은 보관이나 운반 중에 격막을 통해 확산되어 시료에 영향을 주며, 공기로부터 직접 오염되거나 옷에 흡착하였다가 오염될 수 있으므로, 바탕시료를 사용하여 점검하여야 한다.

3. 퍼지·트랩-기체크로마토그래피

이 시험기준은 물속에 존재하는 휘발성유기화합물 성분을 측정하기 위한 것으로, 채수한 시료는 퍼지-트랩 전처리 과정을 거쳐 기체크로마토그래피를 이용하여 분석하는 방법이며, 측정원리는 시료 중에 휘발성유기화합물 성분을 불활성기체로 퍼지시켜 기상으로 추출한 다음 트랩 관으로 흡착·농축하고, 가열·탈착시켜 모세관 컬럼을 사용한 기체크로마토그래피로 분석하는 방법이다.

(1) 적용범위

이 시험기준은 매우 혼탁한 시료를 제외한 지표수, 지하수, 등에 적용할 수 있으며, 각 성분별 정량한계는 ECD 검출기를 사용할 경우 0.001mg/L, FID 검출기를 사용할 경우 0.002mg/L이다. 단, 벤젠, 톨루엔, 에틸벤젠, 자일렌은 FID 검출기를 사용하여 측정한다.

4. 헤드스페이스-기체크로마토그래피

이 시험기준은 물속에 존재하는 휘발성유기화합물 성분을 측정하기 위한 것이다.

★★ (1) 적용범위

이 시험기준은 지표수, 폐수 및 매우 혼탁한 시료 등에도 적용할 수 있으며, 각 성분별 정량한계는 ECD 검출기의 경우 0.001mg/L, FID 검출기의 경우 0.002mg/L이다. 단, 벤젠, 톨루엔, 에틸벤젠, 크실렌은 FID 검출기를 사용하여 측정한다.

5. 용매추출/기체크로마토그래피-질량분석법

이 시험기준은 물속에 존재하는 휘발성유기화합물 성분을 측정하기 위한 것으로, 시료를 헥산으로 추출하여 기체크로마토그래피-질량분석기를 이용하여 분석하는 방법이다.

★★ (1) 적용범위

이 시험기준은 지표수, 지하수, 폐수 등에 적용할 수 있으며, 각 성분별 정량한계는 0.002mg/L이다.

6. 용매추출/기체크로마토그래피

이 시험기준은 물속에 존재하는 휘발성 탄화수소 성분을 측정하기 위한 것으로, 채수한 시료를 헥산으로 추출하여 기체크로마토그래피를 이용하여 분석하는 방법이다.

★★ (1) 적용범위

이 시험기준은 매우 혼탁한 시료를 제외한 지표수, 지하수, 폐수 등에 적용할 수 있으며, 각 성분별 정량한계는 0.002mg/L이다. 단, 트리클로로에틸렌은 0.008mg/L이다.

Question 07

용매추출/기체크로마토그래피를 이용한 휘발성 유기화합물 측정에 대한 설명으로 틀린 것은?

㉮ 채수한 시료를 헥산으로 추출하여 기체크로마토그래피를 이용하여 분석하는 방법이다.
㉯ 검출기는 전자포획형검출기를 선택하여 측정한다.
㉰ 운반기체는 질소로 유량은 20mL/min ~ 40mL/min이다.
㉱ 컬럼온도는 35℃ ~ 250℃이다.

풀이 ㉰ 운반기체는 질소로 유량은 0.5mL/min ~ 2mL/min이다.

CHAPTER 07 생물편

01 총대장균군(Total Coliform)

★★★ 1. 총대장균군의 시험방법

① 막여과법
② 시험관법
③ 평판집락법
④ 효소기질정량법
⑤ 건조필름법

> **Question 01**
> 수질오염공정시험기준 상 총대장균군의 시험방법으로 틀린 것은?
> ㉮ 막여과법　　㉯ 시험관법　　㉰ 평판집락법　　㉱ 현미경계수법
>
> **풀이** ㉱ 현미경계수법은 식물성플랑크톤의 시험방법이다.

2. 막여과법

(1) 목적

이 시험기준은 물속에 존재하는 총대장균군을 분석할 때 검사결과의 정확성과 통일성을 제공하는 데 필요한 제반사항을 규정함을 목적으로 한다.

(2) 적용범위

이 시험기준은 하천수, 호소수, 지하수, 하·폐수 등에 적용할 수 있다.

★★ (3) 총대장균군

그람음성·무아포성 간균으로서 락토오스를 분해하여 기체 또는 산을 생성하는 모든 호기성 또는 통성 혐기성균 혹은 베타-갈락토오스 분해효소(β-galactosidase)의 활성이 있는 세균을 말한다.

★★ (4) 분석기기 및 기구

① 여과장치 : 여과막을 끼워서 여과할 수 있게 하는 장치로서 무균 조작할 수 있어야 하며, 멸균하여 사용한다.
③ 배양기 : 배양온도를 (35±0.5)℃로 유지할 수 있는 것을 사용한다.
④ 피펫 또는 자동피펫 : 부피 1mL~25 mL인 눈금피펫이나 자동피펫(플라스틱 피펫 팁 포함)으로서 멸균된 것을 사용한다.
⑤ 핀셋 : 끝이 뭉툭하고 넓으며 여과막을 집어 올릴 때 여과막을 손상하지 않는 형태의 것으로서 화염멸균할 수 있는 것을 사용한다.

(5) 결과

★★ ① 배양 후 금속성 광택을 띠는 적색이나 진한 적색 계통의 집락을 계수하며, 집락수가 20개~80개 범위인 것을 선정한다.

② 총대장균군수/100mL = $\dfrac{C}{V} \times 100$

C : 생성된 집락수 V : 여과한 시료량(mL)

Question 02

수질오염공정시험기준 상 총대장균군의 시험방법인 막여과법에 대한 내용으로 틀린 것은?

㉮ 그람음성·무아포성 간균으로서 락토오스를 분해하여 기체 또는 산을 생성하는 모든 호기성 또는 통성 혐기성균 혹은 베타-갈락토오스 분해효소(β-galactosidase)의 활성이 있는 세균을 말한다.
㉯ 배양기 : 배양온도를 (35±0.5)℃로 유지할 수 있는 것을 사용한다.
㉰ 배양 후 금속성 광택을 띠는 청색 계통의 집락을 계수한다.
㉱ 집락수가 20개~80개 범위인 것을 선정한다.

풀이 ㉰ 배양 후 금속성 광택을 띠는 적색이나 진한 적색 계통의 집락을 계수한다.

02 분원성대장균군(Fecal Coliform)

★★★ 1. 분원성대장균군의 시험방법

① 막여과법
② 시험관법
③ 효소기질정량법

> **Question 03**
>
> 수질오염공정시험기준 상 분원성대장균군의 시험방법으로 틀린 것은?
> ㉮ 막여과법   ㉯ 시험관법
> ㉰ 평판집락법   ㉱ 효소기질정량법
>
> **풀이** ㉰ 평판집락법은 총대장균군의 시험방법이다.

2. 막여과법

(1) 목적

이 시험기준은 물속에 존재하는 분원성대장균군을 분석할 때 검사결과의 정확성과 통일성을 제공하는 데 필요한 제반사항을 규정함을 목적으로 한다.

(2) 적용범위

이 시험기준은 하천수, 호소수, 지하수, 하·폐수 등에 적용할 수 있다.

★★ (3) 분원성대장균군

온혈동물의 배설물에서 발견되는 그람음성·무아포성의 간균으로서 ★★ 44.5℃에서 락토오스를 분해하여 가스 또는 산을 발생하는 모든 호기성 또는 통성 혐기성균을 말한다.

★★ (4) 분석기기 및 기구

① 여과장치 : 여과막을 끼워서 여과할 수 있게 하는 장치로서 무균조작할 수 있어야 하며, 균하여 사용한다.

② 배양기 또는 항온수조 : 배양온도를 (44.5±0.2)℃로 유지할 수 있는 것을 사용한다.
③ 피펫 또는 자동피펫 : 부피 1mL~25mL인 눈금피펫이나 자동피펫(플라스틱 피펫 팁 포함)으로서 멸균된 것을 사용한다.
④ 핀셋 : 끝이 뭉툭하고 넓으며 여과막을 집어 올릴 때 여과막을 손상하지 않는 형태로서 화염멸균할 수 있는 것을 사용한다.

★★ (5) 결과

① 배양 후 여러 가지 색조를 띠는 청색의 집락을 계수하며, 집락수가 20개~60개의의 범위에 드는 것을 선정한다.

② 분원성대장균군수/100mL = $\dfrac{C}{V} \times 100$

  C : 생성된 집락수   V : 여과한 시료량(mL)

Question 04

수질오염공정시험기준 상 분원성대장균군의 시험방법인 막여과법에 대한 내용으로 틀린 것은?

㉮ 온혈동물의 배설물에서 발견되는 그람음성·무아포성 간균으로서 44.5℃에서 락토오스를 분해하여 가스 또는 산을 생성하는 모든 호기성 또는 통성 혐기성균을 말한다.
㉯ 배양기 또는 항온수조 : 배양온도를 (44.5±0.2)℃로 유지할 수 있는 것을 사용한다.
㉰ 피펫 또는 자동피펫 : 부피 1mL~25mL인 눈금피펫이나 자동피펫(플라스틱 피펫 팁 포함)으로서 멸균된 것을 사용한다.
㉱ 배양 후 여러 가지 색조를 띠는 적색 집락을 계수하며, 집락 수가 20개~60개 범위인 것을 선정한다.

정답 ㉱ 배양 후 여러 가지 색조를 띠는 청색 집락을 계수하며, 집락 수가 20개~60개 범위인 것을 선정한다.

 대장균(Escherichia coli)

★★★ 1. 대장균군의 시험방법

① 막여과법
② 시험관법
③ 효소기질정량법

2. 막여과법

(1) 목적

이 시험기준은 물속에 존재하는 대장균을 분석할 때 검사결과의 정확성과 통일성을 제공하는 데 필요한 제반 사항을 규정함을 목적으로 한다.

(2) 적용범위

이 시험기준은 하천수, 호소수, 지하수, 물놀이형 수경시설 등에 적용할 수 있다.

★★ (3) 대장균

그람음성·무아포성의 간균으로 ★★ 베타-글루쿠론산 분해효소(β-glucuronidase)의 활성을 가진 모든 호기성 또는 통성 혐기성균을 말한다.

★★ (4) 분석기기 및 기구

① 여과장치 : 여과막을 끼워서 여과할 수 있게 하는 장치로서 무균조작할 수 있어야 하며, 멸균하여 사용한다.
② 배양기 : 배양온도를 (35± 0.5)℃로 유지할 수 있는 것을 사용한다.
③ 피펫 또는 자동피펫 : 부피 1mL~25mL인 눈금피펫이나 자동피펫(플라스틱 피펫 팁 포함)으로서 멸균된 것을 사용한다.
④ 핀셋 : 끝이 뭉툭하고 넓으며 여과막을 집어 올릴 때 여과막을 손상하지 않는 형태인 것으로서 화염멸균할 수 있는 것을 사용한다.
⑤ 자외선 램프 : 365nm~366nm(6와트) 범위에서 파장 조사할 수 있어야 한다.

> **Question 05**
>
> 수질오염공정시험기준 상 대장균의 시험방법인 막여과법에 대한 내용으로 틀린 것은?
> - ㉮ 그람음성·무아포성 간균으로서 베타-글루쿠론산 분해효소(β-glucuronidase)의 활성이 있는 모든 호기성 또는 통성 혐기성균을 말한다.
> - ㉯ 배양기 : 배양온도를 (35± 0.5)℃로 유지할 수 있는 것을 사용한다.
> - ㉰ 핀셋 : 끝이 뭉툭하고 넓으며 여과막을 집어 올릴 때 여과막을 손상하지 않는 형태인 것으로서 화염멸균할 수 있는 것을 사용한다.
> - ㉱ 적외선 램프 : 365nm~366nm(6와트) 범위에서 파장 조사할 수 있어야 한다.
>
> **정답** ㉱ 자외선 램프 : 365nm~366nm(6와트) 범위에서 파장 조사할 수 있어야 한다.

04 식물성플랑크톤(Phytoplankton)

★★ 1. 현미경계수법

이 시험기준은 물속의 부유생물인 식물성 플랑크톤을 <u>현미경계수법을 이용하여 개체수를 조사</u>하는 정량분석 방법이다.

> **Question 07**
>
> 식물성 플랑크톤 시험 방법으로 옳은 것은? (단, 수질오염공정시험기준)
> - ㉮ 현미경 계수법
> - ㉯ 최적 확수법
> - ㉰ 평판집락계수법
> - ㉱ 시험관정량법
>
> **정답** ㉮

(1) 적용범위

이 시험기준은 지표수에 적용할 수 있다.

★★ (2) 식물성플랑크톤의 정의

식물성 플랑크톤은 운동력이 없거나 극히 적어 수체의 유동에 따라 수체 내에 부유하면서 생활하는 단일 개체, 집락성, 선상형태의 광합성 생물을 총칭한다.

★★ (3) 분석기기 및 기구

① 광학현미경 혹은 위상차현미경 : 1,000배율 까지 확대 가능한 현미경을 사용한다.
② 대물마이크로미터 : 눈금이 새겨져 있는 평평한 판으로, 현미경으로 물체의 길이를 측정하고자 할 때 쓰는 도구로 접안마이크로미터 한 눈금의 길이를 계산하는데 사용한다.
③ 세즈윅-라프터 챔버 : 길이 50mm, 폭 20mm, 깊이 1mm이며 부피 1mL인 챔버를 사용한다.
④ 접안마이크로미터 : 둥근 유리에 새겨진 눈금으로 접안렌즈에 부착하여 사용한다. 현미경으로 물체의 길이를 측정할 때 사용한다.
⑤ 커버글라스 : 길이 55mm, 폭 24mm 또는 길이 21mm, 폭 21mm를 사용한다.
⑥ 팔머-말로니 챔버 : 직경 17mm, 깊이 0.4mm이며 부피 0.1mL인 챔버를 사용한다.
⑦ 혈구계수기 : 슬라이드글라스의 중앙에 격자모양의 계수 구역이 상하 2개로 구분되어 있으며, 계수 구역에는 격자모양으로 구분이 되어 있어 각 격자 구역 내의 침전된 조류를 계수한 후 mL당 총 세포수를 환산한다.

(4) 분석절차

★★ ① 일반사항 : 시료의 개체수는 ★★ 계수면적당 10~40 정도가 되도록 희석 또는 농축한다.

> **TIP**
> **계수면적**
> 현미경 시야에서 계수하기 위하여 계수 챔버 내부 혹은 접안 마이크로미터에 의하여 설정된 스트립 혹은 격자의 크기로 한다.

② 시료 희석 : 시료가 육안으로 녹색이나 갈색으로 보일 경우 정제수로 적절한 농도로 희석한다.

Question 08

식물성 플랑크톤 측정에 관한 설명으로 틀린 것은?

㉮ 시료가 육안으로 녹색이나 갈색으로 보일 경우 정제수로 적절한 농도로 희석한다.
㉯ 물속에 식물성 플랑크톤은 평판집락법을 이용하여 면적당 분포하는 개체수를 조사한다.
㉰ 식물성 플랑크톤은 운동력이 없거나 극히 적어 수체의 유동에 따라 수체 내에 부유하면서 생활하는 단일개체, 집락성, 선상형태의 광합성 생물을 총칭한다.
㉱ 시료의 개체수는 개수면적당 10~40 정도가 되도록 희석 또는 농축한다.

풀이 ㉯ 물속에 부유생물인 식물성 플랑크톤을 현미경계수법을 이용하여 개체수를 조사하는 정량분석 방법이다.

(5) 정성시험

★★ 정성시험의 목적은 식물성 플랑크톤의 종류를 조사하는 것으로 검경배율 100배~1,000배 시야에서 세포의 형태와 내부구조 등의 미세한 사항을 관찰하면서 종 분류표에 따라 식물성 플랑크톤 종을 확인하여 계수일지에 기재한다.

(6) 정량시험

식물성 플랑크톤의 계수는 정확성과 편리성을 위하여 일정 부피를 갖는 계수용 챔버를 사용한다. 식물성 플랑크톤의 <u>동정에는 고배율이 많이 이용</u>되지만 <u>계수에는 저~중배율이 많이 이용</u>된다. 계수시 식물성 플랑크톤의 종류에 따라 요구되는 배율이 달라지므로 아래 방법 중 하나를 이용한다.

05. 물벼룩을 이용한 급성 독성 시험법(Cladocera, Crustacea)

이 시험기준은 수서무척추동물인 물벼룩을 이용하여 시료의 급성독성을 평가를 목적으로 한다.

(1) 적용범위
이 시험기준은 산업폐수, 하수, 하천수, 호소수 등에 적용할 수 있다.

(2) 용어정의

① 치사(Mortality) : 일정 희석 비율로 준비된 시료에 물벼룩을 투입하여 24시간 경과 후 시험용기를 손으로 살짝 두드리고 15초 후 관찰했을 때 독성물질에 의해 영향을 받아 움직임이 명백하게 없는 상태를 '치사'로 판정한다.

② 유영저해(Immobilization) : 일정 희석 비율로 준비된 시료에 물벼룩을 투입하여 24시간 경과 후 시험용기를 손으로 살짝 두드리고 15초 후 관찰했을 때 독성물질에 의해 영향을 받아 움직임이 없으며 '유영저해'로 판정한다. 이때 안테나나 다리 등 부속지를 움직이더라도 유영을 하지 못한다면 '유영저해'로 판정한다.

③ 반수영향농도(EC_{50} 값, Median effective concentration) : 투입 시험생물의 50%가 치사 혹은 유영저해를 나타낸 농도이다.

④ 생태독성값(TU, Toxic unit) : 통계적 방법을 이용하여 반수영향농도 EC_{50} 값을 구한 후 100에서 EC_{50} 값을 나눠 준 값을 말한다. (EC_{50} 값의 단위는 %이다.)

⑤ 지수식 시험방법(Static non-renewal test) : 시험기간 중 시험용액을 교환하지 않는 시험을 말한다.

⑥ 표준독성물질(Reference substance) : 독성시험이 정상적인 조건에서 수행되는지를 확인하기 위하여 사용하며 다이크롬산포타슘(potassium dichromate, $K_2Cr_2O_7$, 분자량 : 294.18)을 이용한다.

Question 09

물벼룩을 이용한 급성 독성 시험법에서 사용하는 용어의 정의로 옳지 않은 것은?

㉮ 치사 : 일정 희석비율로 준비된 시료에 물벼룩을 투입하여 12시간 경과 후 시험 용기를 손으로 살짝 두드려 주고, 30초 후 관찰했을 때 독성물질에 의해 영향을 받아 움직임이 명백하게 없는 상태를 판정한다.
㉯ 반수영향농도 : 투입 시험생물의 50%가 치사 혹은 유영저해를 나타낸다.
㉰ 표준 독성물질 : 독성시험이 정상적인 조건에서 수행되는지를 주기적으로 확인하기 위하여 사용하며 다이크롬산포타슘을 이용한다.
㉱ 지수식 시험방법 : 시험기간 중 시험용액을 교환하지 않는 시험을 말한다.

풀이 ㉮ 치사 : 일정 희석비율로 준비된 시료에 물벼룩을 투입하고 24시간 경과 후 시험 용기를 손으로 살짝 두드려 주고, 15초 후 관찰했을 때 독성물질에 의해 영향을 받아 움직임이 명백하게 없는 상태를 판정한다.

Question 10

물벼룩을 이용한 급성 독성 시험법에서 적용되는 용어인 '치사'의 정의에 대한 설명으로 ( )에 들어갈 알맞은 말은?

일정 희석비율로 준비된 시료에 물벼룩을 투입하여 (㉠)시간 경과 후 시험용기를 손으로 살짝 두드려 주고, (㉡)초 후 관찰 했을 때 독성물질에 의해 영향을 받아 움직임이 명백하게 없는 상태를 치사로 판정한다.

㉮ ㉠ 12, ㉡ 15   ㉯ ㉠ 12, ㉡ 30   ㉰ ㉠ 24, ㉡ 15   ㉱ ㉠ 24, ㉡ 30

정답 ㉰

Question 11

물벼룩을 이용한 급성 독성 시험법과 관련된 생태독성값(TU)에 대한 내용으로 ( )에 알맞은 말은?

통계적 방법을 이용하여 반수영향농도 EC_{50} 값을 구한 후 ( )을 말한다.

㉮ 100에서 EC_{50} 값을 곱하여준 값
㉯ 100에서 EC_{50} 값을 나눠준 값
㉰ 10에서 EC_{50} 값을 곱하여준 값
㉱ 10에서 EC_{50} 값을 나눠준 값

정답 ㉯

> **TIP**
> 시험용기와 배양용기를 자주 사용하는 경우 내벽에 석회성분이 침적되므로 주기적으로 묽은 염산 용액에 담가 제거한 후 세척하여 사용한다.

(3) 분석기기 및 기구

① 항온장치(배양기, 항온수조) : 항온장치 설치시 주변 공기 상태가 깨끗하지 않다면 여과장치를 갖추어야 하고, 배양실 및 실험실의 온도와 조도는 각각 (20±2)℃와 (500~1,000)Lux로 유지되어야 한다.
② 시험용기 및 배양용기 : 시험용기 및 배양용기는 배양기간 동안 물벼룩 유영에 영향이 없음이 입증된 재질의 용기(유리, PE 재질 등)를 사용한다.

★★ (4) 시험생물

① 시험생물은 물벼룩인 Daphnia Magna Straus를 사용하도록 하며, 출처가 명확하고 건강한 개체를 사용한다.
★★ ② 시험을 실시할 때는 계대배양(여러 세대를 거쳐 배양)한 생후 2주 이상의 물벼룩 암컷 성체를 시험 전날에 새롭게 준비한 배양액이 담긴 용기에 옮기고, 그 다음날까지 생산한 생후 24시간 미만의 어린 개체를 사용한다. 물벼룩은 배양 상태가 좋을 때 7일~10일 사이에 첫 새끼를 부화하게 되는데 이때 부화된 새끼는 시험에 사용하지 않고 같은 어미가 약 <u>네 번째 부화한 새끼부터 시험에 사용하여야 한다</u>. 군집배양의 경우, 부화 횟수를 정확히 아는 것이 어렵기 때문에 생후 약 2주 이상의 어미에서 생산된 새끼를 시험에 사용하면 된다.
③ 외부기관에서 새로 분양 받았다면 2번 이상의 세대교체 후 물벼룩을 시험에 사용해야 한다.
★★ ④ <u>시험하기 2시간 전에 먹이를 충분히 공급하여 시험 중 먹이가 주는 영향을 최소화하도록 한다.</u>
⑤ 먹이는 Chlorella sp., Pseudochirknella subcapitata 등과 같은 녹조류와 yeast, cerophyll(R), trout chow의 혼합액인 YCT를 사용한다.
⑥ 물벼룩을 폐기할 경우에는 망으로 걸러 살아있는 상태로 하수구에 유입되지 않도록 주의해야 한다.
⑦ 배양액을 교체해주거나 정해진 희석배율의 시험수에 시험생물을 옮겨 주입할 때에는 시험생물이 공기 중에 노출되는 시간을 가능한 한 짧게 한다.
⑧ 태어난 지 24시간 이내의 시험생물일지라도 가능한 한 크기가 동일한 시험생물을 시험에 사용한다.

⑨ 평상시 물벼룩 배양에서 하루에 배양 용기 내 전체 물벼룩 수의 10% 이상이 치사한 경우 이들로부터 생산된 어린 물벼룩은 시험생물로 사용하지 않는다.
★★ ⑩ 배양시 물벼룩이 표면에 뜨지 않아야 하고, 표면에 뜰 경우 시험에 사용하지 않는다.
⑪ 물벼룩을 옮길 때 사용되는 스포이드에 의한 교차 오염이 발생하지 않도록 주의를 기울인다.

Question 12

물벼룩을 이용한 급성독성 시험법에 대한 설명으로 틀린 것은?

㉮ 물벼룩은 배양상태가 좋을 때 7일~10일 사이에 첫 부하된 건강한 새끼를 시험에 사용한다.
㉯ 시험하기 2시간 전에 먹이를 충분히 공급하여 시험 중 먹이가 주는 영향을 최소화한다.
㉰ 시험생물은 물벼룩인 Daphnia magna straus를 사용하며, 출처가 명확하고 건강한 개체를 사용한다.
㉱ 보조먹이로 YCT(yeast, chlorophyll, trout chow)를 첨가하여 사용할 수 있다.

풀이 ㉮ 물벼룩은 배양상태가 좋을 때 7일~10일 사이에 첫 부하된 새끼는 시험에 사용하지 않는다.

(5) 분석절차

★★ ① 시료의 희석비는 원수 100%를 기준으로 50%, 25%, 12.5%, 6.25%로 하여 시험한다.
② 한 농도 당 시험생물 5마리씩 4개의 반복구를 둔다. 이때 시험용액의 양은 50mL로 한다.
③ 시험기간 동안 조명은 명 : 암 = 16 : 8시간을 유지하도록 하고 물교환, 먹이공급, 폭기를 하지 않는다.
④ 시험 온도는 (20±2)℃ 범위로 유지 되어야 한다.
⑤ 24시간 후의 유영저해 및 치사여부를 관찰하여 그 결과로 원수 및 각 희석수의 EC_{50}을 구한다.

Question 13

물벼룩을 이용한 급성독성시험을 할 때 희석수 비율에 해당되는 것은? (단, 원수 100% 기준)

㉮ 35% ㉯ 25% ㉰ 15% ㉱ 5%

풀이 ㉯ 물벼룩을 이용한 급성독성시험을 할 때 희석수 비율은 100%, 50%, 25%, 12.5%, 6.25%이다.

PART

실전문제

수질환경 산업기사 필기

2012 1회 기출문제

| 제1과목 | 수질오염개론

01 원생생물은 세포의 분화정도에 따라 진핵생물과 원핵생물로 나눌 수 있다. 다음 중 원핵세포와 비교하여 진핵세포에만 있는 것은?

㉮ DNA
㉯ 리보솜
㉰ 편모
㉱ 세포소기관

풀이 진핵세포안에만 존재하는 것은 세포소기관이다.

02 다음 중 해수에 관한 설명으로 옳지 않은 것은?

㉮ 해수의 Mg/Ca 비는 담수에 비하여 크다.
㉯ 해수의 밀도는 수온, 수압, 수심 등과 관계없이 일정하다.
㉰ 염분은 적도해역에서 높고 남북 양극 해역에서 낮다.
㉱ 해수 내 전체질소 중 35% 정도는 암모니아성 질소, 유기질소 형태이다.

풀이 ㉯ 해수의 밀도는 수온, 수압, 수심의 함수로 수심이 깊을수록 증가한다.

03 화학합성 자가영양미생물계의 에너지원과 탄소원으로 가장 옳은 것은?

㉮ 빛, CO_2
㉯ 유기물질의 산화환원반응, 유기탄소
㉰ 빛, 유기탄소
㉱ 무기물의 산화환원반응, CO_2

04 $CaCl_2$ 200mg/L는 몇 meq/L인가? (단, Ca 원자량 : 40, Cl 원자량 : 35.5)

㉮ 1.8
㉯ 2.4
㉰ 3.6
㉱ 4.8

풀이 meq/L = mg/L ÷ 1당량 mg
$$= 200mg/L \div \left(\frac{111mg}{2}\right) = 3.6 meq/L$$

TIP
① meq/L = mN
② $CaCl_2$의 분자량 = 40 + 35.5 × 2 = 111

05 호기성 박테리아($C_5H_7O_2N$)의 이론적 COD/TOC 비는? (단, 박테리아는 CO_2, NH_3, H_2O로 분해)

㉮ 0.83
㉯ 1.42
㉰ 2.67
㉱ 3.34

풀이 $C_5H_7O_2N + 5O_2 \rightarrow 5CO_2 + 2H_2O + NH_3$
$$\frac{COD}{TOC} = \frac{산소량}{유기물 중의 탄소량} = \frac{5 \times 32g}{5 \times 12g} = 2.67$$

answer 01 ㉱ 02 ㉯ 03 ㉱ 04 ㉰ 05 ㉰

06 다음 중 조류의 경험적 화학 분자식으로 가장 적절한 것은?

㉮ $C_4H_7O_2N$ ㉯ $C_5H_8O_2N$
㉰ $C_6H_9O_2N$ ㉱ $C_7H_{10}O_2N$

풀이 조류의 경험적 화학 분자식은 $C_5H_8O_2N$이며, 암기법은 "오팔이"이다.

07 초기농도가 100mg/L인 오염물질의 반감기가 10day라고 할 때 반응속도가 1차 반응을 따를 경우 5일 후 오염물질의 농도는?

㉮ 70.7mg/L ㉯ 75.7mg/L
㉰ 80.7mg/L ㉱ 85.7mg/L

풀이 ① 1차 반응식

$$\ln\frac{C_t}{C_o} = -k \times t \xrightarrow{\text{반감기} \; C_t = \frac{1}{2}C_o} \ln\frac{1}{2} = -k \times t$$

따라서 $\ln\frac{1}{2} = -k \times 10\text{day}$

$$\therefore k = \frac{\ln\frac{1}{2}}{-10\text{day}} = 0.0693/\text{day}$$

② $\ln\frac{C_t}{C_o} = -k \times t$

$\ln\frac{C_t}{100\text{mg/L}} = -0.0693/\text{day} \times 5\text{day}$

$\therefore C_t = 100\text{mg/L} \times e^{(-0.0693/\text{day} \times 5\text{day})} = 70.72\text{mg/L}$

08 0.1M–NaOH의 농도를 mg/L로 나타내면 얼마인가?

㉮ 4 ㉯ 40
㉰ 400 ㉱ 4,000

풀이
$$\text{mg/L} = \frac{0.1\text{mol}}{\text{L}} \times \frac{40\text{g}}{1\text{mol}} \times \frac{10^3\text{mg}}{1\text{g}} = 4,000\text{mg/L}$$

TIP
① NaOH 1mol = 40g
② M농도 = mol/L

09 유량이 0.7m³/s이고 BOD_5가 3.0mg/L, DO가 9.5mg/L인 하천이 있다. 이 하천에 유량이 0.4m³/sec, BOD_5 25mg/L, DO가 4.0mg/L인 지류가 흘러 들어오고 있으며 합쳐진 하천의 평균유속이 15m/min이라면 하류 54km 지점의 용존산소부족량은? (단, 온도 20℃, 혼합수의 $k_1 = 0.1$/day, $k_2 = 0.2$/day이며 포화용존산소 농도는 9.5mg/L, 상용대수 적용)

㉮ 3.2mg/L ㉯ 3.9mg/L
㉰ 4.2mg/L ㉱ 4.6mg/L

풀이 $D_t = \frac{k_1 \times L_o}{k_2 - k_1} \times (10^{-k_1 \times t} - 10^{-k_2 \times t}) + D_o \times (10^{-k_2 \times t})$

① 혼합수의 BOD_5를 혼합공식을 이용해 계산한다.

$C_m = \frac{Q_1 C_1 + Q_2 C_2}{Q_1 + Q_2}$

$= \frac{0.7\text{m}^3/\text{sec} \times 3.0\text{mg/L} + 0.4\text{m}^3/\text{sec} \times 25\text{mg/L}}{(0.7+0.4)\text{m}^3/\text{sec}}$

$= 11\text{mg/L}$

② $BOD_u = L_o$(최종 BOD)를 계산한다.
$BOD_5 = BOD_u \times (1 - 10^{-k_1 \times t})$
따라서 $11\text{mg/L} = BOD_u \times (1 - 10^{-0.1/\text{day} \times 5\text{day}})$

$\therefore BOD_u = \frac{11\text{mg/L}}{(1 - 10^{-0.1/\text{day} \times 5\text{day}})} = 16.087\text{mg/L}$

answer 06 ㉯ 07 ㉮ 08 ㉱ 09 ㉱

③ 혼합수의 DO 농도를 혼합공식을 이용해 계산한다.

$$C_m = \frac{Q_1C_1+Q_2C_2}{Q_1+Q_2}$$

$$= \frac{0.7m^3/sec \times 9.5mg/L + 0.4m^3/sec \times 4.0mg/L}{(0.7+0.4)m^3/sec}$$

$$= 7.5mg/L$$

④ D_o(초기산소부족량) = 포화용존산소량(C_s)
  - 혼합수 중 용존산소농도(C)
  = 9.5mg/L - 7.5mg/L = 2.0mg/L

⑤ t(시간) = $\frac{L(길이)}{v(평균유속)}$

$$= \frac{54 \times 10^3 \, m}{15m/min \times 60min/hr \times 24hr/day}$$

$$= 2.5day$$

⑥ $D_t = \frac{0.1/day \times 16.087mg/L}{0.2/day - 0.1/day}$
  $\times (10^{-0.1/day \times 2.5day} - 10^{-0.2/day \times 2.5day})$
  $+ 2.0mg/L \times (10^{-0.2/day \times 2.5day})$
  = 4.59mg/L

10 물의 물리, 화학적 특성으로 옳지 않은 것은?

㉮ 물은 온도가 낮을수록 밀도는 커진다.
㉯ 물 분자는 H^+ 와 OH^- 로 극성을 이루므로 유용한 용매가 된다.
㉰ 물은 기화열이 크기 때문에 생물의 효과적인 체온조절이 가능하다.
㉱ 생물체의 결빙이 쉽게 일어나지 않는 것은 물의 융해열이 크기 때문이다.

풀이 ㉮ 물은 온도가 4℃일때 밀도가 가장 크다.

11 HCHO(Formaldehyde) 200mg/L의 이론적 COD 값은?

㉮ 163 mg/L   ㉯ 187 mg/L
㉰ 213 mg/L   ㉱ 227 mg/L

풀이 $HCHO + O_2 \rightarrow CO_2 + H_2O$
30g : 32g
200mg/L : X(COD)

∴ X(COD) = $\frac{32g \times 200mg/L}{30g}$ = 213.33mg/L

12 $5 \times 10^{-5}M \; Ca(OH)_2$를 물에 용해하였을 때 pH는 얼마인가? (단, $Ca(OH)_2$는 물에서 완전 해리된다고 가정)

㉮ 9.0   ㉯ 9.5
㉰ 10.0 ㉱ 10.5

풀이 $Ca(OH)_2 \rightarrow Ca^{2+} + 2OH^-$
   XM   XM   2XM
XM = $5 \times 10^{-5}M$ 이므로
$OH^- = 2XM = 2 \times 5 \times 10^{-5}M$ 이 된다.
따라서 pH = 14 + log[OH^-]
       = 14 + log[$2 \times 5 \times 10^{-5}M$] = 10.0

TIP
산성물질에서 pH = -log[H^+]
알칼리성물질에서 pH = 14+log[OH^-]

실전문제

answer 10 ㉮ 11 ㉰ 12 ㉰

13 수온이 20℃ 일 때 탈산소계수가 0.2/day(base 10)이었다면 수온 30℃에서의 탈산소계수(base 10)는? (단, θ = 1.042임)

㉮ 0.24/day　　㉯ 0.27/day
㉰ 0.30/day　　㉱ 0.34/day

풀이
$k_1(T) = k_1(20℃) \times 1.042^{(T-20)}$
$k_1(30℃) = 0.2/day \times 1.042^{(30-20)} = 0.30/day$

14 다음이 설명하는 하천모델의 종류로 가장 옳은 것은?

- 유속, 수심, 조도계수에 의해 확산계수가 결정된다.
- 하천과 대기의 열복사 및 열교환이 고려된다.

㉮ QUAL-I　　㉯ WQRRS
㉰ WASP　　　㉱ EPAS

풀이 ㉮ QUAL-I에 대한 설명이다.

15 친수성 콜로이드(Colloid)의 특성에 관한 설명으로 옳지 않은 것은?

㉮ 염(鹽)에 대하여 큰 영향을 받지 않는다.
㉯ 틴달효과가 현저하고 점도는 분산매 보다 작다.
㉰ 다량의 염을 첨가하여야 응결 침전된다.
㉱ 존재 형태는 유탁(에멀션) 상태이다.

풀이 ㉯ 틴달효과가 약하거나 거의 없다.

16 탈산소 계수(상용대수 기준)가 0.12/day인 어느 폐수의 BOD_5는 200mg/L이다. 이 폐수가 3일 후에 미분해 되고 남아있는 BOD(mg/L)는?

㉮ 67　　㉯ 87
㉰ 117　　㉱ 127

풀이
① $BOD_5 = BOD_u \times (1-10^{-k_1 \times t})$
$200mg/L = BOD_u \times (1-10^{-0.12/day \times 5day})$
$\therefore BOD_u = \dfrac{200mg/L}{(1-10^{-0.12/day \times 5day})} = 267.09mg/L$

② 잔존공식을 이용해 BOD_3를 계산한다.
$BOD_3 = BOD_u \times (1-10^{-k_1 \times t})$
$= 267.09mg/L \times (10^{-0.12/day \times 3day})$
$= 116.59mg/L$

17 유량이 10,000m³/day인 폐수를 BOD 4mg/L, 유량 4,000,000m³/day인 하천에 방류하였다. 방류한 폐수가 하천수와 완전 혼합되어졌을 때 하천의 BOD가 1mg/L 높아졌다면 하천에 가해진 폐수의 BOD 부하량은? (단, 기타 조건은 고려하지 않음)

㉮ 1425kg/day　　㉯ 1810kg/day
㉰ 2250kg/day　　㉱ 4050kg/day

풀이
① 혼합공식을 이용해 폐수의 BOD 농도를 계산한다.
$C_m = \dfrac{Q_1C_1+Q_2C_2}{Q_1+Q_2}$

$5mg/L = \dfrac{4,000,000m^3/day \times 4mg/L + 10,000m^3/day \times C_2}{(4,000,000+10,000)m^3/day}$

$\therefore C_2 = 405mg/L$

② BOD 부하량(kg/day)
= 폐수량(m³/day) × BOD 농도(kg/m³)
= 10,000m³/day × 0.405kg/m³ = 4,050kg/day

answer 13 ㉰　14 ㉮　15 ㉯　16 ㉰　17 ㉱

TIP

① ppm = mg/L = g/m³
② mg/L $\xrightarrow{\times 10^{-3}}$ kg/m³
③ 405mg/L = 405×10⁻³kg/m³ = 0.405kg/m³

18 Wipple의 하천의 상태변화에 따른 4 지대 구분 중 '분해지대'에 관한 설명으로 옳지 않은 것은?

㉮ 오염에 잘 견디는 곰팡이류가 심하게 번식한다.
㉯ 여름철 온도에서 DO 포화도는 45% 정도에 해당된다.
㉰ 탄산가스가 줄고 암모니아성 질소가 증가한다.
㉱ 유기물 혹은 오염물을 운반하는 하수거의 방출지점과 가까운 하류에 위치한다.

풀이 ㉰ 탄산가스가 증가하고, 용존산소량이 감소한다.

19 마그네슘 경도 200mg/L as CaCO₃를 Mg^{2+}의 농도로 환산하면 얼마인가? (단, Mg 원자량 : 24)

㉮ 48mg/L   ㉯ 72mg/L
㉰ 96mg/L   ㉱ 120mg/L

풀이
$$\frac{경도(mg/L)}{50g} = \frac{Mg^{2+}(mg/L)}{12g}$$

$$\frac{200mg/L}{50g} = \frac{Mg^{2+}(mg/L)}{12g}$$

$$\therefore Mg^{2+}(mg/L) = \frac{200mg/L \times 12g}{50g} = 48mg/L$$

20 적조 발생지역과 가장 거리가 먼 것은?

㉮ 정체 수역
㉯ 질소, 인 등의 영양염류가 풍부한 수역
㉰ upwelling 현상이 있는 수역
㉱ 갈수기시 수온, 염분이 급격히 높아진 수역

풀이 ㉱ 여름철 홍수시로 인한 염분농도가 감소된 정체된 해역에서 주로 발생한다.

| 제2과목 | 수질오염방지기술

21 유량이 5,000m³/day이고 BOD, SS 및 NH_3-N의 농도가 각각 20mg/L, 25mg/L 및 23mg/L인 유출수의 질소(NH_3-N)를 제거하기 위해 파괴점 염소주입 공정이 이용될 때 1일 염소 투입량은? (단, 투입염소(Cl_2)대 처리된 암모니아성 질소(NH_3-N)의 질량비는 9 : 1, 최종유출수의 NH_3-N 농도는 1.0mg/L 로 한다.)

㉮ 620kg/day   ㉯ 740kg/day
㉰ 990kg/day   ㉱ 1,280kg/day

풀이 ① NH_3-N 제거량
= (23-1.0)×10⁻³kg/m³×5,000m³/day
= 110kg/day
② 염소투입량(kg/day)
= 110kg/day×9 = 990kg/day

TIP

① ppm = mg/L = g/m³이므로
mg/L $\xrightarrow{\times 10^{-3}}$ kg/m³
② 염소투입량은 NH_3-N의 9배이므로 NH_3-N 제거량에 9를 곱해서 계산한다.

answer 18 ㉰ 19 ㉮ 20 ㉱ 21 ㉰

22 총 처리수량은 50,000m³/day, 여과속도는 180m/day, 정방형 급속여과지 1지의 크기는? (단, 병렬 처리 기준이며 동일한 여과지수는 8지, 예비지는 고려하지 않음)

㉮ 5.9m×5.9m ㉯ 6.7m×6.7m
㉰ 7.8m×7.8m ㉱ 8.4m×8.4m

풀이 유량(Q) = 단면적(A)×유속(v)

$$\therefore A = \frac{Q}{v} = \frac{50,000\text{m}^3/\text{day}}{180\text{m}/\text{day}} \times \frac{1}{8} = 34.72\text{m}^2$$

따라서 보기를 계산한 다음 34.72m²에 근접한 보기가 정답이 된다.

23 슬러지량이 300m³/day로 유입되는 소화조의 고형물(VS 기준) 부하율은 5kg/m³·day이다. 슬러지의 고형물(TS) 함량은 4%, TS중 VS 함유율이 70%일 때 소화조의 용적은? (단, 슬러지 비중은 1.0)

㉮ 1,960 m³ ㉯ 1,820 m³
㉰ 1,720 m³ ㉱ 1,680 m³

풀이 소화조의 고형물 부하율(kg/m³·day)

$$= \frac{Q(\text{m}^3/\text{day}) \times \text{비중량}(\text{kg}/\text{m}^3) \times TS \times VS}{V(\text{m}^3)}$$

$$5\text{kg}/\text{m}^3 \cdot \text{day} = \frac{300\text{m}^3/\text{day} \times 1,000\text{kg}/\text{m}^3 \times 0.04 \times 0.7}{V(\text{m}^3)}$$

$$\therefore V = \frac{300\text{m}^3/\text{day} \times 1,000\text{kg}/\text{m}^3 \times 0.04 \times 0.7}{5\text{kg}/\text{m}^3 \cdot \text{day}}$$

$$= 1,680\text{m}^3$$

TIP 슬러지 비중 1.0은 비중량 1,000kg/m³이다.

24 BOD₅ 농도가 2,000mg/L이고 1일 폐수 배출량이 1,000m³인 산업폐수를 BOD₅ 오염 부하량이 500kg/day로 될 때 까지 감소시키기 위해서 필요한 BOD₅ 제거효율은?

㉮ 70% ㉯ 75%
㉰ 80% ㉱ 85%

풀이
$$\eta = \left(1 - \frac{BOD_o}{BOD_i}\right) \times 100(\%)$$

$$= \left(1 - \frac{500\text{kg}/\text{day}}{2\text{kg}/\text{m}^3 \times 1,000\text{m}^3/\text{day}}\right) \times 100(\%) = 75\%$$

25 가스 상태의 염소가 물에 들어가면 가수분해와 이온화반응이 일어나 살균력을 나타낸다. 이 때 살균력이 가장 높은 pH 범위는?

㉮ 산성영역 ㉯ 알칼리성영역
㉰ 중성영역 ㉱ pH와 관계없다.

풀이 염소소독은 pH가 낮을수록 살균력이 증가하므로 살균력이 가장 높은 pH 범위는 산성영역이다.

answer 22 ㉮ 23 ㉱ 24 ㉯ 25 ㉮

26 고형물 농도 10g/L인 슬러지를 하루 480m³ 비율로 농축 처리하기 위해 필요한 연속식 슬러지 농축조의 표면적은? (단, 농축조의 고형물 부하는 4kg/m²·hr로 한다.)

㉮ 50m² ㉯ 100m²
㉰ 150m² ㉱ 200m²

풀이 농축조의 고형물 부하(kg/m²·hr)

$$= \frac{\text{고형물의 농도}(kg/m^3) \times \text{슬러지량}(m^3/hr)}{\text{표면적}(m^2)}$$

$$4kg/m^2 \cdot hr = \frac{10kg/m^3 \times 480m^3/day \times 1day/24hr}{\text{표면적}(m^2)}$$

$$\therefore \text{표면적} = \frac{10kg/m^3 \times 480m^3/day \times 1day/24hr}{4kg/m^2 \cdot hr}$$

$$= 50m^2$$

TIP
① $g/L = kg/m^3$
② 고형물 농도 $10g/L = 10kg/m^3$

27 MLSS가 2,800mg/L인 활성슬러지공법 폭기조의 부피가 1,600m³이다. 매일 40m³의 폐슬러지(농도 0.8%)를 혐기성 소화조로 보내 처리할 때 슬러지 체류시간(SRT)은? (단, 기타 조건은 고려하지 않는다.)

㉮ 8일 ㉯ 11일
㉰ 14일 ㉱ 18일

풀이 $SRT = \frac{MLSS \cdot V}{Q_w \cdot SS_w} = \frac{2.8kg/m^3 \times 1,600m^3}{8kg/m^3 \times 40m^3/day} = 14day$

TIP
① $\% \xrightarrow{\times 10^4} ppm$
② $ppm = mg/L = g/m^3$이므로 $mg/L \xrightarrow{\times 10^{-3}} kg/m^3$
③ MLSS 2,800mg/L은 $2,800mg/L \xrightarrow{\times 10^{-3}} 2.8kg/m^3$
④ 폐슬러지농도 0.8%는 $0.8 \times 10^4 ppm = 0.8 \times 10^4 mg/L$
⑤ 폐슬러지농도 $0.8 \times 10^4 mg/L \xrightarrow{\times 10^{-3}} 8kg/m^3$

28 인구 45,000명인 도시의 폐수를 처리하기 위한 처리장을 설계 하였다. 폐수의 유량은 350L/인·day이고 침강탱크의 체류시간 2hr, 월류속도 35m³/m²·day가 되도록 설계하였다면 이 침강 탱크의 용적(V)과 표면적(A)은?

㉮ V = 1,313m³, A = 540m²
㉯ V = 1,313m³, A = 450m²
㉰ V = 1,475m³, A = 540m²
㉱ V = 1,475m³, A = 450m²

풀이 ① 용적(V)을 계산하기 위해 유량(Q)을 먼저 계산한다.
$Q = 0.35m^3/\text{인}\cdot day \times 45,000\text{인} = 15,750m^3/day$
② 용적(V) = 유량(Q) × 시간(t)
$= 15,750m^3/day \times \left(\frac{2hr}{24}\right)day = 1,312.5m^3$
③ 월류속도($m^3/m^2 \cdot day$) $= \frac{Q}{A}$
$35m^3/m^2 \cdot day = \frac{15,750m^3/day}{A(m^2)}$
$\therefore A = \frac{15,750m^3/day}{35m^3/m^2 \cdot day} = 450m^2$

TIP
유량
$350L/\text{인}\cdot day = 350 \times 10^{-3} m^3/\text{인}\cdot day$
$= 0.35m^3/\text{인}\cdot day$

answer 26 ㉮ 27 ㉰ 28 ㉯

29 활성슬러지법에서 폭기조로 유입되는 폐수량이 500m³/day, SVI 120인 조건에서 혼합액 1L를 30분간 침전했을 때 300 mL가 침전(침전슬러지 용적)되었다면 폭기조의 MLSS농도(mg/L)는 얼마인가?

㉮ 1,500　　㉯ 2,000
㉰ 2,500　　㉱ 3,000

풀이

$$SVI = \frac{SV(mL/L)}{MLSS(mg/L)} \times 10^3$$

$$120 = \frac{300mL/L}{MLSS(mg/L)} \times 10^3$$

∴ MLSS = 2,500mg/L

30 다음의 생물학적 인 및 질소제거 공정 중 질소 제거를 주목적으로 개발한 공법으로 가장 적절한 것은?

㉮ 4단계 Bardenpho 공법
㉯ A²/O 공법
㉰ A/O 공법
㉱ Phostrip 공법

풀이
① 질소(N)만을 제거하는 공법 : 4단계 바덴포공법
② 인(P)만 제거하는 공법 : A/O공법, 포스트립공법

31 Jar test에서 Alum 최적 주입율이 40 ppm이라면 420m³/hr의 폐수에 필요한 Alum(농도 7.5%)의 량은? (단, 비중은 1.0 기준)

㉮ 204L/hr　　㉯ 214L/hr
㉰ 224L/hr　　㉱ 234L/hr

풀이

$$Alum의 량(L/hr) = \frac{40ppm \times 420m^3/hr \times 10^3 L/m^3}{7.5 \times 10^4 ppm}$$
$$= 224L/hr$$

TIP
① % $\xrightarrow{\times 10^4}$ ppm
② 7.5% = 7.5×10⁴ppm

32 침전지를 설계하고자 한다. 침전시간은 2hr, 표면부하율 30m³/m²·day이며 폭과 길이의 비는 1 : 5로 하고 폭을 10m로 하였을 때 침전지의 용량은?

㉮ 875 m³　　㉯ 1,250 m³
㉰ 1,750 m³　　㉱ 2,450 m³

풀이 표면적 부하율(m³/m²·day)

$$= \frac{Q(m^3/day)}{A(m^2)} = \frac{V(m^3) \times \frac{1}{t(day)}}{A(m^2)}$$

폭(W) : 길이(L) = 1 : 5이므로
폭(W)가 10m이면 길이(L) = 50m가 된다.
따라서 면적(A) = W×L = 10m×50m = 500m²

표면적 부하율(m³/m²·day) = $\dfrac{V(m^3) \times \frac{1}{t(day)}}{A(m^2)}$

$$30m^3/m^2 \cdot day = \frac{V(m^3) \times \frac{1}{\left(\frac{2hr}{24}\right)day}}{500m^2}$$

∴ $V(m^3) = \dfrac{30m^3/m^2 \cdot day \times 500m^2}{\frac{1}{\left(\frac{2hr}{24}\right)day}} = 1,250m^3$

answer 29 ㉰　30 ㉮　31 ㉰　32 ㉯

33 유입수의 BOD 농도가 270 mg/L인 폐수를 폭기시간 8시간, F/M비를 0.4로 처리하고자 한다면 유지되어야 할 MLSS의 농도(mg/L)는?

㉮ 2,025   ㉯ 2,525
㉰ 3,025   ㉱ 3,525

풀이
$$\text{F/M비}(/day) = \frac{BOD \times Q}{MLSS \times V} = \frac{BOD}{MLSS} \times \frac{1}{t}$$

따라서 $0.4/day = \dfrac{270mg/L}{MLSS(mg/L)} \times \dfrac{1}{\left(\dfrac{8hr}{24}\right)day}$

$\therefore MLSS = \dfrac{270mg/L}{0.4/day \times \left(\dfrac{8hr}{24}\right)day} = 2,025.0 mg/L$

34 구형입자의 침강속도가 stokes법칙에 따른다고 할 때 직경 0.5mm이고, 비중이 2.5인 구형입자의 침강속도는? (단, 물의 밀도는 1,000kg/m³이고, 점성계수 μ는 1.002×10⁻³kg/m·sec라고 가정)

㉮ 0.1 m/sec   ㉯ 0.2 m/sec
㉰ 0.3 m/sec   ㉱ 0.4 m/sec

풀이
$V_S = \dfrac{d^2(\rho_s - \rho_w)g}{18\mu}$

$\begin{bmatrix} V_S : \text{침강속도(cm/sec)} \\ d : \text{직경(cm)} \\ \rho_s : \text{입자의 비중(g/cm}^3\text{)} \\ \rho_w : \text{물의 비중(1.0g/cm}^3\text{)} \\ g : \text{중력가속도(980cm/sec}^2\text{)} \\ \mu : \text{점성계수(kg/m·sec)} \end{bmatrix}$

따라서
$V_S = \dfrac{(0.5 \times 10^{-3}m)^2 \times (2,500-1,000)kg/m^3 \times 9.8m/sec^2}{18 \times 1.002 \times 10^{-3}kg/m \cdot sec}$
$= 0.20 m/sec$

35 BOD 1kg 제거에 필요한 산소량은 산소 2kg이다. 공기 1m³에 함유되어 있는 산소량은 0.277kg이라 하고 포기조에서 공기 용해율을 4%(부피기준)라고 하면, BOD 5kg 제거하는데 필요한 공기량은?

㉮ 약 700m³   ㉯ 약 900m³
㉰ 약 1,100m³   ㉱ 약 1,300m³

풀이 필요한 공기량(m³)
$= \dfrac{2kg\ O_2}{1.0kg\ \text{제거 BOD}} \times \dfrac{1m^3 Air}{0.277kg\ O_2} \times \dfrac{100}{4\%}$
$\times 5kg\ \text{제거 BOD} = 902.53 m^3$

36 RBC(회전원판 접촉법)에 관한 설명으로 옳지 않은 것은?

㉮ 미생물에 대한 산소공급 소요전력이 적다는 장점이 있다.
㉯ RBC시스템에서 재순환이 없고 유지비가 적게 소요된다.
㉰ RBC조에서 메디아는 전형적으로 약 40%가 물에 잠기도록 한다.
㉱ 다른 생물학적 공정에 비해 장치의 현장 시스템으로의 Scale-up이 용이하다.

풀이 ㉱ 다른 생물학적 공정에 비해 장치의 현장시스템으로의 Scale-up이 용이하지 못하다.

answer   33 ㉮   34 ㉯   35 ㉯   36 ㉱

37 산화지(oxidation pond)를 이용하여 유입량 2,000m³/day이고, BOD와 SS 농도가 각각 100mg/L인 폐수를 처리하고자 한다. 산화지의 BOD부하율이 2g BOD/m²·day로 할 때 폐수의 체류시간은? (단, 장방형이며 산화지 깊이 : 2m)

㉮ 80days ㉯ 100days
㉰ 120days ㉱ 140days

풀이
① BOD 면적부하(g/m²·day)
$= \dfrac{BOD(g/m^3) \times Q(m^3/day)}{A(m^2)}$

$2g/m^2 \cdot day = \dfrac{100g/m^3 \times 2,000m^3/day}{A(m^2)}$

$\therefore A = \dfrac{100g/m^3 \times 2,000m^3/day}{2g/m^2 \cdot day} = 100,000m^2$

② 체류시간(t) $= \dfrac{V}{Q} = \dfrac{A \times H}{Q}$

$= \dfrac{100,000m^2 \times 2m}{2,000m^3/day} = 100day$

38 포기조 내 BOD용적부하가 0.5kg-BOD/m³·d일 때 F/M비는? (단, 포기조 MLSS는 2,000mg/L)

㉮ 0.15kg-BOD/kg-MLSS·d
㉯ 0.20kg-BOD/kg-MLSS·d
㉰ 0.25kg-BOD/kg-MLSS·d
㉱ 0.30kg-BOD/kg-MLSS·d

풀이
F/M비(/day) $= \dfrac{BOD(kg/m^3) \times Q(m^3/day)}{MLSS(kg/m^3) \times V(m^3)}$

$= \dfrac{1}{MLSS(kg/m^3)} \times \dfrac{BOD(kg/m^3) \times Q(m^3/day)}{V(m^3)}$

$= \dfrac{1}{2kg/m^3} \times 0.5kg/m^3 \cdot day = 0.25/day$

TIP
$\dfrac{BOD(kg/m^3) \times Q(m^3/day)}{V(m^3)} = 0.5kgBOD/m^3 \cdot day$

39 A폐수는 유량 1,200m³/day, BOD₅ 800 mg/L이고, B폐수는 유량 1,900m³/day, BOD₅는 120mg/L이다. 이를 완전히 혼합하여 활성 슬러지법으로 처리하고자 한다. BOD 용적부하가 0.6kg BOD₅/m³-day이라면 포기조의 용적은?

㉮ 1,980m³ ㉯ 2,608m³
㉰ 3,910m³ ㉱ 4,340m³

풀이 BOD 용적부하(kg/m³·day)
$= \dfrac{BOD(kg/m^3) \times Q(m^3/day)}{V(m^3)}$

① $0.6kg/m^3 \cdot day = \dfrac{0.8kg/m^3 \times 1,200m^3/day}{V_1(m^3)}$

$\therefore V_1 = 1,600m^3$

② $0.6kg/m^3 \cdot day = \dfrac{0.12kg/m^3 \times 1,900m^3/day}{V_2(m^3)}$

$\therefore V_2 = 380m^3$

$\therefore$ 포기조 용적
$= V_1 + V_2 = 1,600m^3 + 380m^3 = 1,980m^3$

answer 37 ㉯ 38 ㉰ 39 ㉮

40 360g의 아세트산(CH_3COOH)이 35℃로 운전되는 혐기성 소화조에서 완전히 분해될 때 발생되는 CH_4의 양은? (단, 1기압 기준, 소화조 온도를 기준으로 함)

㉮ 약 126 L ㉯ 약 134 L
㉰ 약 144 L ㉱ 약 152 L

풀이 ① $CH_3COOH \rightarrow CO_2 + CH_4$
  60 : 22.4L
  360g : $X(CH_4)$
∴ $X(CH_4) = \dfrac{360g \times 22.4L}{60g} = 134.4L$ (표준)

② $CH_4(L) = 134.4L$ (표준) $\times \dfrac{273 + 35℃(현재)}{273(표준)}$
  $= 151.63L$

| 제3과목 | 수질오염공정시험기준

41 다음 중 직각 3각 웨어로 유량을 산정하는 식으로 옳은 것은? (단, Q : 유량(m^3/분), k : 유량계수, h : 웨어의 수두(m), b : 절단의 폭(m))

㉮ $Q = K \cdot h^{\frac{3}{2}}$ ㉯ $Q = K \cdot h^{\frac{5}{2}}$
㉰ $Q = K \cdot b \cdot h^{\frac{3}{2}}$ ㉱ $Q = K \cdot b \cdot h^{\frac{5}{2}}$

풀이 ① 직각 삼각웨어 : $Q = K \cdot h^{\frac{5}{2}}$
② 사각웨어 : $Q = K \cdot b \cdot h^{\frac{3}{2}}$

42 공장폐수 및 하수유량(관 내의 유량측정방법)을 측정하는 장치 중 공정수(process water)에 적용하지 않는 것은?

㉮ 유량측적용 노즐
㉯ 오리피스
㉰ 벤튜리미터
㉱ 자기식유량측정기

풀이 공장폐수나 하수의 관내 유량측정방법 중 공정수(process water)에 적용되는 장치는 유량측정용 노즐, 오리피스, 피토우관, 자기식유량측정기이다.

43 다음은 총대장균군-막여과법에 관한 내용이다. ( )안에 옳은 내용은?

> 물속에 존재하는 총대장균군을 측정하기 위해 페트리접시에 배지를 올려놓은 다음 배양 후 ( )계통의 집락을 계수하는 방법이다.

㉮ 금속성 광택을 띠는 적색이나 진한 적색
㉯ 금속성 광택을 띠는 청색이나 진한 청색
㉰ 여러 가지 색조를 띠는 적색
㉱ 여러 가지 색조를 띠는 청색

44 수질오염공정시험기준 상 시안 정량을 위해 적용 가능한 시험방법과 가장 거리가 먼 것은?

㉮ 자외선/가시선 분광법
㉯ 이온전극법
㉰ 이온크로마토그래피
㉱ 연속흐름법

풀이 시안 정량을 위해 적용 가능한 시험방법은 자외선가시선 분광법, 이온전극법, 연속흐름법이다.

answer 40 ㉱ 41 ㉯ 42 ㉰ 43 ㉮ 44 ㉰

45 감응계수에 관한 내용으로 옳은 것은?

㉮ 감응계수는 검정곡선 작성용 표준용액의 농도(C)에 대한 반응값(R)으로 [감응계수 = (R/C)]로 구한다.
㉯ 감응계수는 검정곡선 작성용 표준용액의 농도(C)에 대한 반응값(R)으로 [감응계수 = (C/R)]로 구한다.
㉰ 감응계수는 검정곡선 작성용 표준용액의 농도(C)에 대한 반응값(R)으로 [감응계수 = (CR-1)]로 구한다.
㉱ 감응계수는 검정곡선 작성용 표준용액의 농도(C)에 대한 반응값(R)으로 [감응계수 = (CR+1)]로 구한다.

46 보존방법이 나머지와 다른 측정 항목은?

㉮ 부유물질 ㉯ 전기전도도
㉰ 아질산성질소 ㉱ 시안

풀이
㉮ 부유물질 : 보존방법 없음
㉯ 전기전도도 : 보존방법 없음
㉰ 아질산성 질소 : 보존방법 없음
㉱ 시안 : NaOH로 pH 12 이상

47 수질오염공정시험기준 비소의 시험방법으로 틀린 것은?

㉮ 기체크로마토그래피
㉯ 유도결합플라스마-원자발광분광법
㉰ 유도결합플라스마-질량분석법
㉱ 양극벗김전압전류법

풀이 비소의 시험방법
① 수소화물생성 원자흡수분광도법
② 유도결합플라스마-원자발광분광법
③ 유도결합플라스마-질량분석법
④ 양극벗김전압전류법

48 자외선/가시선 분광법(부루신법)으로 질산성 질소를 측정할 때 정량한계는?

㉮ 0.01mg ㉯ 0.05mg
㉰ 0.1mg ㉱ 0.5mg

49 총칙 중 용어의 정의로 옳지 않은 것은?

㉮ '감압'이라 함은 따로 규정이 없는 한 15mmHg 이하를 뜻한다.
㉯ '기밀용기'라 함은 취급 또는 저장하는 동안에 기체 또는 미생물이 침입하지 않도록 내용물을 보호하는 용기를 말한다.
㉰ '약'이라 함은 기재된 양에 대하여 ±10% 이상의 차가 있어서는 안된다.
㉱ 시험조작 중 '즉시'란 30초 이내에 표시된 조작을 하는 것을 말한다.

풀이 ㉯ '기밀용기'라 함은 취급 또는 저장하는 동안에 공기 또는 다른 가스가 침입하지 않도록 내용물을 보호하는 용기를 말한다.

50 시료채취량 기준에 관한 내용으로 옳은 것은?

㉮ 시험항목 및 시험횟수에 따라 차이가 있으나 보통 1 ~ 2L 정도이어야 한다.
㉯ 시험항목 및 시험횟수에 따라 차이가 있으나 보통 3 ~ 5L 정도이어야 한다.
㉰ 시험항목 및 시험횟수에 따라 차이가 있으나 보통 5 ~ 7L 정도이어야 한다.
㉱ 시험항목 및 시험횟수에 따라 차이가 있으나 보통 8 ~ 10L 정도이어야 한다.

answer 45 ㉮ 46 ㉱ 47 ㉮ 48 ㉰ 49 ㉯ 50 ㉯

51 수질오염공정시험기준 철의 시험방법으로 알맞은 것은?

㉮ 원자흡수분광광도법
㉯ 기체크로마토그래피
㉰ 원자형광법
㉱ 양극벗김전압전류법

풀이 철의 시험방법
① 원자흡수분광광도법
② 유도결합플라스마-원자발광분광법

52 수소이온농도를 기준전극과 유리전극으로 구성된 pH측정기로 측정할 때 간섭물질에 대한 설명으로 옳지 않은 것은?

㉮ pH 10 이상에서 소듐에 의해 오차가 발생할 수 있는데 이는 "낮은 소듐 오차 전극"을 사용하여 줄일 수 있다.
㉯ pH는 온도변화에 따라 영향을 받는다.
㉰ 기름층이나 작은 입자상이 전극을 피복하여 pH측정을 방해할 수 있다.
㉱ 측정이 완료된 후에는 전극을 3M KCl 용액으로 잘 씻은 다음 정제수에 담가 둔다.

풀이 ㉱ 측정이 완료된 후에는 전극을 정제수로 잘 씻은 다음 3M KCl 용액에 담가둔다.

53 냄새 측정시 시료에 잔류염소가 존재하는 경우 조치 내용으로 옳은 것은?

㉮ 티오황산소듐 용액을 첨가하여 잔류염소를 제거
㉯ 아세트산암모늄 용액을 첨가하여 잔류염소를 제거
㉰ 과망간산포타슘 용액을 첨가하여 잔류염소를 제거
㉱ 황산은 분말을 첨가하여 잔류염소를 제거

54 다음은 공장폐수 및 하수유량측정방법 중 최대유량이 1m³/min 미만인 경우에 용기사용에 관한 설명이다. (　)안에 옳은 내용은?

> 용기는 용량 100 ~ 200L인 것을 사용하여 유수를 채우는데에 요하는 시간을 스톱워치로 잰다. 용기에 물을 받아 넣는 시간을 (　)되도록 용량을 결정한다.

㉮ 10초 이상　　㉯ 20초 이상
㉰ 30초 이상　　㉱ 40초 이상

55 총칙 중 온도표시에 관한 설명으로 옳지 않은 것은?

㉮ 찬 곳은 따로 규정이 없는 한 0 ~ 15℃의 곳을 뜻한다.
㉯ 냉수는 15℃ 이하를 말한다.
㉰ 온수는 60 ~ 70℃를 말한다.
㉱ 시험은 따로 규정이 없는 한 실온에서 조작한다.

풀이 ㉱ 시험은 따로 규정이 없는 한 상온에서 조작한다.

answer　51 ㉮　52 ㉱　53 ㉮　54 ㉯　55 ㉱

56 냄새항목을 측정하기 위한 시료의 최대 보존기간 기준은?

㉮ 2시간　　㉯ 4시간
㉰ 6시간　　㉱ 8시간

풀이 냄새항목을 측정하기 위한 시료의 최대보존기간 기준은 6시간이다.

57 현장에서 측정하여야 하는 수온의 측정 기준으로 옳은 것은?

㉮ 30분 이상 간격으로 2회 이상 측정한 후 산술평균
㉯ 30분간 이상 간격으로 4회 이상 측정한 후 산술평균
㉰ 1시간 이상 간격으로 2회 이상 측정한 후 산술평균
㉱ 1시간 이상 간격으로 4회 이상 측정한 후 산술평균

58 적외선/가시선 분광법에서 흡광도 값이 1이란 무엇을 의미하는가?

㉮ 입사광의 1%의 빛이 액층에 의해 흡수된다.
㉯ 입사광의 10%의 빛이 액층에 의해 흡수된다.
㉰ 입사광의 90%의 빛이 액층에 의해 흡수된다.
㉱ 입사광의 100%의 빛이 액층에 의해 흡수된다.

풀이 흡광도(A) = $\log \dfrac{1}{\text{투과\%}}$

$1 = \log \dfrac{1}{\text{투과\%}}$

∴ 투과% = $10^{-A} = 10^{-1} = 0.1$

따라서 투과%는 10%이므로 흡수%는 90%가 된다.

59 유기물 함량이 비교적 높지 않고 금속의 수산화물, 산화물, 인산염 및 황화물을 함유하고 있는 시료에 적용되며 휘발성 또는 난용성 염화물을 생성하는 금속 물질의 분석에는 주의하여야 하는 시료의 전처리 방법(산분해법)으로 가장 적절한 것은?

㉮ 질산 - 염산법
㉯ 질산 - 황산법
㉰ 질산 - 과염소산법
㉱ 질산 - 불화수소산법

풀이
㉮ 질산 - 염산법 : 유기물 함량이 비교적 높지 않고 금속의 수산화물, 산화물, 인산염 및 황화물을 함유하고 있는 시료
㉯ 질산 - 황산법 : 유기물 등을 많이 함유하고 있는 대부분의 시료
㉰ 질산 - 과염소산법 : 유기물을 다량 함유하고 있으면서 산분해가 어려운 시료
㉱ 질산 - 과염소산 - 불화수소산법 : 다량의 점토질 또는 규산염을 함유한 시료

60 수질오염공정시험기준상 불소화합물을 측정하기 위한 시험방법과 가장 거리가 먼 것은?

㉮ 원자흡수분광광도법
㉯ 이온크로마토그래피
㉰ 이온전극법
㉱ 자외선/가시선 분광법

풀이 불소화합물을 측정하기 위한 시험방법에는 자외선 가시선 분광법, 이온전극법, 이온크로마토그래피, 연속흐름법이 있다.

answer　56 ㉰　57 ㉮　58 ㉰　59 ㉮　60 ㉮

2012 2회 기출문제

| 제1과목 | 수질오염개론

01 어느 하천 주변에 돼지를 사육하려고 한다. 하천의 유량은 100,000m³/day이며 BOD는 1.5mg/L이다. 이 하천의 수질을 BOD 4.5mg/L로 보호하면서 돼지는 최대 몇 마리까지 사육할 수 있는가? (단, 돼지 한 마리 당 2kg BOD/day을 발생시키며 발생 폐수량은 무시함)

㉮ 50 마리　㉯ 100 마리
㉰ 150 마리　㉱ 200 마리

풀이
$$마리 = \frac{(4.5-1.5) \times 10^{-3} kg/m^3 \times 100,000 m^3/day}{2kg/day \cdot 마리}$$
$= 150$ 마리

02 소수성 콜로이드에 관한 설명으로 옳지 않은 것은?

㉮ Suspension 상태이다.
㉯ 염에 매우 민감하다.
㉰ 물과 반발하는 성질을 가지고 있다.
㉱ 틴달효과가 약하거나 거의 없다.

풀이 ㉱ 틴달효과가 크다.

03 pH = 6.0인 용액의 산도의 8배를 가진 용액의 pH는?

㉮ 5.1　㉯ 5.3
㉰ 5.4　㉱ 5.6

풀이 $pH = -\log[H^+] = -\log[8 \times 10^{-6} mol/L] = 5.10$

TIP
① 산성물질에서 $pH = -\log[H^+]$
② 알칼리성 물질에서 $pH = 14 + \log[OH^-]$
③ $[H^+] = 10^{-pH} mol/L$
④ $pH = 6.0 \Rightarrow [H^+] = 10^{-6.0} mol/L$

04 해수의 온도와 염분의 농도에 의한 밀도차에 의해 형성되는 해류는?

㉮ 조류　㉯ 쓰나미
㉰ 상승류　㉱ 심해류

풀이
㉮ 조류 : 태양과 달의 영향에 의해 발생
㉯ 쓰나미 : 지진과 화산에 의해 발생
㉰ 상승류 : 바람과 해양 및 육지의 상호작용으로 발생
㉱ 심해류 : 해수의 온도와 염분에 의한 밀도차에 의해 발생

answer 01 ㉰　02 ㉱　03 ㉮　04 ㉱

05 물의 특성으로 옳지 않은 것은?

㉮ 물의 표면장력은 온도가 상승할수록 감소한다.
㉯ 물은 4℃에서 밀도가 가장 크다.
㉰ 물의 여러 가지 특성은 물의 수소결합 때문에 나타난다.
㉱ 융해열과 기화열이 작아 생명체의 열적 안정을 유지할 수 있다.

풀이 ㉱ 융해열과 기화열이 커 생명체의 열적안정을 유지할 수 있다.

06 다음은 카드뮴에 관한 설명이다. ( ) 안에 옳은 내용은?

> 카드뮴은 화학적으로 (   )와(과) 유사한 특징을 가진 금속으로 천연에 있어서 카드뮴은 (   )광석과 같이 존재하는 것이 일반적이다.

㉮ 아연   ㉯ 망간
㉰ 주석   ㉱ 마그네슘

풀이 카드뮴(Cd)과 화학적으로 유사한 특징을 가진 금속은 아연(Zn)이다.

07 어떤 공장에서 phenol 500kg이 매일 폐수에 섞여 배출된다. 1g의 phenol이 1.7g의 BOD_5에 해당된다고 할 때, 인구당량은? (단, 1인 1일당 BOD_5는 50g 기준)

㉮ 15,000명   ㉯ 16,000명
㉰ 17,000명   ㉱ 18,000명

풀이 인구당량(인)
$= \dfrac{1.7gBOD_5}{1g\ 페놀} \times 500 \times 10^3 g\ 페놀 \times \dfrac{1인 \cdot day}{50gBOD_5}$
$= 17,000인$

08 미생물 세포를 $C_5H_7O_2N$이라고 하면 세포 5kg당의 이론적인 공기소모량은? (단, 완전산화 기준이며 분해 최종산물은 CO_2, H_2O, NH_3, 공기 중 산소는 23%(W/W)로 가정한다.)

㉮ 약 27kg air   ㉯ 약 31kg air
㉰ 약 42kg air   ㉱ 약 48kg air

풀이 ① $C_5H_7O_2N + 5O_2 \rightarrow 5CO_2 + 2H_2O + NH_3$
113g : 5×32g
5kg : X(산소량)
∴ X(산소량) $= \dfrac{5kg \times 5 \times 32g}{113g} = 7.08kg$
② 산소량을 공기량으로 전환한다.
공기량(kg) $= \dfrac{산소량(kg)}{0.23} = \dfrac{7.08kg}{0.23}$
$= 30.78kg$

09 해양으로 유출된 유류를 제어하는 방법과 가장 거리가 먼 것은?

㉮ 계면활성제를 살포하여 기름을 분산시키는 것
㉯ 인공 포기로 기름 입자를 증산시키는 것
㉰ 오일펜스를 띄워 기름의 확산을 차단하는 것
㉱ 미생물을 이용하여 기름을 생화학적으로 분해하는 것

10 수(水) 중의 DO 농도 증감의 요인인 산소 용해율에 관한 내용으로 옳지 않은 것은?

㉮ 압력이 높을수록 산소용해율이 높다.
㉯ 물의 흐름이 난류일 때 산소용해율이 높다.
㉰ 염(분)의 농도가 높을수록 산소용해율은 감소한다.

answer 05 ㉱ 06 ㉮ 07 ㉰ 08 ㉯ 09 ㉯ 10 ㉱

㉣ 수온이 낮을수록 산소용해율은 감소한다.

풀이 ㉣ 수온이 낮을수록 산소용해율은 증가한다.

11 최종BOD(BOD_u)가 500mg/L이고, 소모 BOD_5가 400mg/L일 때 탈산소 계수(base = 상용대수)는?

㉮ 0.12/day ㉯ 0.14/day
㉰ 0.16/day ㉣ 0.18/day

풀이 $BOD_5 = BOD_u \times (1-10^{-k_1 \times t})$
400mg/L = 500mg/L × $(1-10^{-k_1 \times 5day})$
$10^{-k_1 \times 5day} = 1 - \frac{400mg/L}{500mg/L}$
$-k_1 \times 5day = \log\left(1 - \frac{400mg/L}{500mg/L}\right)$
$\therefore k = \frac{\log\left(1-\frac{400mg/L}{500mg/L}\right)}{-5day} = 0.14/day$

TIP
10^x를 제거하기 위해 맞은변에 log를 취한다.
e^x를 제거하기 위해 맞은변에 ln을 취한다.

12 BOD 400mg/L를 함유한 공장폐수 400m³/day를 처리하여 하천에 방류하고 있다. 유량이 20,000m³/day이고 BOD 2mg/L인 하천에 방류한 후 곧 완전 혼합된 때의 BOD농도가 3mg/L이라면 이 공장폐수의 BOD제거율은 몇 %인가? (단, 하천의 다른 오염물질 유입은 없다고 가정함)

㉮ 82.3 ㉯ 84.6
㉰ 86.8 ㉣ 89.6

풀이

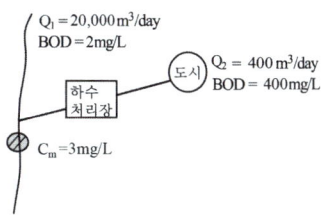

① 혼합공식을 이용해 $C_2(BOD_o)$를 계산한다.
$C_m = \frac{Q_1C_1 + Q_2C_2}{Q_1+Q_2}$
$3mg/L = \frac{20,000m^3/day \times 2mg/L + 400m^3/day \times C_2}{(20,000+400)m^3/day}$
$\therefore C_2(BOD_o) = 53mg/L$

② 제거효율(%) = $\left(1-\frac{BOD_o}{BOD_i}\right) \times 100$
$= \left(1-\frac{53mg/L}{400mg/L}\right) \times 100 = 86.75\%$

13 어떤 오염물질의 반응 초기 농도가 200mg/L에서 2시간 후에 40mg/L로 감소되었다. 이 반응이 1차 반응이라고 한다면 4시간 후 오염물질의 농도(mg/L)는?

㉮ 6 ㉯ 8
㉰ 10 ㉣ 12

풀이 1차 반응식 $\ln\frac{C_t}{C_o} = -k \times t$를 이용한다.

① $\ln\frac{40mg/L}{200mg/L} = -k \times 2hr$
$\therefore k = 0.8047/hr$

② $\ln\frac{C_t}{200mg/L} = -0.8047/hr \times 4hr$
$\therefore C_t = 200mg/L \times e^{(-0.8047/hr \times 4hr)} = 8.0mg/L$

answer 11 ㉯ 12 ㉰ 13 ㉯

14 페놀(C_6H_5OH) 100mg/L의 이론적인 COD(mg/L)는?

㉮ 약 240   ㉯ 약 280
㉰ 약 320   ㉱ 약 360

풀이
$C_6H_5OH + 7O_2 \rightarrow 6CO_2 + 3H_2O$
94g : 7 × 32g
100mg/L : X(COD)

∴ $X(COD) = \dfrac{7 \times 32g \times 100mg/L}{94g} = 238.30 mg/L$

---

15 호소의 성층현상에 관한 설명으로 옳지 않는 것은?

㉮ 호소의 정체층이 수심에 따라 3개의 층, 즉 표층부, 변환부, 심층부로 분리되는 현상이 성층현상이다.
㉯ 겨울이 여름보다 수심에 따른 수온차가 더 커져 호소는 더욱 안정된 성층현상이 일어난다.
㉰ 수표면의 온도가 4℃인 이른 봄과 늦은 가을에 수직적으로 전도현상이 일어난다.
㉱ 계절의 변화에 따라 수온차에 의한 밀도차로 수층이 형성된다.

풀이 ㉯ 여름이 겨울보다 수심에 따른 수온차가 더 커져 호소는 더욱 안정된 성층현상이 일어난다.

---

16 유량이 1.2m³/s, BOD_5가 2.0mg/L, DO가 9.2mg/L인 하천에 유량 0.6m³/s, BOD_5가 30mg/L, DO가 3.0mg/L인 하수가 유입되고 있다. 하천의 평균유수단면적은 8.1m²이면 하류 48km 지점의 용존산소부족량은? (단, 수온은 20℃ [포화 DO 9.2mg/L], 혼합수의 k_1 = 0.1/day, k_2 = 0.2/day, 상용대수 기준)

㉮ 4.7mg/L   ㉯ 5.2mg/L
㉰ 5.6mg/L   ㉱ 6.1mg/L

풀이
① 혼합수중의 $BOD_5 = \dfrac{Q_1C_1 + Q_2C_2}{Q_1 + Q_2}$
$= \dfrac{1.2m^3/sec \times 2.0mg/L + 0.6m^3/sec \times 30mg/L}{1.2m^3/sec + 0.6m^3/sec}$
= 11.33mg/L

② BOD_5 공식을 이용해 $BOD_u(=L_o)$를 계산한다.
$BOD_5 = BOD_u \times (1 - 10^{-k_1 \times t})$
$11.33mg/L = BOD_u \times (1 - 10^{(-0.1/day \times 5day)})$

∴ $BOD_u(=L_o) = \dfrac{11.33mg/L}{1 - 10^{(-0.1/day \times 5day)}}$
= 16.57mg/L

③ 혼합수중 용존산소 농도 = $\dfrac{Q_1C_1 + Q_2C_2}{Q_1 + Q_2}$
$= \dfrac{1.2m^3/sec \times 9.2mg/L + 0.6m^3/sec \times 3.0mg/L}{1.2m^3/sec + 0.6m^3/sec}$
= 7.13mg/L

④ D_o(초기산소 부족량)
= C_s(포화 DO농도) - C(혼합수중 DO농도)
= 9.2mg/L - 7.13mg/L = 2.07mg/L

⑤ 시간(t) = $\dfrac{거리(L)}{유속(V)}$

$V = \dfrac{Q}{A} = \dfrac{(1.2 + 0.6)m^3/sec}{8.1m^2} = 0.2222 m/sec$

$t = \dfrac{48 \times 10^3 m}{0.2222m/sec \times 3,600sec/1hr \times 24hr/1day}$
= 2.5day

⑥ $D_t = \dfrac{k_1 \times L_o}{k_2 - k_1} \times (10^{-k_1 \times t} - 10^{-k_2 \times t}) + D_o \times 10^{-k_2 \times t}$

$= \dfrac{0.1/day \times 16.57mg/L}{0.2/day - 0.1/day} \times (10^{-0.1/day \times 2.5day}$
$- 10^{-0.2/day \times 2.5day}) + 2.07mg/L \times (10^{-0.2/day \times 2.5day})$
= 4.73mg/L

---

answer 14 ㉮ 15 ㉯ 16 ㉮

17 염기에 관한 내용으로 옳지 않은 것은?

㉮ 염기 수용액은 미끈미끈하다.
㉯ 전자쌍을 받는 화학종이다.
㉰ 양성자를 받는 분자나 이온이다.
㉱ 수용액에서 수산화이온을 내어놓는 것이다.

풀이 ㉯ 전자쌍을 주는 화학종이다.

18 해수의 특성에 대한 내용 중 옳지 않은 것은?

㉮ 해수에서의 질소분포 형태는 NO_2^--N, NO_3^--N 형태로 65% 정도 존재한다.
㉯ 해수의 pH는 8.2로 약알칼리성이다.
㉰ 일출시 생물의 탄소동화작용으로 해수 표면의 CO_2농도가 급증한다.
㉱ 해수의 밀도는 1.02 ~ 1.07g/cm³ 범위로서 수온, 염분, 수압의 함수이다.

풀이 ㉰ 일출시 생물의 탄소동화작용으로 해수 표면의 CO_2농도가 감소한다.

19 다음이 설명하는 법칙은?

> 여러 물질이 혼합된 용액에서 어느 물질의 증기압(분압) P_i는 혼합액에서 그 물질의 몰 분율(X_i)에 순수한 상태에서 그 물질의 증기압(P_0)을 곱한 것과 같다.

㉮ Henry's law   ㉯ Dalton's law
㉰ Graham's law ㉱ Raoult's law

풀이 문제의 내용 중 핵심인 "증기압 = 라울트법칙"임을 숙지하시면 됩니다.

20 25℃, AgCl의 물에 대한 용해도가 1.0×10^{-4}M 이라면 AgCl에 대한 K_{sp}(용해도적)는?

㉮ 1.0×10^{-6} ㉯ 2.0×10^{-6}
㉰ 1.0×10^{-8} ㉱ 2.0×10^{-8}

풀이 $AgCl \rightarrow Ag^+ + Cl^-$
　　　　XM　　XM　XM
용해도적(K_{sp}) = $[Ag^+][Cl^-]$ = X×X = X^2
　　　　　　　 = $(1.0 \times 10^{-4}M)^2$
　　　　　　　 = 1.0×10^{-8}

| 제2과목 | 수질오염방지기술

21 활성슬러지 폭기조의 F/M비를 0.4kg BOD/kg MLSS·day로 유지하고자 한다. 운전조건이 다음과 같을 때 MLSS의 농도(mg/L)는? (단, 운전조건 : 폭기조 용량 100m³, 유량 1,000m³/day, 유입 BOD 100 mg/L)

㉮ 1,500   ㉯ 2,000
㉰ 2,500   ㉱ 3,000

풀이
$$F/M비(/day) = \frac{BOD \times Q}{MLSS \times V}$$

$$0.4/day = \frac{100mg/L \times 1,000m^3/day}{MLSS \times 100m^3}$$

$$\therefore MLSS = \frac{100mg/L \times 1,000m^3/day}{0.4/day \times 100m^3} = 2,500mg/L$$

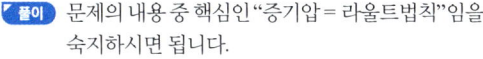

answer 17 ㉯ 18 ㉰ 19 ㉱ 20 ㉰ 21 ㉰

22 생물학적 인 제거 공정에 관한 설명으로 옳지 않은 것은?

㉮ Acinetobacter는 인제거를 위한 중요한 미생물의 하나이다.
㉯ 5단계 Bardenpho 공정에서 인은 폐슬러지에 포함되어 제거된다.
㉰ Phostrip 공정은 인 성분을 Main-stream에서 제거하는 공정이다.
㉱ A^2/O 공정은 질소와 인 성분을 함께 제거할 수 있다.

[풀이] ㉰ Phostrip 공정은 인 성분을 Side-stream에서 제거하는 공정이다.

23 상수 원수 내의 비소 처리에 관한 설명으로 옳지 않는 것은?

㉮ 응집처리에는 응집침전에 의한 제거방법과 응집여과에 의한 제거방법이 있다.
㉯ 이산화망간을 사용하는 흡착처리에서는 5가비소를 제거할 수 있다.
㉰ 흡착시의 pH는 활성알루미나에서는 3~4가 효과적인 범위이다.
㉱ 수산화세륨을 흡착제로 사용하는 경우는 3가 및 5가 비소를 흡착할 수 있다.

[풀이] ㉰ 흡착시의 pH는 활성알루미나에서는 4~6이 효과적인 범위이다.

24 BOD 200mg/L인 하수를 1차 및 2차 처리하여 최종 유출수의 BOD농도를 20 mg/L으로 하고자 한다. 1차 처리에서 BOD 제거율이 40%일 때 2차 처리에서의 BOD 제거율은?

㉮ 81.3%   ㉯ 83.3%
㉰ 86.3%   ㉱ 89.3%

[풀이]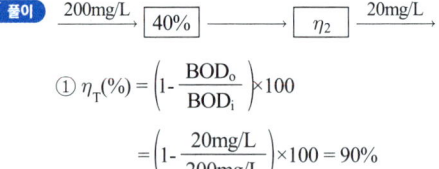

① $\eta_T(\%) = \left(1 - \dfrac{BOD_o}{BOD_i}\right) \times 100$

$= \left(1 - \dfrac{20mg/L}{200mg/L}\right) \times 100 = 90\%$

② $\eta_T = 1 - (1-\eta_1) \times (1-\eta_2)$
따라서 $0.90 = 1 - (1-0.40) \times (1-\eta_2)$
∴ $\eta_2 = 83.33\%$

25 생물막법인 접촉산화법의 장단점으로 옳지 않은 것은?

㉮ 난분해성물질 및 유해물질에 대한 내성이 높다.
㉯ 슬러지 반송이 필요 없고 슬러지 발생량이 적다.
㉰ 미생물량과 영향인자를 정상상태로 유지하기 위한 조작이 용이하다.
㉱ 분해속도가 낮은 기질 제거에 효과적이다.

[풀이] ㉰ 미생물량과 영향인자를 정상상태로 유지하기 위한 조작이 용이하지 못하다.

answer 22 ㉰ 23 ㉰ 24 ㉯ 25 ㉰

26 폐수량 1,000m³/일, BOD 2,000mg/L에서 BOD 부하량을 400kg/day까지 감소시키려고 한다면 BOD 제거율은 얼마여야 하는가?

㉮ 75%   ㉯ 80%
㉰ 85%   ㉱ 90%

풀이 BOD 제거율(%).
$$= \left(1 - \frac{400\text{kg/day}}{2\text{kg/m}^3 \times 1,000\text{m}^3/\text{day}}\right) \times 100 = 80\%$$

27 포기조 내의 MLSS가 3,000mg/L, 포기조 용적이 2,000m³인 활성슬러지법에서 최종침전지에 유출되는 SS는 무시하고 매일 100m³의 폐슬러지를 뽑아서 소화조로 보내 처리한다. 폐슬러지의 농도가 1%라면 세포의 평균체류시간(SRT)은?

㉮ 120시간   ㉯ 144시간
㉰ 192시간   ㉱ 240시간

풀이 ① 미생물 체류시간(SRT) $= \dfrac{\text{MLSS} \cdot V}{Q_w \cdot SS_w}$

$= \dfrac{3,000\text{mg/L} \times 2,000\text{m}^3}{100\text{m}^3/\text{day} \times 1.0 \times 10^4 \text{mg/L}} = 6\text{day}$

② 시간(hr) $= 6\text{day} \times \dfrac{24\text{hr}}{1\text{day}} = 144\text{hr}$

28 하수 소독을 위한 오존의 장단점으로 옳은 것은?

㉮ Virus의 불활성화 효과가 크다.
㉯ 전력비용이 적게 소요된다.
㉰ 효과에 지속성이 있다.
㉱ 탈취, 탈색효과가 적다.

풀이 ㉯ 전력비용이 크게 소요된다.
㉰ 효과에 지속성이 없다.
㉱ 탈취, 탈색효과가 크다.

29 연속 회분식 반응조(SBR)의 운전단계(주입, 반응, 침전, 제거, 휴지)별 개요에 관한 설명으로 옳지 않은 것은?

㉮ 주입 : 주입과정에서 반응조의 수위는 75% 용량에서 100%까지 상승 된다.
㉯ 반응 : 주입단계에서 시작된 반응을 완결시키며 전형적으로 총 cycle시간의 35% 정도를 차지한다.
㉰ 침전 : 연속 흐름식 공정에 비하여 일반적으로 더 효율적이다.
㉱ 제거 : 침전슬러지를 반응조로부터 제거하는 것으로 총 cycle시간의 5~30% 정도이다.

풀이 ㉱ 제거 : 상징수(처리수)를 반응조로부터 제거하는 것으로 총 cycle시간의 5~30% 정도이다.

answer 26 ㉯   27 ㉯   28 ㉮   29 ㉱

30 역삼투법으로 하루에 300m³의 3차 처리 유출수를 탈염하기 위해 소요되는 막의 면적은?

[조건]
1. 물질전달계수 : 0.207L/(d-m²)(kPa)
2. 유입, 유출수의 사이의 압력차 : 2,500(kPa)
3. 유입, 유출수의 삼투압차 : 410(kPa)

㉮ 324m²　　㉯ 438m²
㉰ 541m²　　㉱ 694m²

풀이 ① $Q_F = K \times (\triangle P - \triangle \pi)$

Q_F : 유출수량(L/day·m²)
K : 물질전달계수(L/day·m²·kPa)
$\triangle P$: 압력차(kPa)
$\triangle \pi$: 삼투압차(kPa)

따라서
$Q_F = 0.207(L/day \cdot m^2 \cdot kPa) \times (2,500-410)kPa$
$= 432.63 L/day \cdot m^2$

② 막의 면적(m²) = $\dfrac{Q(유량)}{Q_F(유출수량)}$

$= \dfrac{300 \times 10^3 L/day}{432.63 L/day \cdot m^2} = 693.43 m^2$

31 살수여상에서 연못화(Ponding)의 원인과 가장 거리가 먼 것은?

㉮ 기질(基質)부하율이 너무 낮다.
㉯ 생물막이 과도하게 탈리되었다.
㉰ 1차 침전지에서 고형물이 충분히 제거되지 않았다.
㉱ 여재가 너무 작거나 균일하지 않다.

풀이 ㉮ 기질(基質)부하율이 너무 높다.

32 잉여 슬러지량이 15m³/day이고, 폭기조 부피가 300m³[폭기조 MLSS농도(X)/반송슬러지농도(X_r)] = 0.3일 때, MCRT(평균미생물 체류시간)는? (단, 최종유출수의 SS농도 고려하지 않음)

㉮ 4day　　㉯ 6day
㉰ 8day　　㉱ 10day

풀이 평균 미생물 체류시간(MCRT) = $\dfrac{MLSS \times V}{Q_w \times SS_w}$

$= \dfrac{V}{Q_w} \times \dfrac{MLSS}{SS_w} = \dfrac{V}{Q_w} \times \left(\dfrac{X}{X_r}\right)$

$= \dfrac{300 m^3}{15 m^3/day} \times 0.3 = 6day$

33 폐수의 성질이 BOD 1,000mg/L, SS 1,500mg/L, pH 3.5, 질소분 55mg/L, 인산분 12mg/L인 폐수가 있다. 이 폐수의 처리 순서로 타당한 것은?

㉮ Screening → 중화 → 미생물처리 → 침전
㉯ Screening → 침전 → 미생물처리 → 중화
㉰ 침전 → Screening → 미생물처리 → 중화
㉱ 미생물처리 → Screening → 중화 → 침전

answer 30 ㉱　31 ㉮　32 ㉯　33 ㉮

34 어느 공장 폐수의 BOD가 67,000ppb일 때 유출수량은 1,600m³/day이다. 이 시설의 1일 BOD 부하량(kg/day)은?

㉮ 107.2 kg/day ㉯ 207.3 kg/day
㉰ 314.2 kg/day ㉱ 456.2 kg/day

풀이

BOD 부하량(kg/day) = $\frac{0.067kg}{m^3} \times \frac{1,600m^3}{day}$

= 107.2kg/day

TIP

① ppb = $\mu g/L$
② $\mu g/L \xrightarrow{\times 10^{-6}} kg/m^3$
③ 67,000ppb = 0.067kg/m³

35 부상조의 최적 A/S비는 0.08, 처리할 폐수의 부유물질 농도는 375mg/L, 20℃에서 5.1atm으로 가압할 때 반송율(%)은? (단, f = 0.8, 공기용해도 a_s = 18.7 mL/L, 20℃ 기준, 순환 방식 기준)

㉮ 약 25 ㉯ 약 30
㉰ 약 35 ㉱ 약 40

풀이

① A/S비 = $\frac{1.3 \times Sa \times (f \cdot P - 1)}{SS} \times R$

0.08 = $\frac{1.3 \times 18.7mL/L \times (0.8 \times 5.1atm - 1)}{375mg/L} \times R$

∴ R = 0.40

② 반송율(%) = 반송비(R) × 100
= 0.4 × 100 = 40%

36 고도수처리에 이용되는 분리방법 중 투석의 구동력으로 옳은 것은?

㉮ 정수압차(0.1 ~ 1Bar)
㉯ 정수압차(20 ~ 100Bar)
㉰ 전위차
㉱ 농도차

풀이 투석의 구동력은 농도차이다.

37 하수고도처리 방법 중 질소제거를 위한 막분리활성슬러지법(MBR 공법)의 장·단점 및 설계, 유지관리상 유의점으로 옳지 않은 것은?

㉮ 생물학적 공정에서 문제시 되고 있는 이차침전지의 침강성과 관련된 문제가 없다.
㉯ 긴 SRT로 인하여 슬러지발생량이 적다.
㉰ SS제거를 위해 응집조를 두어 분리막을 보호하고 수명을 연장한다.
㉱ 완벽한 고액분리가 가능하며 높은 MLSS 유지가 가능하다.

풀이 ㉰SS제거는 분리막을 이용해 제거한다.

38 회전생물막접촉기(RBC)에 관한 설명으로 옳지 않은 것은?

㉮ 슬러지 반송량 조절이 용이하다.
㉯ 활성슬러지법에 비해 슬러지 생산량이 적다.
㉰ 질소, 인 등의 영양염류의 제거가 가능하다.
㉱ 동력비가 적게 든다.

풀이 ㉮ 슬러지 반송이 필요없다.

answer 34 ㉮ 35 ㉱ 36 ㉱ 37 ㉰ 38 ㉮

39 슬러지의 함수율 90%, 슬러지의 고형물량 중 유기물 함량 70%이다. 투입량은 100kL이며 소화로 유기물의 5/7가 제거된다. 소화된 후의 슬러지 양은? (단, 소화슬러지의 함수율은 85%, %는 부피기준이며, 고형물의 비중은 1.0으로 가정한다.)

㉮ 33.3m³   ㉯ 42.2m³
㉰ 45.6m³   ㉱ 51.4m³

풀이

① 잔류 VS량 = $100m^3 \times (1-0.9) \times 0.7 \times \left(1-\dfrac{5}{7}\right) = 2m^3$

② 잔류 FS량 = $100m^3 \times (1-0.9) \times (1-0.7) = 3m^3$

③ 소화 후 슬러지량 = $(2+3)m^3 \times \dfrac{100}{100-85} = 33.33m^3$

TIP
투입량 100kL = 100m³

40 직경이 0.5mm이고 비중이 2.65인 구형 입자가 20℃ 물에서 침강할 때 침강속도(m/sec)는? (단, 20℃에서 ρw = 998.2 kg/m³이며, μ = 1.002×10^{-3} kg/m·sec, Stokes 법칙 적용)

㉮ 0.08   ㉯ 0.14
㉰ 0.22   ㉱ 0.32

풀이

$V_S = \dfrac{d^2(\rho_s - \rho_w)g}{18\mu}$

- V_S : 침강속도(m/sec)
- d : 직경(m)
- ρ_s : 입자의 밀도(kg/m³)
- ρ_w : 물의 밀도(kg/m³)
- g : 중력가속도(9.8m/sec²)
- μ : 점성도(kg/m·sec)

따라서

$V_S = \dfrac{(0.5 \times 10^{-3}m)^2 \times (2,650-998.2)kg/m^3 \times 9.8m/sec^2}{18 \times 1.002 \times 10^{-3} kg/m \cdot sec}$

= 0.22m/sec

TIP
① 비중 $\xrightarrow{\times 10^3}$ kg/m³
② 비중 2.65 $\xrightarrow{\times 10^3}$ 2,650kg/m³

| 제3과목 | 수질오염공정시험기준

41 시료를 채취할 때 유의하여야 할 사항으로 옳지 않는 것은?

㉮ 휘발성유기화합물 분석용 시료를 채취할 때에는 뚜껑의 격막을 만지지 않도록 주의 하여야 한다.
㉯ 지하수 시료채취 시 심부층의 경우 저속 양수펌프 등을 이용하여 반드시 저속시료채취하여 시료 교란을 최소화하여야 한다.
㉰ 냄새 측정을 위한 시료채취시 냄새 없는 세제로 닦은 후 고무 또는 플라스틱 마개로 봉한다.
㉱ 퍼클로레이트를 측정하기 위한 시료채취 시 시료용기를 질산 및 정제수로 씻은 후 사용하며 시료 채취시 시료병의 2/3를 채운다.

풀이 ㉰ 냄새 측정을 위한 시료채취시 냄새 없는 세제로 닦은 후 정제수로 닦아 사용하고, 고무 또는 플라스틱 재질의 마개는 사용하지 않는다.

answer 39 ㉮   40 ㉰   41 ㉰

42 냄새 측정 시 냄새역치(TON)를 구하는 산출식으로 옳은 것은? (단, A : 시료부피(mL), B : 무취 정제수 부피(mL))

㉮ 냄새역치 = (A+B)/A
㉯ 냄새역치 = A/(A+B)
㉰ 냄새역치 = (A+B)/B
㉱ 냄새역치 = B/(A+B)

43 시료의 최대보존기간이 나머지와 다른 측정대상 항목은?

㉮ 총인(용존 총인)
㉯ 퍼클로레이트
㉰ 페놀류
㉱ 유기인

▶풀이 ㉮ 총인(용존 총인) : 28일
㉯ 퍼클로레이트 : 28일
㉰ 페놀류 : 28일
㉱ 유기인 : 7일

44 총칙 중 온도표시에 관한 내용으로 옳지 않는 것은?

㉮ 냉수는 15℃ 이하를 말한다.
㉯ 찬 곳은 따로 규정이 없는 한 4~15℃의 곳을 뜻한다.
㉰ 시험은 따로 규정이 없는 한 상온에서 조작하고 조작 직후에 그 결과를 관찰한다.
㉱ 온수는 60~70℃를 말한다.

▶풀이 ㉯ 찬 곳은 따로 규정이 없는 한 0~15℃의 곳을 뜻한다.

45 정량한계(LOQ)를 옳게 나타낸 것은?

㉮ 정량한계 = 2×표준편차
㉯ 정량한계 = 3.3×표준편차
㉰ 정량한계 = 5×표준편차
㉱ 정량한계 = 10×표준편차

46 자동시료채취기의 시료채취 기준으로 옳은 것은? (단, 배출허용기준 적합여부 판정을 위한 시료채취-복수시료채취방법 기준)

㉮ 2시간 이내에 30분 이상 간격으로 2회 이상 채취하여 일정량의 단일시료로 한다.
㉯ 4시간 이내에 30분 이상 간격으로 2회 이상 채취하여 일정량의 단일시료로 한다.
㉰ 6시간 이내에 30분 이상 간격으로 2회 이상 채취하여 일정량의 단일시료로 한다.
㉱ 8시간 이내에 30분 이상 간격으로 2회 이상 채취하여 일정량의 단일시료로 한다.

▶풀이 복수시료채취방법 기준내용 중 암기사항
6시간, 30분, 2회, 산술평균

47 다음은 잔류염소-비색법 측정에 관한 내용이다. ( )안에 옳은 내용은?

시료의 pH를 ( )으로 약산성으로 조절한 후 발색하여 잔류염소 표준비색표와 비교 측정한다.

㉮ 인산염완충용액
㉯ 프탈산염완충용액
㉰ 붕산염완충용액
㉱ 수산화포타슘완충용액

▶풀이 잔류염소=비색법 측정에서 완충용액으로 사용하는 시약은 인산염이다.

48 다음은 페놀류를 자외선/가시선 분광법으로 측정하는 방법이다. ( )안에 옳은 내용은?

> 증류한 시료에 염화암모늄-암모니아 완충액을 넣어 pH 10 으로 조절한 다음 4-아미노안티피린과 ( )을 넣어 생성된 붉은색의 안티피린계 색소의 흡광도를 측정함

㉮ 몰리브덴산 암모늄
㉯ 아연분말
㉰ 헥사시안화철(Ⅱ)산포타슘
㉱ 과황산포타슘

풀이 페놀류의 자외선/가시선 분광법
① 수용액(직접법) : 510nm, 0.05mg/L
② 클로로폼용액(추출법) : 460nm, 0.005mg/L
③ 붉은색의 안티피린계 색소의 흡광도 측정

49 총대장균군(환경기준 적용시료) 실험을 위한 시료의 보존 방법 기준은?

㉮ 4℃ 보관
㉯ 1℃~5℃ 보관
㉰ 냉암소에 4℃ 보관
㉱ 황산구리 첨가 후 4℃ 냉암소 보관

풀이 총대장균군(환경기준 적용시료) 실험을 위한 시료의 보존 방법 기준은 1℃~5℃ 보관이다.

50 공장폐수 및 하수유량(측정용 수로 및 기타 유량측정 방법) 측정을 위한 웨어의 최대유속과 최소유속의 비로 옳은 것은?

㉮ 100 : 1   ㉯ 200 : 1
㉰ 400 : 1   ㉱ 500 : 1

풀이 웨어
① 최대유속 : 최소유속(최대유량 : 최소유량)
   = 500 : 1
② 실제유량에 대한 정확도 : ±5%
③ 최대유량에 대한 정밀도 : ±0.5%

51 인산염인의 정량을 위해 적용 가능한 시험방법과 가장 거리가 먼 것은? (단, 수질오염공정시험기준 기준)

㉮ 자외선/가시선 분광법(이염화주석환원법)
㉯ 자외선/가시선 분광법(아스코빈산환원법)
㉰ 이온크로마토그래피
㉱ 이온전극법

풀이 인산염인의 시험방법에는 자외선/가시선 분광법(이염화주석환원법과 아스코빈산환원법)과 이온크로마토그래피가 있다.

52 색도 측정에 관한 설명 중 옳지 않는 것은?

㉮ 색도측정은 시각적으로 눈에 보이는 색상에 관계없이 단순 색도차 또는 단일 색도차를 계산한다.
㉯ 백금-코발트 표준물질과 아주 다른 색상의 폐하수에는 적용 할 수 없다.
㉰ 근본적인 간섭은 적용 파장에서 콜로이드 물질 및 부유물질의 존재로 빛이 흡수 또는 분산되면서 일어난다.
㉱ 아담스 - 니컬슨(Adams-Nickerson) 색도공식을 근거로 한다.

풀이 ㉯ 백금-코발트 표준물질과 아주 다른 색상의 폐하수에도 적용 할 수 있다.

answer 48 ㉰   49 ㉯   50 ㉱   51 ㉱   52 ㉯

53 개수로 측정 구간의 유수의 평균 단면적이 0.8m²이고, 표면 최대 유속이 2m/sec 일 때 유량은? (단, 수로의 구성, 재질, 수로 단면의 형상, 구배 등이 일정치 않은 개수로의 경우)

㉮ 53 m³/min ㉯ 72 m³/min
㉰ 84 m³/min ㉱ 90 m³/min

풀이
① 유량(Q) = 단면적(A)×평균유속(v)
= 0.8m²×(2m/sec×0.75)
= 1.2m³/sec

② $Q(m^3/min) = \frac{1.2m^3}{sec} \times \frac{60sec}{min} = 72m^3/min$

54 다음은 시료의 전처리 방법 중 '회화에 의한 분해'에 관한 내용이다. ( )안에 옳은 것은?

> 목적성분이 (①)이상에서 (②)되지 않고 쉽게 (③) 될 수 있는 시료에 적용한다.

㉮ ① 400℃, ② 휘산, ③ 회화
㉯ ① 400℃, ② 회화, ③ 휘산
㉰ ① 500℃, ② 휘산, ③ 회화
㉱ ① 500℃, ② 회화, ③ 휘산

풀이 전처리 방법으로 회화에 의한 분해법을 적용할 수 있는 시료는 400℃ 이상에서 휘산되지 않고 쉽게 회화될 수 있는 시료이다.

55 측정하고자 하는 금속물질이 바륨인 경우의 시험방법과 가장 거리가 먼 것은? (단, 수질오염공정시험기준)

㉮ 자외선/가시선 분광법
㉯ 유도결합플라스마 원자발광분광법
㉰ 유도결합플라스마 질량분석법
㉱ 불꽃 원자흡수분광광도법

풀이 바륨의 적용 가능한 시험방법에는 원자흡수분광광도법, 유도결합플라스마-원자발광분광법, 유도결합플라스마-질량분석법이 있다.

56 클로로필a 측정시 클로로필 색소를 추출하는데 사용되는 용액은?

㉮ 아세톤(1+9) 용액
㉯ 아세톤(9+1) 용액
㉰ 에틸알콜(1+9) 용액
㉱ 에틸알콜(9+1) 용액

풀이 클로로필a 측정시 클로로필 색소를 추출하는데 사용되는 용액은 아세톤(9+1) 용액이다.

57 시안(CN⁻)을 이온전극법으로 측정할 때 정량한계는?

㉮ 0.01 mg/L ㉯ 0.05 mg/L
㉰ 0.10 mg/L ㉱ 0.50 mg/L

풀이 시안의 시험방법과 정량한계
① 자외선 가시선 분광법 : 0.01mg/L
② 이온전극법 : 0.10mg/L
③ 연속흐름법 : 0.01mg/L

answer 53 ㉯ 54 ㉮ 55 ㉮ 56 ㉯ 57 ㉰

58 폐수 중의 알킬수은을 기체크로마토그래피로 정량할 때 사용되는 검출기와 운반기체를 맞게 짝지어진 것은?

㉮ TCD, 헬륨   ㉯ FPD, 질소
㉰ ECD, 헬륨   ㉱ FTD, 질소

풀이 알킬수은을 기체크로마토그래피로 정량할 때 사용되는 검출기는 전자포획형검출기(ECD), 운반기체로는 99.999%이상의 질소 또는 헬륨을 사용한다.

59 그림과 같은 개수로(수로의 구성재질과 수로 단면의 형상이 일정하고 수로의 길이가 적어도 10m까지 똑바른 경우)가 있다. 수심 1m, 수로폭 2m, 수면경사 $\frac{1}{1,000}$ 인 수로의 평균 유속 $(C(Ri)^{0.5})$을 케이지(Chezy)의 유속 공식으로 계산하였을 때 유량은? (단, Bazin의 유속계수 $C = \frac{87}{1 + \frac{r}{\sqrt{R}}}$ 이며 $R = \frac{Bh}{B+2h}$ 이고 r = 0.46 이다.)

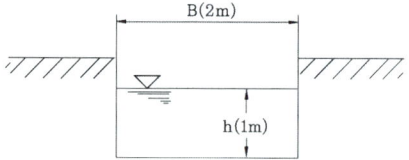

㉮ 102m³/min   ㉯ 122m³/min
㉰ 142m³/min   ㉱ 162m³/min

풀이
① $R(경심m) = \frac{A(면적)}{S(윤변의 길이)} = \frac{B \times h}{B+2h}$

$= \frac{1m \times 2m}{2m + 2 \times 1m} = 0.5m$

② $C = \frac{87}{1 + \frac{r}{\sqrt{R}}} = \frac{87}{1 + \frac{0.46}{\sqrt{0.5m}}} = 52.71$

③ Chezy식에서 유속(v) $= C \times (R \times i)^{0.5}$
$= 52.71 \times (0.5m \times \frac{1}{1,000})^{0.5} = 1.1786$ m/sec

④ 유량(Q) = 단면적(A) × 유속(v)
$= (1m \times 2m) \times 1.1786$ m/sec $\times 60$ sec/min
$= 141.43$ m³/min

60 실험 일반 총칙 중 용어정의에 관한 내용으로 옳지 않은 것은?

㉮ 냄새가 없다 : 냄새가 없거나 또는 거의 없는 것을 표시하는 것
㉯ 정밀히 단다 : 규정된 수치의 무게를 0.1mg까지 다는 것
㉰ 정확히 취하여 : 규정한 양의 액체를 부피피펫으로 눈금까지 취하는 것
㉱ 진공 : 따로 규정이 없는 한 15mmHg 이하

풀이 ㉯ 정밀히 단다 : 규정된 양의 시료를 취하여 화학저울 또는 미량저울로 칭량함을 말한다.

answer 58 ㉰   59 ㉰   60 ㉯

2012 3회 기출문제

| 제1과목 | 수질오염개론

01 20℃ 5일 BOD가 50mg/L인 하수의 2일 BOD는? (단, 20℃, 탈산소계수 k = 0.23/day이고, 자연대수 기준)

㉮ 21mg/L ㉯ 24mg/L
㉰ 27mg/L ㉱ 29mg/L

풀이
① $BOD_5 = BOD_u \times (1-e^{-k_1 \times t})$
  $50mg/L = BOD_u \times (1-e^{-0.23/day \times 5day})$
  $\therefore BOD_u = \dfrac{50mg/L}{(1-e^{-0.23/day \times 5day})} = 73.17mg/L$
② $BOD_2 = BOD_u \times (1-e^{-k_1 \times t})$
  $= 73.17mg/L \times (1-e^{-0.23/day \times 2day})$
  $= 26.98mg/L$

02 미생물에 관한 설명으로 옳지 않은 것은?

㉮ 진핵세포는 핵막이 있으나 원핵세포는 없다.
㉯ 세포소기관인 리보솜은 원핵세포에 존재하지 않는다.
㉰ 조류는 진핵미생물로 엽록체라는 세포 소기관이 있다.
㉱ 진핵세포는 유사분열을 한다.

풀이 ㉯ 세포성분인 리보솜은 원핵세포에 존재한다.

03 산과 염기에 관한 내용으로 옳지 않은 것은?

㉮ 루이스(Lewis)는 전자쌍을 받는 화학종을 산이라 하였다.
㉯ 아레니우스(Arrhenius)는 수용액에서 양성자를 내어놓는 물질을 염기라고 하였다.
㉰ 염기는 그 수용액이 미끈 미끈하다.
㉱ 염기는 붉은 리트머스종이를 푸르게 한다.

풀이 ㉯ 아레니우스(Arrhenius)는 수용액에서 양성자 [H+]를 내어 놓는 물질을 산이라고 하였다.

04 세균의 수가 mL당 1,000마리가 검출된 물을 염소농도 0.5ppm으로 소독하여 80% 죽이는데 시간이 10분이 소요되었다. 최종 세균수를 10마리까지만 허용한다면 소독 시간이 몇 분 걸리겠는가? (단, 세균의 감소는 1차 반응식을 따른다.)

㉮ 약 23분 ㉯ 약 29분
㉰ 약 36분 ㉱ 약 38분

풀이
1차 반응식 : $\ln \dfrac{N_t}{N_o} = -k \times t$를 이용한다.

① $\ln \dfrac{20\%}{100\%} = -k \times 10min$
$\therefore k = \dfrac{\ln \dfrac{20\%}{100\%}}{-10min} = 0.1609/min$

answer 01 ㉰ 02 ㉯ 03 ㉯ 04 ㉯

② $\ln \frac{10마리}{1,000마리} = -0.1609/\min \times t$

∴ $t = \dfrac{\ln \frac{10마리}{1,000마리}}{-0.1609/\min} = 28.62\min$

05 어떤 폐수의 분석결과 COD가 450mg/L 이고, BOD_5가 300mg/L 였다면 NBDCOD 는? (단, 탈산소계수 k_1=0.2/day, base는 상용대수)

㉮ 약 76 mg/L ㉯ 약 84 mg/L
㉰ 약 117 mg/L ㉱ 약 136 mg/L

풀이 ① $BOD_5 = BOD_u \times (1-10^{-k_1 \times t})$
$300mg/L = BOD_u \times (1-10^{-0.2/day \times 5day})$
∴ $BOD_u = \dfrac{300mg/L}{(1-10^{-0.2/day \times 5day})} = 333.33mg/L$
② COD = BDCOD+NBDCOD
∴ NBDCOD = COD−BDCOD
= 450mg/L−333.33mg/L
= 116.67mg/L

TIP
BDCOD = BOD_u

06 동점성계수의 단위로 적절한 것은?

㉮ cm^2/sec ㉯ $g/cm \cdot sec$
㉰ $g \cdot cm/sec^2$ ㉱ cm/sec^2

풀이 ㉮ cm^2/sec : 동점성계수 단위
㉯ $g \cdot cm/sec$: 점성계수 단위

07 pH 2.8인 용액중의 $[H^+]$은 몇 mole/L인가?

㉮ 1.58×10^{-3} ㉯ 2.58×10^{-3}
㉰ 3.58×10^{-3} ㉱ 4.58×10^{-3}

풀이 $pH = -\log[H^+] \Rightarrow [H^+] = 10^{-pH} mol/L$
따라서 $[H^+] = 10^{-2.8} mol/L = 1.58 \times 10^{-3} mol/L$

08 Fungi가 심하게 번식하는 지대는? (단, Whipple의 4지대 기준)

㉮ 분해지대 ㉯ 활발한 분해지대
㉰ 회복지대 ㉱ 정수지대

풀이 Fungi가 심하게 번식하는 지대는 분해지대이다.

09 지하수의 특성을 지표수와 비교해서 설명한 것 중 옳지 않은 것은?

㉮ 경도가 높다.
㉯ 자정작용이 빠르다.
㉰ 탁도가 낮다.
㉱ 수온변동이 적다.

풀이 ㉯ 자정작용이 느리다.

answer 05 ㉰ 06 ㉮ 07 ㉮ 08 ㉮ 09 ㉯

10 25℃, 2기압의 압력에 있는 메탄가스 20kg의 부피는? (단, 이상 기체 상수(R) : 0.082 L·atm/mol·k)

㉮ $2.14×10^3 L$ ㉯ $2.34×10^3 L$
㉰ $1.24×10^4 L$ ㉱ $1.53×10^4 L$

풀이 이상기체상태 방정식

$PV = nRT \Rightarrow PV = \dfrac{W}{M}RT$를 이용한다.

$$\begin{bmatrix} P : 압력(atm) \\ V : 부피(m^3) \\ n : 몰수 \\ W : 질량(g) \\ M : 분자량(g) \\ R : 기체상수(L·atm/mol·k) \\ T : 절대온도(K) \end{bmatrix}$$

따라서 2atm×V(L)
$= \dfrac{20×10^3 g}{16g} ×(0.082L·atm/mol·k)×(273+25)K$

∴ $V = 1.53×10^4 L$

11 60,000m³/d 상수를 살균하기 위하여 30kg/d의 염소가 주입되고 있는데 살균 접촉 후 잔류염소는 0.2mg/L이다. 염소 요구량(농도)은?

㉮ 0.3mg/L ㉯ 0.4mg/L
㉰ 0.6mg/L ㉱ 0.8mg/L

풀이 염소주입량 = 염소요구량 + 염소잔류량
따라서 염소요구량 = 염소주입량 - 염소잔류량
$= \left(\dfrac{30kg/day}{60,000m^3/day}\right)×10^3 mg/L - 0.2mg/L$
$= 0.3mg/L$

TIP
① 총량(kg/day) = 농도(kg/m³)×유량(m³/day)
② 농도(kg/m³) = $\dfrac{총량(kg/day)}{유량(m^3/day)}$
③ kg/m³ = g/L이므로 kg/m³×10³ = mg/L

12 다음의 콜로이드에 관한 설명 중 옳지 않은 것은?

㉮ 콜로이드 입자들은 대단히 작아서 질량에 비해 표면적이 아주 크다.
㉯ 콜로이드 입자의 질량은 아주 작아서 중력의 영향은 중요하지 않다.
㉰ 콜로이드 입자들은 모두 전하를 띠고 있다.
㉱ 콜로이드를 제거하기 위해서는 콜로이드의 안정성을 증가시켜야 한다.

풀이 ㉱ 콜로이드를 제거하기 위해서는 콜로이드의 안정성을 감소시켜야 한다.

13 해수의 온도와 염분의 농도에 의한 밀도 차에 의해 형성되는 해류는?

㉮ 조류(tidal current)
㉯ 쓰나미(tsunami)
㉰ 심해류(deep ocean current)
㉱ 상승류(upwelling)

풀이 ㉮ 조류(tidal current) : 태양과 달의 영향
㉯ 쓰나미(tsunami) : 지진이나 화산활동
㉰ 심해류(deep ocean current) : 해수의 온도와 염분에 의한 밀도차
㉱ 상승류(upwelling) : 바람과 해양 및 육지의 상호작용

answer 10 ㉱ 11 ㉮ 12 ㉱ 13 ㉰

14 하천의 유기물 분해상태를 조사하기 위해 20℃에서 BOD를 측정 했을 때 k_1 = 0.13/day이었다. 실제 하천온도가 18℃일 때 정확한 탈산소 계수(k_1)는? (단, 온도보정계수는 1.047이며 상용대수 기준)

㉮ 0.113/day ㉯ 0.119/day
㉰ 0.123/day ㉱ 0.125/day

풀이
$k_{1(18℃)} = k_{1(20℃)} \times 1.047^{(18-20)}$
$= 0.13/day \times 1.047^{(18-20)} = 0.119/day$

15 다음과 같은 용액을 만들었을 때 몰 농도가 가장 큰 것은? (단, Na = 23, S = 32, Cl = 35.5)

㉮ 3.5L 중 NaOH 150 g
㉯ 30 mL 중 H_2SO_4 5.2 g
㉰ 5L 중 NaCl 0.2 kg
㉱ 100 mL 중 HCl 5.5 g

풀이
$M농도 = mol/L = \dfrac{질량(g)}{부피(L)} \times \dfrac{1mol}{분자량(g)}$

㉮ $NaOH = \dfrac{150g}{3.5L} \times \dfrac{1mol}{40g} = 1.07M$

㉯ $H_2SO_4 = \dfrac{5.2g}{0.03L} \times \dfrac{1mol}{98g} = 1.77M$

㉰ $NaCl = = \dfrac{0.2 \times 10^3 g}{5L} \times \dfrac{1mol}{58.5g} = 0.68M$

㉱ $HCl = = \dfrac{5.5g}{0.1L} \times \dfrac{1mol}{36.5g} = 1.51M$

16 다음 중 적조 발생의 환경적 요인과 가장 거리가 먼 것은?

㉮ 바다의 수온구조가 안정화되어 물의 수직적 성층이 이루어질 때
㉯ 플랑크톤의 번식에 충분한 광량과 영양염류가 공급될 때
㉰ 태풍 등으로 급격하게 수역의 정체가 파괴되었을 때
㉱ 해저에 빈산소 수괴가 형성되어 포자의 발아 촉진이 일어나고 퇴적층으로부터 부영양화의 원인물질이 용출될 때

풀이 ㉰ 물의 이동이 적은 정체수역에서 잘 발생한다.

17 수질오염물질과 그로 인한 공해병과의 관계를 잘못 짝지은 것은?

㉮ Hg : 미나마타병
㉯ Cr : 이따이 이따이병
㉰ F : 반상치
㉱ PCB : 카네미유증

풀이 ㉯ Cd(카드뮴) : 이따이 이따이병

18 Bacteria 18 g의 이론적인 COD는? (단, Bacteria의 분자식은($C_5H_7O_2N$), 질소는 암모니아로 분해됨을 기준으로 함)

㉮ 약 25.5 g ㉯ 약 28.8 g
㉰ 약 32.3 g ㉱ 약 37.5 g

풀이 $C_5H_7O_2N + 5O_2 \rightarrow 5CO_2 + 2H_2O + NH_3$
113g : 5 × 32g
18g : X(COD)
∴ $X(COD) = \dfrac{5 \times 32g \times 18g}{113g} = 25.49g$

answer 14 ㉯ 15 ㉯ 16 ㉰ 17 ㉯ 18 ㉮

19 Ca^{2+}가 40mg/L, Mg^{2+}가 36mg/L이 포함된 물의 총경도는? (단, Ca의 원자량 40, Mg의 원자량 24)

㉮ 150mg/L as $CaCO_3$
㉯ 200mg/L as $CaCO_3$
㉰ 250mg/L as $CaCO_3$
㉱ 300mg/L as $CaCO_3$

풀이

$$\frac{총경도(mg/L)}{50g} = \frac{Ca^{2+}mg/L}{20g} + \frac{Mg^{2+}mg/L}{12g}$$

$$\frac{총경도(mg/L)}{50g} = \frac{40mg/L}{20g} + \frac{36mg/L}{12g}$$

∴ 총경도 = 250mg/L as $CaCO_3$

20 500mL 물에 125mg의 염이 녹아 있을 때 이 수용액의 농도를 %로 나타낸 값은?

㉮ 0.125 %   ㉯ 0.250 %
㉰ 0.0125 % ㉱ 0.0250 %

풀이 수용액의 농도(%)

$$= \frac{용질}{용매} \times 100 = \frac{125mg}{500,000mg} \times 100 = 0.025\%$$

TIP
① 물의 비중이 1.0g/mL이므로 500mL×1.0g/mL=500g이다.
② 염 125mg = 125×10⁻³g = 0.125g

| 제2과목 | 수질오염방지기술

21 어느 폐수의 SS농도가 260mg/L이고, 유량이 1000m³/day이다. 폐수를 가압부상조로 처리할 때 A/S 비는? (단, 공기 용해도 = 16.8mL/L, 가압 탱크 내 압력 = 4기압, f = 0.5, 반송 없음)

㉮ 9.5×10⁻²   ㉯ 8.4×10⁻²
㉰ 7.3×10⁻²   ㉱ 6.8×10⁻²

풀이

$$A/S비 = \frac{1.3 \times S_a \times (f \cdot P-1)}{SS} \times R$$

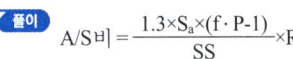

S_a : 공기의 용해도(mL/L)
P : 압력(atm)
SS : 부유고형물 농도(mg/L)

$$A/S비 = \frac{1.3 \times 16.8mL/L \times (0.5 \times 4atm-1)}{260mg/L}$$

$$= 0.084 = 8.40 \times 10^{-2}$$

22 다음 흡착에 대한 설명 중 잘못된 것은?

㉮ 흡착은 보통 물리적 흡착과 화학적 흡착으로 분류한다.
㉯ 화학적 흡착은 주로 van der waals의 힘에 기인하며 비가역적이다.
㉰ 흡착제는 단위 질량당 표면적이 큰 활성탄, 제올라이트 등이 사용된다.
㉱ 활성탄은 코코넛 껍질, 석탄 등을 탄화시킨 후 뜨거운 공기나 증기로 활성화시켜 제조한다.

풀이 ㉯ 물리적 흡착은 주로 van der waals의 힘에 기인하며 가역적이다.

answer 19 ㉰ 20 ㉱ 21 ㉯ 22 ㉯

23 유입수의 유량이 360L/인·일, BOD_5 농도가 200mg/L인 폐수를 처리하기 위해 완전혼합형 활성슬러지 처리장을 설계하려고 한다. pilot plant를 이용하여 처리능력을 실험한 결과, 1차 침전지에서 유입수 BOD_5의 25%가 제거되며 최종 유출수 BOD_5 = 10mg/L, MLSS = 3,000 mg/L, MLVSS는 MLSS의 75%이며 반응속도상수(K)가 0.93L/[gMLVSS]hr] 이라면 일차반응일 경우 반응시간(hr)은? (단, 2차 침전지는 고려하지 않음)

㉮ 4.5hr   ㉯ 5.4hr
㉰ 6.7hr   ㉱ 7.9hr

풀이 $Q \cdot (C_o - C_t) = k \cdot V \cdot C_t \cdot MLVSS$

$t = \dfrac{V}{Q}$ 이므로

$(C_o - C_t) = \left(\dfrac{V}{Q}\right) \cdot k \cdot C_t \cdot MLVSS$

$\therefore t = \dfrac{(C_o - C_t)}{k \cdot C_t \cdot MLVSS}$

$= \dfrac{(150-10)mg/L}{0.93L/g \cdot hr \times 10mg/L \times 3g/L \times 0.75}$

$= 6.69hr$

TIP
① C_o = 200mg/L×(1-0.25) = 150mg/L
② C_t = 10mg/L

24 처리수의 BOD농도가 5mg/L인 폐수처리공정의 BOD 제거효율은 1차 처리 40%, 2차 처리 80%, 3차 처리 15%이다. 이 폐수처리공정에 유입되는 유입수의 BOD 농도는?

㉮ 39 mg/L   ㉯ 49 mg/L
㉰ 59 mg/L   ㉱ 69 mg/L

풀이 ① 총합효율(η_T) = $1-(1-\eta_1)\times(1-\eta_2)\times(1-\eta_3)$
= $1-(1-0.4)\times(1-0.8)\times(1-0.15)$ = 0.898
따라서 89.80%

② $\eta_T = \left(1 - \dfrac{유출수\ BOD}{유입수\ BOD}\right) \times 100$

$89.80\% = \left(1 - \dfrac{5mg/L}{유입수\ BOD}\right) \times 100$

$\therefore 유입수\ BOD = \dfrac{5mg/L}{1-0.8980} = 49.02mg/L$

25 다음 중 응집침전에 사용되는 황산알루미늄 응집제에 대한 설명으로 틀린 것은?

㉮ 결정(結晶)은 부식성이 있어 취급에 유의하여야 한다.
㉯ 독성이 없어 대량 첨가가 가능하다.
㉰ 여러 폐수에 적용된다.
㉱ 생성된 플록이 가볍다.

풀이 ㉮ 결정(結晶)은 부식성이 없어 취급이 용이하다.

answer 23 ㉰   24 ㉯   25 ㉮

26 1,000mg/L의 SS를 함유하는 폐수가 있다. 90%의 SS제거를 위한 침강속도를 측정해 보니 10mm/min이었다. 폐수의 양이 14,400m³/day일 경우 SS 90% 제거를 위해 요구되는 침전지의 최소 수면적은?

㉮ 900 m² ㉯ 1,000 m²
㉰ 1,200 m² ㉱ 1,500 m²

풀이 침강속도(V_s) = 수면부하율(V_o)×효율(η)

수면부하율(m³/m²·day) = $\dfrac{\text{폐수량}(m^3/day)}{\text{수면적}(m^2)}$

① 침강속도(m/day)

$= \dfrac{10mm}{min} \times \dfrac{1m}{10^3mm} \times \dfrac{60min}{1hr} \times \dfrac{24hr}{1day}$

$= 14.4 m/day$

② $14.4 m/day = \dfrac{14,400 m^3/day}{\text{수면적}(m^2)} \times 0.90$

∴ 수면적 $= \dfrac{14,400 m^3/day \times 0.90}{14.4 m/day} = 900 m^2$

27 고도수처리방법에 사용되는 각종 분리막에 관한 설명으로 틀린 것은?

㉮ 역삼투의 구동력은 농도차이다.
㉯ 한외여과의 구동력은 정수압차이다.
㉰ 전기투석의 구동력은 전위차이다.
㉱ 정밀여과의 막형태는 대칭형 다공성막이다.

풀이 ㉮ 역삼투의 구동력은 정수압차이다.

28 포기조의 MLSS 3,000mg/L, BOD-MLSS(부하) 0.2kg/kg·일의 조건에서 BOD 200mg/L의 하수 750m³/일을 처리하고자 한다. 포기조의 크기는?

㉮ 420 m³ ㉯ 350 m³
㉰ 250 m³ ㉱ 200 m³

풀이 F/M비 $= \dfrac{BOD \times Q}{MLSS \times V}$

$0.2/day = \dfrac{200mg/L \times 750m^3/day}{3,000mg/L \times V}$

∴ $V = \dfrac{200mg/L \times 750m^3/day}{3,000mg/L \times 0.2/day} = 250 m^3$

29 96%의 수분을 함유하는 Sludge 100m³을 탈수하여 수분 90%인 Sludge를 얻었다. 탈수된 Sludge의 부피는? (단, 비중(1.0)은 변하지 않는 것으로 한다.)

㉮ 40 m³ ㉯ 50 m³
㉰ 60 m³ ㉱ 70 m³

풀이 $V_1 \times (100-P_1) = V_2 \times (100-P_2)$

$100m^3 \times (100-96) = V_2 \times (100-90)$

∴ $V_2 = \dfrac{100m^3 \times (100-96)}{(100-90)} = 40 m^3$

answer 26 ㉯ 27 ㉮ 28 ㉰ 29 ㉮

30 BOD 1.0kg 제거에 필요한 산소량은 1.5kg이다. 공기 1m³에 포함된 산소량이 0.277kg이라 하면 활성슬러지에서 공기용해율이 6%(V/V%)일 때 BOD 1.0kg을 제거하는데 필요한 공기량은?

㉮ 60.2 m³ ㉯ 70.1 m³
㉰ 80.4 m³ ㉱ 90.3 m³

풀이 필요한 공기량(m³)

$$= \frac{1.5 \text{kg O}_2}{\text{BOD 1kg 제거}} \times \frac{1\text{m}^3 \text{ 공기}}{0.277 \text{kg O}_2} \times \frac{100}{6\%} = 90.25 \text{m}^3$$

31 하수처리를 위한 일차침전지의 설계기준 중 잘못된 것은?

㉮ 유효수심은 2.5 ~ 4m를 표준으로 한다.
㉯ 침전시간은 계획1일 최대오수량에 대하여 표면부하율과 유효수심을 고려하여 정하며 일반적으로 2 ~ 4시간을 표준으로 한다.
㉰ 표면적부하율은 계획1일 최대오수량에 대하여 분류식의 경우는 25 ~ 35m³/m²·day, 합류식의 경우는 35 ~ 70m³/m²·day로 한다.
㉱ 침전지 수면의 여유고는 40 ~ 60cm 정도로 한다.

풀이 ㉰ 표면적부하율은 계획1일 최대오수량에 대하여 분류식의 경우는 35 ~ 70m³/m²·day, 합류식의 경우는 25 ~ 50m³/m²·day로 한다.

32 하수처리시 소독 방법인 자외선 소독의 장단점으로 틀린 것은? (단, 염소 소독과의 비교)

㉮ 요구되는 공간이 적고 안전성이 높다.
㉯ 소독이 성공적으로 되었는지 즉시 측정할 수 없다.
㉰ 잔류효과, 잔류독성이 없다.
㉱ 대장균살균을 위한 낮은 농도에서 virus, spores, cysts 등을 비활성화 시키는데 효과적이다.

풀이 ㉱ 높은 농도에서 virus, spores, cysts 등을 비활성화 시키는데 염소보다 효과적이다.

33 어떤 폐수를 중성으로 조절하는데 0.1% NaOH가 20mL 소요되었다. 이 경우 NaOH 대신 1% Ca(OH)$_2$를 사용하면 중성조절에 소요되는 1% Ca(OH)$_2$량은? (단, Ca(OH)$_2$의 분자량은 74, NaOH는 40 이다.)

㉮ 1.9mL ㉯ 3.6mL
㉰ 5.8mL ㉱ 7.5mL

풀이
N농도 = eq/L = $\frac{\text{질량(g)}}{\text{부피(L)}} \times \frac{1\text{eq}}{1\text{당량 g}}$

① NaOH의 eq/L

$$= \frac{0.1 \times 10^4 \text{mg}}{\text{L}} \times \frac{1\text{g}}{10^3 \text{mg}} \times \frac{1\text{eq}}{40\text{g}} = 0.025\text{N}$$

② Ca(OH)$_2$의 eq/L

$$= \frac{1 \times 10^4 \text{mg}}{\text{L}} \times \frac{1\text{g}}{10^3 \text{mg}} \times \frac{1\text{eq}}{74\text{g}/2} = 0.27\text{N}$$

③ $N_1V_1 = N_2V_2$
0.025N × 20mL = 0.27N × V_2
∴ V_2 = 1.85mL

answer 30 ㉱ 31 ㉰ 32 ㉱ 33 ㉮

34 5단계 Bardenpho공정 중 호기조의 역할에 관한 설명으로 가장 적절한 것은?

㉮ 인의 방출   ㉯ 인의 과잉 섭취
㉰ 슬러지 라이징   ㉱ 탈질산화

풀이 ㉮ 인의 방출 : 혐기성조
㉯ 인의 과잉 섭취 : 호기성조(포기조)
㉱ 탈질산화 : 무산소조

35 폭기조내의 MLSS가 4,000mg/L, 폭기조 용적이 500m³인 활성슬러지법에서 매일 25m³의 폐슬러지를 뽑아 소화조로 보내 처리한다면 세포의 평균체류시간은? (단, 반송슬러지의 농도는 2%, 비중은 1.0, 유출수내 SS 농도 고려안함.)

㉮ 2일   ㉯ 3일
㉰ 4일   ㉱ 5일

풀이 세포의 평균체류시간(SRT) = $\dfrac{MLSS \cdot V}{Q_w \cdot SS_w}$

$= \dfrac{4,000\text{mg/L} \times 500\text{m}^3}{25\text{m}^3/\text{day} \times 2 \times 10^4\text{mg/L}} = 4\text{day}$

TIP
① $SS_w = SS_r = 2\%$
② $2\% \xrightarrow{\times 10^4} 2 \times 10^4 \text{mg/L}$

36 토양처리 급속침투 시스템을 설계하여 1차 처리 유출수 100L/sec를 160m³/m²·년의 속도로 처리하고자 한다. 필요한 부지면적은? (단, 1일 24시간, 1년 365일로 환산한다.)

㉮ 약 2ha   ㉯ 약 20ha
㉰ 약 4ha   ㉱ 약 40ha

풀이 ① 160m³/m²·년

$= \dfrac{0.1\text{m}^3/\text{sec} \times 3,600\text{sec}/1\text{hr} \times 24\text{hr}/\text{day} \times 365\text{day}/\text{년}}{A(\text{m}^2)}$

∴ A = 19,710m² = 0.01971km²
② 1km² = 100ha
∴ A = 0.01971km² × 100ha/1km² = 1.97ha

37 원추형 바닥을 가진 원형의 일차침전지의 직경이 40m, 측벽 깊이가 3m, 원추형 바닥의 깊이가 1m인 경우 하수 처리 유량은? (단, 침전지 체류시간 6시간)

㉮ 약 13,500m³/d   ㉯ 약 15,200m³/d
㉰ 약 16,800m³/d   ㉱ 약 19,300m³/d

풀이 ① $V = \left\{(\dfrac{\pi D^2}{4} \times H_1) + (\dfrac{\pi D^2}{4} \times H_2 \times \dfrac{1}{3})\right\}$

$= \left\{\dfrac{\pi \times (40\text{m})^2}{4} \times 3\text{m}\right\} + \left\{\dfrac{\pi \times (40\text{m})^2}{4} \times 1\text{m} \times \dfrac{1}{3}\right\}$

$= 4,188.8\text{m}^3$

② $Q(\text{m}^3/\text{day}) = \dfrac{V(\text{m}^3)}{t(\text{day})} = \dfrac{4,188.8\text{m}^3}{\left(\dfrac{6}{24}\right)\text{day}}$

$= 16,755.2\text{m}^3/\text{day}$

answer 34 ㉯   35 ㉰   36 ㉮   37 ㉰

38 하수관거가 매설되어 있지 않은 지역에 위치한 500개의 단독주택에서 생성된 정화조 슬러지를 소규모 하수처리장에 운반하여 처리할 경우, 이로 인한 BOD 부하량(kg·BOD/수거일)은?

[조건]
- 정화조는 연 1회 수거
- 정화조 1개당 발생되는 슬러지 : $3.8m^3$
- 연중 250일 동안 일정량의 정화조 슬러지를 수거, 운반, 처리
- 정화조 슬러지의 BOD 농도 : 6,000mg/L

㉮ 33.6　　㉯ 45.6
㉰ 56.3　　㉱ 63.2

풀이 BOD 부하량(kg/day)
= $3.8m^3$/개·년×500개×1년/250일×$6kg/m^3$
= 45.6kg/day

39 180g의 아세트산(CH_3COOH)이 35℃ 혐기성 소화조에서 분해할 때 발생되는 이론적인 CH_4의 양은 얼마인가?

㉮ 약 45L　　㉯ 약 68L
㉰ 약 76L　　㉱ 약 83L

풀이 ① $CH_3COOH \rightarrow CO_2 + CH_4$
60g : 22.4L
180g : X(CH_4)
∴ X(CH_4) = $\frac{180g \times 22.4L}{60g}$ = 67.2L(표준 상태)

② CH_4(35°) = 67.2L × $\frac{273+35}{273}$ = 75.82L

40 다음 중 보통 1차침전지에서 부유물질의 침전속도가 작게 되는 경우는? (단, Stokes 법칙 적용)

㉮ 부유물질 입자의 밀도가 클 경우
㉯ 부유물질 입자의 입경이 클 경우
㉰ 처리수의 밀도가 작을 경우
㉱ 처리수의 점성도가 클 경우

풀이 ㉮ 부유물질 입자의 밀도가 작을 경우
㉯ 부유물질 입자의 입경이 작을 경우
㉰ 처리수의 밀도가 클 경우

| 제3과목 | 수질오염공정시험기준

41 시험에 적용되는 온도 표시에 관한 내용으로 옳지 않은 것은?

㉮ 실온은 1~35℃
㉯ 찬 곳은 4℃ 이하
㉰ 온수는 60~70℃
㉱ 상온은 15~25℃

풀이 ㉯ 찬 곳은 0~15℃

42 4각 웨어의 수두 80cm, 절단의 폭 2.5m이면 유량은? (단, 유량계수는 1.6 이다.)

㉮ 약 $2.9\ m^3/min$　　㉯ 약 $3.5\ m^3/min$
㉰ 약 $4.7\ m^3/min$　　㉱ 약 $5.3\ m^3/min$

풀이 Q(m^3/min) = k·b·$h^{\frac{3}{2}}$ = 1.6×2.5×$(0.8)^{\frac{3}{2}}$
= 2.86m^3/min

answer 38 ㉯　39 ㉰　40 ㉱　41 ㉯　42 ㉮

43 물벼룩을 이용한 급성 독성 시험법에서 적용되는 용어인 '치사'의 정의로 옳은 것은?

㉮ 치사(Mortality) : 일정 희석 비율로 준비된 시료에 물벼룩을 투입하여 12시간 경과 후 시험용기를 손으로 살짝 두드려 주고, 15 후 관찰했을 때 독성물질에 의해 영향을 받아 움직임이 명백하게 없는 상태를 '치사'라 판정한다.
㉯ 치사(Mortality) : 일정 희석 비율로 준비된 시료에 물벼룩을 투입하여 12시간 경과 후 시험용기를 손으로 살짝 두드려 주고, 30초 후 관찰했을 때 독성물질에 의해 영향을 받아 움직임이 명백하게 없는 상태를 '치사'라 판정한다.
㉰ 치사(Mortality) : 일정 희석 비율로 준비된 시료에 물벼룩을 투입하여 24시간 경과 후 시험용기를 손으로 살짝 두드려 주고, 15초 후 관찰했을 때 독성물질에 의해 영향을 받아 움직임이 명백하게 없는 상태를 '치사'라 판정한다.
㉱ 치사(Mortality) : 일정 희석 비율로 준비된 시료에 물벼룩을 투입하여 24시간 경과 후 시험용기를 손으로 살짝 두드려 주고, 30초 후 관찰했을 때 독성물질에 의해 영향을 받아 움직임이 명백하게 없는 상태를 '치사'라 판정한다.

풀이 치사의 용어로 바르게 설명된 것은 ㉰이다.

44 다음은 자외선/가시선 분광법을 적용한 불소 측정 방법이다. ( )안에 옳은 내용은?

> 물속에 존재하는 불소를 측정하기 위해 시료에 넣은 란탄알리자린 콤프렉손의 착화합물이 불소이온과 반응하여 생성하는 ( )에서 측정하는 방법이다.

㉮ 적색의 복합 착화합물의 흡광도를 560nm
㉯ 청색의 복합 착화합물의 흡광도를 620nm
㉰ 황갈색의 복합 착화합물의 흡광도를 460nm
㉱ 적자색의 복합 착화합물의 흡광도를 520nm

풀이 불소의 자외선/가시선 분광법
① 청색, 620nm에서 흡광도 측정
② 정량한계 : 0.15mg/L
③ 알루미늄 및 철의 방해는 증류하면 영향이 없다.

45 노말헥산 추출물질 측정 개요에 관한 내용으로 옳지 않은 것은?

㉮ 통상 유분의 성분별 선택적 정량이 용이하다.
㉯ 최종 무게 측정을 방해할 가능성이 있는 입자가 존재하는 경우 0.45μm여과지로 여과한다.
㉰ 정량한계는 0.5mg/L 이다.
㉱ 시료를 pH 4 이하의 산성으로 하여 노말헥산층에 용해되는 물질을 노말헥산으로 추출하고 노말헥산을 증발시킨 잔류물의 무게를 구한다.

풀이 ㉮ 통상 유분의 성분별 선택적 정량이 곤란하다.

answer 43 ㉰ 44 ㉯ 45 ㉮

46 개수로의 평균 단면적이 1.6m²이고, 부표를 사용하여 10m 구간을 흐르는데 걸리는 시간을 측정한 결과 5초(sec)였을 때 이 수로의 유량은? (단, 수로의 구성, 재질, 수로단면의 형상, 기울기 등이 일정하지 않은 개수로의 경우 기준)

㉮ 144m³/min   ㉯ 154 m³/min
㉰ 164m³/min   ㉱ 174 m³/min

풀이 유량(m³/min)
= 평균 단면적(m²)×평균 유속(m/min)
= $1.6m^2 \times \dfrac{10m}{5sec} \times 60sec/min \times 0.75 = 144 m^3/min$

TIP
평균유속 = 최대유속×0.75

47 채취된 시료를 규정된 보존방법에 따라 조치했다면 최대 보존기간이 가장 짧은 측정항목은?

㉮ 6가 크롬
㉯ 노말헥산추출물질
㉰ 클로로필a
㉱ 색도

풀이 ㉮ 6가 크롬 : 24시간
㉯ 노말헥산추출물질 : 28일
㉰ 클로로필a : 7일
㉱ 색도 : 48시간

48 수소이온농도 측정을 위한 표준용액 중 거의 중성 pH값을 나타내는 것은?

㉮ 인산염 표준용액
㉯ 수산염 표준용액
㉰ 탄산염 표준용액
㉱ 프탈산염 표준용액

풀이 수소이온농도 측정을 위한 표준용액 중 거의 중성 pH값을 나타내는 것은 인산염 표준용액이다.

49 납에 적용 가능한 시험방법으로 옳지 않은 것은? (단, 수질오염공정시험기준 기준)

㉮ 유도결합플라스마 - 원자발광분광법
㉯ 원자형광법
㉰ 양극벗김전압전류법
㉱ 유도결합플라스마 - 질량분석법

풀이 납에 적용 가능한 시험방법에는 유도결합플라스마 - 원자발광분광법, 양극벗김전압전류법, 유도결합플라스마 - 질량분석법, 원자흡수분광광도법이 있다.

50 시료채취시 유의사항으로 옳지 않은 것은?

㉮ 휘발성유기화합물 분석용 시료를 채취할 때에는 뚜껑의 격막을 만지지 않도록 주의 하여야 한다.
㉯ 환원성 물질 분석용 시료의 채취병을 뒤집어 공기방울이 확인되면 다시 채취하여야 한다.
㉰ 천부층 지하수의 시료채취시 고속양수펌프를 이용하여 신속히 시료를 채취하여 시료영향을 최소화한다.
㉱ 시료채취시에 시료채취시간, 보존제 사용여부, 매질 등 분석결과에 영향을 미칠 수 있는 사항을 기재하여 분석자가 참고할 수 있도록 한다.

풀이 ㉰ 심부층 지하수의 시료채취시 저속양수펌프를 이용하여 반드시 저속시료채취하여 시료 교란을 최소화한다.

answer 46 ㉮   47 ㉮   48 ㉮   49 ㉯   50 ㉰

51 측정항목에 따른 시료의 보존방법이 다른 것으로 짝지어진 것은?

㉮ 부유물질 - 색도
㉯ 생물화학적산소요구량 - 전기전도도
㉰ 아질산성 질소 - 음이온계면활성제
㉱ 유기인 - 인산염인

▶ 풀이 ㉮ 부유물질 - 색도 : 보존방법 없음
㉯ 생물화학적산소요구량 - 전기전도도 : 보존방법 없음
㉰ 아질산성 질소 - 음이온계면활성제 : 보존방법 없음
㉱ 유기인 - NaOH 또는 H_2SO_4로 pH 5~9인산염인 - 가능한 한 빨리 여과

52 물속의 냄새 측정시 잔류염소 냄새는 측정에서 제외한다. 잔류염소 제거를 위해 첨가하는 시액은?

㉮ 티오황산소듐용액
㉯ 과망간산포타슘용액
㉰ 아스코르빈산암모늄용액
㉱ 질산암모늄용액

53 다음 중 비소의 수소화물생성-원자흡수분광광도법에 대한 내용으로 틀린 것은?

㉮ 아연 또는 소듐붕소수화물($NaBH_4$)을 넣어 수소화 비소로 포집한다.
㉯ 아르곤(또는 질소)-수소 불꽃에서 원자화시켜 228.8nm에서 흡광도를 측정한다.
㉰ 정량한계는 0.005mg/L이다.
㉱ 높은 농도의 크롬, 코발트, 구리, 수은, 몰리브덴, 은 및 니켈은 비소 분석을 방해한다.

▶ 풀이 ㉯ 아르곤(또는 질소)-수소 불꽃에서 원자화시켜 193.7nm에서 흡광도를 측정한다.

54 "항량으로 될 때까지 건조한다"라는 용어의 정의로 옳은 것은?

㉮ 같은 조건에서 1시간 더 건조했을 때 전후 무게 차가 g당 0.1mg 이하일 때
㉯ 같은 조건에서 1시간 더 건조했을 때 전후 무게 차가 g당 0.3mg 이하일 때
㉰ 같은 조건에서 1시간 더 건조했을 때 전후 무게 차가 g당 0.5mg 이하일 때
㉱ 같은 조건에서 1시간 더 건조했을 때 전후 무게 차가 g당 1.0mg 이하일 때

55 다음은 부유물질을 측정 분석절차에 관한 내용이다. ( )안에 옳은 내용은?

> 유리섬유여과지를 여과장치에 부착하여 미리 정제수 20mL 씩으로 (A) 흡인여과하여 씻은 다음 시계접시 또는 알루미늄 호일 접시 위에 놓고 105~110℃의 건조기 안에서 (B) 건조시켜 황산 데시케이터에 넣어 방치하고 냉각한 다음 항량하여 무게를 정밀히 달고 여과장치에 부착시킨다.

㉮ A : 2회, B : 1시간
㉯ A : 2회, B : 2시간
㉰ A : 3회, B : 1시간
㉱ A : 3회, B : 2시간

answer 51 ㉱ 52 ㉮ 53 ㉯ 54 ㉯ 55 ㉱

56 6가 크롬(Cr^{6+})의 측정방법과 가장 거리가 먼 것은? (단, 수질오염공정시험기준 기준)

㉮ 불꽃 원자흡수 분광광도법
㉯ 양극벗김전압전류법
㉰ 자외선/가시선 분광법
㉱ 유도결합플라스마 원자발광분광법

풀이 6가 크롬(Cr^{6+})의 측정방법에는 원자흡수 분광광도법, 자외선/가시선 분광법, 유도결합플라스마 - 원자발광분광법이 있다.

57 식물성 플랑크톤을 측정하기 위한 시료 채취시 정성채집에 이용하는 것은?

㉮ 반돈 채수기   ㉯ 플랑크톤 채수병
㉰ 플랑크톤 네트   ㉱ 플랑크톤 박스

58 시안분석을 위하여 채취한 시료 보존방법에 관한 내용 중 옳지 않은 것은?

㉮ 시안 분석용 시료에 잔류염소가 공존할 경우 시료 1L 당 아스코빈산 1g을 첨가한다.
㉯ 시안 분석용 시료에 산화제가 공존할 경우에는 시안을 파괴할 수 있으므로 채수 즉시 황산 암모늄철을 시료 1L 당 0.6g 첨가한다.
㉰ NaOH로 pH 12 이상으로 하여 보관한다.
㉱ 최대 보존 기간은 14일 정도이다.

풀이 ㉯ 시안 분석용 시료에 산화제가 공존할 경우에는 시안을 파괴할 수 있으므로 채수 즉시 이산화비소산소듐을 시료 1L 당 0.6g 첨가한다.

59 시험에 적용되는 용어의 정의로 옳지 않는 것은?

㉮ 기밀용기 : 취급 또는 저장하는 동안에 밖으로부터의 공기 또는 다른 가스가 침입하지 아니하도록 내용물을 보호하는 용기
㉯ 정밀히 단다 : 규정된 양의 시료를 취하여 화학저울 또는 미량저울로 칭량함을 말한다.
㉰ 정확히 취하여 : 규정된 양의 액체를 부피피펫으로 눈금까지 취하는 것을 말한다.
㉱ 감압 : 따로 규정이 없는 한 15mmH_2O 이하를 뜻한다.

풀이 ㉱ 감압 : 따로 규정이 없는 한 15mmHg 이하를 뜻한다.

60 자외선/가시선 분광법으로 페놀류를 측정할 때 간섭물질인 시료 내 오일과 타르 성분의 제거방법으로 옳은 것은?

㉮ 수산화소듐을 사용하여 시료의 pH 9 ~ 10으로 조절한 후 클로로폼으로 용매 추출하여 제거한다.
㉯ 수산화소듐을 사용하여 시료의 pH 12 ~ 12.5로 조절한 후 클로로폼으로 용매 추출하여 제거한다.
㉰ 묽은 황산을 사용하여 시료의 pH 4 이하로 조절한 후 클로로폼으로 용매 추출하여 제거한다.
㉱ 묽은 황산을 사용하여 시료의 pH 2 이하로 조절한 후 클로로폼으로 용매 추출하여 제거한다.

answer 56 ㉯ 57 ㉰ 58 ㉯ 59 ㉱ 60 ㉯

2013 1회 기출문제

제1과목 | 수질오염개론

01 다음의 용어에 대한 설명 중 틀린 것은?

㉮ 독립영양계 미생물이란 CO_2를 탄소원으로 이용하는 미생물이다.
㉯ 종속영양계 미생물이란 유기탄소를 탄소원으로 이용하는 미생물을 말한다.
㉰ 화학합성독립영양계 미생물은 유기물의 산화환원 반응을 에너지원으로 한다.
㉱ 광합성독립영양계 미생물은 빛을 에너지원으로 한다.

풀이 ㉰ 화학합성독립영양계 미생물은 무기물의 산화환원 반응을 에너지원으로 한다.

TIP
에너지원과 탄소원에 의한 미생물의 분류

분류	에너지원	탄소원
광합성 자가(독립)영양 미생물	빛	CO_2
화학합성 자가(독립)영양 미생물	무기물의 산화·환원 반응	CO_2
광합성 타가(종속)영양 미생물	빛	유기탄소
화학합성 타가(종속)영양 미생물	유기물의 산화·환원 반응	유기탄소

02 [기체가 관련된 화학반응에서는 반응하는 기체와 생성하는 기체의 부피 사이에 정수관계가 성립한다]라는 내용의 기체법칙은?

㉮ Graham의 결합 부피 법칙
㉯ Gay-Lussac의 결합 부피 법칙
㉰ Dalton의 결합 부피 법칙
㉱ Henry의 결합 부피 법칙

풀이 ㉯ Gay-Lussac의 결합 부피 법칙에 대한 설명이다.

03 다음에 나타낸 오수 미생물 중에서 유황 화합물을 산화하여 균체 내 또는 균체 외에 유황입자를 축적하는 것은?

㉮ Zoogloea ㉯ Sphaerotilus
㉰ Beggiatoa ㉱ Crenothrix

풀이 유황산화 박테리아를 찾는 문제이다.

TIP
유황산화 박테리아
Begiatoa(베기아토아)
Thiobacillus(티오바실러스)
Thiooxidans(티오옥시던스)
Thiotrix(티오트릭스)

answer 01 ㉰ 02 ㉯ 03 ㉰

04 증류수 500mL에 NaOH 0.01g을 녹이면 pH는? (단, NaOH의 분자량은 40이고 완전해리한다.)

㉮ 10.4 ㉯ 10.7
㉰ 11.0 ㉱ 11.3

풀이 NaOH → Na$^+$ + OH$^-$
　　　　XM　　XM　XM

NaOH의 mol/L = $\frac{0.01g}{0.5L} \times \frac{1mol}{40g}$ = 5.0×10^{-4}mol/L

따라서 [OH$^-$] = XM = 5.0×10^{-4}mol/L
∴ pH = 14+log[OH$^-$]
　　　 = 14+log[5.0×10^{-4}mol/L]
　　　 = 10.70

TIP
① M농도 = mol/L
② 1mol = 분자량(g)
③ NaOH의 분자량 = 23+16+1 = 40g
④ 산성물질에서 pH = -log[H$^+$]
⑤ 알칼리성물질에서 pH = 14+log[OH$^-$]

05 다음 중 물이 가지는 특성으로 틀린 것은?

㉮ 물의 밀도는 0℃에서 가장 크며 그 이하의 온도에서는 얼음형태로 물에 뜬다.
㉯ 물은 광합성의 수소공여체이며 호흡의 최종산물이다.
㉰ 생물체의 결빙이 쉽게 일어나지 않는 것은 융해열이 크기 때문이다.
㉱ 물은 기화열이 크기 때문에 생물의 효과적인 체온조절이 가능하다.

풀이 ㉮ 물의 밀도는 4℃에서 1g/cm^{3}으로 가장 크다.

06 정체해역에 조류 등이 이상 증식하여 해수의 색을 변색시키는 현상을 적조 현상이라 한다. 이때 어류가 죽는 원인과 가장 거리가 먼 것은?

㉮ 플랑크톤의 이상증식은 해수중의 DO를 고갈시킨다.
㉯ 독성을 가진 플랑크톤에 의해 어류가 폐사한다.
㉰ 적조현상에 의한 수표면 수막현상으로 인해 어류가 폐사한다.
㉱ 이상 증식한 플랑크톤이 어류의 아가미에 부착되어 호흡장애를 일으킨다.

07 호수나 저수지를 상수원으로 사용할 경우 전도(turn over)현상으로 수질 악화가 우려 되는 시기는?

㉮ 봄과 여름　㉯ 봄과 가을
㉰ 여름과 겨울　㉱ 가을과 겨울

풀이 전도현상은 봄과 가을에 발생하고, 성층현상은 여름과 겨울에 발생한다.

answer 04 ㉯　05 ㉮　06 ㉰　07 ㉯

08 하천주변에 돼지를 키우려고 한다. 이 하천은 BOD가 2.0mg/L이고 유량이 100,000m³/day이다. 돼지 1마리당 BOD 배출량은 0.25kg/day라고 한다면 최대 몇 마리까지 키울 수 있는가? (단, 하천의 BOD는 6mg/L을 유지하려고 한다.)

㉮ 1,600 ㉯ 2,000
㉰ 2,500 ㉱ 3,000

풀이 마리수

$= \dfrac{(\text{BOD의 기준치농도} - \text{하천의 현재 BOD 농도})\text{kg/m}^3 \times \text{유량}(\text{m}^3/\text{day})}{\text{BOD 배출량}(\text{kg/day} \cdot \text{마리})}$

$= \dfrac{(6-2) \times 10^{-3}\text{kg/m}^3 \times 100,000\text{m}^3/\text{day}}{0.25\text{kg/day} \cdot \text{마리}} = 1,600$ 마리

TIP
① ppm = mg/L = g/m³
② mg/L $\xrightarrow{\times 10^{-3}}$ kg/m³

09 탈산소계수 K(상용대수)가 0.1/day인 어떤 폐수 5일 BOD가 500mg/L이라면 이 폐수의 3일 후에 남아있는 BOD는?

㉮ 366mg/L ㉯ 386mg/L
㉰ 416mg/L ㉱ 436mg/L

풀이 ① $BOD_5 = BOD_u \times (1 - 10^{-k \times t})$
$500\text{mg/L} = BOD_u \times (1 - 10^{-0.1/\text{day} \times 5\text{day}})$
$\therefore BOD_u = \dfrac{500\text{mg/L}}{1 - 10^{-0.1/\text{day} \times 5\text{day}}} = 731.24\text{mg/L}$

② 3일후 남아있는 BOD를 구한다.
$BOD_3 = BOD_u \times (10^{-k \times t})$
$= 731.24\text{mg/L} \times (10^{-0.1/\text{day} \times 3\text{day}})$
$= 366.49\text{mg/L}$

10 Formaldehyde(CH_2O) 1,250mg/L의 이론적인 COD는?

㉮ 1,263mg/L ㉯ 1,333mg/L
㉰ 1,423mg/L ㉱ 1,594mg/L

풀이 $CH_2O + O_2 \rightarrow CO_2 + H_2O$
30g   : 32g
1,250mg/L : COD

$\therefore COD = \dfrac{1,250\text{mg/L} \times 32\text{g}}{30\text{g}} = 1,333.33\text{mg/L}$

TIP
① CH_2O의 분자량 = 12+(2×1)+16 = 30g
② O_2의 분자량 = 2×16 = 32g

11 0.01N 약산이 2% 해리되어 있을 때 이 수용액의 pH는?

㉮ 3.1 ㉯ 3.4
㉰ 3.7 ㉱ 3.9

풀이
$CH_3COOH \xrightarrow{2\%해리} CH_3COO^- + H^+$
해리전 0.01M   0M   0M
해리후 0.01M-0.01M×0.02   0.01M×0.02 0.01M×0.02
따라서 pH = $-\log[H^+]$ = $-\log[0.01M \times 0.02]$ = 3.70

TIP
① CH_3COOH는 1가이므로 N농도와 M농도가 동일하다.
② 0.01N = 0.01M
③ 산성물질에서 pH = $-\log[H^+]$
④ 알칼리성물질에서 pH = $14 + \log[OH^-]$

answer 08 ㉮   09 ㉮   10 ㉯   11 ㉰

12 물의 동점성계수를 가장 알맞게 나타낸 것은?

㉮ 전단력 τ과 점성계수 μ를 곱한 값이다.
㉯ 전단력 τ과 밀도 ρ를 곱한 값이다.
㉰ 점성계수 μ를 전단력 τ로 나눈 값이다.
㉱ 점성계수 μ를 밀도 ρ로 나눈 값이다.

풀이 물의 동점성계수(ν) = $\dfrac{\text{점성계수}(\mu)}{\text{밀도}(\rho)}$

13 pH = 4.5인 물의 수소이온농도(M)는?

㉮ 약 3.2×10^{-5}M   ㉯ 약 5.2×10^{-5}M
㉰ 약 3.2×10^{-4}M   ㉱ 약 5.2×10^{-4}M

풀이 pH = 4.5이면
$[H^+] = 10^{-pH}\,mol/L = 10^{-4.5}\,mol/L$
$= 3.16 \times 10^{-5}\,mol/L$

TIP
① pH = $-\log[H^+]$ ⇒ $[H^+] = 10^{-pH}\,mol/L$
② pOH = $-\log[OH^-]$ ⇒ $[OH^-] = 10^{-pOH}\,mol/L$

14 BOD_5가 180mg/L이고 COD가 400mg/L인경우, 탈산소계수(k_1)의 값은 0.12/day였다. 이때 생물학적으로 분해불가능한 COD는? (단, 상용대수 기준)

㉮ 100mg/L   ㉯ 120mg/L
㉰ 140mg/L   ㉱ 160mg/L

풀이 ① BOD_u(COD)를 계산한다.
$BOD_5 = BOD_u \times (1-10^{-k_1 \times t})$
$180mg/L = BOD_u \times (1-10^{-0.12/day \times 5day})$
∴ $BOD_u = \dfrac{180mg/L}{(1-10^{-0.12/day \times 5day})} = 240.38mg/L$

② NBDCOD를 계산한다.
COD = BDCOD + NBDCOD

[BDCOD : 생물학적 분해 가능한 COD
  NBDCOD : 생물학적 분해 불가능한 COD]

따라서 NBDCOD = COD - BDCOD
= 400mg/L - 240.38mg/L
= 159.62mg/L

15 수산화소듐(NaOH) 10g을 물에 용해시켜 200mL로 만든 용액의 농도(N)는?

㉮ 0.62   ㉯ 0.80
㉰ 1.05   ㉱ 1.25

풀이
eq/L = $\dfrac{\text{질량}(g)}{\text{부피}(L)} \times \dfrac{1eq}{1\text{당량}\,g}$

= $\dfrac{10g}{0.2L} \times \dfrac{1eq}{40g} = 1.25\,eq/L$

TIP
① eq/L = N 농도
② 1당량 g = $\dfrac{\text{분자량}}{\text{가수}}$
③ NaOH는 1가 물질
④ NaOH의 분자량 = 23 + 16 + 1 = 40g

answer 12 ㉱   13 ㉮   14 ㉱   15 ㉱

16 산소의 포화농도가 9.14mg/L인 하천에서 t = 0 일 때 DO 농도가 6.5mg/L라면 물이 3일 및 5일 흐른 후 하류에서의 DO 농도는? (단, 최종 BOD = 11.3mg/L, k_1 = 0.1/day, k_2 = 0.2/day, 상용대수 기준)

㉮ 3일 후 DO 농도 = 5.7mg/L,
　 5일 후 DO 농도 = 6.1mg/L
㉯ 3일 후 DO 농도 = 5.7mg/L,
　 5일 후 DO 농도 = 6.4mg/L
㉰ 3일 후 DO 농도 = 6.1mg/L,
　 5일 후 DO 농도 = 7.1mg/L
㉱ 3일 후 DO 농도 = 6.1mg/L,
　 5일 후 DO 농도 = 7.4mg/L

풀이

$$D_t = \frac{k_1 \times L_o}{k_2 - k_1} \times (10^{-k_1 \times t} - 10^{-k_2 \times t}) + D_o \times (10^{-k_2 \times t})$$

$\begin{bmatrix} D_t : t시간 후 DO 부족 농도(mg/L) \\ k_1 : 탈산소계수(/day) \\ k_2 : 재포기계수(/day) \\ L_o : 최종 BOD(mg/L) \\ D_o : 초기산소부족량(mg/L) \end{bmatrix}$

D_o = 포화 DO 농도(C_S) - 하천수의 DO 농도(C)
　　 = 9.14mg/L - 6.5mg/L = 2.64mg/L

① 3일 유하 후 하류에서의 DO농도

$$D_{3day} = \frac{0.1/day \times 11.3mg/L}{0.2/day - 0.1/day} \times (10^{-0.1/day \times 3day} - 10^{-0.2/day \times 3day}) + 2.64mg/L \times (10^{-0.2/day \times 3day})$$
　　　 = 3.488mg/L

따라서 하류에서의 DO 농도 = $C_S - D_{3day}$
　　　　　　　　　　　　 = 9.14mg/L - 3.488mg/L = 5.65mg/L

② 5일 유하 후 하류에서의 DO농도

$$D_{5day} = \frac{0.1/day \times 11.3mg/L}{0.2/day - 0.1/day} \times (10^{-0.1/day \times 5day} - 10^{-0.2/day \times 5day}) + 2.64mg/L \times (10^{-0.2/day \times 5day})$$
　　　 = 2.707mg/L

따라서 하류에서의 DO 농도 = $C_S - D_{5day}$
　　　　　　　　　　　　 = 9.14mg/L - 2.707mg/L = 6.43mg/L

17 어느 물질의 반응시작 때의 농도가 200mg/L이고 2시간 후의 농도가 35mg/L로 되었다. 반응시작 1시간 후의 반응물질 농도는? (단, 1차 반응 기준, 자연대수 기준)

㉮ 약 84mg/L　　㉯ 약 92mg/L
㉰ 약 107mg/L　㉱ 약 114mg/L

풀이

1차 반응식 : $\ln \frac{C_t}{C_o} = -k \times t$

$\begin{bmatrix} C_o : 초기농도 \\ C_t : t시간후의 농도 \\ k : 상수 \\ t : 시간 \end{bmatrix}$

① $\ln \frac{35mg/L}{200mg/L} = -k \times 2hr$

∴ $k = \frac{\ln \frac{35mg/L}{200mg/L}}{-2hr} = 0.8715/hr$

② $\ln \frac{C_t}{200mg/L} = -0.8715/hr \times 1hr$

∴ $C_t = 200mg/L \times (e^{-0.8715/hr \times 1hr}) = 83.66mg/L$

TIP
$\ln \leftrightarrow e^x$
$\log \leftrightarrow 10^x$

answer　16 ㉯　17 ㉮

18 콜로이드에 관한 설명으로 틀린 것은?

㉮ 콜로이드는 입자크기가 크기 때문에 보통의 반투막을 통과하지 못한다.
㉯ 콜로이드 입자들이 전기장에 놓이게 되면 입자들은 그 전하의 반대쪽 극으로 이동하며 이러한 현상을 전기영동이라 한다.
㉰ 일부 콜로이드 입자들의 크기는 가시광선 평균 파장보다 크기 때문에 빛의 투과를 간섭한다.
㉱ 콜로이드의 안정도는 척력과 중력의 차이에 의해 결정된다.

풀이 ㉱ 콜로이드의 안정도는 제타전위의 크기에 따라 결정된다.

19 해수에 관한 설명으로 옳은 것은?

㉮ 해수의 밀도는 담수 보다 작다.
㉯ 염분은 적도해역에서 높고, 남·북 양극 해역에서 다소 낮다.
㉰ 해수의 Mg/Ca비는 담수의 Mg/Ca비 보다 작다.
㉱ 수심이 깊을수록 해수 주요 성분 농도비의 차이는 줄어든다.

풀이 ㉮ 해수의 밀도는 담수 보다 크다.
㉰ 해수의 Mg/Ca비는 담수의 Mg/Ca비 보다 크다.
㉱ 해수 주요 성분 농도비는 항상 일정하다.

20 글리신($C_2H_5O_2N$)이 호기성조건에서 CO_2, H_2O 및 HNO_3로 변화될 때 글리신 10g의 경우 총 산소필요량은 약 몇 g인가?

㉮ 15 ㉯ 20
㉰ 30 ㉱ 40

풀이 $C_2H_5O_2N + 3.5O_2 \rightarrow 2CO_2 + 2H_2O + HNO_3$
 75g : 3.5×32g
 10g : ThOD

∴ ThOD = $\dfrac{10g \times 3.5 \times 32g}{75g}$ = 14.93g

| 제2과목 | 수질오염방지기술

21 BOD 200mg/L인 폐수를 일차침전 처리 후(처리효율 25%), BOD부하 1.5kg BOD/m^3·day로 깊이 2m인 살수여상을 통과할 때 수리학적 부하는?

㉮ 30m^3/m^2·day ㉯ 20m^3/m^2·day
㉰ 15m^3/m^2·day ㉱ 10m^3/m^2·day

풀이 BOD 용적부하(Lv) = $\dfrac{BOD \times Q}{V}$ = $\dfrac{BOD \times Q}{A \times H}$

$\Rightarrow \dfrac{Q}{A} = Lv \times \dfrac{H}{BOD}$

따라서

$\dfrac{Q}{A}$ (m^3/m^2·day) = 1.5kg/m^3·day × $\dfrac{2m}{0.2kg/m^3 \times (1-0.25)}$
 = 20m^3/m^2·day

TIP
① mg/L $\xrightarrow{\times 10^{-3}}$ kg/m^3
② 살수여상의 BOD농도 = 폐수의 BOD농도×(1-처리효율)

answer 18 ㉱ 19 ㉯ 20 ㉮ 21 ㉯

22 유량 1,000m³/day, 유입 BOD 600mg/L인 폐수를 활성슬러지공법으로 처리하고 있다. 폭기시간 12시간, 처리수 BOD 농도 40mg/L, 세포 증식계수 0.8, 내생 호흡계수 0.08/d, MLSS농도 4,000mg/L라면 고형물의 체류시간(day)은?

㉮ 약 4.3 ㉯ 약 6.9
㉰ 약 8.6 ㉱ 약 10.3

풀이

$$\frac{1}{SRT} = \frac{Y \cdot Q \cdot (BOD_i - BOD_o)}{MLSS \cdot V} - K_d$$

여기서 $t = \frac{V}{Q} \Rightarrow \frac{1}{t} = \frac{Q}{V}$

따라서 $\frac{1}{SRT} = \frac{Y \cdot (BOD_i - BOD_o)}{MLSS \cdot t} - K_d$

$$= \frac{0.8 \times (600-40)mg/L}{4,000mg/L \times \left(\frac{12hr}{24}\right)} - 0.08/day$$

$$\therefore SRT = \frac{1}{0.144/day} = 6.94 \, day$$

23 하루 2,500m³ 폐수를 처리할 수 있는 폭기조를 시공하고자 한다. 폭기조 내 산기관 1개당 300L/min의 공기를 공급할 때 필요한 산기관 개수는? (단, 폭기조 용적당 공기공급량은 3.0m³/m³·hr, 폭기조 체류시간 18hr 이다.)

㉮ 313 ㉯ 326
㉰ 347 ㉱ 369

풀이 산기관 개수

$$= \frac{폐수량(m^3/day) \times 체류시간(day) \times 폭기조 용적당 공기공급량(L/m^3 \cdot min)}{폭기조내 산기관 1개당 공기공급량(L/min \cdot 개)}$$

$$= \frac{2500m^3/day \times \left(\frac{18hr}{24}\right)day \times 3.0m^3/m^3 \cdot hr \times 1hr/60min \times 10^3 L/m^3}{300L/min \cdot 개}$$

$= 312.5 ≒ 313$ 개

24 흐름이 거의 없는 물에서 비중이 큰 무기성 입자가 침강할 때, 다음 중 침강속도에 가장 민감하게 영향을 주는 것은?

㉮ 수온 ㉯ 물의 점성도
㉰ 입자의 밀도 ㉱ 입자의 직경

풀이

$$V_s = \frac{d^2(\rho_s - \rho_w)g}{18\mu}$$

- V_s : 침강속도(m/sec)
- d : 입자의 직경(m)
- ρ_s : 입자의 밀도(kg/m³)
- ρ_w : 물의 밀도(kg/m³)
- g : 중력가속도(9.8m/sec²)
- μ : 점성도(kg/m·sec)

따라서 침강속도(V_s)는
- 입자의 직경(d)의 제곱에 비례한다.
- 밀도차($\rho_s - \rho_w$)에 비례한다.
- 중력가속도(g)에 비례한다.
- 점성도(μ)에 반비례한다.

25 정수시설인 플록형성지에서 플록형성 시간의 표준으로 옳은 것은?

㉮ 계획 정수량에 대하여 2~5분간
㉯ 계획 정수량에 대하여 5~10분간
㉰ 계획 정수량에 대하여 10~20분간
㉱ 계획 정수량에 대하여 20~40분간

풀이 플록형성시간은 계획정수량에 대하여 20~40분간을 표준으로 한다.

answer 22 ㉯ 23 ㉮ 24 ㉱ 25 ㉱

26 BOD 용적부하 0.2kg/m³·d 로 하여 유량 300m³/d, BOD 200mg/L인 폐수를 활성슬러지법으로 처리하고자 한다. 필요한 폭기조의 용량은?

㉮ 150m³ ㉯ 200m³
㉰ 250m³ ㉱ 300m³

풀이 BOD 용적부하(kg/m³·day)
$= \dfrac{\text{BOD 농도}(kg/m^3) \times \text{유량}(m^3/day)}{\text{폭기조 용적}(m^3)}$

따라서

$0.2kg/m^3 \cdot day = \dfrac{0.2kg/m^3 \times 300m^3/day}{\text{폭기조 용적}(m^3)}$

∴ 폭기조 용적 $= \dfrac{0.2kg/m^3 \times 300m^3/day}{0.2kg/m^3 \cdot day}$
$= 300m^3$

TIP
① ppm = mg/L = g/m³
② mg/L $\xrightarrow{\times 10^{-3}}$ kg/m³

27 응집침전 처리수가 100m³/day이다. 이 처리수를 모래 여과하여 방류한다면 필요한 여과 면적은? (단, 여과속도는 2m/hr로 할 경우)

㉮ 1.8m² ㉯ 2.1m²
㉰ 2.4m² ㉱ 2.8m²

풀이 처리수량(Q) = 여과면적(A)×여과속도(v)
따라서 $A = \dfrac{Q}{v} = \dfrac{100m^3/day \times 1day/24hr}{2m/hr}$
$= 2.08m^2$

28 하수 슬러지 농축 방법 중 부상식 농축의 장단점으로 틀린 것은?

㉮ 잉여슬러지의 농축에 부적합하다.
㉯ 소요면적이 크다.
㉰ 실내에 설치할 경우 부식문제가 유발된다.
㉱ 약품 주입 없이 운전이 가능하다.

풀이 ㉮ 잉여슬러지의 농축에 적합하다.

29 하수 내 함유된 유기물질 뿐 아니라 영양물질까지 제거하기 위한 공법인 Phostrip 공법에 관한 설명으로 옳지 않은 것은?

㉮ 생물학적 처리방법과 화학적 처리방법을 조합한 공법이다.
㉯ 유입수의 일부를 혐기성 상태의 조(槽)로 유입시켜 인을 방출시킨다.
㉰ 유입수의 BOD부하에 따라 인 방출이 큰 영향을 받지 않는다.
㉱ 기존에 활성슬러지 처리장에 쉽게 적용이 가능하다.

풀이 ㉯ 반송슬러지의 일부를 혐기성 상태의 조(槽)로 유입시켜 인을 방출시킨다.

30 수은함유 폐수를 처리하는 공법과 가장 거리가 먼 것은?

㉮ 황화물 침전법 ㉯ 아말감법
㉰ 알칼리 환원법 ㉱ 이온교환법

풀이 수은함유 폐수를 처리하는 공법에는 아말감법, 황화물침전법, 이온교환법, 흡착법이 있다.

answer 26 ㉱ 27 ㉯ 28 ㉮ 29 ㉯ 30 ㉰

31 슬러지 부피(SVI)가 평균 25% 일 때 SVI를 60~100으로 유지하기 위한 MLSS의 농도 범위로 가장 옳은 것은?

㉮ 1,250 ~ 2,500mg/L
㉯ 2,300 ~ 3,240mg/L
㉰ 2,500 ~ 4,170mg/L
㉱ 2,800 ~ 5,120mg/L

풀이

$SVI = \dfrac{SV(\%)}{MLSS(mg/L)} \times 10^4$

① SVI가 60일 때

$60 = \dfrac{25\%}{MLSS} \times 10^4$

∴ MLSS = 4,166.67mg/L

② SVI가 100일 때

$100 = \dfrac{25\%}{MLSS} \times 10^4$

∴ MLSS = 2,500mg/L

③ MLSS의 범위는 2,500 ~ 4,166.67mg/L

TIP

① SVI(슬러지용적지수)의 단위 : mL/g
② $SVI = \dfrac{SV(mL/L)}{MLSS(mg/L)} \times 10^3$
③ $SVI = \dfrac{SV(\%)}{MLSS(mg/L)} \times 10^4$
④ $SVI = \dfrac{10^6}{SS_f(mg/L)} \times 10^3$

32 폐수유량이 3,000m³/d, 부유고형물의 농도가 200mg/L이다. 공기부상시험에서 공기/고형물비가 0.03일 때 최적의 부상을 나타내며 이때 공기용해도는 18.7mL/L이고 공기용존비가 0.5이다. 부상조에서 요구되는 압력은? (단, 비순환식 기준)

㉮ 약 2.0atm ㉯ 약 2.5atm
㉰ 약 3.0atm ㉱ 약 3.5atm

풀이

$A/S비 = \dfrac{1.3 \times Sa \times (f \cdot P - 1)}{SS}$

Sa : 공기의 용해도(mL/L)
SS : 부유고형물의 농도(mg/L)
P : 절대압력(atm)

따라서 $0.03 = \dfrac{1.3 \times 18.7mL/L \times (0.5 \times P - 1)}{200mg/L}$

∴ P = 2.49atm

33 지름 600mm인 하수관에 15.3m³/min의 하수가 흐를 때, 관내 유속은?

㉮ 약 2.5m/sec ㉯ 약 1.4m/sec
㉰ 약 1.2m/sec ㉱ 약 0.9m/sec

풀이

유량(Q) = 단면적(A)×유속(v) = $\dfrac{\pi D^2}{4} \times v$

따라서 15.3m³/min×1min/60sec = $\dfrac{\pi}{4} \times (0.6m)^2 \times v$

∴ $v = \dfrac{15.3m^3/min \times 1min/60sec}{\dfrac{\pi}{4} \times (0.6m)^2} = 0.90m/sec$

answer 31 ㉰ 32 ㉯ 33 ㉱

34 1차 침전지에서 슬러지를 인발(引拔)했을 때 함수율이 99%이었다. 이 슬러지를 함수율 96%로 농축시켰더니 33.3m³이었다면 1차 침전지에서 인발한 농축 전 슬러지량은? (단, 비중은 1.0 기준)

㉮ 113m³ ㉯ 133m³
㉰ 153m³ ㉱ 173m³

풀이 $V_1 \times (100-P_1) = V_2 \times (100-P_2)$

V_1 : 농축 전 슬러지량(m³)
P_1 : 농축 전 함수율(%)
V_2 : 농축 후 슬러지량(m³)
P_2 : 농축 후 함수율(%)

따라서 $V_1 \times (100-99) = 33.3m^3 \times (100-96)$

$\therefore V_1 = \dfrac{33.3m^3 \times (100-96)}{(100-99)} = 133.2m^3$

35 교반강도를 표시하는 속도구배(G : Velocity Gradient)를 가장 적절히 나타낸 식은? (단, μ : 점성계수, W : 반응조 단위 용적당 동력, V : 반응조 부피, P : 동력)

㉮ $G = \sqrt{\dfrac{V}{P}}$ ㉯ $G = \sqrt{\dfrac{\mu}{W}}$

㉰ $G = \sqrt{\dfrac{P}{V}}$ ㉱ $G = \sqrt{\dfrac{W}{\mu}}$

풀이 $G = \sqrt{\dfrac{P}{V \cdot \mu}}$ 에서 $W = \dfrac{P}{V}$ 이므로

$G = \sqrt{\dfrac{W}{\mu}}$

36 폐수처리 과정인 침전시 입자의 농도가 매우 높아 입자들끼리 구조물을 형성하는 침전형태로 옳은 것은?

㉮ 농축침전 ㉯ 응집침전
㉰ 압밀침전 ㉱ 독립침전

풀이 ㉰ 압밀침전(압축침전)에 대한 설명이다.

TIP
Ⅳ형침전(압축침전, 압밀침전)
① 입자들은 농도가 너무 커서 입자들끼리 구조물을 형성하여 더 이상의 침전은 압밀에 의해서만 생기는 고농도의 부유액에서 일어나는 침전이다.
② 압밀은 상부의 액체로부터의 침전에 의하여 입자 구조물에 연속적으로 가해지는 입자들의 무게 때문에 일어나게 된다.
③ 깊은 2차침전시설과 슬러지 농축시설의 바닥에서와 같이 깊은 슬러지층의 하부에서 보통 일어난다.
④ 농축조가 해당한다.

37 순산소활성슬러지법의 특징으로 틀린 것은?

㉮ 이차침전지에서 스컴이 발생하는 경우가 많다.
㉯ 잉여슬러지는 표준활성슬러지법에 비하여 일반적으로 많이 발생한다.
㉰ 표준활성슬러지법의 1/2 정도의 포기시간으로 처리수의 BOD, SS, COD 및 투시도 등을 표준활성슬러지법과 비슷한 결과를 얻을 수 있다.
㉱ MLSS농도는 표준활성슬러지법의 2배 이상으로 유지 가능하다.

풀이 ㉯ 잉여슬러지는 표준활성슬러지법에 비하여 일반적으로 적게 발생한다.

answer 34 ㉯ 35 ㉱ 36 ㉰ 37 ㉯

38 부유물질의 농도가 300mg/L인 하수 1,000톤의 1차침전지(체류시간 1시간)에서의 부유물질 제거율은 60%이다. 체류시간을 2배 증가시켜 제거율이 90%로 되었다면 체류시간을 증대시키기 전과 후의 슬러지 발생량(m^3)의 차이는? (단, 하수비중 : 1.0, 슬러지비중 : 1.0, 슬러지 함수율 95%기준)

㉮ 1.3m^3　　㉯ 1.8m^3
㉰ 2.3m^3　　㉱ 2.7m^3

풀이 슬러지 발생량(m^3)

$$= \frac{SS농도(kg/m^3) \times 하수량(m^3) \times 제거율}{비중량(kg/m^3)} \times \frac{100}{100-함수율(\%)}$$

① 제거율이 60%일 때 슬러지 발생량(m^3)
슬러지 발생량(m^3)

$$= \frac{0.3kg/m^3 \times 1,000m^3 \times 0.6}{1,000kg/m^3} \times \frac{100}{100-95} = 3.6m^3$$

② 제거율이 90%일 때 슬러지 발생량(m^3)
슬러지 발생량(m^3)

$$= \frac{0.3kg/m^3 \times 1,000m^3 \times 0.9}{1,000kg/m^3} \times \frac{100}{100-95} = 5.4m^3$$

③ 슬러지 발생량의 차 = 5.4m^3 - 3.6m^3 = 1.8m^3

TIP
① ppm = mg/L = g/m^3
② mg/L $\xrightarrow{\times 10^{-3}}$ kg/m^3
③ 비중(g/cm^3) $\xrightarrow{\times 10^3}$ 비중량(kg/m^3)
④ 비중의 단위 : g/cm^3 = g/mL = kg/L = ton/m^3
⑤ 하수량 1,000ton × $\frac{m^3}{1.0ton}$ = 1,000m^3

39 생물학적 방법으로 하수내의 인을 제거하기 위한 고도처리공정인 A/O 공법에 관한 설명으로 맞는 것은?

㉮ 무산소조에서 질산화 및 인의 과잉섭취가 일어난다.
㉯ 혐기조에서 유기물제거와 함께 인의 과잉섭취가 일어난다.
㉰ 폭기조에서 인의 방출과 질산화가 동시에 일어난다.
㉱ 하수내의 인은 결국 잉여슬러지의 인발에 의하여 제거된다.

풀이 ㉮ A/O공법은 혐기성조와 호기성조로 구성되어 있어 무산소조가 존재하지 않는다.
㉯ 혐기조에서 유기물제거와 함께 인의 방출이 일어난다.
㉰ 폭기조(호기성조)에서는 인의 과잉흡수가 일어난다.

40 수중의 암모니아(NH_3)를 공기탈기법(air stripping)으로 제거하고자 할 때 가장 중요한 인자는?

㉮ 기압　　㉯ pH
㉰ 용존산소　　㉱ 공기공급량

풀이 수중의 암모니아성 질소 탈기법은 암모니아성 질소를 pH 10 이상에서 암모니아 가스로 탈기시키는 공법이며, 기온이 상승할수록 같은 양의 폐수를 처리하는데 필요한 공기의 양은 감소하게 된다. 따라서 가장 중요한 인자는 pH와 온도이다.

answer 38 ㉯　39 ㉱　40 ㉯

| 제3과목 | 수질오염공정시험기준

41 채취된 시료의 최대 보존 기간이 가장 짧은 측정항목은?

㉮ 부유물질
㉯ 음이온계면활성제
㉰ 암모니아성 질소
㉱ 염소이온

풀이 보존기간
㉮ 부유물질 : 7일
㉯ 음이온계면활성제 : 48시간
㉰ 암모니아성 질소 : 28일
㉱ 염소이온 : 28일

42 시료의 보존방법이 다른 항목은?

㉮ 음이온계면활성제
㉯ 6가 크롬
㉰ 알킬수은
㉱ 질산성질소

풀이
㉮ 음이온계면활성제 : 보존방법 없음
㉯ 6가 크롬 : 보존방법 없음
㉰ 알킬수은 : HNO_3 2mL/L
㉱ 질산성 질소 : 보존방법 없음

43 시료채취시의 유의사항에 관련된 설명으로 옳은 것은?

㉮ 휘발성유기화합물 분석용 시료를 채취할 때에는 뚜껑의 격막을 만지지 않도록 주의 하여야 한다.
㉯ 유류 물질을 측정하기 위한 시료는 밀도차를 유지하기 위해 시료용기에 70 ~ 80% 정도를 채워 적정공간을 확보하여야 한다.
㉰ 지하수 시료는 고여 있는 물의 10배 이상을 퍼낸 다음 새로 고이는 물을 채취한다.
㉱ 시료채취량은 보통 5 ~ 10L 정도 이어야 한다.

풀이
㉯ 유류 등을 측정하기 위한 시료는 채취할 때에는 운반중 공기와의 접촉이 없도록 시료용기에 가득 채운 후 빠르게 뚜껑을 닫는다.
㉰ 지하수 시료는 고여 있는 물의 4 ~ 5배 정도 퍼낸 다음 새로 나온 물을 채취한다.
㉱ 시료채취량은 보통 3 ~ 5L 정도여야 한다.

answer 41 ㉯ 42 ㉰ 43 ㉮

44 다음은 인산염인 시험법(자외선 가시선 분광법-이염화주석환원법)에 관한 내용이다. ( )안에 옳은 내용은?

> 시료 중의 인산염인이 몰리브덴산 암모늄과 반응하여 생성된 몰리브덴산인 암모늄을 이염화주석으로 환원하여 생성된 몰리브덴 ( )의 흡광도를 측정한다.

㉮ 적자색 ㉯ 황갈색
㉰ 황색 ㉱ 청색

TIP

인산염인 분석법
(1) 자외선 가시선 분광법(이염화주석환원법)
몰리브덴산 암모늄과 반응하여 생성된 몰리브덴산인 암모늄을 이염화주석으로 환원하여 생성된 몰리브덴 청의 흡광도를 690nm에서 측정하는 방법으로, 정량한계는 0.003mg/L이다.
(2) 자외선 가시선 분광법(아스코빈산환원법)
몰리브덴산암모늄과 반응하여 생성된 몰리브덴산인암모늄을 아스코빈산으로 환원하여 생성된 몰리브덴산 청의 흡광도를 880nm에서 측정하여 인산염인을 정량하는 방법으로, 정량한계는 0.003 mg/L이다.

45 수질오염공정시험기준에서 사용되는 용어의 정의로 틀린 것은?

㉮ 정확히 단다 : 규정된 양의 시료를 취하여 화학저울 또는 미량저울로 칭량함을 말한다.
㉯ 약 : 기재된 양에 대하여 ±10% 이상의 차가 있어서는 안 된다.
㉰ 즉시 : 30초 이내에 표시된 조작을 하는 것을 뜻한다.
㉱ 감압 : 따로 규정이 없는 한 15mmHg 이하를 뜻한다.

풀이 ㉮ 정확히 단다 : 규정된 수치의 무게를 0.1mg 까지 다는 것을 말한다.

TIP

정밀히 단다 : 규정된 양의 시료를 취하여 화학저울 또는 미량저울로 칭량함을 말한다.

46 물벼룩을 이용한 급성 독성 시험법에서 적용되는 용어인 '치사'의 정의로 옳은 것은?

㉮ 치사(Mortality) : 일정 희석 비율로 준비된 시료에 물벼룩을 투입하여 12시간 경과 후 시험용기를 손으로 살짝 두드려 주고, 15초 후 관찰했을 때 독성물질에 의해 영향을 받아 움직임이 명백하게 없는 상태를 '치사'라 판정한다.
㉯ 치사(Mortality) : 일정 희석 비율로 준비된 시료에 물벼룩을 투입하여 12시간 경과 후 시험용기를 손으로 살짝 두드려 주고, 30초 후 관찰했을 때 독성물질에 의해 영향을 받아 움직임이 명백하게 없는 상태를 '치사'라 판정한다.
㉰ 치사(Mortality) : 일정 희석 비율로 준비된 시료에 물벼룩을 투입하여 24시간 경과 후 시험용기를 손으로 살짝 두드려 주고, 15초 후 관찰했을 때 독성물질에 의해 영향을 받아 움직임이 명백하게 없는 상태를 '치사'라 판정한다.
㉱ 치사(Mortality) : 일정 희석 비율로 준비된 시료에 물벼룩을 투입하여 24시간 경과 후 시험용기를 손으로 살짝 두드려 주고, 30초 후 관찰했을 때 독성물질에 의해 영향을 받아 움직임이 명백하게 없는 상태를 '치사'라 판정한다.

answer 44 ㉱ 45 ㉮ 46 ㉰

47 다음은 총대장균군(평판집락법 적용) 측정에 관한 내용이다. ( )안에 옳은 내용은?

> 페트리접시의 배지표면에 평판집락법 배지를 굳힌 후 배양한 다음 ( )의 전형적인 집락을 계수하는 방법이다.

㉮ 진한 갈색 ㉯ 진한 적색
㉰ 청색   ㉱ 황색

48 다음의 금속류 중에서 불꽃 원자흡수분광광도법으로 측정하지 않는 것은?
(단, 수질오염공정시험기준)

㉮ 안티몬 ㉯ 주석
㉰ 셀레늄 ㉱ 수은

풀이 분석방법
㉮ 안티몬 : 유도결합플라스마 - 원자발광분광법, 유도결합플라스마 - 질량분석법
㉯ 주석 : 원자흡수분광광도법, 유도결합플라스마 - 원자발광분광법, 유도결합플라스마 - 질량분석법
㉰ 셀레늄 : 유도결합플라스마 - 원자발광분광법, 수소화물생성 - 원자흡수분광광도법, 유도결합플라스마 - 질량분석법
㉱ 수은 : 냉증기 - 원자흡수분광광도법, 양극벗김전압전류법, 냉증기 - 원자형광법

49 금속류 중 원자형광법을 시험방법으로 분석하는 것은? (단, 수질오염공정시험기준)

㉮ 바륨   ㉯ 수은
㉰ 주석   ㉱ 셀레늄

풀이 분석방법
㉮ 바륨 : 원자흡수분광광도법, 유도결합플라스마-원자발광분광법, 유도결합플라스마-질량분석법
㉯ 수은 : 냉증기-원자흡수분광광도법, 양극벗김전압전류법, 냉증기-원자형광법
㉰ 주석 : 원자흡수분광광도법, 유도결합플라스마-원자발광분광법, 유도결합플라스마-질량분석법
㉱ 셀레늄 : 수소화물생성-원자흡수분광광도법, 유도결합플라스마-질량분석법

50 다음은 하천수의 오염 및 용수의 목적에 따른 채수지점에 관한 내용이다. ( )안에 옳은 내용은?

> 하천의 단면에서 수심이 가장 깊은 수면의 지점과 그 지점을 중심으로 하여 좌우로 수면 폭을 2등분한 각각의 지점의 수면으로부터 ( )

㉮ 수심이 2m 미만일 때는 표층수를 대표로 하고 2m이상일 때는 수심 1/3 지점에서 채수한다.
㉯ 수심이 2m 미만일 때는 수심의 1/2에서 2m이상일 때는 수심 1/3 및 2/3 지점에서 각각 채수한다.
㉰ 수심이 2m 미만일 때는 표층수를 대표로 하고 2m이상일 때는 수심 2/3 지점에서 채수한다.
㉱ 수심이 2m 미만일 때는 수심의 1/3에서 2m이상일 때는 수심 1/3 및 2/3 지점에서 각각 채수한다.

answer 47 ㉯ 48 ㉮ 49 ㉯ 50 ㉱

51 수질오염공정시험기준 구리-원자흡수분광광도법의 정량한계는?

㉮ 0.05mg/L ㉯ 0.005mg/L
㉰ 0.08mg/L ㉱ 0.008mg/L

풀이 구리의 시험방법 별 정량한계
① 원자흡수분광광도법 : 0.008mg/L
② 유도결합플라스마-원자발광분광법 : 0.005mg/L
③ 유도결합플라스마-질량분석법 : 0.002mg/L

52 온도 표시로 틀린 것은?

㉮ 냉수는 15℃ 이하
㉯ 온수는 60~70℃
㉰ 찬 곳은 0~4℃
㉱ 실온은 1~35℃

풀이 ㉰ 찬 곳은 0~15℃

53 불소화합물 측정방법을 가장 적절하게 짝지은 것은? (단, 수질오염공정시험기준)

㉮ 자외선 가시선 분광법 - 기체크로마토그래피
㉯ 자외선 가시선 분광법 - 불꽃 원자흡수분광광도법
㉰ 유도결합플라스마 원자발광분광법 - 불꽃 원자흡수분광광도법
㉱ 자외선 가시선 분광법 - 이온크로마토그래피

풀이 불소화합물 측정방법에는 자외선 가시선 분광법, 이온전극법, 이온크로마토그래피, 연속흐름법이 있다.

54 시료의 전처리 방법과 가장 거리가 먼 것은?

㉮ 산분해법
㉯ 마이크로파 산분해법
㉰ 용매추출법
㉱ 촉매분해법

풀이 시료의 전처리 방법에는 크게 산분해법, 마이크로파 산분해법, 용매추출법으로 나눌 수 있다.

55 노말헥산 추출물질(총 노말헥산 추출물질) 함유량 측정(절차)에 관한 설명인 아래 밑줄 친 내용 중 틀린 것은?

시료의 적당량(노말헥산 추출물질로서 (1) 200mg 이상)을 분별깔대기에 넣고 (2) 메틸오렌지용액(0.1%) 2~3방울을 넣고 용액이 (3) 황색이 적색으로 변할 때까지 염산(1+1)을 넣어 시료의 (4) pH를 4 이하로 조절한다.

㉮ (1) ㉯ (2)
㉰ (3) ㉱ (4)

풀이 (1) 200mg → 5~200mg

TIP
노말헥산 추출물질(총 노말헥산 추출물질) 함유량 측정
시료적당량(노말헥산 추출물질로서 5~200mg 해당량)을 분별깔때기에 넣고 메틸오렌지용액(0.1%) 2~3방울을 넣고 황색이 적색으로 변할 때까지 염산(1+1)을 넣어 시료의 pH를 4 이하로 조절한다.

answer 51 ㉱ 52 ㉰ 53 ㉱ 54 ㉱ 55 ㉮

56 취급 또는 저장하는 동안에 기체 또는 미생물이 침입하지 아니하도록 내용물을 보호하는 용기는?

㉮ 밀폐용기 ㉯ 기밀용기
㉰ 차광용기 ㉱ 밀봉용기

풀이 용기의 종류
㉮ 밀폐용기 : 이물질
㉯ 기밀용기 : 공기 또는 다른 가스
㉰ 차광용기 : 광선
㉱ 밀봉용기 : 기체 또는 미생물

57 다음 중 4각 웨어의 유량 측정 공식은?
(단, Q : 유량(m^3/분), K : 유량계수, b : 절단의 폭(m), h : 웨어의 수두(m))

㉮ $Q = Kh^{\frac{3}{2}}$ ㉯ $Q = Kbh^{\frac{5}{2}}$
㉰ $Q = Kh^{\frac{5}{2}}$ ㉱ $Q = Kbh^{\frac{3}{2}}$

풀이 ㉰ $Q = Kh^{\frac{5}{2}}$ 는 직각 삼각웨어의 유량 측정 공식이다.

58 시안(자외선 가시선 분광법) 분석에 관한 설명으로 틀린 것은?

㉮ 각 시안화합물의 종류를 구분하여 정량할 수 없다.
㉯ 황화합물이 함유된 시료는 아세트산소듐 용액을 넣어 제거한다.
㉰ 시료에 다량의 유지류를 포함한 경우 노말헥산 또는 클로로폼으로 추출하여 제거한다.
㉱ 정량한계는 0.01mg/L이다.

풀이 ㉯ 황화합물이 함유된 시료는 아세트산아연용액을 넣어 제거한다.

59 다음은 페놀류측정(자외선 가시선 분광법)에 관한 내용이다. ( )안에 옳은 내용은?

> 증류한 시료에 염화암모늄-암모니아 완충액을 넣어 ( ) 으로 조절한 다음, 4-아미노안티피린과 헥사시안화철(Ⅱ)산포타슘을 넣어 생성된 붉은색의 안티피린계 색소의 흡광도를 측정한다.

㉮ pH 4   ㉯ pH 8
㉰ pH 9   ㉱ pH 10

TIP
페놀류의 자외선 가시선 분광법
증류한 시료에 염화암모늄-암모니아 완충용액을 넣어 pH 10으로 조절한 다음 4-아미노안티피린과 헥사시안화철(Ⅱ)산포타슘을 넣어 생성된 붉은색의 안티피린계 색소의 흡광도를 측정하는 방법으로 수용액에서는 510nm, 클로로폼용액에서는 460nm에서 측정한다. 정량한계는 클로로폼추출법일 때 0.005mg/L, 직접측정법일 때 0.05mg/L이다.

60 다음은 이온 전극법을 적용하여 불소를 측정하는 경우의 설명이다. ( )안의 내용으로 옳은 것은?

> 시료에 이온강도 조절용 완충액을 넣어 pH( )로 조절하고 불소이온전극과 비교전극을 사용하여 전위를 측정, 그 전위차로 불소를 정량함

㉮ 4.0 ~ 4.5   ㉯ 5.0 ~ 5.5
㉰ 6.5 ~ 7.5   ㉱ 8.0 ~ 8.5

answer 56 ㉱ 57 ㉱ 58 ㉯ 59 ㉱ 60 ㉯

2013 2회 기출문제

| 제1과목 | 수질오염개론

01 0.01M NaOH 500mL를 완전 중화시키는데 소요되는 0.1N H_2SO_4 량은?

㉮ 10mL ㉯ 25mL
㉰ 50mL ㉱ 100mL

풀이 중화적정공식 : $N_1V_1 = N_2V_2$
$0.01N \times 500mL = 0.1N \times V_2$
$\therefore V_2 = \dfrac{0.01N \times 500mL}{0.1N} = 50mL$

TIP
① M 농도 × 가수 = N 농도
② NaOH는 1가 물질이므로 0.01M = 0.01N

02 BOD_u/BOD_5의 비가 1.72인 경우의 탈산소계수(day^{-1})는? (단, base는 상용대수임)

㉮ 0.056 ㉯ 0.066
㉰ 0.076 ㉱ 0.086

풀이 $BOD_5 = BOD_u \times (1-10^{-k_1 \times t})$
$\dfrac{BOD_5}{BOD_u} = 1-10^{-k_1 \times t}$
$\dfrac{BOD_u}{BOD_5} = \dfrac{1}{(1-10^{-k_1 \times t})}$
$1.72 = \dfrac{1}{(1-10^{-k_1 \times 5day})}$
$\therefore k_1 = 0.0756/day$

TIP
$10^X \leftrightarrow \log$
$e^X \leftrightarrow \ln$

03 BOD가 4mg/L이고, 유량이 1,000,000 m^3/day인 하천에 유량이 10,000m^3/day인 폐수가 유입되었다. 하천과 폐수가 완전히 혼합되어진 후 하천의 BOD가 1mg/L 높아졌다면, 하천에 가해지는 폐수의 BOD 부하량(kg/day)은? (단, 기타사항은 고려하지 않음)

㉮ 460 ㉯ 610
㉰ 805 ㉱ 1,050

풀이 하천의 BOD = 4mg/L
하천의 유량 = 1,000,000m^3/day
폐수량 = 10,000m^3/day
폐수의 BOD = ?
혼합 후 BOD 농도 = 5mg/L
혼합공식 : $C_m = \dfrac{Q_1C_1+Q_2C_2}{Q_1+Q_2}$

$5mg/L = \dfrac{1,000,000m^3/day \times 4mg/L + 10,00m^3/day \times C_2}{(1,000,000+10,000)m^3/day}$

$\therefore C_2$(폐수의 BOD) = 105mg/L
따라서 폐수의 BOD 부하량(kg/day)
= 폐수의 BOD농도(kg/m^3) × 폐수량(m^3/day)
= 0.105kg/m^3 × 10,000m^3/day
= 1,050kg /day

answer 01 ㉰ 02 ㉰ 03 ㉱

TIP

① ppm = mg/L = g/m³
② mg/L $\xrightarrow{\times 10^{-3}}$ kg/m³

04 여름철 부영양화된 호수나 저수지에서 다음과 같은 조건을 나타내는 수층으로 가장 적절한 것은?

[조건]
① pH는 약산성이다.
② 용존산소는 거의 없다.
③ CO_2는 매우 많다.
④ H_2S가 검출된다.

㉮ 성층 ㉯ 수온약층
㉰ 심수층 ㉱ 혼합층

풀이 ㉰ 심수층에 대한 설명이다.

05 우리나라의 물이용 형태에서 볼 때 수요가 가장 많은 분야는?

㉮ 공업용수 ㉯ 농업용수
㉰ 유지용수 ㉱ 생활용수

풀이 우리나라 수자원 이용현황은 농업용수 > 하천유지용수 > 생활용수 > 공업용수 순서이다.

06 용존산소의 포화농도가 9mg/L인 하천의 상류에서 용존산소 농도가 6mg/L이라면(BOD_5가 5mg/L, K_1 = 0.1day^{-1}, K_2 = 0.4day^{-1}) 5일 후의 하류에서의 DO 부족량(mg/L)은? (단, 상용대수 기준, 기타 조건은 고려하지 않음)

㉮ 약 0.8 ㉯ 약 1.8
㉰ 약 2.8 ㉱ 약 3.8

풀이 $D_t = \dfrac{k_1 \times L_o}{k_2 - k_1} \times (10^{-k_1 \times t} - 10^{-k_2 \times t}) + D_o \times (10^{-k_2 \times t})$

D_t : t시간 후 DO 부족 농도(mg/L)
k_1 : 탈산소계수(/day)
k_2 : 재포기계수(/day)
L_o : 최종 BOD(mg/L)
D_o : 초기산소부족량(mg/L)

D_o = 포화 DO 농도(C_S) - 하천수의 DO 농도(C)
    = 9mg/L - 6mg/L = 3mg/L

① 최종 BOD(L_o)를 계산한다.
$BOD_5 = BOD_u \times (1-10^{-k_1 \times t})$
5mg/L = $BOD_u \times (1-10^{-0.1/day \times 5day})$
∴ $BOD_u = \dfrac{5mg/L}{(1-10^{-0.1/day \times 5day})}$ = 7.31mg/L

② $D_{5day} = \dfrac{0.1/day \times 7.31mg/L}{0.4/day - 0.1/day} \times (10^{-0.1/day \times 5day} - 10^{-0.4/day \times 5day}) + 3mg/L \times (10^{-0.4/day \times 5day})$
= 0.78mg/L

07 박테리아(분자식 : $C_5H_7O_2N$) 50g의 호기성 분해시 이론적 소요산소량은? (단, CO_2, NH_3, H_2O로 분해됨)

㉮ 52.6g ㉯ 65.3g
㉰ 70.8g ㉱ 87.8g

풀이 $C_5H_7O_2N + 5O_2 \rightarrow 5CO_2 + 2H_2O + NH_3$
113g   : 5×32g
50g   : ThOD

∴ ThOD(이론적산소요구량) = $\dfrac{50g \times 5 \times 32g}{113g}$
= 70.80g

answer 04 ㉰ 05 ㉯ 06 ㉮ 07 ㉰

08 물 1L에 NaOH 0.04g을 녹인 용액의 pH는? (단, Na : 23, 완전 해리 기준)

㉮ 9 ㉯ 10
㉰ 11 ㉱ 12

풀이 ① $NaOH \rightarrow Na^+ + OH^-$
          XM   XM   XM

NaOH의 mol/L = $\dfrac{질량(g)}{부피(L)} \times \dfrac{1mol}{분자량(g)}$

= $\dfrac{0.04g}{1L} \times \dfrac{1mol}{40g} = 0.001 mol/L$

따라서 $[OH^-]$ = XM = 0.001mol/L이다.

② pH = $14 + \log[OH^-]$
     = $14 + \log[0.001 mol/L] = 11.0$

TIP
① M농도 = mol/L
② 1mol = 분자량(g)
③ NaOH의 분자량 = 23+16+1 = 40g
④ 산성물질에서 pH = $-\log[H^+]$
⑤ 알칼리성물질에서 pH = $14 + \log[OH^-]$

09 0.25M $MgCl_2$ 용액의 이온강도는? (단, 완전 해리 기준)

㉮ 0.45 ㉯ 0.55
㉰ 0.65 ㉱ 0.75

풀이 이온강도(I)는 용액에 들어있는 이온의 전체농도를 나타내는 척도이다.

$MgCl_2 \rightarrow Mg^{2+} + 2Cl^-$
0.25M   0.25M   2×0.25M

이온강도(I) = $\dfrac{합\{이온의\ 몰수 \times (이온가수)^2\}}{2}$

= $\dfrac{(0.25M \times 2^2)+(2 \times 0.25M \times 1^2)}{2}$

= 0.75

10 어떤 하천의 물을 농업용수로 적당한가를 알아보기 위하여 수질분석한 결과는 다음과 같다. 이 하천의 Sodium Adsorption Ratio는? (단, 원자량은 Na = 23, Ca = 40, Mg = 24.3, P = 31, N = 14, O = 16)

이온	Na^+	Ca^{+2}	Mg^{+2}	PO_4^{3-}	NO_3^-
농도 (mg/L)	184	50	97.2	100	68

㉮ 1.5 ㉯ 2.5
㉰ 3.5 ㉱ 4.5

풀이 소듐 흡착률(SAR) = $\dfrac{Na^+}{\sqrt{\dfrac{Ca^{2+}+Mg^{2+}}{2}}}$

$Na^+ = Na^+ mg/L \div 23 = 184mg/L \div 23 = 8mN$
$Ca^{2+} = Ca^{2+} mg/L \div 20 = 50mg/L \div 20 = 2.5mN$
$Mg^{2+} = Mg^{2+} mg/L \div 12.15 = 97.2mg/L \div 12.15$
       = 8mN

따라서 SAR = $\dfrac{8}{\sqrt{\dfrac{2.5+8}{2}}}$ = 3.49

TIP
meq/L = me/L = mN = mg/L ÷ 1mg 당량

answer 08 ㉰ 09 ㉱ 10 ㉰

11 분뇨 처리 후 방류수 잔류염소를 3mg/L로 하고자 한다. 하루 방류수 유량이 1,600m³이고 염소요구량이 4mg/L이라면 염소는 하루에 얼마나 필요(주입)한가?

㉮ 8.6kg/day ㉯ 11.2kg/day
㉰ 14.3kg/day ㉱ 18.6kg/day

풀이
① 염소주입량 = 염소요구량 + 염소잔류량
   = 3mg/L + 4mg/L = 7mg/L
② 염소주입량(kg/day)
   = 염소주입농도(kg/m³) × 유량(m³/day)
   = 7×10⁻³kg/m³ × 1,600m³/day
   = 11.2kg/day

TIP
① ppm = mg/L = g/m³
② mg/L $\xrightarrow{×10^{-3}}$ kg/m³

12 0.05N의 약산인 아세트산이 16% 해리되어 있다면 이 수용액의 pH는?

㉮ 2.1 ㉯ 2.3
㉰ 2.6 ㉱ 2.9

풀이

$CH_3COOH \xrightarrow{16\% 해리} CH_3COO^- + H^+$

해리전 0.05M   0M   0M
해리후 0.05M-0.05M×0.16   0.05M×0.16   0.05M×0.16

따라서 pH = -log[H⁺] = -log[0.05M×0.16] = 2.10

TIP
① 산성물질에서 pH = -log[H⁺]
② 알칼리성물질에서 pH = 14+log[OH⁻]

13 6% NaCl의 M 농도는?
(단, NaCl 분자량 = 58.5, 비중 1.0 기준)

㉮ 0.61M ㉯ 0.83M
㉰ 1.03M ㉱ 1.26M

풀이

$mol/L = \frac{비중(g)}{(mL)} \times \frac{10^3 mL}{1L} \times \frac{1mol}{분자량} \times \frac{\% 농도}{100}$

$= \frac{1.0g}{mL} \times \frac{10^3 mL}{1L} \times \frac{1mol}{58.5g} \times \frac{6\%}{100}$

$= 1.03 mol/L$

TIP
① M농도 = mol/L
② 1mol = 분자량(g)
③ NaCl의 분자량 = 23+35.5 = 58.5g

14 산성비를 정의할 때 기준이 되는 수소이온농도(pH)는?

㉮ 4.3 ㉯ 4.5
㉰ 5.6 ㉱ 6.3

풀이 보통 대기중 탄산가스와 평형상태에 있는 물은 약 pH 5.6의 산성을 띠고 있다.

answer 11 ㉯ 12 ㉮ 13 ㉰ 14 ㉰

15 물의 물리화학적 특성에 관한 설명으로 틀린 것은?

㉮ 물은 기화열이 작기 때문에 생물의 효과적인 체온조절이 가능하다.
㉯ 물(액체)분자는 H^+와 OH^-의 극성을 형성하므로 다양한 용질에 유효한 용매이다.
㉰ 물은 광합성의 수소 공여체이며 호흡의 최종산물로서 생체의 중요한 대사물이 된다.
㉱ 물은 융해열이 크기 때문에 생활에 적합한 매체가 된다.

풀이 ㉮ 물은 기화열이 크기 때문에 생물의 효과적인 체온조절이 가능하다.

16 어느 1차 반응에서 반응개시의 물질 농도가 220mg/L이고 반응 1시간 후의 농도는 94mg/L이었다면 반응 8시간 후의 물질의 농도는?

㉮ 0.12mg/L ㉯ 0.25mg/L
㉰ 0.36mg/L ㉱ 0.48mg/L

풀이 1차 반응식 : $\ln \dfrac{C_t}{C_o} = -k \times t$

$\begin{bmatrix} C_o : 초기농도 \\ C_t : t시간 후 농도 \\ k : 상수 \\ t : 시간 \end{bmatrix}$

① $\ln \dfrac{94mg/L}{220mg/L} = -k \times 1hr$

∴ $k = \dfrac{\ln \dfrac{94mg/L}{220mg/L}}{-1hr} = 0.8503/hr$

② $\ln \dfrac{C_t}{220mg/L} = -0.8503/hr \times 8hr$

∴ $C_t = 220mg/L \times (e^{-0.8503/hr \times 8hr}) = 0.24mg/L$

TIP
$e^x \leftrightarrow \ln$
$10^x \leftrightarrow \log$

17 개미산(HCOOH)의 ThOD/TOC의 비는?

㉮ 1.33 ㉯ 2.14
㉰ 2.67 ㉱ 3.19

풀이 $HCOOH + 0.5O_2 \rightarrow CO_2 + H_2O$

여기서 $\dfrac{ThOD(이론적산소요구량)}{TOC(총유기탄소량)}$

$= \dfrac{0.5 \times 32g}{1 \times 12g} = 1.33$

18 하천에서 유기물 분해상태를 측정하기 위해 20℃에서 BOD를 측정했을 때 $K_1 = 0.2/day$이었다. 실제 하천온도가 18℃일 때 탈산소계수는? (단, 온도보정계수는 1.035 이다.)

㉮ 약 0.159/day ㉯ 약 0.164/day
㉰ 약 0.172/day ㉱ 약 0.187/day

풀이 $K_{1(T)} = K_{1(20℃)} \times 1.035^{(T-20)}$
$K_{1(18℃)} = 0.2/day \times 1.035^{(18-20)} = 0.187/day$

answer   15 ㉮   16 ㉯   17 ㉮   18 ㉱

19 표준상태에서 45g의 포도당($C_6H_{12}O_6$)이 혐기성 분해시 이론적으로 발생시킬 수 있는 CH_4 가스의 부피는?

㉮ 16.8L ㉯ 19.6L
㉰ 24.3L ㉱ 28.6L

풀이 $C_6H_{12}O_6 \rightarrow 3CO_2 + 3CH_4$
180g : 3×22.4L
45g : CH_4

$\therefore CH_4 = \dfrac{45g \times 3 \times 22.4L}{180g} = 16.8L$

TIP
① 체적(L) = 계수×22.4(L)
② 질량(g) = 계수×분자량(g)
③ $C_6H_{12}O_6$ = 포도당 = 글루코스
④ $C_6H_{12}O_6$의 분자량
　= (6×12)+(12×1)+(6×16) = 180g

20 K_1(탈산소계수)가 0.1/day인 어떤 폐수의 BOD_5가 500mg/L이라면 2일 소모 BOD는? (단, 상용대수 기준)

㉮ 220mg/L ㉯ 250mg/L
㉰ 270mg/L ㉱ 290mg/L

풀이 ① $BOD_5 = BOD_u \times (1-10^{-k_1 \times t})$
　　500mg/L = $BOD_u \times (1-10^{-0.1/day \times 5day})$

$\therefore BOD_u = \dfrac{500mg/L}{(1-10^{-0.1/day \times 5day})} = 731.24mg/L$

② $BOD_2 = BOD_u \times (1-10^{-k_1 \times t})$
　　= 731.24mg/L×$(1-10^{-0.1/day \times 2day})$
　　= 269.86mg/L

TIP
① 상용대수 기준이면 밑수 10
② 자연대수 기준이면 밑수 e

| 제2과목 | 수질오염방지기술

21 일반적으로 회전원판법에서 원판 직경의 몇 %가 물에 잠긴 상태에서 운영하는가? (단, 공기구동 방식이 아님)

㉮ 약 20% ㉯ 약 40%
㉰ 약 60% ㉱ 약 80%

풀이 회전원판법에서 원판 직경의 40%가 물에 잠긴 상태에서 운영한다.

22 다음의 생물학적 고도처리 공정 중 수중 인의 제거를 주목적으로 개발한 공법은?

㉮ 4단계 Bardenpho 공법
㉯ 5단계 Bardenpho 공법
㉰ A^2/O 공법
㉱ A/O 공법

풀이 ㉮ 4단계 Bardenpho 공법 : 질소(N)처리가 주목적
㉯ 5단계 Bardenpho 공법 : 질소(N), 인(P)처리가 주목적
㉰ A^2/O 공법 : 질소(N), 인(P)처리가 주목적
㉱ A/O 공법 : 인(P)처리가 주목적

answer 19 ㉮　20 ㉰　21 ㉯　22 ㉱

23 2,000m³/day의 하수를 처리하고 있는 하수처리장에서 염소처리시 염소요구량이 5.5mg/L이고 잔류염소농도가 0.5mg/L일 때 1일 염소 주입량은?
(단, 주입염소에는 40%의 불순물이 함유되어 있다.)

㉮ 10 kg/day ㉯ 15 kg/day
㉰ 20 kg/day ㉱ 25 kg/day

풀이
① 염소주입량 = 염소요구량+염소잔류량
　　　　　　 = 5.5mg/L+0.5mg/L = 6.0mg/L
② 염소주입량(kg/day)
　= 주입염소농도(kg/m³)×하수량(m³/day)
　　$\times \dfrac{100}{순도(\%)}$
　= 6.0×10^{-3}kg/m³×2,000m³/day×$\dfrac{100}{60\%}$
　= 20kg/day

TIP
① ppm = mg/L = g/m³
② mg/L $\xrightarrow{\times 10^{-3}}$ kg/m³

24 하수 소독 방법인 UV 살균의 장점과 가장 거리가 먼 것은?

㉮ 유량과 수질의 변동에 대해 적응력이 강하다.
㉯ 접촉시간이 짧다.
㉰ 물의 탁도나 혼탁이 소독효과에 영향을 미치지 않는다.
㉱ 강한 살균력으로 바이러스에 대해 효과적이다.

풀이 ㉰ 물의 탁도나 혼탁이 소독효과에 영향을 미친다.

25 표준활성슬러지법의 MLSS농도의 표준범위로 가장 옳은 것은?

㉮ 1,000 ~ 1,500mg/L
㉯ 1,500 ~ 2,500mg/L
㉰ 2,500 ~ 3,500mg/L
㉱ 3,500 ~ 4,500mg/L

풀이 표준활성슬러지법의 MLSS농도의 표준범위는 1,500 ~ 2,500mg/L이다.

TIP
표준활성슬러지법
① MLSS 1,500 ~ 2,500mg/L
② F/M비 0.2 ~ 0.4/day
③ HRT(수리학적 체류시간) 6 ~ 8hr
④ SRT(미생물 체류시간) 3 ~ 6day
⑤ 반응조 수심 4 ~ 6m
⑥ 반응조 형상 : 사각형, 다단 완전혼합형
⑦ 포기방식 : 전면포기식, 선회류식, 미세기포 분사식, 수중 교반식

26 8kg glucose($C_6H_{12}O_6$)로부터 발생 가능한 CH_4가스의 용적은? (단, 표준상태, 혐기성 분해 기준)

㉮ 약 1,500L ㉯ 약 2,000L
㉰ 약 2,500L ㉱ 약 3,000L

풀이 $C_6H_{12}O_6 \rightarrow 3CO_2 + 3CH_4$
　180g　　:　3×22.4L
　8×10³g　:　CH_4량

∴ CH_4량 = $\dfrac{8 \times 10^3 g \times 3 \times 22.4L}{180g}$ = 2986.67L

TIP
① 체적(L) = 계수×22.4(L)
② 질량(g) = 계수×분자량(g)
③ $C_6H_{12}O_6$ = 포도당 = 글루코스
④ $C_6H_{12}O_6$의 분자량
　= (6×12)+(12×1)+(6×16) = 180g

answer 23 ㉰ 24 ㉰ 25 ㉯ 26 ㉱

27 슬러지 건조고형물 무게의 1/2이 유기물질, 1/2이 무기물질이며 이 슬러지 함수율은 80%, 유기물질 비중은 1.0, 무기물질 비중은 2.5라면 슬러지 전체의 비중은?

㉮ 1.025　　㉯ 1.046
㉰ 1.064　　㉱ 1.087

풀이

$$\frac{1}{\rho_{SL}} = \frac{W_{FS}}{\rho_{FS}} + \frac{W_{VS}}{\rho_{VS}} + \frac{W_P}{\rho_P}$$

- ρ_{SL} : 슬러지의 비중
- ρ_{FS} : 무기물의 비중
- W_{FS} : 무기물의 함량
- ρ_{VS} : 유기물의 비중
- W_{VS} : 유기물의 함량
- ρ_P : 수분의 비중
- W_P : 수분의 함량

따라서 $\frac{1}{\rho_{SL}} = \frac{0.2 \times \frac{1}{2}}{2.5} + \frac{0.2 \times \frac{1}{2}}{1.0} + \frac{0.8}{1.0}$

∴ $\rho_{SL} = \frac{1}{0.94} = 1.0638$

28 5℃의 수중에 동일한 직경을 가지는 기름방울 A와 B가 있다. A의 비중은 0.84, B의 비중은 0.98 일 때 A와 B의 부상속도비(V_A/V_B)는?

㉮ 2　　㉯ 4
㉰ 6　　㉱ 8

풀이

부상속도(V_f) = $\frac{d^2(\rho_w - \rho_s)g}{18\mu}$

$V_f = (\rho_w - \rho_s)$이므로

$\frac{V_A}{V_B} = \left(\frac{1.0 - 0.84}{1.0 - 0.98}\right) = 8$

TIP
물의 비중은 1.0이다.

29 폭기조 용액을 1L 메스실린더에서 30분간 침강시킨 침전슬러지 부피가 500mL이었다. MLSS 농도가 2,500mg/L라면 SDI는?

㉮ 0.5　　㉯ 1
㉰ 2　　㉱ 4

풀이

① $SVI = \frac{SV(mL/L)}{MLSS(mg/L)} \times 10^3$

$= \frac{500mL/L}{2,500mg/L} \times 10^3 = 200$

② $SDI = \frac{1}{SVI} \times 100 = \frac{1}{200} \times 100 = 0.5$

TIP
① 슬러지용적지수(SVI)의 단위는 mL/g이다.
② 슬러지밀도지수(SDI)의 단위는 g/100mL이다.

30 잉여슬러지의 농도가 10,000mg/L 일 때 포기조 MLSS를 2,500mg/L로 유지하기 위한 반송비는? (단, 기타 조건은 고려하지 않음)

㉮ 0.23　　㉯ 0.33
㉰ 0.43　　㉱ 0.53

풀이

반송비(R) = $\frac{MLSS - SS_i}{SS_r - MLSS}$

$= \frac{2,500mg/L}{10,000mg/L - 2,500mg/L} = 0.33$

TIP
SS_r(반송슬러지 농도) = SS_W(잉여슬러지 농도)

answer 27 ㉰　28 ㉱　29 ㉮　30 ㉯

31 부피 2,000m³인 탱크의 G값을 50/sec로 하고자 할 때 필요한 이론 소요동력(W)은? (단, 유체점도는 0.001 kg/m·sec)

㉮ 3,500 ㉯ 4,000
㉰ 4,500 ㉱ 5,000

풀이 $P = G^2 \times \mu \times V$

$\begin{cases} P : 동력(Watt) \\ G : 속도경사(/sec) \\ \mu : 점성도(kg/m \cdot sec) \\ V : 반응조 부피(m^3) \end{cases}$

따라서 $P = (50/sec)^2 \times 0.001 kg/m \cdot sec \times 2,000 m^3$
     $= 5,000 Watt$

TIP
점성도 단위 : $kg/m \cdot sec = N \cdot sec/m^2$

32 폐수에 포함된 15mg/L의 난분해성 유기물을 활성탄흡착에 의해 1mg/L로 처리하고자 하는 경우 필요한 활성탄 양은? (단, 오염물질의 흡착량과 흡착제 양과의 관계는 Freundlich의 등온식에 따르며 k = 0.5, n = 1)

㉮ 24mg/L ㉯ 28mg/L
㉰ 32mg/L ㉱ 36mg/L

풀이 Freundlich의 등온흡착식

$\dfrac{C_i - C_o}{M} = K \times C_o^{\frac{1}{n}}$

$\begin{cases} C_i : 유입수 농도 \\ C_o : 유출수 농도 \\ M : 활성탄 주입량 \\ k, n : 경험적인 상수 \end{cases}$

따라서 $\dfrac{(15-1)mg/L}{M} = 0.5 \times (1mg/L)^{\frac{1}{1}}$

$\therefore M = \dfrac{(15-1)mg/L}{0.5 \times (1mg/L)^{\frac{1}{1}}} = 28 mg/L$

TIP
Freundlich의 등온흡착식
$\dfrac{X}{M} = K \times C_o^{\frac{1}{n}} \Rightarrow \dfrac{C_i - C_o}{M} = K \times C_o^{\frac{1}{n}}$

33 슬러지의 함수율이 95%에서 90%로 줄어들면 슬러지의 부피는? (단, 슬러지 비중은 1.0)

㉮ 2/3로 감소한다. ㉯ 1/2로 감소한다.
㉰ 1/3로 감소한다. ㉱ 3/4로 감소한다.

풀이 $V_1 \times (100-P_1) = V_2 \times (100-P_2)$

$\begin{cases} V_1 : 처음의 슬러지량 \\ P_1 : 처음의 함수율 \\ V_2 : 변화된 슬러지량 \\ P_2 : 변화된 함수율 \end{cases}$

따라서 $V_1 \times (100-95) = V_2 \times (100-90)$

$\therefore \dfrac{V_2}{V_1} = \dfrac{(100-95)}{(100-90)} = \dfrac{5}{10} = \dfrac{1}{2}$

따라서 $\dfrac{1}{2}$ 로 감소한다.

34 진공여과기로 슬러지를 탈수하여 함수율 78%의 탈수 cake을 얻었다. 여과면적은 30m², 여과속도는 25kg/m²·hr이라면 진공여과기의 시간당 cake의 생산량은? (단, 슬러지 비중은 1.0로 가정한다.)

㉮ 약 2.8m³/hr ㉯ 약 3.4m³/hr
㉰ 약 4.2m³/hr ㉱ 약 5.3m³/hr

풀이 cake의 생산량(m³/hr)

$= \dfrac{건조 슬러지량}{비중량} \times \dfrac{100}{100-함수율(\%)}$

$= \dfrac{25 kg/m^2 \cdot hr \times 30 m^2}{1,000 kg/m^3} \times \dfrac{100}{100-78}$

$= 3.41 m^3/hr$

answer 31 ㉱ 32 ㉯ 33 ㉯ 34 ㉯

> **TIP**
> ① 건조슬러지량(kg/hr)
>   = 여과속도(kg/m²·hr)×면적(m²)
> ② 비중(g/cm³) $\xrightarrow{\times 10^3}$ 비중량(kg/m³)
> ③ 비중 1.0g/cm³ $\xrightarrow{\times 10^3}$ 1,000kg/m³

35 펜톤(Fenton)반응에서 사용되는 과산화수소의 용도는?

㉮ 응집제   ㉯ 촉매제
㉰ 산화제   ㉱ 침강촉진제

▶풀이 펜톤(Fenton) 산화법은 펜톤시약(H₂O₂)으로부터 발생하는 OH라디칼을 이용해 처리하는 방법이다. 따라서 과산화수소(H₂O₂)의 용도는 산화제이다.

36 BOD 300mg/L인 폐수를 20℃에서 살수여상법으로 처리한 결과 유출수 BOD가 60mg/L로 되었다. 이 폐수를 10℃에서 처리한다면 유출수의 BOD는? (단, 처리효율 Et = E20×1.035$^{(T-20)}$이다.)

㉮ 110mg/L   ㉯ 130mg/L
㉰ 150mg/L   ㉱ 170mg/L

▶풀이 ① 20℃에서 처리효율을 계산한다.
$$E_{20℃} = \left\{1 - \frac{유출수\,BOD}{유입수\,BOD}\right\}\times 100$$
$$= \left\{1 - \frac{60mg/L}{300mg/L}\right\}\times 100 = 80\%$$

② 20℃ 처리효율을 10℃의 처리효율로 전환한다.
$E_{10℃} = 80\% \times 1.035^{(10-20)} = 56.71\%$

③ 10℃에서 유출수의 BOD 농도를 계산한다.
$$56.71\% = \left\{1 - \frac{유출수\,BOD}{300mg/L}\right\}\times 100$$
∴ 유출수 BOD = 300mg/L×(1-0.5671)
= 129.87mg/L

37 활성슬러지법에 의한 폐수처리의 운전 및 유지 관리상 가장 중요도가 낮은 사항은?

㉮ 포기조 내의 수온
㉯ 포기조에 유입되는 폐수의 용존산소량
㉰ 포기조에 유입되는 폐수의 pH
㉱ 포기조에 유입되는 폐수의 BOD 부하량

▶풀이 유입되는 폐수의 용존산소량보다 포기조의 용존산소량이 중요하다.

38 혐기성 소화조 운전 중 소화가스 발생량이 저하되었다. 그 원인과 가장 거리가 먼 것은?

㉮ 조내 온도저하
㉯ 저농도 슬러지유입
㉰ 소화슬러지 과잉배출
㉱ 과다교반

▶풀이 ㉱번은 상징수 악화의 원인이다.

> **TIP**
> **혐기성소화시 소화가스 발생량 저하 원인**
> ① 저농도 슬러지 유입
> ② 소화슬러지 과잉 배출
> ③ 조내 온도 저하
> ④ 소화가스가 누출될 때
> ⑤ 과다한 산이 생성되었을 때
> ⑥ 소화조내의 pH 상승(pH 8.5이상)

answer 35 ㉰ 36 ㉯ 37 ㉯ 38 ㉱

39 BOD 300mg/L, 유량 2,000m³/day의 폐수를 활성슬러지법으로 처리할 때 BOD 슬러지부하 0.25kgBOD/kgMLSS·day, MLSS 2,000mg/L로 하기 위한 포기조의 용적은?

㉮ 800m³ ㉯ 1,000m³
㉰ 1,200m³ ㉱ 1,400m³

풀이 F/M비(/day) = $\dfrac{BOD(kg/m^3) \times Q(m^3/day)}{MLSS(kg/m^3) \times V(m^3)}$

따라서 0.25/day = $\dfrac{0.3kg/m^3 \times 2,000m^3/day}{2kg/m^3 \times V(m^3)}$

∴ V = $\dfrac{0.3kg/m^3 \times 2,000m^3/day}{2kg/m^3 \times 0.25/day}$ = 1,200m³

40 지름이 20m이고, 깊이가 5m인 원형침전지에서 BOD 200mg/L, SS 240mg/L인 하수 4,000m³/day를 처리할 때 침전지의 수면적 부하율은?

㉮ 2.7m/day ㉯ 12.7m/day
㉰ 23.7m/day ㉱ 27.0m/day

풀이 수면적 부하율(m³/m²·day)
= $\dfrac{Q(m^3/day)}{A(m^2)}$ = $\dfrac{Q(m^3/day)}{\dfrac{\pi}{4} \times D^2(m^2)}$ = $\dfrac{4000m^3/day}{\dfrac{\pi}{4} \times (20m)^2}$
= 12.73m³/m²·day

TIP
수면적 부하율의 단위
m³/m²·day = m/day

| 제3과목 | 수질오염공정시험기준

41 6가 크롬−원자흡수분광광도법에 대한 내용으로 틀린 것은?

㉮ 피로리딘 디티오카르바민산 착물로 만들어 메틸아이소부틸케톤으로 추출한다.
㉯ 정량한계는 0.01mg/L이다.
㉰ 폐수에 반응성이 큰 다른 금속 이온이 존재할 경우 방해 영향이 크다.
㉱ 방해의 영향이 큰 경우 질산소듐 1%를 첨가하여 측정한다.

풀이 ㉱ 방해의 영향이 큰 경우 황산소듐 1%를 첨가하여 측정한다.

42 다음은 총대장균군(평판집락법) 측정에 관한 내용이다. ( )안에 내용으로 옳은 것은?

> 배출수 또는 방류수에 존재하는 총대장균군을 측정하는 방법으로 페트리접시의 평판집락법 배지를 굳힌 후 배양한 다음 진한 ( )의 전형적인 집락을 계수하는 방법이다.

㉮ 황색 ㉯ 적색
㉰ 청색 ㉱ 녹색

풀이 ① 총대장균군 : 적색 계통의 집락 계수
② 분원성대장균군 : 청색 계통의 집락 계수

answer 39 ㉰ 40 ㉯ 41 ㉱ 42 ㉯

43 다음 용어의 정의에 대한 설명 중 옳은 것은?

㉮ 시험조작 중 "즉시"란 1분 이내에 표시된 조작을 하는 것을 뜻한다.
㉯ "항량으로 될 때까지 건조한다"라는 뜻은 같은 조건에서 30분 더 건조할 때 전후 무게의 차가 g당 0.3mg 이하일 때이다.
㉰ 무게를 "정밀히 단다"라 함은 규정된 수치의 무게를 0.1mg까지 다는 것을 말한다.
㉱ "약"이라 함은 기재된 양에 대하여 ±10% 이상의 차가 있어서는 안 된다.

▶풀이 ㉮ 시험조작중 "즉시"란 30초 이내에 표시된 조작을 하는 것을 뜻한다.
㉯ "항량으로 될 때까지 건조한다"라는 뜻은 같은 조건에서 1시간 더 건조할 때 전후 무게의 차가 g당 0.3mg 이하일 때이다.
㉰ 무게를 "정확히 단다"라 함은 규정된 수치의 무게를 0.1mg 까지 다는 것을 말한다.

44 개수로에 의한 유량측정시 케이지(Chezy)의 유속공식이 적용된다. 경심이 0.653m, 홈바닥의 구배 $i = \dfrac{1}{1,500}$, 유속계수가 31.3일 때 평균유속은? (단, 수로의 구성 재질과 수로 단면의 형상이 일정하고 수로의 길이가 적어도 10m까지 똑바른 경우, 케이지유속 공식은 $V(m/sec) = C\sqrt{iR}$ 이다.)

㉮ 0.65 m/sec   ㉯ 0.84 m/sec
㉰ 1.21 m/sec   ㉱ 1.63 m/sec

▶풀이 Chezy 유속 공식 : $V = C\sqrt{iR}$
$\begin{bmatrix} C : 유속계수 \\ i : 기울기 \\ R : 경심(m) \end{bmatrix}$

따라서 $V = 31.3 \times \sqrt{\dfrac{1}{1,500} \times 0.653m} = 0.65 m/sec$

45 비소를 수소화물생성-원자흡수분광광도법으로 측정할 때의 내용으로 옳은 것은?

㉮ 수소화비소를 아르곤-수소 불꽃에서 원자화시켜 228.7nm에서 흡광도를 측정한다.
㉯ 염화제일주석으로 시료 중의 비소를 6가 비소로 산화시킨다.
㉰ 망간을 넣어 수소화 비소를 발생시킨다.
㉱ 정량한계는 0.005mg/L이다.

TIP
비소의 수소화물생성-원자흡수분광광도법
아연 또는 소듐붕소수화물($NaBH_4$)을 넣어 수소화 비소로 포집하여 아르곤(또는 질소)-수소 불꽃에서 원자화시켜 193.7nm에서 흡광도를 측정하고 비소를 정량하는 방법이며, 정량한계는 0.005mg/L이다.

46 생물화학적 산소요구량(BOD) 측정시 사용되는 ATU 용액, TCMP 시약의 역할로 옳은 것은?

㉮ 식종 정착   ㉯ 질산화 억제
㉰ 산소 고정   ㉱ 미생물 영양

▶풀이 생물화학적 산소요구량(BOD) 측정시 사용되는 ATU 용액, TCMP 시약의 역할은 질산화 억제이다.

answer 43 ㉱ 44 ㉮ 45 ㉱ 46 ㉯

47 다음 설명하는 정도관리요소에 해당하는 것은?

> 시험분석 결과의 반복성을 나타내는 것으로 반복시험하여 얻은 결과를 상대표준편차(RSD, relative standard deviation)로 나타내며, 연속적으로 n회 측정한 결과의 평균값과 표준편차로 구한다.

㉮ 정밀도   ㉯ 정확도
㉰ 정량한계 ㉱ 검출한계

TIP
용어설명
(1) 정밀도 : 시험분석 결과의 반복성을 나타내는 것으로 반복시험하여 얻은 결과를 상대 표준편차(RSD, relative standard deviation)로 나타내며, 연속적으로 n회 측정한 결과의 평균값($\bar{x}$)과 표준편차(s)로 구한다.
(2) 정확도 : 시험분석 결과가 참값에 얼마나 근접하는가를 나타내는 것으로 동일한 매질의 인증시료를 확보할 수 있는 경우에는 표준절차서(SOP, standard operational procedure)에 따라 인증표준물질을 분석한 결과값(CM)과 인증값(CC)과의 상대백분율로 구한다.
(3) 정량한계 : 시험분석 대상을 정량화할 수 있는 측정값으로서, 제시된 정량한계 부근의 농도를 포함하도록 시료를 준비하고 이를 반복 측정하여 얻은 결과의 표준편차(s)에 10배한 값을 사용한다.
(4) 검출한계
 ① 기기검출한계(IDL, instrument detection limit)란 시험분석 대상물질을 기기가 검출할 수 있는 최소한의 농도 또는 양으로서, 일반적으로 S/N 비의 2~5배 농도 또는 바탕시료를 반복 측정 분석한 결과의 표준편차에 3배한 값 등을 말한다.
 ② 방법검출한계(MDL, method detection limit)란 시료와 비슷한 매질 중에서 시험분석대상을 검출할 수 있는 최소한의 농도로서, 제시된 정량한계 부근의 농도를 포함하도록 준비한 n개의 시료를 반복 측정하여 얻은 결과의 표준편차(s) 99% 신뢰도에서의 t-분포값을 곱한 것이다.

48 수은 측정에 적용 가능한 시험방법과 가장 거리가 먼 것은? (단, 공정시험기준)

㉮ 냉증기-원자흡수분광광도법
㉯ 양극벗김전압전류법
㉰ 냉증기-원자형광법
㉱ 유도결합플라스마-원자발광분광법

풀이 수은 측정에 적용 가능한 시험방법에는 냉증기-원자흡수분광광도법, 양극벗김전압전류법, 냉증기-원자형광법이 있다.

49 밀폐용기를 설명한 것으로 옳은 것은?

㉮ 취급 또는 저장하는 동안에 기체 또는 미생물이 침입하지 아니하도록 내용물을 보호하는 용기를 말한다.
㉯ 취급 또는 저장하는 동안에 이물질이 들어가거나 또는 내용물이 손실되지 아니하도록 보호하는 용기를 말한다.
㉰ 취급 또는 저장하는 동안에 밖으로부터의 공기, 다른 가스가 침입하지 아니하도록 내용물을 보호하는 용기를 말한다.
㉱ 취급 또는 저장하는 동안에 이물질이나 미생물이 침입하지 아니하도록 내용물을 보호하는 용기를 말한다.

TIP
용기의 종류
① 밀폐용기 : 이물질
② 기밀용기 : 공기 또는 다른 가스
③ 밀봉용기 : 기체 또는 미생물
④ 차광용기 : 광선

answer 47 ㉮ 48 ㉱ 49 ㉯

50 인산염인을 측정하기 위해 적용 가능한 시험방법과 가장 거리가 먼 것은?
(단, 공정시험기준)

㉮ 자외선 가시선 분광법(이염화주석환원법)
㉯ 자외선 가시선 분광법(아스코르빈산환원법)
㉰ 자외선 가시선 분광법(부루신환원법)
㉱ 이온크로마토그래피

풀이 인산염인을 측정하기 위해 적용 가능한 시험방법에는 자외선 가시선 분광법(이염화주석환원법), 자외선 가시선 분광법(아스코르빈산환원법), 이온크로마토그래피가 있다.

51 니켈의 시험방법별 정량한계로 틀린 것은?

㉮ 원자흡수분광광도법 : 0.01mg/L
㉯ 유도결합플라스마-원자발광분광법 : 0.015mg/L
㉰ 유도결합플라스마-질량분석법 : 0.002mg/L
㉱ 양극벗김전압전류법 : 0.01mg/L

풀이 ㉱번은 니켈의 시험방법에 해당하지 않는다.

52 DO 측정시(적정법) End point(종말점)에 있어서의 액의 색은?

㉮ 무색　　㉯ 적색
㉰ 황색　　㉱ 황갈색

풀이 DO를 적정법으로 분석시 종말점의 색은 무색이다.

53 아연의 일반적 성질에 관한 내용으로 틀린 것은?

㉮ 토양 중에는 10~300mg/kg 정도가 존재한다.
㉯ 지하수에는 0.1mg/L 이하로 존재한다.
㉰ 5mg/L 이상의 농도에서 신맛을 나타낸다.
㉱ 염산이나 묽은 황산에서는 수소가 발생하며 녹아 각각의 염이 된다.

풀이 ㉰ 5mg/L 이상의 농도에서 쓴맛을 나타낸다.

54 시안을 자외선 가시선 분광법으로 측정할 때 정량한계로 옳은 것은?

㉮ 0.1mg/L　　㉯ 0.05mg/L
㉰ 0.01mg/L　　㉱ 0.005mg/L

TIP
시안의 자외선 가시선 분광법
시료를 pH 2 이하의 산성에서 가열 증류하여 시안화물 및 시안착화합물의 대부분을 시안화수소로 유출시켜 포집한 다음 포집된 시안이온을 중화하고 클로라민-T를 넣어 생성된 염화시안이 피리딘-피라졸론 등의 발색시약과 반응하여 나타나는 청색을 620nm에서 측정하는 방법이며, 정량한계는 0.01mg/L이다.

answer 50 ㉱　51 ㉱　52 ㉮　53 ㉰　54 ㉰

55 시료의 보존방법 및 최대보존기간에 대한 내용으로 옳은 것은?

㉮ 냄새용 시료는 4℃ 보관, 최대 48시간동안 보존한다.
㉯ COD용 시료는 황산 또는 질산을 첨가하여 pH 4 이하, 최대 7일간 보존한다.
㉰ 유기인용 시료는 NaOH 또는 H_2SO_4로 pH 5~9로 보관, 최대 7일간 보존한다.
㉱ 질산성 질소용 시료는 4℃ 보관, 최대 24시간 보존한다.

풀이
㉮ 냄새용 시료는 가능한 빨리 분석 또는 냉장 보관, 최대 6시간 동안 보존한다.
㉯ COD용 시료는 황산 첨가하여 pH 2 이하, 최대 28일간 보존한다.
㉱ 질산성 질소용 시료는 최대 48시간 보존한다.

56 물 속의 냄새를 측정하기 위한 시험에서 시료 부피 4mL와 무취 정제수(희석수) 부피 196mL인 경우 냄새역치(TON, threshold odor number)는?

㉮ 0.02   ㉯ 0.5
㉰ 50   ㉱ 100

풀이
냄새역치(TON) = $\dfrac{A+B}{A}$

A : 시료 부피(mL)
B : 무취 정제수 부피(mL)

따라서 냄새역치(TON) = $\dfrac{4mL+196mL}{4mL}$ = 50

57 4각 웨어에 의하여 유량을 측정하려고 한다. 웨어의 수두 0.8m, 절단의 폭 2.5m 이면 유량은? (단, 유량계수는 4.8 이다.)

㉮ 4.8m³/min   ㉯ 6.7m³/min
㉰ 8.6m³/min   ㉱ 10.2m³/min

풀이
$Q = k \cdot b \cdot h^{\frac{3}{2}}$

Q : 유량(m³/min)
k : 유량계수
b : 절단의 폭(m)
h : 웨어의 수두(m)

따라서 Q = 4.8×2.5m×(0.8m)$^{\frac{3}{2}}$ = 8.59m³/min

58 수질오염공정시험기준 구리-원자흡수분광광도법의 정량한계는?

㉮ 0.05mg/L   ㉯ 0.005mg/L
㉰ 0.08mg/L   ㉱ 0.008mg/L

풀이 구리의 시험방법 별 정량한계
① 원자흡수분광광도법 : 0.008mg/L
② 유도결합플라스마-원자발광분광법 : 0.005mg/L
③ 유도결합플라스마-질량분석법 : 0.002mg/L

answer 55 ㉰ 56 ㉰ 57 ㉰ 58 ㉱

59 물벼룩을 이용한 급성 독성 시험법(시험생물)에 관한 내용으로 틀린 것은?

㉮ 시험하기 2시간 전부터는 먹이 공급을 중단하여 먹이에 대한 영향을 최소화 한다.
㉯ 태어난 지 24시간 이내의 시험생물일지라도 가능한 한 크기가 동일한 시험생물을 시험에 사용한다.
㉰ 배양시 물벼룩이 표면에 뜨지 않아야 하고, 표면에 뜰 경우 시험에 사용하지 않는다.
㉱ 물벼룩을 옮길 때 사용되는 스포이드에 의한 교차 오염이 발생하지 않도록 주의를 기울인다.

풀이 ㉮ 시험하기 2시간 전에 먹이를 충분히 공급하여 시험 중 먹이가 주는 영향을 최소화 한다.

60 다음 중 다량의 점토질 또는 규산염을 함유한 시료의 전처리 방법으로 가장 옳은 것은?

㉮ 질산-과염소산-불화수소산
㉯ 질산-과염소산법
㉰ 질산-염산법
㉱ 질산-황산법

TIP
전처리방법
① 질산법 : 유기함량이 비교적 높지 않은 시료에 적용
② 질산-염산법 : 유기물 함량이 비교적 높지 않고 금속의 수산화물, 산화물, 인산염 및 황화물을 함유하고 있는 시료에 적용
③ 질산-황산법 : 유기물 등을 많이 함유하고 있는 대부분의 시료에 적용
④ 질산-과염소산법 : 유기물을 다량 함유하고 있으면서 산분해가 어려운 시료에 적용
⑤ 질산-과염소산-불화수소산법 : 다량의 점토질 또는 규산염을 함유한 시료에 적용
⑥ 마이크로파 산분해법 : 밀폐 용기를 이용한 마이크로파 장치에 의한 방법에 적용되는 방법으로 유기물을 다량 함유하고 있으면서 산분해가 어려운 시료에 적용

answer 59 ㉮ 60 ㉮

2013 3회 기출문제

2013년 8월 18일 시행

| 제1과목 | 수질오염개론

01 박테리아 10g/L의 이론적인 COD는? (단, 박테리아 경험식 적용, 반응생성물은 CO_2, H_2O, NH_3이다.)

㉮ 21.1g/L ㉯ 18.4g/L
㉰ 16.0g/L ㉱ 14.2g/L

풀이 $C_5H_7O_2N + 5O_2 \rightarrow 5CO_2 + 2H_2O + NH_3$
113g : 5×32g
10g/L : COD

∴ $COD = \dfrac{10g/L \times 5 \times 32g}{113g} = 14.16g/L$

TIP
① 박테리아 = $C_5H_7O_2N$
② $C_5H_7O_2N$의 분자량
= (5×12)+(7×1)+(2×16)+14 = 113g
③ COD = 산소량

02 glycine ($CH_2(NH_2)COOH$)의 이론적 COD/TOC의 비는? (단, 글리신 최종분해 물은 CO_2, HNO_3, H_2O이다.)

㉮ 4.67 ㉯ 5.83
㉰ 6.72 ㉱ 8.32

풀이 $CH_2(NH_2)COOH + 3.5O_2 \rightarrow 2CO_2 + 2H_2O + HNO_3$

∴ $\dfrac{COD}{TOC} = \dfrac{산소량}{총유기탄소량} = \dfrac{3.5 \times 32g}{2 \times 12g} = 4.67$

TIP
글리신 = $CH_2(NH_2)COOH = C_2H_5O_2N$

03 진핵생물이나 원핵생물 세포내 '리보솜'의 역할로 가장 옳은 것은?

㉮ 호흡대사
㉯ 소화, 잔유물 제거와 배출
㉰ 단백질 합성
㉱ 화학에너지 환

풀이 리보솜의 역할은 단백질 합성이다.

04 BOD 농도 200mg/L, 유량 1,000m³/day인 폐수를 처리하여 BOD 농도 4mg/L, 유량 50,000m³/day인 하천에 방류했을 경우 합류지점의 BOD 농도는? (단, 폐수는 80% 처리 후 방류하며 합류지점에서는 완전혼합 되었다고 한다.)

㉮ 4.3mg/L ㉯ 4.7mg/L
㉰ 5.4mg/L ㉱ 5.8mg/L

풀이 $C_m = \dfrac{Q_1C_1 + Q_2C_2}{Q_1 + Q_2}$

$= \dfrac{1,000m^3/day \times 200mg/L \times (1-0.8) + 50,000m^3/day \times 4mg/L}{(1,000+50,000)m^3/day}$

= 4.71mg/L

answer 01 ㉱ 02 ㉮ 03 ㉰ 04 ㉯

> **TIP**
> 폐수의 농도(C_1)는 80% 처리된 후 합류되므로
> $C_1 = 200mg/L \times (1-0.8)$이 된다.

05 0.00025M의 NaCl용액의 농도(ppm)는? (단, NaCl 분자량 : 58.5)

㉮ 9.3   ㉯ 14.6
㉰ 21.3 ㉱ 29.8

> **풀이**
> $mg/L = \dfrac{0.00025mol}{L} \times \dfrac{58.5g}{1mol} \times \dfrac{10^3 mg}{1g}$
> $= 14.63 mg/L$

> **TIP**
> ① ppm = mg/L
> ② M농도 = mol/L
> ③ 1mol = 분자량(g)
> ④ NaCl 1mol = 58.5g

06 Ca^{2+}이온의 농도가 80mg/L, Mg^{2+}이온의 농도가 4.8mg/L인 물의 경도는 몇 mg/L as $CaCO_3$인가?

(단, 원자량은 Ca = 40, Mg = 24이다.)

㉮ 200   ㉯ 220
㉰ 240   ㉱ 260

> **풀이**
> $\dfrac{경도(mg/L)}{50g} = \dfrac{Ca^{2+}mg/L}{20g} + \dfrac{Mg^{2+}mg/L}{12g}$
> $= \dfrac{80mg/L}{20g} + \dfrac{4.8mg/L}{12g}$
> ∴ 경도 = 220mg/L

07 20℃에서 어떤 하천수의 최종 BOD 농도는 50mg/L이고, 5일 BOD 농도는 30mg/L이다. 하천수의 수온이 10℃일 때 하천수의 반응속도상수 k(탈산소계수)는? (단, 온도에 따른 보정상수는 1.047, 속도식은 상용대수를 기준으로 함.)

㉮ 0.03 d^{-1} ㉯ 0.05 d^{-1}
㉰ 0.07 d^{-1} ㉱ 0.09 d^{-1}

> **풀이**
> ① BOD_5 공식을 이용해 탈산소계수(k)를 계산한다.
> $BOD_5 = BOD_u \times (1-10^{-k \times t})$
> $30mg/L = 50mg/L \times (1-10^{-k \times 5day})$
> $10^{-k \times 5day} = 1 - \dfrac{30mg/L}{50mg/L}$
> $-k \times 5day = \log\left(1 - \dfrac{30mg/L}{50mg/L}\right)$
> ∴ $k = \dfrac{\log\left(1-\dfrac{30mg/L}{50mg/L}\right)}{(1-10^{-0.12/day \times 5day})} = 0.08/day$
> ② 20℃의 k를 10℃의 k로 전환한다.
> $k(T) = k(20℃) \times 1.047^{(T-20)}$
> $= 0.08/day \times 1.047^{(10-20)}$
> $= 0.05/day$

08 우리나라 물의 이용 형태별로 볼 때 가장 수요가 많은 용수는 다음 중 어느 것인가?

㉮ 생활용수   ㉯ 공업용수
㉰ 농업용수   ㉱ 유지용수

> **풀이**
> 우리나라 수자원 이용현황
> 농업용수 > 하천 유지용수 > 생활용수 > 공업용수

answer 05 ㉯ 06 ㉯ 07 ㉯ 08 ㉰

09 수질 모델 중 Streeter & Phelps 모델에 관한 내용으로 옳은 것은?

㉮ 하천을 완전혼합흐름으로 가정하였다.
㉯ 하천에서의 산소변화를 단위 면적에 대한 물질수지 방정식으로 모델화하였다.
㉰ 조류 및 슬러지 퇴적물의 영향이 큰 균일한 단면의 하천에 적용된다.
㉱ 유기물의 분해와 재폭기만을 고려하였다.

풀이 Streeter & Phelps 모델의 특징
① 점오염원으로부터 오염부하량 고려
② 하천수질 모델링의 최초
③ 유기물 분해로 인한 용존산소 소비와 대기로부터 수면을 통해 산소가 재공급되는 재폭기 고려

10 질소순환과정에서 질산화를 나타내는 반응은?

㉮ $N_2 \rightarrow NO_2^- \rightarrow NO_3^-$
㉯ $NO_3^- \rightarrow NO_2^- \rightarrow N_2$
㉰ $NO_3^- \rightarrow NO_2^- \rightarrow NH_3$
㉱ $NH_3 \rightarrow NO_2^- \rightarrow NO_3^-$

풀이 질산화과정은 ㉱번이다.

11 0.04M-HCl이 30% 해리되어 있는 수용액의 pH는?

㉮ 2.82   ㉯ 2.42
㉰ 1.92   ㉱ 1.72

풀이
$$HCl \xrightarrow{30\%해리} H^+ + Cl^-$$
해리전 0.04M   0M   0M
해리후 0.04M-0.04M×0.3   0.04M×0.3   0.04M×0.3

따라서 pH = $-\log[H^+]$ = $-\log[0.04M \times 0.3]$ = 1.92

TIP
pH 계산식
산성물질 : pH = $-\log[H^+]$
알칼리성물질 : pH = $14+\log[OH^-]$

12 탈산소계수(base = 상용대수)가 0.12 day^{-1} 일 때 BOD_3/BOD_5의 값은?

㉮ 0.55   ㉯ 0.65
㉰ 0.75   ㉱ 0.85

풀이 BOD의 소모공식
$BOD_t = BOD_u \times (1-10^{-k_1 \times t})$

$$\frac{BOD_3}{BOD_5} = \frac{BOD_u \times (1-10^{-0.12/day \times 3day})}{BOD_u \times (1-10^{-0.12/day \times 5day})} = 0.75$$

answer 09 ㉱   10 ㉱   11 ㉰   12 ㉰

13 어느 물질이 반응시작할 때의 농도가 200mg/L이고 2시간 후의 농도가 35mg/L로 되었다. 반응시작 1시간 후의 반응물질 농도는? (단, 1차 반응 기준)

㉮ 약 56mg/L ㉯ 약 84mg/L
㉰ 약 112mg/L ㉱ 약 133mg/L

풀이

1차 반응식 $\ln\dfrac{C_t}{C_o} = -k \times t$를 이용한다.

$\begin{bmatrix} C_o : 초기농도(mg/L) \\ C_t : t시간\ 후\ 농도(mg/L) \\ k : 상수(/hr) \\ t : 시간(hr) \end{bmatrix}$

① $\ln\dfrac{35mg/L}{200mg/L} = -k \times 2hr$

∴ $k = \dfrac{\ln\dfrac{35mg/L}{200mg/L}}{-2hr} = 0.8715/hr$

② $\ln\dfrac{C_t mg/L}{200mg/L} = -0.8715/hr \times 1hr$

∴ $C_t = 200mg/L \times (e^{-0.8715/hr \times 1hr}) = 83.67mg/L$

TIP

$\ln\dfrac{C_t}{C_o} = -k \times t \Rightarrow C_t = C_o \times e^{(-k \times t)}$

14 어느 폐수의 BOD_u가 300mg/L, k_1값이 0.15/day라면 BOD_5는? (단, 상용대수 기준)

㉮ 270mg/L ㉯ 256mg/L
㉰ 247mg/L ㉱ 220mg/L

풀이

$BOD_5 = BOD_u \times (1-10^{-k_1 \times t})$
$= 300mg/L \times (1-10^{-0.15/day \times 5day})$
$= 246.65mg/L$

15 수은주높이 300mm는 수주로 몇 mm인가? (단, 표준 상태 기준)

㉮ 1,960 ㉯ 3,220
㉰ 3,760 ㉱ 4,078

풀이 $300mmHg \times 13.6 = 4,080mmH_2O$

TIP

① 수은주 비중 = $\dfrac{1,0332mmH_2O}{760mmHg}$
  = $13.6mmH_2O/mmHg$

② $mmH \xrightarrow{\times 13.6} mmH_2O$

③ $mmH_2O \xrightarrow{\div 13.6} mmHg$

16 어떤 폐수의 분석결과 COD 400mg/L이었고 BOD_5가 250mg/L이었다면 NBDCOD는? (단, 탈산소계수 k_1(밑이 10) = 0.2/day이다.)

㉮ 78mg/L ㉯ 122mg/L
㉰ 172mg/L ㉱ 210mg/L

풀이

① BOD_5공식을 이용해 최종 $BOD(BOD_u)$를 계산한다.
$BOD_5 = BOD_u \times (1-10^{-k_1 \times t})$
$250mg/L = BOD_u \times (1-10^{-0.2/day \times 5day})$
∴ $BOD_u = \dfrac{250mg/L}{(1-10^{-0.2/day \times 5day})} = 277.78mg/L$

② COD = BDCOD + NBDCOD
NBDCOD = COD - BDCOD
= 400mg/L - 277.78mg/L
= 122.22mg/L

TIP

① BDCOD = BODu : 생물학적 분해가능한 COD
② NBDCOD : 생물학적 분해 불가능한 COD

answer 13 ㉯ 14 ㉰ 15 ㉱ 16 ㉯

17 글루코스($C_6H_{12}O_6$) 500mg/L를 혐기성 분해시킬 때 생산되는 이론적 메탄의 농도는?

㉮ 약 87mg/L ㉯ 약 114mg/L
㉰ 약 133mg/L ㉱ 약 157mg/L

풀이

$C_6H_{12}O_6 \xrightarrow{\text{혐기성 분해}} 3CO_2 + 3CH_4$
180g : 3×16g
500mg/L : CH_4

$\therefore CH_4 = \dfrac{500mg/L \times 3 \times 16g}{180g} = 133.33mg/L$

TIP
① 글루코스 = Glucose = $C_6H_{12}O_6$
② $C_6H_{12}O_6$의 분자량
  = (6×12)+(12×1)+(6×16) = 180g

18 Glucose($C_6H_{12}O_6$) 800mg/L 용액을 호기성 처리시 필요한 이론적 인량(P, mg/L)은? (단, BOD_5 : N : P = 100 : 5 : 1, $k_1 = 0.1day^{-1}$, 상용대수 기준)

㉮ 약 9.6 ㉯ 약 7.9
㉰ 약 5.8 ㉱ 약 3.6

풀이

① $C_6H_{12}O_6 + 6O_2 \rightarrow 6CO_2 + 6H_2O$
  180g : 6×32g
  800mg/L : BOD_u

$\therefore BOD_u = \dfrac{800mg/L \times 6 \times 32g}{180g} = 853.33mg/L$

② $BOD_5 = BOD_u \times (1-10^{-k_1 \times t})$
  $= 853.33mg/L \times (1-10^{-0.1/day \times 5day})$
  $= 583.48mg/L$

③ BOD_5 : P
  100 : 1
  583.48mg/L : P
  $\therefore P = 5.84mg/L$

19 적조에 의해 어패류가 폐사하는 원인으로 가장 거리가 먼 것은?

㉮ 수면의 적조생물막에 의한 광차단현상으로 인한 대사기능 저하로 폐사한다.
㉯ 적조생물에 포함된 치사성의 유독물질로 인해 폐사한다.
㉰ 적조생물의 급속한 사후분해에 의해 DO가 소비되면서 황화수소나 부패독과 같은 유해 물질로 인해 폐사한다.
㉱ 적조생물이 아가미 등에 부착되어 질식사 한다.

풀이 ㉮ 수면의 적조생물막에 의한 산소차단현상으로 인한 대사기능 저하로 폐사한다.

20 PCB_S에 관한 설명으로 틀린 것은?

㉮ 물에는 난용성이며 유기용제에 잘 녹는다.
㉯ 화학적으로 불활성이고 절연성이 좋다.
㉰ 만성 중독 증상으로 카네미유증이 대표적이다.
㉱ 고온에서 대부분의 금속과 합금을 부식시킨다.

풀이 ㉱ PCB_S(폴리클로리네이티드비페닐)은 부식성이 거의 없다.

answer 17 ㉰ 18 ㉰ 19 ㉮ 20 ㉱

| 제2과목 | 수질오염방지기술

21 활성슬러지 혼합액을 부상농축기로 농축하고자 한다. 부상 농축기에 대한 최적 A/S비가 0.008이고, 공기 용해도가 18.7mL/L일 때 용존공기의 분율이 0.5라면 필요한 압력은? (단, 비순환식 기준, 혼합액의 고형물농도는 0.2%임)

㉮ 3.98 atm ㉯ 3.62 atm
㉰ 3.32 atm ㉱ 3.14 atm

 풀이

$$A/S비 = \frac{1.3 \times Sa \times (f \times P - 1)}{SS}$$

- Sa : 공기의 용해도(mL/L)
- SS : 부유고형물 농도(mg/L)
- P : 절대압력(atm)

따라서 $0.008 = \dfrac{1.3 \times 18.7 \text{mL/L} \times (0.5 \times P - 1)}{0.2 \times 10^4 \text{mg/L}}$

∴ P = 3.32atm

TIP
① SS = 0.2% = 0.2×10^4 ppm
  = 0.2×10^4 mg/L
② ppm = mg/L
③ % $\xrightarrow{\times 10^4}$ ppm
④ ppm $\xrightarrow{\times 10^{-4}}$ %

22 하수고도처리공법인 수정 Bardenpho (5단계)에 관한 설명과 가장 거리가 먼 것은?

㉮ 질소와 인을 동시에 처리할 수 있다.
㉯ 내부반송율을 낮게 유지할 수 있어 비교적 적은 규모의 반응조 사용이 가능하다.
㉰ 폐슬러지 내의 인의 함량이 높아 비료가치가 있다.
㉱ 2차 호기성조(재폭기조)의 역할은 최종침전조에서 탈질에 의한 Rising 현상 및 인의 재방출을 방지하는데 있다.

풀이 ㉯ 내부반송율이 높고 비교적 큰 규모의 반응조 사용이 가능하다.

23 염소 요구량이 5mg/L인 하수 처리수에 잔류염소 농도가 0.5mg/L가 되도록 염소를 주입하려고 한다. 이때 염소 주입량은?

㉮ 4.5mg/L ㉯ 5.0mg/L
㉰ 5.5mg/L ㉱ 6.0mg/L

풀이 염소주입량 = 염소요구량 + 염소잔류량
  = 5mg/L + 0.5mg/L
  = 5.5mg/L

answer 21 ㉰ 22 ㉯ 23 ㉰

24 폐수량이 10,000m³/d, SS농도 500mg/L인 폐수가 처리장으로 유입되고 있다. 폭기조의 MLSS 농도가 3,000mg/L이고 SVI가 125라면, 이 폭기조의 MLSS 농도를 변동없이 유지하기 위한 반송슬러지 유량은?

㉮ 4,500m³/d　㉯ 5,000m³/d
㉰ 5,500m³/d　㉱ 6,000m³/d

풀이
① 반송비(R) = $\dfrac{MLSS - SS_i}{SS_r - MLSS}$

여기서 $SS_r = \dfrac{10^6}{SVI}$ 이므로

$R = \dfrac{MLSS - SS_i}{\dfrac{10^6}{SVI} - MLSS} = \dfrac{3,000mg/L - 500mg/L}{\dfrac{10^6}{125} - 3,000mg/L} = 0.5$

② 반송슬러지 유량(Q_R) = Q × R
= 10,000m³/day × 0.5
= 5,000m³/day

25 슬러지 함수율이 95%에서 90%로 낮아지면 전체 슬러지의 부피는 몇 % 감소되는가? (단, 슬러지 비중은 1.0)

㉮ 15%　㉯ 25%
㉰ 50%　㉱ 75%

풀이
$V_1 \times (100 - P_1) = V_2 \times (100 - P_2)$

$\dfrac{V_2}{V_1} = \dfrac{(100 - P_1)}{(100 - P_2)} = \dfrac{(100 - 95)}{(100 - 90)} = \dfrac{1}{2} = 0.5$

따라서 50% 감소한다.

26 원형관수로에 물의 수심이 50%로 흐르고 있다. 이때 경심은? (단, D는 원형관수로 직경)

㉮ D/4　㉯ D/8
㉰ πD　㉱ 2πD

풀이
경심(R) = $\dfrac{\text{단면적}}{\text{윤변의 길이}} = \dfrac{\dfrac{\pi D^2}{4} \times 0.5}{\pi \cdot D \times 0.5} = \dfrac{D}{4}$

27 하수고도 처리공법인 A/O 공법의 공정 중 혐기조의 역할을 가장 적절하게 설명한 것은?

㉮ 유기물제거, 질산화
㉯ 탈질, 유기물 제거
㉰ 유기물 제거, 용해성 인 방출
㉱ 유기물 제거, 인 과잉흡수

풀이 A/O 공법의 반응조 역할
① 혐기성조 : 인(P)의 방출, 유기물 제거
② 호기성조 : 인(P)의 과잉흡수

실전문제
과년도 기출문제

answer　24 ㉯　25 ㉰　26 ㉮　27 ㉰

28 폐유를 함유한 공장폐수가 있다. 이 폐수에는 A, B 두 종류의 기름이 있는데 A의 비중은 0.90이고 B의 비중은 0.94이다. A와 B의 부상 속도비(V_A/V_B)는? (단, stokes 법칙 적용, 물의 비중은 1.0 이고 직경은 동일함)

㉮ 1.12 ㉯ 1.25
㉰ 1.43 ㉱ 1.67

풀이 부상속도(V_f) = $\dfrac{d^2(\rho_w-\rho_s)g}{18\mu}$

따라서 $\dfrac{Vf_A}{Vf_B} = \dfrac{(1-0.90)}{(1-0.94)} = 1.67$

29 BOD 농도가 200ppm인 유량이 2,000 m³/d인 폐수를 표준 활성슬러지법으로 처리한다. 폭기조의 크기가 폭 5m, 길이 10m, 유효 깊이 4m로 할 때 폭기조의 용적부하(kgBOD/m³·day)는?

㉮ 1.5 ㉯ 2.0
㉰ 2.5 ㉱ 3.0

풀이 BOD 용적부하(kg/m³·day)

= $\dfrac{BOD(kg/m^3) \times Q(m^3/day)}{폭 \times 길이 \times 유효깊이(m^3)}$

= $\dfrac{0.2kg/m^3 \times 2,000m^3/day}{5m \times 10m \times 4m}$

= 2.0kg/m³·day

TIP

① mg/L $\xrightarrow{\times 10^{-3}}$ kg/m³

② ppm = mg/L = g/m³

30 어느 식품공장에서 BOD가 200mg/L인 폐수를 하루에 500m³ 배출하고 있다. 생물학적처리법으로 처리하기 위한 제반환경여건 중 질소성분이 부족하여 요소($NH_2)_2CO$를 첨가하려고 한다. 소요되는 요소의 양(kg/day)은? (단, BOD : N : P = 100 : 5 : 1 기준, 폐수 내 질소는 고려하지 않음)

㉮ 5.7 ㉯ 10.7
㉰ 15.7 ㉱ 20.7

풀이 ① N(질소)의 농도를 계산한다.
BOD : N
100 : 5
200mg/L : N

∴ N = $\dfrac{200mg/L \times 5}{100}$ = 10mg/L

② 주입해야 할 요소를 계산한다.
$(NH_2)_2CO$: 2N
60g : 2×14g
$(NH_2)_2CO$: 10mg/L

∴ $(NH_2)_2CO$ = $\dfrac{60g \times 10mg/L}{2 \times 14g}$ = 21.43mg/L

③ $(NH_2)_2CO$(kg/day)
= 21.43×10⁻³kg/m³×500m³/day
= 10.72kg/day

TIP

① mg/L $\xrightarrow{\times 10^{-3}}$ kg/m³

② 총량(kg/day) = 농도(kg/m³)×유량(m³/day)

answer 28 ㉱ 29 ㉯ 30 ㉯

31 BOD가 250mg/L인 하수를 1차 및 2차 처리로 BOD 10mg/L으로 유지하고자 한다. 2차 처리효율이 75%라면 1차 처리효율은?

㉮ 73% ㉯ 78%
㉰ 84% ㉱ 89%

풀이
① $\eta_T = \left(1 - \dfrac{\text{유출수 BOD}}{\text{유입수 BOD}}\right) \times 100$
$= \left(1 - \dfrac{10\text{mg/L}}{250\text{mg/L}}\right) \times 100$
$= 96\%$

② $\eta_T = 1 - (1-\eta_1) \times (1-\eta_2)$
$0.96 = 1 - (1-\eta_1) \times (1-0.75)$
$\therefore \eta_1 = 1 - \dfrac{(1-0.96)}{(1-0.75)} = 0.84$

따라서 84% 이다.

32 어떤 공장폐수에 미처리된 유기물이 10mg/L 함유되어 있다. 이 폐수를 분말 활성탄 흡착법으로 처리하여 1mg/L까지 처리하고자 할 때 분말활성탄은 폐수 1m³당 몇 g이 필요한가? (단, Freundlich 식을 이용, k = 0.5, n = 1)

㉮ 18 ㉯ 24
㉰ 36 ㉱ 42

풀이 $\dfrac{X}{M} = k \cdot C^{\frac{1}{n}}$

$\begin{bmatrix} X : \text{농도차}(C_i - C_o)(\text{mg/L}) \\ M : \text{활성탄 주입농도(mg/L)} \\ C : \text{나중 농도}(C_o)(\text{mg/L}) \\ k, n : \text{경험적 상수} \end{bmatrix}$

따라서 $\dfrac{(10-1)\text{mg/L}}{M} = 0.5 \times (1\text{mg/L})^{\frac{1}{1}}$

$\therefore M = \dfrac{(10-1)\text{mg/L}}{0.5 \times (1\text{mg/L})^{\frac{1}{1}}} = 18\text{mg/L}$

따라서 M = 18mg/L = 18g/m³이므로 18g이 필요하다.

33 화학합성을 하는 자가영양계미생물의 에너지원과 탄소원으로 옳은 것은?

(에너지원) (탄소원)
㉮ 무기물의 산화환원반응 유기탄소
㉯ 무기물의 산화환원반응 CO_2
㉰ 유기물의 산화환원반응 유기탄소
㉱ 유기물의 산화환원반응 CO_2

풀이 에너지원과 탄소원에 의한 미생물의 분류

분류	에너지원	탄소원
광합성 독립영양 미생물	빛	CO_2
화학합성 독립영양 미생물	무기물의 산화·환원 반응	CO_2
광합성 종속영양 미생물	빛	유기탄소
화학합성 종속영양 미생물	유기물의 산화·환원 반응	유기탄소

34 피혁공장에서 BOD 400mg/L의 폐수가 1,000m³/day로 방류되고 이것을 활성슬러지법으로 처리하고자 한다. 하루 처리장으로 유입되는 유량의 5%(부피기준, 함수율 99%)에 해당되는 슬러지가 발생된다고 보고 이 때 슬러지를 4.5kg/m²-h(고형물 기준)의 성능을 가진 진공여과기로 매일 8시간씩 탈수작업을 하여 처리하려면 여과기 면적은? (단, 슬러지 비중은 1.0으로 가정함)

㉮ 약 4m² ㉯ 약 8m²
㉰ 약 11m² ㉱ 약 14m²

풀이 진공여과기의 능력(kg/m²·hr)

$= \dfrac{\text{슬러지 농도(kg/m}^3\text{)} \times \text{폐수량(m}^3\text{/day)}}{\text{면적(m}^2\text{)} \times \text{탈수시간(hr/day)}}$

$4.5\text{kg/m}^2 \cdot \text{hr} = \dfrac{1,000\text{m}^3/\text{day} \times 0.05 \times 10\text{kg/m}^3}{\text{면적(m}^2) \times 8\text{hr/day}}$

$\therefore \text{면적} = \dfrac{1,000\text{m}^3/\text{day} \times 0.05 \times 10\text{kg/m}^3}{4.5\text{kg/m}^2 \cdot \text{hr} \times 8\text{hr/day}} = 13.89\text{m}^2$

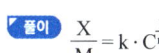
answer 31 ㉰ 32 ㉮ 33 ㉯ 34 ㉱

TIP
① 고형물 농도 = 100-함수율(%)
   = 100-99% = 1%
② 고형물 1% = $1×10^4$ ppm = $1×10^4$ mg/L
③ mg/L $\xrightarrow{×10^{-3}}$ kg/m³
④ 고형물 농도(kg/m³)
   = $1×10^4$ mg/L × 10^{-3} = 10 kg/m³

35 염소이온 농도가 500mg/L이고, BOD가 5,000mg/L인 공장폐수를 염소이온이 없는 깨끗한 물로 희석한 후 활성슬러지법으로 처리하여 얻은 유출수의 BOD는 10mg/L이고, 염소이온이 20mg/L이었다. 이 때 BOD 제거율은? (단, 기타 여건은 고려하지 않음)

㉮ 90% ㉯ 92%
㉰ 95% ㉱ 98%

풀이 ① 희석배수치(P)
$$= \frac{유입수의 \ Cl^- \ 농도}{유출수의 \ Cl^- \ 농도} = \frac{500mg/L}{20mg/L} = 25$$
② BOD 제거율(%)
$$= \left(1 - \frac{유출수 \ BOD × P}{유입수 \ BOD}\right) × 100$$
$$= \left(1 - \frac{10mg/L × 25}{5,000mg/L}\right) × 100 = 95\%$$

36 1차 처리된 분뇨의 2차 처리를 위해 폭기조, 2차침전지로 구성된 활성슬러지 공정을 운영하고 있다. 운영조건이 다음과 같을 때 폭기조 내의 고형물 체류시간은?

유입유량 200m³/day, 폭기조 용량 1,000m³, 잉여슬러지 배출량 50m³/day, 반송슬러지 SS 농도 1%, MLSS 농도 2,500mg/L, 2차 침전지 유출수 SS농도 0mg/L

㉮ 4일 ㉯ 5일
㉰ 6일 ㉱ 7일

풀이
$$SRT = \frac{MLSS × V}{Q_w × SS_w}$$
$$= \frac{2,500mg/L × 1,000m^3}{50m^3/day × 1×10^4 mg/L} = 5 \ day$$

TIP
① 폐슬러지농도(SS_w) = 반송슬러지 농도(SS_r)
② SS_w 1% = $1×10^4$ ppm = $1×10^4$ mg/L

answer 35 ㉰ 36 ㉯

37 폐수 6,000m³/day에서 생성되는 1차 슬러지부피(m³/day)는? (단, 1차 침전탱크 체류시간 2hr, 현탁고형물 제거효율 60%, 폐수 중 현탁고형물 함유량 220mg/L, 발생슬러지 비중 1.03, 슬러지함수율 94%, 1차 침전탱크에서 제거된 현탁 고형물 전량이 슬러지로 발생되는 것으로 가정함)

㉮ 약 10 ㉯ 약 13
㉰ 약 16 ㉱ 약 19

풀이 슬러지량(m^3/day)

$$= \frac{SS농도(kg/m^3) \times Q(m^3/day) \times \eta}{비중량(kg/m^3)} \times \frac{100}{100-P(\%)}$$

$$= \frac{0.22kg/m^3 \times 6,000m^3/day \times 0.6}{1,030kg/m^3} \times \frac{100}{100-94\%}$$

$= 12.82 m^3/day$

TIP

① mg/L $\xrightarrow{\times 10^{-3}}$ kg/m³
② SS농도 220mg/L = 0.22kg/m³
③ 비중 $\xrightarrow{\times 10^3}$ 비중량(kg/m³)
④ 슬러지비중량 = 1.03 $\xrightarrow{\times 10^3}$ 1,030kg/m³

38 활성슬러지 변법인 장기포기법에 관한 내용으로 틀린 것은?

㉮ SRT를 길게 유지하며 동시에 MLSS농도를 낮게 유지하여 처리하는 방법이다.
㉯ 활성슬러지가 자산화되기 때문에 잉여슬러지의 발생량은 표준활성슬러지법에 비해 적다.
㉰ 과잉 포기로 인하여 슬러지의 분산이 야기되거나 슬러지의 활성도가 저하되는 경우가 있다.
㉱ 질산화가 진행되면서 pH의 저하가 발생한다.

풀이 ㉮ SRT를 길게 유지하며 동시에 MLSS농도를 높게 유지하여 처리하는 방법이다.

39 물 5m³의 DO가 9.0mg/L 이다. 이 산소를 제거하는데 이론적으로 필요한 아황산소듐 (Na_2SO_3)의 양은? (단, 소듐 원자량 : 23)

㉮ 약 355g ㉯ 약 385g
㉰ 약 402g ㉱ 약 429g

풀이 $Na_2SO_3 + 0.5O_2 \rightarrow Na_2SO_4$
126g : 0.5×32g
X : 9.0mg/L(g/m³)×5m³

$\therefore X = \frac{126g \times 9.0g/m^3 \times 5m^3}{0.5 \times 32g} = 354.38g$

40 유량이 2,000m³/day이고 SS농도가 200mg/L인 하수가 1차침전지에서 처리된 후 처리수의 SS 농도는 90mg/L가 되었다. 이때 1차침전지에서 발생하는 슬러지의 양은 몇 m³/day인가?(단, 슬러지의 함수율은 97%이고, 비중은 1.0 이며 기타 다른 조건은 고려하지 않음)

㉮ 4.3 ㉯ 5.3
㉰ 6.3 ㉱ 7.3

풀이 슬러지량(m^3/day)

$$= \frac{(SS_i - SS_o)(kg/m^3) \times Q(m^3/day)}{비중량(kg/m^3)} \times \frac{100}{100-P(\%)}$$

$$= \frac{(0.2kg/m^3 - 0.09kg/m^3) \times 2,000m^3/day}{1,000kg/m^3} \times \frac{100}{100-97\%}$$

$= 7.33 m^3/day$

answer 37 ㉯ 38 ㉮ 39 ㉮ 40 ㉱

| **제3과목** | 수질오염공정시험기준

41 취급 또는 저장하는 동안에 기체 또는 미생물이 침입하지 아니하도록 내용물을 보호하는 용기는?

㉮ 밀봉용기 ㉯ 기밀용기
㉰ 밀폐용기 ㉱ 완밀용기

풀이 용기
① 밀폐용기 : 이물질
② 밀봉용기 : 기체 또는 미생물
③ 기밀용기 : 공기 또는 다른 가스
④ 차광용기 : 광선

42 시료의 전처리법 중 유기물을 다량 함유하고 있으면서 산분해가 어려운 시료에 적용하기 가장 적절한 것은?

㉮ 회화에 의한 분해
㉯ 질산 - 과염소산법
㉰ 질산 - 황산법
㉱ 질산 - 염산법

풀이 ㉮ 회화에 의한 분해 : 목적성분이 400℃ 이상에서 휘산되지 않고 쉽게 회화할 수 있는 시료
㉯ 질산 - 과염소산법 : 유기물을 다량 함유하고 있으면서 산분해가 어려운 시료
㉰ 질산 - 황산법 : 유기물 등을 많이 함유하고 있는 대부분의 시료
㉱ 질산 - 염산법 : 유기물 함량이 비교적 높지 않고 금속의 수산화물, 산화물, 인산염 및 황화물을 함유하고 있는 시료

43 다음 그림은 자외선 가시선 분광법으로 불소측정시 사용되는 분석기기인 수증기 증류장치이다. C의 명칭으로 옳은 것은?

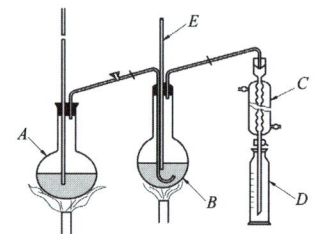

㉮ 유리연결관 ㉯ 냉각기
㉰ 정류관 ㉱ 메스실린더관

풀이 그림의 명칭
A : 증류 플라스크
B : 킬달 플라스크
C : 냉각기
D : 메스실린더
E : 온도계

answer 41 ㉮ 42 ㉯ 43 ㉯

44 부유물질 측정에 관한 내용으로 틀린 것은?

㉮ 유지, 그리스, 왁스 등을 포함하는 시료의 경우 시료를 여과한다.
㉯ 칼슘, 마그네슘, 염화물, 황산염 등의 농도가 높을 경우 금속 침전이 발생하며 부유물질 측정에 영향을 줄 수 있다.
㉰ 증발잔유물이 1,000mg/L 이상인 경우 해수, 공장폐수 등은 특별히 취급하지 않을 경우, 높은 부유물질 값을 나타낼 수 있는데 이 경우 여과지를 여러 번 세척한다.
㉱ 큰 모래입자 등과 같은 큰 입자들은 부유물질 측정에 방해를 주며, 충분히 침전시킨 후 상등수를 채취하여 분석을 실시한다.

[풀이] ㉱ 큰 모래입자 등과 같은 큰 입자들은 부유물질 측정에 방해를 주며, 이 경우 직경 2mm 금속망에 먼저 통과시킨 후 분석을 실시한다.

45 페놀류의 자외선 가시선 분광법 측정시 정량한계에 관한 내용으로 옳은 것은?

㉮ 클로로폼추출법 : 0.003mg/L
   직접측정법 : 0.03mg/L
㉯ 클로로폼추출법 : 0.03mg/L
   직접측정법 : 0.003mg/L
㉰ 클로로폼추출법 : 0.005mg/L
   직접측정법 : 0.05mg/L
㉱ 클로로폼추출법 : 0.05mg/L
   직접측정법 : 0.005mg/L

[풀이] 페놀류의 자외선 가시선 분광법 측정시 정량한계는 클로로폼추출법 0.005mg/L, 직접측정법 0.05mg/L 이다.

46 전기전도도 측정에 관한 설명으로 틀린 것은?

㉮ 전극의 표면이 부유물질, 그리스, 오일 등으로 오염될 경우, 전기전도도의 값이 영향을 받을 수 있다.
㉯ 전기전도도 측정계는 지시부와 검출부로 구성되어 있다.
㉰ 정확도는 측정값의 % 상대표준편차(RSD)로 계산하며 측정값의 25% 이내이어야 한다.
㉱ 전기전도도 측정계 중에서 25℃에서의 자체온도 보상회로가 장치되어 있는 것이 사용하기에 편리하다.

[풀이] ㉰ 정밀도는 측정값의 % 상대표준편차(RSD)로 계산하며 측정값의 20% 이내이어야 한다.

47 다음 중 관내에 압력이 존재하는 관수로 흐름에서의 관내 유량측정방법이 아닌 것은?

㉮ 벤튜리미터
㉯ 오리피스
㉰ 파샬플룸
㉱ 자기식 유량측정기

[풀이] 관내에 압력이 존재하는 관수로 흐름에서의 관내 유량측정방법에는 벤튜리미터, 유량측정용노즐, 오리피스, 피토우관, 자기식 유량측정기가 있다.

answer 44 ㉱ 45 ㉰ 46 ㉰ 47 ㉰

48 클로로필 a 시료의 보존방법으로 옳은 것은?

㉮ 빨리 여과하여 4℃ 이하에서 보관
㉯ 빨리 여과하여 0℃ 이하에서 보관
㉰ 빨리 여과하여 -10℃ 이하에서 보관
㉱ 빨리 여과하여 -20℃ 이하에서 보관

풀이 클로로필 a 시료의 보존방법은 빨리 여과하여 -20℃ 이하에서 보관이며, 최대보존기간은 7일이다.

49 폐수처리 공정 중 관내의 압력이 필요하지 않은 측정용 수로의 유량 측정 장치인 웨어가 적용되지 않는 것은?

㉮ 공장폐수원수   ㉯ 1차 처리수
㉰ 2차 처리수   ㉱ 공정수

풀이 관내의 압력이 필요하지 않은 측정용 수로의 유량 측정 장치인 웨어는 1차처리수, 2차처리수, 공정수에 적용한다.

50 인산염인을 측정하기 위해 적용 가능한 시험방법과 가장 거리가 먼 것은?

㉮ 이온크로마토그래피
㉯ 자외선 가시선 분광법(카드뮴-구리 환원법)
㉰ 자외선 가시선 분광법(아스코르빈산환원법)
㉱ 자외선 가시선 분광법(이염화주석환원법)

풀이 인산염인의 시험방법에는 자외선 가시선 분광법(이염화주석환원법), 자외선 가시선 분광법(아스코르빈산환원법), 이온크로마토그래피가 있다.

51 다음 측정항목 중 시료의 최대보존기간이 가장 짧은 것은?

㉮ 시안   ㉯ 탁도
㉰ 부유물질   ㉱ 염소이온

풀이 시료의 최대보존기간
㉮ 시안 : 14일
㉯ 탁도 : 48시간
㉰ 부유물질 : 7일
㉱ 염소이온 : 28일

52 수질오염공정시험기준 카드뮴의 시험방법으로 틀린 것은?

㉮ 원자흡수분광광도법
㉯ 유도결합플라스마-원자발광분광법
㉰ 유도결합플라스마-질량분석법
㉱ 양극벗김전압전류법

풀이 카드뮴의 시험방법
① 원자흡수분광광도법
② 유도결합플라스마-원자발광분광법
③ 유도결합플라스마-질량분석법

answer 48 ㉱ 49 ㉮ 50 ㉯ 51 ㉯ 52 ㉱

53 용액 중 CN⁻농도를 2.6mg/L로 만들려고 하면 물 1,000L에 NaCN 몇 g을 용해시키면 되는가? (단, Na 원자량 : 23)

㉮ 약 5 g   ㉯ 약 10 g
㉰ 약 15 g   ㉱ 약 20 g

풀이
$$NaCN(g) = \frac{2.6mgCN^-}{L} \times \frac{1g}{10^3mg} \times \frac{49gNaCN}{26gCN} \times 1,000L = 4.9g$$

54 염소이온을 적정법으로 측정시 적정의 종말점에 관한 설명으로 옳은 것은?

㉮ 엷은 황갈색 침전이 나타낼 때
㉯ 엷은 적자색 침전이 나타날 때
㉰ 엷은 적황색 침전이 나타낼 때
㉱ 엷은 청록색 침전이 나타낼 때

풀이 염소이온을 적정법으로 측정시 적정의 종말점은 엷은 적황색 침전이 나타낼 때이다.

55 분원성대장균군 측정 방법 중 막여과법에 관한 설명으로 옳지 않은 것은?

㉮ 분원성대장균군수/mg 단위로 표시한다.
㉯ 핀셋은 끝이 몽툭하고 넓으며 여과막을 집어 올릴 때 여과막을 손상시키지 않는 형태의 것으로 화염멸균이 가능한 것을 사용한다.
㉰ 배양기 또는 항온수조는 배양온도를 (44.5±0.2)℃로 유지할 수 있는 것을 사용한다.
㉱ 분원성대장균군은 배양 후 여러 가지 색조를 띠는 청색의 집락을 형성하며 이를 계수한다.

풀이 ㉮ 분원성대장균군수/100mL 단위로 표시한다.

56 수질오염공정시험기준 중 크롬의 측정 방법이 아닌 것은?

㉮ 원자흡수분광광도법
㉯ 유도결합플라스마-원자발광분광법
㉰ 유도결합플라스마-질량분석법
㉱ 이온전극법

풀이 크롬의 측정방법에는 원자흡수분광광도법, 유도결합플라스마-원자발광분광법, 유도결합플라스마-질량분석법이 있다.

57 측정 금속이 수은인 경우, 시험방법으로 해당되지 않는 것은?

㉮ 냉증기-원자흡수분광광도법
㉯ 양극벗김전압전류법
㉰ 유도결합플라스마 원자발광분광법
㉱ 냉증기-원자형광법

풀이 수은의 측정방법에는 냉증기 - 원자흡수분광광도법, 양극벗김전압전류법, 냉증기 - 원자형광법이 있다.

answer 53 ㉮ 54 ㉰ 55 ㉮ 56 ㉱ 57 ㉰

58 노말헥산 추출물질시험법에서 염산(1+1)으로 산성화 할 때 넣어주는 지시약과 이때의 조절되는 pH를 바르게 나타낸 것은?

㉮ 메틸레드 - pH 4.0 이하
㉯ 메틸오렌지 - pH 4.0 이하
㉰ 메틸레드 - pH 2.0 이하
㉱ 메틸오렌지 - pH 2.0 이하

> **풀이** 시료적당량(노말헥산 추출물질로서 5~200 mg 해당량)을 분별깔때기에 넣고 메틸오렌지용액(0.1%) 2~3방울을 넣고 황색이 적색으로 변할 때까지 염산(1+1)을 넣어 시료의 pH를 4 이하로 조절한다.

59 4각 웨어에 의하여 유량을 측정하려고 한다. 웨어의 수두 90cm, 웨어 절단의 폭 1.0m일 때의 유량은? (단, 유량계수 k = 1.2 임)

㉮ 약 1.03m³/min   ㉯ 약 1.26m³/min
㉰ 약 1.37m³/min   ㉱ 약 1.53m³/min

> **풀이**
> $Q = k \times b \times h^{\frac{3}{2}}$
>
> $\begin{bmatrix} Q : 유량(m^3/min) \\ k : 유량계수 \\ b : 절단의 폭(m) \\ h : 웨어의 수두(m) \end{bmatrix}$
>
> 따라서 $Q = 1.2 \times 1.0m \times (0.9m)^{\frac{3}{2}} = 1.03 m^3/min$

TIP
직각삼각웨어의 유량 구하는 공식
$Q = k \cdot h^{\frac{5}{2}}$ (m³/min)

60 다음 중 질산성 질소의 측정방법이 아닌 것은?

㉮ 이온크로마토그래피
㉯ 자외선 가시선 분광법-부루신법
㉰ 자외선 가시선 분광법-활성탄흡착법
㉱ 자외선 가시선 분광법-데발다합금·킬달법

> **풀이** 질산성 질소의 측정방법에는 이온크로마토그래피, 자외선 가시선 분광법(부루신법), 자외선 가시선 분광법(활성탄흡착법), 데발다합금 환원증류법이 있다.

answer 58 ㉯ 59 ㉮ 60 ㉱

2014 1회 기출문제

| 제1과목 | 수질오염개론

01 수분함량 97%의 슬러지 14.7m³를 수분함량 85%로 농축하면 농축 후 슬러지 용적은 얼마인가? (단, 슬러지 비중은 1.0 이다.)

㉮ 1.92m³ ㉯ 2.94m³
㉰ 3.21m³ ㉱ 4.43m³

풀이
$V_1 \times (100-P_1) = V_2 \times (100-P_2)$
$14.7m^3 \times (100-97) = V_2 \times (100-85)$
$\therefore V_2 = \dfrac{14.7m^3 \times (100-97)}{(100-85)} = 2.94m^3$

02 용액을 통해 흐르는 전류의 특성으로 알맞지 않은 것은 어느 것인가? (단, 금속을 통해 흐르는 전류와 비교)

㉮ 용액에서 화학변화가 일어난다.
㉯ 전류는 전자에 의해 운반된다.
㉰ 온도의 상승은 저항을 감소시킨다.
㉱ 대체로 전기저항이 금속의 경우보다 크다.

풀이 ㉯ 전류는 전하에 의해 운반된다.

03 $PbSO_4$(MW = 303.3)의 용해도는 0.038 g/L이다. $PbSO_4$의 용해도적 상수(K_{SP})는 얼마인가?

㉮ 약 1.6×10^{-8} ㉯ 약 2.4×10^{-8}
㉰ 약 3.2×10^{-8} ㉱ 약 4.8×10^{-8}

풀이
$PbSO_4 \rightleftharpoons Pb^{2+} + SO_4^{2-}$
XM   XM   XM
① $PbSO_4$의 mol/L
$= \dfrac{0.038g}{L} \times \dfrac{1mol}{303.3g} = 1.253 \times 10^{-4} mol/L$
② XM = 1.253×10^{-4} mol/L
③ Ksp(용해도적) = $[Pb^{2+}][SO_4^{2-}]$ = XM×XM
④ Ksp = $(1.253 \times 10^{-4} mol/L) \times (1.253 \times 10^{-4} mol/L)$
  = 1.57×10^{-8}

04 BOD가 10,000mg/L이고 염소이온농도가 1,000mg/L인 분뇨를 희석하여 활성슬러지법으로 처리한 결과 방류수의 BOD는 20mg/L, 염소이온의 농도는 25mg/L으로 나타났다. 활성슬러지법의 처리효율은 얼마인가? (단, 염소는 생물학적 처리에서 제거되지 않는다.)

㉮ 86% ㉯ 88%
㉰ 90% ㉱ 92%

풀이
제거효율(%) = $\left(1 - \dfrac{BOD_o \times P}{BOD_i}\right) \times 100(\%)$

answer 01 ㉯   02 ㉯   03 ㉮   04 ㉱

① 희석배수치(P)
$$= \frac{\text{유입수의 } Cl^-}{\text{유출수의 } Cl^-} = \frac{1,000mg/L}{25mg/L} = 40$$
② 제거효율(%)
$$= \left(1 - \frac{20mg/L \times 40}{10,000mg/L}\right) \times 100 = 92\%$$

05 $Ca(OH)_2$ 1,480mg/L 용액의 pH는 얼마인가? (단, $Ca(OH)_2$의 분자량은 74이고 완전 해리 한다.)

㉮ 약 12.0　　㉯ 약 12.3
㉰ 약 12.6　　㉱ 약 12.9

풀이 $Ca(OH)_2 \rightarrow Ca^{2+} + 2OH^-$
　　　　XM　　XM　　2XM

① $Ca(OH)_2$의 mol/L를 계산한다.

$$mol/L = \frac{1,480mg}{L} \times \frac{1g}{10^3 mg} \times \frac{1mol}{74g} = 0.02 mol/L$$

② XM = 0.02mol/L
③ [OH^-]농도 = 2XM = 2×0.02mol/L
④ pH = 14 + log[OH^-]
　　　= 14 + log[2×0.02mol/L] = 12.60

06 친수성 콜로이드에 관한 설명으로 틀린 것은 어느 것인가?

㉮ 물 속에서 현탁상태(suspension)로 존재한다.
㉯ 염에 대하여 큰 영향을 받지 않는다.
㉰ 단백질, 합성된 고단위 중합체 등이 해당된다.
㉱ 틴달효과가 약하거나 거의 없다.

풀이 ㉮ 물 속에서 유탁상태(에멀젼)로 존재한다.

07 촉매에 관한 내용으로 틀린 것은 어느 것인가?

㉮ 반응속도를 느리게 하는 효과가 있는 것을 역촉매라고 한다.
㉯ 반응의 역할에 따라 반응 후 본래 상태로 회복여부가 결정된다.
㉰ 반응의 최종 평형상태에는 아무런 영향을 미치지 않는다.
㉱ 화학반응의 속도를 변화시키는 능력을 가지고 있다.

08 초기농도가 300mg/L인 오염물질이 있다. 이 물질의 반감기가 10day 라고 할 때 반응속도가 1차 반응에 따른다면 5일 후의 농도는 얼마인가?

㉮ 212mg/L　　㉯ 228mg/L
㉰ 235mg/L　　㉱ 246mg/L

풀이 ① 반감기 공식 : $\ln \frac{1}{2} = -k \times t$

$$\ln \frac{1}{2} = -k \times 10day$$

$$\therefore k = \frac{\ln \frac{1}{2}}{-10day} = 0.0693/day$$

② 1차반응식 공식 : $\ln \frac{C_t}{C_o} = -k \times t$

$$\ln \frac{C_t}{300mg/L} = -0.0693/day \times 5day$$

$$\therefore C_t = 300mg/L \times e^{(-0.0693/day \times 5day)} = 212.15mg/L$$

answer 05 ㉰　06 ㉮　07 ㉯　08 ㉮

09 포도당($C_6H_{12}O_6$) 500mg이 탄산가스와 물로 완전산화 하는데 소요되는 이론적 산소요구량은 얼마인가?

㉮ 512mg ㉯ 521mg
㉰ 533mg ㉱ 548mg

풀이 $C_6H_{12}O_6 + 6O_2 \rightarrow 6CO_2 + 6H_2O$
 180g : 6×32g
 500mg : ThOD

∴ ThOD = $\dfrac{6 \times 32g \times 500mg}{180g}$ = 533.33mg

10 Ca^{2+}가 200mg/L를 N농도로 나타내면 얼마인가? (단, Ca : 40)

㉮ 0.01 ㉯ 0.02
㉰ 0.5   ㉱ 1.0

풀이 eq/L = $\dfrac{200mg}{L} \times \dfrac{1g}{10^3 mg} \times \dfrac{1eq}{20g}$ = 0.01eq/L

TIP
① N농도 = eq/L
② Ca^{2+}의 1eq = $\dfrac{원자량(g)}{2} = \dfrac{40g}{2} = 20g$

11 수중에 탄산가스 농도나 암모니아성 질소의 농도가 증가하며 Fungi가 사라지는 하천의 변화과정 지대는 어느 것인가? (단, Whipple의 4지대 기준)

㉮ 활발한 분해지대 ㉯ 점진적 분해지대
㉰ 분해지대   ㉱ 점진적 회복지대

풀이 ㉮ 활발한 분해지대에 대한 설명이다.

12 지구상 담수의 존재량을 볼 때 그 양이 가장 큰 존재 형태는 어느 것인가?

㉮ 하천수 ㉯ 빙하
㉰ 호소수 ㉱ 지하수

풀이 지구상에 분포하는 담수수량 중 가장 많은 양을 차지하는 순서는 빙하(만년설 포함) > 지하수 > 토양의 수분 > 대기중의 수분 순이다.

13 최종BOD(BOD_u)가 500mg/L이고, BOD_5가 400mg/L일 때 탈산소계수(base = 상용대수)는 얼마인가?

㉮ 0.12/day ㉯ 0.14/day
㉰ 0.16/day ㉱ 0.18/day

풀이 $BOD_5 = BOD_u \times (1-10^{-k_1 \times t})$
400mg/L = 500mg/L × $(1-10^{-k_1 \times 5day})$

$1-10^{-k_1 \times 5day} = \dfrac{400mg/L}{500mg/L}$

$10^{-k_1 \times 5day} = 1 - \dfrac{400mg/L}{500mg/L}$

$-k_1 \times 5day = \log\left(1 - \dfrac{400mg/L}{500mg/L}\right)$

$k_1 = \dfrac{\log\left(1 - \dfrac{400mg/L}{500mg/L}\right)}{-5day}$ = 0.14/day

answer 09 ㉰ 10 ㉮ 11 ㉮ 12 ㉯ 13 ㉯

14 현재의 BOD가 1mg/L이고 유량이 200,000m³/day인 하천주변에 양돈단지를 조성하고자 한다. 하천의 환경기준이 BOD 5mg/L이하인 하천에서 환경기준치 이하로 유지시키기 위한 최대사육 돼지의 마리수는 얼마인가? (단, 돼지 사육으로 인한 하천의 유량증가는 무시하고 돼지 1마리당 BOD배출량은 0.16kg/day로 본다.)

㉮ 3,500마리 ㉯ 4,000마리
㉰ 4,500마리 ㉱ 5,000마리

풀이 돼지 마리수

$= \dfrac{(\text{기준치 농도}-\text{하천의 농도})\text{kg/m}^3 \times \text{유량}(\text{m}^3/\text{day})}{\text{돼지 1마리당 BOD 배출량}(\text{kg/day} \cdot \text{마리})}$

$= \dfrac{\{(5-1)\text{mg/L} \times 10^{-3}\}\text{kg/m}^3 \times 200,000\text{m}^3/\text{day}}{0.16\text{kg/day} \cdot \text{마리}}$

$= 5,000$마리

15 [여러 물질이 혼합된 용액에서 어느 물질의 증기압(분압)은 혼합액에서 그 물질의 몰분율에 순수한 상태에서 그 물질의 증기압을 곱한 것과 같다]는 어떤 법칙을 설명한 것인가?

㉮ Dalton의 분압법칙
㉯ Henry의 법칙
㉰ Avogadro의 법칙
㉱ Raoult의 법칙

풀이 ㉱ Raoult의 법칙에 대한 법칙으로 내용 중 핵심인 "증기압 = 라울트의 법칙"임을 숙지하시면 됩니다.

16 탈산소계수(상용대수)가 0.2day⁻¹이면, BOD_3/BOD_5 비는 얼마인가?

㉮ 0.74 ㉯ 0.78
㉰ 0.83 ㉱ 0.87

풀이
$\dfrac{BOD_3}{BOD_5} = \dfrac{BOD_u \times (1-10^{-k_1 \times t})}{BOD_u \times (1-10^{-k_1 \times t})}$

$= \dfrac{BOD_u \times (1-10^{-0.2/\text{day} \times 3\text{day}})}{BOD_u \times (1-10^{-0.2/\text{day} \times 5\text{day}})} = 0.83$

17 점오염원에 대한 설명으로 틀린 것은 어느 것인가?

㉮ 고농도의 하·폐수가 특정한 한 점에서 집중 배출되는 오염원이다.
㉯ 대체로 좁은 지역에서 발생하며 시간에 따른 수질의 변화가 있다.
㉰ 배출위치를 정확히 파악할 수 있다.
㉱ 강우시 집중적으로 발생하는 영양염류가 주요 오염물질이다.

풀이 ㉱번은 비점오염원에 대한 설명이다.

18 CH_2O 100mg/L의 이론적 COD 값은 얼마인가?

㉮ 97mg/L   ㉯ 107mg/L
㉰ 117mg/L ㉱ 127mg/L

풀이 $CH_2O + O_2 \rightarrow CO_2 + H_2O$
30g : 32g
100mg/L : COD

$\therefore COD = \dfrac{32\text{g} \times 100\text{mg/L}}{30\text{g}} = 106.67\text{mg/L}$

answer 14 ㉱ 15 ㉱ 16 ㉰ 17 ㉱ 18 ㉯

19 다음 중 가경도(pseudo hardness) 유발 물질로 가장 대표적인 것은 어느 것인가?

㉮ 칼슘   ㉯ 염소
㉰ 소듐   ㉱ 철

풀이 가경도 유발물질의 대표적인 것은 소듐(Na^+)이다.

20 다음 중 적조의 발생에 관한 설명으로 틀린 것은 어느 것인가?

㉮ 정체해역에서 일어나기 쉬운 현상이다.
㉯ 강우에 따라 하천수가 해수에 유입될 때 발생될 수 있다.
㉰ 수괴의 연직 안정도가 크고 독립해 있을 때 발생한다.
㉱ 해역의 영양 부족 또는 염소농도 증가로 발생된다.

풀이 ㉱ 해역의 영양 과다 또는 염소농도 감소로 발생된다.

| 제2과목 | 수질오염방지기술

21 암모늄이온(NH_4^+)을 27mg/L 함유하고 있는 폐수 1,667m^3을 이온교환수지로 NH_4^+를 제거하고자 할 때 100,000g $CaCO_3/m^3$의 처리 능력을 갖는 양이온 교환수지의 소요용적은 얼마인가? (단, Ca 원자량 : 40)

㉮ 0.60m^3 ㉯ 0.85m^3
㉰ 1.25m^3 ㉱ 1.50m^3

풀이 ① $2NH_4^+ + CaCO_3 \rightarrow (NH_4)_2CO_3 + Ca^{2+}$
   $2 \times 18g : 100g$
   $27g/m^3 \times 1,667m^3 : X$
   $\therefore X = \dfrac{100g \times 27g/m^3 \times 1,667m^3}{2 \times 18g} = 125,025g$

② 양이온 교환수지의 소요용적(m^3)
   $= \dfrac{125,025g}{100,000g/m^3} = 1.25m^3$

22 어떤 산업폐수를 중화처리하는데 NaOH 0.1% 용액 30mL가 필요하였다. 이를 0.1% $Ca(OH)_2$로 대체할 경우 몇 mL가 필요한가? (단, Ca 원자량 : 40)

㉮ 15   ㉯ 28
㉰ 32   ㉱ 37

풀이 ① NaOH의 eq/L = $\dfrac{0.1g}{0.1L} \times \dfrac{1eq}{40g}$ = 0.025eq/L

② $Ca(OH)_2$의 eq/L = $\dfrac{0.1g}{0.1L} \times \dfrac{1eq}{37g}$ = 0.027eq/L

③ $N_1V_1 = N_2V_2$
   $0.025N \times 30mL = 0.027N \times V_2$
   $\therefore V_2 = \dfrac{0.025N \times 30mL}{0.027N} = 27.78mL$

TIP
① N농도 = eq/L
② $Ca(OH)_2$의 1eq = $\dfrac{74g}{2}$ = 37g
③ NaOH 0.1% 용액 = $\dfrac{0.1g}{100mL} = \dfrac{0.1g}{0.1L}$
④ $Ca(OH)_2$ 0.1% 용액 = $\dfrac{0.1g}{100mL} = \dfrac{0.1g}{0.1L}$

answer 19 ㉰ 20 ㉱ 21 ㉰ 22 ㉯

23 1kg BOD_5를 호기성 처리하는데 0.8kg의 O_2가 필요하고, 표면교반기를 통해 전력 1kW로 물에 2.4kg O_2를 주입할 수 있다면 전력량 1,000kW/day로 처리할 수 있는 이론적 BOD_5 부하량은 얼마인가?

㉮ 800kg/day ㉯ 1,000kg/day
㉰ 2,000kg/day ㉱ 3,000kg/day

풀이 전력량(kW/day)
$= BOD_5$ 부하량(kg/day)$\times \dfrac{1kW}{O_2 \text{ 주입량(kg)}} \times \dfrac{O_2 \text{ 필요량(kg)}}{BOD_5 \text{ 량(kg)}}$

따라서 1,000kW/day
$= BOD_5$ 부하량(kg/day)$\times \dfrac{1kW}{2.4kg} \times \dfrac{0.8kg}{1kg}$

$\therefore BOD_5$ 부하량$= \dfrac{1,000kW/day}{\dfrac{1kW}{2.4kg} \times \dfrac{0.8kg}{1kg}} = 3,000$kg/day

24 포기조내 MLSS의 농도가 2,500mg/L이고, SV_{30}이 30%일 때 SVI는 얼마인가?

㉮ 85 ㉯ 120
㉰ 135 ㉱ 150

풀이 $SVI = \dfrac{SV(\%)}{MLSS(mg/L)} \times 10^4$

$= \dfrac{30\%}{2,500mg/L} \times 10^4 = 120$

TIP
① SVI : 슬러지 용적지수
② $SVI = \dfrac{SV(mL/L)}{MLSS(mg/L)} \times 10^3$
③ SVI가 50~150이면 정상 침강
④ SVI가 200 이상이면 슬러지 팽화 발생

25 길이 20m, 폭 6m, 깊이 4m인 직사각형 침전지에 유입되는 폐수가 하루에 2,400m³이고 BOD 농도는 250mg/L, SS농도가 370mg/L라면 수리학적 표면 부하율은 얼마인가?

㉮ 6m³/m²·일 ㉯ 10m³/m²·일
㉰ 15m³/m²·일 ㉱ 20m³/m²·일

풀이 표면부하율(m³/m²·day)
$= \dfrac{\text{폐수량}(m^3/day)}{\text{수면적}(m^2)} = \dfrac{Q(m^3/day)}{W(m) \times L(m)}$

$= \dfrac{2,400m^3/day}{6m \times 20m} = 20m^3/m^2 \cdot day$

26 다음은 슬러지 처리공정을 순서대로 배치한 것이다. 일반적인 순서로 알맞은 것은?

㉮ 농축 → 약품조정(개량) → 유기물의 안정화 → 건조 → 탈수 → 최종처분
㉯ 농축 → 유기물의 안정화 → 약품조정(개량) → 탈수 → 건조 → 최종처분
㉰ 약품조정(개량) → 농축 → 유기물의 안정화 → 탈수 → 건조 → 최종처분
㉱ 유기물의 안정화 → 농축 → 약품조정(개량) → 탈수 → 건조 → 최종처분

풀이 슬러지 처리공정 순서는 농축 → 유기물의 안정화(소화) → 약품조정(개량) → 탈수 → 건조 → 최종처분(매립)이다.

answer 23 ㉱ 24 ㉯ 25 ㉱ 26 ㉯

27 부피가 1,000m³인 탱크에서 G(평균속도 경사) 값을 30/s로 유지하기 위해 필요한 이론적 소요동력(W)은 얼마인가? (단, 물의 점성계수는 $1.139 \times 10^{-3} N \cdot s/m^2$)

㉮ 1,025W　　㉯ 1,250W
㉰ 1,425W　　㉱ 1,650W

풀이 $P(Watt) = G^2 \times \mu \times V$
$= (30/sec)^2 \times 1.139 \times 10^{-3} N \cdot s/m^2 \times 1,000m^3$
$= 1,025.1 Watt$

TIP
점성도 단위 : $kg/m \cdot sec = N \cdot sec/m^2$

28 BOD가 250mg/L이고 유량이 2,000m³/day인 폐수를 활성슬러지법으로 처리하고자 한다. 포기조의 BOD 용적부하가 0.4kg/m³·day라면 포기조의 부피는 얼마인가?

㉮ 1,250m³　　㉯ 1,000m³
㉰ 750m³　　㉱ 500m³

풀이 BOD의 용적부하$(kg/m^3 \cdot day)$
$= \dfrac{BOD(kg/m^3) \times Q(m^3/day)}{V(m^3)}$

따라서 $0.4kg/m^3 \cdot day = \dfrac{0.25kg/m^3 \times 2,000m^3/day}{V(m^3)}$

$\therefore V = \dfrac{0.25kg/m^3 \times 2,000m^3/day}{0.4kg/m^3 \cdot day} = 1,250m^3$

29 정수처리의 단위공정으로 오존(O_3)처리법이 다른 처리법에 비교할 때 장점에 해당하지 않는 것은 어느 것인가?

㉮ 소독부산물의 생성을 유발하는 각종 전구물질에 대한 처리효율이 높다.
㉯ 오존은 자체의 높은 산화력으로 염소에 비하여 높은 살균력을 가지고 있다.
㉰ 전염소처리를 할 경우, 염소와 반응하여 잔류염소를 증가시킨다.
㉱ 철, 망간의 산화능력이 크다.

풀이 ㉰ 전염소처리를 할 경우, 염소와 반응하여 잔류염소를 증가시키지 않는다.

30 다음 특성을 갖는 폐수를 활성슬러지법으로 처리할 때 포기조내의 MLSS 농도를 일정하게 유지하려면 반송율은 약 얼마로 유지하여야 하는가? (단, 유입원수의 SS는 250mg/L, 포기조내의 MLSS는 2,500mg/L, 반송슬러지 농도는 8,000mg/L이며, 포기조 내에서 슬러지 생성 및 방류수 중의 SS는 무시한다.)

㉮ 20%　　㉯ 30%
㉰ 40%　　㉱ 50%

풀이 ① 반송비$(R) = \dfrac{MLSS - SS_i}{SS_r - MLSS}$
$= \dfrac{2,500mg/L - 250mg/L}{8,000mg/L - 2,500mg/L} = 0.4091$

② 반송율(%) = R × 100
$= 0.4091 \times 100 = 40.91\%$

answer 27 ㉮　28 ㉮　29 ㉰　30 ㉰

31 하수 슬러지의 농축 방법별 장단점으로 틀린 것은 어느 것인가?

㉮ 중력식 농축 : 잉여슬러지의 농축에 부적합
㉯ 부상식 농축 : 약품 주입 없이도 운전 가능
㉰ 원심분리 농축 : 악취가 적음
㉱ 중력벨트 농축 : 별도의 세정장치가 필요 없음

풀이 ㉱ 중력벨트 농축 : 별도의 세정장치가 필요하다.

32 200mg/L의 Ethanol(C_2H_5OH)만을 함유한 공장폐수 3,000m³/day를 활성슬러지 공법으로 처리하려면 하루에 첨가하여야 하는 N의 양은 얼마인가? (단, Ethanol은 완전분해(COD=BOD)하고, 독성이 없으며 BOD : N : P = 100 : 5 : 1 이다.)

㉮ 42kg ㉯ 63kg
㉰ 81kg ㉱ 109kg

풀이 ① $C_2H_5OH + 3O_2 \rightarrow 2CO_2 + 3H_2O$
46g : 3×32g
0.2kg/m³×3,000m³/day : BOD_u

∴ $BOD_u = \dfrac{3 \times 32g \times 0.2kg/m^3 \times 3,000m^3/day}{46g}$

= 1,252.174kg/day

② BOD : N
100 : 5
1,252.174kg/day : N

∴ $N = \dfrac{1,252.174kg/day \times 5}{100}$ = 62.61kg/day

33 생물학적으로 하수 내 질소와 인을 동시에 제거할 수 있는 고도처리공법인 혐기무산소호기조합법에 관한 설명으로 잘못된 것은 어느 것인가?

㉮ 방류수의 인 농도를 안정적으로 확보할 필요가 있는 경우에는 호기 반응조의 말단에 응집제를 첨가할 설비를 설치하는 것이 바람직하다.
㉯ 인제거를 효과적으로 행하기 위해서는 일차침전지 슬러지와 잉여슬러지의 농축을 분리하는 것이 바람직하다.
㉰ 혐기조에서는 인방출, 호기조에서는 인의 과잉섭취현상이 발생한다.
㉱ 인제거율 또는 인제거량은 잉여슬러지의 인방출률과 수온에 의해 결정된다.

풀이 ㉱ 인제거율 또는 인제거량은 발생되는 잉여슬러지의 양에 의해 결정된다.

34 혐기성 조건하에서 400g의 $C_6H_{12}O_6$ (glucose)로부터 발생 가능한 CH_4 가스의 용적은 얼마인가? (단, 표준상태 기준)

㉮ 149L ㉯ 176L
㉰ 187L ㉱ 198L

풀이 $C_6H_{12}O_6 \rightarrow 3CH_4 + 3CO_2$
180g : 3×22.4L
400g : X

∴ $x = \dfrac{400g \times 3 \times 22.4L}{180g}$ = 149.33L

answer 31 ㉱ 32 ㉯ 33 ㉱ 34 ㉮

35 BOD_5가 85mg/L인 하수가 완전혼합 활성슬러지공정으로 처리된다. 유출수의 BOD_5가 15mg/L, 온도 20℃, 유입유량 40,000톤/일, MLVSS가 2,000mg/L, Y값 0.6mgVSS/mgBOD_5, kd값 0.6 d^{-1}, 미생물체류시간 10일이라면 Y 값과 kd값을 이용한 반응조의 부피(m^3)는 얼마인가? (단, 비중은 1.0 기준)

㉮ 800m^3 ㉯ 1,000m^3
㉰ 1,200m^3 ㉱ 1,400m^3

풀이

$$\frac{1}{SRT} = \frac{Y \cdot Q \cdot (BOD_i - BOD_o)}{MLVSS \cdot V} - Kd$$

$$\frac{1}{10day} = \frac{0.6 \times 40,000m^3/day \times (85-15)mg/L}{2,000mg/L \times V} - 0.6/day$$

∴ V = 1,200m^3

TIP

$Q = 40,000ton/day \times \frac{1}{1ton/m^3} = 40,000m^3/day$

36 어떤 정유 공장에서 최소 입경이 0.009 cm인 기름방울을 제거하려고 한다. 부상속도는 얼마인가? (단, 물의 밀도는 1g/cm^3, 기름의 밀도 0.9g/cm^3, 점도는 0.02 g/cm·sec, Stokes 법칙 적용)

㉮ 0.044cm/sec ㉯ 0.033cm/sec
㉰ 0.022cm/sec ㉱ 0.011cm/sec

풀이

$$V_f = \frac{d^2(\rho_s - \rho_w)g}{18\mu}$$

$$= \frac{(0.009cm)^2 \times (1.0-0.9)g/cm^3 \times 980cm/sec^2}{18 \times 0.02g/cm \cdot sec}$$

= 0.022cm/sec

37 BOD농도가 240mg/L인 폐수를 폭기조 BOD 부하 0.4kg BOD/kg MLSS·day인 활성슬러지법으로 6시간 폭기할 때 MLSS 농도(mg/L)는 얼마인가?

㉮ 3,300mg/L ㉯ 3,000mg/L
㉰ 2,700mg/L ㉱ 2,400mg/L

풀이

$$F/M비 = \frac{BOD \times Q}{MLSS \times V} = \frac{BOD}{MLSS} \times \frac{1}{t}$$

따라서 $0.4/day = \frac{240mg/L}{MLSS} \times \frac{1}{\left(\frac{6hr}{24}\right)day}$

∴ MLSS = 2,400mg/L

TIP

$t = \frac{V}{Q} \Rightarrow \frac{1}{t} = \frac{Q}{V}$

38 활성슬러지법에서 폭기조의 유효 용적이 900m^3이고 MLSS 농도가 2,400 mg/L이다. 고형물 체류시간(SRT)이 6일이라고 한다면 건조된 잉여슬러지 생산량은 얼마인가? (단, 유출미생물량은 고려하지 않음)

㉮ 260kg/day ㉯ 320kg/day
㉰ 360kg/day ㉱ 400kg/day

풀이

$$SRT = \frac{MLSS \cdot V}{Q_w \cdot SS_w}$$

따라서 $6day = \frac{2.4kg/m^3 \times 900m^3}{Q_w \cdot SS_w}$

∴ $Q_wSS_w = \frac{2.4kg/m^3 \times 900m^3}{6day} = 360kg/day$

answer 35 ㉰ 36 ㉰ 37 ㉱ 38 ㉰

39 3차 처리 프로세스 중 5단계-Bardenpho 프로세스에 대한 설명으로 틀린 것은?

㉮ 1차 포기조에서는 질산화가 일어난다.
㉯ 혐기조에서는 용해성 인의 과잉흡수가 일어난다.
㉰ 인의 제거는 인의 함량이 높은 잉여슬러지를 제거함으로 가능하다.
㉱ 무산소조에서는 탈질화과정이 일어난다.

풀이 ㉯ 혐기조에서는 인의 방출이 일어난다.

40 고형물의 농도가 15%인 슬러지 100kg을 건조상에서 건조시킨 후 수분이 20%로 되었다. 제거된 수분의 양은 얼마인가? (단, 슬러지 비중 1.0 기준)

㉮ 약 54.2kg   ㉯ 약 65.3kg
㉰ 약 72.6kg   ㉱ 약 81.3kg

풀이 ① $W_1 \times TS_1 = W_2 \times (100-P_2)$
100kg×15% = W_2×(100-20)
∴ $W_2 = \dfrac{100kg \times 15\%}{(100-20)} = 18.75kg$
② 제거된 수분량 = $W_1 - W_2$
= 100kg-18.75kg = 81.25kg

| 제3과목 | 수질오염공정시험기준

41 시안의 측정방법으로 틀린 것은 어느 것인가?

㉮ 자외선/가시선 분광법
㉯ 이온전극법
㉰ 연속흐름법
㉱ 질량분석법

풀이 시안의 측정방법으로는 자외선/가시선 분광법, 이온전극법, 연속흐름법이 있다.

42 불소(자외선/가시선 분광법)측정에 관한 내용으로 잘못된 것은 어느 것인가?

㉮ 알루미늄 및 철의 방해가 크나 증류하면 영향이 없다.
㉯ 정량한계는 0.5mg/L이다.
㉰ 청색의 복합 착화합물의 흡광도를 620nm에서 측정한다.
㉱ 전처리는 직접증류법과 수증기증류법이 적용된다.

풀이 ㉯ 정량한계는 0.15mg/L이다.

> **TIP**
> **불소화합물의 시험방법**
> ① 자외선/가시선 분광법
> ② 이온전극법
> ③ 이온크로마토그래피
> ④ 연속흐름법

answer 39 ㉯ 40 ㉱ 41 ㉱ 42 ㉯

43 식물성 플랑크톤을 측정하기 위한 시료 채취시 정성채집을 위해 이용하는 기구는 어느 것인가?

㉮ 플랑크톤 네트(mesh size 25μm)
㉯ 반돈 채수기
㉰ 채수병
㉱ 미량펌프채수기

> 풀이 | 식물성 플랑크톤을 측정하기 위한 시료 채취시 정성채집을 위해 이용하는 기구는 플랑크톤 네트(mesh size 25μm)이다.

44 6가 크롬을 자외선/가시선 분광법에 대한 설명으로 맞는 것은 어느 것인가?

㉮ 산성 용액에서 다이페닐카바자이드와 반응하여 생성되는 청색 착화합물의 흡광도를 620nm에서 측정
㉯ 산성 용액에서 페난트로린용액과 반응하여 생성되는 청색 착화합물의 흡광도를 620nm에서 측정
㉰ 산성 용액에서 다이페닐카바자이드와 반응하여 생성되는 적자색 착화합물의 흡광도를 540nm에서 측정
㉱ 산성 용액에서 페난트로린용액과 반응하여 생성되는 적자색 착화합물의 흡광도를 540nm에서 측정

> 풀이 | **6가 크롬의 자외선/가시선 분광법**
> ① 산성용액에서 다이페닐카바자이드와 반응
> ② 적자색, 540nm에서 흡광도 측정
> ③ 정량한계 : 0.040mg/L

45 바륨(금속류) 시험방법으로 틀린 것은 어느 것인가? (단, 공정시험기준)

㉮ 불꽃원자흡수분광광도법
㉯ 자외선/가시선 분광법
㉰ 유도결합플라스마 원자발광분광법
㉱ 유도결합플라스마 질량분석법

> 풀이 | 바륨의 시험방법으로는 원자흡수분광광도법, 유도결합플라스마-원자발광분광법, 유도결합플라스마-질량분석법이 있다.

46 수은(냉증기-원자흡수분광광도법)측정시 물속에 있는 수은을 금속수은으로 산화시키기 위해 주입하는 시약은 무엇인가?

㉮ 이염화주석
㉯ 아연분말
㉰ 염산하이드록실아민
㉱ 시안화포타슘

> 풀이 | **수은의 냉증기-원자흡수분광광도법**
> ① 금속수은으로 산화시키는 시약 : 이염화주석
> ② 측정파장 : 253.7nm
> ③ 정량한계 : 0.0005mg/L

answer 43 ㉮ 44 ㉰ 45 ㉯ 46 ㉮

47 실험에 일반적으로 적용되는 용어의 정의로 잘못된 것은 어느 것인가? (단, 공정시험기준 기준)

㉮ '감압'이라 함은 따로 규정이 없는 한 15mmH₂O 이하를 뜻한다.
㉯ '밀폐용기'라 함은 취급 또는 저장하는 동안에 이물질이 들어가거나 또는 내용물이 손실되지 아니하도록 보호하는 용기를 말한다.
㉰ '냄새가 없다'라고 기재한 것은 냄새가 없거나 또는 거의 없는 것을 표시하는 것이다.
㉱ '정확히 취하여'란 규정한 양의 액체를 부피피펫으로 눈금까지 취하는 것을 말한다.

풀이 ㉮ '감압'이라 함은 따로 규정이 없는 한 15mmHg 이하를 뜻한다.

TIP
적용범위
① 균일한 유속분포를 확보하기 위한 충분한 길이(약 100m 이상)의 직선 하도(河道)의 확보가 가능하고 횡단면상의 수심이 균일한 지점
② 모든 유량 규모에서 하나의 하도로 형성되는 지점
③ 가능하면 하상이 안정되어 있고, 식생의 성장이 없는 지점
④ 유속계나 부자가 어디에서나 유효하게 잠길 수 있을 정도의 충분한 수심이 확보되는 지점
⑤ 합류나 분류가 없는 지점
⑥ 교량 등 구조물 근처에서 측정할 경우 교량의 상류지점
⑦ 대규모 하천을 제외하고 가능하면 도섭으로 측정할 수 있는 지점
⑧ 선정된 유량측정 지점에서 말뚝을 박아 동일 단면에서 유량측정을 수행할 수 있는 지점

48 하천유량(유속 면적법) 측정의 적용범위에 관한 설명으로 잘못된 것은 어느 것인가?

㉮ 모든 유량 규모에서 하나의 하도로 형성되는 지점
㉯ 대규모 하천을 제외하고 가능하면 도섭으로 측정할 수 있는 지점
㉰ 교량 등 구조물 근처에서 측정할 경우 교량의 하류지점
㉱ 합류나 분류가 없는 지점

풀이 ㉰ 교량 등 구조물 근처에서 측정할 경우 교량의 상류지점

49 웨어의 수로에 관한 설명으로 잘못된 것은 어느 것인가?

㉮ 수로는 목재, 철판, PVC판, FRP 등을 이용하여 만들며 부식성을 고려하여 내구성이 강한 재질을 선택한다.
㉯ 수로의 크기는 수로의 내부치수로 정하되 폐수량에 따라 적절하게 결정한다.
㉰ 수로는 바닥면을 수평으로 하며 수위를 읽는데 오차가 생기지 않도록 한다.
㉱ 유수의 도입 부분은 상류 측의 수로가 웨어의 수로폭과 깊이보다 작을 경우에는 없어도 좋다.

풀이 ㉱ 유수의 도입 부분은 상류 측의 수로가 웨어의 수로폭과 깊이보다 클 경우에는 없어도 좋다.

answer 47 ㉮ 48 ㉰ 49 ㉱

50 용존산소를 전극법으로 측정할 때에 대한 설명으로 잘못된 것은 어느 것인가?

㉮ 정량한계는 0.1mg/L이다.
㉯ 격막 필름은 가스를 선택적으로 통과시키지 못하므로 장시간 사용 시 황화수소 가스의 유입으로 감도가 낮아질 수 있다.
㉰ 정확도는 수중의 용존산소를 윙클러 아자이드화소듐 변법으로 측정한 결과와 비교하여 산출한다.
㉱ 정확도는 4회 이상 측정하여 측정 평균값의 상대백분율로서 나타내며 그 값이 95%~105% 이내이어야 한다.

풀이 ㉮ 정량한계는 0.5mg/L이다.

51 총 유기탄소에 측정시 적용되는 용어의 설명으로 잘못된 것은 어느 것인가?

㉮ 무기성 탄소 : 수중에 탄산염, 중탄산염, 용존 이산화탄소 등 무기적으로 결합된 탄소의 합을 말한다.
㉯ 부유성 유기탄소 : 총 유기탄소 중 공극 0.45μm의 막 여지를 통과하여 부유하는 유기 탄소를 말한다.
㉰ 비정화성 유기탄소 : 총 탄소 중 pH 2 이하에서 포기에 의해 정화되지 않는 탄소를 말한다.
㉱ 총탄소 : 수중에서 존재하는 유기적 또는 무기적으로 결합된 탄소의 합을 말한다.

풀이 ㉯ 부유성 유기탄소 : 총 유기탄소 중 공극 0.45μm의 막 여지를 통과하지 못한 유기탄소를 말한다.

52 다음 항목 중 최대 보존기간이 '가능한 한 빨리 현장 측정'에 해당되지 않는 것은 어느 것인가?

㉮ 수소이온농도   ㉯ 용존산소(전극법)
㉰ 온도   ㉱ 냄새

풀이 ㉱ 냄새는 최대 보존기간이 6시간이다.

53 시료의 보존방법에 대한 내용으로 틀린 것은?

㉮ 총인 : H_2SO_4로 pH 2 이하
㉯ 유기인 : NaOH 또는 H_2SO_4로 pH 5~9
㉰ 1.4-다이옥산 : HCl(1+1)로 pH 2 이하
㉱ 휘발성유기화합물 : H_2SO_4로 pH 2 이하

풀이 ㉱ 휘발성유기화합물 : HCl로 pH 2 이하

54 물벼룩을 이용한 급성 독성 시험법과 관련된 생태독성값(TU)에 대한 내용으로 맞는 것은?

㉮ 통계적 방법을 이용하여 반수영향농도 EC_{50} 값을 구한 후 100에서 EC_{50} 값을 곱해 준 값을 말한다. (EC_{50} 값의 단위는 %이다.)
㉯ 통계적 방법을 이용하여 반수영향농도 EC_{50} 값을 구한 후 100에서 EC_{50} 값을 나눠 준 값을 말한다. (EC_{50} 값의 단위는 %이다.)
㉰ 통계적 방법을 이용하여 반수영향농도 EC_{50} 값을 구한 후 10에서 EC_{50} 값을 곱해 준 값을 말한다. (EC_{50} 값의 단위는 %이다.)
㉱ 통계적 방법을 이용하여 반수영향농도 EC_{50} 값을 구한 후 10에서 EC_{50} 값을 나눠 준 값을 말한다. (EC_{50} 값의 단위는 %이다.)

answer 50 ㉮ 51 ㉯ 52 ㉱ 53 ㉱ 54 ㉯

55 개수로에 의한 유량 측정시 케이지(Chezy)의 유속공식이 적용된다. 경심이 0.653m, 홈바닥의 구배 i = 1/1,500, 유속계수가 25 일 때 평균 유속은 얼마인가? (단, 수로의 구성재질과 수로 단면의 형상이 일정하고 수로의 길이가 적어도 10m까지 똑바른 경우)

㉮ 약 0.52m/sec ㉯ 약 0.62m/sec
㉰ 약 0.74m/sec ㉱ 약 0.85m/sec

풀이
$V = C\sqrt{R \times i}$
$= 25 \times \sqrt{0.653m \times \dfrac{1}{1,500}}$
$= 0.52 m/sec$

56 투명도 측정에 관한 설명으로 알맞은 것은 어느 것인가?

㉮ 백색원판은 무게가 3kg, 지름 30cm인 백색원판에 지름 5cm의 구멍 8개가 뚫린 것이다.
㉯ 호소나 하천에 백색원판을 수면으로부터 천천히 넣어 보이지 않기 시작한 깊이를 1m단위로 읽어 투명도를 측정한다.
㉰ 백색원판의 색도차는 투명도에 미치는 영향이 크므로 표면이 더러울 때는 다시 색칠하여야 한다.
㉱ 흐름이 있어 줄이 기울어질 경우에는 5kg정도의 추를 달아서 줄을 세워야 하며 줄은 1m 간격의 눈금표시가 있어야 한다.

풀이
㉯ 호소나 하천에 투명도판을 보이지 않는 깊이로 넣은 다음 이것을 천천히 끊어 올리면서 보이기 시작한 깊이를 0.1m 단위로 읽어 투명도를 측정한다.
㉰ 백색원판의 광반사능은 투명도에 미치는 영향이 크므로 표면이 더러울 때는 다시 색칠하여야 한다.
㉱ 흐름이 있어 줄이 기울어질 경우에는 2kg정도의 추를 달아서 줄을 세워야 하며 줄은 10cm 간격의 눈금표시가 있어야 한다.

57 수질오염공정시험기준 납의 시험방법으로 틀린 것은?

㉮ 냉증기-원자형광법
㉯ 유도결합플라스마-원자발광분광법
㉰ 유도결합플라스마-질량분석법
㉱ 양극벗김전압전류법

풀이 납의 시험방법
① 원자흡수분광광도법
② 유도결합플라스마-원자발광분광법
③ 유도결합플라스마-질량분석법
④ 양극벗김전압전류법

58 다이에틸헥실프탈레이트 분석용 시료에 잔류염소가 공존할 경우의 시료 보존방법으로 알맞은 것은?

㉮ 시료 1L당 티오황산소듐을 80mg 첨가한다.
㉯ 시료 1L당 글루타르알데하이드를 80mg 첨가한다.
㉰ 시료 1L당 브로모폼을 80mg 첨가한다.
㉱ 시료 1L당 과망간산포타슘을 80mg 첨가한다.

answer 55 ㉮ 56 ㉮ 57 ㉮ 58 ㉮

59 다음 용어에 관한 설명 중 잘못된 것은 어느 것인가?

㉮ "방울수"라 함은 표준온도에서 정제수 20방울을 적하할 때, 그 부피가 약 1mL 되는 것을 말한다.
㉯ "약"이라 함은 기재된 양에 대하여 ±10% 이상의 차이가 있어서는 안 된다.
㉰ 무게를 "정확히 단다"라 함은 규정된 수치의 무게를 0.1mg까지 다는 것을 말한다.
㉱ "항량으로 될 때까지 건조한다"라 함은 같은 조건에서 1시간 더 건조할 때 전후 무게의 차가 g당 0.3mg 이하일 때를 말한다.

풀이 ㉮ "방울수"라 함은 20℃에서 정제수 20방울을 적하할 때, 그 부피가 약 1mL 되는 것을 말한다.

60 노말헥산(n-Hexane) 추출물질의 측정에 대한 내용으로 잘못된 것은 어느 것인가?

㉮ 정량한계는 0.5mg/L이다.
㉯ 최종 무게 측정을 방해할 가능성이 있는 입자가 존재할 경우 0.45㎛여과지로 여과한다.
㉰ 폐수 중 휘발성이 강한 탄화수소 등을 대상으로 하며 성분별 선택적 정량이 용이하다.
㉱ 증발용기는 알루미늄박으로 만든 접시, 비커 또는 증류플라스크로써 부피가 50~250mL 인 것을 사용한다.

풀이 ㉰ 폐수 중 휘발성이 약한 탄화수소 등을 대상으로 하며 성분별 선택적 정량이 곤란하다.

answer 59 ㉮ 60 ㉰

2014년 2회 기출문제

| 제1과목 | 수질오염개론

01 BOD 10mg/L인 하수처리장 유출수가 50,000m³/day로 방출되고 있다. 하수가 방출되기 전에 하천의 BOD는 3mg/L이며, 유량은 5.8m³/sec이다. 방출된 하수가 하천수에 의해 완전 혼합된다고 한다면 혼합지점에서의 BOD 농도(mg/L)는 얼마인가?

㉮ 3.12mg/L ㉯ 3.32mg/L
㉰ 3.64mg/L ㉱ 3.95mg/L

풀이

$$C_m = \frac{Q_1C_1+Q_2C_2}{Q_1+Q_2}$$

$$= \frac{5.8m^3/sec \times 3mg/L + 0.5787m^3/sec \times 10mg/L}{5.8m^3/sec + 0.5787m^3/sec}$$

$$= 3.64mg/L$$

여기서
$Q_2 = 50,000m^3/day \times 1day/24hr \times 1hr/3600sec$
$= 0.5787m^3/sec$

02 박테리아의 경험적인 화학적 분자식이 $C_5H_7O_2N$이면, 100g의 박테리아가 산화될 때 소모되는 이론적산소량(g)은 얼마인가? (단, 박테리아의 질소는 암모니아로 전환된다.)

㉮ 92g ㉯ 101g
㉰ 124g ㉱ 142g

풀이

$C_5H_7O_2N + 5O_2 \rightarrow 5CO_2 + 2H_2O + NH_3$
113g : 5×32g
100g : ThOD

$\therefore ThOD = \frac{100g \times 5 \times 32g}{113g} = 141.60g$

03 어느 하천의 DO가 6.3mg/L, BODu가 17.1mg/L이었다. 이때 용존산소곡선(DO Sag Curve)에서 임계점에 달하는 시간(day)은 얼마인가? (단, 온도는 20℃, 용존산소 포화량 9.2mg/L, k_1 = 0.1/day, k_2 = 0.3/day)

㉮ 약 1.0일 ㉯ 약 1.5일
㉰ 약 2.0일 ㉱ 약 2.5일

풀이

$$t_c = \frac{1}{k_1(f-1)} \log\left\{f \times (1-(f-1)\frac{D_o}{L_o})\right\}$$

① $f = \frac{k_2}{k_1} = \frac{0.3/day}{0.1/day} = 3$

② $L_o = BOD_u = 17.1mg/L$

③ D_o = 포화 DO 농도 - 하천의 DO 농도
$= 9.2mg/L - 6.3mg/L = 2.9mg/L$

④ $t_c = \frac{1}{0.1/day \times (3-1)} \log\left\{3 \times (1-(3-1)\frac{2.9mg/L}{17.1mg/L})\right\}$
$= 1.5day$

answer 01 ㉰ 02 ㉱ 03 ㉯

04 미생물의 증식곡선의 단계 순서로 알맞은 것은 어느 것인가?

㉮ 대수기 - 유도기 - 정지기 - 사멸기
㉯ 유도기 - 대수기 - 정지기 - 사멸기
㉰ 대수기 - 유도기 - 사멸기 - 정지기
㉱ 유도기 - 대수기 - 사멸기 - 정지기

05 다음 우리나라의 수자원 이용현황 중 가장 많은 용도로 사용하고 있는 용수는 어느 것인가?

㉮ 생활용수   ㉯ 공업용수
㉰ 하천유지용수   ㉱ 농업용수

풀이 우리나라 수자원 이용현황은 농업용수 > 하천유지용수 > 생활용수 > 공업용수 순이다.

06 0.02M NaOH 100mL를 중화하는데 0.1N H_2SO_4 몇 mL가 소비되는가?

㉮ 5 mL   ㉯ 10 mL
㉰ 20 mL   ㉱ 100 mL

풀이 $N_1 \times V_1 = N_2 \times V_2$
$0.02N \times 100mL = 0.1N \times V_2$
$\therefore V_2 = \dfrac{0.02N \times 100mL}{0.1N} = 20mL$

TIP
① 중화적정공식 : $N_1 \times V_1 = N_2 \times V_2$
② M 농도 × 가수 = N 농도
③ 0.02M NaOH는 0.02N NaOH이다.

07 글루코스($C_6H_{12}O_6$)를 120mg/L 함유하고 있는 시료용액의 총유기 탄소의 이론치(mg/L)는 얼마인가?

㉮ 42mg/L   ㉯ 48mg/L
㉰ 52mg/L   ㉱ 58mg/L

풀이 $C_6H_{12}O_6$: 6C
180g : 6×12g
120mg/L : ThOC
$\therefore$ ThOC $= \dfrac{120mg/L \times 6 \times 12g}{180g} = 48mg/L$

08 해수의 함유성분 중 "holy seven"에 해당하지 않는 것은 어느 것인가?

㉮ HCO_3^- ㉯ SO_4^{2-}
㉰ PO_4^{2-} ㉱ K^+

풀이 Holy seven에는 Cl^-, Na^+, SO_4^{2-}, Mg^{2+}, Ca^{2+}, K^+, HCO_3^-가 있다.

TIP
암기법 : 염나황은 마네칼슘칼륨에서 중탄산을 먹는다.

09 0.04N의 아세트산이 8% 해리되어 있다면 이 수용액의 pH는 얼마인가?

㉮ 2.5   ㉯ 2.7
㉰ 3.1   ㉱ 3.3

풀이
$CH_3COOH \longrightarrow CH_3COO^- + H^+$
해리전   0.04M   0M   0M
해리후 0.04M-0.04M×0.08   0.04M×0.08   0.04M×0.08
$\therefore$ pH $= -\log[H^+] = -\log[0.04M \times 0.08] = 2.50$

answer 04 ㉯ 05 ㉱ 06 ㉰ 07 ㉯ 08 ㉰ 09 ㉮

10 어느 폐수의 BOD_u가 120mg/L이며 k_1 (상용대수) 값이 0.2/day라면 5일 후 남아 있는 BOD(mg/L)는 얼마인가?

㉮ 10mg/L ㉯ 12mg/L
㉰ 14mg/L ㉱ 16mg/L

풀이 잔존 $BOD_5 = BOD_u \times (10^{-k_1 \times t})$
$= 120mg/L \times (10^{-0.2/day \times 5day})$
$= 12mg/L$

11 물 500mL에 NaOH 0.1g을 용해시킨 용액의 pH는 얼마인가?

㉮ 11.0 ㉯ 11.3
㉰ 11.4 ㉱ 11.7

풀이 ① $NaOH \rightarrow Na^+ + OH^-$
　　XM　　XM　XM

$NaOH(mol/L) = \frac{0.1g}{0.5L} \times \frac{1mol}{40g} = 0.005mol/L$

② $[OH^-]$의 농도 = XM = 0.005M
③ $pH = 14 + \log[OH^-]$
$= 14 + \log[0.005M] = 11.70$

12 BOD_5가 213mg/L인 하수의 7일 동안 소모된 BOD(mg/L)는 얼마인가? (단, 탈산소계수는 0.14/day(상용대수 기준))

㉮ 238mg/L ㉯ 248mg/L
㉰ 258mg/L ㉱ 268mg/L

풀이 ① $BOD_5 = BOD_u \times (1-10^{-k_1 \times t})$
$213mg/L = BOD_u \times (1-10^{-0.14/day \times 5day})$
∴ $BOD_u = 266.09mg/L$
② $BOD_7 = BOD_u \times (1-10^{-k_1 \times t})$
$= 266.09mg/L \times (1-10^{-0.14/day \times 7day})$
$= 238.23mg/L$

13 어떤 용액의 NaOH 농도가 0.05M 이다. 이 농도를 mg/L 단위로 알맞게 나타낸 것은 어느 것인가? (단, Na : 23)

㉮ 500mg/L ㉯ 1,000mg/L
㉰ 2,000mg/L ㉱ 4,000mg/L

풀이 $mg/L = \frac{0.05mol}{L} \times \frac{40g}{1mol} \times \frac{10^3 mg}{1g}$
$= 2,000mg/L$

14 Na^+ 460mg/L, Ca^{2+} 200mg/L, Mg^{2+} 264mg/L인 농업용수가 있다. 이때 SAR(Sodium Adsorption Rate)의 값은 얼마인가? (단, Na : 23, Ca : 40, Mg : 24)

㉮ 4 ㉯ 5
㉰ 6 ㉱ 7

풀이 $SAR = \frac{Na^+}{\sqrt{\frac{Ca^{2+}+Mg^{2+}}{2}}}$

① 이온의 단위 : mN = meq/L
② mN = mg/L ÷ 1당량 mg
$Na^+ = 460mg/L \div 23 = 20mN$
$Ca^{2+} = 200mg/L \div 20 = 10mN$
$Mg^{2+} = 264mg/L \div 12 = 22mN$

③ $SAR = \frac{20}{\sqrt{\frac{10+22}{2}}} = 5$

answer 10 ㉯ 11 ㉱ 12 ㉮ 13 ㉰ 14 ㉯

15 물의 밀도가 가장 큰 값을 나타내는 온도는 얼마인가?

㉮ -10℃ ㉯ 0℃
㉰ 4℃   ㉱ 10℃

16 성층현상이 있는 호수에서 수심에 따라 수온차이가 가장 크게 나타나는 층은 어느 것인가?

㉮ epilimnion ㉯ thermocline
㉰ 친전물층   ㉱ hypolimnion

풀이 ㉯ thermocline(수온약층)에 대한 설명이다.

17 pH 2인 용액은 pH 7인 용액보다 몇 배 더 산성인가?

㉮ 100   ㉯ 1,000
㉰ 10,000 ㉱ 100,000

풀이 pH = -log[H$^+$] ⇒ [H$^+$] = 10^{-pH} mol/L
pH 2 ⇒ [H$^+$] = 10^{-2} mol/L
pH 7 ⇒ [H$^+$] = 10^{-7} mol/L
따라서 $\frac{10^{-2} mol/L}{10^{-7} mol/L}$ = 100,000

18 수온이 20℃이고 재포기 계수가 0.2/day인 수체에서 수온이 10℃로 변할 때의 재포기 계수(/day)는 얼마인가? (단, 온도보정계수는 1.024)

㉮ 0.158/day ㉯ 0.178/day
㉰ 0.198/day ㉱ 0.218/day

풀이 보정식 : $K_2(T) = K_2(20℃) \times 1.024^{(T-20)}$
= 0.2/day × $1.024^{(10-20)}$
= 0.158/day

19 다음에서 설명하는 기체확산에 관한 법칙은 어느 것인가?

> 기체의 확산속도(조그마한 구멍을 통한 기체의 탈출)는 기체 분자량의 제곱근에 반비례한다.

㉮ Dalton의 법칙
㉯ Graham의 법칙
㉰ Gay-Lussac의 법칙
㉱ Charles의 법칙

풀이 ㉯ Graham의 법칙에 대한 설명이다.

20 Ca^{2+} 이온의 농도가 450mg/L인 물의 환산경도는 얼마인가? (단, Ca : 40)

㉮ 1,125mg CaCO$_3$/L
㉯ 1,250mg CaCO$_3$/L
㉰ 1,350mg CaCO$_3$/L
㉱ 1,450mg CaCO$_3$/L

풀이 $\frac{경도(mg/L)}{50g} = \frac{Ca^{2+} mg/L}{20g} = \frac{450mg/L}{20g}$

∴ 경도 = 1,125mg/L

answer 15 ㉰ 16 ㉯ 17 ㉱ 18 ㉮ 19 ㉯ 20 ㉮

| 제2과목 | 수질오염방지기술

21 질산화와 탈질을 일으키는 생물학적 처리에 관한 설명으로 잘못된 것은 어느 것인가? (단, 부유성장 공정 기준)

㉮ 질산화 미생물의 증식량은 종속영양 미생물의 세포 증식량에 비하여 여러 배 적다.
㉯ 부유성장 질산화 공정에서 질산화를 위해서는 최소 2.0mg/L 이상의 DO농도를 유지하여야 한다.
㉰ Nitrosomonas와 Nitrobacter는 질산화를 시키는 미생물로 알려져 있다.
㉱ 질산화를 위해서는 유입수의 BOD_5/TKN 비가 클수록 잘 일어난다.

풀이 ㉱ 질산화를 위해서는 유입수의 BOD_5/TKN비가 작을수록 잘 일어난다.

22 폭기조 혼합액을 30분간 침전시킨 뒤의 침전물의 부피는 400mL/L이었고, MLSS 농도가 3,000mg/L이었다면 침전지에서 침전상태로 알맞은 것은 어느 것인가?

㉮ 정상적이다.
㉯ 슬러지 팽화로 인하여 침전이 되지 않는다.
㉰ 슬러지 부상(Sludge rising)현상이 발생하여 큰 덩어리가 떠오른다.
㉱ 슬러지가 floc을 형성하지 못하고 미세하게 떠다닌다.

풀이 $SVI = \dfrac{SV(mL/L)}{MLSS(mg/L)} \times 10^3$

$= \dfrac{400mL/L}{3,000mg/L} \times 10^3 = 133.33$

SVI가 50~150이 정상침강이므로 침전지에서 침전상태는 정상적이다.

23 Jar test에서 폐수 500mL에 대하여 0.1%의 황산알루미늄 용액 15mL를 첨가하니 처리율이 가장 좋았다. 이때 폐수중의 황산알루미늄 농도(mg/L)는 얼마인가? (단, 0.1% 황산알루미늄 용액의 비중은 1.0 기준이다.)

㉮ 50mg/L ㉯ 30mg/L
㉰ 15mg/L ㉱ 10mg/L

풀이 Alum(mg/L)

$= \dfrac{0.1 \times 10^4 mg}{L} \times 15 \times 10^{-3}L \times \dfrac{1}{0.5L} = 30mg/L$

TIP
① % $\xrightarrow{\times 10^4}$ ppm
② ppm = mg/L
③ 황산알루미늄 = Alum

24 유량이 4,000m³/day이고, 포기조의 MLSS가 4,000kg이다. F/M비(kg/kg·day)를 0.20으로 유지하기 위해서는 유입수의 BOD 농도(mg/L)를 얼마로 유입시켜야 되는가?

㉮ 200mg/L ㉯ 225mg/L
㉰ 250mg/L ㉱ 275mg/L

풀이 $F/M비(/day) = \dfrac{BOD(kg/m^3) \times Q(m^3/day)}{MLSS(kg/m^3) \times V(m^3)}$

$0.2/day = \dfrac{BOD(kg/m^3) \times 4,000m^3/day}{4,000kg}$

$\therefore BOD = \dfrac{0.2/day \times 4,000kg}{4,000m^3/day} = 0.2kg/m^3$

$= 200mg/L$

answer 21 ㉱ 22 ㉮ 23 ㉯ 24 ㉮

TIP

① $mg/L \xrightarrow{\times 10^{-3}} kg/m^3$

② $kg/m^3 \xrightarrow{\times 10^3} mg/L$

③ $MLSS(kg) = MLSS(kg/m^3) \times V(m^3)$

25 유입기질 10g BOD_u를 혐기성으로 분해시킬 때 발생되는 이론적인 CH_4량(L)은 얼마인가? (단, 표준상태 기준)

㉮ 1.5L ㉯ 2.5L
㉰ 3.5L ㉱ 4.5L

풀이 ① $C_6H_{12}O_6 + 6O_2 \rightarrow 6CO_2 + 6H_2O$
180g : 6×32g
X_1 : 10g

$\therefore X_1 = \dfrac{180g \times 10g}{6 \times 32g} = 9.375g$

② $C_6H_{12}O_6 \rightarrow 3CH_4 + 3CO_2$
180g : 3×22.4L
9.375g : X_2

$\therefore X_2 = \dfrac{9.375g \times 3 \times 22.4L}{180g} = 3.5L$

26 미생물이 분해 불가능한 유기물을 제거하기 위하여 흡착제인 활성탄을 사용하였다. COD가 56mg/L인 원수에 활성탄 20mg/L를 주입시켰더니 COD가 16mg/L으로, 활성탄 52mg/L를 주입시켰더니 COD가 4mg/L로 되었다. COD 9mg/L로 만들기 위해 주입되어야 할 활성탄 양(mg/L)은 얼마인가? (단, Freundlich 등온공식 : $\dfrac{X}{M} = KC^{\frac{1}{n}}$ 이용)

㉮ 31.3mg/L ㉯ 36.3mg/L
㉰ 41.3mg/L ㉱ 46.3mg/L

풀이 $\dfrac{X}{M} = k \cdot C^{\frac{1}{n}}$

① $\dfrac{(56-16)mg/L}{20mg/L} = k \times (16mg/L)^{\frac{1}{n}}$

$\Rightarrow 2mg/L = k \times (16mg/L)^{\frac{1}{n}}$

② $\dfrac{(56-4)mg/L}{52mg/L} = k \times (4mg/L)^{\frac{1}{n}}$

$\Rightarrow 1mg/L = k \times (4mg/L)^{\frac{1}{n}}$

③ $\dfrac{(56-9)mg/L}{M} = k \times (9mg/L)^{\frac{1}{n}}$

①÷②을 하면 $2 = 4^{\frac{1}{n}}$이 된다.

양변에 ln을 취하면 $\ln 2 = \dfrac{1}{n}\ln 4$

$\therefore n = \dfrac{\ln 4}{\ln 2} = 2, k = 0.5$

따라서 $\dfrac{(56-9)mg/L}{M} = 0.5 \times (9mg/L)^{\frac{1}{2}}$

$\therefore M = 31.33 mg/L$

27 어떤 공장의 폐수량과 BOD 농도가 각각 1,000m³/day, 600mg/L일 때, N과 P는 없다고 가정하면 활성슬러지 처리를 위해서 필요한 $(NH_4)_2SO_4$의 양(kg/day)은 얼마인가? (단, BOD : N : P = 100 : 5 : 1이라 가정한다.)

㉮ 111 kg/day ㉯ 121 kg/day
㉰ 131 kg/day ㉱ 141 kg/day

풀이 ① BOD : N
100 : 5
1,000m³/day×0.6kg/m³ : X_1

$\therefore X_1 = \dfrac{1,000m^3/day \times 0.6kg/m^3 \times 5}{100} = 30kg/day$

② $(NH_4)_2SO_4$: 2N
132g : 2×14g
X_2 : 30kg/day

answer 25 ㉰ 26 ㉮ 27 ㉱

$$\therefore X_2 = \frac{30\text{kg/day} \times 132\text{g}}{2 \times 14\text{g}} = 141.43\text{kg/day}$$

28 염소소독에 관한 설명으로 잘못된 것은 어느 것인가?

㉮ pH 5 또는 그 이하에서 대부분의 염소는 HOCl의 형태이다.
㉯ HOCl은 암모니아와 반응하여 클로라민을 생성한다.
㉰ HOCl은 매우 강한 소독제로 OCl⁻보다 약 80~200배 정도 더 강하다.
㉱ 트리클로라민(NCl_3)은 매우 안정하여 잔류 산화력을 유지한다.

풀이 ㉱ 트리클로라민(NCl_3)은 불안정하여 산화력을 상실한다.

29 고도 수처리에 사용되는 분리막에 대한 내용으로 알맞은 것은 어느 것인가?

㉮ 정밀여과의 막형태는 대칭형 다공성막이다.
㉯ 한외여과의 구동력은 농도차이다.
㉰ 역삼투의 분리형태는 공극의 크기(pore size) 및 흡착현상에 기인한 체걸름이다.
㉱ 투석의 구동력은 정수압차이다.

풀이 ㉯ 한외여과의 구동력은 정수압차이다.
㉰ 역삼투의 분리형태는 용해확산이다.
㉱ 투석의 구동력은 농도차이다.

30 활성슬러지공정 중 최종 침전조에서 슬러지가 부상하는 원인으로 틀린 것은 어느 것인가?

㉮ 탈질소화 현상이 발생할 때
㉯ 침전조의 수면적 부하가 높은 경우
㉰ SVI가 높고 잉여슬러지의 인출량이 부족할 때
㉱ 폭기조의 폭기량을 감소시켜 질산화 정도를 감소시킬 때

풀이 ㉱ 폭기조의 폭기량을 증가시켜 질산화 정도를 증가시킬 때

31 직경이 1.0mm이고 비중이 2.0인 입자를 17℃의 물에 넣었다. 입자가 3m 침강하는데 걸리는 시간(sec)은 얼마인가? (단, 17℃의 물의 점성계수는 1.089×10^{-3}kg/m·s, Stokes 침강이론을 기준으로 한다.)

㉮ 6초 ㉯ 16초
㉰ 38초 ㉱ 56초

풀이
① $V_s = \dfrac{d^2(\rho_s - \rho_w)g}{18\mu}$

$= \dfrac{(1.0 \times 10^{-3}\text{m})^2 \times (2,000-1,000)\text{kg/m}^3 \times 9.8\text{m/sec}^2}{18 \times 1.089 \times 10^{-3}\text{kg/m} \cdot \text{sec}}$

$= 0.50$m/sec

② $t(\text{sec}) = \dfrac{L(\text{m})}{V_s(\text{m/sec})} = \dfrac{3\text{m}}{0.50\text{m/sec}} = 6.0\text{sec}$

---

answer 28 ㉱ 29 ㉮ 30 ㉱ 31 ㉮

32 고형물의 농도가 16.5%인 슬러지 200kg을 건조상에서 건조시켰더니 수분이 20%로 나타났다. 제거된 수분의 양(kg)은 얼마인가? (단, 슬러지의 비중은 1.0 기준이다.)

㉮ 약 127kg ㉯ 약 132kg
㉰ 약 159kg ㉱ 약 166kg

풀이 ① $W_1 \times TS_1 = W_2 \times (100-P_2)$
200kg×16.5% = W_2×(100-20%)
∴ $W_2 = \dfrac{200kg \times 16.5\%}{(100-20\%)} = 41.25kg$

② 제거된 수분량(kg) = $W_1 - W_2$
= 200kg - 41.25kg = 158.75kg

TIP
① $W_1 \times TS_1 = W_2 \times (100-P_2)$
② Ts = 100-P(%)

33 BOD 1kg 제거에 필요한 산소량은 산소 2kg 이다. 공기 1m³에 함유되어 있는 산소량은 0.277kg 이라 하고 포기조에서 공기 용해율을 4%(부피기준)라고 하면, BOD 2.5kg 제거하는데 필요한 공기량(m³)은 얼마인가?

㉮ 약 451m³ ㉯ 약 491m³
㉰ 약 551m³ ㉱ 약 591m³

풀이 필요한 공기량(m³)
= $\dfrac{1m^3 \text{ 공기}}{0.277kg\ O^2} \times \dfrac{2kg\ O^2}{1kg\ BOD} \times 2.5\text{제거 BOD} \times \dfrac{100}{4\%}$
= 451.26m³

34 어떤 폐수를 활성슬러지법으로 처리하기 위하여 예비실험을 행한 결과, BOD를 50% 제거하는데 3시간의 폭기시간이 걸렸다. BOD의 감소속도가 1차 반응속도에 따른다면 BOD를 90%까지 제거하는데 필요한 폭기 시간(hr)은 얼마인가? (단, 자연대수 기준이다.)

㉮ 약 10시간 ㉯ 약 11시간
㉰ 약 13시간 ㉱ 약 15시간

풀이 1차 반응식 : $\ln \dfrac{C_t}{C_o} = -k \times t$

① $\ln \dfrac{50\%}{100\%} = -k \times 3hr$

∴ $k = \dfrac{\ln \dfrac{50\%}{100\%}}{-3hr} = 0.231/hr$

② $\ln \dfrac{10\%}{100\%} = -0.231/hr \times t$

∴ $t = \dfrac{\ln \dfrac{10\%}{100\%}}{-0.231hr} = 9.97/hr$

answer 32 ㉰ 33 ㉮ 34 ㉮

35 유입폐수의 유량이 1,000m³/day, 포기조 내의 MLSS 농도가 4,500mg/L이며 포기시간은 12시간, 최종침전지에서 매일 25m³의 잉여슬러지를 인발한다. 이 때 잉여슬러지의 농도는 50,000mg/L이며 방류수의 SS를 무시한다면 슬러지 체류시간(SRT)은 얼마인가?

㉮ 1.8day ㉯ 2.8day
㉰ 3.8day ㉱ 4.8day

풀이

$$SRT = \frac{MLSS \cdot V}{Q_w \cdot SS_w}$$

$$= \frac{4,500mg/L \times 1,000m^3/day \times \left(\frac{12hr}{24}\right)day}{25m^3/day \times 50,000mg/L}$$

$$= 1.8day$$

TIP

$V(m^3) = Q(m^3/day) \times t(day)$

$= 1,000m^3/day \times \left(\frac{12hr}{24}\right)day$

36 생물학적 하수 고도처리공법인 A/O 공법에 관한 내용으로 잘못된 것은 어느 것인가?

㉮ 사상성 미생물에 의한 벌킹이 억제되는 효과가 있다.
㉯ 표준활성슬러지법의 반응조 전반 20~40% 정도를 혐기반응조로 하는 것이 표준이다.
㉰ 혐기반응조에서 탈질이 주로 이루어진다.
㉱ 처리수의 BOD 및 SS농도를 표준 활성슬러지법과 동등하게 처리할 수 있다.

풀이 ㉰ 혐기반응조에서는 인(P)이 방출된다.

37 슬러지 반송율을 25%, 반송슬러지 농도를 10,000mg/L일 때 포기조의 MLSS 농도(mg/L)는 얼마인가? (단, 유입수의 SS농도는 고려하지 않는다.)

㉮ 1,200mg/L ㉯ 1,500mg/L
㉰ 2,000mg/L ㉱ 2,500mg/L

풀이

$$반송율(\%) = \frac{MLSS - SS_i}{SS_r - MLSS} \times 100$$

$$25\% = \frac{MLSS}{10,000mg/L - MLSS} \times 100$$

$\therefore MLSS = 2,000mg/L$

38 하수처리를 위한 생물막법의 공통적 문제점으로 잘못된 것은 어느 것인가? (단, 활성슬러지법과 비교 기준)

㉮ 활성슬러지법과 비교하면 이차침전지로부터 미세한 SS가 유출되기 쉽다.
㉯ 처리과정에서 질산화 반응이 진행되기 쉽고 이에 따라 처리수의 pH가 낮아지게 되거나 BOD가 높게 유출될 수 있다.
㉰ 생물막법은 운전관리 조작이 간단하지만 운전조작의 유연성에 결점이 있어 문제가 발생할 경우에 운전방법의 변경 등 적절한 대처가 곤란하다.
㉱ 반응조를 다단화 하기 어려워 처리의 안정성이 떨어진다.

풀이 ㉱ 반응조를 다단화 할 수 있어 처리의 안정성이 높아진다.

answer 35 ㉮ 36 ㉰ 37 ㉰ 38 ㉱

39 가압부상조 설계에 있어, 유량이 3,000 m³/day인 폐수 내 SS의 농도가 200mg/L, 공기의 용해도는 18.7mL/L 이라고 할 때 압력이 4기압인 부상조에서의 A/S비는 얼마인가? (단, 용존공기의 분율은 0.5이며 반송은 고려하지 않는다.)

㉮ 0.027   ㉯ 0.048
㉰ 0.064   ㉱ 0.122

풀이

$$A/S비 = \frac{1.3 \times Sa \times (f \cdot P - 1)}{SS}$$

$$= \frac{1.3 \times 18.7 mL/L \times (0.5 \times 4atm - 1)}{200 mg/L}$$

$$= 0.122$$

40 다음 중 물리·화학적 질소제거 공정으로 틀린 것은 어느 것인가?

㉮ Air Stripping
㉯ Breakpoint chlorination
㉰ Ion exchange
㉱ Sequencing Batch Reactor

풀이 ㉱ Sequencing Batch Reactor(SBR) : 질소와 인을 처리하는 생물학적처리 공정이다.

| 제3과목 | 수질오염공정시험기준

41 냄새항목을 측정하기 위한 시료의 최대 보존기간 기준으로 알맞은 것은 어느 것인가?

㉮ 즉시   ㉯ 6시간
㉰ 24시간 ㉱ 48시간

풀이 냄새항목을 측정하기 위한 시료의 최대보존기간 기준은 6시간이다.

42 수로 및 직각 3각 웨어판을 만들어 유량을 산출할 때 웨어의 수두 0.2m, 수로의 밑면에서 절단 하부점까지의 높이 0.75m, 수로의 폭 0.5m일 때의 웨어의 유량(m³/min)은 얼마인가? (단, $k = 81.2 + \frac{0.24}{h} + \left[8.4 + \frac{12}{\sqrt{D}}\right] \times \left[\frac{h}{B} - 0.09\right]^2$)

㉮ 0.54m³/min   ㉯ 1.15m³/min
㉰ 1.51m³/min   ㉱ 2.33m³/min

풀이

① $k = 81.2 + \frac{0.24}{h} + \left[8.4 + \frac{12}{\sqrt{D}}\right] \times \left[\frac{h}{B} - 0.09\right]^2$

$= 81.2 + \frac{0.24}{0.2m} + \left[8.4 + \frac{12}{\sqrt{0.75m}}\right]$

$\times \left[\frac{0.2m}{0.5m} - 0.09\right]^2 = 84.54$

② $Q = k \cdot h^{\frac{5}{2}} (m^3/min)$

$= 84.54 \times (0.2m)^{\frac{5}{2}} = 1.51 m^3/min$

answer 39 ㉱ 40 ㉱ 41 ㉯ 42 ㉰

43 시료의 최대보존기간이 가장 짧은 측정 항목은 어느 것인가?

㉮ 클로로필-a　　㉯ 염소이온
㉰ 페놀류　　㉱ 암모니아성 질소

풀이 시료의 최대보존기간
㉮ 클로로필-a : 7일
㉯ 염소이온 : 28일
㉰ 페놀류 : 28일
㉱ 암모니아성 질소 : 28일

44 수로의 구성, 재질, 수로단면의 형상, 기울기 등이 일정하지 않은 개수로에서 부표를 사용하여 유속을 측정한 결과 수로의 평균 단면적이 3.2m², 표면최대유속은 2.4m/sec이라면 이 수로에 흐르는 유량(m³/sec)은 얼마인가?

㉮ 약 2.7m³/sec　　㉯ 약 3.6m³/sec
㉰ 약 4.3m³/sec　　㉱ 약 5.8m³/sec

풀이 유량(Q) = 단면적(A)×평균유속(v)
① 평균유속(v) = 표면최대유속×0.75
　　　　　　 = 2.4m/sec×0.75 = 1.8m/sec
② 유량(Q) = 3.2m²×1.8m/sec
　　　　　 = 5.76m³/sec

45 식물성 플랑크톤을 현미경계수법으로 분석하고자 할 때 분석절차에 대한 내용으로 틀린 것은 어느 것인가?

㉮ 시료의 개체수는 계수 면적당 10 ~ 40 정도가 되도록 희석 또는 농축한다.
㉯ 시료가 육안으로 녹색이나 갈색으로 보일 경우 정제수로 적절한 농도로 희석한다.
㉰ 시료 농축방법인 원심분리방법은 일정량의 시료를 원심침전관에 넣고 100×g ~ 150×g 로 20분 정도 원심분리하여 일정배율로 농축한다.
㉱ 시료농축방법인 자연침전법은 일정시료에 포르말린 용액 또는 루골용액을 가하여 플랑크톤을 고정시켜 실린더 용기에 넣고 일정시간 정치 후 싸이폰을 이용하여 상층액을 따라 내어 일정량으로 농축한다.

풀이 ㉰ 일정량의 시료를 원심침전관에 넣고 1,000 × g로 20분정도 원심분리하여 일정배율로 농축한다.

46 최대유속과 최소유속의 비가 가장 큰 유량계는 어느 것인가?

㉮ 벤튜리미터
㉯ 오리피스
㉰ 피토우관
㉱ 자기식 유량측정기

풀이 최대유속과 최소유속의 비
㉮ 벤튜리미터는 4 : 1
㉯ 오리피스는 4 : 1
㉰ 피토우관은 3 : 1
㉱ 자기식 유량측정기는 10 : 1

TIP
① 최대유속 : 최소유속 = 최대유량 : 최소유량
② 웨어의 최대유속 : 최소유속 = 500 : 1

47 감응계수에 대한 설명으로 알맞은 것은 어느 것인가?

㉮ 감응계수는 검정곡선 작성용 표준용액의 농도(C)에 대한 반응값(R)으로 [감응계수 = (R/C)]로 구한다.
㉯ 감응계수는 검정곡선 작성용 표준용액의 농도(C)에 대한 반응값(R)으로 [감응계수 = (C/R)]로 구한다.

answer 43 ㉮　44 ㉱　45 ㉰　46 ㉱　47 ㉮

㉰ 감응계수는 검정곡선 작성용 표준용액의 농도(C)에 대한 반응값(R)으로 [감응계수 = (CR-1)]로 구한다.
㉱ 감응계수는 검정곡선 작성용 표준용액의 농도(C)에 대한 반응값(R)으로 [감응계수 = (CR+1)]로 구한다.

48 다음은 염소이온 분석을 위한 적정법에 관한 설명이다. ( )안에 알맞은 것은?

> 염소이온을 ( )과 정량적으로 반응시킨 다음 과잉의 ( )이 크롬산과 반응하여 크롬산은의 침전으로 나타나는 점을 적정의 종말점으로 하여 농도를 측정하는 방법이다.

㉮ 질산은 ㉯ 황산은
㉰ 염화은 ㉱ 과망간산은

풀이 염소이온의 적정법
① 질산은과 정량적으로 반응
② 과잉의 질산은이 크롬산과 반응
③ 종말점 : 엷은 적황색 침전
④ 정량한계 : 0.7mg/L

49 자외선/가시선 분광법(활성탄흡착법)으로 질산성 질소를 측정할 때 정량한계는 얼마인가?

㉮ 0.01mg/L ㉯ 0.03mg/L
㉰ 0.1mg/L   ㉱ 0.3mg/L

풀이 질산성 질소의 시험방법과 정량한계
① 자외선/가시선 분광법(활성탄흡착법) : 0.3mg/L
② 자외선/가시선 분광법(블루신법) : 0.1mg/L
③ 이온크로마토그래피 : 0.1mg/L
④ 데발다합금 환원증류법 : 중화적정법 : 0.5mg/L, 분광법 : 0.1mg/L

50 투명도 측정에 대한 내용으로 잘못된 것은 어느 것인가?

㉮ 투명도 측정시간은 오전 10시에서 오후 4시 사이에 측정한다.
㉯ 지름 20cm의 백색원판에 지름 5cm의 구멍 8개가 뚫린 투명노판을 사용한다.
㉰ 흐름이 있어 줄이 기울어질 경우에는 2kg 정도의 추를 달아서 줄을 세워야 한다.
㉱ 강우시나 수면에 파도가 격렬할 때는 투명도를 측정하지 않는 것이 좋다.

풀이 ㉯ 지름 30cm의 백색원판에 지름 5cm의 구멍 8개가 뚫린 투명도판을 사용한다.

51 다음 중 수소화물생성 – 원자흡수분광광도법에 의한 비소(As) 측정시 선택파장으로 알맞은 것은 어느 것인가?

㉮ 193.7nm ㉯ 214.4nm
㉰ 370.2nm ㉱ 440.9nm

풀이 비소의 수소화물–원자흡수분광광도법
① 아연 또는 소듐붕소수화물을 넣어 수소화비소로 포집
② 불꽃 : 아르곤(또는 질소) - 수소불꽃
③ 측정파장 및 정량한계 : 193.7nm, 0.005mg/L

answer 48 ㉮ 49 ㉱ 50 ㉯ 51 ㉮

52 다음은 공장폐수 및 하수유량측정방법 중 최대유량이 1m³/min미만인 경우에 용기사용에 관한 설명이다. ( )안에 알맞은 것은?

> 용기는 용량 100~200L인 것을 사용하여 유수를 채우는 데에 요하는 시간을 스톱워치로 잰다. 용기에 물을 받아 넣는 시간을 ( )되도록 용량을 결정한다.

㉮ 20초 이상   ㉯ 30초 이상
㉰ 60초 이상   ㉱ 90초 이상

53 총대장균군 시험방법으로 틀린 것은 어느 것인가?

㉮ 막여과법   ㉯ 시험관법
㉰ 평판집락법   ㉱ 현미경계수법

[풀이] ㉱ 현미경계수법은 식물성플랑크톤의 분석법이다.

TIP
① 총대장균군 : 막여과법, 시험관법, 평판집락법, 효소기질정량법, 건조필름법
② 분원성대장균군 : 막여과법, 시험관법, 효소기질정량법
③ 대장균 : 막여과법, 시험관법, 효소기질정량법

54 총칙에 대한 내용으로 틀린 것은 어느 것인가?

㉮ 온도의 영향이 있는 실험결과 판정은 표준온도를 기준으로 한다.
㉯ 찬 곳은 따로 규정이 없는 한 0~15℃의 곳을 뜻한다.
㉰ 냉수는 4℃ 이하를 말한다.
㉱ 온수는 60~70℃를 말한다.

[풀이] ㉰ 냉수는 15℃ 이하를 말한다.

55 다음은 자외선/가시선 분광법에 의한 페놀류 측정원리를 설명한 것이다. ( )안에 알맞은 것은?

> 증류한 시료에 염화암모늄-암모니아 완충용액을 넣어 (①)(으)로 조절한 다음 4-아미노안티피린과 헥사시안화철(Ⅱ)산 포타슘을 넣어 생성된 (②)의 안티피린계 색소의 흡광도를 측정하는 방법이다.

㉮ ① pH 4, ② 청색
㉯ ① pH 4, ② 붉은색
㉰ ① pH 10, ② 청색
㉱ ① pH 10, ② 붉은색

[풀이] 페놀류의 자외선/가시선 분광법에서 파장 및 정량한계
① 수용액(직접법) : 510nm, 0.05mg/L
② 클로로폼용액(추출법) : 460nm, 0.005mg/L

56 물벼룩을 이용한 급성독성시험을 할 때 희석수 비율에 해당되는 것은 어느 것인가? (단, 원수 100% 기준이다.)

㉮ 35%   ㉯ 25%
㉰ 15%   ㉱ 5%

[풀이] 시료의 희석비는 원수 100%를 기준으로 50%, 25%, 12.5%, 6.25%로 하여 시험한다.

answer 52 ㉮ 53 ㉱ 54 ㉰ 55 ㉱ 56 ㉯

57 자외선/가시선 분광법 – 이염화주석환원법으로 인산염인을 분석할 때 흡광도 측정 파장으로 알맞은 것은 어느 것인가?

㉮ 550nm ㉯ 590nm
㉰ 650nm ㉱ 690nm

풀이 인산염인의 자외선/가시선 분광법(이염화주석환원법)
① 환원제 : 이염화주석
② 청색, 690nm에서 흡광도 측정
③ 정량한계 : 0.003mg/L

58 불소를 자외선/가시선 분광법으로 분석할 때에 대한 내용으로 알맞은 것은 어느 것인가?

㉮ 정밀도는 첨가한 표준물질의 농도에 대한 측정 평균값의 상대 백분율로서 나타내며 그 값이 25% 이내이어야 한다.
㉯ 알루미늄 및 철의 방해가 크나 증류하면 영향이 없다.
㉰ 정량한계는 0.05mg/L이다.
㉱ 적색의 복합 화합물의 흡광도를 540nm에서 측정한다.

풀이 ㉮ 정밀도는 측정값의 % 상대표준편차(RSD)로 계산하며 측정값이 25 % 이내이어야 한다.
㉰ 정량한계는 0.15mg/L이다.
㉱ 청색의 복합 화합물의 흡광도를 620nm에서 측정한다.

59 분석할 시료채취량은 시험항목 및 시험횟수에 따라 차이가 있으나 보통 몇 L 정도를 채취하는가?

㉮ 0.5 ~ 1L ㉯ 1 ~ 2L
㉰ 2 ~ 3L   ㉱ 3 ~ 5L

풀이 시료채취량은 3L~5L이다.

60 부유물질(SS) 측정시 간섭물질에 관한 내용으로 잘못된 것은 어느 것인가?

㉮ 큰 입자들은 부유물질 측정에 방해를 주며, 이 경우 직경 0.2mm 금속망에 먼저 통과 시킨 후 분석을 실시한다.
㉯ 증발잔류물이 1,000mg/L 이상인 경우의 해수, 공장폐수 등은 특별히 취급하지 않을 경우, 높은 부유물질 값을 나타낼 수 있어 여과지를 여러 번 세척한다.
㉰ 칼슘, 마그네슘, 염화물, 황산염 등의 농도가 높을 경우 금속 침전이 발생하며 부유물질 측정에 영향을 줄 수 있다.
㉱ 유지, 그리스, 왁스 등을 포함하는 시료의 경우 시료를 여과한다.

풀이 ㉮ 큰 입자들은 부유물질 측정에 방해를 주며, 이 경우 직경 2mm 금속망에 먼저 통과 시킨 후 분석을 실시한다.

answer 57 ㉱ 58 ㉯ 59 ㉱ 60 ㉮

2014년 3회 기출문제

제1과목 | 수질오염개론

01 암모니아성 질소 42mg/L와 아질산성 질소 14mg/L가 포함된 폐수를 완전 질산화 시키기 위한 산소요구량(mg/L)은 얼마인가?

㉮ 135 mgO₂/L ㉯ 174 mgO₂/L
㉰ 208 mgO₂/L ㉱ 232 mgO₂/L

풀이
① $NH_3\text{-}N + 2O_2 \rightarrow HNO_3 + H_2O$
　　14g　：2×32g
　　42mg/L：X_1
　　∴ $X_1 = \dfrac{42mg/L \times 2 \times 32g}{14g} = 192mg/L$

② $NO_2\text{-}N + 0.5O_2 \rightarrow NO_3\text{-}N$
　　14g　：0.5×32g
　　14mg/L：X_2
　　∴ $X_2 = \dfrac{14mg/L \times 0.5 \times 32g}{14g} = 16mg/L$

③ 산소요구량 = $X_1 + X_2$
　　　　　　 = 192mg/L + 16mg/L = 208mg/L

TIP
NH₃-N과 NO₂-N의 농도가 주어져 있으므로 N(질소)의 원자량 14g을 비로 놓는 것에 주의해야 합니다.

02 어떤 폐수의 BOD₅가 100mg/L이고, 10을 밑수로 한 탈산소계수(K_1)가 0.1/day라 하면 BOD₃ 및 BOD$_u$는 얼마인가?

㉮ BOD₃ : 64mg/L, BOD$_u$: 123mg/L
㉯ BOD₃ : 73mg/L, BOD$_u$: 126mg/L
㉰ BOD₃ : 64mg/L, BOD$_u$: 143mg/L
㉱ BOD₃ : 73mg/L, BOD$_u$: 146mg/L

풀이
① BOD₅공식을 이용해 최종BOD(= BOD$_u$)를 계산한다.
　$BOD_5 = BOD_u \times (1 - 10^{-k_1 \times t})$
　$100mg/L = BOD_u \times (1 - 10^{-0.1/day \times 5day})$
　∴ $BOD_u = \dfrac{100mg/L}{(1 - 10^{-0.1/day \times 5day})} = 146.25mg/L$

② $BOD_3 = BOD_u \times (1 - 10^{-k_1 \times t})$
　　　　 = $146.25mg/L \times (1 - 10^{-0.1/day \times 3day})$
　　　　 = 72.95mg/L

answer 01 ㉰ 02 ㉱

03 어느 공장에서 BOD 200mg/L인 폐수 500m³/day를 BOD 4mg/L, 유량 200,000m³/day의 하천에 방류할 때 합류점의 BOD 농도(mg/L)는 얼마인가?

㉮ 4.20mg/L ㉯ 4.49mg/L
㉰ 4.72mg/L ㉱ 4.84mg/L

풀이 혼합공식을 이용해 합류점의 BOD를 계산한다.

$$C_m = \frac{Q_1C_1+Q_2C_2}{Q_1+Q_2}$$

$$= \frac{500m^3/day \times 200mg/L + 200,000m^3/day \times 4mg/L}{(500+200,000)m^3/day}$$

$$= 4.49mg/L$$

04 Bacteria($C_5H_7O_2N$) 10g의 이론적인 COD값(g)은 얼마인가? (단, 최종산물은 CO_2, H_2O, NH_3 이다.)

㉮ 10.2g ㉯ 12.2g
㉰ 14.2g ㉱ 16.2g

풀이 $C_5H_7O_2N + 5O_2 \rightarrow 5CO_2 + 2H_2O + NH_3$
113g : 5×32g
10g : COD

$$\therefore COD = \frac{10g \times 5 \times 32g}{113g} = 14.16g$$

05 물의 물리적 성질을 나타낸 것으로 틀린 것은 어느 것인가?

㉮ 비열 1.0cal/g(20℃)
㉯ 표면장력 72.75dyne/cm(20℃)
㉰ 비저항 2.5×10⁷ Ω·cm
㉱ 기화열 539.032cal/g(100℃)

풀이 ㉮ 비열 1.0cal/g·℃(15℃)

06 CH_3COOH 150mg/L를 함유하고 있는 용액 pH는 얼마인가? (단, CH_3COOH의 이온화상수 $Ka = 1.8 \times 10^{-5}$이다.)

㉮ 3.2 ㉯ 3.7
㉰ 4.2 ㉱ 4.7

풀이 ① $CH_3COOH \rightarrow CH_3COO^- + H^+$

산해리상수$(K_a) = \frac{[CH_3COO^-][H^+]}{[CH_3COOH]}$

여기서 $[CH_3COO^-] = [H^+]$
$[H^+]^2 = K_a \times [CH_3COOH]$
$[H^+] = \sqrt{K_a \times [CH_3COOH]}$
여기서 $[CH_3COOH]$의

$mol/L = \frac{0.15g}{L} \times \frac{1mol}{60g} = 2.5 \times 10^{-3} mol/L$

따라서 $[H^+] = \sqrt{(1.8 \times 10^{-5}) \times (2.5 \times 10^{-3} mol/L)}$
$= 2.12 \times 10^{-4} mol/L$

② $pH = -\log[H^+] = -\log[2.12 \times 10^{-4} mol/L] = 3.67$

07 해수의 주요성분 중 Cl^-, Na^+ 다음으로 가장 많이 함유되어 있는 이온은 어느 것인가?

㉮ SO_4^{2-} ㉯ HCO_3^-
㉰ Ca^{2+} ㉱ K^+

풀이 해수의 주요성분(Holy Seven) 순서
$Cl^- > Na^+ > SO_4^{2-} > Mg^{2+} > Ca^{2+} > K^+ > HCO_3^-$

TIP
암기법 : 염나황은 마네칼슘칼륨에서 중탄산을 먹는다.

answer 03 ㉯ 04 ㉰ 05 ㉮ 06 ㉯ 07 ㉮

08 $[H^+] = 5.0 \times 10^{-6}$ mol/L인 용액의 pH는?

㉮ 5.0   ㉯ 5.3
㉰ 5.6   ㉱ 5.9

풀이 pH = -log[H⁺] = -log[5.0×10⁻⁶mol/L] = 5.30

TIP
① 산성물질에서 pH = -log[H⁺]
② 알칼리성물질에서 pH = 14+log[OH⁻]

09 음용수를 염소 소독할 때 살균력이 강한 것부터 순서대로 바르게 나타낸 것은 어느 것인가? (단, 강함 > 약함)

① HOCl   ② OCl⁻
③ Chloramine

㉮ ① > ② > ③   ㉯ ② > ③ > ①
㉰ ② > ① > ③   ㉱ ① > ③ > ②

10 탈질 미생물에 대한 내용으로 틀린 것은 어느 것인가?

㉮ 최적 pH는 6~8 정도이다.
㉯ 탈질균 대부분은 통성 혐기성균으로 호기, 혐기 어느 상태에서도 증식이 가능하다.
㉰ 유기물을 에너지원으로 한다.
㉱ 탈질시 알칼리도가 소모된다.

풀이 ㉱ 알칼리도는 $NO_3^- $-N, NO_2^--N 환원에 따라 알칼리도가 생성된다.

11 호소의 성층현상에 대한 내용으로 틀린 것은 어느 것인가?

㉮ 여름에는 연직 온도경사는 DO구배와 같은 모양을 나타낸다.
㉯ 겨울이 여름보다 수심에 따른 수온차가 더 커져 호소는 더욱 안정된 성층현상이 일어난다.
㉰ 봄과 가을에 수직적으로 전도현상이 일어난다.
㉱ 계절의 변화에 따라 수온차에 의한 밀도차로 수층이 형성된다.

풀이 ㉯ 여름이 겨울보다 수심에 따른 수온차가 더 커져 호소는 더욱 안정된 성층현상이 일어난다.

12 Formaldehyde(CH_2O)의 COD/TOC의 비는 얼마인가?

㉮ 2.67   ㉯ 2.88
㉰ 3.37   ㉱ 3.65

풀이 $CH_2O + O_2 \rightarrow CO_2 + H_2O$

$$\frac{COD(산소량)}{TOC(유기물 중 탄소량)} = \frac{1 \times 32g}{1 \times 12g} = 2.67$$

TIP
산소량을 나타내는 용어 : THOD, COD, BOD

answer 08 ㉯   09 ㉮   10 ㉱   11 ㉯   12 ㉮

13 아래의 내용은 어느 기체의 법칙인가?

> 공기와 같은 혼합기체 속에서 각 성분의 기체는 서로 독립적으로 압력을 나타낸다. 각 기체의 부분 압력은 혼합물 속에서의 그 기체의 양(부피 퍼센트)에 비례한다. 바꾸어 말하면 그 기체가 혼합기체의 전체부피를 단독으로 차지하고 있을 때에 나타내는 압력과 같다.

㉮ Dalton의 부분 압력 법칙
㉯ Henry의 부분 압력 법칙
㉰ Avogadro의 부분 압력 법칙
㉱ Boyle의 부분 압력 법칙

풀이 ㉮ Dalton의 부분 압력 법칙에 대한 설명으로 내용 중 핵심인 "각 기체의 부분압력 = Dalton의 부분 압력 법칙"임을 숙지하시면 됩니다.

14 초기농도가 100mg/L인 오염물질의 반감기가 10day라고 할 때 반응속도가 1차 반응을 따를 경우 5일 후 오염물질의 농도(mg/L)는 얼마인가?

㉮ 70.7mg/L   ㉯ 75.7mg/L
㉰ 80.7mg/L   ㉱ 85.7mg/L

풀이 ① 반감기 공식 : $\ln\frac{1}{2} = -k \times t$

따라서 $\ln\frac{1}{2} = -k \times 10\text{day}$

$\therefore k = \dfrac{\ln\frac{1}{2}}{-10\text{day}} = 0.0693/\text{day}$

② 1차반응식 공식 : $\ln\dfrac{C_t}{C_o} = -k \times t$

따라서 $\ln\left(\dfrac{C_t}{100\text{mg/L}}\right) = -0.0693/\text{day} \times 5\text{day}$

$\therefore C_t = 100\text{mg/L} \times e^{(-0.0693/\text{day} \times 5\text{day})} = 70.72\text{mg/L}$

15 마그네슘 경도 200mg/L as $CaCO_3$를 Mg^{2+}의 농도로 환산하면 얼마인가? (단, Mg 원자량 : 24)

㉮ 36mg/L   ㉯ 48mg/L
㉰ 60mg/L   ㉱ 72mg/L

풀이 $\dfrac{\text{경도(mg/L)}}{50\text{g}} = \dfrac{Mg^{2+}\text{mg/L}}{12\text{g}}$

따라서 $\dfrac{200\text{mg/L}}{50\text{g}} = \dfrac{Mg^{2+}\text{mg/L}}{12\text{g}}$

$\therefore Mg^{2+} = \dfrac{200\text{mg/L} \times 12\text{g}}{50\text{g}} = 48\text{mg/L}$

16 미생물 세포를 $C_5H_7O_2N$이라고 하면 세포 5kg당의 이론적인 공기소모량(kg)을 계산하면 얼마인가? (단, 완전산화 기준이며, 최종 분해산물은 CO_2, H_2O, NH_3이며, 공기 중 산소는 23%(W/W)로 가정한다.)

㉮ 약 27kg air   ㉯ 약 31kg air
㉰ 약 42kg air   ㉱ 약 48kg air

풀이 ① 산소량을 계산한다.
$C_5H_7O_2N + 5O_2 \rightarrow 5CO_2 + 2H_2O + NH_3$
113g : 5×32g
5kg   : 산소량

$\therefore$ 산소량 $= \dfrac{5\text{kg} \times 5 \times 32\text{g}}{113\text{g}} = 7.08\text{kg}$

② 공기량을 계산한다.

공기량(kg) = 산소량(kg) × $\dfrac{1}{0.23}$

$= 7.08\text{kg} \times \dfrac{1}{0.23} = 30.78\text{kg}$

TIP
$C_5H_7O_2N$의 분자량 = 12×5+1×7+16×2+14 = 113

 answer 13 ㉮ 14 ㉮ 15 ㉯ 16 ㉯

17 하천수 수온은 10℃이다. 20℃ 탈산소 계수 K(상용대수)가 0.1day^{-1}이라면 최종 BOD와 BOD$_4$의 비(BOD$_4$/BOD$_u$)는 얼마인가? (단, K$_T$ = K$_{20}$×1.047$^{(T-20)}$)

㉮ 0.75　　㉯ 0.64
㉰ 0.52　　㉱ 0.44

풀이 ① 20℃의 k을 10℃의 k으로 전환한다.
$k_{(T)} = k_{(20℃)} \times 1.047^{(T-20)}$
$= 0.1/day \times 1.047^{(10-20)}$
$= 0.063/day$
② 10℃에서 BOD$_4$/BOD$_u$를 계산한다.
$BOD_4 = BOD_u \times (1-10^{-k \times t})$
$\dfrac{BOD_4}{BOD_u} = 1-10^{-k \times t}$
$= 1-10^{(-0.063/day \times 4day)} = 0.44$

18 0.01N NaOH 용액의 농도를 %로 나타내면 얼마인가? (단, Na : 23)

㉮ 0.2%　　㉯ 0.4%
㉰ 0.02%　　㉱ 0.04%

풀이 ① N농도를 mg/L(ppm)으로 환산한다.
$mg/L = \dfrac{0.01eq}{L} \times \dfrac{40g}{1eq} \times \dfrac{10^3 mg}{1g} = 400mg/L$
② $400mg/L \times 10^{-4} = 0.04\%$

TIP
① NaOH의 1eq = $\dfrac{분자량(g)}{가수} = \dfrac{40g}{1} = 40g$
② ppm = mg/L
③ ppm(mg/L) $\xrightarrow{\times 10^{-4}}$ %

19 Glucose(C$_6$H$_{12}$O$_6$) 360mg/L가 완전 산화하는데 필요한 이론적 산소요구량(ThOD)은 얼마인가?

㉮ 384mg/L　　㉯ 392mg/L
㉰ 407mg/L　　㉱ 416mg/L

풀이 $C_6H_{12}O_6 + 6O_2 \rightarrow 6CO_2 + 6H_2O$
180g　　: 6×32g
360mg/L : ThOD
∴ ThOD = $\dfrac{360mg/L \times 6 \times 32g}{180g}$ = 384mg/L

20 농도가 A인 기질을 제거하기 위하여 반응조를 설계하고자 한다. 요구되는 기질의 전환율이 90%일 경우 회분식 반응조의 체류시간(hr)은 얼마인가? (단, 기질의 반응은 1차 반응이며, 반응상수 k는 0.35/hr이다.)

㉮ 6.6hr　　㉯ 8.6hr
㉰ 10.6hr　　㉱ 12.6hr

풀이 1차 반응식 : $\ln \dfrac{C_t}{C_o} = -k \times t$
따라서 $\ln \dfrac{(100-90)\%}{100\%} = -0.35/hr \times t$
∴ $t = \dfrac{\ln \dfrac{(100-90)\%}{100\%}}{-0.35/hr} = 6.58hr$

answer 17 ㉱　18 ㉱　19 ㉮　20 ㉮

| 제2과목 | 수질오염방지기술

21 물리, 화학적 질소제거 공정인 파괴점 염소주입법의 장·단점으로 틀린 것은 어느 것인가?

㉮ 적절한 운전으로 모든 암모니아성 질소의 산화가 가능하다.
㉯ 고도의 질소제거를 위하여 여타 질소제거 공정 다음에 사용 가능하다.
㉰ 기존시설에 적용이 용이하다.
㉱ 염소 주입으로 유출수내 TDS 농도가 감소한다.

풀이 ㉱ 염소 주입으로 유출수내 TDS 농도가 증가한다.

TIP
TDS = 총용존고형물

22 함수율 95%의 슬러지를 함수율 75%의 탈수 케익으로 만들었을 때 탈수 후 체적은 탈수 전 체적의 얼마인가? (단, 분리액으로 유출된 슬러지양은 무시하고, 비중은 1.0 기준이다.)

㉮ 1/3   ㉯ 1/4
㉰ 1/5   ㉱ 1/6

풀이 $V_1 \times (100-P_1) = V_2 \times (100-P_2)$
$V_1 \times (100-95) = V_2 \times (100-75)$
$\therefore \dfrac{V_2}{V_1} = \dfrac{(100-95)}{(100-75)} = \dfrac{5}{25} = \dfrac{1}{5}$

23 유입하수량이 20,000m³/day, 유입 BOD가 200mg/L, 폭기조 용량 1,000m³, 폭기조내 MLSS가 1,750mg/L, BOD 제거율이 90%이고 BOD의 세포 합성율이 0.55이며 슬러지의 자기 산화율이 0.08/day일 때, 잉여슬러지 발생량(kg/day)은 얼마인가?

㉮ 1,680kg/day   ㉯ 1,720kg/day
㉰ 1,840kg/day   ㉱ 1,920kg/day

풀이 $Q_w \cdot SS_w$(kg/day)
$= Y \times Q(m^3/day) \times BOD(kg/m^3) \times \eta - Kd(/day) \times MLSS(kg/m^3) \times V(m^3)$
$= 0.55 \times 20,000m^3/day \times 0.2kg/m^3 \times 0.90 - 0.08/day \times 1.75kg/m^3 \times 1,000m^3$
$= 1,840$kg/day

24 BOD 1kg 제거에 필요한 산소량이 1kg이며 공기 1m³에 함유되어 있는 산소량이 0.277kg이고 활성슬러지에서 공기 용해율이 4%(부피%)라 할 때 BOD 5kg을 제거하는데 필요한 공기용량(m³)은 얼마인가? (단, 기타 조건은 무시한다.)

㉮ 451m³   ㉯ 554m³
㉰ 632m³   ㉱ 712m³

풀이 필요한 공기량(m³)
$= \dfrac{1m^3 \text{ Air}}{0.277kg\ O_2} \times \dfrac{1kg\ O_2}{1kg\ BOD} \times 5kg\ BOD \times \dfrac{100}{4\%}$
$= 451.26m^3$

answer 21 ㉱ 22 ㉰ 23 ㉰ 24 ㉮

25 유량이 15,000m³/day인 공장폐수를 활성슬러지공법으로 처리하고자 한다. 포기조 유입수의 BOD 및 SS 농도가 각각 250mg/L이며 BOD 및 SS의 처리효율은 각각 90%, F/M(kgBOD/kgMLSS·day)비는 0.2, 포기시간은 8시간, 반송슬러지의 SS농도는 0.8%인 경우에 슬러지의 반송율(%)은 얼마인가?

㉮ 82% ㉯ 87%
㉰ 92% ㉱ 94%

풀이

① $F/M비 = \dfrac{BOD \times Q}{MLSS \times V} = \dfrac{BOD}{MLSS} \times \dfrac{1}{t}$

여기서 체류시간$(t) = \dfrac{V}{Q}$

따라서 $0.2/day = \dfrac{250mg/L}{MLSS(mg/L)} \times \dfrac{1}{\left(\dfrac{8hr}{24}\right)day}$

$\therefore MLSS = \dfrac{250mg/L}{0.2/day \times \left(\dfrac{8hr}{24}\right)day} = 3,750mg/L$

② 반송율(%) $= \dfrac{MLSS - SS_i}{SS_r - MLSS} \times 100$

$= \dfrac{3,750mg/L - 250mg/L}{0.8 \times 10^4 mg/L - 3,750mg/L} \times 100$

$= 82.35\%$

TIP

① % $\xrightarrow{\times 10^4}$ ppm(mg/L)

② $0.8\% = 0.8 \times 10^4 mg/L = 8,000 mg/L$

26 유량이 20,000m³/d, 체류시간 3시간인 침전지의 수면적 부하율은 얼마인가? (단, 침전지 수심은 3m이다.)

㉮ $20m^3/m^2 \cdot d$ ㉯ $22m^3/m^2 \cdot d$
㉰ $24m^3/m^2 \cdot d$ ㉱ $26m^3/m^2 \cdot d$

풀이 수면적 부하율$(m^3/m^2 \cdot day)$

$= \dfrac{Q(m^3/day)}{A(m^2)} = \dfrac{H(m)}{t(day)}$

$= \dfrac{3m}{\left(\dfrac{3hr}{24}\right)day} = 24m^3/m^2 \cdot day$

27 침사지에서 직경 10^{-2}mm이고 비중이 2.65인 모래 입자의 20℃인 물속에서의 침강속도(cm/sec)는 얼마인가? (단, 물의 밀도 : $1g/cm^3$, 점성계수 : $0.01g/cm \cdot sec$)

㉮ $8.98 \times 10^{-2} cm/sec$
㉯ $4.49 \times 10^{-2} cm/sec$
㉰ $8.98 \times 10^{-3} cm/sec$
㉱ $4.49 \times 10^{-3} m/sec$

풀이 침강속도$(V_s) = \dfrac{d^2(\rho_s - \rho_w)g}{18\mu}$

$= \dfrac{(10^{-2} \times 10^{-1} cm)^2 \times (2.65 - 1.0) \times 980 cm/sec^2}{18 \times 0.01 g/cm \cdot sec}$

$= 8.98 \times 10^{-3} cm/sec$

answer 25 ㉮ 26 ㉰ 27 ㉰

28 연속 회분식 활성슬러지법의 특징으로 틀린 것은 어느 것인가?

㉮ 운전방식에 따라 사상균 벌킹을 방지할 수 있다.
㉯ 침전 및 배출공정은 포기가 이루어지지 않은 상황에서 이루어짐으로 보통의 연속식침전지와 비교해 스컴 등의 잔류 가능성이 높다.
㉰ 저부하형의 경우 다른 처리방식과 비교하여 적은 부지면적에 시설을 건설할 수 있다.
㉱ 활성슬러지 혼합액을 이상적인 정치상태에서 침전시켜 고액분리가 원활히 행해진다.

[풀이] ㉰ 저부하형의 경우 다른 처리방식과 비교하여 큰 부지면적이 필요하다.

29 평균유속이 0.5m/s, 유효수심이 2.0m, 수면적부하가 2,000m³/m²·day인 조건에 적합한 침사지의 체류시간(sec)은 얼마인가?

㉮ 약 90sec   ㉯ 약 180sec
㉰ 약 270sec ㉱ 약 360sec

① 수면적부하(m³/m²·day) = $\dfrac{유효수심(m)}{체류시간(day)}$

따라서 2,000m³/m²·day = $\dfrac{2.0m}{체류시간(day)}$

∴ 체류시간 = $\dfrac{2.0m}{2,000m³/m²·day}$ = 0.001day

② 체류시간(sec) = 0.001day × $\dfrac{24hr}{1day}$ × $\dfrac{3,600sec}{1hr}$

= 86.4sec

30 표준상태에서 1.5kg의 glucose($C_6H_{12}O_6$)로부터 발생 가능한 CH_4 가스량(L)은 얼마인가? (단, 혐기성분해 기준이다.)

㉮ 410 L   ㉯ 560 L
㉰ 660 L   ㉱ 720 L

[풀이] $C_6H_{12}O_6 \rightarrow 3CH_4 + 3CO_2$
180g : 3×22.4L
1.5×10³g : X

∴ X = $\dfrac{1.5×10^3g × 3 × 22.4L}{180g}$ = 560L

31 여과면적 18m²의 진동여과기로 고형물 농도 100g/L의 슬러지를 10m³/day 탈수 처리하고자 한다. 여과 전에 고형물 농도의 30%를 응집제로 첨가했다면 여과기 산출량(kg/h·m²)은 얼마인가? (단, 고형물 기준, 연속가동 기준, 탈수 여액의 농도는 고려하지 않는다.)

㉮ 1.8kg/h·m²   ㉯ 2.3kg/h·m²
㉰ 2.7kg/h·m²   ㉱ 3.0kg/h·m²

[풀이] 여과기 산출량(kg/m²·hr)

= $\dfrac{고형물의 농도(kg/m³) × 슬러지량(m³/hr)}{여과면적(m²)}$

= $\dfrac{100kg/m³ × (1+0.3) × 10m³/day × 1day/24hr}{18m²}$

= 3.01kg/m²·hr

answer 28 ㉰ 29 ㉮ 30 ㉯ 31 ㉱

32 하수 유입수의 BOD_5가 180mg/L, 유출수의 BOD_5가 10mg/L인 활성슬러지 공정이 폭기조 용적 2,000m^3, MLSS 2,000mg/L, 반송슬러지 SS농도 8,000 mg/L, 고형물 체류시간은 5일로 운전되고 있다. 방류수의 SS농도는 무시하고 고형물 체류시간을 5일로 유지하기 위해 폐기하는 슬러지량(m^3/day)은 얼마인가?

㉮ 50m^3/day ㉯ 100m^3/day
㉰ 150m^3/day ㉱ 200m^3/day

풀이
$$SRT = \frac{MLSS \times V}{Q_w \times SS_w}$$
따라서 $5day = \frac{2kg/m^3 \times 2,000m^3}{Q_w \times 8kg/m^3}$

$\therefore Q_w = \frac{2kg/m^3 \times 2,000m^3}{5day \times 8kg/m^3} = 100m^3/day$

33 폭 2m, 길이 15m인 침사지에 100cm의 수심으로 폐수가 유입할 때 체류시간이 50초 이라면 유량(m^3/hr)은 얼마인가?

㉮ 2,025m^3/hr ㉯ 2,160m^3/hr
㉰ 2,240m^3/hr ㉱ 2,530m^3/hr

풀이
유량(m^3/hr) = $\frac{체적(m^3)}{체류시간(hr)}$

$= \frac{2m \times 15m \times 1m}{50sec \times 1hr/3600sec}$

$= 2,160m^3/hr$

34 생물학적 인제거를 위한 A/O공정에 대한 설명으로 틀린 것은 어느 것인가?

㉮ 타공법에 비하여 운전이 비교적 간단하다.
㉯ 폐슬러지내 인의 함량이 비교적 높고 (3~5%) 비료의 가치가 있다.
㉰ 낮은 BOD/P비 조건이 요구된다.
㉱ 추운 기후의 운전조건에서 성능이 불확실하다.

풀이 ㉰ 높은 BOD/P비 조건이 요구된다.

35 활성슬러지 변법 중 step aeration법의 반응조 후단에 MLSS 농도(mg/L)범위로 가장 알맞은 것은 어느 것인가? (단, F/M비, 반응조 수심, 반응조 형상은 표준활성슬러지법과 같고 HRT 4~6시간, 체류시간은 3~6일이다.)

㉮ 500~1,000 ㉯ 1,000~1,500
㉰ 1,500~2,500 ㉱ 2,500~3,500

풀이 계단식 포기법(step aeration)의 반응조 후단에 MLSS 농도는 1,000~1,500mg/L이다.

---

answer 32 ㉯ 33 ㉯ 34 ㉰ 35 ㉯

36 1일 2,270m³를 처리하는 1차 처리시설에서 생슬러지를 분석한 결과 다음과 같은 자료를 얻었다. 이 슬러지의 비중은 얼마인가?

- 수분 : 90%
- 총고형물 중 무기성 고형물 : 30%
- 휘발성 고형물 : 70%
- 무기성 고형물 비중 : 2.2
- 휘발성 고형물 비중 : 1.1

㉮ 1.012 ㉯ 1.018
㉰ 1.023 ㉱ 1.034

풀이
$$\frac{1}{\rho_{SL}} = \frac{W_{VS}}{\rho_{VS}} + \frac{W_{FS}}{\rho_{FS}} + \frac{W_P}{\rho_P}$$
$$= \frac{0.1 \times 0.7}{1.1} + \frac{0.1 \times 0.3}{2.2} + \frac{0.90}{1.0}$$
$$\therefore \rho_{SL} = \frac{1}{0.9773} = 1.023$$

37 UV를 이용한 하수 소독 방법에 대한 설명으로 틀린 것은 어느 것인가?

㉮ 자외선의 강한 살균력으로 바이러스에 대해 효과적으로 작용한다.
㉯ 물이 혼탁하거나 탁도가 높으면 소독 능력에 영향을 미친다.
㉰ 유량 및 수질의 변동에 대해 적응력이 약하다.
㉱ pH변화에 관계없이 지속적인 살균이 가능하다.

풀이 ㉰ 유량 및 수질의 변동에 대해 적응력이 강하다.

38 길이 23m, 폭 8m, 깊이 2.3m인 직사각형 침전지가 3,000m³/day의 하수를 처리 한다면 표면부하율(m/day)은 얼마인가?

㉮ 20.6m/day ㉯ 16.3m/day
㉰ 10.5m/day ㉱ 33.4m/day

풀이 표면부하율(m³/m²·day)
$$= \frac{Q(m^3/day)}{A(m^2)} = \frac{Q(m^3/day)}{길이(m) \times 폭(m)}$$
$$= \frac{3,000m^3/day}{23m \times 8m} = 16.30 m^3/m^2 \cdot day$$
$$= 16.30 m/day$$

39 BOD 150mg/L, 폐수량 1,000m³/day인 폐수를 250m³의 유효용량을 가진 포기조로 처리할 경우 BOD 용적부하(kg/m³·day)는 얼마인가?

㉮ 0.2kg/m³·day ㉯ 0.4kg/m³·day
㉰ 0.6kg/m³·day ㉱ 0.8kg/m³·day

풀이 BOD 용적부하(kg/m³·day)
$$= \frac{BOD(kg/m^3) \times Q(m^3/day)}{V(m^3)}$$
$$= \frac{0.15kg/m^3 \times 1,000m^3/day}{250m^3}$$
$$= 0.6 kg/m^3 \cdot day$$

answer 36 ㉰ 37 ㉰ 38 ㉯ 39 ㉰

40 어떤 폐수를 응집처리하기 위해 시료 200mL를 취하여 Jar-test 한 결과 Alum의 농도 300mg/L에서 가장 양호한 결과를 얻었다. 폐수량 2,000m³/일을 처리하는데 하루에 필요한 Alum의 양(kg/일)은 얼마인가?

㉮ 450 kg/일   ㉯ 600 kg/일
㉰ 750 kg/일   ㉱ 900 kg/일

풀이 Alum의 필요량(kg/day)
= Alum의 농도(kg/m³)×폐수량(m³/day)
= 0.3kg/m³×2,000m³/day
= 600kg/day

제3과목 | 수질오염공정시험기준

41 수질오염공정시험기준의 총칙에 대한 내용으로 틀린 것은 어느 것인가?

㉮ 온도의 영향이 있는 실험결과 판정은 표준온도를 기준으로 한다.
㉯ 찬 곳은 따로 규정이 없는 한 0~15℃의 곳을 뜻한다.
㉰ '수욕상 또는 수욕중에서 가열한다'라 함은 따로 규정이 없는 한 수온 100℃에서 가열함을 뜻하고 약 100℃의 증기욕을 쓸 수 있다.
㉱ 냉수는 15℃ 이하, 온수는 50~60℃, 열수는 약 100℃를 말한다.

풀이 ㉱ 냉수는 15℃ 이하, 온수는 60~70℃, 열수는 약 100℃를 말한다.

42 퇴적물 채취에 사용되는 에크만 그랩(ekman grab)에 대한 내용으로 잘못된 것은 어느 것인가?

㉮ 물의 흐름이 거의 없는 곳에서 채취가 잘 되는 채취기이다.
㉯ 채취기가 바닥에 닿아 줄의 장력이 감소하면 아래 날이 닫히도록 되어 있다.
㉰ 채집면적이 좁고 조류가 센 곳에서는 바닥에 안정시키기 어렵다.
㉱ 가벼워 휴대가 용이하고 작은 배에서 손쉽게 사용할 수 있다.

풀이 ㉯번은 포나그랩에 대한 설명이다.

43 측정항목별 시료 보존 방법으로 틀린 것은?

㉮ 페놀류 : H_2SO_4로 pH 2 이하로 조정한 후 시료 1L 당 $CuSO_4$ 1g 첨가
㉯ 노말헥산추출물질 : H_2SO_4로 pH 2 이하
㉰ 암모니아성 질소 : H_2SO_4로 pH 2 이하
㉱ 시안 : NaOH로 pH 12 이상

풀이 ㉮ 페놀류 : H_3PO_4로 pH 4 이하로 조정한 후 시료 1L 당 $CuSO_4$ 1g 첨가

44 적정법을 이용한 염소이온의 측정시 적정의 종말점으로 알맞은 것은 어느 것인가?

㉮ 엷은 적황색 침전이 나타날 때
㉯ 엷은 적갈색 침전이 나타날 때
㉰ 엷은 청록색 침전이 나타날 때
㉱ 엷은 황갈색 침전이 나타날 때

풀이 염소이온의 적정법
① 반응시약 : 질산은
② 종말점 : 엷은 적황색 침전

answer 40 ㉯ 41 ㉱ 42 ㉯ 43 ㉮ 44 ㉮

③ 정량한계 : 0.7mg/L

45 분원성대장균군의 정의이다. ( )안에 알맞은 말은?

> 온혈동물의 배설물에서 발견되는 (A)의 간균으로서 (B)℃에서 락토스를 분해하여 가스 또는 산을 발생하는 모든 호기성 또는 통성 혐기성균을 말한다.

㉮ A : 그람음성 · 무아포성, B : 44.5
㉯ A : 그람양성 · 무아포성, B : 44.5
㉰ A : 그람음성 · 아포성, B : 35.5
㉱ A : 그람양성 · 아포성, B : 35.5

46 6가 크롬의 자외선/가시선 분광법 시험 방법에 대한 내용으로 틀린 것은 어느 것인가?

㉮ 산성용액에서 다이페닐카바자이드와 반응시켜 착화합물을 생성시킨다.
㉯ 흡광도를 540nm에서 측정, 정량한다.
㉰ 간섭물질이 존재하는 경우 수산소듐 1%를 첨가하여 측정한다.
㉱ 적자색의 착화합물 흡광도를 정량한다.

풀이 ㉰번의 설명은 원자흡수분광광도법에서 폐수의 반응성이 큰 다른 금속이온이 존재할 경우 방해 영향이 크므로 이 경우는 황산소듐 1%를 첨가하여 측정한다.

47 수질오염공정시험기준 납-원자흡수분광광도법에 대한 내용으로 틀린 것은?

㉮ 측정파장은 324.7nm이다.
㉯ 불꽃연료는 공기-아세틸렌을 사용한다.
㉰ 정량한계는 0.04mg/L이다.
㉱ 정밀도(% RSD)는 25% 이내이다.

풀이 ㉮ 측정파장은 283.3nm이다.

48 질산성 질소 분석 방법으로 틀린 것은 어느 것인가?

㉮ 이온크로마토그래피법
㉯ 자외선/가시선 분광법-부루신법
㉰ 자외선/가시선 분광법-활성탄흡착법
㉱ 연속흐름법

풀이 질산성 질소 분석 방법으로는 이온크로마토그래피, 자외선/가시선 분광법(부루신법), 자외선/가시선 분광법(활성탄 흡착법), 데발다합금 환원 증류법이 있다.

49 수로의 폭이 0.5m인 직각 삼각웨어의 수두가 0.25m일 때 유량(m^3/min)은 얼마인가? (단, 유량계수는 80이다.)

㉮ 2.0m^3/min   ㉯ 2.5m^3/min
㉰ 3.0m^3/min   ㉱ 3.5m^3/min

풀이 삼각웨어의 유량(Q) = $k \cdot h^{\frac{5}{2}}$ (m^3/min)

따라서 Q = $80 \times (0.25m)^{\frac{5}{2}}$ = 2.5m^3/min

TIP
사각웨어의 유량(Q) = $k \cdot b \cdot h^{\frac{3}{2}}$ (m^3/min)

answer 45 ㉮ 46 ㉰ 47 ㉮ 48 ㉱ 49 ㉯

50 개수로에 의한 유량측정시 평균유속은 Chezy의 유속 공식을 적용한다. 여기서 경심에 대한 내용으로 알맞은 것은 어느 것인가?

㉮ 유수단면적을 윤변으로 나눈 것을 말한다.
㉯ 윤변에서 유수단면적을 뺀 것을 말한다.
㉰ 윤변과 유수단면적을 곱한 것을 말한다.
㉱ 윤변과 유수단면적을 더한 것을 말한다.

풀이 경심(R) = $\dfrac{유수단면적(A)}{윤변의\ 길이(S)}$

51 실험에 관련된 용어의 정의로 잘못된 것은 어느 것인가?

㉮ 밀봉용기 : 취급 또는 저장하는 동안에 밖으로부터의 공기 또는 다른 가스가 침입하지 아니하도록 내용물을 보호하는 용기를 말한다.
㉯ 정밀히 단다 : 규정된 양의 시료를 취하여 화학저울 또는 미량저울로 칭량함을 말한다.
㉰ 정확히 취하여 : 규정한 양의 액체를 부피피펫으로 눈금까지 취하는 것을 말한다.
㉱ 냄새가 없다 : 냄새가 없거나, 또는 거의 없는 것을 표시하는 것이다.

풀이 ㉮ 밀봉용기 : 취급 또는 저장하는 동안에 기체 또는 미생물이 침입하지 아니 하도록 내용물을 보호하는 용기를 말한다.

52 다음은 수질측정 항목과 최대보존기간을 짝지은 것이다. 틀린 것은 어느 것인가? (단, 항목-최대보존기간)

㉮ 색도 - 48시간   ㉯ 6가 크롬 - 24시간
㉰ 비소 - 6개월   ㉱ 유기인 - 28일

풀이 ㉱ 유기인 - 7일

53 다음은 페놀류를 자외선/가시선 분광법을 적용하여 분석할 때에 관한 내용이다. ( ) 안에 알맞은 말은?

> 이 시험기준은 물속에 존재하는 페놀류를 측정하기 위하여 증류한 시료에 염화암모늄-암모니아 완충용액을 넣어 ( )으로 조절한 다음 4-아미노안티피린과 헥사시안화철(Ⅱ)산포타슘을 넣어 생성된 붉은색의 안티피린계 색소의 흡광도를 측정하는 방법이다.

㉮ pH 8   ㉯ pH 9
㉰ pH 10   ㉱ pH 11

풀이 페놀류의 자외선/가시선 분광법에서 파장 및 정량한계
① 수용액(직접법) : 510nm, 0.05mg/L
② 클로로폼용액(추출법) : 460nm, 0.005mg/L

54 기체크로마토그래피법으로 측정하지 않는 항목은 어느 것인가?

㉮ 폴리클로리네이티드비페닐
㉯ 유기인
㉰ 비소
㉱ 알킬수은

풀이 ㉰ 비소의 시험방법으로는 수소화물생성-원자흡수분광광도법, 유도결합플라스마-원자발광분광법, 유도결합플라스마-질량분석법, 양극벗김 전압 전류법이 있다.

answer 50 ㉮ 51 ㉮ 52 ㉱ 53 ㉰ 54 ㉰

55 자외선/가시선 분광법에 의한 시안 정량 분석시, 간섭물질로 작용하는 시료 중 황화합물을 제거하는데 사용되는 시약은 어느 것인가?

㉮ 과망간산포타슘용액
㉯ 아황산소듐용액
㉰ 피리딘-피라졸론용액
㉱ 아세트산아연용액

풀이 시안의 자외선/가시선 분광법에서 간섭물질
① 다량의 유지류 : 아세트산 또는 수산화소듐 용액
② 황화물 : 아세트산아연용액
③ 잔류염소 : L-아스코르빈산 또는 아비산소듐 용액

56 유량 측정시 사용되는 웨어판에 대한 내용으로 잘못된 것은 어느 것인가?

㉮ 웨어판의 재료는 3mm 이상의 두께를 갖는 내구성이 강한 철판으로 한다.
㉯ 웨어판의 내면은 평면이어야 한다.
㉰ 웨어판 안측의 가장자리는 직선이어야 한다.
㉱ 웨어판의 크기는 수로의 붙인 틀의 크기에 맞추고 절단의 크기는 따로 정하지 않는다.

풀이 ㉱ 웨어판의 크기는 수로의 붙인 틀의 크기에 맞추고 절단의 크기는 따로 정한다.

57 시료의 전처리 방법(산분해법) 중 유기물 등을 많이 함유하고 있는 대부분의 시료에 적용하는 것은 어느 것인가?

㉮ 질산법
㉯ 질산-염산법
㉰ 질산-황산법
㉱ 질산-과염소산법

풀이 ㉮ 질산법 : 유기물의 함량이 비교적 높지 않은 시료
㉯ 질산-염산법 : 유기물의 함량이 비교적 높지 않고 금속의 수산화물, 산화물, 인산염 및 황화물을 함유하고 있는 시료
㉱ 질산-과염소산법 : 유기물을 다량 함유하고 있으면서 산분해가 어려운 시료

58 폐수중의 부유 물질을 측정하고자 실험을 하여 다음과 같은 결과를 얻었다. 폐수중의 부유물질의 양(mg/L)은 얼마인가?

- 시료량 : 100mL
- 시료 여과 전 유리섬유 여지의 무게 : 0.6329g
- 시료 여과 후 유리섬유 여지의 무게 : 0.6531g

㉮ 202mg/L
㉯ 221mg/L
㉰ 231mg/L
㉱ 241mg/L

풀이 부유물질의 양(mg/L)

$= \dfrac{(\text{여과후 무게}-\text{여과전 무게})(mg)}{\text{시료량}(L)}$

$= \dfrac{(0.6531g-0.6329g)\times 10^3 mg/g}{0.1L}$

$= 202mg/L$

answer 55 ㉱ 56 ㉱ 57 ㉰ 58 ㉮

59 금속류인 망간 측정방법으로 틀린 것은 어느 것인가? (단, 수질오염공정시험기준)

㉮ 원자흡수분광광도법
㉯ 기체크로마토그래피법
㉰ 유도결합플라스마 - 질량분석법
㉱ 유도결합플라스마 - 원자발광분광법

풀이 망간 측정방법으로는 원자흡수분광광도법, 유도결합플라스마-원자발광분광법, 유도결합플라스마-질량분석법이 있다.

TIP
기체크로마토그래피법의 시험방법을 적용하는 물질은 유기물질(다이에틸헥실프탈레이트, 석유계총탄화수소, 유기인, 폴리클로리네이티드바이페닐)과 휘발성유기화합물이며, 예외적으로 중금속 중에서 유일하게 알킬수은에도 적용한다.

60 다음 분석 방법 중 아연의 분석법으로 틀린 것은 어느 것인가? (단, 수질오염공정시험기준)

㉮ 원자흡수분광광도법
㉯ 원자형광법
㉰ 유도결합플라스마-원자발광분광법
㉱ 양극벗김전압전류법

풀이 아연의 분석법으로는 원자흡수분광광도법, 유도결합플라스마-원자발광분광법, 유도결합플라스마-질량분석법, 양극벗김전압전류법이 있다.

answer 59 ㉯ 60 ㉯

2015 1회 기출문제

| 제1과목 | 수질오염개론

01 동점성(Kinematic viscosity)계수와 관계가 가장 먼 것은 어느 것인가?

㉮ Poise
㉯ Stoke
㉰ cm²/sec
㉱ μ/ρ(점성계수/밀도)

풀이 ㉮ Poise = g/cm·sec 로 점성계수의 단위이다.

02 분뇨처리시설 중의 투입조, 저류조, 소화조 등의 여러부분에 부식을 유발하는 가스로 알맞은 것은 어느 것인가?

㉮ H_2S ㉯ NH_3
㉰ CO_2 ㉱ CH_4

풀이 분뇨처리시설은 주로 혐기성소화이며, 이때 발생되는 황화합물(H_2S)이 부식을 유발한다.

03 세포증식에 관한 식(Monod)에 대한 설명으로 잘못된 것은 어느 것인가?

(단, $\mu = \mu_{max} \times \dfrac{S}{K_s+S}$)

㉮ μ는 세포의 비증가율을 말하며, 단위는 g이다.
㉯ μ_{max}는 세포의 비증가율 최대치를 말한다.
㉰ S는 제한기질의 농도이며 단위는 g/L이다.
㉱ K_s는 $\mu = \dfrac{1}{2}\mu_{max}$ 일때의 제한기질의 농도를 말한다.

풀이 ㉮ μ는 세포의 비증가율을 말하며, 단위는 /hr이다.

04 친수성 콜로이드의 특성으로 틀린 것은 어느 것인가?

㉮ 표면장력은 분산매 보다 상당히 작다.
㉯ 에멀젼 상태이다.
㉰ 틴달효과가 적거나 전무하다.
㉱ 점도는 분산매와 큰 차이가 없다.

풀이 ㉱ 점도는 분산매와 큰 차이가 있다.

answer 01 ㉮ 02 ㉮ 03 ㉮ 04 ㉱

05 원생생물은 세포의 분화정도에 따라 진핵생물과 원핵생물로 나눌 수 있다. 다음 중 원핵세포와 비교하여 진핵세포에만 있는 것은 어느 것인가?

㉮ DNA ㉯ 리보솜
㉰ 편모 ㉱ 세포소기관

풀이 진핵세포에만 있는 것은 세포소기관(미토콘드리아, 엽록체, 액포 등)이다.

06 하천의 수질이 다음과 같을 때 이 물의 이온강도는 얼마인가? (단, Ca^{2+} = 0.02M, Na^+ = 0.05M, Cl^- = 0.02M)

㉮ 0.055 ㉯ 0.065
㉰ 0.075 ㉱ 0.085

풀이 이온강도(I) = $\frac{1}{2}$ [합{이온의 몰수×(이온의 가수)^2]

= $\frac{1}{2}$ {(0.02M×2^2)+(0.05M×1^2)+(0.02M×1^2)}

= 0.075

TIP
이온강도(I) : 용액중에 있는 이온의 전체농도를 나타내는 척도

07 환경미생물에 대한 내용으로 틀린 것은 어느 것인가?

㉮ Bacteria는 형상에 따라 막대형, 구형, 나선형 등으로 구분되며 용해된 유기물을 섭취한다.
㉯ Fungi는 탄소동화작용을 하지 않으며 폐수 내 질소와 용존산소가 부족한 환경에서도 잘 성장한다.
㉰ Algae는 단세포 또는 다세포의 유기영양형 광합성 원생동물이다.
㉱ Protozoa는 편모충류, 섬모충류 등이 있으며 흔히 박테리아 같은 미생물을 잡아먹는다.

풀이 ㉰ Algae는 단세포 또는 다세포의 유기영양형 광합성 원핵미생물(원핵세포)이다.

08 지하수의 특성에 대한 내용으로 틀린 것은 어느 것인가?

㉮ 염분농도는 비교적 얕은 지하수에서는 하천수보다 평균 30% 정도 이상 큰 값을 나타낸다.
㉯ 지하수에 무기물질이 물에 용해되는 순서를 보면 규산염, Ca 및 Mg의 탄산염, 마지막으로 염화물 알칼리 금속의 황산염 순서로 된다.
㉰ 자연 및 인위의 국지적 조건의 영향을 받기 쉽다.
㉱ 세균에 의한 유기물의 분해가 주된 생물작용이 된다.

풀이 ㉯ 지하수에 무기물질이 물에 용해되는 순서를 보면 염화물 알칼리 금속의 황산염, Ca 및 Mg의 탄산염, 규산염 순서로 된다.

answer 05 ㉱ 06 ㉰ 07 ㉰ 08 ㉯

09 물의 물리적 특성을 나타내는 용어 중 단위가 잘못 표현된 것은 어느 것인가?

㉮ 밀도 - g/cm^3
㉯ 표면장력 - $dyne/cm^2$
㉰ 압력 - $dyne/cm^2$
㉱ 열전도도 - $cal/cm \cdot sec \cdot ℃$

풀이 ㉯ 표면장력 - $dyne/cm$

10 $60,000m^3/day$ 상수를 살균하기 위하여 $30kg/day$의 염소가 주입되고 살균접촉 후 잔류 염소는 $0.2mg/L$일 때 염소요구량(mg/L)은 얼마인가?

㉮ $0.3mg/L$ ㉯ $0.4mg/L$
㉰ $0.6mg/L$ ㉱ $0.8mg/L$

풀이 염소요구량 = 염소주입량 - 염소잔류량

① 염소주입량(mg/L) = $\dfrac{염소주입량(kg/day)}{유량(m^3/day)} \times 10^3$

$= \dfrac{30kg/day}{60,000m^3/day} \times 10^3 = 0.5mg/L$

② 염소요구량 = $0.5mg/L - 0.2mg/L = 0.3mg/L$

TIP
① $kg/m^3 = g/L$
② $kg/m^3 \xrightarrow{\times 10^3} mg/L$

11 회복지대의 특성에 관한 내용으로 틀린 것은 어느 것인가? (단, Whipple의 하천정화단계기준)

㉮ 용존산소량이 증가함에 따라 질산염과 아질산염의 농도가 감소한다.
㉯ 혐기성균이 호기성균으로 대체되며 Fungi도 조금씩 발생한다.
㉰ 광합성을 하는 조류가 번식하고 원생동물, 윤충, 갑각류가 번식한다.
㉱ 바닥에서는 조개나 벌레의 유충이 번식하며 오염에 견디는 힘이 강한 은빛 담수어 등의 물고기도 서식한다.

풀이 ㉮ 용존산소량이 증가함에 따라 질산염과 아질산염의 농도가 증가한다.

12 자연수 중 지하수의 경도가 높은 이유는 다음 중 주로 어떤 물질의 영향인가?

㉮ NH_3 ㉯ O_2
㉰ Colloid ㉱ CO_2

풀이 지하수의 경도가 높은 이유는 토양수 내 유기물질 분해에 따른 탄산가스(CO_2)의 발생과 약산성 빗물로 인하여 광물질이 용해되기 때문이다.

13 수질오염에 관한 미생물의 작용에 있어서 흔히 사용되는 조류(Algae)의 경험적 화학 조성식으로 알맞은 것은 어느 것인가?

㉮ $C_5H_7O_2N$ ㉯ $C_5H_8O_3N$
㉰ $C_5H_7O_3N$ ㉱ $C_5H_8O_2N$

풀이 조류의 경험적인 화학조성식
$C_5H_8O_2N \xrightarrow{암기법} $ "오팔이"

answer 09 ㉯ 10 ㉮ 11 ㉮ 12 ㉱ 13 ㉱

14 해수의 특성에 대한 내용으로 틀린 것은 어느 것인가?

㉮ 해수의 밀도는 1.5 ~ 1.7g/cm³ 정도로 수심이 깊을수록 밀도는 감소한다.
㉯ 해수는 강전해질이다.
㉰ 해수의 Mg/Ca비는 3 ~ 4 정도이다.
㉱ 염분은 적도해역보다 남·북극의 양극 해역에서 다소 낮다.

풀이 ㉮ 해수의 밀도는 염분, 수온, 수압의 함수로 수심이 깊을수록 증가한다.

15 분뇨의 특성으로 틀린 것은 어느 것인가?

㉮ 분뇨는 다량의 유기물을 함유하며 고액분리가 어렵다.
㉯ 뇨는 VS 중의 80 ~ 90% 정도의 질소화합물을 함유하고 있다.
㉰ 분뇨의 질소는 주로 NH_4HSO_3, $(NH_4)_2SO_3$의 형태로 존재하고 소화조내의 산도를 적정하게 유지시켜 pH의 상승을 막는 완충작용을 한다.
㉱ 분뇨의 특성은 시간에 따라 변한다.

풀이 ㉰ 분뇨의 질소는 주로 $(NH_4)HCO_3$, $(NH_4)_2CO_3$의 형태로 존재하고, 소화조내의 알칼리도를 높게 유지시켜 pH의 강하를 막아준다.

16 어떤 공장에서 phenol 500kg이 매일 폐수에 섞여 배출된다. 1g의 phenol이 1.7g의 BOD_5에 해당된다고 할 때, 인구당량은 얼마인가? (단, 1인 1일당 BOD_5는 50g 기준)

㉮ 15,000명 ㉯ 16,000명
㉰ 17,000명 ㉱ 18,000명

풀이 인구당량(명) = $\dfrac{500\times10^3\text{g페놀/일}\times1.7\text{g}BOD_5/1\text{g페놀}}{50\text{g}BOD_5/\text{인·일}}$
= 17,000명

17 유해물질, 오염발생원과 인간에 미치는 영향에 대하여 연결이 잘못된 것은 어느 것인가?

㉮ 구리 - 도금공장, 파이프제조업 - 만성중독시 간경변
㉯ 시안 - 아연제련공장, 인쇄공업 - 파킨슨씨병 증상
㉰ PCB - 변압기, 콘덴서공장 - 카네미유증
㉱ 비소 - 광산정련공업, 피혁공업 - 피부 흑색(청색)화

풀이 ㉯ 망간 - 광산, 합금, 유리착색공업 - 파킨슨씨병 증상

answer 14 ㉮ 15 ㉰ 16 ㉰ 17 ㉯

18 Streeter-Phelps 모델에 대한 설명으로 틀린 것은 어느 것인가?

㉮ 최초의 하천 수질 모델링이다.
㉯ 유속, 수심, 조도계수에 의한 확산계수를 결정한다.
㉰ 점오염원으로부터 오염부하량을 고려한다.
㉱ 유기물의 분해에 따라 용존산소 소비와 재폭기를 고려한다.

[풀이] ㉯번의 설명은 QUAL-Ⅰ 모델에 대한 설명이다.

19 다음 중 적조현상과 관계가 없는 것은?

㉮ 해류의 정체   ㉯ 염분농도의 증가
㉰ 수온의 상승   ㉱ 영양염류의 증가

[풀이] ㉯ 염분농도의 감소

20 호소에서 나타나는 현상에 대한 내용으로 알맞은 것은 어느 것인가?

㉮ 겨울철 심수층은 혐기성 미생물의 증식으로 유기물이 적정하게 분해되어 수질이 양호하게 된다.
㉯ 봄, 가을에는 물의 밀도 변화에 의한 전도현상(Turn over)이 일어난다.
㉰ 깊은 호수의 경우 여름철의 심수층 수온변화는 수온약층보다 크다.
㉱ 여름철에는 표수층과 심수층 사이에 수온의 변화가 거의 없는 수온약층이 존재한다.

[풀이] ㉮ 겨울철 심수층은 혐기성 미생물의 증식으로 유기물의 분해가 느려 수질이 나쁘다.
㉰ 깊은 호수의 경우 여름철의 심수층 수온변화는 수온약층보다 작다.
㉱ 여름철에는 표수층과 심수층 사이에 수온의 변화가 심한 수온약층이 존재한다.

| 제2과목 | 수질오염방지기술

21 납이온을 함유하는 폐수에 알칼리를 첨가하면 다음식과 같이 반응이 일어난다. 30mg/L의 납이온을 함유하는 폐수를 침전 처리할 경우 이론상 OH^-의 첨가량은 이 폐수 1L당 몇 mg인가? (단, Pb의 원자량은 207이다.)

$$Pb^{2+} + 2OH^- \rightarrow PbO + H_2O$$

㉮ 2.9mg/L   ㉯ 4.9mg/L
㉰ 7.4mg/L   ㉱ 9.4mg/L

[풀이] $Pb^{2+} + 2OH^- \rightarrow PbO + H_2O$
207g : 2×17g
30mg/L : X
$\therefore X = \dfrac{30mg/L \times 2 \times 17g}{207g} = 4.93mg/L$

22 폐수속에 염산 18.25g을 중화시키기 위해 필요한 수산화칼슘의 양(g)은 얼마인가? (단, Cl의 원자량 35.5, Ca의 원자량 40이다.)

㉮ 18.5g   ㉯ 24.5g
㉰ 37.5g   ㉱ 44.5g

[풀이] ① HCl의 당량(eq)을 계산한다.
HCl의 당량(eq) = $18.25g \times \dfrac{1eq}{36.5g}$ = 0.5eq
② 수산화칼슘[$Ca(OH)_2$]의 양으로 환산한다.
$Ca(OH)_2(g) = 0.5eq \times \dfrac{74g/2}{1eq} = 18.5g$

answer 18 ㉯ 19 ㉯ 20 ㉯ 21 ㉯ 22 ㉮

23 포화용존산소 농도가 12mg/L인 어떤 활성오니조에서 물의 실제 용존산소 농도를 8mg/L에서 2mg/L로 낮출 경우 액상으로의 산소 전달율은 얼마인가?

㉮ 1.5배로 증가된다.
㉯ 2.5배로 증가된다.
㉰ 3.5배로 증가된다.
㉱ 4.5배로 증가된다.

풀이 $\dfrac{dO}{dt} = K_{La} \times (C_s - C)$ 에서

$\begin{cases} \dfrac{dO}{dt} : \text{시간에 따른 용존산소농도}(mg/L \cdot hr) \\ K_{La} : \text{산소전달계수}(/hr) \\ C_S : \text{포화산소농도}(mg/L) \\ C : \text{물속의 용존산소농도}(mg/L) \end{cases}$

따라서 $\dfrac{(12-2)mg/L}{(12-8)mg/L} = 2.5$배

24 폐수특성에 따른 적절한 처리법을 연결한 것과 가장 거리가 먼 것은?

㉮ 비소 함유폐수 - 수산화 제2철 공침법
㉯ 시안 함유폐수 - 오존 산화법
㉰ 6가 크롬 함유폐수 - 알칼리 염소법
㉱ 카드뮴 함유폐수 - 황화물 침전법

풀이 ㉰ 6가 크롬 함유폐수 - 수산화물 침전법

25 20,000명의 처리인구를 가진 폐수처리시설에서 슬러지 발생량이 0.12kg/cap·d 이고 슬러지는 70%의 휘발성 물질을 포함하고 있으며 이중 50%가 분해된다. 분해슬러지 당 0.89m³/kg의 소화가스가 발생하며 50%의 메탄이 함유되어 있고 메탄의 열량은 35,850kJ/m³이라면 소화조 보온을 위해 가용한 에너지(kJ/hr)는 얼마인가?

㉮ 약 270,000kJ/hr ㉯ 약 380,000kJ/hr
㉰ 약 420,000kJ/hr ㉱ 약 560,000kJ/hr

풀이 소화조 보온을 위해 가용한 에너지(kJ/hr)
= 슬러지 발생량(kg/hr) × $\dfrac{\text{휘발성물질(\%)}}{100}$

× $\dfrac{\text{휘발성물질의 분해율(\%)}}{100}$ × $\dfrac{\text{소화가스 발생량}(m^3)}{\text{분해슬러지}(kg)}$

× $\dfrac{\text{메탄함유량(\%)}}{100}$ × 메탄의 열량(kJ/m^3)

= 0.12kg/cap·day × 20,000인 × 1day/24hr × 0.70
× 0.50 × 0.89m³/kg × 0.50 × 35,850kJ/m³
= 558,363.75kJ/hr

TIP
kg/cap·day = kg/인·day

answer 23 ㉯ 24 ㉰ 25 ㉱

26 1,000m³의 폐수중 부유물질농도가 200mg/L일 때 처리효율이 70%인 처리장에서 발생슬러지량(m³)은 얼마인가? (단, 부유물질처리만을 기준으로 하며 기타조건은 고려하지 않고, 슬러지 비중 : 1.03, 함수율 95% 이다.)

㉮ 2.36m³ ㉯ 2.46m³
㉰ 2.72m³ ㉱ 2.96m³

풀이 슬러지 발생량(m^3)

$= \dfrac{SS농도(kg/m^3) \times Q(m^3/day) \times \eta(제거율)}{비중량(kg/m^3)} \times \dfrac{100}{100-P(\%)}$

$= \dfrac{0.2kg/m^3 \times 1,000m^3 \times 0.70}{1,030kg/m^3} \times \dfrac{100}{100-95}$

$= 2.72m^3$

TIP

① $mg/L \xrightarrow{\times 10^{-3}} kg/m^3$

② 비중 $\xrightarrow{\times 10^3} kg/m^3$

27 보통 음이온 교환수지에 대하여 가장 일반적인 음이온의 선택성 순서로 알맞은 것은 어느 것인가?

㉮ $SO_4^{-2} > I^{-1} > NO_3^{-1} > CrO_4^{-2} > Br^{-1}$
㉯ $SO_4^{-2} > NO_3^{-1} > CrO_4^{-2} > Br^{-1} > I^{-1}$
㉰ $SO_4^{-2} > CrO_4^{-2} > NO_3^{-1} > I^{-1} > Br^{-1}$
㉱ $SO_4^{-2} > CrO_4^{-2} > I^{-1} > NO_3^{-1} > Br^{-1}$

풀이 암기법 : "SIN 커 브롬"

28 BOD 200mg/L인 유기성 폐수를 활성슬러지법으로 처리하고자 한다. F/M비를 0.25kgBOD/kgMLSS·d, 폭기시간 6시간이라면, 폭기조의 MLSS(mg/L)는 얼마인가?

㉮ 2,700mg/L ㉯ 3,200mg/L
㉰ 3,700mg/L ㉱ 4,200mg/L

풀이 $F/M비(/day) = \dfrac{BOD \times Q}{MLSS \times V} = \dfrac{BOD}{MLSS} \times \dfrac{Q}{V}$

$= \dfrac{BOD}{MLSS} \times \dfrac{1}{t}$

(여기서 $t = \dfrac{V}{Q} \Rightarrow \dfrac{1}{t} = \dfrac{Q}{V}$)

따라서 $0.25/day = \dfrac{200mg/L}{MLSS} \times \dfrac{1}{\left(\dfrac{6hr}{24}\right)day}$

$\therefore MLSS = \dfrac{200mg/L}{0.25/day \times \left(\dfrac{6hr}{24}\right)day} = 3,200mg/L$

29 다음 중 보통 1차침전지에서 부유물질의 침강속도가 작게 되는 조건으로 알맞은 것은 어느 것인가? (단, Stokes 법칙 적용)

㉮ 부유물질 입자의 밀도가 클 경우
㉯ 부유물질 입자의 입경이 클 경우
㉰ 처리수의 밀도가 작을 경우
㉱ 처리수의 점성도가 클 경우

풀이 ㉮ 부유물질 입자의 밀도가 작을 경우
㉯ 부유물질 입자의 입경이 작을 경우
㉰ 처리수의 밀도가 클 경우

answer 26 ㉰ 27 ㉮ 28 ㉯ 29 ㉱

30 혐기성 반응기에 있어서 생물학적 고형물량을 유지하고 증가시키는 방법으로 틀린 것은 어느 것인가?

㉮ 짧은 수리학적 체류시간으로의 시스템 운전
㉯ 시스템내의 고형물을 유지하는 농후한 슬러지 블랭킷의 개발
㉰ 시스템에서 박테리아가 자라고 유지될 수 있는 고정된 표면의 제공
㉱ 반응기 유출수로부터의 고형물의 분리 및 이 고형물의 반응기로의 재순환

풀이 ㉮ 긴 수리학적 체류시간으로의 시스템 운전

31 다음 중 분뇨와 같은 고농도 유기폐수를 처리하는데 적합한 최적처리법은 어느 것인가?

㉮ 표준활성슬러지법
㉯ 응집침전법
㉰ 여과·흡착법
㉱ 혐기성소화법

풀이 분뇨와 같은 고농도 유기폐수는 혐기성 소화법이 적합하다.

32 폐수량이 500m³/일이며, SS의 침강속도는 25m/일이다. SS를 90%까지 제거하고자 하면 침전지의 수면적(m³)은 얼마인가?

㉮ 18m³ ㉯ 22m³
㉰ 27m³ ㉱ 32m³

풀이 침강속도(V_s) = 수면부하율(V_o)×제거효율(η)

수면부하율(V_o) = $\dfrac{\text{폐수량(Q)}}{\text{수면적(A)}}$ 이므로 $V_s = \dfrac{Q}{A} \times \eta$

$25\text{m/day} = \dfrac{500\text{m}^3/\text{day}}{A(\text{m}^2)} \times 0.90$

$\therefore A = \dfrac{500\text{m}^3/\text{day} \times 0.90}{25\text{m/day}} = 18\text{m}^2$

33 폐수량 500m³/day, BOD 1,000mg/L인 폐수를 살수여상으로 처리하는 경우 여재에 대한 BOD부하를 0.2kg/m³·day로 할 때 여상의 용적(m³)은 얼마인가?

㉮ 250m³ ㉯ 500m³
㉰ 1,500m³ ㉱ 2,500m³

풀이 BOD 용적부하(kg/m³·day)
$= \dfrac{\text{BOD 농도(kg/m}^3\text{)} \times Q(\text{m}^3/\text{day})}{V(\text{m}^3)}$

$0.2\text{kg/m}^3 \cdot \text{day} = \dfrac{1\text{kg/m}^3 \times 500\text{m}^3/\text{day}}{V(\text{m}^3)}$

$\therefore V(\text{m}^3) = \dfrac{1\text{kg/m}^3 \times 500\text{m}^3/\text{day}}{0.2\text{kg/m}^3 \cdot \text{day}} = 2,500\text{m}^3$

TIP

① mg/L $\xrightarrow{\times 10^{-3}}$ kg/m³
② 1,000mg/L = 1kg/m³

answer 30 ㉮ 31 ㉱ 32 ㉮ 33 ㉱

34 다음의 물리화학적 처리방법 중 수중의 암모니아성 질소의 효과적 제거방법으로 틀린 것은 어느 것인가?

㉮ Alum 주입
㉯ Break point 염소주입법
㉰ Zeolite 이용법
㉱ 탈기법

풀이 수중의 암모니아성 질소는 응집법(Alum 주입)으로 제거되지 않는다.

35 고도 수처리에 사용되는 분리방법에 대한 내용으로 틀린 것은 어느 것인가?

㉮ 한외여과의 분리형태는 체걸름(Sieving)이다.
㉯ 역삼투의 막형태는 대칭형 다공성막이다.
㉰ 정밀여과의 구동력은 정수압차이다.
㉱ 투석의 분리형태는 대류가 없는 층에서의 확산이다.

풀이 ㉯ 정밀여과의 막형태는 대칭형 다공성막이다.

36 처리장에 20,000m³/d의 폐수가 유입되고 있다. 체류시간은 30분, 속도경사 40sec⁻¹의 응집침전조를 설계하고자 할 때 교반기 모터의 동력효율을 60%로 예상한다면 응집침전조의 교반기에 필요한 모터의 총동력(W)은 얼마인가? (단, $\mu = 10^{-3}$kg/m·s 이다.)

㉮ 417W ㉯ 667.2W
㉰ 728.5W ㉱ 1,112W

풀이
총동력(Watt) = $G^2 \times \mu \times V \times \dfrac{100}{\text{모터의 효율(\%)}}$

= $(40/\text{sec})^2 \times 10^{-3}$kg/m·sec$\times 20,000$m³/day
$\times 1$day/24hr$\times 1$hr/60min$\times 30$min$\times \dfrac{100}{60\%}$

= 1,111.11Watt

TIP
V(m³) = Q(m³/min)×체류시간(min)

37 BOD 1kg 제거에 0.9kg의 산소(O₂)가 소요된다. 폐수량이 20,000m³이고, BOD 농도가 250mg/L일 때 BOD를 모두 제거하는데 필요한 전력(kW)은 얼마인가? (단, 2kg O₂ 주입에 1kW의 전력이 소요된다.)

㉮ 3,250kW ㉯ 2,750kW
㉰ 2,250kW ㉱ 1,750kW

풀이 BOD 제거에 필요한 전력(kW)

= $\dfrac{1\text{kW 전력}}{2\text{kg O}_2} \times \dfrac{0.9\text{kg O}_2}{\text{BOD 1kg 제거}} \times \dfrac{0.25\text{kg BOD}}{\text{m}^3}$
$\times 20,000\text{m}^3$

= 2,250kW

answer 34 ㉮ 35 ㉯ 36 ㉱ 37 ㉰

38 폐수의 성질이 BOD 1,000mg/L, SS 1,500mg/L, pH 3.5, 질소분 55mg/L, 인산분 12mg/L인 폐수가 있다. 이 폐수의 처리 순서로 알맞은 것은 어느 것인가?

㉮ Screening→중화→미생물처리→침전
㉯ Screening→침전→미생물처리→중화
㉰ 침전→Screening→미생물처리→중화
㉱ 미생물처리→Screening→중화→침전

39 비교적 일정한 유량을 폐수처리장에 공급하기 위한 것으로, 예비처리시설 다음에 설치되는 시설은 어느 것인가?

㉮ 균등조　　㉯ 침사조
㉰ 스크린조　㉱ 침전조

[풀이] 예비처리시설 다음에 설치하는 시설은 균등조이다.

40 처리수의 BOD농도가 5mg/L인 폐수처리공정의 BOD 제거효율은 1차 처리 40%, 2차 처리 80%, 3차 처리 15%이다. 이 폐수처리공정에 유입되는 유입수의 BOD농도(mg/L)는 얼마인가?

㉮ 39mg/L　　㉯ 49mg/L
㉰ 59mg/L　　㉱ 69mg/L

[풀이] 총합효율(η_T) = 1-(1-η_1)×(1-η_2)×(1-η_3)

총합효율(η_T) = $\left(1 - \dfrac{\text{유출수 BOD}}{\text{유입수 BOD}}\right) \times 100$

① η_T = 1-(1-0.4)×(1-0.8)×(1-0.15) = 0.898
따라서 89.8%이다.

② 89.8% = $\left(1 - \dfrac{5\text{mg/L}}{\text{유입수 BOD}}\right) \times 100$

∴ 유입수 BOD = $\dfrac{5\text{mg/L}}{(1-0.898)}$ = 49.02mg/L

제3과목 | 수질오염공정시험기준

41 유량 측정시 적용되는 웨어의 웨어판에 대한 기준으로 알맞은 것은 어느 것인가?

㉮ 웨어판 안측의 가장자리는 곡선이어야 한다.
㉯ 웨어판은 수로의 장축에 직각 또는 수직으로 하여 말단의 바깥틀에 누수가 없도록 고정한다.
㉰ 직각 3각 웨어판의 유량측정공식은 Q = k·b·h^{3/2}이다.
(k : 유량계수, b : 수로폭, h : 수두)
㉱ 웨어판의 재료는 10mm 이상의 두께를 갖는 내구성이 강한 철판으로 하여야 한다.

[풀이] ㉮ 웨어판 안측의 가장자리는 직선이어야 한다.
㉰ 직각 3각 웨어판의 유량측정공식은 Q = k·h^{5/2}이다.(k : 유량계수, h : 수두)
㉱ 웨어판의 재료는 3mm 이상의 두께를 갖는 내구성이 강한 철판으로 하여야 한다.

42 다음에 표시된 농도 중 가장 낮은 것은 어느 것인가? (단, 용액의 비중은 모두 1.0이다.)

㉮ 24μg/mL　　㉯ 240ppb
㉰ 24mg/L　　㉱ 2.4ppm

[풀이] ㉮ 24 μg/mL = 24mg/L = 24ppm
㉯ 240ppb×10^{-3} = 0.24ppm
㉰ 24mg/L = 24ppm
㉱ 2.4ppm
따라서 가장 낮은 농도는 ㉯번이다.

---

answer　38 ㉮　39 ㉮　40 ㉯　41 ㉯　42 ㉯

43 이온전극법에서 사용하는 장치에 대한 내용으로 틀린 것은 어느 것인가?

㉮ 저항전위계 또는 이온측정기는 mV까지 읽을 수 있는 고압력 저항 측정기여야 한다.
㉯ 이온전극은 분석대상 이온에 대한 고도의 선택성이 있다.
㉰ 이온전극은 일반적으로 칼로멜전극 또는 산화은 전극이 사용된다.
㉱ 이온전극은 이온농도에 비례하여 전위를 발생할 수 있는 전극이다.

풀이 ㉰ 비교전극은 내부전극으로 염화제일수은 전극(칼로멜 전극) 또는 은-염화은 전극이 사용된다.

44 유도결합플라스마 – 원자발광분광법에서 시료와 혼합표준액을 측정한 후 검정곡선의 작성 방법에 해당하지 않는 것은 어느 것인가?

㉮ 검정곡선법 ㉯ 내부표준법
㉰ 넓이백분율법 ㉱ 표준물질첨가법

45 활성슬러지의 미생물 플럭이 형성된 경우 DO 측정을 위한 전처리 방법으로 알맞은 것은 어느 것인가?

㉮ 포타슘명반 응집침전법
㉯ 황산구리 설퍼민산법
㉰ 플루오린화포타슘 처리법
㉱ 아자이드화소듐 처리법

풀이 미생물플럭이 형성된 경우 황산구리 설퍼민산법을 이용하여 처리한다.

46 수질오염공정시험기준 아연-원자흡수분광광도법에 대한 내용으로 틀린 것은?

㉮ 측정파장은 228.8nm이다.
㉯ 불꽃연료는 공기-아세틸렌을 사용한다.
㉰ 정량한계는 0.002mg/L이다.
㉱ 정밀도(% RSD)는 25% 이내이다.

풀이 ㉮ 측정파장은 213.9nm이다.

47 공정시험기준에서 정의한 용어의 내용으로 틀린 것은 어느 것인가?

㉮ 표준온도는 0℃를 말하고, 온수는 60~70℃, 냉수는 15℃ 이하를 말한다.
㉯ 감압 또는 진공이라 함은 따로 규정이 없는 한 15mmHg 이하를 말한다.
㉰ '항량으로 될 때까지 건조한다'라 함은 같은 조건에서 1시간 더 건조할 때 전후 차가 g당 0.3mg 이하일 때를 말한다.
㉱ 방울수라 함은 4℃에서 정제수를 20방울을 적하할 때 그 부피가 약 1mL 되는 것을 뜻한다.

풀이 ㉱ 방울수라 함은 20℃에서 정제수를 20방울을 적하할 때 그 부피가 약 1mL되는 것을 뜻한다.

answer 43 ㉰ 44 ㉰ 45 ㉯ 46 ㉮ 47 ㉱

48 색도 측정에 대한 내용으로 틀린 것은 어느 것인가?

㉮ 색도측정은 시각적으로 눈에 보이는 색상에 관계없이 단순 색도차 또는 단일 색도차를 계산한다.
㉯ 백금-코발트 표준물질과 아주 다른 색상의 폐하수에는 적용할 수 없다.
㉰ 근본적인 간섭은 적용 파장에서 콜로이드 물질 및 부유물질의 존재로 빛이 흡수 혹은 분산되면서 일어난다.
㉱ 아담스 - 니컬슨(Adams-Nickerson) 색도공식을 근거로 한다.

풀이 ㉯ 백금-코발트 표준물질과 아주 다른 색상의 폐·하수에서 뿐만 아니라 표준물질과 비슷한 색상의 폐·하수에도 적용할 수 있다.

49 시료채취량 기준에 대한 설명으로 알맞은 것은 어느 것인가?

㉮ 시험항목 및 시험횟수에 따라 차이가 있으나 보통 1 ~ 2L 정도이어야 한다.
㉯ 시험항목 및 시험횟수에 따라 차이가 있으나 보통 3 ~ 5L 정도이어야 한다.
㉰ 시험항목 및 시험횟수에 따라 차이가 있으나 보통 5 ~ 7L 정도이어야 한다.
㉱ 시험항목 및 시험횟수에 따라 차이가 있으나 보통 8 ~ 10L 정도이어야 한다.

50 시안화합물 측정시 방해물질과 이를 제거하기 위하여 첨가하는 시약의 연결로 틀린 것은 어느 것인가?

㉮ 잔류염소 - 아스코르빈산용액
㉯ 황화합물 - 아세트산아연용액
㉰ 유지류 - 노말헥산
㉱ 중금속 - 아비산소듐용액

풀이 ㉱ 잔류염소 - 아비산소듐용액

51 수질오염공정시험기준상 노말헥산 추출물질에 해당하지 않는 것은 어느 것인가?

㉮ 휘발되지 않는 탄화수소, 탄화수소유도체
㉯ 그리스유상물질
㉰ 광유류
㉱ 셀룰로오스류

풀이 노말헥산 추출물질에 해당하는 물질은 휘발되지 않는 탄화수소, 탄화수소유도체, 그리스유상물질, 광유류가 있다.

52 수질오염공정시험기준에서 총대장균군의 시험방법으로 틀린 것은 어느 것인가?

㉮ 막여과법
㉯ 시험관법
㉰ 균군계수 시험법
㉱ 평판집락법

풀이 총대장균군의 시험방법으로는 막여과법, 시험관법, 평판집락법, 효소기질정량법이 있다.

answer 48 ㉯ 49 ㉯ 50 ㉱ 51 ㉱ 52 ㉰

53 기체크로마토그래피에서 인 또는 황화합물을 선택적으로 검출할 수 있는 검출기로 알맞은 것은 어느 것인가?

㉮ 전자포획형 검출기
㉯ 불꽃광도형 검출기
㉰ 열전도도 검출기
㉱ 불꽃열이온화 검출기

▶ 풀이 ㉯ 불꽃광도형 검출기(FPD)에 대한 설명이다.

54 시료의 채취량은 시험항목 및 시험횟수에 따라 차이가 있으나 일반적으로 어느 정도가 적당한가?

㉮ 1 ~ 2L   ㉯ 2 ~ 3L
㉰ 3 ~ 5L   ㉱ 5 ~ 7L

55 유도결합플라스마-원자발광분광법의 원리에 대한 내용이다. ( )안에 알맞은 말은 어느 것인가?

> 시료를 고주파유도코일에 의하여 형성된 아르곤플라스마에 도입하여 6,000 ~ 8,000K에서 들뜬상태의 원자가 (①)로 전이할 때 (②)하는 발광선 및 발광강도를 측정하여 원소의 정성 및 정량분석에 이용하는 방법이다.

㉮ ① 들뜬상태 ② 흡수
㉯ ① 바닥상태 ② 흡수
㉰ ① 들뜬상태 ② 방출
㉱ ① 바닥상태 ② 방출

56 전처리 방법 중 질산-과염소산에 의한 분해에 대한 내용으로 잘못된 것은 어느 것인가?

㉮ 유기물을 다량 포함하고 있으면서 산분해가 어려운 시료에 적용한다.
㉯ 시료에 질산을 넣고 가열하여 증발농축하고 방냉 후 다시 질산과 과염소산을 넣고 가열하여 백연이 발생하기 시작하면 가열을 중지한다.
㉰ 질산만을 넣을 경우 폭발 위험이 있어 과염소산을 넣고 질산을 넣는다.
㉱ 유기물을 함유한 뜨거운 용액에 과염소산을 넣어서는 안 된다.

▶ 풀이 ㉰ 과염소산을 넣을 경우 질산이 공존하지 않으면 폭발할 위험이 있으므로 반드시 질산을 먼저 넣어 주어야 한다.

57 식물성 플랑크톤(조류) 분석에 대한 내용으로 잘못된 것은 어느 것인가?

㉮ 시료의 조제 : 시료의 개체수는 계수 면적당 10 ~ 40 정도가 되도록 조정한다.
㉯ 시료의 조제 : 원심분리방법과 자연침전법을 적용한다.
㉰ 정성시험 : 목적은 식물성 플랑크톤의 종류를 조사하는 것이다.
㉱ 정량시험 : 식물성 플랑크톤의 계수는 정확성과 편리성을 위하여 고배율이 주로 사용된다.

▶ 풀이 ㉱ 정량시험 : 식물성 플랑크톤의 계수는 정확성과 편리성을 위하여 저 ~ 중배율이 주로 사용된다.

answer 53 ㉯ 54 ㉰ 55 ㉱ 56 ㉰ 57 ㉱

58 BOD 측정시 시료의 전처리에 대한 설명이다. ( )안에 알맞은 것은 어느 것인가?

> pH가 (①)의 범위를 벗어나는 시료는 염산용액 또는 수산화소듐 용액으로 시료를 중화하여 pH 7~7.2로 한다. 다만 이때 넣어주는 산 또는 알칼리의 양이 시료량의 (②)가 넘지 않도록 하여야 한다.

㉮ ① pH 4.3~8.5 ② 0.2%
㉯ ① pH 5.6~8.3 ② 0.3%
㉰ ① pH 6.3~8.3 ② 0.3%
㉱ ① pH 6.5~8.5 ② 0.5%

59 다음은 부유물질의 측정 분석절차에 대한 설명이다. ( )안에 적당한 것은 어느 것인가?

> 유리섬유여과지를 여과장치에 부착하여 미리 정제수 20mL씩으로 (①) 흡인 여과하여 씻은 다음 시계접시 또는 알루미늄 호일 접시 위에 놓고 105~110℃의 건조기 안에서 (②) 건조시켜 데시케이터에 넣어 방치하고 냉각한 다음 항량하여 무게를 정밀히 달고 여과장치에 부착시킨다.

㉮ ① 2회 ② 1시간
㉯ ① 2회 ② 2시간
㉰ ① 3회 ② 1시간
㉱ ① 3회 ② 2시간

60 0.05N-KMnO₄ 4.0L를 만들려고 한다. KMnO₄는 약 몇 g이 필요한가? (단, 원자량은 K = 39, Mn = 55이다.)

㉮ 3.2 ㉯ 4.6
㉰ 5.2 ㉱ 6.3

풀이

$$eq/L = \frac{W(g)}{V(L)} \times \frac{1eq}{1당량\,g}$$

$$0.05eq/L = \frac{W(g)}{4.0L} \times \frac{1eq}{158g/5}$$

$$\therefore W = \frac{0.05eq/L \times 4.0L \times 158g/5}{1eq} = 6.32g$$

TIP
① N농도 = eq/L
② KMnO₄(과망간산포타슘)의 분자량 = 158g
③ KMnO₄는 5당량
④ KMnO₄의 1eq = $\frac{158g}{5}$

answer 58 ㉱ 59 ㉱ 60 ㉱

2015 2회 기출문제

| 제1과목 | 수질오염개론

01 다음과 같은 용액을 만들었을 때 몰 농도가 가장 큰 것은 어느 것인가?
(단, Na = 23, S = 32, Cl = 35.5)

㉮ 3.5L 중 NaOH 150g
㉯ 30mL 중 H_2SO_4 5.2g
㉰ 5L 중 NaCl 0.2kg
㉱ 100mL 중 HCl 5.5g

풀이

$$mol/L = \frac{질량(g)}{부피(L)} \times \frac{1mol}{분자량(g)}$$

㉮ $\frac{150g}{3.5L} \times \frac{1mol}{40g} = 1.07mol/L$

㉯ $\frac{5.2g}{0.03L} \times \frac{1mol}{98g} = 1.77mol/L$

㉰ $\frac{200g}{5L} \times \frac{1mol}{58.5g} = 0.68mol/L$

㉱ $\frac{5.5g}{0.1L} \times \frac{1mol}{36.5g} = 1.51mol/L$

02 염소소독시 pH가 높을 때 가장 잘 일어나는 반응은 어느 것인가?

㉮ $HOCl \rightarrow H^+ + OCl^-$
㉯ $Cl_2 + H_2O \rightarrow HOCl + HCl$
㉰ $H^+ + OCl^- \rightarrow HOCl$
㉱ $HOCl + HCl \rightarrow Cl_2 + H_2O$

풀이
㉮ pH가 높을 때 잘 일어나는 반응 : 살균효과 낮다.
㉯ pH가 낮을 때 잘 일어나는 반응 : 살균효과 높다.

03 Bacteria 18g의 이론적인 COD(g)는 얼마인가? (단, Bacteria의 분자식은 ($C_5H_7O_2N$), 질소는 암모니아로 분해됨을 기준으로 한다.)

㉮ 약 25.5g   ㉯ 약 28.8g
㉰ 약 32.3g   ㉱ 약 37.5g

풀이
$C_5H_7O_2N + 5O_2 \rightarrow 5CO_2 + 2H_2O + NH_3$
113g : 5×32g
18g : COD

$\therefore COD = \frac{18g \times 5 \times 32g}{113g} = 25.49g$

04 모든 진핵생물이 가지고 있는 세포소기관(organelles)은 어느 것인가?

㉮ 핵막   ㉯ 미토콘드리아
㉰ 리보좀   ㉱ 세포벽

풀이 모든 진핵생물이 가지고 있는 세포소기관은 미토콘드리아이다.

answer 01 ㉯   02 ㉮   03 ㉮   04 ㉯

05 수량 10,000m³/day의 오수를 어떤 하천에 방류하였다. 이 하천은 BOD가 3mg/L이고, 유량이 3,000,000m³/day이며, 방류시킨 오수가 하천수와 완전히 혼합되었을 때 하천의 BOD가 1mg/L 높아졌다고 하면 오수의 BOD 부하량(ton/day)은 얼마인가? (단, 오수와 혼합 이후의 하천의 BOD 절대량에는 변화가 없다고 한다.)

㉮ 0.58ton/day ㉯ 1.52ton/day
㉰ 2.35ton/day ㉱ 3.04ton/day

풀이 ① 혼합공식을 이용해 오수의 BOD를 계산한다.

$$C_m = \frac{Q_1C_1+Q_2C_2}{Q_1+Q_2}$$

$$4mg/L = \frac{3,000,000m^3/day \times 3mg/L + 10,000m^3/day \times C_2}{3,000,000m^3/day + 10,000m^3/day}$$

∴ C_2 = 304mg/L

② 오수의 BOD 부하량(ton/day)
= 농도(ton/m³)×유량(m³/day)
= 304×10⁻⁶ton/m³×10,000m³/day
= 3.04ton/day

TIP
304mg/L = 304g/m³ = 304×10⁻³kg/m³
= 304×10⁻⁶ton/m³

06 물의 물리 화학적 특성에 대한 내용으로 틀린 것은 어느 것인가?

㉮ 순수한 물의 무게는 약 4℃에서 최대의 밀도를 가지며 온도가 상승하거나 하강하면 그 체적은 증대하여 일정 체적당 무게는 감소한다.
㉯ 액체 표면에 작용하는 분자간의 힘인 표면장력은 수온이 증가하고 불순물의 농도가 높을수록 감소한다.
㉰ 물의 점성은 분자상호간의 인력 때문에 생기며 층간의 전단응력으로 점성도를 나타내게 되는데, 수온이 증가하면 점성도도 증가한다.
㉱ 물의 융점(melting point)과 비점(boiling point)은 물과 유사한 화합물(H_2S, HF, CH_4)에 비해 매우 높다.

풀이 ㉰ 물의 점성은 분자상호간의 인력 때문에 생기며 층간의 전단응력으로 점성도를 나타내게 되는데, 수온이 증가하면 점성도는 감소한다.

07 다음에서 설명하는 하천의 수질 모델링은 어느 것인가?

- 하천의 수리학적 모델, 수질모델, 독성물질의 거동모델 등을 고려할 수 있으며, 1차원, 2차원, 3차원까지 고려할 수 있음
- 수질항목간의 상태적 반응기작은 Streeter Phelps식부터 수정
- 수질에 저질이 미치는 영향을 보다 상세히 고려한 모델

㉮ QUAL-Ⅰ model ㉯ WQRRS model
㉰ QUAL-Ⅱ model ㉱ WASP5 model

풀이 ㉱ WASP5 model에 대한 설명이다.

08 오염물질이 수중에서 확산 혼합되는 현상의 원인으로 틀린 것은 어느 것인가?

㉮ 브라운 운동
㉯ 난류
㉰ 수온에 의한 밀도류
㉱ 용존산소의 농도

풀이 ㉱ 용존산소의 농도는 수질오염의 정도를 나타낸다.

answer 05 ㉱ 06 ㉰ 07 ㉱ 08 ㉱

09 다음의 용어에 대한 설명 중 틀린 것은 어느 것인가?

㉮ 독립영양계 미생물이란 CO_2를 탄소원으로 이용하는 미생물이다.
㉯ 종속영양계 미생물이란 유기탄소를 탄소원으로 이용하는 미생물을 말한다.
㉰ 화학합성독립영양계 미생물은 유기물의 산화환원반응을 에너지원으로 한다.
㉱ 광합성독립영양계 미생물은 빛을 에너지원으로 한다.

풀이 ㉰ 화학합성독립영양계 미생물은 무기물의 산화환원반응을 에너지원으로 한다.

10 Ca^{2+} 농도가 300mg/L일 때 이것은 몇 meq/L가 되는가? (단, Ca 원자량 = 40)

㉮ 5meq/L   ㉯ 10meq/L
㉰ 15meq/L ㉱ 30meq/L

풀이 meq/L = mg/L ÷ 1mg 당량
= 300mg/L ÷ 20 = 15meq/L

11 탄광폐수가 하천이나 호수, 저수지에 유입되어 유발되는 오염의 형태로 틀린 것은 어느 것인가?

㉮ 부식성이 높은 수질이 될 수 있다.
㉯ 대체적으로 물의 pH를 낮춘다.
㉰ 비탄산경도를 높이게 된다.
㉱ 일시경도를 높이게 된다.

풀이 탄광폐수에는 산성물질이 많이 포함되어 있으므로 ㉮·㉯·㉰의 현상이 나타난다.

12 해수의 온도와 염분의 농도에 의한 밀도차에 의해 형성되는 해류는 어느 것인가?

㉮ 조류   ㉯ 쓰나미
㉰ 상승류   ㉱ 심해류

풀이 ㉮ 조류 : 태양과 달의 영향
㉯ 쓰나미 : 지진이나 화산의 영향
㉰ 상승류 : 바람과 해양 및 육지의 상호작용
㉱ 심해류 : 해수의 온도와 염분의 농도에 의한 밀도차

13 농업용수의 수질 평가시 사용되는 SAR (Sodium Adsorption Ratio)산출식에 관련된 원소로만 짝지어진 것은 어느 것인가?

㉮ Na, Ca, Mg   ㉯ Mg, Ca, Fe
㉰ K, Ca, Mg   ㉱ Na, Al, Mg

풀이 $$SAR(소듐 흡착률) = \frac{Na^+}{\sqrt{\frac{Ca^{2+}+Mg^{2+}}{2}}}$$

14 해수에 대한 내용으로 알맞은 것은 어느 것인가?

㉮ 해수의 밀도는 담수보다 작다.
㉯ 염분은 적도해역에서 높고, 남·북 양극 해역에서 다소 낮다.
㉰ 해수의 Mg/Ca비는 담수의 Mg/Ca비보다 작다.
㉱ 수심이 깊을수록 해수 주요 성분 농도비의 차이는 줄어든다.

풀이 ㉮ 해수의 밀도는 담수보다 크다.
㉰ 해수의 Mg/Ca비는 담수의 Mg/Ca비 보다 크다.
㉱ 해수의 주요 성분 농도비는 항상 일정하다.

answer 09 ㉰ 10 ㉰ 11 ㉱ 12 ㉱ 13 ㉮ 14 ㉯

15 적조 발생지역으로 틀린 것은 어느 것인가?

㉮ 정체 수역
㉯ 질소, 인 등의 영양염류가 풍부한 수역
㉰ upwelling 현상이 있는 수역
㉱ 갈수기시 수온, 염분이 급격히 높아진 수역

풀이 ㉱ 홍수시 수온이 높고, 염분농도가 낮아진 수역

16 다음은 부영양화에 대한 설명이다. 알맞은 것은 어느 것인가?

㉮ 호수의 부영양화 현상은 호수의 온도성층에 의해 크게 영향을 받는다.
㉯ 식물성플랑크톤의 생장에 제한하는 요소가 되는 영양식물은 질소와 인이며 이 중 질소가 더 중요한 제한물질이다.
㉰ 부영양화는 비옥한 평야나 산간에 많이 위치하며 호수는 수심이 깊고 식물성 플랑크 톤의 증식으로 녹색 또는 갈색으로 흐리다.
㉱ 부영양화에 큰 영향을 미치는 질소와 인은 상대적인 비율 조성이 매우 중요한데, 일반적으로 식물성플랑크톤이나 수초생체의 N : P의 비율은 중량비로서 16 : 1로 일정하게 유지되어야 한다.

풀이 ㉯ 식물성플랑크톤의 생장에 제한하는 요소가 되는 영양식물은 질소와 인이며 이 중 인이 더 중요한 제한물질이다.
㉰ 부영양화는 비옥한 평야나 분지에 많이 위치하며, 호수는 수심이 얕고 식물성 플랑크톤의 증식으로 녹색 또는 갈색으로 흐리다.
㉱ 부영양화에 큰 영향을 미치는 질소와 인은 상대적인 비율 조성이 매우 중요한데, 일반적으로 식물성플랑크톤이나 수초생체의 N : P의 비율은 중량비로서 1 : 16으로 일정하게 유지되어야 한다.

17 화학합성 자가영양미생물계의 에너지원과 탄소원으로 알맞은 것은 어느 것인가?

㉮ 빛, CO_2
㉯ 유기물의 산화환원반응, 유기탄소
㉰ 빛, 유기탄소
㉱ 무기물의 산화환원반응, CO_2

풀이 화학합성 자가영양미생물계의 에너지원은 무기물의 산화환원반응이며, 탄소원은 무기 탄소(CO_2)이다.

18 다음 중 환경미생물에 관한 내용으로 틀린 것은 어느 것인가?

㉮ bacteria는 단세포 원핵성 진정세균으로, 형상에 따라 막대형, 구형, 나선형 및 사상형으로 구분한다.
㉯ Fungi는 다세포, 호기성, 비광합성, 유기종속영양형 진핵원생생물로, 번식방법에 따라 유성, 무성, 분열, 발아, 포자 형성으로 분류한다.
㉰ Algae는 단세포 또는 다세포의 유기영양형 광합성 원생동물이다.
㉱ Protozoa는 세포벽이 없는 단세포 진핵미생물로, 대부분이 호기성 또는 임의성을 띤 혐기성 화학합성 종속영양 생물이다.

풀이 ㉰ Algae는 단세포 또는 다세포의 유기영양형 광합성 원핵미생물(원핵세포)이다.

answer 15 ㉱ 16 ㉮ 17 ㉱ 18 ㉰

19 pH 2.8인 용액중의 [H⁺]은 몇 mole/L 인가?

㉮ 1.58×10^{-3}　㉯ 2.58×10^{-3}
㉰ 3.58×10^{-3}　㉱ 4.58×10^{-3}

풀이 $pH = -\log[H^+] \Rightarrow [H^+] = 10^{-pH} \text{mol/L}$
따라서 $[H^+] = 10^{-2.8} \text{mol/L} = 1.58 \times 10^{-3} \text{mol/L}$

20 우수(雨水)에 대한 내용으로 틀린 것은 어느 것인가?

㉮ 우수의 주성분은 육수(陸水)보다는 해수(海水)의 주성분과 거의 동일하다고 할 수 있다.
㉯ 해안에 가까운 우수는 염분함량의 변화가 크다.
㉰ 용해성분이 많아 완충작용이 크다.
㉱ 산성비가 내리는 것은 대기오염물질인 NO_X, SO_X 등의 용존성분 때문이다.

풀이 ㉰ 용해성분이 적어 완충작용이 낮다.

| 제2과목 | 수질오염방지기술

21 어떤 원폐수의 수질분석 결과가 다음과 같을 때 처리방법으로 알맞은 것은 어느 것인가?

BOD : 500mg/L, SS : 1,000mg/L,
pH : 3.5, TKN : 40 mg/L, T-P : 8mg/L

㉮ 중화 → 침전 → 생물학적 처리
㉯ 침전 → 중화 → 생물학적 처리
㉰ 생물학적 처리 → 침전 → 중화
㉱ 침전 → 생물학적 처리 → 중화

22 슬러지의 함수율이 95%로부터 90%로 되면 전체 슬러지의 부피(%)는 얼마인가?

㉮ 5%　㉯ 25%
㉰ 30%　㉱ 50%

풀이 ① $V_1 \times (100-P_1) = V_2 \times (100-P_2)$
$V_1 \times (100-95) = V_2 \times (100-90)$
$\therefore \dfrac{V_2}{V_1} = \dfrac{(100-95)}{(100-90)}$

② 부피감소율(%) $= \left(1 - \dfrac{V_2}{V_1}\right) \times 100$
$= \left\{1 - \dfrac{(100-95)}{(100-90)}\right\} \times 100 = 50\%$

23 하수처리를 위한 일차침전지의 설계기준으로 틀린 것은 어느 것인가?

㉮ 유효수심은 2.5 ~ 4m를 표준으로 한다.
㉯ 침전시간은 계획1일 최대오수량에 대하여 표면부하율과 유효수심을 고려하여 정하며 일반적으로 2 ~ 4시간을 표준으로 한다.
㉰ 표면적부하율은 계획1일 최대오수량에 대하여 분류식의 경우는 25 ~ 50 $m^3/m^2 \cdot$ day, 합류식의 경우는 35 ~ 70$m^3/m^2 \cdot$ day로 한다.
㉱ 침전지 수면의 여유고는 40 ~ 60cm 정도로 한다.

풀이 ㉰ 표면적부하율은 계획1일 최대오수량에 대하여 분류식의 경우는 35 ~ 70$m^3/m^2 \cdot$ day, 합류식의 경우는 25 ~ 50$m^3/m^2 \cdot$ day로 한다.

answer 19 ㉮　20 ㉰　21 ㉮　22 ㉱　23 ㉰

24 폐수유량이 3,000m³/d, 부유고형물의 농도가 200mg/L이다. 공기부상시험에서 공기/고형물비가 0.03일 때 최적의 부상을 나타내며, 이 때 공기용해도는 18.7mL/L이고, 공기용존비가 0.5이다. 부상조에서 요구되는 압력(atm)은 얼마인가? (단, 비순환식 기준이다.)

㉮ 약 2.0atm ㉯ 약 2.5atm
㉰ 약 3.0atm ㉱ 약 3.5atm

풀이

$$A/S비 = \frac{1.3 \times Sa \times (f \times P - 1)}{SS}$$

$$0.03 = \frac{1.3 \times 18.7mL/L \times (0.5 \times P - 1)}{200mg/L}$$

∴ P = 2.49atm

25 다음 중 입자의 침전속도에 가장 큰 영향을 미치는 것은 어느 것인가? (단, 기타 조건은 동일하며 침전속도는 스토크법칙에 따른다.)

㉮ 입자의 밀도 ㉯ 입자의 직경
㉰ 처리수의 밀도 ㉱ 처리수의 점성도

$$Vs = \frac{d^2(\rho_s - \rho_w)g}{18\mu}$$

$\quad$ ⌈ Vs : 침전속도(cm/sec)
$\quad$ $\quad$ d : 직경(cm)
$\quad$ $\quad$ ρ_s : 입자의 밀도(g/cm³)
$\quad$ $\quad$ ρ_w : 물의 밀도(g/cm³)
$\quad$ $\quad$ g : 중력가속도(980cm/sec²)
$\quad$ ⌊ μ : 점성계수(g/cm·sec)

따라서 침전속도에 가장 큰 영향을 미치는 인자는 입자의 직경이다.

26 활성슬러지법에서 폭기조로 유입되는 폐수량이 500m³/day, SVI 120인 조건에서 혼합액 1L를 30분간 침전했을 때 300mL가 침전(침전슬러지 용적)되었다면 폭기조의 MLSS농도(mg/L)는 얼마인가?

㉮ 1,500mg/L ㉯ 2,000mg/L
㉰ 2,500mg/L ㉱ 3,000mg/L

풀이

$$SVI = \frac{SV(mL/L)}{MLSS(mg/L)} \times 10^3$$

$$120 = \frac{300mL/L}{MLSS(mg/L)} \times 10^3$$

$$\therefore MLSS = \frac{300mL/L \times 10^3}{120} = 2,500mg/L$$

27 어떤 도시의 폐수처리 기본계획을 위하여 조사한 자료는 다음과 같다. 생활하수와 공장 폐수를 혼합하여 공동처리할 경우 처리장에 들어오는 혼합유입수의 BOD 농도(mg/L)는 얼마인가? (단, 계획 인구 : 50,000인, 계획 1인 1일 오수량 : 450L, 계획 1인 1일 오탁부하량 BOD : 50g, 공장폐수량 : 50,000m³/d, 공장폐수 BOD : 500mg/L)

㉮ 350mg/L ㉯ 360mg/L
㉰ 380mg/L ㉱ 390mg/L

풀이

① 오수량(Q_1) = 0.45m³/day·인 × 50,000인
$\quad$ = 22,500m³/day

오수의 BOD 농도(C_1) = $\frac{50 \times 10^3 mg/인·일}{450L/인·일}$

$\quad$ = 111.11mg/L

② 공장폐수량(Q_2) = 50,000m³/day
공장폐수 BOD 농도(C_2) = 500mg/L

따라서 $C_m = \frac{Q_1C_1 + Q_2C_2}{Q_1 + Q_2}$

answer 24 ㉯ 25 ㉯ 26 ㉰ 27 ㉰

$$= \frac{22{,}500\text{m}^3/\text{day} \times 111.11\text{mg/L} + 50{,}000\text{m}^3/\text{day} \times 500\text{mg/L}}{(22{,}500+50{,}000)\text{m}^3/\text{day}}$$
$$= 379.31 \text{mg/L}$$

28 NH_4^+가 미생물에 의해 NO_3^-로 산화될 때 pH의 변화로 알맞은 것은 어느 것인가?

㉮ 감소한다.
㉯ 증가한다.
㉰ 변화없다.
㉱ 증가하다 감소한다.

풀이 질산화가 되면서 H^+가 증가하므로 pH는 감소한다.

29 미생물의 고정화를 위한 팰렛(Pellet)재료로서 이상적인 요구조건으로 틀린 것은 어느 것인가?

㉮ 기질, 산소의 투과성이 양호한 것
㉯ 압축강도가 높을 것
㉰ 암모니아 분배계수가 낮을 것
㉱ 고정화시 활성수율과 배양 후의 활성이 높을 것

풀이 ㉰ 암모니아 분배계수가 높을 것

30 최종침전지에서 발생하는 침전성이 우수한 슬러지의 부상(sludge rising) 원인으로 알맞은 것은 어느 것인가?

㉮ 침전조의 슬러지 압밀 작용에 의한다.
㉯ 침전조의 탈질화 작용(denitrification)에 의한다.
㉰ 침전조의 질산화 작용(nitrification)에 의한다.
㉱ 사상균류(flamentus bacteria)의 출현에 의한다.

풀이 슬러지부상의 원인은 침전조의 탈질화 작용이다.

31 축산폐수 처리에 관한 내용으로 틀린 것은 어느 것인가?

㉮ BOD 농도가 높아 생물학적 처리가 효과적이다.
㉯ 호기성 처리공정과 혐기성 처리공정을 조합하면 효과적이다.
㉰ 돈사폐수의 유기물 농도는 돈사형태와 유지관리에 따라 크게 변한다.
㉱ COD 농도가 매우 높아 화학적으로 처리하면 경제적이고 효과적이다.

풀이 ㉱ COD 농도는 낮고 BOD 농도가 높아 생물학적 처리가 효과적이다.

32 산업단지내 발생되는 폐수를 폐수처리시설을 거쳐 인근하천으로 방류한다. 처리시설로 유입되는 폐수의 유량은 20,000m^3/day, BOD농도는 200mg/L이고, 인근하천의 유량은 10m^3/sec, BOD농도는 0.5mg/L이다. 하천방류지점의 BOD농도를 1mg/L로 유지하고자 할 때 폐수처리시설에서의 BOD 최소 제거효율(%)은 얼마인가? (단, 폐수처리시설 방류수는 방류 직후 완전혼합된다.)

㉮ 약 68%   ㉯ 약 75%
㉰ 약 82%   ㉱ 약 89%

풀이 ① 혼합공식을 이용해 C_2(유출수의 BOD 농도)를 계산한다.
$$C_m = \frac{Q_1C_1+Q_2C_2}{Q_1+Q_2}$$
따라서 1mg/L

answer 28 ㉮ 29 ㉰ 30 ㉯ 31 ㉱ 32 ㉱

$$= \frac{10\text{m}^3/\text{sec} \times 3{,}600\text{sec}/1\text{hr} \times 24\text{hr}/\text{day} \times 0.5\text{mg/L} + 20{,}000\text{m}^3/\text{day} \times C_2}{10\text{m}^3/\text{sec} \times 3{,}600\text{sec}/\text{hr} \times 24\text{hr}/\text{day} + 20{,}000\text{m}^3/\text{day}}$$

∴ C_2 = 22.6mg/L(유출수의 BOD 농도)

② BOD 제거효율(%)
$$= \left(1 - \frac{\text{유출수의 BOD}}{\text{유입수의 BOD}}\right) \times 100$$
$$= \left(1 - \frac{22.6\text{mg/L}}{200\text{mg/L}}\right) \times 100 = 88.7\%$$

33 폐수 플럭 형성탱크에서 속도구배(G), 유체의 점도(μ), 소요동력(P)과 탱크부피(V)의 관계식 표현이 적절한 것은 어느 것인가? (단, 단위는 적절하다고 가정함)

㉮ $G = \frac{1}{P}\sqrt{\frac{V}{\mu}}$ ㉯ $G = \frac{1}{V}\sqrt{\frac{P}{\mu}}$

㉰ $G = \sqrt{\frac{V}{\mu P}}$ ㉱ $G = \sqrt{\frac{P}{\mu V}}$

34 다음 액체염소의 주입으로 생성된 유리염소, 결합잔류염소의 살균력이 바르게 나열된 것은 어느 것인가?

㉮ HOCl > Chloramines > OCl^-
㉯ HOCl > OCl^- > Chloramines
㉰ OCl^- > Chloramines > HOCl
㉱ OCl^- > HOCl > Chloramines

풀이 살균력의 순서는 HOCl > OCl^- > Chloramines 이다.

35 생물막을 이용한 처리공법인 접촉산화법에 대한 내용으로 틀린 것은 어느 것인가?

㉮ 분해속도가 낮은 기질제거에 효과적이다.
㉯ 매체에 생성되는 생물량은 부하조건에 의하여 결정된다.
㉰ 미생물량과 영향인자를 정상상태로 유지하기 위한 조작이 어렵다.
㉱ 대규모시설에 적합하고, 고부하시 운전조건에 유리하다.

풀이 ㉱ 대규모시설에 부적합하고, 고부하시 운전조건에 불리하다.

36 2,000명이 살고 있는 지역에서 1일에 BOD 150kg이 하천으로 유입되고 있다. 가정하수로 1인당 1일 BOD 50g이 배출된다면 이 하천의 유입상태로 알맞은 것은 어느 것인가?

㉮ 가정하수만 유입되고 있다.
㉯ 가정하수와 폐수가 유입되고 있다.
㉰ 가정하수와 지하수가 유입되고 있다.
㉱ 가정하수와 우수가 유입되고 있다.

풀이 가정하수량(kg) = 50×10^{-3}kg/인·일 × 2,000인
= 100kg/일
폐수량(kg) = 150kg/일 - 100kg/일 = 50kg/일
따라서 가정하수와 폐수가 유입되고 있다.

answer 33 ㉱ 34 ㉯ 35 ㉱ 36 ㉯

37 산화지를 이용하여 유입량 2,000m³/day 이고, BOD와 SS 농도가 각각 100mg/L 인 폐수를 처리하고자 한다. 산화지의 BOD부하율이 2g BOD/m²·day로 할 때 폐수의 체류시간(days)은 얼마인가? (단, 장방형이며 산화지 깊이 : 2m이다.)

㉮ 80days ㉯ 100days
㉰ 120days ㉱ 140days

풀이 ① BOD 면적부하$(g/m^2 \cdot day)$
$= \dfrac{BOD(g/m^3) \times Q(m^3/day)}{A(m^2)}$

$2g/m^2 \cdot day = \dfrac{100g/m^3 \times 2,000m^3/day}{A(m^2)}$

$\therefore A = \dfrac{100g/m^3 \times 2,000m^3/day}{2g/m^2 \cdot day} = 100,000m^2$

② 체류시간$(t) = \dfrac{V}{Q} = \dfrac{A \times H}{Q}$

$= \dfrac{100,000m^2 \times 2m}{2,000m^3/day} = 100day$

38 카드뮴 함유폐수의 처리방법으로 틀린 것은 어느 것인가?

㉮ 수산화물 침전법 ㉯ 황화물 침전법
㉰ 질화물 침전법   ㉱ 이온교환법

풀이 카드뮴 함유폐수의 처리방법으로는 부상법, 여과법, 수산화물침전법, 황화물침전법, 탄산염침전법, 이온교환법, 흡착법이 있다.

39 무기계 수은 농도가 20mg/L인 폐수 500m³이 있다. 황화소듐($Na_2S \cdot 9H_2O$)을 가하여 침전제거 하고자 하는 경우, 황화소듐의 소요량(kg)은 얼마인가? (단, 여유율은 20% 이고, 원자량 Hg : 200, Na : 23, S : 32, 수은은 100% 처리 기준이다.)

㉮ 11.2kg ㉯ 12.1kg
㉰ 14.4kg ㉱ 16.9kg

풀이 $Hg^{2+} : Na_2S \cdot 9H_2O$
200g : 240g
$20 \times 10^{-3} kg/m^3 \times 500m^3 \times 1.2 : X$

$\therefore X = \dfrac{20 \times 10^{-3} kg/m^3 \times 500m^3 \times 1.2 \times 240g}{200g} = 14.4kg$

TIP 여유율 20% = 1.2

40 1L 실린더의 250mL 침전 부피 중 TSS 농도가 3,050mg/L로 나타나는 폭기조 혼합액의 SVI(mL/g)는 얼마인가?

㉮ 62 ㉯ 72
㉰ 82 ㉱ 92

풀이 $SVI(mL/g) = \dfrac{SV(mL/L)}{MLSS(mg/L)} \times 10^3$

$= \dfrac{250mL/L}{3,050mg/L} \times 10^3 = 81.97(mL/g)$

TIP MLSS(mg/L) = TSS(mg/L)

answer 37 ㉯ 38 ㉰ 39 ㉰ 40 ㉰

| 제3과목 | 수질오염공정시험기준

41 인산염인의 자외선/가시선분광법에 관한 내용으로 틀린 것은 어느 것인가?

㉮ 이염화주석환원법 및 아스코르빈산환원법이 있다.
㉯ 환원하여 생성된 몰리브덴 청의 흡광도를 690nm 또는 880nm에서 측정한다.
㉰ 발색제를 넣은 다음 흡광도 측정시까지 소요시간은 30 ~ 60분이다.
㉱ 정량한계는 0.003mg/L이며, 정밀도는 ±25% 이다.

풀이 ㉰ 발색제를 넣은 다음 흡광도 측정시까지 소요시간은 10 ~ 12분이다.

42 폐수의 화학적 산소요구량의 측정에 있어서 화학적 산소요구량이 200mg/L라고 추정된다. 이때 0.025N $KMnO_4$ 용액의 소비량은 5.2mL이고 공시험치는 0.2mL이다. 시료량(mL)은 얼마인가? (단, 산성 100℃에서 과망간산포타슘에 의한 화학적 산소요구량, f = 1)

㉮ 약 35mL   ㉯ 약 25mL
㉰ 약 15mL   ㉱ 약 5mL

풀이 $COD(mg/L) = \dfrac{(b-a) \times f \times 0.2}{V(L)}$

$200mg/L = \dfrac{(5.2-0.2)mL \times 1.0 \times 0.2}{V(L)}$

∴ V = 0.005L = 5mL

43 순수한 물 200mL에 에틸알코올(비중 0.79) 80mL를 혼합하였을 때, 이 용액 중의 에틸알코올 농도(%)(중량)는 얼마인가?

㉮ 약 13%   ㉯ 약 18%
㉰ 약 24%   ㉱ 약 29%

풀이 $wt\% = \dfrac{80mL \times 0.79g/mL}{80mL \times 0.79g/mL + 200mL \times 1.0g/mL} \times 100$
       = 24.01%

44 수질오염공정시험기준에서 진공이라 함은?

㉮ 따로 규정이 없는 한 15mmHg 이하를 말한다.
㉯ 따로 규정이 없는 한 15mmH_2O 이하를 말한다.
㉰ 따로 규정이 없는 한 4mmHg 이하를 말한다.
㉱ 따로 규정이 없는 한 4mmH_2O 이하를 말한다.

45 메틸렌 블루에 의해 발색시킨 후 자외선/가시선 분광법으로 측정할 수 있는 항목은 어느 것인가?

㉮ 음이온 계면활성제
㉯ 휘발성 탄화수소류
㉰ 알킬수은
㉱ 비소

풀이 ㉮ 음이온계면활성제에 대한 설명이다.

answer 41 ㉰ 42 ㉱ 43 ㉰ 44 ㉮ 45 ㉮

46 시안(CN⁻)을 이온전극법으로 측정할 때 정량한계는 얼마인가?

㉮ 0.01mg/L ㉯ 0.05mg/L
㉰ 0.1mg/L   ㉱ 0.5mg/L

풀이 시안의 정량한계
① 자외선/가시선 분광법 : 0.01mg/L
② 이온전극법 : 0.1mg/L
③ 연속흐름법 : 0.01mg/L

47 기체크로마토그래프 분석에 사용되는 검출기 중 유기할로겐 화합물, 나이트로 화합물 및 유기금속화합물을 선택적으로 검출하는 검출기는 어느 것인가?

㉮ 전자포획형검출기
㉯ 열전도도검출기
㉰ 불꽃광도형검출기
㉱ 불꽃이온화검출기

풀이 ㉮ 전자포획형검출기(ECD)에 대한 설명이다.

48 냉증기-원자흡수분광광도법으로 수은을 측정시 시료 내 벤젠, 아세톤 등 휘발성 유기물질을 제거하는 방법으로 알맞은 것은 어느 것인가?

㉮ 질산 분해 후 헥산으로 추출분리
㉯ 다이크롬산포타슘 분해 후 헥산으로 추출분리
㉰ 과망간산포타슘 분해 후 헥산으로 추출분리
㉱ 묽은 황산으로 가열 분해 후 헥산으로 추출분리

49 다음은 시료의 전처리 방법 중 '회화에 의한 분해'에 대한 설명이다. ( )안에 알맞은 것은?

> 목적성분이 (①)이상에서 (②)되지 않고 쉽게 (③) 될 수 있는 시료에 적용한다.

㉮ ① 400℃ ② 휘산 ③ 회화
㉯ ① 400℃ ② 회화 ③ 휘산
㉰ ① 500℃ ② 휘산 ③ 회화
㉱ ① 500℃ ② 회화 ③ 휘산

50 시료의 전처리 방법으로 틀린 것은 어느 것인가?

㉮ 산분해법
㉯ 마이크로파 산분해법
㉰ 용매추출법
㉱ 촉매분해법

풀이 시료의 전처리 방법으로는 산분해법, 마이크로파 산분해법, 용매추출법, 회화에 의한 분해법이 있다.

51 페놀류 시험법에서 시료의 전처리에 사용되는 시약으로 틀린 것은 어느 것인가? (단, 자외선/가시선 분광법 기준이다.)

㉮ 메틸오렌지 용액
㉯ 인산
㉰ 황산구리용액
㉱ 암모니아용액

answer 46 ㉰ 47 ㉮ 48 ㉰ 49 ㉮ 50 ㉱ 51 ㉱

52 4각 웨어의 수두 80cm, 절단의 폭 2.5m 이면 유량(m³/min)은 얼마인가? (단, 유량계수는 1.6 이다.)

㉮ 약 2.9m³/min ㉯ 약 3.5m³/min
㉰ 약 4.7m³/min ㉱ 약 5.3m³/min

풀이
$Q = k \times b \times h^{\frac{3}{2}} (m^3/min)$

- k : 유량계수
- b : 절단의 폭(m)
- h : 수두(m)

따라서 $Q = 1.6 \times 2.5m \times (0.8m)^{\frac{3}{2}} = 2.86 m^3/min$

53 수욕상 또는 수욕중에서 가열한다는 말은 따로 규정이 없는 한 수온 몇 ℃에서 가열함을 뜻하는가?

㉮ 100℃ ㉯ 110℃
㉰ 120℃ ㉱ 180℃

54 다이크롬산포타슘에 의한 화학적 산소요구량 측정시 사용되는 적정액은 어느 것인가?

㉮ 티오황산소듐 용액
㉯ 황산제일철암모늄 용액
㉰ 아황산소듐 용액
㉱ 수산소듐 용액

풀이 다이크롬산포타슘에 의한 화학적 산소요구량 측정시 사용되는 적정액은 0.025N 황산제일철암모늄용액이다.

55 자외선/가시선 분광법에서 흡광도 값이 1이란 무엇을 의미하는가?

㉮ 입사광의 1%의 빛이 액층에 의해 흡수된다.
㉯ 입사광의 10%의 빛이 액층에 의해 흡수된다.
㉰ 입사광의 90%의 빛이 액층에 의해 흡수된다.
㉱ 입사광의 100%의 빛이 액층에 의해 흡수된다.

풀이
흡광도(A) = $\log \frac{1}{\text{투과율}}$
⇒ 투과율 = $10^{-A} = 10^{-1} = 0.1$
따라서 투과율이 10%이므로
흡수율 = 100-10 = 90%가 된다.

56 자외선/가시선 흡광광도계의 근적외부의 광원으로 알맞은 것은 어느 것인가?

㉮ 텅스텐램프 ㉯ 열음극관
㉰ 중수소방전관 ㉱ 중공음극램프

풀이 광원
① 가시부와 근적외부 : 텅스텐램프
② 자외부 : 중수소방전관

57 6가 크롬(Cr^{6+})의 측정방법으로 틀린 것은 어느 것인가? (단, 수질오염공정시험기준)

㉮ 원자흡수분광광도법
㉯ 양극벗김전압전류법
㉰ 자외선/가시선 분광법
㉱ 유도결합플라스마-원자발광분광법

풀이 6가 크롬의 측정방법으로 원자흡수분광광도법, 자외선/가시선 분광법, 유도결합플라스마-원자발광분광법이 있다.

answer 52 ㉮ 53 ㉮ 54 ㉯ 55 ㉰ 56 ㉮ 57 ㉯

58 수질오염공정시험기준 아연-원자흡수분광광도법에 대한 내용으로 틀린 것은?

㉮ 측정파장은 228.8nm이다.
㉯ 불꽃연료는 공기-아세틸렌을 사용한다.
㉰ 정량한계는 0.002mg/L이다.
㉱ 정밀도(% RSD)는 25% 이내이다.

풀이 ㉮ 측정파장은 213.9nm이다.

59 크롬-원자흡수분광광도법의 정량한계로 알맞은 것은?

㉮ 357.9 nm에서의 산처리법은 0.01 mg/L, 용매추출법은 0.001 mg/L이다.
㉯ 357.9nm에서의 산처리법은 0.001 mg/L, 용매추출법은 0.01 mg/L이다.
㉰ 357.9 nm에서의 산처리법은 0.01 mg/L, 용매추출법은 0.01 mg/L이다.
㉱ 357.9nm에서의 산처리법은 0.001 mg/L, 용매추출법은 0.001 mg/L이다.

60 시료채취시의 유의사항으로 알맞은 것은 어느 것인가?

㉮ 휘발성유기화합물 분석용 시료를 채취할때에는 뚜껑의 격막을 만지지 않도록 주의하여야 한다.
㉯ 유류 물질을 측정하기 위한 시료는 밀도차를 유지하기 위해 시료용기에 70~80% 정도를 채워 적정공간을 확보하여야 한다.
㉰ 지하수 시료는 고여 있는 물의 10배 이상을 퍼낸 다음 새로 고이는 물을 채취한다.
㉱ 시료채취량은 보통 5~10L 정도이어야 한다.

풀이 ㉯ 유류 물질을 측정하기 위한 시료는 운반 중 공기와의 접촉이 없도록 시료 용기에 가득 채운 후 빠르게 뚜껑을 닫는다.
㉰ 지하수 시료는 고여 있는 물의 4~5배 이상을 퍼낸 다음 새로 고이는 물을 채취한다.
㉱ 시료채취량은 보통 3~5L 정도이어야 한다.

answer 58 ㉮ 59 ㉮ 60 ㉮

2015년 2회 기출문제

| 제1과목 | 수질오염개론

01 미생물의 종류를 분류할 때 에너지원에 따라 분류된 것은 어느 것인가?

㉮ Autotroph, Heterotroph
㉯ Phototroph, Chemotroph
㉰ Aerotroph, Anaerotroph
㉱ Thermotroph, Psychrotroph

풀이 에너지원에 따라 광합성(Phototroph)과 화학합성(Chemotroph)으로 분류된다.

02 0.05N의 약산인 아세트산이 16% 해리되어 있다면 이 수용액의 pH는 얼마인가?

㉮ 2.1 ㉯ 2.3
㉰ 2.6 ㉱ 2.9

풀이
$$CH_3COOH \xrightarrow{16\%해리} CH_3COO^- + H^+$$
해리전 0.05M   0M   0M
해리후 0.05M-0.05M×0.16   0.05M×0.16 0.05M×0.16
pH = -log[H^+] = -log[0.05M×0.16] = 2.10

03 탈산소계수(k_1)가 0.2/day인 하천의 어떤 지점에서 BOD_u가 20mg/L이었다. 그 지점에서 5일 흐른 후의 잔존 BOD (mg/L)는 얼마인가? (단, 상용대수 적용)

㉮ 2mg/L ㉯ 4mg/L
㉰ 6mg/L ㉱ 8mg/L

풀이 잔존 BOD 공식을 이용한다.
$BOD_5 = BOD_u \times (10^{-k_1 \times t})$
$= 20mg/L \times (10^{-0.2/day \times 5day})$
$= 2mg/L$

04 $KMnO_4$의 gram 당량은 얼마인가? (단, $KMnO_4$의 분자량은 158이다.)

㉮ 26.3 ㉯ 31.6
㉰ 39.5 ㉱ 52.6

풀이
$$g당량 = \frac{분자량(g)}{당량} = \frac{158g}{5} = 31.6g$$

answer 01 ㉯ 02 ㉮ 03 ㉮ 04 ㉯

05 A시료의 수질분석 결과가 다음과 같을 때 이 시료의 총경도(mg/L)는 얼마인가?

> Ca^{2+} : 420mg/L, Mg^{2+} : 58.4mg/L
> Na^+ : 40.6mg/L, HCO_3^- : 841.8mg/L
> Cl^- : 1.79mg/L

㉮ 525mg/L as $CaCO_3$
㉯ 646mg/L as $CaCO_3$
㉰ 1,050 mg/L as $CaCO_3$
㉱ 1,293mg/L as $CaCO_3$

풀이
$$\frac{총경도(mg/L)}{50g} = \frac{Ca^{2+}mg/L}{20g} + \frac{Mg^{2+}mg/L}{12g}$$
$$= \frac{420mg/L}{20g} + \frac{58.4mg/L}{12g}$$
∴ 총경도 = 1,293.33mg/L as $CaCO_3$

06 물의 특성으로 틀린 것은 어느 것인가?

㉮ 물의 표면장력은 온도가 상승할수록 감소한다.
㉯ 물은 4℃에서 밀도가 가장 크다.
㉰ 물의 여러 가지 특성은 물의 수소결합 때문에 나타난다.
㉱ 융해열과 기화열이 작아 생명체의 열적 안정을 유지할 수 있다.

풀이 ㉱ 융해열과 기화열이 커 생명체의 열적안정을 유지할 수 있다.

07 산성비를 정의할 때 기준이 되는 수소이온농도(pH)는 얼마인가?

㉮ 4.3   ㉯ 4.5
㉰ 5.6   ㉱ 6.3

풀이 산성비는 수소이온농도(pH)가 5.6 이하이다.

08 다음의 질산화 과정에 주로 관계되는 질산화 미생물은 어느 것인가?

> $2NH_4^+ + 3O_2 \rightarrow 2NO_2^- + 4H^+ + 2H_2O$

㉮ Nitrosomonas   ㉯ Nitrobacter
㉰ Thiobacillus   ㉱ Leptothrix

풀이 아질산균인 니트로조모나스(Nitrosomonas)에 대한 설명이다.

TIP
질산화과정
$NH_3\text{-}N \xrightarrow[\text{니트로조모나스}]{\text{아질산균}} NO_2\text{-}N \xrightarrow[\text{니트로박터}]{\text{질산균}} NO_3\text{-}N$

09 수질오염물질과 그로 인한 공해병의 연결이 틀린 것은 어느 것인가?

㉮ Hg : 미나마타병
㉯ Cr : 이따이이따이병
㉰ F : 반상치
㉱ PCB : 카네미유증

풀이 ㉯ Cd : 이따이이따이병

answer 05 ㉱ 06 ㉱ 07 ㉰ 08 ㉮ 09 ㉯

10 수질오염에 관계되는 미생물과 그 경험적 분자식이 알맞은 것은 어느 것인가?

㉮ Bacteria : $C_5H_{10}O_2N$
㉯ Algae : $C_7H_{12}O_2N$
㉰ Protozoa : $C_7H_{14}O_3N$
㉱ Fungi : $C_{10}H_{15}O_6N$

[풀이] 미생물과 경험적인 화학식
㉮ Bacteria : $C_5H_7O_2N$
㉯ Algae : $C_5H_8O_2N$
㉰ Protozoa : $C_7H_{14}O_3N$
㉱ Fungi : $C_{10}H_{17}O_6N$

11 다음에서 설명하는 법칙으로 알맞은 것은 어느 것인가?

> 여러물질이 혼합된 용액에서 어느 물질의 증기압(분압) Pi는 혼합액에서 그 물질의 몰 분율(Xi)에 순수한 상태에서 그 물질의 증기압(Po)을 곱한 것과 같다.

㉮ Henry's law ㉯ Dalton's law
㉰ Graham's law ㉱ Raoult's law

[풀이] ㉱ Raoult's law에 대한 설명으로 내용 중 핵심인 "증기압(분압) = 라울트의 법칙"임을 숙지하시면 됩니다.

12 해수의 화학적 특성 중에서 영양염류의 농도는 매우 중요하다. 다음 중 영양염류가 찬 바다에 많고 따뜻한 바다에 적은 이유로 잘못된 것은 어느 것인가?

㉮ 찬 바다의 표층수는 원래 영양염류가 풍부한 극지방의 심층수로부터 기원하기 때문에
㉯ 따뜻한 바다의 표층수는 적도부근의 표층수로부터 기원하기 때문에
㉰ 찬 바다에는 겨울철 성층현상의 심화로 수계가 안정되어 영양염류의 손실이 적기 때문에
㉱ 따뜻한 바다에서 표층수의 영양염류는 공급없이 식물성 플랑크톤에 의한 소비만 주로 일어나기 때문에

13 농업용수 수질의 척도인 SAR을 구할 때 포함되지 않는 항목은 어느 것인가?

㉮ Ca ㉯ Mg
㉰ Na ㉱ Mn

[풀이] SAR(Sodium Adsorption Ratio) : 소듐 흡착률

$$SAR = \frac{Na^+}{\sqrt{\frac{Ca^{2+}+Mg^{2+}}{2}}}$$

14 임의의 시간후의 용존산소부족량(용존산소곡선식)을 구하기 위해 필요한 기본인자와 가장 거리가 먼 것은 어느 것인가?

㉮ 재포기계수 ㉯ BOD_u
㉰ 수심 ㉱ 탈산소계수

[풀이] $D_t = \frac{k_1 \times L_o}{k_2 - k_1} \times (10^{-k_1 \times t} - 10^{-k_2 \times t}) + D_o \times (10^{-k_2 \times t})$

k_1 : 탈산소계수(/day)
D_t : t시간 후의 용존산소부족량(mg/L)
k_2 : 재폭기계수(/day)
L_o : 최종 BOD(= BOD_u)(mg/L)
D_o : 초기 용존산소 부족량(mg/L)

answer 10 ㉰ 11 ㉱ 12 ㉱ 13 ㉱ 14 ㉰

15 우리나라 수자원에 대하여 이용량을 용도별로 나눌 때 그 수요가 가장 높은 것은 어느 것인가?

㉮ 생활용수   ㉯ 공업용수
㉰ 농업용수   ㉱ 하천유지용수

풀이 우리나라 수자원 이용현황은 농업용수 > 하천유지용수 > 생활용수 > 공업용수 순이다.

16 유기성 오수가 하천에 유입된 후 유하하면서 자정작용이 진행되어 가는 여러상태를 그래프로 표시하였다. (1) ~ (6) 그래프 각각이 나타내는 것을 순서대로 나열한 것은 어느 것인가?

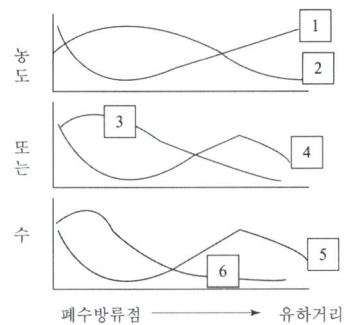

㉮ BOD, DO, NO_3-N, NH_3-N, 조류, 박테리아
㉯ BOD, DO, NH_3-N, NO_3-N, 박테리아, 조류
㉰ DO, BOD, NH_3-N, NO_3-N, 조류, 박테리아
㉱ DO, BOD, NO_3-N, NH_3-N, 박테리아, 조류

풀이 ① DO, ② BOD, ③ NH_3-N ④ NO_3-N ⑤ 조류, ⑥ 박테리아

17 콜로이드에 대한 내용으로 틀린 것은 어느 것인가?

㉮ 콜로이드는 입자크기가 크기 때문에 보통의 반투막을 통과하지 못한다.
㉯ 콜로이드 입자들이 전기장에 놓이게 되면 입자들은 그 전하의 반대쪽 극으로 이동하며 이러한 현상을 전기 영동이라 한다.
㉰ 일부 콜로이드 입자들의 크기는 가시광선 평균 파장보다 크기 때문에 빛의 투과를 간섭한다.
㉱ 콜로이드의 안정도는 척력과 중력의 차이에 의해 결정된다.

풀이 ㉱ 콜로이드의 안정도는 일반적으로 Zeta 전위의 크기에 따라 결정된다.

18 수심이 깊은 호소에서 발생하는 성층현상에 대한 내용으로 틀린 것은 어느 것인가?

㉮ 봄이 되면 얼음이 녹으면서 표수층의 수온이 올라가 4℃가 되면 최대밀도를 가지게 되어 아래로 이동하게 된다.
㉯ 수온약층은 표수층에 비하여 수심에 따른 수온차이가 작다.
㉰ 여름과 겨울에는 성층현상이 가을과 봄에는 전도현상이 나타난다.
㉱ 호소의 성층현상은 기후특성, 호수저수용량에 따른 유입유출량의 크기, 호수의 크기 등 다양한 환경인자에 의해 영향을 받는다.

풀이 ㉯ 수온약층은 표수층에 비하여 수심에 따른 수온차이가 크다.

answer 15 ㉰ 16 ㉰ 17 ㉱ 18 ㉯

19 다음 중 산화환원반응이 아닌 것은 어느 것인가?

㉮ $Cu+2H_2SO_4 \rightarrow CuSO_4+2H_2O+SO_2$
㉯ $2H_2S+SO_2 \rightarrow 2H_2O+3S$
㉰ $I_2+2Na_2S_2O_3 \rightarrow Na_2S_4O_6+2NaI$
㉱ $Na_2SO_4+2HCl \rightarrow 2NaCl+H_2O+SO_2$

풀이 ㉱ 산화수의 변화가 없으므로 산화환원반응이 아니다.

20 500mL 물에 125mg의 염이 녹아 있을 때 이 수용액의 농도(%)는 얼마인가?

㉮ 0.125%   ㉯ 0.250%
㉰ 0.0125% ㉱ 0.0250%

풀이 수용액의 농도(%) = $\frac{용질}{용매} \times 100$

$= \frac{125mg}{500,000mg} \times 100 = 0.025\%$

TIP
① 물의 비중 = 1.0g/mL
② 물 500mL×1.0g/mL = 500g = 500,000mg

| 제2과목 | 수질오염방지기술

21 부상조의 최적 A/S비는 0.08, 처리할 폐수의 부유물질 농도는 250mg/L, 운전압력 5.1atm일 때 반송율(%)은 얼마인가? (단, 20℃ 기준, 용존 공기분율은 0.8, 공기용해도는 18.7mL/L이다.)

㉮ 약 17%   ㉯ 약 27%
㉰ 약 37%   ㉱ 약 47%

풀이 ① A/S비 = $\frac{1.3 \times Sa \times (f \cdot P-1)}{SS} \times R$

여기서
Sa : 공기의 용해도(mL/L)
P : 절대압력(atm)
SS : 부유고형물의 농도(mg/L)
R : 반송비

따라서
$0.08 = \frac{1.3 \times 18.7mL/L \times (0.8 \times 5.1atm-1)}{250mg/L} \times R$

∴ R = 0.2671

② 반송율(%) = 반송비(R)×100
= 0.2671×100 = 26.71%

22 BOD 200mg/L인 하수를 1차 및 2차 처리하여 최종 유출수의 BOD 농도를 20mg/L로 하고자 한다. 1차 처리에서 BOD 제거율이 40%일 때 2차 처리에서의 BOD 제거율(%)은 얼마인가?

㉮ 81%   ㉯ 83%
㉰ 87%   ㉱ 89%

풀이 ① 총합효율(η_T) = $\left(1 - \frac{유출수의\ BOD}{유입수의\ BOD}\right) \times 100$

$= \left(1 - \frac{20mg/L}{200mg/L}\right) \times 100 = 90.0\%$

② 총합효율(η_T) = $1-(1-\eta_1)\times(1-\eta_2)$
$0.90 = 1-(1-0.40)\times(1-\eta_2)$

∴ $\eta_2 = 1-\left(\frac{1-0.90}{1-0.40}\right) = 0.8333$

따라서 0.8333×100 = 83.33%

answer 19 ㉱ 20 ㉱ 21 ㉯ 22 ㉯

23 유입수량 4,000m³/day, BOD 200mg/L, SS 150mg/L이고 침전지의 깊이를 4m, 체류 시간은 3시간으로 할 때 침전지(장방형)의 표면부하율(m³/m²·day)은 얼마인가?

㉮ 12m³/m²·day ㉯ 22m³/m²·day
㉰ 32m³/m²·day ㉱ 42m³/m²·day

풀이 표면 부하율(m³/m²·day)

$$= \frac{H(m)}{t(day)} = \frac{4m}{\left(\frac{3hr}{24}\right)day} = 32 m^3/m^2 \cdot day$$

24 물의 혼합정도를 나타내는 속도경사 G를 구하는 공식으로 알맞은 것은 어느 것인가? (단, μ : 물의 점성계수, V : 반응조 체적, P : 동력)

㉮ $G = \sqrt{\dfrac{PV}{\mu}}$ ㉯ $G = \sqrt{\dfrac{V}{\mu P}}$

㉰ $G = \sqrt{\dfrac{\mu}{PV}}$ ㉱ $G = \sqrt{\dfrac{P}{\mu V}}$

풀이 $G = \sqrt{\dfrac{P}{V \cdot \mu}} = \sqrt{\dfrac{W}{\mu}}$

여기서 $W = \dfrac{P}{V}$

25 고도수처리에 이용되는 분리방법 중 투석의 구동력으로 알맞은 것은 어느 것인가?

㉮ 정수압차(0.1 ~ 1Bar)
㉯ 정수압차(20 ~ 100Bar)
㉰ 전위차
㉱ 농도차

풀이 투석의 구동력은 농도차이다.

26 생물학적 인(P) 제거공법인 A/O 공법에 대한 내용으로 틀린 것은 어느 것인가?

㉮ 유입수 중에 총인농도가 5mg/L 정도이면, 처리수의 총인농도를 1.0mg/L 이하로 처리가능하다.
㉯ 인 제거 기능 외에 사상성미생물에 의한 벌킹 억제효과가 있다고 알려져 있다.
㉰ 혐기반응조의 운전지표로 산화환원전위를 사용할 수 있다.
㉱ 표준활성슬러지법의 반응조 전반 50% 이상을 혐기반응조로 하는 것이 표준이다.

풀이 ㉱ 표준활성슬러지법의 반응조 전반 20 ~ 40% 정도를 혐기반응조로 하는 것이 표준이다.

answer 23 ㉰ 24 ㉱ 25 ㉱ 26 ㉱

27 슬러지의 함수율 90%, 슬러지의 고형물량 중 유기물 함량 70%이다. 투입량은 100kL이며 소화로 유기물의 5/7가 제거된다. 소화된 후의 슬러지 양(m^3)은 얼마인가? (단, 소화슬러지의 함수율은 85%, %는 부피기준이며, 고형물의 비중은 1.0으로 가정한다.)

㉮ 18.3m^3 ㉯ 24.2m^3
㉰ 33.3m^3 ㉱ 41.4m^3

풀이 ① 잔류 VS량(m^3)
= 슬러지량(m^3)×$\dfrac{고형물함량(\%)}{100}$
×$\dfrac{유기물\ 함량(\%)}{100}$×$\dfrac{100 - 유기물\ 제거량(\%)}{100}$
= 100m^3×(1-0.90)×0.70×$\left(1 - \dfrac{5}{7}\right)$
= 2m^3

② 잔류 FS량(m^3)
= 슬러지량(m^3)×$\dfrac{고형물함량(\%)}{100}$
×$\dfrac{100 - 유기물\ 함량(\%)}{100}$
= 100m^3×(1-0.90)×(1-0.70)
= 3m^3

③ 소화 후 슬러지량(m^3)
= (잔류 VS량+잔류 FS량)
×$\dfrac{100}{100 - 소화슬러지의\ 함수율(\%)}$
= (2+3)m^3×$\dfrac{100}{100-85\%}$
= 33.33m^3

28 활성슬러지공법으로 운전되고 있는 어떤 하수처리장으로부터 매일 2,000kg(건조고형물 기준)의 슬러지가 배출되고 있다. 이 슬러지를 중력 농축시켜 함수율을 97%로 한 뒤 호기성 소화방식으로 처리하고자 한다. 농축된 슬러지의 비중이 1.030이라 할 때 소화조의 수리학적 체류시간을 15day로 하면 필요한 소화조의 용적(m^3)은 얼마인가? (단, 기타 조건은 고려하지 않는다.)

㉮ 약 670m^3 ㉯ 약 770m^3
㉰ 약 870m^3 ㉱ 약 970m^3

풀이 ① 슬러지 발생량(m^3/day)
= $\dfrac{건조슬러지량(kg/day)}{비중량(kg/m^3)}$×$\dfrac{100}{100-함수율(\%)}$
= $\dfrac{2,000kg/day}{1,030kg/m^3}$×$\dfrac{100}{100-97\%}$
= 64.725m^3/day

② 소화조의 용적(m^3)
= 슬러지 발생량(m^3/day)×수리학적 체류시간(day)
= 64.725m^3/day×15day = 970.88m^3

29 혼합액 부유물의 농도가 2,500mg/L이고, 이를 1L 실린더에 취하여 30분 후 침전된 슬러지 부피를 측정한 결과 200mL였다면 이 실험에서 구해진 SVI 값은 얼마인가?

㉮ 67 ㉯ 80
㉰ 124 ㉱ 152

풀이 SVI(mL/g) = $\dfrac{SV(mL/L)}{MLSS(mg/L)}$×$10^3$
= $\dfrac{200mL/L}{2,500mg/L}$×$10^3$ = 80mL/g

answer 27 ㉰ 28 ㉱ 29 ㉯

30 하수처리에서 자외선 소독의 장·단점으로 틀린 것은 어느 것인가?

㉮ 잔류독성이 없는 장점이 있다.
㉯ 대장균살균을 위한 낮은 농도에서 virus, spores, cysts 등을 비활성화 시키는데 효과적인 장점이 있다.
㉰ 잔류효과가 없는 단점이 있다.
㉱ 성공적 소독 여부를 즉시 측정할 수 없는 단점이 있다.

풀이 ㉯ 대장균살균을 위한 높은 농도에서 virus, spores, cysts 등을 비활성화 시키는데 효과적이다.

31 활성슬러지법으로 운전되는 하수처리장에서 SVI가 100일 때 포기조 내의 MLSS 농도를 2,500mg/L로 유지하기 위한 슬러지 반송율(%)은 얼마인가? (단, 유입수의 SS 농도는 무시한다.)

㉮ 25.4% ㉯ 27.5%
㉰ 33.3% ㉱ 37.3%

풀이 ① 반송비(R) = $\dfrac{MLSS}{SS_r - MLSS}$ = $\dfrac{MLSS}{\dfrac{10^6}{SVI} - MLSS}$

= $\dfrac{2,500mg/L}{\dfrac{10^6}{100} - 2,500mg/L}$ = 0.3333

② 반송율(%) = 반송비(R)×100
= 0.3333×100 = 33.33%

TIP
SVI = $\dfrac{10^6}{SS_r}$ 에서 $SS_r = \dfrac{10^6}{SVI}$

32 역삼투법으로 하루에 200m³의 3차 처리 유출수를 탈염하기 위해 소요되는 막의 면적(m²)은 얼마인가?

- 물질전달계수 : 0.207L/(d-m²)(kPa)
- 유입, 유출수의 사이의 압력차 : 2,500(kPa)
- 유입, 유출수의 삼투압차 : 410(kPa)

㉮ 약 324m² ㉯ 약 462m²
㉰ 약 541m² ㉱ 약 694m²

풀이 ① Q_F = k×($\triangle$p - $\triangle\pi$)

Q_F : 유출수량(L/day · m²)
k : 물질전달계수(L/day · m² · kPa)
$\triangle$p : 압력차(kPa)
$\triangle\pi$: 삼투압차(kPa)

따라서
Q_F = 0.207L/day · m² · kPa×(2,500-410)kPa
= 432.63L/day · m²

② 막의 면적(m²) = $\dfrac{Q(유량)}{Q_F(유출수량)}$

= $\dfrac{200\times10^3 L/day}{432.63 L/day \cdot m^2}$

= 462.29m²

33 부피가 500m³인 포기조에 2,000m³/day으로 폐수가 유입될 때 포기시간(hr)은 얼마인가? (단, 반송슬러지는 고려하지 않는다.)

㉮ 6.0hr ㉯ 8.0hr
㉰ 10.0hr ㉱ 12.0hr

풀이 포기시간(hr) = $\dfrac{부피(m^3)}{폐수량(m^3/hr)}$

= $\dfrac{500m^3}{2,000m^3/day \times 1day/24hr}$ = 6hr

answer 30 ㉯ 31 ㉰ 32 ㉯ 33 ㉮

34 어느 하수처리장의 포기조 용적이 1,000m³, MLSS가 2,500mg/L, 그리고 SRT(고형물 체류시간)가 2.5일이라면 1일 생산되는 슬러지의 건조중량(ton)은 얼마인가? (단, 기타 조건은 고려하지 않는다.)

㉮ 1.0ton ㉯ 1.6ton
㉰ 2.4ton ㉱ 3.2ton

풀이
$$SRT = \frac{MLSS \times V}{Q_w \cdot SS_w}$$

$$Q_w \cdot SS_w = \frac{MLSS \times V}{SRT} = \frac{2.5 kg/m^3 \times 1,000 m^3}{2.5 day}$$
$$= 1,000 kg/day = 1.0 ton/day$$

35 생물학적 인 및 질소제거 공정 중 질소제거를 주목적으로 개발한 공법으로 가장 적절한 것은?

㉮ 4단계 Bardenpho 공법
㉯ A²/O 공법
㉰ A/O 공법
㉱ Phostrip 공법

풀이 질소제거가 주목적인 공법은 4단계 Bardenpho 공법이다.

TIP
인(P)만을 제거하기 위해 개발한 공법은 A/O공법, 포스트립공법이 있다.

36 회전원판법의 장·단점으로 틀린 것은 어느 것인가?

㉮ 유지관리비가 저렴한 장점이 있다.
㉯ 슬러지 반송이 필요 없는 장점이 있다.
㉰ 충격부하 및 부하변동에 약한 단점이 있다.
㉱ 처리수의 투명도가 낮은 단점이 있다.

풀이 ㉰ 충격부하 및 부하변동에 강한 장점이 있다.

37 어느 폐수 처리시설에서 직경 1×10⁻² cm, 비중 2.0인 입자를 중력 침강시켜 제거하고 있다. 폐수 비중이 1.0, 폐수의 점성계수가 1.31×10⁻² g/cm·sec 이라면 입자의 침강속도(m/hr)는 얼마인가? (단, 입자의 침강속도는 Stokes식에 따른다.)

㉮ 14.96m/hr ㉯ 22.44m/hr
㉰ 25.56m/hr ㉱ 31.32m/hr

풀이 $Vs = \dfrac{d^2(\rho_s - \rho_w)g}{18\mu}$

여기서
Vs : 침강속도(m/sec)
d : 직경(m)
ρ_s : 입자의 밀도(kg/m³)
ρ_w : 물의 밀도(kg/m³)
g : 중력가속도(9.8m/sec²)
μ : 점성계수(kg/m·sec)

따라서
$$Vs = \frac{(1 \times 10^{-4} m)^2 \times (2,000-1,000) kg/m^3 \times 9.8 m/sec^2}{18 \times 1.31 \times 10^{-3} kg/m \cdot sec}$$
$$= 4.156 \times 10^{-3} m/sec$$

② $Vs(m/hr) = \dfrac{4.156 \times 10^{-3} m}{sec} \times \dfrac{3,600 sec}{1 hr}$
$= 14.96 m/hr$

TIP
g/cm·sec $\xrightarrow{\times 10^{-1}}$ kg/m·sec

answer 34 ㉮ 35 ㉮ 36 ㉰ 37 ㉮

38 어느 특정한 산화지에 대해 1일 BOD부하를 10kg/day·m²으로 설계하였다. 유량이 4,000m³/day이고 BOD농도가 300mg/L일 때 필요한 면적(m²)은 얼마인가? (단, 비중은 1.0으로 가정한다.)

㉮ 약 90m² ㉯ 약 110m²
㉰ 약 120m² ㉱ 약 150m²

풀이 BOD 면적부하(kg/day·m²)

$$= \frac{BOD농도(kg/m^3) \times 유량(m^3/day)}{면적(m^2)}$$

따라서 $10kg/day \cdot m^2 = \frac{0.3kg/m^3 \times 4,000m^3/day}{면적(m^2)}$

∴ 면적 $= \frac{0.3kg/m^3 \times 4,000m^3/day}{10kg/day \cdot m^2}$
$= 120m^2$

39 활성탄을 이용한 고도처리 방법에서 2차 처리 유출수의 유기물 농도가 12mg/L일 때 활성탄 흡착법을 이용하여 3차 처리 유출수 유기물 농도를 1mg/L로 되게 하기 위해 1L당 필요한 활성탄량(mg)은 얼마인가? (단, Freundlich 등온식 적용하고, k = 0.5, n = 1 이다.)

㉮ 22mg ㉯ 29mg
㉰ 32mg ㉱ 39mg

풀이 $\frac{X}{M} = k \cdot C^{\frac{1}{n}}$

여기서
- X : 농도차($C_i - C_o$)(mg/L)
- M : 활성탄 주입농도(mg/L)
- C(C_o) : 유출수 농도(mg/L)
- k, n : 경험적 상수

따라서 $\frac{(12-1)mg/L}{M} = 0.5 \times (1mg/L)^{\frac{1}{1}}$

∴ $M = \frac{(12-1)mg/L}{0.5 \times (1mg/L)^{\frac{1}{1}}} = 22.0mg/L$

40 1,000m³/day의 종말 침전지 유출수에 50.0kg/day의 염소를 주입시킨 결과 잔류염소 농도가 1.5mg/L였다면 이 폐수의 염소요구량(mg/L)은 얼마인가?

㉮ 18.3mg/L ㉯ 24.7mg/L
㉰ 32.5mg/L ㉱ 48.5mg/L

풀이 ① 염소주입량(mg/L)

$= \frac{염소주입량(kg/day)}{유량(m^3/day)} \times 10^3$

$= \frac{50kg/day}{1,000m^3/day} \times 10^3 = 50mg/L$

② 염소요구량 = 염소주입량 - 염소잔류량
= 50mg/L - 1.5mg/L
= 48.5mg/L

TIP

① $mg/L \xrightarrow{\times 10^{-3}} kg/m^3$

② $kg/m^3 \xrightarrow{\times 10^3} mg/L$

| 제3과목 | 수질오염공정시험기준

41 총질소를 자외선/가시선 분광법-산화법에 대한 내용으로 틀린 것은 어느 것인가?

㉮ 비교적 분해되기 쉬운 유기물을 함유하고 있거나 자외부에서 흡광도를 나타내는 브롬 이온이나 크롬을 함유하지 않는 시료에 적용한다.
㉯ 시료 중 모든 질소화합물을 과황산소듐을 사용하여 100℃ 부근에서 유기물과 함께 분해하여 질산이온으로 산화시킨다.

answer 38 ㉰ 39 ㉮ 40 ㉱ 41 ㉯

㉰ 지표수, 지하수, 폐수 등에 적용할 수 있으며, 정량한계는 0.1mg/L이다.
㉱ 산성상태로 하여 흡광도를 220nm에서 측정한다.

풀이 ㉯ 시료 중 모든 질소화합물을 알칼리성 과황산포타슘을 사용하여 120℃ 부근에서 유기물과 함께 분해하여 질산이온으로 산화시킨다.

42 다음 중 물벼룩을 이용한 급성독성 시험에 대한 내용으로 틀린 것은 어느 것인가?

㉮ 시험생물은 물벼룩인 Daphnia Magna Straus를 사용한다.
㉯ 표준독성물질 시험은 다이크롬산포타슘을 사용한다.
㉰ 시료의 희석비는 원수 100%를 기준으로, 50%, 25%, 12.5%, 6.25%로 하여 시험한다.
㉱ 시험기간 동안 조명은 명 : 암 = 1 : 1 시간을 유지하도록 한다.

풀이 ㉱ 시험기간 동안 조명은 명 : 암 = 16 : 8 시간을 유지하도록 한다.

43 개수로 측정 구간의 유수의 단면적이 0.8m² 이고, 표면 최대 유속이 2m/sec 일 때 유량(m³/min)은 얼마인가? (단, 수로의 구성, 재질, 수로 단면의 형상, 구배 등이 일정치 않은 개수로의 경우)

㉮ 43m³/min ㉯ 52m³/min
㉰ 64m³/min ㉱ 72m³/min

풀이 유량(m³/min)
= 평균 단면적(m²)×평균유속(m/min)
= 0.8m²×2m/sec×0.75×60sec/min = 72m³/min

TIP
평균유속 = 표면최대유속×0.75

44 시료 최대보존기간이 가장 짧은 측정항목은 어느 것인가?

㉮ 셀레늄   ㉯ 염화비닐
㉰ 비소   ㉱ 6가 크롬

풀이 시료 최대보존기간
㉮ 셀레늄 : 6개월
㉯ 염화비닐 : 14일
㉰ 비소 : 6개월
㉱ 6가 크롬 : 24시간

45 자외선/가시선 분광법에 의한 시안 분석 시 측정파장으로 알맞은 것은 어느 것인가?

㉮ 460nm   ㉯ 510nm
㉰ 540nm   ㉱ 620nm

풀이 자외선/가시선 분광법에 의한 시안 분석 시 흡광도는 청색을 620nm에서 측정한다.

46 다음 중 직각 3각 웨어로 유량을 산정하는 식으로 알맞은 것은 어느 것인가?
(단, Q : 유량(m³/분), K : 유량계수, h : 웨어의 수두(m), b : 절단의 폭(m))

㉮ $Q = K \cdot h^{3/2}$ ㉯ $Q = K \cdot h^{5/2}$
㉰ $Q = K \cdot b \cdot h^{3/2}$ ㉱ $Q = K \cdot b \cdot h^{5/2}$

풀이 유량 산정식
① 직각 삼각웨어에서 $Q(m^3/min) = k \cdot h^{\frac{5}{2}}$
② 사각웨어에서 $Q(m^3/min) = k \cdot b \cdot h^{\frac{3}{2}}$

answer 42 ㉱ 43 ㉱ 44 ㉱ 45 ㉱ 46 ㉯

47 수질오염공정시험기준의 관련 용어 정의로 틀린 것은 어느 것인가?

㉮ '감압 또는 진공'이라 함은 따로 규정이 없는 한 15mmH₂O 이하를 뜻한다.
㉯ '냄새가 없다'라고 기재한 것은 냄새가 없거나, 또는 거의 없는 것을 표시하는 것이다.
㉰ '약'이라 함은 기재된 양에 대하여 ±10% 이상의 차가 있어서는 안된다.
㉱ 시험조작 중 '즉시'란 30초 이내에 표시된 조작을 하는 것을 뜻한다.

풀이 ㉮ '감압 또는 진공'이라 함은 따로 규정이 없는 한 15mmHg 이하를 뜻한다.

48 이온크로마토그래프의 일반적인 구성으로 알맞은 것은 어느 것인가?

㉮ 용리액조 - 시료주입부 - 펌프 - 이온화부 - 검출기
㉯ 용리액조 - 시료주입부 - 가열판 - 펌프 - 검출기
㉰ 용리액조 - 시료주입부 - 펌프 - 분리컬럼 - 검출기
㉱ 용리액조 - 시료주입부 - 분광부 - 펌프 - 검출기

풀이 이온크로마토그래프의 일반적인 구성은 용리액조 - 시료주입부 - 펌프 - 분리컬럼 - 검출기 - 기록계이다.

49 총대장균군 시험방법인 평판집락법 배지에 사용되는 시약은 어느 것인가?

㉮ 뉴트럴 레드   ㉯ 브루신 블루
㉰ 메틸 오렌지   ㉱ 클로라민 옐로

풀이 총대장균군 시험방법인 평판집락법 배지에 사용되는 시약은 뉴트럴 레드이다.

50 취급 또는 저장하는 동안에 이물질이 들어가거나 또는 내용물이 손실되지 아니하도록 보호하는 용기는 어느 것인가?

㉮ 차광용기   ㉯ 밀봉용기
㉰ 밀폐용기   ㉱ 기밀용기

풀이 용기
㉮ 차광용기 : 광선
㉯ 밀봉용기 : 미생물
㉰ 밀폐용기 : 이물질
㉱ 기밀용기 : 공기

51 냄새 측정시 냄새역치(TON)를 구하는 산식으로 알맞은 것은 어느 것인가? (단, A : 시료부피(mL), B : 무취 정제수 부피(mL))

㉮ 냄새역치 = (A+B)/A
㉯ 냄새역치 = A/(A+B)
㉰ 냄새역치 = (A+B)/B
㉱ 냄새역치 = B/(A+B)

풀이 냄새역치(TON)
$= \dfrac{\text{시료부피}(A) + \text{무취정제수부피}(B)}{\text{시료부피}(A)}$

answer 47 ㉮ 48 ㉰ 49 ㉮ 50 ㉰ 51 ㉮

52 다음 중 백색원판(투명도판)을 사용한 투명도 측정에 대한 내용으로 틀린 것은 어느 것인가?

㉮ 투명도판의 색도차는 투명도에 크게 영향을 주므로 표면이 더러울 때에는 깨끗하게 닦아주어야 한다.
㉯ 강우시에는 정확한 투명도를 얻을 수 없으므로 투명도를 측정하지 않는 것이 좋다.
㉰ 흐름이 있어 줄이 기울어질 경우에는 2kg정도의 추를 달아서 줄을 세워야 한다.
㉱ 백색원판을 보이지 않는 깊이로 넣은 다음 천천히 끌어 올리면서 보이기 시작한 깊이를 반복해 측정한다.

풀이 ㉮ 투명도판의 광 반사능은 투명도에 크게 영향을 주므로 표면이 더러울 때에는 깨끗하게 닦아주어야 한다.

53 최대 유량이 $1m^3/min$ 미만인 경우, 용기에 의한 유량 측정에 대한 내용으로 틀린 것은 어느 것인가?

㉮ 유량(m^3/min) = 60×V/t이다.
여기서 t : 유수가 용량 V를 채우는데 걸린 시간(sec), V : 측정용기의 용량(m^3)
㉯ 유수를 채우는데 소요하는 시간을 스톱워치로 잰다.
㉰ 용기에 물을 받아 넣는 시간을 20초 이상이 되도록 용량을 결정한다.
㉱ 용기는 용량 50~100L인 것을 사용한다.

풀이 ㉱ 용기는 용량 100~200L인 것을 사용한다.

54 분석항목별 시료의 보존방법으로 틀린 것은?

㉮ 노말헥산추출물질 : H_2SO_4로 pH 2 이하
㉯ 총인(용존 총인) : H_2SO_4로 pH 2 이하
㉰ 화학적 산소요구량 : H_2SO_4로 pH 2 이하
㉱ 유기인 : H_2SO_4로 pH 2 이하

풀이 ㉱ 유기인 : NaOH 또는 H_2SO_4로 pH 5~9

55 다음 항목 중 폴리에틸렌 용기로 보존할 수 있는 것으로 알맞게 짝지은 것은 어느 것인가?

㉮ 색도, 페놀류, 유기인
㉯ 질산성 질소, 총인, 냄새
㉰ 부유물질, 불소, 셀레늄
㉱ 노말헥산추출물질, 납, 시안

풀이 보관용기
① 유리용기 : 페놀류, 유기인, 냄새, 노말헥산추출물질
② 유리용기와 폴리에틸렌용기 : 색도, 질산성 질소, 총인, 납, 시안, 부유물질, 셀레늄
③ 폴리에틸렌 용기 : 불소

56 노말헥산 추출물질 분석실험의 정량한계는 얼마인가?

㉮ 0.1mg/L ㉯ 0.2mg/L
㉰ 0.3mg/L ㉱ 0.5mg/L

풀이 노말헥산 추출물질 분석실험의 정량한계는 0.5 mg/L이다.

57 분원성 대장균군의 막여과 시험방법의 측정에 대한 설명으로 틀린 것은 어느 것인가?

㉮ 배양기 또는 항온수조의 배양온도를 (44.5±0.2)℃로 유지할 수 있는 것을 사용한다.
㉯ 배지에 배양시킬 때 분원성 대장균군을 여러 가지 색조를 띠는 붉은색의 집락을 형성한다.
㉰ 결과보고 시 "분원성대장균군수/100mL"로 표기한다.
㉱ 대조군 시험에서 음성대조군은 멸균 희석수를 사용한다.

풀이 ㉯배지에 배양시킬 때 분원성 대장균군을 여러 가지 색조를 띠는 청색의 집락을 형성한다.

58 알칼리성 과망간산포타슘에 의한 화학적 산소요구량을 수질오염공정시험기준에 따라 측정하였다. 바탕시험 적정에 소비된 0.025N-티오황산소듐 용액 3.3mL였고, 시료의 적정에 소비된 0.025N-티오황산소듐 용액은 5.6mL였다. COD가 46mg/L였다면 분석에 사용된 시료량(mL)은 얼마인가? (단, 0.025N-티오황산소듐 용액의 농도계수는 1.0 이다.)

㉮ 5mL ㉯ 10mL
㉰ 35mL ㉱ 50mL

풀이
$$COD(mg/L) = \frac{(b-a) \times f \times 0.2}{V(L)}$$

$$46mg/L = \frac{(5.6-3.3)mL \times 1.0 \times 0.2}{V(L)}$$

∴ V = 0.01L = 10mL

59 0.025N KMnO₄ 수용액 3,000mL를 조제하려면 KMnO₄ 몇 g이 필요한가? (단, KMnO₄의 분자량은 158이다.)

㉮ 1.79g ㉯ 2.37g
㉰ 3.16g ㉱ 3.95g

풀이
$$N = \frac{W(g)}{V(L)} \times \frac{1eq}{1당량 g}$$

$$0.025N = \frac{W(g)}{3L} \times \frac{1eq}{158g/5}$$

∴ W = 2.37g

60 냄새 측정 시 시료에 잔류염소가 존재하는 경우 조치 내용으로 알맞은 것은 어느 것인가?

㉮ 티오황산소듐 용액을 첨가하여 잔류염소를 제거
㉯ 아세트산암모늄 용액을 첨가하여 잔류염소를 제거
㉰ 과망간산포타슘 용액을 첨가하여 잔류염소를 제거
㉱ 황산은 분말을 첨가하여 잔류염소를 제거

풀이 냄새 측정 시 시료에 잔류염소가 존재하는 경우에는 티오황산소듐 용액을 첨가하여 잔류염소를 제거한다.

answer 57 ㉯ 58 ㉯ 59 ㉯ 60 ㉮

2016 1회 기출문제

| 제1과목 | 수질오염개론

01 지하수가 오염되었을 때, 실시할 수 있는 대책 중 오염물질의 유발요인이 집중적이고 오염된 면적이 비교적 적을 경우 적용할 수 있는 가장 적절한 방법은 어느 것인가?

㉮ 현장공기추출법
㉯ 유해물질 굴착 제거법
㉰ 오염지하수의 양수 처리법
㉱ 토양내의 미생물을 이용한 처리법

풀이 ㉯ 유해물질 굴착 제거법에 대한 설명이다.

02 일반적으로 담수의 DO가 해수의 DO보다 높은 이유로 가장 적절한 것은 어느 것인가?

㉮ 수온이 낮기 때문에
㉯ 염도가 낮기 때문에
㉰ 산소의 분압이 크기 때문에
㉱ 기압에 따른 산소용해율이 크기 때문에

풀이 담수의 DO가 해수의 DO보다 높은 이유는 염도가 낮기 때문이다.

03 물의 밀도에 관한 내용으로 틀린 것은 어느 것인가?

㉮ 물의 밀도는 3.98℃에서 최대값을 나타낸다.
㉯ 해수의 밀도가 담수의 밀도보다 큰 값을 나타낸다.
㉰ 물의 밀도는 3.98℃보다 온도가 상승하거나 하강하면 감소한다.
㉱ 물의 밀도는 비중량을 부피로 나눈 값이다.

풀이 ㉱ 물의 밀도는 질량을 부피로 나눈 값이다.

04 석회를 투입하여 물의 경도를 제거하고자 한다. 반응식이 다음과 같을 때 Ca^{2+} 20mg/L을 제거하기 위해 필요한 석회량(mg/L)은 얼마인가? (단, Ca의 원자량은 40 이다.)

$$Ca(HCO_3)_2 + Ca(OH)_2 \rightarrow 2CaCO_3 \downarrow + 2H_2O$$

㉮ 18   ㉯ 28
㉰ 37   ㉱ 45

풀이 Ca^{2+} : $Ca(OH)_2$
40g : 74g
20mg/L : X

$$\therefore X = \frac{20mg/L \times 74g}{40g} = 37mg/L$$

answer 01 ㉯   02 ㉯   03 ㉱   04 ㉰

05 성층현상이 있는 호수에서 수온의 큰 도약을 가지는 층은?

㉮ hypolimnion ㉯ thermocline
㉰ sedimentation ㉱ epilimnion

▸풀이◂ 수온의 큰 도약을 가지는 층(수온의 차이가 큰 층)은 수온약층(thermocline)이다.

06 호기성 bacteria의 질소 함량(%)은 얼마인가? (단, 경험적 호기성 박테리아를 나타내는 화학적 기준)

㉮ 약 4.2% ㉯ 약 8.9%
㉰ 약 12.4% ㉱ 약 18.2%

▸풀이◂ $C_5H_7O_2N$의 분자량은 113g이다.

따라서 $N(\%) = \dfrac{14g}{113g} \times 100 = 12.39\%$

07 혐기성 조건하에서 295g의 glucose($C_6H_{12}O_6$)로부터 발생 가능한 CH_4가스의 용적(L)은 얼마인가? (단, 완전분해, 표준상태 기준이다.)

㉮ 약 60 ㉯ 약 80L
㉰ 약 110L ㉱ 약 150L

▸풀이◂ $C_6H_{12}O_6 \rightarrow 3CO_2 + 3CH_4$

180g : 3×22.4L
295g : X

∴ $X(L) = \dfrac{295g \times 3 \times 22.4L}{180g} = 110.1L$

TIP
① 질량(g) = 계수×분자량(g)
② 체적(L) = 계수×22.4(L)
③ $C_6H_{12}O_6$ 의 분자량 = 12×6+1×12+16×6 = 180

08 유량이 10,000m³/day인 폐수를 BOD 4mg/L, 유량 4,000,000m³/day인 하천에 방류하였다. 방류한 폐수가 하천수와 완전 혼합되어졌을 때 하천의 BOD가 1mg/L 높아졌다면 하천에 가해진 폐수의 BOD 부하량(kg/day)은 얼마인가? (단, 기타 조건은 고려하지 않는다.)

㉮ 1,425kg/day ㉯ 1,810kg/day
㉰ 2,250kg/day ㉱ 4,050kg/day

▸풀이◂ ① 폐수의 BOD 계산

$$C_m = \dfrac{Q_1C_1+Q_2C_2}{Q_1+Q_2}$$

$$5mg/L = \dfrac{4,000,000m^3/day \times 4mg/L + 10,000m^3/day \times C_2}{(4,000,000+10,000)m^3/day}$$

∴ C_2(폐수의 BOD)

$= \dfrac{\{5mg/L \times (4,000,000+10,000)m^3/day\}-(4,000,000m^3/day \times 4mg/L)}{10,000m^3/day}$

$= 405mg/L$

② 폐수의 BOD 부하량(kg/day)
= 폐수의 BOD(kg/m³)×폐수량(m³/day)
= 0.405kg/m³×10,000m³/day
= 4,050kg/day

TIP

① mg/L $\xrightarrow{\times 10^{-3}}$ kg/m³

② 405mg/L = 0.405kg/m³

---

answer 05 ㉯ 06 ㉰ 07 ㉰ 08 ㉱

09 수중의 용존산소에 관한 내용으로 틀린 것은 어느 것인가?

㉮ 수온이 높을수록 용존산소량은 감소한다.
㉯ 용존염류의 농도가 높을수록 용존산소량은 감소한다.
㉰ 같은 수온하에서는 담수보다 해수의 용존산소량이 높다.
㉱ 현존 용존산소 농도가 낮을수록 산소전달율은 높아진다.

▶ 풀이 ㉰ 같은 수온하에서는 해수보다 담수의 용존산소량이 높다.

10 폭이 60m, 수심이 1.5m로 거의 일정한 하천에서 유량을 측정하였더니 18m³/sec이었다. 하류의 어떤 지점에서 측정한 BOD 농도가 17mg/L이었다면, 이로부터 상류 40km지점의 BOD_u 농도(mg/L)는 얼마인가? (단, k_1 = 0.1/day(자연대수인 경우), 중간에는 지천이 없으며 기타 조건은 고려하지 않는다.)

㉮ 28.9mg/L ㉯ 25.2mg/L
㉰ 23.8mg/L ㉱ 21.4mg/L

▶ 풀이 ① 유량(Q)=단면적(A)×유속(v)

$$v = \frac{Q}{A} = \frac{Q}{W \times H} = \frac{18m^3/sec}{60m \times 1.5m} = 0.2m/sec$$

② 시간(t) = $\frac{길이(L)}{유속(v)}$

$$= \frac{40 \times 10^3 m}{0.2m/sec \times 3{,}600sec/hr \times 24hr/day}$$
$$= 2.315day$$

③ $BOD_{2.315} = BOD_u \times e^{-k_1 \times t}$
   $17mg/L = BOD_u \times e^{(-0.1/day \times 2.315day)}$

∴ $BOD_u = \frac{17mg/L}{e^{(-0.1/day \times 2.315day)}} = 21.43mg/L$

11 우리나라 물의 이용 형태별로 볼 때 가장 수요가 많은 용수는 어느 것인가?

㉮ 생활용수 ㉯ 공업용수
㉰ 농업용수 ㉱ 유지용수

▶ 풀이 우리나라 수자원 이용현황은 농업용수 > 하천유지용수 > 생활용수 > 공업용수 순이다.

12 상수원에 대한 수질검사 결과 질산성질소만 다량 검출되었을 때 알맞은 것은 어느 것인가?

㉮ 유기질소에 의한 일시적인 오염
㉯ 유기질소에 의한 계속적인 오염
㉰ 유기질소에 의한 영구적인 오염
㉱ 지질(地質)에 의한 오염

▶ 풀이 질산성질소만 다량 검출된 경우는 유기질소에 의한 일시적인 오염이다.

13 1차 반응에서 반응개시의 물질 농도가 220mg/L이고, 반응 1시간 후의 농도는 94mg/L 이었다면 반응 8시간 후의 물질의 농도(mg/L)는 얼마인가?

㉮ 0.12mg/L ㉯ 0.25mg/L
㉰ 0.36mg/L ㉱ 0.48mg/L

▶ 풀이 ① 1차반응식 : $\ln \frac{C_t}{C_o} = -k \times t$

$\ln \frac{94mg/L}{220mg/L} = -k \times 1hr$

∴ $k = \frac{\ln \frac{94mg/L}{220mg/L}}{-1hr} = 0.85/hr$

② $\ln \frac{C_t}{220mg/L} = -0.85/hr \times 8hr$

∴ $C_t = 220mg/L \times e^{(-0.85/hr \times 8hr)} = 0.25mg/L$

answer 09 ㉰ 10 ㉱ 11 ㉰ 12 ㉮ 13 ㉯

14 해수의 특성에 대한 내용으로 알맞은 것은 어느 것인가?

㉮ 해수 내 아질산성 질소와 질산성 질소는 전체질소의 약 35%이며 나머지는 암모니아성 질소와 유기질소의 형태이다.
㉯ 해수의 pH는 7.3~7.8 정도이며 탄산염의 완충용액이다.
㉰ 해수의 주요성분 농도비는 일정하다.
㉱ 해수는 약전해질로 평균 35% 정도의 염분농도를 함유한다.

풀이 ㉮ 해수 내 전체 질소 중 약 35%는 암모니아성 질소와 유기질소의 형태이다.
㉯ 해수의 pH는 약 8.2 정도로 약알칼리성이다.
㉱ 해수는 강전해질로 평균 35‰ 정도의 염분농도를 함유한다.

15 미생물 중 Fungi에 대한 내용으로 틀린 것은 어느 것인가?

㉮ 탄소 동화작용을 하지 않는다.
㉯ pH가 낮아도 잘 성장한다.
㉰ 충분한 용존산소에서만 잘 성장한다.
㉱ 폐수처리 중에는 sludge bulking의 원인이 된다.

풀이 ㉰ 용존산소가 부족한 경우에도 잘 자란다.

16 화학반응에서 의미하는 산화에 대한 설명으로 틀린 것은 어느 것인가?

㉮ 산소와 화합하는 현상이다.
㉯ 원자가가 증가되는 현상이다.
㉰ 전자를 받아들이는 현상이다.
㉱ 수소화합물에서 수소를 잃는 현상이다.

풀이 ㉰ 전자를 주는 현상이다.

17 분뇨처리과정에서 병원균과 기생충란을 사멸하기 위한 온도로 알맞은 것은 어느 것인가?

㉮ 25~30℃　㉯ 35~40℃
㉰ 45~50℃　㉱ 55~60℃

풀이 분뇨처리과정에서 병원균과 기생충란을 사멸하기 위한 온도는 55~60℃이다.

18 크기가 300m³인 반응조에 색소를 주입할 경우, 주입농도가 150mg/L이었다. 이 반응조에 연속적으로 물을 넣어 색소농도를 2mg/L로 유지하기 위하여 필요한 소요시간(hr)은 얼마인가? (단, 유입유량은 5m³/hr이며, 반응조 내의 물은 완전혼합, 1차 반응이라 가정한다.)

㉮ 205hr　㉯ 215hr
㉰ 260hr　㉱ 295hr

풀이
$$\ln \frac{C_t}{C_0} = -\left(\frac{Q}{V}\right) \times t$$
$$\ln \frac{2mg/L}{150mg/L} = -\left(\frac{5m^3/hr}{300m^3}\right) \times t$$
$$\therefore t = \frac{\ln \frac{2mg/L}{150mg/L}}{-\left(\frac{5m^3/hr}{300m^3}\right)} = 259.0 hr$$

19 세균의 세포형성에 따른 분류로 틀린 것은 어느 것인가?

㉮ 구균　㉯ 진균
㉰ 간균　㉱ 나선균

풀이 세균의 세포형성에 따라 구균, 간균, 나선균으로 분류한다.

answer　14 ㉰　15 ㉰　16 ㉰　17 ㉱　18 ㉰　19 ㉯

20 분뇨처리장에서 1차 처리 후 BOD 농도가 2,000mg/L, Cl^- 농도가 200mg/L로 너무 높아 2차 처리에 어려움이 있어 희석수로 희석하고자 한다. 희석수의 Cl^- 농도는 10mg/L이고, 희석 후 2차 처리 유입수의 Cl^- 농도가 20mg/L일 때 희석 배율은 얼마인가?

㉮ 19배 ㉯ 21배
㉰ 23배 ㉱ 25배

풀이 ① 희석수량(Q_2)를 계산한다.

$$C_m = \frac{Q_1C_1+Q_2C_2}{Q_1+Q_2}$$

$$20mg/L = \frac{1\times200mg/L+X\times10mg/L}{1+X}$$

$$\therefore X = 18$$

② 희석 배수치(P) = $\frac{Q_1+Q_2}{Q_1} = \frac{1+18}{1} = 19$

| 제2과목 | 수질오염방지기술

21 침전지의 수면적부하와 관련이 없는 것은 어느 것인가?

㉮ 유량   ㉯ 표면적
㉰ 속도   ㉱ 유입농도

풀이 수면적부하(속도) = $\frac{유량}{표면적(수면적)}$

---

22 BOD 12,000ppm, 염소이온 농도 800ppm의 분뇨를 희석해서 활성오니법으로 처리하였다. 처리수가 BOD 60ppm, 염소이온 농도 50ppm으로 되었을 때 BOD 제거율(%)은 얼마인가? (단, 염소이온은 활성오니법으로 처리할 때 제거되지 않는다고 가정한다.)

㉮ 85%   ㉯ 88%
㉰ 92%   ㉱ 95%

풀이 BOD 제거율(%) = $\left(1 - \frac{유출수\ BOD \times P}{유입수\ BOD}\right) \times 100$

희석배수치(P) = $\frac{유입수의\ Cl^-\ 농도}{유출수의\ Cl^-\ 농도} = \frac{800ppm}{50ppm}$
= 16배

따라서 BOD 제거율(%)
= $\left(1 - \frac{60ppm \times 16}{12,000ppm}\right) \times 100 = 92\%$

---

23 ( )에 알맞은 말은 어느 것인가?

> 상수의 계획취수량을 확보하기 위하여 필요한 저수용량의 결정에 사용하는 계획기준년은 원칙적으로 ( )에 제1위 정도의 갈수를 표준으로 한다.

㉮ 5개년   ㉯ 7개년
㉰ 10개년 ㉱ 15개년

---

answer 20 ㉮ 21 ㉱ 22 ㉰ 23 ㉰

24 정수처리시설 중 완속여과지에 대한 내용으로 틀린 것은 어느 것인가?

㉮ 완속여과지의 여과속도는 15~25m/day를 표준으로 한다.
㉯ 여과면적은 계획정수량을 여과속도로 나누어 구한다.
㉰ 완속여과지의 모래층의 두께는 70~90cm를 표준으로 한다.
㉱ 여과지의 모래면 위의 수심은 90~120cm를 표준으로 한다.

풀이 ㉮ 완속여과지의 여과속도는 4~5m/day를 표준으로 한다.

25 유기인 함유 폐수에 대한 내용으로 틀린 것은 어느 것인가?

㉮ 폐수에 함유된 유기인 화합물은 파라치온, 말라치온 등의 농약이다.
㉯ 유기인 화합물은 산성이나 중성에서 안정하다.
㉰ 물에 쉽게 용해되어 독성을 나타내기 때문에 전처리과정을 거친 후 생물학적 처리법을 적용할 수 있다.
㉱ 가장 일반적이고 효과적인 방법으로는 생석회 등의 알칼리로 가수분해 시키고 응집침전 또는 부상으로 전처리한 다음 활성탄 흡착으로 미량의 잔유물질을 제거시키는 것이다.

풀이 ㉰ 유기인 화합물은 물에 난용성이며, 활성탄 흡착법을 이용해 제거한다.

26 하수관의 부식과 가장 관계가 깊은 가스는 어느 것인가?

㉮ NH_3 가스 ㉯ H_2S 가스
㉰ CO_2 가스 ㉱ CH_4 가스

풀이 하수관의 부식은 황화수소(H_2S)에 의해 발생한다.

27 1차 침전지의 침전효율에 가장 큰 영향을 미치는 인자는 어느 것인가?

㉮ 침전지 폭   ㉯ 침전지 깊이
㉰ 침전지 표면적 ㉱ 침전지 부피

28 인구 15만명의 도시에서 유량이 400,000 m³/day이고, BOD가 1.2mg/L인 하천에 50,000m³/day의 하수가 배출된다고 가정한다. 하수처리장에서 처리된 하수가 하천으로 유입되어 BOD가 2.0 ppm으로 유지될 때, BOD 제거율(%)은 얼마인가? (단, 1인당 1일 BOD 배출량 50g, 하수가 하천으로 유입될 때는 완전혼합으로 가정한다.)

㉮ 88.5%   ㉯ 92.5%
㉰ 94.4%   ㉱ 96.5%

풀이 ① 유출수의 BOD농도(C_2) 계산

$$C_m = \frac{Q_1C_1+Q_2C_2}{Q_1+Q_2}$$

$$2.0mg/L = \frac{400,000m^3/day \times 1.2mg/L + 50,000m^3/day \times C_2}{400,000m^3/day + 50,000m^3/day}$$

∴ C_2 = 8.4mg/L

② BOD 제거율(%) = $\left(1 - \frac{유출수의\ BOD\ 총량}{유입수의\ BOD\ 총량}\right) \times 100$

$= \left\{1 - \frac{8.4g/m^3 \times 50,000m^3/day}{50g/day \cdot 인 \times 150,000인}\right\} \times 100$

= 94.4%

answer 24 ㉮ 25 ㉰ 26 ㉯ 27 ㉰ 28 ㉰

TIP
① ppm = mg/L = g/m³
② 총량(g/day) = 농도(g/m³)×유량(m³/day)

29 활성탄 흡착의 정도와 평형관계를 나타내는 식으로 틀린 것은 어느 것인가?

㉮ Freundlich 식
㉯ Michaelis-Santen 식
㉰ Langmuir 식
㉱ BET 식

풀이 ㉯ Michaelis-Santen 식은 미생물의 효소반응 속도식이다.

30 활성슬러지 폭기조의 F/M비를 0.4kg BOD/kg MLSS·day로 유지하고자 한다. 운전조건이 다음과 같을 때 MLSS의 농도(mg/L)는 얼마인가? (단, 운전조건: 폭기조 용량 100m³, 유량 1,000m³/day, 유입 BOD 100mg/L)

㉮ 1,500mg/L   ㉯ 2,000mg/L
㉰ 2,500mg/L   ㉱ 3,000mg/L

풀이

$$F/M비 = \frac{BOD \times Q}{MLSS \times V}$$

$$0.4/day = \frac{100mg/L \times 1,000m^3/day}{MLSS \times 100m^3}$$

$$\therefore MLSS = \frac{100mg/L \times 1,000m^3/day}{0.4/day \times 100m^3}$$

$$= 2,500mg/L$$

31 하수 소독 방법인 UV 살균의 장점으로 틀린 것은 어느 것인가?

㉮ 유량과 수질의 변동에 대해 적응력이 강하다.
㉯ 접촉시간이 짧다.
㉰ 물의 탁도나 혼탁이 소독효과에 영향을 미치지 않는다.
㉱ 강한 살균력으로 바이러스에 대해 효과적이다.

풀이 ㉰ 물의 탁도나 혼탁이 소독효과에 영향을 미친다.

32 물 5m³의 DO가 9.0mg/L이다. 이 산소를 제거하는데 이론적으로 필요한 아황산소듐(Na_2SO_3)의 양(g)은 얼마인가?
(단, 소듐 원자량: 23)

㉮ 약 355g   ㉯ 약 385g
㉰ 약 402g   ㉱ 약 429g

풀이 $Na_2SO_3 + 0.5O_2 \rightarrow Na_2SO_4$

126g : 0.5×32g
X : 9.0g/m³×5m³

$$\therefore X = \frac{126g \times 9.0g/m^3 \times 5m^3}{0.5 \times 32g} = 354.38g$$

answer 29 ㉯ 30 ㉰ 31 ㉰ 32 ㉮

33 20°C에서 탈산소계수 k = 0.23⁻¹일인 어떤 유기물 폐수의 BOD_5가 200mg/L 일 때 2일 BOD의 농도(mg/L)는 얼마인가? (단, 상용대수를 적용한다.)

㉮ 78mg/L ㉯ 88mg/L
㉰ 140mg/L ㉱ 204mg/L

풀이 ① $BOD_5 = BOD_u \times (1-10^{-k_1 \times t})$
200mg/L = $BOD_u \times (1-10^{-0.23/day \times 5day})$
∴ $BOD_u = \dfrac{200mg/L}{1-10^{(-0.23/day \times 5day)}} = 215.24mg/L$

② $BOD_2 = BOD_u \times (1-10^{-k_1 \times t})$
= 215.24mg/L × (1-10$^{-0.23/day \times 2day}$)
= 140.61mg/L

34 산화지에 대한 내용으로 틀린 것은 어느 것인가?

㉮ 호기성 산화지의 깊이는 0.3~0.6m 정도이며 산소는 바람에 의한 표면포기와 조류에 의한 광합성에 의하여 공급된다.
㉯ 호기성 산화지는 전수심에 걸쳐 주기적으로 혼합시켜 주어야 한다.
㉰ 임의성 산화지는 가장 흔한 형태의 산화지며, 깊이는 1.5~2.5m 정도이다.
㉱ 임의성 산화지는 체류시간은 7~20일 정도이며 BOD처리효율이 우수하다.

풀이 ㉱ 임의성 산화지는 체류시간은 25~180일 정도이며 BOD처리효율이 낮은 편이다.

35 최근 활성 슬러지법으로 2차 폐수처리장을 건설할 때 1차 침전지(primary settling tank)를 생략하는 경우가 많아지고 있다. 1차 침전지가 없으므로 갖는 장점으로 틀린 것은 어느 것인가?

㉮ 부지 면적과 건설비가 절감된다.
㉯ 충격 부하 시 처리가 용이하다.
㉰ 슬러지 양이 감소가 된다.
㉱ 생물학적 처리 이전의 고농도 유기물의 부패방지가 된다.

풀이 ㉯ 충격 부하 시 처리가 용이하지 못하다.

36 하·폐수 처리의 근본적인 목적으로 가장 알맞은 것은 어느 것인가?

㉮ 질 좋은 상수원의 확보
㉯ 공중보건 및 환경보호
㉰ 미관 및 냄새 등 심미적 요소의 충족
㉱ 수중생물의 보호

풀이 하·폐수 처리의 근본적인 목적은 공중보건 및 환경보호이다.

37 하수고도 처리공법인 A/O공법의 공정 중 혐기조의 역할로 알맞은 것은 어느 것인가?

㉮ 유기물제거, 질산화
㉯ 탈질, 유기물 제거
㉰ 유기물 제거, 용해성 인 방출
㉱ 유기물 제거, 인 과잉흡수

풀이 혐기조의 역할은 유기물 제거, 용해성 인 방출이다.

answer 33 ㉰ 34 ㉱ 35 ㉯ 36 ㉯ 37 ㉰

38 오존살균에 대한 내용으로 틀린 것은 어느 것인가?

㉮ 오존은 상수의 최종살균을 위해 주로 사용된다.
㉯ 오존은 저장할 수 없어 현장에서 생산해야 한다.
㉰ 오존은 산소의 동소체로 HOCl보다 더 강력한 산화제이다.
㉱ 수용액에서 오존은 매우 불안정하여 20℃의 증류수에서의 반감기는 20~30분 정도이다.

▶ 풀이 ㉮ 상수의 최종살균에 주로 사용되는 것은 염소이다.

39 3,200m³/day의 하수를 폭 4m, 깊이 3.2m, 길이 20m인 직사각형 침전지로 처리한다면 이 침전지의 표면부하율(m/day)은 얼마인가?

㉮ 30m/day   ㉯ 40m/day
㉰ 50m/day   ㉱ 60m/day

▶ 풀이 표면부하율(m³/m²·day)
$= \dfrac{Q(m^3/day)}{A(m^2)} = \dfrac{3{,}200m^3/day}{4m \times 20m}$
$= 40m^3/m^2 \cdot day$

TIP
① 표면(수면)부하율 공식에서 면적(A) = 수면적(표면적)이다.
② 수면적 = W(폭)×L(길이)
③ 표면부하율 단위는 $m^3/m^2 \cdot day = m/day$

40 분뇨처리에 있어서 SVI를 측정한 결과 120이었고 SV는 30%이었다. 포기조의 MLSS 농도(mg/L)는 얼마인가?

㉮ 2,000mg/L   ㉯ 2,500mg/L
㉰ 3,000mg/L   ㉱ 3,500mg/L

▶ 풀이
$SVI = \dfrac{SV(\%)}{MLSS(mg/L)} \times 10^4$
$120 = \dfrac{30\%}{MLSS(mg/L)} \times 10^4$
$\therefore MLSS = \dfrac{30\% \times 10^4}{120} = 2{,}500mg/L$

| 제3과목 | 수질오염공정시험기준

41 용액 중 CN⁻ 농도를 2.6mg/L로 만들려고 하면 물 1,000L에 용해될 NaCN의 양(g)은 얼마인가? (단, Na 원자량 : 23)

㉮ 약 5g   ㉯ 약 10g
㉰ 약 15g   ㉱ 약 20g

▶ 풀이 NaCN : CN⁻
49g : 26g
X : 2.6mg/L×10⁻³g/mg×1,000L
$\therefore X = 4.9g$

answer 38 ㉮   39 ㉯   40 ㉯   41 ㉮

42 이온크로마토그래피의 일반적인 시료 주입량과 주입방식으로 알맞은 것은 어느 것인가?

㉮ 1~5μL, 루프-밸브에 의한 주입방식
㉯ 5~10μL, 분무기에 의한 주입방식
㉰ 10~100μL, 루프-밸브에 의한 주입방식
㉱ 100~250μL, 분무기에 의한 주입방식

43 용존산소-적정법으로 DO를 측정할 때 지시약 투입 후 적정 종말점 색은 어느 것인가?

㉮ 청색   ㉯ 무색
㉰ 황색   ㉱ 홍색

풀이 종말점의 색은 무색이다.

44 투명도 측정원리에 대한 내용으로 ( )안에 알맞은 말은 어느 것인가?

> 지름 30cm의 투명도판(백색원판)을 사용하여 호소나 하천에 보이지 않는 깊이로 넣은 다음 이것을 천천히 끌어올리면서 보이기 시작한 깊이를 (①)단위로 읽어 투명도를 측정한다. 이 때 투명도판은 무게가 약 3kg인 지름 30cm의 백색원판에 지름 (②)의 구멍 (③)개가 뚫린 것을 사용한다.

㉮ ① 0.1m, ② 5cm, ③ 8
㉯ ① 0.1m, ② 10cm, ③ 6
㉰ ① 0.5m, ② 5cm, ③ 8
㉱ ① 0.5m, ② 10cm, ③ 6

45 폐수처리 공정 중 관내의 압력이 필요하지 않은 측정용 수로의 유량 측정 장치인 웨어가 적용되지 않는 것은 어느 것인가?

㉮ 공장폐수원수   ㉯ 1차 처리수
㉰ 2차 처리수   ㉱ 공정수

풀이 웨어가 적용되는 것은 1차 처리수, 2차 처리수, 공정수이다.

46 원자흡수분광광도계에 사용되는 가장 일반적인 불꽃 조성 가스는 어느 것인가?

㉮ 산소 - 공기
㉯ 아세틸렌 - 공기
㉰ 프로판 - 산화질소
㉱ 아세틸렌 - 질소

47 수질오염공정시험기준 구리-원자흡수분광광도법에 대한 내용으로 틀린 것은?

㉮ 측정파장은 253.7nm이다.
㉯ 불꽃연료는 공기-아세틸렌을 사용한다.
㉰ 정량한계는 0.008mg/L이다.
㉱ 정밀도(% RSD)는 25% 이내이다.

풀이 ㉮ 측정파장은 324.7nm이다.

answer 42 ㉰ 43 ㉯ 44 ㉮ 45 ㉮ 46 ㉯ 47 ㉮

48 물벼룩을 이용한 급성 독성 시험법(시험생물)에 대한 설명으로 틀린 것은 어느 것인가?

㉮ 시험하기 12시간 전부터는 먹이 공급을 중단하여 먹이에 대한 영향을 최소화한다.
㉯ 태어난 지 24시간 이내의 시험생물일지라도 가능한 한 크기가 동일한 시험생물을 시험에 사용한다.
㉰ 배양 시 물벼룩이 표면에 뜨지 않아야 하고, 표면에 뜰 경우 시험에 사용하지 않는다.
㉱ 물벼룩을 옮길 때 사용되는 스포이드에 의한 교차 오염이 발생하지 않도록 주의를 기울인다.

풀이 ㉮ 시험하기 12시간 전에 먹이를 충분히 공급하여 시험 중 먹이가 주는 영향을 최소화하도록 한다.

49 시험에 적용되는 용어의 정의로 틀린 것은 어느 것인가?

㉮ 기밀용기 : 취급 또는 저장하는 동안에 밖으로부터의 공기 또는 다른 가스가 침입하지 아니하도록 내용물을 보호하는 용기
㉯ 정밀히 단다 : 규정된 양의 시료를 취하여 화학저울 또는 미량저울로 칭량함을 말한다.
㉰ 정확히 취하여 : 규정된 양의 액체를 부피피펫으로 눈금까지 취하는 것을 말한다.
㉱ 감압 : 따로 규정이 없는 한 15mmH₂O 이하를 뜻한다.

풀이 ㉱ 감압 : 따로 규정이 없는 한 15mmHg 이하를 뜻한다.

50 처리하여 방류된 공장폐수의 BOD값을 전혀 모르고 BOD 측정을 하려할 때 희석수에 함유되는 공장폐수시료의 비율로 알맞은 것은 어느 것인가?

㉮ 0.1~1.0% ㉯ 1~5%
㉰ 5~25%   ㉱ 25~50%

풀이 희석하여 시료 조제방법
① 오염정도가 심한 공장폐수 : 0.1~1.0%
② 처리하지 않은 공장폐수와 침전된 하수 : 1~5%
③ 처리하여 방류된 공장폐수 : 5~25%
④ 오염된 하천수 : 25~100%

51 폐수중의 부유물질을 측정하기 위한 실험에서 다음과 같은 결과를 얻었다. 이 결과로부터 알 수 있는 거름종이와 여과물질(건조상태)의 무게(g)는 얼마인가?
(단, 거름종이 무게 : 1.991g, 시료의 SS : 120mg/L, 시료량 : 200mL)

㉮ 2.005g ㉯ 2.015g
㉰ 2.150g ㉱ 2.550g

풀이 $SS(mg/L) = \dfrac{(\text{포집 후 무게} - \text{포집 전 무게})(mg)}{\text{시료량}(L)}$

$120mg/L = \dfrac{(\text{포집 후 무게} - 1.991g) \times 10^3 mg/g}{0.2L}$

∴ 포집 후 무게 = 2.015g

TIP
① 포집 전 무게 = 거름종이 무게
② 포집 후 무게 = 거름종이+여과물질의 무게

answer 48 ㉮ 49 ㉱ 50 ㉰ 51 ㉯

52 자외선/가시선 분광법으로 정량하는 물질로 틀린 것은 어느 것인가?

㉮ 총인
㉯ 노말헥산 추출물질
㉰ 불소
㉱ 페놀

풀이 노말헥산 추출물질과 부유물질은 중량법을 이용한다.

53 총대장균군의 분석법으로 틀린 것은 어느 것인가?

㉮ 막여과법   ㉯ 현미경계수법
㉰ 시험관법   ㉱ 평판집락법

풀이
① 총대장균군 : 막여과법, 시험관법, 평판집락법, 효소기질정량법, 건조필름법
② 분원성대장균군 : 막여과법, 시험관법, 효소기질정량법
③ 대장균 : 막여과법, 시험관법, 효소기질정량법

54 다음 중 수은의 냉증기-원자흡수분광광도법의 적용파장(nm)은?

㉮ 253.7   ㉰ 232.0
㉯ 193.7   ㉱ 196.0

풀이 수은의 냉증기-원자흡수분광광도법
① 정량한계 : 0.0005mg/L
② 적용파장 : 253.7nm

55 배출허용기준 적합여부 판정을 위한 복수시료 채취방법에 대한 기준으로 (   )에 알맞은 말은 어느 것인가?

> 자동시료채취기로 시료를 채취할 경우에 6시간 이내에 30분 이상 간격으로 (   ) 이상 채취하여 일정량의 단일 시료로 한다.

㉮ 1회   ㉯ 2회
㉰ 4회   ㉱ 8회

풀이 복수시료 채취방법 기준 내용 중 암기사항
6시간, 30분, 2회, 산술평균

56 시료의 보존방법 및 최대보존기간에 관한 설명으로 알맞은 것은 어느 것인가?

㉮ 냄새용 시료는 4℃ 보관, 최대 48시간 동안 보존한다.
㉯ COD용 시료는 황산 또는 질산을 첨가하여 pH 4 이하, 최대 7일간 보존한다.
㉰ 유기인용 시료는 NaOH 또는 H_2SO_4로 pH 5~9 보관, 최대 7일간 보존
㉱ 질산성 질소용 시료는 4℃ 보관, 최대 24시간 보존한다.

풀이 ㉮ 냄새용 시료는 가능한 한 빨리 분석 또는 냉장 보관, 최대보존기간은 6시간
㉯ 화학적산소요구량 시료는 H_2SO_4로 pH 2 이하, 최대보존기간은 28일
㉱ 질산성 질소용 시료는 보존방법 없음, 최대보존기간 48시간

---

answer 52 ㉯ 53 ㉯ 54 ㉮ 55 ㉯ 56 ㉰

57 다음 ( )에 알맞은 말은 어느 것인가?
(단, 자외선/가시선 분광법 기준)

> 6가 크롬 측정원리 : 6가 크롬을 ( )와(과) 반응하여 생성되는 적자색의 착화합물의 흡광도를 측정, 정량한다.

㉮ 다이아조화페닐
㉯ 다이에틸다이티오카르바민산소듐
㉰ 아스코르빈산은
㉱ 다이페닐카바자이드

58 다음 중 비소-수소화물생성 원자흡수분광광도법의 적용파장(nm)은?

㉮ 193.7 ㉰ 279.5
㉯ 324.7 ㉱ 357.9

▶풀이 비소-원자흡수분광광도법
① 정량한계 : 0.005mg/L
② 적용파장 : 193.7nm

59 다음 이온 중 이온크로마토그래피로 분석 시 정량한계 값이 다른 하나는 어느 것인가?

㉮ F^- ㉯ NO_2^-
㉰ Cl^- ㉱ SO_4^{2-}

▶풀이 정량한계
① F^-, NO_2^-, Cl^- : 0.1mg/L
② SO_4^{2-} : 0.5mg/L

60 pH 측정에 사용하는 전극이 오염되었을 때 전극의 세척에 사용하는 용액으로 알맞은 것은 어느 것인가?

㉮ 황산 0.1M ㉯ 황산 0.01M
㉰ 염산 0.1M ㉱ 염산 0.01M

▶풀이 pH측정에 사용하는 전극이 오염되었을 때 염산(0.1M)용액으로 전극을 세척한다.

answer   57 ㉱   58 ㉮   59 ㉱   60 ㉰   61 ㉰

2016 2회 기출문제

2016년 5월 8일 시행

| 제1과목 | 수질오염개론

01 성장을 위한 먹이(탄소원) 취득 방법이 나머지와 크게 다른 것은 어느 것인가?

㉮ 조류   ㉯ 곰팡이
㉰ 질산화박테리아   ㉱ 황박테리아

풀이 ㉮, ㉰, ㉱는 독립영양균에 해당하고, ㉯는 종속영양균에 해당한다.

02 pH = 6.0인 용액의 산도의 8배를 가진 용액의 pH는 얼마인가?

㉮ 5.1   ㉯ 5.3
㉰ 5.4   ㉱ 5.6

풀이 pH = -log[H^+] ⇒ [H^+] = 10^{-pH} mol/L
pH = 6.0 ⇒ [H^+] = $10^{-6.0}$ mol/L
따라서 pH = -log[H^+] = -log[$10^{-6.0}$ mol/L × 8]
= 5.09

03 물의 동점성계수를 가장 알맞게 나타낸 것은 어느 것인가?

㉮ 전단력 τ과 점성계수 μ를 곱한 값이다.
㉯ 전단력 τ과 밀도 ρ를 곱한 값이다.
㉰ 점성계수 μ를 전단력 τ로 나눈 값이다.
㉱ 점성계수 μ를 밀도 ρ로 나눈 값이다.

풀이 동점성계수 = $\dfrac{\mu(점성계수)}{\rho(밀도)}$

04 반응조에 주입된 물감의 10%, 90%가 유출되기까지의 시간은 t_{10}, t_{90} 이라 할 때 Morrill지수는 t_{90}/t_{10}으로 나타낸다. 이상적인 Plug flow인 경우의 Morrill지수 값은 얼마인가?

㉮ 1보다 작다.   ㉯ 1이다.
㉰ 1보다 크다.   ㉱ 0이다.

풀이

	CFSTR	PFR
분산	1	0
분산수	무한대	0
모릴지수	클수록	1
지체시간	0	이론적 체류시간과 동일할 때

answer   01 ㉯   02 ㉮   03 ㉱   04 ㉯

05 일반적인 하천에 유기물질이 배출되었을 때 하천의 수질변화를 나타낸 것이다. 그림 중 (2)곡선이 나타내는 수질지표로 가장 적절한 것은 어느 것인가?

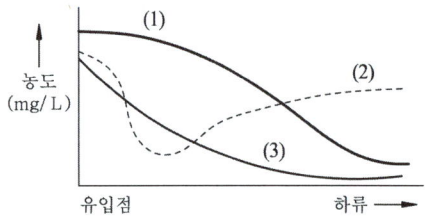

㉮ DO ㉯ BOD
㉰ SS ㉱ COD

풀이 (1) BOD, (2) DO, (3) SS

06 수분함량 97%의 슬러지 14.7m³를 수분함량 85%로 농축하면 농축 후 슬러지 용적(m³)은 얼마인가? (단, 슬러지 비중은 1.0 기준이다.)

㉮ 1.92m³ ㉯ 2.94m³
㉰ 3.21m³ ㉱ 4.43m³

풀이 $V_1 \times (100-P_1) = V_2 \times (100-P_2)$
$14.7m^3 \times (100-97) = V_2 \times (100-85)$
∴ $V_2 = \dfrac{14.7m^3 \times (100-97)}{(100-85)} = 2.94m^3$

07 산(Acid)이 물에 녹았을 때 가지는 특성으로 틀린 것은 어느 것인가?

㉮ 맛이 시다.
㉯ 미끈미끈거리며 염기를 중화한다.
㉰ 푸른 리트머스시험지를 붉게 한다.
㉱ 활성을 띈 금속과 반응하여 원소상태의 수소를 발생시킨다.

풀이 ㉯ 염기(Base)는 미끈미끈거리며 산을 중화한다.

08 물의 물성을 나타내는 값으로 틀린 것은 어느 것인가?

㉮ 비점 : 100℃(1기압하)
㉯ 비열 : 1.0cal/g℃(15℃)
㉰ 기화열 : 539cal/g(100℃)
㉱ 융해열 : 179.4cal/g(0℃)

풀이 ㉱ 융해열 : 79.4cal/g(0℃)

09 다음 중 하수처리구역이 아닌 경우 오수, 분뇨의 처리방안으로 알맞은 것은 어느 것인가?

㉮ 분뇨는 단독 정화조에서 처리하여 생활오수와 함께 BOD 50mg/L 이하로 공공수역에 방류시킨다.
㉯ 분뇨와 생활오수를 함께 오수처리시설에 유입시켜 BOD 20mg/L 이하로 처리하여 공공수역에 방류시킨다.
㉰ 분뇨와 생활오수를 함께 우, 오수분류식 하수처리장에서 처리한 후 BOD 20mg/L 이하로 공공수역에 방류시킨다.
㉱ 분뇨는 단독 정화조에서 처리하고 생활오수는 우, 오수분류식 하수처리장에서 처리한 후 BOD 20mg/L 이하로 처리하여 공공수역에 방류시킨다.

10 우리나라의 물이용 형태에서 볼 때 수요가 가장 많은 분야는 어느 것인가?

㉮ 공업용수 ㉯ 농업용수
㉰ 유지용수 ㉱ 생활용수

answer 05 ㉮ 06 ㉯ 07 ㉯ 08 ㉱ 09 ㉯ 10 ㉯

풀이 우리나라 수자원 이용현황은 농업용수 > 하천유지용수 > 생활용수 > 공업용수 순이다.

11 일반적으로 물속의 용존산소(DO)농도가 증가하게 되는 조건으로 알맞은 것은 어느 것인가?

㉮ 수온이 낮고 기압이 높을 때
㉯ 수온이 낮고 기압이 낮을 때
㉰ 수온이 높고 기압이 높을 때
㉱ 수온이 높고 기압이 낮을 때

12 Glucose($C_6H_{12}O_6$) 800mg/L 용액을 호기성 처리 시 필요한 이론적 인량(P, mg/L)은 얼마인가? (단, BOD_5 : N : P = 100 : 5 : 1, $k_1 = 0.1/day^{-1}$, 상용대수기준)

㉮ 약 9.6mg/L ㉯ 약 7.9mg/L
㉰ 약 5.8mg/L ㉱ 약 3.6mg/L

풀이 ① 최종 BOD(BOD_u) 계산
$C_6H_{12}O_6 + 6O_2 \rightarrow 6CO_2 + 6H_2O$
180g : 6×32g
800mg/L : X(BOD_u)
∴ X(BOD_u) = 853.3333mg/L
② BOD_5 계산
$BOD_5 = BOD_u \times (1-10^{-k_1 \times t})$
= 853.3333mg/L×(1-$10^{-0.1/day \times 5day}$)
= 583.4856mg/L
③ BOD_5 : P
100 : 1
583.4856mg/L : X(P)
∴ X(P) = 5.84mg/L

13 Cd^{2+}를 함유하는 산성수용액의 pH를 증가시키면 침전이 생긴다. pH를 11로 증가시켰을 때 Cd^{2+}농도(mg/L)는 얼마인가? (단, $Cd(OH)_2$의 Ksp = 4×10^{-14}, 원자량은 Cd = 112, O = 16, H = 1, 기타 공존이온의 영향이나 착염에 의한 재용해도는 없는 것으로 본다.)

㉮ 3.12×10^{-3}mg/L ㉯ 3.46×10^{-3}mg/L
㉰ 4.48×10^{-3}mg/L ㉱ 6.29×10^{-3}mg/L

풀이 ① $Cd(OH)_2 \rightarrow Cd^{2+} + 2OH^-$
Ksp = [Cd^{2+}][OH^-]^2
pH = 11 ⇒ pOH = 14-pH = 14-11 = 3
pOH = -log[OH^-] ⇒
[OH^-] = 10^{-pOH}mol/L = 10^{-3}mol/L
따라서 Ksp = [Cd^{2+}][OH^-]^2
4×10^{-14} = [Cd^{2+}][10^{-3}mol/L]^2
∴ [Cd^{2+}] = $\frac{4 \times 10^{-14}}{[10^{-3}mol/L]^2}$ = 4.0×10^{-8}mol/L
② Cd^{2+} mg/L = $\frac{4.0 \times 10^{-8}mol}{L} \times \frac{112g}{1mol} \times \frac{10^3 mg}{1g}$
= 4.48×10^{-3}mg/L

14 수중에 탄산가스 농도나 암모니아성 질소의 농도가 증가하며 Fungi가 사라지는 하천의 변화과정 지대는 어느 것인가? (단, Whipple의 4지대 기준)

㉮ 활발한 분해지대
㉯ 점진적 분해지대
㉰ 분해지대
㉱ 점진적 회복지대

풀이 ㉮ 활발한 분해지대에 대한 설명이다.

answer 11 ㉮ 12 ㉰ 13 ㉰ 14 ㉮

15 0.25M $MgCl_2$ 용액의 이온강도는 얼마인가? (단, 완전해리 기준)

㉮ 0.45　　㉯ 0.55
㉰ 0.65　　㉱ 0.75

▶ 풀이　$MgCl_2 \rightarrow Mg^{2+} + 2Cl^-$
0.25M　　0.25M　　2×0.25M

$$이온강도(I) = \frac{합\{몰수 \times (가수)^2\}}{2}$$

$$= \frac{1}{2} \times \{(0.25M \times 2^2) + (2 \times 0.25M \times 1^2)\}$$

$$= 0.75$$

TIP
이온강도(I) : 용액에 들어있는 이온의 전체 농도를 나타내는 척도

16 자정계수(f)에 대한 내용으로 틀린 것은 어느 것인가?

㉮ 자정계수는 소규모 저수지보다 대형호수가 크다.
㉯ [재폭기계수/탈산소계수]로 나타낸다.
㉰ 수온이 증가할수록 자정계수는 높아진다.
㉱ 하천의 유속이 클수록 자정계수는 커진다.

▶ 풀이　㉰ 수온이 증가할수록 자정계수는 낮아진다.

17 우리나라에서 주로 설치·사용되어진 분뇨정화조의 형태로 가장 적합하게 짝지어진 것은 어느 것인가?

㉮ 임호프탱크 - 부패탱크
㉯ 접촉포기법 - 접촉안정법
㉰ 부패탱크 - 접촉포기법
㉱ 임호프탱크 - 접촉포기법

18 다음 중 지하수에 관한 내용으로 틀린 것은 어느 것인가?

㉮ 천층수 : 지하로 침투한 물이 제1 불투수면 위에 고인 물로, 공기와의 접촉가능성이 커 산소가 존재할 경우 유기물은 미생물의 호기성 활동에 의해 분해될 가능성이 크다.
㉯ 심층수 : 제1 불침투수층과 제2 불침투수층사이의 피압지하수를 말하며, 지층의 정화작용으로 거의 무균에 가깝고 수온과 성분의 변화가 거의 없다.
㉰ 용천수 : 지표수가 지하로 침투하여 암석 또는 점토와 같은 불투수면에 차단되어 지표로 솟아나온 것으로, 유기성 및 무기성불순물의 함유도가 낮고, 세균도 매우 적다.
㉱ 복류수 : 하천, 저수지 혹은 호수의 바닥 자갈 모래층에 함유되어 있는 물로, 지표수보다 수질이 나쁘며 철과 망간과 같은 광물질 함유량도 높다.

▶ 풀이　㉱ 복류수 : 하천, 저수지 혹은 호수의 바닥 자갈 모래층에 함유되어 있는 물로, 지표수보다 수질이 양호하고 철과 망간과 같은 광물질 함유량은 낮다.

19 미생물의 발육과정을 순서대로 나열한 것은 어느 것인가?

㉮ 유도기 - 대수증식기 - 정지기 - 사멸기
㉯ 대수증식기 - 정지기 - 유도기 - 사멸기
㉰ 사멸기 - 대수증식기 - 유도기 - 정지기
㉱ 정지기 - 유도기 - 대수증식기 - 사멸기

🔑 answer　15 ㉱　16 ㉰　17 ㉮　18 ㉱　19 ㉮

20 폐수의 분석결과 COD 400mg/L이었고 BOD₅가 250mg/L이었다면 NBDCOD (mg/L)는 얼마인가? (단, 탈산소계수 k_1 (밑이 10) = 0.2day⁻¹이다.)

㉮ 78mg/L ㉯ 122mg/L
㉰ 172mg/L ㉱ 210mg/L

풀이 ① BOD_u(= BDCOD)
$BOD_5 = BOD_u \times (1-10^{-k_1 \times t})$
$250\text{mg/L} = BOD_u \times (1-10^{-0.2/day \times 5day})$
∴ $BOD_u = 277.7778\text{mg/L}$
② COD = BDCOD+NBDCOD
∴ NBDCOD = COD−BDCOD(= BOD_u)
 = 400mg/L−277.7778mg/L
 = 122.22mg/L

| 제2과목 | 수질오염방지기술

21 BOD₅가 85mg/L인 하수가 완전혼합 활성슬러지공정으로 처리된다. 유출수의 BOD₅가 15mg/L, 온도 20℃, 유입 유량 40,000 톤/일, MLVSS가 2,000mg/L, Y값 0.6mgVSS/mg BOD₅, K_d값 0.6d⁻¹, 미생물체류시간이 10일이라면 Y값과 K_d값을 이용한 반응조의 부피(m³)는 얼마인가? (단, 비중은 1.0 기준이다.)

㉮ 800m³ ㉯ 1,000m³
㉰ 1,200m³ ㉱ 1,400m³

풀이 $\dfrac{1}{SRT} = \dfrac{Y \cdot Q \cdot (BOD_i - BOD_o)}{MLVSS \times V} - k_d$

$\dfrac{1}{10\text{day}} = \dfrac{0.6 \times 40,000\text{m}^3/\text{day} \times (85-15)\text{mg/L}}{2,000\text{mg/L} \times V} - 0.6/\text{day}$

∴ $V = \dfrac{0.6 \times 40,000\text{m}^3/\text{day} \times (85-15)\text{mg/L}}{\left(0.6/\text{day} + \dfrac{1}{10\text{day}}\right) \times 2,000\text{mg/L}}$

= 1,200m³

TIP 비중이 1.0ton/m³일 때 40,000ton/day = 40,000m³/day

22 유기성폐하수의 고도처리 및 효율적인 처리법으로 사용되고 있는 미생물자기조립법에 의한 처리방법으로 틀린 것은 어느 것인가?

㉮ AUSB법 ㉯ UASB법
㉰ SBR법 ㉱ USB법

풀이 ㉰ SBR법은 연속회분식 활성슬러지법이다.

23 차아염소산과 수중의 암모니아나 유기성 질소화합물이 반응하여 클로라민을 형성할 때 pH가 9인 경우 가장 많이 존재하게 되는 물질은 어느 것인가?

㉮ 모노클로라민 ㉯ 디클로라민
㉰ 트리클로라민 ㉱ 헤테로클로라민

풀이 pH 9에서 가장 많이 존재하는 클로라민은 모노클로라민(NH_2Cl)이다.

24 미생물접착용 회전원판의 지름이 3m이며, 740매로 구성되었다. 유입수량이 1,000m³/일, BOD 150ppm일 경우 수량부하(L/m²)와 BOD 부하(g/m²)는 얼마인가? (단, 양면기준)

㉮ 370L/m², 75g/m²
㉯ 95.6L/m², 14.3g/m²
㉰ 74.0L/m², 50g/m²
㉱ 246L/m², 450g/m²

answer 20 ㉯ 21 ㉰ 22 ㉰ 23 ㉮ 24 ㉯

풀이 ① 수량부하(L/m²)

$$= \frac{유량(L/day)}{면적(m^2)} = \frac{Q(L/day)}{\frac{\pi}{4} \times D^2 \times 매수 \times 양면(2)}$$

$$= \frac{1,000 \times 10^3 L/day}{\frac{\pi}{4} \times (3m)^2 \times 740매 \times 2} = 95.59 L/m^2 \cdot day$$

② BOD부하(g/m²) $= \frac{BOD(g/m^3) \times Q(m^3/day)}{\frac{\pi}{4} \times D^2 \times 매수}$

$$= \frac{150g/m^3 \times 1,000m^3/day}{\frac{\pi}{4} \times (3m)^2 \times 740매 \times 2} = 14.34 g/m^2 \cdot day$$

TIP
① $m^3/day \xrightarrow{\times 10^3} L/day$
② $ppm = mg/L = g/m^3$

25 아래에 주어진 조건에서 폐슬러지 배출량(m³/day)은 얼마인가?

〈단서〉
- 포기조 용적 : 10,000m³
- 포기조 MLSS 농도 : 3,000mg/L
- SRT : 3day
- 폐슬러지 함수율 : 99%
- 유출수 SS 농도는 무시

㉮ 1,000m³/day ㉯ 1,500m³/day
㉰ 2,000m³/day ㉱ 2,500m³/day

풀이 $SRT = \frac{MLSS \times V}{Q_w \times SS_w}$

$3day = \frac{3,000mg/L \times 10,000m^3}{Q_w \times 1 \times 10^4 mg/L}$

$\therefore Q_w = \frac{3,000mg/L \times 10,000m^3}{3day \times 1 \times 10^4 mg/L} = 1,000m^3/day$

TIP 폐슬러지 함수율이 99%이므로 SS_w는 1%이다.
따라서 $SS_w = 1\% = 1 \times 10^4 ppm = 1 \times 10^4 mg/L$

26 가스 상태의 염소가 물에 들어가면 가수분해와 이온화반응이 일어나 살균력을 나타낸다. 이 때 살균력이 가장 높은 pH 범위는 어느 것인가?

㉮ 산성영역 ㉯ 알칼리성영역
㉰ 중성영역 ㉱ pH와 관계 없다.

풀이 염소소독은 pH가 낮을수록 살균력이 증가한다.

27 1차 처리된 분뇨의 2차 처리를 위해 폭기조, 2차 침전지로 구성된 활성슬러지 공정을 운영하고 있다. 운영조건이 다음과 같을 때 폭기조 내의 고형물 체류시간(day)은 얼마인가? (단, 유입유량 200m³/day, 폭기조 용량 1,000m³, 잉여슬러지 배출량 50m³/day, 반송슬러지 SS농도 1%, MLSS 농도 2,500mg/L, 2차 침전지 유출수 SS 농도 0mg/L)

㉮ 4 ㉯ 5
㉰ 6 ㉱ 7

풀이 $SRT = \frac{MLSS \times V}{Q_w \times SS_w} = \frac{2,500mg/L \times 1,000m^3}{50m^3/day \times 1 \times 10^4 mg/L}$
$= 5day$

TIP $SS_w = SS_r = 1\% = 1 \times 10^4 ppm = 1 \times 10^4 mg/L$

answer 25 ㉮ 26 ㉮ 27 ㉯

28 유량이 2,500m³/day인 폐수를 활성슬러지법으로 처리하고자 한다. 폭기조로 유입되는 SS농도가 200mg/L이고, 포기조 내의 MLSS 농도가 2,000mg/L이며, 포기조 용적이 2,000m³일 때 슬러지 일령(day)은 얼마인가?

㉮ 3day ㉯ 4day
㉰ 6day ㉱ 8day

▶풀이 슬러지일령$(S \cdot A) = \dfrac{MLSS \times V}{SS_i \times Q_i}$

$= \dfrac{2,000mg/L \times 2,000m^3}{200mg/L \times 2,500m^3/day} = 8day$

TIP
슬러지일령$(S \cdot A)$
미생물이 폭기조에서 생성된 다음 잉여슬러지로 유출되기까지의 시간

29 혐기적 공정 운전에 가장 중요한 인자에 해당되지 않는 것은 어느 것인가?

㉮ pH
㉯ 교반(Mixing)
㉰ 암모니아와 황산염의 제어
㉱ 염소요구량

30 하수고도처리를 위한 단일단계 질산화 공정(부유성장식)에 대한 내용으로 틀린 것은 어느 것인가?

㉮ BOD/TKN 비가 높아서 안정적인 MLSS 운영이 가능함
㉯ 독성물질에 대한 질산화 저해 방지가 가능함
㉰ 온도가 낮을 경우 반응조 용적이 매우 크게 소요됨
㉱ 운전의 안정성은 미생물 반송을 위한 이차침전지의 운전에 좌우됨

▶풀이 ㉯ 독성물질에 대한 질산화 저해 방지가 불가능함

31 2,700m³/day의 폐수처리를 위해 폭 5m, 길이 15m, 깊이 3m인 침전지(유효수심이 2.7m)를 사용하고 있다면 침전된 슬러지가 바닥에서 유효수심의 1/5이 찬 경우 침전지의 수평 유속(m/min)은 얼마인가?

㉮ 약 0.17m/min ㉯ 약 0.42m/min
㉰ 약 0.82m/min ㉱ 약 1.23m/min

▶풀이 유량(Q) = 통과면적(A)×유속(v)
= W(폭)×H(유효수심)×v(유속)

∴ $V = \dfrac{Q}{W \times H}$

$= \dfrac{2,700m^3/day \times 1day/24hr \times 1hr/60min}{5m \times 2.7m \times \dfrac{4}{5}}$

$= 0.17m/min$

TIP
유효수심 중 $\dfrac{1}{5}$이 슬러지가 침전되어 있으므로 실제 유효수심은 $2.7m \times \dfrac{4}{5}$ 가 된다.

answer 28 ㉱ 29 ㉱ 30 ㉯ 31 ㉮

32 흡착에 관한 설명으로 틀린 것은 어느 것인가?

㉮ 흡착은 보통 물리적 흡착과 화학적 흡착으로 분류한다.
㉯ 화학적 흡착은 주로 van der waals의 힘에 기인하며 비가역적이다.
㉰ 흡착제는 단위 질량당 표면적이 큰 활성탄, 제올라이트 등이 사용된다.
㉱ 활성탄은 코코넛 껍질, 석탄 등을 탄화시킨 후 뜨거운 공기나 증기로 활성화시켜 제조한다.

풀이 ㉯ 화학적 흡착은 주로 흡착제-용질의 화학반응에 기인하며 비가역적이다.

33 철과 망간 제거방법으로 사용되는 산화제는 어느 것인가?

㉮ 과망간산염 ㉯ 수산화소듐
㉰ 산화칼슘   ㉱ 석회

34 표준활성슬러지법의 특성으로 틀린 것은 어느 것인가? (단, 하수도 시설기준 기준)

㉮ MLSS농도(mg/L) : 1,500~2,500
㉯ 반응조의 수심(m) : 2~3
㉰ HRT(시간) : 6~8
㉱ SRT(일) : 3~6

풀이 ㉯ 반응조의 수심(m) : 4~6

35 직경이 10m이고 평균 깊이가 2.5m인 1차 침전지가 1,200m³/d의 폐수를 처리할 때 체류시간(hr)은 얼마인가?

㉮ 약 2hr   ㉯ 약 4hr
㉰ 약 6hr   ㉱ 약 8hr

풀이
$$체류시간(t) = \frac{체적(V)}{유량(Q)} = \frac{A \times H}{Q} = \frac{\frac{\pi D^2}{4} \times H}{Q}$$
$$= \frac{\frac{\pi \times (10m)^2}{4} \times 2.5m}{1,200m^3/day \times 1day/24hr} = 3.93hr$$

36 3차 처리 프로세스 중 5단계-Bardenpho 프로세스에 관한 내용으로 틀린 것은 어느 것인가?

㉮ 1차 포기조에서는 질산화가 일어난다.
㉯ 혐기조에서는 용해성 인의 과잉흡수가 일어난다.
㉰ 인의 제거는 인의 함량이 높은 잉여슬러지를 제거함으로 가능하다.
㉱ 무산소조에서는 탈질화과정이 일어난다.

풀이 ㉯ 혐기조에서는 인의 방출이 일어난다.

37 구형입자의 침강속도가 stokes법칙에 따른다고 할 때 직경 0.5mm이고, 비중이 2.5인 구형입자의 침강속도(m/sec)는 얼마인가? (단, 물의 밀도는 1,000kg/m³이고, 점성계수 μ는 1.002×10⁻³kg/m·sec라고 가정 한다.)

㉮ 0.1m/sec   ㉯ 0.2m/sec
㉰ 0.3m/sec   ㉱ 0.4m/sec

풀이
$$V_s = \frac{d^2(\rho_s - \rho_w)g}{18\mu}$$
$$= \frac{(0.5 \times 10^{-3}m)^2 \times (2,500-1,000)kg/m^3 \times 9.8m/sec^2}{18 \times 1.002 \times 10^{-3}kg/m \cdot sec}$$
$$= 0.20m/sec$$

answer 32 ㉯ 33 ㉮ 34 ㉯ 35 ㉯ 36 ㉯ 37 ㉯

38 인(P)의 제거방법 중 금속(Al, Fe)염 첨가법의 장점으로 틀린 것은 어느 것인가?

㉮ 기존시설에 적용이 비교적 쉽다.
㉯ 방류수의 인농도를 금속염 주입량에 의하여 최대의 효율을 나타낼 수 있다.
㉰ 처리실적이 많고 제거조작이 간편, 명확하다.
㉱ 금속염을 사용하지 않는 재래식 폐수처리장의 슬러지보다 탈수가 용이하다.

풀이 ㉱ 금속염을 사용하지 않는 재래식 폐수처리장의 슬러지보다 탈수가 용이하지 못하다.

39 용존산소와 미생물의 관계를 설명한 것으로 틀린 것은 어느 것인가?

㉮ 호기성 미생물은 호흡을 위해 물 속의 용존산소를 섭취한다.
㉯ 혐기성 미생물은 호흡을 위해 화학적으로 결합된 산화물에서 산소를 섭취한다.
㉰ 임의성 미생물은 호기성 환경이나 임의성 환경에 관계없이 성장하는 미생물을 의미한다.
㉱ 혐기성 미생물은 모든 종류의 산소가 차단된 상태에서 잘 성장한다.

풀이 ㉱ 혐기성 미생물은 모든 종류의 산소가 차단된 상태에서 성장이 느리다.

40 염소요구량이 5mg/L인 하수 처리수에 잔류염소 농도가 0.5mg/L가 되도록 염소를 주입 하려고 한다. 이 때 염소주입량(mg/L)은 얼마인가?

㉮ 4.5mg/L ㉯ 5.0mg/L
㉰ 5.5mg/L ㉱ 6.0mg/L

풀이 염소주입량 = 염소요구량 + 염소잔류량
= 5mg/L + 0.5mg/L = 5.5mg/L

| 제3과목 | 수질오염공정시험기준

41 수질오염공정시험기준 아연의 시험방법으로 틀린 것은?

㉮ 원자흡수분광광도법
㉯ 유도결합플라스마-원자발광분광법
㉰ 이온크로마토그래피
㉱ 양극벗김전압전류법

풀이 아연의 시험방법
① 원자흡수분광광도법
② 유도결합플라스마-원자발광분광법
③ 유도결합플라스마-질량분석법
④ 양극벗김전압전류법

42 수질오염공정시험기준 총칙에 정의된 용어에 대한 내용으로 틀린 것은 어느 것인가?

㉮ "표준편차율"이라 함은 표준편차를 정량범위로 나눈 값의 백분율이다.
㉯ "약"이라 함은 기재된 양에 대하여 ±10% 이상의 차가 있어서는 안 된다.
㉰ 시험조작 중 "즉시"란 30초 이내에 표시된 조작을 하는 것을 뜻한다.
㉱ "항량으로 될 때까지 건조한다."라 함은 같은 조건에서 1시간 더 건조할 때 전후 무게의 차가 g당 0.3mg 이하일 때를 말한다.

풀이 ㉮ 표준편차율이라 함은 표준편차를 평균값으로 나눈 값의 백분율로서 반복 조작시의 편차를 상대적으로 표시한 것을 말한다.

answer 38 ㉱ 39 ㉱ 40 ㉰ 41 ㉰ 42 ㉮

43 공장폐수 및 하수유량(측정용 수로 및 기타 유량측정방법) 측정을 위한 웨어의 최대유속과 최소유속의 비로 알맞은 것은 어느 것인가?

㉮ 100 : 1 ㉯ 200 : 1
㉰ 400 : 1 ㉱ 500 : 1

풀이 웨어
① 최대유속 : 최소유속(최대유량 : 최소유량)
   = 500 : 1
② 실제유량에 대한 정확도 : ±5%
③ 최대유량에 대한 정밀도 : ±0.5%

44 0.08N HCl 70mL와 0.04N NaOH 130mL를 혼합한 용액의 pH는 얼마인가?

㉮ 2.7 ㉯ 3.6
㉰ 4.2 ㉱ 5.4

풀이 ① 혼합공식을 이용해 농도 계산

$$C_m = \frac{Q_1C_1 - Q_2C_2}{Q_1 + Q_2}$$

$$= \frac{(70\text{mL} \times 0.08\text{mol/L}) - (130\text{mL} \times 0.04\text{mol/L})}{(70+130)\text{mL}}$$

$$= 0.002\text{mol/L}$$

② pH = $-\log[H^+]$ = $-\log[0.002\text{mol/L}]$ = 2.70

TIP
① HCl은 1가 물질이므로 0.08N = 0.08M
② NaOH는 1가 물질이므로 0.04N = 0.04M
③ M농도 = mol/L

45 식물성 플랑크톤(조류)의 저배율 방법에 의한 정량시험 시 주의사항으로 틀린 것은 어느 것인가?

㉮ 세즈윅-라프터 챔버는 조작이 편리하고 재현성이 높아 미소 플랑크톤의 검경에 적절하다.
㉯ 정체시간이 짧을 경우 충분히 침전되지 않은 개체가 계수 시 제외되어 오차 유발 요인이 된다.
㉰ 시료를 챔버에 채울 때 피펫은 입구가 넓은 것을 사용하는 것이 좋다.
㉱ 계수 시 스트립을 이용할 경우, 양쪽 경계면에 걸린 개체는 하나의 경계면에 대해서만 계수한다.

풀이 ㉮ 세즈윅-라프터 챔버는 조작이 편리하고 재현성이 높고, 미소 플랑크톤의 검경에 적절하지 않다.

46 익류(over flow)폭이 5m인 유분리기 (oil separator)로부터 폐수가 넘쳐흐르고 있다. 넘쳐흐르는 부분의 수두를 측정하니 10cm로 하루종일 변동이 없었다. 배출하는 하루 유량은 얼마인가?

(단, $Q[m^3/s] = 1.7bh^{\frac{3}{2}}$)

㉮ $1.21 \times 10^4 m^3/day$ ㉯ $2.32 \times 10^4 m^3/day$
㉰ $3.43 \times 10^4 m^3/day$ ㉱ $4.54 \times 10^4 m^3/day$

풀이 ① $Q = 1.7 \times b \times h^{\frac{3}{2}}$ (m³/sec)
$= 1.7 \times 5\text{m} \times (0.1\text{m})^{\frac{3}{2}}$
$= 0.26879 \text{m}^3/\text{sec}$

② $Q(m^3/day) = \frac{0.26879 m^3}{\text{sec}} \times \frac{3,600\text{sec}}{1\text{hr}} \times \frac{24\text{hr}}{1\text{day}}$
$= 2.32 \times 10^4 m^3/day$

answer 43 ㉱ 44 ㉮ 45 ㉮ 46 ㉯

47 측정항목 – 시료용기 – 보존방법이 알맞은 것은 어느 것인가?

㉮ 용존 총질소 : 폴리에틸렌 또는 유리용기, H_2SO_4로 pH 2 이하
㉯ 음이온 계면활성제 - 폴리에틸렌 - 4℃, H_2SO_4로 pH 2 이하
㉰ 인산염 인 - 유리 용기 - 즉시 여과한 후 4℃, $CuSO_4$ 1g/L 첨가
㉱ 질산성 질소 - 폴리에틸렌 또는 유리 용기 - 4℃, NaOH로 pH 12 이상

[풀이]
㉯ 음이온 계면활성제 : 폴리에틸렌 또는 유리용기, 보존방법 없음
㉰ 인산염 인 : 폴리에틸렌 또는 유리용기, 가능한 한 빨리 여과
㉱ 질산성 질소 : 폴리에틸렌 또는 유리용기, 보존방법 없음

48 이온크로마토그래피의 기본구성에 대한 내용으로 틀린 것은 어느 것인가?

㉮ 펌프 : 150~350kg/cm² 압력에서 사용될 수 있어야 한다.
㉯ 제거장치(억제기) : 고용량의 음이온 교환수지를 충전시킨 컬럼형과 음이온 교환막으로 된 격막형이 있다.
㉰ 분리컬럼 : 유리 또는 에폭시 수지로 만든 관에 이온교환체를 충전시킨 것이다.
㉱ 검출기 : 일반적으로 음이온 분석에는 전기전도도 검출기를 사용한다.

[풀이]
㉯ 제거장치(억제기) : 고용량의 양이온 교환수지를 충전시킨 컬럼형과 양이온 교환 막으로 된 격막형이 있다.

49 다음은 총대장균군(평판집락법) 측정에 관한 내용이다. ( )에 알맞은 말은 어느 것인가?

> 배출수 또는 방류수에 존재하는 총대장균군을 측정하는 방법으로 페트리접시의 배지표면에 평판집락법 배지를 굳힌 후 배양한 다음 진한 ( )의 전형적인 집락을 계수하는 방법이다.

㉮ 황색   ㉯ 적색
㉰ 청색   ㉱ 녹색

[풀이]
① 총대장균군 : 적색 계통의 집락 계수
② 분원성대장균군 : 청색 계통의 집락 계수

50 불꽃 원자흡수분광광도법에서 일어나는 간섭 중 화학적 간섭은 어느 것인가?

㉮ 분석하고자 하는 원소의 흡수파장과 비슷한 다른 원소의 파장이 서로 겹쳐 비이상적으로 높게 측정되는 경우
㉯ 표준용액과 시료 또는 시료와 시료간의 물리적 성질의 차이 또는 표준물질과 시료의 매질 차이에 의해 발생
㉰ 불꽃의 온도가 분자를 들뜬 상태로 만들기에 충분히 높지 않아서, 해당 파장을 흡수하지 못하여 발생
㉱ 불꽃의 온도가 너무 높을 경우 중성원자에서 전자를 빼앗아 이온이 생성될 수 있으며 이 경우 음(-)의 오차가 발생

[풀이]
㉮ 광학적 간섭
㉯ 물리적 간섭
㉱ 이온화 간섭

answer 47 ㉮ 48 ㉯ 49 ㉯ 50 ㉰

51 순수한 물 150mL에 에틸알코올(비중 0.79) 80mL를 혼합하였을 때 이 용액 중의 에틸알코올 농도(W/W%)는 얼마인가?

㉮ 약 30% ㉯ 약 35%
㉰ 약 40% ㉱ 약 45%

풀이
$$W/W(\%) = \frac{용질}{용질+용매} \times 100$$
$$= \frac{80mL \times 0.79g/mL}{80mL \times 0.79g/mL + 150mL \times 1.0g/mL} \times 100$$
$$= 29.64\%$$

52 유기물 함량이 비교적 높지 않고 금속의 수산화물, 산화물, 인산염 및 황화물을 함유하고 있는 시료에 적용되며 휘발성 또는 난용성 염화물을 생성하는 금속 물질의 분석에 주의하여야 하는 시료의 전처리 방법(산분해법)으로 알맞은 것은 어느 것인가?

㉮ 질산 - 염산법
㉯ 질산 - 황산법
㉰ 질산 - 과염소산법
㉱ 질산 - 불화수소산법

풀이 ㉮ 질산-염산법에 대한 설명이다.

53 불소화합물 측정방법을 가장 적절하게 짝지어진 것은 어느 것인가?

㉮ 자외선/가시선 분광법 - 기체크로마토그래피
㉯ 자외선/가시선 분광법 - 불꽃 원자흡수분광광도법
㉰ 유도결합플라스마/원자발광광도법 - 불꽃 원자흡수분광광도법
㉱ 자외선/가시선 분광법 - 이온크로마토그래피

풀이 불소화합물 측정방법으로는 자외선/가시선 분광법, 이온크로마토그래피, 이온전극법, 연속흐름법이 있다.

54 수질오염공정시험기준 중 온도표시에 대한 내용으로 틀린 것은 어느 것인가?

㉮ 찬 곳은 따로 규정이 없는 한 0~15℃의 곳을 뜻한다.
㉯ 냉수는 15℃ 이하를 말한다.
㉰ 온수는 60~70℃를 말한다.
㉱ 시험은 따로 규정이 없는 한 실온에서 조작한다.

풀이 ㉱ 시험은 따로 규정이 없는 한 상온에서 조작한다.

55 다음 그림은 자외선/가시선 분광법으로 불소측정 시 사용되는 분석기기인 수증기 증류 장치이다. C의 명칭으로 알맞은 것은 어느 것인가?

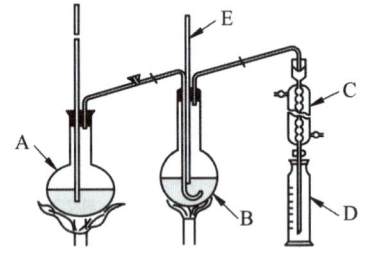

㉮ 유리연결관 ㉯ 냉각기
㉰ 정류관   ㉱ 메스실린더관

풀이 명칭
A : 증류플라스크, B : 킬달플라스크, C : 냉각기, D : 메스실린더, E : 온도계

answer 51 ㉮ 52 ㉮ 53 ㉱ 54 ㉱ 55 ㉯

56 DO(적정법) 측정 시 End point(종말점)에 있어서의 액의 색은 무엇인가?

㉮ 무색 ㉯ 적색
㉰ 황색 ㉱ 황갈색

풀이 용존산소(DO)를 적정법으로 측정시 종말점의 색은 무색이다.

57 비소표준원액(1mg/mL)을 100mL 조제하려면 삼산화비소(As_2O_3)의 채취량(mg)은 얼마인가? (단, 비소의 원자량은 74.92이다.)

㉮ 37mg ㉯ 74mg
㉰ 132mg ㉱ 264mg

풀이 As_2O_3 : 2As
197.84g : 2×74.92g
X : 1mg/mL×100mL

$\therefore X = \dfrac{197.84g \times 1mg/mL \times 100mL}{2 \times 74.92g} = 132.03mg$

TIP
As_2O_3의 분자량 = 74.92×2+16×3 = 197.84

58 알킬수은-기체크로마토그래피에서 시료 주입부 온도, 칼럼온도 및 검출기의 온도로 알맞은 것은 어느 것인가?

	시료주입부 온도	칼럼 온도	검출기의 온도
㉮	140~240℃	130~180℃	140~200℃
㉯	240~280℃	250~380℃	280~330℃
㉰	350~380℃	340~380℃	340~380℃
㉱	380~410℃	420~460℃	450~480℃

59 A폐수의 부유물질 측정을 위한 〈실험결과〉가 다음과 같을 때 부유물질의 농도(mg/L)는 얼마인가?

- 시료 여과전의 유리섬유여지의 무게 : 42.6645g
- 시료 여과후의 유리섬유여지의 무게 : 42.6812g
- 시료의 양 : 100mL

㉮ 0.167mg/L ㉯ 1.67mg/L
㉰ 16.7mg/L ㉱ 167mg/L

풀이
$SS(mg/L) = \dfrac{(여과 후 무게 - 여과 전 무게)(mg)}{시료의 양(L)}$

$= \dfrac{(42.6812g - 42.6645g) \times 10^3 mg/g}{100 \times 10^{-3} L}$

$= 167mg/L$

60 다음 ( )에 알맞은 말은 어느 것인가?

금속류-불꽃 원자흡수분광도법은 시료를 2,000~3,000K의 불꽃 속으로 시료를 주입하였을 때 생성된 ( )의 중성원자가 고유파장의 빛을 흡수하는 현상을 이용하여 개개의 고유 파장에 대한 흡광도를 측정한다.

㉮ 여기상태 ㉯ 이온상태
㉰ 분자상태 ㉱ 바닥상태

풀이 바닥상태(기저상태) $\xrightleftharpoons[\text{에너지 방출}]{\text{에너지 흡수}}$ 여기상태(들뜬 상태)

answer 56 ㉮ 57 ㉰ 58 ㉮ 59 ㉱ 60 ㉱

2016 3회 기출문제

| 제1과목 | 수질오염개론

01 물의 물리, 화학적 특성으로 틀린 것은 어느 것인가?

㉮ 물은 온도가 낮을수록 밀도는 커진다.
㉯ 물 분자는 H^+와 OH^-로 극성을 이루므로 유용한 용매가 된다.
㉰ 물은 기화열이 크기 때문에 생물의 효과적인 체온 조절이 가능하다.
㉱ 생물체의 결빙이 쉽게 일어나지 않는 것은 물의 융해열이 크기 때문이다.

풀이 ㉮ 물의 밀도는 4℃에서 가장 크다.

02 25℃, 2기압의 압력에 있는 메탄가스 200kg을 저장하는데 필요한 탱크의 부피(L)는 얼마인가? (단, 이상기체법칙 적용, $R = 0.082 L \cdot atm/mol \cdot °k$)

㉮ $1.53 \times 10^5 L$ ㉯ $1.53 \times 10^4 L$
㉰ $2.53 \times 10^5 L$ ㉱ $2.53 \times 10^4 L$

풀이 이상기체상태 방정식 : $P \times V = \dfrac{W}{M} \times R \times T$

$$\begin{bmatrix} P : 압력(atm) \\ V : 부피(L) \\ W : 질량(g) \\ M : 분자량(g) \\ R : 기체상수(0.082 L \cdot atm/mol \cdot k) \\ T : 절대온도(K) \end{bmatrix}$$

따라서 $2atm \times V$
$= \dfrac{200 \times 10^3 g}{16g} \times 0.082 L \cdot atm/mol \cdot k \times (273+25)k$

$\therefore V = \dfrac{200 \times 10^3 g \times 0.082 L \cdot atm/mol \cdot k \times (273+25)k}{2atm \times 16g}$

$= 152,725 L = 1.53 \times 10^5 L$

03 1차 반응에 있어 반응 초기의 농도가 100mg/L이고, 반응 4시간 후에 10mg/L로 감소되었다. 반응 3시간 후의 농도(mg/L)는 얼마인가?

㉮ 17.8mg/L ㉯ 23.6mg/L
㉰ 31.7mg/L ㉱ 42.2mg/L

풀이 ① 1차반응식 : $\ln \dfrac{C_t}{C_o} = -k \times t$

$\ln \left(\dfrac{10mg/L}{100mg/L} \right) = -k \times 4hr$

$\therefore k = \dfrac{\ln \left(\dfrac{10mg/L}{100mg/L} \right)}{-4hr} = 0.5756/hr$

② $\ln \left(\dfrac{C_t}{100mg/L} \right) = -0.5756/hr \times 3hr$

$\therefore C_t = 100mg/L \times e^{(-0.5756/hr \times 3hr)} = 17.79 mg/L$

answer 01 ㉮ 02 ㉮ 03 ㉮

04 해류와 그것을 일으키는 원인이 알맞게 짝지어진 것은 어느 것인가?

㉮ 상승류 - 바람과 해양 및 육지의 상호작용
㉯ 조류 - 해수의 염분, 온도 차이에 의해 형성
㉰ 쓰나미 - 해수의 밀도차에 의한 해일 작용
㉱ 심해류 - 해저의 화산 활동

풀이
㉯ 조류 - 태양과 달의 영향으로 발생
㉰ 쓰나미 - 지진이나 화산에 의해 발생
㉱ 심해류 - 해수의 온도와 염분에 의한 밀도차에 의해 발생

05 용량 600L인 물의 용존산소 농도가 10 mg/L인 경우, Na_2SO_3로 물속의 용존산소를 완전히 제거하려고 한다. 이론적으로 필요한 Na_2SO_3의 양(g)은 얼마인가? (단, Na의 원자량은 23이다.)

㉮ 약 36.3g
㉯ 약 47.3g
㉰ 약 56.3g
㉱ 약 64.3g

풀이 $Na_2SO_3 + 0.5O_2 \rightarrow Na_2SO_4$

126g : 0.5×32g
X : 10×10^{-3}g/L $\times$ 600L

$\therefore X = \dfrac{126g \times 10^{-3}g/L \times 600L}{0.5 \times 32g} = 47.25g$

TIP

mg/L $\xrightarrow{\times 10^{-3}}$ g/L

06 증류수에 NaOH 400mg를 가하여 1L로 제조한 용액의 pH는 얼마인가? (단, 완전 해리 기준이고 Na의 원자량은 23이다.)

㉮ 9
㉯ 10
㉰ 11
㉱ 12

풀이
① mol/L = $\dfrac{W(g)}{V(L)} \times \dfrac{1mol}{분자량(g)} = \dfrac{0.4g}{1L} \times \dfrac{1mol}{40g}$
 = 0.01 mol/L
② pH = $14 + \log[OH^-] = 14 + \log[0.01 mol/L]$
 = 12.0

TIP
① 1mol = 분자량(g)
② NaOH의 분자량 = 23+16+1 = 40g
③ 산성물질에서 pH = $-\log[H^+]$
④ 알칼리성물질에서 pH = $14 + \log[OH^-]$

07 Henry법칙에 가장 잘 적용되는 기체는 어느 것인가?

㉮ Cl_2
㉯ O_2
㉰ NH_3
㉱ HF

풀이 Henry법칙
① 적용기체는 난용성 기체로 CO, O_2, H_2, N_2, NO, NO_2 등이 있다.
② 비적용기체는 수용성 기체로 HCl, NH_3, HF, SO_2, Cl_2 등이 있다.

08 유량이 5,000m³/day인 폐수를 하천에 방류할 때 하천의 BOD는 4mg/L, 유량은 400,000m³/day이다. 방류한 폐수가 하천수와 완전 혼합되어졌을 때 하천의 BOD가 1mg/L 높아진다고 하면, 하천으로 유입되는 폐수의 BOD농도(mg/L)는 얼마인가?

㉮ 73mg/L
㉯ 85mg/L
㉰ 95mg/L
㉱ 100mg/L

풀이 $C_m = \dfrac{Q_1C_1 + Q_2C_2}{Q_1+Q_2}$

answer 04 ㉮ 05 ㉯ 06 ㉱ 07 ㉯ 08 ㉯

$$5mg/L = \frac{400,000m^3/day \times 4mg/L + 5,000m^3/day \times C_2}{(400,000+5,000)m^3/day}$$

$$\therefore C_2 = 85mg/L$$

09 BOD_5 300mg/L, COD 800mg/L인 경우 NBDCOD(mg/L)는 얼마인가? (단, 탈산소 계수 $k_1 = 0.2day^{-1}$, 상용대수 기준이다.)

㉮ 367mg/L ㉯ 397mg/L
㉰ 467mg/L ㉱ 497mg/L

풀이 ① BOD_u = BDCOD
$BOD_5 = BOD_u \times (1-10^{-k_1 \times t})$
$300mg/L = BOD_u \times (1-10^{-0.2/day \times 5day})$
$\therefore BOD_u = \frac{300mg/L}{(1-10^{-0.2/day \times 5day})} = 333.33mg/L$

② NBDCOD = COD-BDCOD
= 800mg/L-333.33mg/L
= 466.67mg/L

10 1,000m³인 탱크에 염소이온 농도가 100mg/L이다. 탱크 내의 물은 완전혼합이고, 계속적으로 염소이온이 없는 물이 480m³/day로 유입된다면 탱크 내 염소이온농도가 20mg/L로 낮아질때까지의 소요시간(hr)은 얼마인가? (단, $C_i/C_o = e^{-kt}$)

㉮ 약 61hr ㉯ 약 71hr
㉰ 약 81hr ㉱ 약 91hr

풀이 1차반응식 : $\ln\frac{C_t}{C_o} = -k \times t \Rightarrow \ln\frac{C_t}{C_o} = -\left(\frac{Q}{V}\right) \times t$

$\ln\frac{20mg/L}{100mg/L} = \left(\frac{-480m^3/day \times 1day/24hr}{1,000m^3}\right) \times t$

$\therefore t = \frac{\ln\frac{20mg/L}{100mg/L}}{\left(\frac{-480m^3/day \times 1day/24hr}{1,000m^3}\right)} = 80.47hr$

11 다음은 여름철 부영양화된 호수나 저수지의 수층에 대한 설명이다. 알맞은 것은 어느 것인가?

- pH는 약산성이다.
- 용존산소는 거의 없다.
- CO_2는 매우 많다.
- H_2S가 검출된다.

㉮ 성층 ㉯ 수온약층
㉰ 심수층 ㉱ 혼합층

풀이 ㉰ 심수층에 대한 설명이다.

12 소수성 colloid에 대한 내용으로 틀린 것은 어느 것인가?

㉮ 표면장력은 용매와 비슷하다.
㉯ Emulsion 상태로 존재한다.
㉰ 틴들(Tyndall)효과가 크다.
㉱ 염에 민감하다.

풀이 ㉯ 현탁질(Suspensoid)상태이다.

answer 09 ㉰ 10 ㉰ 11 ㉰ 12 ㉯

13 진한 산성폐수를 중화 처리하고자 한다. 20% NaOH 용액 사용 시 40mL가 투입되었는데 만일 20% Ca(OH)$_2$로 사용한다면 몇 mL가 필요하겠는가? (단, 완전해리기준이고, 원자량은 Na : 23, Ca : 40이다.)

㉮ 17.4mL ㉯ 18.5mL
㉰ 37.0mL ㉱ 74.0mL

풀이
① NaOH의 eq/L = $\frac{20 \times 10^4 \text{mg}}{\text{L}} \times \frac{1\text{g}}{10^3 \text{mg}} \times \frac{1\text{eq}}{40\text{g}} = 5\text{N}$

② Ca(OH)$_2$의 eq/L = $\frac{20 \times 10^4 \text{mg}}{\text{L}} \times \frac{1\text{g}}{10^3 \text{mg}} \times \frac{1\text{eq}}{74\text{g}/2}$
  $= 5.41\text{N}$

③ $N_1V_1 = N_2V_2$
  $5\text{N} \times 40\text{mL} = 5.41\text{N} \times V_2$
  ∴ $V_2 = 36.97\text{mL}$

TIP
① % $\xrightarrow{\times 10^4}$ ppm
② ppm = mg/L = g/m^3
③ N = eq/L
④ 1당량(eq) = $\frac{\text{분자량(g)}}{\text{가수}}$

14 하천수 수온은 15℃이다. 20℃에서 탈산소계수 k(상용대수)가 0.1day^{-1}이라면 최종 BOD에 대한 BOD$_3$의 비는 얼마인가? (단, $k_T = k_{20} \times 1.047^{(T-20)}$)

㉮ 0.42 ㉯ 0.56
㉰ 0.62 ㉱ 0.79

풀이
① k(T) = k(20℃)×1.047$^{(T-20)}$
  = 0.1/day × 1.047$^{(15-20)}$
  = 0.0795/day
② BOD$_3$ = BOD$_u$×(1-10$^{-k \times t}$)
  $\frac{\text{BOD}_3}{\text{BOD}_u}$ = 1-10$^{(-k \times t)}$ = 1-10$^{(-0.0795/\text{day} \times 3\text{day})}$
  = 0.42

15 미생물의 성장과 유기물과의 관계 곡선 중 변곡점까지의 미생물의 성장 상태를 가장 적절하게 나타낸 것은? (단, F : 먹이인 유기물량, M : 미생물량)

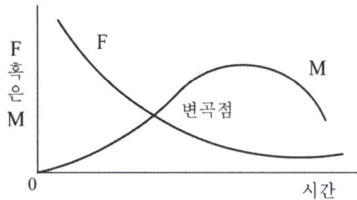

㉮ 내생성장 상태 ㉯ 감소성장 상태
㉰ Floc형성 상태 ㉱ log 성장 상태

풀이 ㉱ log 성장 상태(대수 성장 상태)를 의미한다.

16 하천의 환경기준이 BOD 3mg/L 이하이고 현재 BOD는 1mg/L이며 유량은 50,000m^3/day이다. 하천주변에 돼지 사육단지를 조성하고자 하는데 환경기준치 이하를 유지시키기 위해서는 몇 마리까지 사육을 허가할 수 있겠는가? (단, 돼지사육으로 인한 하천의 유량증가 무시, 돼지 1마리당 BOD 배출량은 0.4kg/day이다.)

㉮ 125마리 ㉯ 150마리
㉰ 250마리 ㉱ 350마리

풀이 마리 = $\frac{(\text{BOD의 환경기준치 - 현재하천의 BOD})\text{kg/m}^3 \times \text{유량}(\text{m}^3/\text{day})}{\text{돼지의 BOD 배출량}(\text{kg/day} \cdot \text{마리})}$

= $\frac{(3-1) \times 10^{-3} \text{kg/m}^3 \times 50,000\text{m}^3/\text{day}}{0.4\text{kg/day} \cdot \text{마리}}$

= 250마리

실전문제

answer 13 ㉰ 14 ㉮ 15 ㉱ 16 ㉰

17 Glucose($C_6H_{12}O_6$) 600mg/L 용액의 이론적 COD값(mg/L)은 얼마인가?

㉮ 540mg/L   ㉯ 580mg/L
㉰ 640mg/L   ㉱ 680mg/L

풀이 $C_6H_{12}O_6 + 6O_2 \rightarrow 6CO_2 + 6H_2O$
  180g : 6×32g
  600mg/L : COD

∴ COD = $\dfrac{600mg/L \times 6 \times 32g}{180g}$ = 640mg/L

18 하천 모델의 종류 중 Streeter-Phelps Models에 대한 설명으로 틀린 것은 어느 것인가?

㉮ 최초의 하천 수질 모델링이다.
㉯ 하천의 유기물 분해가 1차 반응에 따르는 완전혼합흐름 반응기라고 가정한 모델이다.
㉰ 점오염원으로부터 오염부하량을 고려한다.
㉱ 유기물의 분해에 따라 용존산소 소비와 재포기를 고려한다.

19 농업용수의 수질 평가시 사용되는 SAR (Sodium Adsorption Ratio)산출식에 직접 관련된 원소로 알맞은 것은 어느 것인가?

㉮ K, Mg, Ca   ㉯ Mg, Ca, Fe
㉰ Ca, Mg, Al   ㉱ Ca, Mg, Na

풀이 소듐 흡착률(SAR) = $\dfrac{Na^+}{\sqrt{\dfrac{Ca^{2+}+Mg^{2+}}{2}}}$

20 수질분석 결과, 양이온이 Ca^{2+} 20mg/L, Na^+ 46mg/L, Mg^{2+} 36mg/L일 때 이 물의 총경도(mg/L as $CaCO_3$)는 얼마인가? (단, 원자량은 Ca : 40, Mg : 24, Na : 23)

㉮ 150mg/L   ㉯ 200mg/L
㉰ 250mg/L   ㉱ 300mg/L

풀이 $\dfrac{총경도(mg/L)}{50g} = \dfrac{Ca^{2+}mg/L}{20g} + \dfrac{Mg^{2+}mg/L}{12g}$

$= \dfrac{20mg/L}{20g} + \dfrac{36mg/L}{12g}$

∴ 총경도 = $\left(\dfrac{20mg/L}{20g} + \dfrac{36mg/L}{12g}\right) \times 50g$

= 200mg/L as $CaCO_3$

| 제2과목 | 수질오염방지기술

21 공장의 BOD 배출량이 500명의 인구당량에 해당하며, 폐수량은 30m³/hr이다. 공장폐수의 BOD(mg/L)농도는 얼마인가? (단, 1인당 하루에 배출하는 BOD는 45g이다.)

㉮ 31.25mg/L   ㉯ 33.42mg/L
㉰ 40.15mg/L   ㉱ 51.25mg/L

풀이 인구당량(g/day) = BOD 농도(g/m³)×Q(m³/day)
45g/인·day×500인
= BOD(g/m³)×30m³/hr×24hr/day
∴ BOD = 31.25g/m³ = 31.25mg/L

answer 17 ㉰   18 ㉯   19 ㉱   20 ㉯   21 ㉮

22 SS가 8,000mg/L인 분뇨를 전처리에서 15%, 1차 처리에서 80%의 SS를 제거하였을 때 1차 처리 후 유출되는 분뇨의 SS농도(mg/L)는 얼마인가?

㉮ 1,360mg/L ㉯ 2,550mg/L
㉰ 2,750mg/L ㉱ 2,950mg/L

풀이
① $\eta_T = 1-(1-\eta_1)\times(1-\eta_2)$
  $= 1-(1-0.15)\times(1-0.80)$
  $= 0.83$

② $\eta_T = \left(1-\dfrac{SS_o}{SS_i}\right)\times 100$

  $0.83 = 1-\dfrac{SS_o}{8,000mg/L}$

∴ $SS_o = 8,000mg/L \times (1-0.83) = 1,360mg/L$

23 수중의 암모니아(NH_3)를 공기탈기법(air stripping)으로 제거하고자 할 때 가장 중요한 인자는 어느 것인가?

㉮ 기압 ㉯ pH
㉰ 용존산소 ㉱ 공기공급량

풀이 수중의 암모니아를 공기탈기법으로 제거하고자 할 때 가장 중요한 인자는 pH와 온도이다.

24 하수 내 함유된 유기물질 뿐 아니라 영양물질까지 제거하기 위한 공법인 Phostrip 공법에 대한 내용으로 틀린 것은 어느 것인가?

㉮ 생물학적 처리방법과 화학적 처리방법을 조합한 공법이다.
㉯ 유입수의 일부를 혐기성 상태의 조로 유입시켜 인을 방출시킨다.
㉰ 유입수의 BOD부하에 따라 인 방출이 큰 영향을 받지 않는다.
㉱ 기존에 활성슬러지 처리장에 쉽게 적용이 가능하다.

풀이 ㉯ 반송슬러지의 일부를 혐기성 상태의 조로 유입시켜 인을 방출시킨다.

25 폐수의 고도처리에서 용해성 무기물 제거에 사용되는 공정에 관한 내용으로 알맞은 것은 어느 것인가?

㉮ 탄소흡착 : 여타 무기물 제거법으로 잘 제거되지 않는 용존 무기물제거에 유리하다.
㉯ 역삼투 : 잔류 교질성 물질과 분자량이 5,000 이상인 큰 분자제거에 사용되며 경제적이다.
㉰ 이온교환 : 부유물질의 농도가 높으면 수두손실이 커지고, 무기물 제거 전에 화학적 처리와 침전이 요구된다.
㉱ 전기투석 : 주입 수량의 약 30%가 박막의 연속세척을 위하여 필요하고, 스케일 형성을 막기 위해 pH를 높게 유지해야 한다.

26 5단계 Bardenpho공정에서 호기조의 역할로 알맞은 것은 어느 것인가?

㉮ 인의 방출 ㉯ 인의 과잉 섭취
㉰ 슬러지 라이징 ㉱ 탈질산화

풀이 5단계 Bardenpho공정에서 1단계 호기조의 역할은 인의 과잉흡수 및 질산화이고, 2단계 호기성조의 역할은 종침에서 탈질에 의한 Rising현상 및 인의 재방출 방지이다.

answer 22 ㉮ 23 ㉯ 24 ㉯ 25 ㉰ 26 ㉯

27 포기조 용액을 1L 메스실린더에서 30분간 침강시킨 침전슬러지 부피가 500mL이었다. MLSS 농도가 2,500mg/L라면 SDI는 얼마인가?

㉮ 0.5   ㉯ 1
㉰ 2   ㉱ 4

풀이 ① 슬러지 용적지수(SVI)
$$= \frac{SV(mL/L)}{MLSS(g/L)} \times 10^3 = \frac{500mL/L}{2,500mg/L} \times 10^3 = 200$$
② 슬러지 밀도지수(SDI)
$$= \frac{1}{SVI} \times 100(g/100mL) = \frac{1}{200} \times 100$$
$$= 0.50(g/100mL)$$

28 크롬함유폐수의 처리에 관한 내용으로 틀린 것은 어느 것인가?

㉮ 침전과정에서 사용되는 알칼리제는 가능한 한 묽게 사용하며 pH 12 이상에서는 착염을 형성하므로 주의한다.
㉯ 6가 크롬의 환원은 pH 4~5에서 가장 활발하다.
㉰ 6가 크롬을 3가 크롬으로 환원시킨 후 알칼리제를 주입하여 수산화물로 침전시켜 제거한다.
㉱ 6가 크롬의 환원제로는 $FeSO_4$, Na_2SO_3, $NaHSO_3$ 등이 있다.

풀이 ㉯ 6가 크롬의 환원은 pH 2~4 범위에서 가장 활발하다.

29 고도 수처리에 사용되는 분리막에 대한 내용으로 틀린 것은 어느 것인가?

㉮ 정밀여과의 막형태는 비대칭형 Skin형 막이다.
㉯ 한외여과의 구동력은 정수압차이다.
㉰ 역삼투의 분리형태는 용해, 확산이다.
㉱ 투석의 구동력은 농도차이다.

풀이 ㉮ 정밀여과의 막형태는 대칭형 다공성막 형태이다.

30 폐수처리장 2차침전지에서 침전된 잉여슬러지를 폐기하지 않을 경우 생기는 현상으로 틀린 것은 어느 것인가?

㉮ 혐기성 상태가 되어 N_2, H_2S 등의 가스가 발생하여 냄새가 난다.
㉯ 침전지에서 슬러지가 부상하지 않는다.
㉰ 슬러지 밀도가 높아지며 유출수의 수질은 나빠진다.
㉱ 침전지 수면에 기체 방울이 형성되고 부유물질이 방류수와 함께 유출된다.

풀이 ㉯ 침전지에서 슬러지 부상이 발생한다.

31 유입수의 유량이 360L/인·일, BOD_5 농도가 200mg/L인 폐수를 처리하기 위해 완전혼합형 활성슬러지 처리장을 설계 하려고 한다. pilot plant를 이용하여 처리능력을 실험한 결과, 1차 침전지에서 유입수 BOD_5의 25%가 제거되었다. 최종 유출수 BOD_5 10mg/L, MLSS 3,000mg/L, MLVSS는 MLSS의 75%이라면 일차반응일 경우 반응시간(hr)은 얼마인가? (단, 반응속도상수(k) = 0.93L/[(gMLVSS)hr], 2차 침전지는 고려하지 않는다.)

㉮ 4.5hr   ㉯ 5.4hr
㉰ 6.7hr   ㉱ 7.9hr

풀이 $Q \times (C_o - C_t) = k \times C_t \times V \times MLVSS$
$(C_o - C_t) = k \times C_t \times MLVSS \times \frac{V}{Q}$

answer 27 ㉮ 28 ㉯ 29 ㉮ 30 ㉯ 31 ㉰

$$\therefore t = \frac{C_o - C_t}{k \times C_t \times MLVSS}$$

$$= \frac{150mg/L - 10mg/L}{0.93L/g \cdot hr \times 0.01g/L \times 3,000mg/L \times 0.75}$$

$$= 6.69hr$$

TIP
① $C_o = 200mg/L \times (1-0.25) = 150mg/L$
② $MLVSS = MLSS \times 0.75 = 3,000mg/L \times 0.75$

32 1,000m³/day의 하수를 처리하는 처리장이 있다. 침전지의 깊이가 3m, 폭이 4m, 길이 16m인 침전지의 이론적인 하수 체류시간(hr)은 얼마인가?

㉮ 3.6hr ㉯ 4.6hr
㉰ 5.6hr ㉱ 6.6hr

풀이
하수의 체류시간(hr) = $\frac{체적(m^3)}{유량(m^3/hr)}$

$= \frac{3m \times 4m \times 16m}{1,000m^3/day \times 1day/24hr} = 4.6hr$

33 입자농도와 상호작용에 따른 침전형태 중 Stokes Law를 적용할 수 있는 것은 어느 것인가?

㉮ 응결침전(flocculent settling)
㉯ 독립침전(piscrete settling)
㉰ 지역침전(zone settling)
㉱ 압축침전(compression settling)

풀이 ㉯ 독립침전에 대한 설명이다.

34 인구 45,000명인 도시의 폐수를 처리하기 위한 처리장을 설계하였다. 폐수의 유량은 350L/인·day이고 침강탱크의 체류시간 2hr, 월류속도 35m³/m²·day가 되도록 설계하였다면 이 침강 탱크의 용적(V)과 표면적 (A)은 얼마인가?

㉮ V = 1,313m³, A = 540m²
㉯ V = 1,313m³, A = 450m²
㉰ V = 1,475m³, A = 540m²
㉱ V = 1,475m³, A = 450m²

풀이
① $Q = 0.35m^3/인 \cdot day \times 45,000인$
  $= 15,750m^3/day$
② $V = Q(m^3/day) \times t(day)$
  $= 15,750m^3/day \times \left(\frac{2hr}{24}\right)day$
  $= 1,312.5m^3$
③ 월류속도$(m^3/m^2 \cdot day) = \frac{Q(m^3/day)}{A(m^2)}$
  $35m^3/m^2 \cdot day = \frac{15,750m^3/day}{A(m^2)}$
  $\therefore A = \frac{15,750m^3/day}{35m^3/m^2 \cdot day} = 450m^2$

35 혐기성 소화공정의 환경적 변수로 틀린 것은 어느 것인가?

㉮ 온도   ㉯ 교반
㉰ 용존산소농도 ㉱ pH

풀이 ㉰ 용존산소농도는 호기성 소화공정의 환경변수이다.

answer 32 ㉯ 33 ㉯ 34 ㉯ 35 ㉰

36 응집제 투여량에 영향을 미치는 인자로 틀린 것은 어느 것인가?

㉮ DO
㉯ 수온
㉰ 응집제의 종류
㉱ pH

풀이 응집제 투여량에 영향을 미치는 인자로는 수온, 응집제의 종류, pH 등이 있다.

37 포기조 내의 DO 농도가 2mg/L이고, 이때의 포화용존산소는 8mg/L라고 할 때 MLSS 3,000mg/L에서 MLSS 1L당 산소 소비속도가 60mg/L·hr이라고 하면 포기조에서 산소이동계수 K_{La}의 값(hr^{-1})은 얼마인가?

㉮ $2hr^{-1}$
㉯ $6hr^{-1}$
㉰ $10hr^{-1}$
㉱ $14hr^{-1}$

풀이 $r = K_{La} \times (C_S - C)$

- r : 미생물의 산소소비속도(mg/L·hr)
- k_{La} : 산소이동계수(/hr)
- C_S : 포화용존산소농도(mg/L)
- C : 포기조내의 용존산소농도(mg/L)

따라서 60mg/L·hr = k_{La}×(8-2)mg/L

$\therefore K_{La} = \dfrac{60\text{mg/L·hr}}{(8-2)\text{mg/L}} = 10/\text{hr}$

38 슬러지의 함수율이 95%에서 90%로 줄어들면 슬러지의 부피는 얼마인가? (단, 슬러지 비중은 1.0이다.)

㉮ 2/3로 감소한다.
㉯ 1/2로 감소한다.
㉰ 1/3로 감소한다.
㉱ 3/4로 감소한다.

풀이 $V_1 \times (100-P_1) = V_2 \times (100-P_2)$

$\therefore \dfrac{V_2}{V_1} = \dfrac{(100-P_1)}{(100-P_2)} = \dfrac{(100-95)}{(100-90)} = \dfrac{1}{2}$

39 처리장에 22,500m³/day의 폐수가 유입되고 있다. 체류시간 30분, 속도구배 44sec⁻¹의 응집조를 설계하고자 할 때 교반기 모터의 동력효율을 60%로 예상한다면 응집조의 교반에 필요한 모터의 총 동력(W)은 얼마인가?
(단, μ = 10^{-3} kg/m·s이다.)

㉮ 544.5W
㉯ 756.4W
㉰ 907.5W
㉱ 1,512.5W

풀이 $P = G^2 \times \mu \times V \times \dfrac{100}{효율(\%)}$

$= (44/\text{sec})^2 \times 10^{-3}\text{kg/m·sec} \times 468.75\text{m}^3 \times \dfrac{100}{60\%}$

$= 1,512.5\text{Watt}$

TIP

$V = Q \times t = \dfrac{22,500\text{m}^3}{\text{day}} \times 30\text{min} \times \dfrac{1\text{hr}}{60\text{min}} \times \dfrac{1\text{day}}{24\text{hr}}$

$= 468.75\text{m}^3$

40 암모니아성 질소의 처리방법으로 틀린 것은 어느 것인가?

㉮ 탈기법
㉯ 화학적 응결
㉰ 불연속점 염소처리
㉱ 토지적용 처리

풀이 ㉯ 화학적 응결(금속염 첨가법)은 암모니아성 질소의 처리방법이 아니다.

---

answer 36 ㉮ 37 ㉰ 38 ㉯ 39 ㉱ 40 ㉯

| 제3과목 | 수질오염공정시험기준

41 자외선/가시선 분광법에서 흡광도가 1.0에서 2.0으로 증가하면 투과도는 얼마인가?

㉮ 1/2로 감소한다.
㉯ 1/5로 감소한다.
㉰ 1/10로 감소한다.
㉱ 1/100로 감소한다.

풀이 $A = \log \frac{1}{투과도}$ 에서 투과도 = 10^{-A}가 된다.

따라서 $\frac{10^{-2.0}}{10^{-1.0}} = 0.1 = \frac{1}{10}$

42 시안의 자외선/가시선 분광법(피리딘-피라졸론법)측정 시 시료 전처리에 대한 내용으로 틀린 것은 어느 것인가?

㉮ 다량의 유지류가 함유된 시료는 아세트산 또는 수산화소듐용액으로 pH 6~7로 조절하고 시료의 약 2%에 해당하는 노말헥산 또는 클로로폼을 넣어 짧은 시간 동안 흔들어 섞고 수층을 분리하여 시료를 취한다.
㉯ 잔류염소가 함유된 시료는 L-아스코빈산 용액을 넣어 제거한다.
㉰ 황화합물이 함유된 시료는 아세트산소듐 용액을 넣어 제거한다.
㉱ 잔류염소가 함유된 시료는 아비산소듐 용액을 넣어 제거한다.

풀이 ㉰ 황화합물이 함유된 시료는 아세트산아연용액을 넣어 제거한다.

43 식품공장 폐수의 BOD를 측정하기 위하여 검수에 희석수를 가하여 20배로 희석한 것을 6개의 BOD병에 넣어 3개의 BOD병은 즉시 나머지 3개의 BOD병은 20℃ 5일간 부란 후 각각의 DO를 측정하였다. 0.025N $Na_2S_2O_3$에 의한 적정량의 평균치는 4.0mL와 1.5mL이었다면, 이 식품공장의 BOD 값(mg/L)은 얼마인가? (단, BOD병의 용량 302mL, 적정액양 100mL, 황산망간 2mL, 알칼리성 요오드화 포타슘-아자이드화 소듐용액 2mL, 농황산 2mL를 가하였다. 0.025 N $Na_2S_2O_3$의 역가는 1.00이다.)

㉮ 92mg/L ㉯ 102mg/L
㉰ 112mg/L ㉱ 122mg/L

풀이
① $DO(mg/L) = a \times f \times \frac{V_1}{V_2} \times \frac{1,000}{V_1-R} \times 0.2$

② $DO_1 = 4.0mL \times 1.0 \times \frac{302mL}{100mL} \times \frac{1,000}{302mL-4mL} \times 0.2$
$= 8.11 mg/L$

③ $DO_2 = 1.5mL \times 1.0 \times \frac{302mL}{100mL} \times \frac{1,000}{302mL-4mL} \times 0.2$
$= 3.04 mg/L$

④ BOD = $(DO_1 - DO_2) \times$ 희석배수치
$= (8.11-3.04)mg/L \times 20 = 101.4 mg/L$

44 개수로의 평균 단면적이 $1.6m^2$이고, 부표를 사용하여 10m 구간을 흐르는데 걸리는 시간을 측정한 결과 5초(sec)이였을 때 이 수로의 유량(m^3/min)은 얼마인가? (단, 수로의 구성, 재질, 수로단면의 형상, 기울기 등이 일정하지 않은 개수로의 경우 기준이다.)

㉮ $144m^3$/min ㉯ $154m^3$/min

answer 41 ㉰ 42 ㉰ 43 ㉯ 44 ㉮

㉰ 164m³/min   ㉱ 174m³/min

풀이 유량(Q) = 단면적(A)×평균유속(v)

$$= 1.6m^2 \times \frac{10m}{5sec} \times 60sec/min \times 0.75$$

$$= 144m^3/min$$

TIP
① 실측유속 = 표면최대유속
② 평균유속 = 표면최대유속×0.75

45
공장폐수 및 하수유량(관 내의 유량측정방법)을 측정하는 장치 중 공정수(process water)에 적용하는 장치로 틀린 것은 어느 것인가?

㉮ 유량측정용 노즐
㉯ 오리피스
㉰ 벤튜리미터
㉱ 자기식유량측정기

풀이 공정수에 적용하는 장치에는 유량측정용 노즐, 오리피스, 피토우관, 자기식 유량측정기가 있다.

46
인산염인을 측정하기 위해 적용 가능한 시험방법으로 틀린 것은 어느 것인가?
(단, 수질오염공정시험기준이다.)

㉮ 자외선/가시선 분광법
   (이염화주석환원법)
㉯ 자외선/가시선 분광법
   (아스코빈산환원법)
㉰ 자외선/가시선 분광법(부루신환원법)
㉱ 이온크로마토그래피

풀이 인산염인의 시험방법으로는 자외선/가시선 분광법(이염화주석환원법), 자외선/가시선 분광법(아스코빈산환원법), 이온크로마토그래피가 있다.

47
적정법-산성 과망간산포타슘법에 의해 COD를 측정할 때 염소 이온의 방해를 제거하기 위해 첨가할 수 있는 시약으로 틀린 것은 어느 것인가?

㉮ 황산은 분말   ㉯ 염화은 분말
㉰ 질산은 용액   ㉱ 질산은 분말

풀이 적정법-산성 과망간산포타슘법에 의해 COD를 측정할 때 염소 이온의 방해를 제거하기 위한 방법은 황산은 분말 1g 대신 질산은 용액(20%) 5mL 또는 질산은 분말 1g 을 첨가해도 된다.

48
지하수 시료는 취수정 내에 고여있는 물과 원래 지하수의 성상이 달라질 수 있으므로 고여 있는 물을 충분히 퍼낸 다음 새로 나온 물을 채취한다. 이 경우 퍼내는 양은 얼마인가?

㉮ 고여 있는 물의 절반 정도
㉯ 고여 있는 물의 2~3배 정도
㉰ 고여 있는 물의 4~5배 정도
㉱ 고여 있는 물의 전체량 정도

풀이 ㉰ 퍼내는 양은 고여 있는 물의 4~5배 정도이다.

49
색도측정법(투과율법)에 대한 내용으로 틀린 것은 어느 것인가?

㉮ 아담스-니컬슨의 색도공식을 근거로 한다.
㉯ 시료 중 백금-코발트 표준물질과 아주 다른 색상의 폐·하수는 적용할 수 없다.
㉰ 색도의 측정은 시각적으로 눈에 보이는 색상에 관계없이 단순 색도차 또는 단일 색도차를 계산한다.
㉱ 시료 중 부유물질은 제거하여야 한다.

answer 45 ㉰ 46 ㉰ 47 ㉯ 48 ㉰ 49 ㉯

풀이 ㉯ 시료 중 백금-코발트 표준물질과 아주 다른 색상의 폐·하수에도 적용할 수 있다.

50 6가 크롬을 자외선/가시선 분광법으로 측정할때에 대한 설명으로 알맞은 것은 어느 것인가?

㉮ 산성 용액에서 다이페닐카바자이드와 반응하여 생성되는 청색 착화합물의 흡광도를 620nm에서 측정
㉯ 산성 용액에서 페난트로린용액과 반응하여 생성되는 청색 착화합물의 흡광도를 620nm에서 측정
㉰ 산성 용액에서 다이페닐카바자이드와 반응하여 생성되는 적자색 착화합물의 흡광도를 540nm에서 측정
㉱ 산성 용액에서 페난트로린용액과 반응하여 생성되는 적자색 착화합물의 흡광도를 540nm에서 측정

51 직각 3각 위어를 사용하여 유량을 산출할 때 사용되는 공식과 다음 조건에서의 유량 (m^3/분)으로 알맞은 것은 어느 것인가? (단, 유량계수(K) = 50, 절단의 폭(b) = 1m, 위어의 수두(h) = 0.5m)

㉮ $Q = Kh^{5/2}$, 8.84
㉯ $Q = Kh^{3/2}$, 17.74
㉰ $Q = Kbh^{5/2}$, 8.84
㉱ $Q = Kbh^{3/2}$, 17.74

풀이
① 삼각위어에서 유량(m^3/min) = $k \times h^{\frac{5}{2}}$
② $Q = k \times h^{\frac{5}{2}}$ (m^3/min) = $50 \times (0.5m)^{\frac{5}{2}}$
  = 8.84 m^3/min

52 이온크로마토그래피의 장치에 대한 내용으로 틀린 것은 어느 것인가?

㉮ 액송펌프 : 펌프는 150~350kg/cm^2 압력에서 사용될 수 있어야 하며 시간차에 따른 압력차가 크게 발생하여서는 안된다.
㉯ 시료의 주입부 : 일반적으로 루프-밸브에 의한 주입방식이 많이 이용되며 시료 주입량은 보통 10~100μL 이다.
㉰ 분리컬럼 : 억제기형과 비억제기형이 있다.
㉱ 검출기 : 일반적으로 음이온 분석에는 열전도도 검출기를 사용한다.

풀이 ㉱ 검출기 : 일반적으로 음이온 분석에는 전기전도도 검출기를 사용한다.

53 실험에 대한 용어의 내용으로 틀린 것은 어느 것인가?

㉮ 냄새가 없다 : 냄새가 없거나 또는 거의 없을 것을 표시하는 것이다.
㉯ 시험에서 사용하는 물은 따로 규정이 없는 한 정제수 또는 탈염수를 말한다.
㉰ 정확히 단다 : 규정된 양의 시료를 취하여 분석용 저울로 0.1mg까지 다는 것을 말한다.
㉱ 감압이라 함은 따로 규정이 없는 한 15mmH_2O 이하를 말한다.

풀이 ㉱ 감압이라 함은 따로 규정이 없는 한 15mmHg 이하를 말한다.

answer 50 ㉰ 51 ㉮ 52 ㉱ 53 ㉱

54 총 유기탄소의 측정시 적용되는 용어에 대한 내용으로 틀린 것은 어느 것인가?

㉮ 무기성 탄소 : 수중에 탄산염, 중탄산염, 용존 이산화탄소 등 무기적으로 결합된 탄소의 합을 말한다.
㉯ 부유성 유기탄소 : 총 유기탄소 중 공극 0.45μm의 막 여지를 통과하여 부유하는 유기탄소를 말한다.
㉰ 비정화성 유기탄소 : 총 탄소 중 pH 2 이하에서 포기에 의해 정화되지 않는 탄소를 말한다.
㉱ 총탄소 : 수중에서 존재하는 유기적 또는 무기적으로 결합된 탄소의 합을 말한다.

풀이 ㉯ 부유성 유기탄소 : 총 유기탄소 중 공극 0.45μm의 막 여지를 통과하지 못한 유기탄소를 말한다.

55 시료의 전처리 방법 중 유기물을 다량 함유하고 있으면서 산분해가 어려운 시료에 적용하는 방법은 어느 것인가?

㉮ 회화에 의한 분해
㉯ 질산 - 과염소산법
㉰ 질산 - 황산법
㉱ 질산 - 염산법

풀이 ㉯ 질산 - 과염소산법에 대한 설명이다.

56 유도결합플라스마-원자발광광도계에 대한 내용으로 틀린 것은 어느 것인가?

㉮ 시료 주입부 : 분무기 및 챔버로 이루어져 있다.
㉯ 고주파 전원부 : 고주파 전원은 수정발전식의 20.73MHz로 100~300kW의 출력이다.
㉰ 분광부 및 측광부 : 분광기는 기능에 따라 단색화분광기, 다색화분광기로 구분된다.
㉱ 분광부 및 측광부 : 플라스마광원으로부터 발광하는 스펙트럼선을 선택적으로 분리하기 위해서는 분해능이 우수한 회절격자가 많이 사용된다.

풀이 ㉯ 고주파 전원부 : 고주파 전원은 27.12MHz 또는 40.68MHz를 사용하며, 출력범위는 750~1,200W 이상의 것을 사용한다.

57 페놀류-자외선/가시선 분광법 측정시 정량한계에 대한 설명으로 알맞은 것은 어느 것인가?

㉮ 클로로폼추출법 : 0.003mg/L, 직접측정법 : 0.03mg/L
㉯ 클로로폼추출법 : 0.03mg/L, 직접측정법 : 0.003mg/L
㉰ 클로로폼추출법 : 0.005mg/L, 직접측정법 : 0.05mg/L
㉱ 클로로폼추출법 : 0.05mg/L, 직접측정법 : 0.005mg/L

answer 54 ㉯ 55 ㉯ 56 ㉯ 57 ㉰

58 수심이 0.6m, 폭이 2m인 하천의 유량을 구하기 위해 수심 각 부분의 유속을 측정한 결과가 다음과 같다. 하천의 유량(m^3/sec)은 얼마인가? (단, 하천은 장방형이라 가정한다.)

수심	표면	20% 지점	40% 지점	60% 지점	80% 지점
유속 (m/sec)	1.5	1.3	1.2	1.0	0.8

㉮ $1.05m^3$/sec ㉯ $1.26m^3$/sec
㉰ $2.44m^3$/sec ㉱ $3.52m^3$/sec

풀이 유량(Q) = 단면적(A)×유속(V)
① 수심이 0.4m 이상일 때 평균유속
$$= \frac{V_{0.2}+V_{0.8}}{2} = \frac{(1.3+0.8)m/sec}{2} = 1.05 m/sec$$
② 단면적(A) = 수심×폭 = 0.6m×2m = $1.2m^2$
③ Q = $1.2m^2$×1.05m/sec = $1.26m^3$/sec

59 0.1N-NaOH의 표준용액(f = 1.008) 30mL를 완전히 반응시키는데 0.1N-$H_2C_2O_4$용액 30.12mL를 소비했을 때 0.1N-$H_2C_2O_4$용액의 factor는 얼마인가?

㉮ 1.004 ㉯ 1.012
㉰ 0.996 ㉱ 0.992

풀이 $N_1V_1f_1 = N_2V_2f_2$
0.1N×30mL×1.008 = 0.1N×30.12mL×f_2
$$\therefore f_2 = \frac{0.1N \times 30mL \times 1.008}{0.1N \times 30.12mL} = 1.004$$

60 자외선/가시선 분광법에 의해 페놀류를 분석할 때 클로로폼 용액에서 측정하는 파장(nm)은 얼마인가?

㉮ 460 ㉯ 510
㉰ 620 ㉱ 710

풀이 페놀류의 자외선/가시선 분광법에서 측정파장과 정량한계
① 클로로폼용액(추출법) : 460nm, 0.005mg/L
② 수용액(직접법) : 510nm, 0.05mg/L

answer 58 ㉯ 59 ㉮ 60 ㉮

2017년 1회 기출문제

| 제1과목 | 수질오염개론

01 2차처리 유출수에 포함된 10mg/L의 유기물을 분말활성탄 흡착법으로 3차처리하여 유출 수가 1mg/L가 되게 만들고자 한다. 이 때 폐수 1m³당 필요한 활성탄의 양(g)은 얼마인가? (단, 흡착식은 Freundlich 등온식을 적용, K = 0.5, n = 2)

㉮ 9 ㉯ 12
㉰ 16 ㉱ 18

풀이 등온흡착식 : $\dfrac{(C_i - C_o)}{M} = k \times C_o^{\frac{1}{n}}$

$\dfrac{(10-1)\text{mg/L}}{M} = 0.5 \times (1\text{mg/L})^{\frac{1}{2}}$

$\therefore M = \dfrac{(10-1)\text{mg/L}}{0.5 \times (1\text{mg/L})^{\frac{1}{2}}} = 18\text{mg/L} = 18\text{g/m}^3$

02 포도당($C_6H_{12}O_6$) 500mg이 탄산가스와 물로 완전 산화하는데 소요되는 이론적 산소요구량(mg)은 얼마인가?

㉮ 512 ㉯ 521
㉰ 533 ㉱ 548

풀이 $C_6H_{12}O_6 + 6O_2 \rightarrow 6CO_2 + 6H_2O$
180g : 6×32g
500mg : ThOD

$\therefore \text{ThOD} = \dfrac{500\text{mg} \times 6 \times 32\text{g}}{180\text{g}} = 533.33\text{mg}$

03 부영양호(eutrophic lake)의 특성으로 알맞은 것은 어느 것인가?

㉮ 생산과 소비의 균형
㉯ 낮은 영양 염류
㉰ 조류의 과다발생
㉱ 생물종 다양성 증가

풀이 ㉮ 생산과 소비의 불균형
㉯ 높은 영양 염류
㉱ 생물종 다양성 감소

04 남조류(Blue-green algae)에 대한 내용으로 틀린 것은 어느 것인가?

㉮ 독립된 세포핵이 있다.
㉯ 세포벽의 구조는 박테리아와 흡사하다.
㉰ 광합성 색소가 엽록체 안에 들어 있지 않다.
㉱ 호기성 신진대사를 하며 전자공여체로 물을 사용한다.

풀이 ㉮ 독립된 세포핵이 없다.

answer 01 ㉱ 02 ㉰ 03 ㉰ 04 ㉮

05 물이 가지는 특성으로 틀린 것은 어느 것인가?

㉮ 물의 밀도는 0℃에서 가장 크며 그 이하의 온도에서는 얼음형태로 물에 뜬다.
㉯ 물은 광합성의 수소 공여체이며 호흡의 최종산물이다.
㉰ 생물체의 결빙이 쉽게 일어나지 않는 것은 융해열이 크기 때문이다.
㉱ 물은 기화열이 크기 때문에 생물의 효과적인 체온조절이 가능하다.

풀이 ㉮ 물의 밀도는 4℃에서 가장 크다.

06 해수의 화학적 성질에 대한 내용으로 틀린 것은 어느 것인가?

㉮ 해수의 pH는 8.2로서 약알칼리성을 가진다.
㉯ 해수의 주요성분 농도비는 지역에 따라 다르며 염분은 적도해역에서 가장 낮다.
㉰ 해수의 밀도는 수온, 염분, 수압의 함수이며 수심이 깊을수록 증가한다.
㉱ 해수 내에 주요성분 중 염소이온은 19,000mg/L 정도로 가장 높은 농도를 나타낸다.

풀이 ㉯ 해수의 주요성분 농도비는 항상 일정하다.

07 $Ca(OH)_2$ 800mg/L 용액의 pH는 얼마인가? (단, $Ca(OH)_2$는 완전해리하며, Ca의 원자량은 40)

㉮ 약 12.1 ㉯ 약 12.3
㉰ 약 12.7 ㉱ 약 12.9

풀이 $Ca(OH)_2 \rightarrow Ca^{2+} + 2OH^-$
  XM   XM   2XM
① $Ca(OH)_2$의 mol/L를 계산한다.

$$mol/L = \frac{800mg}{L} \times \frac{1g}{10^3 mg} \times \frac{1mol}{74g} = 0.01 mol/L$$

② XM = 0.01 mol/L
③ [OH^-]농도 = 2XM = 2×0.01 mol/L
④ pH = 14+log[OH^-] = 14+log[2×0.01mol/L]
   = 12.30

08 1,000개의 세포가 5시간 후에 100,000개로 증식했다면 세대시간(분)은 얼마인가? (단, 단위시간에 일어난 분열횟수(k) = [(log X_t - log X_o)]/(0.301×t), 출발시간의 세포수 = X_o, 일정한 시간이 경과된 후의 세포수 = X_t)

㉮ 80 ㉯ 60
㉰ 45 ㉱ 30

풀이 ① k를 계산한다.

$$k = \frac{\log X_t - \log X_o}{0.301 \times t} = \frac{\log 100,000 - \log 1,000}{0.301 \times 5hr}$$
$$= 1.329/hr$$

② 세대시간(min) = $\frac{1}{1.329/hr} \times 60min/hr = 45.15min$

answer 05 ㉮ 06 ㉯ 07 ㉯ 08 ㉰

09 반응조에 주입된 물감의 10%, 90%가 유출되기까지의 시간을 t_{10}, t_{90}이라할 때 Morrill 지수는 t_{90}/t_{10}으로 나타낸다. 이상적인 Plug flow인 경우의 Morrill 지수 값은?

㉮ 1 보다 작다. ㉯ 1 보다 크다.
㉰ 1 이다. ㉱ 0이다.

풀이 CFSTR과 PFR의 비교

	CFSTR	PFR
분산	1	0
분산수	무한대(∞)	0
모릴지수	클수록	1
지체시간	0	이론적 체류시간과 동일할 때

10 하천의 DO가 6.3mg/L, BOD_u가 17.1mg/L일 때 용존산소곡선(DO Sag Curve)에서 임계점에 달하는 시간(day)은 얼마인가? (단, 온도는 20℃, 용존산소 포화량은 9.2mg/L, k_1 = 0.1/day, k_2 = 0.3/day, $f = k_2/k_1$, $t_c = \dfrac{1}{k_1(f-1)} \log\left[f\left\{1-(f-1)\dfrac{D_o}{L_o}\right\}\right]$)

㉮ 약 1.0 ㉯ 약 1.5
㉰ 약 2.0 ㉱ 약 2.5

풀이 $t_c = \dfrac{1}{k_1(f-1)} \log\left[f\left\{1-(f-1)\dfrac{D_o}{L_o}\right\}\right]$

① $f = \dfrac{k_2}{k_1} = \dfrac{0.3/day}{0.1/day} = 3$
② $L_o = BOD_u = 17.1 mg/L$
③ D_o = 포화 DO 농도 - 하천의 DO 농도
   = 9.2mg/L - 6.3mg/L = 2.9mg/L
④ $t_c = \dfrac{1}{0.1/day \times (3-1)} \log\left\{3 \times \left(1-(3-1)\dfrac{2.9mg/L}{17.1mg/L}\right)\right\}$
   = 1.5day

11 저수지 및 호소의 sediments(저질)는 수층의 환경변화에 따라 수층으로 오염물질을 용출함으로써 장기적인 내부오염원으로 작용을 한다. 오염물질 유출에 관여하는 영향인자에 대한 설명으로 틀린 것은 어느 것인가?

㉮ 수층의 DO 농도가 감소함에 따라 용출이 증가한다.
㉯ 수층의 pH가 10 이상으로 높아질수록 용출이 증가한다.
㉰ 수층의 pH가 5 이하로 줄어들수록 용출이 증가한다.
㉱ 수온은 용출과 관계가 없다.

풀이 ㉱ 수온은 용출과 관계가 있다.

12 탄소동화작용을 하지 않는 다세포 식물로서, 유기물을 섭취하며 수중에 질소나 용존산소가 부족한 경우에도 잘 성장하는 미생물은 어느 것인가?

㉮ Bacteria ㉯ Algae
㉰ Fungi ㉱ Protozoa

풀이 ㉰ 곰팡이(Fungi)에 대한 설명이다.

answer 09 ㉰ 10 ㉯ 11 ㉱ 12 ㉰

13 수은주높이 300mm는 수주로 몇 mm 인가? (단, 표준 상태 기준)

㉮ 1,960 ㉯ 3,220
㉰ 3,760 ㉱ 4,078

풀이 300mmHg×13.6 = 4,080mmH₂O

TIP

① 수은주 비중 = $\dfrac{10,332 mmH_2O}{760 mmHg}$
    = 13.6(mmH₂O/mmHg)

② mmHg $\xrightarrow{\times 13.6}$ mmH₂O

③ mmH₂O $\xrightarrow{\div 13.6}$ mmHg

14 여름 정체기간 중 호수의 깊이에 따른 CO_2와 DO 농도 변화에 대한 내용으로 알맞은 것은 어느 것인가?

㉮ 표수층에서 CO_2 농도가 DO 농도 보다 높다.
㉯ 심해에서 DO 농도는 매우 낮지만 CO_2 농도는 표수층과 큰 차이가 없다.
㉰ 깊이가 깊어질수록 CO_2 농도 보다 DO 농도가 높다.
㉱ CO_2 농도와 DO 농도가 같은 지점(깊이)이 존재한다.

15 지하수의 특성에 대한 내용으로 틀린 것은 어느 것인가?

㉮ 탁도가 높다.
㉯ 자정작용이 느리다.
㉰ 수온의 변동이 적다.
㉱ 국지적인 환경조건의 영향을 크게 받는다.

풀이 ㉮ 탁도가 낮다.

16 개미산(HCOOH)의 ThOD/TOC의 비는 얼마인가?

㉮ 1.33 ㉯ 2.14
㉰ 2.67 ㉱ 3.19

풀이 $HCOOH + 0.5O_2 \rightarrow CO_2 + H_2O$

$\dfrac{ThOD(\text{이론적산소요구량})}{TOC(\text{총유기탄소량})} = \dfrac{0.5 \times 32g}{1 \times 12g} = 1.33$

17 시험용 동물의 50%를 사망시킬 때 그 환경중의 약물 농도를 나타내는 것은 어느 것인가?

㉮ TLN_{50} ㉯ LD_{50}
㉰ LC_{50} ㉱ LI_{50}

풀이 시험용 동물의 50%를 사망시킬 때 그 환경중의 약물 농도를 나타내는 것은 LC_{50}이다.

18 빗물의 특성에 대한 내용으로 틀린 것은 어느 것인가?

㉮ 빗물은 낙하하면서 대기 중의 CO_2를 포화상태로 녹여 순수한 빗물의 pH를 약 5.6으로 한다
㉯ 일반적으로 빗물은 용해성분이 많아 경수이며 완충작용이 강하다.
㉰ SO_2나 NO_2 같은 기체가 빗물에 녹아 H_2SO_4와 HNO_3가 되어 산성비를 만든다.
㉱ 수자원으로서는 비정기적인 강우패턴과 집수·저장방법 문제로 가치가 비교적 크지 않은 편이다.

풀이 ㉯ 일반적으로 빗물은 용해성분이 적은 연수이며 완충작용이 약하다.

answer 13 ㉱ 14 ㉱ 15 ㉮ 16 ㉮ 17 ㉰ 18 ㉯

19 글리신($C_2H_5O_2N$) 10g이 호기성조건에서 CO_2, H_2O 및 HNO_3로 변화될 때 필요한 총산소량(g)은 얼마인가?

㉮ 15 ㉯ 20
㉰ 30 ㉱ 40

풀이 $C_2H_5O_2N + 3.5O_2 \rightarrow 2CO_2 + 2H_2O + HNO_3$
75g : 3.5×32g
10g : X

$\therefore X = \dfrac{10g \times 3.5 \times 32g}{75g} = 14.93g$

20 0.04M-NaOH용액의 농도(mg/L)는 얼마인가? (단, Na 원자량 23)

㉮ 1,000 ㉯ 1,200
㉰ 1,400 ㉱ 1,600

풀이 $mg/L = \dfrac{0.04mol}{L} \times \dfrac{40g}{1mol} \times \dfrac{10^3 mg}{1g} = 1,600 mg/L$

| 제2과목 | 수질오염방지기술

21 BAC(Biological Activated Carbon) 공법을 이용한 고도 정수 처리 시 장점으로 틀린 것은 어느 것인가?

㉮ 오염 물질에 따라 생물분해, 흡착작용이 상호 보완하여 준다.
㉯ 생물학적으로 분해 불가능한 독성물질이라도 흡착기능에 의하여 오염물질 제거가 가능하다.
㉰ 분해 속도가 빠른 물질이나 적응시간이 필요 없는 유기물 제거에 효과적이다.
㉱ 부유물질과 유기물 농도가 낮은 깨끗한 유출수를 배출한다.

풀이 ㉰ 분해 속도가 빠른 물질이나 적응시간이 필요 없는 유기물 제거에 비효과적이다.

22 냄새역치(TON, threshold odor number)에 관한 내용으로 틀린 것은 어느 것인가?

㉮ 냄새의 강도를 나타낼 때 사용한다.
㉯ 관능분석에 의해 결정한다.
㉰ 같은 시료에 대해서는 시험자가 다르더라도 TON값이 일정하다.
㉱ TON값이 클수록 시료의 냄새가 강하다고 볼 수 있다.

풀이 ㉰ 같은 시료에 대해서도 시험자가 다르면 TON값이 다르다.

answer 19 ㉮ 20 ㉱ 21 ㉰ 22 ㉰

23 표준활성슬러지법에서 MLSS농도(mg/L)의 표준 운전범위는 얼마인가?

㉮ 1,000 ~ 1,500 ㉯ 1,500 ~ 2,500
㉰ 2,500 ~ 4,500 ㉱ 4,500 ~ 6,000

풀이 MLSS농도의 표준 운전범위는 1,500 ~ 2,500mg/L이다.

24 생물학적 방법으로 폐수 중의 질소를 제거하려고 할 때 가장 적절하지 않은 공법은 어느 것인가?

㉮ A/O 공법
㉯ VIP 공법
㉰ UCT 공법
㉱ 5단계 Bardenpho 공법

풀이 A/O공법은 인(P)만을 제거하는 공법이다.

25 40mg/L의 황산제일철($FeSO_4 \cdot 7H_2O$)을 사용하여 폐수를 처리하고자 한다. 이 물에 알칼리도가 없는 경우 공급하여야 하는 $Ca(OH)_2$의 양(mg/L)은 얼마인가? (단, 분자량 : $FeSO_4 \cdot 7H_2O$ = 277.9, $Ca(OH)_2$ = 74.1)

㉮ 10.7   ㉯ 21.4
㉰ 32.1   ㉱ 42.8

풀이 $FeSO_4 \cdot 7H_2O$: $Ca(OH)_2$
   277.9g : 74.1g
   40mg/L : X
∴ X = 10.67mg/L

26 BOD 1,000mg/L, 유량 1,000m³/day인 폐수를 활성슬러지법으로 처리하는 경우, 포기조의 수심을 5m로 할 때 필요한 포기조의 표면적(m²)은? (단, BOD 용적부하 0.4kg/m³ · day)

㉮ 400m²   ㉯ 500m²
㉰ 600m²   ㉱ 700m²

풀이
$$BOD \text{ 부하}(kg/day \cdot m^3) = \frac{BOD(kg/m^3) \times Q(m^3/day)}{V(m^3)}$$
$$= \frac{BOD(kg/m^3) \times Q(m^3/day)}{A(m^2) \times H(m)}$$
$$0.4 kg/day \cdot m^3 = \frac{1kg/m^3 \times 1,000m^3/day}{A(m^2) \times 5m}$$
$$\therefore A = \frac{1kg/m^3 \times 1,000m^3/day}{0.4kg/day \cdot m^3 \times 5m} = 500m^2$$

27 회전원판법(RBC)의 단점으로 틀린 것은 어느 것인가?

㉮ 일반적으로 회전체가 구조적으로 취약하다.
㉯ 처리수의 투명도가 나쁘다.
㉰ 충격부하 및 부하변동에 약하다.
㉱ 외기기온에 민감하다.

풀이 ㉰ 충격부하 및 부하변동에 강하다.

28 폐수처리 과정인 침전 시 입자의 농도가 매우 높아 입자들끼리 구조물을 형성하는 침전 형태는 어느 것인가?

㉮ 농축침전   ㉯ 응집침전
㉰ 압밀침전   ㉱ 독립침전

풀이 ㉰ Ⅳ형 침전인 압밀침전에 대한 설명이다.

과년도 기출문제

answer   23 ㉯   24 ㉮   25 ㉮   26 ㉯   27 ㉰   28 ㉰

29 하수처리에 적용되는 물리적 조작과 기능에 관한 내용으로 틀린 것은 어느 것인가?

㉮ 분쇄 - 수로 내에서 고형물을 분쇄하는 것으로 예비처리 조작이다.
㉯ 유량조정 - 후속의 처리시설에 걸리는 유량 및 수질부하를 균등하게 하는 조작이다.
㉰ 응집 - 부유물질의 침전특성을 개선하는 조작이다.
㉱ 부상분리 - 고형물이나 부유성 물질의 제거를 위해 사용되는 조작이다.

풀이 ㉰ 응집 - 고형물의 침전을 위한 조작이다.

30 입자간 거리가 2cm이고, 상대속도가 100cm/s 인 두 유체 입자의 속도경사(sec^{-1})는?

㉮ 25 ㉯ 50
㉰ 75 ㉱ 100

풀이 입자의 속도경사(sec^{-1}) = $\dfrac{100\text{cm/sec}}{2\text{cm}}$ = 50/sec

31 일반적으로 회전원판법은 원판의 몇 %가 물에 잠긴 상태에서 운영되는가?

㉮ 10 ~ 20% ㉯ 30 ~ 40%
㉰ 50 ~ 60% ㉱ 70 ~ 80%

풀이 일반적으로 회전원판법은 원판의 30 ~ 40%가 물에 잠긴 상태에서 운영한다.

32 염소의 살균력에 대한 설명으로 틀린 것은 어느 것인가?

㉮ pH가 낮을수록 살균능력이 크다.
㉯ 온도가 낮을수록 살균능력이 크다.
㉰ HOCl은 OCl$^-$ 보다 살균력이 크다.
㉱ Chloramine은 OCl$^-$ 보다 살균력이 작다.

풀이 ㉯ 온도가 낮을수록 살균능력이 작다.

33 식품공장 폐수를 생물학적 호기성 공정으로 처리하고자 한다. 수질을 분석한 결과, 질소분이 없어 요소((NH_2)$_2$CO)를 주입하고자 할 때 필요한 요소의 양(mg/L)은 얼마인가? (단, BOD = 5,000 mg/L, TN = 0, BOD : N : P = 100 : 5 : 1 기준)

㉮ 약 430mg/L ㉯ 약 540mg/L
㉰ 약 670mg/L ㉱ 약 790mg/L

풀이 ① BOD : N
    100 : 5
    5,000mg/L : X_1(N)
    ∴ X_1(N) = $\dfrac{5,000\text{mg/L} \times 5}{100}$ = 250mg/L
② (NH_2)$_2$CO : 2N
    60g : 2×14g
    X_2 : 250mg/L
    ∴ X_2 = $\dfrac{60\text{g} \times 250\text{mg/L}}{2 \times 14\text{g}}$ = 535.71mg/L

answer 29 ㉰ 30 ㉯ 31 ㉯ 32 ㉯ 33 ㉯

34 공장폐수의 BOD 1kg을 제거하기 위해 필요한 산소량이 1kg이다. 공기 $1m^3$에 함유되어 있는 산소량이 0.277kg이고 활성슬러지에서 공기 용해율이 4%(부피%)라 할 때, BOD 5kg을 제거하는데 필요한 공기량(m^3)은 얼마인가? (단, 공기 내 각 성분은 동일한 비율로 용해된다고 가정)

㉮ $451m^3$ ㉯ $554m^3$
㉰ $632m^3$ ㉱ $712m^3$

풀이 필요한 공기량(m^3)

$= \dfrac{1m^3 \, Air}{0.277kgO_2} \times \dfrac{1kgO_2}{1kgBOD} \times 5kg \, BOD \times \dfrac{100}{4\%}$

$= 451.26m^3$

35 공장에서 pH 2인 황산 폐수 $180m^3$/day가 배출되고 있다. 이 폐수를 중화시키고자 할 때 필요한 NaOH 양 (kg/day)은? (단, NaOH 순도 90%)

㉮ 약 60kg/day   ㉯ 약 70kg/day
㉰ 약 80kg/day   ㉱ 약 90kg/day

풀이 $[H^+] = 10^{-pH} mol/L$
pH 2 ⇒ $10^{-2} mol/L$ 이를 중화하기 위해 필요한 $[OH^-] = 10^{-2} mol/L$가 필요하다.
$[OH^-]$의 $10^{-2} mol/L$는 $10^{-2} eq/L$이므로

$NaOH(kg/day) = \dfrac{10^{-2}eq}{L} \times \dfrac{40g}{1eq} \times \dfrac{180m^3}{day} \times \dfrac{100}{90\%}$

$= 80kg/day$

TIP
① $g/L = kg/m^3$
② NaOH의 분자량 = 23+16+1 = 40

36 폐수 유입량이 1,000m^3/day이고, 포기조의 SVI가 100일 때 반송 슬러지의 양(m^3/day)은 얼마인가? (단, SV_{30} = 50%)

㉮ 1,000m^3/day   ㉯ 850m^3/day
㉰ 700m^3/day   ㉱ 550m^3/day

풀이
① 반송비(R) = $\dfrac{SV(\%)}{100-SV(\%)} = \dfrac{50\%}{100-50\%} = 1.0$

② 반송슬러지량 = 폐수 유입량×반송비
= 1,000m^3/day×1.0
= 1,000m^3/day

37 포기조 혼합액을 30분간 침전시킨 뒤의 침전물의 부피는 400mL/L이었고, MLSS 농도가 3,000mg/L이었다면 침전지에서 침전상태로 알맞은 것은 어느 것인가?

㉮ 슬러지의 침전이 양호하다.
㉯ 슬러지 팽화로 인하여 침전이 되지 않는다.
㉰ 슬러지 부상(Sludge rising)현상이 발생하여 슬러지 덩어리가 떠오른다.
㉱ 슬러지 플록이 제대로 형성되지 못하고 미세하게 분산한다.

풀이 $SVI = \dfrac{SV(mL/L)}{MLSS(mg/L)} \times 10^3 = \dfrac{400mL/L}{3,000mg/L} \times 10^3$
$= 133.33$
SVI가 50 ~ 150이 정상침강이므로 침전지에서 침전상태는 정상적이다.

answer 34 ㉮ 35 ㉰ 36 ㉮ 37 ㉮

38 함수율 95%의 슬러지를 함수율 75%의 탈수케익으로 만들었을 때, 탈수 전 슬러지의 체적 대비 탈수 후 탈수케익의 체적의 변화는 얼마인가? (단, 분리액으로 유출된 슬러지양은 무시하며, 탈수 전 슬러지와 탈수 후 탈수케익의 비중은 모두 1.0으로 가정)

㉮ 1/3　　㉯ 1/4
㉰ 1/5　　㉱ 1/6

풀이 $V_1 \times (100-P_1) = V_2 \times (100-P_2)$
$V_1 \times (100-95) = V_2 \times (100-75)$
$\therefore \dfrac{V_2}{V_1} = \dfrac{(100-95)}{(100-75)} = \dfrac{5}{25} = \dfrac{1}{5}$

39 생물학적 인 제거 공법에서 호기성 공정의 주된 역할은?

㉮ 용해성 인의 과잉 산화
㉯ 용해성 인의 과잉 방출
㉰ 용해성 인의 과잉 환원
㉱ 용해성 인의 과잉 섭취

풀이 호기성 공정의 주된 역할은 용해성 인의 과잉 섭취이다.

40 상수 원수 내의 비소 처리에 대한 내용으로 틀린 것은 어느 것인가?

㉮ 응집처리에는 응집침전에 의한 제거방법과 응집여과에 의한 제거방법이 있다.
㉯ 이산화망간을 사용하는 흡착처리에서는 5가비소를 제거할 수 있다.
㉰ 흡착시의 pH는 활성알루미나에서는 1~3이 효과적인 범위이다.
㉱ 수산화세륨을 흡착제로 사용하는 경우는 3가 및 5가 비소를 흡착할 수 있다.

풀이 ㉰ 흡착시의 pH는 활성알루미나에서는 4~6이 효과적인 범위이다.

| 제3과목 | 수질오염공정시험기준

41 분석에 요구되는 시료의 최대 보존기간이 가장 짧은 측정항목은 어느 것인가?

㉮ 염소이온　　㉯ 부유물질
㉰ 총인　　　　㉱ 용존 총인

풀이 시료의 최대 보존기간
㉮ 염소이온 : 28일
㉯ 부유물질 : 7일
㉰ 총인 : 28일
㉱ 용존 총인 : 28일

answer 38 ㉰　39 ㉱　40 ㉰　41 ㉯

42 분석을 위해 채취한 시료수에 다량의 점토질 또는 규산염이 함유된 경우, 적합한 전처리방법은 어느 것인가?

㉮ 질산 - 황산에 의한 분해
㉯ 질산 - 과염소산 - 불화수소산에 의한 분해
㉰ 질산 - 황산 - 과염소산에 의한 분해
㉱ 회화에 의한 분해

풀이 다량의 점토질 또는 규산염이 함유된 경우는 전처리 방법은 질산 - 과염소산 - 불화 수소산에 의한 분해이다.

43 자외선/가시선분광법으로 정량할 때 측정 항목과 그에 따른 발색시약이 잘못 연결된 것은 어느 것인가?

㉮ 불소 : 란탄알리자린 콤프렉손용액
㉯ 페놀류 : 4-아미노안티피린과 헥사시안화철(Ⅱ)산포타슘 용액
㉰ 질산성 질소 : 부루신-설퍼민산용액
㉱ 비소 : 피리딘-피라졸론 용액

풀이 ㉱ 비소 : 다이에틸다이티오카바민산은의 피리딘 용액

44 0.1N 과망간산포타슘액의 표정에 사용되는 표준시약은?

㉮ 무수탄산소듐
㉯ 옥살산소듐
㉰ 티오황산소듐
㉱ 수산화소듐

45 수은(냉증기-원자흡수분광광도법) 측정시 물속에 있는 수은을 금속수은으로 산화시키기 위해 주입하는 시약은 어느 것인가?

㉮ 이염화주석
㉯ 아연분말
㉰ 염산하이드록실아민
㉱ 시안화포타슘

풀이 물속에 있는 수은을 금속수은으로 산화시키기 위해 주입하는 시약은 이염화주석이다.

46 시료의 용존산소량은 8.50mg/L이었고, 순수중의 용존산소 포화량은 8.84 mg/L이었다. 시료채취시의 대기압이 750mmHg이었다면 용존산소 포화율(%)은 얼마인가?

㉮ 95.5% ㉯ 96.2%
㉰ 97.4% ㉱ 98.8%

풀이 용존산소 포화율(%)
$= \dfrac{\text{시료의 용존산소량}}{\text{순수중의 용존산소포화량}} \times 100$
$= \dfrac{8.5\text{mg/L}}{8.84\text{mg/L} \times \dfrac{750\text{mmHg}}{760\text{mmHg}}} \times 100 = 97.44\%$

answer 42 ㉯ 43 ㉱ 44 ㉯ 45 ㉮ 46 ㉰

47 총대장균군-막여과법에 대한 설명으로 ( )에 들어갈 알맞은 말은?

> 물속에 존재하는 총대장균군을 측정하기 위해 페트리접시에 배지를 올려놓은 다음 배양 후 ( )계통의 집락을 계수하는 방법이다.

㉮ 금속성 광택을 띠는 적색이나 진한 적색
㉯ 금속성 광택을 띠는 청색이나 진한 청색
㉰ 여러 가지 색조를 띠는 적색
㉱ 여러 가지 색조를 띠는 청색

48 흡광 광도계 측광부의 광전측광에 광전도셀이 사용될 때 적용되는 파장은 어느 것인가?

㉮ 자외 파장   ㉯ 가시 파장
㉰ 근적외 파장 ㉱ 근자외 파장

풀이 측광부 광전측광의 파장범위
① 광전관, 광전자증배관 : 자외 내지 가시파장 범위
② 광전도셀 : 근적외파장 범위
③ 광전지 : 가시파장 범위

49 BOD 측정 시 산성 또는 알칼리성 시료의 중화를 위해 전처리로 넣어주는 산 또는 알칼리성용액의 양은 시료량의 얼마를 넘지 않도록 해야 하는가?

㉮ 0.5%   ㉯ 1.5%
㉰ 2.5%   ㉱ 3.5%

50 수질오염공정시험기준에 따라 분석에 요구되는 시료량은 시험항목 및 시험횟수에 따라 차이가 있으나 일반적으로 채취하는 시료의 양(L)은 얼마인가?

㉮ 0.5~1L   ㉯ 1.5~2L
㉰ 2~3L   ㉱ 3~5L

풀이 일반적으로 채취하는 시료의 양은 3~5L이다.

51 수질오염공정시험기준에서 일반적으로 적용되는 용어의 정의로 틀린 것은 어느것인가?

㉮ '감압'이라 함은 따로 규정이 없는 한 15mmH₂O 이하를 뜻한다.
㉯ '밀폐용기'라 함은 취급 또는 저장하는 동안에 이물질이 들어가거나 또는 내용물이 손실되지 아니하도록 보호하는 용기를 말한다.
㉰ '냄새가 없다'라고 기재한 것은 냄새가 없거나 또는 거의 없는 것을 표시하는 것이다.
㉱ '정확히 취하여'란 규정한 양의 액체를 부피피펫으로 눈금까지 취하는 것을 말한다.

풀이 ㉮ '감압'이라 함은 따로 규정이 없는 한 15mmHg 이하를 뜻한다.

answer 47 ㉮ 48 ㉰ 49 ㉮ 50 ㉱ 51 ㉮

52 시험에 적용되는 온도 표시로 틀린 것은 어느 것인가?

㉮ 실온은 1 ~ 35℃
㉯ 찬 곳은 0℃ 이하
㉰ 온수는 60 ~ 70℃
㉱ 상온은 15 ~ 25℃

풀이 ㉯ 찬곳은 0 ~ 15℃

53 알칼리성 과망간산포타슘에 의한 화학적산소요구량(COD) 측정법에서 반응 후 적정에 사용하는 시약과 종말점에서 변하는 색은 어느 것인가?

㉮ $Na_2S_2O_3$, 무색
㉯ $KMnO_4$, 엷은 홍색
㉰ Ag_2SO_4, 엷은 홍색
㉱ $Na_2C_2O_4$, 적색

풀이 알칼리성 과망간산포타슘법에서 적정용액은 0.025M 티오황산소듐($Na_2S_2O_3$)용액이고 종말점은 무색이다.

54 물속의 냄새 측정 시 잔류염소 냄새는 측정에서 제외한다. 잔류염소 제거를 위해 첨가하는 시약은 어느 것인가?

㉮ 티오황산소듐용액
㉯ 과망간산포타슘용액
㉰ 아스코빈산암모늄용액
㉱ 질산암모늄용액

풀이 잔류염소 제거를 위해 첨가하는 시약은 티오황산소듐용액이다.

55 4각웨어에 의하여 유량을 측정하려고 한다. 수두가 90cm이고, 절단 폭이 1.0m일 때 유량(m^3/min)은 얼마인가?
(단, 유량계수 K = 1.2)

㉮ 약 1.03   ㉯ 약 1.26
㉰ 약 1.37   ㉱ 약 1.53

풀이 $Q = k \times b \times h^{\frac{3}{2}}$ (m^3/min)

- k : 유량계수
- b : 절단의 폭(m)
- h : 수두(m)

따라서 $Q = 1.2 \times 1.0m \times (0.9m)^{\frac{3}{2}} = 1.03 m^3/min$

56 기체크로마토그래피법에서 검출하고자 하는 화합물에 대한 검출기가 바르게 연결된 것은 어느 것인가?

㉮ 유기할로젠화합물 : 열전도도 검출기(TCD), 황화합물 : 불꽃이온화 검출기(FID)
㉯ 유기할로젠화합물 : 불꽃이온화 검출기(FID), 황화합물 : 열전도도 검출기(TCD)
㉰ 유기할로젠화합물 : 전자포획형 검출기(ECD), 황화합물 : 불꽃광도형 검출기(FPD)
㉱ 유기할로젠화합물 : 불꽃광도형 검출기(FPD), 황화합물 : 불꽃이혼화 검출기(FID)

answer 52 ㉯   53 ㉮   54 ㉮   55 ㉮   56 ㉰

57 유도결합플라스마 – 원자발광분광법(ICP)의 장치 구성으로 알맞은 것은 어느 것인가?

㉮ 시료도입부 - 광원부 - 파장선택부 - 측정부 - 기록부
㉯ 시료도입부 - 파장분리부 - 광원부 - 검출부 - 기록부
㉰ 시료도입부 - 고주파전원부 - 광원부 - 분광부 - 연산처리부 - 기록부
㉱ 시료도입부 - 저주파전원부 - 분광부 - 측광부 - 기록부

풀이 암기법 : 유도는 시고 광분 연기한다.

58 물벼룩을 이용한 급성 독성 시험법에서 적용되는 용어인 '치사'의 정의이다. ( )안에 들어갈 알맞은 말은?

> 일정 희석 비율로 준비된 시료에 물벼룩을 투입하여 (①)시간 경과 후 시험용기를 손으로 살짝 두드려 주고, (②)초 후 관찰했을 때 독성물질에 의해 영향을 받아 움직임이 명백하게 없는 상태를 '치사'라 판정한다.

㉮ ① 12, ② 15 ㉯ ① 12, ② 30
㉰ ① 24, ② 15 ㉱ ① 24, ② 30

풀이 치사의 핵심은 "24시간, 15초"임을 숙지하시면 됩니다.

59 아질산성 질소 표준원액(약 0.25mg/mL)을 제조하기 위해서 아질산소듐($NaNO_2$)을 데시케이터에서 24시간 건조시킨 후, 일정량을 취하여 물에 녹이고 클로로폼 0.5mL와 물을 넣어 500mL로 하였다. 표준원액 제조를 위해 취한 아질산소듐의 양(g)은 얼마인가? (단, 원자량 Na = 23)

㉮ 약 0.31 ㉯ 약 0.62
㉰ 약 1.23 ㉱ 약 2.46

풀이 $NaNO_2$: NO_2-N
　69g : 14g
　X : 0.25mg/mL(= g/L)×500mL×10^{-3}L/mL
∴ X = 0.616g

TIP
시료량 = 클로로폼+물 = 500mL

60 생물화학적산소요구량(BOD) 분석방법에 관한 내용으로 틀린 것은 어느 것인가?

㉮ 시료의 예상 BOD값으로부터 단계적으로 희석배율을 정하여 3~5종의 희석시료를 조제한다.
㉯ 공장폐수나 혐기성 발효의 상태에 있는 시료는 호기성 산화에 필요한 미생물을 식종하여야 한다.
㉰ 탄소계 BOD를 측정해야 할 경우에는 질산화 억제 시약을 첨가 한다.
㉱ 5일 저장기간 동안 산소의 소비량이 20~40% 범위안의 희석 시료를 선택하여 BOD를 계산한다.

풀이 ㉱5일 저장기간 동안 산소의 소비량이 40~70% 범위안의 희석 시료를 선택하여 BOD를 계산한다.

answer 57 ㉰ 58 ㉰ 59 ㉯ 60 ㉱

2017 2회 기출문제

| 제1과목 | 수질오염개론

01 응집처리 시 응집의 원리로 틀린 것은 어느 것인가?

㉮ Zeta potential을 감소시킨다.
㉯ Van der Waals힘을 증가시킨다.
㉰ 응집제를 투여하여 입자끼리 뭉치게 한다.
㉱ 콜로이드입자의 표면전하를 증가시킨다.

풀이 ㉱ 콜로이드입자의 표면전하를 감소시킨다.

02 Streeter-Phelps 모델에 대한 설명으로 틀린 것은 어느 것인가?

㉮ 최초의 하천 수질 모델링이다.
㉯ 유속, 수심, 조도계수에 의한 확산계수를 결정한다.
㉰ 점오염원으로부터 오염부하량을 고려한다.
㉱ 유기물의 분해에 따라 용존산소 소비와 재폭기를 고려한다.

풀이 ㉯번의 설명은 QUAL-Ⅰ 모델에 대한 설명이다.

03 하천의 자정 능력은 통상 겨울보다 여름이 더 활발하다. 그 원인으로 알맞은 것은 어느 것인가?

㉮ 여름의 높은 온도는 박테리아의 성장을 촉진시키기 때문이다.
㉯ 여름에는 겨울보다 물속에 용존산소가 많기 때문이다.
㉰ 여름에는 유량이 많고 유기물이 적기 때문이다.
㉱ 여름에는 겨울보다 살균작용이 크기 때문이다.

풀이 여름에 자정능력이 큰 이유는 수온이 높아 박테리아의 성장을 촉진시키기 때문이다.

04 황산바륨 포화용액에 염화바륨을 첨가하여 침전을 유도하는 방법으로 가장 관계가 깊은 것은 어느 것인가?

㉮ 공통이온효과   ㉯ 상승작용
㉰ 완충작용   ㉱ 이종이온효과

풀이 ㉮ 공통이온효과에 대한 설명이다.

answer 01 ㉱ 02 ㉯ 03 ㉮ 04 ㉮

05 20℃ 5일 BOD가 50mg/L인 하수의 2일 BOD(mg/L)는 얼마인가? (단, 20℃, 탈산소계수 k = 0.23day^{-1}이고, 자연대수 기준)

㉮ 21mg/L ㉯ 24mg/L
㉰ 27mg/L ㉱ 29mg/L

풀이
① $BOD_5 = BOD_u \times (1-e^{-k_1 \times t})$
   $50mg/L = BOD_u \times (1-e^{-0.23/day \times 5day})$
   ∴ $BOD_u = \dfrac{50mg/L}{(1-e^{-0.23/day \times 5day})} = 73.17mg/L$
② $BOD_2 = BOD_u \times (1-e^{-k_1 \times t})$
   $= 73.17mg/L \times (1-e^{-0.23/day \times 2day})$
   $= 26.98mg/L$

06 수질오염에 의한 벼농사의 피해 내용으로 틀린 것은 어느 것인가?

㉮ 논에 다량의 유기물을 함유한 폐수가 유입되면 토양이 환원상태로 되어 피해를 발생하다.
㉯ 논의 토양이 산성화되면, 토양중의 중금속의 일부가 용해하여 벼에 흡수되어 생육을 저해한다.
㉰ 염류농도가 낮은 폐수가 유입되면 세포의 원형질에 나쁜 영향을 끼쳐 수확량이 감소한다.
㉱ 콜로이드상의 미립자를 함유한 폐수가 과도하게 유입되면 토양입자를 고결시켜 침투성이 악화된다.

풀이 ㉰ 염류농도가 높은 폐수가 유입되면 세포의 원형질에 나쁜 영향을 끼쳐 수확량이 감소한다.

07 지하수의 특성을 지표수와 비교해서 설명한 것으로 틀린 것은 어느것인가?

㉮ 경도가 높다.
㉯ 자정작용이 빠르다.
㉰ 탁도가 낮다.
㉱ 수온변동이 적다.

풀이 ㉯ 자정작용이 느리다.

08 pH = 4.5인 물의 수소이온농도(M)는 얼마인가?

㉮ 약 3.2×10^{-5} ㉯ 약 5.2×10^{-5}
㉰ 약 3.2×10^{-4} ㉱ 약 5.2×10^{-4}

풀이 $pH = -\log[H^+]$에서 $[H^+] = 10^{-pH} mol/L$
따라서 $[H^+] = 10^{-4.5} mol/L = 3.16 \times 10^{-5} M$

09 96TLm은 NH_3 = 2.5mg/L, Cu^{2+} = 1.5mg/L, CN^- = 0.2mg/L이고, 실제 시험수의 농도가 Cu^{2+} = 0.6mg/L, CN^- = 0.01mg/L, NH_3 = 0.4mg/L이였다면, Toxic Unit는 얼마인가?

㉮ 0.25 ㉯ 0.61
㉰ 1.23 ㉱ 1.52

풀이
Toxic Unit = $\dfrac{실제시험수의 농도(mg/L)}{96TLm(mg/L)}$

= $\dfrac{0.4mg/L}{2.5mg/L} + \dfrac{0.6mg/L}{1.5mg/L} + \dfrac{0.01mg/L}{0.2mg/L} = 0.61$

answer 05 ㉰ 06 ㉰ 07 ㉯ 08 ㉮ 09 ㉯

10 하천수 수온은 10℃이다. 20℃ 탈산소계수 k(상용대수)가 0.1day⁻¹이라면 최종 BOD와 BOD₄의 비(BOD₄/BODᵤ)는 얼마인가? (단, $k_T = k_{20} \times 1.047^{(T-20)}$)

㉮ 0.75　　㉯ 0.64
㉰ 0.52　　㉱ 0.44

풀이
① 20℃의 k_1을 10℃의 k_1으로 전환한다.
　$k_{(T)} = k_{(20℃)} \times 1.047^{(T-20)} = 0.1/day \times 1.047^{(10-20)}$
　　　= 0.063/day
② 10℃에서 BOD₄/BODᵤ를 계산한다.
　$BOD_4 = BOD_u \times (1-10^{-k_1 \times t})$
　$\dfrac{BOD_4}{BOD_u} = 1-10^{-k_1 \times t} = 1-10^{(-0.063/day \times 4day)} = 0.44$

11 물의 물리적 특성에 대한 내용으로 알맞은 것은 어느 것인가?

㉮ 비열이 커지면 물의 당량도 커진다.
㉯ 증기압은 온도가 높을수록 낮아진다.
㉰ 물의 점성계수는 온도가 증가하면 높아진다.
㉱ 물의 표면장력은 온도가 증가하면 높아진다.

풀이
㉯ 증기압은 온도가 높을수록 높아진다.
㉰ 물의 점성계수는 온도가 증가하면 낮아진다.
㉱ 물의 표면장력은 온도가 증가하면 낮아진다.

12 해수의 탁도에 대한 내용으로 틀린 것은 어느 것인가?

㉮ 해수의 탁도는 용존 착색물질이나 무기 및 유기물질로 이루어진 미립자와 플랑크톤과 은 미생물이 포함된 현탁입자가 그 원인이 된다.
㉯ 흐려진 해수의 경우는 현탁입자에 의하여 적색광선이 선택적으로 산란되므로 투과광선의 극대 스펙트럼은 550nm에서 최대의 투과를 나타낸다.
㉰ 수중의 빛은 수중조도 또는 직경 3cm의 자색원판인 투명도판으로 측정한다.
㉱ 수중조도는 플랑크톤이나 해조류의 광합성에 필요한 빛에너지 도착심도를 결정하는데 중요한 의미를 가진다.

13 수화현상(water bloom)이란 정체수역에서 식물플랑크톤이 대량 번식하여 수표면에 막층 또는 플록(floc)을 형성하는 현상을 말하는데, 이의 발생원이 아닌 것은 어느 것인가?

㉮ 유기물 및 질소, 인 등 영양염류의 다량 유입
㉯ 여름철의 높은 수온
㉰ 긴 체류시간
㉱ 수층의 순환

풀이 ㉱ 수층의 비순환

14 0.4g 녹인 화합물 수용액이 있다. 이 화합물 중에 있는 Cl⁻이온을 완전히 반응시키는데 0.1M-AgNO₃ 35mL가 소모되었다. 화합물에 함유된 Cl⁻의 함량(%)은? (단, Cl의 원자량 = 35.5)

㉮ 15.5%　　㉯ 31.0%
㉰ 61.0%　　㉱ 82.0%

풀이 이 문제는 정답만 숙지하시면 됩니다.

answer 10 ㉱　11 ㉮　12 ㉯　13 ㉱　14 ㉯

15 암모니아성 질소 42mg/L와 아질산성 질소 14mg/L가 포함된 폐수를 완전 질산화시키기 위한 산소요구량(mg/L)은?

㉮ 135mg/L ㉯ 174mg/L
㉰ 208mg/L ㉱ 232mg/L

풀이 ① $NH_3\text{-}N + 2O_2 \rightarrow HNO_3 + H_2O$
　　　14g ： 2×32g
　　　42mg/L ： X_1
　　∴ $X_1 = \dfrac{42mg/L \times 2 \times 32g}{14g} = 192mg/L$

② $NO_2\text{-}N + 0.5O_2 \rightarrow NO_3\text{-}N$
　　　14g ： 0.5×32g
　　　14mg/L ： X_2
　　∴ $X_2 = \dfrac{14mg/L \times 0.5 \times 32g}{14g} = 16mg/L$

③ 산소요구량 = $X_1 + X_2$ = 192mg/L + 16mg/L
　　　　　　 = 208mg/L

16 미생물의 증식곡선의 단계순서로 알맞은 것은 어느 것인가?

㉮ 대수기 - 유도기 - 정지기 - 사멸기
㉯ 유도기 - 대수기 - 정지기 - 사멸기
㉰ 대수기 - 유도기 - 사멸기 - 정지기
㉱ 유도기 - 대수기 - 사멸기 - 정지기

17 유해물질과 그에 따른 증상 및 질병의 연결이 잘못된 것은 어느 것인가?

㉮ 카드뮴 - 골연화증
㉯ 시안 - 호흡효소작용 저해
㉰ 유기인화합물 - Cholinesterase 저해
㉱ 6가크롬 - 흑피증, 각화증

풀이 ㉱ 6가크롬 - 신장장해

18 적조의 발생에 대한 내용으로 틀린 것은 어느 것인가?

㉮ 정체해역에서 일어나기 쉬운 현상이다.
㉯ 강우에 따라 오염된 하천수가 해수에 유입될 때 발생될 수 있다.
㉰ 수괴의 연직 안정도가 크고 독립해 있을 때 발생한다.
㉱ 해역의 영양 부족 또는 염소농도 증가로 발생된다.

풀이 ㉱ 해역의 영양 과잉 또는 염소농도 감소로 발생된다.

19 유기성 폐수에 대한 내용으로 틀린 것은 어느 것인가?

㉮ 유기성 폐수의 생물학적 산화는 수서 세균에 의하여 생산되는 산소로 진행되므로 화학적 산화와 동일하다고 할 수 있다.
㉯ 생물학적 처리의 영향 조건에는 C/N비, 온도, 공기 공급정도 등이 있다.
㉰ 유기성 폐수는 C, H, O를 주성분으로 하고 소량의 N, P, S 등을 포함하고 있다.
㉱ 미생물이 물질대사를 일으켜 세포를 합성하게 되는데 실제로 생성된 세포량은 합성된 세포량에서 내 호흡에 의한 감량을 뺀것과 같다.

풀이 ㉮ 유기성 폐수의 생물학적 산화는 수서 세균에 의하여 생산되는 산소로 진행되며, 화학적 산화와는 다르다.

20 수중의 질소순환과정의 질산화 및 탈질의 순서로 알맞은 것은 어느 것인가?

㉮ $NH_3 \rightarrow NO_2^- \rightarrow NO_3^- \rightarrow N_2$
㉯ $NO_3^- \rightarrow NH_3 \rightarrow NO_2^- \rightarrow N_2$
㉰ $NO_3^- \rightarrow N_2 \rightarrow NH_3 \rightarrow NO_2^-$

answer 15 ㉰ 16 ㉯ 17 ㉱ 18 ㉱ 19 ㉮ 20 ㉮

㉣ $N_2 \to NH_3 \to NO_3^- \to NO_2^-$

| 제2과목 | 수질오염방지기술

21 질산화 미생물에 관한 내용으로 알맞은 것은 어느 것인가?

㉮ 혐기성이며 독립영양성 미생물
㉯ 호기성이며 독립영양성 미생물
㉰ 혐기성이며 종속영양성 미생물
㉱ 호기성이며 종속영양성 미생물

풀이 ① 질산화 미생물은 호기성이며, 독립영양성 미생물이다.
② 탈질화 미생물은 혐기성이며, 종속영양성 미생물이다.

22 유량이 1,000m³/day, 포기조내의 MLSS 농도가 4,500mg/L이며 포기시간은 12hr, 최종침전지에서 25m³/day의 잉여슬러지를 인발한다. 잉여슬러지의 농도는 20,000mg/L이며, 방류수의 SS를 무시한다면 슬러지 체류시간(day)은 얼마인가?

㉮ 4.5day   ㉯ 9.0day
㉰ 12.5day ㉱ 15.0day

풀이
$$SRT = \frac{MLSS \times V}{Q_w \times SS_w}$$
$$= \frac{4,500mg/L \times 1,000m^3/day \times \left(\frac{12hr}{24}\right)day}{25m^3/day \times 20,000mg/L}$$
$$= 4.5day$$

23 폐수를 염소 처리하는 목적으로 틀린 것은 어느 것인가?

㉮ 살균   ㉯ 탁도 제거
㉰ 냄새 제거   ㉱ 유기물 제거

풀이 염소 처리하는 목적은 살균, 냄새 제거, 유기물 제거이다.

24 하수처리를 위한 생물학적 처리방법 중 미생물 성장 방식이 서로 다른 것은 어느 것인가?

㉮ 활성슬러지법   ㉯ 살수여상법
㉰ 회전원판법   ㉱ 접촉산화법

풀이 ㉮는 부유성장식이고, ㉯·㉰·㉱는 부착성장식에 해당한다.

25 포기조 내의 MLSS가 4,000mg/L, 포기조 용적이 500m³인 활성슬러지 공정에서 매일 25m³의 폐슬러지를 인발하여 소화조에서 처리한다면 슬러지의 평균 체류시간(day)은 얼마인가? (단, 반송슬러지의 농도 20,000mg/L, 유출수의 SS 농도는 무시)

㉮ 2day   ㉯ 3day
㉰ 4day   ㉱ 5day

풀이
$$SRT = \frac{MLSS \times V}{Q_w \times SS_w} = \frac{4,000mg/L \times 500m^3}{25m^3/day \times 20,000mg/L}$$
$$= 4.0day$$

answer 21 ㉯ 22 ㉮ 23 ㉯ 24 ㉮ 25 ㉰

26 하수의 pH조정조에 관한 설명으로 틀린 것은 어느 것인가?

㉮ 체류시간은 10 ~ 15분을 기준으로 한다.
㉯ 교반속도는 약품의 혼합과 단락류의 현상을 방지하기 위하여 통상 20 ~ 80rpm의 범위로 운전한다.
㉰ 조의 형태는 사각형 및 원형으로 한다.
㉱ 조정조의 교반강도는 속도경사(G)로 300 ~ 1,500/s로 급속교반한다.

풀이 ㉯ 교반속도는 약품의 혼합과 단락류의 현상을 방지하기 위하여 통상 120~180rpm의 범위로 운전한다.

27 미생물이 분해 불가능한 유기물을 제거하기 위하여 흡착제인 활성탄을 사용하였다. COD가 56mg/L인 원수에 활성탄 20mg/L를 주입시켰더니 COD가 16mg/L으로, 활성탄 52mg/L를 주입시켰더니 COD가 4mg/L로 되었다. COD 9mg/L로 만들기 위해 주입되어야 할 활성탄 양(mg/L)은 얼마인가? (단, Freundlich 등온 공식 : $\frac{X}{M} = KC^{\frac{1}{n}}$ 이용)

㉮ 31.3mg/L   ㉯ 36.3mg/L
㉰ 41.3mg/L   ㉱ 46.3mg/L

풀이 $\frac{X}{M} = k \cdot C^{\frac{1}{n}}$

① $\frac{(56-16)mg/L}{20mg/L} = k \times (16mg/L)^{\frac{1}{n}}$
⇒ $2mg/L = k \times (16mg/L)^{\frac{1}{n}}$

② $\frac{(56-4)mg \cdot L}{52mg/L} = k \times (4mg/L)^{\frac{1}{n}}$
⇒ $1mg/L = k \times (4mg/L)^{\frac{1}{n}}$

③ $\frac{(56-9)mg \cdot L}{M} = k \times (9mg/L)^{\frac{1}{n}}$

①÷②을 하면 $2 = 4^{\frac{1}{n}}$ 이 된다.

양변에 ln을 취하면 $\ln 2 = \frac{1}{n} \ln 4$

∴ $n = \frac{\ln 4}{\ln 2} = 2$, $k = 0.5$

따라서 $\frac{(56-9)mg/L}{M} = 0.5 \times (9mg/L)^{\frac{1}{2}}$

∴ $M = 31.33mg/L$

28 슬러지 처리의 목표로 틀린 것은 어느 것인가?

㉮ 부피의 감소   ㉯ 중금속 제거
㉰ 안정화   ㉱ 병원균 제거

풀이 슬러지처리의 목표는 안정화, 감량화, 안전화, 중금속 제거 등이 있다.

29 Zeolite로 중금속을 제거하려고 한다. 반응탑 직경 2m, 폐수의 통과량 200 m^3/hr일 때, 선속도($m^3/m^2 \cdot hr$)는 얼마인가?

㉮ 약 150   ㉯ 약 120
㉰ 약 96   ㉱ 약 64

풀이 선속도($m^3/m^2 \cdot hr$)
$= \frac{폐수의 통과량(m^3/hr)}{\frac{\pi D^2}{4}(m^2)} = \frac{200 m^3/hr}{\frac{\pi \times (2m)^2}{4}}$
$= 63.66 m^3/m^2 \cdot hr$

answer 26 ㉯ 27 ㉮ 28 ㉯ 29 ㉱

30 질소가 없는 공장의 폐수 유량과 BOD 농도가 각각 1,000m³/day, 600mg/L일 때, 활성슬러지 처리를 위해서 필요한 $(NH_4)_2SO_4$의 양(kg/day)은 얼마인가? (단, BOD : N : P = 100 : 5 : 1 이라 가정)

㉮ 111kg/day ㉯ 121kg/day
㉰ 131kg/day ㉱ 141kg/day

풀이 ① BOD : N
  100 : 5
  1,000m³/day×0.6kg/m³ : X_1
  ∴ $X_1 = \dfrac{1,000m^3/day \times 0.6kg/m^3 \times 5}{100}$ = 30kg/day
② $(NH_4)_2SO_4$: 2N
  132g : 2×14g
  X_2 : 30kg/day
  ∴ $X_2 = \dfrac{30kg/day \times 132g}{2 \times 14g}$ = 141.43kg/day

31 생물학적으로 하수 내 질소와 인을 동시에 제거할 수 있는 고도처리공법인 혐기-무산소-호기조합법에 대한 내용으로 틀린 것은 어느 것인가?

㉮ 방류수의 인 농도를 안정적으로 확보할 필요가 있는 경우에는 호기 반응조의 말단에 응집제를 첨가할 설비를 설치하는 것이 바람직하다.
㉯ 인을 효과적으로 제거하기 위해서는 일차침전지 슬러지와 잉여슬러지의 농축을 분리하는 것이 바람직하다.
㉰ 혐기조에서는 인 방출, 호기조에서는 인의 과잉섭취현상이 발생한다.
㉱ 인제거율 또는 인제거량은 잉여슬러지의 인방출률과 수온에 의해 결정된다.

풀이 ㉱ 인제거율 또는 인제거량은 잉여슬러지의 인발량으로 결정된다.

32 환경에 잠재적으로 독성이 있는 염소 잔류물의 영향을 최소화하기 위해 염소 살균된 하수로부터 염소를 제거하는데 이용되는 탈염소공정에 대한 설명으로 틀린 것은 어느 것인가?

㉮ 이산화황과 염소의 원활한 접촉을 위해 충분한 접촉시간과 접촉조가 필요하다.
㉯ 이산화황을 과잉 주입하게 되면 약품 낭비 뿐만 아니라 산소요구량도 많아지게 된다.
㉰ 활성탄을 이용한 공정은 유기물질의 고도 제거가 동시에 필요한 경우 더 타당하다.
㉱ 이산화황을 이용한 공정에서 염소 잔류물과 반응하는 이산화황의 실제 요구량은 1 : 1 이다.

풀이 ㉮ 이산화황과 염소의 접촉시간은 짧게 한다.

33 활성슬러지공법 포기조의 MLSS 농도를 2,500mg/L로 유지하려면 SVI가 150인 경우 슬러지 반송비(R)는?

㉮ 0.50 ㉯ 0.55
㉰ 0.60 ㉱ 0.65

풀이 반송비$(R) = \dfrac{MLSS}{SS_r - MLSS} = \dfrac{MLSS}{\dfrac{10^6}{SVI} - MLSS}$

$= \dfrac{2,5000mg/L}{\dfrac{10^6}{150} - 2,5000mg/L} = 0.6$

TIP
$SVI = \dfrac{10^6}{SS_r}$ 에서 $SS_r = \dfrac{10^6}{SVI}$

answer 30 ㉱ 31 ㉱ 32 ㉮ 33 ㉰

34 회전원판법(RBC)에 대한 내용으로 틀린 것은 어느 것인가?

㉮ 산소공급이 필요 없어 소요전력이 적고 높은 슬러지일령이 유지된다.
㉯ 여재는 전형적으로 약 40% 정도가 물에 잠기도록 한다.
㉰ 타 생물학적 처리공정에 비하여 scale-up 시키기 어렵다.
㉱ 유입수는 스크린이나 침전과정 없이 여재에 바로 접촉시켜 처리 효율을 높인다.

풀이 ㉱ 유입수는 스크린이나 침전과정을 거쳐 여재에 접촉시켜 처리 효율을 높인다.

35 활성슬러지법에 의한 폐수처리의 운전 및 유지관리상 가장 중요도가 낮은 사항은 어느 것인가?

㉮ 포기조 내의 수온
㉯ 포기조에 유입되는 폐수의 용존산소량
㉰ 포기조에 유입되는 폐수의 pH
㉱ 포기조에 유입되는 폐수의 BOD 부하량

풀이 ㉯ 포기조내의 용존산소량

36 BOD 200mg/L, 유량 2,000m³/day인 폐수를 표준활성슬러지법으로 처리하고자 한다. 포기조의 폭 5m, 길이 10m, 유효깊이 4m일 때 용적부하(kg BOD/m³·day)는 얼마인가?

㉮ 1.5 ㉯ 2.0
㉰ 2.5 ㉱ 3.0

풀이 BOD 용적부하(kg/m³·day)
$= \dfrac{BOD(kg/m^3) \times Q(m^3/day)}{폭 \times 길이 \times 유효길이(m^3)}$
$= \dfrac{0.2kg/m^3 \times 2,000m^3/day}{5m \times 10m \times 4m} = 2.0kg/m^3 \cdot day$

TIP
① mg/L $\xrightarrow{\times 10^{-3}}$ kg/m³
② ppm = mg/L = g/m³

37 하수처리시설 1차 침전지(clarifier)의 운전시 지켜야 할 조건으로 틀린 것은 어느 것인가?

㉮ 침전지 수면의 여유고는 1.5m 이상으로 하여야 한다.
㉯ 체류시간은 2~4시간 정도가 적당하다.
㉰ 표면부하율은 합류식의 경우 25~50m³/m²·day로 유지한다.
㉱ 월류위어의 부하율은 일반적으로 250m³/m²·day 이하로 한다.

풀이 ㉮ 침전지 수면의 여유고는 40~60cm 이상으로 하여야 한다.

38 혐기성 소화의 특징으로 틀린 것은 어느 것인가?

㉮ 발생되는 슬러지의 양이 작다.
㉯ 부패성 유기물을 분해하여 안정화시킨다.
㉰ 질소, 인 등의 영양염류 제거효율이 높다.
㉱ 고농도 폐수처리에 적당하다.

풀이 ㉰ 질소, 인 등의 영양염류 제거효율이 낮다.

answer 34 ㉱ 35 ㉯ 36 ㉯ 37 ㉮ 38 ㉰

39 도금공정에서 발생되는 폐수의 6가 크롬 처리법으로 알맞은 방법은 어느 것인가?

㉮ 오존산화법 ㉯ 알칼리염소법
㉰ 환원처리법 ㉱ 활성슬러지법

> **풀이** 6가 크롬 처리법은 환원처리법이다.

40 보통 1차침전지에서 부유물질의 침강속도가 작게 되는 조건으로 알맞은 것은 어느 것인가? (단, Stokes 법칙 적용)

㉮ 부유물질 입자의 밀도가 클 경우
㉯ 부유물질 입자의 입경이 클 경우
㉰ 처리수의 밀도가 작을 경우
㉱ 처리수의 점성도가 클 경우

> **풀이** ㉮ 부유물질 입자의 밀도가 작을 경우
> ㉯ 부유물질 입자의 입경이 작을 경우
> ㉰ 처리수의 밀도가 클 경우

| 제3과목 | 수질오염공정시험기준

41 수질오염공정시험기준상 노말헥산 추출물질로 틀린 것은 어느 것인가?

㉮ 휘발되지 않는 탄화수소, 탄화수소유도체
㉯ 그리스유상물질
㉰ 광유류
㉱ 셀룰로오스류

> **풀이** 노말헥산 추출물질에는 휘발되지 않는 탄화수소, 탄화수소유도체, 그리스유상물질, 광유류가 있다.

42 대장균군 실험방법(최적확수시험법)에 대한 내용으로 틀린 것은 어느 것인가?

㉮ 실험상의 오염을 방지하기 위하여 모든 조작은 무균조작을 해야한다.
㉯ 측정원리는 시료를 유당이 포함된 배지에 배양할 때 대장균군이 증식하면서 가스를 생성하는데 이 때 음성시험관수를 확률적 수치인 최적 확수로 표시한다.
㉰ 대장균군의 정성시험은 추정시험, 확정시험, 완전시험 3단계로 나눈다.
㉱ 대장균군이라 함은 그람음성, 무아포성 간균으로 유당을 분해하여 가스 또는 산을 발생하는 모든 호기성 또는 통성 혐기성균을 말한다.

> **TIP** 공정시험기준 개정으로 삭제합니다.

43 자외선/가시선 분광법으로 측정하는 항목이 아닌 것은 어느 것인가?

㉮ 유기인 ㉯ 페놀류
㉰ 불소   ㉱ 시안

> **풀이** ㉮ 유기인은 기체크로마토그래피법을 이용한다.

---

answer 39 ㉰ 40 ㉱ 41 ㉱ 42 ㉯ 43 ㉮

44 식물성 플랑크톤을 현미경계수법으로 분석하고자 할 때 분석절차에 대한 내용으로 틀린 것은 어느 것인가?

㉮ 시료의 개체수는 계수 면적당 10~40 정도가 되도록 희석 또는 농축한다.
㉯ 시료가 육안으로 녹색이나 갈색으로 보일 경우 정제수로 적절한 농도로 희석한다.
㉰ 시료 농축방법인 원심분리방법은 일정량의 시료를 원심침전관에 넣고 100g~150g로 20분 정도 원심분리하여 일정배율로 농축한다.
㉱ 시료농축방법인 자연침전법은 일정시료에 포르말린용액 또는 루골용액을 가하여 플랑크톤을 고정시켜 실린더 용기에 넣고 일정시간 정치 후 싸이폰을 이용하여 상층액을 따라 내어 일정량으로 농축한다.

풀이 ㉰ 시료 농축방법인 원심분리방법은 일정량의 시료를 원심침전관에 넣고 1000×g로 20분 정도 원심분리하여 일정배율로 농축한다.

45 수질오염공정시험기준 크롬의 시험방법으로 틀린 것은?

㉮ 원자흡수분광광도법
㉯ 유도결합플라스마-원자발광분광법
㉰ 유도결합플라스마-질량분석법
㉱ 기체크로마토그래피

풀이 크롬의 시험방법
① 원자흡수분광광도법
② 유도결합플라스마-원자발광분광법
③ 유도결합플라스마-질량분석법

46 공장 폐수의 BOD를 측정하기 위해 검수 30mL를 취한 다음 물 270mL를 BOD 병에 취하였다. 20℃에서 5일간 방치한 후 다음과 같은 결과를 얻었다면 이 공장 폐수의 BOD(mg/L)는 얼마인가? (단, 초기 용존산소량 = 8.0mg/L, 5일 후의 용존산소량 = 4.0mg/L)

㉮ 40mg/L   ㉯ 36mg/L
㉰ 24mg/L   ㉱ 12mg/L

풀이 BOD = $(8.0-4.0)\text{mg/L} \times \dfrac{300\text{mL}}{30\text{mL}} = 40\text{mg/L}$

TIP
① BOD 농도 = $(DO_1 - DO_2) \times$ 희석배수치(P)
② 희석배수치 = $\dfrac{\text{총량}}{\text{시료량}} = \dfrac{300\text{mL}}{30\text{mL}} = 10$배

47 도금 공장에서 전기도금용액 탱크에 물 100L를 넣고 NaCN 4g을 용해하였다. 이 도금용액의 시안이온(CN^-)의 농도(mg/L)는 얼마인가? (단, 완전히 해리된다고 가정, Na 원자량 = 23)

㉮ 약 17mg/L   ㉯ 약 21mg/L
㉰ 약 34mg/L   ㉱ 약 49mg/L

풀이 NaCN : CN^-
   49g : 26g
4g/100L : X
∴ X = 0.02122g/L = 21.23mg/L

---

answer 44 ㉰ 45 ㉱ 46 ㉮ 47 ㉯

48 밀폐용기에 관한 내용으로 알맞은 것은 어느 것인가?

㉮ 취급 또는 저장하는 동안에 기체 또는 미생물이 침입하지 아니하도록 내용물을 보호하는 용기를 말한다.
㉯ 취급 또는 저장하는 동안에 이물질이 들어가거나 또는 내용물이 손실되지 아니하도록 보호하는 용기를 말한다.
㉰ 취급 또는 저장하는 동안에 밖으로부터의 공기, 다른 가스가 침입하지 아니하도록 내용물을 보호하는 용기를 말한다.
㉱ 취급 또는 저장하는 동안에 이물질이나 미생물이 침입하지 아니하도록 내용물을 보호하는 용기를 말한다.

풀이 ㉯번의 설명이 밀폐용기이다.

49 흡광광도측정에서 투과율이 50%일 때 흡광도는 얼마인가?

㉮ 0.2   ㉯ 0.3
㉰ 0.4   ㉱ 0.5

풀이 흡광도 $= \log \dfrac{1}{\text{투과도}(t)} = \log \dfrac{1}{0.5} = 0.30$

50 자외선/가시선분광법으로 인산염인을 측정하고자 할 때, 측정시험과 관련된 내용으로만 짝지어진 것은 어느 것인가?

㉮ 몰리브덴산암모늄, 이염화주석, 적색
㉯ 몰리브덴산암모늄, 이염화주석, 청색
㉰ 부루신설퍼민산, 안티몬, 적색
㉱ 부루신설퍼민산, 안티몬, 청색

풀이 인산염인의 자외선/가시선 분광법(이염화주석환원법)
① 몰리브덴산암모늄과 반응, 이염화주석으로 환원
② 청의 흡광도를 690nm에서 측정

③ 정량한계 : 0.003mg/L

51 원자흡수분광광도법에 대한 내용으로 틀린 것은 어느 것인가?

㉮ 보통 5,000 ~ 7,000K의 불꽃을 적용한다.
㉯ 불꽃온도가 너무 높으면 중성원자에서 전자를 빼앗아 이온이 생성될 수 있어 음의 오차가 발생한다.
㉰ 물리적 간섭은 표준물질 첨가법을 사용하여 방지할 수 있다.
㉱ 광학적 간섭은 슬릿간격을 좁혀서 해결 가능하다.

풀이 ㉮ 보통 2,000 ~ 3,000K의 불꽃을 적용한다.

52 이온전극법과 관련된 내용으로 틀린 것은 어느 것인가?

㉮ 시료 중 분석대상 이온의 농도에 감응하는 비교전극과 이온전극 간에 나타나는 전위차를 이용하는 방법이다.
㉯ 목적이온의 농도를 정량하는 방법으로 시료 중 양이온과 음이온의 분석에 이용된다.
㉰ 비교전극은 분석대상 이온에 대해 고도의 선택성이 있고, 이온농도에 비례하여 전위를 발생할 수 있는 전극이다.
㉱ 전위차계는 발생되는 전위차를 mV 단위까지 읽을 수 있고, 고압력 저항의 전위차계로서 pH-mV계, 이온전극용 전위차계 또는 이온농도계 등을 사용한다.

풀이 ㉰번은 이온전극에 대한 설명이다.

answer 48 ㉯ 49 ㉯ 50 ㉯ 51 ㉮ 52 ㉰

53 하천유량(유속 면적법) 측정의 적용범위로 틀린 것은 어느 것인가?

㉮ 모든 유량 규모에서 하나의 하도로 형성되는 지점
㉯ 가능하면 하상이 안정되어 있고 식생의 성장이 없는 지점
㉰ 교량 등 구조물 근처에서 측정할 경우 교량의 하류 지점
㉱ 합류나 분류가 없는 지점

풀이 ㉰ 교량 등 구조물 근처에서 측정할 경우 교량의 상류 지점

54 질산성질소 표준원액 0.5mg NO_3-N/mL를 제조하려면, 미리 105~110℃에서 4시간 건조한 질산포타슘(KNO_3 표준시약) 몇 g을 물에 녹여 1,000mL로 하면 되는가? (단, K 원자량 = 39.1)

㉮ 2.83 ㉯ 3.61
㉰ 4.72 ㉱ 5.38

풀이 KNO_3 : NO_3-N
101.1g : 14g
　X 　 : 0.5mg/mL×1,000mL
∴X = 0.00361mg = 3.61g

TIP
KNO_3의 분자량 = 39.1+14+16×3 = 101.1

55 예상 BOD 값에 대한 사전경험이 없을 때 BOD 시험을 위한 시료용액 조제 시 희석기준에 대한 내용으로 틀린 것은 어느 것인가?

㉮ 오염된 하천수는 10~20%의 시료가 함유되도록 희석한다.
㉯ 처리하여 방류된 공장폐수는 5~25%의 시료가 함유되도록 희석한다.
㉰ 처리하지 않은 공장폐수는 1~5%의 시료가 함유되도록 희석한다.
㉱ 강한 공장폐수는 0.1~1.0%의 시료가 함유되도록 희석한다.

풀이 ㉮ 오염된 하천수는 25~100%의 시료가 함유되도록 희석한다.

56 수질오염공정시험기준상 온도에 관한 설명으로 틀린 것은 어느 것인가?

㉮ 냉수는 4℃ 이하
㉯ 상온은 15~25℃
㉰ 온수는 60~70℃
㉱ 찬 곳은 따로 규정이 없는 한 0~15℃

풀이 ㉮ 냉수는 15℃ 이하

57 분석항목별 시료의 보존방법으로 틀린 것은?

㉮ 노말헥산추출물질 : H_2SO_4로 pH 2 이하
㉯ 총인(용존 총인) : H_2SO_4로 pH 2 이하
㉰ 화학적 산소요구량 : H_2SO_4로 pH 2 이하
㉱ 유기인 : H_2SO_4로 pH 2 이하

풀이 ㉱ 유기인 : NaOH 또는 H_2SO_4로 pH 5~9

answer 53 ㉰　54 ㉯　55 ㉮　56 ㉮　57 ㉱

58 유도결합플라스마(ICP) 원자발광분광법에 관한 내용으로 틀린 것은 어느 것인가?

㉮ 분석장치는 시료주입부, 고주파전원부, 광원부, 분광부, 연산처리부 및 기록부로 구성되어 있다.
㉯ 분광부는 검출 및 측정방법에 따라 연속주사형 단원소 측정장치와 다원소 동시 측정장치로 구분된다.
㉰ 시료주입부는 시료 기화실과 분리관으로 이루어져 있으며 시료를 플라스마에 도입시키는 부분이다.
㉱ 플라스마광원으로부터 발광하는 스펙트럼선을 선택적으로 분리하기 위해서는 분해능이 우수한 회절격자가 많이 사용된다.

풀이 ㉰ 시료주입부는 분무기와 챔버로 이루어져 있으며 시료를 플라스마에 도입시키는 부분이다.

59 유량측정방법 중에서 단면이 축소되는 목 부분을 조절함으로써 유량을 조절하는 유량계는 어느 것인가?

㉮ 노즐(nozzle)
㉯ 오리피스(orifice)
㉰ 벤튜리미터(venturi meter)
㉱ 피토우(pitot)관

풀이 ㉯ 오리피스에 대한 설명이다.

60 피토우관에 대한 내용으로 틀린 것은 어느 것인가?

㉮ 부유물질이 적은 대형관에서 효율적인 유량측정기이다.
㉯ 피토우관의 유속은 마노미터에 나타나는 수두차에 의하여 계산한다.
㉰ 피토우관으로 측정할 때는 반드시 일직선상의 관에서 이루어져야 한다.
㉱ 피토우관의 설치장소는 엘보우, 티 등 관이 변화하는 지점으로부터 최소한 관지름의 5~15배 정도 떨어진 지점이어야 한다.

풀이 ㉱ 피토우관의 설치장소는 엘보우, 티 등 관이 변화하는 지점으로부터 최소한 관지름의 15~50배 정도 떨어진 지점이어야 한다.

answer 58 ㉰ 59 ㉯ 60 ㉱

2017년 3회 기출문제

| 제1과목 | 수질오염개론

01 적조현상의 주 원인이 되는 조류를 제거하기 위한 방법으로 황산동을 주입되는 화학적인 방법을 사용하기도 한다. 알칼리도가 40ppm 이하일 경우에 주입되는 황산동의 농도로 가장 알맞은 것은 어느 것인가?

㉮ 5 ~ 10ppb
㉯ 10 ~ 20ppb
㉰ 0.05 ~ 0.1ppm
㉱ 0.2 ~ 0.5ppm

풀이 알칼리도가 40ppm 이하일 경우에 주입되는 황산동의 농도는 0.2 ~ 0.5 ppm이다.

02 해수의 담수화에 대한 내용으로 틀린 것은 어느 것인가?

㉮ 담수는 1,000mg/L 이하의 염을 포함한다.
㉯ 역삼투법은 반투막과 정수압을 이용하여 순수한 물을 분리하는 방법이다.
㉰ 해수는 대략 35,000mg/L의 염을 포함한다.
㉱ 증발법은 가장 오래된 담수화방법으로 에너지가 많이 소모되며 해수 염의 농도에 따라 열 및 동력요구량이 크게 달라진다.

풀이 ㉱ 증발법은 가장 오래된 담수화방법으로 에너지 요구량이 처리수중의 염의 농도와 비교적 무관하다.

03 균류(Fungi)의 경험적인 분자식으로 알맞은 것은 어느 것인가?

㉮ $C_6H_9O_5N$
㉯ $C_7H_{12}O_5N$
㉰ $C_9H_{14}O_6N$
㉱ $C_{10}H_{17}O_6N$

풀이 균류(Fungi)의 경험적인 분자식은 $C_{10}H_{17}O_6N$이다.

04 0.1N CH_3COOH 100mL를 NaOH로 적정하고자 하여 0.1N NaOH 96mL를 가했을 때, 이 용액의 pH는 얼마인가? (단, CH_3COOH의 해리상수 $Ka = 1.8 \times 10^{-5}$)

㉮ 1.9
㉯ 3.7
㉰ 4.7
㉱ 5.7

풀이 ① CH_3COOH의 M농도를 구한다.

$$CH_3COOH의 농도 = \frac{N_1V_1 - N_2V_2}{V_1+V_2}$$

$$= \frac{0.1N \times 100mL - 0.1N \times 96mL}{100mL+96mL} = 0.002M$$

② $[H^+]$의 M농도를 계산한다.

$CH_3COOH \rightarrow CH_3COO^- + H^+$

$ka = \frac{[CH_3COO^-][H^+]}{[CH_3COOH]}$

$[H^+] = \sqrt{[CH_3COOH] \times ka} = \sqrt{0.002M \times 1.8 \times 10^{-5}}$
$= 1.9 \times 10^{-4}M$

③ pH를 계산한다.
$pH = -\log[H^+] = -\log[1.9 \times 10^{-4}] = 3.72$

TIP
$[CH_3COO^-] = [H^+]$

---

answer 01 ㉱ 02 ㉱ 03 ㉱ 04 ㉯

05 Bacteria의 약 80%는 H_2O이고, 약 20%가 고형물로 구성되어 있다. 이 고형물 중 유기물질(%)은 얼마인가?

㉮ 70% ㉯ 80%
㉰ 90% ㉱ 99%

풀이 고형물 중 유기물(VS)은 90%, 무기물(FS)은 10%이다.

06 공장에서 BOD 200mg/L 인 폐수 500 m^3/d를 BOD 4mg/L, 유량 200,000 m^3/d의 하천에 방류할 때 합류점의 BOD(mg/L)는 얼마인가?

㉮ 4.20mg/L ㉯ 4.49mg/L
㉰ 4.72mg/L ㉱ 4.84mg/L

풀이 혼합공식 $C_m = \dfrac{Q_1C_1+Q_2C_2}{Q_1+Q_2}$

$= \dfrac{500m^3/day \times 200mg/L + 200,000m^3/day \times 4mg/L}{500m^3/day + 200,000m^3/day}$

$= 4.49mg/L$

07 조석의 영향을 받는 하구에서 염분농도를 측정하였더니 20,000mg/L이었다. 상류 10km 지점의 염분농도(mg/L)는 얼마인가? (단, 확산계수 = 50m^2/s, 하천의 평균유속 = 0.02m/s, 중간에는 지천의 유입이 없다고 가정)

㉮ 약 370mg/L ㉯ 약 740mg/L
㉰ 약 3,700mg/L ㉱ 약 7,400mg/L

풀이 이 문제는 정답만 숙지하시면 됩니다.

08 수처리에 이용되는 습지식물 중 부수식물(free floating plants)로 틀린 것은 어느 것인가?

㉮ 부레옥잠 ㉯ 물수세미
㉰ 생이가래 ㉱ 물개구리밥류

풀이 부수식물은 물위에 떠있는 식물을 의미하며, 부레옥잠, 생이가래, 물개구리밥류가 해당한다.

09 $CaCl_2$ 200mg/L는 몇 meq/L인가? (단, Ca 원자량 = 40, Cl 원자량 = 35.5)

㉮ 1.8meq/L ㉯ 2.4meq/L
㉰ 3.6meq/L ㉱ 4.8meq/L

풀이
$meq/L = \dfrac{질량(mg)}{부피(L)} \times \dfrac{1meq}{1mg당량}$

$= \dfrac{200mg}{1L} \times \dfrac{1meq}{55.5mg}$

$= 3.60meq/L$

10 다음 중 성층현상이 거의 일어나지 않는 곳은 어디인가?

㉮ 극지방의 호수
㉯ 열대지방의 호수
㉰ 수심이 얕은 호수
㉱ 온대나 아열대 지역의 호수

풀이 ㉰ 수심이 얕은 호수에서는 성층현상이 발생하지 않는다.

answer 05 ㉰ 06 ㉯ 07 ㉮ 08 ㉯ 09 ㉰ 10 ㉰

11 호수나 저수지를 상수원으로 사용할 경우 전도(turn over)현상으로 수질 악화가 우려 되는 시기는 언제인가?

㉮ 봄과 여름 ㉯ 봄과 가을
㉰ 여름과 겨울 ㉱ 가을과 겨울

풀이 전도현상이 일어나는 계절은 봄과 가을이며, 성층현상이 일어나는 계절은 여름과 겨울이다.

12 소수성 콜로이드에 대한 내용으로 틀린 것은 어느 것인가?

㉮ 현탁(Suspension) 상태이다.
㉯ 염(Salt)에 매우 민감하다.
㉰ 물과 반발하는 성질을 가지고 있다.
㉱ 틴들(Tyndall)효과가 약하거나 거의 없다.

풀이 ㉱ 틴들(Tyndall)효과가 크다.

13 미생물 세포를 $C_5H_7O_2N$이라고 하면 세포 5kg당의 이론적인 공기소모량(kg air)은 얼마인가? (단, 완전산화 기준, 분해 최종산물은 CO_2, H_2O, NH_3, 공기 중 산소는 23%(W/W)로 가정한다.)

㉮ 약 27kg ㉯ 약 31kg
㉰ 약 42kg ㉱ 약 48kg

풀이 ① $C_5H_7O_2N + 5O_2 \rightarrow 5CO_2 + 2H_2O + NH_3$
113g : 5×32g
5kg : X
∴ X = 7.08kg
② 공기량(kg) = $\frac{산소량(kg)}{0.23}$ = $\frac{7.08kg}{0.23}$ = 30.78kg

14 기체분석법의 이해에 바탕이 되는 법칙으로 기체가 관련된 화학 반응에서 반응하는 기체와 생성된 기체의 부피 사이에는 정수관계가 성립된다는 법칙은 무엇인가?

㉮ Graham 법칙
㉯ Charles 법칙
㉰ Gay-Lussac 법칙
㉱ Dalton 법칙

풀이 ㉰ Gay-Lussac 법칙에 대한 설명이다.

15 혐기성소화조의 정상 작동여부를 판단할 수 있는 인자로 틀린 것은 어느 것인가?

㉮ 소화조 내의 혼합도
㉯ 1일 가스 발생량
㉰ 발생 가스 중의 CO_2 함유율
㉱ 소화조 내 슬러지의 volatile acid 함유도

풀이 ㉮ 소화조 내의 혼합도는 호기성소화조에 해당한다.

16 우수(雨水)에 관한 내용으로 틀린 것은 어느 것인가?

㉮ 우수의 주성분은 육수보다는 해수의 주성분과 거의 동일하다고 할 수 있다.
㉯ 해안에 가까운 우수는 염분함량의 변화가 크다.
㉰ 용해성분이 많아 완충작용이 크다.
㉱ 산성비가 내리는 것은 대기오염물질인 NO_x, SO_x 등의 용존성분 때문이다.

풀이 ㉰ 용해성분이 적어 완충작용이 작다.

---

answer 11 ㉯ 12 ㉱ 13 ㉯ 14 ㉰ 15 ㉮ 16 ㉰

17 비료, 가축분뇨 등이 유입된 하천에서 pH가 증가되는 경향을 볼 수 있는데, 여기에 주로 관여하는 미생물과 반응은 무엇인가?

㉮ Fungi, 광합성
㉯ Bacteria, 호흡작용
㉰ Algae, 광합성
㉱ Bacteria, 내호흡

▸ 풀이 조류가 광합성작용을 하게되면 수중의 CO_2가스가 소모되므로 하천의 pH는 증가하게 된다.

18 pH가 낮은 상태에서도 잘 자랄 수 있는 미생물의 종류는 무엇인가?

㉮ Bacteria   ㉯ Algae
㉰ Fungi   ㉱ Protozoa

▸ 풀이 ㉰ 곰팡이(Fungi)에 대한 설명이다.

19 글리신($CH_2(NH_2)COOH$)의 이론적 COD/TOC의 비는 얼마인가? (단, 글리신의 최종분해물은 CO_2, HNO_3, H_2O이다.)

㉮ 4.67   ㉯ 5.83
㉰ 6.72   ㉱ 8.32

▸ 풀이 $CH_2(NH_2)COOH + 3.5O_2 \rightarrow 2CO_2 + 2H_2O + HNO_3$
$\dfrac{COD}{TOC} = \dfrac{3.5 \times 32g}{2 \times 12g} = 4.67$

20 초기농도가 300mg/L인 오염물질이 있다. 이 물질의 반감기가 10일 일때 반응속도가 1차 반응에 따른다면 5일 후의 농도(mg/L)는 얼마인가?

㉮ 212mg/L   ㉯ 228mg/L
㉰ 235mg/L   ㉱ 246mg/L

▸ 풀이 ① 반감기 공식 : $\ln\dfrac{1}{2} = -k \times t$

따라서 $\ln\dfrac{1}{2} = -k \times 10day$

$\therefore k = \dfrac{\ln\dfrac{1}{2}}{-10day} = 0.0693/day$

② 1차반응식 : $\ln\dfrac{C_t}{C_o} = -k \times t$

따라서 $\ln\left(\dfrac{C_t}{300mg/L}\right) = -0.0693/day \times 5day$

$\therefore C_t = 300mg/L \times e^{(-0.0693/day \times 5day)} = 212.15mg/L$

| 제2과목 | 수질오염방지기술

21 잉여 활성슬러지를 처리하는 혐기성 소화조에서 발생되는 소화가스의 CO_2가 50~60% 이상으로 증가될 때, 소화조의 상태에 대해 알맞게 나타낸 것은 어느 것인가?

㉮ 소화가스의 발생량이 최대로 증가한다.
㉯ 소화조가 양호하게 작동하고 있지 않다.
㉰ 소화가스의 열량이 증가하고 있다.
㉱ 소화가스의 메탄도 함께 증가한다.

▸ 풀이 혐기성소화조에서는 CO_2 가스보다 CH_4 가스가 대부분 발생해야 하므로 비정상적으로 작동하고 있다.

answer 17 ㉰   18 ㉰   19 ㉮   20 ㉮   21 ㉯

22 슬러지 처리를 위한 혐기성 소화조의 운영 조건이 다음과 같을 때 하루에 발생하는 평균 가스 발생량(m^3/day)은 얼마인가?

처리방식	Batch식
TS	25,000mg/L
VS	TS의 63.5%
가스 발생량	VS 1kg당 0.5m^3
슬러지 유입량	100kL
소화 일수	20day

㉮ 약 54m^3/day ㉯ 약 40m^3/day
㉰ 약 33m^3/day ㉱ 약 28m^3/day

풀이 가스 발생량(m^3/day)
= 100m^3×25kg/m^3×0.635×0.5m^3/kg×$\frac{1}{20day}$
= 39.69m^3/day

23 정유공장에서 최소 입경이 0.009 cm인 기름 방울을 제거하려고 할 때 부상속도(cm/s)는 얼마인가? (단, 중력가속도 = 980cm/s^2, 물의 밀도 = 1g/cm^3, 기름의 밀도 = 0.9g/cm^3, 점도 = 0.02g/cm·s, Stokes 법칙 적용)

㉮ 0.044cm/s ㉯ 0.033cm/s
㉰ 0.022cm/s ㉱ 0.011cm/s

풀이 $V_f = \frac{d^2(\rho_w - \rho_s)g}{18 \times \mu}$

$= \frac{(0.009cm)^2 \times (1.0-0.9)g/cm^3 \times 980cm/sec^2}{18 \times 0.02g/cm \cdot sec}$

= 0.022cm/sec

24 호기성 슬러지 퇴비화공법 설계 시 고려사항으로 틀린 것은 어느 것인가?

㉮ 슬러지의 형태 ㉯ 수분함량
㉰ 혼합과 회전 ㉱ 가스발생량

풀이 ㉱ 가스발생량은 혐기성 퇴비화공법에 해당한다.

25 계면활성제에 관한 내용으로 틀린 것은 어느 것인가?

㉮ 가정하수, 세탁소 등에서 배출된다.
㉯ 지방과 유지류를 유액상으로 만들기 때문에 물과 분리가 잘 되지 않는다.
㉰ ABS가 LAS보다 미생물에 의해 분해가 잘 된다.
㉱ 처리방법으로는 오존 산화법이나 활성탄 흡착법 등이 있다.

풀이 ㉰ ABS가 LAS보다 미생물에 의해 분해가 잘 되지 않는다.

26 슬러지 침강특성에 대한 내용으로 알맞은 것은 어느 것인가?

㉮ SVI가 매우 낮으면 슬러지 팽화의 원인이 되기도 한다.
㉯ SDI는 SVI의 역수에 1000배하여 표시한다.
㉰ SVI는 SV_{30}에 MLSS농도를 곱하여 산출한다.
㉱ SVI는 50 ~ 150 범위가 적절하다.

풀이 ㉮ SVI가 매우 높으면 슬러지 팽화의 원인이 되기도 한다.
㉯ SDI는 SVI의 역수에 100배하여 표시한다.
㉰ SVI는 SV_{30}에 MLSS농도를 나누어 산출한다.

answer 22 ㉯ 23 ㉰ 24 ㉱ 25 ㉰ 26 ㉱

27 탈염소 공정에서 사용되는 약품으로 틀린 것은 어느 것인가?

㉮ 이산화황(SO_2)
㉯ 아황산소듐(Na_2SO_3)
㉰ 명반($Al_2(SO_4)_3$)
㉱ 활성탄

[풀이] ㉰ 명반($Al_2(SO_4)_3$)은 응집제이다.

28 처리유량이 $50m^3/hr$이고, 염소요구량이 9.5mg/L, 잔류염소농도가 0.5mg/L일 때 주입하여야 하는 염소의 양(kg/day)은 얼마인가?

㉮ 2kg/day   ㉯ 12kg/day
㉰ 22kg/day   ㉱ 48kg/day

[풀이] ① 염소주입량 = 염소요구량+염소잔류량
= 9.5mg/L+0.5mg/L = 10.0mg/L
② 염소주입량(kg/day)
= 주입염소농도(kg/m^3)×처리유량(m^3/day)
= $10.0×10^{-3} kg/m^3 × 50m^3/hr × 24hr/1day$
= 12.0kg/day

TIP
① ppm = mg/L = g/m^3
② mg/L $\xrightarrow{×10^{-3}}$ kg/m^3

29 화학합성을 하는 독립영양성 미생물의 에너지원과 탄소원이 알맞게 나열된 것은 어느 것인가?

㉮ 무기물의 산화환원반응, 유기탄소
㉯ 무기물의 산화환원반응, CO_2
㉰ 유기물의 산화환원반응, 유기탄소
㉱ 유기물의 산화환원반응, CO_2

[풀이] 에너지원과 탄소원에 의한 미생물의 분류

분류	에너지원	탄소원
광합성 독립 영양 미생물	빛	CO_2
화학합성 독립 영양 미생물	무기물의 산화·환원 반응	CO_2
광합성 종속 영양 미생물	빛	유기탄소
화학합성 종속 영양 미생물	유기물의 산화·환원 반응	유기탄소

30 Cr^{6+} 함유폐수를 처리하기위한 단위조작의 조합 중 알맞은 것은 어느 것인가?

㉮ 환원→pH조정(2~3)→침전→pH조정(8~10)
㉯ pH조정(8~10)→환원→pH조정(2~3)→침전
㉰ pH조정(8~10)→침전→pH조정(2~3)→환원
㉱ pH조정(2~3)→환원→pH조정(8~10)→침전

31 공장 폐수의 생물학적 처리에 대한 내용으로 틀린 것은 어느 것인가?

㉮ 주로 유기성 폐수의 처리에 적용된다.
㉯ 독성물질이 다량 함유된 폐수는 처리가 어렵다.
㉰ 활성슬러지법에서는 폐수중의 유기물이 슬러지중의 미생물과 접촉, 산화된다.
㉱ 표준 활성슬러지법에서 포기조 내 용존산소는 5~8 mg/L 이상의 높은 상태로 운전한다.

[풀이] ㉱ 표준 활성슬러지법에서 포기조 내 용존산소는 2mg/L 이상으로 운전한다.

answer 27 ㉰ 28 ㉯ 29 ㉯ 30 ㉱ 31 ㉱

32 공장폐수의 BOD가 67mg/L, 유입수량이 1,600m³/day일 때 BOD 부하량(kg/day)은 얼마인가?

㉮ 0.04kg/day ㉯ 23.9kg/day
㉰ 107.2kg/day ㉱ 256.2kg/day

풀이 BOD부하량(kg/day)
= BOD농도(kg/m³)×유입수량(m³/day)
= 67×10⁻³kg/m³×1,600m³/day
= 107.2kg/day

TIP
① mg/L $\xrightarrow{\times 10^{-3}}$ kg/m³
② SS농도 220mg/L = 0.22kg/m³
③ 비중 $\xrightarrow{\times 10^4}$ 비중량(kg/m³)
④ 슬러지 비중 1.03×10³ = 1,030kg/m³

33 심하게 오염된 하천의 분해지대에서 주로 존재하는 질소화합물의 형태는 어느 것인가?

㉮ NO_3^- ㉯ NO_2^-
㉰ N_2 ㉱ NH_3

풀이 심하게 오염된 하천의 분해지대에서 주로 존재하는 질소화합물의 형태는 암모니아(NH_3)이다.

34 폐수 6,000m³/day를 처리하는 1차 침전지에서 발생되는 슬러지의 부피(m³/day)는 얼마인가? (단, 부유물질 제거효율 = 60%, 폐수의 부유물질 농도 = 220mg/L, 슬러지 비중 = 1.03, 슬러지 함수율 = 94%, 1차 침전지에서 제거된 부유물질 전량이 슬러지로 발생되는 것으로 가정한다.)

㉮ 10.4m³/day ㉯ 12.8m³/day
㉰ 15.8m³/day ㉱ 17.0m³/day

풀이 슬러지량(m³/day)
$= \dfrac{SS농도(kg/m³) \times Q(m³/day) \times \eta}{비중량(kg/m³)} \times \dfrac{100}{100-P(\%)}$
$= \dfrac{0.22kg/m³ \times 6,000m³/day \times 0.6}{1,030kg/m³} \times \dfrac{100}{100-94\%}$
= 12.82m³/day

35 6가 크롬을 함유하는 폐수의 처리 방법은 어느 것인가?

㉮ 생물학적 처리법
㉯ 오존 산화법
㉰ 차아염소산에 의한 산화법
㉱ 아황산수소소듐에 의한 환원법

풀이 6가크롬은 환원침전법을 이용해서 처리한다.

36 20℃인 물속에서 직경(d_B)이 6mm이고, 상승속도(V_r)가 3.0cm/s인 기포의 산소이전계수(cm/hr)는 얼마인가?

(단, $K = 2\sqrt{\dfrac{D \cdot V}{\pi \cdot d_B}}$, 20℃에서 확산계수 D = 9.4×10⁻²cm²/hr)

㉮ 0.23cm/hr ㉯ 0.46cm/hr
㉰ 23.2cm/hr ㉱ 46.4cm/hr

풀이 $K = 2 \times \sqrt{\dfrac{D \cdot V}{\pi \cdot d_B}}$
$= 2 \times \sqrt{\dfrac{9.4 \times 10^{-2} cm²/hr \times 3.0 cm/sec \times 3,600 sec/1hr}{\pi \times 6 \times 10^{-1} cm}}$
= 46.42cm/sec

answer 32 ㉰ 33 ㉱ 34 ㉯ 35 ㉱ 36 ㉱

37 임호프 탱크의 특징으로 틀린 것은 어느 것인가?

㉮ 유입분뇨의 침전작용과 침전슬러지의 혐기성 소화가 동시에 이루어진다.
㉯ 침전실, 소화실, 스컴실이 동일 공간에 각각 수직으로 분리되어 있다.
㉰ 처리효율이 낮지만 처리기간은 매우 짧다.
㉱ 기계실이 필요 없으며 유지관리가 필요 없다.

풀이 ㉰ 처리효율이 낮고 처리기간은 매우 길다.

38 활성슬러지 공법에서 겨울철과 같이 포기조의 수온이 저하됨에 따른 처리효율의 영향을 줄일 수 있는 방법으로 틀린 것은 어느 것인가?

㉮ F/M 비를 감소시킨다.
㉯ 포기시간을 증가시킨다.
㉰ MLSS 농도를 감소시킨다.
㉱ 2차 침전지의 수면부하율을 감소시킨다.

풀이 ㉰ MLSS 농도를 증가시킨다.

39 폐수처리 공정에서 BOD 제거효율을 1차 처리 30%, 2차 처리 85%, 3차 처리 10%로 하고자 한다. 최종방류수(처리수)의 BOD가 10mg/L이었다면 유입수의 BOD(mg/L)는 얼마인가?

㉮ 약 106mg/L   ㉯ 약 112mg/L
㉰ 약 118mg/L   ㉱ 약 124mg/L

풀이 총합효율(η_T) = $1-(1-\eta_1)\times(1-\eta_2)\times(1-\eta_3)$
총합효율(η_T) = $\left(1 - \dfrac{\text{유출수의 BOD}}{\text{유입수의 BOD}}\right)\times 100$
① η_T = $1-(1-0.30)\times(1-0.85)\times(1-0.10)$ = 0.9055

따라서 90.55%이다.
② $90.55\% = \left(1 - \dfrac{10\text{mg/L}}{\text{유입수의 BOD}}\right)\times 100$

∴ 유입수의 BOD = $\dfrac{10\text{mg/L}}{(1-0.9055)}$ = 105.82mg/L

40 음이온 교환수지의 재생과정을 나타낸 것으로 가장 알맞은 것은 어느 것인가?

㉮ $2R\text{-}N\text{-}SO_4 + Na_2CrO_4$
  $\rightarrow (R\text{-}N)_2CrO_4 + Na_2SO_4$
㉯ $2R\text{-}N\text{-}OH + H_2SO_4 \rightarrow (R\text{-}N)SO_4 + H_2O$
㉰ $R\text{-}COOH + HCl \rightarrow R\text{-}COONa + H_2O$
㉱ $(R\text{-}N)_2CrO_4 + 2NaOH$
  $\rightarrow 2R\text{-}N\text{-}OH + Na_2CrO_4$

풀이 이 문제는 정답만 숙지하시면 됩니다.

과년도 기출문제

answer 37 ㉰ 38 ㉰ 39 ㉮ 40 ㉱

| 제3과목 | 수질오염공정시험기준

41 수로 및 직각 3각 웨어판을 만들어 유량을 산출할 때 웨어의 수두 0.2m, 수로의 밑면에서 절단 하부점까지의 높이 0.75m, 수로의 폭 0.5m일 때의 웨어의 유량(m^3/min)은 얼마인가? (단, $k = 81.2 + \dfrac{0.24}{h} + \left[8.4 + \dfrac{12}{\sqrt{D}}\right] \times \left[\dfrac{h}{B} - 0.09\right]^2$ 이용)

㉮ 0.54m^3/min ㉯ 1.15m^3/min
㉰ 1.51m^3/min ㉱ 2.33m^3/min

풀이
① $k = 81.2 + \dfrac{0.24}{h} + \left[8.4 + \dfrac{12}{\sqrt{D}}\right] \times \left[\dfrac{h}{B} - 0.09\right]^2$

$= 81.2 + \dfrac{0.24}{0.2m} + \left[8.4 + \dfrac{12}{\sqrt{0.75m}}\right]$

$\times \left[\dfrac{0.2m}{0.5m} - 0.09\right]^2 = 84.54$

② $Q = k \cdot h^{\frac{5}{2}}$ (m^3/min) $= 84.54 \times (0.2m)^{\frac{5}{2}} = 1.51 m^3$/min

42 정량분석에 이온크로마토그래피법을 이용하는 항목으로 틀린 것은 어느 것인가?

㉮ Br ㉯ NO_3
㉰ Fe ㉱ SO_4^{2-}

풀이 철의 시험방법으로는 원자흡수분광광도법, 자외선/가시선 분광법, 유도결합플라스마 - 원자발광분광법이 있다.

43 자기식 유량측정기에 관한 내용으로 틀린 것은 어느 것인가?

㉮ 고형물이 많아 관을 메울 우려가 있는 하·폐수에 이용한다.
㉯ 측정원리는 패러데이 법칙이다.
㉰ 자장의 직각에서 전도체를 이동시킬 때 유발되는 전압은 전도체의 속도에 비례한다는 원리를 이용한다.
㉱ 유체(하폐수)의 유속에 의하여 유량이 결정되므로 수두손실이 작다.

풀이 ㉱ 유체(하폐수)의 유속에 의하여 유량이 결정되므로 수두손실이 크다.

44 자외선/가시선 분광법에 대한 내용으로 틀린 것은 어느 것인가?

㉮ 파장이 200 ~ 900 nm에서 측정한다.
㉯ 측정된 흡광도는 1.2 ~ 1.5의 범위에 들도록 시험액 농도를 선정한다.
㉰ C = 1mol, L = 10mm일 때의 ε값을 몰흡광계수라 하고 K로 표시한다.
㉱ 빛이 시료용액 중에 통과할 때 흡수나 산란 등에 의하여 강도가 변화하는 것을 이용한다.

풀이 ㉯ 측정된 흡광도는 0.2 ~ 0.8의 범위에 들도록 시험액 농도를 선정한다.

45 기체크로마토그래피법에 의해 알킬수은이나 PCB를 정량할 때 기록계에 여러 개의 피크가 각각 어떤 물질인지 확인할 수 있는 방법은 무엇인가?

㉮ 표준물질의 피크 높이와 비교해서
㉯ 표준물질의 머무르는 시간과 비교해서
㉰ 표준물질의 피크 모양과 비교해서
㉱ 표준물질의 피크 폭과 비교해서

answer 41 ㉰ 42 ㉰ 43 ㉱ 44 ㉯ 45 ㉯

46 금속 필라멘트 또는 전기저항체를 검출소자로 하여 금속판 안에 들어 있는 본체와 여기에 직류전기를 공급하는 전원회로, 전류조절부 등으로 구성된 기체크로마토그래프 검출기는 어느 것인가?

㉮ 열전도도검출기
㉯ 전자포획형검출기
㉰ 알칼리열 이온화검출기
㉱ 수소염 이온화검출기

▶풀이 ㉮ 열전도도검출기(TCD)에 대한 설명이다.

47 온도 표시로 틀린 것은 어느 것인가?

㉮ 냉수 : 15℃ 이하
㉯ 온수 : 60 ~ 70℃
㉰ 찬 곳 : 0 ~ 4℃
㉱ 실온 : 1 ~ 35℃

▶풀이 ㉰ 찬 곳 : 0 ~ 15℃

48 24℃에서 pH가 6.35일 때 $[OH^-]$(mol/L)는 얼마인가?

㉮ 5.54×10^{-8} mol/L ㉯ 4.54×10^{-8} mol/L
㉰ 3.24×10^{-8} mol/L ㉱ 2.24×10^{-8} mol/L

▶풀이 pOH = 14-pH = 14-6.35 = 7.65
$[OH^-] = 10^{-pOH} = 10^{-7.65} = 2.2 \times 10^{-8}$ mol/L

49 유기물 등을 많이 함유하고 있는 대부분의 시료에 적용되며 칼슘, 바륨, 납 등을 다량 함유한 시료는 난용성의 염을 생성하여 다른 금속성분을 흡착하므로 주의하여야 한다. 시료의 전처리방법으로 알맞은 것은 어느 것인가?

㉮ 질산 - 황산에 의한 분해
㉯ 질산 - 과염소산에 의한 분해
㉰ 질산 - 염산에 의한 분해
㉱ 질산 - 불화수소산에 의한 분해

▶풀이 ㉮ 질산 - 황산에 의한 분해에 해당한다.

50 수소이온농도를 기준전극과 유리전극으로 구성된 pH측정기로 측정할 때, 간섭물질에 관한 내용으로 틀린 것은 어느 것인가?

㉮ pH 10 이상에서는 소듐에 의해 오차가 발생할 수 있는데 이는 "낮은 소듐 오차 전극"을 사용하여 줄일 수 있다.
㉯ pH는 온도변화에 따라 영향을 받는다.
㉰ 기름층이나 작은 입자상이 전극을 피복하여 pH측정을 방해할 수 있다.
㉱ 측정이 완료된 후에는 전극을 3M KCl 용액으로 잘 씻은 다음 정제수에 담가둔다.

▶풀이 ㉱ 측정이 완료된 후에는 전극을 정제수로 잘 씻은 다음 3M KCl 용액에 담가둔다.

answer 46 ㉮ 47 ㉰ 48 ㉱ 49 ㉮ 50 ㉱

51 바륨을 원자흡수분광광도법으로 측정하고자 할 때 사용되는 불꽃연료는 어느 것인가?

㉮ 수소 - 공기
㉯ 아산화질소 - 아세틸렌
㉰ 아세틸렌 - 공기
㉱ 프로판 - 공기

풀이 ㉯ 아산화질소 - 아세틸렌에 대한 설명이다.

52 기체크로마토그래피법으로 PCB를 정량할 때 필요한 것이 아닌 것은 어느 것인가?

㉮ 전자포획검출기 ㉯ 석영가스흡수셀
㉰ 실리카겔 컬럼   ㉱ 질소캐리어가스

풀이 기체크로마토그래피법은 흡수셀이 필요없다.

53 수질오염공정시험기준에서 시안 정량을 위해 적용 가능한 시험방법으로 틀린 것은 어느 것인가?

㉮ 자외선/가시선 분광법
㉯ 이온전극법
㉰ 이온크로마토그래피
㉱ 연속흐름법

풀이 시안의 시험방법에는 자외선/가시선 분광법, 이온전극법, 연속흐름법이 있다.

54 기체크로마트그래피법으로 유기인을 정량할 때 내용으로 틀린 것은 어느 것인가?

㉮ 검출기는 불꽃광도검출기(FPD)를 사용한다.
㉯ 농축장치는 구데르나다니쉬형 농축기 또는 회전증발농축기를 사용한다.
㉰ 운반기체는 질소 또는 헬륨으로서 유량은 0.5 ~ 3mL/min로 사용한다.
㉱ 컬럼은 안지름 3 ~ 4mm, 길이 0.5 ~ 2m의 석영제를 사용한다.

풀이 ㉱ 컬럼은 안지름이 0.20 ~ 0.35mm, 길이는 30 ~ 60m이다.

55 다이에틸헥실프탈레이트 분석용 시료에 잔류염소가 공존할 경우의 시료 보존방법으로 알맞은 것은 어느 것인가?

㉮ 시료 1L당 티오황산소듐을 80 mg 첨가한다.
㉯ 시료 1L당 글루타르알데하이드를 80 mg 첨가한다.
㉰ 시료 1L당 브로모폼을 80 mg 첨가한다.
㉱ 시료 1L당 과망간산포타슘을 80 mg 첨가한다.

56 시료 용기로 유리재질의 사용이 불가능한 항목은 어느 것인가?

㉮ 노말헥산 추출물질
㉯ 페놀류
㉰ 색도
㉱ 불소

풀이 불소는 폴리에틸렌용기만 사용한다.

answer 51 ㉯ 52 ㉯ 53 ㉰ 54 ㉱ 55 ㉮ 56 ㉱

57 노말헥산 추출물질 측정원리에서 노말헥산으로 추출 시 시료의 액성으로 알맞은 것은 어느 것인가?

㉮ pH 10 이상의 알칼리성으로 한다.
㉯ pH 4 이하의 산성으로 한다.
㉰ pH 6 ~ 8 범위의 중성으로 한다.
㉱ 액성에는 관계 없다.

58 각 시험항목의 제반시험 조작은 따로 규정이 없는 한 어떤 온도에서 실시하는가?

㉮ 상온   ㉯ 실온
㉰ 표준온도   ㉱ 항온

59 수질오염공정시험기준상 총대장균군 시험법으로 틀린 것은 어느 것인가?

㉮ 시험관법   ㉯ 막여과법
㉰ 평판집락법   ㉱ 확정계수법

> 풀이 ① 총대장균군 : 막여과법, 시험관법, 평판집락법, 효소기질정량법, 건조필름법
> ② 분원성대장균군 : 막여과법, 시험관법, 효소기질정량법
> ③ 대장균 : 막여과법, 시험관법, 효소기질정량법

60 활성슬러지의 미생물 플럭이 형성된 경우 DO 측정을 위한 전처리 방법은 어느 것인가?

㉮ 포타슘명반응집침전법
㉯ 황산구리설파민산법
㉰ 플루오린화포타슘처리법
㉱ 아자이드화소듐처리법

> 풀이 ㉯ 황산구리설파민산법에 대한 설명이다.

answer 57 ㉯   58 ㉮   59 ㉱   60 ㉯

2018 1회 기출문제

| 제1과목 | 수질오염개론

01 수자원 종류에 대해 기술한 것으로 틀린 것은 어느 것인가?

㉮ 지표수는 담수호, 염수호, 하천수 등으로 구성되어 있다.
㉯ 호수 및 저수지의 수질변화의 정도나 특성은 배수지역에 대한 호수의 크기, 호수의 모양, 바람에 의한 물의 운동 등에 의해서 결정된다.
㉰ 천수는 증류수 모양으로 형성되며 통상 25℃, 1기압의 대기와 평형상태인 증류수의 이론적인 pH는 7.2이다.
㉱ 천층수에서 유기물은 미생물의 호기성 활동에 의해 분해되고, 심층수에서 유기물분해는 혐기성상태하에서 환원작용이 지배적이다.

풀이 ㉰ 천수는 증류수 모양으로 형성되며 통상 25℃, 1기압의 대기와 평형상태인 증류수의 이론적인 pH는 5.6 정도이다.

02 인축(人畜)의 배설물에서 일반적으로 발견되는 세균이 아닌 것은 어느 것인가?

㉮ Escherichia-Coli ㉯ Salmonella
㉰ Acetobacter   ㉱ Shigella

풀이 ㉰ Acetobacter(초산균)는 알콜이나 유산염을 탄소원으로 하여 초산을 형성하는 균이다.

03 1차 반응에서 반응 초기의 농도가 100 mg/L이고, 반응 4시간 후에 10mg/L로 감소되었다. 반응 3시간 후의 농도(mg/L)는 얼마인가?

㉮ 10.8   ㉯ 14.9
㉰ 17.8   ㉱ 22.3

풀이 1차 반응식 : $\ln \dfrac{C_t}{C_o} = -k \times t$

여기서

$\begin{cases} C_o : 초기농도(mg/L) \\ C_t : t시간 후의 농도(mg/L) \\ k : 상수(/hr) \\ t : 시간(hr) \end{cases}$

① $\ln \dfrac{10mg/L}{100mg/L} = -k \times 4hr$

$\therefore k = \dfrac{\ln \dfrac{10mg/L}{100mg/L}}{-4hr} = 0.5756/hr$

② $\ln \dfrac{C_t}{100mg/L} = -0.5756/hr \times 3hr$

$\therefore C_t = 100mg/L \times e^{(-0.5756/hr \times 3hr)}$
$= 17.79 mg/L$

TIP
$\ln \dfrac{C_t}{C_o} = -k \times t$
$\Rightarrow C_t = C_o \times e^{(-k \times t)}$

answer 01 ㉰ 02 ㉮ 03 ㉰

04 환경공학 실무와 관련하여 수중의 질소 농도 분석과 가장 관계가 적은 것은?

㉮ 소독
㉯ 호기성 생물학적 처리
㉰ 하천의 오염 제어 계획
㉱ 폐수처리에서의 산·알칼리 주입량 산출

풀이 ㉱ 폐수처리에서의 산·알칼리 주입량 산출은 수중의 질소농도 분석과 관계가 없다.

05 생물학적 질화 반응 중 아질산화에 관한 설명으로 틀린 것은?

㉮ 관련 미생물 : 독립영양성 세균
㉯ 알칼리도 : NH_4^+-N 산화에 알칼리도 필요
㉰ 산소 : NH_4^+-N 산화에 O_2 필요
㉱ 증식속도 : gNH_4^+-N/gMLVSS·hr로 표시

풀이 ㉱ 증식속도 : $mgNH_4^+$-N/mgMLVSS·day로 표시한다.

06 활성슬러지나 살수여상 등에서 잘 나타나는 Vorticella가 속하는 분류는 어느 것인가?

㉮ 조류(Algae)
㉯ 균류(Fungi)
㉰ 후생동물(Metazoa)
㉱ 원생동물(Protozoa)

풀이 Vorticella는 원생동물(Protozoa)에 해당한다.

07 농업용수 수질의 척도인 SAR을 구할 때 포함되지 않는 항목은 어느 것인가?

㉮ Ca   ㉯ Mg
㉰ Na   ㉱ Mn

풀이 소듐 흡착률(SAR) = $\dfrac{Na^+}{\sqrt{\dfrac{Ca^{2+}+Mg^{2+}}{2}}}$

따라서 SAR을 구할 때 포함되는 항목은 Na^+, Ca^{2+}, Mg^{2+}이다.

08 탈산소계수가 $0.1\,day^{-1}$인 오염물질의 BOD_5가 800mg/L이라면 4일 BOD(mg/L)는 얼마인가? (단, 상용대수 적용)

㉮ 653   ㉯ 685
㉰ 704   ㉱ 732

풀이 ① $BOD_5 = BOD_u \times (1-10^{-k_1 \times t})$
800mg/L = $BOD_u \times (1-10^{-0.1/day \times 5day})$
∴ BOD_u = 1,169.98mg/L
② $BOD_4 = BOD_u \times (1-10^{-k_1 \times t})$
= 1,169.98mg/L × $(1-10^{-0.1/day \times 4day})$
= 704.20mg/L

09 호수의 성층현상에 관한 설명으로 틀린 것은?

㉮ 겨울에는 호수 바닥의 물이 최대 밀도를 나타내게 된다.
㉯ 봄이 되면 수직운동이 일어나 수질이 개선된다.
㉰ 여름에는 수직운동이 호수 상층에만 국한된다.
㉱ 수심에 따른 온도변화로 인해 발생되는 물의 밀도차에 의해 일어난다.

풀이 ㉯ 봄이 되면 수직운동이 일어나 수질이 악화된다.

answer 04 ㉱   05 ㉱   06 ㉱   07 ㉱   08 ㉰   09 ㉯

10 PCB에 관한 설명으로 알맞는 것은?

㉮ 산, 알칼리, 물과 격렬히 반응하여 수소를 발생시킨다.
㉯ 만성질환증상으로 카네미유증이 대표적이다.
㉰ 화학적으로 불안정하여 반응성이 크다.
㉱ 유기용제에 난용성이므로 절연제로 활용된다.

풀이 ㉮ 산, 알칼리, 물과 거의 반응하지 않는다.
㉰ 화학적으로 안정하여 반응성이 작다.
㉱ 물에 난용성이다.

11 다음과 같은 용액을 만들었을 때 몰 농도가 가장 큰 것은? (단, Na = 23, S = 32, Cl = 35.5)

㉮ 3.5L 중 NaOH 150g
㉯ 30mL 중 H_2SO_4 5.2g
㉰ 5L 중 NaCl 0.2kg
㉱ 100mL 중 HCl 5.5g

풀이 $mol/L = \dfrac{질량(g)}{부피(L)} \times \dfrac{1mol}{분자량(g)}$

㉮ $\dfrac{150g}{3.5L} \times \dfrac{1mol}{40g} = 1.07mol/L$

㉯ $\dfrac{5.2g}{0.03L} \times \dfrac{1mol}{98g} = 1.77mol/L$

㉰ $\dfrac{200g}{5L} \times \dfrac{1mol}{58.5g} = 0.68mol/L$

㉱ $\dfrac{5.5g}{0.1L} \times \dfrac{1mol}{36.5g} = 1.51mol/L$

12 0.01N 약산이 2% 해리되어 있을 때 이 수용액의 pH는?

㉮ 3.1　　㉯ 3.4
㉰ 3.7　　㉱ 3.9

풀이
$$CH_3COOH \rightarrow CH_3COO^- + H^+$$
해리전　0.01M　　　0M　　　　0M
해리후　0.01M-0.01M×0.02　0.01M×0.02　0.01M×0.02
∴ pH = $-\log[H^+]$ = $-\log[0.01M \times 0.02]$ = 3.70

13 수질오염지표로 대장균을 사용하는 이유로 알맞지 않는 것은?

㉮ 검출이 쉽고 분석하기가 용이하다.
㉯ 대장균이 병원균보다 저항력이 강하다.
㉰ 동물의 배설물 중에서 대체적으로 발견된다.
㉱ 소독에 대한 저항력이 바이러스보다 강하다.

풀이 수질오염지표로 대장균을 사용하는 이유
① 검출이 쉽고 분석하기가 용이하고, 정확하다.
② 대장균이 병원균보다 저항력이 강하다.
③ 동물의 배설물 중에서 대체적으로 발견된다.
④ 병원성 세균의 존재 가능성을 추정할 수 있다.
⑤ 분변오염의 지표로 사용된다.
⑥ 실험이 간단하다.

14 whipple의 하천자정단계 중 수중에 DO가 거의 없어 혐기성 Bacteria가 번식하며, CH_4, NH_4^+-N 농도가 증가하는 지대는?

㉮ 분해지대
㉯ 활발한 분해지대
㉰ 발효지대
㉱ 회복지대

풀이 ㉯ 활발한 분해지대에 대한 설명이다.

answer 10 ㉯　11 ㉯　12 ㉰　13 ㉱　14 ㉯

15 정체된 하천수역이나 호소에서 발생되는 부영양화 현상의 주 원인물질은?

㉮ 인 ㉯ 중금속
㉰ 용존산소 ㉱ 유류성분

풀이 부영양화 현상의 주 원인물질은 인(P) 성분이다.

16 다음 설명에 해당하는 기체 법칙은?

> 공기와 같은 혼합기체 속에서 각 성분 기체는 서로 독립적으로 압력을 나타낸다. 각 기체의 부분 압력은 혼합물 속에서의 그 기체의 양(부피 퍼센트)에 비례한다. 바꾸어 말하면 그 기체가 혼합기체의 전체부피를 단독으로 차지하고 있을 때에 나타내는 압력과 같다.

㉮ Dalton의 부분 압력 법칙
㉯ Henry의 부분 압력 법칙
㉰ Avogadro의 부분 압력 법칙
㉱ Boyle의 부분 압력 법칙

풀이 ㉮ Dalton의 부분 압력 법칙이다.

17 생물학적 폐수처리시의 대표적인 미생물인 호기성 Bacteria의 경험적 분자식을 나타낸 것은?

㉮ $C_2H_5O_3N$ ㉯ $C_2H_7O_5N$
㉰ $C_5H_7O_2N$ ㉱ $C_5H_9O_3N$

풀이 경험적인 분자식 암기법
① 박테리아(호기성) : $C_5H_7O_2N$(암기법 : 오칠이)
② 박테리아(혐기성) : $C_5H_9O_3N$(암기법 : 오구삼)
③ 조류 : $C_5H_8O_2N$(암기법 : 오팔이)
④ 곰팡이(Fungi) : $C_{10}H_{17}O_6N$(암기법 : 일공 일칠 육)
⑤ 원생동물 : $C_7H_{14}O_3N$(암기법 : 칠 일사 삼)

18 산성 강우의 주요 원인물질로 가장 거리가 먼 것은?

㉮ 황산화물 ㉯ 염화불화탄소
㉰ 질소산화물 ㉱ 염소화합물

풀이 산성 강우의 주요 원인물질은 산성물질인 황산화물(SO_X), 질소산화물(NO_X), 염소화합물(HCl)이다.

19 지하수의 특성에 관한 설명으로 틀린 것은?

㉮ 토양수 내 유기물질 분해에 따른 CO_2의 발생과 약산성의 빗물로 인한 광물질의 침전으로 경도가 낮다.
㉯ 기온의 영향이 거의 없어 연중 수온의 변동이 적다.
㉰ 하천수에 비하여 흐름이 완만하여 한번 오염된 후에는 회복되는데 오랜 시간이 걸리며 자정작용이 느리다.
㉱ 토양의 여과작용으로 미생물이 적으며 탁도가 낮다.

풀이 ㉮ 토양수 내 유기물질 분해에 따른 CO_2의 발생과 약산성의 빗물로 인한 광물질의 침전으로 경도가 높다.

20 Formaldehyde(CH_2O)의 COD/TOC의 비는 얼마인가?

㉮ 2.67 ㉯ 2.88
㉰ 3.37 ㉱ 3.65

풀이 $CH_2O + O_2 \rightarrow CO_2 + H_2O$

$$\frac{COD(산소량)}{TOC(유기물 중 탄소량)} = \frac{1 \times 32g}{1 \times 12g} = 2.67$$

answer 15 ㉮ 16 ㉮ 17 ㉰ 18 ㉯ 19 ㉮ 20 ㉮

| 제2과목 | 수질오염방지기술

21 생물학적 처리에서 질산화와 탈질에 대한 내용으로 틀린 것은? (단, 부유성장 공정 기준)

㉮ 질산화 박테리아는 종속영양 박테리아보다 성장속도가 느리다.
㉯ 부유성장 질산화 공정에서 질산화를 위해서는 최소 2.0mg/L 이상의 DO농도를 유지하여야 한다.
㉰ Nitrosomonas와 Nitrobacter는 질산화 시키는 미생물로 알려져 있다.
㉱ 질산화는 유입수의 BOD_5/TKN 비가 클수록 잘 일어난다.

풀이 ㉱ 질산화는 유입수의 BOD_5/TKN 비가 작을수록 잘 일어난다.

22 수은 함유 폐수를 처리하는 공법으로 가장 거리가 먼 것은?

㉮ 황화물 침전법 ㉯ 아말감법
㉰ 알칼리 환원법 ㉱ 이온교환법

풀이 수은 함유 폐수를 처리하는 공법은 아말감법, 황화물침전법, 이온교환법, 흡착법이 있다.

TIP
(암기법) 수은아! 황화강에 이온 좀 붙여라.

23 고형물 상관관계에 대한 표현으로 틀린 것은?

㉮ TS = VS+FS
㉯ TSS = VSS+FSS
㉰ VS = VSS+VDS
㉱ VSS = FSS+FDS

풀이 ㉱ VSS = VS-VDS

TIP
FS = FSS+FDS

24 다음 설명에 적합한 반응기의 종류는?

- 유체의 유입 및 배출 흐름은 없다.
- 액상 내용물은 완전혼합 된다.
- BOD실험 중 부란병에서 발생하는 반응과 같다.

㉮ 연속흐름완전혼합반응기
㉯ 플러그흐름반응기
㉰ 임의흐름반응기
㉱ 완전혼합회분식반응기

풀이 ㉱ 완전혼합회분식반응기에 대한 설명이다.

25 1,000mg/L의 SS를 함유하는 폐수가 있다. 90%의 SS제거를 위한 침강속도는 10mm/min이었다. 폐수의 양이 14,400 m³/day일 경우 SS 90% 제거를 위해 요구되는 침전지의 최소 수면적(m²)은 얼마인가?

㉮ 900   ㉯ 1,000
㉰ 1,200 ㉱ 1,500

풀이 침강속도(Vs) = 수면부하율(Vo)×제거율(η)

수면부하율(m³/m²·day) = $\dfrac{폐수량(m^3/day)}{수면적(m^2)}$

침강속도(m/day) = $\dfrac{10mm}{min} \times \dfrac{1m}{10^3 mm} \times \dfrac{60min}{1hr} \times \dfrac{24hr}{1day}$

= 14.4m/day

answer 21 ㉱ 22 ㉰ 23 ㉱ 24 ㉱ 25 ㉮

따라서 $14.4\text{m/day} = \dfrac{14,400\text{m}^3/\text{day}}{\text{수면적(m}^2)} \times 0.90$

$\therefore$ 수면적 $= \dfrac{14,400\text{m}^3/\text{day} \times 0.90}{14.4\text{m/day}} = 900\text{m}^2$

26 활성슬러지 변법인 장기포기법에 관한 내용으로 틀린 것은?

㉮ SRT를 길게 유지하는 동시에 MLSS농도를 낮게 유지하여 처리하는 방법이다.
㉯ 활성슬러지가 자산화되기 때문에 잉여슬러지의 발생량은 표준활성슬러지법에 비해 적다.
㉰ 과잉 포기로 인하여 슬러지의 분산이 야기되거나 슬러지의 활성도가 저하되는 경우가 있다.
㉱ 질산화가 진행되면서 pH는 저하된다.

풀이 ㉮ SRT를 길게 유지하는 동시에 MLSS농도를 높게 유지하여 처리하는 방법이다.

27 침전지 유입 폐수량 400m³/day, 폐수 500mg/L, SS제거효율 90%일 때 발생되는 슬러지의 양(m³/day)은 얼마인가? (단, 슬러지의 비중 1.0, 슬러지의 함수율 97%, 유입폐수 SS만 고려, 생물학적 분해는 고려하지 않음)

㉮ 약 6 ㉯ 약 10
㉰ 약 14 ㉱ 약 20

풀이 슬러지량(m³/day)

$= \dfrac{\text{SS농도(kg/m}^3) \times Q(\text{m}^3/\text{day}) \times \eta}{\text{비중량(kg/m}^3)} \times \dfrac{100}{100-P(\%)}$

$= \dfrac{0.5\text{kg/m}^3 \times 400\text{m}^3/\text{day} \times 0.9}{1,000\text{kg/m}^3} \times \dfrac{100}{100-97\%}$

$= 6\text{m}^3/\text{day}$

28 하수처리를 위한 심층포기법에 관한 설명으로 틀린 것은?

㉮ 산기수심을 깊게 할수록 단위 송풍량당 압축동력이 커져 송풍량에 따른 소비동력이 증가한다.
㉯ 수심은 10m 정도로 하며, 형상은 직사각형으로 하고, 폭은 수심에 대해 1배 정도로 한다.
㉰ 포기조를 설치하기 위해서 필요한 단위 용량당 용지면적은 조의 수심에 비례해서 감소하므로 용지이용률이 높다.
㉱ 산기수심이 깊을수록 용존질소농도가 증가하여 이차침전지에서 과포화분의 질소가 재기포화되는 경우가 있다.

풀이 ㉮ 산기수심을 깊게 할수록 단위 송풍량당 압축동력이 증대하지만, 산소 용해도가 높은 만큼 송기량이 감소하기 때문에 소비동력은 증가하지 않는다.

29 슬러지 함수율이 95%에서 90%로 낮아지면 전체 슬러지의 감소된 부피의 비(%)는 얼마인가? (단, 탈수 전후의 슬러지 비중 = 1.0)

㉮ 15 ㉯ 25
㉰ 50 ㉱ 75

풀이 $V_1 \times (100-P_1) = V_2 \times (100-P_2)$
$V_1 \times (100-95) = V_2 \times (100-90)$

$\therefore \dfrac{V_2}{V_1} = \dfrac{(100-95)}{(100-90)} = \dfrac{5}{10} = 0.5$

따라서 50%이다.

answer 26 ㉮ 27 ㉮ 28 ㉮ 29 ㉰

30 정수처리 단위공정 중 오존(O_3)처리법의 장점으로 틀린 것은?

㉮ 소독부산물의 생성을 유발하는 각종 전구물질에 대한 처리효율이 높다.
㉯ 오존은 자체의 높은 산화력으로 염소에 비하여 높은 살균력을 가지고 있다.
㉰ 전염소처리를 할 경우, 염소와 반응하여 잔류염소를 증가시킨다.
㉱ 철, 망간의 산화능력이 크다.

풀이 ㉰ 전염소처리를 할 경우, 염소와 반응하여도 잔류염소를 증가시키지 않는다.

TIP
① 잔류성 : 염소 및 염소화합물
② 비잔류성 : 오존, 자외선(UV)

31 혐기성 처리에서 용해성 COD 1kg이 제거되어 0.15kg은 혐기성 미생물로 성장하고 0.85kg은 메탄가스로 전환된다면 용해성 COD 100kg의 이론적인 메탄 생성량(m^3)은 얼마인가? (단, 용해성 COD는 모두 BDCOD이며 메탄 생성률은 $0.35m^3$/kg COD)

㉮ 약 16.2 ㉯ 약 29.8
㉰ 약 36.1 ㉱ 약 41.8

풀이 메탄 생성량(m^3) = $\frac{0.35m^3}{kg\ COD}$ × 100kg COD

× $\frac{0.85kg\ CH_4}{kg\ COD}$

= $29.75m^3$

32 살수여상을 저속, 중속, 고속 및 초고속 등으로 분류하는 기준은?

㉮ 재순환 횟수 ㉯ 살수간격
㉰ 수리학적 부하 ㉱ 여재의 종류

풀이 살수여상은 수리학적부하에 따라 저속, 중속, 고속 및 초고속으로 분류한다.

33 8kg glucose($C_6H_{12}O_6$)로부터 이론적으로 발생 가능한 CH_4 가스의 양(L)은?
(단, 표준상태, 혐기성 분해 기준)

㉮ 약 1,500 ㉯ 약 2,000
㉰ 약 2,500 ㉱ 약 3,000

풀이 $C_6H_{12}O_6 \rightarrow 3CH_4 + 3CO_2$
180g : 3×22.4L
8,000g : X

∴ X = $\frac{8,000g \times 3 \times 22.4L}{180g}$ = 2,986.67L

34 염소소독에서 염소의 거동에 대한 내용으로 틀린 것은?

㉮ pH 5 또는 그 이하에서 대부분의 염소는 HOCl 형태이다.
㉯ HOCl은 암모니아와 반응하여 클로라민을 생성한다.
㉰ HOCl은 매우 강한 소독제로 OCl^-보다 약 80배 정도 더 강하다.
㉱ 트리클로라민(NCl_3)은 매우 안정하여 잔류 산화력을 유지한다.

풀이 ㉱ 트리클로라민(NCl_3)은 매우 불안정하여 잔류 산화력이 없다.

answer 30 ㉰ 31 ㉯ 32 ㉰ 33 ㉱ 34 ㉱

35 부피가 1,000m³인 탱크에서 평균속도 경사(G)를 30s⁻¹로 유지하기 위해 필요한 이론적 소요동력(W)은 얼마인가?
(단, 물의 점성계수 (μ) = $1.139 \times 10^{-3} N \cdot s/m^2$)

㉮ 1,025 ㉯ 1,250
㉰ 1,425 ㉱ 1,650

풀이 $P(Watt) = G^2 \times \mu \times V$
$= (30/sec)^2 \times 1.139 \times 10^{-3} N \cdot S/m^2 \times 1,000 m^3$
$= 1,025.1 Watt$

TIP
① $N \cdot s/m^2 = kg/m \cdot s$
② N(뉴튼)의 단위는 $kg \cdot m/s^2$이다.

36 폐수처리장에서 방류된 처리수를 산화지에서 재처리하여 최종 방류하고자 한다. 낮 동안 산화지 내의 DO농도가 15mg/L로 포화농도보다 높게 측정되었을 때 그 이유는?

㉮ 산화지의 산소흡수계수가 높기 때문
㉯ 산화지에서 조류의 탄소동화작용
㉰ 폐수처리장 과포기
㉱ 산화지 수심의 온도차

풀이 산화지에서 포화농도보다 높게 측정된 이유는 조류의 탄소동화작용에 의해 용존산소(DO)의 농도가 증가하였기 때문이다.

37 슬러지 반송률이 50%이고 반송슬러지 농도가 9,000mg/L일 때 포기조의 MLSS농도(mg/L)는 얼마인가?

㉮ 2,300 ㉯ 2,500
㉰ 2,700 ㉱ 3,000

풀이 반송율(%) = $\frac{MLSS - SS_i}{SS_r - MLSS} \times 100$

$50\% = \frac{MLSS}{9,000mg/L - MLSS} \times 100$

∴ MLSS = 3,000mg/L

TIP 식정리
$50\% = \frac{MLSS}{9,000 mg/L - MLSS} \times 100$
$0.5 = \frac{MLSS}{9,000 mg/L - MLSS}$
$0.5 \times 9,000 mg/L - 0.5 \times MLSS = MLSS$
$0.5 \times 9,000 mg/L = (1 + 0.5) MLSS$
$MLSS = \frac{0.5 \times 9,000 mg/L}{(1 + 0.5)} = 3,000 mg/L$

38 무기성 유해물질을 함유한 폐수 배출업종이 아닌 것은?

㉮ 전기도금업
㉯ 염색공업
㉰ 알칼리세정시설업
㉱ 유지제조업

풀이 ㉱ 유지제조업에서는 유기성 유해물질을 함유한 폐수가 배출된다.

39 유량 300m³/day, BOD 200mg/L인 폐수를 활성슬러지법으로 처리하고자 할 때 포기조의 용량(m³)은 얼마인가? (단, BOD 용적부하 $0.2 kg/m^3 \cdot day$)

㉮ 150 ㉯ 200
㉰ 250 ㉱ 300

풀이 BOD 용적부하$(kg/m^3 \cdot day)$
$= \frac{BOD(kg/m^3) \times Q(m^3/day)}{포기조의 용량(m^3)}$

answer 35 ㉮ 36 ㉯ 37 ㉱ 38 ㉱ 39 ㉱

$$0.2\text{kg/m}^3 \cdot \text{day} = \frac{0.2\text{kg/m}^3 \times 300\text{m}^3/\text{day}}{V(\text{m}^3)}$$

$$\therefore V = 300\text{m}^3$$

TIP

① $\text{mg/L} \xrightarrow{\times 10^{-3}} \text{kg/m}^3$

② $\text{ppm} = \text{mg/L} = \text{g/m}^3$

40 살수여상법에서 연못화(ponding)현상의 원인으로 틀린 것은?

㉮ 여재가 불균일할 때
㉯ 용존산소가 부족할 때
㉰ 미처리 고형물이 대량 유입할 때
㉱ 유기물 부하율이 너무 높을 때

풀이 연못화(ponding)현상의 원인
① 여재가 불균일할 때
② 미처리 고형물이 대량 유입할 때
③ 유기물 부하율이 너무 높을 때

| 제3과목 | 수질오염공정시험기준

41 웨어(weir)를 이용한 유량측정방법 중에서 웨어의 판재료는 몇 mm 이상의 두께를 가진 철판이어야 하는가?

㉮ 1 ㉯ 2
㉰ 3 ㉱ 5

풀이 웨어의 판재료는 3mm이상의 두께를 가진 철판이어야 한다.

42 COD 분석을 위해 0.02M–$KMnO_4$ 용액 2.5L을 만들려고 할 때 필요한 $KMnO_4$의 양(g)은 얼마인가? (단, $KMnO_4$ 분자량=158)

㉮ 6.2 ㉯ 7.9
㉰ 8.5 ㉱ 9.7

풀이

$$M = \frac{W(g)}{V(L)} \times \frac{1\text{mol}}{\text{분자량}(g)}$$

$$0.02M = \frac{W(g)}{2.5L} \times \frac{1\text{mol}}{158g}$$

$$\therefore W = 7.9g$$

43 검정곡선 작성용 표준용액과 시료에 동일한 양의 내부표준물질을 첨가하여 시험분석 절차, 기기 또는 시스템의 변동으로 발생하는 오차를 보정하기 위해 사용하는 방법은?

㉮ 검정곡선법 ㉯ 표준물첨가법
㉰ 내부표준법 ㉱ 절대검량선법

풀이 ㉰ 내부표준법에 대한 설명이다.

44 총질소의 측정방법으로 틀린 것은?

㉮ 염화제일주석환원법
㉯ 카드뮴환원법
㉰ 환원증류-킬달법(합산법)
㉱ 자외선/가시선분광법

풀이 총질소 측정방법으로는 자외선/가시선분광법(산화법), 자외선/가시선분광법(카드뮴-구리 환원법), 자외선/가시선분광법(환원증류-킬달법), 연속흐름법이 있다.

TIP
(암기법) 총질은 자가(환산카)로 연속흐른다.

answer 40 ㉯ 41 ㉰ 42 ㉯ 43 ㉰ 44 ㉮

45 기체크로마토그래피법으로 분석할 수 있는 항목은?

㉮ 수은
㉯ 총질소
㉰ 알킬수은
㉱ 아연

풀이 알킬수은의 시험방법은 기체크로마토그래피, 원자흡수분광광도법이다.

46 시안분석을 위하여 채취한 시료의 보존방법에 관한 내용으로 틀린 것은?

㉮ 잔류염소가 공존할 경우 아스코르빈산을 첨가한다.
㉯ 산화제가 공존할 경우에는 시안을 파괴할 수 있으므로 채수 즉시 황산암모늄철을 시료 1L당 0.6g 첨가한다.
㉰ NaOH로 pH 12 이상으로 하여 4℃에서 보관한다.
㉱ 최대 보존 기간은 14일 정도이다.

풀이 ㉯번의 설명은 시안분석과 관계없다.

47 페놀류 측정에 관한 설명으로 틀린 것은? (단, 자외선/가시선분광법 기준)

㉮ 붉은색의 안티피린계 색소의 흡광도를 측정하는 방법으로 수용액에서는 510nm에서 측정한다.
㉯ 붉은색의 안티피린계 색소의 흡광도를 측정하는 방법으로 클로로폼 용액에서는 460nm에서 측정한다.
㉰ 추출법일 때 정량한계는 0.5mg/L이다.
㉱ 직접법일 때 정량한계는 0.05mg/L이다.

풀이 ㉰ 추출법일 때 정량한계는 0.005mg/L이다.

48 측정 시료 채취 시 반드시 유리용기를 사용해야 하는 측정항목은?

㉮ PCB
㉯ 불소
㉰ 시안
㉱ 셀레늄

풀이 시료용기
㉮ PCB : 유리
㉯ 불소 : 폴리에틸렌
㉰ 시안 : 폴리에틸렌, 유리
㉱ 셀레늄 : 폴리에틸렌, 유리

TIP
유리용기 보관시료
① 무색 유리용기 : 냄새, 노말헥산추출물질, 페놀류, 염화비닐, 아크릴로니트릴, 유기인, 휘발성유기화합물, 폴리클로리네이티드비페닐(PCB), 물벼룩급성독성
② 갈색 유리용기 : 잔류염소, 다이에틸헥실프탈레이트, 1, 4-다이옥산, 브로모폼, 석유계총탄화수소

49 자외선/가시선분광법에 사용되는 흡수셀에 대한 설명으로 틀린 것은?

㉮ 흡수셀의 길이를 지정하지 않았을 때는 10mm 셀을 사용한다.
㉯ 시료액의 흡수파장이 약 370nm 이상일 때는 석영셀 또는 경질유리셀을 사용한다.
㉰ 시료액의 흡수파장이 약 370nm 이하일 때는 석영셀을 사용한다.
㉱ 대조셀에는 따로 규정이 없는 한 원시료를 셀의 6부까지 채워 측정한다.

풀이 ㉱ 대조셀에는 따로 규정이 없는 한 증류수를 셀의 8부까지 채워 측정한다.

answer 45 ㉰ 46 ㉯ 47 ㉰ 48 ㉮ 49 ㉱

50 원자흡수분광광도법에 관한 설명으로 ( )에 들어갈 알맞은 말은?

> 시험방법은 시료를 적당한 방법으로 해리시켜 중성원자로 증기화하여 생긴 (㉠)의 원자가 이 원자 증기층을 투과하는 특유 파장의 빛을 흡수하는 현상을 이해하여 (㉡)과(와) 같은 개개의 특유 파장에 대한 흡광도를 측정한다.

㉮ ㉠ 여기상태, ㉡ 근접선
㉯ ㉠ 여기상태, ㉡ 원자흡광
㉰ ㉠ 바닥상태, ㉡ 공명선
㉱ ㉠ 바닥상태, ㉡ 광전측광

풀이 원자흡수분광광도법의 원리에서는 ( )안에 들어갈 말이 바닥상태(기저상태)인지 여기상태(들뜬 상태)인지를 정확히 구별하는 것이 포인트!!!

51 카드뮴의 시험방법별 정량한계로 틀린 것은?

㉮ 원자흡수분광광도법 : 0.002mg/L
㉯ 유도결합플라스마-원자발광분광법 : 0.004mg/L
㉰ 유도결합플라스마-질량분석법 : 0.002mg/L
㉱ 양극벗김전압전류법 : 0.0001mg/L

풀이 ㉱번은 카드뮴의 시험방법에 해당하지 않는다.

TIP
카드뮴(Cd)의 자외선/가시선분광법 암기사항
① 디티존과 1차반응 : 시안화포타슘이 존재하는 알칼리성 상태
② 추출용매 : 사염화탄소
③ 역추출용매 : 타타르산용액
④ 디티존과 2차반응 : 수산화소듐과 시안화포타슘 주입 후
⑤ 적색의 카드뮴착염을 530nm에서 측정

52 생물화학적산소요구량(BOD)의 측정 방법에 관한 설명으로 틀린 것은?

㉮ 시료를 20℃에서 5일간 저장하여 두었을 때 시료중의 호기성 미생물의 증식과 호흡작용에 의하여 소비되는 용존산소량으로부터 측정하는 방법이다.
㉯ 산성 또는 알칼리성 시료의 pH 조절 시료에 첨가하는 산 또는 알칼리의 양이 시료량의 1.0%가 넘지 않도록 하여야 한다.
㉰ 시료는 시험하기 바로 전에 온도를 (20± 1)℃로 조정한다.
㉱ 잔류염소를 함유한 시료는 Na_2SO_3 용액을 넣어 제거한다.

풀이 ㉯ 산성 또는 알칼리성 시료의 pH 조절 시료에 첨가하는 산 또는 알칼리의 양이 시료량의 0.5%가 넘지 않도록 하여야 한다.

53 시안화합물을 함유하는 폐수의 보존방법으로 옳은 것은?

㉮ NaOH 용액으로 pH를 9 이상으로 조절하여 보관한다.
㉯ NaOH 용액으로 pH를 12 이상으로 조절하여 보관한다.
㉰ H_2SO_4 용액으로 pH를 4 이하로 조절하

answer 50 ㉱ 51 ㉱ 52 ㉯ 53 ㉯

여 보관한다.

㉣ H_2SO_4 용액으로 pH를 2 이하로 조절하여 보관한다.

풀이 시안화합물의 보존방법은 수산화소듐(NaOH)용액으로 pH를 12 이상으로 조절하여 보관한다.

TIP
(암기법) 12시에 만나요!!
(해설) 12 ⇒ pH 12, 시 ⇒ 시안, 나 ⇒ 수산화소듐

54 물벼룩을 이용한 급성 독성 시험법에서 적용되는 용어인 '치사' 정의에 대한 설명으로 ( )에 들어갈 알맞은 말은?

> 일정 희석 비율로 준비된 시료에 물벼룩을 투입하여 (㉠)시간 경과 후 시험용기를 손으로 살짝 두드려 주고, (㉡)초 후 관찰했을 때 독성물질에 의해 영향을 받아 움직임이 명백하게 없는 상태를 '치사'라 판정한다.

㉮ ㉠ 12, ㉡ 15   ㉯ ㉠ 12, ㉡ 30
㉰ ㉠ 24, ㉡ 15   ㉱ ㉠ 24, ㉡ 30

TIP
① 치사와 유영저해 정의에서는 시간은 24시간, 초는 15초를 암기해 두는 것이 포인트!!!
② 치사는 움직임이 명백하게 없는 상태
③ 유영저해는 움직임이 없는 경우

55 하수의 DO를 적정법으로 측정한 결과 0.025M-$Na_2S_2O_3$의 소비량은 4.1mL였고, 측정병 용량은 304mL, 검수량은 100mL, 그리고 측정병에 가한 시액량은 4mL였을 때 DO 농도(mg/L)는? (단, 0.025 M-$Na_2S_2O_3$의 역가 = 1.00)

㉮ 약 4.3   ㉯ 약 6.3
㉰ 약 8.3   ㉱ 약 9.3

풀이 용존산소량(mg/L)
$= a \times f \times \dfrac{V_1}{V_2} \times \dfrac{1,000}{V_1 - R} \times 0.2$

$= 4.1\text{mL} \times 1.00 \times \dfrac{304\text{mL}}{100\text{mL}} \times \dfrac{1,000}{304\text{mL} - 4\text{mL}} \times 0.2$

$= 8.31 \text{mg/L}$

TIP
적정법 = 윙클러 - 아자이드화소듐 변법

56 수질오염공정시험기준에서 사용하는 용어에 관한 설명으로 틀린 것은?

㉮ '정확히 취하여'라 하는 것은 규정한 양의 액체를 부피피펫으로 눈금까지 취하는 것을 말한다.
㉯ '냄새가 없다'라고 기재한 것은 냄새가 없거나 또는 거의 없을 것을 표시하는 것이다.
㉰ '온수'는 (60 ~ 70)℃를 말한다.
㉱ '감압 또는 진공'이라 함은 따로 규정이 없는 한 15mmH_2O 이하를 말한다.

풀이 ㉱ '감압 또는 진공'이라 함은 따로 규정이 없는 한 15mmHg 이하를 말한다.

answer 54 ㉰ 55 ㉰ 56 ㉱

57 농도표시에 관한 설명으로 틀린 것은?

㉮ 십억분율을 표시할 때는 μg/L, μg/kg의 기호로 쓴다.
㉯ 천분율을 표시할 때는 g/L, g/kg의 기호로 쓴다.
㉰ 용액의 농도를 %로만 표시할 때는 V/V%, W/W%를 나타낸다.
㉱ 용액 100g 중 성분용량(mL)을 표시할 때는 V/W%의 기호로 쓴다.

풀이 용액의 농도를 %로만 표시할 때는 W/V%로 나타낸다.

58 수질오염공정시험기준상 원자흡수분광광도법으로 측정하지 않는 항목은?

㉮ 불소　　㉯ 철
㉰ 망간　　㉱ 구리

풀이 원자흡수분광광도법으로 분석할 수 있는 물질이 중금속이므로, 중금속이 아닌 ㉮ 불소가 정답이다.

59 수질오염공정기준 분원성대장균군의 시험방법에 해당하지 않는 것은?

㉮ 현미경계수법
㉯ 막여과법
㉰ 시험관법
㉱ 효소기질정량법

풀이 ㉮ 현미경계수법은 식물성플랑크톤의 시험방법이다.

TIP
시험방법
① 총대장균군 : 막여과법, 시험관법, 평판집락법, 효소기질정량법, 건조필름법
② 분원성대장균군 : 막여과법, 시험관법, 효소기질정량법
③ 대장균 : 막여과법, 시험관법, 효소기질정량법

60 노말헥산 추출물질을 측정할 때 지시약으로 사용되는 것은?

㉮ 메틸레드　　㉯ 페놀프탈레인
㉰ 메틸오렌지　㉱ 전분용액

풀이 **총 노말헥산 추출물질의 분석절차**
시료적당량(노말헥산 추출물질로서 5mg~20mg 해당량)을 분별깔때기에 넣고 메틸오렌지용액(0.1%) 2방울~3방울을 넣고 황색이 적색으로 변할때까지 염산(1+1)을 넣어 시료의 pH를 4 이하로 조절한다.

answer 57 ㉱　58 ㉮　59 ㉮　60 ㉰

기출문제

| 제1과목 | 수질오염개론

01 해수의 특성에 관한 설명으로 옳지 않은 것은?

㉮ 해수의 밀도는 1.5 ~ 1.7g/cm³ 정도로 수심이 깊을수록 밀도는 감소한다.
㉯ 해수는 강전해질이다.
㉰ 해수의 Mg/Ca비는 3 ~ 4 정도이다.
㉱ 염분은 적도해역보다 남·북극의 양극 해역에서 다소 낮다.

풀이 ㉮ 해수의 밀도는 염분, 수온, 수압의 함수로 수심이 깊을수록 증가한다.

02 농도가 A인 기질을 제거하기 위하여 반응조를 설계하고자 한다. 요구되는 기질의 전환율이 90%일 경우 회분식 반응조의 체류시간(hr)은? (단, 기질의 반응은 1차 반응, 반응상수 k = 0.35hr⁻¹)

㉮ 6.6   ㉯ 8.6
㉰ 10.6   ㉱ 12.6

풀이
1차 반응식 : $\ln \dfrac{C_t}{C_o} = -k \times t$

따라서 $\ln \dfrac{(100-90)\%}{100\%} = -0.35/hr \times t$

$\therefore t = \dfrac{\ln \dfrac{(100-90)\%}{100\%}}{-0.35/hr} = 6.58hr$

03 다음 설명에 해당하는 하천 모델로 가장 적절한 것은?

- 하천 및 호수의 부영양화를 고려한 생태계 모델이다.
- 정적 및 동적인 하천의 수질, 수문학적 특성이 광범위하게 고려된다.
- 호수에는 수심별 1차원 모델이 적용된다.

㉮ QUAL   ㉯ DO-SAG
㉰ WQRRS   ㉱ WASP

풀이 ㉰ WQRRS에 대한 설명이다.

TIP
답을 찾는 포인트는 "부영양화"임을 숙지하길 바란다.

04 소수성 콜로이드 입자가 전기를 띠고 있는 것을 조사하고자 할 때 다음 실험 중 가장 적합한 것은?

㉮ 전해질을 소량 넣고 응집을 조사한다.
㉯ 콜로이드 용액의 삼투압을 조사한다.
㉰ 한외현미경으로 입자의 Brown 운동을 관찰한다.
㉱ 콜로이드 입자에 강한 빛을 조사하여 틴달현상을 조사한다.

풀이 소수성 콜로이드 입자가 전기를 띠고 있는 것을 조사하고자 할 때 실험은 전해질을 소량 넣고 응집을 조사한다.

answer 01 ㉮ 02 ㉮ 03 ㉰ 04 ㉮

05 시판되고 있는 액상 표백제는 8W/W(%) 하이포아염소산소듐(NaOCl)을 함유한다고 한다. 표백제 2,886mL 중 NaOCl의 무게(g)는 얼마인가? (단, 표백제의 비중 = 1.1)

㉮ 254 ㉯ 264
㉰ 274 ㉱ 284

풀이
$$NaOCl(g) = \frac{1.1g}{mL} \times 2,886mL \times \frac{8g}{100g} = 253.97g$$

TIP
① 비중 1.1 = 1.1g/mL
② 비중의 단위 : $g/cm^3 = g/mL = kg/L = ton/m^3$
③ $8W/W(\%) = \frac{8g}{100g}$

06 하천의 수질이 다음과 같을 때 이 물의 이온강도는 얼마인가?

$Ca^{2+} = 0.02M, Na^+ = 0.05M, Cl^- = 0.02M$

㉮ 0.055 ㉯ 0.065
㉰ 0.075 ㉱ 0.085

풀이 ㉱ 이온강도(I)
$= \frac{1}{2}[\text{합}\{\text{이온의 몰수} \times (\text{이온의 가수})^2\}]$
$= \frac{1}{2}\{(0.02M \times 2^2)+(0.05M \times 1^2)+(0.02M \times 1^2)\}$
$= 0.075$

TIP
이온강도(I) : 용액중에 있는 이온의 전체농도를 나타내는 척도

07 용존산소(DO)에 대한 설명으로 틀린 것은?

㉮ DO는 염류농도가 높을수록 감소한다.
㉯ DO는 수온이 높을수록 감소한다.
㉰ 조류의 광합성작용은 낮동안 수중의 DO를 증가시킨다.
㉱ 아황산염, 아질산염 등의 무기화합물은 DO를 증가시킨다.

풀이 ㉱ 아황산염, 아질산염 등의 무기화합물은 물속의 DO와 결합하므로 DO를 감소시킨다.

08 유기성 오수가 하천에 유입된 후 유하하면서 자정작용이 진행되어 가는 여러 상태를 그래프로 표시하였다. (1) ~ (6) 그래프가 각각 나타내는 것을 순서대로 나열한 것은?

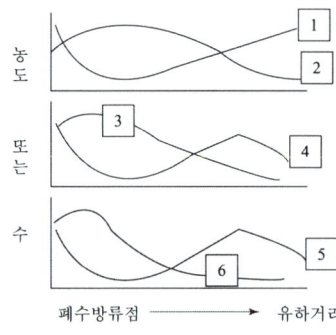

㉮ BOD, DO, NO_3-N, NH_3-N, 조류, 박테리아
㉯ BOD, DO, NH_3-N, NO_3-N, 박테리아, 조류
㉰ DO, BOD, NH_3-N, NO_3-N, 조류, 박테리아
㉱ DO, BOD, NO_3-N, NH_3-N, 박테리아, 조류

풀이
①번 곡선 : 초기농도가 높다가 서서히 감소하다가 다시 농도가 높아지므로 DO이다.
②번 곡선 : 초기농도가 높다가 계속적으로 농도가 낮아지므로 BOD이다.
③번 곡선 : NH_3-N 와 NO_3-N 중 먼저 농도가 높아지는 물질은 NH_3-N이다.
④번 곡선 : NH_3-N 와 NO_3-N 중 나중에 최대농도

answer 05 ㉮ 06 ㉱ 07 ㉱ 08 ㉰

가 되는 물질은 NO_3-N이다.
⑤번 곡선 : 박테리아와 조류 중에 나중에 나타나는 물질은 조류이다.
⑥번 곡선 : 박테리아와 조류 중에 먼저 나타나는 물질은 박테리아이다.

09 친수성 콜로이드(Colloid)의 특성에 관한 설명으로 틀린 것은?

㉮ 염에 대하여 큰 영향을 받지 않는다.
㉯ 틴달효과가 현저하게 크고 점도는 분산매보다 작다.
㉰ 다량의 염을 첨가하여야 응결 침전된다.
㉱ 존재 형태는 유탁(에멀션)상태이다.

▶풀이 ㉯ 틴달효과가 약하거나 거의 없다.

10 Ca^{2+}가 200mg/L일 때 몇 N농도인가?
(단, 원자량 Ca = 40)

㉮ 0.01   ㉯ 0.02
㉰ 0.5   ㉱ 1.0

▶풀이
$$N(eq/L) = \frac{질량(g)}{부피(L)} \times \frac{1eq}{1당량g} = \frac{0.2g}{L} \times \frac{1eq}{40g/2}$$
$$= 0.01N$$

11 광합성에 영향을 미치는 인자로는 빛의 강도 및 파장, 온도, CO_2 농도 등이 있는데, 이들 요소별 변화에 따른 광합성의 변화를 설명한 것 중 틀린 것은?

㉮ 광합성량은 빛의 광포화점에 이를 때까지 빛의 강도에 비례하여 증가한다.
㉯ 광합성 식물은 390 ~ 760nm 범위의 가시광선을 광합성에 이용한다.
㉰ 5 ~ 25℃ 범위의 온도에서 10℃ 상승시킬 경우 광합성량은 약 2배로 증가한다.
㉱ CO_2 농도가 저농도 일 때는 빛의 강도에 영향을 받지 않아 광합성량이 감소한다.

▶풀이 ㉱ CO_2 농도가 저농도 일 때도 빛의 강도에 영향을 받아 광합성량이 감소한다.

12 부영양호의 평가에 이용되는 영양상태 지수에 대한 설명으로 옳은 것은?

㉮ Shannon과 Brezonik지수는 전도율, 총유기질소, 총인 및 클로로필-a를 수질변수로 선택하였다.
㉯ Carlson지수는 총유기질소, 클로로필-a 및 총인을 수질변수로 선택하였다.
㉰ Porcella지수는 Carlson지수 값을 일부 이용하였고 부영양호 회복방법의 실시 효과를 분석하는데 이용되는 지수이다.
㉱ Walker지수는 총인을 근거로 만들었고 투명도를 기준으로 계산된 Carlson지수를 보완한 지수로서 조류 외의 투명도에 영향을 주는 인자를 계산에 반영하였다.

TIP
㉮ Shannon과 Brezonik지수는 투명도, 전도율, 총유기질소, 총인, 클로로필-a를 수질변수로 선택하였다.
㉯ Carlson지수는 투명도, 클로로필-a, 총인을 수질변수로 선택하였다.
㉱ Walker지수는 호수의 수질상태 측정, 현장 측정, 용존산소 고갈을 토대로 부영양화 지수를 제안하였다.

answer 09 ㉯ 10 ㉮ 11 ㉱ 12 ㉰

13 주간에 연못이나 호수 등에 용존산소(DO)의 과포화 상태를 일으키는 미생물은 무엇인가?

㉮ 바이러스(Virus)
㉯ 윤충(Rotifer)
㉰ 조류(Algae)
㉱ 박테리아(Bacteria)

풀이 주간에 연못이나 호수 등에 용존산소(DO)가 과포화 상태가 된다는 의미는 광합성에 의한 현상이므로 광합성을 하는 미생물을 찾으면 된다. 따라서 정답은 조류가 된다.

14 물의 밀도가 가장 큰 값을 나타내는 온도는 어느 것인가?

㉮ -10℃
㉯ 0℃
㉰ 4℃
㉱ 10℃

풀이 4℃에서 물의 비중은 1.0이고 물의 비중량은 1,000kg/m³으로 가장 큰 값을 가진다.

15 0.05N의 약산인 초산이 16% 해리되어 있다면 이 수용액의 pH는 얼마인가?

㉮ 2.1
㉯ 2.3
㉰ 2.6
㉱ 2.9

풀이
$CH_3COOH \rightarrow CH_3COO^- + H^+$
해리전 0.05M   0M   0M
해리후 0.05M-0.05M×0.16 0.05M×0.16 0.05M×0.16
∴ pH = -log[H⁺] = -log[0.05M×0.16] = 2.10

TIP
① 약산 = 아세트산 = CH_3COOH
② CH_3COOH는 1가이므로 M농도 = N농도

16 하천 상류에서 BOD_u = 10mg/L일 때 2m/min 속도로 유하한 20km 하류에서의 BOD(mg/L)는 얼마인가? (단, k_1(탈산소 계수, base = 상용대수) = 0.1day⁻¹, 유하도 중에 재폭기나 다른 오염물질 유입은 없다.)

㉮ 2 mg/L
㉯ 3 mg/L
㉰ 4 mg/L
㉱ 5 mg/L

풀이
① $t(시간) = \dfrac{L(m)}{v(m/day)}$
$= \dfrac{20\times10^3 m}{2m/min \times 60min/hr \times 24hr/day}$
$= 6.94 day$
② $BOD_{6.94} = BOD_u \times 10^{-k_1 \times t}$
$= 10ppm \times 10^{(-0.1/day \times 6.94day)} = 2.02ppm$

17 수인성 전염병의 특징으로 틀린 것은?

㉮ 환자가 폭발적으로 발생한다.
㉯ 성별, 연령별 구분없이 발병한다.
㉰ 유행지역과 급수지역이 일치한다.
㉱ 잠복기가 길고 치사율과 2차 감염률이 높다.

풀이 ㉱ 잠복기가 짧고 치사율과 2차 감염률이 낮다.

18 난용성염의 용해이온과의 관계, A_mB_m(aq) $\rightleftarrows$ mA^+(aq)+nB^-(aq)에서 이온농도와 용해도적(K_{sp})과의 관계 중 과포화 상태로 침전이 생기는 상태를 옳게 나타낸 것은?

㉮ $[A^+]^m[B^-]^n > K_{sp}$
㉯ $[A^+]^m[B^-]^n = K_{sp}$
㉰ $[A^+]^m[B^-]^n < K_{sp}$
㉱ $[A^+]^n[B^-]^m < K_{sp}$

answer 13 ㉰ 14 ㉰ 15 ㉮ 16 ㉮ 17 ㉱ 18 ㉮

풀이 ㉮ $[A^+]^m[B^-]^n > K_{sp}$: 과포화상태
㉯ $[A^+]^m[B^-]^n = K_{sp}$: 포화상태
㉰ $[A^+]^m[B^-]^n < K_{sp}$: 불포화상태

19 우리나라의 수자원 이용현황 중 가장 많은 양이 사용되고 있는 용수는?

㉮ 생활용수 ㉯ 공업용수
㉰ 하천유지용수 ㉱ 농업용수

풀이 우리나라의 수자원 이용현황은 농업용수 > 하천유지용수 > 생활용수 > 공업용수 순이다.

20 음용수를 염소 소독할 때 살균력이 강한 것부터 순서대로 옳게 배열된 것은? (단, 강함 > 약함)

> ㉠ HOCl, ㉡ OCl$^-$, ㉢ Chloramine

㉮ ㉠ > ㉡ > ㉢ ㉯ ㉡ > ㉢ > ㉠
㉰ ㉡ > ㉠ > ㉢ ㉱ ㉠ > ㉢ > ㉡

풀이 살균력의 순서는 HOCl > OCl$^-$ > Chloramine 이다.

| 제2과목 | 수질오염방지기술

21 살수여상에서 연못화(ponding)현상의 원인으로 틀린 것은?

㉮ 너무 낮은 기질부하율
㉯ 생물막의 과도한 탈리
㉰ 1차 침전지에서 불충분한 고형물 제거
㉱ 너무 작거나 불균일한 여재

풀이 ㉮ 너무 높은 기질부하율

22 생물학적 처리공정에 대한 설명으로 옳은 것은?

㉮ SBR은 같은 탱크에서 폐수유입, 생물학적 반응, 처리수 배출 등의 순서를 반복하는 오염물 처리공정이다.
㉯ 회전원판법은 혐기성조건을 유지하면서 고형물을 제거하는 처리공정이다.
㉰ 살수여상은 여재를 사용하지 않으면서 고부하의 운전에 용이한 처리공정이다.
㉱ 고효율 활성슬러지공정은 질소, 인 제거를 위한 미생물 부착성장 처리공정이다.

풀이 ㉯ 회전원판법은 호기성조건을 유지하면서 고형물을 제거하는 처리공정이다.
㉰ 살수여상은 여재를 사용하면서 고부하의 운전에 용이한 처리공정이다.
㉱ 고효율 활성슬러지공정은 질소, 인 제거를 위한 미생물 부유성장 처리공정이다.

23 평균 길이 100m, 평균 폭 80m, 평균 수심 4m인 저수지에 연속적으로 물이 유입되고 있다. 유량이 0.2m^3/s이고 저수지의 수위가 일정하게 유지된다면 이 저수지의 평균 수리학적 체류시간(day)은 얼마인가?

㉮ 1.85 ㉯ 2.35
㉰ 3.65 ㉱ 4.35

풀이 평균 수리학적 체류시간(day) = $\dfrac{V(m^3)}{Q(m^3/day)}$

$= \dfrac{100m \times 80m \times 4m}{0.2m^3/sec \times 3,600sec/1hr \times 24hr/1day} = 1.85 day$

answer 19 ㉱ 20 ㉮ 21 ㉮ 22 ㉮ 23 ㉮

24 호기성 미생물에 의하여 진행되는 반응은?

㉮ 포도당 → 알코올
㉯ 아세트산 → 메탄
㉰ 아질산염 → 질산염
㉱ 포도당 → 아세트산

풀이 호기성 미생물에 의하여 진행되는 반응은 아질산염(NO_2^-) → 질산염(NO_3^-)인 질산화과정이다.

25 하수 슬러지 농축 방법 중 부상식 농축의 장·단점으로 틀린 것은?

㉮ 잉여슬러지의 농축에 부적합하다.
㉯ 소요면적이 크다.
㉰ 실내에 설치할 경우 부식문제의 유발 우려가 있다.
㉱ 약품 주입 없이 운전이 가능하다.

풀이 ㉮ 잉여슬러지의 농축에 적합하다.

TIP
잉여슬러지 = 2차 슬러지

26 혐기성 슬러지 소화조의 운영과 통제를 위한 운전관리지표가 아닌 항목은?

㉮ pH
㉯ 알칼리도
㉰ 잔류염소
㉱ 소화가스의 CO_2 함유도

풀이 혐기성 슬러지 소화조의 운영과 통제를 위한 운전관리지표 항목은 pH, 알칼리도, 소화가스의 CO_2 함유도이다.

27 분뇨처리장에서 발생되는 악취물질을 제거하는 방법 중 직접적인 탈취효과가 가장 낮은 것은?

㉮ 수세법
㉯ 흡착법
㉰ 촉매산화법
㉱ 중화 및 masking법

TIP
악취물질은 중화법으로 처리하기 어려우며, masking법은 직접적인 탈취 방법이 아니다.

28 폐수 시료 200mL를 취하여 Jar-test한 결과 $Al(SO_4)_3$ 300mg/L에서 가장 양호한 결과를 얻었다. 2,000m³/day의 폐수를 처리하는데 필요한 $Al(SO_4)_3$의 양(kg/day)은 얼마인가?

㉮ 450   ㉯ 600
㉰ 750   ㉱ 900

풀이 Alum의 필요량(kg/day)
= Alum의 농도(kg/m³) × 폐수량(m³/day)
= 0.3kg/m³ × 2,000m³/day
= 600kg/day

TIP
① mg/L $\xrightarrow{\times 10^{-3}}$ kg/m³
② 300mg/L $\xrightarrow{\times 10^{-3}}$ 0.3kg/m³

answer 24 ㉰ 25 ㉮ 26 ㉰ 27 ㉱ 28 ㉯

29 침전시 설계 시 침전시간 2hr, 표면부하율 30m³/m²·day, 폭과 길이의 비는 1 : 5로 하고 폭을 10m로 하였을 때 침전지의 크기(m³)는 얼마인가?

㉮ 875 ㉯ 1,250
㉰ 1,750 ㉱ 2,450

풀이
① 표면부하율(m³/m²·day) = $\frac{H(m)}{t(day)}$

따라서 수심(H) = 30m³/m²·day × $\left(\frac{2hr}{24}\right)$day
= 2.5m

② 침전지의 크기 = 폭 × 길이 × 깊이
= 10m × 50m × 2.5m
= 1,250m³

TIP
① m³/m²·day = m/day
② 폭 : 길이 = 1 : 5이므로
폭 10m이면 길이는 5×10m = 50m
③ 깊이 = 수심 = H

30 도금공장에서 발생하는 CN 폐수 30m³를 NaOCl을 사용하여 처리하고자 한다. 폐수 내 CN⁻농도가 150mg/L일 때 이론적으로 필요한 NaOCl의 양(kg)은 얼마인가? (단, 2NaCN+5NaOCl+H₂O → N₂+2CO₂+2NaOH+5NaCl, 원자량 : Na = 23, Cl = 35.5)

㉮ 20.9 ㉯ 22.4
㉰ 30.5 ㉱ 32.2

풀이
2CN⁻ : 5NaOCl
2×26g : 5×74.5g
0.15kg/m³×30m³ : X
∴ X = 32.24kg

TIP
① mg/L $\xrightarrow{\times 10^{-3}}$ kg/m³
② 150mg/L $\xrightarrow{\times 10^{-3}}$ 0.15kg/m³

31 폐수처리장의 설계유량을 산정하기 위한 첨두유량을 구하는 식은?

㉮ 첨두인자 × 최대유량
㉯ 첨두인자 × 평균유량
㉰ 첨두인자 / 최대유량
㉱ 첨두인자 / 평균유량

풀이 첨두유량 = 첨두인자 × 평균유량

32 폐수의 용존성 유기물질을 제거하기 위한 방법으로 틀린 것은?

㉮ 호기성 생물학적 공법
㉯ 혐기성 생물학적 공법
㉰ 모래 여과법
㉱ 활성탄 흡착법

풀이 ㉰ 모래 여과법은 부유물질 제거방법이다.

answer 29 ㉯ 30 ㉱ 31 ㉯ 32 ㉰

33 농도와 흡착량과의 관계를 나타내는 그림 중 고농도에서 흡착량이 커지는 반면에 저농도에서의 흡착량이 현저히 적어지는 것은? (단, Freundlich 등온흡착식으로 Plot한 것임)

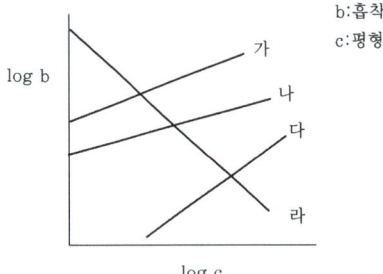

㉮ 가 ㉯ 나
㉰ 다 ㉱ 라

TIP
고농도에서 흡착량이 커지고, 저농도에서 흡착량이 현저히 적어진다는 것은 농도와 흡착량은 비례관계를 의미하므로 ㉰번이 된다.

34 도시하수에 함유된 영양물질의 질소, 인을 동시에 처리하기 어려운 생물학적 처리공법은?

㉮ AO 공법
㉯ A_2O 공법
㉰ 5단계 Bardenpho 공법
㉱ UCT 공법

풀이 ㉮ AO 공법은 인(P)만 제거하는 공법이다.

35 생물막법의 미생물학적인 특징으로 틀린 것은?

㉮ 정화에 관여하는 미생물의 다양성이 높다.
㉯ 각단에서 우점 미생물이 상이하다.
㉰ 먹이연쇄가 짧다.
㉱ 질산화세균 및 탈질균이 잘 증식된다.

풀이 ㉰ 먹이연쇄가 길다.

36 염소의 살균력에 관한 설명으로 틀린 것은?

㉮ 살균강도는 HOCl가 OCl^-의 80배 이상 강하다.
㉯ chloramines은 소독 후 살균력이 약하여 살균작용이 오래 지속되지 않는다.
㉰ 염소의 살균력은 온도가 높고 pH가 낮을 때 강하다.
㉱ 바이러스는 염소에 대한 저항성이 커 일부 생존할 염려가 있다.

풀이 ㉯ chloramines은 소독 후 살균력은 약하나, 살균작용은 오랫동안 지속된다.

37 하수소독 시 사용되는 이산화염소(ClO_2)에 관한 내용으로 틀린 것은?

㉮ THMs이 생성되지 않음
㉯ 물에 쉽게 녹고 냄새가 적음
㉰ 일광과 접촉할 경우 분해됨
㉱ pH에 의한 살균력의 영향이 큼

풀이 ㉱ pH에 의한 살균력의 영향이 거의 없음

TIP
① THM_s = 트리할로메탄
② pH에 의한 살균력의 영향이 큰 것은 염소소독이다.

answer 33 ㉰ 34 ㉮ 35 ㉰ 36 ㉯ 37 ㉱

38 표준활성슬러지법의 일반적 설계범위에 관한 설명으로 틀린 것은?

㉮ HRT는 8 ~ 10시간을 표준으로 한다.
㉯ MLSS는 1,500 ~ 2,500mg/L를 표준으로 한다.
㉰ 포기조(표준식)의 유효수심은 4 ~ 6m를 표준으로 한다.
㉱ 포기방식은 전면포기식, 선회류식, 미세기포분사식, 수중 교반식 등이 있다.

풀이 ㉮ HRT는 6 ~ 8시간을 표준으로 한다.

TIP
① HRT = 수리학적 체류시간
② SRT = MCRT = 미생물의 체류시간

39 유량이 100m³/day이고 TOC농도가 150mg/L인 폐수를 고정상 탄소흡착 칼럼으로 처리하고자 한다. 유출수의 TOC농도를 10mg/L로 유지하려고 할 때, 탄소 kg당 처리된 유량(L/kg)은 얼마인가? (단, 수리학적 용적부하율 = 1.5m³/m³·hr, 탄소밀도 = 500kg/m³, 파괴점 농도까지 처리된 유량 = 300m³)

㉮ 약 205 ㉯ 약 216
㉰ 약 275 ㉱ 약 311

풀이 ① 파괴점도달시간 = $\dfrac{\text{파괴점 농도까지 처리된 유량}}{\text{유량}}$

$= \dfrac{300\text{m}^3}{100\text{m}^3/\text{day}} = 3\text{day}$

② 파괴점도달시간 = $\dfrac{\text{탄소의 단위질량 당 유량} \times \text{탄소밀도}}{\text{수리학적 용적부하율}}$

따라서 탄소의 단위질량당 유량

$= \dfrac{3\text{day} \times 1.5\text{m}^3/\text{m}^3 \cdot \text{hr} \times 24\text{hr/day}}{500\text{kg/m}^3}$

$= 0.216\text{m}^3/\text{kg} = 216\text{ L/kg}$

40 수중에 존재하는 오염물질과 제거방법을 기술한 내용 중 틀린 것은?

㉮ 부유물질 - 급속여과, 응집침전
㉯ 용해성 유기물질 - 응집침전, 오존산화
㉰ 용해성 염류 - 역삼투, 이온교환
㉱ 세균, 바이러스 - 소독, 급속여과

풀이 ㉱ 세균, 바이러스 - 소독, 완속여과

| 제3과목 | 수질오염공정시험기준

41 수질오염공정시험기준 아연의 시험방법 별 정량한계로 틀린 것은?

㉮ 원자흡수분광광도법 : 0.002mg/L
㉯ 유도결합플라스마-원자발광분광법 : 0.002mg/L
㉰ 유도결합플라스마-질량분석법 : 0.002mg/L
㉱ 양극벗김전압전류법 : 0.0001mg/L

풀이 ㉰ 유도결합플라스마-질량분석법 : 0.006mg/L

42 투명도 판(백색원판)을 사용한 투명도 측정에 관한 설명으로 틀린 것은?

㉮ 투명도판의 색도차는 투명도에 크게 영향을 주므로 표면이 더러울 때에는 깨끗하게 닦아 주어야 한다.
㉯ 강우시에는 정확한 투명도를 얻을 수 없으므로 투명도를 측정하지 않는 것이 좋다.
㉰ 흐름이 있어 줄이 기울어질 경우에는 2kg 정도의 추를 달아서 줄을 세워야 한다.
㉱ 투명도판을 보이지 않는 깊이로 넣은 다음 천천히 끌어 올리면서 보이기 시작한

answer 38 ㉮ 39 ㉯ 40 ㉱ 41 ㉰ 42 ㉮

깊이를 반복해 측정한다.

풀이 ㉮ 투명도판의 광반사능은 투명도에 크게 영향을 주므로 표면이 더러울 때에는 다시 색칠하여야 한다.

① 밀폐용기 : 이물질
② 기밀용기 : 공기
③ 밀봉용기 : 미생물
④ 차광용기 : 광선

43 기체크로마토그래피 분석에서 전자포획형 검출기(ECD)를 검출기로 사용할 때 선택적으로 검출할 수 있는 물질이 아닌 것은?

㉮ 유기할로겐화합물
㉯ 나이트로화합물
㉰ 유기금속화합물
㉱ 유기질소화합물

풀이 전자포획형 검출기(ECD)로 검출하는 물질은 유기할로겐화합물, 나이트로화합물, 유기금속화합물이다.

44 물벼룩을 이용한 급성독성시험을 할 때 희석수 비율에 해당 되는 것은? (단, 원수 100% 기준)

㉮ 35% ㉯ 25%
㉰ 15% ㉱ 5%

풀이 물벼룩을 이용한 급성독성시험을 할 때 희석수 비율은 100%, 50%, 25%, 12.5%, 6.25%이다.

45 취급 또는 저장하는 동안에 기체 또는 미생물이 침입하지 아니하도록 내용물을 보호하는 용기는 어느 것인가?

㉮ 밀봉용기 ㉯ 기밀용기
㉰ 밀폐용기 ㉱ 완밀용기

풀이 용기

46 식물성플랑크톤 현미경계수법에 관한 설명으로 틀린 것은?

㉮ 시료의 개체수는 계수면적당 10～40 정도가 되도록 조정한다.
㉯ 시료 농축은 원심분리방법과 자연침전법을 적용한다.
㉰ 정성시험의 목적은 식물성 플랑크톤의 종류를 조사하는 것이다.
㉱ 식물성 플랑크톤의 계수는 정확성과 편리성을 위하여 고배율이 주로 사용한다.

풀이 ㉱ 식물성 플랑크톤의 계수는 정확성과 편리성을 위하여 저～중배율이 주로 사용한다.

TIP
식물성 플랑크톤의 동정에는 고배율이 많이 이용된다.

47 수질오염공정시험방법에 적용되고 있는 용어에 관한 설명으로 옳은 것은?

㉮ 진공이라 함은 따로 규정이 없는 한 15mmH₂O 이하를 말한다.
㉯ 방울수는 정제수 10방울 적하 시 부피가 약 1mL가 되는 것을 뜻한다.
㉰ 항량이란 1시간 더 건조하거나 또는 강열할 때 전후 차가 g당 0.1mg 이하일 때를 말한다.
㉱ 온수는 (60～70)℃, 냉수는 15℃ 이하를 말한다.

풀이 ㉮ 진공이라 함은 따로 규정이 없는 한 15mmHg 이하를 말한다.

answer 43 ㉱ 44 ㉯ 45 ㉮ 46 ㉱ 47 ㉱

㉯ 방울수는 20℃에서 정제수 20방울 적하 시 부피가 약 1mL가 되는 것을 뜻한다.
㉰ 항량이란 1시간 더 건조하거나 또는 강열할 때 전후 차가 g당 0.3mg 이하일 때를 말한다.

48 순수한 물 200L에 에틸알코올(비중 0.79) 80L를 혼합하였을 때, 이 용액중의 에틸알코올 농도(중량 %)는 얼마인가?

㉮ 약 13% ㉯ 약 18%
㉰ 약 24% ㉱ 약 29%

풀이
$$Wt\% = \frac{80,000mL \times 0.79g/mL}{80,000mL \times 0.79g/mL + 200,000mL \times 1.0g/mL} \times 100$$
$$= 24.01\%$$

TIP
$$Wt\% = \frac{용질(g)}{용질(g) + 용매(g)} \times 100$$

49 유기물 함량이 비교적 높지 않고 금속의 수산화물, 산화물, 인산염 및 황화물을 함유하고 있는 시료에 적용되는 전처리 방법은?

㉮ 질산법
㉯ 질산 - 염산법
㉰ 질산 - 과염소산법
㉱ 질산 - 과염소산 - 불화소산법

풀이 전처리방법(암기법)
㉮ 질산법 : 유기물 함량이 비교적 높지 않은 시료 (질 낮은)
㉯ 질산-염산법 : 유기물 함량이 비교적 높지 않고 금속의 수산화물, 산화물, 인산염 및 황화물을 함유하고 있는 시료 (염산 인금으로)
㉰ 질산-과염소산법 : 유기물을 다량 함유하고 있으면서 산분해가 어려운 시료 (과산화에)
㉱ 질산-과염소산-불화소산법 : 다량의 점토질 또는 규산염을 함유한 시료 (과불이 절규한다.)

50 수질오염공정시험기준상 불소화합물을 측정하기 위한 시험방법으로 틀린 것은?

㉮ 원자흡수분광광도법
㉯ 이온크로마토그래피
㉰ 이온전극법
㉱ 자외선/가시선 분광법

풀이 불소화합물을 측정하기 위한 시험방법으로는 이온크로마토그래피, 이온전극법, 자외선/가시선 분광법, 연속흐름법이 있다.

51 수질오염공정시험기준상 바륨(금속류)을 측정하기 위한 시험방법으로 틀린 것은?

㉮ 원자흡수분광광도법
㉯ 자외선/가시선 분광법
㉰ 유도결합플라스마 원자발광분광법
㉱ 유도결합플라스마 질량분석법

풀이 바륨의 시험방법으로는 원자흡수분광광도법, 유도결합플라스마 원자발광분광법, 유도결합플라스마 질량분석법이 있다.

answer 48 ㉰ 49 ㉯ 50 ㉮ 51 ㉯

52 기체크로마토그래피법에 관한 설명으로 틀린 것은?

㉮ 충전물로서 적당한 담체에 정지상 액체를 함침시킨 것을 사용할 경우에는 기체 - 액체크로마토그래피법이라 한다.
㉯ 일반적으로 유기화합물에 대한 정성 및 정량 분석에 이용된다.
㉰ 전처리한 시료를 운반가스에 의하여 크로마토 관내에 전개시켜 분리되는 각 성분의 크로마토그램을 이용하여 목적성분을 분석하는 방법이다.
㉱ 운반가스는 시료주입부로부터 검출기를 통한 다음 분리관과 기록부를 거쳐 외부로 방출된다.

풀이 ㉱ 운반가스는 시료주입부로부터 분리관을 통한 다음 검출기와 기록부를 거쳐 외부로 방출된다.

53 산성 과망간산포타슘법으로 폐수의 COD를 측정하기 위해 시료 100mL를 취해 제조한 과망간산포타슘으로 적정하였더니 11.0mL가 소모되었다. 공시험 적정에 소요된 과망간산포타슘이 0.2mL이었다면 이 폐수의 COD(mg/L)는? (단, 과망간산포타슘 용액의 factor 1.1로 가정, 원자량 : K = 39, Mn = 55)

㉮ 약 5.9   ㉯ 약 19.6
㉰ 약 21.6 ㉱ 약 23.8

풀이
$$COD = \frac{(b-a) \times f \times 0.2}{V(L)}$$
$$= \frac{(11.0-0.2)mL \times 1.1 \times 0.2}{0.1L}$$
$$= 23.76 mg/L$$

54 자외선/가시선 분광법 구성장치의 순서를 바르게 나타낸 것은?

㉮ 시료부 - 광원부 - 파장선택부 - 측광부
㉯ 광원부 - 파장선택부 - 시료부 - 측광부
㉰ 광원부 - 시료원자화부 - 단색화부 - 측광부
㉱ 시료부 - 고주파전원부 - 검출부 - 연산처리부

풀이 자외선/가시선 분광법 구성장치의 순서는 광원부 - 파장선택부 - 시료부 - 측광부 순이다.

55 수로의 구성, 재질, 수로단면의 형상, 기울기 등이 일정하지 않은 개수로에서 부표를 사용하여 유속을 측정한 결과, 수로의 평균 단면적이 3.2m², 표면 최대유속이 2.4m/s일 때, 이 수로에 흐르는 유량(m³/s)은 얼마인가?

㉮ 약 2.7   ㉯ 약 3.6
㉰ 약 4.3   ㉱ 약 5.8

풀이 유량(m³/min) = 평균 단면적(m²) × 평균유속(m/sec)
= 3.2m² × 2.4m/sec × 0.75
= 5.76m³/sec

TIP
평균유속 = 표면최대유속 × 0.75

answer 52 ㉱ 53 ㉱ 54 ㉯ 55 ㉱

56 0.25N 다이크롬산포타슘액 조제 방법에 관한 설명으로 틀린 것은?
(단, $K_2Cr_2O_7$ 분자량 = 294.2)

㉮ 다이크롬산포타슘은 1g분자량이 6g 당량에 해당한다.
㉯ 다이크롬산포타슘(표준시약)을 사용하기 전에 103℃에서 2시간 동안 건조한 다음 건조용기(실리카겔)에서 식힌다.
㉰ 건조용기(실리카겔)에서 식힌 다이크롬산포타슘 14.71g을 정밀히 담아 물에 녹여 1,000mL로 한다.
㉱ 0.025N 다이크롬산포타슘액은 0.25N 다이크롬산포타슘액 100mL를 정확히 취하여 물을 넣어 정확히 1,000mL로 한다.

풀이 ㉰ 건조용기(실리카겔)에서 식힌 다이크롬산포타슘 12.26g을 정밀히 담아 물에 녹여 1,000mL로 한다.

TIP

$$N(eq/L) = \frac{w(g)}{V(L)} \times \frac{1eq}{1당량g}$$

$$0.25N(eq/L) = \frac{w(g)}{1(L)} \times \frac{1eq}{294.2g/6}$$

$$\therefore w = 12.26g$$

57 BOD 실험 시 희석수는 5일 배양 후 DO(mg/L) 감소가 얼마 이하이어야 하는가?

㉮ 0.1 ㉯ 0.2
㉰ 0.3 ㉱ 0.4

58 수로의 폭이 0.5m인 직각 삼각웨어의 수두가 0.25m일 때 유량(m^3/min)은 얼마인가? (단, 유량계수는 80이다.)

㉮ 2.0 ㉯ 2.5
㉰ 3.0 ㉱ 3.5

풀이 삼각웨어의 유량 $(Q) = k \cdot h^{\frac{5}{2}} (m^3/min)$

따라서 $Q = 80 \times (0.25m)^{\frac{5}{2}} = 2.5 m^3/min$

TIP

사각웨어의 유량 $(Q) = k \cdot b \cdot h^{\frac{3}{2}} (m^3/min)$

59 냄새 측정 시 냄새역치(TON)를 구하는 산식으로 옳은 것은? (단, A : 시료부피(mL), B : 무취 정제수 부피(mL))

㉮ 냄새역치 = (A+B)/A
㉯ 냄새역치 = A/(A+B)
㉰ 냄새역치 = (A+B)/B
㉱ 냄새역치 = B/(A+B)

60 수중의 중금속에 대한 정량을 원자흡수분광광도법으로 측정할 경우, 화학적 간섭 현상이 발생되었다면 이 간섭을 피하기 위한 방법이 아닌 것은?

㉮ 목적원소 측정에 방해되는 간섭원소 배제를 위한 간섭원소의 상대원소 첨가
㉯ 은폐제나 킬레이트제의 첨가
㉰ 이온화 전압이 높은 원소를 첨가
㉱ 목적원소의 용매 추출

풀이 ㉰ 이온화 전압이 더 낮은 원소를 첨가

answer 56 ㉰ 57 ㉯ 58 ㉯ 59 ㉮ 60 ㉰

2018 3회 기출문제

제1과목 | 수질오염개론

01 적조 발생지역과 가장 거리가 먼 것은?

㉮ 정체 수역
㉯ 질소, 인 등의 영양염류가 풍부한 수역
㉰ upwelling 현상이 있는 수역
㉱ 갈수기 시 수온, 염분이 급격히 높아진 수역

풀이 ㉱ 홍수시 수온이 높아지고, 염분이 급격히 낮아진 수역

02 Ca^{2+}이온의 농도가 450mg/L인 물의 환산경도(mg $CaCO_3$/L)는 얼마인가?
(단, Ca 원자량 = 40)

㉮ 1,125 ㉯ 1,250
㉰ 1,350 ㉱ 1,450

풀이
$$\frac{경도(mg/L)}{50g} = \frac{Ca^{2+}mg/L}{20g}$$

$$\frac{경도(mg/L)}{50g} = \frac{450mg/L}{20g}$$

∴ 경도 = 1,125mg/L

TIP
경도 계산식
$$\frac{경도(mg/L)}{50g} = \frac{Ca^{2+}mg/L}{20g} + \frac{Mg^{2+}mg/L}{12g} + \frac{Fe^{2+}mg/L}{28g}$$
$$+ \frac{Mn^{2+}mg/L}{27.5g} + \frac{Sr^{2+}mg/L}{43.8g}$$

03 호소의 부영양화 현상에 관한 설명 중 옳은 것은?

㉮ 부영양화가 진행되면 COD와 투명도가 낮아진다.
㉯ 생물종의 다양성은 증가하고 개체수는 감소한다.
㉰ 부영양화의 마지막 단계에는 청록조류가 번식한다.
㉱ 표수층에는 산소의 과포화가 일어나고 pH가 감소한다.

풀이 ㉮ 부영양화가 진행되면 COD는 높아지고 투명도가 낮아진다.
㉯ 생물종의 다양성이 증가하고 개체수도 증가한다.
㉱ 표수층에는 산소의 과포화가 일어나고 pH가 증가한다.

04 전해질 M_2X_3의 용해도적 상수에 대한 표현으로 옳은 것은?

㉮ $Ksp = [M^{3+}][X^{2-}]$
㉯ $Ksp = [2M^{3+}][3X^{2-}]$
㉰ $Ksp = [2M^{3+}]^2[3X^{2-}]^3$
㉱ $Ksp = [M^{3+}]^2[X^{2-}]^3$

풀이 $M_2X_3 \rightarrow 2M^{3+} + 3X^{2-}$
∴ $Ksp = [M^{3+}]^2[X^{2-}]^3$

answer 01 ㉱ 02 ㉮ 03 ㉰ 04 ㉱

05 지하수의 특징으로 틀린 것은?

㉮ 세균에 의한 유기물 분해가 주된 생물작용이다.
㉯ 자연 및 인위의 국지적인 조건의 영향을 크게 받기 쉽다.
㉰ 분해성 유기물질이 풍부한 토양을 통과하게 되면 물은 유기물의 분해 산물인 탄산가스 등을 용해하여 산성이 된다.
㉱ 비교적 낮은 곳의 지하수일수록 지층과의 접촉시간이 길어 경도가 높다.

풀이 ㉱ 비교적 낮은 곳의 지하수일수록 지층과의 접촉시간이 짧아 경도가 낮다.

06 호수가 빈영양 상태에서 부영양 상태로 진행되는 과정에서 동반되는 수환경의 변화가 아닌 것은?

㉮ 심수층의 용존산소량 감소
㉯ pH의 감소
㉰ 어종의 변화
㉱ 질소 및 인과 같은 영양염류가 증가

풀이 ㉯ pH의 증가

TIP
부영양화가 진행되면 조류의 광합성으로 호수속의 CO_2가 소모되므로 pH는 증가한다.

07 해수의 주요 성분(Holy seven)으로 볼 수 없는 것은?

㉮ 중탄산염   ㉯ 마그네슘
㉰ 아연   ㉱ 황산이온

풀이 해수의 주요 성분(Holy seven)으로는 염소이온, 소듐이온, 황산이온, 마그네슘이온, 칼슘이온, 포타슘이온, 중탄산염이 있다.

TIP
Holy seven 암기법
염나황은 마네칼슘룸에서 중탄산을 먹는다.

08 물의 밀도에 대한 설명으로 틀린 것은?

㉮ 물의 밀도는 3.98℃에서 최대값을 나타낸다.
㉯ 해수의 밀도가 담수의 밀도보다 큰 값을 나타낸다.
㉰ 물의 밀도는 3.98℃보다 온도가 상승하거나 하강하면 감소한다.
㉱ 물의 밀도는 비중량을 부피로 나눈 값이다.

풀이 ㉱ 물의 밀도는 물의 질량을 부피로 나눈 값이다.

09 박테리아의 경험적인 화학적 분자식이 $C_5H_7O_2N$이면 100g의 박테리아가 산화될 때 소모되는 이론적산소량(g)은 얼마인가? (단, 박테리아의 질소는 암모니아로 전환됨)

㉮ 92   ㉯ 101
㉰ 124   ㉱ 42

풀이 $C_5H_7O_2N + 5O_2 \rightarrow 5CO_2 + 2H_2O + NH_3$
113g : 5×32g
100g : ThOD

∴ ThOD = $\frac{100g \times 5 \times 32g}{113g}$ = 141.59g

TIP
① $C_5H_7O_2N$의 분자량 = 12×5+1×7+16×2+14×1 = 113
② ThOD = 이론적산소요구량

answer 05 ㉱ 06 ㉯ 07 ㉰ 08 ㉱ 09 ㉱

10 질소순환과정에서 질산화를 나타내는 반응은?

㉮ $N_2 \rightarrow NO_2^- \rightarrow NO_3^-$
㉯ $NO_3^- \rightarrow NO_2^- \rightarrow N_2$
㉰ $NO_3^- \rightarrow NO_2^- \rightarrow NH_3$
㉱ $NH_3 \rightarrow NO_2^- \rightarrow NO_3^-$

풀이 질산화과정은 $NH_3\text{-}N \rightarrow NO_2^-\text{-}N \rightarrow NO_3^-\text{-}N$이다.

11 물의 특성으로 가장 거리가 먼 것은?

㉮ 물의 표면장력은 온도가 상승할수록 감소한다.
㉯ 물은 4℃에서 밀도가 가장 크다.
㉰ 물의 여러 가지 특성은 물의 수소결합 때문에 나타난다.
㉱ 융해열과 기화열이 작아 생명체의 열적 안정을 유지할 수 있다.

풀이 ㉱ 융해열과 기화열이 커 생명체의 열적안정을 유지할 수 있다.

TIP
4℃에서 물의 비중은 1.0, 비중량(밀도)은 1,000kg/m³으로 가장 큰 값을 가진다.

12 0.04N의 아세트산이 8% 해리되어 있다면 이 수용액의 pH는 얼마인가?

㉮ 2.5   ㉯ 2.7
㉰ 3.1   ㉱ 3.3

풀이
$$CH_3COOH \rightarrow CH_3COO^- + H^+$$
해리 전 0.04M   0M   0M
해리 후 0.04M-0.04M×0.08 0.04M×0.08 0.04M×0.08
∴ pH = $-\log[H^+]$ = $-\log[0.04M \times 0.08]$ = 2.50

TIP
① 초산 = 아세트산 = CH_3COOH
② 아세트산은 1가이므로 M농도 = N농도

13 일반적으로 물속의 용존산소(DO)농도가 증가하게 되는 경우는?

㉮ 수온이 낮고 기압이 높을 때
㉯ 수온이 낮고 기압이 낮을 때
㉰ 수온이 높고 기압이 높을 때
㉱ 수온이 높고 기압이 낮을 때

풀이 물속의 용존산소(DO)농도가 증가하게 되는 조건은 수온이 낮고 기압이 높을 때이다.

TIP
산소는 기체이므로 기체가 물에 용해되는 조건은 수온은 낮고 기압(압력)이 높은 경우이다.

14 생물학적 오탁지표들에 대한 설명이 바르지 않은 것은?

㉮ BIP(Biological Index of Pollution) : 현미경적인 생물을 대상으로 하여 전생물수에 대한 동물성 생물수의 백분율을 나타낸 것으로, 값이 클수록 오염이 심하다.
㉯ Bi(Biotix Index) : 육안적 동물을 대상으로 전생물 수에 대한 청수성 및 광범위하게 출현하는 미생물의 백분율을 나타낸 것으로, 값이 클수록 깨끗한 물로 판정된다.
㉰ TSI(Trophic State Index) : 투명도, 투명도와 클로로필 농도의 상관관계 및 투명도와 총인의 상관관계를 이용한 부영양화도 지수를 나타내는 것이다.
㉱ SDI(Species Diversity Index) : 종의 수

answer 10 ㉱ 11 ㉱ 12 ㉮ 13 ㉮ 14 ㉱

와 개체수의 비로 물의 오염도를 나타내는 지표로, 값이 클수록 종의 수는 적고 개체수는 많다.

풀이 ㉣ SDI(Species Diversity Index) : 종의 수와 개체수의 비로 물의 오염도를 나타내는 지표로, 값이 작을수록 종의 수는 적고 개체수는 많다.

TIP
㉮ BIP : 수질오탁지수
㉯ BI : 수질청수지수
㉰ TSI : 부영양화지수
㉱ SDI : 종다양성지수

15
음용수를 염소 소독할 때 살균력이 강한 것부터 약한 순서로 나열한 것은?

㉠ OCl⁻ ㉡ HOCl ㉢ Chloramine

㉮ ㉠→㉡→㉢
㉯ ㉡→㉠→㉢
㉰ ㉢→㉠→㉡
㉱ ㉠→㉢→㉡

풀이 살균력의 순서는 HOCl > OCl⁻ > 클로라민 순이다.

TIP
① HOCl의 살균력은 OCl⁻보다 80배 강하다.
② 클로라민의 살균력은 약하나 소독 후 물에 이취미가 없고 살균작용이 오래 지속된다.

16
과대한 조류의 발생을 방지하거나 조류를 제거하기 위하여 일반적으로 사용하는 것은?

㉮ E·D·T·A
㉯ NaSO₄
㉰ Ca(OH)₂
㉱ CuSO₄

풀이 과대한 조류의 발생을 방지하거나 조류를 제거하기 위하여 살조제인 황산동($CuSO_4$)을 사용한다.

17
1차 반응에서 반응개시의 물질 농도가 220mg/L이고, 반응 1시간 후의 농도는 94mg/L이었다면 반응 8시간 후의 물질의 농도(mg/L)는 얼마인가?

㉮ 0.12
㉯ 0.25
㉰ 0.36
㉱ 0.48

풀이 1차 반응식 : $\ln \dfrac{C_t}{C_o} = -k \times t$

여기서
- C_o : 초기농도(mg/L)
- C_t : t시간 후의 농도(mg/L)
- k : 상수(/hr)
- t : 시간(hr)

① $\ln \dfrac{94\text{mg/L}}{220\text{mg/L}} = -k \times 1\text{hr}$

∴ $k = \dfrac{\ln \dfrac{94\text{mg/L}}{220\text{mg/L}}}{-1\text{hr}} = 0.8503/\text{hr}$

② $\ln \dfrac{C_t}{220\text{mg/L}} = -0.8503/\text{hr} \times 8\text{hr}$

∴ $C_t = 220\text{mg/L} \times e^{(-0.8503/\text{hr} \times 8\text{hr})}$
= 0.24mg/L

TIP
$\ln \dfrac{C_t}{C_o} = -k \times t$
⇒ $C_t = C_o \times e^{(-k \times t)}$

18
0.1M-NaOH의 농도를 mg/L로 나타낸 것은?

㉮ 4
㉯ 40
㉰ 400
㉱ 4,000

answer 15 ㉯ 16 ㉱ 17 ㉯ 18 ㉱

3 풀이

$$mol/L = \frac{0.1mol}{L} \times \frac{40g}{1mol} \times \frac{10^3 mg}{1g}$$

$$= 4,000mg/L$$

TIP
① M농도의 단위는 mol/L이다.
② 1mol = 분자량(g)
③ NaOH의 분자량 = 23+16+1 = 40

---

19 폐수의 BOD_u가 120mg/L이며 K_1(상용대수)값이 0.2/day라면 5일 후 남아 있는 BOD(mg/L)는 얼마인가?

㉮ 10 ㉯ 12
㉰ 14 ㉱ 16

풀이
$BOD_5 = BOD_u \times 10^{(-k_1 \times t)}$
$= 120mg/L \times 10^{(-0.2/day \times 5day)}$
$= 12mg/L$

TIP
① 상용대수 = log, 자연대수 = ln
② 상용대수 조건일 때 밑수는 10

---

20 조류의 경험적 화학 분자식으로 가장 적절한 것은?

㉮ $C_4H_7O_2N$ ㉯ $C_5H_8O_2N$
㉰ $C_6H_9O_2N$ ㉱ $C_7H_{10}O_2N$

풀이 자주 출제되는 경험적 분자식(암기법)
① 박테리아 : $C_5H_7O_2N$(오칠이)
② 조류 : $C_5H_8O_2N$(오팔이)
③ 곰팡이 : $C_{10}H_{17}O_6N$(일공 일칠 육)
④ 원생동물 : $C_7H_{14}O_3N$(칠 일사 삼)

| 제2과목 | 수질오염방지기술

21 100m³/day로 유입되는 도금폐수의 CN 농도가 200mg/L이었다. 폐수를 알칼리 염소법으로 처리하고자 할 때 요구되는 이론적 염소량(kg/day)은 얼마인가? (단, $2CN^- + 5Cl_2 + 4H_2O \rightarrow 2CO_2 + N_2 + 8HCl + 2Cl^-$, Cl_2 분자량 = 71)

㉮ 136.5 ㉯ 142.3
㉰ 168.2 ㉱ 204.8

풀이
$2CN^- : 5Cl_2$
$2 \times 26g : 5 \times 71g$
$100m^3/day \times 0.2kg/m^3 : X$

$\therefore X = \dfrac{100m^3/day \times 0.2kg/m^3 \times 5 \times 71g}{2 \times 26g}$

$= 136.54kg/day$

TIP
① ppm = mg/L = g/m³이므로 mg/L $\xrightarrow{\times 10^{-3}}$ kg/m³
② 200mg/L = 0.2kg/m³

---

22 교반장치의 설계와 운전에 사용되는 속도경사의 차원을 나타낸 것으로 옳은 것은?

㉮ [LT] ㉯ $[LT^{-1}]$
㉰ $[T^{-1}]$ ㉱ $[L^{-1}]$

풀이 속도경사의 단위가 /sec 이므로 차원으로 나타내면 $[T^{-1}]$이다.

TIP
차원
① 질량 = Mass = [M]
② 길이 = Lengtth = [L]
③ 시간 = Time = [T]

---

answer 19 ㉯ 20 ㉯ 21 ㉮ 22 ㉰

23 하나의 반응탱크 안에서 시차를 두고 유입, 반송, 침전, 유출 등의 각 과정을 거치도록 되어있는 생물학적 고도처리 공정은 어느 것인가?

㉮ SBR   ㉯ UCT
㉰ A/O   ㉱ A^2/O

> 풀이 ㉮ SBR(연속회분식 활성슬러지법)에 대한 설명이다.

24 소규모 하·폐수처리에 적합한 접촉산화법의 특징으로 틀린 것은?

㉮ 반송 슬러지가 필요하지 않으므로 운전 관리가 용이하다.
㉯ 부착 생물량을 임의로 조정할 수 없기 때문에 조작 조건의 변경에 대응하기 어렵다.
㉰ 반응조내 여재를 균일하게 포기 교반하는 조건 설정이 어렵다.
㉱ 비표면적이 큰 접촉재를 사용하여 부착 생물량을 다량으로 보유할 수 있기 때문에 유입기질의 변동에 유연히 대응할 수 있다.

> 풀이 ㉯ 부착 생물량을 임의로 조정할 수 있기 때문에 조작 조건의 변경에 대응하기가 용이하다.

25 물리, 화학적 질소제거 공정 중 이온교환에 관한 설명으로 틀린 것은?

㉮ 생물학적 처리 유출수 내의 유기물이 수지의 접착을 야기한다.
㉯ 고농도의 기타 양이온이 암모니아 제거 능력을 증가시킨다.
㉰ 재사용 가능한 물질(암모니아 용액)이 생산된다.
㉱ 부유물질 축적에 의한 과다한 수두손실을 방지하기 위하여 여과에 의한 전처리가 일반적으로 필요하다.

> 풀이 ㉯ 고농도의 기타 양이온이 암모니아 제거 능력을 감소시킨다.

26 폐수의 생물학적 질산화 반응에 관한 설명으로 틀린 것은?

㉮ 질산화 반응에는 유기 탄소원이 필요하다.
㉯ 암모니아성 질소에서 아질산성 질소로의 산화 반응에 관여하는 미생물은 Nitrosomonas이다.
㉰ 질산화 반응은 온도 의존적이다.
㉱ 질산화 반응은 호기성 폐수처리 시 진행된다.

> 풀이 ㉮ 질산화 반응에는 무기 탄소원이 필요하다.

TIP
질산화 반응은 독립 영양계 미생물이 참여하고 무기물을 이용하므로 탄소원은 무기 탄소(CO_2)이다.

27 27mg/L의 암모늄이온(NH_4^+)을 함유하고 있는 폐수를 이온교환수지로 처리하고자 한다. 1,667m^{3}의 폐수를 처리하기 위해 필요한 양이온 교환수지의 용적(m^3)은 얼마인가? (단, 양이온 교환수지 처리능력 100,000g CaCO$_3$/m^3, Ca 원자량 = 40)

㉮ 0.60   ㉯ 0.85
㉰ 1.25   ㉱ 1.50

> 풀이 ① $2NH_4^+ + CaCO_3 \rightarrow (NH_4)_2CO_3 + Ca^{2+}$
> 2×18g : 100g
> 27g/m^3×1,667m^3 : X

answer 23 ㉮ 24 ㉯ 25 ㉯ 26 ㉮ 27 ㉰

$$\therefore X = \frac{100g \times 27g/m^3 \times 1,667m^3}{2 \times 18g}$$
$$= 125,025g$$

② 양이온 교환수지의 소요용적(m^3)
$$= \frac{125,025g}{100,000g/m^3} = 1.25m^3$$

TIP
① mg/L = ppm = g/m^3
② 27mg/L = $27g/m^3$

28 일반적인 슬러지처리 공정의 순서로 옳은 것은?

㉮ 안정화→개량→농축→탈수→소각
㉯ 농축→안정화→개량→탈수→소각
㉰ 개량→농축→안정화→탈수→소각
㉱ 탈수→개량→안정화→농축→소각

풀이 슬러지처리 공정의 순서는 농축(농축조)→안정화(소화조)→개량(약품주입)→탈수→건조→소각 순이다.

29 염소이온 농도가 5,000mg/L인 분뇨를 처리한 결과 80%의 염소이온 농도가 제거되었다. 이 처리수에 희석수를 첨가하여 처리한 결과 염소이온 농도가 200mg/L이 되었다면 이때 사용한 희석배수(배)는 얼마인가?

㉮ 2   ㉯ 5
㉰ 20 ㉱ 25

풀이 희석배수 = $\frac{5,000mg/L \times 0.20}{200mg/L}$
$= 5$

TIP
희석배수 = $\frac{\text{유입수의 } Cl^-}{\text{유출수의 } Cl^-}$

30 정상상태로 운전되는 포기조의 용존산소 농도 3mg/L, 용존산소 포화농도 8mg/L, 포기조 내 측정된 산소전달속도(r_{O_2}), 40mg/L·hr일 때 총괄 산소전달계수(K_{La}, hr^{-1})는 얼마인가?

㉮ 6   ㉯ 8
㉰ 10   ㉱ 12

풀이 $r = k_{La} \times (C_s - C)$
여기서
- r : 산소전달속도(mg/L·hr)
- k_{La} : 산소전달계수(/hr)
- C_s : 포화 DO농도(mg/L)
- C : 현재 DO농도(mg/L)

따라서 40mg/L·hr = $k_{La} \times (8-3)$mg/L
$$\therefore k_{La} = \frac{40mg/L \cdot hr}{(8-3)mg/L}$$
$= 8.0/hr$

31 2차 처리수 중에 함유된 질소, 인 등의 영양염류는 방류수역의 부영양화의 원인이 된다. 폐수 중의 인을 제거하기 위한 처리방법으로 틀린 것은?

㉮ 황산반토(alum)에 의한 응집
㉯ 석회를 투입하여 아파타이트 형태로 고정
㉰ 생물학적 탈인
㉱ Air stripping

풀이 ㉱ 공기탈기법(Air stripping)법은 질소제거 방법이다.

answer 28 ㉯ 29 ㉯ 30 ㉯ 31 ㉱

32 생물학적 회전원판법(RBC)에서 원판의 지름이 2.6m, 600매로 구성되었고, 유입수량 1,000m³/day, BOD 200mg/L 인 경우 BOD부하(g/m²·day)는 얼마인가? (단, 회전원판은 양면사용 기준)

㉮ 23.6 ㉯ 31.4
㉰ 47.2 ㉱ 51.6

풀이 BOD 면적부하(g/m²·day)

$$= \frac{BOD \times Q}{A} = \frac{BOD \times Q}{\frac{\pi D^2}{4} \times 2 \times 매수}$$

$$= \frac{200 g/m^3 \times 1000 m^3/day}{\frac{\pi \times (2.6m)^2}{4} \times 2 \times 600 매}$$

$$= 31.39 g/m^2 \cdot day$$

TIP
① BOD = 200mg/L = 200g/m³ = 0.2kg/m³
② 원형에서 단면적(A) = $\frac{\pi D^2}{4}$
③ 계산식에서 2는 양면을 의미함

33 BOD 150mg/L, 유량 1,000m³/day인 폐수를 250m³의 유효용량을 가진 포기조로 처리할 경우 BOD 용적부하(kg/m³·day)는 얼마인가?

㉮ 0.2 ㉯ 0.4
㉰ 0.6 ㉱ 0.8

풀이 BOD 용적부하(kg/m³·day)

$$= \frac{BOD(kg/m^3) \times Q(m^3/day)}{V(m^3)}$$

$$= \frac{0.15 kg/m^3 \times 1,000 m^3/day}{250 m^3}$$

$$= 0.6 kg/m^3 \cdot day$$

TIP
① mg/L $\xrightarrow{\times 10^{-3}}$ kg/m³
② 150mg/L $\xrightarrow{\times 10^{-3}}$ 0.15kg/m³

34 콜로이드 평형을 이루는 힘인 인력과 반발력 중에서 반발력의 주요 원인이 되는 것은?

㉮ 제타 포텐셜
㉯ 중력
㉰ 반데르 발스 힘
㉱ 표면장력

풀이 반발력의 주요 원인이 되는 것은 제타 포텐셜이다.

35 2.5mg/L의 6가 크롬이 함유되어 있는 폐수를 황산제일철(FeSO₄)로 환원처리하고자 한다. 이론적으로 필요한 황산제일철의 농도(mg/L)는 얼마인가? (단, 산화환원 반응 : $Na_2Cr_2O_7 + 6FeSO_4 + 7H_2SO_4 \rightarrow Cr_2(SO_4)_3 + 3Fe_2(SO_4)_3 + 7H_2O + Na_2SO_4$, 원자량 : S = 32, Fe = 56, Cr = 52)

㉮ 11.0 ㉯ 16.4
㉰ 21.9 ㉱ 43.8

풀이
2Cr⁶⁺ : 6FeSO₄
2×52g : 6×125g
2.5mg/L : X

∴ X = $\frac{2.5 mg/L \times 6 \times 152 g}{2 \times 52 g}$

= 21.92mg/L

TIP
FeSO₄의 분자량 = 56+32+4×16 = 152

answer 32 ㉯ 33 ㉰ 34 ㉮ 35 ㉰

36 5% Alum을 사용하여 Jar Test한 최적 결과가 다음과 같다면 Alum의 최적주입농도(mg/L)는 얼마인가? (단, 5% Alum 비중 = 1.0, Alum 주입량 = 3mL, 시료량 = 500mL 임.)

㉮ 300 ㉯ 400
㉰ 600 ㉱ 900

풀이

$$\text{Alum(mg/L)} = \frac{5 \times 10^4 \text{mg}}{L} \times 3 \times 10^{-3} L \times \frac{1}{0.5L}$$

$$= 300 \text{mg/L}$$

TIP

① % $\xrightarrow{\times 10^4}$ ppm

② ppm = mg/L = g/m^3

③ 황산알루미늄 = Alum

---

37 고형물의 농도가 15%인 슬러지 100kg을 건조상에서 건조시킨 후 수분이 20%로 되었다. 제거된 수분의 양(kg)은 얼마인가? (단, 슬러지 비중 1.0)

㉮ 약 18.8 ㉯ 약 37.6
㉰ 약 62.6 ㉱ 약 81.3

풀이

① $W_1 \times TS_1 = W_2 \times (100-P_2)$
  $100\text{kg} \times 15\% = W_2 \times (100-20\%)$
  ∴ $W_2 = 18.75\text{kg}$

② 제거된 수분의 양 = $W_1 - W_2$
  = 100kg - 18.75kg
  = 81.25kg

TIP

슬러지 공식
$W_1 \times (100-P_1) = W_2 \times (100-P_2)$
여기서 $TS_1 = 100-P_1$, $TS_2 = 100-P_2$
  $P_1 = 100-TS_1$, $P_2 = 100-TS_2$

---

38 유입하수량 20,000m³/day, 유입 BOD 200mg/L, 폭기조 용량 1,000m³, 폭기조 내 MLSS 1,750mg/L, BOD 제거율 90%, BOD의 세포합성률(Y) 0.55, 슬러지의 자산화율 0.08day⁻¹일 때, 잉여슬러지 발생량(kg/day)은 얼마인가?

㉮ 1,680 ㉯ 1,720
㉰ 1,840 ㉱ 1,920

풀이

$Q_w \cdot SS_w$(kg/day)
= $Y \times Q(m^3/day) \times BOD(kg/m^3) \times \eta - kd(/day) \times MLSS(kg/m^3) \times V(m^3)$
= $0.55 \times 20,000 m^3/day \times 0.2 kg/m^3 \times 0.90 - 0.08/day \times 1.75 kg/m^3 \times 1,000 m^3$
= 1,840 kg/day

TIP

① ppm = mg/L = g/m^3

② mg/L $\xrightarrow{\times 10^{-3}}$ kg/m^3

---

39 생물막을 이용한 처리방법 중 접촉산화법의 장점으로 틀린 것은?

㉮ 분해속도가 낮은 기질제거에 효과적이다.
㉯ 부하, 수량변동에 대하여 완충능력이 있다.
㉰ 슬러지 반송이 필요 없고 슬러지 발생량이 적다.
㉱ 고부하에 따른 공극 폐쇄위험이 작다.

풀이 ㉱ 고부하에 따른 공극 폐쇄위험이 크다.

---

40 일반적으로 분류식 하수관거로 유입되는 물의 종류와 가장 거리가 먼 것은?

㉮ 가정하수 ㉯ 산업폐수
㉰ 우수   ㉱ 침투수

풀이 ㉰ 우수는 분류식 우수관거로 유입된다.

---

answer 36 ㉮ 37 ㉱ 38 ㉰ 39 ㉱ 40 ㉰

| 제3과목 | 수질오염공정시험기준

41 다음의 경도와 관련된 설명으로 옳은 것은?

㉮ 경도를 구성하는 물질은 Ca^{2+}, Mg^{2+}, K^+, Na^+ 등이 있다.
㉯ 150mg/L as $CaCO_3$ 이하를 나타낼 경우 연수라고 한다.
㉰ 경도가 증가하면 세제효과를 증가시켜 세제의 소모가 감소한다.
㉱ Ca^{2+}, Mg^{2+} 등이 알칼리도를 이루는 탄산염, 중탄산염과 결합하여 존재하면 이를 탄산경도라고 한다.

풀이 ㉮ 경도를 구성하는 물질은 Ca^{2+}, Mg^{2+}, Fe^{2+}, Mn^{2+}, Sr^{2+} 이다.
㉯ 70mg/L as $CaCO_3$ 이하를 나타낼 경우 연수라고 한다.
㉰ 경도가 증가하면 세제효과를 감소시켜 세제의 소모가 증가한다.

42 시료채취량 기준에 관한 내용으로 ( )에 들어갈 알맞은 말은?

> 시험항목 및 시험횟수에 따라 차이가 있으나 보통 ( ) 정도이어야 한다.

㉮ 1L ~ 2L   ㉯ 3L ~ 5L
㉰ 5L ~ 7L   ㉱ 8L ~ 10L

풀이 시험항목 및 시험횟수에 따라 차이가 있으나 보통 3L ~ 5L 정도이어야 한다.

43 시료채취 시 유의사항으로 틀린 것은?

㉮ 휘발성유기화합물 분석용 시료를 채취할 때에는 뚜껑의 격막을 만지지 않도록 주의하여야 한다.
㉯ 환원성 물질 분석용 시료의 채취병을 뒤집어 공기방울이 확인되면 다시 채취하여야 한다.
㉰ 천부층 지하수의 시료채취 시 고속양수 펌프를 이용하여 신속히 시료를 채취하여 시료 영향을 최소화한다.
㉱ 시료채취 시에 시료채취시간, 보존제 사용 여부, 매질 등 분석결과에 영향을 미칠 수 있는 사항을 기재하여 분석자가 참고할 수 있도록 한다.

풀이 ㉰ 천부층 지하수의 시료채취 시 저속양수 펌프를 이용하여 시료의 교란을 최소화하여야 한다.

44 탁도 측정 시 사용되는 탁도계의 설명으로 ( )에 들어갈 내용으로 적합한 것은?

> 광원부와 광전자식 검출기를 갖추고 있으며, 검출한계가 ( ) NTU 이상인 NTU 탁도계로서 광원인 텅스텐필라멘트는 2,200 ~ 3,000K 온도에서 작동하고 측정튜브내의 투사광과 산란광의 총 통과거리는 10cm를 넘지 않아야 한다.

㉮ 0.01   ㉯ 0.02
㉰ 0.05   ㉱ 0.1

풀이 탁도 측정 시 사용되는 탁도계의 숙지사항
① 검출한계 : 0.02 NTU 이상
② 광원인 텅스텐필라멘트의 작동온도 : 2,200 ~ 3,000K
③ 측정튜브내의 투사광과 산란광의 총 통과거리 : 10cm 이내

answer 41 ㉱ 42 ㉯ 43 ㉰ 44 ㉯

45 카드뮴의 시험방법별 정량한계로 틀린 것은?

㉮ 원자흡수분광도법 : 0.002mg/L
㉯ 유도결합플라스마-원자발광분광법 : 0.004mg/L
㉰ 유도결합플라스마-질량분석법 : 0.002mg/L
㉱ 양극벗김전압전류법 : 0.0001mg/L

풀이 ㉱번은 카드뮴의 시험방법에 해당하지 않는다.

46 자외선/가시선분광법을 적용한 불소화합물 측정 방법으로 ( )안에 들어갈 알맞은 말은?

> 물속에 존재하는 불소를 측정하기 위해 시료에 넣은 란탄알리자린 콤프렉손의 착화합물이 불소이온과 반응하여 생성하는 ( )에서 측정하는 방법이다.

㉮ 적색의 복합 착화합물의 흡광도를 560nm
㉯ 청색의 복합 착화합물의 흡광도를 620nm
㉰ 황갈색의 복합 착화합물의 흡광도를 460nm
㉱ 적자색의 복합 착화합물의 흡광도를 520nm

풀이 불소화합물의 자외선/가시선 분광법 암기사항
① 정량한계 : 0.15mg/L
② 발색 : 청색
③ 측정파장 : 620nm

47 유도결합플라스마-원자발광분광법에 의해 측정이 불가능한 물질은 어느 것인가?

㉮ 염소 ㉯ 비소
㉰ 망간 ㉱ 철

풀이 염소이온(Cl^-)의 분석방법
① 이온크로마토그래피
② 적정법
③ 이온전극법

TIP
유도결합플라스마-원자발광분광법은 중금속을 측정하는 방법이므로 보기 중 중금속이 아닌 물질이 정답이 된다.

48 비소표준원액(1mg/mL)을 100mL 조제할 때 삼산화비소(As_2O_3)의 채취량(mg)은 얼마인가? (단, 비소의 원자량 = 74.92)

㉮ 37   ㉯ 74
㉰ 132 ㉱ 264

풀이
As_2O_3 : 2As
197.84g : 2×74.92g
X : 1mg/mL×100mL

$$\therefore X = \frac{197.84g \times 1mg/mL \times 100mL}{2 \times 74.92g}$$

= 132.03mg

TIP
As_2O_3의 분자량 = 74.92×2+16×3 = 197.84

answer 45 ㉱ 46 ㉯ 47 ㉮ 48 ㉰

49 다음 실험에서 종말점 색깔을 잘못 나타낸 것은?

㉮ 용존산소 - 무색
㉯ 염소이온 - 엷은 적황색
㉰ 산성 100℃ 과망간산포타슘에 의한 COD - 엷은 홍색
㉱ 노말헥산추출물질 - 적색

풀이 ㉱ 노말헥산추출물질은 중량법에 해당하므로 종말점이 없다.

TIP
종말점은 적정법에서만 찾을 수 있다.

50 수용액의 pH 측정에 관한 설명으로 틀린 것은?

㉮ pH는 수소이온 농도 역수의 상용대수 값이다.
㉯ pH는 기준전극과 비교전극의 양전극간에 생성되는 기전력의 차를 이용하여 구한다.
㉰ 시료의 온도와 표준액의 온도차는 ±5℃ 이내로 맞춘다.
㉱ pH 10 이상에서 소듐에 의해 오차가 발생할 수 있는데, 이는 "낮은 소듐 오차 전극"을 사용하여 줄일 수 있다.

풀이 ㉰ 시료의 온도와 표준액의 온도는 동일한 것이 좋다.

51 수질오염공정시험기준에서 총대장균군의 시험방법이 아닌 것은?

㉮ 막여과법
㉯ 시험관법
㉰ 균군계수 시험법
㉱ 평판집락법

풀이 시험방법
① 총대장균군 : 막여과법, 시험관법, 평판집락법, 효소기질정량법, 건조필름법
② 분원성대장균군 : 막여과법, 시험관법, 효소기질정량법
③ 대장균 : 막여과법, 시험관법, 효소기질정량법

52 수질측정 항목과 최대보존기간을 짝지은 것으로 잘못 연결된 것은? (단, 항목 - 최대보존기간)

㉮ 색도 - 48시간
㉯ 6가 크롬 - 24시간
㉰ 비소 - 6개월
㉱ 유기인 - 28일

풀이 ㉱ 유기인 - 7일

53 수질오염공정시험기준 납-원자흡수분광광도법에 대한 내용으로 틀린 것은?

㉮ 측정파장은 324.7nm이다.
㉯ 불꽃연료는 공기-아세틸렌을 사용한다.
㉰ 정량한계는 0.04mg/L이다.
㉱ 정밀도(% RSD)는 25% 이내이다.

풀이 ㉮ 측정파장은 283.3nm이다.

answer 49 ㉱ 50 ㉰ 51 ㉰ 52 ㉱ 53 ㉮

54 용어에 관한 설명 중 틀린 것은?

㉮ "방울수"라 함은 15℃에서 정제수 20방울을 적하할 때, 그 부피가 약 10mL 되는 것을 말한다.
㉯ "약"이라 함은 기재된 양에 대하여 ±10% 이상의 차이가 있어서는 안 된다.
㉰ 무게를 "정확히 단다"라 함은 규정된 수치의 무게를 0.1mg까지 다는 것을 말한다.
㉱ "항량으로 될 때까지 건조한다"라 함은 같은 조건에서 1시간 더 건조할 때 전후 무게의 차가 g당 0.3mg 이하일 때를 말한다.

풀이 ㉮ "방울수"라 함은 20℃에서 정제수 20방울을 적하할 때, 그 부피가 약 1mL 되는 것을 말한다.

55 그림과 같은 개수로(수로의 구성재질과 수로 단면의 형상이 일정하고 수로의 길이가 적어도 10m 까지 똑바른 경우)가 있다. 수심 1m, 수로폭 2m, 수면경사 $\frac{1}{1,000}$ 인 수로의 평균 유속$(C(Ri)^{0.5})$을 케이지(Chezy)의 유속공식으로 계산하였을 때 유량(m^3/min)은?

(단, Bazin의 유속계수 $C = \frac{87}{1+\frac{r}{\sqrt{R}}}$ 이며 $R = \frac{B \times h}{B+2h}$ 이고 r = 0.46 이다.)

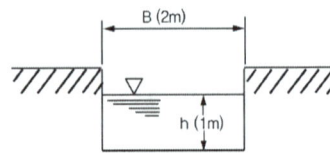

㉮ 102 ㉯ 122
㉰ 142 ㉱ 162

풀이
① $R(경심) = \frac{1m \times 2m}{2m + 2 \times 1m} = 0.5m$

② $C = \frac{87}{1+\frac{r}{\sqrt{R}}} = \frac{87}{1+\frac{0.46}{\sqrt{0.5m}}} = 52.71$

③ Chezy식에서 유속(v) = $C \times (R \times i)^{0.5}$
$= 52.71 \times (0.5m \times \frac{1}{1,000})^{0.5}$
$= 1.1786 m/sec$

④ 유량(Q) = 단면적(A) × 유속(v)
$= (1m \times 2m) \times 1.1786 m/sec \times 60 sec/min$
$= 141.43 m^3/min$

TIP
① 경심(R) = $\frac{면적}{윤변의 길이} = \frac{B \times h}{B + 2h}(m)$
② 수면경사 = 동수경사 = 기울기

56 유도결합플라스마 발광광도계의 조작법 중 설정조건에 대한 설명으로 틀린 것은?

㉮ 고주파출력은 수용액 시료의 경우 0.8 ~ 1.4kW, 유기용매시료의 경우 1.5 ~ 2.5kW로 설정한다.
㉯ 가스유량은 일반적으로 냉각가스 10 ~ 18L/min, 보조 가스 5 ~ 10L/min 범위이다.
㉰ 분석선(파장)의 설정은 일반적으로 가장 감도가 높은 파장을 설정한다.
㉱ 플라스마 발광부 관측 높이는 유도코일 상단으로부터 15 ~ 18mm 범위에 측정하는 것이 보통이다.

풀이 ㉯ 가스유량은 일반적으로 냉각가스 10 ~ 18L/min, 보조 가스 0 ~ 2L/min, 운반가스는 0.5 ~ 2L/min 범위이다.

answer 54 ㉮ 55 ㉰ 56 ㉯

57 수중의 용존산소와 관련된 설명으로 틀린 것은?

㉮ 하천의 DO가 높을 경우 하천의 오염정도는 낮다.
㉯ 수중의 DO는 가해지는 온도가 낮을수록 감소한다.
㉰ 수중에 DO는 가해지는 압력이 클수록 증가한다.
㉱ 용존산소의 20℃ 포화농도는 9.17ppm 이다.

풀이 ㉯ 수중의 DO는 가해지는 온도가 낮을수록 증가한다.

TIP
기체물질의 용해조건
온도가 낮고, 압력이 높을 때 물에 잘 녹는다.

58 배출허용기준 적합여부 판정을 위한 복수시료 채취방법에 대한 기준으로 ( )에 알맞은 것은?

> 자동시료채취기로 시료를 채취할 경우에 6시간 이내에 30분 이상 간격으로 ( ) 이상 채취하여 일정량의 단일 시료로 한다.

㉮ 1회 ㉯ 2회
㉰ 4회 ㉱ 8회

TIP
복수시료 채취방법에서 암기사항
2회, 6시간, 30분, 산술평균

59 이온크로마토그래프로 분석할 때 머무름 시간이 같은 물질이 존재할 경우 방해를 줄일 수 있는 방법으로 틀린 것은?

㉮ 컬럼 교체
㉯ 시료 희석
㉰ 용리액조성 변경
㉱ 0.2μm 막 여과지로 여과

풀이 머무름 시간이 같은 물질이 존재할 경우, 컬럼교체, 시료희석, 용리액 조성을 바꾸어 방해를 줄일 수 있다.

60 원자흡수분광광도법의 원소와 불꽃연료가 잘못 짝지어진 것은?

㉮ 구리 : 공기-아세틸렌
㉯ 바륨 : 아산화질소-아세틸렌
㉰ 비소 : 냉증기
㉱ 망간 : 공기-아세틸렌

풀이 ㉰ 비소 : 환원기화법(수소화물 생성법)

TIP
수은(Hg)의 불꽃연료 : 냉증기법

answer 57 ㉯ 58 ㉯ 59 ㉱ 60 ㉰

2019년 1회 기출문제

| 제1과목 | 수질오염개론

01 50℃에서 순수한 물 1L의 몰농도(mole/L)는? (단, 50℃의 물의 밀도 = 0.9881g/mL)

㉮ 33.6 ㉯ 54.9
㉰ 98.9 ㉱ 109.8

풀이

$$mol/L = \frac{밀도(g)}{(mL)} \times \frac{10^3 mL}{1L} \times \frac{1mol}{분자량} \times \frac{\% \, 농도}{100}$$

$$= \frac{0.9881g}{mL} \times \frac{10^3 mL}{1L} \times \frac{1mol}{18g}$$

$$= 54.89 mol/L$$

TIP
① M농도의 단위는 mol/L이다.
② 1mol = 분자량(g)
③ H_2O의 분자량 = 2×1+16 = 18g
④ 물의 %농도는 100%이다.

02 실험용 물고기에 독성물질을 경구투입 시 실험대상 물고기의 50%가 죽는 농도를 나타내는 것은?

㉮ LC_{50} ㉯ TLm
㉰ LD_{50} ㉱ BIP

풀이 ㉮ LC_{50}에 대한 설명이다.

TIP
용어설명
① TLm : 어류에 대한 독성시험의 결과를 나타내는 값으로, 24시간 TLm, 48시간 TLm, 96시간 TLm이 있다.
② LD_{50} : 실험동물의 50%를 죽이는 독성물질의 양이다.
③ BIP : 수질판정에 사용되는 지표로, 수질 오탁의 정도를 생물을 대상으로 하여 수량적으로 표시한다.

03 회복지대의 특성에 대한 설명으로 틀린 것은? (단, Whipple의 하천정화단계 기준)

㉮ 용존산소량이 증가함에 따라 질산염과 아질산염의 농도가 감소한다.
㉯ 혐기성균이 호기성균으로 대체되며 Fungi도 조금씩 발생한다.
㉰ 광합성을 하는 조류가 번식하고 원생동물, 윤충, 갑각류가 번식한다.
㉱ 바닥에는 조개나 벌레의 유충이 번식하며 오염에 견디는 힘이 강한 은빛 담수어 등의 물고기도 서식한다.

풀이 ㉮ 용존산소량이 증가함에 따라 질산염과 아질산염의 농도가 증가한다.

answer 01 ㉯ 02 ㉮ 03 ㉮

04 10^{-3} mol CH_3COOH의 pH는?

(단, CH_3COOH의 pKa = 4.76)

㉮ 3.0 ㉯ 3.9
㉰ 5.0 ㉱ 5.9

풀이 $CH_3COOH \rightleftharpoons CH_3COO^- + H^+$

산해리상수(ka) = $\dfrac{[CH_3COO^-][H^+]}{[CH_3COOH]}$

① pKa = 4.76이므로
   Ka = $10^{-4.76}$ = 1.7378×10^{-5} 가 된다.
② $[H^+] = [CH_3COO^-]$
③ $1.7378 \times 10^{-5} = \dfrac{[H^+]^2}{[10^{-3} mol]}$

∴ $[H^+] = \sqrt{(1.7378 \times 10^{-5}) \times (10^{-3} mol)}$
          = 1.318×10^{-4} mol/L

④ pH = $-\log[H^+]$
      = $-\log[1.318 \times 10^{-4}$ mol/L]
      = 3.88

TIP
① $[H^+] = [CH_3COO^-]$임을 숙지해야 한다.
② 산성물질에서 pH = $-\log[H^+]$
③ 알칼리성물질에서 pH = $14 + \log[OH^-]$
④ Pka = 4.67 $\Rightarrow$ $-\log$ ka = 4.76 $\Rightarrow$ ka = $10^{-4.76}$

05 Bacteria($C_5H_7O_2N$) 18g의 이론적인 COD (g)는? (단, 질소는 암모니아로 분해됨을 기준)

㉮ 약 25.5 ㉯ 약 28.8
㉰ 약 32.3 ㉱ 약 37.5

풀이 $C_5H_7O_2N + 5O_2 \rightarrow 5CO_2 + 2H_2O + NH_3$
  113g : 5×32g
  18g   : COD

∴ COD = $\dfrac{18g \times 5 \times 32g}{113g}$ = 25.49g

TIP
① 박테리아 = $C_5H_7O_2N$
② $C_5H_7O_2N$의 분자량
   = (5×12)+(1×7)+(2×16)+14 = 113g
③ COD = 산소량

06 수산화소듐 30g을 증류수에 넣어 1.5L로 하였을 때 규정농도(N)는?

(단, Na의 원자량 = 23)

㉮ 0.5 ㉯ 1.0
㉰ 1.5 ㉱ 2.0

풀이
eq/L = $\dfrac{질량(g)}{부피(L)} \times \dfrac{1eq}{1당량g}$

= $\dfrac{30g}{1.5L} \times \dfrac{1eq}{40g}$

= 0.5eq/L = 0.5N

TIP
① 규정농도(N)의 단위는 eg/L이다.
② 1당량g = $\dfrac{분자량}{가수}$
③ NaOH는 1가 물질
④ NaOH의 분자량 = 23+16+1 = 40g

07 pH가 3~5정도의 영역인 폐수에서도 잘 생장하는 미생물은?

㉮ Fungi ㉯ Bacteria
㉰ Algae ㉱ Protozoa

풀이 강산성 폐수에서도 잘 생장하는 미생물은 곰팡이(Fungi)이다.

answer 04 ㉯ 05 ㉮ 06 ㉮ 07 ㉮

08 대장균군에 관한 설명으로 틀린 것은?

㉮ 인축의 내장에 서식하므로 소화기계 전염병원균의 존재 추정이 가능하다.
㉯ 병원균에 비해 물속에서 오래 생존한다.
㉰ 병원균보다 저항력이 강하다.
㉱ Virus보다 소독에 대한 저항력이 강하다.

풀이 ㉱ Virus보다 소독에 대한 저항력이 약하다.

09 산소전달의 환경인자에 관한 설명으로 옳은 것은?

㉮ 수온이 높을수록 증가한다.
㉯ 압력이 낮을수록 산소의 용해율은 증가한다.
㉰ 염분농도가 높을수록 산소의 용해율은 증가한다.
㉱ 현존의 수중 DO농도가 낮을수록 산소의 용해율은 증가한다.

풀이 ㉮ 수온이 높을수록 감소한다.
㉯ 압력이 낮을수록 산소의 용해율은 감소한다.
㉰ 염분농도가 높을수록 산소의 용해율은 감소한다.

10 깊은 호수나 저수지에 수직방향의 물 운동이 없을 때 생기는 성층현상의 성층구분을 수표면에서 부터 순서대로 나열한 것은?

㉮ Epilimnion → Thermocline → Hypolimnion → 침전물층
㉯ Epilimnion → Hypolimnion → Thermocline → 침전물층
㉰ Hypolimnion → Thermocline → Epilimnion → 침전물층
㉱ Hypolimnion → Epilimnion → Thermocline → 침전물층

풀이 성층구분은 표수층(Epilimnion) → 수온약층(Thermocline) → 심수층(Hypolimnion) → 침전물층 순이다.

11 물의 물리적 특성을 나타내는 용어와 단위가 틀린 것은?

㉮ 밀도 - g/cm^3
㉯ 표면장력 - $dyne/cm^2$
㉰ 압력 - $dyne/cm^2$
㉱ 열전도도 - $cal/cm \cdot sec \cdot ℃$

풀이 ㉯ 표면장력은 단위 길이당 작용하는 힘으로 단위는 $dyne/cm$이다.

12 에너지원으로 빛을 이용하며 유기탄소를 탄소원으로 이용하는 미생물군은?

㉮ 광합성 독립영양 미생물
㉯ 화학합성 독립영양 미생물
㉰ 광합성 종속영양 미생물
㉱ 화학합성 종속영양 미생물

풀이 ㉰ 광합성 종속영양 미생물은 에너지원은 빛, 탄소원은 유기탄소이다.

TIP 미생물의 분류

분류	에너지원	탄소원
광합성 자가(독립) 영양 미생물	빛	CO_2
화학합성 자가(독립) 영양 미생물	무기물의 산화·환원 반응	CO_2
광합성 타가(종속) 영양 미생물	빛	유기탄소
화학합성 타가(종속) 영양 미생물	유기물의 산화·환원 반응	유기탄소

answer 08 ㉱ 09 ㉱ 10 ㉮ 11 ㉯ 12 ㉰

13 산성폐수에 NaOH 0.7%용액 150mL를 사용하여 중화하였다. 같은 산성폐수 중화에 $Ca(OH)_2$ 0.7%용액을 사용한다면 필요한 $Ca(OH)_2$ 용액(mL)은? (단, 원자량 Na = 23, Ca = 40, 폐수 비중 = 1.0)

㉮ 약 207　　㉯ 약 139
㉰ 약 92　　㉱ 약 81

풀이 ① N농도 = eq/L

$$eq/L = \frac{비중(g)}{(mL)} \times \frac{10^3 mL}{1L} \times \frac{1eq}{1당량 g} \times \frac{농도(\%)}{100}$$

NaOH의 eq/L = $\frac{1.0g}{mL} \times \frac{10^3 mL}{1L} \times \frac{1eq}{40g} \times \frac{0.7\%}{100}$
= 0.175N

$Ca(OH)_2$의 eq/L = $\frac{1.0g}{mL} \times \frac{10^3 mL}{1L} \times \frac{1eq}{74g/2} \times \frac{0.7\%}{100}$
= 0.189N

② 적정공식 : $N_1 \times V_1 = N_2 \times V_2$
0.175N × 150mL = 0.189N × V_2
∴ V_2 = 138.89mL

TIP
① NaOH = 수산화소듐 = 가성소다
② $Ca(OH)_2$ = 수산화칼슘 = 소석회
③ NaOH와 $Ca(OH)_2$의 비중이 없으므로 1.0으로 가정

14 수질 모델 중 Streeter & Phelps 모델에 관한 내용으로 옳은 것은?

㉮ 하천을 완전혼합흐름으로 가정하였다.
㉯ 점오염원이 아닌 비점오염원으로 오염부하량을 고려한다.
㉰ 유속, 수심, 조도계수에 의해 확산계수를 결정한다.
㉱ 유기물의 분해와 재폭기만을 고려하였다.

풀이 Streeter & Phelps 모델
① 점오염원으로부터 오염부하량 고려
② 하천수질 모델링의 최초
③ 유기물 분해로 인한 용존산소 소비와 대기로부터 수면을 통해 산소가 재공급되는 재폭기 고려

15 유해물질, 오염발생원과 인간에 미치는 영향에 대하여 틀리게 짝지어진 것은?

㉮ 구리 - 도금공장, 파이프제조업 - 만성중독 시 간경변
㉯ 시안 - 아연제련공장, 인쇄공업 - 파킨슨씨병 증상
㉰ PCB - 변압기, 콘덴서공장 - 카네미유증
㉱ 비소 - 광산정련공업, 피혁공업 - 피부흑색(청색)화

풀이 ㉯ 망간 - 광산, 합금, 유리착색공업 - 파킨슨씨병 증상

16 Na^+ 460mg/L, Ca^{2+} 200mg/L, Mg^{2+} 264mg/L인 농업용수가 있을 때 SAR의 값은? (단, 원자량 Na = 23, Ca = 40, Mg^{2+} = 24)

㉮ 4　　㉯ 5
㉰ 6　　㉱ 7

풀이
$$SAR = \frac{Na^+}{\sqrt{\frac{Ca^{2+}+Mg^{2+}}{2}}}$$

① 이온의 단위 : mN = meq/L
② mN = mg/L ÷ 1당량 mg
　Na^+ = 460mg/L ÷ 23 = 20mN
　Ca^{2+} = 200mg/L ÷ 20 = 10mN
　Mg^{2+} = 264mg/L ÷ 12 = 22mN

③ $SAR = \dfrac{20}{\sqrt{\dfrac{10+22}{2}}} = 5$

answer 13 ㉯　14 ㉱　15 ㉯　16 ㉯

17 오수 미생물 중에서 유황화합물을 산화하여 균체 내 또는 균체 외에 유황입자를 축적하는 것은?

㉮ Zoogloea ㉯ Sphaerotilus
㉰ Beggiatoa ㉱ Crenothrix

풀이 유황산화 박테리아를 찾는 문제이므로 베기아토아(Beggiatoa)가 정답이다.

TIP
유황산화 박테리아
Beggiatoa, Thiobacillus, Thiooxidans, Thiotrix
(암기법) 티오+베기아토아

18 적조현상과 관계가 가장 적은 것은?

㉮ 해류의 정체 ㉯ 염분농도의 증가
㉰ 수온의 상승 ㉱ 영양염류의 증가

풀이 ㉯ 염분농도의 감소

19 임의의 시간 후의 용존산소부족량(용존산소 곡선식)을 구하기 위해 필요한 기본인자와 가장 거리가 먼 것은?

㉮ 재포기계수 ㉯ BOD_u
㉰ 수심 ㉱ 탈산소계수

풀이 $D_t = \dfrac{k_1 \times L_o}{k_2 - k_1} \times (10^{-k_1 \times t} - 10^{-k_2 \times t}) + D_o \times (10^{-k_2 \times t})$

여기서 D_t : t시간 후의 용존산소부족량(mg/L)
　　　k_1 : 탈산소계수(/day)
　　　k_2 : 재폭기계수(/day)
　　　L_o : 최종 BOD(= BOD_u)(mg/L)
　　　D_o : 초기 용존산소 부족량(mg/L)

20 우리나라에서 주로 설치·사용되어진 분뇨 정화조의 형태로 가장 적합하게 짝지어진 것은?

㉮ 임호프탱크 - 부패탱크
㉯ 접촉포기법 - 접촉안정법
㉰ 부패탱크 - 접촉포기법
㉱ 임호프탱크 - 접촉포기법

풀이 분뇨 정화조의 형태는 임호프탱크와 부패탱크이다.

| 제2과목 | 수질오염방지기술

21 슬러지 농축방법 중 부상식 농축에 관한 내용으로 틀린 것은?

㉮ 소요면적이 크며 악취문제 발생
㉯ 잉여슬러지에 효과적임
㉰ 실내에 설치 시 부식 방지
㉱ 약품주입 없이도 운전 가능

풀이 ㉰ 실내에 설치 시 부식 발생

22 오염물질의 농도가 200mg/L이고 반응 2시간 후의 농도가 20mg/L로 되었다. 1시간 후의 반응물질의 농도(mg/L)는?
(단, 반응속도는 1차 반응이며, Base는 상용대수 기준)

㉮ 28.6 ㉯ 32.5
㉰ 63.2 ㉱ 93.8

풀이 1차 반응식 : $\log \dfrac{C_t}{C_o} = -k \times t$

여기서 C_o : 초기농도(mg/L)
　　　C_t : t시간 후의 농도(mg/L)
　　　k : 상수(/hr)

answer 17 ㉰ 18 ㉯ 19 ㉰ 20 ㉮ 21 ㉰ 22 ㉰

t : 시간(hr)

① $\log \dfrac{20mg/L}{200mg/L} = -k \times 2hr$

∴ $k = \dfrac{\log \dfrac{20mg/L}{200mg/L}}{-2hr} = 0.5/hr$

② $\log \dfrac{C_t}{200mg/L} = -0.5/hr \times 1hr$

∴ $C_t = 200mg/L \times 10^{(-0.5/hr \times 1hr)}$
        $= 63.25mg/L$

TIP
Base가 상용대수이므로 log 사용
1차 반응식 : $\log \dfrac{C_t}{C_o} = -k \times t$
⇒ $C_t = C_o \times 10^{(-k \times t)}$

23 BOD농도가 2,000mg/L이고 폐수배출량이 1,000m³/day인 산업폐수를 BOD 부하량이 500kg/day로 될 때까지 감소시키기 위해 필요한 BOD 제거효율(%)은?

㉮ 70 ㉯ 75
㉰ 80 ㉱ 85

풀이 ① 배출량 = 2kg/m³ × 1,000m³/day
              = 2,000kg/day
② 기준치 = 500kg/day
③ BOD 제거효율(%)
   $= \left(1 - \dfrac{기준치}{배출량}\right) \times 100$
   $= \left(1 - \dfrac{500kg/day}{2,000kg/day}\right) \times 100$
   $= 75\%$

TIP
① mg/L $\xrightarrow{\times 10^{-3}}$ kg/m³
② 총량(kg/day) = 농도(kg/m³) × 유량(m³/day)

24 침전지로 유입되는 부유물질의 침전속도 분포가 다음 표와 같다. 표면적 부하가 4,032m³/m² · day일 때, 전체 제거효율(%)은?

침전속도 (m/min)	3.0	2.8	2.5	2.0
남아있는 중량비율	0.55	0.46	0.35	0.3

㉮ 74 ㉯ 64
㉰ 54 ㉱ 44

풀이 ① 표면적 부하 = $\dfrac{4,032m}{day} \times \dfrac{1day}{24hr} \times \dfrac{1hr}{60min}$
              = 2.8m/min
② 전체 제거효율은 표면적 부하와 침전속도가 동일할 때의 제거율이므로
   제거율 = 1 - 남아있는 중량비율
         = 1 - 0.46 = 0.54
따라서 전체 제거율은 54%이다.

25 생물학적 하수 고도처리공법인 A/O 공법에 대한 설명으로 틀린 것은?

㉮ 사상성 미생물에 의한 벌킹이 억제되는 효과가 있다.
㉯ 표준활성슬러지법의 반응조 전반 20~40% 정도를 혐기반응조로 하는 것이 표준이다.
㉰ 혐기반응조에서 탈질이 주로 이루어진다.
㉱ 처리수의 BOD 및 SS농도를 표준 활성슬러지법과 동등하게 처리할 수 있다.

풀이 ㉰ 혐기반응조에서 인(P)의 방출이 일어난다.

---

answer 23 ㉯ 24 ㉰ 25 ㉰

26 직경이 1.0mm이고 비중이 2.0인 입자를 17℃의 물에 넣었다. 입자가 3m 침강하는데 걸리는 시간(s)은? (단, 17℃일 때 물의 점성계수 =1.089×10⁻³kg/m·s, Stokes 침강이론 기준)

㉮ 6 ㉯ 16
㉰ 38 ㉱ 56

풀이 ① $V_s = \dfrac{d^2(\rho_s - \rho_w)g}{18\mu}$

$= \dfrac{(1.0 \times 10^{-3} m)^2 \times (2,000-1,000) kg/m^3 \times 9.8 m/sec^2}{18 \times 1.089 \times 10^{-3} kg/m \cdot sec}$

$= 0.50 m/sec$

② $t(sec) = \dfrac{L(m)}{V_s(m/sec)} = \dfrac{3m}{0.50 m/sec} = 6.0 sec$

TIP

① 비중$(g/cm^3) \xrightarrow{\times 10^3} kg/m^3$

② 입자의 비중 $2.0 g/cm^3 \xrightarrow{\times 10^3} 2,000 kg/m^3$

③ 물의 비중 $1.0 g/cm^3 \xrightarrow{\times 10^3} 1,000 kg/m^3$

27 비교적 일정한 유량을 폐수처리장에 공급하기 위한 것으로, 예비처리시설 다음에 설치되는 시설은?

㉮ 균등조 ㉯ 침사조
㉰ 스크린조 ㉱ 침전조

풀이 일정한 유량 공급이 목적인 시설은 균등조이다.

TIP
이 문제에서 균등조를 연결시킬 수 있는 단어는 "일정한 유량"임을 숙지하길 바란다.

28 유량 30,000m³/d, BOD 1mg/L인 하천에 유량 1,000m³/d, BOD 220mg/L의 생활오수가 처리되지 않고 유입되고 있다. 하천수와 생활오수가 합류 직후 완전 혼합된다고 가정할 때, 합류 후 하천의 BOD를 3mg/L로 유지하기 위해서 필요한 생활오수의 최소 BOD 제거율(%)은?

㉮ 60.2% ㉯ 71.4%
㉰ 82.4% ㉱ 95.5%

풀이 ① 혼합공식을 이용해 $C_2(= C_o)$를 계산한다.

$C_m = \dfrac{Q_1 C_1 + Q_2 C_2}{Q_1 + Q_2}$

따라서

$3 mg/L = \dfrac{30,000 m^3/day \times 1 mg/L + 1,000 m^3/day \times C_2}{(30,000+1,000) m^3/day}$

$\therefore C_2 = 63 mg/L$

② 처리장의 제거효율(%)

$= \left(1 - \dfrac{C_o}{C_i}\right) \times 100$

$= \left(1 - \dfrac{63 mg/L}{220 mg/L}\right) \times 100$

$= 71.36\%$

29 임호프 탱크의 구성요소가 아닌 것은?

㉮ 응집실 ㉯ 스컴실
㉰ 소화실 ㉱ 침전실

풀이 임호프 탱크는 스컴실, 침전실, 소화실로 구성되어 있다.

---

answer 26 ㉮ 27 ㉮ 28 ㉯ 29 ㉮

30 물의 혼합정도를 나타내는 속도경사 G를 구하는 공식은? (단, μ : 물의 점성계수, V : 반응조 체적, P : 동력)

㉮ $G = \sqrt{\dfrac{PV}{\mu}}$ ㉯ $G = \sqrt{\dfrac{V}{\mu P}}$

㉰ $G = \sqrt{\dfrac{\mu}{PV}}$ ㉱ $G = \sqrt{\dfrac{P}{\mu V}}$

풀이 속도경사$(G) = \sqrt{\dfrac{P}{\mu V}} = \sqrt{\dfrac{W}{\mu}}$

여기서 $W = \dfrac{P}{V}$ 이다.

31 축산폐수 처리에 대한 설명으로 틀린 것은?

㉮ BOD 농도가 높아 생물학적 처리가 효과적이다.
㉯ 호기성 처리공정과 혐기성 처리공정을 조합하면 효과적이다.
㉰ 돈사폐수의 유기물 농도는 돈사형태와 유지관리에 따라 크게 변한다.
㉱ COD 농도가 매우 높아 화학적으로 처리하면 경제적이고 효과적이다.

풀이 ㉱ COD 농도가 낮고, BOD 농도가 높아 화학적으로 처리하면 비경제적이다.

32 물 5m³의 DO가 9.0mg/L이다. 이 산소를 제거하는 데 이론적으로 필요한 아황산소듐(Na₂SO₃)의 양(g)은?

(단, Na 원자량 = 23)

㉮ 약 355 ㉯ 약 385
㉰ 약 402 ㉱ 약 429

풀이 $Na_2SO_3 + 0.5O_2 \rightarrow Na_2SO_4$

126g : 0.5×32g
X : 9.0g/m³×5m³

∴ $X = \dfrac{126g \times 9.0g/m^3 \times 5m^3}{0.5 \times 32g}$

= 354.4g

TIP
mg/L = g/m³ = ppm

33 염산 18.25g을 중화시킬 때 필요한 수산화칼슘의 양(g)은? (단, 원자량 Cl = 35.5, Ca = 40)

㉮ 18.5 ㉯ 24.5
㉰ 37.5 ㉱ 44.5

풀이 ① HCl의 당량(eq)을 계산한다.

HCl의 당량(eq) $= 18.25g \times \dfrac{1eq}{36.5g}$

= 0.5eq

② 수산화칼슘[Ca(OH)₂]의 양으로 환산한다.

$Ca(OH)_2(g) = 0.5eq \times \dfrac{74g/2}{1eq}$

= 18.5g

TIP
① N농도 = eq/L
② 1당량(eq) = $\dfrac{분자량(g)}{가수}$
③ 산성 물질의 가수는 화학식에서 H의 개수
④ 알칼리성 물질의 가수는 화학식에서 OH의 개수

answer 30 ㉱ 31 ㉱ 32 ㉮ 33 ㉮

34 분리막을 이용한 수처리 방법과 구동력의 관계로 틀린 것은?

㉮ 역삼투 - 농도차
㉯ 정밀여과 - 정수압차
㉰ 전기투석 - 전위차
㉱ 한외여과 - 정수압차

풀이 ㉮ 역삼투 - 정수압차

TIP
구동력
① 투석 - 농도차
② 나노여과 - 정수압차

35 하수 슬러지의 농축 방법별 특징으로 옳지 않은 것은?

㉮ 중력식 : 잉여슬러지의 농축에 부적합
㉯ 부상식 : 악취문제가 발생함
㉰ 원심분리식 : 악취가 적음
㉱ 중력벨트식 : 별도의 세정장치가 필요 없음

풀이 ㉱ 중력벨트식 : 별도의 세정장치가 필요함

36 125m³/h의 폐수가 유입되는 침전지의 월류부하가 100m³/m·day일 때, 침전지의 월류위어의 유효길이(m)는?

㉮ 10   ㉯ 20
㉰ 30   ㉱ 40

풀이
월류부하(m³/m·day) = 폐수량(m³/day) / 월류위어의 유효길이(m)

100m³/m·day = (125m³/hr × 24hr/1day) / 월류위어의 유효길이(m)

월류위어의 유효길이 = (125m³/hr × 24hr/1day) / (100m³/m·day)
= 30m

37 물 25.2g에 글루코오스($C_6H_{12}O_6$)가 4.57g 녹아 있는 용액의 몰랄 농도(m)는?
(단, $C_6H_{12}O_6$ 분자량 = 180.2)

㉮ 약 1.0   ㉯ 약 2.0
㉰ 약 3.0   ㉱ 약 4.0

풀이
몰랄농도$\left(\dfrac{mol}{kg}\right)$ = $\dfrac{\text{용질의 몰수(mol)}}{\text{용매의 질량(kg)}}$

= $\dfrac{4.57g}{180.2g} \times \dfrac{1}{25.2 \times 10^{-3}kg}$

= 1.01 mol/kg

TIP
① 몰랄농도는 용매 1kg에 녹는 용질의 몰수이다.
② M 농도 = mol/L
③ 용질의 몰수 = $\dfrac{\text{질량(g)}}{\text{분자량(g)}}$

38 하수처리 시 활성슬러지법과 비교한 생물막법(회전원판법)의 단점으로 볼 수 없는 것은?

㉮ 활성슬러지법과 비교하면 이차침전지로부터 미세한 SS가 유출되기 쉽다.
㉯ 처리과정에서 질산화 반응이 진행되기 쉽고 이에 따라 처리수의 pH가 낮아지게 되거나 BOD가 높게 유출될 수 있다.
㉰ 생물막법은 운전관리 조작이 간단하지만 운전조작의 유연성에 결점이 있어 문제가 발생할 경우에 운전방법의 변경 등 적절한 대처가 곤란하다.
㉱ 반응조를 다단화하기 어려워 처리의 안정성이 떨어진다.

풀이 ㉱ 반응조를 다단화하기 용이해 처리의 안정성이 높아진다.

answer 34 ㉮   35 ㉱   36 ㉰   37 ㉮   38 ㉱

39 유기성 콜로이드가 다량 함유된 폐수의 처리방법으로 옳지 않은 것은?

㉮ 중력침전법 ㉯ 응집침전법
㉰ 활성슬러지법 ㉱ 살수여상법

풀이 ㉮ 중력침전법은 주로 무기성 물질의 처리에 이용된다.

40 정수처리를 위하여 막여과시설을 설치하였을 때 막모듈의 파울링에 해당되는 내용은?

㉮ 장기적인 압력부하에 의한 막 구조의 압밀화(creep 변형)
㉯ 건조나 수축으로 인한 막 구조의 비가역적인 변화
㉰ 막의 다공질부의 흡착, 석출, 포착 등에 의한 폐색
㉱ 원수 중의 고형물이나 진동에 의한 막 면의 상처나 마모, 파단

풀이 ㉮㉯㉱번의 설명은 열화에 대한 내용이다.

TIP
막여과시설 중 막의 열화 및 파울링
1. 막의 열화
   ① 정의 : 막 자체의 변질로 생긴 비가역적인 막성능의 저하를 의미한다.
   ② 내용
      ㉠ 장기적인 압력부하에 의한 막 구조의 압밀화
      ㉡ 원수중의 고형물이나 진동에 의한 막 면의 상처나 마모, 파단
      ㉢ 건조되거나 수축으로 인한 막 구조의 비가역적인 변화
      ㉣ 막이 pH나 온도 등의 작용에 의한 분해
      ㉤ 산화제에 의한 막 재질의 특성변화나 분해
      ㉥ 미생물과 막 재질의 자화 또는 분비물의 작용에 의한 변화
2. 막의 파울링
   ① 정의 : 막 자체의 변질이 아닌 외적 인자로 생긴 막 성능의 저하를 의미한다.
   ② 내용
      ㉠ 막의 다공질부의 흡착, 석출, 포착 등에 의한 폐색
      ㉡ 막모듈의 공급유로 또는 여과수 유로가 고형물로 폐색되어 흐르지 않은 상태(유로 폐색)
      ㉢ 농축으로 인하여 난분해성 물질이 용해도를 초과하여 막면에 석출된 층

제3과목 | 수질오염공정시험기준

41 분석항목별 시료의 보존방법으로 틀린 것은?

㉮ 노말헥산추출물질 : H_2SO_4로 pH 2 이하
㉯ 총인(용존 총인) : H_2SO_4로 pH 2 이하
㉰ 화학적 산소요구량 : H_2SO_4로 pH 2 이하
㉱ 유기인 : H_2SO_4로 pH 2 이하

풀이 ㉱ 유기인 : NaOH 또는 H_2SO_4로 pH 5~9

42 다음 중 질산성 질소 분석 방법으로 틀린 것은?

㉮ 이온크로마토그래피법
㉯ 자외선/가시선 분광법(부루신법)
㉰ 자외선/가시선 분광법(활성탄흡착법)
㉱ 카드뮴 환원법

풀이 질산성 질소 분석방법
① 이온크로마토그래피법
② 자외선/가시선 분광법(부루신법)
③ 자외선/가시선 분광법(활성탄흡착법)
④ 데발다합금 환원 증류법

answer 39 ㉮ 40 ㉰ 41 ㉱ 42 ㉱

43 마이크로파에 의한 유기물분해 원리로 ( )에 알맞은 내용은?

> 마이크로파 영역에서 (㉠)나 이온이 쌍극자 모멘트와 (㉡)를(을) 일으켜 온도가 상승하는 원리를 이용하여 시료를 가열하는 방법이다.

㉮ ㉠ 전자, ㉡ 분자결합
㉯ ㉠ 전자, ㉡ 충돌
㉰ ㉠ 극성분자, ㉡ 이온전도
㉱ ㉠ 극성분자, ㉡ 해리

44 다음 조건으로 계산된 직각삼각위어의 유량(m^3/min)은?

(단, 유량계수(K) = $81.2 + \dfrac{0.24}{h}$
$+ \left[\left(8.4 + \dfrac{12}{\sqrt{D}}\right) \times \left(\dfrac{h}{B} - 0.09\right)^2\right]$
D = 0.25m, B = 0.8m, h = 0.1m)

㉮ 약 0.26   ㉯ 약 0.52
㉰ 약 1.04   ㉱ 약 2.08

풀이

① $K = 81.2 + \dfrac{0.24}{0.1m}$
$+ \left[\left(8.4 + \dfrac{12}{\sqrt{0.25m}}\right) \times \left(\dfrac{0.1m}{0.8m} - 0.09\right)^2\right]$
$= 83.64$

② $Q = k \times h^{\frac{5}{2}}$ (m^3/min)
$= 83.64 \times (0.1m)^{\frac{5}{2}}$
$= 0.26 m^3$/min

TIP
삼각위어와 사각위어의 유량공식

구분	적용공식	K값
삼각위어	$Q = k \times h^{\frac{5}{2}}$ (m^3/min)	K = 83~85
사각위어	$Q = k \times b \times h^{\frac{3}{2}}$ (m^3/min)	K = 109~111

45 하수처리장의 SS 제거에 대한 다음과 같은 분석결과를 얻었을 때 SS 제거효율(%)은?

	유입수	유출수
시료 부피	250mL	400mL
건조시킨 후 (용기+SS)무게	16.3542g	17.2712g
용기의 무게	16.3143g	17.2638g

㉮ 약 96.5   ㉯ 약 94.5
㉰ 약 92.5   ㉱ 약 88.5

풀이

SS농도(mg/L) = $\dfrac{(\text{여과 후 무게} - \text{여과 전 무게})(mg)}{\text{시료량}(L)}$

① SS_i농도(mg/L) = $\dfrac{(16.3542-16.3143)g \times 10^3 mg/1g}{0.25L}$
$= 159.6 mg/L$

② SS_o농도(mg/L) = $\dfrac{(17.2712-17.2638)g \times 10^3 mg/1g}{0.4L}$
$= 18.5 mg/L$

③ SS 제거효율(%)
$= \left(1 - \dfrac{SS_o}{SS_i}\right) \times 100$
$= \left(1 - \dfrac{18.5 mg/L}{159.6 mg/L}\right) \times 100$
$= 88.41\%$

answer 43 ㉰   44 ㉮   45 ㉱

46 총인의 측정법 중 자외선/가시선분광법(아스코르빈산 환원법)에 관한 설명으로 맞는 것은?

㉮ 220 nm에서 시료용액의 흡광도를 측정한다.
㉯ 다량의 유기물을 함유한 시료는 과황산포타슘 분해법을 사용하여 전처리한다.
㉰ 전처리한 시료의 상등액이 탁할 경우에는 염산 주입 후 가열한다.
㉱ 정량한계는 0.005mg/L이다.

풀이 ㉮ 880 nm에서 시료용액의 흡광도를 측정한다.
㉯ 다량의 유기물을 함유한 시료는 질산-황산 분해법을 사용하여 전처리한다.
㉰ 전처리한 시료의 상등액이 탁할 경우에는 유리섬유 여과지로 여과하여 여과액을 사용한다.

TIP
880nm에서 흡광도 측정이 불가능할 경우에는 710nm에서 측정한다.

47 원자흡수분광광도계의 구성요소가 아닌 것은?

㉮ 속빈음극램프
㉯ 전자포획형검출기
㉰ 예혼합버너
㉱ 분무기

풀이 ㉯ 전자포획형검출기는 기체크로마토그래피에서 사용하는 검출기이다.

48 수질오염공정시험기준상 6가 크롬을 측정하는 방법으로 틀린 것은?

㉮ 원자흡수분광광도법
㉯ 진콘법
㉰ 유도결합플라스마-원자발광분광법
㉱ 자외선/가시선분광법

풀이 ㉯ 자외선/가시선분광법(진콘법)은 아연의 시험방법에서 해당한다.

TIP
6가 크롬 시험방법
① 원자흡수분광광도법
② 자외선/가시선분광법
③ 유도결합플라스마-원자발광분광법

49 원자흡수분광광도계의 광원으로 보통 사용되는 것은?

㉮ 열음극램프   ㉯ 속빈음극램프
㉰ 중수소램프   ㉱ 텅스텐램프

풀이 원자흡수분광광도계의 광원은 속빈음극램프이다.

50 적정법을 이용한 염소이온의 측정 시 적정의 종말점으로 옳은 것은?

㉮ 엷은 적황색 침전이 나타날 때
㉯ 엷은 적갈색 침전이 나타날 때
㉰ 엷은 청록색 침전이 나타날 때
㉱ 엷은 담적색 침전이 나타날 때

TIP
염소이온의 적정법
염소이온을 질산은과 정량적으로 반응시킨 다음 과잉의 질산은이 크롬산과 반응하여 크롬산은의 침전(엷은 적황색 침전)으로 나타나는 점을 적정의 종말점으로 한다.

answer   46 ㉱   47 ㉯   48 ㉯   49 ㉯   50 ㉮

51 클로로필 a 측정 시 클로로필 색소를 추출하는데 사용되는 용액은?

㉮ 아세톤(1+9) 용액
㉯ 아세톤(9+1) 용액
㉰ 에틸알콜(1+9) 용액
㉱ 에틸알콜(9+1) 용액

풀이 클로로필 색소의 추출용매는 아세톤(9+1) 용액이다.

TIP
아세톤과 물의 비율을 9:1로 희석한 아세톤 용액임을 숙지해야 한다.

52 화학적산소요구량(COD_{Mn})에 대한 설명으로 틀린 것은?

㉮ 시료량은 가열 반응 후에 0.025N 과망간산포타슘용액의 소모량이 70%~90%가 남도록 취한다.
㉯ 시료의 COD 값이 10mg/L 이하일 때는 시료 100mL를 취하여 그대로 실험한다.
㉰ 수욕중에서 30분 보다 더 가열하면 COD 값은 증가한다.
㉱ 황산은 분말 1g 대신 질산은용액(20%) 5mL 또는 질산은 분말 1g을 첨가해도 좋다.

풀이 ㉮ 시료의 양은 30분간 가열반응한 후에 과망간산포타슘용액(0.005M)이 처음 첨가한 양의 50%~70%가 남도록 채취한다.

53 시안(자외선/가시선분광법) 분석에 관한 설명으로 틀린 것은?

㉮ 각 시안화합물의 종류를 구분하여 정량할 수 없다.
㉯ 황화합물이 함유된 시료는 아세트산소듐 용액을 넣어 제거한다.
㉰ 시료에 다량의 유지류를 포함한 경우 노말헥산 또는 클로로폼으로 추출하여 제거한다.
㉱ 정량한계는 0.01mg/L이다.

풀이 ㉯ 황화합물이 함유된 시료는 아세트산아연 용액을 넣어 제거한다.

54 개수로에 의한 유량측정 시 평균유속은 Chezy의 유속 공식을 적용한다. 여기서 경심에 대한 설명으로 옳은 것은?

㉮ 유수단면적을 윤변으로 나눈 값을 말한다.
㉯ 윤변에서 유수단면적을 뺀 것을 말한다.
㉰ 윤변과 유수단면적을 곱한 것을 말한다.
㉱ 윤변과 유수단변적을 더한 것을 말한다.

TIP
① 경심(R) = $\dfrac{\text{유수단면적(A)}}{\text{윤변의 길이(S)}}$
② 사각형에서 경심(R) = $\dfrac{b \times h}{b + 2h}(m)$
③ 원형에서 경심(R) = $\dfrac{D}{4}(m)$

answer 51 ㉯ 52 ㉮ 53 ㉯ 54 ㉮

55 페놀류를 자외선/가시선분광법으로 분석할 때의 내용으로 ( )에 옳은 것은?

> 이 시험기준은 물속에 존재하는 페놀류를 측정하기 위하여 증류한 시료에 염화암모늄-암모니아 완충용액을 넣어 pH ( )으로 조절한 다음 4-아미노안티피린과 헥사시안화철(Ⅱ)산포타슘을 넣어 생성된 붉은색의 안티피린계 색소의 흡광도를 측정하는 방법이다.

㉮ 8   ㉯ 9
㉰ 10 ㉱ 11

TIP
페놀류의 자외선/가시선 분광법 암기사항
① 정량한계 : 클로로폼 추출법(0.005mg/L), 직접 측정법(0.05mg/L)
② 측정파장 : 수용액(510nm), 클로로폼용액(460nm)
③ pH는 10으로 조절
④ 붉은색으로 발색

56 노말헥산 추출물질시험법에서 염산(1+1)으로 산성화할 때 넣어주는 지시약과 pH로 옳은 것은?

㉮ 메틸레드 - pH 4.0 이하
㉯ 메틸오렌지 - pH 4.0 이하
㉰ 메틸레드 - pH 2.0 이하
㉱ 메틸오렌지 - pH 2.0 이하

TIP
노말헥산 추출물질의 분석철차
시료적당량(노말헥산 추출물질로서 5mg~200mg 해당량)을 분별깔때기에 넣고 메틸오렌지용액(0.1%) 2방울~3방울을 넣고 황색이 적색으로 변할 때까지 염산(1+1)을 넣어 시료의 pH를 4이하로 조절한다.

57 불소화합물의 시험방법이 아닌 것은?

㉮ 자외선/가시선 분광법
㉯ 이온전극법
㉰ 액체크로마토그래피법
㉱ 이온크로마토그래피법

풀이 불소화합물의 시험방법
① 자외선/가시선 분광법
② 이온전극법
③ 이온크로마토그래피법
④ 연속흐름법

58 측정시료 채취 시 유리용기 만을 사용해야 하는 항목은?

㉮ 불소   ㉯ 유기인
㉰ 알킬수은 ㉱ 시안

풀이 유리용기 만을 사용해야 하는 항목으로는 냄새, 노말헥산추출물질, 잔류염소(갈색), 페놀류, 다이에틸헥실프탈레이트(갈색), 1, 4 - 다이옥산(갈색), 염화비닐, 아크릴로니트릴, 브로모폼(갈색), 석유계총탄화수소(갈색), 유기인, 폴리클로리네이티드비페닐, 휘발성유기화합물, 물벼룩급성독성이 있다.

59 농도표시에 관한 설명 중 틀린 것은?

㉮ 백만분율(ppm, parts per million)을 표시할 때는 mg/L, mg/kg의 기호를 쓴다.
㉯ 기체 중의 농도는 표준상태(20℃, 1기압)로 환산 표시한다.
㉰ 용액의 농도를 "%"로만 표시할 때는 W/V%의 기호를 쓴다.
㉱ 천분율(ppt, parts per thousand)을 표시할 때는 g/L, g/kg의 기호를 쓴다.

풀이 ㉯ 기체 중의 농도는 표준상태(0℃, 1기압)로 환산 표시한다.

answer 55 ㉰ 56 ㉯ 57 ㉰ 58 ㉯ 59 ㉯

60 자외선/가시선분광법에 의한 음이온계 면활성제 측정 시 메틸렌블루와 반응시켜 생성된 착화합물의 추출용매로 가장 적절한 것은?

㉮ 디티존사염화탄소
㉯ 클로로폼
㉰ 트리클로로에틸렌
㉱ 노말헥산

풀이 음이온계면활성제 측정 시 추출용매는 클로로폼이다.

answer 60 ㉯

2019 2회 기출문제

| 제1과목 | 수질오염개론

01 소수성 콜로이드 입자가 전기를 띠고 있는 것을 알아보기 위한 가장 적합한 실험은?

㉮ 콜로이드 용액의 삼투압을 조사한다.
㉯ 소량의 친수콜로이드를 가하여 보호작용을 조사한다.
㉰ 전해질을 주입하여 응집 정도를 조사한다.
㉱ 콜로이드 입자에 강한 빛을 쬐어 틴들현상을 조사한다.

[풀이] 소수성 콜로이드 입자가 전기를 띠고 있는 것을 알아보기 위한 가장 적합한 실험은 전해질을 주입하여 응집 정도를 조사한다.

02 아래와 같은 반응이 있다.

$H_2O \rightleftarrows H^+ + OH^-$
$NH_3(aq) + H_2O \rightleftarrows NH_4^+ + OH^-$
(단, $K_w = 1.0 \times 10^{-14}$, $K_b = 1.8 \times 10^{-5}$)

다음 반응의 평형상수(K)는?

$NH_4^+ \rightleftarrows NH_3(aq) + H^+$

㉮ 1.8×10^9 ㉯ 1.8×10^{-9}
㉰ 5.6×10^{10} ㉱ 5.6×10^{-10}

[풀이]
① $K_w = 1.0 \times 10^{-14}$이므로
   $[H^+] = 10^{-7}M$, $[OH^-] = 10^{-7}M$
② $K_b = \dfrac{[NH_4^+][OH^-]}{[NH_3]}$
   $1.8 \times 10^{-5} = \dfrac{[NH_4^+][10^{-7}M]}{[NH_3]}$
   $\dfrac{[NH_4^+]}{[NH_3]} = \dfrac{1.8 \times 10^{-5}}{10^{-7}M} = 180M^{-1}$
   따라서 $\dfrac{[NH_3]}{[NH_4^+]} = \dfrac{1}{180M^{-1}} = 5.56 \times 10^{-3}M$
③ 평형상수(K) $= \dfrac{[NH_3]}{[NH_4^+]} \times [H^+]$
   $= (5.56 \times 10^{-3}M) \times (10^{-7}M)$
   $= 5.56 \times 10^{-10}$

03 Glucose($C_6H_{12}O_6$) 800mg/L 용액을 호기성 처리 시 필요한 이론적 인(P)의 양(mg/L)은? (단, $BOD_5 : N : P = 100 : 5 : 1$, $k_1 = 0.1day^{-1}$, 상용대수기준)

㉮ 약 9.6 ㉯ 약 7.9
㉰ 약 5.8 ㉱ 약 3.6

[풀이]
① $C_6H_{12}O_6 + 6O_2 \rightarrow 6CO_2 + 6H_2O$
   180g : 6×32g
   800mg/L : BOD_u
   ∴ $BOD_u = \dfrac{800mg/L \times 6 \times 32g}{180g} = 853.33mg/L$
② $BOD_5 = BOD_u \times (1-10^{-k_1 \times t})$
   $= 853.33mg/L \times (1-10^{-0.1/day \times 5day})$
   $= 583.48mg/L$
③ BOD_5 : P
   100 : 1
   583.48mg/L : P
   ∴ P = 5.84mg/L

answer 01 ㉰ 02 ㉱ 03 ㉰

04 적조 발생의 환경적 요인과 가장 거리가 먼 것은?

㉮ 바다의 수온구조가 안정화되어 물의 수직적 성층이 이루어질 때
㉯ 플랑크톤의 번식에 충분한 광량과 영양염류가 공급될 때
㉰ 정체수역의 염분 농도가 상승되었을 때
㉱ 해저에 빈산소 수괴가 형성되어 포자의 발아 촉진이 일어나고 퇴적층에서 부영양화의 원인물질이 용출될 때

▶풀이 ㉰ 정체수역의 염분 농도가 감소되었을 때

05 다음에서 설명하는 기체 확산에 관한 법칙은?

> 기체의 확산속도(조그마한 구멍을 통한 기체의 탈출)는 기체 분자량의 제곱근에 반비례한다.

㉮ Dalton의 법칙
㉯ Graham의 법칙
㉰ Gay-Lussac의 법칙
㉱ Charles의 법칙

▶풀이 ㉯ Graham의 법칙에 대한 설명이다.

06 농업용수의 수질 평가 시 사용되는 SAR (Sodium Adsorption Ratio)산출식에 직접 관련된 원소로만 나열된 것은?

㉮ K, Mg, Ca
㉯ Mg, Ca, Fe
㉰ Ca, Mg, Al
㉱ Ca, Mg, Na

▶풀이

$$SAR(소듐\ 흡착률) = \frac{Na^+}{\sqrt{\frac{Ca^{2+}+Mg^{2+}}{2}}}$$

07 빈영양호와 부영양호를 비교한 내용으로 옳지 않은 것은?

㉮ 투명도 : 빈영양호는 5m 이상으로 높으나 부영양호는 5m 이하로 낮다.
㉯ 용존산소 : 빈영양호는 전층이 포화에 가까우나, 부영양호는 표수층은 포화이나 심수층은 크게 감소한다.
㉰ 물의 색깔 : 빈영양호는 황색 또는 녹색이나 부영양호는 녹색 또는 남색을 띤다.
㉱ 어류 : 빈영양호에는 냉수성인 송어, 황어 등이 있으나 부영양호에는 난수성인 잉어, 붕어 등이 있다.

▶풀이 ㉰ 물의 색깔: 빈영양호는 청색이나 부영양호는 녹색 또는 황색을 띤다.

08 K_1(탈산소계수, base = 상용대수)가 0.1/day인 물질의 BOD_5 = 400mg/L이고, COD = 800mg/L 라면 NBDCOD(mg/L)는? (단, BDCOD = BOD_u)

㉮ 215
㉯ 235
㉰ 255
㉱ 275

▶풀이 ① BOD_5 공식을 이용해 최종 BOD(BOD_u)를 계산한다.

$BOD_5 = BOD_u \times (1-10^{-k_1 \times t})$
$400mg/L = BOD_u \times (1-10^{-0.1/day \times 5day})$
$\therefore BOD_u = \frac{400mg/L}{(1-10^{-0.1/day \times 5day})} = 584.99mg/L$

② COD = BDCOD + NBDCOD
$\therefore$ NBDCOD = COD - BDCOD
= 800mg/L - 584.99mg/L
= 215.01mg/L

answer 04 ㉰ 05 ㉯ 06 ㉱ 07 ㉰ 08 ㉮

TIP
① BDCOD = BOD_u : 생물학적 분해가능한 COD
② NBDCOD : 생물학적 분해 불가능한 COD

09 BOD_5가 213mg/L인 하수의 7일 동안 소모된 BOD(mg/L)는? (단, 탈산소계수는 0.14/day)

㉮ 238 ㉯ 248
㉰ 258 ㉱ 268

풀이 ① $BOD_5 = BOD_u \times (1-10^{-k_1 \times t})$
213mg/L = $BOD_u \times (1-10^{-0.14/day \times 5day})$
∴ BOD_u = 266.09mg/L
② $BOD_7 = BOD_u \times (1-10^{-k_1 \times t})$
= 266.09mg/L × $(1-10^{-0.14/day \times 7day})$
= 238.23mg/L

10 $[H^+] = 5.0 \times 10^{-6}$ mol/L인 용액의 pH는?

㉮ 5.0 ㉯ 5.3
㉰ 5.6 ㉱ 5.9

풀이 pH = $-\log[H^+]$ = $-\log[5.0 \times 10^{-6} \text{mol/L}]$ = 5.30

TIP
① 산성물질에서 pH = $-\log[H^+]$
② 알칼리성물질에서 pH = $14 + \log[OH^-]$

11 자연수 중 지하수의 경도가 높은 이유는 다음 중 어떤 물질의 영향인가?

㉮ NH_3 ㉯ O_2
㉰ Colloid ㉱ CO_2

풀이 지하수의 경도가 높은 이유는 이산화탄소(CO_2)의 영향이 가장 크다.

12 PCB에 관한 설명으로 틀린 것은?

㉮ 물에는 난용성이나 유기용제에 잘 녹는다.
㉯ 화학적으로 불활성이고 절연성이 좋다.
㉰ 만성 중독 증상으로 카네미유증이 대표적이다.
㉱ 고온에서 대부분의 금속과 합금을 부식시킨다.

풀이 ㉱ PCB(폴리클로리네이티드비페닐)은 부식성이 거의 없다.

13 하구의 물 이동에 관한 설명으로 옳은 것은?

㉮ 해수는 담수보다 무겁기 때문에 하구에서는 수심에 따라 층을 형성하여 담수의 상부에 해수가 존재하는 경우도 있다.
㉯ 혼합이 없고 단지 이류만 일어나는 하천에 염료를 순간적으로 방출하면 하류의 각 지점에서의 염료농도는 직사각형으로 표시된다.
㉰ 강혼합형은 하상구배와 간만의 차가 커서 염수와 담수의 혼합이 심하고 수심방향에서 밀도차가 일어나서 결국 오염물질이 공해로 운반될 수도 있다.
㉱ 조류의 간만에 의해 종방향에 따른 혼합이 중요하게 되는 경우도 있으며, 만조시에 바다 가까운 하구에서 때때로 역류가 일어나는 경우가 있다.

풀이 ㉮ 해수는 담수보다 무겁기 때문에 하구에서는 수심에 따라 층을 형성하여 담수의 하부에 해수가 존재한다.
㉰ 강혼합형은 하상구배와 간만의 차가 커서 염수와 담수의 혼합이 심하고 수심방향에서 밀도차가 없어져 오염물질이 공해로 운반되지 않는다.
㉱ 조류의 간만에 의해 횡방향에 따른 혼합이 중요하게 되는 경우도 있으며, 만조시에 바다 가까운 하구에서 때때로 역류가 일어나는 경우가 있다.

answer 09 ㉮ 10 ㉯ 11 ㉱ 12 ㉱ 13 ㉯

> **TIP**
> 하구(estuary)란 하천이 바다로 유입되는 지역으로 조류의 영향을 받아 담수가 해수에 의해 뚜렷하게 희석되는 반폐쇄적인 연안수역을 말한다.

14 수질항목 중 호수의 부영양화 판정기준이 아닌 것은?

㉮ 인 ㉯ 질소
㉰ 투명도 ㉱ 대장균

풀이 부영양화 판정기준은 총인, 총질소, 투명도, 클로로필-a등이 있다.

> **TIP**
> 칼슨지수 산정시 적용되는 인자
> ① 클로로필-a
> ② 투명도
> ③ 총 인(T-P)

15 다음 산화-환원 반응식에 대한 설명으로 옳은 것은?

$$2KMnO_4 + 3H_2SO_4 + 5H_2O_2 \rightarrow K_2SO_4 + 2MnSO_4 + 5O_2$$

㉮ $KMnO_4$는 환원되었고 H_2O_2는 산화되었다.
㉯ $KMnO_4$는 산화되었고 H_2O_2는 환원되었다.
㉰ $KMnO_4$는 환원제이고 H_2O_2는 산화제이다.
㉱ $KMnO_4$는 산화되었으므로 산화제이다.

풀이 ㉮ 과망간산포타슘($KMnO_4$)은 자신은 환원되고 다른 물질을 산화시키므로 강산화제이다.

16 해수에 관한 설명으로 옳은 것은?

㉮ 해수의 밀도는 담수보다 낮다.
㉯ 염분 농도는 적도 해역보다 남·북 양극 해역에서 다소 낮다.
㉰ 해수의 Mg/Ca비는 담수의 Mg/Ca비보다 작다.
㉱ 수심이 깊을수록 해수 주요 성분 농도비의 차이는 줄어든다.

풀이 ㉮ 해수의 밀도는 담수보다 크다.
㉰ 해수의 Mg/Ca비는 담수의 Mg/Ca비보다 크다.
㉱ 해수의 주요 성분 농도비는 일정하다.

17 물의 동점성계수를 가장 알맞게 나타낸 것은?

㉮ 전단력 τ과 점성계수 μ를 곱한 값이다.
㉯ 전단력 τ과 밀도 ρ를 곱한 값이다.
㉰ 점성계수 μ를 전단력 τ로 나눈 값이다.
㉱ 점성계수 μ를 밀도 ρ로 나눈 값이다.

풀이 물의 동점성계수$(\nu) = \dfrac{점성계수(\mu)}{밀도(\rho)}$

18 우리나라의 물이용 형태로 볼 때 수요가 가장 많은 분야는?

㉮ 공업용수 ㉯ 농업용수
㉰ 유지용수 ㉱ 생활용수

풀이 우리나라 수자원 이용현황은 농업용수>하천유지용수>생활용수>공업용수 순이다.

---

answer 14 ㉱ 15 ㉮ 16 ㉯ 17 ㉱ 18 ㉯

19 물의 일반적인 성질에 관한 설명으로 가장 거리가 먼 것은?

㉮ 계면에 접하고 있는 물은 다른 분자를 쉽게 받아들이지 않으며, 온도 변화에 대해서 강한 저항성을 보인다.
㉯ 전해질이 물에 쉽게 용해되는 것은 전해질을 구성하는 양이온보다 음이온 간에 작용하는 쿨롱힘이 공기 중에 비해 크기 때문이다.
㉰ 물분자의 최외각에는 결합전자쌍과 비결합전자쌍이 있는데 반발력은 비결합전자쌍이 결합전자쌍보다 강하다.
㉱ 물은 작은 분자임에는 불구하고 큰 쌍극자 모멘트를 가지고 있다.

풀이 ㉯ 전해질이 물에 쉽게 용해되는 것은 전해질을 구성하는 음이온보다 양이온간에 작용하는 쿨롱힘이 공기 중에 비해 크기 때문이다.

20 여름철 부영양화된 호수나 저수지에서 다음 조건을 나타내는 수층으로 가장 적절한 것은?

- pH는 약산성이다.
- 용존산소는 거의 없다.
- CO_2는 매우 많다.
- H_2S가 검출된다.

㉮ 성층   ㉯ 수온약층
㉰ 심수층   ㉱ 혼합층

풀이 ㉰ 심수층에 대한 설명이다.

| 제2과목 | 수질오염방지기술

21 토양처리 급속침투시스템을 설계하여 1차처리 유출수 100L/sec를 160m³/m²·년의 속도로 처리하고자 할 때 필요한 부지면적(ha)은? (단, 1일 24시간, 1년 365일로 환산)

㉮ 약 2   ㉯ 약 20
㉰ 약 4   ㉱ 약 40

풀이 면적(A) = $\dfrac{유출수량(m^3/sec)}{속도(m/sec)}$

= $\dfrac{100\times10^{-3}m^3/sec}{160m/년\times1년/365day\times1day/24hr\times1hr/3,600sec}$

= 19,710m²

따라서 A = 19,710m² × $\dfrac{10^{-4}ha}{1m^2}$ = 1.97ha

TIP

① L/sec $\xrightarrow{\times10^{-3}}$ m³/sec
② m³/m²·년 = m/년
③ 1km² = 100ha이므로 1m² = 10^{-4}ha

22 물리·화학적 처리방법 중 수중의 암모니아성 질소의 효과적인 제거방법으로 옳지 않은 것은?

㉮ Alum 주입
㉯ Break point 염소주입
㉰ Zeolite 이용
㉱ 탈기법 활용

풀이 ㉮ 질소화합물은 응집제인 Alum을 이용해서 처리할 수 없다.

answer 19 ㉯ 20 ㉰ 21 ㉮ 22 ㉮

> **TIP**
> 물리·화학적 질소 제거방법으로는 막공법, 공기탈기법, 선택적이온교환법, 파괴점염소주입법이 있다.
> (암기법) 질소는 막공기로 이온해서 파괴한다.

23 폭이 4.57m, 깊이가 9.14m, 길이가 61m인 분산 플러그 흐름 반응조의 유입유량은 10,600m³/day일 때 분산수(d = D/vL)는? (단, 분산계수 D는 800m²/hr를 적용한다.)

㉮ 4.32 ㉯ 3.54
㉰ 2.63 ㉱ 1.24

> **풀이**
> 분산수(d) = $\dfrac{D}{v \times L}$
>
> 속도(v) = $\dfrac{유량(m^3/hr)}{폭 \times 깊이(m^2)}$
>
> = $\dfrac{10,600m^3/day \times 1day/24hr}{4.57m \times 9.14m}$
>
> = 10.5738m/hr
>
> 따라서 분산수(d) = $\dfrac{800m^2/hr}{10.5738m/hr \times 61m}$ = 1.24

24 다음 물질들이 폐수 내에 혼합되어 있을 경우 이온 교환 수지로 처리 시 일반적으로 제일 먼저 제거되는 것은?

㉮ Ca^{++} ㉯ Mg^{++}
㉰ Na^+ ㉱ H^+

> **풀이** 이온 교환 수지로 처리 시 일반적으로 제일 먼저 제거되는 것은 보기 중에서 ㉮ Ca^{++}이다.

> **TIP**
> **이온교환 선택성 크기**
> ① 음이온 교환수지에서 음이온 선택성순서
> $SO_4^{2-} > I^- > NO_3^- > CrO_4^{2-} > Br^- > OH^-$
> (암기법) SIN 커 브롬
> ② 양이온 교환수지에서 양이온 선택성순서
> $Ba^{2+} > Pb^{2+} > Sr^{2+} > Ca^{2+} > Ni^{2+}$
> (암기법) 바낫쓰 칼슘

25 폐수 발생원에 따른 특성에 관한 설명으로 옳지 않은 것은?

㉮ 식품 : 고농도 유기물을 함유하고 있어 생물학적처리가 가능하다.
㉯ 피혁 : 낮은 BOD 및 SS, n-Hexane 그리고 독성물질인 크롬이 함유되어 있다.
㉰ 철강 : 코크스 공장에서는 시안, 암모니아, 페놀 등이 발생하여 그 처리가 문제된다.
㉱ 도금 : 특정유해물질(Cr^{+6}, CN^-, Pb, Hg 등)이 발생하므로 그 대상에 따라 처리 공법을 선정해야 한다.

> **풀이** ㉯ 피혁 : 높은 BOD 및 SS, n-Hexane 그리고 독성물질인 크롬이 함유되어 있다.

26 도금폐수 중의 CN을 알칼리 조건하에서 산화시키는 데 필요한 약품은?

㉮ 염화소듐
㉯ 소석회
㉰ 아황산제이철
㉱ 차아염소산소듐

> **풀이** 시안(CN)을 알칼리 조건하에서 산화시키는 데 필요한 약품은 차아염소산소듐(NaOCl)이다.

answer 23 ㉱ 24 ㉮ 25 ㉯ 26 ㉱

27 생물학적 산화 시 암모늄이온이 1단계 분해에서 생성되는 것은?

㉮ 질소가스 ㉯ 아질산이온
㉰ 질산이온 ㉱ 아민

풀이 암모늄이온(NH_4^+)이 1단계 분해에서 생성되는 물질은 아질산이온(NO_2^-)이고, 2단계 분해에서 생성되는 물질은 질산이온(NO_3^-)이다.

28 활성슬러지법으로 운영되는 처리장에서 슬러지의 SVI가 100일 때 포기조 내의 MLSS농도를 2,500mg/L로 유지하기 위한 슬러지 반송률(%)은?

㉮ 20.0 ㉯ 25.5
㉰ 29.2 ㉱ 33.3

풀이
① 반송비(R) = $\dfrac{MLSS}{SS_r - MLSS}$ = $\dfrac{MLSS}{\dfrac{10^6}{SVI} - MLSS}$

$= \dfrac{2,500\text{mg/L}}{\dfrac{10^6}{100} - 2,500\text{mg/L}} = 0.3333$

② 반송률(%) = 반송비(R)×100
= 0.3333×100 = 33.33%

TIP
$SVI = \dfrac{10^6}{SS_r}$ 에서 $SS_r = \dfrac{10^6}{SVI}$

29 슬러지 혐기성 소화 과정에서 발생 가능성이 가장 낮은 가스는?

㉮ CH_4 ㉯ CO_2
㉰ H_2S ㉱ SO_2

풀이 ㉱ 아황산가스(SO_2)는 호기성 소화과정에서 발생된다.

30 슬러지 개량을 행하는 주된 이유는?

㉮ 탈수 특성을 좋게 하기 위해
㉯ 고형화 특성을 좋게 하기 위해
㉰ 탈취 특성을 좋게 하기 위해
㉱ 살균 특성을 좋게 하기 위해

풀이 슬러지 개량을 행하는 주된 이유는 탈수 특성을 좋게 하기 위해서이다.

TIP
개량은 슬러지의 탈수성을 높이기 위해서 약품을 주입하는 단계이다.

31 1,000명의 인구세대를 가진 지역에서 폐수량이 800m³/day일 때 폐수의 BOD_5농도(mg/L)는? (단, 1일 1인 BOD_5 오염부하 = 50g)

㉮ 62.5 ㉯ 85.4
㉰ 100 ㉱ 150

풀이
BOD_5농도(mg/L) = $\dfrac{50\text{gBOD}_5}{\text{인·일}} \times 1,000\text{인} \times \dfrac{\text{day}}{800\text{m}^3}$
= 62.5g/m³ = 62.5mg/L

TIP
① ppm = mg/L = g/m³
② 농도(mg/L) = $\dfrac{\text{총량(g/day)}}{\text{유량(m}^3\text{/day)}}$

32 하·폐수 처리의 근본적인 목적으로 가장 알맞은 것은?

㉮ 질 좋은 상수원의 확보
㉯ 공중보건 및 환경보호
㉰ 미관 및 냄새 등 심미적 요소의 충족
㉱ 수중생물의 보호

answer 27 ㉯ 28 ㉱ 29 ㉱ 30 ㉮ 31 ㉮ 32 ㉯

풀이 하·폐수 처리의 근본적인 목적은 공중보건 및 환경 보호이다.

33 포기조 내 MLSS농도가 3,200mg/L이고, 1L의 임호프콘에 30분간 침전시킨 후 부피가 400mL였을 때 SVI(Sludge Volume Index)는?

㉮ 105 ㉯ 125
㉰ 143 ㉱ 157

풀이 $SVI(mL/g) = \dfrac{SV(mL/L)}{MLSS(mg/L)} \times 10^3 = \dfrac{400mL/L}{3,200mg/L} \times 10^3$
$= 125 mL/g$

TIP
① $SVI(mL/g) = \dfrac{SV(mL/L)}{MLSS(mg/L)} \times 10^3$
② $SVI(mL/g) = \dfrac{10^6}{SS_r(mg/L)}$

34 분뇨와 같은 고농도 유기폐수를 처리하는 데 적합한 최적의 처리법은?

㉮ 표준활성슬러지법
㉯ 응집침전법
㉰ 여과·흡착법
㉱ 혐기성소화법

풀이 분뇨와 같은 고농도 유기폐수 처리는 혐기성 소화법이 적합하다.

35 하수관의 부식과 가장 관계가 깊은 것은?

㉮ NH_3 가스 ㉯ H_2S 가스
㉰ CO_2 가스 ㉱ CH_4 가스

풀이 하수관의 부식은 혐기성상태에서 발생되는 황화수소(H_2S)에 의해 발생한다.

36 급속모래 여과장치에 있어서 수두손실에 영향을 미치는 인자로 가장 거리가 먼 것은?

㉮ 여층의 두께   ㉯ 여과 속도
㉰ 물의 점도   ㉱ 여과 면적

풀이 급속모래 여과장치에 있어서 수두손실에 영향을 미치는 인자로는 여층의 두께, 여과 속도, 물의 점도 등이다.

37 슬러지 건조고형물 무게의 1/2이 유기물질, 1/2이 무기물질이며, 슬러지 함수율은 80%, 유기물질 비중은 1.0, 무기물질 비중은 2.5라면 슬러지 전체의 비중은?

㉮ 1.025 ㉯ 1.046
㉰ 1.064 ㉱ 1.087

풀이 $\dfrac{1}{\rho_{SL}} = \dfrac{W_{FS}}{\rho_{FS}} + \dfrac{W_{VS}}{\rho_{VS}} + \dfrac{W_P}{\rho_P}$

여기서
ρ_{SL} : 슬러지의 비중
ρ_{FS} : 무기물의 비중
W_{FS} : 무기물의 함량
ρ_{VS} : 유기물의 비중
W_{VS} : 유기물의 함량
ρ_P : 수분의 비중
W_P : 수분의 함량

따라서 $\dfrac{1}{\rho_{SL}} = \dfrac{0.20 \times 1/2}{2.5} + \dfrac{0.20 \times 1/2}{1.0} + \dfrac{0.80}{1.0}$

∴ $\rho_{SL} = \dfrac{1}{0.94} = 1.064$

answer 33 ㉯ 34 ㉱ 35 ㉯ 36 ㉱ 37 ㉰

> **TIP**
> ① 물(수분)의 비중 = 1.0
> ② W_{FS} = 고형물 함량×무기물 함량 = 0.2×1/2
> ③ W_{VS} = 고형물 함량×유기물 함량 = 0.2×1/2
> ④ 고형물 함량 = 1-수분의 함량 = 1-0.8 = 0.20

38 활성슬러지법에서 포기조 내 운전이 악화 되었을 때 검토해야 할 사항으로 가장 거리가 먼 것은?

㉮ 포기조 유입수의 유해성분 유무를 조사
㉯ MLSS농도가 적정하게 유지되는가를 조사
㉰ 포기조 유입수의 pH 변동 유무를 조사
㉱ 유입 원폐수의 SS농도 변동 유무를 조사

풀이 ㉱ 포기조 유입수의 SS농도 변동 유무를 조사

39 미생물 고정화를 위한 팰렛(Pellet)재료로서의 이상적인 요구조건에 해당되지 않는 것은?

㉮ 기질, 산소의 투과성이 양호한 것
㉯ 압축강도가 높을 것
㉰ 암모니아 분배계수가 낮을 것
㉱ 고정화 시 활성수율과 배양후의 활성이 높을 것

풀이 ㉰ 암모니아 분배계수가 높을 것

40 NH_4^+가 미생물에 의해 NO_3^-로 산화될 때 pH의 변화는?

㉮ 감소한다.
㉯ 증가한다.
㉰ 변화 없다.
㉱ 증가하다 감소한다.

풀이 질산화가 일어나면 $[H^+]$가 증가하므로 pH는 감소한다.

> **TIP**
> $NH_4^+ + 2O_2 \rightarrow NO_3^- + 2H^+ + H_2O$

| 제3과목 | 수질오염공정시험기준

41 온도에 대한 설명으로 옳은 것은?

㉮ 상온 : (15~25)℃
㉯ 상온 : (20~30)℃
㉰ 실온 : (15~25)℃
㉱ 실온 : (20~30)℃

풀이 온도
① 상온 : (15~25)℃
② 상온 : (1~35)℃

42 자외선/가시선 분광법으로 카드뮴을 정량할 때 쓰이는 시약과 그 용도가 잘못 짝지어진 것은?

㉮ 질산-황산법 : 시료의 전처리
㉯ 수산화소듐용액 : 시료의 중화
㉰ 디티존 : 시료의 중화
㉱ 사염화탄소 : 추출용매

풀이 ㉰ 디티존 : 착염 생성

answer 38 ㉱ 39 ㉰ 40 ㉮ 41 ㉮ 42 ㉰

43 이온크로마토그래피에서 분리컬럼으로부터 용리된 각 성분이 검출기에 들어가기 전에 용리액 자체의 전도도를 감소시키는 목적으로 사용되는 장치는?

㉮ 액송펌프 ㉯ 제거장치
㉰ 분리컬럼 ㉱ 보호컬럼

풀이 ㉯ 제거장치(억제기)에 대한 설명이다.

44 관내에 압력이 존재하는 관수로 흐름에서의 관내 유량측정방법이 아닌 것은?

㉮ 벤튜리미터
㉯ 오리피스
㉰ 파샬수로
㉱ 자기식 유량측정기

풀이 관내의 유량 측정방법으로는 벤튜리미터, 유량측정용 노즐, 오리피스, 피토우관, 자기식 유량측정기가 있다.

45 다음 중 아연-원자흡수분광광도법의 적용파장(nm)은?

㉮ 213.9   ㉰ 279.5
㉯ 324.7   ㉱ 357.9

풀이 비소-원자흡수분광광도법
① 정량한계 : 0.002mg/L
② 적용파장 : 213.9nm

46 Polyethylene 재질을 사용하여 시료를 보관할 수 있는 것은?

㉮ 페놀류   ㉯ 유기인
㉰ PCB   ㉱ 인산염인

풀이 항목당 시료용기
㉮ 페놀류 : 유리용기
㉯ 유기인 : 유리용기
㉰ PCB : 유리용기
㉱ 인산염인 : 폴리에틸렌용기, 유리용기

TIP
시료 보관용기
① Polyethylene(P) : 불소
② Polypropylene(PP) : 과불화화합물

47 노말헥산 추출물질 측정에 관한 설명으로 틀린 것은?

㉮ 폐수 중 비교적 휘발되지 않는 탄화수소, 탄화수소유도체, 그리스유상물질 및 광유류를 분석한다.
㉯ 시료를 pH 2 이하의 산성에서 노말헥산으로 추출한다.
㉰ 시료용기는 유리병을 사용하여야 한다.
㉱ 광유류의 양을 시험하고자 할 때에는 활성규산마그네슘 컬럼을 이용한다.

풀이 ㉯ 시료를 pH 4 이하의 산성에서 노말헥산으로 추출한다.

48 시험에 적용되는 용어의 정의로 틀린 것은?

㉮ 기밀용기 : 취급 또는 저장하는 동안에 밖으로부터의 공기 또는 다른 가스가 침입하지 아니하도록 내용물을 보호하는 용기
㉯ 정밀히 단다 : 규정된 양의 시료를 취하여 화학저울 또는 미량저울로 칭량함을 말한다.
㉰ 정확히 취하여 : 규정된 양의 액체를 부피피펫으로 눈금까지 취하는 것을 말한다.
㉱ 감압 : 따로 규정이 없는 한 15mmH$_2$O 이하를 뜻한다.

answer 43 ㉯ 44 ㉰ 45 ㉮ 46 ㉱ 47 ㉯ 48 ㉱

풀이 ㉣ 감압 : 따로 규정이 없는 한 15mmHg 이하를 뜻한다.

49 서로 관계 없는 것끼리 짝지어진 것은?
㉮ BOD - 적정법
㉯ PCB - 기체크로마토그래피
㉰ F - 원자흡수분광광도법
㉱ Cd - 원자흡수분광광도법

풀이 ㉰ 불소화합물의 시험방법으로는 자외선/가시선 분광법, 이온전극법, 이온크로마토그래피, 연속흐름법이 있다.

50 0.1N-NaOH의 표준용액(f = 1.008) 30mL를 완전히 반응시키는 데 0.1N-$H_2C_2O_4$ 용액 30.12mL를 소비했을 때 0.1N-$H_2C_2O_4$ 용액의 factor는?
㉮ 1.004   ㉯ 1.012
㉰ 0.996   ㉱ 0.992

풀이 $N_1 \times V_1 \times f_1 = N_2 \times V_2 \times f_2$
0.1N × 30mL × 1.008 = 0.1N × 30.12mL × f_2
∴ f_2 = 1.004

51 질소화합물의 측정방법이 알맞게 연결된 것은?
㉮ 암모니아성 질소 : 환원 증류-킬달법(합산법)
㉯ 아질산성 질소 : 자외선/가시선 분광법(인도페놀법)
㉰ 질산성 질소 : 이온크로마토그래피법
㉱ 총질소 : 자외선/가시선 분광법(디아조화법)

풀이 질소화합물의 측정방법
㉮ 암모니아성 질소 : 자외선/가시선 분광법, 이온전극법, 적정법
㉯ 아질산성 질소 : 자외선/가시선 분광법, 이온크로마토그래피법
㉰ 질산성 질소 : 이온크로마토그래피법, 자외선/가시선 분광법(부루신법), 자외선/가시선 분광법(활성탄 흡착법), 데발다합금환원 증류법
㉱ 총질소 : 자외선/가시선 분광법(산화법), 자외선/가시선 분광법(카드뮴-구리 환원법), 자외선/가시선 분광법(환원증류-킬달법), 연속흐름법

52 사각위어의 수두가 90cm, 위어의 절단폭이 4m라면 사각위어에 의해 측정된 유량(m^3/min)은? (단, 유량계수 = 1.6, Q = K×b×$h^{3/2}$)
㉮ 5.46   ㉯ 6.97
㉰ 7.24   ㉱ 8.78

풀이 Q = k×b×$h^{3/2}$ (m^3/min)
여기서
k : 유량계수
b : 절단의 폭(m)
h : 수두(m)
따라서 Q = 1.6 × 4m × $(0.9m)^{3/2}$
= 5.46m^3/min

53 용액 500mL 속에 NaOH 2g이 녹아있을 때 용액의 규정농도(N)는? (단, Na 원자량 = 23)
㉮ 0.1   ㉯ 0.2
㉰ 0.3   ㉱ 0.4

풀이 $N = \dfrac{W(g)}{V(L)} \times \dfrac{1eq}{1당량 g} = \dfrac{2g}{0.5L} \times \dfrac{1eq}{40g/1} = 0.1N$

answer 49 ㉰ 50 ㉮ 51 ㉰ 52 ㉮ 53 ㉮

TIP
① NaOH의 분자량 = 23+16+1 = 40g
② N = eq/L
③ 1eq = $\dfrac{\text{분자량(g)}}{\text{가수}}$ = $\dfrac{40g}{1}$
④ 규정농도 = N농도

54 수질오염공정기준 분원성대장균군의 시험방법에 해당하지 않는 것은?

㉮ 현미경계수법
㉯ 막여과법
㉰ 시험관법
㉱ 효소기질정량법

[풀이] ㉮ 현미경계수법은 식물성플랑크톤의 시험방법이다.

TIP
시험방법
① 총대장균군 : 막여과법, 시험관법, 평판집락법, 효소기질정량법, 건조필름법
② 분원성대장균군 : 막여과법, 시험관법, 효소기질정량법
③ 대장균 : 막여과법, 시험관법, 효소기질정량법

55 공정시험기준에서 시료 내 인산염 인을 측정할 수 있는 시험방법은?

㉮ 란탄-알리자린콤프렉손법
㉯ 아스코르빈산환원법
㉰ 다이페닐카바자이드법
㉱ 데발다합금 환원증류법

[풀이] 인산염인의 시험방법으로는 자외선/가시선 분광법(이염화주석환원법), 자외선/가시선 분광법(아스코르빈산환원법), 이온크로마토그래피법이 있다.

56 BOD시험에서 시료의 전처리를 필요로 하지 않는 시료는?

㉮ 알칼리성 시료
㉯ 잔류염소가 함유된 시료
㉰ 용존산소가 과포화된 시료
㉱ 유기물질을 함유한 시료

[풀이] BOD시험에서 시료의 전처리가 필요한 경우
① 산성 시료
② 알칼리성 시료
③ 잔류염소가 함유된 시료
④ 용존산소가 과포화된 시료

57 수은을 냉증기-원자흡수분광광도법으로 측정하는 경우에 벤젠, 아세톤 등 휘발성 유기물질이 존재하게 되면 이들 물질 또한 동일한 파장에서 흡광도를 나타내기 때문에 측정을 방해한다. 이 물질들을 제거하기 위해 사용하는 시약은?

㉮ 과망간산포타슘, 헥산
㉯ 염산(1+9), 클로로폼
㉰ 황산(1+9), 클로로폼
㉱ 무수황산소듐, 헥산

[풀이] 벤젠, 아세톤 등 휘발성 유기물질이 존재하면 과망간산포타슘 분해 후 헥산으로 이들 물질을 추출 분리한다.

answer 54 ㉮ 55 ㉯ 56 ㉱ 57 ㉮

58 하천수 채수위치로 적합하지 않은 지점은?

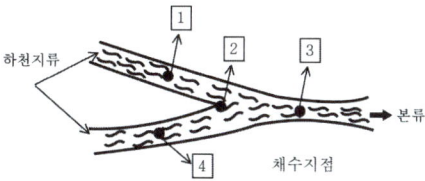

㉮ 1지점 ㉯ 2지점
㉰ 3지점 ㉱ 4지점

풀이 하천지류가 합류하는 경우에는 그림의 합류이전의 각 지점과 합류 이후의 혼합된 지점에서 각각 채수한다.

59 원자흡수분광광도법 광원으로 많이 사용되는 속빈 음극램프에 관한 설명으로 옳은 것은?

㉮ 원자흡광 스펙트럼선의 선폭보다 좁은 선폭을 갖고 휘도가 낮은 스펙트럼을 방사한다.
㉯ 원자흡광 스펙트럼선의 선폭보다 좁은 선폭을 갖고 휘도가 높은 스펙트럼을 방사한다.
㉰ 원자흡광 스펙트럼선의 선폭보다 넓은 선폭을 갖고 휘도가 낮은 스펙트럼을 방사한다.
㉱ 원자흡광 스펙트럼선의 선폭보다 넓은 선폭을 갖고 휘도가 낮은 스펙트럼을 방사한다.

풀이 원자흡수분광광도법 광원으로 많이 사용되는 속빈 음극램프는 원자흡광 스펙트럼선의 선폭보다 좁은 선폭을 갖고 휘도가 높은 스펙트럼선을 방사한다.

60 BOD 측정을 위한 전처리과정에서 용존산소가 과포화된 시료는 수온 (23~25)℃로 하여 몇 분간 통기하고 20℃로 방냉하여 사용하는가?

㉮ 15분   ㉯ 30분
㉰ 45분   ㉱ 60분

풀이 BOD 측정을 위한 전처리과정에서 용존산소가 과포화된 시료는 수온 (23~25)℃로 하여 15분간 통기하고 20℃로 방냉하여 사용한다.

answer 58 ㉱ 59 ㉯ 60 ㉮

2019년 3회 기출문제

제1과목 | 수질오염개론

01 현재 수온이 15℃이고 평균수온이 5℃일 때 수심 2.5m인 물의 1m²에 걸친 열전달속도(kcal/hr)는? (단, 정상상태이며, 5℃에서의 KT = 5.8kcal/hr·m²℃/m)

㉮ 1.32
㉯ 2.32
㉰ 10.2
㉱ 23.2

풀이 열전달속도(kcal/hr)
$$= \frac{5.8\text{kcal}}{\text{hr} \cdot \text{m}^2 \cdot \text{℃/m}} \times \frac{1\text{m}^2}{2.5\text{m}} \times (15-5)\text{℃}$$
$$= 23.2 \text{kcal/hr}$$

02 지표수에 관한 설명으로 옳은 것은?

㉮ 지표수는 지하수보다 경도가 높다.
㉯ 지표수는 지하수에 비해 부유성 유기물질이 적다.
㉰ 지표수는 지하수에 비해 각종 미생물과 세균 번식이 활발하다.
㉱ 지표수는 지하수에 비해 용존된 광물질이 많이 함유되어 있다.

풀이 ㉮ 지표수는 지하수보다 경도가 낮다.
㉯ 지표수는 지하수에 비해 부유성 유기물질이 많다.
㉱ 지표수는 지하수에 비해 용존된 광물질이 적게 함유되어 있다.

03 하천에서 유기물 분산상태를 측정하기 위해 20℃에서 BOD를 측정했을 때 k_1 = 0.2/day이었다. 실제 하천온도가 18℃일 때 탈산소계수(/day)는? (단, 온도보정계수는 1.035)

㉮ 약 0.159
㉯ 약 0.164
㉰ 약 0.172
㉱ 약 0.187

풀이 $k_1(T) = k_1(20℃) \times 1.035^{(T-20)}$
$k_1(18℃) = 0.2/\text{day} \times 1.035^{(18-20)}$
$= 0.187/\text{day}$

04 미생물의 신진대사 과정 중 에너지 발생량이 가장 많은 전자(수소)수용체는?

㉮ 산소
㉯ 질산이온
㉰ 황산이온
㉱ 환원된 유기물

풀이 미생물의 신진대사 과정 중 에너지 발생량이 가장 많은 전자(수소)수용체는 산소이다.

TIP 이 문제는 정답을 암기해야 한다.

---

answer 01 ㉱ 02 ㉰ 03 ㉱ 04 ㉮

05 부영양호(eutrophic lake)의 특성에 해당하는 것은?

㉮ 생산과 소비의 균형
㉯ 낮은 영양 염류
㉰ 조류의 과다발생
㉱ 생물종 다양성 증가

풀이 ㉮ 생산과 소비의 불균형
㉯ 높은 영양 염류
㉱ 생물종 다양성 감소

06 산성비를 정의할 때 기준이 되는 수소이온농도(pH)는?

㉮ 4.3 이하 ㉯ 4.5 이하
㉰ 5.6 이하 ㉱ 6.3 이하

풀이 산성비를 정의할 때 기준이 되는 수소이온농도(pH)는 5.6 이하이며, 주요 원인물질은 SO_X, NO_X, HCl이다.

07 폐수의 분석결과 COD가 400mg/L이었고 BOD_5가 250mg/L이었다면 NBDCOD(mg/L)는? (단, 탈산소계수 k_1(밑이 10) = 0.2/day)

㉮ 68   ㉯ 122
㉰ 189 ㉱ 222

풀이
① $BOD_5 = BOD_u \times (1-10^{-k_1 \times t})$
   $250mg/L = BOD_u \times (1-10^{-0.2/day \times 5day})$
   ∴ $BOD_u = \dfrac{250mg/L}{(1-10^{-0.2/day \times 5day})} = 277.78mg/L$

② COD = BDCOD+NBDCOD
   NBDCOD = COD-BDCOD
   = 400mg/L-277.78mg/L
   = 122.22mg/L

TIP
① BDCOD = BOD_u : 생물학적 분해가능한 COD
② NBDCOD : 생물학적 분해 불가능한 COD

08 해수에 관한 설명으로 옳지 않은 것은?

㉮ 해수의 Mg/Ca 비는 담수에 비해 크다.
㉯ 해수의 밀도는 수온, 수압, 수심 등과 관계없이 일정하다.
㉰ 염분은 적도 해역에서 높고 남북 양극 해역에서 낮다.
㉱ 해수 내 전체 질소 중 35% 정도는 암모니아성 질소, 유기질소 형태이다.

풀이 ㉯ 해수의 밀도는 염분, 수온, 수압의 함수로 수심이 깊을수록 증가한다.

09 수은주 높이 300mm는 수주 몇 mm인가? (단, 표준상태 기준)

㉮ 1,960   ㉯ 3,220
㉰ 3,760   ㉱ 4,078

풀이 $300mmHg \times 13.6 = 4,080 mmH_2O$

TIP
① 수은주 비중 = $\dfrac{10,332 mmH_2O}{760 mmHg}$
   $= 13.6 mmH_2O/mmHg$
② mmHg $\xrightarrow{\times 13.6}$ mmH_2O
③ mmH_2O $\xrightarrow{\div 13.6}$ mmHg

answer 05 ㉰ 06 ㉰ 07 ㉯ 08 ㉯ 09 ㉱

10 여름 정체기간 중 호수의 깊이에 따른 CO_2와 DO 농도의 변화를 설명한 것으로 옳은 것은?

㉮ 표수층에서 CO_2 농도가 DO 농도보다 높다.
㉯ 심해에서 DO 농도는 매우 낮지만 CO_2 농도는 표수층과 큰 차이가 없다.
㉰ 깊이가 깊어질수록 CO_2 농도보다 DO 농도가 높다.
㉱ CO_2 농도와 DO 농도가 같은 지점(깊이)이 존재한다.

> **풀이**
> ㉮ 표수층에서 CO_2 농도가 DO 농도보다 낮다.
> ㉯ 심해에서 DO 농도는 매우 낮지만 CO_2 농도는 표수층보다 아주 많다.
> ㉰ 깊이가 깊어질수록 CO_2 농도보다 DO 농도가 낮다.

11 초기 농도가 100mg/L인 오염물질의 반감기가 10day라고 할 때, 반응속도가 1차 반응을 따를 경우 5일 후 오염물질의 농도(mg/L)는?

㉮ 70.7 ㉯ 75.7
㉰ 80.7 ㉱ 85.7

> **풀이**
> ① 반감기 공식 : $\ln \frac{1}{2} = -k \times t$
> 따라서 $\ln \frac{1}{2} = -k \times 10 day$
> $\therefore k = \dfrac{\ln \frac{1}{2}}{-10 day} = 0.0693/day$
> ② 1차 반응식 : $\ln \dfrac{C_t}{C_o} = -k \times t$
> 따라서 $\ln \left(\dfrac{C_t}{100mg/L} \right) = -0.0693/day \times 5day$
> $\therefore C_t = 100mg/L \times e^{(-0.0693/day \times 5day)} = 70.72mg/L$

12 시험대상 미생물을 50% 치사시킬 수 있는 유출수 또는 시료에 녹아있는 독성물질의 농도를 나타내는 것은?

㉮ TLN_{50} ㉯ LD_{50}
㉰ LC_{50} ㉱ LI_{50}

> **풀이** 시험대상 미생물을 50% 치사시킬 수 있는 유출수 또는 시료에 녹아있는 독성물질의 농도를 나타내는 것은 LC_{50}이다.

13 HCHO(Formaldehyde) 200mg/L의 이론적 COD 값(mg/L)은?

㉮ 163 ㉯ 187
㉰ 213 ㉱ 227

> **풀이**
> $HCHO + O_2 \rightarrow CO_2 + H_2O$
> 30g : 32g
> 200mg/L : COD
> $\therefore COD = \dfrac{32g \times 200mg/L}{30g} = 213.33 mg/L$

> **TIP**
> ① HCHO의 분자량 = 1+12+1+16 = 30
> ② O_2의 분자량 = 16×2 = 32
> ③ COD = 화학적산소요구량

14 반응조에 주입된 물감의 10%, 90%가 유출되기까지의 시간을 각각 t_{10}, t_{90}이라고 할 때 Morrill지수는 $\dfrac{t_{90}}{t_{10}}$으로 나타낸다. 이상적인 Plug flow인 경우의 Morrill지수의 값은?

㉮ 1 보다 작다.   ㉯ 1 보다 크다.
㉰ 1 이다.   ㉱ 0 이다.

answer 10 ㉱ 11 ㉮ 12 ㉰ 13 ㉰ 14 ㉰

풀이 CFSTR과 PFR의 비교

	CFSTR	PFR
분산	1	0
분산수	무한대(∞)	0
모릴지수	클수록	1
지체시간	0	이론적 체류시간과 동일할 때

15 생물학적 처리공정의 미생물에 관한 설명으로 틀린 것은?

㉮ 활성슬러지 공정 내의 미생물은 Pseudomonas, Zoogloea, Archromobacter 등이 있다.
㉯ 사상성 미생물인 Protozoa가 나타나면 응집이 안 되고 슬러지 벌킹 현상이 일어난다.
㉰ 질산화를 일으키는 박테리아는 Nitrosomonas와 Nitrobacter 등이 있다.
㉱ 포기조에서 호기성 및 임의성 박테리아는 새로운 세포를 변화시키는 합성과정의 에너지를 얻기 위하여 유기물의 일부를 이용한다.

풀이 ㉯ 사상성 미생물인 Sphaerotius(스페로티러스)가 나타나면 응집이 안 되고 슬러지벌킹 현상이 일어난다.

TIP
Protozoa는 원생동물을 의미하며, 크기는 거의 100μm 이내이며, 용해성 유기물 또는 세균을 섭취하며, 위족류, 편모충류, 섬모충류의 종류로 나뉘어 진다.

16 유기성 폐수에 관한 설명 중 옳지 않은 것은?

㉮ 유기성 폐수의 생물학적 산화는 수서세균에 의하여 생산되는 산소로 진행되므로 화학적 산화와 동일하다고 할 수 있다.
㉯ 생물학적 처리의 영향 조건에는 C/N비, 온도, 공기 공급정도 등이 있다.
㉰ 유기성 폐수는 C, H, O를 주성분으로 하고 소량의 N, P, S 등을 포함하고 있다.
㉱ 미생물이 물질대사를 일으켜 세포를 합성하게 되는 데 실제로 생성된 세포량은 합성된 세포량에서 내 호흡에 의한 감량을 뺀 것과 같다.

풀이 ㉮ 유기성 폐수의 생물학적 산화는 공기중의 산소가 녹은 용존산소에 의하여 진행되므로 화학적 산화와는 다르다.

17 촉매에 관한 내용으로 옳지 않은 것은?

㉮ 반응속도를 느리게 하는 효과가 있는 것을 역촉매라고 한다.
㉯ 반응의 역할에 따라 반응 후 본래 상태로 회복여부가 결정된다.
㉰ 반응의 최종 평형상태에는 아무런 영향을 미치지 않는다.
㉱ 화학반응의 속도를 변화시키는 능력을 가지고 있다.

풀이 ㉯ 반응의 종류에 따라 반응 후 본래 상태로 회복여부가 결정된다.

answer 15 ㉯ 16 ㉮ 17 ㉯

18 하천의 수질모델링 중 다음 설명에 해당하는 모델은?

> - 하천의 수리학적 모델, 수질모델, 독성물질의 거동모델 등을 고려할 수 있으며, 1차원, 2차원, 3차원까지 고려할 수 있음
> - 수질항목간의 상태적 반응기작을 Streeter-Phelps식부터 수정
> - 수질에 저질이 미치는 영향을 보다 상세히 고려한 모델

㉮ QUAL-Ⅰ model ㉯ WORRS model
㉰ QUAL-Ⅱ model ㉱ WASP5 model

풀이 ㉱ WASP5 model에 대한 설명이다.

19 탈산소 계수(상용대수 기준)가 0.12/day인 폐수의 BOD_5는 200mg/L이다. 이 폐수가 3일 후에 미분해되고 남아 있는 BOD(mg/L)는?

㉮ 67 ㉯ 87
㉰ 117 ㉱ 127

풀이 ① $BOD_5 = BOD_u \times (1-10^{-k_1 \times t})$
  $200mg/L = BOD_u \times (1-10^{-0.12/day \times 5day})$
  $\therefore BOD_u = \dfrac{200mg/L}{1-10^{-0.12/day \times 5day}} = 267.09mg/L$

② 3일 후 남아있는 BOD를 구한다.
  $BOD_3 = BOD_u \times (10^{-k_1 \times t})$
  $= 267.09mg/L \times (10^{-0.12/day \times 3day})$
  $= 116.59mg/L$

TIP
① 3일 후에 미분해되고 남아 있는 BOD(mg/L) 농도는 잔류(잔존)공식을 이용함에 주의해야 한다.
② 상용대수 기준이면 밑수는 10
③ 자연대수 기준이면 밑수는 e

20 물 100g에 30g의 NaCl을 가하여 용해시키면 몇 %(w/w)의 NaCl 용액이 조제되는가?

㉮ 15 ㉯ 23
㉰ 31 ㉱ 42

풀이 $\%(w/w) = \dfrac{용질(g)}{용질(g)+용매(g)} \times 100$

$= \dfrac{30g}{30g+100g} \times 100$

$= 23.08\%$

| 제2과목 | 수질오염방지기술

21 SS가 8,000mg/L인 분뇨를 전처리에서 15%, 1차 처리에서 80%의 SS를 제거하였을 때 1차 처리 후 유출되는 분뇨의 SS 농도(mg/L)는?

㉮ 1,360 ㉯ 2,550
㉰ 2,750 ㉱ 2,950

풀이 $\left(1 - \dfrac{SS_o}{SS_i}\right) = 1-(1-\eta_1) \times (1-\eta_2)$

$\left(1 - \dfrac{SS_o}{8,000mg/L}\right) = 1-(1-0.15) \times (1-0.80)$

$\therefore SS_o = 8,000mg/L \times (1-0.15) \times (1-0.80) = 1,360mg/L$

TIP
① $\eta_T = \left(1 - \dfrac{SS_o}{SS_i}\right)$
② $\eta_T = 1-(1-\eta_1) \times (1-\eta_2)$

answer 18 ㉱ 19 ㉰ 20 ㉯ 21 ㉮

22 산업폐수 중에 존재하는 용존무기탄소 및 용존암모니아(NH_4^+)의 기체를 제거하기 위한 가장 적절한 처리방법은?

㉮ 용존무기탄소 : pH 10 + Air Stripping
　 용존암모니아 : pH 10 + Air Stripping
㉯ 용존무기탄소 : pH 9 + Air Stripping
　 용존암모니아 : pH 4 + Air Stripping
㉰ 용존무기탄소 : pH 4 + Air Stripping
　 용존암모니아 : pH 10 + Air Stripping
㉱ 용존무기탄소 : pH 4 + Air Stripping
　 용존암모니아 : pH 4 + Air Stripping

풀이 용존무기탄소와 용존암모니아 처리방법
① 용존무기탄소는 pH 4에서 탈기법(Air Stripping)으로 처리한다.
② 용존암모니아는 pH 10에서 탈기법(Air Stripping)으로 처리한다.

23 길이 23m, 폭 8m, 깊이 2.3m인 직사각형 침전지가 3,000㎥/day의 하수를 처리할 경우, 표면부하율(m/day)은?

㉮ 10.5　　㉯ 16.3
㉰ 20.6　　㉱ 33.4

풀이
$$\text{표면부하율(m/day)} = \frac{Q(m^3/day)}{A(m^2)} = \frac{Q(m^3/day)}{\text{길이}(m) \times \text{폭}(m)}$$
$$= \frac{3,000 m^3/day}{23m \times 8m}$$
$$= 16.30 m/day$$

TIP
① 표면부하율($m^3/m^2 \cdot day$) = $\frac{Q(m^3/day)}{A(m^2)}$

$= \frac{Q(m^3/day)}{\text{길이}(m) \times \text{폭}(m)}$

$= \frac{\text{수심}(m)}{\text{체류시간}(day)}$

② 표면(적) 부하율 = 수면(적) 부하율
③ $m^3/m^2 \cdot day = m/day$

24 폐수처리법 중에서 고액분리법이 아닌 것은?

㉮ 부상분리법
㉯ 원심분리법
㉰ 여과법
㉱ 이온교환법, 전기투석법

풀이 고액분리법이란 고체와 액체를 분리하는 방법으로 부상분리법, 원심분리법, 여과법이 해당한다.

25 폐수특성에 따른 적합한 처리법으로 옳지 않은 것은?

㉮ 비소 함유폐수 - 수산화 제2철 공침법
㉯ 시안 함유폐수 - 오존 산화법
㉰ 6가 크롬 함유폐수 - 알칼리 염소법
㉱ 카드뮴 함유폐수 - 황화물 침전법

풀이 ㉰ 6가 크롬 함유폐수 - 수산화물 침전법

26 오존 살균에 관한 내용으로 옳지 않은 것은?

㉮ 오존은 비교적 불안정하며 공기나 산소로부터 발생시킨다.
㉯ 오존은 강력한 환원제로 염소와 비슷한 살균력을 갖는다.
㉰ 오존처리는 용존 고형물을 생성하지 않는다.
㉱ 오존처리는 암모늄이온이나 pH의 영향을 받지 않는다.

풀이 ㉯ 오존은 강력한 산화제로 염소보다 강력한 살균력을 갖는다.

answer 22 ㉰　23 ㉯　24 ㉱　25 ㉰　26 ㉯

27 정수시설 중 취수시설인 침사지 구조에 대한 내용으로 옳은 것은?

㉮ 표면 부하율은 2~5m/min을 표준으로 한다.
㉯ 지내 평균유속은 30cm/sec 이하를 표준으로 한다.
㉰ 지의 상단높이는 고수위보다 0.6~1m의 여유고를 둔다.
㉱ 지의 유효수심은 2~3m를 표준으로 하고 퇴사심도는 1m 이하로 한다.

풀이
㉮ 표면 부하율은 0.2~0.5m/min을 표준으로 한다.
㉯ 지내 평균유속은 2~7cm/sec 이하를 표준으로 한다.
㉱ 지의 유효수심은 3~4m를 표준으로 하고 퇴사심도는 0.5~1m 로 한다.

28 최종침전지에서 발생하는 침전성이 양호한 슬러지의 부상(sludge rising) 원인을 가장 알맞게 설명한 것은?

㉮ 침전조의 슬러지 압밀 작용에 의한다.
㉯ 침전조의 탈질화 작용에 의한다.
㉰ 침전조의 질산화 작용에 의한다.
㉱ 사상균류의 출현에 의한다.

풀이 최종침전지에서 발생하는 침전성이 양호한 슬러지 부상의 원인은 침전조의 탈질화 작용이다.

29 액체염소의 주입으로 생성된 유리염소, 결합잔류염소의 살균력이 바르게 나열된 것은?

㉮ HOCl > Chloramines > OCl⁻
㉯ HOCl > OCl⁻ > Chloramines
㉰ OCl⁻ > HOCl > Chloramines
㉱ OCl⁻ > Chloramines > HOCl

풀이 살균력의 순서는 HOCl > OCl⁻ > Chloramines 순서이다.

TIP
① HOCl이 OCl⁻보다 살균력이 80배 이상 강하다.
② 클로라민의 살균력은 약하나 소독 후 물에 이취미가 없고 살균작용이 오래 지속된다.

30 슬러지 개량방법 중 세정(Elutriation)에 관한 설명으로 옳지 않은 것은?

㉮ 알카리도를 줄이고 슬러지탈수에 사용되는 응집제량을 줄일 수 있다.
㉯ 비료성분의 순도가 높아져 가치를 상승시킬 수 있다.
㉰ 소화슬러지를 물과 혼합시킨 다음 재침전 시킨다.
㉱ 슬러지 탈수 특성을 좋게 하기 위한 직접적인 방법은 아니다.

풀이 ㉯ 비료성분의 순도가 낮아져 비료의 가치가 낮다.

31 활성슬러지 공정 운영에 대한 설명으로 옳지 않은 것은?

㉮ 포기조 내의 미생물 체류시간을 증가시키기 위해 잉여슬러지 배출량을 감소시켰다.
㉯ F/M비를 낮추기 위해 잉여슬러지 배출량을 줄이고 반송유량을 증가시켰다.
㉰ 2차 침전지에서 슬러지가 상승하는 현상이 나타나 잉여슬러지 배출량을 증가시켰다.
㉱ 핀 플록(pin floc) 현상이 발생하여 잉여슬러지 배출량을 감소시켰다.

풀이 ㉱ 핀 플록 현상이 발생하여 잉여슬러지 배출량을 증가시켰다.

answer 27 ㉰ 28 ㉯ 29 ㉯ 30 ㉯ 31 ㉱

32 완전혼합 활성슬러지 공정으로 용해성 BOD_5가 250mg/L인 유기성폐수가 처리되고 있다. 유량이 15,000m³/day이고 반응조 부피가 5,000m³ 일 때 용적부하율(kg BOD_5/m³·day)은?

㉮ 0.45 ㉯ 0.55
㉰ 0.65 ㉱ 0.75

풀이 BOD_5 용적부하(kg/m³·day)
$= \dfrac{BOD_5(kg/m^3) \times Q(m^3/day)}{V(m^3)}$
$= \dfrac{0.25kg/m^3 \times 15,000m^3/day}{5,000m^3}$
$= 0.75 kg/m^3 \cdot day$

TIP
① mg/L $\xrightarrow{\times 10^{-3}}$ kg/m³
② 250mg/L $\xrightarrow{\times 10^{-3}}$ 0.25kg/m³

33 미생물의 고정화를 위한 펠렛(Pellet)재료로서 이상적인 요구조건에 해당되지 않는 것은?

㉮ 처리, 처분이 용이할 것
㉯ 압축강도가 높을 것
㉰ 암모니아 분배계수가 낮을 것
㉱ 고정화 시 활성수율과 배양후의 활성이 높을 것

풀이 ㉰ 암모니아 분배계수가 높을 것

34 흡착과 관련된 등온흡착식으로 볼 수 없는 것은?

㉮ Langmuir 식 ㉯ Freundlich 식
㉰ AET 식 ㉱ BET 식

풀이 흡착과 관련된 등온흡착식은 Langmuir 식, Freundlich 식, BET 식이 해당된다.

35 슬러지의 함수율이 95%에서 90%로 줄어들면 슬러지의 부피는? (단, 슬러지 비중은 1.0)

㉮ 2/3로 감소한다.
㉯ 1/2로 감소한다.
㉰ 1/3로 감소한다.
㉱ 3/4로 감소한다.

풀이 $V_1 \times (100-P_1) = V_2 \times (100-P_2)$
$V_1 \times (100-95) = V_2 \times (100-90)$
$\therefore \dfrac{V_2}{V_1} = \dfrac{(100-95)}{(100-90)} = \dfrac{5}{10} = \dfrac{1}{2}$

36 염소의 살균력에 관한 설명으로 옳지 않은 것은?

㉮ 살균강도는 $HOCl$가 OCl^- 의 80배 이상 강하다.
㉯ 염소의 살균력은 온도가 높고, pH가 낮을 때 강하다.
㉰ chloramines은 소독 후 물에 이취미를 발생시키지는 않으나 살균력이 약하여 살균작용이 오래 지속되지 않는다.
㉱ 염소는 대장균 소화기 계통의 감염성 병원균에 특히 살균효과가 크나 바이러스는 염소에 대한 저항성이 커 일부 생존할 염려가 크다.

풀이 ㉰ chloramines은 소독 후 물에 이취미를 발생시키지 않으며, 살균력은 약하나 살균작용은 오래 지속된다.

answer 32 ㉱ 33 ㉰ 34 ㉰ 35 ㉯ 36 ㉰

37 농축조 설치를 위한 회분침강농축시험의 결과가 아래와 같을 때 슬러지의 초기농도가 20g/L면 5시간 정치 후의 슬러지의 평균농도(g/L)는? (단, 슬러지농도 : 계면 아래의 슬러지의 농도를 말함)

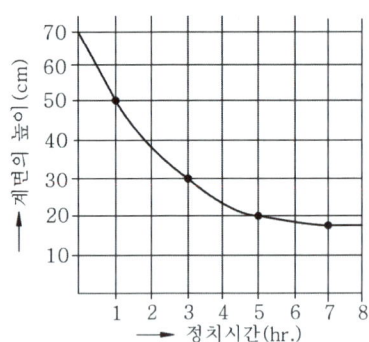

㉮ 50 ㉯ 60
㉰ 70 ㉱ 80

▶풀이 슬러지의 평균농도(g/L)
= 초기농도(g/L)× $\dfrac{\text{초기 계면의 높이(cm)}}{\text{5시간 농축 후 계면의 높이(cm)}}$
= 20g/L× $\dfrac{70cm}{20cm}$
= 70g/L

38 탈질공정의 외부탄소원으로 쓰이지 않는 것은?

㉮ 메탄올 ㉯ 소화조 상징액
㉰ 초산 ㉱ 생석회

▶풀이 ㉱ 생석회는 응집제이다.

TIP
① 메탄올 = 메틸알콜 = CH_3OH
② 초산 = 아세트산 = CH_3COOH

39 철과 망간 제거방법에 사용되는 산화제는?

㉮ 과망간산염
㉯ 수산화소듐
㉰ 산화칼슘
㉱ 석회

▶풀이 철과 망간 제거방법에 사용되는 산화제는 과망간산염(MnO_4)이다.

40 폐수량 500m³/day, BOD 1,000mg/L인 폐수를 살수여상으로 처리하는 경우 여재에 대한 BOD부하를 0.2kg/m³·day로 할 때 여상의 용적(m³)은?

㉮ 250 ㉯ 500
㉰ 1,500 ㉱ 2,500

▶풀이 BOD 용적부하(kg/m³·day)
= $\dfrac{BOD(kg/m^3) \times Q(m^3/day)}{V(m^3)}$

따라서 0.2kg/m³·day = $\dfrac{1kg/m^3 \times 500m^3/day}{V(m^3)}$

∴ V = 2,500m³

TIP
① mg/L $\xrightarrow{\times 10^{-3}}$ kg/m³
② 1,000mg/L $\xrightarrow{\times 10^{-3}}$ 1kg/m³

answer 37 ㉰ 38 ㉱ 39 ㉮ 40 ㉱

| 제3과목 | 수질오염공정시험기준

41 시료 중 분석 대상 물질의 농도를 포함하도록 범위를 설정하고, 분석물질의 농도변화에 따른 지시값을 나타내는 방법이 아닌 것은?

㉮ 내부표준법　　㉯ 검정곡선법
㉰ 최확수법　　　㉱ 표준물첨가법

풀이 검정곡선의 종류에는 내부표준법, 검정곡선법, 표준물첨가법이 있다.

42 총칙 중 온도표시에 관한 내용으로 옳지 않은 것은?

㉮ 냉수는 15℃ 이하를 말한다.
㉯ 찬 곳은 따로 규정이 없는 한 (4~15)℃의 곳을 뜻한다.
㉰ 시험은 따로 규정이 없는 한 상온에서 조작하고 조작 직후에 그 결과를 관찰한다.
㉱ 온수는 (60~70)℃를 말한다.

풀이 ㉯ 찬 곳은 따로 규정이 없는 한 (0~15)℃의 곳을 뜻한다.

43 BOD 실험을 할 때 사전경험이 없는 경우 용존산소가 적당히 감소되도록 시료를 희석한 조합 중 틀린 것은?

㉮ 오염된 하천수 : 25%~100%
㉯ 처리하지 않은 공장폐수와 침전된 하수 : 5%~15%
㉰ 처리하여 방류된 공장폐수 : 5%~25%
㉱ 오염정도가 심한 공장폐수 : 0.1%~1.0%

풀이 ㉯ 처리하지 않은 공장폐수와 침전된 하수 : 1%~5%

44 유량 측정 시 적용되는 웨어의 웨어판에 관한 기준으로 알맞은 것은?

㉮ 웨어판 안측의 가장자리는 곡선이어야 한다.
㉯ 웨어판은 수로의 장축에 직각 또는 수직으로 하여 말단의 바깥틀에 누수가 없도록 고정한다.
㉰ 직각 3각 웨어판의 유량측정공식은 $Q = k \cdot b \cdot h^{3/2}$ 이다. (k : 유량계수, b : 수로폭, h : 수두)
㉱ 웨어판의 재료는 10mm 이상의 두께를 갖는 내구성이 강한 철판으로 하여야 한다.

풀이 ㉮ 웨어판 안측의 가장자리는 직선이어야 한다.
㉰ 직각 3각 웨어판의 유량측정공식은 $Q = k \cdot h^{5/2}$ 이다. (k : 유량계수, h : 수두)
㉱ 웨어판의 재료는 3mm 이상의 두께를 갖는 내구성이 강한 철판으로 하여야 한다.

45 기체크로마토그래피법에 의한 폴리클로리네이티드비페닐 분석 시 이용하는 검출기로 가장 적절한 것은?

㉮ ECD　　㉯ FID
㉰ FPD　　㉱ TCD

풀이 기체크로마토그래피법에 의한 폴리클로리네이티드비페닐(PCBs) 분석 시 이용하는 검출기는 전자포획형검출기(ECD)이다.

TIP
검출기 명칭
① ECD : 전자포획형 검출기
② FID : 불꽃이온화 검출기
③ FPD : 불꽃광도 검출기
④ TCD : 열전도도 검출기

answer 41 ㉰　42 ㉯　43 ㉯　44 ㉯　45 ㉮

46 수질오염공정시험기준 망간의 시험방법으로 틀린 것은?

㉮ 원자흡수분광광도법
㉯ 유도결합플라스마-원자발광분광법
㉰ 유도결합플라스마-질량분석법
㉱ 양극벗김전압전류법

풀이 망간의 시험방법
① 원자흡수분광광도법
② 유도결합플라스마-원자발광분광법
③ 유도결합플라스마-질량분석법

47 용존산소를 전극법으로 측정할 때에 관한 내용으로 틀린 것은?

㉮ 정량한계는 0.1mg/L이다.
㉯ 격막 필름은 가스를 선택적으로 통과시키지 못하므로 장시간 사용 시 황화수소 가스의 유입으로 감도가 낮아질 수 있다.
㉰ 정확도는 수중의 용존산소를 윙클러 아자이드화소듐 변법으로 측정한 결과와 비교하여 산출한다.
㉱ 정확도는 4회 이상 측정하여 측정 평균값의 상대백분율로서 나타내며 그 값이 95%~105% 이내이어야 한다.

풀이 ㉮ 정량한계는 0.5mg/L이다.

TIP
① 적정법의 정량한계는 0.1mg/L이다.
② 분석법에는 적정법, 전극법, 광학식센서방법이 있다.

48 자외선/가시선 분광법에 의한 수질용 분석기의 파장 범위(nm)로 가장 알맞은 것은?

㉮ 0~200   ㉯ 50~300
㉰ 100~500 ㉱ 200~900

풀이 자외선/가시선 분광법에 의한 수질용 분석기의 파장 범위는 200nm~900nm이다.

49 흡광광도법에 대한 설명으로 옳지 않은 것은?

㉮ 흡광광도법은 빛이 시료용액 중을 통과할 때 흡수나 산란 등에 의하여 강도가 변화하는 것을 이용하는 분석방법이다.
㉯ 흡광광도 분석장치를 이용할 때는 최고의 투과도를 얻을 수 있는 흡수파장을 선택해야 한다.
㉰ 흡광광도 분석장치로는 광원부, 파장선택부, 시료부 및 측광부로 구성되어 있다.
㉱ 흡광광도법의 기본이 되는 램비어트-비어의 법칙은 $A = \log \frac{I_o}{I}$로 표시할 수 있다.

풀이 ㉯ 흡광광도 분석장치를 이용할 때는 최저의 투과도를 얻을 수 있는 흡수파장을 선택해야 한다.

TIP
① 흡광광도법은 자외선/가시선 분광법이다.
② 흡광도(A) $= \log \frac{1}{\text{투과도}} = \log \frac{1}{\frac{I}{I_o}} = \log \frac{I_o}{I}$

answer 46 ㉱ 47 ㉮ 48 ㉱ 49 ㉯

50 4-아미노안티피린법에 의한 페놀의 정색반응을 방해하지 않는 물질은?

㉮ 질소 화합물   ㉯ 황 화합물
㉰ 오일   ㉱ 타르

풀이 간섭물질
① 황화합물 : 인산(H_3PO_4)을 사용하여 pH 4로 산성화하여 교반하면 황화수소(H_2S)나 이산화황(SO_2)으로 제거할 수 있다.
② 오일과 타르 : 수산화소듐을 사용하여 시료의 pH를 12~12.5로 조절한 후 클로로폼으로 용매 추출하여 제거할 수 있다.

TIP 페놀의 4-아미노안티피린법은 자외선/가시선분광법에 해당한다.

51 수질 시료의 전처리 방법이 아닌 것은?

㉮ 산분해법
㉯ 가열법
㉰ 마이크로파 산분해법
㉱ 용매추출법

풀이 수질 시료의 전처리 방법으로는 산분해법, 마이크로파 산분해법, 회화에 의한 분해법, 용매추출법이 있다.

52 다이페닐카바자이드를 작용시켜 생성되는 적자색의 착화합물의 흡광도를 540nm에서 측정하여 정량하는 항목은?

㉮ 카드뮴   ㉯ 6가 크롬
㉰ 비소   ㉱ 니켈

풀이 다이페닐카바자이드를 작용시켜 생성되는 적자색의 착화합물의 흡광도를 540nm에서 측정하여 정량하는 항목은 6가 크롬(Cr^{6+})이다.

TIP 6가 크롬의 다이페닐카바자이드법은 자외선/가시선 분광법에 해당한다.

53 피토우관 압력 수두 차이는 5.1cm이다. 지시계 유체인 수은의 비중이 13.55일 때 물의 유속(m/sec)은?

㉮ 3.68   ㉯ 4.12
㉰ 5.72   ㉱ 6.86

풀이 유속(V) = $\sqrt{2 \times g \times h}$
= $\sqrt{2 \times 9.8 m/sec^2 \times (0.051 \times 13.55)m}$
= 3.68m/sec

TIP
① mmHg $\xrightarrow{\times 13.55}$ mmH$_2$O
② mmH$_2$O $\xrightarrow{\div 13.55}$ mmHg

54 노말헥산 추출물질 시험 결과가 다음과 같을 때 노말헥산 추출물질의 농도(mg/L)는? (단, 건조증발용 플라스크의 무게 = 52.0124g, 추출건조 후 증발용 플라스크와 잔유물질 무게 = 52.0246g, 시료의 양 = 2L)

㉮ 약 2   ㉯ 약 4
㉰ 약 6   ㉱ 약 8

풀이 노말헥산 추출물질의 농도(mg/L)
= $\dfrac{(52.0246g - 52.0124g) \times 10^3 mg/g}{2L}$
= 6.1mg/L

answer 50 ㉮   51 ㉯   52 ㉯   53 ㉮   54 ㉰

55 용액 중 CN^- 농도를 2.6mg/L로 만들려고 하면 물 1,000L에 용해될 NaCN의 양(g)은? (단, Na의 원자량은 23)

㉮ 약 5 ㉯ 약 10
㉰ 약 15 ㉱ 약 20

풀이
NaCN : CN^-
49g : 26g
X : 2.6mg/L×10^{-3}g/mg×1,000L
따라서 X = 4.9g

TIP
① NaCN의 분자량 = 23+12+14 = 49
② mg/L $\xrightarrow{×10^{-3}}$ g/L

56 자외선/가시선 분광법–이염화주석환원법으로 인산염인을 분석할 때 흡광도 측정 파장(nm)은?

㉮ 550 ㉯ 590
㉰ 650 ㉱ 690

풀이 물속에 존재하는 인산염인을 측정하기 위하여 시료 중의 인산염인이 몰리브덴산 암모늄과 반응하여 생성된 몰리브덴산인 암모늄을 이염화주석으로 환원하여 생성된 몰리브덴 청의 흡광도를 690nm에서 측정하는 방법이다.

TIP
인산염인(PO_4-P) 시험방법

시험방법	정량한계	측정파장
자외선/가시선 분광법 (이염화주석환원법)	0.003mg/L	690nm
자외선/가시선 분광법 (아스코르빈산환원법)	0.003mg/L	880nm
이온크로마토그래피	0.1mg/L	-

57 pH를 20℃에서 4.00로 유지하는 표준용액은?

㉮ 수산염 표준액 ㉯ 인산염 표준액
㉰ 프탈산염 표준액 ㉱ 붕산염 표준액

풀이 20℃에서 pH 값
㉮ 수산염 표준액 : 1.68
㉯ 인산염 표준액 : 6.88
㉰ 프탈산염 표준액 : 4.00
㉱ 붕산염 표준액 : 9.22

TIP
온도별 표준용액의 pH값
수산염 < 프탈산염 < 인산염 < 붕산염 < 탄산염 < 수산화칼슘
(암기법) 수프인 7부옷에 탄숨

58 페놀류–자외선/가시선 분광법 측정 시 클로로폼추출법, 직접측정법 정량한계(mg/L)를 순서대로 옳게 나열한 것은?

㉮ 0.003, 0.03 ㉯ 0.03, 0.003
㉰ 0.005, 0.05 ㉱ 0.05, 0.005

풀이 페놀류–자외선/가시선 분광법 측정 시 정량한계 및 측정파장
① 클로로폼추출법 : 0.005mg/L, 460nm
② 직접측정법 : 0.05mg/L, 510nm

answer 55 ㉮ 56 ㉱ 57 ㉰ 58 ㉰

59 취급 또는 저장하는 동안에 이물질이 들어가거나 또는 내용물이 손실되지 아니하도록 보호하는 용기는?

㉮ 차광용기
㉯ 밀봉용기
㉰ 밀폐용기
㉱ 기밀용기

풀이
㉮ 차광용기 : 광선
㉯ 밀봉용기 : 미생물
㉰ 밀폐용기 : 이물질
㉱ 기밀용기 : 공기

60 다이크롬산포타슘에 의한 화학적산소요구량 측정 시 염소이온의 양이 40mg 이상 공존할 경우 첨가하는 시약과 염소이온의 비율은?

㉮ $HgSO_4 : Cl^- = 5 : 1$
㉯ $HgSO_4 : Cl^- = 10 : 1$
㉰ $AgSO_4 : Cl^- = 5 : 1$
㉱ $AgSO_4 : Cl^- = 10 : 1$

풀이 다이크롬산포타슘에 의한 화학적산소요구량 측정 시 염소이온의 양이 40mg 이상 공존할 경우 $HgSO_4 : Cl^- = 10 : 1$의 비율은 10 : 1이다.

answer 59 ㉰   60 ㉯

2020 1·2회 기출문제

| 제1과목 | 수질오염개론

01 성층현상이 있는 호수에서 수온의 큰 변화가 있는 층은 어디인가?

㉮ hypolimnion ㉯ thermocline
㉰ sedimentation ㉱ epilimnion

풀이 성층현상이 있는 호수에서 수온의 큰 변화가 있는 층은 수온약층(thermocline)이다.

02 녹조류가 가장 많이 번식하였을 때 호수 표수층의 pH는 얼마인가?

㉮ 6.5 ㉯ 7.0
㉰ 7.5 ㉱ 9.0

풀이 녹조류가 가장 많이 번식하였을 때 호수에서는 광합성작용이 일어나며, 이 때 호수의 이산화탄소(CO_2)가 감소하므로 표수층의 pH는 9.0 이상으로 증가한다.

03 경도와 알칼리도에 관한 설명으로 옳지 않은 것은?

㉮ 총알칼리도는 M-알칼리도와 P-알칼리도를 합친 값이다.
㉯ '총경도 ≤ M-알칼리도' 일 때 '탄산경도 = 총경도'이다.
㉰ 알칼리도, 산도는 pH 4.5~8.3 사이에서 공존한다.
㉱ 알칼리도 유발물질은 CO_3^{2-}, HCO_3^-, OH^- 등이다.

풀이 ㉮ 총알칼리도(T-알칼리도)는 M-알칼리도이다.

04 비점오염원에 관한 설명으로 가장 거리가 먼 것은?

㉮ 광범위한 지역에 걸쳐 발생한다.
㉯ 강우시 발생되는 유출수에 의한 오염이다.
㉰ 발생량의 예측과 정량화가 어렵다
㉱ 대부분이 도시하수처리장에서 처리된다.

풀이 ㉱ 대부분 처리되지 못하고 하천으로 유입된다.

TIP
① 점오염원 : 폐수배출시설, 하수발생시설, 축사 등으로 관거·수로 등을 통하여 일정한 지점으로 수질오염물질을 배출하는 배출원을 말한다.
② 비점오염원 : 도시, 도로, 농지, 산지, 공사장 등으로서 불특정 장소에서 불특정하게 수질오염물질을 배출하는 배출원을 말한다.

05 바닷물 중에는 0.054M의 $MgCl_2$가 포함되어 있다. 바닷물 250mL에는 몇 g의 $MgCl_2$가 포함되어 있는가? (단, 원자량 : Mg = 24.3, Cl = 35.5)

㉮ 약 0.8 ㉯ 약 1.3
㉰ 약 2.6 ㉱ 약 3.8

answer 01 ㉯ 02 ㉱ 03 ㉮ 04 ㉱ 05 ㉯

풀이 $MgCl_2$의 1mol = 95.3g

$$\frac{mol}{L} = \frac{w(g)}{V(L)} \times \frac{1 moL}{분자량(g)}$$

$$0.054 M(mol/L) = \frac{w(g)}{0.25L} \times \frac{1 moL}{95.3g}$$

$\therefore$ w = 1.29g

TIP
① M농도의 단위는 mol/L
② 1mol = 분자량(g)
③ $MgCl_2$의 분자량 = 24.3+35.5×2 = 95.3g

06 미생물에 관한 설명으로 옳지 않은 것은?

㉮ 진핵세포는 핵막이 있으나 원핵세포는 없다.
㉯ 세포소기관인 리보솜은 원핵세포에 존재하지 않는다.
㉰ 조류는 진핵미생물로 엽록체라는 세포 소기관이 있다.
㉱ 진핵세포는 유사분열을 한다.

풀이 ㉯ 세포성분인 리보솜은 원핵세포에 존재한다.

07 Ca^{2+}이온의 농도가 20mg/L, Mg^{2+} 이온의 농도가 1.2mg/L인 물의 경도(mg/L as $CaCO_3$)는 얼마인가? (단, Ca = 40, Mg = 24)

㉮ 40   ㉯ 45
㉰ 50   ㉱ 55

풀이
$$\frac{경도(mg/L)}{50g} = \frac{Ca^{2+}mg/L}{20g} + \frac{Mg^{2+}mg/L}{12g}$$

$$= \frac{20mg/L}{20g} + \frac{1.2mg/L}{12g}$$

$\therefore$ 경도 = 55mg/L

TIP
① 경도유발물질 : 2가 양이온 금속성 물질(Ca^{2+}, Mg^{2+}, Mn^{2+}, Fe^{2+}, Sr^{2+})
(암기법 : 경철망은 칼슘마 있스!!)
② 기준물질 : 탄산칼슘($CaCO_3$)

08 유해물질과 중독증상과의 연결이 잘못된 것은?

㉮ 카드뮴- 골연화증, 고혈압, 위장장애 유발
㉯ 구리 - 과다 섭취 시 구토와 복통, 만성중독 시 간경변 유발
㉰ 납 - 다발성 신경염, 신경장애 유발
㉱ 크롬 - 피부점막, 호흡기로 흡입되어 전신마비, 피부염 유발

풀이 ㉱ 크롬 - 비점막 염증, 간 및 신장 장애

09 수질오염의 정의는 오염물질이 수계의 자정능력을 초과하여 유입되어 수체가 이용목적에 적합하지 않게 된 상태를 의미하는데, 다음 중 수질오염현상으로 볼 수 없는 것은?

㉮ 수중에 산소가 고갈되어 지는 현상
㉯ 중금속의 유입에 따른 오염
㉰ 질소나 인과 같은 무기물질이 수계에 소량 유입되는 현상
㉱ 전염성 세균에 의한 오염

풀이 ㉰ 질소나 인과 같은 무기물질이 수계에 다량 유입되는 현상

answer 06 ㉯ 07 ㉱ 08 ㉱ 09 ㉰

10 크롬중독에 관한 설명으로 틀린 것은?

㉮ 크롬에 의한 급성중독의 특징은 심한 신장장애를 일으키는 것이다.
㉯ 3가 크롬은 피부흡수가 어려우나 6가 크롬은 쉽게 피부를 통과한다.
㉰ 자연 중의 크롬은 주로 3가 형태로 존재한다.
㉱ 만성크롬 중독인 경우에는 BAL 등의 금속배설촉진제의 효과가 크다.

풀이 ㉱ 만성크롬 중독인 경우에는 BAL 등의 금속배설촉진제의 효과가 작다.

TIP
BAL(British anti-lewisite)는 중금속 중독에 대한 해독제이다.

11 Marson과 Kolkwitz의 하천자정 단계 중 심한 악취가 없어지고 수중 저니의 산화(수산화철 형성)로 인해 색이 호전되며 수질도에서 노란색으로 표시하는 수역은?

㉮ 강부수성 수역(Polysaprobic)
㉯ α-중부수성 수역(α-mesosaprobic)
㉰ β-중부수성 수역(β-mesosaprobic)
㉱ 빈부수성 수역(Oligosaprobic)

풀이 수질도 색깔별 표시
㉮ 강부수성 수역 : 적색(빨간색)
㉯ α-중부수성 수역 : 노란색
㉰ β-중부수성 수역 : 초록색
㉱ 빈부수성 수역 : 파란색

TIP
단계별 색깔 암기방법
빨강/노루알이/초록배타고/블루빈하네

12 25℃, pH 4.35인 용액에서 [OH^-]의 농도(mol/L)는 얼마인가?

㉮ 4.47×10^{-5}
㉯ 6.54×10^{-7}
㉰ 7.66×10^{-9}
㉱ 2.24×10^{-10}

풀이 ① pH+pOH = 14
∴ pOH = 14-pH = 14-4.35 = 9.65
② pOH = -log[OH^-]에서 [OH^-] = 10^{-pOH} mol/L
따라서 pOH = 9.65이므로
[OH^-] = 10^{-pOH} mol/L
= $10^{-9.65}$ mol/L = 2.24×10^{-10} mol/L

13 지하수의 특성을 지표수와 비교해서 설명한 것으로 옳지 않은 것은?

㉮ 경도가 높다.
㉯ 자정작용이 빠르다.
㉰ 탁도가 낮다.
㉱ 수온변동이 적다.

풀이 ㉯ 자정속도가 느리다.

14 화학반응에서 의미하는 산화에 대한 설명이 아닌 것은?

㉮ 산소와 화합하는 현상이다.
㉯ 원자가가 증가되는 현상이다.
㉰ 전자를 받아들이는 현상이다.
㉱ 수소화합물에서 수소를 잃는 현상이다.

풀이 ㉰ 전자를 내어주는 현상이다.

answer 10 ㉱ 11 ㉯ 12 ㉱ 13 ㉯ 14 ㉰

15 호수에서의 부영양화 현상에 관한 설명으로 옳지 않은 것은?

㉮ 질소, 인 등 영양물질의 유입에 의하여 발생된다.
㉯ 부영양화에서 주로 문제가 되는 조류는 남조류이다.
㉰ 성층현상에 의하여 부영양화가 더욱 촉진된다.
㉱ 조류제거를 위한 살조제는 주로 $KMnO_4$를 사용한다.

풀이 ㉱ 조류제거를 위한 살조제는 주로 황산동($CuSO_4$)을 사용한다.

16 생물농축현상에 대한 설명으로 옳지 않은 것은?

㉮ 생물계의 먹이사슬이 생물농축에 큰 영향을 미친다.
㉯ 영양염이나 방사능 물질은 생물농축 되지 않는다.
㉰ 미나마타병은 생물농축에 의한 공해병이다.
㉱ 생체 내에서 분해가 쉽고, 배설률이 크면 농축이 되질 않는다.

풀이 ㉯ 영양염이나 방사능 물질은 생물농축이 된다.

17 음용수 중에 암모니아성 질소를 검사하는 것의 위생적 의미는?

㉮ 조류발생의 지표가 된다.
㉯ 자정작용의 기준이 된다.
㉰ 분뇨, 하수의 오염지표가 된다.
㉱ 냄새 발생의 원인이 된다.

풀이 음용수 중에 암모니아성 질소를 검사하는 위생적 의미는 분뇨, 하수의 오염지표이기 때문이다.

18 다음 수역 중 일반적으로 자정계수가 가장 큰 것은?

㉮ 폭포
㉯ 작은 연못
㉰ 완만한 하천
㉱ 유속이 빠른 하천

풀이 자정계수가 가장 큰 것은 유속이 가장 빠른 곳이므로 ㉮ 폭포가 정답이다.

19 용액의 농도에 관한 설명으로 옳지 않은 것은?

㉮ mole 농도는 용액 1L 중에 존재하는 용질의 gram 분자량의 수를 말한다.
㉯ 몰랄농도는 규정농도라고도 하며 용매 1000g 중에 녹아 있는 용질의 몰수를 말한다.
㉰ ppm과 mg/L를 엄격하게 구분하면 ppm = $(mg/L)/\rho_{sol}$ (ρ_{sol} : 용액의 밀도)로 나타낸다.
㉱ 노르말농도는 용액 1L 중에 녹아 있는 용질의 g당량수를 말한다.

풀이 ㉯ 몰랄농도는 용매 1kg에 녹아있는 용질의 몰수이다.

20 $PbSO_4$의 용해도는 물 1L당 0.038g이 녹는다. $PbSO_4$의 용해도적(K_{sp})은 얼마인가? (단, $PbSO_4$의 분자량은 303g이다.)

㉮ 1.5×10^{-8} ㉯ 1.5×10^{-4}
㉰ 0.8×10^{-8} ㉱ 0.8×10^{-4}

풀이 $PbSO_4 \rightleftarrows Pb^{2+} + SO_4^{2-}$
　　　　XM　　XM　　XM

① $PbSO_4$의 mol/L $= \dfrac{0.038g}{L} \times \dfrac{1mol}{303g}$

answer　15 ㉱　16 ㉯　17 ㉰　18 ㉮　19 ㉯　20 ㉮

$= 1.254 \times 10^{-4} \text{mol/L}$

② Ksp(용해도적) $= [Pb^{2+}][SO_4^{2-}] = XM \times XM = X^2$

③ $XM = 1.254 \times 10^{-4} \text{mol/L}$

③ $Ksp = (1.254 \times 10^{-4} \text{mol/L})^2$
$= 1.5 \times 10^{-8}$

| 제2과목 | 수질오염방지기술

21 1차 처리된 분뇨의 2차 처리를 위해, 포기조, 2차 침전지로 구성된 활성슬러지 공정을 운영하고 있다. 운영조건이 다음과 같을 때 포기조 내의 고형물 체류시간(day)은 얼마인가? (단, 유입유량 = 200m³/day, 포기조 용량 = 1,000m³, 잉여슬러지 배출량 = 50m³/day, 반송슬러지 SS 농도 = 1%, MLSS 농도 = 2,500mg/L, 2차 침전지 유출수 SS농도 = 0mg/L)

㉮ 4   ㉯ 5
㉰ 6   ㉱ 7

풀이

$SRT = \dfrac{MLSS \times V}{Q_w \times SS_w}$

$= \dfrac{2,500 \text{mg/L} \times 1,000 \text{m}^3}{50 \text{m}^3/\text{day} \times 1 \times 10^4 \text{mg/L}} = 5 \text{day}$

TIP

① 폐슬러지농도(SS_w) = 반송슬러지 농도(SS_r)
② SS_w 1% = 1×10^4ppm = 1×10^4mg/L
③ % $\xrightarrow{\times 10^4}$ ppm

22 이온교환법에 의한 수처리의 화학반응으로 다음 과정이 나타낸 것은?

$$2R\text{-}H + Ca^{2+} \rightarrow R_2\text{-}Ca + 2H^+$$

㉮ 재생과정   ㉯ 세척과정
㉰ 역세척과정   ㉱ 통수과정

풀이 ㉱ 통수과정을 나타낸 화학반응이다.

TIP

① 반응식의 생성물에서 무해물질(H, OH)이 발생하면 통수반응
② 반응식의 생성물에서 유해물질(Na, Cl)이 발생하면 재생반응

23 암모니아성 질소를 Air Stripping할 때 (폐수 처리 시) 최적의 pH는 얼마인가?

㉮ 4   ㉯ 6
㉰ 8   ㉱ 10

풀이 수중의 암모니아성 질소 탈기법의 원리는 처리하고자 하는 폐수에 석회를 이용하여 pH 10 이상으로 조절한 후 공기를 불어 넣어 수중에 존재하는 암모니아성 질소를 암모니아 가스로 탈기하는 방법이다.

24 고도 정수처리 방법 중 오존처리의 설명으로 가장 거리가 먼 것은?

㉮ HOCl 보다 강력한 환원제이다.
㉯ 오존은 반드시 현장에서 생산하여야 한다.
㉰ 오존은 몇몇 생물학적 분해가 어려운 유기물을 생물학적 분해가 가능한 유기물로 전환시킬 수 있다.
㉱ 오존에 의해 처리된 처리수는 부착상 생물학적 접촉조인 입상 활성탄 속으로 통과시키는데, 활성탄에 부착된 미생물은

answer 21 ㉯ 22 ㉱ 23 ㉱ 24 ㉮

오존에 의해 일부 산화된 유기물을 무기물로 분해시키게 된다.

풀이 ㉮ HOCl 보다 강력한 산화제이다.

25 하수처리장의 1차 침전지에 관한 설명 중 틀린 것은?

㉮ 표면부하율은 계획1일 최대오수량에 대하여 $25 \sim 40 m^3/m^2 \cdot day$로 한다.
㉯ 슬러지 제거기를 설치하는 경우 침전지 바닥기울기는 $1/100 \sim 1/200$으로 완만하게 설치한다.
㉰ 슬러지제거를 위해 슬러지 바닥에 호퍼를 설치하며 그 측벽의 기울기는 $60°$ 이상으로 한다.
㉱ 유효수심은 $2.5 \sim 4m$를 표준으로 한다.

풀이 ㉯ 슬러지 제거기를 설치하는 경우 침전지 바닥기울기는 $1/100 \sim 2/100$로 설치한다.

26 고형물의 농도가 16.5%인 슬러지 200kg을 건조시켰더니 수분이 20%로 나타났다. 제거된 수분의 양(kg)은 얼마인가? (단, 슬러지 비중 = 1.0)

㉮ 127　　㉯ 132
㉰ 159　　㉱ 166

풀이 ① $W_1 \times TS_1 = W_2 \times (100-P_2)$
　　　$200kg \times 16.5\% = W_2 \times (100-20)$
　　　$\therefore W_2 = 41.25kg$
② 제거된 수분의 양 = $W_1 - W_2$
　　　　　　　　　= $200kg - 41.25kg$
　　　　　　　　　= $158.75kg$

TIP
슬러지 공식
① $W_1 \times (100 \times P_1) = W_2 \times (100-P_2)$
② $TS_1 = 100-P_1$, $TS_2 = 100-P_2$
③ $P_1 = 100-TS_1$, $P_2 = 100-TS_2$

27 급속 여과에 대한 설명으로 가장 거리가 먼 것은?

㉮ 급속 여과는 용해성 물질제거에는 적합하지 않다.
㉯ 손실수두는 여과지의 면적에 따라 증가하거나 감소한다.
㉰ 급속 여과는 세균제거에 부적합하다.
㉱ 손실수두는 여과 속도에 영향을 받는다.

풀이 ㉯ 여과지의 면적은 손실수두에 영향을 미치지 않는다.

28 하수의 3차 처리공법인 A/O공정에서 포기조의 주된 역할을 가장 적합하게 설명한 것은?

㉮ 인의 방출　　㉯ 질소의 탈기
㉰ 인의 과잉섭취　㉱ 탈질

풀이 A/O공정의 반응조 역할
① 호기성조 : 인의 과잉 섭취
② 혐기성조 : 유기물 제거 및 인의 방출

29 플러그흐름반응기가 1차 반응에서 폐수의 BOD가 90% 제거되도록 설계되었다. 속도상수 K가 $0.3h^{-1}$일 때 요구되는 체류시간(h)은 얼마인가?

㉮ 4.68　　㉯ 5.68
㉰ 6.68　　㉱ 7.68

풀이 1차반응식 : $\ln \dfrac{C_t}{C_o} = -k \times t$

answer 25 ㉯　26 ㉰　27 ㉯　28 ㉰　29 ㉱

$\ln\dfrac{(100-90)\%}{100\%} = -0.3/hr \times t$

$\therefore t = 7.68hr$

30 포기조내 MLSS의 농도가 2,500mg/L 이고, SV₃₀이 30%일 때 SVI(mL/g)는 얼마인가?

㉮ 85 ㉯ 120
㉰ 135 ㉱ 150

풀이

$SVI = \dfrac{SV(\%)}{MLSS(mg/L)} \times 10^4$

$= \dfrac{30\%}{2,500mg/L} \times 10^4$

$= 120$

TIP

① SVI : 슬러지 용적지수
② $SVI = \dfrac{SV(mL/L)}{MLSS(mg/L)} \times 10^3$
③ SVI가 50~150이면 정상 침강
④ SVI가 200 이상이면 슬러지 팽화 발생

31 1L 실린더의 250mL 침전 부피 중 TSS 농도가 3,050mg/L로 나타나는 포기조 혼합액의 SVI(mL/g)는 얼마인가?

㉮ 62 ㉯ 72
㉰ 82 ㉱ 92

풀이

$SVI = \dfrac{SV(mL/L)}{MLSS(mg/L)} \times 10^3$

$= \dfrac{250mL/L}{3,050mg/L} \times 10^3$

$= 81.97 mL/g$

TIP

TSS 농도 = MLSS 농도

32 하루 5,000톤의 폐수를 처리하는 처리장에서 최초침전지의 Weir의 단위길이당 월류부하를 100m³/m·day로 제한할 때 최초침전지에 설치하여야 하는 월류 Weir의 유효길이(m)는 얼마인가?

㉮ 30 ㉯ 40
㉰ 50 ㉱ 60

풀이

$100m^3/m \cdot day = \dfrac{5,000m^3/day}{L(m)}$

$\therefore L = 50m$

TIP

폐수의 비중이 1.0ton/m³일 때
5,000ton/day = 5,000m³/day

33 Screen 설치부에 유속한계를 0.6m/sec 정도로 두는 이유는?

㉮ By pass를 사용
㉯ 모래의 퇴적현상 및 부유물이 찢겨나가는 것을 방지
㉰ 유지류 등의 scum을 제거
㉱ 용해성 물질을 물과 분리

풀이 스크린(Screen) 설치부에 유속한계를 0.6m/sec 정도로 두는 이유는 모래의 퇴적 현상 및 부유물이 찢겨나가는 것을 방지하기 위해서 이다.

answer 30 ㉯ 31 ㉰ 32 ㉰ 33 ㉯

34 일반적인 슬러지 처리공정을 순서대로 배치한 것은?

㉮ 농축→약품조정(개량)→유기물의 안정화→건조→탈수→최종처분
㉯ 농축→유기물의 안정화→약품조정(개량)→탈수→건조→최종처분
㉰ 약품조정(개량)→농축→유기물의 안정화→탈수→건조→최종처분
㉱ 유기물의 안정화→농축→약품조정(개량)→탈수→건조→최종처분

풀이 일반적인 슬러지 처리공정 순서는 농축(농축조)→유기물의 안정화(소화조)→약품조정(개량)→탈수→건조→최종처분 순이다.

35 염소살균에 관한 설명으로 가장 거리가 먼 것은?

㉮ 염소살균강도는 $HOCl > OCl^- >$ chloramines 순이다.
㉯ 염소살균력은 온도가 낮고, 반응시간이 길며, pH가 높을 때 강하다.
㉰ 염소요구량은 물에 가한 일정량의 염소와 일정한 기간이 지난 후에 남아 있는 유리 및 결합잔류염소와의 차이다.
㉱ 파괴점 염소주입법이란 파괴점 이상으로 염소를 주입하여 살균하는 것을 말한다.

풀이 ㉯ 염소살균력은 온도가 높고, 반응시간이 길며, pH가 낮을 때 강하다.

TIP
염소주입량 = 염소요구량+염소잔류량
(암기법) 주입은 요잔에 하세요!!

36 폐수처리 공정에서 발생하는 슬러지의 종류와 특징이 알맞게 연결된 것은?

㉮ 1차슬러지 - 성분이 주로 모래이므로 수거하여 매립한다.
㉯ 2차슬러지 - 생물학적 반응조의 후침전지 또는 2차 침전지에서 상등수로부터 분리된 세포물질이 주종을 이룬다.
㉰ 혐기성소화슬러지 - 슬러지의 색이 갈색 내지 흑갈색이며, 악취가 없고, 잘 소화된 것은 쉽게 탈수되고 생화학적으로 안정되어 있다.
㉱ 호기성소화슬러지 - 악취가 있고 부패성이 강하며, 쉽게 혐기성 소화시킬 수 있고, 비중이 크며, 염도도 높다.

풀이 ㉮ 1차슬러지 - 성분은 유기물과 부유물질이다.
㉰ 혐기성소화슬러지 - 악취가 있고 부패성이 강하며, 쉽게 혐기성 소화시킬 수 있고, 탈수가 용이하다.
㉱ 호기성소화슬러지 - 슬러지의 색이 갈색 내지 흑갈색이며, 악취가 없다.

37 염소 요구량이 5mg/L인 하수 처리수에 잔류염소 농도가 0.5mg/L가 되도록 염소를 주입하려고 할 때 염소 주입량(mg/L)은 얼마인가?

㉮ 4.5　　㉯ 5.0
㉰ 5.5　　㉱ 6.0

풀이 염소 주입량 = 염소 요구량 + 염소 잔류량
　　　　= 5mg/L + 0.5mg/L = 5.5mg/L

TIP
(암기법) 주입은 요잔에 하세요!!

answer 34 ㉯　35 ㉯　36 ㉯　37 ㉰

38 폐수처리 시 염소소독을 실시하는 목적으로 가장 거리가 먼 것은?

㉮ 살균 및 냄새 제거
㉯ 유기물의 제거
㉰ 부식 통제
㉱ SS 및 탁도 제거

풀이 폐수처리 시 염소소독을 실시하는 목적
① 살균
② 유기물의 제거
③ 부식 통제
④ 냄새제거

39 물리·화학적 질소제거 공정이 아닌 것은?

㉮ Air Stripping
㉯ Breakpoint Chlorination
㉰ Ion Exchange
㉱ Sequencing Batch Reactor

풀이 ㉱ 연속회분식 활성슬러지법(Sequencing Batch Reactor)은 생물학적 원리를 이용하여 폐수를 고도처리 하기 위한 공정으로 하나의 탱크에서 시차를 두고 유입, 반송, 침전, 유출 등의 각 과정을 거치는 공정으로 질소와 인을 동시에 처리할 수 있는 공법이다.

40 함수율 96%인 혼합슬러지를 함수율 80%의 탈수케이크로 만들었을 때 탈수 후 슬러지 부피는? (단, 탈수 후 슬러지 부피 = 탈수 후 슬러지 부피/탈수 전 슬러지부피, 탈리액으로 유출 된 슬러지의 양은 무시)

㉮ $\dfrac{1}{3}$　　㉯ $\dfrac{1}{4}$
㉰ $\dfrac{1}{5}$　　㉱ $\dfrac{1}{6}$

풀이 $V_1 \times (100-P_1) = V_2 \times (100-P_2)$
$V_1 \times (100-96) = V_2 \times (100-80)$
$\therefore \dfrac{V_2}{V_1} = \dfrac{(100-96)}{(100-80)} = \dfrac{4}{20} = \dfrac{1}{5}$

| 제3과목 | 수질오염공정시험기준

41 유도결합플라스마-원자발광분광법의 원리에 관한 다음 설명 중 ( )안의 내용으로 알맞게 짝지어진 것은?

> 시료를 고주파유도코일에 의하여 형성된 아르곤 플라스마에 도입하여 6,000K ~8,000K에서 들뜬상태의 원자가 (㉠)로 전이할 때 (㉡) 하는 발광선 및 발광강도를 측정하여 원소의 정성 및 정량분석에 이용하는 방법이다.

㉮ ㉠ 들뜬상태, ㉡ 흡수
㉯ ㉠ 바닥상태, ㉡ 흡수
㉰ ㉠ 들뜬상태, ㉡ 방출
㉱ ㉠ 바닥상태, ㉡ 방출

풀이 ① 들뜬상태(여기상태) $\xrightarrow{\text{에너지 방출}}$ 바닥상태(기저상태)
② 바닥상태(기저상태) $\xrightarrow{\text{에너지 흡수}}$ 들뜬상태(여기상태)

answer 38 ㉱　39 ㉱　40 ㉰　41 ㉱

42 수질오염공정시험기준 구리-원자흡수분광광도법에 대한 내용으로 틀린 것은?

㉮ 측정파장은 253.7nm이다.
㉯ 불꽃연료는 공기-아세틸렌을 사용한다.
㉰ 정량한계는 0.008mg/L이다.
㉱ 정밀도(% RSD)는 25% 이내이다.

풀이 ㉮ 측정파장은 324.7nm이다.

43 다음 중 4각 위어에 의한 유량측정 공식은? (단, Q = 유량(m^3/min), K = 유량계수, h= 위어의 수두(m), b = 절단의 폭(m))

㉮ $Q = Kh^{5/2}$ ㉯ $Q = Kh^{3/2}$
㉰ $Q = Kbh^{5/2}$ ㉱ $Q = Kbh^{3/2}$

풀이 ① 삼각 위어의 유량공식 : $Q = Kh^{5/2}$
② 사각 위어의 유량공식 : $Q = Kbh^{3/2}$

44 박테리아가 산화되는 이론적인 식이다. 박테리아 100mg이 산화되기 위한 이론적 산소요구량(ThOD, g as O_2)은?

$$C_5H_7O_2N + 5O_2 \rightarrow 5CO_2 + 2H_2O + NH_3$$

㉮ 0.122 ㉯ 0.132
㉰ 0.142 ㉱ 0.152

풀이 $C_5H_7O_2N + 5O_2 \rightarrow 5CO_2 + 2H_2O + NH_3$
113g : 5×32g
100×10^{-3}g : X

∴ X = $\dfrac{100 \times 10^{-3}g \times 5 \times 32g}{113g}$ = 0.142g

TIP
① $C_5H_7O_2N$의 분자량 = 12×5+1×7+16×2+14 = 113
② mg $\xrightarrow{\times 10^{-3}}$ g

45 시료를 질산-과염소산으로 전처리하여야 하는 경우로 가장 적합한 것은?

㉮ 유기물 함량이 비교적 높지 않고 금속의 수산화물, 산화물, 인산염 및 황화물을 함유하고 있는 시료를 전처리하는 경우
㉯ 유기물을 다량 함유하고 있으면서 산화분해가 어려운 시료를 전처리하는 경우
㉰ 다량의 점토질 또는 규산염을 함유한 시료를 전처리하는 경우
㉱ 유기물 등을 많이 함유하고 있는 대부분의 시료를 전처리하는 경우

풀이 전처리방법
㉮ 질산-염산법
㉯ 질산-과염소산법
㉰ 질산-과염소산-불화수소산법
㉱ 질산-황산법

46 시험에 적용되는 온도 표시로 틀린 것은?

㉮ 실온 : (1~35)℃
㉯ 찬 곳 : 0℃ 이하
㉰ 온수 : (60~70)℃
㉱ 상온 : (15~25)℃

풀이 ㉯ 찬 곳 : (0~15)℃

answer 42 ㉮ 43 ㉱ 44 ㉰ 45 ㉯ 46 ㉯

47 총대장균군의 정성시험(시험관법)에 대한 설명 중 옳은 것은?

㉮ 완전시험에는 엔도 또는 EMB 한천배지를 사용한다.
㉯ 추정시험 시 배양온도는 (48±3)℃ 범위이다.
㉰ 추정시험에서 가스의 발생이 있으면 대장균군의 존재가 추정된다.
㉱ 확정시험 시 배지의 색깔이 갈색으로 되었을 때는 완전시험을 생략할 수 있다.

> 풀이 ㉮ 완전시험에는 BGLB배지를 사용한다.
> ㉯ 추정시험 시 배양온도는 (35±0.5)℃ 범위이다.
> ㉱ 확정시험 시 배지의 색깔이 적색으로 되었을 때는 완전시험을 생략할 수 있다.

48 물 속의 냄새를 측정하기 위한 시험에서 시료 부피 4mL와 무취 정제수(희석수) 부피 196mL인 경우 냄새역치(TON)는?

㉮ 0.02   ㉯ 0.5
㉰ 50   ㉱ 100

> 풀이 냄새역치(TON) = $\dfrac{A+B}{A}$
> 여기서 A : 시료 부피(mL)
>   B : 무취 정제수 부피(mL)
> 따라서 냄새역치(TON) = $\dfrac{4mL+196mL}{4mL}$ = 50

49 수질오염공정시험기준에서 진공이라 함은?

㉮ 따로 규정이 없는 한 15mmHg 이하를 말함
㉯ 따로 규정이 없는 한 15mmH$_2$O 이하를 말함
㉰ 따로 규정이 없는 한 4mmHg 이하를 말함
㉱ 따로 규정이 없는 한 4mmH$_2$O 이하를 말함

> 풀이 감압 또는 진공이라 함은 따로 규정이 없는 한 15mmHg 이하를 말한다.

50 유기물 함량이 비교적 높지 않고 금속의 수산화물, 산화물, 인산염 및 황화물을 함유하고 있는 시료에 적용되며 휘발성 또는 난용성 염화물을 생성하는 금속 물질의 분석에는 주의하여야 하는 시료의 전처리 방법(산분해법)으로 가장 적절한 것은?

㉮ 질산-염산법
㉯ 질산-황산법
㉰ 질산-과염소산법
㉱ 질산-불화수소산법

> 풀이 ㉮ 질산-염산법에 대한 설명이다.

> **TIP**
> **암기법**
> 염산 인(인산염) 금(금속)으로

51 기체크로마토그래피법으로 측정하지 않는 항목은?

㉮ 폴리클로리네이티드비페닐
㉯ 유기인
㉰ 비소
㉱ 알킬수은

> 풀이 비소의 시험방법으로는 수소화물생성-원자흡수분광

answer 47 ㉰ 48 ㉰ 49 ㉮ 50 ㉮ 51 ㉰

광도법, 자외선/가시선 분광법, 유도결합플라스마-원자발광분광법, 유도결합플라스마-질량분석법, 양극벗김전압전류법이 있다.

52 노말헥산 추출물질 시험법은?

㉮ 중량법
㉯ 적정법
㉰ 자외선/가시선분광법
㉱ 원자흡수분광광도법

풀이 노말헥산 추출물질과 부유물질의 시험법은 중량법이다.

53 0.05N–KMnO₄ 4.0L를 만들려고 할 때 필요한 KMnO₄의 양(g)은? (단, 원자량 K =39, Mn = 55)

㉮ 3.2   ㉯ 4.6
㉰ 5.2   ㉱ 6.3

풀이

$$N = \frac{W(g)}{V(L)} \times \frac{1eq}{1당량g}$$

$$0.05N = \frac{W(g)}{4.0L} \times \frac{1eq}{158g/5}$$

∴ W = 6.32g

TIP
① N농도 = 노르말농도 = 규정농도
② N농도의 단위는 eq/L
③ $1eq = \frac{분자량(g)}{당량수} = \frac{158g}{5}$
④ KMnO₄의 분자량 = 39+55+16×4 = 158
⑤ KMnO₄의 당량수 = 전자이동수 = 5당량

54 흡광광도법으로 어떤 물질을 정량하는데 기본원리인 Lambert–Beer 법칙에 관한 설명 중 옳지 않은 것은?

㉮ 흡광도는 시료물질 농도에 비례한다.
㉯ 흡광도는 빛이 통과하는 시료 액층의 두께에 반비례한다.
㉰ 흡광계수는 물질에 따라 각각 다르다.
㉱ 흡광도는 투광도의 역대수이다.

풀이 ㉯ 흡광도는 빛이 통과하는 시료 액층의 두께에 비례한다.

TIP
① 흡광도(A) = $\varepsilon \times C \times L$
② 흡광도(A) = $\log \frac{1}{t} = \log \frac{I_0}{I_t}$

55 원자흡수분광광도법은 원자의 어느 상태일 때 특유 파장의 빛을 흡수하는 현상을 이용한 것인가?

㉮ 여기상태   ㉯ 이온상태
㉰ 바닥상태   ㉱ 분자상태

풀이 원자흡수분광광도법은 원자의 바닥상태(기저상태)일 때의 특유 파장의 빛을 흡수하는 현상을 이용한다.

56 윙클러 아자이드화소듐 변법(적정법)에 의한 DO 측정 시 시료에 Fe(Ⅲ) 100~200mg/L가 공존하는 경우에 시료전처리 과정에서 첨가하는 시약으로 옳은 것은?

㉮ 시안화소듐용액
㉯ 플루오린화포타슘용액
㉰ 수산화망간용액

answer   52 ㉮   53 ㉱   54 ㉯   55 ㉰   56 ㉯

㉣ 황산은

풀이 윙클러 아자이드화소듐 변법(적정법)에 의한 DO 측정 시 시료에 Fe(Ⅲ) 100~200mg/L가 공존하는 경우에 시료전처리 과정에서 첨가하는 시약은 플루오린화포타슘용액이다.

57 클로로필 a(chlorophyll-a) 측정에 관한 내용 중 옳지 않은 것은?

㉮ 클로로필 색소는 사염화탄소 적당량으로 추출한다.
㉯ 시료 적당량(100~2,000mL)을 유리섬유 여과지(GF/F, 47mm)로 여과 한다.
㉰ 663nm, 645nm, 630nm의 흡광도 측정은 클로로필 a, b 및 c를 결정하기 위한 측정이다.
㉱ 750nm는 시료 중의 현탁물질에 의한 탁도정도에 대한 흡광도이다.

풀이 ㉮ 클로로필 색소는 아세톤(9+1)용액으로 추출한다.

58 물벼룩을 이용한 급성 독성 시험법과 관련된 생태독성값(TU)에 대한 내용으로 ( )에 옳은 것은?

> 통계적 방법을 이용하여 반수영향농도 EC_{50} 값을 구한 후 ( )을 말한다.

㉮ 100에서 EC_{50} 값을 곱하여준 값
㉯ 100에서 EC_{50} 값을 나눠준 값
㉰ 10에서 EC_{50} 값을 곱하여준 값
㉱ 10에서 EC_{50} 값을 나눠준 값

풀이 생태독성값(Toxic Unit)은 통계적 방법을 이용하여 반수영향농도 EC_{50} 값을 구한 후 100에서 EC_{50} 값을 나눠준 값을 말한다.

59 시료의 전처리 방법(산분해법) 중 유기물 등을 많이 함유하고 있는 대부분의 시료에 적용하는 것은?

㉮ 질산법   ㉯ 질산-염산법
㉰ 질산-황산법   ㉱ 질산-과염소산법

풀이 유기물 등을 많이 함유하고 있는 대부분의 시료에는 질산-황산법을 적용한다.

TIP
(암기법) 황(황산) 높은(많은 유기물)

60 순수한 물 150mL에 에틸알코올(비중 0.79) 80mL를 혼합하였을 때 이 용액 중의 에틸알코올 농도(W/W%)는?

㉮ 약 30%   ㉯ 약 35%
㉰ 약 40%   ㉱ 약 45%

풀이 W/W(%)
$$= \frac{80mL \times 0.79g/mL}{80mL \times 0.79g/mL + 150mL \times 1.0g/mL} \times 100$$
$= 29.64\%$

TIP
① 비중의 단위는 $g/cm^3 = g/mL = kg/L = ton/m^3$
② 비중의 용도 : 체적(mL) $\xrightarrow{\times 비중(g/mL)}$ 질량(g)
③ 비중의 용도 : 질량(g) $\xrightarrow{\div 비중(g/mL)}$ 체적(mL)
④ 에틸알콜의 질량 = 80mL × 0.79g/mL
⑤ 물의 질량 = 150mL × 1.0g/mL
⑥ W/W(%) = $\frac{용질(g)}{용질(g) + 용매(g)}$

answer 57 ㉮ 58 ㉯ 59 ㉰ 60 ㉮

2020 3회 기출문제

| 제1과목 | 수질오염개론

01 Wipple의 하천의 생태변화에 따른 4지대 구분 중 분해지대에 관한 설명으로 옳지 않은 것은?

㉮ 오염에 잘 견디는 곰팡이류가 심하게 번식한다.
㉯ 여름철 온도에서 DO 포화도는 45% 정도에 해당된다.
㉰ 탄산가스가 줄고 암모니아성 질소가 증가한다.
㉱ 유기물 혹은 오염물을 운반하는 하수거의 방출지점과 가까운 하류에 위치한다.

풀이 ㉰ 탄산가스의 양이 증가하고, 용존산소량이 크게 줄어든다.

02 수중의 암모니아를 함유한 용액은 다음과 같은 평형 때문에 수산화암모늄이라고 한다.

$$NH_3 + H_2O \leftrightarrow NH_4^+ + OH^-$$

0.25M-NH_3 용액 500mL를 만들기 위한 시약의 부피(mL)는? (단, NH_3 분자량 17.03, 진한 수산화암모늄 용액(28.0wt%의 NH_3 함유)의 밀도 = 0.899g/cm^3)

㉮ 4.23
㉯ 8.46
㉰ 14.78
㉱ 29.56

풀이 ① $M = \dfrac{0.899g}{cm^3} \times \dfrac{10^3 cm^3}{1L} \times \dfrac{1mol}{17.03g} \times \dfrac{28.0\%}{100}$
   = 14.781M
② 0.25M×500mL = 14.781M×V
   ∴ V = 8.46M

TIP
① M농도 = mol/L
② wt% = 중량농도(%)
③ cm^3 = mL

03 적조의 발생에 관한 설명으로 옳지 않은 것은?

㉮ 정체해역에서 일어나기 쉬운 현상이다.
㉯ 강우에 따라 오염된 하천수가 해수에 유입될 때 발생될 수 있다.
㉰ 수괴의 연직 안정도가 크고 독립해 있을 때 발생한다.
㉱ 해역의 영양 부족 또는 염소농도 증가로 발생된다.

풀이 ㉱ 해역의 영양 과잉 또는 염소농도 감소로 발생된다.

answer 01 ㉰ 02 ㉯ 03 ㉱

04 산소 포화농도가 9.14mg/L인 하천에서 t = 0일 때 DO 농도가 6.5mg/L라면 물이 3일 및 5일 흐른 후 하류에서의 DO농도(mg/L)는? (단, 최종 BOD = 11.3mg/L, k_1 =0.1/day, k_2 = 0.2/day, 상용대수 기준)

㉮ 3일 후 = 5.7, 5일 후 = 6.1
㉯ 3일 후 = 5.7, 5일 후 = 6.4
㉰ 3일 후 = 6.1, 5일 후 = 7.1
㉱ 3일 후 = 6.1, 5일 후 = 7.4

풀이 $D_t = \dfrac{k_1 \times L_o}{k_2 - k_1} \times (10^{-k_1 \times t} - 10^{-k_2 \times t}) + D_o \times (10^{-k_2 \times t})$

여기서
- D_t : t시간 후 DO 부족농도(mg/L)
- k_1 : 탈산소계수(/day)
- k_2 : 재포기계수(/day)
- L_o : 최종 BOD(mg/L)
- D_o : 초기산소 부족량(mg/L)
- D_o = 포화 DO 농도(C_S)-하천의 DO 농도(C)
  = 9.14mg/L-6.5mg/L = 2.64mg/L

① 3일 유하 후 하류에서의 DO농도
$D_{3day} = \dfrac{0.1/day \times 11.3mg/L}{0.2/day - 0.1/day}$
$\times (10^{-0.1/day \times 3day} - 10^{-0.2/day \times 3day}) + 2.64mg/L$
$\times (10^{-0.2/day \times 3day}) = 3.488mg/L$

따라서 하류에서의 DO 농도
= $C_S - D_{3day}$ = 9.14mg/L - 3.488mg/L = 5.65mg/L

② 5일 유하 후 하류에서의 DO농도
$D_{5day} = \dfrac{0.1/day \times 11.3mg/L}{0.2/day - 0.1/day}$
$\times (10^{-0.1/day \times 5day} - 10^{-0.2/day \times 5day}) + 2.64mg/L$
$\times (10^{-0.2/day \times 5day}) = 2.707mg/L$

따라서 하류에서의 DO 농도
= $C_S - D_{5day}$ = 9.14mg/L - 2.707mg/L = 6.43mg/L

05 수중의 질소순환과정인 질산화 및 탈질 순서를 옳게 나타낸 것은?

㉮ $NH_3 \rightarrow NO_2^- \rightarrow NO_3^- \rightarrow NO_2^- \rightarrow N_2$
㉯ $NO_3^- \rightarrow NO_2^- \rightarrow NH_3 \rightarrow NO_2^- \rightarrow N_2$
㉰ $NO_3^- \rightarrow NO_2^- \rightarrow N_2 \rightarrow NH_3 \rightarrow NO_2^-$
㉱ $N_2 \rightarrow NH_3 \rightarrow NO_3^- \rightarrow NO_2^-$

풀이 ① 질산화 과정 : NH_3-N $\rightarrow$ NO_2^--N $\rightarrow$ NO_3^--N
② 탈질화 과정 : NO_3^--N $\rightarrow$ NO_2^--N $\rightarrow$ 대기중 N_2

06 미생물의 증식 단계를 가장 올바른 순서대로 연결한 것은?

㉮ 정지기 - 유도기 - 대수증식기 - 사멸기
㉯ 대수증식기 - 유도기 - 사멸기 - 정지기
㉰ 유도기 - 대수증식기 - 사멸기 - 정지기
㉱ 유도기 - 대수증식기 - 정지기 - 사멸기

풀이 미생물의 증식 단계는 유도기 - 대수증식기 - 정지기 - 사멸기 순서이다.

07 하천에 유기물질이 배출되었을 때 수질 변화를 나타낸 것으로 (2)곡선이 나타내는 수질지표로 가장 적절한 것은?

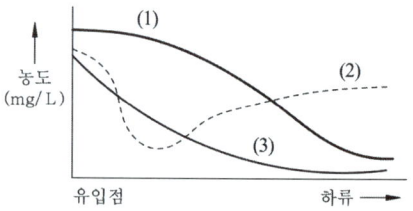

㉮ DO   ㉯ BOD
㉰ SS   ㉱ COD

풀이 (1) BOD(생물화학적 산소요구량)
(2) DO(용존산소)
(3) SS(부유물질)

answer 04 ㉯ 05 ㉮ 06 ㉱ 07 ㉮

08 호소에서 계절에 따른 물의 분포와 혼합 상태에 관한 설명으로 옳은 것은?

㉮ 겨울철 심수층은 혐기성 미생물의 증식으로 유기물이 적정하게 분해되어 수질이 양호하게 된다.
㉯ 봄, 가을에는 물의 밀도 변화에 의한 전도현상(Turn over)이 일어난다.
㉰ 깊은 호수의 경우 여름철의 심수층 수온 변화는 수온약층보다 크다.
㉱ 여름철에는 표수층과 심수층 사이에 수온의 변화가 거의 없는 수온약층이 존재한다.

풀이
㉮ 겨울철 심수층은 혐기성 미생물의 증식으로 유기물이 분해되어 수질이 나빠진다.
㉰ 깊은 호수의 경우 여름철의 심수층 수온변화는 수온약층보다 작다.
㉱ 여름철에는 표수층과 심수층 사이에 수온의 변화가 큰 수온약층이 존재한다.

09 호소의 수질검사결과, 수온이 18℃, DO 농도가 11.5mg/L이었다. 현재 이 호소의 상태에 대한 설명으로 가장 적합한 것은?

㉮ 깨끗한 물이 계속 유입되고 있다.
㉯ 대기 중의 산소가 계속 용해되고 있다.
㉰ 수서 동물이 많이 서식되고 있다.
㉱ 조류가 다량 증식하고 있다.

풀이 용존산소(DO)가 많이 존재한다는 의미는 조류가 광합성작용을 한다는 의미이므로 물 속에 조류가 다량 증식하고 있다.

TIP
정답을 찾기 위한 연상 단어
호소 – DO 농도 증가 – 조류 과다

10 수중의 용존산소에 대한 설명으로 옳지 않은 것은?

㉮ 수온이 높을수록 용존산소량은 감소한다.
㉯ 용존염류의 농도가 높을수록 용존산소량은 감소한다.
㉰ 같은 수온 하에서는 담수보다 해수의 용존산소량이 높다.
㉱ 현존 용존산소 농도가 낮을수록 산소전달율은 높아진다.

풀이 ㉰ 같은 수온 하에서는 담수보다 해수의 용존산소량이 낮다.

11 분뇨처리과정에서 병원균과 기생충란을 사멸시키기 위한 가장 적절한 온도는?

㉮ 25~30℃   ㉯ 35~40℃
㉰ 45~50℃   ㉱ 55~60℃

풀이 분뇨처리과정에서 병원균과 기생충란을 사멸시키기 위한 적절한 온도는 55~60℃이다.

12 물의 특성으로 옳지 않은 것은?

㉮ 유용한 용매   ㉯ 수소결합
㉰ 비극성 형성   ㉱ 육각형 결정구조

풀이 ㉰ 극성 형성

TIP
① 극성 : 비대칭구조를 가지며, 물에 잘 녹는다.
② 비극성 : 대칭구조를 가지며, 물에 잘 녹지 않는다.

answer 08 ㉯ 09 ㉱ 10 ㉰ 11 ㉱ 12 ㉰

13 우리나라 물의 이용 형태별로 볼 때 가장 수요가 많은 것은?

㉮ 생활용수　㉯ 공업용수
㉰ 농업용수　㉱ 유지용수

풀이 우리나라 물의 이용현황은 농업용수>하천유지용수>생활용수>공업용수 순이다.

14 자연계에서 발생하는 질소의 순환에 관한 설명으로 옳지 않은 것은?

㉮ 공기 중 질소를 고정하는 미생물은 박테리아와 곰팡이로 나누어진다.
㉯ 암모니아성질소는 호기성조건하에서 탈질균의 활동에 의해 질소로 변환된다.
㉰ 질산화 박테리아는 화학합성을 하는 독립영양미생물이다.
㉱ 질산화과정 중 암모니아성질소에서 아질산성질소로 전환되는 것보다 아질산성질소에서 질산성질소로 전환되는 것이 적은 양의 산소가 필요하다.

풀이 ㉯ 암모니아성질소는 호기성조건하에서 아질산균의 활동에 의해 아질산염으로 변환된다.

15 전해질 M_2X_3의 용해도적 상수에 대한 표현으로 옳은 것은?

㉮ $Ksp = [M^{3+}]^2[X^{2-}]^3$
㉯ $Ksp = [2M^{3+}][3X^{2-}]$
㉰ $Ksp = [2M^{3+}]^2[3X^{2-}]^3$
㉱ $Ksp = [M^{3+}][X^{2-}]$

풀이 $M_2X_3 \rightarrow 2M^{3+}+3X^{2-}$
용해도적$(Ksp) = [M^{3+}]^2[X^{2-}]^3$

16 수분함량 97%의 슬러지 $14.7m^3$를 수분함량 85%로 농축하면 농축 후 슬러지 용적(m^3)은? (단, 슬러지 비중 = 1.0)

㉮ 1.92　㉯ 2.94
㉰ 3.21　㉱ 4.43

풀이 $V_1 \times (100-P_1) = V_2 \times (100-P_2)$
여기서
$\begin{bmatrix} V_1 : \text{농축 전 슬러지량}(m^3) \\ P_1 : \text{농축 전 함수율}(\%) \\ V_2 : \text{농축 후 슬러지량}(m^3) \\ P_2 : \text{농축 후 함수율}(\%) \end{bmatrix}$
따라서 $14.7m^3 \times (100-97) = V_2 \times (100-85)$
$\therefore V_2 = \dfrac{14.7m^3 \times (100-97)}{(100-85)} = 2.94m^3$

17 0.04 M NaOH용액의 농도(mg/L)는?
(단, 원자량 Na = 23)

㉮ 1,000　㉯ 1,200
㉰ 1,400　㉱ 1,600

풀이 $\dfrac{mg}{L} = \dfrac{0.04mol}{L} \times \dfrac{40g}{1mol} \times \dfrac{10^3 mg}{1g}$
$= 1,600mg/L$

TIP
① M농도의 단위는 mol/L
② 1mol = 분자량(g)
③ NaOH의 분자량 = 23+16+1 = 40g

answer 13 ㉰　14 ㉯　15 ㉮　16 ㉯　17 ㉱

18 탄광폐수가 하천, 호수 또는 저수지에 유입할 경우 발생될 수 있는 오염의 형태로 옳지 않은 것은?

㉮ 부식성이 높은 수질이 될 수 있다.
㉯ 대체적으로 물의 pH를 낮춘다.
㉰ 비탄산경도를 높이게 한다.
㉱ 일시경도를 높이게 된다.

풀이 ㉱ 영구경도(비탄산경도)를 높이게 된다.

19 20℃ 5일 BOD가 50mg/L인 하수의 2일 BOD(mg/L)는? (단, 20℃, 탈산소계수 k = 0.23/day이고, 자연대수 기준)

㉮ 21 ㉯ 24
㉰ 27 ㉱ 29

풀이 ① $BOD_5 = BOD_u \times (1-e^{-k \times t})$
$50mg/L = BOD_u \times (1-e^{-0.23/day \times 5day})$
$\therefore BOD_u = \dfrac{50mg/L}{(1-e^{-0.23/day \times 5day})} = 73.17mg/L$

② $BOD_2 = BOD_u \times (1-e^{-k \times t})$
$= 73.17mg/L \times (1-e^{-0.23/day \times 2day})$
$= 26.98mg/L$

20 폐수의 분석결과 COD가 450mg/L이고 BOD_5가 300mg/L였다면 NBDCOD (mg/L)는? (단, 탈산소계수 k_1 = 0.2/day, base는 상용대수)

㉮ 약 76 ㉯ 약 84
㉰ 약 117 ㉱ 약 136

풀이 ① BOD_5 공식을 이용해 최종 $BOD(BOD_u)$를 계산한다.
$BOD_5 = BOD_u \times (1-10^{-k_1 \times t})$
$300mg/L = BOD_u \times (1-10^{-0.2/day \times 5day})$

$\therefore BOD_u = \dfrac{300mg/L}{(1-10^{-0.2/day \times 5day})} = 333.33mg/L$

② COD = BDCOD + NBDCOD를 계산한다.
NBDCOD = COD − BDCOD
= 450mg/L − 333.33mg/L
= 116.67mg/L

TIP
① BDCOD = BOD_u : 생물학적 분해가능한 COD
② NBDCOD : 생물학적 분해 불가능한 COD

| 제2과목 | 수질오염방지기술

21 고형물 농도 10g/L인 슬러지를 하루 480m³ 비율로 농축 처리하기 위해 필요한 연속식 슬러지 농축조의 표면적(m²)은? (단, 농축조의 고형물 부하 = 4kg/m²·hr)

㉮ 50   ㉯ 100
㉰ 150 ㉱ 200

풀이 $4kg/m^2 \cdot hr = \dfrac{10kg/m^3 \times 480m^3/day \times 1day/24hr}{A(m^2)}$

$\therefore A = 50m^2$

TIP
$g/L = kg/m^3$

22 폭 2m, 길이 15m인 침사지에 100cm의 수심으로 폐수가 유입할 때 체류시간이 50sec이라면 유량(m³/hr)은?

㉮ 2,025 ㉯ 2,160
㉰ 2,240 ㉱ 2,530

풀이 유량(m³/hr) = $\dfrac{2m \times 15m \times 1m}{50sec \times 1hr/3,600sec}$
= 2,160m³/hr

answer 18 ㉱ 19 ㉰ 20 ㉰ 21 ㉮ 22 ㉯

23 처리수의 BOD농도가 5mg/L인 폐수처리 공정의 BOD 제거효율은 1차 처리 40%, 2차 처리 80%, 3차 처리 15%이다. 이 폐수처리 BOD농도(mg/L)는?

㉮ 39 ㉯ 49
㉰ 59 ㉱ 69

풀이
$\left(1 - \dfrac{BOD_o}{BOD_i}\right) = 1-(1-\eta_1)\times(1-\eta_2)\times(1-\eta_3)$

$\left(1 - \dfrac{5mg/L}{BOD_i}\right) = 1-(1-0.4)\times(1-0.8)\times(1-0.15)$

∴ $BOD_i = 49.02 mg/L$

24 일반적인 도시하수 처리 순서로 알맞은 것은?

㉮ 스크린 - 침사지 - 1차침전지 - 포기조 - 2차침전지 - 소독
㉯ 스크린 - 침사지 - 포기조 - 1차침전지 - 2차침전지 - 소독
㉰ 소독 - 스크린 - 침사지 - 1차침전지 - 포기조 - 2차침전지
㉱ 소독 - 스크린 - 침사지 - 포기조 - 1차침전지 - 2차침전지

풀이 일반적인 도시하수 처리 순서는 스크린 - 침사지 - 1차침전지 - 포기조 - 2차침전지 - 소독 순서이다.

25 폐수량 20,000m³/day, 체류시간 30분, 속도경사 40sec⁻¹의 응집침전지를 설계할 때 교반기 모터의 동력효율을 60%로 예상한다면 응집침전조의 교반기에 필요한 모터의 총동력(W)은? (단, $\mu = 10^{-3} kg/m \cdot s$)

㉮ 417 ㉯ 667.2
㉰ 728.5 ㉱ 1,112

풀이 총동력(Watt)
$= G^2 \times \mu \times V \times \dfrac{100}{모터의 효율(\%)}$
$= (40/sec)^2 \times 10^{-3} kg/m \cdot sec \times 20,000 m^3/day \times 1 day/24 hr$
$\times 1 hr/60 min \times 30 min \times \dfrac{100}{60\%}$
$= 1,111.11 Watt$

TIP
$V(m^3) = Q(m^3/min) \times 체류시간(min)$

26 1,000m³의 폐수 중 부유물질농도가 200mg/L일 때 처리효율이 70%인 처리장에서 발생슬러지량(m³)은? (단, 부유물질처리만을 기준으로 하며 기타 조건은 고려하지 않음, 슬러지 비중 = 1.03, 함수율 = 95%)

㉮ 2.36 ㉯ 2.46
㉰ 2.72 ㉱ 2.96

풀이 슬러지량(m³)
$= \dfrac{SS농도(kg/m^3) \times Q(m^3) \times \eta(제거율)}{비중량(kg/m^3)} \times \dfrac{100}{100-P(\%)}$
$= \dfrac{0.2 kg/m^3 \times 1,000 m^3 \times 0.70}{1,030 kg/m^3} \times \dfrac{100}{100-95}$
$= 2.72 m^3$

TIP
① $mg/L \xrightarrow{\times 10^{-3}} kg/m^3$
② 비중 $\xrightarrow{\times 10^3} kg/m^3$

answer 23 ㉯ 24 ㉮ 25 ㉱ 26 ㉰

27 BOD 1,000mg/L, 유량 1,000m³/day인 폐수를 활성슬러지법으로 처리하는 경우, 포기조의 수심을 5m로 할 때 필요한 포기조의 표면적(m²)은? (단, BOD 용적부하 0.4kg/m³·day)

㉮ 400 ㉯ 500
㉰ 600 ㉱ 700

풀이
$$0.4 kg/m^3 \cdot day = \frac{1 kg/m^3 \times 1{,}000 m^3/day}{A(m^2) \times 5m}$$
$$\therefore A = 500 m^2$$

TIP
① $mg/L \xrightarrow{\times 10^{-3}} kg/m^3$
② $V(m^3) = A(m^2) \times H(m)$
③ BOD 용적부하$(kg/m^3 \cdot day)$
$$= \frac{BOD(kg/m^3) \times Q(m^3/day)}{V(m^3)}$$

28 모래여과상에서 공극 구멍보다 더 작은 미세한 부유물질을 제거함에 있어 모래의 주요 제거 기능과 가장 거리가 먼 것은?

㉮ 부착 ㉯ 응결
㉰ 거름 ㉱ 흡착

풀이 ㉱ 흡착은 흡착제로 사용하는 활성탄의 성질이다.

29 공장에서 보일러의 열전도율이 저하되어 확인한 결과, 보일러 내부에 형성된 스케일이 문제인 것으로 판단되었다. 일반적으로 스케일 형성의 원인이 되는 물질은?

㉮ Ca^{2+}, Mg^{2+} ㉯ Na^+, K^+
㉰ Cu^{2+}, Fe^{2+} ㉱ Na^+, Fe^{2+}

풀이 스케일 형성의 주된 원인이 되는 물질은 칼슘이온(Ca^{2+})과 마그네슘이온(Mg^{2+})이다.

TIP
① 스케일 형성 원인물질은 경도유발물질(Ca^{2+}, Mg^{2+}, Fe^{2+}, Mn^{2+}, Sr^{2+})이다.
(암기법) 경철망은 칼슘마 있스!!
② 주원인 물질은 Ca^{2+}, Mg^{2+}이다.

30 미생물을 회분식 배양하는 경우의 일반적인 성장상태를 그림으로 나타낸 것이다. (1), (2)의 ( )안에 미생물의 적합한 성장 단계 및 (3), (4), (5)안에 활성슬러지공법 중 재래식, 고율, 장기폭기의 운전 범위를 맞게 나타낸 것은?

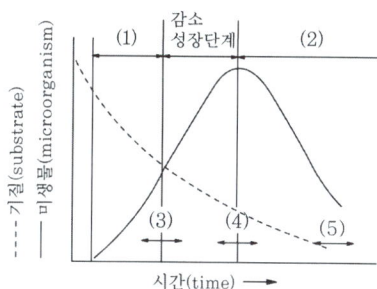

㉮ (1) 대수성장단계, (2) 내생성장단계, (3) 재래식, (4) 고율, (5) 장기폭기
㉯ (1) 내생성장단계, (2) 대수성장단계, (3) 재래식, (4) 고율, (5) 장기폭기
㉰ (1) 대수성장단계, (2) 내생성장단계, (3) 재래식, (4) 장기폭기, (5) 고율
㉱ (1) 대수성장단계, (2) 내생성장단계, (3) 고율, (4) 재래식, (5) 장기폭기

풀이
① 미생물의 성장단계 : 유도기 → 대수성장단계 → 감소성장단계 → 내생성장단계
② 대수성장단계 ↔ 감소성장단계 : 고율공법
③ 감소성장단계 ↔ 내생성장단계 : 재래식공법
④ 내생성장단계 : 장기폭기공법

answer 27 ㉯ 28 ㉱ 29 ㉮ 30 ㉮

31 분무식포기장치를 이용하여 CO_2 농도를 탈기시키고자 한다. 최초의 CO_2 농도 $30g/m^3$ 중에서 $12g/m^3$을 제거할 수 있을 때 효율계수 (E)와 최초 CO_2 농도가 $50g/m^3$일 경우 유출수 중 CO_2 농도(Ce, g/m^3)는? (단, CO_2의 포화농도 = $0.5g/m^3$)

㉮ E = 0.6, Ce = 30 ㉯ E = 0.4, Ce = 20
㉰ E = 0.6, Ce = 20 ㉱ E = 0.4, Ce = 30

풀이
① 효율(E) = $\dfrac{\text{제거된 농도}}{\text{최초 농도}}$ = $\dfrac{12g/m^3}{30g/m^3}$ = 0.4

② 효율(E) = 1 − $\dfrac{\text{유출수 농도(Ce)}}{\text{최초 농도}}$

0.4 = 1 − $\dfrac{\text{유출수 농도(Ce)}}{50g/m^3}$

∴ 유출수 농도(Ce) = $50g/m^3 \times (1-0.4)$ = $30g/m^3$

32 폐수를 염소 처리하는 목적으로 가장 거리가 먼 것은?

㉮ 살균   ㉯ 탁도 제거
㉰ 냄새 제거 ㉱ 유기물 제거

풀이 폐수를 염소 처리하는 목적으로는 살균작용, 냄새 제거, 유기물 제거 등이다.

33 수중에 존재하는 대상 항목별 제거방법이 틀리게 짝지어진 것은?

㉮ 부유물질 - 금속여과, 응집침전
㉯ 용해성 유기물질 - 응집침전, 오존산화
㉰ 용해된 염류 - 역삼투법, 이온교환
㉱ 세균, 바이러스 - 소독, 급속여과

풀이 ㉱ 세균, 바이러스 - 소독, 완속여과

34 각종처리법과 그 효과에 영향을 미치는 주요한 인자의 조합으로 틀린 것은?

㉮ 침강분리법 - 현탁입자와 물의 밀도차
㉯ 가압부상법 - 오수와 가압수와의 점성차
㉰ 모래여과법 - 현탁입자의 크기
㉱ 흡착법 - 용질의 흡착성

풀이 ㉯ 가압부상법 - 부유물질과 물의 밀도차

35 유기인 함유 폐수에 관한 설명으로 틀린 것은?

㉮ 폐수에 함유된 유기인 화합물은 파라티온, 말라티온 등의 농약이다.
㉯ 유기인 화합물은 산성이나 중성에서 안정하다.
㉰ 물에 쉽게 용해되어 독성을 나타내기 때문에 전처리과정을 거친 후 생물학적 처리법을 적용할 수 있다.
㉱ 일반적이고 효과적인 방법으로는 생석회 등의 알칼리로 가수분해 시키고 응집침전 또는 부상으로 전처리한 다음 활성탄 흡착으로 미량의 잔유물질을 제거시키는 것이다.

풀이 ㉰ 물에 난용성이므로 응집침전 또는 부상으로 전처리한 후 활성탄으로 흡착처리 한다.

answer 31 ㉱ 32 ㉯ 33 ㉱ 34 ㉯ 35 ㉰

36 포기조 내의 MLSS가 4,000mg/L, 포기조 용적이 500m³인 활성슬러지 공정에서 매일 25m³의 폐슬러지를 인발하여 소화조에서 처리한다면 슬러지의 평균 체류시간(day)은? (단, 반송슬러지의 농도 20,000mg/L, 유출수의 SS 농도는 무시)

㉮ 2　　㉯ 3
㉰ 4　　㉱ 5

풀이
$$SRT = \frac{MLSS \times V}{Q_w \times SS_w}$$
$$= \frac{4,000mg/L \times 500m^3}{25m^3/day \times 20,000mg/L} = 4\,day$$

37 회전원판법(RBC)에 관한 설명으로 가장 거리가 먼 것은?

㉮ 부착성장공법으로 질산화가 가능하다.
㉯ 슬러지의 반송율은 표준 활성슬러지법보다 높다.
㉰ 활성슬러지법에 비해 처리수의 투명도가 나쁘다.
㉱ 살수여상법에 비해 단회로 현상의 제어가 쉽다.

풀이 ㉯ 회전원판법은 슬러지반송이 필요없다.

38 슬러지 반송율을 25%, 반송슬러지 농도를 10,000mg/L일 때 포기조의 MLSS 농도(mg/L)는? (단, 유입 SS농도를 고려하지 않음)

㉮ 1,200　　㉯ 1,500
㉰ 2,000　　㉱ 2,500

풀이
$$반송율(\%) = \frac{MLSS}{SS_r - MLSS} \times 100$$

$$25\% = \frac{MLSS}{10,000mg/L - MLSS} \times 100$$

$$\therefore MLSS = \frac{0.25 \times 10,000mg/L}{(1+0.25)} = 2,000mg/L$$

39 급속여과 장치에 있어서 여과의 손실수두에 영향을 미치지 않는 인자는?

㉮ 여과면적　　㉯ 입자지름
㉰ 여액의 점도　㉱ 여과속도

풀이 급속여과 장치에 있어서 여과의 손실수두에 영향을 미치는 인자는 입자지름, 여액의 점도, 여과속도 등이다.

40 활성슬러지법에서 포기조에 균류(fungi)가 번식하면 처리효율이 낮아지는 이유로 가장 알맞은 것은?

㉮ BOD보다는 COD를 더 잘 제거시키기 때문이다.
㉯ 혐기성 상태를 조성시키기 때문이다.
㉰ floc의 침강성이 나빠지기 때문이다.
㉱ fungi가 bacteria를 잡아먹기 때문이다.

풀이 활성슬러지법에서 포기조에 균류(fungi)가 번식하면 처리효율이 낮아지는 이유는 floc의 침강성이 나빠지기 때문이다.

answer 36 ㉰　37 ㉯　38 ㉰　39 ㉮　40 ㉰

| 제3과목 | 수질오염공정시험기준

41 측정하고자 하는 금속물질이 바륨인 경우의 시험방법과 가장 거리가 먼 것은?

㉮ 자외선/가시선 분광법
㉯ 유도결합플라스마 원자발광분광법
㉰ 유도결합플라스마 질량분석법
㉱ 원자흡수분광도법

풀이 바륨의 시험방법은 유도결합플라스마-원자발광분광법, 유도결합플라스마-질량분석법, 원자흡수분광광도법이다.

42 공장 폐수의 COD를 측정하기 위하여 검수 25mL에 증류수를 가하여 100mL로 하여 실험한 결과 0.025N-KMnO₄가 10.1mL 최종 소모되었을 때 이 공장의 COD(mg/L)는? (단, 공시험의 적정에 소요된 0.025N-KMnO₄ = 0.1mL, 0.025N-KMnO₄의 역가 = 1.0)

㉮ 20   ㉯ 40
㉰ 60   ㉱ 80

풀이
$$COD(mg/L) = \frac{(b-a) \times f \times 0.2}{V(L)}$$
$$= \frac{(10.1-0.1)mL \times 1.0 \times 0.2}{25 \times 10^{-3}L}$$
$$= 80 mg/L$$

TIP
검수에 증류수를 가해 희석한 검수를 사용하는 경우에는 농도를 계산해서 희석배수치를 보정해야 한다.

43 메틸렌블루에 의해 발색시킨 후 자외선/가시선 분광법으로 측정할 수 있는 항목은?

㉮ 음이온 계면활성제
㉯ 휘발성 탄화수소류
㉰ 알킬수은
㉱ 비소

풀이 메틸렌블루에 의해 발색시킨 후 자외선/가시선 분광법으로 측정할 수 있는 항목은 음이온 계면활성제이다.

TIP
음이온계면활성제의 자외선/가시선분광법은 메틸렌블루와 반응시켜 생성된 청색의 착화합물을 클로로폼으로 추출하여 흡광도를 650nm에서 측정한다.

44 수질오염공정시험기준의 관련 용어 정의가 잘못된 것은?

㉮ '감압 또는 진공'이라 함은 따로 규정이 없는 한 15mmH₂O 이하를 뜻한다.
㉯ '냄새가 없다'라고 기재한 것은 냄새가 없거나, 또는 거의 없는 것을 표시하는 것이다.
㉰ '약'이라 함은 기재된 양에 대하여 ±10% 이상의 차가 있어서는 안 된다.
㉱ 시험조작 중 '즉시'란 30초 이내에 표시된 조작을 하는 것을 뜻한다.

풀이 ㉮ 감압 또는 진공이라 함은 따로 규정이 없는 한 15 mmHg 이하를 뜻한다.

45 총대장균군 시험(평판집락법) 분석 시 평판의 집락수는 어느 정도 범위가 되도록 시료를 희석하여야 하는가?

㉮ 1개~10개   ㉯ 10개~30개

answer 41 ㉮ 42 ㉱ 43 ㉮ 44 ㉮ 45 ㉰

㉰ 30개~300개   ㉱ 300개~500개

풀이 총대장균군 시험(평판집락법) 분석 시 평판의 집락 수는 30개~300개의 범위에 드는 것을 산술평균하여 총대장균군수/mL로 표기한다.

46 색도측정법(투과율법)에 관한 설명으로 옳지 않은 것은?

㉮ 아담스-니컬슨의 색도공식을 근거로 한다.
㉯ 시료 중 백금-코발트 표준물질과 아주 다른 색상의 폐·하수는 적용할 수 없다.
㉰ 색도의 측정은 시각적으로 눈에 보이는 색상에 관계없이 단순 색도차 또는 단일 색도차를 계산한다.
㉱ 시료 중 부유물질은 제거하여야 한다.

풀이 ㉯ 시료 중 백금-코발트 표준물질과 아주 다른 색상의 폐·하수에서 뿐만 아니라 표준물질과 비슷한 폐·하수에도 적용할 수 있다.

47 기체크로마토그래피에 의한 폴리클로리네이티드비페닐 시험방법으로 ( )에 가장 적합한 것은?

시료를 헥산으로 추출하여 필요 시 (㉠) 분해한 다음 다시 추출한다. 검출기는 (㉡)를 사용한다.

㉮ ㉠ 산, ㉡ 수소불꽃이온화 검출기
㉯ ㉠ 산, ㉡ 전자포획검출기
㉰ ㉠ 알칼리, ㉡ 수소불꽃이온화 검출기
㉱ ㉠ 알칼리, ㉡ 전자포획검출기

풀이 폴리클로리네이티드비페닐(PCBs)의 기체크로마토그래피법은 시료를 헥산으로 추출하여 필요 시 알칼리 분해한 다음 다시 헥산으로 추출하고 실리카겔 또는 플로리실 컬럼을 통과시켜 정제한다. 그리고 사용하는 검출기는 전자포획검출기(ECD)이다.

48 pH 표준액의 조제 시 보통 산성 표준액과 염기성 표준액의 각각 사용기간은?

㉮ 1개월 이내, 3개월 이내
㉯ 2개월 이내, 2개월 이내
㉰ 3개월 이내, 1개월 이내
㉱ 3개월 이내, 2개월 이내

풀이 pH 표준액의 조제 시 보통 산성표준용액은 3개월, 염기성 표준용액은 산화칼슘 흡수관을 부착하여 1개월 이내에 사용한다.

49 생물화학적 산소요구량 측정방법 중 시료의 전처리에 관한 설명으로 틀린 것은?

㉮ pH가 6.5~8.5의 범위를 벗어나는 시료는 염산(1M) 또는 수산화소듐용액 (1M)으로 시료를 중화하여 pH 7~7.2로 맞춘다.
㉯ 시료는 시험하기 바로 전에 온도를 (20±1)℃로 조정한다.
㉰ 수온이 20℃이하일 때의 용존산소가 과포화되어 있을 경우에는 수온을 23℃~25℃로 상승시킨 이후에 15분간 통기하고 방치하고 냉각하여 수온을 다시 20℃로 한다.
㉱ 잔류염소가 함유된 시료는 시료 100mL에 아자이드화소듐 0.1g과 요오드화포타슘 1g을 넣고 흔들어 섞은 다음 수산화소듐을 넣어 알칼리성으로 한다.

풀이 ㉱ 잔류염소가 함유된 시료는 시료 100mL에 아자이드화소듐 0.1g과 요오드화포타슘 1g을 넣고 흔들어 섞은 다음 염산을 넣어 산성(약 pH 1)으로 한다.

answer 46 ㉯ 47 ㉱ 48 ㉰ 49 ㉱

50 다음 중 비소의 수소화물생성-원자흡수분광광도법에 대한 내용으로 틀린 것은?

㉮ 아연 또는 소듐붕소수화물($NaBH_4$)을 넣어 수소화 비소로 포집한다.
㉯ 아르곤 (또는 질소)-수소 불꽃에서 원자화시켜 228.8nm에서 흡광도를 측정한다.
㉰ 정량한계는 0.005mg/L이다.
㉱ 높은 농도의 크롬, 코발트, 구리, 수은, 몰리브덴, 은 및 니켈은 비소 분석을 방해한다.

풀이 ㉯ 아르곤 (또는 질소)-수소 불꽃에서 원자화시켜 193.7nm에서 흡광도를 측정한다.

51 시안 화합물을 측정할 때 pH 2 이하의 산성에서 에틸렌다이아민테트라아세트산이소듐을 넣고 가열 증류하는 이유는?

㉮ 킬레이트 화합물을 발생시킨 후 침전시켜 중금속 방해를 방지하기 위하여
㉯ 시료에 포함된 유기물 및 지방산을 분해시키기 위하여
㉰ 시안화물 및 시안착화합물의 대부분을 시안화수소로 유출시키기 위하여
㉱ 시안화합물의 방해성분인 황화합물을 유화수소로 분리시키기 위하여

풀이 시안 화합물을 측정할 때 pH 2 이하의 산성에서 에틸렌다이아민테트라아세트산이소듐을 넣고 가열 증류하는 이유는 시안화물 및 시안착화합물의 대부분을 시안화수소로 유출시키기 위해서이다.

52 시판되는 농축 염산은 12N이다. 이것을 희석하여 1N의 염산 200mL을 만들고자 할 때 필요한 농축 염산의 양(mL)은?

㉮ 7.9 ㉯ 16.7
㉰ 21.3 ㉱ 31.5

풀이 $N_1 \times V_1 = N_2 \times V_2$
$12N \times V_1 = 1N \times 200mL$
$\therefore V_1 = 16.67mL$

53 금속 필라멘트 또는 전기저항체를 검출소자로 하여 금속판 안에 들어있는 본체와 여기에 직류전기를 공급하는 전원회로, 전류조절부 등으로 구성된 기체크로마토그래프 검출기는?

㉮ 열전도도검출기
㉯ 전자포획형검출기
㉰ 알칼리열 이온화검출기
㉱ 수소염 이온화검출기

풀이 ㉮ 열전도도검출기에 대한 설명이다.

54 취급 또는 저장하는 동안에 기체 또는 미생물이 침입하지 아니하도록 내용물을 보호하는 용기는?

㉮ 밀봉용기 ㉯ 밀폐용기
㉰ 기밀용기 ㉱ 차광용기

풀이 용기
㉮ 밀봉용기 : 기체 또는 미생물
㉯ 밀폐용기 : 이물질
㉰ 기밀용기 : 공기 또는 다른 가스
㉱ 차광용기 : 광선

answer 50 ㉯ 51 ㉰ 52 ㉯ 53 ㉮ 54 ㉮

55 유기물 함량이 비교적 높지 않고 금속의 수산화물, 산화물, 인산염 및 황화물을 함유하고 있는 시료의 전처리에 이용되는 분해법은?

㉮ 질산에 의한 분해
㉯ 질산-염산에 의한 분해
㉰ 질산-황산에 의한 분해
㉱ 질산-과염소산에 의한 분해

풀이 산분해법 암기법
㉮ 질산법 : 유기물 함량이 비교적 높지 않은 시료 (질 낮은)
㉯ 질산-염산법 : 유기물 함량이 비교적 높지 않고 금속의 수산화물, 산화물, 인산염 및 황화물을 함유하고 있는 시료(염산 인금으로)
㉰ 질산-황산법 : 유기물 등을 많이 함유하고 있는 대부분의 시료(황높은)
㉱ 질산-과염소산법 : 유기물을 다량 함유하고 있으면서 산분해가 어려운 시료(과산분해에)

56 최대유속과 최소유속의 비가 가장 큰 유량계는?

㉮ 벤튜리미터(venturi meter)
㉯ 오리피스(orifice)
㉰ 피토우(pitot)관
㉱ 자기식 유량측정기(magnetic flow meter)

풀이 최대유속과 최소유속(최대유량과 최소유량)의 비
㉮ 벤튜리미터 4 : 1
㉯ 오리피스 4 : 1
㉰ 피토우관 3 : 1
㉱ 자기식 유량측정기 10 : 1

57 n-헥산 추출물질시험법에서 염산(1+1)으로 산성화할 때 넣어주는 지시약과 pH의 연결이 알맞은 것은?

㉮ 메틸레드 지시액 - pH 4.0 이하
㉯ 메틸오렌지 지시액 - pH 4.0 이하
㉰ 메틸레드 지시액 - pH 4.5 이하
㉱ 메틸렌블루 지시액 - pH 4.5 이하

풀이 시료 적당량(노말헥산 추출물질로서 5mg~200mg 해당량)을 분별깔때기에 넣고 메틸오렌지용액(0.1%) 2방울~3방울을 넣고 황색이 적색으로 변할 때까지 염산(1+1)을 넣어 시료의 pH를 4 이하로 조절한다.

58 질산성 질소 분석 방법과 가장 거리가 먼 것은?

㉮ 이온크로마토그래피법
㉯ 자외선/가시선 분광법-부루신법
㉰ 자외선/가시선 분광법-활성탄흡착법
㉱ 연속흐름법

풀이 질산성 질소 분석 방법에는 이온크로마토그래피법, 자외선/가시선 분광법(부루신법), 자외선/가시선 분광법(활성탄흡착법), 데발다합금 환원증류법이 있다.

59 온도표시기준 중 "상온"으로 가장 적합한 범위는?

㉮ (1~15)℃
㉯ (10~15)℃
㉰ (15~25)℃
㉱ (20~35)℃

풀이 상온은 (15~25)℃이다.

answer 55 ㉯ 56 ㉱ 57 ㉯ 58 ㉱ 59 ㉰

60 시료용기를 유리제로만 사용하여야 하는 것은?

㉮ 불소
㉯ 페놀류
㉰ 음이온계면활성제
㉱ 대장균군

풀이 ① 시료용기를 유리제(G)로만 사용하여야 하는 시료는 냄새, 노말헥산추출물질, 페놀류, 유기인, 폴리클로리네이티드비페닐(PCBs), 휘발성유기화합물, 물벼룩급성독성, 잔류염소(갈색), 다이에틸헥실프탈레이트(갈색), 1-4 다이옥산(갈색), 염화비닐(갈색), 아크로니트릴(갈색), 브로모폼(갈색), 석유계총탄화수소(갈색)이다.
② 시료용기를 폴리에틸렌(P)으로만 사용하여야 하는 시료는 불소이다.
③ 시료용기를 폴리프로필렌(PP)으로만 사용하여야 하는 시료는 과불화화합물이다.

answer 60 ㉯

CBT 모의고사

| 제1과목 | 수질오염개론

01 초기농도가 300mg/L인 오염물질이 있다. 이 물질의 반감기가 10day라고 할 때 반응속도가 1차 반응에 따른다면 5일 후의 농도는 얼마인가?

㉮ 212mg/L ㉯ 228mg/L
㉰ 235mg/L ㉱ 246mg/L

풀이
① 반감기 공식 : $\ln\frac{1}{2} = -k \times t$

$\ln\frac{1}{2} = -k \times 10day$

∴ $k = \dfrac{\ln\frac{1}{2}}{-10day} = 0.0693/day$

② 1차반응식 공식 : $\ln\dfrac{C_t}{C_o} = -k \times t$

$\ln\dfrac{C_t}{300mg/L} = -0.0693/day \times 5day$

∴ $C_t = 300mg/L \times e^{(-0.0693/day \times 5day)}$
   $= 212.15mg/L$

02 해수의 온도와 염분의 농도에 의한 밀도차에 의해 형성되는 해류는 어느 것인가?

㉮ 조류 ㉯ 쓰나미
㉰ 상승류 ㉱ 심해류

풀이
㉮ 조류 : 태양과 달의 영향
㉯ 쓰나미 : 지진이나 화산의 영향
㉰ 상승류 : 바람과 해양 및 육지의 상호작용
㉱ 심해류 : 해수의 온도와 염분의 농도에 의한 밀도차

03 농업용수의 수질 평가시 사용되는 SAR(Sodium Adsorption Ratio)산출식에 관련된 원소로만 짝지어진 것은?

㉮ Na, Ca, Mg ㉯ Mg, Ca, Fe
㉰ K, Ca, Mg ㉱ Na, Al, Mg

풀이
SAR(소듐 흡착률) = $\dfrac{Na^+}{\sqrt{\dfrac{Ca^{2+} + Mg^{2+}}{2}}}$

04 포도당($C_6H_{12}O_6$) 500mg이 탄산가스와 물로 완전산화 하는데 소요되는 이론적 산소요구량은 얼마인가?

㉮ 512mg ㉯ 521mg
㉰ 533mg ㉱ 548mg

풀이
$C_6H_{12}O_6 + 6O_2 \rightarrow 6CO_2 + 6H_2O$
180g : $6 \times 32g$
500mg : ThOD

∴ ThOD = $\dfrac{6 \times 32g \times 500mg}{180g} = 533.33mg$

TIP
호기성과 혐기성 분해
① 유기물(C·H·O) + O_2 $\xrightarrow{\text{호기성분해}}$ $CO_2 + H_2O$

answer 01 ㉮ 02 ㉱ 03 ㉮ 04 ㉰

② 유기물(C·H·O) $\xrightarrow{혐기성분해}$ CO_2+CH_4

05 Ca^{2+}가 200mg/L를 N농도로 나타내면 얼마인가? (단, Ca : 40)

㉮ 0.01 ㉯ 0.02
㉰ 0.5   ㉱ 1.0

풀이 $eq/L = \dfrac{200mg}{L} \times \dfrac{1g}{10^3 mg} \times \dfrac{1eq}{20g} = 0.01 eq/L$

TIP
① N농도 = eq/L
② Ca^{2+}의 $1eq = \dfrac{원자량(g)}{2} = \dfrac{40g}{2} = 20g$

06 탄광폐수가 하천이나 호수, 저수지에 유입되어 유발되는 오염의 형태로 틀린 것은?

㉮ 부식성이 높은 수질이 될 수 있다.
㉯ 대체적으로 물의 pH를 낮춘다.
㉰ 비탄산경도를 높이게 된다.
㉱ 일시경도를 높이게 된다.

풀이 탄광폐수에는 산성물질이 많이 포함되어 있으므로 ㉮, ㉯, ㉰의 현상이 나타난다.

07 해수에 대한 내용으로 알맞은 것은?

㉮ 해수의 밀도는 담수보다 작다.
㉯ 염분은 적도해역에서 높고, 남·북 양극 해역에서 다소 낮다.
㉰ 해수의 Mg/Ca비는 담수의 Mg/Ca비 보다 작다.
㉱ 수심이 깊을수록 해수 주요 성분 농도비의 차이는 줄어든다.

풀이 ㉮ 해수의 밀도는 담수보다 크다.
㉰ 해수의 Mg/Ca비는 담수의 Mg/Ca비 보다 크다.
㉱ 해수의 주요 성분 농도비는 항상 일정하다.

08 Glucose($C_6H_{12}O_6$) 600mg/L 용액의 이론적 COD값(mg/L)은 얼마인가?

㉮ 540mg/L ㉯ 580mg/L
㉰ 640mg/L ㉱ 680mg/L

풀이 $C_6H_{12}O_6 + 6O_2 \rightarrow 6CO_2 + 6H_2O$
180g : $6 \times 32g$
600mg/L : COD
∴ $COD = \dfrac{600 mg/L \times 6 \times 32g}{180 g} = 640 mg/L$

09 하천 모델의 종류 중 Streeter-Phelps Models에 대한 설명으로 틀린 것은?

㉮ 최초의 하천 수질 모델링이다.
㉯ 유속, 수심, 조도계수에 의한 확산계수를 결정한다.
㉰ 점오염원으로부터 오염부하량을 고려한다.
㉱ 유기물의 분해에 따라 용존산소 소비와 재포기를 고려한다.

풀이 ㉯번의 설명은 QUAL-I 모델에 대한 설명이다.

answer 05 ㉮ 06 ㉱ 07 ㉯ 08 ㉰ 09 ㉯

10 적조 발생지역으로 틀린 것은?

㉮ 정체 수역
㉯ 질소, 인 등의 영양염류가 풍부한 수역
㉰ upwelling 현상이 있는 수역
㉱ 갈수기시 수온, 염분이 급격히 높아진 수역

풀이 ㉱ 홍수시 수온이 높고, 염분농도가 낮아진 수역

11 하천의 환경기준이 BOD 3mg/L 이하이고 현재 BOD는 1mg/L이며 유량은 50,000m³/day이다. 하천주변에 돼지 사육단지를 조성하고자 하는데 환경기준치 이하를 유지시키기 위해서는 몇 마리까지 사육을 허가할 수 있겠는가? (단, 돼지사육으로 인한 하천의 유량증가 무시, 돼지 1마리당 BOD 배출량은 0.4 kg/day 이다.)

㉮ 125마리   ㉯ 150마리
㉰ 250마리   ㉱ 350마리

풀이 마리
$= \dfrac{(BOD의\ 환경기준치 - 현재하천의\ BOD\ 농도)kg/m^3 \times 유량(m^3/day)}{돼지의\ BOD\ 배출량(kg/day \cdot 마리)}$
$= \dfrac{(3-1) \times 10^{-3} kg/m^3 \times 50,000 m^3/day}{0.4 kg/day \cdot 마리}$
$= 250$마리

12 다음 중 지하수의 특성으로 틀린 것은?

㉮ 수온변동이 적고 자정속도가 느리다.
㉯ 지표수에 비해 염분의 함량이 크다.
㉰ 세균에 의한 유기물의 분해가 주된 생물작용이다.
㉱ 자연 및 인위의 국지적 조건의 영향을 크게 받지 않는다.

풀이 ㉱ 자연 및 인위의 국지적 조건의 영향을 크게 받는다.

13 다음 중 가경도를 유발하는 대표적인 물질은?

㉮ 칼슘   ㉯ 염소
㉰ 소듐   ㉱ 철

풀이 가경도 유발물질의 대표적인 물질은 소듐(Na)이다.

14 2차처리 유출수에 포함된 10mg/L의 유기물을 분말활성탄 흡착법으로 3차처리하여 유출수가 1mg/L가 되게 만들고자 한다. 이 때 폐수 1m³당 필요한 활성탄의 양(g)은 얼마인가? (단, 흡착식은 Freundlich 등온식을 적용, K = 0.5, n = 2)

㉮ 9   ㉯ 12
㉰ 16   ㉱ 18

풀이 등온흡착식 : $\dfrac{(C_i - C_o)}{M} = k \times C_o^{\frac{1}{n}}$

$\dfrac{(10-1)mg/L}{M} = 0.5 \times (1mg/L)^{\frac{1}{2}}$

$\therefore M = \dfrac{(10-1)mg/L}{0.5 \times (1mg/L)^{\frac{1}{2}}} = 18mg/L = 18g/m^3$

answer 10 ㉱   11 ㉰   12 ㉱   13 ㉰   14 ㉱

15 다음 중 자정계수에 대한 설명으로 틀린 것은?

㉮ 자정계수란 재폭기계수를 탈산소계수로 나눈 값을 말한다.
㉯ 유속이 느린 하천일수록 자정계수는 작다.
㉰ 수심이 얕을수록 자정계수는 커진다.
㉱ 자정계수의 단위는 day^{-1}이다.

풀이 ㉱ 자정계수의 단위는 없다.

TIP
자정계수 $= \dfrac{k_2(/day)}{k_1(/day)}$ 로 온도가 증가할수록 k_2에 비해 k_1의 증가 속도가 크므로 자정계수는 작아진다.

16 부영양호(eutrophic lake)의 특성으로 알맞은 것은?

㉮ 생산과 소비의 균형
㉯ 낮은 영양 염류
㉰ 조류의 과다발생
㉱ 생물종 다양성 증가

풀이 ㉮ 생산과 소비의 불균형
㉯ 높은 영양 염류
㉱ 생물종 다양성 감소

17 남조류에 대한 내용으로 틀린 것은?

㉮ 독립된 세포핵이 있다.
㉯ 세포벽의 구조는 박테리아와 흡사하다.
㉰ 광합성 색소가 엽록체 안에 들어 있지 않다.
㉱ 호기성 신진대사를 하며 전자공여체로 물을 사용한다.

풀이 ㉮ 독립된 세포핵이 없다.

18 물이 가지는 특성으로 틀린 것은?

㉮ 물의 밀도는 0℃에서 가장 크며 그 이하의 온도에서는 얼음형태로 물에 뜬다.
㉯ 물은 광합성의 수소 공여체이며 호흡의 최종산물이다.
㉰ 생물체의 결빙이 쉽게 일어나지 않는 것은 융해열이 크기 때문이다.
㉱ 물은 기화열이 크기 때문에 생물의 효과적인 체온조절이 가능하다.

풀이 ㉮ 물의 밀도는 4℃에서 가장 크다.

TIP
4℃에서 물의 비중은 1.0이며, 비중량은 $1,000kg/m^3$이다.

19 친수성 콜로이드에 관한 설명으로 틀린 것은?

㉮ 물 속에서 현탁상태(suspension)로 존재한다.
㉯ 염에 대하여 큰 영향을 받지 않는다.
㉰ 단백질, 합성된 고단위 중합체 등이 해당된다.
㉱ 틴달효과가 약하거나 거의 없다.

풀이 ㉮ 물 속에서 유탁상태(에멀젼)로 존재한다.

answer 15 ㉱ 16 ㉰ 17 ㉮ 18 ㉮ 19 ㉮

20 촉매에 관한 내용으로 틀린 것은?

㉮ 반응속도를 느리게 하는 효과가 있는 것을 역촉매라고 한다.
㉯ 반응의 역할에 따라 반응 후 본래 상태로 회복여부가 결정된다.
㉰ 반응의 최종 평형상태에는 아무런 영향을 미치지 않는다.
㉱ 화학반응의 속도를 변화시키는 능력을 가지고 있다.

풀이 ㉯ 반응의 종류에 따라 반응 후 본래 상태로 회복여부가 결정된다.

| 제2과목 | 수질오염방지기술

21 응집제 투여량에 영향을 미치는 인자로 틀린 것은?

㉮ DO   ㉯ 수온
㉰ 응집제의 종류   ㉱ pH

풀이 응집제 투여량에 영향을 미치는 인자로는 수온, 응집제의 종류, pH 등이 있다.

TIP 응집제를 사용하여 응집하는 과정은 용존산소(DO)의 존재 유무와 관계없는 과정임을 숙지하시면 됩니다.

22 포기조 내의 DO 농도가 2mg/L이고, 이때의 포화용존산소는 8mg/L라고 할 때 MLSS 3,000mg/L에서 MLSS 1L당 산소 소비속도가 60mg/L·hr이라고 하면 포기조에서 산소이동계수 K_{La}의 값 (hr^{-1})은 얼마인가?

㉮ 2hr^{-1} ㉯ 6hr^{-1}
㉰ 10hr^{-1} ㉱ 14hr^{-1}

풀이 $r = K_{La} \times (C_S - C)$

여기서 r : 미생물의 산소소비속도(mg/L·hr)
k_{La} : 산소이동계수(/hr)
C_S : 포화용존산소농도(mg/L)
C : 포기조내의 용존산소농도(mg/L)

따라서 $60\,mg/L \cdot hr = k_{La} \times (8-2)\,mg/L$

∴ $k_{La} = \dfrac{60\,mg/L \cdot hr}{(8-2)\,mg/L} = 10/hr$

TIP ($C_S - C$) = 산소부족농도 = 폭기해야 할 농도

23 BOD가 250mg/L이고 유량이 2,000m^3/day인 폐수를 활성슬러지법으로 처리하고자 한다. 포기조의 BOD 용적부하가 0.4kg/m^3·day라면 포기조의 부피는 얼마인가?

㉮ 1,250m^3 ㉯ 1,000m^3
㉰ 750m^3 ㉱ 500m^3

풀이 BOD의 용적부하(kg/m^3·day)
$= \dfrac{BOD(kg/m^3) \times Q(m^3/day)}{V(m^3)}$

따라서
$0.4\,kg/m^3 \cdot day = \dfrac{0.25\,kg/m^3 \times 2,000\,m^3/day}{V(m^3)}$

∴ $V = \dfrac{0.25\,kg/m^3 \times 2,000\,m^3/day}{0.4\,kg/m^3 \cdot day} = 1,250\,m^3$

TIP
① mg/L $\xrightarrow{\times 10^{-3}}$ kg/m^3
② 총량(kg/day) = 농도(kg/m^3)×유량(m^3/day)

answer 20 ㉯ 21 ㉮ 22 ㉰ 23 ㉮

24 하수의 3차처리공법인 A/O공정 중 포기조(폭기조)의 주된 역할은?

㉮ 인의 과잉섭취 ㉯ 질소의 탈기
㉰ 탈질 ㉱ 인의 방출

풀이 A/O공정에서 포기조의 역할은 인의 과잉흡수이며, 혐기조의 역할은 인의 방출이다.

25 정수처리의 단위공정으로 오존(O_3)처리법을 다른 처리법과 비교할 때 장점으로 틀린 것은?

㉮ 소독부산물의 생성을 유발하는 각종 전구물질에 대한 처리효율이 높다.
㉯ 오존은 자체의 높은 산화력으로 염소에 비하여 높은 살균력을 가지고 있다.
㉰ 전염소처리를 할 경우, 염소와 반응하여 잔류염소를 증가시킨다.
㉱ 철, 망간의 산화능력이 크다.

풀이 ㉰ 전염소처리를 할 경우, 염소와 반응하여 잔류염소를 증가시키지 않는다.

TIP
반드시 알아야 하는 내용
① 염소(Cl_2) 및 염소화합물 : 잔류성 있음
② 오존(O_3), 자외선(UV) : 잔류성 없음

26 다음 특성을 갖는 폐수를 활성슬러지법으로 처리할 때 포기조내의 MLSS 농도를 일정하게 유지하려면 반송율은 약 얼마로 유지하여야 하는가? (단, 유입원수의 SS는 250mg/L, 포기조내의 MLSS는 2,500mg/L, 반송슬러지 농도는 8,000mg/L이며, 포기조 내에서 슬러지 생성 및 방류수 중의 SS는 무시한다.)

㉮ 20% ㉯ 30%
㉰ 40% ㉱ 50%

풀이 ① 반송비(R)
$$= \frac{MLSS - SS_i}{SS_r - MLSS}$$
$$= \frac{2,500mg/L - 250mg/L}{8,000mg/L - 2,500mg/L} = 0.4091$$
② 반송율(%) = 반송비(R)×100
   = 0.4091 × 100 = 40.91%

27 다음 중 응집제로 많이 사용되는 황산알루미늄의 장점으로 틀린 것은?

㉮ 여러 폐수에 적용이 가능하다.
㉯ 결정은 부식이나 자극성이 거의 없고 취급이 용이하다.
㉰ 저렴하고 독성이 거의 없기 때문에 대량 첨가가 가능하다.
㉱ 철염보다 플록이 무겁다.

풀이 ㉱ 철염보다 플록이 가볍다.

TIP

응집제 특징	황산알루미늄	철염
적정 pH 범위	pH 5~8	pH 4~12
침강속도	느리다	빠르다
가격	저렴하다	비싸다

answer 24 ㉮ 25 ㉰ 26 ㉰ 27 ㉱

28 다음 액체염소의 주입으로 생성된 유리염소, 결합잔류염소의 살균력이 바르게 나열된 것은?

㉮ HOCl > Chloramines > OCl⁻
㉯ HOCl > OCl⁻ > Chloramines
㉰ OCl⁻ > Chloramines > HOCl
㉱ OCl⁻ > HOCl > Chloramines

풀이 살균력의 순서는 HOCl > OCl⁻ > Chloramines 이다.

29 생물막을 이용한 처리공법인 접촉산화법에 대한 내용으로 틀린 것은?

㉮ 분해속도가 낮은 기질제거에 효과적이다.
㉯ 매체에 생성되는 생물량은 부하조건에 의하여 결정된다.
㉰ 미생물량과 영향인자를 정상상태로 유지하기 위한 조작이 어렵다.
㉱ 대규모시설에 적합하고, 고부하시 운전조건에 유리하다.

풀이 ㉱ 대규모시설에 부적합하고, 고부하시 운전조건에 불리하다.

TIP
접촉산화법은 미생물을 이용해서 처리하는 방법으로 부착성장식에 해당한다.

30 슬러지의 함수율이 95%에서 90%로 줄어들면 슬러지의 부피는 얼마인가? (단, 슬러지 비중은 1.0이다.)

㉮ 2/3로 감소한다.
㉯ 1/2로 감소한다.
㉰ 1/3로 감소한다.
㉱ 3/4로 감소한다.

풀이
$V_1 \times (100 - P_1) = V_2 \times (100 - P_2)$
$\therefore \dfrac{V_2}{V_1} = \dfrac{(100 - P_1)}{(100 - P_2)} = \dfrac{(100 - 95)}{(100 - 90)} = \dfrac{1}{2}$

31 펜톤반응에서 사용되는 과산화수소의 용도는 무엇인가?

㉮ 응집제   ㉯ 촉매제
㉰ 산화제   ㉱ 침강촉진제

풀이 펜톤산화법은 펜톤시약(H_2O_2)으로부터 발생하는 OH라디칼을 이용해 처리하는 방법으로 과산화수소(H_2O_2)의 용도는 강산화제이다.

TIP
펜톤 산화법
① 시약 : H_2O_2
② 촉매 : 철염(황산제1철)
③ 강산화제 : OH라디칼
④ 적정 pH : 3~5(4.5)
⑤ 유기물 변화 : COD 감소, BOD 증가

32 암모니아성 질소의 처리방법으로 틀린 것은?

㉮ 탈기법
㉯ 화학적 응결
㉰ 불연속점 염소처리
㉱ 토지적용 처리

풀이 ㉯ 화학적 응결(금속염 첨가법)은 암모니아성 질소의 처리방법이 아니다.

TIP
질소산화물은 금속응집제를 이용해서 응집처리를 할 수 없고, 대부분 질소(N_2) 형태로 대기 중으로 처리한다.

answer 28 ㉯   29 ㉱   30 ㉯   31 ㉰   32 ㉯

33 BAC(Biological Activated Carbon) 공법을 이용한 고도 정수처리 시 장점으로 틀린 것은?

㉮ 오염물질에 따라 생물분해, 흡착작용이 상호 보완하여 준다.
㉯ 생물학적으로 분해 불가능한 독성물질이라도 흡착기능에 의하여 오염물질 제거가 가능하다.
㉰ 분해속도가 빠른 물질이나 적응시간이 필요 없는 유기물 제거에 효과적이다.
㉱ 부유물질과 유기물 농도가 낮은 깨끗한 유출수를 배출한다.

풀이 ㉰ 분해속도가 빠른 물질이나 적응시간이 필요 없는 유기물 제거에 비효과적이다.

TIP
BAC공법은 미생물을 이용하는 생물학적처리와 활성탄을 이용하는 화학적처리의 두가지 방법의 장점을 이용하는 처리법으로 서로 상호보완의 기능을 가지게 된다.

34 다음 중에서 투석의 추진력으로 이용하는 막분리공정은?

㉮ 농도차 ㉯ 전위차
㉰ 정수압차 ㉱ 동압차

풀이 전기투석은 전위차, 투석은 농도차, 나머지는 정수압차이다.

35 표준활성슬러지법에서 MLSS농도(mg/L)의 표준 운전범위는 얼마인가?

㉮ 1,000 ~ 1,500 ㉯ 1,500 ~ 2,500
㉰ 2,500 ~ 4,500 ㉱ 4,500 ~ 6,000

풀이 MLSS농도의 표준 운전범위는 1,500 ~ 2,500mg/L이다.

36 생물학적 방법으로 폐수 중의 질소를 제거하려고 할 때 가장 적절하지 않은 공법은?

㉮ A/O 공법
㉯ VIP 공법
㉰ UCT 공법
㉱ 5단계 Bardenpho 공법

풀이 A/O공법은 인(P)만을 제거하는 공법이며, 나머지는 질소와 인을 동시에 처리하는 공법이다.

37 다음 중 1차침전지에서 부유물질의 침강속도가 작게되는 조건으로 알맞은 것은?

㉮ 부유물질 입자의 밀도가 클 경우
㉯ 부유물질의 입자의 입경이 클 경우
㉰ 처리수의 밀도가 작을 경우
㉱ 처리수의 점성도가 클 경우

풀이 ㉮ 부유물질 입자의 밀도가 작을 경우
㉯ 부유물질의 입자의 입경이 작을 경우
㉰ 처리수의 밀도가 클 경우

answer 33 ㉰ 34 ㉮ 35 ㉯ 36 ㉮ 37 ㉱

38 다음은 슬러지 처리공정을 순서대로 배치한 것이다. 일반적인 순서로 알맞은 것은?

㉮ 농축 → 약품조정(개량) → 유기물의 안정화 → 건조 → 탈수 → 최종처분
㉯ 농축 → 유기물의 안정화 → 약품조정(개량) → 탈수 → 건조 → 최종처분
㉰ 약품조정(개량) → 농축 → 유기물의 안정화 → 탈수 → 건조 → 최종처분
㉱ 유기물의 안정화 → 농축 → 약품조정(개량) → 탈수 → 건조 → 최종처분

TIP
슬러지의 처리공정은 농축조(농축) → 소화조(유기물 안정화) → 개량조(약품주입) → 탈수 → 건조 → 최종처분 순이다.

39 부피가 1,000m³인 탱크에서 G(평균속도 경사) 값을 30/s로 유지하기 위해 필요한 이론적 소요동력(W)은 얼마인가?
(단, 물의 점성계수는 $1.139 \times 10^{-3} N \cdot s/m^2$)

㉮ 1,025W   ㉯ 1,250W
㉰ 1,425W   ㉱ 1,650W

풀이 $P(Watt) = G^2 \times \mu \times V$
  $= (30/sec)^2 \times 1.139 \times 10^{-3} N \cdot s/m^2 \times 1,000m^3$
  $= 1,025.1 Watt$

TIP
물의 점성계수 단위
① centipoise $\xrightarrow{\times 10^{-2}}$ poise $\xrightarrow{\times 10^{-1}}$ kg/m·sec
② 뉴튼(N)의 단위 : kg·m/sec²
③ N·sec/m² = kg/m·sec

40 축산폐수 처리에 관한 내용으로 틀린 것은?

㉮ BOD 농도가 높아 생물학적 처리가 효과적이다.
㉯ 호기성 처리공정과 혐기성 처리공정을 조합하면 효과적이다.
㉰ 돈사폐수의 유기물 농도는 돈사형태와 유지관리에 따라 크게 변한다.
㉱ COD 농도가 매우 높아 화학적으로 처리하면 경제적이고 효과적이다.

풀이 ㉱ COD 농도는 낮고 BOD 농도가 높아 생물학적 처리가 효과적이다.

| 제3과목 | 수질오염공정시험기준

41 실험에 일반적으로 적용되는 용어의 정의로 잘못된 것은? (단, 공정시험기준 기준)

㉮ '감압'이라 함은 따로 규정이 없는 한 15 mmH₂O 이하를 뜻한다.
㉯ '밀폐용기'라 함은 취급 또는 저장하는 동안에 이물질이 들어가거나 또는 내용물이 손실되지 아니하도록 보호하는 용기를 말한다.
㉰ '냄새가 없다'라고 기재한 것은 냄새가 없거나 또는 거의 없는 것을 표시하는 것이다.
㉱ '정확히 취하여'란 규정한 양의 액체를 부피피펫으로 눈금까지 취하는 것을 말한다.

풀이 ㉮ '감압'이라 함은 따로 규정이 없는 한 15 mmHg 이하를 뜻한다.

answer 38 ㉯ 39 ㉮ 40 ㉱ 41 ㉮

42 하천유량(유속 면적법) 측정의 적용범위에 관한 설명으로 틀린 것은?

㉮ 모든 유량 규모에서 하나의 하도로 형성되는 지점
㉯ 대규모 하천을 제외하고 가능하면 도섭으로 측정할 수 있는 지점
㉰ 교량 등 구조물 근처에서 측정할 경우 교량의 하류지점
㉱ 합류나 분류가 없는 지점

풀이 ㉰ 교량 등 구조물 근처에서 측정할 경우 교량의 상류지점

TIP
적용범위
① 균일한 유속분포를 확보하기 위한 충분한 길이(약 100m 이상)의 직선 하도(河道)의 확보가 가능하고 횡단면상의 수심이 균일한 지점
② 모든 유량 규모에서 하나의 하도로 형성되는 지점
③ 가능하면 하상이 안정되어있고, 식생의 성장이 없는 지점
④ 유속계나 부자가 어디에서나 유효하게 잠길 수 있을 정도의 충분한 수심이 확보되는 지점
⑤ 합류나 분류가 없는 지점
⑥ 교량 등 구조물 근처에서 측정할 경우 교량의 상류지점
⑦ 대규모 하천을 제외하고 가능하면 도섭으로 측정할 수 있는 지점
⑧ 선정된 유량측정 지점에서 말뚝을 박아 동일 단면에서 유량측정을 수행할 수 있는 지점

43 용존산소를 전극법으로 측정할 때에 대한 설명으로 잘못된 것은?

㉮ 정량한계는 0.1mg/L이다.
㉯ 격막 필름은 가스를 선택적으로 통과시키지 못하므로 장시간 사용 시 황화수소 가스의 유입으로 감도가 낮아질 수 있다.
㉰ 정확도는 수중의 용존산소를 윙클러아자이드화소듐 변법으로 측정한 결과와 비교하여 산출한다.
㉱ 정확도는 4회 이상 측정하여 측정 평균값의 상대백분율로서 나타내며 그 값이 95% ~ 105% 이내이어야 한다.

풀이 ㉮ 정량한계는 0.5mg/L이다.

TIP
용존산소(DO)의 측정방법에는 적정법 (윙클러아자이드화소듐변법), 전극법, 광학식 센서방법이 있다.

44 4각 웨어의 수두 80cm, 절단의 폭 2.5m이면 유량(m^3/min)은 얼마인가? (단, 유량계수는 1.6이다.)

㉮ 약 $2.9m^3$/min ㉯ 약 $3.5m^3$/min
㉰ 약 $4.7m^3$/min ㉱ 약 $5.3m^3$/min

풀이
$Q = k \times b \times h^{\frac{3}{2}}$ (m^3/min)
여기서 k : 유량계수
b : 절단의 폭(m)
h : 수두(m)

따라서 $Q = 1.6 \times 2.5m \times (0.8m)^{\frac{3}{2}}$
$= 2.86 m^3/min$

TIP
삼각웨어의 유량 계산식
$Q = k \cdot h^{\frac{5}{2}}$ (m^3/min)

answer 42 ㉰ 43 ㉮ 44 ㉮

45 자외선/가시선 분광법에서 흡광도 값이 1이란 무엇을 의미하는가?

㉮ 입사광의 1%의 빛이 액층에 의해 흡수된다.
㉯ 입사광의 10%의 빛이 액층에 의해 흡수된다.
㉰ 입사광의 90%의 빛이 액층에 의해 흡수된다.
㉱ 입사광의 100%의 빛이 액층에 의해 흡수된다.

풀이 흡광도(A) = $\log \dfrac{1}{투과도}$

⇒ 투과도 = $10^{-A} = 10^{-1} = 0.1$
따라서 투과율이 10%이므로
흡수율 = 100%-10% = 90%가 된다.

46 분석에 요구되는 시료의 최대 보존기간이 가장 짧은 측정항목은 어느 것인가?

㉮ 염소이온   ㉯ 부유물질
㉰ 총인   ㉱ 용존 총인

풀이 시료의 최대 보존기간
㉮ 염소이온 : 28일
㉯ 부유물질 : 7일
㉰ 총인 : 28일
㉱ 용존 총인 : 28일

47 수욕상 또는 수욕중에서 가열한다는 말은 따로 규정이 없는 한 수온 몇 ℃에서 가열함을 뜻하는가?

㉮ 100℃   ㉯ 110℃
㉰ 120℃   ㉱ 180℃

48 다이크롬산포타슘에 의한 화학적 산소요구량 측정시 사용되는 적정액은 어느 것인가?

㉮ 티오황산소듐 용액
㉯ 황산제일철암모늄 용액
㉰ 아황산소듐 용액
㉱ 수산소듐 용액

풀이 다이크롬산포타슘에 의한 화학적 산소요구량 측정시 사용되는 적정액은 0.025N 황산제일철암모늄용액이다.

49 0.1N–NaOH의 표준용액(f=1.008) 30mL를 완전히 반응시키는데 0.1N–$H_2C_2O_4$ 용액 30.12mL를 소비했을 때 0.1N–$H_2C_2O_4$ 용액의 factor는 얼마인가?

㉮ 1.004   ㉯ 1.012
㉰ 0.996   ㉱ 0.992

풀이 $N_1 \times V_1 \times f_1 = N_2 \times V_2 \times f_2$
$0.1N \times 30mL \times 1.008 = 0.1N \times 30.12mL \times f_2$
∴ $f_2 = \dfrac{0.1N \times 30mL \times 1.008}{0.1N \times 30.12mL} = 1.004$

50 수심이 0.6m, 폭이 2m인 하천의 유량을 구하기 위해 수심 각 부분의 유속을 측정한 결과가 다음과 같다. 하천의 유량(m^3/sec)은 얼마인가? (단, 하천은 장방형이라 가정한다.)

수심	표면	20% 지점	40% 지점	60% 지점	80% 지점
유속 (m/sec)	1.5	1.3	1.2	1.0	0.8

answer 45 ㉰ 46 ㉯ 47 ㉮ 48 ㉯ 49 ㉮ 50 ㉯

㉮ 1.05m³/sec　㉯ 1.26m³/sec
㉰ 2.44m³/sec　㉱ 3.52m³/sec

풀이 유량(Q) = 단면적(A)×유속(V)
① 수심이 0.4m 이상일 때 평균유속
$= \dfrac{V_{0.2} + V_{0.8}}{2} = \dfrac{(1.3+0.8)\,m/\sec}{2}$
$= 1.05\,m/\sec$
② 단면적(A) = 수심×폭 = 0.6m × 2m = 1.2m²
③ Q = 1.2m² × 1.05m/sec = 1.26m³/sec

51 분석을 위해 채취한 시료수에 다량의 점토질 또는 규산염이 함유된 경우, 적합한 전처리 방법은?

㉮ 질산 - 황산에 의한 분해
㉯ 질산 - 과염소산 - 불화수소산에 의한 분해
㉰ 질산 - 황산 - 과염소산에 의한 분해
㉱ 회화에 의한 분해

풀이 다량의 점토질 또는 규산염이 함유된 경우의 전처리 방법은 질산 - 과염소산 - 불화수소산에 의한 분해이다.

TIP
암기법 : 과불이 절(점)규한다.

52 수질오염공정시험기준에서 사용되는 용어 중 "약"에 대한 용어의 정의로 알맞은 것은?

㉮ 기재된 양에 대해서 ±0.1% 이상의 차가 있어서는 안된다.
㉯ 기재된 양에 대해서 ±1% 이상의 차가 있어서는 안된다.
㉰ 기재된 양에 대해서 ±5% 이상의 차가 있어서는 안된다.
㉱ 기재된 양에 대해서 ±10% 이상의 차가 있어서는 안된다.

53 자동시료채취기의 시료채취 기준으로 알맞은 것은? (단, 복수시료채취방법 기준)

㉮ 2시간 이내에 30분 이상 간격으로 2회 이상 채취하여 일정량의 단일시료로 한다.
㉯ 4시간 이내에 30분 이상 간격으로 2회 이상 채취하여 일정량의 단일시료로 한다.
㉰ 6시간 이내에 30분 이상 간격으로 2회 이상 채취하여 일정량의 단일시료로 한다.
㉱ 8시간 이내에 30분 이상 간격으로 2회 이상 채취하여 일정량의 단일시료로 한다.

TIP
답을 찾는 기준
① 채취 : 2회　② 시간간격 : 6시간
③ 분간격 : 30분　④ 평균 : 산술평균

54 다음 중 투명도 측정에 대한 내용으로 틀린 것은?

㉮ 백색원판의 지름은 30cm이다.
㉯ 백색원판에 뚫린 구멍의 지름은 5cm이다.
㉰ 백색원판에는 구멍이 8개 뚫려있다.
㉱ 백색원판의 무게는 약 2kg이다.

풀이 ㉱ 백색원판의 무게는 약 3kg이다.

answer 51 ㉯　52 ㉱　53 ㉰　54 ㉱

55 투과율법을 이용한 색도측정에 관한 내용으로 틀린 것은?

㉮ 시각적으로 눈에 보이는 색상과 색도차를 계산하는데 링겔만-니켈슨의 색도공식을 근거로 한다.
㉯ 백금-코발트 표준물질과 아주 다른 색상의 폐수·하수에 적용할 수 있다.
㉰ 백금-코발트 표준물질과 비슷한 색상의 폐수·하수에 적용할 수 있다.
㉱ 시료용액의 색도가 250도 이하인 경우에는 흡수셀의 층장이 5cm인 것을 사용한다.

풀이 ㉮ 시각적으로 눈에 보이는 색상에 관계없이 단순 색도차 또는 단일색도차를 계산하는데 아담스-니켈슨의 색도공식을 근거로 한다.

56 예상 BOD값에 대한 사전 경험이 없을 때 희석하여 시료를 조제하는 기준으로 알맞은 것은?

㉮ 심한 공장폐수 : 0.01% ~ 0.1%
㉯ 오염된 하천수 : 15% ~ 50%
㉰ 처리하여 방류된 공장폐수 : 25% ~ 70%
㉱ 처리하지 않은 공장폐수 : 1% ~ 5%

풀이 사전 경험이 없을 때 희석기준
① 심한 공장폐수 : 0.1% ~ 1.0%
② 오염된 하천수 : 25% ~ 100%
③ 처리하여 방류된 공장폐수 : 5% ~ 25%
④ 처리하지 않은 공장폐수 : 1% ~ 5%

57 노말헥산 추출물질 시험법에서 노말헥산 추출을 위한 시료의 pH 기준은?

㉮ pH 2이하   ㉯ pH 4이하
㉰ pH 9이하   ㉱ pH 10이하

풀이 시료 적당량(노말헥산 추출물질로서 5mg ~ 200mg 해당량)을 분별깔때기에 넣고 메틸오렌지용액(0.1%) 2방울 ~ 3방울을 넣고 황색이 적색으로 변할 때까지 염산(1+1)을 넣어 시료의 pH를 4이하로 조절한다.

58 유기인을 용매추출/기체크로마토그래피법으로 측정할 경우, 각 성분별 정량한계는?

㉮ 0.5mg/L   ㉯ 0.05mg/L
㉰ 0.005mg/L   ㉱ 0.0005mg/L

풀이 유기인을 용매추출/기체크로마토그래피법으로 측정할 경우, 각 성분별 정량한계는 0.05mg/L이다.

59 웨어의 수로에 관한 설명으로 잘못된 것은?

㉮ 수로는 목재, 철판, PVC판, FRP 등을 이용하여 만들며 부식성을 고려하여 내구성이 강한 재질을 선택한다.
㉯ 수로의 크기는 수로의 내부치수로 정하되 폐수량에 따라 적절하게 결정한다.
㉰ 수로는 바닥면을 수평으로 하며 수위를 읽는데 오차가 생기지 않도록 한다.
㉱ 유수의 도입 부분은 상류 측의 수로가 웨어의 수로폭과 깊이보다 작을 경우에는 없어도 좋다.

풀이 ㉱ 유수의 도입 부분은 상류 측의 수로가 웨어의 수로폭과 깊이보다 클 경우에는 없어도 좋다.

answer 55 ㉮ 56 ㉱ 57 ㉯ 58 ㉯ 59 ㉱

60 수은(냉증기-원자흡수분광광도법)측정시 물속에 있는 수은을 금속수은으로 산화시키기 위해 주입하는 시약은 무엇인가?

㉮ 이염화주석
㉯ 아연분말
㉰ 염산하이드록실아민
㉱ 시안화포타슘

풀이 수은을 측정하는 냉증기-원자흡수분광광도법은 시료에 이염화주석을 넣어 금속수은으로 산화시킨다.

answer 60 ㉮

2021 1회 CBT 복원문제

| 제1과목 | 수질오염개론

01 소수성 콜로이드에 대한 내용으로 틀린 것은?

㉮ 물과 반발하는 성질을 가진다.
㉯ 물 속에 현탁상태로 존재한다.
㉰ 아주 작은 입자로 존재한다.
㉱ 염에 큰 영향을 받지 않는다.

▶ 풀이 ㉱ 염에 큰 영향을 받는다.

02 균류(Fungi)의 경험적 화학 조성식으로 알맞은 것은?

㉮ $C_7H_{14}O_3N$ ㉯ $C_8H_{12}O_2N$
㉰ $C_{10}H_{17}O_6N$ ㉱ $C_{12}H_{19}O_7N$

▶ 풀이 경험적 화학 조성식
① 호기성 박테리아 : $C_5H_7O_2N$(암기법 : 오칠이)
② 혐기성 박테리아 : $C_5H_9O_3N$(암기법 : 오구삼)
③ 조류 : $C_5H_8O_2N$(암기법 : 오팔이)
④ 곰팡이(Fungi) : $C_{10}H_{17}O_6N$
   (암기법 : 일공 일칠 육)
⑤ 원생동물 : $C_7H_{14}O_3N$(암기법 : 칠 일사 삼)

03 다음 중 지하수에 대한 내용으로 틀린 것은?

㉮ 경도가 높고 탁도가 낮다.
㉯ 유속이 느리고 국지적인 환경조건의 영향을 크게 받는다.
㉰ 비교적 얕은 지하수의 염분농도는 하천수보다 평균 50% 이상 큰 값을 가진다.
㉱ 연중 수온의 변동 및 유량의 변화가 적고, 자정작용이 느리다.

▶ 풀이 ㉰ 비교적 얕은 지하수의 염분농도는 하천수보다 평균 30% 이상 큰 값을 가진다.

04 어느 하천수의 단위시간당 산소전달율 K_{La}를 측정하고자 용존산소 농도를 측정하였더니 10mg/L이었다. 이때 용존산소 농도를 0mg/L으로 만들기 위해 필요한 Na_2SO_3의 이론첨가량은?
(단, 원자량은 Na : 23, S : 32)

㉮ 104mg/L   ㉯ 92mg/L
㉰ 85mg/L   ㉱ 79mg/L

▶ 풀이 $Na_2SO_3 + 0.5O_2 \rightarrow Na_2SO_4$
126g : 0.5 × 32g
X : 10mg/L
∴ $X = \dfrac{10\text{mg/L} \times 126\text{g}}{0.5 \times 32\text{g}} = 78.75\,\text{mg/L}$

answer 01 ㉱   02 ㉰   03 ㉰   04 ㉱

05 다음에서 설명하는 일반적인 기체의 법칙은?

> 여러 물질이 혼합된 용액에서 어느 물질의 증기압(분압)은 혼합액에서 그 물질의 몰 분율에 순수한 상태에서 그 물질의 증기압을 곱한 것과 같다.

㉮ 라울트의 법칙
㉯ 게이-루삭의 법칙
㉰ 헨리의 법칙
㉱ 그레함의 법칙

풀이 ㉮ 라울트의 법칙에 대한 내용이며, 핵심 내용인 "증기압의 법칙=라울트의 법칙"임을 숙지하시면 됩니다.

06 염소소독시 pH가 높을 때 가장 잘 일어나는 반응은?

㉮ $HOCl \rightarrow H^+ + OCl^-$
㉯ $Cl_2 + H_2O \rightarrow HOCl + HCl$
㉰ $H^+ + OCl^- \rightarrow HOCl$
㉱ $HOCl + HCl \rightarrow Cl_2 + H_2O$

풀이 ㉮번은 pH가 높을 때 잘 일어나는 반응으로 살균효과가 낮다.
㉰번은 pH가 낮을 때 잘 일어나는 반응으로 살균효과가 높다.

07 $Ca(OH)_2$ 500mg/L 용액의 pH는?
(단, $Ca(OH)_2$는 완전해리, Ca 원자량 : 40)

㉮ 11.43
㉯ 11.73
㉰ 12.13
㉱ 12.53

풀이 $Ca(OH)_2 \rightarrow Ca^{2+} + 2OH^-$
　　　　XM　　　XM　　2XM

① $Ca(OH)_2$의 mol/L
$= \dfrac{500 \times 10^{-3}g}{L} \times \dfrac{1mol}{74g}$
$= 6.757 \times 10^{-3} mol/L$

② $[OH^-]$의 농도 $= 2 \times 6.757 \times 10^{-3} mol/L$

③ $pH = 14 + \log[OH^-]$
$= 14 + \log[2 \times 6.757 \times 10^{-3} mol/L]$
$= 12.13$

TIP
① 산성물질에서 $pH = -\log[H^+]$
② 알칼리성물질에서 $pH = 14 + \log[OH^-]$

08 Bacteria에 대한 내용으로 틀린 것은?

㉮ 혐기성 박테리아의 경험적 분자식은 $C_5H_9O_3N$이다.
㉯ 수분이 80%, 고형물 20% 구성되어 있다.
㉰ 크기는 80~100 μm 정도이다.
㉱ 엽록소가 없어 탄소동화작용을 못한다.

풀이 ㉰ 크기는 $0.8 \sim 5 \mu m$ 정도이다.

09 용액을 통해 흐르는 전류의 특성으로 틀린 것은? (단, 금속을 통해 흐르는 전류와 비교)

㉮ 용액에서 화학변화가 일어난다.
㉯ 전류는 전자에 의해 운반된다.
㉰ 온도의 상승은 저항을 감소시킨다.
㉱ 대체로 전기저항이 금속의 경우보다 크다.

풀이 ㉯ 전류는 전하에 의해 운반된다.

---

answer 05 ㉮　06 ㉮　07 ㉰　08 ㉰　09 ㉯

10 다음 중 원핵세포에 대한 내용으로 틀린 것은?

㉮ 원핵세포의 세포크기는 진핵세포에 비하여 작다.
㉯ 세포벽은 펩티드 글리칸으로 구성되어 있다.
㉰ 핵막이 없다.
㉱ 유사분열을 한다.

풀이 ㉱ 유사분열을 하지 않는다.

11 Marson과 Kolkwitz의 하천자정 단계 중 심한 악취가 없어지고 수중 저니의 산화(수산화철 형성)로 인해 호전되며 수질도에서 노란색으로 표시하는 수역은?

㉮ 강부수성 수역
㉯ α-중부수성 수역
㉰ β-중부수성 수역
㉱ 빈부수성 수역

풀이 ㉯ α-중부수성 수역에 대한 내용이며, 핵심 내용인 "수질도 노란색= α-중부수성수역"임을 숙지하시면 됩니다.

TIP
Marson과 Kolkwitz의 단계별 색깔
㉮ 강부수성 수역 : 빨간색
㉯ α-중부수성 수역 : 노란색
㉰ β-중부수성 수역 : 초록색
㉱ 빈부수성 수역 : 파란색

12 시료의 BOD_5가 200 mg/L 이고 탈산소계수값이 0.15/day(밑수는 10)일 때 최종 BOD(mg/L)는?

㉮ 213 mg/L ㉯ 223 mg/L
㉰ 233 mg/L ㉱ 243 mg/L

풀이
$BOD_5 = BOD_u \times (1 - 10^{-k_1 \times t})$
$200 mg/L = BOD_u \times (1 - 10^{-0.15/day \times 5day})$
$\therefore BOD_u = \dfrac{200 mg/L}{(1 - 10^{-0.15/day \times 5day})}$
$= 243.26 mg/L$

13 다음 중 미생물의 증식단계를 순서대로 나열한 것은?

㉮ 정지기 - 유도기 - 대수증식기 - 사멸기
㉯ 대수증식기 - 유도기 - 사멸기 - 정지기
㉰ 유도기 - 대수증식기 - 사멸기 - 정지기
㉱ 유도기 - 대수증식기 - 정지기 - 사멸기

풀이 미생물의 증식단계 순서는 ㉱ 유도기 - 대수증식기 - 정지기 - 사멸기 순이며, 암기법은 "유대정사"임을 숙지하시면 됩니다.

14 다음 중 용존산소(DO)에 대한 내용으로 틀린 것은?

㉮ 수온이 높을수록 기압이 낮을수록 용존산소량은 감소한다.
㉯ 용존염류의 농도가 높을수록 용존산소량은 감소한다.
㉰ 현존 용존산소 농도가 낮을수록 산소전달률이 높아진다.
㉱ 같은 수온하에서는 해수보다 담수의 용존산소량이 낮다.

풀이 ㉱ 같은 수온하에서는 해수보다 담수의 용존산소량이 높다.

answer 10 ㉱ 11 ㉯ 12 ㉱ 13 ㉱ 14 ㉱

15 $PbSO_4$(MW = 303.3)의 용해도는 0.038 g/L이다. $PbSO_4$의 용해도적 상수(K_{SP})는?

㉮ 약 1.6×10^{-8} ㉯ 약 2.4×10^{-8}
㉰ 약 3.2×10^{-8} ㉱ 약 4.8×10^{-8}

풀이 $PbSO_4 \rightleftarrows Pb^{2+} + SO_4^{2-}$
　　　　XM　　　XM　　XM
① $PbSO_4$의 mol/L
$$= \frac{0.038g}{L} \times \frac{1mol}{303.3g} = 1.253 \times 10^{-4} mol/L$$
② Ksp(용해도적) = $[Pb^{2+}][SO_4^{2-}]$
　　　　　　　= XM × XM
③ XM = 1.253×10^{-4} mol/L
④ Ksp = $(1.253 \times 10^{-4} mol/L)$
　　　　　× $(1.253 \times 10^{-4} mol/L)$
　　　　= 1.57×10^{-8}

16 물의 특성을 나타내는 용어로 틀린 것은?

㉮ 유용한 용매
㉯ 수소결합
㉰ 비극성 형성
㉱ 육각형 결정구조

풀이 ㉰ 극성 형성

17 지구에서 담수 중 가장 많은 양을 차지하는 것은?

㉮ 빙하(만년설 포함)
㉯ 지하수
㉰ 지표수
㉱ 토양의 수분

풀이 지구에서 담수 중 가장 많은 양을 차지하는 것은 빙하(만년설 포함)이다.

18 다음 중 하천수에 대한 내용으로 틀린 것은?

㉮ 탁도와 색도를 나타낸다.
㉯ 하상계수가 작다.
㉰ 갈수기에는 수질이 악화되기 쉽다.
㉱ 미생물과 유기물이 많이 함유되어 있다.

풀이 ㉯ 하상계수(최대유량과 최소유량의 비)가 크다.

19 Bacteria 18g의 이론적인 COD(g)는? (단, Bacteria의 분자식은 ($C_5H_7O_2N$), 질소는 암모니아로 분해됨을 기준으로 한다.)

㉮ 약 25.5g ㉯ 약 28.8g
㉰ 약 32.3g ㉱ 약 37.5g

풀이 $C_5H_7O_2N + 5O_2 \rightarrow 5CO_2 + 2H_2O + NH_3$
　113g　　:　$5 \times 32g$
　18g　　　:　COD
∴ COD = $\frac{18g \times 5 \times 32g}{113g} = 25.49g$

20 다음 중 경도에 대한 내용으로 틀린 것은?

㉮ 경도는 물의 세기를 말하며, 2가 이상의 양이온 금속성 물질의 양을 수산화칼슘($Ca(OH)_2$)으로 환산한 값이다.
㉯ 경도에는 영구경도인 비탄산경도와 일시경도인 탄산경도가 있다.
㉰ 비탄산경도 성분은 물을 끓여도 제거되지 않으므로 영구경도라 한다.
㉱ 일반적으로 칼슘이온과 마그네슘이온이 경도의 주원인이 된다.

풀이 ㉮ 경도는 물의 세기를 말하며, 2가 양이온 금속성 물질의 양을 탄산칼슘($CaCO_3$)으로 환산한 값이다.

answer　15 ㉮　16 ㉰　17 ㉮　18 ㉯　19 ㉮　20 ㉮

| 제2과목 | 수질오염방지기술

21 생물학적 인 및 질소제거 공정 중 질소제거를 주목적으로 개발한 공법은?

㉮ 4단계 Bardenpho 공법
㉯ A^2/O 공법
㉰ A/O 공법
㉱ Phostrip 공법

풀이 ㉮ 4단계 Bardenpho 공법 : 질소(N)만 제거
㉯ A^2/O 공법 : 질소(N)와 인(P) 제거
㉰ A/O 공법 : 인(P)만 제거
㉱ Phostrip 공법 : 인(P)만 제거

22 하·폐수처리시 슬러지 팽화(bulking) 현상을 조절하는 방법으로 틀린 것은?

㉮ 염소나 과산화수소를 반송슬러지에 주입한다.
㉯ 선택반응조(selector)를 이용한다.
㉰ fungi를 성장시켜 F/M비를 감소시킨다.
㉱ 포기조 내의 용존산소의 농도를 변화시킨다.

풀이 ㉰ 곰팡이(fungi)의 성장을 억제한다.

23 염소의 살균력에 대한 내용으로 틀린 것은?

㉮ 살균강도는 $HOCl > OCl^-$ 이다.
㉯ 염소의 살균력은 반응시간이 길고 온도가 높을 때 강하다.
㉰ 염소의 살균력은 주입농도가 높고 pH가 낮을 때 강하다.
㉱ Chloramines은 살균력은 강하나 살균작용은 오래 지속되지 않는다.

풀이 ㉱ Chloramines은 살균력은 약하나 살균작용은 오래 지속된다.

24 급속 모래여과를 운전할 때 나타나는 문제점이라 할 수 없는 것은?

㉮ 진흙 덩어리(mud ball)의 축적
㉯ 여재의 층상구조 형성
㉰ 여과상의 수축
㉱ 공기 결합(air binding)

풀이 급속 모래여과 시 문제점
① 진흙 덩어리의 축적
② 여과상의 수축
③ 공기 결합

25 역삼투 장치로 하루에 380,000L의 3차 처리된 유출수를 탈염시키고자 할 때 요구되는 막의 면적은?

- 25℃에서 물질전달계수
 $= 0.2068L/(day·m^2)(kPa)$
- 유입수와 유출수 사이의 압력차
 $= 2,400kPa$
- 유입수와 유출수의 삼투압차 $= 310kPa$
- 최저 운전온도 $= 10℃$
- $A_{10℃} = 1.6A_{25℃}$

㉮ 약 $1,407 m^2$ ㉯ 약 $1,621 m^2$
㉰ 약 $1,813 m^2$ ㉱ 약 $1,963 m^2$

풀이 ① $Q_F = K × (\Delta P - \Delta \pi)$
여기서 Q_F : 유출수량($L/m^2·day$)
    K : 물질전달계수($L/m^2·day·kPa$)
    ΔP : 압력차(kPa)
    $\Delta \pi$: 삼투압차(kPa)

answer 21 ㉮ 22 ㉰ 23 ㉱ 24 ㉯ 25 ㉮

$Q_F = 0.2068 (\text{L/m}^2 \cdot \text{day} \cdot \text{kPa}) \times (2,400 - 310) \text{kPa}$
$= 432.212 \text{L/day} \cdot \text{m}^2$

② 25℃의 막의 면적($A_{25℃}$)

$= \dfrac{Q(\text{유량})}{Q_F(\text{유출수량})}$

$= \dfrac{380,000 \text{L/day}}{432.212 \text{L/day} \cdot \text{m}^2} = 879.20 \text{m}^2$

③ $A_{10℃} = 1.6 A_{25℃}$
$= 1.6 \times 879.20 \text{m}^2 = 1,406.72 \text{m}^2$

26 NO_3^- 가 박테리아에 의하여 N_2로 환원되는 경우 폐수의 pH는?

㉮ 증가한다.
㉯ 감소한다.
㉰ 변화없다.
㉱ 감소하다가 증가한다.

풀이 NO_3^-가 박테리아에 의해 N_2로 환원되는 경우 질소환원 박테리아의 탄소공급원으로 제공된 메탄올(CH_3OH) 중 OH^-가 발생해 pH가 증가한다.

27 BAC(Biological Activated Carbon : 생물활성탄)의 특징으로 틀린 것은?

㉮ 활성탄이 서로 부착, 응집되어 수두손실이 증가될 수 있다.
㉯ 정상상태까지의 기간이 길다.
㉰ 미생물 부착으로 일반 활성탄보다 사용시간이 짧다.
㉱ 활성탄에 병원균이 자랐을 때 문제가 야기될 수 있다.

풀이 ㉰ 일반 활성탄에 비해 수명을 4배 이상 연장할 수 있다.

28 MLSS 농도 3,000mg/L, F/M비가 0.4인 포기조에 BOD 350mg/L의 폐수가 3,000 m^3/day로 유입되고 있을 때 포기조의 체류시간(day)은?

㉮ 0.1 ㉯ 0.3
㉰ 0.5 ㉱ 0.8

풀이 $\text{F/M비}(/\text{day}) = \dfrac{\text{BOD} \times Q}{\text{MLSS} \times V} = \dfrac{\text{BOD}}{\text{MLSS}} \times \dfrac{1}{t}$

$0.4/\text{day} = \dfrac{350 \text{mg/L}}{3,000 \text{mg/L}} \times \dfrac{1}{t}$

$\therefore t = \dfrac{350 \text{mg/L}}{0.4/\text{day} \times 3,000 \text{mg/L}} = 0.29 \text{day}$

TIP

$t = \dfrac{V}{Q} \Rightarrow \dfrac{1}{t} = \dfrac{Q}{V}$

29 폭기조 혼합액의 SVI가 170에서 130으로 감소하였다. 처리장 운전시 대응방법으로 알맞은 것은?

㉮ 별다른 조치가 필요없다.
㉯ 반송슬러지 양을 감소시킨다.
㉰ 폭기시간을 증가시킨다.
㉱ 무기응집제를 첨가한다.

풀이 SVI(슬러지용적지수)가 50~150은 정상범위이므로 별다른 조치를 취할 필요가 없다.

answer 26 ㉮ 27 ㉰ 28 ㉯ 29 ㉮

30 침전하는 입자들이 너무 가까이 있어서 입자 간의 힘이 이웃입자의 침전을 방해하게 되고 동일한 속도로 침전하며 최종 침전지 중간 정도의 깊이에서 일어나는 침전형태는?

㉮ 지역침전 ㉯ 응집침전
㉰ 독립침전 ㉱ 압축침전

풀이 ㉮ 지역침전(Ⅲ형 침전)에 대한 내용이며, 핵심 내용인 "이웃입자의 침전방해 = 지역침전"임을 숙지하시면 됩니다.

31 폭기조 혼합액을 30분간 침전시킨 후 침전물의 부피가 600mL/L일 때 MLSS가 3,000mg/L이면 SVI는?

㉮ 140 ㉯ 160
㉰ 180 ㉱ 200

풀이 $SVI = \dfrac{SV(mL/L)}{MLSS(mg/L)} \times 10^3$
$= \dfrac{600\,mL/L}{3,000\,mg/L} \times 10^3 = 200$

TIP
① SVI : 슬러지 용적지수
② SVI의 단위 : mL/g
③ 정상침강 : SVI가 50~150
④ 슬러지 팽화(벌킹) : SVI가 200 이상

32 $G = 200/sec$, $V = 50m^3$, 교반기 효율 80%, $\mu = 1.35 \times 10^{-2} g/cm \cdot sec$ 일 때 소요동력(kw)은?

㉮ 1.43kw ㉯ 2.75kw
㉰ 3.38kw ㉱ 4.12kw

풀이 $P = G^2 \times \mu \times V$
$= (200/sec)^2 \times 1.35 \times 10^{-3} kg/m \cdot sec \times 50m^3 \times \dfrac{100}{80\%}$
$= 3,375\,watt = 3.38\,kw$

TIP
① $g/cm \cdot sec \xrightarrow{\times 10^{-1}} kg/m \cdot sec$
② $watt \xrightarrow{\times 10^{-3}} kw$

33 포기조 내의 혼합액 1리터를 30분간 정치했을 때 슬러지 용량이 250mL였다면 슬러지 반송률(%)은? (단, 유입수 SS 고려하지 않음)

㉮ 23 ㉯ 28
㉰ 33 ㉱ 38

풀이 반송률(%) $= \dfrac{SV(\%)}{100 - SV(\%)} \times 100$

$SV(\%) = \dfrac{250mL}{L} \times \dfrac{1L}{10^3 mL} \times 100 = 25\%$

반송률(%) $= \dfrac{25\%}{100 - 25\%} \times 100 = 33.33\%$

34 분리막을 이용한 다음의 폐수처리방법 중 구동력이 농도차인 것은?

㉮ 역삼투(Reverse Osmosis)
㉯ 투석(Dialysis)
㉰ 한외여과(Ultrafiltration)
㉱ 정밀여과(Microfiltration)

풀이 분리막의 구동력
① 전기투석 : 전위차
② 투석 : 농도차
③ 역삼투, 한외여과, 정밀여과, 나노여과 : 정수압차

answer 30 ㉮ 31 ㉱ 32 ㉰ 33 ㉰ 34 ㉯

35 다음 중 A²/O공법에 대한 내용으로 틀린 것은?

㉮ 인과 질소를 동시에 제거할 수 있다.
㉯ 혐기조에서는 인의 방출이 일어난다.
㉰ 폐슬러지 내에 인의 함량이 비교적 높아서 비료의 가치가 있다.
㉱ 무산소조에서는 인의 과잉섭취가 일어난다.

풀이 ㉱ 무산소조에서는 탈질작용이 일어난다.

TIP
폐(잉여)슬러지의 비료가치 판단
① 인(P)은 미생물이 흡수하여 처리되므로 인(P)을 처리하는 공정의 폐슬러지에는 인(P)의 함유량이 높아 비료의 가치가 있다.
② 질소(N)는 탈질시켜 대기 중 N_2로 처리하므로 질소(N)를 처리하는 공정의 폐슬러지에는 질소(N)의 함유량이 낮아 비료의 가치가 없다.

36 상수처리시설 중 플록형성지의 플록형성 표준시간은? (단, 계획정수량 기준)

㉮ 5~10분간   ㉯ 10~20분간
㉰ 20~40분간   ㉱ 40~60분간

풀이 **플록형성지의 핵심 내용**
① 플록형성 표준시간 : 20~40분
② 플록큐레이션의 주변속도 : 15~80cm/sec

37 막여과시설에서 막모듈의 열화에 대한 내용으로 틀린 것은?

㉮ 미생물과 막 재질의 자화 또는 분비물의 작용에 의한 변화
㉯ 산화제에 의하여 막 재질의 특성변화나 분해
㉰ 건조되거나 수축으로 인한 막 구조의 비가역적인 변화
㉱ 막의 다공질부의 흡착, 석출, 포착 등에 의한 폐색

풀이 ㉱번은 파울링에 대한 내용이다.

TIP
① 막의 열화 : 막 자체의 변질로 생긴 비가역적인 막 성능의 저하를 의미한다.
② 막의 파울링 : 막 자체의 변질이 아닌 외적 인자로 생긴 막 성능의 저하를 의미한다.

38 접촉산화법의 특징에 대한 내용으로 틀린 것은?

㉮ 부착생물량을 임의로 조정하기 어려워 조작조건의 변경에 대응하기가 용이하지 않다.
㉯ 슬러지의 자산화가 기대되어 잉여슬러지량이 감소한다.
㉰ 반응조 내 매체를 균일하게 포기 교반하는 조건설정이 어렵고 사수부가 발생할 우려가 있다.
㉱ 반송슬러지가 필요하지 않으므로 운전관리가 용이하다.

풀이 ㉮ 부착생물량을 임의로 조정하기 용이해 조작조건의 변경에 대응하기가 용이하다.

39 회전원판법의 특징에 대한 내용으로 틀린 것은?

㉮ 유지관리비가 저렴한 장점이 있다.
㉯ 슬러지 반송이 필요없는 장점이 있다.
㉰ 충격부하 및 부하변동에 약한 단점이 있다.

answer 35 ㉱ 36 ㉰ 37 ㉱ 38 ㉮ 39 ㉰

㉣ 처리수의 투명도가 낮은 단점이 있다.

풀이 ㉰ 충격부하 및 부하변동에 강한 장점이 있다.

40 펜톤처리공정에 대한 내용으로 틀린 것은?

㉮ 펜톤시약의 반응시간은 철염과 과산화수소수의 주입농도에 따라 변화를 보인다.
㉯ 펜톤시약을 이용하여 난분해성 유기물을 처리하는 과정은 대체로 산화반응과 함께 pH조절, 펜톤산화, 중화 및 응집, 침전으로 크게 4단계로 나눌 수 있다.
㉰ 펜톤시약의 효과는 pH 8.3~10 범위에서 가장 강력한 것으로 알려져 있다.
㉣ 폐수의 COD는 감소하지만 BOD는 증가할 수 있다.

풀이 ㉰ 펜톤시약의 효과는 pH 3~5 범위에서 가장 강력한 것으로 알려져 있다.

| 제3과목 | 수질오염공정시험기준

41 다음 중 식물성 플랑크톤의 시험방법은?

㉮ 현미경계수법
㉯ 자외선/가시선 분광법
㉰ 막여과법
㉣ 효소이용정량법

풀이 식물성 플랑크톤의 시험방법은 현미경계수법이다.

42 수질오염공정시험기준상 질산성 질소의 분석방법으로 틀린 것은?

㉮ 이온크로마토그래피법
㉯ 자외선/가시선 분광법(부루신법)
㉰ 자외선/가시선 분광법(활성탄흡착법)
㉣ 연속흐름법

풀이 질산성 질소의 분석방법
① 이온크로마토그래피법
② 자외선/가시선 분광법(부루신법)
③ 자외선/가시선 분광법(활성탄흡착법)
④ 데발다합금 환원증류법

43 수질오염공정시험기준 아연-원자흡수분광광도법에 대한 내용으로 틀린 것은?

㉮ 측정파장은 253.7nm이다.
㉯ 불꽃연료는 공기-아세틸렌을 사용한다.
㉰ 정량한계는 0.002mg/L이다.
㉣ 정밀도(% RSD)는 25% 이내이다.

풀이 ㉮ 측정파장은 213.9nm이다.

answer 40 ㉰ 41 ㉮ 42 ㉣ 43 ㉮

44 개수로에 의한 유량측정시 수로의 구성, 재질, 형상, 기울기 등이 일정하지 않는 경우에 대한 내용으로 틀린 것은?

㉮ 수로는 될수록 직선적이며, 수면이 물결치지 않는 곳을 고른다.
㉯ 10m를 측정구간으로 하여 5m마다 유수의 횡단면적을 측정한다.
㉰ 유속의 측정은 부표를 사용하여 10m 구간을 흐르는데 걸리는 시간을 스톱워치로 한다.
㉱ 수로의 유량 $Q = 60 \times V \times A$이며, $V = 0.75 \times V_e$로 한다. (Q : 유량[m³/분], V : 총평균 유속[m/s], V_e : 표면 최대 유속[m/sec], A : 평균단면적[m²])

▶풀이 ㉯ 10m를 측정구간으로 하여 2m 마다 유수의 횡단면적을 측정한다.

45 물벼룩을 이용한 급성 독성 시험법에서 사용하는 용어의 정의로 틀린 것은?

㉮ 반수영향농도 : 투입 시험생물의 50%가 치사 혹은 유영저해를 나타낸 것이다.
㉯ 생태독성값 : 통계적 방법을 이용하여 반수영향농도 EC_{50} 값을 구한 후 EC_{50} 값에서 100을 나눠 준 값을 말한다.
㉰ 지수식 시험방법 : 시험기간 중 시험용액을 교환하지 않는 시험을 말한다.
㉱ 표준독성물질 : 독성시험이 정상적인 조건에서 수행되는지를 확인하기 위하여 다이크롬산포타슘을 이용한다.

▶풀이 ㉯ 생태독성값 : 통계적 방법을 이용하여 반수영향농도 EC_{50} 값을 구한 후 100에서 EC_{50} 값을 나눠 준 값을 말한다.

46 시료의 보존방법에서 시료 최대보존기간이 가장 짧은 항목은?

㉮ 색도
㉯ 총인
㉰ 전기전도도
㉱ 음이온계면활성제

▶풀이 시료 최대보존기간
㉮ 색도 : 48시간
㉯ 총인 : 28일
㉰ 전기전도도 : 24시간
㉱ 음이온계면활성제 : 48시간

47 0.005N $KMnO_4$ 400mL를 조제하려고 할 때, 취해야 하는 $KMnO_4$의 양(g)은? (단, 원자량 K : 39, Mn : 55)

㉮ 0.032
㉯ 0.063
㉰ 0.084
㉱ 0.098

▶풀이
$$N(eq/L) = \frac{질량(g)}{부피(L)} \times \frac{1eq}{1당량\ g}$$
$$0.005\ N(eq/L) = \frac{w(g)}{0.4L} \times \frac{1eq}{158g/5}$$
$$\therefore w = \frac{0.005N(eq/L) \times 0.4L \times 158g/5}{1eq} = 0.063g$$

TIP
① $KMnO_4$의 분자량 $= 39 + 55 + 16 \times 4 = 158g$
② $KMnO_4$ 1eq
$= \frac{분자량(g)}{당량수} = \frac{분자량(g)}{전자이동수} = \frac{158g}{5}$

answer 44 ㉯ 45 ㉯ 46 ㉰ 47 ㉯

48 유속–면적법에 의한 하천유량을 구하기 위한 소구간 단면에 있어서의 평균유속(V_m)을 구하는 식은? (단, $V_{0.2}$, $V_{0.4}$, $V_{0.5}$, $V_{0.6}$, $V_{0.8}$은 각각 수면으로부터 전수심의 20%, 40%, 50%, 60%, 80%인 점의 유속이다.)

㉮ 수심이 0.4 m 미만일 때 $V_m = V_{0.5}$
㉯ 수심이 0.4 m 미만일 때 $V_m = V_{0.8}$
㉰ 수심이 0.4 m 이상일 때
  $V_m = (V_{0.2} + V_{0.8}) \times 1/2$
㉱ 수심이 0.4 m 이상일 때
  $V_m = (V_{0.4} + V_{0.6}) \times 1/2$

풀이 평균유속(V_m)
① 수심이 0.4 m 미만일 때 $V_m = V_{0.6}$
② 수심이 0.4 m 이상일 때 $V_m = \dfrac{V_{0.2} + V_{0.8}}{2}$

49 "항량으로 될 때까지 건조한다." 라 함은 같은 조건에서 어느 정도 더 건조시켜 전후 무게 차가 g당 0.3mg 이하일 때를 말하는가?

㉮ 30분 ㉯ 60분
㉰ 120분 ㉱ 240분

풀이 "항량으로 될 때까지 건조한다."라 함은 같은 조건에서 1시간 더 건조시켜 전후 무게차가 g당 0.3 mg 이하일 때를 말한다.

50 웨어의 수두가 0.25m, 수로의 폭이 0.8m, 수로의 밑면에서 절단 하부점까지의 높이가 0.7m인 직각 3각웨어의 유량(m^3/min)은? (단, 유량계수(k)

$$= 81.2 + \dfrac{0.24}{h} + (8.4 + \dfrac{12}{\sqrt{D}}) \times (\dfrac{h}{B} - 0.09)^2)$$

㉮ 1.4 ㉯ 2.1
㉰ 2.6 ㉱ 2.9

풀이
① $k = 81.2 + \dfrac{0.24}{h} + \left(8.4 + \dfrac{12}{\sqrt{D}}\right) \times \left(\dfrac{h}{B} - 0.09\right)^2$
$= 81.2 + \dfrac{0.24}{0.25m} + \left(8.4 + \dfrac{12}{\sqrt{0.7m}}\right) \times \left(\dfrac{0.25m}{0.8m} - 0.09\right)^2$
$= 83.29$
② 삼각웨어의 유량(Q)
$= k \times h^{\frac{5}{2}} \, (m^3/min)$
$= 83.29 \times (0.25m)^{\frac{5}{2}} = 2.60 \, m^3/min$

TIP
유량공식 및 유량계수
① 삼각웨어 : $Q = k \times h^{\frac{5}{2}} \, (m^3/min)$,
  $k = 83 \sim 85$
② 사각웨어 : $Q = k \times b \times h^{\frac{3}{2}} \, (m^3/min)$,
  $k = 109 \sim 111$

51 다음 중 백색원판(투명도판)에 대한 내용으로 틀린 것은?

㉮ 백색원판의 지름은 30cm이다.
㉯ 백색원판에 뚫린 구멍의 지름은 2cm이다.
㉰ 백색원판에는 구멍이 8개 뚫려있다.
㉱ 백색원판의 무게는 약 3kg이다.

풀이 ㉯ 백색원판에 뚫린 구멍의 지름은 5cm이다.

answer 48 ㉰ 49 ㉯ 50 ㉰ 51 ㉯

52 I_o의 단색광이 정색액을 통과할 때 그 빛의 90%가 흡수된다고 할 때 흡광도는?

㉮ 1.0 ㉯ 0.99
㉰ 0.69 ㉱ 0.39

풀이
흡광도(A) $= \log\left(\dfrac{1}{투과도}\right)$
$= \log\left(\dfrac{1}{0.10}\right) = 1.0$

TIP
① 투과율 + 흡수율 = 100%
② 투과율 = 100 - 90% = 10%

53 다음 중 수은의 냉증기–원자형광법에 내용으로 틀린 것은?

㉮ 시료에 금속분말아연을 넣어 금속 수은으로 환원시킨다.
㉯ 이 용액에 통기하여 발생하는 수은증기를 253.7nm의 파장에서 측정한다.
㉰ 정량한계는 0.0005 μg/L이다.
㉱ 최적의 감도를 얻기 위해서는 운반가스로 고순도 아르곤(99.998% 이상) 사용해야 한다.

풀이 ㉮ 시료에 이염화주석($SnCl_2$)을 넣어 금속 수은으로 환원시킨다.

54 예상 BOD치에 대한 사전경험이 없을 때 오염정도가 심한 공장폐수의 희석배율은?

㉮ 25%~100% ㉯ 5%~25%
㉰ 1%~5% ㉱ 0.1%~1.0%

풀이 사전경험이 없을 때 시료 조제방법
① 오염정도가 심한 공장폐수 : 0.1%~1.0%
② 처리하지 않은 공장폐수와 침전된 하수 : 1%~5%
③ 처리하여 방류된 공장폐수 : 5%~25%
④ 오염된 하천수 : 25%~100%

55 알킬수은을 기체크로마토그래피로 분석할 때의 내용으로 틀린 것은?

㉮ 알킬수은화합물을 L-시스테인용액으로 추출하여 벤젠에 선택적으로 역추출한다.
㉯ 정량한계는 0.0005mg/L이다.
㉰ 운반기체는 순도 99.999% 이상의 질소 또는 헬륨을 사용한다.
㉱ 검출기로는 전자포획형 검출기(ECD)를 사용한다.

풀이 ㉮ 알킬수은화합물을 벤젠으로 추출하여 L-시스테인용액에 선택적으로 역추출한다.

56 다음 중 비소의 수소화물생성–원자흡수분광광도법에 대한 내용으로 틀린 것은?

㉮ 아연 또는 소듐붕소수화물($NaBH_4$)을 넣어 수소화 비소로 포집한다.
㉯ 아르곤 (또는 질소)-수소 불꽃에서 원자화시켜 228.8nm에서 흡광도를 측정한다.
㉰ 정량한계는 0.005mg/L이다.
㉱ 높은 농도의 크롬, 코발트, 구리, 수은, 몰리브덴, 은 및 니켈은 비소 분석을 방해한다.

풀이 ㉯ 아르곤 (또는 질소)-수소 불꽃에서 원자화시켜 193.7nm에서 흡광도를 측정한다.

answer 52 ㉮ 53 ㉮ 54 ㉱ 55 ㉮ 56 ㉯

57 노말헥산 추출물질의 정량한계는?

㉮ 0.1mg/L ㉯ 0.01mg/L
㉰ 0.5mg/L ㉱ 0.05mg/L

풀이 노말헥산 추출물질의 정량한계는 0.5mg/L이다.

58 자외선/가시선 분광광도계의 구성 순서로 가장 알맞은 것은?

㉮ 광원부 - 파장선택부 - 시료부 - 측광부
㉯ 광원부 - 파장선택부 - 단색화부 - 측광부
㉰ 시료도입부 - 광원부 - 파장선택부 - 측광부
㉱ 시료도입부 - 광원부 - 단색화부 - 측광부

풀이 자외선/가시선 분광광도계의 구성 순서는 광원부 - 파장선택부 - 시료부 - 측광부 순이며, 암기법은 "광파시측"임을 숙지하시면 됩니다.

59 정도보증/정도관리(QA/QC)에서 정량한계를 바르게 나타낸 것은?

㉮ 정량한계 = 표준편차(S) × 2
㉯ 정량한계 = 표준편차(S) × 5
㉰ 정량한계 = 표준편차(S) × 8
㉱ 정량한계 = 표준편차(S) × 10

풀이 ① 정량한계 = 표준편차(S) × 10
② 감응계수
$$= \frac{반응값(R)}{검정곡선\ 작성용\ 표준용액의\ 농도(C)}$$

60 부유물질 측정 시 간섭물질에 대한 내용으로 틀린 것은?

㉮ 증발잔류물이 1,000mg/L 이상인 경우의 해수, 공장폐수 등은 특별히 취급하지 않을 경우, 높은 부유물질 값을 나타낼 수 있다.
㉯ 10mm 금속망을 통과시킨 큰 입자들은 부유물질 측정에 방해를 주지 않는다.
㉰ 칼슘, 마그네슘, 염화물, 황산염 등의 농도가 높을 경우 금속 침전이 발생하며, 부유물질 측정에 영향을 줄 수 있다.
㉱ 유지, 그리스, 왁스 등을 포함하는 시료의 경우 시료를 여과한다.

풀이 ㉯ 2mm 금속망을 통과시킨 큰 입자들은 부유물질 측정에 방해를 준다.

answer 57 ㉰ 58 ㉮ 59 ㉱ 60 ㉯

2021 3회 CBT 복원문제

제1과목 | 수질오염개론

01 적조(red tide)에 대한 내용으로 틀린 것은?

㉮ 갈수기로 인하여 염도가 증가된 정체 해역에서 주로 발생한다.
㉯ 수중의 용존산소 감소에 의한 어패류의 폐사가 발생된다.
㉰ 수괴의 연직안정도가 크고 독립해 있을 때 발생된다.
㉱ 해저에 빈산소층이 형성할 때 발생한다.

풀이 ㉮ 홍수시로 인하여 염도가 낮아진 정체해역에서 주로 발생한다.

02 지구상에 분포하는 담수 중 빙하(만년설포함) 다음으로 가장 많은 비율을 차지하고 있는 것은?

㉮ 하천수   ㉯ 지하수
㉰ 대기습도   ㉱ 토양수

풀이 담수의 분포 순서 : 빙하(만년설 포함) > 지하수 > 지표수 > 토양의 수분 > 대기 중의 수분 순이다.

03 해수의 특성에 대한 내용으로 틀린 것은?

㉮ 해수의 밀도는 수온, 염분, 수압에 영향을 받는다.
㉯ 해수는 강전해질로서 1L 당 평균 35g의 염분을 함유한다.
㉰ 해수 내 전체 질소 중 35% 정도는 질산성 질소 등 무기성 질소 형태이다.
㉱ 해수의 Mg/Ca비는 3~4 정도이다.

풀이 ㉰ 해수내 전체질소 중 35% 정도는 암모니아성 질소와 유기질소의 형태이다.

04 1차 반응에 있어 반응 초기의 농도가 100mg/L이고, 4시간 후에 10mg/L로 감소되었다. 반응 2시간 후의 농도(mg/L)는?

㉮ 17.8   ㉯ 24.8
㉰ 31.6   ㉱ 42.8

풀이 1차 반응식 : $\ln\dfrac{C_t}{C_o} = -k \times t$

① $\ln\dfrac{10\text{mg/L}}{100\text{mg/L}} = -k \times 4\text{hr}$

∴ $k = 0.5756/\text{hr}$

② $\ln\dfrac{C_t}{100\text{mg/L}} = -0.5756/\text{hr} \times 2\text{hr}$

∴ $C_t = 100\text{mg/L} \times e^{(-0.5756/\text{hr} \times 2\text{hr})}$
     $= 31.63\text{mg/L}$

answer 01 ㉮ 02 ㉯ 03 ㉰ 04 ㉰

05 수질오염에 대한 미생물의 작용에 있어서 흔히 사용되는 조류(Algae)의 경험적 화학 조성식은?

㉮ $C_5H_7O_2N$ ㉯ $C_5H_9O_3N$
㉰ $C_{10}H_{17}O_6N$ ㉱ $C_5H_8O_2N$

풀이 ㉮ $C_5H_7O_2N$: 호기성 박테리아(암기법 : 오칠이)
㉯ $C_5H_9O_3N$: 혐기성 박테리아(암기법 : 오구삼)
㉰ $C_{10}H_{17}O_6N$: 곰팡이(암기법 : 일공 일칠 육)
㉱ $C_5H_8O_2N$: 조류(암기법 : 오팔이)

06 하천수의 단위시간당 산소전달계수(K_{La})를 측정하고자 하천수의 용존산소(DO) 농도를 측정하니 12mg/L였다. 이 때 용존산소의 농도를 완전히 제거하기 위하여 투입하는 Na_2SO_3의 이론적인 농도(mg/L)는? (단, 원자량은 Na : 23, S : 32, O : 16)

㉮ 약 63mg/L   ㉯ 약 74mg/L
㉰ 약 84mg/L   ㉱ 약 95mg/L

풀이 $Na_2SO_3 + 0.5O_2 \rightarrow Na_2SO_4$
126g   : 0.5×32g
X   :   12mg/L
∴ X = 94.5mg/L

07 친수성 콜로이드에 대한 내용으로 틀린 것은?

㉮ 물 속에서 현탁상태(suspension)로 존재한다.
㉯ 염에 대하여 큰 영향을 받지 않는다.
㉰ 단백질, 합성된 고단위 중합체 등이 해당된다.
㉱ 틴달효과가 약하거나 거의 없다.

풀이 ㉮ 물 속에서 유탁상태(에멀젼)로 존재한다.

08 수은주 높이 150mm는 수주로 몇 mm인가?

㉮ 약 2,040   ㉯ 약 2,530
㉰ 약 3,240   ㉱ 약 3,530

풀이 $150mmHg \times 13.6 = 2,040\ mmH_2O$

TIP
① 수은주 비중
$= \dfrac{10,332\ mmH_2O}{760\ mmHg} = 13.6\ (mmH_2O/mmHg)$
② $mmHg \xrightarrow{\times 13.6} mmH_2O$
③ $mmH_2O \xrightarrow{\div 13.6} mmHg$

09 성층현상에 대한 내용으로 틀린 것은?

㉮ 수심에 따른 온도변화로 발생되는 물의 밀도차에 의해 발생된다.
㉯ 봄, 가을에는 저수지의 수직혼합이 활발하여 분명한 층의 구별이 없어진다.
㉰ 여름에 수심에 따른 연직온도경사와 산소구배는 반대 모양을 나타내는 것이 특징이다.
㉱ 겨울과 여름에는 수직운동이 없어 정체현상이 생기며 수심에 따라 온도와 용존산소농도 차이가 크다.

풀이 ㉰ 여름에 수심에 따른 연직온도경사와 산소구배는 같은 모양을 나타내는 것이 특징이다.

answer   05 ㉱   06 ㉱   07 ㉮   08 ㉮   09 ㉰

10 호수의 성층 중에서 부영화(Eutrophication)가 주로 발생하는 곳은?

㉮ epilimnion
㉯ thermocline
㉰ hypolimnion
㉱ mesolimnion

풀이 호수에서 부영양화가 나타나는 층은 표수층(epilimnion)이다.

11 BOD가 10,000mg/L이고 염소이온농도가 1,000mg/L인 분뇨를 희석하여 활성슬러지법으로 처리한 결과 방류수의 BOD는 20mg/L, 염소이온의 농도는 25mg/L으로 나타났다. 활성슬러지법의 처리효율은? (단, 염소는 생물학적 처리에서 제거되지 않는다.)

㉮ 86% ㉯ 88%
㉰ 90% ㉱ 92%

풀이
제거효율(%) $= \left(1 - \dfrac{BOD_o \times P}{BOD_i}\right) \times 100(\%)$

① 희석배수치(P)
$= \dfrac{\text{유입수의 } Cl^-}{\text{유출수의 } Cl^-} = \dfrac{1,000mg/L}{25mg/L} = 40$

② 제거효율(%) $= \left(1 - \dfrac{20mg/L \times 40}{10,000mg/L}\right) \times 100$
$= 92\%$

12 오염물질이 수중에서 확산 혼합되는 현상의 원인으로 틀린 것은?

㉮ 브라운 운동
㉯ 난류
㉰ 수온에 의한 밀도류
㉱ 용존산소의 농도

풀이 ㉱ 용존산소의 농도는 수질오염의 정도를 나타낸다.

13 다음의 용어에 대한 설명 중 틀린 것은?

㉮ 독립영양계 미생물이란 CO_2를 탄소원으로 이용하는 미생물이다.
㉯ 종속영양계 미생물이란 유기탄소를 탄소원으로 이용하는 미생물을 말한다.
㉰ 화학합성독립영양계 미생물은 유기물의 산화·환원반응을 에너지원으로 한다.
㉱ 광합성독립영양계 미생물은 빛을 에너지원으로 한다.

풀이 ㉰ 화학합성독립영양계 미생물은 무기물의 산화·환원반응을 에너지원으로 한다.

TIP
에너지원과 탄소원에 의한 분류

분류	에너지원	탄소원
광합성 독립(자가) 영양 미생물	빛	무기탄소(CO_2)
화학합성 독립(자가) 영양 미생물	무기물의 산화·환원 반응	무기탄소(CO_2)
광합성 종속(타가) 영양 미생물	빛	유기탄소
화학합성 종속(타가) 영양 미생물	유기물의 산화·환원 반응	유기탄소

answer 10 ㉮ 11 ㉱ 12 ㉱ 13 ㉰

14 아래 식은 DO 부족 곡선식(DO sag curve)이다. 이 식에 대한 설명으로 틀린 것은?

$$D_t = \frac{k_1 \times L_0}{k_2 - k_1}(10^{-k_1 \times t} - 10^{-k_2 \times t}) + D_0 \times 10^{-k_2 \times t}$$

㉮ k_1은 탈산소계수이고, 단위는 day^{-1}이다.
㉯ k_2는 재포기계수이고, 단위는 day^{-1}이다.
㉰ L_0는 방류지점에서의 최종 BOD농도(mg/L)이다.
㉱ D_0는 t가 0일 때의 용존산소 농도(mg/L)이다.

풀이 ㉱ D_0는 t가 0일 때의 용존산소 부족농도(mg/L)이다.

15 $Ca(OH)_2$ 1,480mg/L 용액의 pH는? (단, $Ca(OH)_2$의 분자량은 74이고 완전해리 한다.)

㉮ 약 12.0 ㉯ 약 12.3
㉰ 약 12.6 ㉱ 약 12.9

풀이 $Ca(OH)_2 \to Ca^{2+} + 2OH^-$
　　　　XM　　XM　2XM
① $Ca(OH)_2$의 mol/L
$= \frac{1,480 \times 10^{-3}g}{L} \times \frac{1mol}{74g}$
$= 0.02\,mol/L$
② $XM = 0.02\,mol/L$
③ $[OH^-]$ 농도 $= 2XM = 2 \times 0.02\,mol/L$
④ $pH = 14 + \log[OH^-]$
$= 14 + \log[2 \times 0.02\,mol/L] = 12.60$

16 다음 중 물의 물리적 특성에 대한 내용으로 틀린 것은?

㉮ 물은 유사한 분자량의 화합물보다 비열이 커 수온의 급격한 변화를 방지해 준다.
㉯ 물분자 사이의 수소결합으로 큰 표면장력을 가지며, 수온이 증가하면 표면장력은 증가한다.
㉰ 기화열이 크기 때문에 생물의 효과적인 체온조절이 가능하다.
㉱ 물은 비압축성이며, 4℃일 때 물의 비중은 최대값을 가진다.

풀이 ㉯ 물분자 사이의 수소결합으로 큰 표면장력을 가지며, 수온이 증가하면 표면장력은 감소한다.

17 다음 중 지하수에 대한 내용으로 틀린 것은?

㉮ 유속이 느리다.
㉯ 경도가 높고 탁도가 높은 물이다.
㉰ 국지적인 환경조건의 영향을 많이 받는다.
㉱ 연중 수온의 변화가 적다.

풀이 ㉯ 경도가 높고 탁도가 낮은 물이다.

---

answer 14 ㉱　15 ㉰　16 ㉯　17 ㉯

18 다음 중 박테리아에 대한 내용으로 틀린 것은?

㉮ 가장 간단한 식물로서 용해된 유기물을 섭취한다.
㉯ 이분법에 의해 증식한다.
㉰ 박테리아는 $0.8 \sim 5\ \mu m$의 단세포생물이다.
㉱ 활성슬러지의 팽화현상을 유발한다.

풀이 ㉱번은 곰팡이(fungi)에 대한 내용이다.

19 생물학적 질산화공정의 특징에 대한 내용으로 틀린 것은?

㉮ 질산화반응에 참여하는 미생물은 독립영양계 미생물이다.
㉯ 암모니아성 질소를 아질산성 질소로 전환시키는 1단계 반응에 관여하는 미생물은 니트로박터이다.
㉰ 질산화공정에서는 pH가 감소한다.
㉱ 질산화미생물은 절대호기성이어서 높은 산소농도를 요구한다.

풀이 ① 암모니아성 질소 $\xrightarrow[\text{아질산균(니트로조모나스)}]{\text{1단계 반응}}$ 아질산성 질소
② 아질산성 질소 $\xrightarrow[\text{질산균(니트로박터)}]{\text{2단계 반응}}$ 질산성 질소

20 알칼리도(Alkalinity)의 특징에 대한 내용으로 틀린 것은?

㉮ 자연수 중의 알칼리도 원인물질은 HCO_3^-, CO_3^{2-}, OH^- 이다.
㉯ 총알칼리도를 측정할 때 사용하는 지시약은 페놀프탈레인이다.
㉰ 유발물질 중 자연수의 경우 중탄산염(HCO_3^-)에 의한 알칼리도가 지배적이다.
㉱ 알칼리도는 수중에 존재하는 $[H^+]$를 중화시키기 위하여 반응할 수 있는 이온의 총량을 말한다.

풀이 ㉯ 총알칼리도를 측정할 때 사용하는 지시약은 메틸 오렌지이다.

| 제2과목 | 수질오염방지기술

21 가스 상태의 염소가 물에 들어가면 가수분해와 이온화반응이 일어나 살균력을 나타낸다. 이 때 살균력이 가장 높은 pH 범위는?

㉮ 산성영역 ㉯ 알칼리성영역
㉰ 중성영역 ㉱ pH와 관계 없다.

풀이 염소소독에서 살균력이 가장 강한 물질은 HOCl이며, HOCl은 pH가 낮을 때 많이 발생하므로 살균력이 가장 높은 pH 범위는 산성영역이 된다.

answer 18 ㉱ 19 ㉯ 20 ㉯ 21 ㉮

22 표준활성슬러지법의 특성으로 틀린 것은? (단, 하수도 시설기준 기준)

㉮ MLSS농도(mg/L) : 1,500~2,500
㉯ 반응조의 수심(m) : 2~3
㉰ HRT(시간) : 6~8
㉱ SRT(일) : 3~6

풀이 ㉯ 반응조의 수심(m) : 4~6

23 활성슬러지법과 비교한 생물막 공법의 특징으로 틀린 것은?

㉮ 적은 에너지를 요구한다.
㉯ 단순한 운전이 가능하다.
㉰ 2차 침전지에서 슬러지 벌킹의 문제가 없다.
㉱ 충격 및 독성부하로부터 회복이 느리다.

풀이 ㉱ 충격 및 독성부하로부터 회복이 빠르다.

24 BAC(Biological Activated Carbon) 공법을 이용한 고도 정수처리 시 장점으로 틀린 것은?

㉮ 오염물질에 따라 생물분해, 흡착작용이 상호 보완하여 준다.
㉯ 생물학적으로 분해 불가능한 독성물질이라도 흡착기능에 의하여 오염물질 제거가 가능하다.
㉰ 분해속도가 빠른 물질이나 적응시간이 필요없는 유기물 제거에 효과적이다.
㉱ 부유물질과 유기물 농도가 낮은 깨끗한 유출수를 배출한다.

풀이 ㉰ 분해속도가 빠른 물질이나 적응시간이 필요없는 유기물 제거에 비효과적이다.

25 폐수량이 10,000m³/day, SS가 400mg/L, 침전지의 SS 제거율이 80%이며 침전슬러지의 함수율이 98%일 때 슬러지의 부피는? (단, 슬러지 비중은 1.0으로 가정함)

㉮ 140 m³/day ㉯ 160 m³/day
㉰ 180 m³/day ㉱ 200 m³/day

풀이 슬러지량(m³/day)

$= \dfrac{SS농도(kg/m^3) \times 폐수량(m^3/day) \times 제거율}{비중량(kg/m^3)}$

$\times \dfrac{100}{100 - 함수율(\%)}$

$= \dfrac{0.4kg/m^3 \times 10,000m^3/day \times 0.80}{1,000kg/m^3} \times \dfrac{100}{100 - 98\%}$

$= 160 m^3/day$

TIP

① mg/L $\xrightarrow{\times 10^{-3}}$ kg/m³ 이므로
   SS 400mg/L = 0.4kg/m³
② 비중(g/cm³) $\xrightarrow{\times 10^3}$ 비중량(kg/m³) 이므로
   비중 1.0 = 1,000kg/m³

26 정수시설인 플록형성지에서 플록형성 시간의 표준으로 옳은 것은?

㉮ 계획 정수량에 대하여 2~5분간
㉯ 계획 정수량에 대하여 5~10분간
㉰ 계획 정수량에 대하여 10~20분간
㉱ 계획 정수량에 대하여 20~40분간

풀이 플록형성지의 핵심 내용
① 플록형성 표준시간 : 20~40분
② 플록큐레이션의 주변속도 : 15~80cm/sec

answer 22 ㉯ 23 ㉱ 24 ㉰ 25 ㉯ 26 ㉱

27 BOD 용적부하 $0.2\,\text{kg/m}^3 \cdot \text{d}$로 하여 유량 $300\,\text{m}^3/\text{d}$, BOD 200mg/L인 폐수를 활성슬러지법으로 처리하고자 할 때 필요한 폭기조의 용량은?

㉮ $150\,\text{m}^3$ ㉯ $200\,\text{m}^3$
㉰ $250\,\text{m}^3$ ㉱ $300\,\text{m}^3$

풀이 BOD 용적부하$(\text{kg/m}^3 \cdot \text{day})$
$= \dfrac{\text{BOD 농도}(\text{kg/m}^3) \times \text{유량}(\text{m}^3/\text{day})}{\text{폭기조 용적}(\text{m}^3)}$

$0.2\,\text{kg/m}^3 \cdot \text{day} = \dfrac{0.2\,\text{kg/m}^3 \times 300\,\text{m}^3/\text{day}}{\text{폭기조 용적}(\text{m}^3)}$

$\therefore$ 폭기조 용적 $= \dfrac{0.2\,\text{kg/m}^3 \times 300\,\text{m}^3/\text{day}}{0.2\,\text{kg/m}^3 \cdot \text{day}}$
$= 300\,\text{m}^3$

TIP
① $\text{ppm} = \text{mg/L} = \text{g/m}^3$
② $\text{mg/L} \xrightarrow{\times 10^{-3}} \text{kg/m}^3$ 이므로
BOD $200\,\text{mg/L} = 0.2\,\text{kg/m}^3$

28 하수 소독 방법인 UV 살균의 특징에 대한 내용으로 틀린 것은?

㉮ 유량과 수질의 변동에 대해 적응력이 강하다.
㉯ 접촉시간이 짧다.
㉰ 물의 탁도나 혼탁이 소독효과에 영향을 미치지 않는다.
㉱ 강한 살균력으로 바이러스에 대해 효과적이다.

풀이 ㉰ 물의 탁도나 혼탁이 소독효과에 영향을 미친다.

29 속도경사(velocity gradient)에 대한 내용으로 틀린 것은?

㉮ 속도경사는 점성계수가 클수록 커진다.
㉯ 속도경사는 동력이 클수록 커진다.
㉰ 일반적으로 속도경사의 단위는 $\sec^{-1}$이다.
㉱ 속도경사는 반응조 용적이 클수록 작아진다.

풀이 ㉮ 속도경사는 점성계수가 클수록 작아진다.

TIP
속도경사$(G) = \sqrt{\dfrac{P}{\mu \times V}}$ 에서 $W = \dfrac{P}{V}$ 이므로
속도경사$(G) = \sqrt{\dfrac{W}{\mu}}$

30 활성슬러지 혼합액을 부상농축기로 농축하고자 한다. 부상 농축기에 대한 최적 A/S비가 0.008이고, 공기 용해도가 18.7mL/L일 때 용존공기의 분율이 0.5라면 필요한 압력은? (단, 비순환식 기준, 혼합액의 고형물농도는 0.2%임)

㉮ 3.98 atm ㉯ 3.62 atm
㉰ 3.32 atm ㉱ 3.14 atm

풀이 A/S비 $= \dfrac{1.3 \times \text{Sa} \times (f \times P - 1)}{\text{SS}}$
여기서 Sa : 공기의 용해도(mL/L)
SS : 부유고형물의 농도(mg/L)
P : 절대압력(atm)
$0.008 = \dfrac{1.3 \times 18.7\,\text{mL/L} \times (0.5 \times P - 1)}{0.2 \times 10^4\,\text{mg/L}}$
$\therefore P = 3.32\,\text{atm}$

TIP
① SS $= 0.2\% = 0.2 \times 10^4\,\text{ppm} = 0.2 \times 10^4\,\text{mg/L}$

answer 27 ㉱ 28 ㉰ 29 ㉮ 30 ㉰

② % $\xrightleftharpoons[\times 10^{-4}]{\times 10^{4}}$ ppm(mg/L)

31 수정 Bardenpho(5단계)에 대한 내용으로 틀린 것은?

㉮ 질소와 인을 동시에 처리할 수 있다.
㉯ 내부반송률을 낮게 유지할 수 있어 비교적 적은 규모의 반응조 사용이 가능하다.
㉰ 폐슬러지 내의 인의 함량이 높아 비료가치가 있다.
㉱ 2차 호기성조(재폭기조)의 역할은 최종침전조에서 탈질에 의한 Rising 현상 및 인의 재방출을 방지하는데 있다.

풀이 ㉯ 내부반송률이 높고 비교적 큰 규모의 반응조 사용이 가능하다.

32 유입하수의 BOD 농도가 200mg/L이고 포기조내 체류시간이 4시간이며 포기조의 F/M비를 0.3kg BOD/kg MLSS·day로 유지한다고 하면 포기조의 MLSS 농도는?

㉮ 2,500mg/L
㉯ 3,000mg/L
㉰ 35,00mg/L
㉱ 4,000mg/L

풀이
$$F/M비 = \frac{BOD \times Q}{MLSS \times V} = \frac{BOD}{MLSS} \times \frac{1}{t}$$
$$0.3/day = \frac{200mg/L}{MLSS} \times \frac{1}{\left(\frac{4hr}{24}\right)day}$$
∴ MLSS = 4,000mg/L

33 포기조 내 MLSS의 농도가 2,500mg/L이고, SV_{30}이 30%일 때 SVI는?

㉮ 85
㉯ 120
㉰ 135
㉱ 150

풀이
$$SVI = \frac{SV(\%)}{MLSS(mg/L)} \times 10^4$$
$$= \frac{30\%}{2,500mg/L} \times 10^4 = 120$$

TIP
① SVI : 슬러지 용적지수
② $SVI = \frac{SV(mL/L)}{MLSS(mg/L)} \times 10^3$
③ SVI가 50~150이면 정상 침강
④ SVI가 200 이상이면 슬러지 팽화(벌킹) 발생

34 슬러지 처리공정을 순서대로 알맞게 배치한 것은?

㉮ 농축 → 약품조정(개량) → 유기물의 안정화 → 건조 → 탈수 → 최종처분
㉯ 농축 → 유기물의 안정화 → 약품조정(개량) → 탈수 → 건조 → 최종처분
㉰ 약품조정(개량) → 농축 → 유기물의 안정화 → 탈수 → 건조 → 최종처분
㉱ 유기물의 안정화 → 농축 → 약품조정(개량) → 탈수 → 건조 → 최종처분

풀이 슬러지 처리공정의 순서는 농축조(슬러지 농축) → 소화조(유기물의 안정화) → 개량조(약품조정) → 탈수 → 건조 → 최종처분 순이다.

answer 31 ㉯ 32 ㉱ 33 ㉯ 34 ㉯

35 하수처리를 위한 회전원판법에 대한 내용으로 틀린 것은?

㉮ 질산화가 일어나기 쉬우며 pH가 저하되는 경우가 있다.
㉯ 원판의 회전으로 인해 부착생물과 회전판 사이에 전단력이 생긴다.
㉰ 살수여상과 같이 여상에 파리는 발생하지 않으나 하루살이가 발생하는 수가 있다.
㉱ 활성슬러지법에 비해 이차침전지 SS 유출이 적어 처리수의 투명도가 좋다.

▶풀이 ㉱ 활성슬러지법에 비해 이차침전지 SS 유출이 많아 처리수의 투명도가 나쁘다.

36 상수처리시설인 침사지에 대한 내용으로 틀린 것은?

㉮ 표면부하율은 200~500mm/min을 표준으로 한다.
㉯ 지내 평균유속은 30cm/sec를 표준으로 한다.
㉰ 지의 상단높이는 고수위보다 0.6~1m의 여유고를 둔다.
㉱ 지의 유효수심은 3~4m를 표준으로 한다.

▶풀이 ㉯ 지내 평균유속은 2~7cm/sec를 표준으로 한다.

37 무기수은계 화합물을 함유한 폐수의 처리방법으로 틀린 것은?

㉮ 황화물 침전법
㉯ 활성탄 흡착법
㉰ 산화분해법
㉱ 이온교환법

▶풀이 무기수은계 화합물을 함유한 폐수의 처리방법으로는 아말감법, 황화물침전법, 이온교환법, 활성탄흡착법이 있으며, 암기법은 "수은아 황화강에 이온 좀 붙여라"임을 숙지하시면 됩니다.

38 고도수처리에 이용되는 분리방법 중 투석의 구동력으로 알맞은 것은?

㉮ 정수압차(0.1~1Bar)
㉯ 정수압차(20~100Bar)
㉰ 전위차
㉱ 농도차

▶풀이 분리막의 구동력
① 전기투석 : 전위차
② 투석 : 농도차
③ 역삼투, 한외여과, 정밀여과, 나노여과 : 정수압차

39 혐기성 소화조 운전 중 이상발포가 발생되었을 때의 대책으로 틀린 것은?

㉮ 슬러지의 유입을 줄이고 배출을 일시 중지한다.
㉯ 소화온도를 높인다.
㉰ 조내 교반을 중지한다.
㉱ 스컴을 파쇄·제거한다.

▶풀이 ㉰ 조내 교반을 충분히 한다.

answer 35 ㉱ 36 ㉯ 37 ㉰ 38 ㉱ 39 ㉰

40 연속회분식 활성슬러지법(SBR)에 대한 내용으로 틀린 것은?

㉮ BOD 부하의 변화폭이 큰 경우에 잘 견딘다.
㉯ 처리용량이 큰 처리장에 적용이 용이하다.
㉰ 슬러지 반송을 위한 펌프가 필요없어 배관과 동력이 절감된다.
㉱ 질소와 인의 효율적인 제거가 가능하다.

풀이 ㉯ 처리용량이 작은 처리장에 적용이 용이하다.

| 제3과목 | 수질오염공정시험기준

41 총칙에서 사용하는 용어에 대한 내용으로 틀린 것은?

㉮ "방울수"라 함은 0℃에서 정제수 20방울을 적하할 때, 그 부피가 약 1mL 되는 것을 말한다.
㉯ "약"이라 함은 기재된 양에 대하여 ±10% 이상의 차이가 있어서는 안 된다.
㉰ 무게를 "정확히 단다"라 함은 규정된 수치의 무게를 0.1 mg까지 다는 것을 말한다.
㉱ "항량으로 될 때까지 건조한다"라 함은 같은 조건에서 1시간 더 건조할 때 전후 무게의 차가 g당 0.3 mg 이하일 때를 말한다.

풀이 ㉮ "방울수"라 함은 20℃에서 정제수 20방울을 적하할 때, 그 부피가 약 1mL 되는 것을 말한다.

42 백색원판(투명도판)을 사용한 투명도 측정에 대한 내용으로 틀린 것은?

㉮ 백색원판의 색도차는 투명도에 크게 영향을 주므로 표면이 더러울 때에는 깨끗하게 닦아주어야 한다.
㉯ 강우시에는 정확한 투명도를 얻을 수 없으므로 투명도를 측정하지 않는 것이 좋다.
㉰ 흐름이 있어 줄이 기울어질 경우에는 2kg 정도의 추를 달아서 줄을 세워야 한다.
㉱ 백색원판을 보이지 않는 깊이로 넣은 다음 천천히 끌어 올리면서 보이기 시작한 깊이를 반복해 측정한다.

풀이 ㉮ 백색원판의 광반사능은 투명도에 크게 영향을 주므로 표면이 더러울 때에는 다시 색칠하여야 한다.

43 비소의 원자흡수분광광도법에 대한 내용으로 틀린 것은?

㉮ 아연 또는 소듐붕소수화물($NaBH_4$)을 넣어 수소화비소로 포집한다.
㉯ 아르곤(또는 질소) - 수소 불꽃에서 원자화 시킨다.
㉰ 193.7nm에서 흡광도를 측정하고 비소를 정량하는 방법이다.
㉱ 정량한계는 0.05mg/L이다.

풀이 ㉱ 정량한계는 0.005mg/L이다.

answer 40 ㉯ 41 ㉮ 42 ㉮ 43 ㉱

44 물 속의 냄새를 측정하기 위한 시험에서 시료 부피 4mL와 무취 정제수(희석수) 부피 196mL인 경우 냄새역치(TON)는?

㉮ 0.02 ㉯ 0.5
㉰ 50   ㉱ 100

풀이 냄새역치(TON) $= \dfrac{A+B}{A}$

여기서 A : 시료 부피(mL)
　　　B : 무취 정제수 부피(mL)

냄새역치(TON) $= \dfrac{4mL + 196mL}{4mL} = 50$

45 수질분석을 위한 시료채취시 시료채취량으로 알맞은 것은?

㉮ 1L~3L ㉯ 3L~5L
㉰ 5L~10L ㉱ 10L~15L

풀이 시료채취량은 시험항목 및 시험횟수에 따라 차이가 있으나 보통 3L~5L 정도이어야 한다.

46 시안의 자외선/가시선 분광법에 대한 내용으로 틀린 것은?

㉮ 시료를 pH 2 이하의 산성에서 가열 증류한다.
㉯ 생성된 염화시안이 피리딘-피라졸론 등의 발색시약과 반응하여 나타나는 적색을 520nm에서 측정한다.
㉰ 황화물이 함유된 시료는 아세트산아연용액(10%) 2mL를 넣어 제거한다.
㉱ 정량한계는 0.01mg/L이다.

풀이 ㉯ 생성된 염화시안이 피리딘-피라졸론 등의 발색시약과 반응하여 나타나는 청색을 620nm에서 측정한다.

47 취급 또는 저장하는 동안에 기체 또는 미생물이 침입하지 아니하도록 내용물을 보호하는 용기는?

㉮ 밀폐용기 ㉯ 기밀용기
㉰ 밀봉용기 ㉱ 차광용기

풀이 용기의 종류
㉮ 밀폐용기 : 이물질
㉯ 기밀용기 : 공기 또는 다른 가스
㉰ 밀봉용기 : 기체 또는 미생물
㉱ 차광용기 : 광선

48 크롬-원자흡수분광광도법의 정량한계로 알맞은 것은?

㉮ 357.9 nm에서의 산처리법은 0.01 mg/L, 용매추출법은 0.001 mg/L이다.
㉯ 357.9 nm에서의 산처리법은 0.001 mg/L, 용매추출법은 0.01 mg/L이다.
㉰ 357.9 nm에서의 산처리법은 0.01 mg/L, 용매추출법은 0.01 mg/L이다.
㉱ 357.9 nm에서의 산처리법은 0.001 mg/L, 용매추출법은 0.001 mg/L이다.

49 다음 중 불소화합물을 시험하는 방법으로 틀린 것은?

㉮ 자외선/가시선 분광법
㉯ 이온전극법
㉰ 이온크로마토그래피
㉱ 기체크로마토그래피

풀이 불소화합물의 시험방법
① 자외선/가시선 분광법
② 이온전극법
③ 이온크로마토그래피
④ 연속흐름법

answer 44 ㉰ 45 ㉯ 46 ㉯ 47 ㉰ 48 ㉮ 49 ㉱

50 유기인을 용매추출/기체크로마토그래피로 분석할 때 각 성분별 정량한계는?

㉮ 0.5mg/L ㉯ 0.05mg/L
㉰ 0.005mg/L ㉱ 0.0005mg/L

풀이 유기인을 용매추출/기체크로마토그래피로 분석할 때 각 성분별 정량한계는 0.0005mg/L이며, 암기법은 "점땡땡땡오"임을 숙지하시면 됩니다.

51 물벼룩을 이용한 급성 독성 시험법에 사용하는 용어의 정의로 틀린 것은?

㉮ 치사 : 일정 희석비율로 준비된 시료에 물벼룩을 투입하여 24시간 경과 후 시험용기를 손으로 살짝 두드리고, 15초 후 관찰했을 때 독성물질에 영향을 받아 움직임이 명백하게 없는 상태를 말한다.
㉯ 지수식 시험방법 : 시험기간 중 시험용액을 교환하는 시험을 말한다.
㉰ 반수영향농도 : 투입 시험생물의 50%가 치사 혹은 유영저해를 나타낸 농도이다.
㉱ 생태독성값 : 통계적 방법을 이용하여 반수영향농도 EC_{50} 값을 구한 후 100에서 EC_{50}값을 나눠 준 값을 말한다. (EC_{50} 값의 단위는 %이다.)

풀이 ㉯ 지수식 시험방법 : 시험기간 중 시험용액을 교환하지 않는 시험을 말한다.

52 웨어의 웨어판에 대한 내용으로 틀린 것은?

㉮ 웨어판의 재료는 5mm 이상의 두께를 갖는 내구성이 강한 철판으로 한다.
㉯ 웨어판 안측의 가장자리는 직선이어야 한다.
㉰ 웨어판의 내면은 평면이어야 한다.
㉱ 웨어판의 크기는 수로의 붙인 틀의 크기에 맞추며 절단의 크기는 따로 정한다.

풀이 ㉮ 웨어판의 재료는 3mm 이상의 두께를 갖는 내구성이 강한 철판으로 한다.

53 다음 중 식물성 플랑크톤에 대한 설명으로 틀린 것은?

㉮ 현미경계수법을 이용하여 개체수를 조사한다.
㉯ 시료가 육안으로 녹색이나 갈색으로 보일 경우 정제수로 적절한 농도로 희석한다.
㉰ 시료의 개체수는 계수면적당 10~40 정도가 되도록 희석 또는 농축한다.
㉱ 식물성 플랑크톤의 동정에는 저·중배율이 많이 이용되지만, 계수에는 고배율이 많이 이용된다.

풀이 ㉱ 식물성 플랑크톤의 동정에는 고배율이 많이 이용되지만, 계수에는 저·중 배율이 많이 이용된다.

answer 50 ㉱ 51 ㉯ 52 ㉮ 53 ㉱

54 유속 면적법을 이용하여 하천유량을 측정할 때 적용 적합지점에 대한 내용으로 틀린 것은?

㉮ 가능하면 하상이 안정되어 있고, 식생의 성장이 있는 지점
㉯ 교량 등 구조물 근처에서 측정할 경우 교량의 상류지점
㉰ 대규모 하천을 제외하고 가능하면 도섭으로 측정할 수 있는 지점
㉱ 합류나 분류가 없는 지점

풀이 ㉮ 가능하면 하상이 안정되어 있고, 식생의 성장이 없는 지점

55 다음 중 기체크로마토그래피로 분석할 수 있는 물질은?

㉮ 수은   ㉯ 암모니아성 질소
㉰ 알킬수은   ㉱ 시안

풀이 알킬수은의 분석방법에는 기체크로마토그래피와 원자흡수분광광도법이다.

56 다음은 최대유량이 1m³/분 미만인 경우에 대한 내용이다. (   )안에 들어갈 알맞은 것은?

> 용기는 용량(   )L인 것을 사용하여 유수를 채우는데에 요하는 시간을 스톱워치로 잰다. 용기에 물을 받아 넣는 시간을 20초 이상이 되도록 용량을 결정한다.

㉮ 50~100   ㉯ 100~200
㉰ 200~250   ㉱ 250~300

풀이 최대유량이 1m³/분 미만인 경우
① 용기의 용량 : 100~200L
② 용기에 물을 받아 넣는 시간 : 20초 이상

57 유기물을 다량 함유하고 있으면서 산분해가 어려운 시료에 적용하는 산분해법은?

㉮ 질산 - 염산법
㉯ 질산 - 황산법
㉰ 질산 - 과염소산 - 불화수소산법법
㉱ 질산 - 과염소산법

풀이 ㉱ 질산 - 과염소산법에 대한 내용이며, 암기법은 "과염 산분해=질산-과염소산법"임을 숙지하시면 됩니다.

58 다음 중 0℃를 기준으로 표준용액의 pH 값이 가장 큰 것은?

㉮ 수산염 표준용액
㉯ 탄산염 표준용액
㉰ 프탈산염 표준용액
㉱ 붕산염 표준용액

풀이 표준용액의 pH 값의 순서는 수산염 표준용액 < 프탈산염 표준용액 < 인산염 표준용액 < 붕산염 표준용액 < 탄산염 표준용액 < 수산화칼슘 표준용액 순이며, 암기법은 "수프인 7부옷에 탄숨"임을 숙지하시면 됩니다.

59 적정법-알칼리성 과망간산포타슘법으로 COD를 분석할 때 종말점의 색은?

㉮ 무색
㉯ 홍색
㉰ 적갈색
㉱ 청색

풀이 COD 측정방법별 종말점 색
① 적정법-산성 과망간산포타슘법 : 엷은 홍색
② 적정법-알칼리성 과망간산포타슘법 : 무색
③ 적정법-다이크롬산포타슘법 : 청록색 → 적갈색

60 노말헥산추출물질 측정을 위한 시험방법에 대한 내용으로 (   )에 옳은 것은?

> 시료 적당량을 분액깔대기에 넣고 (   ) 변할 때까지 염산(1+1)을 넣어 pH 4 이하로 조절한다.

㉮ 메틸오렌지 용액(0.1 %) 2~3방울을 넣고 황색이 적색으로
㉯ 메틸오렌지 용액(0.1 %) 2~3방울을 넣고 적색이 황색으로
㉰ 메틸레드용액(0.5 %) 2~3방울을 넣고 황색이 적색으로
㉱ 메틸레드용액(0.5 %) 2~3방울을 넣고 적색이 황색으로

풀이 노말헥산 추출물질 핵심 내용
① 시료(노말헥산 추출물질) : 5mg ~ 200mg
② 지시약 : 메틸오렌지 용액(0.1 %) 2~3방울
③ 적정액 : 염산(1+1)
④ 종말점 : 황색 → 적색

answer 59 ㉮ 60 ㉮

2022 1회 CBT 복원문제

| 제1과목 | 수질오염개론

01 다음 중 물이 가지는 특성에 대한 내용으로 틀린 것은?

㉮ 고체인 경우 수소결합에 의해 육각형 결정구조를 가진다.
㉯ 물은 광합성의 수소공여체이다.
㉰ 생물체의 결빙이 일어나지 않음은 물의 융해열이 작기 때문이다.
㉱ 모세관 현상과 관계 있는 표면장력은 72.75 dyne/cm(20℃)이다.

풀이 ㉰ 생물체의 결빙이 일어나지 않음은 물의 융해열이 크기 때문이다.

02 수질오염에 대한 미생물의 작용에 있어서 흔히 사용되는 조류(Algae)의 경험적 화학 조성식으로 알맞은 것은?

㉮ $C_5H_7O_2N$ ㉯ $C_5H_8O_3N$
㉰ $C_5H_7O_3N$ ㉱ $C_5H_8O_2N$

풀이 조류(Algae)의 경험적 화학 조성식은 $C_5H_8O_2N$이며 암기법은 "오팔이"임을 숙지하시면 됩니다.

03 해수의 특성에 대한 내용으로 틀린 것은?

㉮ 해수의 밀도는 1.5~1.7 g/cm³ 정도로 수심이 깊을수록 밀도는 감소한다.
㉯ 해수의 pH는 약 8.2 정도로 약알칼리성이며 강전해질이다.
㉰ 해수의 Mg/Ca비는 3~4 정도이다.
㉱ 염분은 적도해역보다 남·북극의 양극 해역에서 다소 낮다.

풀이 ㉮ 해수의 밀도는 염분, 수온, 수압의 함수로 수심이 깊을수록 증가한다.

04 글리신($CH_2(NH_2)COOH$)의 이론적 COD/TOC의 비는? (단, 글리신의 최종 분해산물은 CO_2, HNO_3, H_2O이다.)

㉮ 2.83   ㉯ 3.76
㉰ 4.67   ㉱ 5.38

풀이 $CH_2(NH_2)COOH + 3.5O_2 \rightarrow 2CO_2 + 2H_2O + HNO_3$
$$\frac{COD}{TOC} = \frac{3.5 \times 32g}{2 \times 12g} = 4.67$$

answer 01 ㉰ 02 ㉱ 03 ㉮ 04 ㉰

05 하천모델의 종류 중 DO SAG - Ⅰ, Ⅱ, Ⅲ에 대한 내용으로 틀린 것은?

㉮ 2차원 정상상태 모델이다.
㉯ 점오염원 및 비점오염원이 하천의 용존 산소에 미치는 영향을 나타낼 수 있다.
㉰ Streeter-Phelps식을 기본으로 한다.
㉱ 저질의 영향이나 광합성 작용에 의한 용존산소반응을 무시한다.

풀이 ㉮ 1차원 정상상태 모델이다.

06 지표수와 비교한 지하수 특성으로 틀린 것은?

㉮ 수온변동이 적고 자정속도가 느리다.
㉯ 지표수에 비해 염류의 함량이 크다.
㉰ 미생물이 없고, 오염물이 적다.
㉱ 지층 및 지역별로 수질차이가 크다.

풀이 ㉱ 지층 및 지역별로 수질차이가 작다.

07 크기가 2,000 m³인 탱크 내 염소이온 농도가 250 mg/L이다. 탱크 내의 물은 완전혼합이며, 염소이온이 없는 물이 20 m³/hr로 연속적으로 유입되어 염소이온 농도가 2.5 mg/L로 낮아질 때까지의 소요시간(hr)은?

㉮ 약 310 hr   ㉯ 약 360 hr
㉰ 약 410 hr   ㉱ 약 460 hr

풀이 $\ln \dfrac{C_t}{C_o} = -\left(\dfrac{Q}{V}\right) \times t$

여기서 C_o : 초기농도(mg/L)
C_t : t시간 후의 농도(mg/L)
Q : 유량(m³/hr)
V : 반응조의 크기(m³)
t : 시간(hr)

$\ln\left(\dfrac{2.5\,\text{mg/L}}{250\,\text{mg/L}}\right) = -\left(\dfrac{20\,\text{m}^3/\text{hr}}{2,000\,\text{m}^3}\right) \times t$

∴ t = 460.52 hr

08 다음에서 설명하는 하천모델은?

- 하천 및 호수의 부영양화를 고려한 생태계 모델
- 정적 및 동적인 하천의 수질, 수문학적 특성이 고려
- 호수에는 수심별 1차원 모델이 적용

㉮ WASP   ㉯ DO-Sag
㉰ QUAL-I   ㉱ WQRRS

풀이 ㉱ WQRRS 모델에 대한 내용이며, 핵심 내용인 "부영양화 생태계모델=WQRRS"임을 숙지하시면 됩니다.

09 기상수(우수, 눈, 우박 등)에 대한 내용으로 틀린 것은?

㉮ 기상수는 대기 중에서 지상으로 낙하할 때는 상당한 불순물을 함유한 상태이다.
㉯ 우수의 주성분은 육수의 주성분과 거의 동일하다.
㉰ 해안 가까운 곳의 우수는 염분함량의 변화가 크다.
㉱ 천수는 사실상 증류수로서 증류단계에서는 순수에 가까워 다른 자연수보다 깨끗하다.

풀이 ㉯ 우수의 주성분은 해수의 주성분과 거의 동일하다.

answer 05 ㉮   06 ㉱   07 ㉱   08 ㉱   09 ㉯

10 40℃에서 순수한 물 1L의 몰 농도(mole/L)는? (단, 40℃의 물의 밀도 = 0.9455kg/L)

㉮ 25.4 mol/L   ㉯ 37.6 mol/L
㉰ 48.8 mol/L   ㉱ 52.5 mol/L

풀이
$$mol/L = \frac{0.9455 kg}{L} \times \frac{10^3 g}{1 kg} \times \frac{1 mol}{18 g}$$
$$= 52.53 mol/L$$

TIP
H_2O 1mol = 분자량(g) = 18g

11 여름 정체기간 중 호수의 깊이에 따른 CO_2와 DO농도의 변화에 대한 내용으로 알맞은 것은?

㉮ 표수층에서는 CO_2농도가 DO농도 보다 높다.
㉯ 심수층에서는 DO농도는 매우 낮지만 CO_2 농도는 표수층과 큰 차이가 없다.
㉰ 깊이가 깊어질수록 CO_2농도 보다 DO 농도가 높다.
㉱ CO_2농도와 DO 농도가 같은 지점(깊이)이 존재한다.

풀이 ㉮ 표수층에서는 CO_2농도가 DO농도 보다 낮다.
㉯ 심수층에서는 DO농도는 매우 낮고 CO_2농도는 매우 높다.
㉰ 깊이가 깊어질수록 DO농도 보다 CO_2농도가 높다.

12 다음에서 설명하는 법칙은?

> 기체의 확산속도(조그마한 구멍을 통한 기체의 탈출)는 기체 분자량의 제곱근에 반비례 한다.

㉮ Dalton의 법칙
㉯ Graham의 법칙
㉰ Gay-Lussac의 법칙
㉱ Charles의 법칙

풀이 ㉯ Graham의 법칙에 대한 내용이며, 핵심 내용인 "기체확산속도 법칙 = Graham의 법칙"임을 숙지하시면 됩니다.

13 포도당($C_6H_{12}O_6$) 500mg이 탄산가스와 물로 완전산화하는데 소요되는 이론적 산소요구량은?

㉮ 512mg   ㉯ 521mg
㉰ 533mg   ㉱ 548mg

풀이
$C_6H_{12}O_6 + 6O_2 \rightarrow 6CO_2 + 6H_2O$
180g   :   6 × 32g
500mg   :   ThOD
$$\therefore ThOD = \frac{6 \times 32g \times 500mg}{180g} = 533.33mg$$

14 수중에 탄산가스 농도나 암모니아성 질소의 농도가 증가하며 Fungi가 사라지는 하천의 변화과정 지대는? (단, Whipple의 4지대 기준)

㉮ 활발한 분해지대
㉯ 점진적 분해지대
㉰ 분해지대
㉱ 점진적 회복지대

answer   10 ㉱   11 ㉱   12 ㉯   13 ㉰   14 ㉮

풀이 ㉮ 활발한 분해지대에 대한 내용이며, 핵심 내용인 "암모니아성 질소 증가 = 활발한 분해지대"임을 숙지하시면 됩니다.

TIP
① N농도 = eq/L
② Ca^{2+}의 $1eq = \dfrac{원자량(g)}{2} = \dfrac{40g}{2} = 20g$

15 자연수 중 지하수의 경도가 높은 이유는 다음 중 주로 어떤 물질의 영향인가?

㉮ NH_3 ㉯ O_2
㉰ Colloid   ㉱ CO_2

풀이 지하수의 경도가 높은 이유는 토양 내 유기물질 분해에 따른 탄산가스(CO_2)의 발생과 약산성의 빗물로 인하여 광물질이 용해되기 때문이다.

16 탄광폐수가 하천이나 호수, 저수지에 유입되어 유발되는 오염의 형태로 틀린 것은?

㉮ 부식성이 높은 수질이 될 수 있다.
㉯ 대체적으로 물의 pH를 낮춘다.
㉰ 비탄산경도를 높이게 된다.
㉱ 일시경도를 높이게 된다.

풀이 탄광폐수에는 산성물질이 많이 포함되어 있으므로 ㉮, ㉯, ㉰의 현상이 나타난다.

17 Ca^{2+} 200mg/L를 N농도로 나타내면?
(단, Ca : 40)

㉮ 0.01   ㉯ 0.02
㉰ 0.5   ㉱ 1.0

풀이 N농도 = $\dfrac{200mg}{L} \times \dfrac{1g}{10^3 mg} \times \dfrac{1eq}{20g}$
$= 0.01 eq/L = 0.01 N$

18 해수의 온도와 염분의 농도에 의한 밀도차에 의해 형성되는 해류는?

㉮ 조류   ㉯ 쓰나미
㉰ 상승류   ㉱ 심해류

풀이
㉮ 조류 : 태양과 달의 영향
㉯ 쓰나미 : 지진이나 화산의 영향
㉰ 상승류 : 바람과 해양 및 육지의 상호작용
㉱ 심해류 : 해수의 온도와 염분의 농도에 의한 밀도차

19 화학반응에서 의미하는 산화에 대한 내용으로 틀린 것은?

㉮ 산소와 화합하는 현상이다.
㉯ 원자가가 증가되는 현상이다.
㉰ 전자를 받아들이는 현상이다.
㉱ 수소화합물에서 수소를 잃는 현상이다.

풀이 ㉰ 전자를 주는 현상이다.

20 다음 중 점성계수의 단위로 적절한 것은?

㉮ cm^2/sec ㉯ $g/cm \cdot sec$
㉰ $dyne/cm^2$ ㉱ $dyne/cm$

풀이
㉮ cm^2/sec : 동점성계수 단위
㉯ $g/cm \cdot sec$: 점성계수 단위
㉰ $dyne/cm^2$: 압력 단위
㉱ $dyne/cm$: 표면장력 단위

answer 15 ㉱ 16 ㉱ 17 ㉮ 18 ㉱ 19 ㉰ 20 ㉯

| 제2과목 | 수질오염방지기술

21 막분리방법인 정밀여과에 대한 내용으로 틀린 것은?

㉮ 막은 대칭형 다공성막 형태이다.
㉯ 분리형태는 pore size 및 흡착현상에 기인한 체거름이다.
㉰ 추진력은 농도차이다.
㉱ 전자공업의 초순수제조, 무균수제조, 식품의 무균여과에 적용한다.

▶풀이 ㉰ 추진력은 정수압차이다.

22 하수처리시설의 2차 침전지에 대한 내용으로 틀린 것은?

㉮ 유효수심은 2.5~4m를 표준으로 한다.
㉯ 이차침전지의 고형물부하율은 95~145 kg/m² · d로 한다.
㉰ 침전시간은 계획 1일 최대오수량에 따라 정하며 일반적으로 6~8시간으로 한다.
㉱ 침전지 수면의 여유고는 40~60cm 정도로 한다.

▶풀이 ㉰ 침전시간은 계획 1일 최대오수량에 따라 정하며 일반적으로 3~5시간으로 한다.

23 정수시설 중 플록형성지에 대한 내용으로 틀린 것은?

㉮ 기계식교반에서 플록큐레이터(flocculator)의 주변속도는 5~10cm/sec를 표준으로 한다.
㉯ 플록형성시간은 계획정수량에 대하여 20~40분간을 표준으로 한다.
㉰ 직사각형이 표준이다.
㉱ 혼화지와 침전지 사이에 위치하고 침전지에 붙여서 설치한다.

▶풀이 ㉮ 기계식교반에서 플록큐레이터(flocculator)의 주변속도는 15~80 cm/sec를 표준으로 한다.

24 막공법 중 물질분리를 유발하는 추진력(driving force)으로 틀린 것은?

㉮ 전기투석(Electrodialysis) - 전위차
㉯ 투석(Dialysis) - 정수압차
㉰ 역삼투(Reverse Osmosis) - 정수압차
㉱ 한외여과(Utrafiltration) - 정수압차

▶풀이 ㉯ 투석(Dialysis) - 농도차

25 회전원판법(RBC)의 특징에 대한 내용으로 틀린 것은?

㉮ 단회로 현상의 제어가 쉽다.
㉯ 처리수의 투명도가 나쁘다.
㉰ 충격부하 및 부하변동에 약하다.
㉱ 슬러지 반송이 필요없다.

▶풀이 ㉰ 충격부하 및 부하변동에 강하다.

answer 21 ㉰ 22 ㉰ 23 ㉮ 24 ㉯ 25 ㉰

26 표준활성슬러지법에서 MLSS 농도(mg/L)의 표준 운전범위는?

㉮ 1,000~1,500 ㉯ 1,500~2,500
㉰ 2,500~4,500 ㉱ 4,500~6,000

> 풀이 MLSS 농도의 표준 운전범위는 1,500~2,500mg/L 이다.

27 폐수처리 과정인 침전 시 입자의 농도가 매우 높아 입자들끼리 구조물을 형성하는 침전 형태는?

㉮ 농축침전 ㉯ 응집침전
㉰ 압밀침전 ㉱ 독립침전

> 풀이 Ⅳ형 침전인 압밀침전에 대한 내용이며, 핵심 내용인 "입자들끼리 구조물 형성 = 압밀침전"임을 숙지하시면 됩니다.

28 응집침전 처리수가 100m³/day이고 이때 여과속도는 2m/hr이다. 이 처리수를 모래 여과하여 방류한다면 필요한 여과면적은?

㉮ 1.8 m² ㉯ 2.1 m²
㉰ 2.4 m² ㉱ 2.8 m²

> 풀이 처리수량(Q) = 여과면적(A) × 여과속도(v)
> $A = \dfrac{Q}{v} = \dfrac{100m^3/day \times 1day/24hr}{2m/hr} = 2.08m^2$

29 다음 중 Phostrip 공법에 대한 내용으로 틀린 것은?

㉮ 생물학적 처리방법과 화학적 처리방법을 조합한 공법이다.
㉯ 유입수의 일부를 혐기성 상태의 조(槽)로 유입시켜 인을 방출시킨다.
㉰ 유입수의 BOD부하에 따라 인 방출이 큰 영향을 받지 않는다.
㉱ 기존에 활성슬러지 처리장에 쉽게 적용이 가능하다.

> 풀이 ㉯ 반송슬러지의 일부를 혐기성 상태의 조(槽)로 유입시켜 인을 방출시킨다.

30 Glucose($C_6H_{12}O_6$) 8kg을 혐기성 분해할 때 발생 가능한 CH_4 가스의 용적은? (단, 표준상태 기준)

㉮ 약 1,500L ㉯ 약 2,000L
㉰ 약 2,500L ㉱ 약 3,000L

> 풀이
> $C_6H_{12}O_6 \rightarrow 3CO_2 + 3CH_4$
> 180g : 3 × 22.4L
> 8×10^3g : CH_4량
> ∴ CH_4량 = $\dfrac{8 \times 10^3 g \times 3 \times 22.4L}{180g}$ = 2,986.67L

TIP
① 체적(L) = 계수 × 22.4(L)
② 질량(g) = 계수 × 분자량(g)
③ $C_6H_{12}O_6$ = 포도당 = 글루코스
④ $C_6H_{12}O_6$의 분자량
= (6 × 12) + (12 × 1) + (6 × 16) = 180g

answer 26 ㉯ 27 ㉰ 28 ㉯ 29 ㉯ 30 ㉱

31 펜톤(Fenton)반응에서 사용되는 과산화수소의 용도는?

㉮ 응집제 ㉯ 촉매제
㉰ 산화제 ㉱ 침강촉진제

> **풀이** 펜톤(Fenton) 산화법
> ① 펜톤시약(H_2O_2)의 용도 : 산화제
> ② 철염(황산제1철) : 촉매

32 염소 요구량이 5mg/L인 하수 처리수에 잔류염소 농도가 0.5mg/L가 되도록 염소를 주입하려고 할 때 염소의 주입량은?

㉮ 4.5mg/L ㉯ 5.0mg/L
㉰ 5.5mg/L ㉱ 6.0mg/L

> **풀이** 염소 주입량 = 염소 요구량 + 염소 잔류량
> = 5mg/L + 0.5mg/L = 5.5mg/L

33 폐수량이 10,000m³/d, SS농도 500mg/L인 폐수가 처리장으로 유입되고 있다. 폭기조의 MLSS 농도가 3,000mg/L이고 SVI가 125라면, 이 폭기조의 MLSS 농도를 변동없이 유지하기 위한 반송슬러지 유량은?

㉮ 4,500 m³/d ㉯ 5,000 m³/d
㉰ 5,500 m³/d ㉱ 6,000 m³/d

> **풀이** ① 반송비(R) = $\dfrac{MLSS - SS_i}{SS_r - MLSS}$
> (여기서 $SS_r = \dfrac{10^6}{SVI}$)
> $R = \dfrac{MLSS - SS_i}{\dfrac{10^6}{SVI} - MLSS}$
> $= \dfrac{3,000\,mg/L - 500\,mg/L}{\dfrac{10^6}{125} - 3,000\,mg/L} = 0.5$
>
> ② 반송슬러지 유량(Q_R)
> $= Q \times R$
> $= 10,000\,m^3/day \times 0.5$
> $= 5,000\,m^3/day$

34 BOD가 250mg/L이고 유량이 2,000 m³/day인 폐수를 활성슬러지법으로 처리하고자 한다. 포기조의 BOD 용적부하가 0.4kg/m³·day라면 포기조의 부피는?

㉮ 1,250 m³ ㉯ 1,000 m³
㉰ 750 m³ ㉱ 500 m³

> **풀이** BOD의 용적부하(kg/m³·day)
> $= \dfrac{BOD(kg/m^3) \times Q(m^3/day)}{V(m^3)}$
>
> $0.4\,kg/m^3 \cdot day = \dfrac{0.25\,kg/m^3 \times 2,000\,m^3/day}{V(m^3)}$
>
> ∴ $V = \dfrac{0.25\,kg/m^3 \times 2,000\,m^3/day}{0.4\,kg/m^3 \cdot day} = 1,250\,m^3$

> **TIP**
> $mg/L \xrightarrow{\times 10^{-3}} kg/m^3$ 이므로
> BOD 250mg/L = 0.25kg/m³

answer 31 ㉰ 32 ㉰ 33 ㉯ 34 ㉮

35 다음 중 오존(O_3)처리법에 대한 내용으로 틀린 것은?

㉮ 소독부산물의 생성을 유발하는 각종 전구물질에 대한 처리효율이 높다.
㉯ 오존은 자체의 높은 산화력으로 염소에 비하여 높은 살균력을 가지고 있다.
㉰ 전염소처리를 할 경우, 염소와 반응하여 잔류염소를 증가시킨다.
㉱ 철, 망간의 산화능력이 크다.

풀이 ㉰ 전염소처리를 할 경우, 염소와 반응하여 잔류염소를 증가시키지 않는다.

36 다음 중 A/O공정에 대한 내용으로 틀린 것은?

㉮ 타공법에 비하여 운전이 비교적 간단하다.
㉯ 폐슬러지내 인의 함량이 비교적 높아(3~5%) 비료의 가치가 있다.
㉰ 낮은 BOD/P비 조건이 요구된다.
㉱ 추운 기후의 운전조건에서 성능이 불확실하다.

풀이 ㉰ 높은 BOD/P비 조건이 요구된다.

TIP

폐(잉여)슬러지의 비료가치 판단
① 인(P)은 미생물이 흡수하여 처리되므로 인(P)을 처리하는 공정의 폐슬러지에는 인(P)의 함유량이 높아 비료의 가치가 있다.
② 질소(N)는 탈질시켜 대기 중 N_2로 처리하므로 질소(N)를 처리하는 공정의 폐슬러지에는 질소(N)의 함유량이 낮아 비료의 가치가 없다.

37 활성슬러지 처리방법별 F/M비가 가장 높은 공법은?

㉮ 표준활성슬러지법
㉯ 순산소활성슬러지법
㉰ 장기포기법
㉱ 산화구법

풀이 활성슬러지 처리방법별 F/M비
㉮ 표준활성슬러지법 : 0.2 ~ 0.4 kg BOD/ kg SS·day
㉯ 순산소활성슬러지법 : 0.3 ~ 0.6 kg BOD/ kg SS·day
㉰ 장기포기법 : 0.03 ~ 0.05 kg BOD/ kg SS·day
㉱ 산화구법 : 0.03 ~ 0.05 kg BOD/ kg SS·day

38 하수처리를 위한 1차 침전지에 대한 내용으로 틀린 것은?

㉮ 유효수심은 2.5~4m를 표준으로 한다.
㉯ 침전시간은 계획1일 최대오수량에 대하여 표면부하율과 유효수심을 고려하여 정하며 일반적으로 2~4시간을 표준으로 한다.
㉰ 표면적부하율은 계획1일 최대오수량에 대하여 분류식의 경우는 25~50 m^3/m^2·day, 합류식의 경우는 35~75 m^3/m^2·day로 한다.
㉱ 침전지 수면의 여유고는 40~60cm 정도로 한다.

풀이 ㉰ 표면적부하율은 계획1일 최대오수량에 대하여 분류식의 경우는 35~75 m^3/m^2·day, 합류식의 경우는 25~50 m^3/m^2·day로 한다.

answer 35 ㉰ 36 ㉰ 37 ㉯ 38 ㉰

39 NH_4^+ 가 미생물에 의해 NO_3^- 로 산화될 때 pH의 변화로 알맞은 것은?

㉮ 감소한다.
㉯ 증가한다.
㉰ 변화없다.
㉱ 증가하다 감소한다.

풀이
① 질산화 과정 : $[H^+]$가 증가하므로 pH는 감소한다.
② 탈질화 과정 : $[OH^-]$가 증가하므로 pH는 증가한다.

40 미생물의 고정화를 위한 팰렛(Pellet) 재료로서 이상적인 요구조건으로 틀린 것은?

㉮ 기질, 산소의 투과성이 양호한 것
㉯ 압축강도가 높을 것
㉰ 암모니아 분배계수가 낮을 것
㉱ 고정화시 활성수율과 배양후의 활성이 높을 것

풀이 ㉰ 암모니아 분배계수가 높을 것

| 제3과목 | 수질오염공정시험기준

41 수질오염공정시험기준상 총칙에서 사용하는 용어에 대한 내용으로 틀린 것은?

㉮ 시험조작 중 "즉시"란 30초 이내에 표시된 조작을 하는 것을 뜻한다.
㉯ "정확히 취하여"라 함은 규정된 수치의 무게를 0.1mg까지 다는 것을 말한다.
㉰ "감압 또는 진공"이라 함은 따로 규정이 없는 한 15mmHg 이하를 뜻한다.
㉱ "항량으로 될때까지 건조한다."라 함은 같은 조건에서 1시간 더 건조할 때 전후 무게의 차가 g당 0.3mg 이하일 때를 말한다.

풀이 ㉯ "정확히 취하여"라 함은 규정한 양의 액체를 부피피펫으로 눈금까지 취하는 것을 말한다.

42 공장폐수 및 하수유량(관 내의 유량 측정방법)을 측정하는 장치 중 공정수에 적용할 수 없는 것은?

㉮ 벤츄리미터
㉯ 유량측정용 노즐
㉰ 오리피스
㉱ 피토우관

풀이 폐수처리 공정에서 유량 측정장치의 적용
㉮ 벤츄리미터 : 공장폐수 원수, 1차처리수, 2차처리수, 1차슬러지, 반송슬러지, 농축슬러지, 포기액
㉯ 유량측정용 노즐 : 공장폐수 원수, 1차처리수, 2차처리수, 1차슬러지, 반송슬러지, 농축슬러지, 포기액, 공정수
㉰ 오리피스 : 공정수
㉱ 피토우관 : 공정수

answer 39 ㉮ 40 ㉰ 41 ㉯ 42 ㉮

43 수질오염공정시험기준상 총질소의 분석 방법으로 틀린 것은?

㉮ 연속흐름법
㉯ 자외선/가시선 분광법(활성탄흡착법)
㉰ 자외선/가시선 분광법(카드뮴·구리 환원법)
㉱ 자외선/가시선 분광법(환원증류·킬달법)

풀이 총질소의 분석방법
① 자외선/가시선 분광법(카드뮴·구리 환원법)
② 자외선/가시선 분광법(환원증류·킬달법)
③ 자외선/가시선 분광법(산화법)
④ 연속흐름법

44 다음 중 웨어 중 수로에 대한 내용으로 틀린 것은?

㉮ 수로는 목재, 철판, PVC판, FRP 등을 이용하여 만들며 부식성을 고려하여 내구성이 강한 재질을 선택한다.
㉯ 수로의 크기는 수로의 내부수치로 정하되 폐수량에 따라 적절하게 결정한다.
㉰ 수로는 바닥면을 수평으로 하며 수위를 읽는데 오차가 생기지 않도록 한다.
㉱ 유수의 도입부분은 상류 측의 수로가 웨어의 수로 폭과 깊이보다 작을 경우에는 없어도 좋다.

풀이 ㉱ 유수의 도입부분은 상류 측의 수로가 웨어의 수로 폭과 깊이보다 클 경우에는 없어도 좋다.

45 물벼룩을 이용한 급성독성시험을 할 때 희석수 비율에 해당되는 것은? (단, 원수 100% 기준)

㉮ 35%   ㉯ 25%
㉰ 15%   ㉱ 5%

풀이 원수 100%를 기준으로 시료의 희석비는 50%, 25%, 12.5%, 6.25%이며, 핵심 내용인 "100%에서 1/2씩 감소"임을 숙지하시면 됩니다.

46 취급 또는 저장하는 동안에 기체 또는 미생물이 침입하지 아니하도록 내용물을 보호하는 용기는?

㉮ 밀폐용기   ㉯ 기밀용기
㉰ 밀봉용기   ㉱ 차광용기

풀이 ㉮ 밀폐용기 : 이물질
㉯ 기밀용기 : 공기 또는 다른 가스
㉰ 밀봉용기 : 기체 또는 미생물
㉱ 차광용기 : 광선

47 예상 BOD치에 대한 사전 경험이 없을 때, 희석하여 시료를 조제하는 기준으로 알맞은 것은?

㉮ 오염정도가 심한 공장폐수 : 0.01%~0.05%
㉯ 오염된 하천수 : 10%~20%
㉰ 처리하여 방류된 공장폐수 : 50%~70%
㉱ 처리하지 않은 공장폐수 : 1%~5%

풀이 ㉮ 오염정도가 심한 공장폐수 : 0.1%~1.0%
㉯ 오염된 하천수 : 25%~100%
㉰ 처리하여 방류된 공장폐수 : 5%~25%

answer 43 ㉯ 44 ㉱ 45 ㉯ 46 ㉰ 47 ㉱

48 수질오염공정시험기준상 이온크로마토그래피를 적용할 수 없는 물질은?

㉮ 아질산성 질소
㉯ 시안
㉰ 퍼클로레이트
㉱ 질산성 질소

> **풀이** 시안의 분석방법
> ① 자외선/가시선 분광법
> ② 이온전극법
> ③ 연속흐름법

49 4각웨어에 의하여 유량을 측정하려고 한다. 웨어의 수두가 0.8m, 절단의 폭이 4m이면 유량(m^3/분)은? (단, 유량계수 : 5.2)

㉮ 8.66
㉯ 14.88
㉰ 18.66
㉱ 24.66

> **풀이** 4각웨어의 유량(Q)
> $= k \cdot b \cdot h^{\frac{3}{2}}$ (m^3/min)
> $= 5.2 \times 4m \times (0.8m)^{\frac{3}{2}} = 14.88 m^3/min$

> **TIP**
> **유량공식 및 유량계수**
> ① 삼각웨어 : $Q = k \times h^{\frac{5}{2}}$ (m^3/min),
>   k = 83 ~ 85
> ② 사각웨어 : $Q = k \times b \times h^{\frac{3}{2}}$ (m^3/min),
>   k = 109 ~ 111

50 다음 중 색도(Color)측정에 대한 내용으로 틀린 것은?

㉮ 이 시험기준은 색도를 측정하기 위하여 시각적으로 눈에 보이는 색상에 관계없이 단순 색도차 또는 단일 색도차를 계산한다.
㉯ 아담스 - 니컬슨의 색도공식을 근거로 하고 있다.
㉰ 근본적인 간섭은 적용파장에서 콜로이드물질 및 부유물질의 존재로 빛이 흡수 혹은 분산되면서 일어난다.
㉱ 백금 - 코발트 표준물질과 비슷한 색상의 폐·하수에만 적용할 수 있다.

> **풀이** ㉱ 백금 - 코발트 표준물질과 아주 다른 색상의 폐·하수에서 뿐만 아니라 표준물질과 비슷한 색상의 폐·하수에도 적용할 수 있다.

51 시료 채취 시 유의사항으로 틀린 것은?

㉮ 시료 채취용기는 시료를 채우기 전에 물로 3회 이상 씻은 다음 사용한다.
㉯ 유류 또는 부유물질 등이 함유된 시료는 균질성이 유지될 수 있도록 채취해야 한다.
㉰ 심부층의 지하수 채취 시에는 저속양수펌프를 이용하여 반드시 저속시료채취하여 시료의 교란을 최소화하여야 한다.
㉱ 용존가스, 환원성 물질, 휘발성유기화합물, 냄새, 유류 및 수소이온 등을 측정하기 위한시료를 채취할 때는 운반 중 공기와의 접촉이 없도록 시료용기에 가득 채운 후 빠르게 뚜껑을 닫는다.

> **풀이** ㉮ 시료 채취 용기는 깨끗이 세척된 용기 또는 멸균된 용기를 사용한다.

answer 48 ㉯ 49 ㉯ 50 ㉱ 51 ㉮

52 수질오염공정시험기준 구리의 시험방법으로 틀린 것은?

㉮ 원자흡수분광광도법
㉯ 유도결합플라스마-원자발광분광법
㉰ 유도결합플라스마-질량분석법
㉱ 양극벗김전압전류법

풀이 구리의 시험방법
① 원자흡수분광광도법
② 유도결합플라스마-원자발광분광법
③ 유도결합플라스마-질량분석법

53 암모니아성 질소를 자외선/가시선 분광법으로 측정할 때 암모늄 이온이 하이포염소산의 존재 하에서 페놀과 반응하여 생성하는 인도페놀의 색깔과 파장범위는?

㉮ 적자색, 510nm에서 측정
㉯ 적색, 540nm에서 측정
㉰ 청색, 630nm에서 측정
㉱ 황갈색, 610nm에서 측정

풀이 암모니아성 질소의 자외선/가시선 분광법 : 암모늄 이온이 하이포염소산의 존재 하에서 페놀과 반응하여 생성하는 인도페놀의 청색을 630nm에서 측정하는 방법이다.

54 흡광도 측정에서 투과율이 20%일 때 흡광도는?

㉮ 0.299 ㉯ 0.499
㉰ 0.699 ㉱ 0.899

풀이 흡광도(A) $= \log \dfrac{1}{투과도} = \log \dfrac{1}{0.20} = 0.699$

55 하천의 단면에서 수심이 가장 깊은 수면의 지점과 그 지점을 중심으로 하여 좌우로 수면폭을 2등분한 각각의 지점의 수면으로부터 수심이 2m 이상일 때에는 수심의 (   )에서 각각 채수한다. (   )안에 들어갈 알맞은 것은?

㉮ 1/2
㉯ 1/3
㉰ 1/3 및 2/3
㉱ 1/4 및 2/4 및 3/4

풀이 하천수 채수지점
① 수심 2m 미만 : 수심의 1/3
② 수심 2m 이상 : 수심의 1/3 및 2/3

56 다량의 점토질 또는 규산염을 함유한 시료에 적용하는 산분해법은?

㉮ 질산 – 염산법
㉯ 질산 – 과염소산 – 불화수소산법
㉰ 질산 – 과염소산법
㉱ 질산 – 황산법

풀이 ㉯ 질산-과염소산-불화수소산법에 대한 내용이며, 암기법은 "과불점규"임을 숙지하시면 됩니다.

57 용존산소(DO) 측정 시 적정법의 정량한계는?

㉮ 0.1mg/L ㉯ 0.01mg/L
㉰ 0.5mg/L ㉱ 0.05mg/L

풀이 용존산소의 분석방법별 정량한계
① 적정법 : 0.1mg/L
② 전극법 : 0.5mg/L
③ 광화학 센서방법 : 0.5 mg/L

answer 52 ㉱ 53 ㉰ 54 ㉰ 55 ㉰ 56 ㉯ 57 ㉮

58 노말헥산 추출물질 시험방법에 대한 내용으로 틀린 것은?

㉮ 비교적 휘발이 잘 되는 탄화수소, 탄화수소유도체, 그리스유상물질 및 광유류를 함유하고 있는 것을 시료로 한다.
㉯ 광유류의 양을 시험하고자 할 경우에는 활성규산마그네슘(플로리실) 칼럼을 이용한다.
㉰ 정량한계는 0.5mg/L이다.
㉱ 통상 유분의 성분별 선택적 정량이 곤란하다.

풀이 ㉮ 비교적 휘발되지 않는 탄화수소, 탄화수소유도체, 그리스유상물질 및 광유류를 함유하고 있는 것을 시료로 한다.

59 수질오염공정시험기준 카드뮴-원자흡수분광광도법에 대한 내용으로 틀린 것은?

㉮ 측정파장은 228.8nm이다.
㉯ 불꽃연료는 공기-아세틸렌을 사용한다.
㉰ 정량한계는 0.02mg/L이다.
㉱ 정밀도(% RSD)는 25% 이내이다.

풀이 ㉰ 정량한계는 0.002mg/L이다.

60 식물성플랑크톤의 시험방법에 대한 내용으로 틀린 것은?

㉮ 물속의 부유생물인 식물성 플랑크톤을 현미경계수법을 이용하여 개체수를 조사한다.
㉯ 시료의 개체수는 계수면적당 10~40 정도가 되도록 희석 또는 농축한다.
㉰ 시료가 육안으로 녹색이나 갈색으로 보일 경우 정제수로 적절한 농도로 희석한다.
㉱ 식물성플랑크톤의 동정에는 저~중배율이 이용되고 계수에는 고배율이 많이 이용된다.

풀이 ㉱ 식물성플랑크톤의 동정에는 고배율이 이용되고 계수에는 저~중배율이 많이 이용된다.

answer 58 ㉮ 59 ㉰ 60 ㉱

2022 3회 CBT 복원문제

| 제1과목 | 수질오염개론

01 다음 중 적조발생의 조건으로 틀린 것은?

㉮ 물의 이동이 적은 정체수역
㉯ 수온의 상승
㉰ 염분농도의 증가
㉱ 영양염류의 증가

▶풀이 ㉰ 염분농도의 감소

02 우리나라의 수자원 이용현황 중 가장 많은 용도로 사용하는 용수는?

㉮ 생활용수   ㉯ 공업용수
㉰ 농업용수   ㉱ 유지용수

▶풀이 수자원 이용현황 순서는 농업용수〉하천유지용수〉생활용수〉공업용수 순이다.

03 세균(Bacteria)의 경험적 분자식으로 알맞은 것은?

㉮ $C_5H_8O_2N$ ㉯ $C_5H_7O_2N$
㉰ $C_7H_8O_5N$ ㉱ $C_8H_9O_5N$

▶풀이 박테리아의 경험적 분자식(호기성 기준)은 $C_5H_7O_2N$이며, 암기법은 "오칠이"임을 숙지하시면 됩니다.

04 $Mg(OH)_2$ 290 mg/L 용액의 pH는?
(단, $Mg(OH)_2$는 완전해리하며, 분자량은 58이다.)

㉮ 12.0   ㉯ 12.3
㉰ 12.6   ㉱ 12.9

▶풀이
$Mg(OH)_2 \rightarrow Mg^{2+} + 2OH^-$
XM   XM   2XM
$Mg(OH)_2$의
$mol/L = \dfrac{0.29g}{L} \times \dfrac{1\,mol}{58g} = 0.005\,mol/L$
XM = 0.005 mol/L 이므로
$[OH^-] = 2XM = 2 \times 0.005\,mol/L$
$pH = 14 + \log[OH^-]$
$= 14 + \log[2 \times 0.005\,mol/L] = 12.0$

TIP
① $[OH^-]$의 농도가 2XM에 주의해야 한다.
② 산성 물질에서 $pH = -\log[H^+]$
③ 알칼리성 물질에서 $pH = 14 + \log[OH^-]$

answer 01 ㉰ 02 ㉰ 03 ㉯ 04 ㉮

05 지하수의 특성에 대한 내용으로 틀린 것은?

㉮ 염분함량이 지표수보다 낮다.
㉯ 주로 세균(혐기성)에 의한 유기물 분해 작용이 일어난다.
㉰ 국지적인 환경조건의 영향을 크게 받는다.
㉱ 빗물로 인하여 광물질이 용해되어 경도가 높다.

풀이 ㉮ 염분함량이 지표수보다 높다.

06 호수에서의 부영양화현상에 대한 내용으로 틀린 것은?

㉮ 질소, 인 등 영양물질의 유입에 의하여 발생된다.
㉯ 부영양화에서 주로 문제가 되는 조류는 남조류이다.
㉰ 성층, 전도현상에 의하여 부영양화가 촉진된다.
㉱ 조류제거를 위한 살조제는 주로 $KMnO_4$를 사용한다.

풀이 ㉱ 조류제거를 위한 살조제는 주로 황산동($CuSO_4$)을 사용한다.

07 탈산소계수(k_1)가 $0.20\,day^{-1}$인 하천의 BOD_5 농도가 100mg/L이었다. BOD_1은 얼마인가? (단, 상용대수 기준)

㉮ 36 mg/L   ㉯ 41 mg/L
㉰ 46 mg/L   ㉱ 51 mg/L

풀이
① $BOD_5 = BOD_u \times (1 - 10^{-k_1 \times t})$
$100\,mg/L = BOD_u \times (1 - 10^{-0.2/day \times 5day})$
$\therefore BOD_u = \dfrac{100\,mg/L}{(1 - 10^{-0.2/day \times 5day})}$
$= 111.11\,mg/L$
② $BOD_1 = 111.11\,mg/L \times (1 - 10^{-0.2/day \times 1day})$
$= 41.0\,mg/L$

08 산성비를 정의할 때 기준이 되는 수소이온농도(pH)는?

㉮ 4.3   ㉯ 4.5
㉰ 5.6   ㉱ 6.3

풀이 산성비 기준의 pH는 5.6 이하이며, 원인물질은 황산화물(SO_X), 질소산화물(NO_X), 염산(HCl)이다.

09 반감기가 3일인 방사성 폐수의 농도가 10mg/L라면 감소속도정수(day^{-1})는?
(단, 1차 반응속도 기준, 자연대수 기준이다.)

㉮ 0.132   ㉯ 0.231
㉰ 0.326   ㉱ 0.430

풀이 반감기 공식 : $\ln \dfrac{1}{2} = -k \times t$
$\ln \dfrac{1}{2} = -k \times 3day$
$\therefore k = 0.231/day$

answer 05 ㉮   06 ㉱   07 ㉯   08 ㉰   09 ㉯

10 호수 내의 성층현상에 대한 내용으로 틀린 것은?

㉮ 여름성층의 연직 온도경사는 분자확산에 의한 DO구배와 같은 모양이다.
㉯ 성층의 구분 중 약층(thermocline)은 수심에 따른 수온변화가 적다.
㉰ 겨울성층은 표층수 냉각에 의한 성층이어서 역성층이라고도 한다.
㉱ 전도현상은 가을과 봄에 일어나며 수괴(水塊)의 연직혼합이 왕성하다.

풀이 ㉯ 성층의 구분 중 약층(thermocline)은 수심에 따른 수온변화가 크다.

11 지구상 담수의 존재량을 볼 때 그 양이 가장 큰 존재형태는?

㉮ 하천수   ㉯ 빙하
㉰ 호소수   ㉱ 지하수

풀이 지구상에 분포하는 담수수량 순서는 빙하(만년설 포함) > 지하수 > 토양의 수분 > 대기 중의 수분 순이다.

12 하천의 탈산소계수를 조사한 결과 20℃에서 0.19/day 이었다. 하천수의 온도가 25℃로 증가되었다면 탈산소계수(/day)는? (단, 온도보정계수는 1.047이다.)

㉮ 0.22/day   ㉯ 0.24/day
㉰ 0.26/day   ㉱ 0.28/day

풀이 $k(T) = k_1(20℃) \times 1.047^{(T-20)}$
$= 0.19/day \times 1.047^{(25-20)} = 0.24/day$

13 해수에 대한 내용으로 알맞은 것은?

㉮ 해수의 밀도는 담수보다 작다.
㉯ 염분은 적도해역에서 높고, 남·북 양극 해역에서 다소 낮다.
㉰ 해수의 Mg/Ca비는 담수의 Mg/Ca비보다 작다.
㉱ 수심이 깊을수록 해수 주요 성분 농도비의 차이는 줄어든다.

풀이 ㉮ 해수의 밀도는 담수보다 크다.
㉰ 해수의 Mg/Ca비는 담수의 Mg/Ca비 보다 크다.
㉱ 해수의 주요 성분 농도비는 항상 일정하다.

14 미생물 중 Fungi에 대한 내용으로 틀린 것은?

㉮ 탄소동화작용을 하지 않는다.
㉯ pH가 낮아도 잘 성장한다.
㉰ 충분한 용존산소에서만 잘 성장한다.
㉱ 폐수처리 중에는 sludge bulking의 원인이 된다.

풀이 ㉰ 용존산소가 부족한 경우에도 잘 자란다.

answer 10 ㉯ 11 ㉯ 12 ㉯ 13 ㉯ 14 ㉰

15 산소포화농도가 9mg/L인 하천에서 처음의 용존산소농도가 7mg/L라면 3일간 흐른 후 하천 하류지점에서의 용존산소 농도(mg/L)는?
(단, BOD_u = 10 mg/L, 탈산소계수 = 0.1 day^{-1}, 재폭기계수 = 0.2 day^{-1}, 상용대수기준)

㉮ 4.5 mg/L ㉯ 5.0 mg/L
㉰ 5.5 mg/L ㉱ 6.0 mg/L

▶풀이

$$D_t = \frac{k_1 \times L_o}{k_2 - k_1} \times (10^{-k_1 \times t} - 10^{-k_2 \times t}) + D_o \times (10^{-k_1 \times t})$$

여기서 D_t : t시간 후 DO 부족농도(mg/L)
　　　k_1 : 탈산소계수(/day)
　　　k_2 : 재폭기계수(/day)
　　　L_o : 최종 BOD(mg/L)
　　　D_o : 초기산소부족량(mg/L)

D_o = 포화DO 농도(C_S) − 하천수의 DO 농도(C)
　　 = 9mg/L − 7mg/L = 2mg/L

3일 유하 후 하류에서의 DO농도

$$D_{3day} = \frac{0.1/day \times 10mg/L}{0.2/day - 0.1/day}$$
$$\times (10^{-0.1/day \times 3day} - 10^{-0.2/day \times 3day})$$
$$+ 2mg/L \times (10^{-0.2/day \times 3day})$$
$$= 3.0 mg/L$$

따라서 하류에서의
DO 농도 = $C_S - D_{3day}$
　　　　= 9mg/L − 3.0mg/L = 6.0mg/L

16 회복지대의 특성에 대한 내용으로 틀린 것은? (단, Whipple의 하천 정화단계 기준)

㉮ 용존산소량이 증가함에 따라 질산염과 아질산염의 농도가 감소한다.
㉯ 혐기성균이 호기성균으로 대체되며 Fungi도 조금씩 발생한다.
㉰ 광합성을 하는 조류가 번식하고 원생동물, 윤충, 갑각류가 번식한다.
㉱ 바닥에서는 조개나 벌레의 유충이 번식하며 오염에 견디는 힘이 강한 은빛 담수어 등의 물고기도 서식한다.

▶풀이 ㉮ 용존산소량이 증가함에 따라 질산염과 아질산염의 농도가 증가한다.

17 현재의 BOD가 1mg/L이고 유량이 200,000 m^3/day인 하천주변에 양돈단지를 조성하고자 한다. 하천의 환경기준이 BOD 5mg/L 이하인 하천에서 환경기준치 이하로 유지시키기 위한 최대 사육돼지의 마리수는? (단, 돼지 사육으로 인한 하천의 유량증가는 무시하고 돼지 1마리당 BOD 배출량은 0.16kg/day로 본다.)

㉮ 3,500마리 ㉯ 4,000마리
㉰ 4,500마리 ㉱ 5,000마리

▶풀이 최대 사육돼지 마리수

$$= \frac{(기준치\,농도 - 하천의\,농도)kg/m^3 \times 유량(m^3/day)}{돼지\,1마리당\,BOD\,배출량(kg/day \cdot 마리)}$$

$$= \frac{\{(5-1)mg/L \times 10^{-3}\}kg/m^3 \times 200,000 m^3/day}{0.16 kg/day \cdot 마리}$$

= 5,000 마리

18 친수성 콜로이드의 특성으로 틀린 것은?

㉮ 표면장력은 분산매보다 상당히 작다.
㉯ 에멀전상태이다.
㉰ 틴달효과가 약하거나 거의 없다.
㉱ 점도는 분산매와 큰 차이가 없다.

▶풀이 ㉱ 점도는 분산매와 큰 차이가 있다.

answer　15 ㉱　16 ㉮　17 ㉱　18 ㉱

19 60,000 m³/day 상수를 살균하기 위하여 30kg/day의 염소가 주입되고 살균 접촉 후 잔류염소는 0.2mg/L일 때 염소 요구량(mg/L)은?

㉮ 0.3 mg/L ㉯ 0.4 mg/L
㉰ 0.6 mg/L ㉱ 0.8 mg/L

풀이 염소요구량 = 염소주입량 − 염소잔류량
① 염소주입량(mg/L)
$= \dfrac{\text{염소주입량}(kg/day)}{\text{유량}(m^3/day)} \times 10^3$
$= \dfrac{30kg/day}{60,000m^3/day} \times 10^3 = 0.5mg/L$
② 염소요구량
$= 0.5mg/L - 0.2mg/L = 0.3mg/L$

TIP
① $kg/m^3 = g/L$
② $kg/m^3 \xrightarrow{\times 10^3} mg/L$

20 농업용수의 수질 평가시 사용되는 SAR (Sodium Adsorption Ratio) 산출식에 관련된 원소로만 짝지어진 것은?

㉮ Na, Ca, Mg ㉯ Mg, Ca, Fe
㉰ K, Ca, Mg ㉱ Na, Al, Mg

풀이 $SAR(\text{소듐 흡착률}) = \dfrac{Na^+}{\sqrt{\dfrac{Ca^{2+} + Mg^{2+}}{2}}}$

| 제2과목 | 수질오염방지기술

21 분리막을 이용한 수처리 방법 중 추진력이 정수압차가 아닌 것은?

㉮ 투석 ㉯ 정밀여과
㉰ 역삼투 ㉱ 한외여과

풀이 분리막의 구동력
① 전기투석 : 전위차
② 투석 : 농도차
③ 역삼투, 한외여과, 정밀여과, 나노여과 : 정수압차

22 다음 중 5단계–Bardenpho 공법에 대한 내용으로 틀린 것은?

㉮ 1차 포기조에서는 질산화가 일어난다.
㉯ 혐기조에서는 용해성 인의 과잉흡수가 일어난다.
㉰ 인의 제거는 인의 함량이 높은 잉여슬러지를 제거함으로써 가능하다.
㉱ 무산소조에서는 탈질화과정이 일어난다.

풀이 ㉯ 혐기조에서는 인의 방출이 일어난다.

23 일반적으로 회전원판법은 원판의 몇 % 정도가 물에 잠긴 상태에서 운영되는가?

㉮ 20% ㉯ 40%
㉰ 60% ㉱ 80%

풀이 회전원판법에서 원판의 침지율은 40% 정도이다.

answer 19 ㉮ 20 ㉮ 21 ㉮ 22 ㉯ 23 ㉯

24 염소의 살균력에 대한 내용으로 틀린 것은?

㉮ pH가 낮을수록 살균능력이 크다.
㉯ 온도가 낮을수록 살균능력이 크다.
㉰ HOCl은 OCl⁻보다 살균력이 크다.
㉱ Chloramine은 OCl⁻보다 살균력이 작다.

풀이 ㉯ 온도가 낮을수록 살균능력이 작다.

25 무기수은계 화합물을 함유한 폐수를 처리하는 방법으로 틀린 것은?

㉮ 황화물 침전법   ㉯ 아말감법
㉰ 알칼리 환원법   ㉱ 이온교환법

풀이 무기수은계 화합물을 함유한 폐수의 처리방법으로는 아말감법, 황화물침전법, 이온교환법, 활성탄흡착법이 있으며, 암기법은 "수은아 황화강에 이온 좀 붙여라"임을 숙지하시면 됩니다.

26 폐수유량이 3,000 m^3/d, 부유고형물의 농도가 200mg/L이다. 공기부상시험에서 공기/고형물비가 0.03일 때 최적의 부상을 나타내며 이때 공기용해도는 18.7mL/L이고 공기용존비가 0.5이다. 부상조에서 요구되는 압력은? (단, 비순환식 기준)

㉮ 약 2.0atm   ㉯ 약 2.5atm
㉰ 약 3.0atm   ㉱ 약 3.5atm

풀이 $A/S비 = \dfrac{1.3 \times Sa \times (f \cdot P - 1)}{SS}$

여기서 Sa : 공기의 용해도(mL/L)
SS : 부유고형물의 농도(mg/L)
P : 절대압력(atm)

$0.03 = \dfrac{1.3 \times 18.7 mL/L \times (0.5 \times P - 1)}{200 mg/L}$

∴ P = 2.49 atm

27 잉여슬러지의 농도가 10,000mg/L일 때 포기조 MLSS를 2,500mg/L로 유지하기 위한 반송비는? (단, 기타 조건은 고려하지 않음)

㉮ 0.23   ㉯ 0.33
㉰ 0.43   ㉱ 0.53

풀이 반송비(R) = $\dfrac{MLSS - SS_i}{SS_r - MLSS}$

$= \dfrac{2,500 mg/L}{10,000 mg/L - 2,500 mg/L} = 0.33$

TIP
SS_r(반송슬러지 농도) = SS_W(잉여슬러지 농도)

28 활성슬러지법에 의한 폐수처리의 운전 및 유지 관리상 가장 중요도가 낮은 사항은?

㉮ 포기조 내의 수온
㉯ 포기조에 유입되는 폐수의 용존산소량
㉰ 포기조에 유입되는 폐수의 pH
㉱ 포기조에 유입되는 폐수의 BOD 부하량

풀이 포기조에 유입되는 폐수의 용존산소량보다 포기조 내의 용존산소량이 중요하다.

answer 24 ㉯ 25 ㉰ 26 ㉯ 27 ㉯ 28 ㉯

29 원형관수로에 물의 수심이 50%로 흐르고 있다. 이때 경심은? (단, D는 원형관수로 직경)

㉮ D/4
㉯ D/8
㉰ πD
㉱ 2πD

풀이

$$경심(R) = \frac{단면적}{윤변의 길이} = \frac{\frac{\pi D^2}{4} \times 0.5}{\pi \cdot D \times 0.5} = \frac{D}{4}$$

30 다음 중 A/O 공법의 공정 중 혐기조의 역할은?

㉮ 유기물제거, 질산화
㉯ 탈질, 유기물 제거
㉰ 유기물 제거, 용해성 인 방출
㉱ 유기물 제거, 인 과잉흡수

풀이 A/O 공법의 반응조 역할
① 혐기성조 : 인(P)의 방출, 유기물 제거
② 호기성조 : 인(P)의 과잉흡수

31 활성슬러지법에서 폭기조의 유효용적이 900 m^3이고 MLSS 농도가 2,400mg/L이다. 고형물 체류시간(SRT)이 6일이라고 한다면 건조된 잉여슬러지 생산량은? (유출수의 SS는 무시함.)

㉮ 260kg/day
㉯ 320kg/day
㉰ 360kg/day
㉱ 400kg/day

풀이

$$SRT = \frac{MLSS \times V}{Q_w \times SS_w}$$

$$6day = \frac{2.4kg/m^3 \times 900m^3}{Q_w \cdot SS_w}$$

$$\therefore Q_w SS_w = \frac{2.4kg/m^3 \times 900m^3}{6day} = 360kg/day$$

32 폐수처리 과정인 침전시 입자의 농도가 매우 높아 입자들끼리 구조물을 형성하는 침전형태는?

㉮ 농축침전
㉯ 응집침전
㉰ 압밀침전
㉱ 독립침전

풀이 ㉰ 압밀침전(Ⅳ형침전)에 대한 내용이며, 핵심 내용인 "입자들끼리 구조물 형성 = 압밀침전"임을 숙지하시면 됩니다.

33 UV를 이용한 하수 소독 방법에 대한 내용으로 틀린 것은?

㉮ 자외선의 강한 살균력으로 바이러스에 대해 효과적으로 작용한다.
㉯ 물이 혼탁하거나 탁도가 높으면 소독 능력에 영향을 미친다.
㉰ 유량 및 수질의 변동에 대해 적응력이 약하다.
㉱ pH 변화에 관계없이 지속적인 살균이 가능하다.

풀이 ㉰ 유량 및 수질의 변동에 대해 적응력이 강하다.

34 길이 23m, 폭 8m, 깊이 2.3m인 직사각형 침전지가 3,000m^3/day의 하수를 처리한다면 표면부하율(m/day)은?

㉮ 20.6m/day
㉯ 16.3m/day
㉰ 10.5m/day
㉱ 33.4m/day

풀이 표면부하율($m^3/m^2 \cdot day$)

$$= \frac{Q(m^3/day)}{A(m^2)} = \frac{Q(m^3/day)}{길이(m) \times 폭(m)}$$

$$= \frac{3,000 \, m^3/day}{23m \times 8m}$$

$$= 16.30 \, m^3/m^2 \cdot day = 16.30 \, m/day$$

answer 29 ㉮ 30 ㉰ 31 ㉰ 32 ㉰ 33 ㉰ 34 ㉯

35 최종침전지에서 발생하는 침전성이 우수한 슬러지의 부상(sludge rising) 원인으로 알맞은 것은?

㉮ 침전조의 슬러지 압밀작용에 의한다.
㉯ 침전조의 탈질화작용(denitrification)에 의한다.
㉰ 침전조의 질산화작용(nitrification)에 의한다.
㉱ 사상균류(flamentus bacteria)의 출현에 의한다.

풀이 슬러지부상의 원인은 침전조의 탈질화작용이다.

36 생물화학적 인 및 질소 제거공법 중 인 제거만을 주목적으로 개발된 공법은?

㉮ Phostrip   ㉯ A^2/O
㉰ UCT   ㉱ Bardenpho

풀이 인(P)만을 처리하는 공법으로는 A/O공법과 포스트립공법이 있다.

37 축산폐수 처리에 대한 내용으로 틀린 것은?

㉮ BOD 농도가 높아 생물학적 처리가 효과적이다.
㉯ 호기성 처리공정과 혐기성 처리공정을 조합하면 효과적이다.
㉰ 돈사폐수의 유기물 농도는 돈사형태와 유지관리에 따라 크게 변한다.
㉱ COD 농도가 매우 높아 화학적으로 처리하면 경제적이고 효과적이다.

풀이 ㉱ COD 농도는 낮고 BOD 농도가 높아 생물학적 처리가 효과적이다.

38 침전지의 수면적부하와 관련이 없는 것은?

㉮ 유량   ㉯ 표면적
㉰ 속도   ㉱ 유입농도

풀이 수면적부하(속도) = $\dfrac{유량}{표면적(수면적)}$

39 정수처리시설 중 완속여과지에 대한 내용으로 틀린 것은?

㉮ 완속여과지의 여과속도는 15~25m/day를 표준으로 한다.
㉯ 여과면적은 계획정수량을 여과속도로 나누어 구한다.
㉰ 완속여과지의 모래층의 두께는 70~90 cm를 표준으로 한다.
㉱ 여과지의 모래면 위의 수심은 90~120 cm를 표준으로 한다.

풀이 ㉮ 완속여과지의 여과속도는 4~5 m/day를 표준으로 한다.

40 침전지에서 입자의 침강속도가 증대되는 원인으로 틀린 것은?

㉮ 입자 비중의 증가
㉯ 액체 점성계수 증가
㉰ 수온의 증가
㉱ 입자 직경의 증가

풀이 ㉯ 액체 점성계수 감소

answer 35 ㉯ 36 ㉮ 37 ㉱ 38 ㉱ 39 ㉮ 40 ㉯

| 제3과목 | 수질오염공정시험기준

41 수로에 의한 유량측정방법의 하나인 웨어의 웨어판에 대한 내용으로 틀린 것은?

㉮ 웨어판의 재료는 3mm 이상의 두께를 갖는 내구성이 강한 철판으로 한다.
㉯ 웨어판의 안측의 가장자리는 직선이어야 하며, 그 귀퉁이는 너무 날카롭지 않도록 둥글게 줄로 다듬는다.
㉰ 웨어판의 내면은 평면이어야 하며, 특히 가장자리로부터 100mm 이내는 될 수록 매끄럽게 다듬는다.
㉱ 웨어판은 수로의 장축에 수평하도록 하고 말단의 안틀에 누수가 없도록 고정한다.

풀이 ㉱ 웨어판은 수로의 장축에 직각 또는 수직으로 하여 말단의 바깥틀에 누수가 없도록 고정한다.

42 다음은 물벼룩을 이용한 급성 독성 시험법에서 사용하는 용어에 대한 내용이다. ( )안에 알맞은 것은?

> 치사는 일정 희석비율로 준비된 시료에 물벼룩을 투입하여 ( ) 경과 후 시험 용기를 손으로 살짝 두드리고, ( ) 후 관찰했을 때 독성물질에 영향을 받아 움직임이 명백하게 없는 상태를 말한다.

㉮ 12시간, 30초
㉯ 12시간, 15초
㉰ 24시간, 30초
㉱ 24시간, 15초

풀이 치사에서 핵심 내용은 "치사 = 24시간, 15초, 명백하게 없는 상태"임을 숙지하시면 됩니다.

43 노말헥산추출물질 분석에서 측정시료로 틀린 것은?

㉮ 비교적 휘발이 잘 되는 탄화수소
㉯ 탄화수소유도체
㉰ 그리이스유상물질
㉱ 광유류를 함유하고 있는 시료

풀이 측정대상시료
① 비교적 휘발되지 않는 탄화수소
② 탄화수소유도체
③ 그리이스유상물질
④ 광유류를 함유하고 있는 시료

44 하천유량 - 유속면적법의 적용범위에 대한 내용으로 틀린 것은?

㉮ 가능하면 하상이 안정되어 있고, 식생의 성장이 없는 지점
㉯ 합류나 분류가 없는 지점
㉰ 대규모 하천을 포함하고 가능하면 도섭으로 측정할 수 있는 지점
㉱ 교량 등 구조물 근처에서 측정할 경우 교량의 상류지점

풀이 ㉰ 대규모 하천을 제외하고 가능하면 도섭으로 측정할 수 있는 지점

answer 41 ㉱ 42 ㉱ 43 ㉮ 44 ㉰

45 배수로에 흐르는 폐수에 유량을 부유체를 사용하여 측정했다. 수로의 평균단면적 0.8m², 표면 최대속도 15m/s일 때 이 폐수의 유량(m³/min)은? (단, 수로의 구성, 재질, 수로단면의 형상, 기울기 등이 일정하지 않은 개수로를 기준으로 한다.)

㉮ 240 ㉯ 540
㉰ 840 ㉱ 1,440

풀이 유량(m³/min)
= 평균 단면적(m²) × 평균유속(m/min)
= 0.8 m² × 15 m/sec × 0.75 × 60 sec/min
= 540 m³/min

TIP
평균유속 = 표면최대유속 × 0.75

46 기체크로마토그래피에 의한 알킬수은을 분석할 때 사용하는 추출용매는?

㉮ 헥산 ㉯ 사염화탄소
㉰ 클로로폼 ㉱ 벤젠

풀이 알킬수은의 기체크로마토그래피
① 추출용매 : 벤젠
② 역추출용매 : L-시스테인 용액
③ 정량한계 : 0.0005mg/L

47 다음 중 시료채취시 유의사항으로 틀린 것은?

㉮ 시료 채취용기는 시료를 채우기 전에 물로 3회 이상 씻은 다음 사용한다.
㉯ 시료채취량은 시험항목 및 시험횟수에 따라 차이가 있으나 보통 3L~5L 정도이어야 한다.
㉰ 용존산소, 환원성물질 등을 측정하기 위한 시료를 채취할 때에는 운반 중 공기와의 접촉이 없도록 시료용기에 가득 채운 후 빠르게 뚜껑을 닫는다.
㉱ 지하수 시료채취시 심부층의 경우 저속양수펌프 등을 이용하여 반드시 저속시료채취하여 시료 교란을 최소화하여야 한다.

풀이 ㉮ 시료 채취 용기는 깨끗이 세척된 용기 또는 멸균된 용기를 사용한다.

48 자외선/가시선 분광법으로 불소화합물 시험 중 탈색현상이 나타났을 때 원인이 될 수 있는 것은?

㉮ 황산이 분해되어 유출된 경우
㉯ 염소이온이 다량 함유되어 있을 경우
㉰ 교반속도가 일정하지 않았을 경우
㉱ 시료 중 불소함량이 정량범위를 초과할 경우

풀이 자외선/가시선 분광법으로 불소화합물 시험 중 탈색현상이 나타나는 원인은 시료 중 불소함량이 정량범위를 초과할 경우에 나타나며, 이러한 경우에는 취하는 시료량을 정량범위 이내에 들도록 감량하거나 희석한 다음 다시 시험한다.

answer 45 ㉯ 46 ㉱ 47 ㉮ 48 ㉱

49 다음 중 보관용기로 폴리에틸렌용기만 사용할 수 있는 항목은?

㉮ 염소이온 ㉯ 총인
㉰ 시안 ㉱ 불소

풀이 시료용기
㉮ 염소이온 : 유리용기, 폴리에틸렌용기
㉯ 총인 : 유리용기, 폴리에틸렌용기
㉰ 시안 : 유리용기, 폴리에틸렌용기
㉱ 불소 : 폴리에틸렌용기

TIP
시료용기
① 갈색 유리용기만 사용 : 잔류염소, 다이에틸헥실프탈레이트, 1,4-다이옥산, 브로모폼, 석유계총탄화수소
② 유리용기만 사용 : 냄새, 노말헥산추출물질, 페놀류, 염화비닐, 아크릴니트릴, 유기인, PCBs, 휘발성유기화합물, 물벼룩 급성 독성
③ 폴리에틸렌용기만 사용 : 불소
④ 폴리프로필렌용기만 사용 : 과불화화합물

50 폐수의 유량 측정법에 있어 최대 유량이 $1m^3/min$ 미만으로 폐수유량이 배출될 경우 용기에 의한 측정 방법에 대한 내용이다. ( )에 알맞은 것은?

> 용기는 용량 100L~200L인 것을 사용하여 유수를 채우는 데에 요하는 시간을 스톱워치로 잰다. 용기에 물을 받아 넣는 시간을 ( )이 되도록 용량을 결정한다.

㉮ 10초 이상 ㉯ 20초 이상
㉰ 30초 이상 ㉱ 40초 이상

풀이 필수 암기사항
① 용기의 용량 : 100L~200L
② 용기에 물을 받아 넣는 시간 : 20초 이상

51 하수의 DO를 적정법(윙클러-아자이드화변법)으로 측정한 결과 $0.025M$-$Na_2S_2O_3$의 소비량은 4.1mL였고, 측정병 용량은 304mL, 검수량은 100mL, 그리고 측정병에 가한 시액량은 4mL였을 때 DO 농도(mg/L)는? (단, $0.025M$-$Na_2S_2O_3$의 역가는 1.000이다.)

㉮ 약 4.3 ㉯ 약 6.3
㉰ 약 8.3 ㉱ 약 9.3

풀이 용존산소량(mg/L)
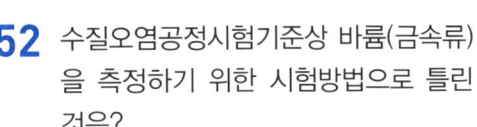
$= a \times f \times \dfrac{V_1}{V_2} \times \dfrac{1,000}{V_1 - R} \times 0.2$
$= 4.1mL \times 1.00 \times \dfrac{304mL}{100mL} \times \dfrac{1,000}{304mL - 4mL} \times 0.2$
$= 8.31 mg/L$

52 수질오염공정시험기준상 바륨(금속류)을 측정하기 위한 시험방법으로 틀린 것은?

㉮ 원자흡수분광광도법
㉯ 자외선/가시선 분광법
㉰ 유도결합플라스마 원자발광분광법
㉱ 유도결합플라스마 질량분석법

풀이 바륨의 시험방법
① 원자흡수분광광도법
② 유도결합플라스마 원자발광분광법
③ 유도결합플라스마 질량분석법

answer 49 ㉱ 50 ㉯ 51 ㉰ 52 ㉯

53 물속의 냄새 측정 시 잔류염소 냄새는 측정에서 제외한다. 잔류염소 제거를 위해 첨가하는 시약은?

㉮ 과망간산포타슘용액
㉯ 다이크롬산포타슘용액
㉰ 티오황산소듐용액
㉱ 질산암모늄용액

풀이 냄새 측정 시 잔류염소 제거를 위해 첨가하는 시약은 티오황산소듐용액이다.

54 수질오염공정시험기준에서 사용하는 용어에 대한 내용으로 틀린 것은?

㉮ "항량으로 될 때까지 건조한다"라 함은 같은 조건에서 1시간 더 건조하여 전후 차가 g당 0.3mg이하일 때를 말한다.
㉯ 시험조작 중 "즉시"란 30초 이내에 표시된 조작을 하는 것을 뜻한다.
㉰ "기밀용기"라 함은 취급 또는 저장하는 동안에 이물질이 들어가거나 또는 내용물이 손실되지 아니하도록 보호하는 용기를 말한다.
㉱ "방울수"라 함은 20℃에서 정제수 20 방울을 적하할 때 그 부피가 약 1mL가 되는 것을 뜻한다.

풀이 ㉰ "기밀용기"라 함은 취급 또는 저장하는 동안에 밖으로부터의 공기 또는 다른 가스가 침입하지 아니하도록 내용물을 보호하는 용기를 말한다.

55 시료를 적절한 방법으로 보존할 때 최대 보존기간이 다른 항목은?

㉮ 냄새   ㉯ 색도
㉰ 질산성 질소 ㉱ 인산염 인

풀이 최대 보존기간
㉮ 냄새 : 6시간
㉯ 색도 : 48시간
㉰ 질산성 질소 : 48시간
㉱ 인산염 인 : 48시간

56 부유물질 측정 시 간섭물질에 대한 내용으로 틀린 것은?

㉮ 증발잔류물이 1,000mg/L 이상인 경우의 해수, 공장폐수 등은 특별히 취급하지 않을 경우, 높은 부유물질 값을 나타낼 수 있다.
㉯ 10mm 금속망을 통과시킨 큰 입자들은 부유물질 측정에 방해를 주지 않는다.
㉰ 칼슘, 마그네슘, 염화물, 황산염 등의 농도가 높을 경우 금속 침전이 발생하며, 부유물질 측정에 영향을 줄 수 있다.
㉱ 유지, 그리스, 왁스 등을 포함하는 시료의 경우 시료를 여과한다.

풀이 ㉯ 2mm 금속망을 통과시킨 큰 입자들은 부유물질 측정에 방해를 준다.

answer 53 ㉰ 54 ㉰ 55 ㉮ 56 ㉯

57 페놀류를 자외선/가시선 분광법으로 측정할 때의 내용이다. ( )안에 들어갈 알맞은 것은?

> 페놀류의 자외선/가시선 분광법 : 증류한 시료에 염화암모늄-암모니아 완충용액을 넣어 ( )으로 조절한 다음 4-아미노안티피린과 ( )을 넣어 생성된 붉은색의 안티피린계 색소의 흡광도를 측정한다.

㉮ pH 4, 아세트산이소듐
㉯ pH 4, 헥사시안화철(Ⅲ)산포타슘
㉰ pH 10, 아세트산이소듐
㉱ pH 10, 헥사시안화철(Ⅲ)산포타슘

58 다음 중 투명도 측정에 대한 내용으로 틀린 것은?

㉮ 백색원판의 색조차는 투명도에 미치는 영향이 크지만, 원판의 광 반사능은 투명도에 미치는 영향이 작다.
㉯ 흐름의 줄이 기울어질 경우에는 2kg 정도의 추를 달아서 줄을 세워야 한다.
㉰ 백색원판은 지름이 30cm로 무게가 약 3kg이 되는 원판에 지름 5cm의 구멍 8개가 뚫려 있다.
㉱ 측정결과는 0.1m 단위로 표시한다.

[풀이] ㉮ 백색원판의 색조차는 투명도에 미치는 영향이 적지만, 원판의 광 반사능은 투명도에 영향을 미치므로 표면이 더러울 때에는 다시 색칠하여야 한다.

59 다음 중 색도 측정에 대한 내용으로 틀린 것은?

㉮ 이 시험기준은 색도를 측정하기 위하여 시각적으로 눈에 보이는 색상에 관계없이 단순 색도차 또는 단일 색도차를 계산한다.
㉯ 근본적인 간섭은 적용파장에서 콜로이드물질 및 부유물질의 존재로 빛이 흡수 혹은 분산되면서 일어난다.
㉰ 이 방법은 백금-코발트 표준물질과 아주 다른 색상의 폐·하수에는 적용할 수 있으나, 표준물질과 비슷한 색상의 폐·하수에는 적용할 수 없다.
㉱ 아담스-니컬슨의 색도공식을 근거로 하고 있다.

[풀이] ㉰ 이 방법은 백금-코발트 표준물질과 아주 다른 색상의 폐·하수에서 뿐만 아니라 표준물질과 비슷한 색상의 폐·하수에도 적용할 수 있다.

60 수질오염공정시험기준 아연-원자흡수분광광도법에 대한 내용으로 틀린 것은?

㉮ 측정파장은 253.7nm이다.
㉯ 불꽃연료는 공기-아세틸렌을 사용한다.
㉰ 정량한계는 0.002mg/L이다.
㉱ 정밀도(% RSD)는 25% 이내이다.

[풀이] ㉮ 측정파장은 213.9nm이다.

answer 57 ㉱ 58 ㉮ 59 ㉰ 60 ㉮

2023 1회 CBT 복원문제

| 제1과목 | 수질오염개론

01 Wipple의 하천의 생태변화에 따른 4지대 구분 중 분해지대에 대한 내용으로 틀린 것은?

㉮ 오염에 잘 견디는 곰팡이류가 심하게 번식한다.
㉯ 유기물을 다량 함유하는 슬러지의 침전이 많아지고 용존산소량이 크게 줄어드는 대신에 탄산가스의 양은 증가한다.
㉰ 희석이 덜 되는 작은 하천에서 더 뚜렷이 나타난다.
㉱ 아질산염이나 질산염의 농도가 증가한다.

풀이 ㉱번은 회복지대에 대한 내용이다.

02 수원의 종류 중 지하수에 대한 내용으로 틀린 것은?

㉮ 수온변동이 적고 탁도가 낮다.
㉯ 미생물이 없고 오염물이 적다.
㉰ 유속이 빠르고, 광역적인 환경조건의 영향을 받아 정화되는데 오랜 기간이 소요된다.
㉱ 무기염류 농도와 경도가 높다.

풀이 ㉰ 유속이 느리고, 국소적인 환경조건의 영향을 많이 받으며, 정화되는데 오랜 기간이 소요된다.

03 Glucose 500mg/L가 완전산화하는데 필요한 이론적 산소요구량은?

㉮ 533mg/L   ㉯ 633mg/L
㉰ 733mg/L   ㉱ 833mg/L

풀이
$C_6H_{12}O_6 + 6O_2 \rightarrow 6CO_2 + 6H_2O$
180g : 6 × 32g
500mg/L : X

$\therefore X = \dfrac{6 \times 32g \times 500mg/L}{180g} = 533.33mg/L$

TIP
글루코스 = 포도당 = $C_6H_{12}O_6$

04 적조 발생지역으로 틀린 것은?

㉮ 정체 수역
㉯ 질소, 인 등의 영양염류가 풍부한 수역
㉰ upwelling 현상이 있는 수역
㉱ 갈수기시 수온, 염분이 급격히 높아진 수역

풀이 ㉱ 홍수시 수온이 높고, 염분농도가 낮아진 수역

answer 01 ㉱ 02 ㉰ 03 ㉮ 04 ㉱

05 어떤 하천수의 분석결과이다. 총경도 (mg/L as $CaCO_3$)는? (단, 원자량: Ca 40, Mg 24, Na 23, Sr 88)

<분석 결과>
Na^+ : 25mg/L, Mg^{2+} : 11mg/L,
Ca^{2+} : 8mg/L, Sr^{2+} : 2mg/L

㉮ 약 68 ㉯ 약 78
㉰ 약 88 ㉱ 약 98

풀이
$$\frac{총경도(mg/L)}{50g} = \frac{Ca^{2+} mg/L}{20g} + \frac{Mg^{2+} mg/L}{12g} + \frac{Sr^{2+} mg/L}{44g}$$
$$= \frac{8mg/L}{20g} + \frac{11mg/L}{12g} + \frac{2mg/L}{44g}$$
∴ 총경도 = 68.11 mg/L

06 하천모델 중 다음에서 설명하는 모델은?

• 유속, 수심, 조도계수에 의한 확산계수 결정
• 하천과 대기 사이의 열복사, 열교환 고려
• 음해법으로 미분방정식의 해를 구함

㉮ QUAL-1 ㉯ WQRRS
㉰ DO SAG-1 ㉱ HSPE

풀이 ㉮ QUAL-1 모델에 대한 내용이며, 핵심 내용인 "조도계수에 의한 확산계수 결정 = QUAL-1 모델"임을 숙지하시면 됩니다.

07 유출, 유입량이 5,000 m^3/d, 저수량이 500,000 m^3인 호수에 A공장의 폐수가 일시적으로 방류되어 호수의 BOD 농도가 100mg/L로 되었다. 이 호수의 BOD 농도가 1.0mg/L로 저하 되려면 얼마의 기간(일)이 필요한가? (단, 일시적으로 유입된 공장폐수 외의 BOD 유입은 없으며 호수는 완전혼합반응조이며, 1차반응으로 가정한다.)

㉮ 230일 ㉯ 330일
㉰ 460일 ㉱ 560일

풀이
$$\ln\frac{C_t}{C_o} = -\left(\frac{Q}{V}\right) \times t$$
여기서 C_o : 초기농도(mg/L)
C_t : t시간 후 농도(mg/L)
Q : 폐수량(m^3/day)
V : 체적(m^3)
t : 시간(day)
$$\ln\frac{1.0 mg/L}{100 mg/L} = -\left(\frac{5,000 m^3/day}{500,000 m^3}\right) \times t$$
∴ t = 460.52 day

08 동점성(Kinematic viscosity)계수에 대한 내용으로 틀린 것은?

㉮ Poise
㉯ Stoke
㉰ cm^2/sec
㉱ μ/ρ (점성계수/밀도)

풀이 ㉮ Poise = g/cm·sec로 점성계수의 단위이다.

---

answer 05 ㉮ 06 ㉮ 07 ㉰ 08 ㉮

09 분뇨처리시설 중의 투입조, 저류조, 소화조 등의 여러 부분에 부식을 유발하는 가스로 알맞은 것은?

㉮ H_2S ㉯ NH_3
㉰ CO_2 ㉱ CH_4

풀이 분뇨처리시설은 주로 혐기성소화이며, 이때 발생되는 황화합물(H_2S)이 부식을 유발한다.

10 BOD_5가 270 mg/L이고, COD가 450 mg/L인 경우, 탈산소계수(k_1)의 값이 0.1/day일 때, 생물학적으로 분해 불가능한 COD(mg/L)는? (단, $BDCOD = BOD_u$이며, 상용대수기준이다.)

㉮ 약 55 mg/L ㉯ 약 65 mg/L
㉰ 약 75 mg/L ㉱ 약 85 mg/L

풀이 ① $BOD_5 = BOD_u \times (1 - 10^{-k_1 \times t})$
270 mg/L = $BOD_u \times (1 - 10^{-0.1/day \times 5day})$
∴ $BOD_u = 394.868$ mg/L
② NBDCOD = COD − BDCOD
= 450 mg/L − 394.868 mg/L
= 55.13 mg/L

TIP
BDCOD = BOD_u

11 해수의 특성에 대한 내용으로 알맞은 것은?

㉮ 해수 내 아질산성 질소와 질산성 질소는 전체 질소의 약 35%이며 나머지는 암모니아성 질소와 유기질소의 형태이다.
㉯ 해수의 pH는 7.3~7.8 정도이며 탄산염의 완충용액이다.
㉰ 해수의 주요성분 농도비는 일정하다.
㉱ 해수는 약전해질로 평균 35% 정도의 염분농도를 함유한다.

풀이 ㉮ 해수 내 전체 질소 중 약 35%는 암모니아성 질소와 유기질소의 형태이다.
㉯ 해수의 pH는 약 8.2 정도로 약알칼리성이다.
㉱ 해수는 강전해질로 평균 35‰ 정도의 염분농도를 함유한다.

12 Bacteria($C_5H_7O_2N$)의 호기성 산화과정에서 박테리아 50g당 소요되는 이론적 산소요구량(g)은? (단, 박테리아는 CO_2, H_2O, NH_3로 전환된다.)

㉮ 27g ㉯ 43g
㉰ 71g ㉱ 96g

풀이 $C_5H_7O_2N + 5O_2 \rightarrow 5CO_2 + 2H_2O + NH_3$
113g : 5 × 32g
50g : ThOD
∴ ThOD = $\frac{50g \times 5 \times 32g}{113g}$ = 70.80g

answer 09 ㉮ 10 ㉮ 11 ㉰ 12 ㉰

13 다음 중 자정계수에 대한 내용으로 틀린 것은?

㉮ 유속이 빨라지면 자정계수는 커진다.
㉯ 자정계수의 단위는 day^{-1}이다.
㉰ 온도가 높아지면 자정계수는 낮아진다.
㉱ 구배가 크면 자정계수는 커진다.

풀이 ㉯ 자정계수의 단위는 없다.

14 글리신($CH_2(NH_2)COOH$)의 이론적 COD/TOC의 비는? (단, 글리신의 최종 분해산물은 CO_2, HNO_3, H_2O이다.)

㉮ 2.83
㉯ 3.76
㉰ 4.67
㉱ 5.38

풀이 $CH_2(NH_2)COOH + 3.5O_2 \rightarrow 2CO_2 + 2H_2O + HNO_3$
$\dfrac{COD}{TOC} = \dfrac{3.5 \times 32g}{2 \times 12g} = 4.67$

15 다음에서 설명하는 법칙은?

> 여러 물질이 혼합된 용액에서 어느 물질의 증기압(분압)은 혼합액에서 그 물질의 몰분율에 순수한 상태에서 그 물질의 증기압을 곱한 것과 같다.

㉮ Dalton의 분압법칙
㉯ Henry의 법칙
㉰ Avogadro의 법칙
㉱ Raoult의 법칙

풀이 ㉱ Raoult의 법칙에 대한 내용이며, 핵심 내용인 "증기압의 법칙 = 라울트의 법칙"임을 숙지하시면 됩니다.

16 화학합성 자가영양미생물계의 에너지원과 탄소원으로 알맞은 것은?

㉮ 빛, CO_2
㉯ 유기물의 산화·환원반응, 유기탄소
㉰ 빛, 유기탄소
㉱ 무기물의 산화·환원반응, CO_2

풀이 화학합성 자가영양미생물계의 에너지원은 무기물의 산화·환원반응이며, 탄소원은 무기탄소(CO_2)이다.

TIP
에너지원과 탄소원에 의한 분류

분류	에너지원	탄소원
광합성 독립(자가) 영양 미생물	빛	무기탄소(CO_2)
화학합성 독립(자가) 영양 미생물	무기물의 산화·환원 반응	무기탄소(CO_2)
광합성 종속(타가) 영양 미생물	빛	유기탄소
화학합성 종속(타가) 영양 미생물	유기물의 산화·환원 반응	유기탄소

17 다음의 질산화 과정에 주로 관계되는 질산화 미생물은?

$$2NH_4^+ + 3O_2 \rightarrow 2NO_2^- + 4H^+ + 2H_2O$$

㉮ Nitrosomonas
㉯ Nitrobacter
㉰ Thiobacillus
㉱ Leptothrix

풀이 ① 암모니아성 질소 $\xrightarrow[\text{아질산균(니트로조모나스)}]{\text{제1단계 반응}}$ 아질산성 질소
② 아질산성 질소 $\xrightarrow[\text{질산균(니트로박터)}]{\text{제2단계 반응}}$ 질산성 질소

answer 13 ㉯ 14 ㉰ 15 ㉱ 16 ㉱ 17 ㉮

18 칼슨(Carlson)지수 산정시 적용되는 Parameter에 해당하지 않는 것은?

㉮ 클로로필-a ㉯ T-P
㉰ 투명도(SD) ㉱ SS

풀이 칼슨지수 산정시 인자
① 클로로필-a
② 총인(T-P)
③ 투명도(SD)

19 호소에서 발생되는 전도현상이 발생하는 계절은?

㉮ 봄, 가을 ㉯ 봄, 여름
㉰ 봄, 겨울 ㉱ 여름, 겨울

풀이 ① 전도현상이 발생하는 계절 : 봄, 가을
② 성층현상이 발생하는 계절 : 여름, 겨울

20 하천모델의 종류 중 DO SAG – Ⅰ, Ⅱ, Ⅲ에 대한 내용으로 틀린 것은?

㉮ 2차원 정상상태 모델이다.
㉯ 점오염원 및 비점오염원이 하천의 용존산소에 미치는 영향을 나타낼 수 있다.
㉰ Streeter-Phelps식을 기본으로 한다.
㉱ 저질의 영향이나 광합성 작용에 의한 용존산소 반응을 무시한다.

풀이 ㉮ 1차원 정상상태 모델이다.

| 제2과목 | 수질오염방지기술

21 다음 중 5단계-Bardenpho 프로세스에 대한 내용으로 틀린 것은?

㉮ 1차 포기조에서는 질산화가 일어난다.
㉯ 혐기조에서는 용해성 인의 과잉흡수가 일어난다.
㉰ 인의 제거는 인의 함량이 높은 잉여슬러지를 제거함으로 가능하다.
㉱ 무산소조에서는 탈질화과정이 일어난다.

풀이 ㉯ 혐기조에서는 인의 방출이 일어난다.

22 포기조 혼합액을 30분간 침전시킨 후 침전물의 부피는 400mL/L이었고, MLSS 농도가 3,000mg/L이었을 때 침전지에서의 침전상태는?

㉮ 슬러지의 침전이 양호하다.
㉯ 슬러지 팽화로 인하여 침전이 되지 않는다.
㉰ 슬러지 부상(Sludge rising)현상이 발생하여 슬러지 덩어리가 떠오른다.
㉱ 슬러지 플록이 제대로 형성되지 못하고 미세하게 분산한다.

풀이
$$SVI = \frac{SV(mL/L)}{MLSS(mg/L)} \times 10^3$$
$$= \frac{400mL/L}{3,000mg/L} \times 10^3 = 133.33$$

따라서 SVI가 50~150일 때 정상침강이므로 침전지에서 침전상태는 양호하다.

answer 18 ㉱ 19 ㉮ 20 ㉮ 21 ㉯ 22 ㉮

23 오염물질과 처리방법의 연결로 틀린 것은?

㉮ 비소 함유폐수 : 수산화제2철 공침법
㉯ 시안 함유폐수 : 오존산화법
㉰ 6가 크롬 함유폐수 : 알칼리 염소법
㉱ 카드뮴 함유폐수 : 황화물 침전법

풀이
㉮ 비소 함유폐수 : 수산화제2철 공침법
㉯ 시안 함유폐수 : 전기투석, 충격법, 감청법, 산성탈기법, 알칼리산화법, 오존산화법, 전해산화법(암기법 : 시안아 전기 충격받은 감청이랑 산성이가 알딸딸해서 오존 쐈다고 전해줘)
㉰ 6가 크롬 함유폐수 : 수산화물침전법
㉱ 카드뮴 함유폐수 : 부상법, 여과법, 침전법(수산화물, 황화물, 탄산염), 이온교환법, 흡착법 (암기법 : 카부여에 침전된(수황탄)에 이온 좀 붙여라)

24 교반강도를 표시하는 속도구배(G : Velocity Gradient)를 알맞게 나타낸 식은? (단, μ : 점성계수, W : 반응조 단위 용적당 동력, V : 반응조 부피, P : 동력)

㉮ $G = \sqrt{\dfrac{V}{P}}$ ㉯ $G = \sqrt{\dfrac{\mu}{W}}$
㉰ $G = \sqrt{\dfrac{P}{V}}$ ㉱ $G = \sqrt{\dfrac{W}{\mu}}$

풀이 $G = \sqrt{\dfrac{P}{V \times \mu}}$ 에서 $W = \dfrac{P}{V}$ 이므로 $G = \sqrt{\dfrac{W}{\mu}}$

25 5℃의 수중에 동일한 직경을 가지는 기름방울 A와 B가 있다. A의 비중은 0.84, B의 비중은 0.98일 때 A와 B의 부상속도비(V_A/V_B)는?

㉮ 2 ㉯ 4
㉰ 6 ㉱ 8

풀이
부상속도(Vf) $= \dfrac{d^2(\rho_w - \rho_s)g}{18\mu}$

$Vf = (\rho_w - \rho_s)$ 이므로 $\dfrac{V_A}{V_B} = \left(\dfrac{1.0 - 0.84}{1.0 - 0.98}\right) = 8$

TIP
물의 비중은 1.0이다.

26 하수 소독방법인 UV의 특징에 대한 내용으로 틀린 것은?

㉮ 유량과 수질의 변동에 대해 적응력이 강하다.
㉯ 과학적으로 증명된 정밀한 처리시스템이다.
㉰ 접촉시간이 길며 잔류효과가 있다.
㉱ pH 변화에 관계없이 지속적 살균이 가능하다.

풀이 ㉰ 접촉시간이 짧고, 잔류효과가 없다.

answer 23 ㉰ 24 ㉱ 25 ㉱ 26 ㉰

27 다음 중 혐기성소화의 특징에 대한 내용으로 틀린 것은?

㉮ 처리 후 슬러지 생성량이 많고, 탈수성이 불량하다.
㉯ 동력비 및 유지관리비가 적게 든다.
㉰ 미생물 성장속도가 느리고, 유출수의 수질이 불량하다.
㉱ 상징액에 질소와 인의 함량이 높다.

풀이 ㉮ 처리 후 슬러지 생성량이 적고, 탈수성이 양호하다.

28 폭기조 용액을 1L 메스실린더에서 30분간 침강시킨 침전슬러지 부피가 500mL이었다. MLSS 농도가 2,500mg/L라면 SDI는?

㉮ 0.5 ㉯ 1
㉰ 2   ㉱ 4

풀이
① $SVI = \dfrac{SV(mL/L)}{MLSS(mg/L)} \times 10^3$
$= \dfrac{500mL/L}{2,500mg/L} \times 10^3 = 200$

② $SDI = \dfrac{1}{SVI} \times 100$
$= \dfrac{1}{200} \times 100 = 0.5$

TIP
① 슬러지용적지수(SVI)의 단위는 mL/g이다.
② 슬러지밀도지수(SDI)의 단위는 g/100mL이다.

29 정수시설인 착수정에 대한 설명으로 틀린 것은?

㉮ 착수정은 분할을 원칙으로 하며 고수위 이상으로 유지되도록 월류관이나 월류위어를 설치한다.
㉯ 형상은 일반적으로 직사각형 또는 원형으로 하고 유입구에는 제수밸브 등을 설치한다.
㉰ 착수정의 고수위와 주변 벽체의 상단 간에는 60cm 이상의 여유를 두어야 한다.
㉱ 부유물이나 조류 등을 제거할 필요가 있는 장소에는 스크린을 설치한다.

풀이 ㉮ 착수정은 분할을 원칙으로 하며 고수위 이상으로 올라가지 않도록 월류관이나 월류위어를 설치한다.

30 다음 액체염소의 주입으로 생성된 물질의 살균력 순서로 알맞은 것은?

㉮ HOCl > Chloramines > OCl⁻
㉯ HOCl > OCl⁻ > Chloramines
㉰ OCl⁻ > Chloramines > HOCl
㉱ OCl⁻ > HOCl > Chloramines

풀이 염소소독에서 살균력의 순서는 HOCl > OCl⁻ > Chloramines 이다.

answer 27 ㉮ 28 ㉮ 29 ㉮ 30 ㉯

31 다음 중 접촉산화법에 대한 내용으로 틀린 것은?

㉮ 분해속도가 낮은 기질제거에 효과적이다.
㉯ 매체에 생성되는 생물량은 부하조건에 의하여 결정된다.
㉰ 미생물량과 영향인자를 정상상태로 유지하기 위한 조작이 어렵다.
㉱ 대규모시설에 적합하고, 고부하시 운전조건에 유리하다.

풀이 ㉱ 대규모시설에 부적합하고, 고부하시 운전조건에 불리하다.

32 어떤 공장폐수에 미처리된 유기물이 10mg/L 함유되어 있다. 이 폐수를 분말활성탄 흡착법으로 처리하여 1mg/L까지 처리하고자 할 때 폐수 1m³당 분말활성탄의 양(g)은? (단, Freundlich 식을 이용, k=0.5, n=1)

㉮ 18   ㉯ 24
㉰ 36   ㉱ 42

풀이 $\dfrac{X}{M} = k \cdot C^{\frac{1}{n}}$

여기서 X : 농도차($C_i - C_o$)(mg/L)
　　　　M : 활성탄 주입농도(mg/L)
　　　　C : 나중 농도(C_o)(mg/L)
　　　　k, n : 경험적 상수

$\dfrac{(10-1)\text{mg/L}}{M} = 0.5 \times (1\text{mg/L})^{\frac{1}{1}}$

$\therefore M = \dfrac{(10-1)\text{mg/L}}{0.5 \times (1\text{mg/L})^{\frac{1}{1}}} = 18\text{mg/L}$

따라서 M = 18mg/L = 18g/m³ 이므로 폐수 1m³당 분말활성탄 18g이 필요하다.

33 정수방법인 완속여과방식에 대한 내용으로 틀린 것은?

㉮ 약품처리가 필요없다.
㉯ 완속여과의 정화는 주로 생물작용에 의한 것이다.
㉰ 비교적 양호한 원수에 알맞은 방식이다.
㉱ 부지면적 소요가 적다.

풀이 ㉱ 부지면적 소요가 많다.

34 슬러지를 진공 탈수시켜 부피가 50% 감소되었다. 유입슬러지 함수율이 98% 이었다면 탈수 후 슬러지의 함수율(%)은? (단, 슬러지 비중은 1.0 기준이다.)

㉮ 90%   ㉯ 92%
㉰ 94%   ㉱ 96%

풀이 $V_1 \times (100 - P_1) = V_2 \times (100 - P_2)$
$V_2 = V_1 \times 0.5$ 이므로
$V_1 \times (100 - 98\%) = V_1 \times 0.5 \times (100 - P_2)$
$\therefore P_2 = 100 - \left(\dfrac{V_1 \times (100 - 98\%)}{V_1 \times 0.5} \right) = 96\%$

answer　31 ㉱　32 ㉮　33 ㉱　34 ㉱

35 하수처리공법인 순산소활성슬러지법에 대한 내용으로 틀린 것은?

㉮ 잉여슬러지 발생량은 슬러지의 체류시간에 의해서 큰 차이가 나므로 표준활성슬러지법에 비해서 일반적으로 적다.
㉯ MLSS 농도는 표준활성슬러지법의 2배 이상으로 유지 가능하다.
㉰ 포기조 내의 SVI는 보통 100 이하로 유지되고 슬러지 침강성은 양호하다.
㉱ 2차 침전지에서 스컴이 거의 발생하지 않는다.

풀이 ㉱ 2차 침전지에서 스컴이 발생하는 경우가 많다.

36 하수관의 부식과 가장 관계가 깊은 가스는?

㉮ NH_3 가스 ㉯ H_2S 가스
㉰ CO_2 가스 ㉱ CH_4 가스

풀이 하수관의 관정부식은 유기물이 혐기성 상태에서 분해되어 황화수소(H_2S)가 발생되며 이는 공기 중에서 호기성 박테리아에 의해 SO_2나 SO_3로 변화되고 다시 수분과 반응하여 황산(H_2SO_4)이 생성되어 콘크리트를 부식시킨다.

37 1차 침전지의 침전효율에 가장 큰 영향을 미치는 인자는?

㉮ 침전지 폭 ㉯ 침전지 깊이
㉰ 침전지 표면적 ㉱ 침전지 부피

풀이 1차 침전지의 침전효율에 가장 큰 영향을 미치는 인자는 침전지의 표면적(수면적)이다.

38 BOD가 250mg/L인 하수를 1차 및 2차 처리로 BOD 10mg/L으로 유지하고자 한다. 2차 처리효율이 75%라면 1차 처리효율은?

㉮ 73% ㉯ 78%
㉰ 84% ㉱ 89%

풀이
① $\eta_T = \left(1 - \dfrac{\text{유출수 BOD}}{\text{유입수 BOD}}\right) \times 100$
$= \left(1 - \dfrac{10\text{mg/L}}{250\text{mg/L}}\right) \times 100 = 96\%$
② $\eta_T = 1 - (1 - \eta_1) \times (1 - \eta_2)$
$0.96 = 1 - (1 - \eta_1) \times (1 - 0.75)$
$\therefore \eta_1 = 1 - \dfrac{(1 - 0.96)}{(1 - 0.75)} = 0.84$
따라서 84%이다.

39 수중의 암모니아(NH_3)를 공기탈기법(air stripping)으로 제거하고자 할 때 가장 중요한 인자는?

㉮ 기압 ㉯ pH
㉰ 용존산소 ㉱ 공기공급량

풀이 수중의 암모니아를 공기탈기법으로 제거하고자 할 때 가장 중요한 인자는 pH와 온도이다.

40 다음 중 Phostrip공법에 대한 내용으로 틀린 것은?

㉮ 생물학적 처리방법과 화학적 처리방법을 조합한 공법이다.
㉯ 유입수의 일부를 혐기성 상태의 조로 유입시켜 인을 방출시킨다.
㉰ 유입수의 BOD부하에 따라 인 방출이 큰 영향을 받지 않는다.
㉱ 기존에 활성슬러지 처리장에 쉽게 적

answer 35 ㉱ 36 ㉯ 37 ㉰ 38 ㉰ 39 ㉯ 40 ㉯

용이 가능하다.

풀이 ⓓ 반송슬러지의 일부를 혐기성 상태의 조로 유입시켜 인을 방출시킨다.

| 제3과목 | 수질오염공정시험기준

41 수질오염공정시험기준상 총칙에서 규정하는 온도에 대한 내용으로 틀린 것은?

㉮ 상온 : 15℃~25℃
㉯ 실온 : 1℃~35℃
㉰ 온수 : 50℃~60℃
㉱ 찬곳 : 따로 규정이 없는 한 0℃~15℃

풀이 ㉰ 온수 : 60℃~70℃

42 다음 중 시료의 보존방법이 서로 다른 것은?

㉮ 부유물질
㉯ 색도
㉰ 생물화학적산소요구량
㉱ 화학적산소요구량

풀이 시료의 보존방법
㉮ 부유물질 : 보존방법 없음
㉯ 색도 : 보존방법 없음
㉰ 생물화학적산소요구량 : 보존방법 없음
㉱ 화학적산소요구량 : H_2SO_4로 pH 2 이하

43 시료의 전처리 과정 중 '회화에 의한 분해'에 대한 내용으로 알맞은 것은?

㉮ 목적성분이 400℃ 이상에서 쉽게 휘산 및 회화될 수 있는 시료에 적용된다.
㉯ 목적성분이 400℃ 이상에서 휘산되고 쉽게 회화되지 않는 시료에 적용된다.
㉰ 목적성분이 400℃ 이상에서 쉽게 휘산 및 회화되지 않는 시료에에 적용된다.
㉱ 목적성분이 400℃ 이상에서 휘산되지 않고 쉽게 회화될 수 있는 시료에 적용된다.

풀이 회화에 의한 분해법에 대한 내용은 ㉱번이며, 핵심내용인 "400℃ 이상, 휘산되지 않고, 회화되는 시료=회화법"임을 숙지하시면 됩니다.

44 하천수의 시료 채취지점에 대한 내용이다. ( )에 공통으로 들어갈 내용은?

하천의 단면에서 수심이 가장 깊은 수면의 지점과 그 지점을 중심으로 하여 좌우로 수면폭을 2등분한 각각의 지점의 수면으로부터 수심 ( )미만일 때에는 수심의 1/3에서 수심 ( )이상일 때에는 수심의 1/3 및 2/3에서 각각 채수한다.

㉮ 2 m
㉯ 3 m
㉰ 5 m
㉱ 6 m

풀이 하천수의 시료 채취지점
① 수심 2m 미만인 경우 : 수심의 1/3 지점
② 수심 2m 이상인 경우 : 수심의 1/3 및 2/3 지점

answer 41 ㉰ 42 ㉱ 43 ㉱ 44 ㉮

45 수질오염공정시험기준상 불소화합물을 측정하기 위한 시험방법으로 틀린 것은?

㉮ 원자흡수분광광도법
㉯ 이온크로마토그래피
㉰ 이온전극법
㉱ 자외선/가시선 분광법

풀이 불소화합물 시험방법
① 이온크로마토그래피
② 이온전극법
③ 자외선/가시선 분광법

46 예상 BOD치에 대한 사전경험이 없을 때 오염정도가 심한 공장폐수의 희석배율은?

㉮ 25%~100%   ㉯ 5%~25%
㉰ 1%~5%   ㉱ 0.1%~1.0%

풀이 사전경험이 없을 때 시료 조제방법
① 오염정도가 심한 공장폐수 : 0.1%~1.0%
② 처리하지 않은 공장폐수와 침전된 하수 : 1%~5%
③ 처리하여 방류된 공장폐수 : 5%~25%
④ 오염된 하천수 : 25%~100%

47 다음 중 수은을 분석하는 시험방법에 해당하지 않는 것은?

㉮ 유도결합플라스마 – 질량분석법
㉯ 냉증기 - 원자흡수분광광도법
㉰ 양극벗김전압전류법
㉱ 냉증기 - 원자형광법

풀이 수은의 시험방법
① 냉증기 - 원자흡수분광광도법
② 양극벗김전압전류법
③ 냉증기 - 원자형광법

48 염소이온을 이온크로마토그래피로 분석할 때 정량한계는?

㉮ 0.1mg/L   ㉯ 0.01mg/L
㉰ 0.5mg/L   ㉱ 0.05mg/L

풀이 염소이온의 분석방법별 정량한계
① 이온크로마토그래피 : 0.1mg/L
② 적정법 : 0.7mg/L
③ 이온전극법 : 5mg/L

49 수질오염공정시험기준 구리의 시험방법으로 틀린 것은?

㉮ 원자흡수분광광도법
㉯ 유도결합플라스마-원자발광분광법
㉰ 유도결합플라스마-질량분석법
㉱ 양극벗김전압전류법

풀이 구리의 시험방법
① 원자흡수분광광도법
② 유도결합플라스마-원자발광분광법
③ 유도결합플라스마-질량분석법

50 다음 중 투명도에 대한 내용으로 틀린 것은?

㉮ 백색원판의 색조차는 투명도에 영향을 미치므로 표면이 더러울 때에는 다시 색칠을 하여야 한다.
㉯ 백색원판은 지름이 30cm로 무게가 약 3kg이 되는 원판에 지름 5cm의 구멍 8개가 뚫려있다.
㉰ 흐름이 있어 줄이 기울어질 경우에는 2kg 정도의 추를 달아서 줄을 세워야 한다.
㉱ 측정결과는 0.1m 단위로 표시한다.

풀이 ㉮ 백색원판의 색도차는 투명도에 미치는 영향이 적지만, 원판의 광 반사능은 투명도에 영향을 미

answer 45 ㉮ 46 ㉱ 47 ㉮ 48 ㉮ 49 ㉱ 50 ㉮

치므로 표면이 더러울 때에는 다시 색칠을 하여야 한다.

51 인산염인을 자외선/가시선 분광법(아스코빈산환원법)에 대한 내용으로 알맞은 것은?

㉮ 몰리브덴산 홍의 흡광도를 880nm에서 측정한다.
㉯ 몰리브덴산 청의 흡광도를 880nm에서 측정한다.
㉰ 몰리브덴산 홍의 흡광도를 620nm에서 측정한다.
㉱ 몰리브덴산 청의 흡광도를 620nm에서 측정한다.

풀이 인산염인의 자외선/가시선 분광법(아스코빈산환원법)
① 몰리브덴산 청의 흡광도를 880nm에서 측정
② 정량한계 : 0.003mg/L
③ 880nm에서 흡광도 측정이 불가능할 경우 710nm에서 측정

52 수질오염공정시험기준상 진공의 정의는?

㉮ 따로 규정이 없는 한 10mmHg 이하를 말한다.
㉯ 따로 규정이 없는 한 10 mmH$_2$O 이하를 말한다.
㉰ 따로 규정이 없는 한 15mmHg 이하를 말한다.
㉱ 따로 규정이 없는 한 15 mmH$_2$O 이하를 말한다.

풀이 ㉰ 감압 또는 진공이라 함은 따로 규정이 없는 한 15mmHg 이하를 말한다.

53 물벼룩을 이용한 급성 독성 시험법에서 사용하는 용어의 정의로 틀린 것은?

㉮ 치사 : 일정 희석비율로 준비된 시료에 물벼룩을 투입하여 12시간 경과 후 시험 용기를 손으로 살짝 두드리고, 30초 후 관찰했을 때 독성물질에 영향을 받아 움직임이 명백하게 없는 상태를 말한다.
㉯ 유영저해 : 일정 희석비율로 준비된 시료에 물벼룩을 투입하고 24시간 경과 후 시험용기를 손으로 살짝 두드려 주고, 15초 후 관찰했을 때 독성물질에 의해 영향을 받아 움직임이 없을 경우를 말한다.
㉰ 표준 독성물질 : 독성시험이 정상적인 조건에서 수행되는지를 확인하기 위하여 사용하며 다이크롬산포타슘을 이용한다.
㉱ 지수식 시험방법 : 시험기간 중 시험용액을 교환하지 않는 시험을 말한다.

풀이 ㉮ 치사 : 일정 희석비율로 준비된 시료에 물벼룩을 투입하여 24시간 경과 후 시험용기를 손으로 살짝 두드리고, 15초 후 관찰했을 때 독성물질에 영향을 받아 움직임이 명백하게 없는 상태를 말한다.

answer 51 ㉯ 52 ㉰ 53 ㉮

54 수산화소듐 0.4g을 증류수에 용해시켜 800mL로 하였을 때 이 용액의 pH는?

㉮ 13.10   ㉯ 12.10
㉰ 11.10   ㉱ 10.10

풀이
① NaOH의 mol/L $= \dfrac{0.4g}{0.8L} \times \dfrac{1mol}{40g}$
$= 0.0125M$

② NaOH → Na$^+$ + OH$^-$
　　XM　　XM　　XM
[OH$^-$]의 농도 $= XM = 0.0125M$

③ pH $= 14 + \log[OH^-]$
$= 14 + \log[0.0125M] = 12.10$

TIP
① M농도의 단위는 mol/L이다.
② 산성 물질에서 pH $= -\log[H^+]$
③ 알칼리성 물질에서 pH $= 14 + \log[OH^-]$

55 수질오염공정시험기준상 냄새측정에 대한 내용으로 틀린 것은?

㉮ 물속의 냄새를 측정하기 위하여 측정자의 후각을 이용하는 방법이다.
㉯ 잔류염소의 냄새는 측정에서 제외한다.
㉰ 냄새역치는 냄새를 감지할 수 있는 최대 희석배수를 말한다.
㉱ 각 판정요원의 냄새의 역치를 산술평균하여 결과로 보고한다.

풀이 ㉱ 각 판정요원의 냄새의 역치를 기하평균하여 결과로 보고한다.

56 식물성 플랑크톤을 측정하는 방법으로 알맞은 것은?

㉮ 현미경계수법   ㉯ 막여과법
㉰ 시험관법   ㉱ 효소이용정량법

풀이 식물성 플랑크톤은 현미경계수법으로 측정한다.

57 웨어의 수두가 0.25m, 수로의 폭이 0.8m, 수로의 밑면에서 절단 하부점까지의 높이가 0.7m인 직각 3각웨어의 유량 (m^3/min)은? (단, 유량계수 $k = 81.2 + \dfrac{0.24}{h} + (8.4 + \dfrac{12}{\sqrt{D}}) \times (\dfrac{h}{B} - 0.09)^2)$

㉮ 1.4   ㉯ 2.1
㉰ 2.6   ㉱ 2.9

풀이
① $k = 81.2 + \dfrac{0.24}{h} + \left(8.4 + \dfrac{12}{\sqrt{D}}\right) \times \left(\dfrac{h}{B} - 0.09\right)^2$
$= 81.2 + \dfrac{0.24}{0.25m} + \left(8.4 + \dfrac{12}{\sqrt{0.7m}}\right)$
$\times \left(\dfrac{0.25m}{0.8m} - 0.09\right)^2$
$= 83.29$

② 삼각웨어의 유량(Q)
$= k \times h^{\frac{5}{2}} (m^3/min)$
$= 83.29 \times (0.25m)^{\frac{5}{2}} = 2.60 m^3/min$

TIP
유량공식 및 유량계수
① 삼각웨어 : $Q = k \times h^{\frac{5}{2}} (m^3/min)$,
$k = 83 \sim 85$

② 사각웨어 : $Q = k \times b \times h^{\frac{3}{2}} (m^3/min)$,
$k = 109 \sim 111$

answer 54 ㉯　55 ㉱　56 ㉮　57 ㉰

58 총 유기탄소 시험에 적용되는 용어의 정의로 틀린 것은?

㉮ 총 유기탄소 : 수중에서 유기적으로 결합된 탄소의 합을 말한다.
㉯ 무기성 탄소 : 수중에 탄산염, 중탄산염, 용존 이산화탄소 등 무기적으로 결합된 탄소의 합을 말한다.
㉰ 부유성 유기탄소 : 총 유기탄소 중 공극 0.45 µm의 막 여지를 통과하지 못한 유기탄소를 말한다.
㉱ 비정화성 유기탄소 : 총 탄소 중 pH 5.6 이하에서 포기에 의해 정화되지 않는 탄소를 말한다.

풀이 ㉱ 비정화성 유기탄소 : 총 탄소 중 pH 2 이하에서 포기에 의해 정화되지 않는 탄소를 말한다.

59 시안의 이온전극법에 대한 내용이다. ( )안에 알맞은 것은?

> 시안을 측정하기 위하여 ( )에서 시안이온 전극과 비교전극을 사용하여 전위를 측정하고 그 전위차로부터 시안을 정량하는 방법이다.

㉮ pH 2 이하의 산성
㉯ pH 4 이하의 산성
㉰ pH 8~10의 알칼리성
㉱ pH 12~13의 알칼리성

풀이 시안의 분석방법별 pH
① 자외선/가시선 분광법 : pH 2 이하의 산성
② 이온전극법 : pH 12~13의 알칼리성

60 알킬수은의 기체크로마토그래피에 대한 내용으로 틀린 것은?

㉮ 알킬수은화합물을 벤젠으로 추출하고 L-시스테인용액에 선택적으로 역추출한다.
㉯ 정량한계는 0.0005mg/L이다.
㉰ 운반기체는 순도 99.999% 이상의 수소를 사용한다.
㉱ 검출기는 전자포획형 검출기(ECD)를 사용한다.

풀이 ㉰ 운반기체는 순도 99.999% 이상의 질소 또는 헬륨을 사용한다.

answer 58 ㉱ 59 ㉱ 60 ㉰

2023 3회 CBT 복원문제

제1과목 | 수질오염개론

01 다음 중 용존산소에 대한 내용으로 틀린 것은?

㉮ 수온이 높을수록 기압이 낮을수록 용존산소량은 증가한다.
㉯ 용존염류의 농도가 높을수록 용존산소량은 감소한다.
㉰ 현존 용존산소 농도가 낮을수록 산소전달률은 높아진다.
㉱ 같은 수온하에서는 해수보다 담수의 용존산소량이 높다.

풀이 ㉮ 수온이 높을수록 기압이 낮을수록 용존산소량은 감소한다.

02 다음 중 곰팡이(fungi)에 대한 내용으로 틀린 것은?

㉮ pH가 낮은 경우에도 잘 자라 산성폐수 처리에 이용된다.
㉯ 경험적인 화학식은 $C_{10}H_{17}O_6N$ 이다.
㉰ 활성슬러지법에서 팽화현상을 유발한다.
㉱ 엽록소가 있어 탄소동화작용을 한다.

풀이 ㉱ 엽록소가 없어 탄소동화작용을 못한다.

03 최종 BOD가 20mg/L, DO가 5mg/L인 하천의 상류지점으로부터 3일 유하거리의 하류지점에서의 DO 농도(mg/L)는? (단, 온도 변화는 없으며 DO 포화농도는 9mg/L이고, 탈산소계수는 0.1/day, 재폭기계수는 0.2/day, 상용대수 기준임)

㉮ 약 4.0mg/L ㉯ 약 4.5mg/L
㉰ 약 3.0mg/L ㉱ 약 2.5mg/L

풀이
① $D_t = \dfrac{k_1 \times L_o}{k_2 - k_1} \times (10^{-k_1 \times t} - 10^{-k_2 \times t})$
$\quad\quad + D_o \times (10^{-k_2 \times t})$

$= \dfrac{0.1/day \times 20mg/L}{0.2/day - 0.1/day}$
$\quad \times (10^{-0.1/day \times 3day} - 10^{-0.2/day \times 3day})$
$\quad + (9mg/L - 5mg/L) \times (10^{-0.2/day \times 3day})$
$= 6.005 mg/L$

② 3일 유하거리의 하류지점에서의 DO 농도
$= Cs - D_t = 9mg/L - 6.005mg/L$
$= 3.0 mg/L$

04 친수성 콜로이드에 대한 내용으로 틀린 것은?

㉮ 유탁상태(에멀전)로 존재한다.
㉯ 물에 쉽게 분산된다.
㉰ 친수성 콜로이드의 대부분은 소수성 콜로이드를 보호하는 작용을 한다.
㉱ 틴달(Tyndall) 효과가 크다.

풀이 ㉱ 틴달효과가 큰 것은 소수성 콜로이드이며, 틴달

answer 01 ㉮ 02 ㉱ 03 ㉰ 04 ㉱

효과가 약하거나 거의 없는 것은 친수성 콜로이드이다.

05 분뇨의 일반적인 내용으로 틀린 것은?

㉮ 하수 슬러지에 비해 염분농도와 질소 농도가 높다.
㉯ 다량의 유기물과 협잡물을 함유하나 고액분리가 용이하다.
㉰ 분뇨에 함유된 질소화합물이 pH 완충작용을 한다.
㉱ 일반적으로 수집·처분계획을 수립시, 1인 1일 1L를 기준으로 한다.

풀이 ㉯ 다량의 유기물과 협잡물을 함유하고, 고액분리가 어렵다.

06 수질분석 결과가 다음과 같다. 이 시료의 총경도?

<수질분석결과>
- $Ca^{2+} = 520 mg/L$
- $Mg^{2+} = 48 mg/L$
- $Na^+ = 40.6 mg/L$

(단, Ca = 40, Mg = 24, Na = 23 이다.)

㉮ 1,100 mg/L as $CaCO_3$
㉯ 1,200 mg/L as $CaCO_3$
㉰ 1,300 mg/L as $CaCO_3$
㉱ 1,500 mg/L as $CaCO_3$

풀이
$$\frac{총경도}{50g} = \frac{Ca^{2+} mg/L}{20g} + \frac{Mg^{2+} mg/L}{12g}$$
$$\frac{총경도(mg/L)}{50g} = \frac{520 mg/L}{20g} + \frac{48 mg/L}{12g}$$
∴ 총경도 = 1,500 mg/L

07 적조현상의 발생요인으로 틀린 것은?

㉮ 수괴의 연직 안정도가 작다.
㉯ 영양염의 공급이 충분하다.
㉰ 하천수 유입으로 해수의 염분량이 저하된다.
㉱ 해저의 산소가 고갈된다.

풀이 ㉮ 수괴의 연직 안정도가 크다.

08 미생물의 종류를 분류할 때 에너지원에 따라 분류된 것은?

㉮ Autotroph, Heterotroph
㉯ Phototroph, Chemotroph
㉰ Aerotroph, Anaerotroph
㉱ Thermotroph, Psychrotroph

풀이
① 에너지원에 따라 광합성(Phototroph)과 화학합성(Chemotroph)으로 분류된다.
② 영양계에 따라 자가영양계(Autotroph)과 타가영양계(Heterotroph)로 분류한다.

TIP 에너지원과 탄소원에 의한 분류

분류	에너지원	탄소원
광합성 독립(자가) 영양 미생물	빛	무기탄소(CO_2)
화학합성 독립(자가) 영양 미생물	무기물의 산화·환원 반응	무기탄소(CO_2)
광합성 종속(타가) 영양 미생물	빛	유기탄소
화학합성 종속(타가) 영양 미생물	유기물의 산화·환원 반응	유기탄소

answer 05 ㉯ 06 ㉱ 07 ㉮ 08 ㉯

09 물의 특성으로 틀린 것은?

㉮ 물의 표면장력은 온도가 상승할수록 감소한다.
㉯ 물은 4℃에서 밀도가 가장 크다.
㉰ 물의 여러가지 특성은 물의 수소결합 때문에 나타난다.
㉱ 융해열과 기화열이 작아 생명체의 열적안정을 유지할 수 있다.

풀이 ㉱ 융해열과 기화열이 커 생명체의 열적안정을 유지할 수 있다.

10 정화조로 유입된 생분뇨의 BOD가 21,500 mg/L, 염소이온 농도가 5,500mg/L, 방류수의 염소이온 농도가 200mg/L이라면, 방류수의 BOD 농도가 30mg/L일 때 정화조의 BOD 제거율(%)은?

㉮ 99.6%   ㉯ 96.2%
㉰ 93.4%   ㉱ 89.8%

풀이 ① 희석배수치(P)
$$= \frac{\text{유입수의 } Cl^-}{\text{유출수의 } Cl^-} = \frac{5,500mg/L}{200mg/L} = 27.5$$
② BOD 제거효율(%)
$$= \left(1 - \frac{\text{유출수의 BOD} \times P}{\text{유입수의 BOD}}\right) \times 100$$
$$= \left(1 - \frac{30mg/L \times 27.5}{21,500mg/L}\right) \times 100 = 96.16\%$$

11 곰팡이(Fungi)류의 경험적 화학 분자식으로 알맞은 것은?

㉮ $C_{12}H_7O_4N$ ㉯ $C_{12}H_8O_5N$
㉰ $C_{10}H_{17}O_6N$ ㉱ $C_{10}H_{18}O_4N$

풀이 곰팡이(Fungi)류의 경험적 화학 분자식은 $C_{10}H_{17}O_6N$이며, 암기법은 "일공 일칠 육"임을 숙지하시면 됩니다.

12 산성비를 정의할 때 기준이 되는 수소이온농도(pH)는?

㉮ 4.3   ㉯ 4.5
㉰ 5.6   ㉱ 6.3

풀이 산성비의 pH 기준은 5.6 이하이며, 원인물질은 황산화물(SO_X), 질소산화물(NO_X), 염산(HCl)이다.

13 25℃, 2기압의 메탄가스 40kg을 저장하는데 필요한 탱크의 부피(m^3)는? (단, 이상기체의 법칙, R = 0.082 L·atm/mol·k 적용)

㉮ 20.6 m^3 ㉯ 25.3 m^3
㉰ 30.6 m^3 ㉱ 35.3 m^3

풀이 기체상태방정식 : $PV = \frac{W}{M}RT$

여기서 P : 압력(atm)
V : 부피(m^3)
n : 몰수
W : 질량(g)
M : 분자량(g)
R : 기체상수(L·atm/mol·k)
T : 절대온도(k)

$2atm \times V(L) = \frac{40 \times 10^3 g}{16g} \times (0.082 L \cdot atm/mol \cdot k)$
$\times (273 + 25)k$

∴ V = 30,545 L = 30.55 m^3

---

answer 09 ㉱   10 ㉯   11 ㉰   12 ㉰   13 ㉰

14 상수원에 대한 수질검사 결과 질산성 질소만 다량 검출되었을 때 알맞은 것은?

㉮ 유기질소에 의한 일시적인 오염
㉯ 유기질소에 의한 계속적인 오염
㉰ 유기질소에 의한 영구적인 오염
㉱ 지질(地質)에 의한 오염

풀이 질산성 질소만 다량 검출된 경우는 유기질소에 의한 일시적인 오염이다.

15 점오염원에 대한 내용으로 틀린 것은?

㉮ 고농도의 하·폐수가 특정한 한 점에서 집중 배출되는 오염원이다.
㉯ 대체로 좁은 지역에서 발생하며 시간에 따른 수질의 변화가 있다.
㉰ 배출위치를 정확히 파악할 수 있다.
㉱ 강우시 집중적으로 발생하는 영양염류가 주요 오염물질이다.

풀이 ㉱번은 비점오염원에 대한 설명이다.

16 탈산소계수(상용대수)가 $0.2 day^{-1}$이면, BOD_3/BOD_5 비는?

㉮ 0.74   ㉯ 0.78
㉰ 0.83   ㉱ 0.87

풀이
$$\frac{BOD_3}{BOD_5} = \frac{BOD_u \times (1-10^{-k_1 \times t})}{BOD_u \times (1-10^{-k_1 \times t})}$$
$$= \frac{BOD_u \times (1-10^{-0.2/day \times 3day})}{BOD_u \times (1-10^{-0.2/day \times 5day})} = 0.83$$

17 해수의 특성에 대한 내용으로 틀린 것은?

㉮ 해수의 밀도는 수온, 염분, 수압에 영향을 받는다.
㉯ 해수는 강전해질로서 1L당 평균 35g의 염분을 함유한다.
㉰ 해수 내 전체 질소 중 35% 정도는 질산성 질소 등 무기성 질소 형태이다.
㉱ 해수의 Mg/Ca비는 3~4 정도이다.

풀이 ㉰ 해수 내 전체 질소 중 35% 정도는 암모니아성 질소와 유기질소 형태이다.

18 농업용수의 수질 평가시 사용되는 SAR(Sodium Adsorption Ratio) 산출식에 관련된 원소로만 짝지어진 것은?

㉮ Na, Ca, Mg   ㉯ Mg, Ca, Fe
㉰ K, Ca, Mg   ㉱ Na, Al, Mg

풀이 소듐 흡착률(SAR) = $\dfrac{Na^+}{\sqrt{\dfrac{Ca^{2+} + Mg^{2+}}{2}}}$

19 수자원 중 우수의 특징에 대한 내용으로 틀린 것은?

㉮ 우수의 주성분은 해수보다는 육수의 주성분과 거의 동일하다고 볼 수 있다.
㉯ 해안에 가까운 우수는 염분함량의 변화가 크다.
㉰ 산성비가 내리는 것은 대기오염물질인 황산화물과 질소산화물 등의 용존성분 때문이다.
㉱ 완충작용이 작다.

풀이 ㉮ 우수의 주성분은 육수보다는 해수의 주성분과 거의 동일하다고 볼 수 있다.

answer 14 ㉮   15 ㉱   16 ㉰   17 ㉰   18 ㉮   19 ㉮

20 다음 중 박테리아의 구성성분에 대한 내용이다. ( )안에 들어갈 알맞은 말은?

> 박테리아는 H_2O가 80%, 고형물이 20%로 구성되어 있으며, 고형물은 유기물이 ( )%를 차지한다.

㉮ 90   ㉯ 80
㉰ 70   ㉱ 50

풀이 박테리아의 구성성분 중 고형물은 20%이며, 이 중 유기물은 90%이고 무기물은 10%를 차지한다.

| 제2과목 | 수질오염방지기술

21 응집제 중 철염에 대한 내용으로 틀린 것은?

㉮ 염화제2철의 최적 pH 범위는 4~12 정도이다.
㉯ 알칼리 영역에서도 floc이 용해되지 않는다.
㉰ 가격이 저렴하다.
㉱ 황산제1철은 소석회와 함께 첨가한다.

풀이 ㉰ 가격이 비싸다.

22 정수시설인 급속여과지에 대한 내용으로 틀린 것은?

㉮ 여과면적은 계획정수량을 여과속도로 나누어 구한다.
㉯ 1지의 여과면적은 $250\,m^2$ 이하로 한다.
㉰ 여과모래의 유효경이 0.45~0.7mm의 범위이며, 모래층의 두께는 60~120cm를 표준으로 한다.
㉱ 여과속도는 120~150 m/d를 표준으로 한다.

풀이 ㉯ 1지의 여과면적은 $150\,m^2$ 이하로 한다.

23 BOD 농도가 200ppm인 유량이 2,000 m^3/d인 폐수를 표준 활성슬러지법으로 처리한다. 폭기조의 크기가 폭 5m, 길이 10m, 유효 깊이 4m로 할 때 폭기조의 용적부하(kg BOD/m^3·day)는?

㉮ 1.5   ㉯ 2.0
㉰ 2.5   ㉱ 3.0

풀이 BOD 용적부하 (kg/m^3·day)
$= \dfrac{BOD(kg/m^3) \times Q(m^3/day)}{폭 \times 길이 \times 유효길이(m^3)}$
$= \dfrac{0.2\,kg/m^3 \times 2{,}000\,m^3/day}{5m \times 10m \times 4m}$
$= 2.0\,kg/m^3 \cdot day$

TIP
① mg/L $\xrightarrow{\times 10^{-3}}$ kg/m^3 이므로
BOD 200mg/L = 0.2 kg/m^3
② ppm = mg/L = g/m^3

---

answer 20 ㉮ 21 ㉰ 22 ㉯ 23 ㉯

24 생물학적 원리를 이용하여 하수 내 질소를 제거(3차 처리)하기 위한 공정으로 틀린 것은?

㉮ SBR 공정 ㉯ UCT 공정
㉰ A/O 공정 ㉱ Bardenpho 공정

풀이 ㉰ A/O 공정은 인(P)만을 제거하는 공법이다.

25 슬러지의 함수율이 95%에서 90%로 줄어들면 슬러지의 부피는? (단, 슬러지 비중은 1.0)

㉮ 2/3로 감소한다.
㉯ 1/2로 감소한다.
㉰ 1/3로 감소한다.
㉱ 3/4로 감소한다.

풀이 $V_1 \times (100 - P_1) = V_2 \times (100 - P_2)$
여기서 V_1 : 감소 전 슬러지량
P_1 : 감소 전 함수율
V_2 : 감소 후 슬러지량
P_2 : 감소 후 함수율
$V_1 \times (100 - 95\%) = V_2 \times (100 - 90\%)$
$\therefore \dfrac{V_2}{V_1} = \dfrac{(100 - 95\%)}{(100 - 90\%)} = \dfrac{5}{10} = \dfrac{1}{2}$

26 다음 중 A/O 공법에 대한 내용으로 알맞은 것은?

㉮ 무산소조에서 질산화 및 인의 과잉섭취가 일어난다.
㉯ 혐기조에서 유기물제거와 함께 인의 과잉섭취가 일어난다.
㉰ 폭기조에서 인의 방출과 질산화가 동시에 일어난다.
㉱ 하수 내의 인은 결국 잉여슬러지의 인발에 의하여 제거된다.

풀이 ㉮ A/O공법은 혐기성조와 호기성조로 구성되어 있어 무산소조가 존재하지 않는다.
㉯ 혐기조에서 유기물제거와 함께 인의 방출이 일어난다.
㉰ 폭기조(호기성조)에서는 인의 과잉흡수가 일어난다.

27 수중의 암모니아(NH_3)를 공기탈기법(air stripping)으로 제거하고자 할 때 가장 중요한 인자는?

㉮ 기압   ㉯ pH
㉰ 용존산소 ㉱ 공기공급량

풀이 수중의 암모니아성 질소 탈기법은 암모니아성 질소를 pH 10 이상에서 암모니아 가스로 탈기시키는 공법이며, 기온이 상승할수록 같은 양의 폐수를 처리하는데 필요한 공기의 양은 감소하게 된다. 따라서 가장 중요한 인자는 pH와 온도이다.

28 생물막공법의 처리특성에 대한 내용으로 틀린 것은?

㉮ 자동화 및 무인화가 용이하다.
㉯ 질화세균 및 탈질균이 잘 증식된다.
㉰ 슬러지 발생량이 많다.
㉱ 저농도 폐수처리에 적합하다.

풀이 ㉰ 슬러지 발생량이 적다.

answer 24 ㉰ 25 ㉯ 26 ㉱ 27 ㉯ 28 ㉰

29 하수 소독방법인 UV 살균에 대한 내용으로 틀린 것은?

㉮ 유량과 수질의 변동에 대해 적응력이 강하다.
㉯ 접촉시간이 짧다.
㉰ 물의 탁도나 혼탁이 소독효과에 영향을 미치지 않는다.
㉱ 강한 살균력으로 바이러스에 대해 효과적이다.

풀이 ㉰ 물의 탁도나 혼탁이 소독효과에 영향을 미친다.

30 하수량 1,000 m³일 때 최초침전지에서 생성되는 슬러지의 양은?

- 최초침전지 체류시간 : 2시간
- 부유물질 제거효율 : 60%
- 부유물질농도 : 220mg/L
- 부유물질 분해 없음
- 슬러지 비중 : 1.0
- 슬러지 함수율 : 97%

㉮ 2.4 m³/1,000 m³
㉯ 3.2 m³/1,000 m³
㉰ 4.4 m³/1,000 m³
㉱ 5.2 m³/1,000 m³

풀이 슬러지발생량(m^3)

$$= \frac{SS농도(kg/m^3) \times 슬러지량(m^3)}{비중량(kg/m^3)} \times \frac{100}{100 - 함수율(\%)}$$

$$= \frac{0.22kg/m^3 \times 1,000m^3 \times 0.60}{1,000kg/m^3} \times \frac{100}{100 - 97\%}$$

$$= 4.4m^3$$

TIP

① $mg/L \xrightarrow{\times 10^{-3}} kg/m^3$ 이므로
   SS 220mg/L = 0.22 kg/m^3
② 비중(g/cm^3) $\xrightarrow{\times 10^3}$ 비중량(kg/m^3) 이므로
   비중 1.0 = 1,000 kg/m^3

31 다음 중 오존소독에 대한 내용으로 틀린 것은? (단, 염소소독과 비교)

㉮ Cl_2보다 더 강력한 산화제이다.
㉯ 저장시스템 파괴 사고의 위험이 있다.
㉰ 모든 박테리아와 바이러스를 살균시킨다.
㉱ 초기 투자비와 부속설비가 비싸다.

풀이 ㉯ 저장시스템 파괴 사고의 위험이 없다.

32 활성슬러지법의 폭기조 내 MLSS 농도 2,000mg/L, 폭기조의 용량 5 m³, 유입폐수의 BOD 농도 300mg/L, 폐수유량 15 m³/day일 때, F/M비(kg BOD/kg MLSS · day)는?

㉮ 0.35 ㉯ 0.45
㉰ 0.55 ㉱ 0.65

풀이

$$F/M비(/day) = \frac{BOD(kg/m^3) \times Q(m^3/day)}{MLSS(kg/m^3) \times V(m^3)}$$

$$= \frac{0.3kg/m^3 \times 15m^3/day}{2kg/m^3 \times 5m^3}$$

$$= 0.45/day$$

answer 29 ㉰ 30 ㉰ 31 ㉯ 32 ㉯

33 $G = 200/\sec$, $V = 150\,\mathrm{m}^3$, 교반기 효율 80%, $\mu = 1.35 \times 10^{-2}\,\mathrm{g/cm \cdot sec}$ 일 때 소요동력(kW)은?

㉮ 20.8kw ㉯ 15.8kw
㉰ 10.1kw ㉱ 5.1kw

풀이 $G = \sqrt{\dfrac{P}{\mu \cdot V}}$ 에서 $P = G^2 \times \mu \times V$

여기서 P : 동력(kw)
　　　　G : 속도경사(/sec)
　　　　μ : 점성계수(kg/m·sec)
　　　　V : 체적(m^3)

$P = (200/\sec)^2 \times 1.35 \times 10^{-3}\,\mathrm{kg/m \cdot sec} \times 150\,\mathrm{m}^3$
$\quad \times \dfrac{100}{80\%}$
$= 10,125\,\mathrm{watt} = 10.13\,\mathrm{kw}$

TIP 점성계수(μ)의 단위

Centipoise $\xrightarrow{\times 10^{-2}}$ poise(g/cm·sec)
$\xrightarrow{\times 10^{-1}}$ kg/m·sec

34 다음 중 보통 1차침전지에서 부유물질의 침강속도가 작게 되는 조건으로 알맞은 것은? (단, Stokes 법칙 적용)

㉮ 부유물질 입자의 밀도가 클 경우
㉯ 부유물질 입자의 입경이 클 경우
㉰ 처리수의 밀도가 작을 경우
㉱ 처리수의 점성도가 클 경우

풀이 ㉮ 부유물질 입자의 밀도가 작을 경우
　　　㉯ 부유물질 입자의 입경이 작을 경우
　　　㉰ 처리수의 밀도가 클 경우

35 다음 중 분뇨와 같은 고농도 유기폐수를 처리하는데 적합한 최적처리법은?

㉮ 표준활성슬러지법
㉯ 응집침전법
㉰ 여과·흡착법
㉱ 혐기성소화법

풀이 분뇨와 같은 고농도 유기폐수는 혐기성 소화법이 가장 적합하다.

36 2,000명이 살고 있는 지역에서 1일에 BOD 150kg이 하천으로 유입되고 있다. 가정하수로 1인당 1일 BOD 50g이 배출된다면 이 하천의 유입상태로 알맞은 것은?

㉮ 가정하수만 유입되고 있다.
㉯ 가정하수와 폐수가 유입되고 있다.
㉰ 가정하수와 지하수가 유입되고 있다.
㉱ 가정하수와 우수가 유입되고 있다.

풀이 가정하수량(kg) $= 50 \times 10^{-3}\,\mathrm{kg/인 \cdot 일} \times 2,000\,\mathrm{인}$
　　　　　　　　　 $= 100\,\mathrm{kg/일}$
폐수량(kg) $= 150\,\mathrm{kg/일} - 100\,\mathrm{kg/일} = 50\,\mathrm{kg/일}$
따라서 가정하수와 폐수가 유입되고 있다.

answer 33 ㉰ 34 ㉱ 35 ㉱ 36 ㉯

37 카드뮴 함유폐수의 처리방법으로 틀린 것은?

㉮ 수산화물 침전법
㉯ 황화물 침전법
㉰ 질화물 침전법
㉱ 이온교환법

풀이 카드뮴 함유폐수의 처리방법으로는 부상법, 여과법, 침전법(수산화물, 황화물, 탄산염), 이온교환법, 흡착법이며, 암기법은 "카부여에 침전된(수황탄)에 이온 좀 붙여라"임을 숙지하시면 됩니다.

38 상수처리시설인 착수정에 대한 내용으로 틀린 것은?

㉮ 형상은 일반적으로 직사각형 또는 원형으로 하고 유입구에는 제수밸브 등을 설치한다.
㉯ 착수정의 고수위와 주변벽체의 상단간에는 60cm 이상의 여유를 두어야 한다.
㉰ 용량은 체류시간을 30~60분 정도로 한다.
㉱ 수심은 3~5m 정도로 한다.

풀이 ㉰ 용량은 체류시간 1.5분 이상으로 한다.

39 폐유를 함유한 공장폐수가 있다. 이 폐수에는 A, B 두 종류의 기름이 있는데 A의 비중은 0.90이고 B의 비중은 0.94이다. A와 B의 부상 속도비(V_A/V_B)는? (단, stokes 법칙 적용, 물의 비중은 1.0이고 직경은 동일함)

㉮ 1.12 ㉯ 1.25
㉰ 1.43 ㉱ 1.67

풀이
$$\text{부상속도}(Vf) = \frac{d^2(\rho_w - \rho_s)g}{18\mu}$$
$$\frac{Vf_A}{Vf_B} = \frac{(1-0.90)}{(1-0.94)} = 1.67$$

40 하수처리에 사용되는 생물학적 처리공정 중 부유미생물을 이용한 공정으로 틀린 것은?

㉮ 산화구법
㉯ 접촉산화법
㉰ 질산화내생탈질법
㉱ 막분리활성슬러지법

풀이 ㉮, ㉰, ㉱번은 부유성장식이고, ㉯번은 부착성장식이다.

| 제3과목 | 수질오염공정시험기준

41 냄새역치(TON)의 계산식으로 알맞은 것은? (단, A : 시료부피(mL), B : 무취 정제수 부피(mL))

㉮ (A+B)/B ㉯ (A+B)/A
㉰ A/(A+B) ㉱ B/(A+B)

풀이 냄새역치(TON)
$$= \frac{\text{시료부피}(A) + \text{무취 정제수 부피}(B)}{\text{시료부피}(A)}$$

answer 37 ㉰ 38 ㉰ 39 ㉱ 40 ㉯ 41 ㉯

42 취급 또는 저장하는 동안에 밖으로부터의 공기 또는 다른 가스가 침입하지 아니하도록 내용물을 보호하는 용기는?

㉮ 밀폐용기 ㉯ 기밀용기
㉰ 밀봉용기 ㉱ 차광용기

풀이 용기
㉮ 밀폐용기 : 이물질
㉯ 기밀용기 : 공기 또는 다른 가스
㉰ 밀봉용기 : 기체 또는 미생물
㉱ 차광용기 : 광선

43 물벼룩을 이용한 급성 독성 시험법에서 사용하는 용어의 정의로 틀린 것은?

㉮ 치사 : 일정 희석비율로 준비된 시료에 물벼룩을 투입하여 12시간 경과 후 시험용기를 손으로 살짝 두드리고, 30초 후 관찰했을 때 독성물질에 영향을 받아 움직임이 명백하게 없는 상태를 말한다.
㉯ 유영저해 : 일정 희석비율로 준비된 시료에 물벼룩을 투입하고 24시간 경과 후 시험용기를 손으로 살짝 두드려 주고, 15초 후 관찰했을 때 독성물질에 의해 영향을 받아 움직임이 없을 경우를 말한다.
㉰ 표준 독성물질 : 독성시험이 정상적인 조건에서 수행되는지를 확인하기 위하여 사용하며 다이크롬산포타슘을 이용한다.
㉱ 지수식 시험방법 : 시험기간 중 시험용액을 교환하지 않는 시험을 말한다.

풀이 ㉮ 치사 : 일정 희석비율로 준비된 시료에 물벼룩을 투입하여 24시간 경과 후 시험용기를 손으로 살짝 두드리고, 15초 후 관찰했을 때 독성물질에 영향을 받아 움직임이 명백하게 없는 상태를 말한다.

44 정도보증/정도관리에서 정량한계를 바르게 표현한 것은?

㉮ 정량한계 = 3 × 표준편차(S)
㉯ 정량한계 = 5 × 표준편차(S)
㉰ 정량한계 = 10 × 표준편차(S)
㉱ 정량한계 = 15 × 표준편차(S)

풀이 정도보증/정도관리
① 정량한계 = 10 × 표준편차(S)
② 감응계수
$$= \frac{반응값(R)}{검정곡선 \; 작성용 \; 표준용액의 \; 농도(C)}$$
③ 정밀도(%)
$$= \frac{표준편차(S)}{n회 \; 측정한 \; 결과의 \; 평균값} \times 100$$

45 배출허용기준 적합여부를 판정을 위해 자동 시료채취기로 시료를 채취하는 방법의 기준은?

㉮ 6시간 이내에 30분 이상 간격으로 2회 이상 채취하여 일정량의 단일 시료로 한다.
㉯ 6시간 이내에 1시간 이상 간격으로 2회 이상 채취하여 일정량의 단일 시료로 한다.
㉰ 8시간 이내에 1시간 이상 간격으로 2회 이상 채취하여 일정량의 단일 시료로 한다.
㉱ 8시간 이내에 2시간 이상 간격으로 2회 이상 채취하여 일정량의 단일 시료로 한다.

풀이 복수시료 채취방법의 암기내용은 "6시간, 30분, 2회, 산술평균"임을 숙지하시면 됩니다.

answer 42 ㉯ 43 ㉮ 44 ㉰ 45 ㉮

46 다량의 점토질 또는 규산염을 함유한 시료에 적용하는 산분해법은?

㉮ 질산 - 염산법
㉯ 질산 - 황산법
㉰ 질산 - 과염소산법
㉱ 질산 - 과염소산 - 불화수소산법

풀이 ㉱ 질산- 과염소산- 불화수소산법에 대한 내용이며, 암기법은 "과불 점규"임을 숙지하시면 됩니다.

47 0.05N-KMnO₄ 4.0L를 만들려고 할 때 필요한 KMnO₄의 양(g)은? (단, 원자량 K : 39, Mn : 55)

㉮ 3.2
㉯ 4.6
㉰ 5.2
㉱ 6.3

풀이
$$N = \frac{W(g)}{V(L)} \times \frac{1eq}{1당량g}$$
$$0.05N = \frac{W(g)}{4.0L} \times \frac{1eq}{158g/5}$$
∴ W = 6.32g

TIP
① N농도 = 노르말농도 = 규정농도
② N농도의 단위 = eq/L
③ 1eq = $\frac{분자량(g)}{당량수}$ = $\frac{158g}{5}$

48 다음 중 투명도에 대한 설명으로 틀린 것은?

㉮ 백색원판은 지름이 30cm로 무게가 약 3kg이 되는 원판에 지름 5cm의 구멍 8개가 뚫려 있다.
㉯ 백색원판의 광 반사능은 투명도에 미치는 영향이 적지만, 색도차는 투명도에 미치는 영향이 아주 크다.
㉰ 흐름이 있어 줄이 기울어질 경우에는 2kg 정도의 추를 달아서 줄을 세워야 한다.
㉱ 측정결과는 0.1m 단위로 표기한다.

풀이 ㉯ 백색원판의 색도차는 투명도에 미치는 영향이 적지만, 원판의 광 반사능은 투명도에 영향을 미치므로 표면이 더러울 때에는 다시 색칠을 하여야 한다.

49 용존산소(DO) 측정시 적정법의 정량한계는?

㉮ 1.0mg/L
㉯ 0.5mg/L
㉰ 0.3mg/L
㉱ 0.1mg/L

풀이 용존산소의 정량한계
① 적정법 : 0.1mg/L
② 전극법 : 0.5mg/L
③ 광화학 센서방법 : 0.5 mg/L

answer 46 ㉱ 47 ㉱ 48 ㉯ 49 ㉱

50 수로의 폭이 0.5m인 직각 삼각웨어의 수두가 0.25m일 때 유량(m^3/min)은?
(단, 유량계수는 80이다.)

㉮ 2.0   ㉯ 2.5
㉰ 3.0   ㉱ 3.5

풀이 삼각웨어의 유량(Q)
$= k \times h^{\frac{5}{2}}$ (m^3/min)
$= 80 \times (0.25m)^{\frac{5}{2}} = 2.5 m^3/min$

TIP
사각웨어의 유량(Q) $= k \times b \times h^{\frac{3}{2}}$ (m^3/min)

51 부유물질 측정시 간섭물질에 대한 내용으로 틀린 것은?

㉮ 나무조각, 큰 모래입자 등과 같이 큰 입자들은 부유물질 측정에 방해를 주며, 이 경우 직경 5mm 금속망에 먼저 통과시킨 후 분석을 실시한다.
㉯ 증발잔류물이 1,000mg/L 이상인 경우의 해수, 공장폐수 등은 특별히 취급하지 않을 경우, 높은 부유물질 값을 나타낼 수 있다.
㉰ 칼슘, 마그네슘, 염화물, 황산염 등의 농도가 높을 경우 금속 침전이 발생하며, 부유물질 측정에 영향을 줄 수 있다.
㉱ 유지, 그리스, 왁스 등을 포함하는 시료의 경우 시료를 여과한다.

풀이 ㉮ 나무조각, 큰 모래입자 등과 같이 큰 입자들은 부유물질 측정에 방해를 주며, 이 경우 직경 2mm 금속망에 먼저 통과시킨 후 분석을 실시한다.

52 다음 중 시안의 분석방법으로 틀린 것은?

㉮ 자외선/가시선 분광법
㉯ 이온전극법
㉰ 연속흐름법
㉱ 이온크로마토그래피

풀이 시안의 분석방법
① 자외선/가시선 분광법
② 이온전극법
③ 연속흐름법

53 크롬-원자흡수분광광도법의 정량한계로 알맞은 것은?

㉮ 357.9 nm에서의 산처리법은 0.01 mg/L, 용매추출법은 0.001 mg/L이다.
㉯ 357.9 nm에서의 산처리법은 0.001 mg/L, 용매추출법은 0.01 mg/L이다.
㉰ 357.9 nm에서의 산처리법은 0.01 mg/L, 용매추출법은 0.01 mg/L이다.
㉱ 357.9 nm에서의 산처리법은 0.001 mg/L, 용매추출법은 0.001 mg/L이다.

answer 50 ㉯ 51 ㉮ 52 ㉱ 53 ㉮

54 수질오염공정시험기준 구리-원자흡수분광광도법에 대한 내용으로 틀린 것은?

㉮ 측정파장은 324.7nm이다.
㉯ 불꽃연료는 공기-아세틸렌을 사용한다.
㉰ 정량한계는 0.08mg/L이다.
㉱ 정밀도(% RSD)는 25% 이내이다.

풀이 ㉰ 정량한계는 0.008mg/L이다.

55 수질오염공정시험기준 상 총대장균군의 시험방법으로 틀린 것은?

㉮ 현미경계수법 ㉯ 막여과법
㉰ 시험관법   ㉱ 평판집락법

풀이 ㉮ 현미경계수법 : 식물성플랑크톤

TIP
시험방법
① 총대장균군 : 막여과법, 시험관법, 평판집락법, 효소기질정량법, 건조필름법
② 분원성대장균군 : 막여과법, 시험관법, 효소기질정량법
③ 대장균 : 막여과법, 시험관법, 효소기질정량법

56 최대유속과 최소유속의 비가 가장 큰 유량계는?

㉮ 벤튜리미터(venturi meter)
㉯ 오리피스(orifice)
㉰ 피토우(pitot)관
㉱ 자기식 유량측정기(mafnetic flow meter)

풀이 최대유속과 최소유속(최대유량과 최소유량)의 비
㉮ 벤튜리미터 4 : 1
㉯ 오리피스 4 : 1
㉰ 피토우관 3 : 1
㉱ 자기식 유량측정기 10 : 1

57 수질오염공정시험기준상 염소이온(Cl^-)의 분석방법으로 틀린 것은?

㉮ 이온크로마토그래피
㉯ 적정법
㉰ 이온전극법
㉱ 자외선/가시선 분광법

풀이 염소이온(Cl^-)의 분석방법과 정량한계
① 이온크로마토그래피 : 0.1mg/L
② 적정법 : 0.7mg/L
③ 이온전극법 : 5mg/L

answer 54 ㉰ 55 ㉮ 56 ㉱ 57 ㉱

58 유기인을 용매추출/기체크로마토그래피로 분석할 때의 내용으로 틀린 것은?

㉮ 추출용매는 헥산이며, 각 성분별 정량한계는 0.0005mg/L이다.
㉯ 실리카겔 컬럼 정제는 산, 염화페놀, 폴리클로로페녹시페놀 등의 극성화합물을 제거하기 위하여 수행한다.
㉰ 검출기는 불꽃광도 검출기(FPD) 또는 질소인 검출기(NPD)를 사용한다.
㉱ 헥산으로 추출하는 경우 메틸디메톤의 추출율이 낮아질 수 있다. 이 때에는 헥산 대신 다이클로로메탄과 헥산의 혼합용액(85 : 15)을 사용한다.

[풀이] ㉱ 헥산으로 추출하는 경우 메틸디메톤의 추출율이 낮아질 수 있다. 이 때에는 헥산 대신 다이클로로메탄과 헥산의 혼합용액(15 : 85)을 사용한다.

59 다음 중 비소를 수소화물생성–원자흡수분광광도법으로 분석할 때 내용으로 틀린 것은?

㉮ 아연 또는 소듐붕소수화물($NaBH_4$)을 넣어 수소화 비소로 포집한다.
㉯ 아르곤(또는 질소)-수소 불꽃에서 원자화시켜 228.8nm에서 흡광도를 측정한다.
㉰ 정량한계는 0.005mg/L이다.
㉱ 높은 농도의 크롬, 코발트, 구리, 수은, 몰리브덴, 은 및 니켈은 비소 분석을 방해한다.

[풀이] ㉯ 아르곤(또는 질소)-수소 불꽃에서 원자화시켜 193.7nm에서 흡광도를 측정한다.

60 개수로 유량측정에 대한 내용으로 틀린 것은? (단, 수로의 구성, 재질, 단면의 형상, 기울기 등이 일정하지 않은 개수로의 경우)

㉮ 수로는 될수록 직선적이며, 수면이 물결치지 않는 곳을 고른다.
㉯ 10m를 측정구간으로 하여 2m마다 유수의 횡단면적을 측정하고, 산술평균값을 구하여 유수의 평균 단면적으로 한다.
㉰ 유속의 측정은 부표를 사용하여 100m 구간을 흐르는데 걸리는 시간을 스톱워치로 재며 이때 실측유속을 표면 최대유속으로 한다.
㉱ 총 평균 유속(m/s)은 [0.75 × 표면최대유속(m/s)]으로 계산된다.

[풀이] ㉰ 유속의 측정은 부표를 사용하여 10m 구간을 흐르는데 걸리는 시간을 스톱워치로 재며 이때 실측유속을 표면 최대유속으로 한다.

answer 58 ㉱ 59 ㉯ 60 ㉰

2024 1회 CBT 복원문제

| 제1과목 | 수질오염개론

01 물의 특성에 대한 내용으로 틀린 것은?

㉮ 수소와 산소의 공유결합 및 수소결합으로 되어 있다.
㉯ 수온이 감소하면 물의 점성도가 감소한다.
㉰ 물의 점성도는 표준상태에서 대기의 대략 100배 정도이다.
㉱ 물분자 사이의 수소결합으로 큰 표면장력을 갖는다.

풀이 ㉯ 수온이 감소하면 물의 점성도가 증가한다.

02 농업용수의 수질을 분석할 때 이용되는 SAR(Sodium Adsorption Ratio)과 관계없는 것은?

㉮ Na^+ ㉯ Mg^{2+}
㉰ Ca^{2+} ㉱ Fe^{2+}

풀이 소듐 흡착률 $(SAR) = \dfrac{Na^+}{\sqrt{\dfrac{Ca^{2+} + Mg^{2+}}{2}}}$

03 Glycine($C_2H_5O_2N$)이 호기성 조건에서 CO_2, H_2O, HNO_3로 분해된다면 glycine 30g 분해에 소요되는 산소량(g)은?

㉮ 약 35g ㉯ 약 45g
㉰ 약 55g ㉱ 약 65g

풀이 $C_2H_5O_2N + 3.5O_2 \rightarrow 2CO_2 + 2H_2O + HNO_3$
75g : 3.5 × 32g
30g : X(산소량)
∴ $X(산소량) = \dfrac{30g \times 3.5 \times 32g}{75g} = 44.8g$

04 호소의 성층현상에 대한 내용으로 틀린 것은?

㉮ 여름에는 연직 온도경사는 DO구배와 같은 모양을 나타낸다.
㉯ 겨울이 여름보다 수심에 따른 수온차가 더 커져 호소는 더욱 안정된 성층현상이 일어난다.
㉰ 봄과 가을에 수직적으로 전도현상이 일어난다.
㉱ 계절의 변화에 따라 수온차에 의한 밀도차로 수층이 형성된다.

풀이 ㉯ 여름이 겨울보다 수심에 따른 수온차가 더 커져 호소는 더욱 안정된 성층현상이 일어난다.

---

answer 01 ㉯ 02 ㉱ 03 ㉯ 04 ㉯

05 수질오염물질과 그로 인한 공해병의 연결이 틀린 것은?

㉮ Hg : 미나마타병
㉯ Cr : 이따이이따이병
㉰ F : 반상치
㉱ PCB : 카네미유증

풀이 ㉯ Cd : 이따이이따이병

06 수질오염에 관계되는 미생물과 그 경험적 분자식이 알맞은 것은?

㉮ Bacteria : $C_5H_{10}O_2N$
㉯ Algae : $C_7H_{12}O_2N$
㉰ Protozoa : $C_7H_{14}O_3N$
㉱ Fungi : $C_{10}H_{15}O_6N$

풀이 미생물과 경험적인 화학식
㉮ Bacteria : $C_5H_7O_2N$ (암기법 : 오칠이)
㉯ Algae : $C_5H_8O_2N$ (암기법 : 오팔이)
㉰ Protozoa : $C_7H_{14}O_3N$ (암기법 : 칠 일사 삼)
㉱ Fungi : $C_{10}H_{17}O_6N$ (암기법 : 일공 일칠 육)

07 Formaldehyde(CH_2O)의 COD/TOC의 비는?

㉮ 2.67   ㉯ 2.88
㉰ 3.37   ㉱ 3.65

풀이 $CH_2O + O_2 \rightarrow CO_2 + H_2O$

$$\frac{COD(산소량)}{TOC(유기물 중 탄소량)} = \frac{1 \times 32g}{1 \times 12g} = 2.67$$

08 다음에서 설명하고 있는 기체의 법칙은?

> 공기와 같은 혼합기체 속에서 각 성분의 기체는 서로 독립적으로 압력을 나타낸다. 각 기체의 부분압력은 혼합물 속에서의 그 기체의 양(부피 퍼센트)에 비례한다. 바꾸어 말하면 그 기체가 혼합기체의 전체부피를 단독으로 차지하고 있을 때에 나타내는 압력과 같다.

㉮ Dalton의 부분압력 법칙
㉯ Henry의 부분압력 법칙
㉰ Avogadro의 부분압력 법칙
㉱ Boyle의 부분압력 법칙

풀이 ㉮ Dalton의 부분압력법칙에 대한 내용이며, 핵심 내용인 "혼합기체 속에서 각 성분의 기체=Dalton의 부분압력 법칙"임을 숙지하시면 됩니다.

09 20℃에서 k_1이 0.16/day(base 10)이라 하면, 10℃에 대한 BOD_5/BOD_u 비는? (단, $\theta = 1.047$ 임)

㉮ 0.63   ㉯ 0.69
㉰ 0.73   ㉱ 0.76

풀이 ① 20℃ k_1을 10℃의 k_1으로 전환
$k_1(10℃) = k_1(20℃) \times \theta^{(T-20)}$
$= 0.16/day \times 1.047^{(10-20)}$
$= 0.101/day$

② 10℃에 대한 BOD_5/BOD_u를 계산
$BOD_5 = BOD_u \times (1 - 10^{-k_1 \times t})$

$\frac{BOD_5}{BOD_u} = 1 - 10^{(-k_1 \times t)}$
$= 1 - 10^{(-0.101/day \times 5day)} = 0.69$

answer 05 ㉯ 06 ㉰ 07 ㉮ 08 ㉮ 09 ㉯

10 해수의 Holy Seven에서 가장 농도가 낮은 것은?

㉮ Cl^-
㉯ Mg^{2+}
㉰ Ca^{2+}
㉱ HCO_3^-

풀이 Holy Seven에서 농도 순서는
$Cl^- > Na^+ > SO_4^{2-} > Mg^{2+} > Ca^{2+} > K^+ > HCO_3^-$
이며, 암기법은 "염나황은 마네갈슘칼륨에서 중탄산을 먹는다"임을 숙지하시면 됩니다.

11 지구상의 담수 존재량의 가장 많은 부분을 차지하고 있는 것은?

㉮ 지하수
㉯ 토양수분
㉰ 빙하
㉱ 하천수

풀이 지구상의 담수 존재량의 가장 많은 부분을 차지하고 있는 것은 빙하(만년설 포함)이다.

12 지하수의 일반적 특성으로 틀린 것은?

㉮ 수온변동이 적고 탁도가 낮다.
㉯ 미생물이 거의 없고 오염물질이 적다.
㉰ 무기염류농도와 경도가 높다.
㉱ 자정속도가 빠르다.

풀이 ㉱ 자정속도가 느리다.

13 총경도가 $CaCO_3$로서 500 mg/L이고 Ca^{2+} 100mg/L, Na^+ 46mg/L, Cl^- 1.3 mg/L인 물에서의 Mg^{2+}의 농도 (mg/L)는? (단, 원자량은 Ca 40, Mg 24, Na 23, Cl 35.5)

㉮ 30 mg/L
㉯ 60 mg/L
㉰ 120 mg/L
㉱ 240 mg/L

풀이
$$\frac{총경도(mg/L)}{50g} = \frac{Ca^{2+} mg/L}{20g} + \frac{Mg^{2+} mg/L}{12g}$$
$$\frac{500 mg/L}{50g} = \frac{100 mg/L}{20g} + \frac{Mg^{2+} mg/L}{12g}$$
$$\therefore Mg^{2+} = 60 mg/L$$

14 생체내에 필수적인 금속으로 결핍시에는 인슐린의 저하를 일으킬 수 있는 유해물질은?

㉮ Cd
㉯ Mn
㉰ CN
㉱ Cr

풀이 ㉱ 크롬(Cr)에 대한 내용이며, 핵심 내용인 "인슐린의 저하 유발 = 크롬"임을 숙지하시면 됩니다.

15 CH_2O 100mg/L의 이론적 COD 값은?

㉮ 97mg/L
㉯ 107mg/L
㉰ 117mg/L
㉱ 127mg/L

풀이 $CH_2O + O_2 \rightarrow CO_2 + H_2O$
30g : 32g
100mg/L : COD
$\therefore COD = \frac{32g \times 100mg/L}{30g} = 106.67 mg/L$

answer 10 ㉱ 11 ㉰ 12 ㉱ 13 ㉯ 14 ㉱ 15 ㉯

16 음용수를 염소 소독할 때 살균력이 강한 것부터 순서대로 바르게 나타낸 것은?
(단, 강함 > 약함)

① HOCl
② OCl⁻
③ Chloramine

㉮ ① > ② > ③   ㉯ ② > ③ > ①
㉰ ② > ① > ③   ㉱ ① > ③ > ②

풀이 염소소독 시 살균력의 순서는
① HOCl > ② OCl⁻ > ③ Chloramine 순이다.

17 다음 중 가경도(pseudo hardness) 유발물질로 가장 대표적인 것은?

㉮ 칼슘   ㉯ 염소
㉰ 소듐   ㉱ 철

풀이 가경도 유발물질은 소듐(Na^+)과 포타슘(K^+)이며, 대표적인 물질은 소듐(Na^+)이다.

18 $[H^+] = 5.0 \times 10^{-6}$ mol/L인 용액의 pH는?

㉮ 5.0   ㉯ 5.3
㉰ 5.6   ㉱ 5.9

풀이 $pH = -\log[H^+]$
$= -\log[5.0 \times 10^{-6} \text{ mol/L}] = 5.30$

TIP
① 산성 물질에서 $pH = -\log[H^+]$
② 알칼리성 물질에서 $pH = 14 + \log[OH^-]$

19 우리나라 물의 이용 형태별로 볼 때 가장 수요가 많은 용수는?

㉮ 생활용수   ㉯ 공업용수
㉰ 농업용수   ㉱ 유지용수

풀이 우리나라 수자원 이용현황은 농업용수 > 하천유지용수 > 생활용수 > 공업용수 순이다.

20 다음 중 자정계수의 특징에 대한 내용으로 틀린 것은?

㉮ 자정계수의 단위는 없다.
㉯ 온도가 높아지면 자정계수는 커진다.
㉰ 유속이 빨라지면 자정계수는 커진다.
㉱ 수심이 얕을수록 자정계수는 커진다.

풀이 ㉯ 온도가 높아지면 자정계수는 낮아진다.

| 제2과목 | 수질오염방지기술

21 정수시설인 급속여과지에 대한 내용으로 틀린 것은?

㉮ 여과면적은 계획정수량을 여과속도로 나누어 구한다.
㉯ 여과지 1지의 여과면적은 200 m² 이하로 한다.
㉰ 여과모래의 유효경은 0.45~0.7mm의 범위이고, 모래층의 두께는 60~120cm를 표준으로 한다.
㉱ 여과속도는 120~150m/d를 표준으로 한다.

풀이 ㉯ 여과지 1지의 여과면적은 150 m² 이하로 한다.

answer 16 ㉮ 17 ㉰ 18 ㉯ 19 ㉰ 20 ㉯ 21 ㉯

22 활성탄 흡착의 정도와 평형관계를 나타내는 식으로 틀린 것은?

㉮ Freundlich 식
㉯ Michaelis-Santen 식
㉰ Langmuir 식
㉱ BET 식

[풀이] ㉯ Michaelis-Santen식은 미생물의 효소반응 속도 식이다.

23 활성슬러지 폭기조의 F/M비를 0.4kg BOD/kg MLSS·day로 유지하고자 한다. 운전조건이 다음과 같을 때 MLSS의 농도(mg/L)는? (단, 운전조건 : 폭기조 용량 $100\,m^3$, 유량 $1,000\,m^3/day$, 유입 BOD 100 mg/L)

㉮ 1,500 mg/L
㉯ 2,000 mg/L
㉰ 2,500 mg/L
㉱ 3,000 mg/L

[풀이]
$$F/M비 = \frac{BOD \times Q}{MLSS \times V}$$
$$0.4/day = \frac{100\,mg/L \times 1,000\,m^3/day}{MLSS \times 100\,m^3}$$
∴
$$MLSS = \frac{100\,mg/L \times 1,000\,m^3/day}{0.4/day \times 100\,m^3} = 2,500\,mg/L$$

24 5단계 Bardenpho 공정에서 호기조의 역할로 알맞은 것은?

㉮ 인의 방출
㉯ 인의 과잉 섭취
㉰ 슬러지 라이징
㉱ 탈질산화

[풀이] 5단계 Bardenpho 공정에서 반응조의 역할
① 1단계 호기조 : 인의 과잉흡수 및 질산화
② 2단계 호기성조 : 종침에서 탈질에 의한 Rising 현상 및 인의 재방출 방지
③ 1단계 무산소조 : 탈질화작용으로 질소제거
④ 2단계 무산소조 : 잔류 질산성 질소 제거
⑤ 혐기조 : 인의 방출 및 유기물 제거

25 막분리법에 대한 내용으로 틀린 것은?

㉮ 정밀여과의 막형태는 비대칭형 다공성막 형태이다.
㉯ 한외여과의 구동력은 정수압차이다.
㉰ 역삼투의 분리형태는 용해, 확산이다.
㉱ 투석의 구동력은 농도차이다.

[풀이] ㉮ 정밀여과의 막형태는 대칭형 다공성막 형태이다.

26 생물학적 방법과 화학적 방법을 함께 이용한 고도처리 방법은?

㉮ 수정 Bardenpho 공정
㉯ Phostrip 공정
㉰ SBR 공정
㉱ UCT 공정

[풀이] 생물학적 방법과 화학적 방법을 함께 이용하여 인 (P)을 제거하는 공법은 Phostrip 공정이다.

27 고농도의 유기물질(BOD)이 오염이 적은 수계에 배출될 때 나타나는 현상으로 틀린 것은?

㉮ pH의 감소
㉯ DO의 감소
㉰ 박테리아의 증가
㉱ 조류의 증가

[풀이] ㉮ pH의 감소 : 질산화반응에 의해 $[H^+]$가 증가한다.

answer 22 ㉯ 23 ㉰ 24 ㉯ 25 ㉮ 26 ㉯ 27 ㉱

㉯ DO의 감소 : 호기성 박테리아의 유기물분해에 의해 용존산소(DO) 소비
㉰ 박테리아의 증가 : 유기물을 분해하기 위해 호기성 박테리아 증가
㉱ 조류의 증가 : 유기물분해가 끝나고 수계가 정화된 후 조류 출현

28 호기성 소화법에 대한 내용으로 틀린 것은? (혐기성 소화법과 비교)

㉮ 운전이 용이하다.
㉯ 소화슬러지 탈수가 용이하다.
㉰ 가치있는 부산물이 생성되지 않는다.
㉱ 저온시의 효율이 저하된다.

풀이 ㉯ 소화슬러지 탈수가 용이하지 못하다.

29 암모늄 이온(NH_4^+) 36mg/L를 함유한 5,000 m^3의 폐수를 50,000g $CaCO_3/m^3$의 처리용량을 가지는 양이온 교환수지로 처리하고자 한다. 이때 소요되는 양이온 교환수지의 부피(m^3)는?

㉮ 6 ㉯ 8
㉰ 10 ㉱ 12

풀이 ① $2NH_4^+ + CaCO_3 \rightarrow (NH_4)_2CO_3 + Ca^{2+}$
  $2 \times 18g$: $100g$
  $36g/m^3 \times 5,000m^3$: X
  ∴ X = 500,000g
② 양이온 교환수지의 부피(m^3)
  $= \dfrac{500,000g}{50,000g/m^3} = 10m^3$

TIP
$mg/L = g/m^3$ 이므로 $36mg/L = 36g/m^3$

30 혐기성 소화조 운전 중 소화가스 발생량이 저하되었다. 그 원인으로 틀린 것은?

㉮ 조내 온도저하
㉯ 저농도 슬러지 유입
㉰ 소화슬러지 과잉 배출
㉱ 과다교반

풀이 혐기성소화시 소화가스 발생량 저하 원인
① 저농도 슬러지 유입
② 소화슬러지 과잉배출
③ 조내 온도저하
④ 소화가스 누출
⑤ 과다한 산 생성
⑥ 소화조 내의 pH 상승(pH 8.5 이상)

31 BOD 300mg/L, 유량 2,000m^3/day의 폐수를 활성슬러지법으로 처리할 때 BOD 슬러지부하 0.25kgBOD/kgMLSS·day, MLSS 2,000mg/L로 하기 위한 포기조의 용적은?

㉮ 800 m^3 ㉯ 1,000 m^3
㉰ 1,200 m^3 ㉱ 1,400 m^3

풀이
$$F/M비(/day) = \dfrac{BOD(kg/m^3) \times Q(m^3/day)}{MLSS(kg/m^3) \times V(m^3)}$$
$$0.25/day = \dfrac{0.3kg/m^3 \times 2,000m^3/day}{2kg/m^3 \times V(m^3)}$$
$$∴ V = \dfrac{0.3kg/m^3 \times 2,000m^3/day}{2kg/m^3 \times 0.25/day} = 1,200m^3$$

TIP
① $mg/L \xrightarrow{\times 10^{-3}} kg/m^3$ 이므로
  BOD 300mg/L = 0.3kg/m^3
② ppm = mg/L = g/m^3

answer 28 ㉯ 29 ㉰ 30 ㉱ 31 ㉰

32 화학합성을 하는 자가영양계미생물의 에너지원과 탄소원으로 알맞은 것은?

　　　　(에너지원)　　　(탄소원)
㉮ 무기물의 산화환원반응　　유기탄소
㉯ 무기물의 산화환원반응　　CO_2
㉰ 유기물의 산화환원반응　　유기탄소
㉱ 유기물의 산화환원반응　　CO_2

풀이 에너지원과 탄소원에 의한 미생물의 분류

분류	에너지원	탄소원
광합성 독립 영양 미생물	빛	CO_2
화학합성 독립 영양 미생물	무기물의 산화·환원 반응	CO_2
광합성 종속 영양 미생물	빛	유기탄소
화학합성 종속 영양 미생물	유기물의 산화·환원 반응	유기탄소

33 염소이온 농도가 500mg/L이고, BOD가 5,000mg/L인 공장폐수를 염소이온이 없는 깨끗한 물로 희석한 후 활성슬러지법으로 처리하여 얻은 유출수의 BOD는 10mg/L이고, 염소이온이 20mg/L이었다. 이 때 BOD 제거율은? (단, 기타 여건은 고려하지 않음)

㉮ 90%　　㉯ 92%
㉰ 95%　　㉱ 98%

풀이
① 희석배수치(P) = $\dfrac{\text{유입수의 Cl}^- \text{ 농도}}{\text{유출수의 Cl}^- \text{ 농도}}$
　　= $\dfrac{500\text{mg/L}}{20\text{mg/L}} = 25$

② BOD 제거율(%)
　= $\left(1 - \dfrac{\text{유출수 BOD} \times P}{\text{유입수 BOD}}\right) \times 100$
　= $\left(1 - \dfrac{10\text{mg/L} \times 25}{5,000\text{mg/L}}\right) \times 100 = 95\%$

34 역삼투 장치로 하루에 $1,710\,m^3$의 3차 처리된 유출수를 탈염시키고자 한다. 요구되는 막면적(m^2)은?

- 유입수와 유출수 사이의 압력차 = 2,400kPa
- 25℃에서 물질전달계수 = 0.2068L/(day·m^2)(kPa)
- 최저 운전 온도 = 10℃
- $A_{10℃} = 1.58 A_{25℃}$
- 유입수와 유출수의 삼투압차 = 310kPa

㉮ 약 5,351 m^2　　㉯ 약 6,251 m^2
㉰ 약 7,351 m^2　　㉱ 약 8,121 m^2

풀이
① Q_F (L/day·m^2)
　= K(L/day·m^2·kpa) × (Δp − Δπ)
　= 0.2068L/day·m^2·kpa × (2,400kpa − 310kpa)
　= 432.212 L/day·m^2

② $A_{25℃} = \dfrac{Q(\text{L/day})}{Q_F(\text{L/day}\cdot m^2)}$
　= $\dfrac{1,710 \times 10^3 \text{L/day}}{432.212 \text{L/day}\cdot m^2} = 3,956.39\,m^2$

③ $A_{10℃} = 1.58 A_{25℃}$
　= $1.58 \times 3,956.39\,m^2 = 6,251.10\,m^2$

35 혐기성 소화법과 비교한 호기성 소화법의 장·단점으로 틀린 것은?

㉮ 운전이 용이하다.
㉯ 소화슬러지 탈수가 용이하다.
㉰ 가치있는 부산물이 생성되지 않는다.
㉱ 저온시의 효율이 저하된다.

풀이 ㉯ 소화슬러지 탈수가 용이하지 못하다.

answer 32 ㉯　33 ㉰　34 ㉯　35 ㉯

36 도시 하수처리장 1차 침전지의 SS 제거 효율이 약 38%이다. 유입수의 SS가 260mg/L이고, 유량이 8,000 m^3/day라면 1차 침전지에서 제거되는 슬러지의 양(m^3/day)은? (단, 1차 슬러지는 5%의 고형물을 함유하며, 슬러지의 비중은 1.1이다.)

㉮ 약 $6.4\,m^3/day$
㉯ 약 $9.4\,m^3/day$
㉰ 약 $12.4\,m^3/day$
㉱ 약 $14.4\,m^3/day$

풀이 제거되는 슬러지량(m^3/day)

$$= \frac{SS농도(kg/m^3) \times Q(m^3/day) \times \eta(제거효율)}{비중량(kg/m^3)}$$
$$\times \frac{100}{TS(\%)}$$
$$= \frac{0.26\,kg/m^3 \times 8,000\,m^3/day \times 0.38}{1,100\,kg/m^3} \times \frac{100}{5\%}$$
$$= 14.37\,m^3/day$$

TIP

① $mg/L \xrightarrow{\times 10^{-3}} kg/m^3$ 이므로
  SS $260\,mg/L = 0.26\,kg/m^3$
② 비중 $(g/cm^3) \xrightarrow{\times 10^3}$ 비중량(kg/m^3)
  이므로 비중 $1.1 = 1,100\,kg/m^3$

37 펜톤산화처리방법에 대한 내용으로 틀린 것은?

㉮ 일반적인 적정 반응 pH는 3~4.5이다.
㉯ 펜톤시약은 철염과 과산화수소를 말한다.
㉰ 과산화수소수를 과량으로 첨가하면 수산화철의 침전율을 향상시킬 수 있다.
㉱ 폐수의 COD는 감소하지만 BOD는 증가할 수 있다.

풀이 ㉰ 철염(황산제1철)을 과량으로 첨가하면 수산화철의 침전율을 향상시킬 수 있다.

38 입자농도와 상호작용에 따른 침전형태 중 Stokes Law를 적용할 수 있는 것은?

㉮ 응결침전(flocculent settling)
㉯ 독립침전(piscrete settling)
㉰ 지역침전(zone settling)
㉱ 압축침전(compression settling)

풀이 ㉯ 독립침전에 대한 내용이며, 핵심 내용인 "Stokes Law = 독립침전"임을 숙지하시면 됩니다.

39 염소소독의 특징에 대한 내용으로 틀린 것은? (단, 자외선 소독과 비교 기준)

㉮ 소독력 있는 잔류염소를 수송관거 내에 유지시킬 수 있다.
㉯ 처리수의 총용존고형물이 감소한다.
㉰ 염소접촉조로부터 휘발성 유기물이 생성된다.
㉱ 처리수의 잔류독성이 탈염소과정에 의해 제거되어야 한다.

풀이 ㉯ 처리수의 총용존고형물이 증가한다.

answer 36 ㉱ 37 ㉰ 38 ㉯ 39 ㉯

40 회전원판법의 특징에 대한 내용으로 틀린 것은?

㉮ 단회로 현상의 제어가 어렵다.
㉯ 폐수량 변화에 강하다.
㉰ 파리는 발생하지 않으나 하루살이가 발생하는 수가 있다.
㉱ 활성슬러지법에 비해 최종침전지에서 미세한 부유물질이 유출되기 쉽다.

풀이 ㉮ 단회로 현상의 제어가 쉽다.

| 제3과목 | 수질오염공정시험기준

41 정도보증/정도관리(QA/QC)에서 정량한계를 바르게 나타낸 것은?

㉮ 정량한계 = 표준편차(S) × 2
㉯ 정량한계 = 표준편차(S) × 5
㉰ 정량한계 = 표준편차(S) × 8
㉱ 정량한계 = 표준편차(S) × 10

풀이 ① 정량한계 = 표준편차(S) × 10
② 감응계수
$= \dfrac{반응값(R)}{검정곡선 작성용 표준용액의 농도(C)}$

42 공장 폐수의 COD를 측정하기 위하여 검수 25mL에 증류수를 가하여 100mL로 하여 실험한 결과 $0.025N-KMnO_4$ 가 10.1mL 최종 소모되었을 때 이 공장의 COD(mg/L)는? (단, 공시험의 적정에 소요된 $0.025N-KMnO_4$는 0.1mL, $0.025N-KMnO_4$의 역가는 1.0이다.)

㉮ 20   ㉯ 40
㉰ 60   ㉱ 80

풀이
$COD(mg/L) = \dfrac{(b-a) \times f \times 0.2}{V(L)}$
$= \dfrac{(10.1 - 0.1)\,mL \times 1.0 \times 0.2}{25 \times 10^{-3}\,L}$
$= 80\,mg/L$

43 물벼룩을 이용한 급성 독성 시험법에서 사용하는 용어 중 '치사'를 바르게 나타낸 것은?

㉮ 치사 : 일정 희석비율로 준비된 시료에 물벼룩을 투입하여 12시간 경과 후 시험용기를 손으로 살짝 두드리고, 30초 후 관찰했을 때 독성물질에 영향을 받아 움직임이 명백하게 없는 상태를 말한다.
㉯ 치사 : 일정 희석비율로 준비된 시료에 물벼룩을 투입하여 12시간 경과 후 시험용기를 손으로 살짝 두드리고, 15초 후 관찰했을 때 독성물질에 영향을 받아 움직임이 명백하게 없는 상태를 말한다.
㉰ 치사 : 일정 희석비율로 준비된 시료에 물벼룩을 투입하여 24시간 경과 후 시험용기를 손으로 살짝 두드리고, 30초 후 관찰했을 때 독성물질에 영향을 받아 움직임이 명백하게 없는 상태를 말한다.
㉱ 치사 : 일정 희석비율로 준비된 시료에 물벼룩을 투입하여 24시간 경과 후 시험

answer 40 ㉮   41 ㉱   42 ㉱   43 ㉮

용기를 손으로 살짝 두드리고, 15초 후 관찰했을 때 독성물질에 영향을 받아 움직임이 명백하게 없는 상태를 말한다.

풀이 치사에 대한 정의는 ㉮번이며, 핵심내용인 "24시간, 15초, 명백하게 없는 상태"임을 숙지하시면 됩니다.

44 부유물질 측정 시 간섭물질에 대한 내용으로 틀린 것은?

㉮ 증발잔류물이 1,000mg/L 이상인 경우의 해수, 공장폐수 등은 특별히 취급하지 않을 경우, 높은 부유물질 값을 나타낼 수 있다.
㉯ 10mm 금속망을 통과시킨 큰 입자들은 부유물질 측정에 방해를 주지 않는다.
㉰ 칼슘, 마그네슘, 염화물, 황산염 등의 농도가 높을 경우 금속 침전이 발생하며, 부유물질 측정에 영향을 줄 수 있다.
㉱ 유지, 그리스, 왁스 등을 포함하는 시료의 경우 시료를 여과한다.

풀이 ㉯ 2mm 금속망을 통과시킨 큰 입자들은 부유물질 측정에 방해를 준다.

45 공장폐수 및 하수유량 측정방법 중 오리피스에 대한 내용으로 틀린 것은?

㉮ 설치에 비용이 적게 들고 비교적 유량 측정이 정확하다.
㉯ 얇은 판 오리피스가 널리 이용되고 있으며 흐름의 수로 내외에 설치한다.
㉰ 단면이 축소되는 목(throat)부분을 조절함으로써 유량이 조절된다.
㉱ 오리피스 단면에서 커다란 수두손실이 일어난다.

풀이 ㉯ 얇은 판 오리피스가 널리 이용되고 있으며 흐름의 수로 내에 설치한다.

46 자외선/가시선 분광법으로 페놀류를 분석할 때 발색액의 색은? (단, 수용액 기준)

㉮ 청색   ㉯ 황색
㉰ 적색   ㉱ 청록색

풀이 페놀류의 자외선/가시선 분광법
① 측정파장 : 수용액(510nm), 클로로폼용액(460nm)
② 발색액의 색 : 적색
③ 정량한계 : 클로로폼추출법(0.005mg/L), 직접측정법(0.05mg/L)

answer 44 ㉯   45 ㉯   46 ㉰

47 NaOH 0.01M은 몇 mg/L인가?

㉮ 40 ㉯ 400
㉰ 4,000 ㉱ 40,000

풀이
$$mg/L = \frac{0.01\,mol}{L} \times \frac{40g}{1mol} \times \frac{10^3\,mg}{1g}$$
$$= 400\,mg/L$$

TIP
① NaOH = 수산화소듐 = 수산화소듐
② NaOH 1mol = 분자량(g) = 40g
③ M농도의 단위 : mol/L
④ ppm의 단위 : mg/L

48 수질오염공정시험기준상 질산성 질소를 분석하는 방법으로 틀린 것은?

㉮ 이온크로마토그래피
㉯ 자외선/가시선 분광법(부루신법)
㉰ 자외선/가시선 분광법(활성탄흡착법)
㉱ 자외선/가시선 분광법(산화법)

풀이 질산성 질소의 분석방법
① 이온크로마토그래피
② 자외선/가시선 분광법(부루신법)
③ 자외선/가시선 분광법(활성탄흡착법)
④ 데발다합금 환원증류법

49 금속성분을 측정하기 위한 시료의 전처리방법 중 유기물을 다량 함유하고 있으면서 산분해가 어려운 시료에 적용되는 산분해법은?

㉮ 질산 – 염산법
㉯ 질산 – 불화수소산법
㉰ 질산 – 과염소산법
㉱ 질산 – 과염소산 – 불화수소산법

풀이 ㉰ 질산 – 과염소산법에 대한 내용이며, 암기법인 "과염 산분해=질산 – 과염소산법"임을 숙지하시면 됩니다.

50 셀레늄을 수소화물생성–원자흡수분광광도법으로 측정할 때 측정파장은?

㉮ 196.0nm ㉯ 256.0nm
㉰ 435.0nm ㉱ 620.0nm

풀이 셀레늄의 수소화물생성–원자흡수분광광도법
① 환원제 : 소듐붕소수화물(NaBH$_4$)
② 불꽃조합 : 아르곤(질소) – 수소 불꽃
③ 측정파장 및 정량한계 : 196.0nm, 0.005mg/L

51 인산염인($PO_4 - P$)을 자외선/가시선 분광법(이염화주석환원법)으로 분석할 때 880nm에서 흡광도 측정이 불가능할 경우 측정이 가능한 파장은?

㉮ 410nm ㉯ 510nm
㉰ 610nm ㉱ 710nm

풀이 880nm에서 흡광도 측정이 불가능할 경우 710nm에서 측정한다.

52 노말헥산추출물질 측정을 위한 시험방법에 대한 내용으로 (   )에 들어갈 알맞은 것은?

> 시료 적당량을 분액깔대기에 넣고 (   ) 변할 때까지 염산(1+1)을 넣어 pH 4이하로 조절한다.

㉮ 메틸오렌지 용액(0.1 %) 2~3 방울을 넣고 황색이 적색으로

answer 47 ㉯ 48 ㉱ 49 ㉰ 50 ㉮ 51 ㉱ 52 ㉮

㉯ 메틸오렌지 용액(0.1 %) 2~3 방울을 넣고 적색이 황색으로
㉰ 메틸레드용액(0.5 %) 2~3 방울을 넣고 황색이 적색으로
㉱ 메틸레드용액(0.5 %) 2~3 방울을 넣고 적색이 황색으로

풀이 노말헥산 추출물질 측정
① 시료(노말헥산 추출물질) : 5mg ~ 200mg
② 지시약 : 메틸오렌지 용액(0.1 %) 2~3 방울
③ 적정액 : 염산(1+1)
④ 종말점 : 황색 → 적색(pH 4 이하)

53 시안을 자외선/가시선 분광법으로 분석할 때 정량한계는?

㉮ 0.1mg/L
㉯ 0.01mg/L
㉰ 0.5mg/L
㉱ 0.05mg/L

풀이 시안의 자외선/가시선 분광법 핵심 내용
① 시료를 pH 2 이하의 산성에서 가열 증류
② 청색의 흡광도를 620nm에서 측정
③ 정량한계 : 0.01mg/L

54 배출허용기준 적합여부를 판정을 위해 자동 시료채취기로 시료를 채취하는 방법의 기준은?

㉮ 6시간 이내에 30분 이상 간격으로 2회 이상 채취하여 일정량의 단일 시료로 한다.
㉯ 6시간 이내에 1시간 이상 간격으로 2회 이상 채취하여 일정량의 단일 시료로 한다.
㉰ 8시간 이내에 1시간 이상 간격으로 2회 이상 채취하여 일정량의 단일 시료로 한다.
㉱ 8시간 이내에 2시간 이상 간격으로 2회 이상 채취하여 일정량의 단일 시료로 한다.

풀이 복수시료 채취방법의 암기내용은 "6시간, 30분, 2회, 산술평균"임을 숙지하시면 됩니다.

55 수질오염공정시험기준 구리-원자흡수분광광도법에 대한 내용으로 틀린 것은?

㉮ 측정파장은 228.8nm이다.
㉯ 불꽃연료는 공기-아세틸렌을 사용한다.
㉰ 정량한계는 0.008mg/L이다.
㉱ 정밀도(% RSD)는 25% 이내이다.

풀이 ㉮ 측정파장은 324.7nm이다.

56 다음 중 크롬을 측정하는 방법으로 틀린 것은?

㉮ 원자흡수분광광도법
㉯ 유도결합플라스마-질량분석법
㉰ 유도결합플라스마-원자발광분광법
㉱ 양극벗김전압전류법

풀이 크롬의 측정방법
① 원자흡수분광광도법
② 유도결합플라스마-원자발광분광법
③ 유도결합플라스마-질량분석법

---

answer 53 ㉯ 54 ㉮ 55 ㉮ 56 ㉱

57 다음 중 유기인을 기체크로마토그래피로 분석할 때 추출용매로 알맞은 것은?

㉮ 헥산   ㉯ 클로로폼
㉰ 벤젠   ㉱ 사염화탄소

풀이 유기인을 기체크로마토그래피
① 추출용매 : 헥산
② 정량한계 : 0.0005mg/L
③ 운반기체 : 순도 99.999% 이상의 질소 또는 헬륨
④ 검출기 : 불꽃광도검출기(FPD), 질소인검출기(NPD)

58 다음 중 수질오염공정시험기준에서 진공의 정의는?

㉮ 따로 규정이 없는 한 15 mmH$_2$O 이하를 말한다.
㉯ 따로 규정이 없는 한 15 mmHg 이하를 말한다.
㉰ 따로 규정이 없는 한 20 mmH$_2$O 이하를 말한다.
㉱ 따로 규정이 없는 한 20 mmHg 이하를 말한다.

풀이 진공이라 함은 따로 규정이 없는 한 15 mmHg 이하를 말하며, 핵심 내용인 "15 mmHg 이하"임을 숙지해야 한다.

59 불소를 자외선/가시선 분광법으로 분석할 때의 내용으로 틀린 것은?

㉮ 란탄알라자린 콤플렉손의 착화합물이 불소이온과 반응한다.
㉯ 적색의 복합 착화합물의 흡광도를 620nm에서 측정한다.
㉰ 정량한계는 0.15mg/L이다.
㉱ 알루미늄 및 철의 방해가 크나 증류하면 영향이 없다.

풀이 ㉯ 청색의 복합 착화합물의 흡광도를 620nm에서 측정한다.

60 다음 중 전기전도도 측정계에 대한 설명으로 틀린 것은?

㉮ 지시부는 직류 휘트스톤브리지 회로나 연산 증폭기 회로 등으로 구성된 것을 사용한다.
㉯ 전도도셀은 그 형태, 위치, 전극의 크기에 따라 각각 자체의 셀 상수를 가지고 있다.
㉰ 전기전도도 측정계 중에서 25℃에서의 자체온도 보상회로가 장치되어 있는 것이 사용하기에 편리하다.
㉱ 전기전도도 셀은 항상 수중에 잠긴 상태에서 보존하여야 한다.

풀이 지시부는 교류 휘트스톤브리지 회로나 연산 증폭기 회로 등으로 구성된 것을 사용한다.

answer 57 ㉮ 58 ㉯ 59 ㉯ 60 ㉮

2024 3회 CBT 복원문제

| 제1과목 | 수질오염개론

01 다음은 지하수의 수질특성에 대한 내용으로 틀린 것은?

㉮ 수온변동이 적고, 탁도가 낮다.
㉯ 유속이 느리고 국지적인 환경조건의 영향이 적다.
㉰ 알칼리도 및 경도가 지표수보다 높다.
㉱ 세균에 의한 유기물 분해가 주된 생물 작용이다.

풀이 ㉯ 유속이 느리고 국지적인 환경조건의 영향이 크다.

02 수질오염에 관계되는 미생물과 그 경험적 분자식이 알맞은 것은?

㉮ Bacteria : $C_5H_{10}O_2N$
㉯ Algae : $C_7H_{12}O_2N$
㉰ Protozoa : $C_7H_{14}O_3N$
㉱ Fungi : $C_{10}H_{15}O_6N$

풀이 미생물과 경험적인 화학식
㉮ Bacteria : $C_5H_7O_2N$ (암기법 : 오칠이)
㉯ Algae : $C_5H_8O_2N$ (암기법 : 오팔이)
㉰ Protozoa : $C_7H_{14}O_3N$ (암기법 : 칠 일사 삼)
㉱ Fungi : $C_{10}H_{17}O_6N$ (암기법 : 일공 일칠 육)

03 다음에서 설명하고 있는 기체의 법칙은?

> 공기와 같은 혼합기체 속에서 각 성분 기체는 서로 독립적으로 압력을 나타낸다. 각 기체의 부분압력은 혼합물 속에서의 그 기체의 양(부피 퍼센트)에 비례한다. 바꾸어 말하면 그 기체가 혼합기체의 전체부피를 단독으로 차지하고 있을 때에 나타내는 압력과 같다.

㉮ Dalton의 부분압력 법칙
㉯ Henry의 부분압력 법칙
㉰ Avogadro의 부분압력 법칙
㉱ Boyle의 부분압력 법칙

풀이 ㉮ Dalton의 부분압력 법칙에 대한 내용이며, 핵심 내용인 "혼합기체 속에서 각 성분의 기체 = Dalton의 부분압력 법칙"임을 숙지하시면 됩니다.

04 수심이 깊은 호소에서 발생하는 성층현상에 대한 내용으로 틀린 것은?

㉮ 봄이 되면 얼음이 녹으면서 표수층의 수온이 올라가 4℃가 되면 최대밀도를 가지게 되어 아래로 이동하게 된다.
㉯ 수온약층은 표수층에 비하여 수심에 따른 수온차이가 작다.
㉰ 여름과 겨울에는 성층현상이 발생하고, 가을과 봄에는 전도현상이 발생한다.
㉱ 호소의 성층현상은 기후특성, 호수저 수용량에 따른 유입유출량의 크기, 호

answer 01 ㉯ 02 ㉰ 03 ㉮ 04 ㉯

수의 크기 등 다양한 환경인자에 의해 영향을 받는다.

풀이 ㉯ 수온약층은 표수층에 비하여 수심에 따른 수온 차이가 크다.

05 어떤 폐수의 BOD_5가 300mg/L, COD가 400mg/L이었다. 이 폐수의 난분해성 COD(NBDCOD)는? (단, 탈산소계수 $k_1 = 0.01hr^{-1}$이다. 상용대수기준, $BDCOD = BOD_u$)

㉮ 60 mg/L ㉯ 70 mg/L
㉰ 80 mg/L ㉱ 90 mg/L

풀이 COD = NBDCOD + BDCOD
여기서, NBDCOD : 생물학적 분해 불가능한 COD
BDCOD : 생물학적 분해 가능한 COD
= 최종 BOD = BOD_u

① $BOD_5 = BOD_u \times (1 - 10^{-k_1 \times t})$
300mg/L = $BOD_u \times (1 - 10^{-0.01/hr \times 24hr/day \times 5day})$
$\therefore BOD_u = \dfrac{300mg/L}{(1 - 10^{-0.01/hr \times 24hr/day \times 5day})}$
= 320mg/L

② NBDCOD = COD - BDCOD(BOD_u)
= 400mg/L - 320mg/L = 80mg/L

06 물의 특징에 대한 내용으로 틀린 것은?

㉮ 수소결합을 하고 있다.
㉯ 수온이 증가할수록 표면장력은 커진다.
㉰ 4℃일 때 물의 비중량은 $1,000 \, kg/m^3$으로 최대값을 가진다.
㉱ 융해열과 기화열이 큰 편이다.

풀이 ㉯ 수온이 증가할수록 표면장력은 작아진다.

07 지구상에 분포하는 수량 중 빙하(만년설 포함) 다음으로 가장 많은 비율을 차지하고 있는 것은? (단, 담수 기준)

㉮ 하천수 ㉯ 지하수
㉰ 대기습도 ㉱ 토양수

풀이 담수의 분포는 빙하(만년설 포함) > 지하수 > 지표수 > 토양의 수분 > 대기 중의 수분 순서이다.

08 해수의 주요성분 중 Cl^-, Na^+ 다음으로 가장 많이 함유되어 있는 이온은?

㉮ SO_4^{2-} ㉯ HCO_3^-
㉰ Ca^{2+} ㉱ K^+

풀이 Holy Seven에서 농도 순서는
$Cl^- > Na^+ > SO_4^{2-} > Mg^{2+} > Ca^{2+} > K^+ > HCO_3^-$
이며, 암기법은 "염나황은 마네칼슘칼륨에서 중탄산을 먹는다"임을 숙지하시면 됩니다.

09 아세트산(CH_3COOH) 120mg/L 용액의 pH는? (단, 아세트산의 Ka는 1.8×10^{-5})

㉮ 1.65 ㉯ 4.21
㉰ 3.72 ㉱ 3.52

풀이 $CH_3COOH \rightarrow CH_3COO^- + H^+$
$K_a = \dfrac{[CH_3COO^-][H^+]}{[CH_3COOH]}$에서
$[CH_3COO^-] = [H^+]$이므로
$K_a = \dfrac{[H^+]^2}{[CH_3COOH]}$
$[H^+] = \sqrt{K_a \times [CH_3COOH]}$
$[CH_3COOH]$의 mol/L
$= \dfrac{0.12g}{L} \times \dfrac{1mol}{60g} = 0.002M$
$[H^+] = \sqrt{(1.8 \times 10^{-5}) \times (0.002M)} = 1.9 \times 10^{-4} mol/L$

answer 05 ㉰ 06 ㉯ 07 ㉯ 08 ㉮ 09 ㉰

$$pH = -\log[H^+]$$
$$= -\log[1.9 \times 10^{-4} \text{ mol/L}] = 3.72$$

10 호수내의 성층현상에 대한 내용으로 틀린 것은?

㉮ 여름성층의 연직 온도경사는 분자확산에 의한 DO구배와 같은 모양이다.
㉯ 성층의 구분 중 약층(thermocline)은 수심에 따른 수온변화가 적다.
㉰ 겨울성층은 표층수 냉각에 의한 성층이어서 역성층이라고도 한다.
㉱ 전도현상은 가을과 봄에 일어나며 수괴의 연직혼합이 왕성하다.

풀이 ㉯ 성층의 구분 중 약층(thermocline)은 수심에 따른 수온 변화가 크다.

11 알칼리도의 특징에 대한 내용으로 틀린 것은?

㉮ P-Alk를 측정할 때 사용하는 지시약은 페놀프탈레인이다.
㉯ 유발물질 중 자연수의 경우 수산화물(OH^-)에 의한 알칼리도가 지배적이다.
㉰ M-Alk가 총 알칼리도이다.
㉱ 자연수의 알칼리도는 석회암 등의 지질에 의해 변할 수 있다.

풀이 ㉯ 유발물질 중 자연수의 경우 중탄산염(HCO_3^-)에 의한 알칼리도가 지배적이다.

12 카드뮴에 대한 내용으로 틀린 것은?

㉮ 카드뮴은 흰 은색이며 아연 정련업, 도금공업 등에서 배출된다.
㉯ 골연화증이 유발된다.
㉰ 만성폭로로 인한 흔한 증상은 단백뇨이다.
㉱ 윌슨씨병 증후군과 소인증이 유발된다.

풀이 ㉱ 카드뮴의 대표질환으로는 이따이이따이병이다.

13 어느 하천의 DO가 6.3mg/L, BOD_u가 17.1mg/L이었다. 이때 용존산소곡선(DO SagCurve)에서 임계점에 달하는 시간(day)은? (단, 온도는 20℃, 용존산소 포화량 9.2mg/L, $k_1 = 0.1/day$, $k_2 = 0.3/day$, $t_c = \dfrac{1}{k_1(f-1)} \log\left[f \times \left(1-(f-1)\dfrac{D_o}{L_o}\right)\right]$, $f = k_2/k_1$)

㉮ 약 1.0일 ㉯ 약 1.5일
㉰ 약 2.0일 ㉱ 약 2.5일

풀이 $t_c = \dfrac{1}{k_1(f-1)} \log\left\{f \times \left(1-(f-1)\dfrac{D_o}{L_o}\right)\right\}$

① $f = \dfrac{k_2}{k_1} = \dfrac{0.3/day}{0.1/day} = 3$

② $L_o = BOD_u = 17.1 mg/L$

③ D_o = 포화 DO 농도 - 하천의 DO 농도
  = 9.2mg/L − 6.3mg/L = 2.9mg/L

④ $t_c = \dfrac{1}{0.1/day \times (3-1)}$
  $\log\left\{3 \times \left(1-(3-1)\dfrac{2.9mg/L}{17.1mg/L}\right)\right\}$
  = 1.5 day

answer 10 ㉯ 11 ㉯ 12 ㉱ 13 ㉯

14 미생물의 증식곡선의 단계 순서로 알맞은 것은?

㉮ 대수증식기 - 유도기 - 정지기 - 사멸기
㉯ 유도기 - 대수증식기 - 정지기 - 사멸기
㉰ 대수증식기 - 유도기 - 사멸기 - 정지기
㉱ 유도기 - 대수증식기 - 사멸기 - 정지기

풀이 미생물의 증식곡선의 단계 순서는 ㉯ 유도기 - 대수증식기 - 정지기 - 사멸기이며, 암기법은 "유대정사"임을 숙지하시면 됩니다.

15 Ca^{2+} 이온의 농도가 450mg/L인 물의 환산경도는? (단, Ca : 40)

㉮ 1,125mg $CaCO_3$/L
㉯ 1,250mg $CaCO_3$/L
㉰ 1,350mg $CaCO_3$/L
㉱ 1,450mg $CaCO_3$/L

풀이 $\dfrac{\text{총경도(mg/L)}}{50g} = \dfrac{Ca^{2+}\,mg/L}{20g} = \dfrac{450mg/L}{20g}$

∴ 총경도 = 1,125mg/L

16 다음 중 적조현상에 대한 내용으로 틀린 것은?

㉮ 해류의 정체
㉯ 염분농도의 증가
㉰ 수온의 상승
㉱ 영양염류의 증가

풀이 ㉯ 염분농도의 감소

17 깊은 호수나 저수지의 수직방향의 물 운동이 없을 때 생기는 성층현상의 성층구분 순서로 맞는 것은? (단, 수표면으로부터)

㉮ Epilimnion → Thermocline → Hypolimnion → 침전물층
㉯ Epilimnion → Hypolimnion → Thermocline → 침전물층
㉰ Hypolimnion → Thermocline → Epilimnion → 침전물층
㉱ Hypolimnion → Epilimnion → Thermocline → 침전물층

풀이 성층현상의 성층구분 순서는 Epilimnion(순환층) → Thermocline(수온약층) → Hypolimnion(심수층) → 침전물층 순이다.

18 암모니아성 질소 42mg/L와 아질산성 질소 14mg/L가 포함된 폐수를 완전 질산화시키기 위한 산소요구량(mg/L)은?

㉮ 135mgO_2/L   ㉯ 174 mgO_2/L
㉰ 208mgO_2/L   ㉱ 232mgO_2/L

풀이 ① $NH_3 - N + 2O_2 → HNO_3 + H_2O$
   14g : 2 × 32g
   42mg/L : X_1

∴ $X_1 = \dfrac{42mg/L \times 2 \times 32g}{14g} = 192\,mg/L$

② $NO_2 - N + 0.5O_2 → NO_3 - N$
   14g : 0.5 × 32g
   14mg/L : X_2

∴ $X_2 = \dfrac{14mg/L \times 0.5 \times 32g}{14g} = 16mg/L$

③ 산소요구량 = $X_1 + X_2$
             = 192mg/L + 16mg/L = 208mg/L

answer 14 ㉯ 15 ㉮ 16 ㉯ 17 ㉮ 18 ㉰

19 다음에서 설명하는 법칙으로 알맞은 것은?

> 여러물질이 혼합된 용액에서 어느 물질의 증기압(분압) P_i는 혼합액에서 그 물질의 몰 분율(X_i)에 순수한 상태에서 그 물질의 증기압(P_o)을 곱한 것과 같다.

㉮ Henry's law ㉯ Dalton's law
㉰ Graham's law ㉱ Raoult's law

풀이 ㉱ Raoult's law에 대한 내용이며, 핵심 내용인 "증기압의 법칙 = 라울트 법칙"임을 숙지하시면 됩니다.

20 수중의 용존산소에 대한 내용으로 틀린 것은?

㉮ 수온이 높을수록 용존산소량은 감소한다.
㉯ 용존염류의 농도가 높을수록 용존산소량은 감소한다.
㉰ 같은 수온하에서는 담수보다 해수의 용존산소량이 높다.
㉱ 현존 용존산소 농도가 낮을수록 산소전달율은 높아진다.

풀이 ㉰ 같은 수온하에서는 해수보다 담수의 용존산소량이 높다.

| 제2과목 | 수질오염방지기술

21 하수고도처리 공법 중 생물학적 방법으로 질소와 인을 동시에 제거하는 방법은?

㉮ Phostrip ㉯ 4단계 Bardenpho
㉰ A/O ㉱ A^2/O

풀이 공법별 처리물질
㉮ Phostrip : 인(P) 제거공정
㉯ 4단계 Bardenpho : 질소(N) 제거공정
㉰ A/O : 인(P) 제거공정
㉱ A^2/O : 질소(N)와 인(P) 제거공정

22 SBR 공법의 일반적인 운전단계 순서로 알맞은 것은?

㉮ 주입(Fill) → 휴지(Idle) → 반응(React) → 침전(Settle) → 제거(Draw)
㉯ 주입(Fill) → 반응(React) → 휴지(Idle) → 침전(Settle) → 제거(Draw)
㉰ 주입(Fill) → 반응(React) → 침전(Settle) → 휴지(Idle) → 제거(Draw)
㉱ 주입(Fill) → 반응(React) → 침전(Settle) → 제거(Draw) → 휴지(Idle)

풀이 SBR(연속회분식) 공법의 일반적인 운전단계 순서는 주입(Fill) → 반응(React) → 침전(Settle) → 제거(Draw) → 휴지(Idle) 순이다.

answer 19 ㉱ 20 ㉰ 21 ㉱ 22 ㉱

23 최근 활성슬러지법으로 2차 폐수처리장을 건설할 때 1차 침전지를 생략하는 경우가 많아지고 있다. 1차 침전지가 없으므로 갖는 장점으로 틀린 것은?

㉮ 부지면적과 건설비가 절감된다.
㉯ 충격부하 시 처리가 용이하다.
㉰ 슬러지의 양이 감소된다.
㉱ 생물학적처리 이전의 고농도 유기물의 부패를 방지할 수 있다.

■ 풀이 ㉯ 충격부하 시 처리가 용이하지 못하다.

24 염소살균에 대한 내용으로 틀린 것은?

㉮ $HOCl$의 살균력은 OCl^-의 약 80배 정도 강한 것으로 알려져 있다.
㉯ 수중 용존염소는 페놀과 반응하여 클로로페놀을 형성하여 불쾌한 맛과 냄새를 유발한다.
㉰ pH 9 이상에서는 물에 주입된 염소는 대부분이 $HOCl$로 존재한다.
㉱ 유리잔류염소는 수중의 암모니아나 유기성 질소화합물이 존재할 경우 이들과 반응하여 결합잔류염소를 형성한다.

■ 풀이 ㉰ pH 9 이상에서는 물에 주입된 염소는 대부분이 OCl^-로 존재한다.

TIP
① 염소살균에서 pH가 증가하면 OCl^-가 증가한다.
② 염소살균에서 pH가 감소하면 $HOCl$이 증가한다.

25 폐수처리장 2차 침전지에서 침전된 잉여슬러지를 폐기하지 않을 경우 생기는 현상으로 틀린 것은?

㉮ 혐기성 상태가 되어 N_2, H_2S 등의 가스가 발생하여 냄새가 난다.
㉯ 침전지에서 슬러지가 부상하지 않는다.
㉰ 슬러지 밀도가 높아지며 유출수의 수질은 나빠진다.
㉱ 침전지 수면에 기체 방울이 형성되고 부유물질이 방류수와 함께 유출된다.

■ 풀이 ㉯ 침전지에서 슬러지 부상이 발생한다.

26 Phostrip 공정에 대한 내용으로 틀린 것은?

㉮ Stripping을 위한 별도의 반응조가 필요하다.
㉯ 인 제거시 BOD/P비에 의하여 조절되지 않는다.
㉰ 기존 활성슬러지 처리장에 쉽게 적용 가능하다.
㉱ 인 제거를 위한 약품(석회 등) 주입이 필요없다.

■ 풀이 ㉱ 인 제거를 위한 약품(석회 등) 주입이 필요하다.

answer 23 ㉯　24 ㉰　25 ㉯　26 ㉱

27 막분리방법 중 정밀여과에 대한 내용으로 틀린 것은?

㉮ 분리형태 : 용해, 확산
㉯ 구동력 : 정수압차(0.1~1Bar)
㉰ 막형태 : 대칭형 다공성막(Pore size 0.1~10 μm)
㉱ 적용분야 : 전자공업의 초순수 제조, 무균수제조

풀이 ㉮ 정밀여과의 분리형태는 pore size 및 흡착현상에 기인한 체걸름이며, 역삼투의 분리형태는 용해, 확산이다.

28 비소(As)함유 폐수처리 방법으로 가장 일반적인 것은?

㉮ 아말감법
㉯ 황화물 침전법
㉰ 수산화물 공침법
㉱ 알칼리 염소법

풀이 비소(As)함유 폐수처리 방법으로는 수산화물 공침법을 주로 사용한다.

29 1차 침전지로 유입되는 하수는 300mg/L의 부유고형물을 함유하고 있다. 1차 침전지를 거쳐 방류되는 유출수 중의 부유고형물 농도는 120mg/L이다. 처리유량이 50,000m³/day이면 1차 침전지에서 제거되는 슬러지의 양은? (단, 1차 슬러지 고형물 함량은 2%, 비중은 1.0이다.)

㉮ 300 m³/day
㉯ 350 m³/day
㉰ 400 m³/day
㉱ 450 m³/day

풀이 제거되는 슬러지량(m^3/day)

$= \dfrac{\text{제거되는 SS량}(kg/m^3) \times \text{유량}(m^3/day)}{\text{비중량}(kg/m^3)} \times \dfrac{100}{TS(\%)}$

$= \dfrac{(0.3-0.12)kg/m^3 \times 50,000m^3/day}{1,000kg/m^3} \times \dfrac{100}{2\%}$

$= 450 m^3/day$

TIP

① mg/L $\xrightarrow{\times 10^{-3}}$ kg/m^3 이므로
   SS_i 300mg/L = 0.3kg/m^3
   SS_o 120mg/L = 0.12kg/m^3

② 비중(g/cm^3) $\xrightarrow{\times 10^3}$ 비중량(kg/m^3) 이므로
   비중 1.0 = 1,000kg/m^3

30 지름이 20m이고, 깊이가 5m인 원형침전지에서 BOD 200mg/L, SS 240mg/L인 하수 4,000m³/day할 때 침전지의 수면적 부하율은?

㉮ 2.7m/day
㉯ 12.7m/day
㉰ 23.7m/day
㉱ 27.0m/day

풀이 수면적 부하율($m^3/m^2 \cdot day$)

$= \dfrac{Q(m^3/day)}{A(m^2)} = \dfrac{Q(m^3/day)}{\dfrac{\pi}{4} \times D^2(m^2)}$

$= \dfrac{4,000 m^3/day}{\dfrac{\pi}{4} \times (20m)^2} = 12.73 m^3/m^2 \cdot day\,(m/day)$

answer 27 ㉮ 28 ㉰ 29 ㉱ 30 ㉯

31 다음 중 오존살균에 대한 내용으로 틀린 것은?

㉮ 병원균에 대하여 살균작용이 강하다.
㉯ 철 및 망간의 제거능력이 크다.
㉰ 경제성이 좋다.
㉱ 바이러스의 불활성화 효과가 크다.

풀이 ㉰ 경제성이 낮다.

32 1차 처리된 분뇨의 2차 처리를 위해 폭기조, 2차 침전지로 구성된 활성슬러지 공정을 운영하고 있다. 운영조건은 유입유량 200m³/day, 폭기조 용량 1,000m³, 잉여슬러지 배출량 50m³/day, 반송슬러지 SS 농도 1%, MLSS 농도 2,500mg/L, 2차 침전지 유출수 SS농도 0mg/L일 때 폭기조 내의 고형물 체류시간은?

㉮ 4일 ㉯ 5일
㉰ 6일 ㉱ 7일

풀이 $SRT = \dfrac{MLSS \times V}{Q_w \times SS_w}$

$= \dfrac{2,500mg/L \times 1,000m^3}{50m^3/day \times 1 \times 10^4 mg/L} = 5\,day$

TIP
① 폐슬러지농도(SS_w) = 반송슬러지 농도(SS_r)
② % $\xrightarrow{\times 10^4}$ ppm(mg/L) 이므로
  $SS_w\ 1\% = 1 \times 10^4\,mg/L$

33 폭기조 내의 혼합액의 SVI가 100이고, MLSS 농도를 2,200mg/L로 유지하려면 적정한 슬러지의 반송률(%)은? (단, 유입수의 SS는 무시한다.)

㉮ 23.6% ㉯ 28.2%
㉰ 33.6% ㉱ 38.3%

풀이 반송률(%) $= \dfrac{MLSS - SS_i}{SS_r - MLSS} \times 100$

$= \dfrac{2,200mg/L}{\dfrac{10^6}{100} - 2,200mg/L} \times 100$

$= 28.21\%$

TIP
① $SVI = \dfrac{10^6}{SS_r} \Rightarrow SS_r = \dfrac{10^6}{SVI}$
② SS_i는 무시하므로 사용하지 않는다.

34 생물막법 중 접촉산화법의 특징에 대한 내용으로 틀린 것은?

㉮ 부하, 수량변동에 대하여 완충능력이 있다.
㉯ 미생물량과 영향인자를 정상상태로 유지하기 위한 조작이 어렵다.
㉰ 분해속도가 낮은 기질제거에 효과적이며 수온의 변동에 강하다.
㉱ 반응조 내 매체를 균일하게 포기 교반하는 조건 설정이 용이하다.

풀이 ㉱ 반응조 내 매체를 균일하게 포기 교반하는 조건 설정이 어렵다.

answer 31 ㉰ 32 ㉯ 33 ㉯ 34 ㉱

35 폭기조 혼합액을 30분간 침전시킨 뒤의 침전물의 부피는 400mL/L이었고, MLSS 농도가 3,000mg/L이었다면 침전지에서 침전상태로 알맞은 것은?

㉮ 정상적이다.
㉯ 슬러지 팽화로 인하여 침전이 되지 않는다.
㉰ 슬러지 부상(Sludge rising)현상이 발생하여 큰 덩어리가 떠오른다.
㉱ 슬러지가 floc을 형성하지 못하고 미세하게 떠다닌다.

풀이
$$SVI = \frac{SV(mL/L)}{MLSS(mg/L)} \times 10^3$$
$$= \frac{400mL/L}{3,000mg/L} \times 10^3 = 133.33$$
SVI가 50~150이 정상침강이므로 침전지에서 침전상태는 정상적이다.

36 Jar test에서 폐수 500mL에 대하여 0.1%의 황산알루미늄 용액 15mL를 첨가하니 처리율이 가장 좋았다. 이때 폐수 중의 황산알루미늄 농도(mg/L)는? (단, 0.1% 황산알루미늄 용액의 비중은 1.0 기준이다.)

㉮ 50mg/L ㉯ 30mg/L
㉰ 15mg/L ㉱ 10mg/L

풀이
$$Alum(mg/L) = \frac{0.1 \times 10^4 mg/L \times 15 \times 10^{-3} L}{0.5L}$$
$$= 30mg/L$$

TIP
① % $\xrightarrow{\times 10^4}$ ppm(mg/L) 이므로
   $0.1\% = 0.1 \times 10^4 mg/L$
② 황산알루미늄 = Alum

37 유량이 4,000m³/day이고, 포기조의 MLSS가 4,000kg이다. F/M비(kg/kg·day)를 0.20으로 유지하기 위한 유입수의 BOD 농도(mg/L)는?

㉮ 200mg/L ㉯ 225mg/L
㉰ 250mg/L ㉱ 27mg/L

풀이
$$F/M비(/day) = \frac{BOD(kg/m^3) \times Q(m^3/day)}{MLSS(kg/m^3) \times V(m^3)}$$
$$0.2/day = \frac{BOD(kg/m^3) \times 4,000m^3/day}{4,000kg}$$
∴
$$BOD = \frac{0.2/day \times 4,000kg}{4,000m^3/day} = 0.2kg/m^3 = 200mg/L$$

TIP
① mg/L $\underset{\times 10^3}{\overset{\times 10^{-3}}{\rightleftarrows}}$ kg/m³
② MLSS(kg) = MLSS(kg/m³) × V(m³)

38 폐수처리에 관련된 침전현상으로 입자간의 작용하는 힘에 의해 주변입자들의 침전을 방해하는 중간정도 농도 부유액에서의 침전은?

㉮ 제1형 침전(독립입자침전)
㉯ 제2형 침전(응집침전)
㉰ 제3형 침전(계면침전)
㉱ 제4형 침전(압밀침전)

풀이 ㉰ 제3형 침전(계면침전, 지역침전, 간섭침전, 방해침전)에 대한 내용이며, 핵심 내용인 "주변입자들의 침전 방해=제3형 침전"임을 숙지하시면 됩니다.

answer 35 ㉮ 36 ㉯ 37 ㉮ 38 ㉰

39 다음 중 일반적인 음이온의 선택성 순서로 알맞은 것은?

㉮ $SO_4^{-2} > I^{-1} > NO_3^{-1} > CrO_4^{-2} > Br^{-1}$
㉯ $SO_4^{-2} > NO_3^{-1} > CrO_4^{-2} > Br^{-1} > I^{-1}$
㉰ $SO_4^{-2} > CrO_4^{-2} > NO_3^{-1} > I^{-1} > Br^{-1}$
㉱ $SO_4^{-2} > CrO_4^{-2} > I^{-1} > NO_3^{-1} > Br^{-1}$

풀이 일반적인 음이온의 선택성 순서는
㉮ $SO_4^{-2} > I^{-1} > NO_3^{-1} > CrO_4^{-2} > Br^{-1}$이며, 암기법은 "SIN 커 브롬"임을 숙지하시면 됩니다.

40 다음 중 UV소독에 대한 내용으로 틀린 것은? (단, 오존 및 염소소독과 비교)

㉮ pH 변화에 관계없이 지속적인 살균이 가능하다.
㉯ 유량과 수질의 변동에 대해 적응력이 강하다.
㉰ 설치가 복잡하고, 유지비가 비싸다.
㉱ 물이 혼탁하거나 탁도가 높으면 소독 능력에 영향을 미친다.

풀이 ㉰ 설치가 간단하고 유지비가 저렴하다.

| 제3과목 | 수질오염공정시험기준

41 취급 또는 저장하는 동안에 이물질이 들어가거나 또는 내용물이 손실되지 아니하도록 보호하는 용기는?

㉮ 밀폐용기 ㉯ 기밀용기
㉰ 밀봉용기 ㉱ 차광용기

풀이 ㉮ 밀폐용기 : 이물질
㉯ 기밀용기 : 공기 또는 다른 가스
㉰ 밀봉용기 : 기체 또는 미생물
㉱ 차광용기 : 광선

42 수질오염공정시험기준상 암모니아성 질소의 분석방법으로 틀린 것은?

㉮ 자외선/가시선 분광법
㉯ 이온크로마토그래피
㉰ 이온전극법
㉱ 적정법

풀이 암모니아성 질소의 분석방법
① 자외선/가시선 분광법
② 이온전극법
③ 적정법

43 냄새역치(TON)의 계산식으로 알맞은 것은? (단, A : 시료부피(mL), B : 무취 정제수 부피(mL))

㉮ (A+B)/B   ㉯ (A+B)/A
㉰ A/(A+B)   ㉱ B/(A+B)

풀이 냄새역치(TON)
$= \dfrac{\text{시료부피}(A) + \text{무취 정제수 부피}(B)}{\text{시료부피}(A)}$

44 용존산소(DO)측정 시 시료가 착색, 현탁된 경우에 사용하는 전처리 시약은?

㉮ 포타슘명반용액, 암모니아수
㉯ 황산구리, 설파민산용액
㉰ 황산, 플루오린화포타슘용액
㉱ 황산제이철용액, 과산화수소

answer 39 ㉮ 40 ㉰ 41 ㉮ 42 ㉯ 43 ㉯ 44 ㉮

풀이 전처리 시약
  ㉮ 포타슘명반용액, 암모니아수 : 시료가 착색, 현탁된 경우
  ㉯ 황산구리, 설파민산용액 : 미생물 플록 형성
  ㉰ 황산, 플루오린화포타슘용액 : 산화성 물질 함유

45 수질오염공정시험기준상 총대장균군의 시험방법이 아닌 것은?

㉮ 현미경계수법   ㉯ 막여과법
㉰ 시험관법   ㉱ 평판 집락법

풀이 시험방법
  ① 총대장균군 : 막여과법, 시험관법, 평판집락법, 효소기질정량법, 건조필름법
  ② 분원성대장균군 : 막여과법, 시험관법, 효소기질정량법
  ③ 대장균 : 막여과법, 시험관법, 효소기질정량법

46 자외선/가시선 분광광도계의 구성 순서로 가장 알맞은 것은?

㉮ 광원부 - 파장선택부 - 시료부 - 측광부
㉯ 광원부 - 파장선택부 - 단색화부 - 측광부
㉰ 시료도입부 - 광원부 - 파장선택부 - 측광부
㉱ 시료도입부 - 광원부 - 단색화부 - 측광부

풀이 자외선/가시선 분광광도계의 구성 순서는 광원부- 파장선택부 - 시료부 - 측광부 순이며, 암기법은 "광파시측"임을 숙지하시면 됩니다.

47 적정법-알칼리성 과망간산포타슘법으로 COD를 분석할 때 종말점의 색은?

㉮ 무색   ㉯ 홍색
㉰ 적갈색   ㉱ 청색

풀이 COD 측정방법별 종말점의 색
  ① 적정법-산성 과망간산포타슘법 : 엷은 홍색
  ② 적정법-알칼리성 과망간산포타슘법 : 무색
  ③ 적정법-다이크롬산포타슘법 : 청록색 → 적갈색

48 다음 중 관내의 유량측정 방법으로 틀린 것은?

㉮ 벤튜리미터   ㉯ 유량측정용 노즐
㉰ 웨어   ㉱ 피토우관

풀이 ① 관내 유량측정 방법 : 벤튜리미터, 유량측정용 노즐, 오리피스, 피토우관, 자기식유량측정기
② 측정용 수로에서 유량측정 방법 : 웨어, 플룸

49 석유계총탄화수소를 용매추출/기체크로마토그래피로 측정할 때의 내용으로 틀린 것은?

㉮ 석유계총탄화수소(제트유, 등유, 경유, 벙커 C, 윤활유, 원유 등)를 다이클로로메탄으로 추출한다.
㉯ 정량한계는 0.2mg/L이다.
㉰ 운반기체는 순도 99.999% 이상의 헬륨을 사용한다.
㉱ 검출기는 전자포획검출기(ECD)를 사용한다.

풀이 ㉱ 검출기는 불꽃이온화검출기(FID)를 사용한다.

answer 45 ㉮ 46 ㉮ 47 ㉮ 48 ㉰ 49 ㉱

50 다음 중 색도의 측정에 대한 내용으로 틀린 것은?

㉮ 색도의 측정은 아담스-니컬슨의 색도 공식을 근거로 하고 있다.
㉯ 시각적으로 눈에 보이는 색상에 관계없이 단순 색도차 또는 단일 색도차를 계산한다.
㉰ 백금-코발트 표준물질과 아주 다른 색상의 폐·하수에는 적용할 수 없다.
㉱ 시료 중의 부유물질은 제거하여야 한다.

> **풀이** ㉰ 백금-코발트 표준물질과 아주 다른 색상의 폐·하수에서 뿐만 아니라 표준물질과 비슷한 색상의 폐·하수에도 적용할 수 있다.

51 물 1L에 NaOH 0.4g이 용해되었을 때의 N 농도는?

㉮ 0.1   ㉯ 0.2
㉰ 0.01 ㉱ 0.02

> **풀이** N 농도(eq/L) = $\dfrac{0.4g}{1L} \times \dfrac{1\,eq}{40g}$ = 0.01 N

> **TIP**
> ① 1eq = $\dfrac{\text{분자량}(g)}{\text{당량수}}$ = $\dfrac{\text{분자량}(g)}{\text{가수}}$
> ② NaOH의 분자량 = 23 + 16 + 1 = 40g
> ③ NaOH는 OH가 1개이므로 1가 물질이다.

52 하천의 일정장소에서 시료를 채수하고자 한다. 그 단면의 수심이 2m 이상일 때 채수위치는 수면으로부터 수심의 어느 위치인가?

㉮ 1/2 지점
㉯ 1/3 지점
㉰ 1/3 지점과 2/3 지점
㉱ 수면상과 1/2 지점

> **풀이** 하천수의 채수위치
> ① 수심이 2m 미만인 경우 : 수심의 1/3지점
> ② 수심이 2m 이상인 경우 : 수심의 1/3지점, 2/3 지점

53 물벼룩을 이용한 급성 독성 시험법에서 사용하는 용어의 정의로 틀린 것은?

㉮ 치사 : 일정 희석비율로 준비된 시료에 물벼룩을 투입하여 12시간 경과 후 시험용기를 손으로 살짝 두드리고, 30초 후 관찰했을 때 독성물질에 영향을 받아 움직임이 명백하게 없는 상태를 말한다.
㉯ 유영저해 : 일정 희석비율로 준비된 시료에 물벼룩을 투입하여 24시간 경과 후 시험용기를 손으로 살짝 두드리고, 15초 후 관찰했을 때 독성물질에 영향을 받아 움직임이 없을 경우를 말한다.
㉰ 표준 독성물질 : 독성시험이 정상적인 조건에서 수행되는지를 확인하기 위하여 사용하며 다이크롬산포타슘을 이용한다.
㉱ 지수식 시험방법 : 시험기간 중 시험용액을 교환하지 않는 시험을 말한다.

> **풀이** ㉮ 치사 : 일정 희석비율로 준비된 시료에 물벼룩을 투입하여 24시간 경과 후 시험 용기를 손으로 살짝 두드리고, 15초 후 관찰했을 때 독성물질에 영향을 받아 움직임이 명백하게 없는 상태를 말한다.

answer 50 ㉰ 51 ㉰ 52 ㉰ 53 ㉮

54 피토우관 압력 수두 차이는 5.1cm이다. 지시계 유체인 수은의 비중이 13.55일 때 물의 유속(m/sec)은?

㉮ 3.68 ㉯ 4.12
㉰ 5.72 ㉱ 6.86

풀이 유속(V)
$= \sqrt{2 \times g \times h}$
$= \sqrt{2 \times 9.8 \, m/sec^2 \times (0.051 \, mHg \times 13.55) \, mH_2O}$
$= 3.68 \, m/sec$

TIP
① $mmHg \xrightarrow{\times 13.55} mmH_2O$
② 중력가속도(g) = $9.8 \, m/sec^2$

55 수질오염공정시험기준상 방울수의 정의에서 ( ) 안에 들어갈 알맞은 말은?

> 방울수는 ( )℃에서 정제수 ( )방울을 적하할 때, 그 부피가 약 ( )mL가 되는 것을 뜻한다.

㉮ 0, 20, 1 ㉯ 0, 10, 1
㉰ 20, 20, 1 ㉱ 20, 10, 1

풀이 방울수는 20℃에서 정제수 20방울을 적하할 때, 그 부피가 약 1 mL가 되는 것을 뜻하며, 핵심 내용인 "20℃, 20방울, 1mL"임을 숙지하시면 됩니다.

56 수질분석용 시료 채취 시 유의사항으로 틀린 것은?

㉮ 시료 채취용기는 시료를 채우기 전에 깨끗한 물로 3회 이상 씻은 다음 사용한다.
㉯ 유류 또는 부유물질 등이 함유된 시료는 시료의 균일성이 유지될 수 있도록 채취하여야 한다.
㉰ 용존가스, 환원성 물질, 유류 및 수소이온 등을 측정하는 시료는 시료용기에 가득 채워야 한다.
㉱ 시료 채취량은 보통 3L~5L 정도이어야 한다.

풀이 ㉮ 시료 채취 용기는 깨끗이 세척된 용기 또는 멸균된 용기를 사용한다.

57 시료의 전처리 과정 중 '회화에 의한 분해'에 대한 내용으로 알맞은 것은?

㉮ 목적성분이 400℃ 이상에서 쉽게 휘산 및 회화될 수 있는 시료에 적용된다.
㉯ 목적성분이 400℃ 이상에서 휘산되고 쉽게 회화되지 않는 시료에 적용된다.
㉰ 목적성분이 400℃ 이상에서 쉽게 휘산 및 회화되지 않는 시료에 적용된다.
㉱ 목적성분이 400℃ 이상에서 휘산되지 않고 쉽게 회화될 수 있는 시료에 적용된다.

풀이 회화에 의한 분해법에 대한 내용은 ㉱번이며, 핵심 내용인 "400℃ 이상, 휘산되지 않고, 회화되는 시료 = 회화법"임을 숙지하시면 됩니다.

answer 54 ㉮ 55 ㉰ 56 ㉮ 57 ㉱

58 시안의 자외선/가시선 분광법에 대한 내용으로 틀린 것은?

㉮ 시료를 pH 2 이하의 산성에서 가열 증류하여 시안화물 및 시안착화합물의 대부분을 시안화수소로 유출시킨다.
㉯ 생성된 염화시안이 피리딘-피라졸론 등의 발색시약과 반응하여 나타나는 적색을 520nm에서 측정한다.
㉰ 정량한계는 0.01mg/L이다.
㉱ 황화합물이 함유된 시료는 아세트산아연용액(10%) 2mL를 넣어 제거한다.

풀이 ㉯ 생성된 염화시안이 피리딘-피라졸론 등의 발색시약과 반응하여 나타나는 청색을 620nm에서 측정한다.

59 수질오염공정시험기준상 아연의 시험방법으로 틀린 것은?

㉮ 원자흡수분광광도법
㉯ 유도결합플라스마-질량분석법
㉰ 양극벗김전압전류법
㉱ 냉증기-원자형광법

풀이 아연의 시험방법
① 원자흡수분광광도법
② 유도결합플라스마-원자발광분광법
③ 유도결합플라스마-질량분석법
④ 양극벗김전압전류법

60 유기인을 용매추출/기체크로마토그래피로 측정할 때 각 성분별 정량한계는?

㉮ 0.5mg/L   ㉯ 0.05mg/L
㉰ 0.005mg/L   ㉱ 0.0005mg/L

풀이 유기인의 정량한계는 0.0005mg/L이며, 암기법은 "점땡땡땡오"임을 숙지하시면 됩니다.

answer 58 ㉯   59 ㉱   60 ㉱

2025 1회 CBT 복원문제

| 제1과목 | 수질오염개론

01 농업용수 수질의 척도인 SAR을 구할 때 포함되지 않는 항목은?

㉮ Ca ㉯ Mg
㉰ Na ㉱ Mn

풀이 소듐 흡착률 $(SAR) = \dfrac{Na^+}{\sqrt{\dfrac{Ca^{2+} + Mg^{2+}}{2}}}$

02 미생물의 증식곡선의 단계로 맞는 것은?

㉮ 대수증식기 - 유도기 - 정지기 - 사멸기
㉯ 유도기 - 대수증식기 - 사멸기 - 정지기
㉰ 대수증식기 - 유도기 - 사멸기 - 정지기
㉱ 유도기 - 대수증식기 - 정지기 - 사멸기

풀이 미생물의 증식곡선의 단계 순서는 ㉱ 유도기 - 대수증식기 - 정지기 - 사멸기이며, 암기법은 "유대정사"임을 숙지하시면 됩니다.

03 물의 특성에 대한 내용으로 틀린 것은?

㉮ 물은 2개의 수소원자가 산소원자를 사이에 두고 104.5°의 결합각을 가진 구조로 되어있다.
㉯ 물은 극성을 띠지 않아 다양한 물질의 용매로 사용된다.
㉰ 물은 유사한 분자량의 다른 화합물보다 비열이 매우 커 수온의 급격한 변화를 방지해 준다.
㉱ 물의 밀도는 4℃에서 가장 크다.

풀이 ㉯ 물은 극성을 띠며 다양한 물질의 용매로 사용된다.

04 낚시제한구역에서의 낚시방법의 제한 사항에 대한 내용으로 틀린 것은?

㉮ 1명당 4대 이상의 낚시대를 사용하는 행위
㉯ 1개의 낚시대에 3개 이상의 낚시바늘을 사용하는 행위
㉰ 쓰레기를 버리거나 취사행위를 하거나 화장실이 아닌 곳에서 대·소변을 보는 등 수질오염을 일으킬 우려가 있는 행위
㉱ 낚시바늘에 끼워서 사용하지 아니하고 물고기를 유인하기 위하여 떡밥·어분 등을 던지는 행위

풀이 ㉯ 1개의 낚시대에 5개 이상의 낚시바늘을 떡밥과 뭉쳐서 미끼로 던지는 행위

answer 01 ㉱ 02 ㉱ 03 ㉯ 04 ㉯

05 하천 수질모델 중 WQRRS에 대한 내용으로 틀린 것은?

㉮ 하천 및 호수의 부영양화를 고려한 생태계 모델이다.
㉯ 유속, 수심, 조도계수에 의해 확산계수를 결정한다.
㉰ 호수에는 수심별 1차원 모델이 적용된다.
㉱ 정적 및 동적인 하천의 수질, 수문학적 특성이 광범위하게 고려된다.

풀이 ㉯번에 대한 설명은 QUAL 모델에 대한 설명이다.

06 용존산소농도가 9.0mg/L인 물 100L가 있다면, 이 물의 용존산소를 완전히 제거하려 할때 필요한 이론적 Na_2SO_3의 양(g)은? (단, Na의 원자량은 23이다.)

㉮ 약 6.3g　　㉯ 약 7.1g
㉰ 약 9.2g　　㉱ 약 11.4g

풀이
$Na_2SO_3 + 0.5O_2 \rightarrow Na_2SO_4$
126g　　：　0.5 × 32g
　X　　：　9.0mg/L × 100L
∴ X = 7,087.5mg = 7.09g

07 하천의 자정단계와 오염의 정도를 파악하는 Whipple의 자정단계(지대별 구분)에 대한 내용으로 틀린 것은?

㉮ 분해지대 : 유기성 부유물의 침전과 환원 및 분해에 의한 탄산가스의 방출이 일어난다.
㉯ 분해지대 : 용존산소의 감소가 현저하다.
㉰ 활발한 분해지대 : 수중의 환경은 혐기성상태가 되어 침전저니는 흑갈색 또는 황색을 띤다.
㉱ 활발한 분해지대 : 오염에 강한 실지렁이가 나타나고 혐기성 곰팡이가 증식한다.

풀이 ㉱ 활발한 분해지대 : 혐기성 박테리아가 증식한다.

08 지하수의 특성에 대한 내용으로 틀린 것은?

㉮ 지하수는 국지적인 환경조건의 영향을 크게 받는다.
㉯ 지하수의 염분농도는 지표수 평균농도 보다 낮다.
㉰ 주로 세균에 의한 유기물 분해작용이 일어난다.
㉱ 지하수는 토양수내 유기물질 분해에 따른 탄산가스의 발생과 약산성의 빗물로 인하여 광물질이 용해되어 경도가 높다.

풀이 ㉯ 지하수의 염분농도는 지표수 평균농도 보다 높다.

09 박테리아를 환경적인 조건에 따라 분류할 때, 바닷물과 비슷한 염 조건하에서 잘 자라는 박테리아(호염균)는?

㉮ Hyperthermophiles
㉯ Microaerophiles
㉰ Halophiles
㉱ Chemotrophs

풀이 ㉰ Halophiles에 대한 내용이며, 핵심 내용인 "바닷물과 비슷한 조건에서 성장 = Halophiles"임을 숙지하시면 됩니다.

answer　05 ㉯　06 ㉯　07 ㉱　08 ㉯　09 ㉰

10 진핵세포에 대한 내용으로 틀린 것은?

㉮ 핵막이 있다.
㉯ 분리분열을 한다.
㉰ 세포소기관으로 미토콘드리아, 엽록체, 액포 등이 존재한다.
㉱ 리보솜은 80S(예외 : 미토콘드리아와 엽록체는 70S)이다.

풀이 ㉯ 유사분열을 한다.

11 공중 위생상 중요한 방사능 물질인 스트론튬(Sr^{90})은 29년의 반감기를 가지고 있다. 주어진 양의 스트론튬을 90% 감소시키기 위한 저장기간(년)은? (단, 1차 반응, 자연대수기준)

㉮ 약 36년 ㉯ 약 66년
㉰ 약 96년 ㉱ 약 116년

풀이
① 반감기 사용 : $\ln\frac{1}{2} = -k \times t$

$\ln\frac{1}{2} = -k \times 29년$

∴ $k = 0.024/년$

② 1차 반응식 : $\ln\frac{C_t}{C_o} = -k \times t$

$\ln\frac{10\%}{100\%} = -0.024/년 \times t$

∴ $t = 95.94년$

12 호소의 영양상태를 평가하기 위한 Carlson 지수를 산정하기 위해 요구되는 인자로 틀린 것은?

㉮ Chlorophyll-a   ㉯ SS
㉰ 투명도   ㉱ T-P

풀이 Carlson 지수 산정 인자
① Chlorophyll-a
② 투명도(SD)
③ 총인(T-P)

13 다음 우리나라의 수자원 이용현황 중 가장 많은 용도로 사용하고 있는 용수는?

㉮ 생활용수   ㉯ 공업용수
㉰ 하천유지용수 ㉱ 농업용수

풀이 우리나라 수자원 이용현황은 농업용수>하천유지용수>생활용수>공업용수 순이다.

14 환경부장관이 비점오염원관리지역을 지정, 고시한 때에는 관계 중앙행정기관의 장 및 시·도지사와 협의하여 수립하여야 하는 비점오염관리대책에 포함되어야 할 사항이 아닌 것은?

㉮ 관리대상 수질오염물질의 종류 및 발생량
㉯ 관리대상 수질오염물질의 관리지역 영향 평가
㉰ 관리대상 수질오염물질의 발생 예방 및 저감방안
㉱ 관리목표

풀이 비점오염원관리대책에 포함되어야 할 사항
① 관리목표
② 관리대상 수질오염물질의 종류 및 발생량
③ 관리대상 수질오염물질의 발생 예방 및 저감방안

answer 10 ㉯ 11 ㉰ 12 ㉯ 13 ㉱ 14 ㉯

15 어느 폐수의 BOD_u가 120mg/L이며 k_1(상용대수) 값이 0.2/day라면 5일 후 남아 있는 BOD(mg/L)는?

㉮ 10 mg/L ㉯ 12 mg/L
㉰ 14 mg/L ㉱ 16 mg/L

풀이 잔존 $BOD_5 = BOD_u \times (10^{-k_1 \times t})$
$= 120 mg/L \times (10^{-0.2/day \times 5day})$
$= 12 mg/L$

16 성층현상이 있는 호수에서 수심에 따라 수온차이가 가장 크게 나타나는 층은?

㉮ epilimnion ㉯ thermocline
㉰ 침전물층 ㉱ hypolimnion

풀이 ㉯ thermocline(수온약층)에 대한 내용이다.

17 임의의 시간 후 용존산소부족량(용존산소곡선식)을 구하기 위해 필요한 기본 인자와 가장 거리가 먼 것은?

㉮ 재포기계수 ㉯ BOD_u
㉰ 수심 ㉱ 탈산소계수

풀이 $D_t = \dfrac{k_1 \times L_o}{k_2 - k_1} \times (10^{-k_1 \times t} - 10^{-k_2 \times t})$
$+ D_o \times (10^{-k_2 \times t})$

여기서 k_1 : 탈산소계수(/day)
k_2 : 재폭기계수(/day)
D_t : t시간 후의 용존산소부족량(mg/L)
L_o : 최종 BOD $(= BOD_u)$ (mg/L)
D_o : 초기 용존산소 부족량(mg/L)

18 호기성 bacteria의 질소 함량(%)은? (단, 화학식은 $C_5H_7O_2N$ 기준)

㉮ 약 4.2% ㉯ 약 8.9%
㉰ 약 12.4% ㉱ 약 18.2%

풀이 $C_5H_7O_2N$의 분자량은 113g이다.
$C(\%) = \dfrac{5 \times 12g}{113g} \times 100 = 53.10\%$
$H(\%) = \dfrac{1 \times 7g}{113g} \times 100 = 6.19\%$
$O(\%) = \dfrac{2 \times 16g}{113g} \times 100 = 28.32\%$
$N(\%) = \dfrac{14g}{113g} \times 100 = 12.39\%$

19 유역환경청장은 국가 물환경관리기본계획에 따라 대권역별로 대권역 물환경관리계획을 몇 년마다 수립하여야 하는가?

㉮ 1년 ㉯ 3년
㉰ 5년 ㉱ 10년

풀이 유역환경청장은 국가 물환경관리기본계획에 따라 대권역별로 대권역 물환경관리계획을 10년마다 수립하여야 한다.

20 Bacteria의 약 80%는 H_2O이고, 약 20%가 고형물로 구성되어 있다. 이 고형물 중 유기물질은?

㉮ 70% ㉯ 80%
㉰ 90% ㉱ 99%

풀이 Bacteria의 약 80%는 H_2O이고, 약 20%가 고형물로 구성되어 있으며, 고형물 중 유기물은 90%이고, 무기물은 10%이다.

answer 15 ㉯ 16 ㉯ 17 ㉰ 18 ㉰ 19 ㉱ 20 ㉰

| 제2과목 | 수질오염방지기술

21 암모니아성 질소의 처리방법으로 틀린 것은?

㉮ 공기탈기법
㉯ 화학적 응결
㉰ 파괴점 염소주입법
㉱ 막공법

풀이 ▶ 물리·화학적으로 질소 제거방법으로는 막공법, 공기탈기법, 선택적이온교환법, 파괴점염소주입법이 있으며, 암기법은 "질소는 막공기로 이온해서 파괴한다"임을 숙지하시면 됩니다.

22 정수시설인 플록형성지에 대한 내용으로 틀린 것은?

㉮ 혼화지와 침전지 사이에 위치하고 침전지에 붙여서 설치한다.
㉯ 야간 근무자도 플록형성상태를 감시할 수 있도록 적절한 조명장치를 설치하여야 한다.
㉰ 플록형성지 내의 교반강도는 하류로 갈수록 점차 감소시키는 것이 바람직하다.
㉱ 플록형성시간은 계획정수량에 대하여 2분간을 표준으로 한다.

풀이 ▶ ㉱ 플록형성시간은 계획정수량에 대하여 20~40분간을 표준으로 한다.

23 활성슬러지공법을 이용한 폐수처리장에서 반송슬러지 농도가 8,000 mg/L이고, 폭기조에 MLSS 농도를 3,000 mg/L로 유지하고자 할 때 슬러지 반송률(%)은? (단, 유입수 SS농도는 고려하지 않음)

㉮ 약 50%   ㉯ 약 55%
㉰ 약 60%   ㉱ 약 65%

풀이 ▶
① 반송비(R) = $\dfrac{MLSS - SS_i}{SS_r - MLSS}$
  = $\dfrac{3,000\text{mg/L}}{8,000\text{mg/L} - 3,000\text{mg/L}}$
  = 0.60
② 반송률(%) = 반송비(R) × 100
  = 0.60 × 100 = 60%

TIP SS_i는 단서에 의해서 생략한다.

24 다음 중 간섭침전에 대한 내용으로 틀린 것은?

㉮ 생물학적 처리시설과 함께 사용되는 2차 침전시설내에서 발생한다.
㉯ 입자간의 작용하는 힘에 의해 주변 입자들의 침전을 방해하는 중간정도 농도의 부유액에서의 침전을 말한다.
㉰ 입자 등은 서로 간의 간섭으로 상대적 위치를 변경시켜 전체 입자들이 한 개의 단위로 침전한다.
㉱ 함께 침전하는 입자들의 상부에 고체와 액체의 경계면이 형성된다.

풀이 ▶ ㉰ 입자 등은 서로 간의 간섭으로 상대적 위치를 변경시키지 않고 입자들은 구조물을 형성하여 한 개의 단위로 침전한다.

answer 21 ㉯ 22 ㉱ 23 ㉰ 24 ㉰

25 소화조로 유입되는 슬러지의 VS/TS비율이 70%, 소화슬러지의 VS/TS비율이 50%일 경우 소화조의 효율(%)은?

㉮ 42.7% ㉯ 48.1%
㉰ 51.7% ㉱ 57.1%

> **풀이** 소화조의 효율(%)
> $= \left\{1 - \dfrac{소화슬러지(VS/FS)}{생슬러지(VS/FS)}\right\} \times 100(\%)$
> $= \left\{1 - \dfrac{(50\%/50\%)}{(70\%/30\%)}\right\} \times 100(\%) = 57.14\%$

> **TIP**
> ① 생슬러지의 VS = 70%, FS = 30%
> ② 소화슬러지의 VS = 50%, FS = 50%
> ③ 유기물(VS) + 무기물(FS) = 100%

26 생활하수를 처리하는 활성슬러지공정에 다량의 유기물을 함유하는 폐수가 유입되어 충격부하를 유발시켰을 때 가장 신속히 다루어야 할 조작인자는?

㉮ 영양염류(N, P 등)의 투입량 증가
㉯ 벌킹(bulking)현상 제어
㉰ 슬러지 반송율의 증가
㉱ 폭기량 및 체류시간 감소

> **풀이** 다량의 유기물을 처리할 미생물이 필요하므로 슬러지의 반송율을 증가시켜야 한다.

27 폭기조 내의 MLSS 3,000mg/L, 폭기조 용적이 500m³인 활성슬러지공법에서 최종침전지에서 유출하는 SS를 무시할 경우 매일 20m³ 슬러지를 배출시키면 세포 평균 체류시간(SRT)은? (단, 배출슬러지 농도는 1%)

㉮ 3.5일 ㉯ 5.5일
㉰ 7.5일 ㉱ 9.5일

> **풀이** $SRT = \dfrac{MLSS \cdot V}{Q_W \cdot SS_W}$
> $= \dfrac{3,000mg/L \times 500m^3}{20m^3/day \times 1 \times 10^4 mg/L} = 7.5 day$

> **TIP**
> ① $SRT = MCRT = \theta_C =$ 미생물 체류시간 = 고형물 체류시간
> ② % $\xrightarrow{\times 10^4}$ ppm(mg/L)
> ③ $SS_W = 1\% = 1 \times 10^4 ppm = 1 \times 10^4 mg/L$

28 생물학적 질소, 인 제거공정에서 폭기조의 기능으로 틀린 것은??

㉮ 질산화   ㉯ 유기물 제거
㉰ 탈질   ㉱ 인 과잉섭취

> **풀이** ㉰ 탈질은 무산소조의 기능이다.

29 물 5m³의 DO가 9.0mg/L이다. 이 산소를 제거하는데 이론적으로 필요한 아황산소듐(Na₂SO₃)의 양은? (단, 소듐 원자량 : 23)

㉮ 약 355g ㉯ 약 385g
㉰ 약 402g ㉱ 약 429g

---

answer 25 ㉱ 26 ㉰ 27 ㉰ 28 ㉰ 29 ㉮

풀이
$Na_2SO_3 + 0.5O_2 \rightarrow Na_2SO_4$
126g : $0.5 \times 32g$
X : $9.0mg/L(g/m^3) \times 5m^3$
$\therefore X = \dfrac{126g \times 9.0g/m^3 \times 5m^3}{0.5 \times 32g} = 354.38g$

30 유량이 $2,000\,m^3/day$이고 SS농도가 200mg/L인 하수가 1차 침전지에서 처리된 후 처리수의 SS농도는 90mg/L가 되었다. 이때 1차 침전지에서 발생하는 슬러지의 양(m^3/day)은? (단, 슬러지의 함수율은 97%이고, 비중은 1.0이며 기타 다른 조건은 고려하지 않음)

㉮ 4.3 ㉯ 5.3
㉰ 6.3 ㉱ 7.3

풀이
슬러지의 양(m^3/day)
$= \dfrac{(SS_i - SS_o)(kg/m^3) \times Q(m^3/day)}{비중량(kg/m^3)} \times \dfrac{100}{100 - P(\%)}$
$= \dfrac{(0.2kg/m^3 - 0.09kg/m^3) \times 2,000m^3/day}{1,000kg/m^3}$
$\times \dfrac{100}{100 - 97\%}$
$= 7.33\,m^3/day$

31 상수처리를 위한 침사지 구조에 대한 내용으로 틀린 것은?

㉮ 표면부하율은 200~500mm/min을 표준으로 한다.
㉯ 지내 평균유속은 2~7m/min을 표준으로 한다.
㉰ 지의 상단높이는 고수위보다 0.6~1m의 여유고를 둔다.
㉱ 지의 유효수심은 3~4m를 표준으로 한다.

풀이 ㉯ 지내 평균유속은 2~7cm/sec를 표준으로 한다.

32 정수시설인 착수정의 용량기준은?

㉮ 체류시간 1.5분 이상
㉯ 체류시간 3.0분 이상
㉰ 체류시간 15분 이상
㉱ 체류시간 30분 이상

풀이 정수시설인 착수정의 용량기준은 체류시간 1.5분 이상이다.

33 염소소독에 대한 내용으로 틀린 것은?

㉮ pH 5 또는 그 이하에서 대부분의 염소는 HOCl의 형태이다.
㉯ HOCl은 암모니아와 반응하여 클로라민을 생성한다.
㉰ HOCl은 매우 강한 소독제로 OCl^-보다 약 80배 이상 더 강하다.
㉱ 트리클로라민(NCl_3)은 매우 안정하여 잔류 산화력을 유지한다.

풀이 ㉱ 트리클로라민(NCl_3)은 불안정하여 산화력을 상실한다.

answer 30 ㉱ 31 ㉯ 32 ㉮ 33 ㉱

34 고도 수처리에 사용되는 막분리방법 중 정밀여과에 대한 내용으로 틀린 것은?

㉮ 막형태는 비대칭형 다공성막이다.
㉯ 전자공업의 초순수제조, 무균수제조, 식품의 무균여과에 적응한다.
㉰ 분리형태는 공극의 크기(pore size) 및 흡착현상에 기인한 체거름이다.
㉱ 구동력은 정수압차이다.

풀이 ㉮ 막형태는 대칭형 다공성막이다.

35 혐기성 반응기에서 생물학적 고형물량을 유지하고 증가시키는 방법으로 틀린 것은?

㉮ 짧은 수리학적 체류시간으로의 시스템 운전
㉯ 시스템내의 고형물을 유지하는 농후한 슬러지 블랭킷의 개발
㉰ 시스템에서 박테리아가 자라고 유지될 수 있는 고정된 표면의 제공
㉱ 반응기 유출수로부터의 고형물의 분리 및 이 고형물의 반응기로의 재순환

풀이 ㉮ 긴 수리학적 체류시간으로의 시스템 운전

36 환원처리공법으로 크롬함유 폐수를 수산화물 침전법으로 처리하고자 할 때 침전을 위한 적정 pH 범위는?
(단, $Cr^{+3} + 3OH^- \rightarrow Cr(OH)_3 \downarrow$)

㉮ pH 4.0~4.5   ㉯ pH 5.5~6.5
㉰ pH 8.0~8.5   ㉱ pH 11.0~11.5

풀이 ① 6가 크롬을 3가 크롬으로 환원시킬때 pH : pH 2~4
② 3가 크롬을 수산화물로 침전시킬때 pH : pH 8.0~8.5

37 활성슬러지법 운전 중 슬러지부상 문제를 해결할 수 있는 방법으로 틀린 것은?

㉮ 폭기조에서 이차침전지로의 유량을 감소시킨다.
㉯ 이차침전지 슬러지 수집장치의 속도를 높인다.
㉰ 슬러지의 폐기량을 감소시킨다.
㉱ 이차침전지에서 슬러지 체류시간을 감소시킨다.

풀이 ㉰ 슬러지의 폐기량을 증가시킨다.

38 회전원판접촉법(RBC)의 장점으로 틀린 것은?

㉮ 충격부하의 조절이 가능하다.
㉯ 다단계 공정에서 높은 질산화율을 얻을 수 있다.
㉰ 활성슬러지공법에 비하여 소요동력이 적다.
㉱ 반송에 따른 처리효율의 효과적 증대가 가능하다.

풀이 ㉱ 슬러지 반송이 필요없다.

39 상수도 소독제인 차아염소산소듐에 대한 내용으로 틀린 것은?

㉮ 유효염소농도가 40~50% 정도이다.
㉯ 액화염소에 비하여 안정성과 취급성

answer 34 ㉮ 35 ㉮ 36 ㉰ 37 ㉰ 38 ㉱ 39 ㉮

이 좋다.
㉰ 담황색 액체로 알칼리성이 강하다.
㉱ 저장 중에 유효염소가 감소된다.

풀이 ㉮ 유효염소농도가 5 ~ 12% 정도이다.

40 인을 주로 제거하기 위한 생물학적 고도 처리공법으로 알맞은 것은?

㉮ 5단계 Bardenpho
㉯ RBC
㉰ 4단계 Bardenpho
㉱ A/O

풀이 인(P)만을 처리하는 공법으로는 A/O공법과 포스트립공법이 있다.

| 제3과목 | 수질오염공정시험기준

41 온도에 대한 설명으로 옳은 것은?

㉮ 상온 : 15~25℃
㉯ 상온 : 20~30℃
㉰ 실온 : 15~25℃
㉱ 실온 : 20~30℃

풀이 온도
① 상온 : 15~25℃
② 실온 : 1~35℃

42 노말헥산 추출물질 측정 시 사용하는 지시약으로 알맞은 것은?

㉮ 메틸오렌지 용액
㉯ 메틸렌블루 용액
㉰ 전분용액
㉱ 페놀프탈레인 용액

풀이 노말헥산 추출물질 측정
① 시료(노말헥산 추출물질) : 5mg ~ 200mg
② 지시약 : 메틸오렌지 용액(0.1 %) 2~3 방울
③ 적정액 : 염산(1+1)
④ 종말점 : 황색 → 적색(pH 4이하)

43 직각 3각웨어에서 웨어의 수두 0.2m, 수로폭 0.5m, 수로의 밑면으로부터 절단 하부점까지의 높이 0.9m일 때, 아래의 식을 이용하여 유량(m^3/min)을 구하면?

$$k = 81.2 + \frac{0.24}{h} + [(8.4 + \frac{12}{\sqrt{D}}) \times (\frac{h}{B} - 0.09)^2]$$

㉮ 1.0   ㉯ 1.5
㉰ 2.0   ㉱ 2.5

풀이 ① $k = 81.2 + \frac{0.24}{0.2m}$
$+ \left[\left(8.4 + \frac{12}{\sqrt{0.9m}}\right) \times \left(\frac{0.2m}{0.5m} - 0.09\right)^2 \right]$
$= 84.48$

② $Q = k \times h^{\frac{5}{2}}$ (m^3/min)
$= 84.48 \times (0.2m)^{\frac{5}{2}} = 1.51 \, m^3/min$

TIP
유량공식 및 유량계수
① 삼각웨어 : $Q = k \times h^{\frac{5}{2}}$ (m^3/min), $k = 83 ~ 85$
② 사각웨어 : $Q = k \times b \times h^{\frac{3}{2}}$ (m^3/min), $k = 109 ~ 111$

answer 40 ㉱ 41 ㉮ 42 ㉮ 43 ㉯

44 다음 중 투명도판에 대한 내용으로 알맞은 것은?

㉮ 투명도판(백색원판)은 지름이 50cm로 무게가 약 3kg이 되는 원판에 3cm의 구멍이 8개 뚫려 있다.
㉯ 투명도판(백색원판)은 지름이 30cm로 무게가 약 3kg이 되는 원판에 5cm의 구멍이 8개 뚫려 있다.
㉰ 투명도판(백색원판)은 지름이 50cm로 무게가 약 5kg이 되는 원판에 3cm의 구멍이 8개 뚫려 있다.
㉱ 투명도판(백색원판)은 지름이 30cm로 무게가 약 5kg이 되는 원판에 5cm의 구멍이 8개 뚫려 있다.

풀이 투명도판(백색원판)은 지름이 30cm로 무게가 약 3kg이 되는 원판에 5cm의 구멍이 8개 뚫려 있다.

45 시료의 최대보존기간이 서로 다른 항목은?

㉮ 전기전도도
㉯ 색도
㉰ 음이온계면활성제
㉱ 질산성 질소

풀이 시료의 최대보존기간
㉮ 전기전도도 : 24시간
㉯ 색도 : 48시간
㉰ 음이온계면활성제 : 48시간
㉱ 질산성 질소 : 48시간

46 개수로 유량측정에 대한 내용으로 틀린 것은? (단, 수로의 구성, 재질, 단면의 형상, 기울기 등이 일정하지 않은 개수로의 경우)

㉮ 수로는 될수록 직선적이며, 수면이 물결치지 않는 곳을 고른다.
㉯ 10m를 측정구간으로 하여 2m마다 유수의 횡단면적을 측정하고, 산술평균값을 구하여 유수의 평균 단면적으로 한다.
㉰ 유속의 측정은 부표를 사용하여 100m 구간을 흐르는데 걸리는 시간을 스톱워치로 재며 이때 실측유속을 표면 최대유속으로 한다.
㉱ 총 평균유속(m/s)은 [0.75×표면최대유속(m/s)]으로 계산된다.

풀이 ㉰ 유속의 측정은 부표를 사용하여 10m 구간을 흐르는데 걸리는 시간을 스톱워치로 재며 이때 실측유속을 표면 최대유속으로 한다.

47 하천유량 측정을 위한 유속 면적법의 적용범위로 틀린 것은?

㉮ 대규모 하천을 제외하고 가능하면 도섭으로 측정할 수 있는 지점
㉯ 교량 등 구조물 근처에서 측정할 경우 교량의 상류지점
㉰ 합류나 분류되는 지점
㉱ 가능하면 하상이 안정되어 있고, 식생의 성장이 없는 지점

풀이 ㉰ 합류나 분류가 없는 지점

answer 44 ㉯ 45 ㉮ 46 ㉰ 47 ㉰

48 용액 중 CN^- 농도를 2.6mg/L로 만들려고 하면 물 1,000L에 용해될 NaCN의 양(g)은? (단, Na의 원자량은 23)

㉮ 약 5 ㉯ 약 10
㉰ 약 15 ㉱ 약 20

풀이
NaCN : CN^-
49g : 26g
X : $2.6\,mg/L \times 10^{-3}\,g/mg \times 1,000\,L$
∴ X = 4.9g

49 수소이온농도(pH) 측정에서 간섭물질에 대한 내용으로 틀린 것은?

㉮ 측정이 완료된 후에는 전극을 3M KCl 용액으로 잘 씻은 다음 정제수에 담가둔다.
㉯ pH 10 이상에서 소듐에 의해 오차가 발생할 수 있는데, 이는 "낮은 소듐 오차 전극"을 사용하여 줄일 수 있다.
㉰ 기름층이나 작은 입자상이 전극을 피복하여 pH 측정을 방해할 수 있다.
㉱ pH는 온도변화에 따라 영향을 받는다.

풀이 ㉮ 측정이 완료된 후에는 전극을 정제수로 잘 씻은 다음 3M KCl 용액에 담가둔다.

50 크롬-원자흡수분광광도법의 정량한계로 알맞은 것은?

㉮ 357.9 nm에서의 산처리법은 0.01 mg/L, 용매추출법은 0.001 mg/L이다.
㉯ 357.9 nm에서의 산처리법은 0.001 mg/L, 용매추출법은 0.01 mg/L이다.
㉰ 357.9 nm에서의 산처리법은 0.01 mg/L, 용매추출법은 0.01 mg/L이다.
㉱ 357.9 nm에서의 산처리법은 0.001 mg/L, 용매추출법은 0.001 mg/L이다

51 페놀류를 자외선/가시선 분광법으로 측정할 때의 내용으로 틀린 것은?

㉮ 정량한계는 직접법일 때 0.05mg/L이다.
㉯ 시료 중의 페놀은 종류별로 구분하여 정량할 수 있다.
㉰ 증류한 시료에 염화암모늄-암모니아 완충용액을 넣어 pH 10으로 조절한다.
㉱ 4-아미노안티피린과 헥사시안화철(Ⅱ) 산포타슘을 넣어 생성된 붉은색의 안티피린계 색소의 흡광도를 측정하는 방법이다.

풀이 ㉯ 시료 중의 페놀은 종류별로 구분하여 정량할 수 없다.

52 자외선/가시선 분광법으로 음이온계면활성제를 측정할 때 정량한계는?

㉮ 0.02mg/L ㉯ 0.2mg/L
㉰ 0.05mg/L ㉱ 0.5mg/L

풀이 자외선/가시선 분광법으로 음이온계면활성제를 측정할 때 정량한계는 0.02mg/L이다.

answer 48 ㉮ 49 ㉮ 50 ㉮ 51 ㉯ 52 ㉮

53 적정법으로 용존산소(DO)를 측정할 때 정량한계는?

㉮ 0.1mg/L ㉯ 0.01mg/L
㉰ 0.5mg/L ㉱ 0.05mg/L

풀이 용존산소(DO)의 정량한계
① 적정법 : 0.1mg/L
② 전극법 : 0.5mg/L
③ 광화학 센서방법 : 0.5 mg/L

54 최대유속과 최소유속의 비가 가장 큰 유량계는?

㉮ 벤튜리미터(venturi meter)
㉯ 오리피스(orifice)
㉰ 피토우(pitot)관
㉱ 자기식 유량측정기(mafnetic flow meter)

풀이 최대유속과 최소유속(최대유량과 최소유량)의 비
㉮ 벤튜리미터 4 : 1
㉯ 오리피스 4 : 1
㉰ 피토우관 3 : 1
㉱ 자기식 유량측정기 10 : 1

55 수질오염공정시험기준상 염소이온(Cl^-)의 분석방법으로 틀린 것은?

㉮ 이온크로마토그래피
㉯ 적정법
㉰ 이온전극법
㉱ 자외선/가시선 분광법

풀이 염소이온(Cl^-)의 분석방법과 정량한계
① 이온크로마토그래피 : 0.1mg/L
② 적정법 : 0.7mg/L
③ 이온전극법 : 5mg/L

56 물벼룩을 이용한 급성 독성 시험법에서 사용하는 시험생물에 대한 내용으로 틀린 것은?

㉮ 부화된 첫새끼는 시험에 사용하지 않고 같은 어미가 약 네번째 부화한 새끼부터 시험에 사용한다.
㉯ 외부기관에서 새로 분양받았다면 2번 이상의 세대교체 후 물벼룩을 시험에 사용해야 한다.
㉰ 시험하기 2시간 전에 먹이의 공급을 중단하여 시험 중 먹이가 주는 영향을 최소화하도록 한다.
㉱ 배양시 물벼룩이 표면에 뜨지 않아야 하고, 표면에 뜰 경우 시험에 사용하지 않는다.

풀이 ㉰ 시험하기 2시간 전에 먹이를 충분히 공급하여 시험 중 먹이가 주는 영향을 최소화하도록 한다.

57 다음 중 식물성 플랑크톤에 대한 내용으로 틀린 것은?

㉮ 현미경계수법을 이용하여 개체수를 조사하는 정량분석 방법이다.
㉯ 시료가 육안으로 녹색이나 갈색으로 보일 경우 정제수로 적절한 농도로 희석한다.
㉰ 시료의 개체수는 계수면적당 50~100 정도가 되도록 희석 또는 농축한다.
㉱ 식물성 플랑크톤의 동정에는 고배율이 많이 이용된다.

풀이 ㉰ 시료의 개체수는 계수면적당 10~40 정도가 되도록 희석 또는 농축한다.

answer 53 ㉮ 54 ㉱ 55 ㉱ 56 ㉰ 57 ㉰

58 다음 중 기체크로마토그래피로 분석할 수 없는 항목은?

㉮ 석유계총탄화수소
㉯ 유기인
㉰ 폴리클로리네이티드비페닐(PCBs)
㉱ 아질산성 질소

풀이 항목별 분석방법
㉮ 석유계총탄화수소 : 기체크로마토그래피
㉯ 유기인 : 기체크로마토그래피
㉰ 폴리클로리네이티드비페닐(PCBs) : 기체크로마토그래피
㉱ 아질산성 질소 : 자외선/가시선 분광법, 이온크로마토그래피

59 수질오염공정시험기준 니켈의 시험방법으로 틀린 것은?

㉮ 원자흡수분광광도법
㉯ 유도결합플라스마-원자발광분광법
㉰ 유도결합플라스마-질량분석법
㉱ 양극벗김전압전류법

풀이 니켈의 시험방법
① 원자흡수분광광도법
② 유도결합플라스마-원자발광분광법
③ 유도결합플라스마-질량분석법

60 클로로필-a를 자외선/가시선 분광법으로 측정할 때 클로로필 색소의 추출 용매는?

㉮ 에틸알콜(9+1) 용액
㉯ 에틸알콜(1+9) 용액
㉰ 아세톤(9+1) 용액
㉱ 아세톤(1+9) 용액

풀이 클로로필-a를 자외선/가시선 분광법으로 측정할 때 클로로필 색소의 추출용매는 아세톤(9+1) 용액이다.

answer 58 ㉱ 59 ㉱ 60 ㉰

2025 3회 CBT 복원문제

| 제1과목 | 수질오염개론

01 지하수 수질 및 오염에 대한 내용으로 틀린 것은?

㉮ DO가 낮아 미생물에 의한 생화학적 작용이나 화학적 자정능력이 약하다.
㉯ 지하수의 성분조성은 하천수와 비슷하나 경도가 높다.
㉰ 지하수 중 천층수가 오염가능성이 높다.
㉱ 지표수에 비하여 자연, 인위적인 국지조건에 따른 영향이 적다.

풀이 ㉱ 지표수에 비하여 자연, 인위적인 국지조건에 따른 영향이 크다.

02 호소의 성층현상에 대한 내용으로 틀린 것은?

㉮ 물의 수온에 따른 밀도차이로 발생하는 현상이다.
㉯ 성층 중 수온약층은 수심에 따른 수온의 변화가 커 변온층이라고도 한다.
㉰ 전도현상은 봄과 가을에 일어난다.
㉱ 여름철에 수심에 따른 온도와 용존산소의 변화는 반대 모양을 가진다.

풀이 ㉱ 여름철에 수심에 따른 온도와 용존산소의 변화는 같은 모양을 가진다.

03 물의 밀도가 가장 큰 값을 나타내는 온도는?

㉮ -10℃   ㉯ 0℃
㉰ 4℃   ㉱ 10℃

풀이 물의 밀도는 4℃에서 $1,000 \text{ kg/m}^3$으로 가장 큰 값을 가진다.

04 배출부과금을 부과할 때 고려하여야 하는 사항으로 틀린 것은?

㉮ 배출허용기준 초과 여부
㉯ 수질오염물질의 배출량
㉰ 수질오염물질의 배출시점
㉱ 배출되는 수질오염물질의 종류

풀이 배출부과금 부과 시 고려사항
① 배출허용기준 초과 여부
② 배출되는 수질오염물질의 종류
③ 수질오염물질의 배출기간
④ 수질오염물질의 배출량
⑤ 자가측정 여부

answer 01 ㉱ 02 ㉱ 03 ㉰ 04 ㉰

05 우리나라 수자원에 대하여 이용량을 용도별로 나눌 때 그 수요가 가장 높은 것은?

㉮ 생활용수 ㉯ 공업용수
㉰ 농업용수 ㉱ 하천유지용수

풀이 우리나라 수자원 이용현황은 농업용수 〉 하천유지용수 〉 생활용수 〉 공업용수 순이다.

06 Whipple의 4지대 중 활발한 분해지대에 대한 내용으로 틀린 것은?

㉮ 용존산소가 없어 부패상태이며 물리적으로 이 지대는 회색 내지 흑색으로 나타난다.
㉯ 혐기성세균과 곰팡이류가 호기성균과 교체되어 번식한다.
㉰ 수중의 CO_2 농도나 암모니아성 질소가 증가한다.
㉱ 화장실 냄새나 H_2S에 의한 달걀 썩는 냄새가 난다.

풀이 ㉯ 호기성세균이 혐기성세균으로 교체된다.

07 미생물에 의한 영양대사과정 중 에너지 생성반응으로서 기질이 세포에 의해 이용되고 복잡한 물질에서 간단한 물질로 분해되는 과정(작용)을 무엇이라 하는가?

㉮ 이화 ㉯ 동화
㉰ 동기화 ㉱ 환원

풀이 ㉮ 이화작용에 대한 내용이며, 핵심 내용인 "복잡한 물질에서 간단한 물질로 분해되는 과정 = 이화"임을 숙지하시면 됩니다.

08 2,000 mg/L $Ca(OH)_2$ 용액의 pH는?
(단, $Ca(OH)_2$는 완전 해리되며, Ca 원자량 : 40)

㉮ 12.13 ㉯ 12.43
㉰ 12.73 ㉱ 12.93

풀이 $Ca(OH)_2 \rightarrow Ca^{2+} + 2OH^-$
XM   XM   2XM

$Ca(OH)_2$의

$mol/L = \dfrac{2g}{L} \times \dfrac{1mol}{74g} = 0.027\,mol/L$

$[OH^-] = 2XM = 2 \times 0.027\,mol/L$

$pH = 14 + \log[OH^-]$
$\quad = 14 + \log[2 \times 0.027\,mol/L] = 12.73$

TIP
① $Ca(OH)_2$ 2,000mg/L = 2g/L
② $Ca(OH)_2$의 분자량 $= 40 + 2 \times 16 + 2 \times 1 = 74g$
③ 산성 물질에서 $pH = -\log[H^+]$
④ 알칼리성 물질에서 $pH = 14 + \log[OH^-]$

09 배출시설에 대한 일일 기준초과배출량 산정에 적용되는 일일유량을 구하기 위한 일일조업 시간에 대한 설명으로 ( )에 들어갈 알맞은 것은?

> 측정하기 전 최근 조업한 30일간의 배출시설 조업시간의 (㉠)로서 (㉡)으로 표시한다.

㉮ ㉠ : 평균치, ㉡ : 분(min)
㉯ ㉠ : 최대치, ㉡ : 시간(hr)
㉰ ㉠ : 최대치, ㉡ : 분(min)
㉱ ㉠ : 최대치, ㉡ : 시간(hr)

풀이 일일조업시간은 측정하기 전 최근 조업한 30일간의 배출시설 조업시간의 평균치로서 분으로 표시한다.

answer 05 ㉰ 06 ㉯ 07 ㉮ 08 ㉰ 09 ㉮

10 해수의 특성에 대한 내용으로 알맞은 것은?

㉮ 염분은 적도해역과 극해역이 다소 높다.
㉯ 해수의 주요성분 농도비는 수온, 염분의 함수로 수심이 깊어질수록 증가한다.
㉰ 해수의 Na/Ca비는 3~4 정도로 담수보다 매우 높다.
㉱ 해수 내 전체 질소 중 35% 정도는 암모니아성 질소, 유기질소 형태이다.

풀이
㉮ 염분은 적도해역에서는 높고 극해역에서는 다소 낮다.
㉯ 해수의 주요성분 농도비는 항상 일정하다.
㉰ 해수의 Ma/Ca비는 3~4 정도로 담수보다 높다.

11 글루코스($C_6H_{12}O_6$)를 120mg/L 함유하고 있는 시료용액의 총유기탄소의 이론치(mg/L)는?

㉮ 42mg/L   ㉯ 48mg/L
㉰ 52mg/L   ㉱ 58mg/L

풀이
$C_6H_{12}O_6$: 6C
180g : 6 × 12g
120mg/L : ThOC

$\therefore ThOC = \dfrac{120mg/L \times 6 \times 12g}{180g} = 48mg/L$

12 해수의 함유성분 중 "holy seven"에 해당하지 않는 것은?

㉮ HCO_3^- ㉯ SO_4^{2-}
㉰ PO_4^{2-} ㉱ K^+

풀이 Holy Seven에서 농도 순서는
$Cl^- > Na^+ > SO_4^{2-} > Mg^{2+} > Ca^{2+} > K^+ > HCO_3^-$
이며, 암기법은 "염나황은 마네칼슘칼륨에서 중탄산을 먹는다"임을 숙지하시면 됩니다.

13 자정계수(f)에 대한 내용으로 틀린 것은?

㉮ 자정계수는 소규모 저수지보다 대형 호수가 크다.
㉯ [재폭기계수/탈산소계수]로 나타낸다.
㉰ 수온이 증가할수록 자정계수는 높아진다.
㉱ 하천의 유속이 클수록 자정계수는 커진다.

풀이 ㉰ 수온이 증가할수록 자정계수는 작아진다.

14 모든 진핵생물이 가지고 있는 세포소기관(organelles)은?

㉮ 핵막   ㉯ 미토콘드리아
㉰ 리보좀   ㉱ 세포벽

풀이 진핵생물이 가지고 있는 세포소기관에는 미토콘드리아, 엽록체, 액포 등이 있다.

15 물이 가지는 특성에 대한 내용으로 틀린 것은?

㉮ 수온이 증가하면 표면장력은 증가한다.
㉯ 물은 광합성의 수소공여체이며 호흡의 최종산물이다.
㉰ 생물체의 결빙이 쉽게 일어나지 않는 것은 융해열이 크기 때문이다.
㉱ 물은 기화열이 크기 때문에 생물의 효과적인 체온조절이 가능하다.

풀이 ㉮ 수온이 증가하면 표면장력은 감소한다.

answer 10 ㉱ 11 ㉯ 12 ㉰ 13 ㉰ 14 ㉯ 15 ㉮

16 폐수종말처리시설의 배수설비 설치방법 및 구조기준으로 틀린 것은?

㉮ 배수관의 관경은 100mm 이상으로 하여야 한다.
㉯ 배수관은 우수관과 분리하여 빗물이 혼합되지 않도록 설치하여야 한다.
㉰ 배수관이 직선인 부분에는 내경의 120배 이하의 간격으로 맨홀을 설치하여야 한다.
㉱ 배수관 입구에는 유효간격 10mm 이하의 스크린을 설치하여야 한다.

풀이 ㉮ 배수관의 관경은 150mm 이상으로 하여야 한다.

17 일반적으로 담수의 DO가 해수의 DO보다 높은 이유는?

㉮ 수온이 낮기 때문에
㉯ 염도가 낮기 때문에
㉰ 산소의 분압이 크기 때문에
㉱ 기압에 따른 산소용해율이 크기 때문에

풀이 담수의 DO가 해수의 DO보다 높은 이유는 염도가 낮기 때문이다.

18 다음 중 산화에 대한 내용으로 틀린 것은?

㉮ 수소화합물에서 수소를 잃는 현상
㉯ 전자를 주는 것
㉰ 산소와 화합하는 현상
㉱ 산화수 감소

풀이 ㉱ 산화수 증가

19 다음 박테리아에 대한 내용으로 틀린 것은?

㉮ 박테리아는 8~50 μm의 단세포 생물이며, 이분법에 의해 증식한다.
㉯ 경험적인 화학식은 $C_5H_7O_2N$이다.
㉰ 환경인자(pH, 온도)에 대하여 민감하며, 열보다 낮은 온도에서 저항성이 크다.
㉱ 엽록소가 없어 탄소동화작용을 못한다.

풀이 ㉮ 박테리아는 0.8~5 μm의 단세포 생물이며, 이분법에 의해 증식한다.

20 다음 중 소수성 콜로이드에 대한 내용으로 알맞은 것은?

㉮ 유탁상태(에멀젼)로 존재한다.
㉯ 표면장력이 용매보다 약하다.
㉰ 틴달효과가 크다.
㉱ 전해질에 대한 반응은 활발하며, 많은 응집제를 필요로 한다.

풀이 ㉮ 현탁질(Suspensoid) 상태이다.
㉯ 표면장력이 용매와 비슷하다.
㉱ 소량의 응집제로 쉽게 응집침전 시킨다.

answer 16 ㉮ 17 ㉯ 18 ㉱ 19 ㉮ 20 ㉰

| 제2과목 | 수질오염방지기술

21 정수장에서 염소소독 시 pH가 낮아질수록 소독효과가 커지는 이유는?

㉮ OCl^-의 증가
㉯ $HOCl$의 증가
㉰ H^+의 증가
㉱ O(발생기 산소)의 증가

풀이 염소소독시 pH가 낮아질수록 HOCl의 생성이 증가되어 소독효과가 커진다.

22 NO_3^-가 박테리아에 의하여 N_2로 환원되는 경우 폐수의 pH는?

㉮ 증가한다.
㉯ 감소한다.
㉰ 변화없다.
㉱ 감소하다가 증가한다.

풀이 pH 변화
① 질산화 반응 : $[H^+]$의 증가로 pH 감소
② 탈질화 반응 : $[OH^-]$의 증가로 pH 증가

TIP
NO_3^-가 박테리아에 의하여 N_2로 환원되는 탈질공정에서 탄소공급원으로 메탄올(CH_3OH)을 공급하므로 OH^-가 발생하여 pH가 증가한다.

23 물리·화학적으로 질소를 효과적으로 제거하는 방법으로 틀린 것은?

㉮ 금속염(Al, Fe) 첨가법
㉯ 공기탈기법(Air Stripping)
㉰ 선택적 이온교환법
㉱ 파괴점 염소주입법

풀이 물리·화학적으로 질소 제거방법으로는 막공법, 공기탈기법, 선택적이온교환법, 파괴점염소주입법이 있으며, 암기법은 "질소는 막공기로 이온해서 파괴한다"임을 숙지하시면 됩니다.

24 고형물 30%를 함유하는 슬러지 30 m³을 고형물 10%를 함유하는 슬러지 케이크로 탈수하면 탈수 케이크의 용적은?
(단, 슬러지 비중은 1.0)

㉮ 30.4 m³   ㉯ 80.2 m³
㉰ 90.0 m³   ㉱ 140.5 m³

풀이 $V_1 \times TS_1 = V_2 \times TS_2$
여기서 V_1 : 탈수 전 슬러지량(m³)
TS_1 : 탈수 전 고형물(%)
V_2 : 탈수 후 슬러지량(m³)
TS_2 : 탈수 후 고형물(%)
$30 m^3 \times 30\% = V_2 \times 10\%$
$\therefore V_2 = \dfrac{30 m^3 \times 30\%}{10\%} = 90.0 m^3$

answer 21 ㉯ 22 ㉮ 23 ㉮ 24 ㉰

25 다음 중 A/O 공정에서 각 반응조의 역할로 알맞은 것은?

㉮ 혐기조에서는 유기물 제거와 인의 방출이 일어나고 폭기조에서는 인의 과잉섭취가 일어난다.
㉯ 폭기조에서는 유기물 제거가 일어나고 혐기조에서는 질산화 및 탈질이 동시에 일어난다.
㉰ 제거율을 높이기 위해서는 외부탄소원인 메탄올 등을 폭기조에 주입한다.
㉱ 혐기조에서는 인의 과잉섭취가 일어나며 폭기조에서는 질산화가 일어난다.

풀이 A/O 공정의 반응조 역할
① 혐기조 : 유기물 제거와 인의 방출
② 폭기조(호기조) : 인의 과잉섭취

26 일반적으로 회전원판법에서 원판 직경의 몇 %가 물에 잠긴 상태에서 운영하는가? (단, 공기구동 방식이 아님)

㉮ 약 20% ㉯ 약 40%
㉰ 약 60% ㉱ 약 80%

풀이 회전원판법에서 원판 직경의 침지율은 40% 정도이다.

27 하수 2,000m³/day을 처리하고 있는 하수처리장에서 염소요구량이 5.5mg/L이고 잔류염소농도가 0.5mg/L일 때 1일 염소주입량은?

㉮ 10 kg/day ㉯ 12 kg/day
㉰ 15 kg/day ㉱ 20 kg/day

풀이 ① 염소주입량
= 염소요구량 + 염소잔류량
= 5.5mg/L + 0.5mg/L = 6.0mg/L
② 염소주입량(kg/day)
= 주입염소농도(kg/m³) × 하수량(m³/day)
= 6.0 × 10⁻³kg/m³ × 2,000m³/day
= 12kg/day

TIP
① ppm = mg/L = g/m³
② mg/L $\xrightarrow{\times 10^{-3}}$ kg/m³

28 플록을 형성하여 침강하는 입자들이 서로 방해를 받으므로 침전속도는 점차 감소하게 되며 침전하는 부유물과 상등수에 뚜렷한 경계면이 생기는 침전형태는?

㉮ 지역침전 ㉯ 압축침전
㉰ 압밀침전 ㉱ 응집침전

풀이 ㉮ 지역침전(Ⅲ형 침전)에 대한 내용이며, 핵심 내용인 "침강하는 입자들간 서로 방해 = 지역침전"임을 숙지하시면 됩니다.

answer 25 ㉮ 26 ㉯ 27 ㉯ 28 ㉮

29 역삼투 장치로 하루에 20,000L의 3차 처리된 유출수를 탈염시키고자 한다. 25℃에서의 물질전달계수는 $0.2068L/\{(day-m^2)(kPa)\}$, 유입수와 유출수의 압력차는 2,400kPa, 유입수와 유출수의 삼투압차는 310kPa, 최저운전온도는 10℃이다. 요구되는 막면적은?
(단, $A_{10℃} = 1.2A_{25℃}$)

㉮ 약 39 m^2 ㉯ 약 56 m^2
㉰ 약 78 m^2 ㉱ 약 94 m^2

풀이 ① $Q_F = k \times (\Delta P - \Delta \pi)$
여기서 Q_F : 유출수량($L/m^2 \cdot day$)
　　　 k : 물질전달계수($L/m^2 \cdot day \cdot kPa$)
　　　 ΔP : 압력차(kPa)
$Q_F = 0.2068 L/day \cdot m^2 \cdot kPa$
$\quad \times (2,400kPa - 310kPa)$
$\quad = 432.212 L/m^2 \cdot day$

② 25℃의 막의 면적($A_{25℃}$)
$= \dfrac{Q(L/day)}{Q_F(L/day \cdot m^2)}$
$= \dfrac{20,000 L/day}{432.212 L/m^2 \cdot day} = 46.27 m^2$

③ $A_{10℃} = 1.2 \times A_{25℃}$
$\quad = 1.2 \times 46.27 m^2 = 55.52 m^2$

30 경사가 2‰인 하수관거의 길이가 6,000m일 때 상류관과 하류관의 고저차는?
(단, 기타 조건은 고려하지 않음)

㉮ 3m   ㉯ 6m
㉰ 9m   ㉱ 12m

풀이 경사(I) $= \dfrac{고도차(\Delta H)}{길이차(\Delta L)}$
∴ 고도차(ΔH) = 경사(I) × 길이차(ΔL)
$= \dfrac{2}{1,000} \times 6,000m = 12m$

31 정수시설인 완속여과지에 대한 내용으로 틀린 것은?

㉮ 주위벽 상단은 지반보다 60cm 이상 높여 여과지 내로 오염수나 토사 등의 유입을 방지한다.
㉯ 여과속도는 4~5m/day를 표준으로 한다.
㉰ 모래층의 두께는 70~90cm를 표준으로 한다.
㉱ 여과면적은 계획정수량을 여과속도로 나누어 구한다.

풀이 ㉮ 주위벽 상단은 지반보다 15cm 이상 높여 여과지 내로 오염수나 토사 등의 유입을 방지한다.

32 양이온 교환수지를 이용하여 암모늄이온 9mg/L를 포함하고 있는 물 10,000 m^3를 처리하고자 한다. 이 교환수지의 교환능력이 100kg $CaCO_3/m^3$이라면 필요한 이론적 교환수지의 부피는?

㉮ 1.5 m^3 ㉯ 2.5 m^3
㉰ 3.5 m^3 ㉱ 4.5 m^3

풀이 ① $2NH_4^+ + CaCO_3 \rightarrow (NH_4)_2CO_3 + Ca^{2+}$
$2 \times 18g$: $100g$
$9g/m^3 \times 10,000 m^3$: X
∴ $X = 250,000 g$

② 교환수지의 부피 $= \dfrac{250,000g}{100 \times 10^3 g/m^3} = 2.5 m^3$

TIP
ppm = mg/L = g/m^3이므로
암모늄이온 9mg/L = 9g/m^3

answer 29 ㉯ 30 ㉱ 31 ㉮ 32 ㉯

33 슬러지 내 고형물 무게의 1/3이 유기물질, 2/3가 무기물질이며 이 슬러지 함수율은 80%, 유기물질 비중이 1.0, 무기물질 비중은 2.5라면 슬러지 전체의 비중은?

㉮ 1.072 ㉯ 1.087
㉰ 1.095 ㉱ 1.112

풀이
$$\frac{1}{\rho_{SL}} = \frac{W_{VS}}{\rho_{VS}} + \frac{W_{FS}}{\rho_{FS}} + \frac{W_P}{\rho_P}$$
$$= \frac{0.2 \times \frac{1}{3}}{1.0} + \frac{0.2 \times \frac{2}{3}}{2.5} + \frac{0.8}{1.0} = 0.92$$
$$\therefore \rho_{SL} = \frac{1}{0.92} = 1.087$$

34 생물활성탄(BAC)에 대한 설명으로 틀린 것은?

㉮ 충격부하에 강하다.
㉯ 일반 활성탄에 비해 수명을 4배 이상 연장할 수 있다.
㉰ 오염물질에 따라 생물분해, 흡착작용이 상호 보완하여 준다.
㉱ 분해에 적응시간이 필요한 용해성 유기물질의 제거에 비효과적이다.

풀이 ㉱ 분해에 적응시간이 필요한 용해성 유기물질의 제거에 효과적이다.

35 상수처리를 위한 침사지에 대한 내용으로 틀린 것은?

㉮ 지의 상단높이는 고수위보다 0.3~0.6m의 여유고를 둔다.
㉯ 지내 평균유속은 2~7cm/sec를 표준으로 한다.
㉰ 표면부하율은 200~500mm/min을 표준으로 한다.
㉱ 지의 유효수심은 3~4m를 표준으로 하고 퇴사심도를 0.5~1m로 한다.

풀이 ㉮ 지의 상단높이는 고수위보다 0.6~1m의 여유고를 둔다.

36 일반적인 양이온 교환물질에 있어 일반적인 양이온에 대한 선택성의 순서로 가장 적합한 것은?

㉮ $Ba^{+2} > Pb^{+2} > Sr^{+2} > Ni^{+2} > Ca^{+2}$
㉯ $Ba^{+2} > Pb^{+2} > Ca^{+2} > Ni^{+2} > Sr^{+2}$
㉰ $Ba^{+2} > Pb^{+2} > Ca^{+2} > Sr^{+2} > Ni^{+2}$
㉱ $Ba^{+2} > Pb^{+2} > Sr^{+2} > Ca^{+2} > Ni^{+2}$

풀이 양이온에 대한 선택성의 순서는
㉱ $Ba^{+2} > Pb^{+2} > Sr^{+2} > Ca^{+2} > Ni^{+2}$이며, 암기법은 "바납스칼니"임을 숙지하시면 됩니다.

37 고도 수처리에 사용되는 막분리방법 중 역삼투에 대한 내용으로 틀린 것은?

㉮ 주요형태는 관형, 중공사형, 나선구조형이 있다.
㉯ 구동력은 농도차이다.
㉰ 분리형태는 용해확산이다.
㉱ 해수의 담수화에 사용된다.

풀이 ㉯ 구동력은 정수압차이다.

38 비교적 일정한 유량을 폐수처리장에 공급하기 위한 것으로, 예비처리시설 다음에 설치되는 시설은?

㉮ 균등조 ㉯ 침사조
㉰ 스크린조 ㉱ 침전조

> 풀이 ㉮ 균등조에 대한 내용이며, 핵심 내용인 "일정한 유량 공급=균등조"임을 숙지하시면 됩니다.

39 하수처리에서 자외선 소독의 특징에 대한 내용으로 틀린 것은?

㉮ pH 변화에 관계없이 지속적인 살균이 가능하다.
㉯ 소독의 성공여부를 즉시 측정할 수 있다.
㉰ 잔류효과가 없다.
㉱ 염소에 비해 안정성이 높고 요구되는 공간이 적다.

> 풀이 ㉯ 소독의 성공여부를 즉시 측정할 수 없다.

40 다음 중 5단계 Bardenpho 공법에 대한 내용으로 틀린 것은?

㉮ 슬러지 생산량은 비교적 많으나 반응조의 규모가 작다.
㉯ 호기조에서 1차 무산소조로 내부반송을 한다.
㉰ 효과적인 인 제거를 위해서는 혐기조에 질산성 질소가 유입되지 않아야 한다.
㉱ 인 제거는 과잉의 인을 섭취한 슬러지를 폐기함으로서 이루어진다.

> 풀이 ㉮ 슬러지 생산량은 적으나 비교적 큰 규모의 반응조가 요구된다.

| 제3과목 | 수질오염공정시험기준

41 수질오염공정시험기준상 총대장균군의 시험방법으로 틀린 것은?

㉮ 막여과법 ㉯ 시험관법
㉰ 평판집락법 ㉱ 현미경계수법

> 풀이 ㉱ 현미경계수법 : 식물성플랑크톤

TIP
대장균의 시험방법
① 총대장균군 : 막여과법, 시험관법, 평판집락법, 효소기질정량법, 건조필름법
② 분원성 대장균군 : 막여과법, 시험관법, 효소기질정량법
③ 대장균 : 막여과법, 시험관법, 효소기질정량법

42 유기인을 용매추출/기체크로마토그래피로 분석할 때의 내용으로 틀린 것은?

㉮ 추출용매는 헥산이며, 각 성분별 정량한계는 0.0005mg/L이다.
㉯ 실리카겔 컬럼 정제는 산, 염화페놀, 폴리클로로페녹시페놀 등의 극성화합물을 제거하기 위하여 수행한다.
㉰ 검출기는 불꽃광도 검출기(FPD) 또는 질소인 검출기(NPD)를 사용한다.
㉱ 헥산으로 추출하는 경우 메틸디메톤의 추출율이 낮아질 수 있다. 이 때에는 헥산 대신 다이클로로메탄과 헥산의 혼합용액(85 : 15)을 사용한다.

> 풀이 ㉱ 헥산으로 추출하는 경우 메틸디메톤의 추출율이 낮아질 수 있다. 이 때에는 헥산 대신 다이클로로메탄과 헥산의 혼합용액(15 : 85)을 사용한다.

answer 38 ㉮ 39 ㉯ 40 ㉮ 41 ㉱ 42 ㉱

43 투명도 측정에 대한 내용으로 틀린 것은?

㉮ 백색원판의 지름은 30cm이다.
㉯ 백색원판에 뚫린 구멍의 지름은 5cm이다.
㉰ 백색원판에는 구멍이 8개 뚫려있다.
㉱ 백색원판의 무게는 약 2kg이다.

풀이 ㉱ 백색원판의 무게는 약 3kg이다.

44 물벼룩을 이용한 급성 독성 시험법에서 원수 100%를 기준으로 시료의 희석비로 틀린 것은?

㉮ 50%   ㉯ 25%
㉰ 12.5% ㉱ 5%

풀이 원수 100%를 기준으로 시료의 희석비는 50%, 25%, 12.5%, 6.25%이며, 핵심 내용인 "100%에서 1/2씩 감소"임을 숙지하시면 됩니다.

45 시판되는 농축 염산은 12N이다. 이것을 희석하여 1N의 염산 200mL을 만들고자 할때 필요한 농축 염산의 양(mL)은?

㉮ 7.9   ㉯ 16.7
㉰ 21.3   ㉱ 31.5

풀이 $N_1 \times V_1 = N_2 \times V_2$
$12N \times V_1 = 1N \times 200mL$
$\therefore V_1 = 16.67 mL$

46 노말헥산 추출물질의 정량한계는?

㉮ 0.5mg/L   ㉯ 0.05mg/L
㉰ 0.2mg/L   ㉱ 0.02mg/L

풀이 노말헥산 추출물질 핵심 내용
① 정량한계 : 0.5mg/L
② 지시약 : 메틸오렌지 용액(0.1%)
③ 종말점 : 황색 → 적색(pH 4이하)
④ 시료 : 비교적 휘발되지 않는 탄화수소, 탄화수소유도체, 그리스유상물질, 광유류를 함유하고 있는 시료

47 수질오염공정시험기준상 수은의 시험방법에 해당하지 않는 것은?

㉮ 냉증기 - 원자흡수분광광도법
㉯ 냉증기 - 원자형광법
㉰ 양극벗김전압전류법
㉱ 유도결합플라스마 - 질량분석법

풀이 수은의 시험방법
① 냉증기 - 원자흡수분광광도법
② 양극벗김전압전류법
③ 냉증기 - 원자형광법

48 다음 중 비소를 수소화물생성-원자흡수분광광도법으로 분석할 때 내용으로 틀린 것은?

㉮ 아연 또는 소듐붕소수화물($NaBH_4$)을 넣어 수소화 비소로 포집한다.
㉯ 아르곤(또는 질소)-수소 불꽃에서 원자화시켜 228.8nm에서 흡광도를 측정한다.
㉰ 정량한계는 0.005mg/L이다.
㉱ 높은 농도의 크롬, 코발트, 구리, 수은, 몰리브덴, 은 및 니켈은 비소 분석을 방해한다.

풀이 ㉯ 아르곤(또는 질소)-수소 불꽃에서 원자화시켜 193.7nm에서 흡광도를 측정한다.

answer 43 ㉱   44 ㉱   45 ㉯   46 ㉮   47 ㉱   48 ㉯

49 수질오염공정시험기준 아연의 시험방법으로 틀린 것은?

㉮ 원자흡수분광광도법
㉯ 유도결합플라스마-질량분석법
㉰ 양극벗김전압전류법
㉱ 냉증기-원자형광법

풀이 아연의 시험방법
① 원자흡수분광광도법
② 유도결합플라스마-원자발광분광법
③ 유도결합플라스마-질량분석법
④ 양극벗김전압전류법

50 클로로필 a량을 계산할 때 클로로필 색소를 추출하여 흡광도를 측정한다. 이때 색소추출에 사용하는 용액은?

㉮ 아세톤 용액
㉯ 클로로폼 용액
㉰ 에탄올 용액
㉱ 포르말린 용액

풀이 색소추출에 사용하는 용액은 아세톤(9+1)용액이다.

51 수질오염공정시험기준 구리-원자흡수분광광도법에 대한 내용으로 틀린 것은?

㉮ 측정파장은 228.8nm이다.
㉯ 불꽃연료는 공기-아세틸렌을 사용한다.
㉰ 정량한계는 0.008mg/L이다.
㉱ 정밀도(% RSD)는 25% 이내이다.

풀이 ㉮ 측정파장은 324.7nm이다.

52 복수시료채취방법에 대한 설명으로 (   )에 들어갈 알맞은 것은? (단, 배출허용기준 적합여부 판정을 위한 시료채취 시)

자동시료채취기로 시료를 채취할 경우에는 (㉠) 이내에 30분 이상 간격으로 (㉡) 이상 채취하여 일정량의 단일 시료로 한다.

㉮ ㉠ : 6시간, ㉡ : 2회
㉯ ㉠ : 6시간, ㉡ : 4회
㉰ ㉠ : 8시간, ㉡ : 2회
㉱ ㉠ : 8시간, ㉡ : 4회

풀이 복수시료 채취방법의 암기내용은 "6시간, 30분, 2회, 산술평균"임을 숙지하시면 됩니다.

53 시료를 H_2SO_4로 pH를 2 이하로 보존하여야 하는 측정대상 항목이 아닌 것은?

㉮ 노말헥산추출물질
㉯ 암모니아성 질소
㉰ 화학적산소요구량
㉱ 시안

풀이 ㉱ 시안 : NaOH로 pH 12 이상으로 보존

answer 49 ㉱ 50 ㉮ 51 ㉮ 52 ㉮ 53 ㉱

54 비소표준원액(1mg/mL)을 100mL 조제할 때 삼산화비소(As_2O_3)의 채취량(mg)은? (단, 비소의 원자량은 74.92)

㉮ 37 ㉯ 74
㉰ 132 ㉱ 264

▶풀이

As_2O_3 : 2As
197.84g : 2×74.92g
X : 1mg/mL × 100mL

$$\therefore X = \frac{197.84g \times 1mg/mL \times 100mL}{2 \times 74.92g}$$

$= 132.03mg$

55 수질오염공정시험기준에서 정하는 용어의 정의로 알맞은 것은?

㉮ 진공이라 함은 따로 규정이 없는 한 15mmHg 이하를 뜻한다.
㉯ 시험조작 중 즉시란 10초 이내에 표시된 조작을 하는 것을 뜻한다.
㉰ 방울수라 함은 0℃에서 정제수 20방울을 적하할 때, 그 부피가 약 1mL되는 것을 뜻한다.
㉱ 정확히 단다 함은 규정된 수치의 무게를 0.01mg까지 다는 것을 말한다.

▶풀이
㉯ 시험조작 중 즉시란 30초 이내에 표시된 조작을 하는 것을 뜻한다.
㉰ 방울수라 함은 20℃에서 정제수 20방울을 적하할 때, 그 부피가 약 1mL되는 것을 뜻한다.
㉱ 정확히 단다 함은 규정된 수치의 무게를 0.1mg까지 다는 것을 말한다.

56 유기물의 함량이 비교적 높지 않고 금속의 수산화물, 산화물, 인산염 및 황화물을 함유하고 있는 시료에 적용하는 산분해법은?

㉮ 질산법
㉯ 질산 - 염산법
㉰ 질산 - 황산법
㉱ 질산 - 과염소산법

▶풀이 ㉯ 질산-염산법에 대한 내용이며, 암기법인 "염산인금주고"임을 숙지하시면 됩니다.

57 다음 중 암모니아성 질소($NH_3 - N$)를 분석하는 방법으로 틀린 것은?

㉮ 자외선/가시선 분광법
㉯ 이온크로마토그래피
㉰ 적정법
㉱ 이온전극법

▶풀이 암모니아성 질소($NH_3 - N$) 분석방법
① 자외선/가시선 분광법
② 적정법
③ 이온전극법

answer 54 ㉰ 55 ㉮ 56 ㉯ 57 ㉯

58 6가 크롬-원자흡수분광광도법에 대한 내용으로 틀린 것은?

㉮ 피로리딘 디티오카르바민산 착물로 만들어 메틸아이소부틸케톤으로 추출한다.
㉯ 정량한계는 0.01mg/L이다.
㉰ 폐수에 반응성이 큰 다른 금속 이온이 존재할 경우 방해 영향이 크다.
㉱ 방해의 영향이 큰 경우 질산소듐 1%를 첨가하여 측정한다.

> 풀이 ㉱ 방해의 영향이 큰 경우 황산소듐 1%를 첨가하여 측정한다.

59 수질오염공정시험기준상 불소화합물의 분석방법으로 틀린 것은?

㉮ 자외선/가시선 분광법
㉯ 이온전극법
㉰ 이온크로마토그래피
㉱ 원자흡수분광광도법

> 풀이 불소화합물의 분석방법
> ① 자외선/가시선 분광법
> ② 이온전극법
> ③ 이온크로마토그래피
> ④ 연속흐름법

60 적정법을 이용한 염소이온의 측정 시 적정의 종말점으로 알맞은 것은?

㉮ 엷은 적갈색 침전이 나타날 때
㉯ 엷은 청록색 침전이 나타날 때
㉰ 엷은 적황색 침전이 나타날 때
㉱ 엷은 황갈색 침전이 나타날 때

> 풀이 적정법을 이용한 염소이온의 측정 시 적정의 종말점은 엷은 적황색 침전이 나타날 때이다.

answer 58 ㉱ 59 ㉱ 60 ㉰

수질환경산업기사 필기·과년도

초 판 인쇄 | 2026년 1월 5일
초 판 발행 | 2026년 1월 15일

지 은 이 | 전화택
발 행 인 | 조규백
발 행 처 | **도서출판 구민사**
　　　　　(07293) 서울특별시 영등포구 문래북로 116, 604호(문래동3가 46, 트리플렉스)
전화 (02) 701-7421
팩스 (02) 3273-9642
홈페이지 www.kuhminsa.co.kr

신고번호 | 제2012-000055호(1980년 2월 4일)
I S B N | 979-11-6875-605-2　13500

값 40,000원

※ 낙장 및 파본은 구입하신 서점에서 바꿔드립니다.
※ 본서를 허락없이 부분 또는 전부를 무단복제, 게재행위는 저작권법에 저촉됩니다.

주요과목 핵심이론
Contents

PART 01 수질오염개론

PART 02 수질오염방지기술

PART 03 수질오염공정시험기준

PART 04 상하수도계획

01 수질오염개론

1. 완전혼합 흐름상태(CFSTR)과 이상적인 플러그흐름 반응조(PFR)

	CFSTR	PFR
분산	1	0
분산수	무한대(∞)	0
모릴지수	클수록	1
지체시간	0	이론적 체류시간과 동일할 때
특징	· 단로흐름으로 dead space를 동반할 수 있다. · 반응조 내에 유체는 즉시 완전히 혼합된다고 가정한다.	· 충격부하, 부하변동에 취약하다. · 탱크가 옆으로 길고 상하는 혼합하나 좌우혼합은 없다.

2. 지구상의 수자원

① 수자원 중 해수가 97%이고 담수가 3%를 차지한다.
② 담수의 분포순서는 빙하(만년설 포함) > 지하수 > 지표수 > 토양의 수분 > 대기 중의 수분 순이다.
③ 우리나라 수자원의 이용현황 순서는 농업용수 > 하천유지용수 > 생활용수 > 공업용수순이다.

3. 물의 특성

① 수소와 산소의 공유결합 및 수소결합으로 되어 있으며, 극성을 가진다.
② 물은 비압축성이며 다른 액체상태의 물질과는 달리 약 4℃일 때 물의 비중은 1.0이며, 물의 밀도는 1,000kg/m^{3}으로 최대값을 가진다.
③ 물은 2개의 수소원자가 산소원자를 사이에 두고 104.5°의 결합각을 가지며, 수온이 증가하면 표면장력과 점도는 감소한다.
④ 상온에서 알칼리금속, 알칼리토금속, 철과 반응하여 수소를 발생시킨다.

⑤ 생물체의 결빙이 쉽게 일어나지 않음은 물의 융해열이 크기 때문이다.
⑦ 기화열이 크기 때문에 생물의 효과적인 체온조절이 가능하다.
⑧ 물은 유사한 분자량의 화합물보다 비열이 매우 커 수온의 급격한 변화를 방지해 준다.

4. 수자원의 특성

① 산성강우는 보통 대기 중 탄산가스와 평형상태에 있는 물은 약 pH 5.6의 산성을 띠고있다.
② 하천수는 탁도와 색도를 가지며, 하상계수(최대유량과 최소유량의 비)가 크다.
③ 호소수는 영양염류(N, P)가 많아 농업용수로 적합하고, 부영양화 현상(녹조현상)이 잘 발생한다.
④ 지하수는 유속이 느리며 국지적 환경조건의 영향을 크게 받으며, 경도가 높고 탁도가 낮고, 년중 수온의 변동 및 유량의 변화가 적고, 자정작용이 느리며, 비교적 얕은 지하수의 염분농도는 하천수보다 평균 30% 이상 큰 값을 나타낸다.

5. 미생물의 분류

분 류	에너지원	탄소원
광합성 독립(자가) 영양 미생물	빛	CO_2
화학합성 독립(자가) 영양 미생물	무기물의 산화·환원 반응	CO_2
광합성 종속(타가) 영양 미생물	빛	유기탄소
화학합성 종속(타가) 영양 미생물	유기물의 산화·환원 반응	유기탄소

6. 중요한 물질의 경험적인 화학식

① 박테리아 : $C_5H_7O_2N$ —암기법→ 오칠이

② 혐기성 박테리아 : $C_5H_9O_3N$ —암기법→ 오구삼

③ 조류 : $C_5H_8O_2N$ —암기법→ 오팔이

④ 곰팡이(Fungi) : $C_{10}H_{17}O_6N$ —암기법→ 일공 일칠 육

⑤ 원생동물(Protozoa) : $C_7H_{14}O_3N$ $\xrightarrow{암기법}$ 칠 일사 삼

7. 곰팡이(Fungi)

① 유기물질을 섭취하는 식물로 폐수 내의 질소와 용존산소가 부족한 경우에도 잘 성장하며 pH가 낮은 경우에도 잘 자라 산성폐수의 처리에도 이용되는 미생물이다.
② 경험적인 화학식은 $C_{10}H_{17}O_6N$ 이며, 엽록소가 없어 탄소동화작용(광합성작용)을 못한다.
③ 활성슬러지법에서 팽화(벌킹)현상을 유발한다.

8. 박테리아(Bacteria)

① 가장 간단한 식물로서 용해된 유기물을 섭취하며 생물학적 수처리에서 가장 중요한 미생물이며, 탄소동화작용(광합성작용)을 못한다.
② 경험적 화학식은 $C_5H_7O_2N$이며, 0.8~5μm의 단세포생물이며 이분법(세포분열)에 의해 증식한다.
③ 박테리아는 H_2O가 80%, 고형물이 20%로 구성되어 있으며 고형물은 90%가 유기물이고 10%가 무기물이다.

9. 조류(Algae)

① 경험적인 화학식이 $C_5H_8O_2N$으로 수중의 용존산소 균형에 영향을 준다.
② 상수원에서는 색, 맛, 불쾌한 냄새유발, pH저하, 여과지나 스크린 폐쇄 등에 영향을 준다.
③ 엽록소를 가지며 탄소동화작용(광합성작용)을 한다.

10. 원핵세포와 진핵세포

① 원핵세포는 유사분열을 하지 않고, 핵막이 없고, 리보솜은 70S이며, 세포벽은 펩티드글리칸으로 구성되어 있다.
② 진핵세포는 유사분열을 하며 염색체가 여러 개이고, 핵막이 있으며, 리보솜은 80S이며, 세포소기관으로 미토콘드리아, 엽록체, 액포 등이 존재한다.

11. 용존산소(DO)

① 수온이 낮을수록 기압이 높을수록 용존산소량은 증가한다.
② 용존염류의 농도가 낮을수록 용존산소량은 증가한다.
③ 현존 용존산소 농도가 낮을수록 산소전달률은 높아진다.
④ 같은 수온하에서는 해수보다 담수의 용존산소량이 높다.
⑤ 담수의 용존산소가 해수의 용존산소보다 높은 이유는 염도가 낮기 때문이다.

12. 생물화학적 산소요구량(BOD)

① 호기성 미생물이 수중에서 유기물을 분해할 때 소비되는 산소량을 말한다.
② 유기물이 완전히 분해 또는 안정화되는데 사용된 산소의 양을 최종 BOD라 한다.
③ 최종 BOD 측정은 보통 20일 정도 걸리나 BOD시험은 보통 5일 BOD로 한다.
④ 질소화합물의 산화를 보통 2단계 BOD라 하며 보통 8일부터 질산화가 이루어진다.
⑤ 시료를 20℃에서 5일간 저장하여 두었을 때 시료 중의 호기성 미생물의 증식과 호흡작용에 의하여 소비되는 용존산소의 양으로부터 측정한다.

13. 생물학적 질산화 공정

① 질산화반응에 참여하는 미생물은 산소(O_2)가 필요한 호기성미생물이며 독립(자가) 영양계 미생물이다.
② 질산화미생물의 탄소원은 무기탄소(CO_2)이며, 최적온도는 30℃이다.
③ 질산화반응은 호기성 폐수처리의 후기에 진행되며, [H^+]의 증가로 pH가 감소한다.
④ 암모니아성 질소(NH_3-N)를 아질산성질소(NO_2-N)로 전환시키는 1단계 반응에는 Nitrosomonas(니트로조모나스)가 관여한다.
⑤ 아질산성 질소(NO_2-N)를 질산성 질소(NO_3-N)로 전환시키는 2단계 반응에는 Nitrobacter(니트로박터)가 관여한다.
⑥ 질산화반응은 호기성 폐수처리의 후기에 진행된다.

14. 생물학적 탈질화 공정

① 탈질화 공정에 참여하는 미생물은 종속(타가) 영양계 미생물이며, 탄소원은 유기탄소를 사용한다.

② 생물학적 탈질공정은 무산소조(anoxic구역)에서 Pseudomonas, Micrococcus 등에 의해서 이루어지며, 아질산이온, 질산이온 등이 질소가스로 변환되어 대기로 방출되는 공정이다.
③ 탈질공정에서 일반적으로 탄소원 공급용으로 가해주는 화학약품은 메탄올(CH_3OH)이다.
④ NO_3^-가 박테리아에 의해 N_2로 환원되는 경우 질소환원 박테리아의 탄소공급원으로 제공된 CH_3OH 중 OH^-가 발생해 pH가 증가한다.

15. 경도(Hardness)

① 경도는 물의 세기 정도를 말하며 2가 양이온 금속성 물질인 칼슘이온(Ca^{2+}), 마그네슘이온(Mg^{2+}), 망간이온(Mn^{2+}), 철이온(Fe^{2+}), 스트론튬이온(Sr^{2+})의 양을 탄산칼슘($CaCO_3$)의 농도로 환산한 값을 ppm으로 표시한 것이다.
② 경도에는 영구경도인 비탄산경도(물을 끓여도 제거안됨)와 일시경도인 탄산경도(물을 끓이면 제거됨)가 있다.
③ 경도의 주원인이 되는 이온은 칼슘이온(Ca^{2+})과 마그네슘이온(Mg^{2+})이다.
④ 농도가 낮은 경우에는 경도를 유발하지 않으나 농도가 높은 경우에 경도를 유발하는 물질을 가경도(유사경도) 유발물질이라 하며 금속이온 중 Na^+, K^+ 등이 있으며 대표적인 물질은 Na^+(소듐이온)이다.

16. 알칼리도(Alkalinity)

① 산을 중화할 수 있는 완충능력, 즉 수중에 존재하는 [H^+]을 중화시키기 위하여 반응할수 있는 이온의 총량을 말한다.
② P-Alk(P-알칼리도)는 처음 pH에서 pH 8.3까지 소요된 산의 양을 $CaCO_3$로 환산한 양을말하며, 사용하는 지시약은 페놀프탈레인이다.
③ M-Alk(총알칼리도)는 처음 pH에서 pH 4.5까지 소요된 산의 양을 $CaCO_3$로 환산한 양을 말하며, 사용하는 지시약은 메틸 오렌지이다.
④ 자연수 중의 알칼리도 원인물질은 HCO_3^-, CO_3^{2-}, OH^-이며, 중탄산염(HCO_3^-)에 의해 자연수의 알칼리도가 결정된다.

17. 친수성 콜로이드

① 유탁상태(에멀젼)로 존재한다.
② 염에 민감하지 못하며, 물과 쉽게 반응한다.
③ 표면장력이 용매보다 약하며, 재생이 용이하다.
④ 틴달효과가 약하거나 거의 없다.
⑤ 전해질에 대한 반응은 활발하며 많은 응집제를 필요로 한다.

18. 소수성 콜로이드

① 현탁질(Suspensoid) 상태이다.
② 염에 매우 민감하여, 소량의 응집제로 쉽게 응집침전 된다.
③ 표면장력이 용매와 비슷하며, 틴달효과가 크다.
④ 물과 반발하는 성질을 가지며, 점도는 분산매와 비슷하다.

19. 하천의 자정작용

① 자정작용 중 가장 큰 비중을 차지하는 것은 생물학적 작용이라 할 수 있다.
② 일반적으로 겨울보다 미생물의 활성이 큰 여름에 자정작용이 크다.
③ 자정계수(f)는 $\dfrac{재폭기 계수(k_2)}{탈산소 계수(k_1)}$ 이며, 단위는 없다.
③ 유속이 빠르고, 구배가 크고, 수심이 얕을수록 자정계수는 커진다.
④ 온도가 증가하면 재폭기계수에 비해 탈산소계수가 상대적으로 커지므로 자정계수는 작아진다.
⑤ 유속이 빠르고, 구배가 크고, 수심이 얕을수록, 수온이 높을수록 재폭기계수(k_2)가 커진다.

20. 하천의 정화단계

① (초기)분해지대는 희석이 잘 되는 큰 하천보다 희석이 덜 되는 작은 하천에서 더 뚜렷이 나타나며, 유기물을 다량 함유하는 슬러지의 침전이 많아지고 용존산소량이 크게 줄어드는 대신에 탄산가스의 양은 증가하고, 오염에 잘 견디는 곰팡이류가 번식한다.
② 활발한 분해지대는 수중에 용존산소가 거의 없어 혐기성 bacteria가 번식하며, 수중에 이산화탄소 농도나 암모니아성 질소 농도가 증가하며 곰팡이(fungi)가 사라지며, 호기성세균이 혐기성세균으로 교체된다.
③ 회복지대는 혐기성균이 호기성균으로 대체되며 조류가 많이 발생하며 곰팡

이(fungi)도 조금씩 발생하며, 용존산소가 포화될 정도로 증가하고, 아질산염이나 질산염의 농도가 증가한다.
④ 정수지대는 용존산소와 BOD가 오염 이전으로 회복되는 단계이며, 질산염이 증가한다.

21. 하천모델링

① Streeter-Phelps 모델은 점오염원으로부터 오염부하량을 고려하며, 하천수질 모델링의 최초이고, 유기물 분해로 인한 용존산소 소비와 대기로부터 수면을 통해 산소가 재공급되는 재폭기를 고려한 모델이다.
② DO SAG – Ⅰ, Ⅱ, Ⅲ 모델은 Streeter-Phelps 식을 기본으로 하는 1차원 정상상태 모델이며, 점오염원 및 비점오염원이 하천의 용존산소에 미치는 영향을 나타낼 수 있으며, 저질의 영향과 광합성 작용에 의한 용존산소 반응을 무시하는 모델이다.
③ QUAL – Ⅰ 모델은 유속, 수심, 조도계수에 의해서 확산계수를 계산하며, 하천과 대기사이에서의 열복사를 고려하고, 오염물질의 유입과 용수취수를 고려하는 모델이다.
④ WQRRS 모델은 하천 및 호수의 부영양화를 고려한 생태계모델로 정적 및 동적인 하천의 수질, 수문학적 특성이 광범위하게 고려하며, 호수에는 수심별 1차원 모델이 적용된다.
⑤ WASP5 모델은 하천의 수질모델, 수리학적 모델, 독성물질의 거동을 고려하고, 1차원, 2차원, 3차원을 고려하며, 저질이 수질에 미치는 영향을 상세히 고려하는 모델이다.

22. 유해물질의 만성질환과 발생공업

① PCB의 만성질환은 카네미유증이며, 발생공업은 변압기, 콘덴서 공장이다.
② 수은의 만성질환은 헌터-루셀 증후군과 미나마타병이며, 발생공업은 제련, 살충제, 온도계, 압력계 제조업이다.
③ 망간의 만성질환은 파킨슨씨 증후군과 유사한 증상이며, 발생공업은 광산, 합금, 유리착색 공업이다.
④ 카드뮴의 만성질환은 이따이이따이병과 골연화증이며, 발생공업은 아연정련업, 도금공업이다.
⑤ 구리의 만성질환은 윌슨씨 증후군이며, 발생공업은 도금공장, 파이프제조업이다.

23. 염소소독

① 염소소독시 pH가 높을 때 일어나는 반응은 HOCl → H^+ + OCl^-
② HOCl이 OCl^- 보다 살균력이 80배 강하다.
③ 살균능력은 클로라민 < OCl^- < HOCl 순이다.
④ 유기물이 많아서 BOD가 높은 물을 상수원으로 사용하는 경우 염소소독시 생성되는 발암성 물질은 THM(Trihalomethane)이다.
⑤ 염소의 살균력은 온도가 높을수록, 반응시간이 길수록, 주입농도가 증가할수록, pH가 낮을수록 증가한다.
⑥ 트리클로라민(NCl_3)은 산화력이 0이므로 살균력이 없다.
⑦ 잔류성 물질은 염소화합물(Cl_2, HOCl, OCl^-, ClO_2, 클로라민)이며, 잔류성이 없는 물질은 O_3(오존), UV(자외선)이다.
⑧ 염소살균 시 발생하는 트리할로메탄(THM)은 pH, 온도, 접촉시간, 염소주입량 및 전구물질의 농도가 증가할수록 생성량은 증가한다.
⑨ 수돗물에서 생성된 트리할로메탄류는 대부분 클로로포름으로 존재하며, 클로로포름(트리클로로메탄)은 THM의 75%를 차지한다.

24. 호수의 수질관리

① 심수층은 혐기성 미생물의 증식으로 유기물이 분해되어 수질이 나빠진다.
② 봄과 가을에는 일정한 방향을 가진 흐름은 없으나 밀도변화에 의한 수직운동이 일어난다.
③ 표수층에서 조류의 활발한 광합성 활동시 호수의 pH는 8~9 혹은 그 이상을 나타낼 수있다.
④ 여름정체기간 중 호수의 깊이에 따른 CO_2와 DO 농도 변화를 살펴보면 CO_2 농도와 DO농도가 같은 지점(깊이)이 존재한다.
⑤ 깊은 호수나 저수지에서 수면으로부터 성층구분은 epilimnion(순환층) → thermocline(수온약층, 변온층) → hypolimnion(심수층) → 침전물층 순서이다.

25. 호수의 성층현상 및 전도현상

① 수온에 따라 표수층, 수온약층, 심수층의 성층을 이룬다.
② 하층의 물은 표층으로 잘 순환(turn over)되지 않고 수직운동은 상층에만 국한한다.
③ 수온약층은 표수층에 비하여 수심에 따른 온도차이가 크다.

④ 성층현상 및 전도현상은 수심에 따른 온도변화로 인해 발생되는 물의 밀도 차에 의해 일어난다.
⑤ 겨울에는 호수바닥의 물이 최대 밀도를 나타내게 된다.
⑥ 강한 성층은 여름철에, 약한 성층은 겨울철에 발생한다.
⑦ 봄, 가을에는 저수지의 수직혼합이 활발하여 분명한 열 밀도층의 구별이 없어지며, 전도현상이 발생한다.
⑧ 봄철 전도현상은 표수층의 수온이 높아지기 시작하고 4℃가 되면 최대의 밀도를 가짐으로써 표수층의 물이 아래로 이동하게 되고 상대적으로 심수층 물이 표수층으로 이동하게 되어 일어난다.
⑨ 가을철 전도현상은 표수층의 수온이 점차 감소되기 시작하고 밀도는 증가하기 시작한다. 표수층의 수온이 심수층의 수온과 비슷해지면 바람에 의해서도 표수층의 물이 아래로 이동하고 심수층의 물이 표수층으로 이동하게 되어 발생한다.

26. 칼슨지수

① 칼슨에 의해 개발되어 칼슨지수라고 하는데 칼슨지수는 경험적으로 만든 연속적인 부영양화 지수이다.
② Carlson 지수 산정시 적용되는 Parameter는 클로로필-a(chl-a), T-P(총인), 투명도(SD)이다.

27. Vollenweider model은 호수에 부하되는 인산량을 적용하여 대상 호수의 영양상태를 평가, 예측하는 모델 중 호수 내의 인의 물질수지 관계식을 이용하여 평가하는 방법이다.

28. 해수의 특징

① 해수는 pH 약 8.2 정도로 약알칼리성이며 강전해질로 1리터당 35g의 염분을 함유한다.
② 해수의 밀도는 염분, 수온, 수압의 함수로 수심이 깊을수록 증가한다.
③ 해수 내 전체 질소 중 약 35% 정도는 암모니아성 질소와 유기질소의 형태이다.
④ 해수의 Mg/Ca 비는 3~4 정도로 담수에 비하여 크다.
⑤ 중요한 화학적 성분 7가지(Holy seven)는 Cl^-, Na^+, SO_4^{2-}, Mg^{2+}, Ca^{2+}, K^+, HCO_3^- 이다.

⑥ 해수의 주요성분 농도비는 항상 일정하다.
⑦ 해수는 HCO_3^- [bicarbonate : 중탄산염]를 포함시킨 상태로 되어 있다.
⑧ 염분은 적도 해역에서는 높고 남극과 북극 해역에서는 다소 낮다.
⑨ 염분농도 순서는 중위도 > 적도 > 극지방 순서이다.

29. 해류의 원인

① tidal current(조류) : 태양과 달의 영향으로 발생된다.
② tsunamis(쓰나미) : 지진이나 화산에 의해 발생된다.
③ upwelling(용승류) : 바람과 해양 및 육지의 상호작용으로 형성되는 상승류이다.
④ 심해류 : 해수의 온도와 염분에 의한 밀도차에 의하여 발생된다.

30. 적조현상의 발생조건

① 물의 이동이 적은 정체수역
② 염분 농도의 감소
③ 수온의 상승
④ 영양염류(질소, 인, 칼슘, 마그네슘, 규소 등)의 증가
⑤ 햇빛이 강할 때
⑥ 플랑크톤 농도의 증가
⑦ 하천 유입수의 오염도 증가

31. 분뇨의 특징

① 분과 뇨의 구성비는 약 1 : 8~1 : 10 정도이며 고액분리가 어렵다.
② 분뇨 내 질소화합물은 알칼리도를 높게 유지시켜 pH의 강하를 막아준다.
③ 분의 경우 질소산화물은 전체 VS의 12~20%, 뇨는 80~90% 함유되어 있다.
④ 분뇨는 다량의 유기물이 함유되어 있으며 BOD, SS는 COD의 $\frac{1}{3} \sim \frac{1}{2}$ 정도이다.
⑤ 분뇨 내 염소이온의 농도는 약 4,000mg/L 정도이다.
⑥ 분뇨에 포함된 질소화합물은 주로 $(NH_4)_2CO_3$, $(NH_4)HCO_3$ 형태로 존재한다.

32. 자주 출제되는 법칙

① Raoult's 법칙(라울트의 법칙) : 여러 물질이 혼합된 용액에서 어느 물질의 증기압(분압)은 혼합액에서 그 물질의 몰분율에 순수한 상태에서 그 물질의 증기압을 곱한 것과 같다.
② Schulze-Hardy 법칙(슐츠-하디 법칙) : 콜로이드의 침전은 콜로이드 입자의 전하에 반대되는 부호의 전하를 가진 첨가된 전해질이온에 영향을 받으며, 이 영향은 그 이온이 지니고 있는 전하의 수에 따라 현저하게 증가한다.
③ Graham의 법칙(그레함의 법칙) : 기체확산속도(조그마한 구멍을 통한 기체의 탈출)는 기체 분자량의 제곱근에 반비례한다.
④ Gay-Lussac법칙(게이-루삭의 법칙) : 기체분석의 이해에 바탕이 되는 법칙으로 기체가 관련된 화학반응에서는 반응하는 기체와 생성된 기체의 부피 사이에는 정수관계가 성립된다.

33. 물환경보전법에서 사용하는 용어

① 물환경 : 사람의 생활과 생물의 생육에 관계되는 물의 질 및 공공수역의 모든 생물과 이들을 둘러싸고 있는 비생물적인 것을 포함한 수생태계를 총칭하여 말한다.
② 점오염원 : 폐수배출시설, 하수발생시설, 축사 등으로서 관로·수로 등을 통하여 일정한 지점으로 수질오염물질을 배출하는 배출원을 말한다.
③ 비점오염원 : 도시, 도로, 농지, 산지, 공사장 등으로서 불특정 장소에서 불특정하게 수질오염물질을 배출하는 배출원을 말한다.
④ 기타수질오염원 : 점오염원 및 비점오염원으로 관리되지 아니하는 수질오염물질을 배출하는 시설 또는 장소로서 환경부령으로 정하는 것을 말한다.
⑤ 폐수 : 물에 액체성 또는 고체성의 수질오염물질이 섞여 있어 그대로는 사용할 수 없는물을 말한다.
⑥ 수면관리자 : 다른 법령에 따라 호소를 관리하는 자를 말한다. 이 경우 동일한 호소를 관리하는 자가 둘 이상인 경우에는 「하천법」에 따른 하천관리청 외의 자가 수면관리자가된다.
⑦ 강우유출수 : 비점오염원의 수질오염물질이 섞여 유출되는 빗물 또는 눈 녹은 물 등을 말한다.
⑧ 불투수면 : 빗물 또는 눈 녹은 물 등이 지하로 스며들 수 없게 하는 아스팔트·콘크리트등으로 포장된 도로, 주차장, 보도 등을 말한다.
⑨ 수질오염물질 : 수질오염의 요인이 되는 물질로서 환경부령으로 정하는 것을 말한다.

⑩ 특정수질유해물질 : 사람의 건강, 재산이나 동식물의 생육에 직접 또는 간접으로 위해를 줄 우려가 있는 수질오염물질로서 환경부령으로 정하는 것을 말한다.

⑪ 공공수역 : 하천, 호소, 항만, 연안해역, 그 밖에 공공용으로 사용되는 수역과 이에 접속하여 공공용으로 사용되는 환경부령으로 정하는 수로(지하수로, 농업용 수로, 하수관로, 운하)를 말한다.

⑫ 호소 : 다음 각 목의 어느 하나에 해당하는 지역으로서 만수위 (댐의 경우에는 계획홍수위를 말한다) 구역 안의 물과 토지를 말한다.

ⓐ 댐·보 또는 둑(사방사업법에 따른 사방시설은 제외) 등을 쌓아 하천 또는 계곡에 흐르는 물을 가두어 놓은 곳

ⓑ 하천에 흐르는 물이 자연적으로 가두어진 곳

ⓒ 화산활동 등으로 인하여 함몰된 지역에 물이 가두어진 곳

⑬ 폐수배출시설 : 수질오염물질을 배출하는 시설물, 기계, 기구, 그 밖의 물체로서 환경부령으로 정하는 것을 말한다. 다만, 해양환경관리법에 따른 선박 및 해양시설은 제외한다.

⑭ 폐수무방류배출시설 : 폐수배출시설에서 발생하는 폐수를 해당 사업장에서 수질오염방지시설을 이용하여 처리하거나 동일 폐수배출시설에 재이용하는 등 공공수역으로 배출하지 아니하는 폐수배출시설을 말한다.

⑮ 수질오염방지시설 : 점오염원, 비점오염원 및 기타수질오염원으로부터 배출되는 수질오염물질을 제거하거나 감소하게 하는 시설로서 환경부령으로 정하는 것을 말한다.

⑯ 비점오염저감시설 : 수질오염방지시설 중 비점오염원으로부터 배출되는 수질오염물질을 제거하거나 감소하게 하는 시설로서 환경부령으로 정하는 것을 말한다.

34. 수질오염물질의 총량관리

① 오염총량관리기본계획의 수립에 포함되어야 하는 사항으로는 해당 지역 개발계획의 내용, 지방자치단체별·수계구간별 오염부하량의 할당, 관할 지역에서 배출되는 오염부하량의 총량 및 저감계획, 해당 지역 개발계획으로 인하여 추가로 배출되는 오염부하량 및 그 저감계획이 있다.

② 오염총량관리기본방침에 포함되어야 하는 사항으로는 오염총량관리의 목표, 오염총량관리의 대상 수질오염물질 종류, 오염원의 조사 및 오염부하량 산정방법, 오염총량관리기본계획의 주체, 내용, 방법 및 시한, 오염총량관리시행계획의 내용 및 방법이 있다.

35. 오염할당사업자등에 대한 과징금 부과기준

① 행정처분 기준에 따른 조업정지일수에 1일당 부과금액과 사업장 규모별 부과계수를 각각 곱하여 산정할 것
② 1일당 부과금액은 300만원
③ 사업장(오수를 배출하는 시설을 포함) 규모별 부과계수 : 제1종사업장은 2.0, 제2종사업장은 1.5, 제3종사업장은 1.0, 제4종사업장은 0.7, 제5종사업장은 0.4
④ 공공폐수처리시설, 하수도법에 따른 공공하수처리시설, 가축분뇨의 관리 및 이용에 관한 법률에 따른 공공처리시설에 대한 부과계수 : 2.0
⑤ 과징금의 납부기한은 과징금납부통지서의 발급일부터 30일

36. 오염총량초과과징금

① 오염총량초과부과금의 산정방법 및 산정기준 등에 관하여 필요한 사항은 대통령령으로 정한다.
② 일일유량=측정유량×조업시간
③ 일일유량의 단위는 리터(L)로 한다.
④ 측정유량의 단위는 분당 리터(L/min)로 한다.
⑤ 일일조업시간은 측정하기 전 최근 조업한 30일간의 오수 및 폐수 배출시설의 조업시간평균치로서 분으로 표시한다.

37. 환경부장관은 오염총량관리 대상 오염물질 및 수계구간별 오염총량목표수질의 조정, 오염총량관리의 시행 등에 관한 검토·조사 및 연구를 위하여 환경부령이 정하는 바에 따라 관계 전문가 등으로 조사·연구반을 구성·운영할 수 있는 기관은 국립환경과학원 및 한국환경공단이다.

38. 국립환경과학원장, 유역환경청장, 지방환경청장이 설치·운영하는 측정망의 종류

① 비점오염원에서 배출되는 비점오염물질 측정망
② 수질오염물질의 총량 관리를 위한 측정망
③ 대규모 오염원의 하류지점 측정망
④ 수질오염경보를 위한 측정망
⑤ 대권역·중권역을 관리하기 위한 측정망
⑥ 공공수역 유해물질 측정망

⑦ 퇴적물 측정망
⑧ 생물 측정망

39. 시·도지사, 대도시의 장, 수면관리자가 설치·운영하는 측정망의 종류

① 소권역을 관리하기 위한 측정망
② 도심하천 측정망

40. 환경부장관은 하천·호소등의 물환경 보전을 위하여 필요하다고 인정할 때에는 대통령령으로 정하는 기준에 해당하는 수변습지 및 수변토지를 매수하거나 환경부령으로 정하는 바에 따라 생태적으로 조성·관리할 수 있다.

41. 낚시 금지구역 또는 낚시 제한구역을 지정할 경우 고려사항

① 용수의 목적
② 오염원 현황
③ 수질오염도
④ 낚시터 인근에서의 쓰레기 발생 현황 및 처리 여건
⑤ 연도별 낚시 인구의 현황
⑥ 서식 어류의 종류 및 양 등 수중 생태계의 현황

42. 낚시 제한구역에서의 제한사항에서 환경부령이 정하는 사항

① 낚시바늘에 끼워서 사용하지 아니하고 물고기를 유인하기 위하여 떡밥·어분 등을 던지는 행위
② 어선을 이용한 낚시행위 등 낚시 관리 및 육성법에 따른 낚시어선업을 영위하는 행위(내수면어업법 시행령에 따른 외줄낚시는 제외)
③ 1명당 4대 이상의 낚시대를 사용하는 행위
④ 1개의 낚시대에 5개 이상의 낚시바늘을 떡밥과 뭉쳐서 미끼로 던지는 행위
⑤ 쓰레기를 버리거나 취사행위를 하거나 화장실이 아닌 곳에서 대·소변을 보는 등 수질오염을 일으킬 우려가 있는 행위

43. 물환경관리기본계획의 수립

① 환경부장관은 공공수역의 물환경을 관리·보전하기 위하여 대통령령으로 정하는 바에따라 국가 물환경관리기본계획을 10년마다 수립하여야 한다.
② 국가 물환경관리기본계획에 포함되어야 하는 사항으로는 물환경의 변화 추이 및 물환경목표기준, 전국적인 물환경 오염원의 변화 및 장기 전망, 물환경 관리·보전에 관한 정책 방향, 기후변화에 대한 물환경 관리대책이 있다.
③ 유역환경청장은 국가 물환경관리기본계획에 따라 대권역별로 대권역 물환경관리계획을 10년마다 수립하여야 한다.
④ 대권역계획에 포함되어야 하는 사항으로는 물환경의 변화 추이 및 물환경목표기준, 상수원 및 물 이용현황, 점오염원, 비점오염원 및 기타수질오염원의 분포현황, 점오염원, 비점오염원 및 기타수질오염원에서 배출되는 수질오염물질의 양, 수질오염 예방 및 저감 대책, 물환경 보전조치의 추진방향, 기후변화에 대한 적응대책이 있다.

44. 물놀이 등의 행위제한 권고기준

대상 행위	항 목	기 준
수영 등 물놀이	대장균	500(개체수/100mL) 이상
어패류 등 섭취	어패류 체내 총 수은(Hg)	0.3(mg/kg) 이상

45. 정기적으로 조사·측정해야 하는 기준

① 환경부장관 : 1일 30만 톤 이상의 원수를 취수하는 호소
② 시·도지사 : 만수위일 때의 면적이 50만 제곱미터 이상인 호소

46. 중점관리 저수지

① 기준 : 총저수용량이 1천만세제곱미터 이상인 저수지
② 농업용 저수지 : 호소의 생활환경 기준 중 약간 나쁨(Ⅳ) 등급

47. 허가 및 신고 대상 폐수배출시설의 범위

① 설치허가 대상은 수도법에 따른 상수원보호구역에 설치하거나 그 경계구역으로부터 상류로 유하거리 10킬로미터 이내에 설치하는 배출시설, 상수원보호구역이 지정되지 아니한 지역 중 상수원 취수시설이 있는 지역의 경우에는

취수시설로부터 상류로 유하거리 15킬로미터 이내에 설치하는 배출시설
② 변경허가 대상은 폐수배출량이 허가 당시보다 100분의 50(특정수질유해물질이 배출되는 시설의 경우에는 100분의 30) 이상 또는 1일 700세제곱미터 이상 증가하는 경우

48. 배출시설 설치제한 지역

① 취수시설이 있는 지역
② 환경정책기본법에 따라 수질보전을 위해 지정 고시한 특별대책지역
③ 수도법에 따라 공장 설립이 제한되는 지역(특정수질유해물질 배출시설의 경우)
④ 지역의 상류지역(특정수질유해물질 배출시설의 경우)

49. 환경부령이 정하는 특정수질유해물질

① 구리 및 그 화합물
② 디클로로메탄
③ 1, 1-디클로로에틸렌

50. 공동방지시설을 설치하려는 경우에는 시·도지사에게 제출해야 하는 서류

① 공동방지시설의 설치명세서와 그 도면 및 위치도(축척 2만 5천분의 1의 지형도)
② 사업장별 폐수배출시설의 설치명세서 및 수질오염물질 등의 배출량예측서
③ 사업장별 원료사용량·제품생산량에 관한 서류, 공정도 및 폐수배출배관도
④ 사업장에서 공동방지시설에 이르는 배수관거 설치도면 및 명세서
⑤ 사업장에서 사용하는 모든 용수의 사용량과 폐수배출량을 각각 확인할 수 있는 적산유량계 등 측정기기의 설치계획 및 그 부착 부위를 확인할 수 있는 도면 (측정기기부착 대상사업장만 제출)
⑥ 사업장별 폐수배출량 및 수질오염물질 농도를 측정할 수 없을 때의 배출부과금·과태료·과징금 및 벌금 등에 대한 분담명세를 포함한 공동방지시설의 운영에 관한 규약

51. 시운전 기간 중 환경부령이 정하는 기간

① 폐수처리방법이 생물화학적 처리방법인 경우 : 가동시작일부터 50일
② 폐수처리방법이 생물화학적 처리방법인 경우 중 가동시작일이 11월 1일부터 다음 연도 1월 31일까지에 해당하는 경우 : 가동시작일부터 70일
③ 폐수처리방법이 물리적 또는 화학적 처리방법인 경우 : 가동시작일부터 30일

52. 수질오염물질 희석처리를 인정하는 경우

① 폐수의 염분의 농도가 높아 원래의 상태로는 생물화학적 처리가 어려운 경우
② 폐수의 유기물의 농도가 높아 원래의 상태로는 생물화학적 처리가 어려운 경우
③ 폭발의 위험 등이 있어 원래의 상태로는 화학적 처리가 어려운 경우

53. 측정기기와 관련하여 조치명령을 받은 자의 개선기간

① 개선기간 : 6개월의 범위에서 개선기간
② 개선기간 연장 : 6개월의 범위에서 개선기간을 연장

54. 폐수배출시설 및 수질오염방지시설의 운영기록 보존

① 사업자 또는 수질오염방지시설을 운영하는 자는 폐수배출시설 및 수질오염방지시설의 가동시간, 폐수배출량, 약품투입량, 시설관리 및 운영자, 그 밖에 시설운영에 관한 중요사항을 운영일지에 매일 기록하고, 최종 기록일부터 1년간 보존하여야 한다.
② 폐수무방류배출시설의 경우에는 운영일지를 3년간 보존하여야 한다.

55. 수질원격감시체계 관제센터의 설치·운영

① 환경부장관은 전산망을 운영하기 위하여 한국환경공단법에 따른 한국환경공단에 수질원격감시체계 관제센터를 설치·운영할 수 있다.
② 관제센터의 기능·운영 및 자동측정자료의 관리 등에 관하여 필요한 사항은 환경부장관이 정하여 고시한다.

56. 사업장의 규모별 기준

① 제1종 사업장 : 1일 폐수배출량이 2,000 m^3 이상인 사업장
② 제2종 사업장 : 1일 폐수배출량이 700 m^3 이상, 2,000 m^3 미만인 사업장

③ 제3종 사업장 : 1일 폐수배출량이 $200m^3$ 이상, $700m^3$ 미만인 사업장
④ 제4종 사업장 : 1일 폐수배출량이 $50m^3$ 이상, $200m^3$ 미만인 사업장
⑤ 제5종 사업장 : 위 제1종부터 제4종까지의 사업장에 해당하지 아니하는 배출시설

57. 배출부과금

① 배출부과금의 산정방법 및 산정기준 등에 관하여 필요한 사항은 대통령령으로 정한다.
② 배출부과금 산정시 고려사항에는 배출허용기준 초과 여부, 배출되는 수질오염물질의 종류, 수질오염물질의 배출기간, 수질오염물질의 배출량, 자가측정 여부가 해당한다.
③ 초과배출부과금은 제1종사업장은 400만원, 제2종사업장은 300만원, 제3종사업장은 200만원, 제4종사업장은 100만원, 제5종사업장은 50만원으로 한다.
④ 수질오염물질이 공공수역에 배출되는 경우(폐수무방류시설에 한함) 초과배출부과금은 500만원

58. 초과배출부과금 부과 대상 및 1kg당 부과금액

① 유기물질 : BOD 또는 COD 기준 250원, TOC기준 450원
② 부유물질 : 250원
③ 카드뮴 및 그 화합물 : 500,000원
④ 시안화합물 : 150,000원
⑤ 유기인화합물 : 150,000원
⑥ 납 및 그 화합물 : 150,000원
⑦ 6가 크롬화합물 : 300,000원
⑧ 비소 및 그 화합물 : 100,000원
⑨ 수은 및 그 화합물 : 1,250,000원
⑩ 폴리염화비페닐 : 1,250,000원
⑪ 구리 및 그 화합물 : 50,000원
⑫ 크롬 및 그 화합물 : 75,000원
⑬ 페놀류 : 150,000원
⑭ 트리클로로에틸렌 : 300,000원
⑮ 테트라클로로에틸렌 : 300,000원
⑯ 망간 및 그 화합물 : 30,000원

⑰ 아연 및 그 화합물 : 30,000원
⑱ 총 질소 : 500원
⑲ 총 인 : 500원

59. 감면율

① 해당 부과기간의 시작일 전 6개월 이상 방류수수질기준을 초과하는 수질오염물질을 배출하지 아니한 사업자는 기본배출부과금을 감경
  ⓐ 6개월 이상 1년 내 : 100분의 20
  ⓑ 1년 이상 2년 내 : 100분의 30
  ⓒ 2년 이상 3년 내 : 100분의 40
  ⓓ 3년 이상 : 100분의 50
② 폐수 재이용률별 감면율을 적용 : 최종방류구에 방류하기 전에 배출시설에서 배출하는 폐수를 재이용하는 사업자는 기본배출부과금을 감경
  ⓐ 재이용률이 10퍼센트 이상 30퍼센트 미만인 경우 : 100분의 20
  ⓑ 재이용률이 30퍼센트 이상 60퍼센트 미만인 경우 : 100분의 50
  ⓒ 재이용률이 60퍼센트 이상 90퍼센트 미만인 경우 : 100분의 80
  ⓓ 재이용률이 90퍼센트 이상인 경우 : 100분의 90

60. 과징금처분

① 환경부장관은 공익을 목적으로 하는 사업장의 배출시설(폐수무방류배출시설은 제외)을 설치·운영하는 사업자에 대하여 조업정지를 명하여야 하는 경우로서 그 조업정지가 주민의 생활, 대외적인 신용, 고용, 물가 등 국민경제 또는 그 밖의 공익에 현저한 지장을 줄 우려가 있다고 인정되는 경우에는 조업정지처분을 갈음하여 매출액에 100분의 5를 곱한 금액을 초과하지 아니하는 범위에서 과징금을 부과할 수 있다.
② 과징금은 행정처분 기준에 따른 조업정지일수에 1일당 부과금액과 사업장 규모별 부과계수를 각각 곱하여 산정한다.
③ 1일당 부과금액은 300만원으로 하고, 사업장 규모별 부과계수는 제1종사업장은 2.0, 제2종사업장은 1.5, 제3종사업장은 1.0, 제4종사업장은 0.7, 제5종사업장은 0.4로 한다.

61. 환경기술인

① 환경기술인을 두어야 할 사업장의 범위 및 환경기술인의 자격기준은 대통령령으로 정한다.
② 환경기술인의 임명신고는 최초로 배출시설을 설치한 경우는 가동시작 신고와 동시에 하고, 환경기술인을 바꾸어 임명하는 경우에는 그 사유가 발생한 날부터 5일 이내로 한다.

62. 환경기술인 교육

① 최초교육 : 기술인력 등이 최초로 업무에 종사한 날로부터 1년 이내에 실시하는 교육
② 보수교육 : 최초교육 후 3년마다 실시하는 교육
③ 환경기술인의 교육기관 : 한국환경보전원
④ 측정기기 관리대행업에 등록된 기술인력의 교육기관 : 국립환경인재개발원, 한국상하수도협회
⑤ 폐수처리업에 종사하는 기술요원의 교육기관 : 국립환경인재개발원
⑥ 교육기간은 4일 이내로 한다.

63. 폐수관로 및 배수설비의 설치방법·구조기준 등

① 폐수관로는 분류식으로 설치하고, 유입되는 오수·폐수가 전량 공공폐수처리시설로 유입되도록 다른 폐수관로·맨홀 또는 오수·폐수받이와 연결되어야 한다.
② 관 종류는 품질관리를 위하여 「하수도법 시행령」 제10조 제2항 각 호의 어느 하나에 해당하는 품질과 성능을 가진 것을 사용하여야 한다.
③ 폐수관로의 기초 지반은 관로의 종류, 매설토양의 특성, 시공방법, 하중조건 및 매설조건을 고려하여 관로의 침하가 최소화되도록 하여야 한다.
④ 폐수관로를 시공한 경우에는 경사 검사, 수밀(水密) 검사 및 영상촬영 검사를 활용하여 적정하게 시공되었는지 여부를 확인하여야 한다.
⑤ 배수관은 폐수관로와 연결되어야 하며, 관경(관지름)은 안지름 150밀리미터 이상으로 하여야 한다.
⑥ 배수관은 우수관과 분리하여 빗물이 혼합되지 아니하도록 설치하여야 한다.
⑦ 배수관의 기점·종점·합류점·굴곡점과 관경·관 종류가 달라지는 지점에는 맨홀을 설치하여야 하며, 직선인 부분에는 안지름의 120배 이하의 간격으로 맨홀을 설치하여야 한다.

⑧ 배수관 입구에는 유효간격 10밀리미터 이하의 스크린을 설치하여야 하고, 다량의 토사를 배출하는 유출구에는 적당한 크기의 모래받이를 각각 설치하여야 하며, 배수관·맨홀 등 악취가 발생할 우려가 있는 시설에는 방취(防臭)장치를 설치하여야 한다.
⑨ 사업장에서 공공폐수처리시설까지로 폐수를 유입시키는 배수관에는 유량계 등 계량기를 부착하여야 한다.
⑩ 시간당 최대폐수량이 일평균폐수량의 2배 이상인 사업자와 순간수질과 일평균수질과의 격차가 리터당 100밀리그램 이상인 시설의 사업자는 자체적으로 유량조정조를 설치하여 공공폐수처리시설 가동에 지장이 없도록 폐수배출량 및 수질을 조정한 후 배수하여야 한다.

64. 비점오염원의 관리

① 환경부장관은 비점오염원의 종합적인 관리를 위하여 비점오염원 관리 종합대책을 관계중앙행정기관의 장 및 시·도지사와 협의하여 대통령령으로 정하는 바에 따라 5년 마다 수립하여야 한다.
② 비점오염원관리대책 지역을 지정·고시할 때 포함되어야 하는 사항으로는 관리목표, 관리대상 수질오염물질의 종류 및 발생량, 관리대상 수질오염물질의 발생예방 및 저감방안, 그 밖에 관리지역의 적정한 관리를 위하여 환경부령이 정하는 사항이 있다.
③ 비점오염저감계획서에 포함되어야 하는 사항으로는 비점오염원 관련 현황, 저영향개발기법 등을 적용한 비점오염원 저감방안, 저영향개발 기법 등을 적용한 비점오염저감시설 설치계획, 비점오염저감시설 유지관리 및 모니터링 방안이 있다.
④ 시설의 유형 중 자연형 시설 : 저류시설, 인공습지, 침투시설, 식생형 시설
⑤ 시설의 유형 중 장치형 시설 : 여과형 시설, 소용돌이형 시설, 스크린형 시설, 응집·침전처리형시설, 생물학적 처리형 시설
⑥ 휴경 등 권고대상 농경지의 해발고도는 400미터, 경사도는 15퍼센트이다.
⑦ 환경부령으로 정하는 비점오염 관련 관계 전문기관으로는 한국환경공단, 한국환경정책·평가연구원이 있다.

65. 폐수처리업

① 폐수처리업의 종류에는 폐수 수탁처리업과 폐수 재이용업이 있다.
② 폐수처리업의 등록을 한 자에 대하여 영업정지를 명하여야 하는 경우로서 그 영업정지가 주민의 생활 그 밖의 공익에 현저한 지장을 초래할 우려가 있다고 인정되는 경우에는 영업정지처분에 갈음하여 매출액에 100분의 5를 곱한 금액을 초과하지 아니하는 범위에서 과징금 부과할 수 있다.
③ 폐수수탁처리업 및 폐수재이용업 기술인력

구분 \ 종류	폐수수탁처리업	폐수재이용업
기술인력	① 수질환경산업기사 1명 이상 ② 수질환경산업기사, 대기환경산업기사 또는 화공산업기사 1명 이상	수질환경산업기사, 화공산업기사 중 1명 이상

66. 수질오염 방지시설의 종류

① 물리적 처리시설에는 스크린, 분쇄기, 침사시설, 유수분리시설, 유량조정시설(집수조), 혼합시설, 응집시설, 침전시설, 부상시설, 여과시설, 탈수시설, 건조시설, 증류시설, 농축시설이 있다.
② 화학적 처리시설에는 화학적 침강시설, 중화시설, 흡착시설, 살균시설, 이온교환시설, 소각시설, 산화시설, 환원시설, 침전물 개량시설이 있다.
③ 생물화학적 처리시설에는 살수여과상, 폭기시설, 산화시설(산화조 또는 산화지를 말한다), 혐기성·호기성 소화시설, 접촉조, 안정조, 돈사톱밥발효시설이 있다.

67. 조류경보(상수원 구간)

경보단계	발령·해제기준
관심	2회 연속 채취 시 남조류의 세포수가 1,000세포/mL 이상 10,000세포/mL 미만인 경우
경계	2회 연속 채취 시 남조류의 세포수가 10,000세포/mL 이상 1,000,000세포/mL 미만인 경우
조류 대발생	2회 연속 채취 시 남조류의 세포수가 1,000,000세포/mL 이상인 경우
해제	2회 연속 채취 시 남조류의 세포수가 1,000세포/mL 미만인 경우

68. 항목별 배출허용기준

① 1일 폐수배출량 2천세제곱미터 미만 기준

	생물화학적 산소요구량 (mg/L)	총유기탄소량 (mg/L)	부유물질량 (mg/L)
청정지역	40 이하	30 이하	40 이하
가 지역	80 이하	50 이하	80 이하
나 지역	120 이하	75 이하	120 이하
특례지역	30 이하	25 이하	30 이하

② 1일 폐수배출량 2천세제곱미터 이상 기준

	생물화학적 산소요구량 (mg/L)	총유기탄소량 (mg/L)	부유물질량 (mg/L)
청정지역	30 이하	25 이하	30 이하
가 지역	60 이하	40 이하	60 이하
나 지역	80 이하	50 이하	80 이하
특례지역	30 이하	25 이하	30 이하

69. 수질 및 수생태계 환경기준 중 하천의 사람 건강보호 기준

항목	기준값(mg/L)
카드뮴(Cd)	0.005 이하
비소(As)	0.05 이하
시안(CN)	검출되어서는 안 됨(검출한계 0.01)
수은(Hg)	검출되어서는 안 됨(검출한계 0.001)
유기인	검출되어서는 안 됨(검출한계 0.0005)
폴리크로리네이티드비페닐(PCB)	검출되어서는 안 됨(검출한계 0.0005)
납(Pb)	0.05 이하
6가크롬(Cr^{6+})	0.05 이하
음이온계면활성제(ABS)	0.5 이하
사염화탄소	0.004 이하
1,2-디클로로에탄	0.03 이하
테트라클로로에틸렌(PCE)	0.04 이하
디클로로메탄	0.02 이하
벤젠	0.01 이하
클로로포름	0.08 이하
디에틸헥실프탈레이트(DEHP)	0.008 이하
안티몬	0.02 이하
1,4-다이옥세인	0.05 이하
포름알데히드	0.5 이하
헥사클로로벤젠	0.00004 이하

70. 등급별 수질 및 수생태계 상태

① 매우 좋음 : 용존산소가 풍부하고 오염물질이 없는 청정상태의 생태계로 여과·살균 등 간단한 정수처리 후 생활용수로 사용할 수 있다.
② 좋음 : 용존산소가 많은 편이고 오염물질이 거의 없는 청정상태에 근접한 생태계로 여과·침전·살균 등 일반적인 정수처리 후 생활용수로 사용할 수 있다.
③ 약간 좋음 : 약간의 오염물질은 있으나 용존산소가 많은 상태의 다소 좋은 생태계로 여과·침전·살균 등 일반적인 정수처리 후 생활용수 또는 수영용수로 사용할 수 있다.
④ 보통 : 보통의 오염물질로 인하여 용존산소가 소모되는 일반 생태계로 여과, 침전, 활성탄투입, 살균 등 고도의 정수처리 후 생활용수로 이용하거나 일반적 정수처리 후 공업용수로 사용할 수 있다.
⑤ 약간 나쁨 : 상당량의 오염물질로 인하여 용존산소가 소모되는 생태계로 농업용수로 사용하거나, 여과, 침전, 활성탄 투입, 살균 등 고도의 정수처리 후 공업용수로 사용할 수 있다.
⑥ 나쁨 : 다량의 오염물질로 인하여 용존산소가 소모되는 생태계로 산책 등 국민의 일상생활에 불쾌감을 주지 않으며, 활성탄 투입, 역삼투압 공법 등 특수한 정수처리 후 공업용수로 사용할 수 있다.
⑦ 매우 나쁨 : 용존산소가 거의 없는 오염된 물로 물고기가 살기 어렵다.

71. 수질 및 수생태계 환경기준 중 해역에서 생활환경 기준

항목	수소이온농도(pH)	총대장균군 (총대장균군수/100mL)	용매 추출유분 (mg/L)
기준	6.5~8.5	1,000 이하	0.01 이하

02 수질오염방지기술

1. 정수시설의 착수정

① 착수정의 고수위와 주변 벽체의 상단간에는 60cm 이상의 여유를 두어야 한다.
② 형상은 일반적으로 직사각형 또는 원형으로 하고 유입구에는 제수밸브 등을 설치한다.
③ 착수정의 용량은 체류시간 1.5분 이상, 수심은 3~5m 정도로 한다.
④ 착수정은 2조 이상으로 분할하는 것이 원칙이나 분할하지 않는 경우에는 필히 바이패스관을 설치하여야 한다.
⑤ 수위가 고수위 이상으로 올라가지 않도록 월류관이나 월류위어를 설치한다.
⑥ 필요에 따라 분말활성탄을 주입할 수 있는 장치를 설치하는 것이 바람직하다.
⑦ 착수정에는 원수 수질을 파악할 수 있는 채수시설과 수질측정장치를 설치하는 것이 좋다.

2. 상수시설의 침사지

① 저부경사는 보통 $\frac{1}{100} \sim \frac{2}{100}$로 한다.
② 수심은 유효수심에 모래 퇴사부의 깊이를 더한 것으로 한다.
③ 체류시간은 30~60초를 표준으로 한다.
④ 표면부하율은 200~500mm/min를 표준으로 한다.
⑤ 지내 평균유속은 2~7cm/sec를 표준으로 한다.
⑥ 지의 상단높이는 고수위보다 0.6~1m 정도의 여유고를 둔다.
⑦ 지의 유효수심은 3~4m를 표준으로 하고, 퇴사심도를 0.5~1m로 한다.
⑧ 지의 길이는 폭의 3~8배를 표준으로 한다.

3. 하수도 시설의 중력식 침사지

① 침사지의 평균유속은 0.3m/sec를 표준으로 한다.
② 침사지의 표면부하율은 오수침사지의 경우 $1,800m^3/m^2 \cdot d$, 우수침사지의 경우 $3,600m^3/$

m²·d 정도로 한다.
③ 침사지 수심은 유효수심에 모래 퇴적부의 깊이를 더한 것으로 한다.
④ 저부의 경사는 보통 $\frac{1}{100} \sim \frac{2}{100}$로 하며 그릿 제거설비의 종류별 특성에 따라 범위가 적용된다.
⑤ 수로형 침사지의 길이는 20m 이하로 한다.

4. 하수처리장의 1차 침전지

① 침전지의 지수는 2지 이상으로 한다.
② 표면부하율은 계획1일 최대오수량에 대하여 25~40m³/m²·d로 한다.
③ 표면부하율은 계획1일 최대오수량에 대하여 분류식의 경우 35~70m³/m²·day, 합류식의 경우 25~50m³/m²·day로 한다.
④ 유효수심은 2.5~4m, 침전시간은 2~4시간을 표준으로 한다.

5. 하수처리장의 2차 침전지

① 표면부하율은 계획1일 최대오수량에 대하여 20~30 m³/m²·day로 한다.
② 고형물 부하율은 95~145kg/m²·day로 한다.
③ 월류위어의 부하율은 190 m³/m·day이다.
④ 유효수심은 2.5~4m, 침전시간은 3~5시간을 표준으로 한다.
⑤ 침전시간은 계획1일 최대 오수량에 따라 정한다.

6. 침강이론

① Ⅰ형 침전(독립침전)은 고형물의 농도가 낮은 현탁액 속의 입자가 등가속도 영역에서 중력에 의해 침전하는 것으로 침사지나 1차 침전지가 해당되고 stokes법칙이 적용된다.
② Ⅱ형 침전(응결침전, 응집침전)은 비교적 농도가 낮은 현탁액에서 침전중 입자들끼리 결합하고 응집하는 것을 말하며, 약품침전지나 2차 침전지가 해당한다.
③ Ⅲ형 침전(지역침전, 간섭침전, 방해침전)은 중간정도 농도, 서로 방해를 받으며 집단체로 침전하고 침전지나 농축조가 해당하며, 침전하는 입자들이 너무 가까이 있어서 입자간의 힘이 이웃입자의 침전을 방해하게 되고 동일한 속도로 침전하며 활성슬러지공법의 최종침전조 중간 깊이에서 일어나는 침전이며, 입자 등은 서로 간의 상대적 위치를 변경시키지 않고 입자들은 구조물을 형성하여 한 개의 단위로 침전한다.

④ Ⅳ형 침전(압축침전, 압밀침전)은 입자들은 농도가 너무 커서 입자들끼리 구조물을 형성하여 더 이상의 침전은 압밀에 의해서만 생기는 고농도의 부유액에서 일어나는 침전으로, 깊은 2차침전시설과 슬러지농축시설의 바닥에서와 같이 깊은 슬러지층의 하부에서 보통 일어난다.

7. 여과법 중 상수시설의 완속여과지

① 여과지의 형상은 직사각형을 표준으로 한다.
② 여과지의 깊이는 하수집수장치의 높이에 자갈층 두께, 모래층 두께, 모래면 위의 수심과 여유고를 더하여 2.5~3.5m를 표준으로 한다.
③ 주위벽 상단은 지반보다 15cm 이상 높여서 여과지 내로 오염수나 토사 등의 유입을 방지하여야 한다.
④ 여과지의 여과속도 표준은 4~5m/day이다.
⑤ 여과지는 2지 이상으로 하고 10지마다 1지 비율로 예비지를 둔다.

8. 여과법 중 상수시설의 급속여과지

① 1지의 여과면적은 150m^2 이하로 한다.
② 여과속도는 120~150m/d을 표준으로 한다.
③ 여과면적은 계획정수량을 여과속도로 나누어 계산한다.
④ 중력식을 표준으로 하고, 여과모래의 균등계수는 1.7이하로 한다.
⑤ 모래층의 두께는 60~120cm, 여과사의 유효경은 0.45~0.7mm 범위이어야 한다.

9. 완속여과지와 급속여과지 비교

	완속여과지	급속여과지
여과속도	4~5m/day 표준	120~150m/day 표준
모래층 두께	70~90cm	60~120cm
모래 유효경	0.3~0.45mm	0.45~0.7mm
균등계수	2.0 이하	1.7 이하
여과지의 모래면 위의 수심	0.9~1.2m(90~120cm)	1~1.5m(100~150cm)
건설비	비싸다.	싸다.
유지관리비	적게 소요된다.	많이 소요된다.
세균제거	용이하다.	용이하지 못하다.

10. 급속교반조(혼화지)

① 목적 : 응집제와 하수중의 입자를 균일하게 분산시키기 위해서 이다.
② 급속교반조의 종류로는 프로펠러형과 터빈형이 있다.
③ 급속교반조의 속도경사(G)는 400~1,500/sec이다.
④ 급속교반조의 체류시간은 2분 정도이다.
⑤ 정수시설내 급속혼합시설의 급속혼화방식은 수류식, 기계식, 펌프확산에 의한 방법이 있다.

11. 완속교반조(floc 형성지)

① 목적 : 급속교반에 의해 생성된 미세 floc을 완속교반에 의해 거대한 floc으로 만드는데있다.
② 완속교반조의 종류로는 터빈형과 패들형이 있다.
③ 완속교반조의 속도경사(G)는 40~100/sec이다.
④ 완속교반조의 체류시간은 20분 정도이다.

11. 응집제 중 황산알루미늄(황산반토, Alum)

① 철염에 비해 가격이 저렴하고 독성이 없다.
② 부식성이 없어 취급이 용이하다.
③ 탁도, 조류, 세균 등의 현탁성 물질, 부유물 제거에 효과적이다.
④ 형성된 플록(floc)이 비교적 가볍고, 적정 pH 범위가 5~8로 좁은편이다.

12. 응집제 중 철염

① 염화제2철은 고체분말로서 6개의 결정수를 가지며 최적 pH 범위는 4~12 정도이다.
② 철염의 floc은 무겁고 침강이 빠르며 pH 9 이상에서 망간 제거가 가능하다.
③ 염화제2철은 형성 플록이 무겁고 침강이 빠르다.
④ 가격이 비싸고, 부식성이 강하다.
⑤ 1철염은 철이온이 잔류하고, 색도를 유발시킨다.
⑥ 황산제1철은 소석회와 함께 첨가한다.

13. 황산알루미늄(Alum)과 철염의 비교

특징 \ 응집제	황산알루미늄(Alum)	철염(염화제2철)
적정 pH	pH 5~8	pH 4~12
침강속도	느리다	빠르다
가격	저렴하다	비싸다

14. 응집제 중 PAC(폴리염화알루미늄)

① 알루미늄의 축합에 의하여 폴리머를 형성하고 있으므로 그 이름이 붙은 합성고분자 응집제이다.
② 황산알루미늄에 비하여 처리수의 pH가 적으며 알칼리도 소비량이 적다.
③ 플록형성속도가 빠르며 저온 열화하지 않는다.
④ 적정 주입률이 Alum의 4배로 범위가 넓다.
⑤ 고탁도나 휴민질성 착색수에 효과적이다.
⑥ 가격이 고가이며, Alum보다 부식성이 강하다.
⑦ 유지비용이 고가이며, 손실수두 증가가 크다.

15. 활성탄 중 생물활성탄(BAC)

① 일반 활성탄에 비해 수명을 4배 이상 연장할 수 있다.
② 오염물질에 따라 생물분해, 흡착작용이 상호보완하여 준다.
③ 분해에 적응시간이 필요한 용해성 유기물질의 제거에 효과적이다.
④ 정상상태까지의 기간이 길고, 활성탄이 서로 부착, 응집하여 수두손실이 증가할 수 있다.
⑤ 미생물 성장에 좋지 않은 조건이라도 흡착기능에 의해서 오염물질 제거가 가능하다.
⑥ 충격부하에 강하고, 활성탄 사용시간 및 재생이 가능하다.

16. Fenton 산화법

① 과산화수소(펜턴시약)는 철염(촉매)이 과량으로 존재할 때 조금씩 단계적으로 첨가하는 것이 효과적이다.
② 최적반응은 pH 3~4.5(3~5) 정도의 범위이다.
③ 폐수의 COD는 감소하지만 BOD는 증가한다.
④ 펜턴시약으로부터 발생하는 강산화제인 OH라디칼을 이용하여 난분해성

유기물을 산화처리하는 방법이다.
⑤ pH조정은 반응조에 과산화수소와 철염을 가한 후 조절하는 것이 효과적이다.
⑥ 철염을 이용하므로 수산화철의 슬러지가 다량 생성될 수 있다.

17. 물리·화학적 질소제거

① 제거방법에는 막공법, 공기탈기법, 선택적 이온교환법, 파과점 염소주입법이 있다.
② 수중의 암모니아성 질소 탈기법은 처리하고자 하는 폐수에 석회 등을 이용하여 pH를 10이상으로 조절한 후 공기를 불어 넣어 수중에 존재하는 암모니아성 질소를 암모니아가스로 탈기하는 방법으로 기온이 상승할수록 같은 양의 폐수를 처리하는데 필요한 공기의 양은 감소하며, 가장 중요한 인자는 pH와 온도이다.
③ 파과점 염소처리법은 처리하고자 하는 폐수에 염소를 주입하여 암모늄염을 질소가스로 처리하는 방법이며, 용존성 고형물 증가, 많은 경비 소비, THM 등 건강에 해로운 물질생성된다.

18. 시안(CN)화합물 함유 폐수처리

① 처리방법은 전기투석, 충격법, 감청법, 산성탈기법, 알칼리산화법, 오존산화법, 전해산화법이 있다.
② 알칼리염소법은 CN의 분해를 위해 유지되는 pH 10 이상이며, 니켈과 철의 시안 착염이 혼입된 경우 분해가 잘 되지 않고, 산화제의 투입량이 적을 경우는 시안화합물이 잔류하거나 염화시안이 발생하게 되므로 산화제는 약간 과잉으로 주입한다.

19. 수은함유 폐수처리방법

① 무기수은계함유 폐수처리방법 : 아말감법, 황화물침전법, 이온교환법, 흡착법
② 유기수은계함유 폐수처리방법 : 산화분해법

20. 해수의 담수화

① 상변화방식은 증발법(다단플래쉬법, 다중효용법, 증기압축법, 투과기화법)과 결정법(냉동법, 가스수화물법)이 있다.
② 상불변 방식은 막법(역삼투법, 전기투석법)과 용매추출법이 있다.

21. 랑겔리어 지수

① 랑겔리어지수란 물의 실제 pH와 이론적 pH(pHs : 수중의 탄산칼슘이 용해되거나 석출되지 않는 평형상태로 있을 때의 pH)와의 차이를 말한다.
② 랑겔리어 지수가 부(-)의 값으로 절대치가 클수록 물의 부식성이 강하다.
③ 랑겔리어 지수가 (+)의 값으로 절대치가 클수록 탄산칼슘의 석출이 일어나기 쉽다.
④ 랑겔리어 지수가 0이면 물의 안정도가 평형상태에 있다.
⑤ 물의 부식성이 강한 경우의 랑겔리어 지수는 pH, 칼슘경도, 알칼리도를 증가시킴으로써 개선할 수 있다.

22. 수질성분이 금속도관의 부식에 미치는 영향

① 암모니아는 착화합물의 형성을 통해 구리, 납 등의 금속 용해도를 증가시킬 수 있다.
② 칼슘은 $CaCO_3$로 침전하여 부식을 보호하고 부식속도를 감소시킨다.
③ pH가 높으면 관을 보호하고 부식속도를 감소시킨다.
④ 높은 알칼리도는 구리와 납의 부식을 증가시킨다.
⑤ 구리는 갈바닉 전지를 이룬 배관상에 흠집(구멍)을 야기한다.
⑥ 고농도의 염화물이나 황산염은 철, 구리, 납의 부식을 증가시킨다.
⑦ 용존산소는 여러 부식 반응속도를 증가시킨다.

23. 염소소독

① 살균강도는 HOCl이 OCl⁻ 보다 약 80배 이상 강하다.
② 잔류효과는 크지만, 바이러스 사멸효과가 나쁜 편이다.
③ 염소의 살균력은 반응시간이 길수록, 주입농도가 높을수록, 온도가 높을수록, pH가 낮을수록, 알칼리도가 낮을수록 커진다.

24. 오존살균

① 잔류성이 없어 슬러지가 발생하지 않는다.
② 오존은 저장할 수 없어 현장에서 생산해야 하므로 경제성이 낮다.
③ 철 및 망간의 제거능력이 크고, 탈색, 탈취효과가 크다.
④ 오존은 자체의 높은 산화력으로 염소에 비하여 높은 살균력을 가지고 있다.

25. 자외선(UV)살균

① 수중에 잔류 방사량(잔류 살균력이 없음)이 존재하지 않는다.
② pH변화에 관계없이 지속적인 살균이 가능하다.
③ 소독의 성공여부를 즉시 측정할 수 없다.
④ 비교적 소독비용이 저렴하다.
⑤ 태양광의 파장이 커질수록, 물의 탁도가 높으면 소독능력이 감소한다.

25. 표준활성슬러지법(재래식 활성슬러지법)

① MLSS : 1,500~2,500mg/L
② F/M비 : 0.2~0.4/day
③ HRT(수리학적 체류시간) : 6~8hr
④ SRT(미생물 체류시간) : 3~6day
⑤ 반응조 수심 : 4~6m
⑥ 반응조 형상 : 사각형, 다단 완전혼합형
⑦ 포기방식 : 전면포기식, 선회류식, 미세기포 분사식, 수중 교반식

26. 활성슬러지법 처리방법별 F/M비

① 표준 활성슬러지법 : 0.2~0.4kg BOD/kg SS · day
② 순산소 활성슬러지법 : 0.3~0.6kg BOD/kg SS · day
③ 장기포기법 : 0.03~0.05kg BOD/kg SS · day
④ 산화구법 : 0.03~0.05kg BOD/kg SS · day

27. 활성슬러지 공정 중 최종 침전조에서 슬러지 부상원인

① 탈질소화 현상이 발생할 때
② 침전조의 수면적부하가 높은 경우
③ SVI가 높고 잉여슬러지의 인출량이 부족할 때
④ 폭기조의 폭기량을 증가시켜 질산화 정도를 증가시킬 때 .

28. 슬러지 팽화(슬러지 벌킹) 현상의 발생원인

① 미생물에 비해서 유기물 먹이가 너무 많을 경우
② 포기조의 용존산소가 부족할 때
③ 유입수에 갑자기 산업폐수가 혼합되어 유입될 경우

④ 영양염류(N,P)가 부족할 때

29. 활성슬러지법의 종류

① 심층폭기법은 산기수심을 깊게 할수록 단위 송기량당 압축동력은 증대하지만, 산소 용해도가 높은만큼 송기량이 감소하기 때문에 소비동력은 증가하지 않으며, 수심은 10m 정도이고, 폭기조를 설치하기 위해서 필요한 단위 용량당 용지면적은 조의 수심에 비례해서 감소하므로 용지 이용율이 높다.
② 초심층 폭기법은 기포와 미생물이 접촉하는 시간이 활성슬러지법보다 길어서 산소전달효율이 높으며, F/M비는 표준활성슬러지공법에 비하여 높게 운전하며, 초심층의 수심은 150m 정도이다.
③ 순산소 활성슬러지법은 반응시간을 단축시켜 BOD 용적부하를 높일 수 있고, 잉여슬러지는 표준활성슬러지법에 비해 적게 발생하며, MLSS 농도는 표준활성슬러지법의 2배 이상으로 유지 가능하다.

30. 생물막공법

① 질화세균 및 탈질균이 잘 증식된다.
② 슬러지 발생량이 적다.
③ 슬러지 보유량이 크고 정화에 관여하는 미생물의 다양성이 높다.
④ 시설의 표준화가 되어있지 않아 부품관리 시공이 어렵다.
⑤ 분해속도가 빠른 기질제어에 비효과적이다. (분해속도가 빠른 기질제어에 효과적인 방법은 활성슬러지법이다.)

31. 막공법 중 물질분리를 유발하는 추진력

① 전기투석(Electrodialysis) – 전위차
② 투석(Dialysis) – 농도차
③ 역삼투(RO) – 정압차(정수압차)
④ 한외여과(UF) – 정압차(정수압차)
⑤ 나노여과(NF) – 정압차(정수압차)
⑥ 정밀여과(MF) – 정압차(정수압차)

32. 정수 처리시 막여과시설 중 막의 열화 및 파울링

① 열화의 정의는 막 자체의 변질로 생긴 비가역적인 막 성능의 저하를 의미하며, 내용을 살펴보면, 장기적인 압력부하에 의한 막 구조의 압밀화, 원수

중의 고형물이나 진동에 의한 막 면의 상처나 마모, 파단, 건조되거나 수축으로 인한 막 구조의 비가역적인 변화, 막이 pH나 온도 등의 작용에 의한 분해, 산화제에 의한 막 재질의 특성변화나 분해, 미생물과 막 재질의 자화 또는 분비물의 작용에 의한 변화가 해당한다.
② 파울링의 정의는 막 자체의 변질이 아닌 외적 인자로 생긴 막 성능의 저하를 의미하며, 내용을 살펴보면 막의 다공질부의 흡착, 석출, 포착 등에 의한 폐색(막힘), 막모듈의 공급유로 또는 여과수 유로가 고형물로 폐색되어 흐르지 않은 상태(유로폐색), 농축으로 인하여 난분해성 물질이 용해도를 초과하여 막면에 석출된 층이 해당된다.

33. 살수여상법

① 주요 정화작용은 호기성 산화이다.
② 슬러지 팽화가 발생되지 않으며, 슬러지의 발생량이 적다.
③ 문제점으로는 결빙, 악취 발생, 연못화 현상, 파리 번식 등이 있다.

34. 회전원판법(RBC)

① RBC조 메디아는 전형적으로 40% 정도가 물에 잠기도록 하며 미생물이 여재 위에 부착성장함에 따라 막은 액체 내에서 전단력을 증가시킨다.
② 활성슬러지 공법에 비하여 소요동력이 적다.
③ 단회로 현상의 제어가 쉽고, 슬러지 반송(재순환)이 필요없다.
④ 타 생물학적 처리공정에 비하여 bench-scale의 처리연구를 현장시스템으로 scale-up시키기가 용이하지 못한다.
⑤ 운영변수가 많아 모델링이 복잡하다.
⑥ 활성슬러지법에 비해 이차침전지에서 미세한 SS가 유출되기 쉽고 처리수의 투명도가 나쁘다.
⑦ 하루살이가 발생된다.

35. 생물막법 중 접촉산화법

① 분해속도가 낮은 기질제거에 효과적이다.
② 슬러지 반송이 필요없어 슬러지 발생량이 적고, 운전관리가 용이하다.
③ 슬러지 자산화가 기대되어 잉여슬러지량이 감소한다.
④ 접촉재가 조내에 있기 때문에 부착생물량의 확인이 용이하지 못하다.

36. 고도처리공법에서 반응조의 역할

① Anaerobic(혐기성조) : 인(P)의 방출, 유기물 제거
② Anoxic(무산소조) : 탈질작용(질소제거)
③ Aerobic(호기성조 또는 포기조) : 인(P)의 과잉흡수, 질산화

37. 고도처리공법 중 A/O 공법

① 혐기성조(인의 방출, 유기물 제거) - 호기성조(인의 과잉흡수)로 이루어져 있다.
② 인을 주로 처리하기 위한 공법이다.
③ 폐슬러지 내의 인의 함량은 비교적 높아 비료 가치가 있다.
④ 표준활성슬러지법의 반응조 전반 20~40% 정도를 혐기성 반응조로 하는 것이 표준이다.

38. 고도처리공법 중 A_2/O 공법

① 혐기성조(인의 방출, 유기물 제거) - 무산소조(탈질작용) - 호기성조(인의 과잉흡수 및 질산화)로 이루어져 있다.
② 인과 질소를 동시에 처리할 수 있다.
③ A/O 공법에 비하여 탈질성능이 우수하다.
④ 인농도가 높아진 잉여슬러지를 인발함으로써 제거한다.
⑤ 폐슬러지 내의 인 함유량은 일반슬러지에 비해 3~5% 높아 비료로서의 가치가 높다.
⑥ 폭기조에서 질산화를 통하여 생성된 질산성 질소를 무산소조로 내부반송하여 질소를 제거한다.

39. 5단계(수정) Bardenpho 공법의 반응조 역할

① 혐기성조 : 미생물에 의한 인의 방출 및 유기물 제거
② 1단계 무산소조 : 탈질화현상으로 질소제거
③ 1단계 호기성조(포기조 또는 폭기조) : 미생물에 의한 인의 과잉 흡수 및 질산화
④ 2단계 무산소조 : 잔류 질산성 질소 제거
⑤ 2단계 호기성조(포기조 또는 폭기조) : 종침에서 탈질에 의한 Rising 현상 및 인의 재방출 방지
⑥ 내부반송 : 1단계 호기성조에서 1단계 무산소조로 이루어지며 1단계 호기성조에서 질산화를 통하여 생성된 질산성 질소를 1단계 무산소조로 보내 질소

를 제거한다.

40. 고도처리공법 중 5단계(수정) Bardenpho 공법

① 질소와 인을 동시에 처리할 수 있다.
② 내부반송율이 높고 비교적 큰 규모의 반응조 사용이 가능하다.
③ 폐슬러지 내의 인의 함량이 높아 비료가치가 있다.
④ 2단계 호기성조(재폭기조)의 역할은 종침에서 탈질에 의한 Rising 현상 및 인의 재방출을 방지하는데 있다.
⑤ 슬러지의 생산량은 적으나 비교적 큰 규모의 반응조가 요구된다.

41. 고도처리공법 중 포스트립(Phostrip) 공법

① Phostrip 프로세스는 폐수 중인 성분을 생물학적, 화학적 원리와 함께 이용하여 제거하는 방법이다.
② 반응조는 포기조(인의 과잉 흡수), 탈인조(인의 방출), 응집조(상징수에 많이 포함되어 있는 인을 석회(Lime)를 이용해 화학침전시켜 제거)로 구성되어 있다.
③ 최종침전지에서 인 용출 방지를 위하여 MLSS내 DO를 높게 유지하여야 한다.
④ Stripping(액체 속에 용해되어 있는 기체를 분리, 제거하는 조작)을 위한 별도의 반응조가 필요하다.
⑤ 인 제거시 BOD/P에 의하여 조절되지 않으며, 유입수의 BOD부하에 따라 인 방출이 큰 영향을 받지 않는다.

42. 연속회분식 활성슬러지법(SBR)

① 생물학적 원리를 이용하여 폐수를 고도처리(영양염류 제거공정)하기 위한 공정 중 하나의 탱크에서 시차를 두고 유입, 반송, 침전, 유출 등의 각 과정을 거치는 공정이다.
② 단일반응조에서 1주기(Cycle) 중에 호기-무산소 등의 조건을 설정하여 질산화와 탈질화를 도모할 수 있다.
③ 충격부하 또는 첨두유량에 대한 대응성이 우수하다
④ 질소와 인의 효율적인 제거가 가능하고, 2차 침전지와 슬러지 반송을 생략할 수 있다.
⑤ 공정단계는 주입 - 반응 - 침전 - 제거 - 휴지 순서이다.

03 수질오염공정시험기준

1. 수질오염공정시험기준 총칙

① 백분율(Parts Per Hundred)은 용액 100mL 중의 성분무게(g), 또는 기체 100mL 중의 성분무게(g)를 표시할 때는 W/V%, 용액 100mL 중의 성분용량(mL), 또는 기체 100mL 중의 성분용량(mL)을 표시할 때는 V/V%, 용액 100g 중 성분용량(mL)을 표시할 때는 V/W%, 용액 100g 중 성분무게(g)를 표시할 때는 W/W%의 기호를 쓴다. 다만, 용액의 농도를 "%"로만 표시할 때는 W/V%를 말한다.

② 천분율(ppt)을 표시할 때는 g/L, g/kg의 기호를 쓰고, 백만분율(ppm)을 표시할 때는 mg/L, mg/kg의 기호를 쓰고, 십억분율(ppb)을 표시할 때는 μg/L, μg/kg의 기호를 쓰고, 기체 중의 농도는 표준상태(0℃, 1기압)로 환산 표시한다.

③ 표준온도는 0℃, 상온은 15℃~25℃, 실온은 1℃~35℃로 하고, 찬 곳은 따로 규정이 없는 한 0℃~15℃의 곳을 뜻하며, 냉수는 15℃ 이하, 온수는 60℃~70℃, 열수는 약 100℃를 말하고, 각각의 시험은 따로 규정이 없는 한 상온에서 조작하고 조작 직후에 그 결과를 관찰한다. 단, 온도의 영향이 있는 것의 판정은 표준온도를 기준으로 한다.

④ 시험조작 중 "즉시"란 30초 이내에 표시된 조작을 하는 것을 뜻한다.

⑤ "감압 또는 진공"이라 함은 따로 규정이 없는 한 15mmHg 이하를 뜻한다

⑥ "바탕시험을 하여 보정한다"라 함은 시료에 대한 처리 및 측정을 할 때, 시료를 사용하지 않고 정제수를 이용하여 같은 방법으로 측정한 분석값을 시료의 분석값에서 빼는 것을 뜻한다.

⑦ 방울수라 함은 20℃에서 정제수 20 방울을 적하할 때, 그 부피가 약 1mL 되는 것을 뜻한다.

⑧ "항량으로 될 때까지 건조한다."라 함은 같은 조건에서 1시간 더 건조할 때 전후 무게의 차가 g당 0.3mg 이하일 때를 말한다.

⑨ "정밀히 단다."라 함은 규정된 양의 시료를 취하여 화학저울 또는 미량저울로 칭량함을 말한다.

⑩ 무게를 "정확히 단다."라 함은 규정된 수치의 무게를 0.1mg까지 다는 것을 말한다.

⑪ "정확히 취하여"라 하는 것은 규정한 양의 액체를 부피피펫으로 눈금까지 취하는 것을 말한다.
⑫ "약"이라 함은 기재된 양에 대하여 ±10%이상의 차가 있어서는 안 된다.
⑬ 밀폐용기는 이물질, 기밀용기는 공기 또는 다른 가스, 밀봉용기는 기체 또는 미생물, 차광용기는 광선을 차단하여 내용물을 보호하는 용기를 말한다.

2. 유량계 종류

① 벤튜리미터(venturi meter)는 긴 관의 일부로써 단면이 작은 목(throat)부분과 점점 축소, 점점 확대되는 단면을 가진 관으로 축소부분에서 정력학적수두의 일부는 속도수두로 변하게 되어 관의 목(throat)부분의 정력학적 수두보다 적게 된다.

② 유량측정용 노즐은 수두와 설치비용 이외에도 벤튜리미터와 오리피스 간의 특성을 고려하여 만든 유량측정용 기구로서 측정원리의 기본은 정수압이 유속으로 변화하는 원리를 이용한 것이다.

③ 오리피스는 설치에 비용이 적게 들고 비교적 유량측정이 정확하여 얇은 판 오리피스가널리 이용되고 있으며 흐름의 수로 내에 설치한다. 오리피스를 사용하는 방법은 노즐(nozzle)과 벤튜리미터와 같다. 오리피스의 장점은 단면이 축소되는 목(throat)부분을 조절함으로써 유량이 조절된다는 점이며, 단점은 오리피스(orifice) 단면에서 커다란 수두손실이 일어난다는 점이다.

④ 피토우관의 유속은 마노미터에 나타나는 수두차에 의하여 계산한다. 왼쪽의 관은 정수압을 측정하고 오른쪽관은 유속이 0인 상태인 정체압력(stagnation pressure)을 측정한다. 피토우관으로 측정할 때는 반드시 일직선상의 관에서 이루어져야 하며, 관의 설치장소는 엘보우(elbow), 티(tee) 등 관이 변화하는 지점으로부터 최소한 관 지름의 15배~50배 정도 떨어진 지점이어야 한다.

⑤ 자기식 유량측정기(magnetic flow meter)의 측정원리는 패러데이(faraday)의 법칙을 이용하여 자장의 직각에서 전도체를 이동시킬 때 유발되는 전압은 전도체의 속도에 비례한다는 원리를 이용한 것으로 이 측정기는 전압이 활성도, 탁도, 점성, 온도의 영향을 받지 않고 다만 유체(폐·하수)의 유속에 의하여 결정되며 수두손실이 적다.

3. 용기에 의한 측정방법 중 최대 유량이 1m³/분 미만인 경우

① 유수를 용기에 받아서 측정한다.
② 용기는 용량 100~200L인 것을 사용하여 유수를 채우는 데에 요하는 시간을 스톱워치(stop watch)로 잰다. 용기에 물을 받아 넣는 시간을 20초 이상이 되도록 용량을 결정한다.
③ 유량(m^3/min)은 $60 \times \dfrac{V(m^3)}{t(sec)}$ 을 이용하여 구한다.

4. 수로의 구성, 재질, 수로단면의 형상, 구배 등이 일정하지 않은 개수로의 경우

① 수로는 될수록 직선적이며, 수면이 물결치지 않는 곳을 고른다.
② 10m를 측정구간으로 하여 2m마다 유수의 횡단면적을 측정하고, 산술평균값을 구하여 유수의 평균 단면적으로 한다.
③ 유속의 측정은 부표를 사용하여 10m구간을 흐르는데 걸리는 시간을 스톱워치(stopwatch)로 재며 이때 실측유속을 표면 최대유속으로 한다.
④ 평균유속(V) = $0.75 \times V_e$ (표면최대유속)

5. 하천유량 - 유속 면적법에서 적용범위

① 가능하면 하상이 안정되어 있고, 식생의 성장이 없는 지점
② 합류나 분류가 없는 지점
③ 교량 등 구조물 근처에서 측정할 경우 교량의 상류지점
④ 대규모 하천을 제외하고 가능하면 도섭으로 측정할 수 있는 지점
⑤ 모든 유량 규모에서 하나의 하도로 형성되는 지점

6. 복수시료채취방법

① 수동으로 시료를 채취할 경우에는 30분 이상 간격으로 2회 이상 채취(composite sample)하여 일정량의 단일시료로 한다.
② 수소이온농도(pH), 수온 등 현장에서 즉시 측정하여야 하는 항목인 경우에는 30분 이상간격으로 2회 이상 측정한 후 산술평균하여 측정값을 산출한다.
③ 자동시료채취기로 시료를 채취할 경우에는 6시간 이내에 30분 이상 간격으로 2회 이상 채취(composite sample)하여 일정량의 단일시료로 한다.

7. 시료채취시 유의사항

① 시료 채취 용기는 깨끗이 세척된 용기 또는 멸균된 용기를 사용하며, 시료를 채울 때에는 어떠한 경우에도 시료의 교란이 일어나서는 안 되며 가능한 한 공기와 접촉하는 시간을 짧게 하여 채취한다.
② 시료채취량은 시험항목 및 시험횟수에 따라 차이가 있으나 보통 3L~5 L 정도이어야 한다.
③ 용존가스, 환원성 물질, 휘발성유기화합물, 냄새, 유류 및 수소이온 등을 측정하기 위한 시료를 채취할 때에는 운반중 공기와의 접촉이 없도록 시료용기에 가득 채운 후 빠르게 뚜껑을 닫는다.
④ 지하수 시료는 취수정 내에 고여 있는 물과 원래 지하수의 성상이 달라질 수 있으므로 고여 있는 물을 충분히 퍼낸 다음 새로 나온 물을 채취한다. 이 경우 퍼내는 양은 고여있는 물의 4배~5배 정도이나 pH 및 전기전도도를 연속적으로 측정하여 이 값이 평형을 이룰 때까지로 한다.
⑤ 지하수 시료채취 시 심부층의 경우 저속양수펌프 등을 이용하여 반드시 저속시료채취하여 시료 교란을 최소화하여야 하며, 천부층의 경우 저속양수펌프 또는 정량이송펌프 등을 사용한다.
⑥ 냄새 측정을 위한 시료채취 시 유리기구류는 사용 직전에 새로 세척하여 사용한다. 먼저냄새 없는 세제로 닦은 후 정제수로 닦아 사용하고, 고무 또는 플라스틱 재질의 마개는사용하지 않는다.
⑦ 퍼클로레이트를 측정하기 위한 시료채취 시 시료 용기를 질산 및 정제수로 씻은 후 사용하며, 시료채취시 시료병의 2/3를 채운다.

8. 시료채취지점

① 하천의 단면에서 수심이 가장 깊은 수면의 지점과 그 지점을 중심으로 하여
② 좌우로 수면폭을 2등분한 각각의 지점의 수면으로부터
③ 수심 2m 미만일 때에는 수심의 1/3에서
④ 수심이 2m 이상일 때에는 수심의 1/3 및 2/3에서 각각 채수한다.

9. 시료의 전처리 방법 중 산분해법

① 질산법 : 유기함량이 비교적 높지 않은 시료의 전처리에 사용한다.
② 질산-염산법 : 유기물 함량이 비교적 높지 않고 금속의 수산화물, 산화물, 인산염 및 황화물을 함유하고 있는 시료에 적용한다.
③ 질산-황산법 : 유기물 등을 많이 함유하고 있는 대부분의 시료에 적용된다.
④ 질산-과염소산법 : 유기물을 다량 함유하고 있으면서 산분해가 어려운 시료

⑤ 질산-과염소산-불화수소산 : 다량의 점토질 또는 규산염을 함유한 시료에 적용한다.

10. 냄새

① 잔류염소 냄새는 측정에서 제외한다. 따라서 잔류염소가 존재하면 티오황산소듐 용액을 첨가하여 잔류염소를 제거한다.

② 냄새역치(TON) = $\dfrac{A(\text{시료의 부피}) + B(\text{무취 정제수 부피})}{A(\text{시료의 부피})}$

③ 냄새가 있는지 없는지만 보고하는 경우에는 판단한 결과로 보고한다.

④ 냄새 역치로 보고하는 경우에는 각 판정요원의 냄새의 역치를 기하평균한 결과로 보고한다.

11. 투명도

① 백색원판은 지름이 30cm로 무게가 약 3kg이 되는 원판에 지름 5cm의 구멍 8개가 뚫려 있다.

② 백색원판의 색도차는 투명도에 미치는 영향이 적지만, 원판의 광 반사능은 투명도에 영향을 미치므로 표면이 더러울 때에는 다시 색칠하여야 한다.

③ 흐름이 있어 줄이 기울어질 경우에는 2kg정도의 추를 달아서 줄을 세워야 하고 줄은 10cm 간격으로 눈금표시가 되어 있어야 하며, 충분히 강도가 있는 것을 사용한다.

④ 강우시나 수면에 파도가 격렬하게 일 때는 정확한 투명도를 얻을 수 없으므로 측정하지않는 것이 좋다.

⑤ 측정결과는 0.1m 단위로 표기한다.

12. 색도

① 이 시험기준은 색도를 측정하기 위하여 시각적으로 눈에 보이는 색상에 관계없이 단순색도차 또는 단일 색도차를 계산한다.

② 아담스-니컬슨(Adams-Nickerson)의 색도공식을 근거로 하고 있다.

③ 예를 들면, 육안적으로 두개의 서로 다른 색상을 가진 A, B가 무색으로부터 같은 정도로 색도가 있다고 판정되면, 이들의 색도값도 같게 된다.

④ 이 방법은 백금-코발트 표준물질과 아주 다른 색상의 폐·하수에서 뿐만 아니라 표준물질과 비슷한 색상의 폐·하수에도 적용할 수 있다.

13. 수소이온농도(pH)

① 측정이 완료된 후에는 전극을 정제수로 잘 씻은 다음 3M KCl 용액에 담가 둔다.
② pH는 온도변화에 따라 영향을 받는다.
③ pH 측정기는 보통 유리전극 및 비교전극으로 된 검출부와 검출된 pH를 표시하는 지시부로 되어 있다.
④ pH 표준용액의 조제에 사용되는 물은 정제수를 15분 이상 끓여서 이산화탄소를 날려 보내고 산화칼슘(생석회) 흡수관을 달아 식혀서 준비한다.
⑤ 조제한 pH 표준용액은 경질 유리병 또는 폴리에틸렌병에 담아서 보관한다.
⑥ 보통 산성 표준용액은 3개월, 염기성 표준용액은 산화칼슘 흡수관을 부착하여 1개월 이내에 사용한다.

14. 용존산소(DO)

① 용존산소의 측정방법은 적정법(윙클러-아자이드화 소듐 변법), 전극법, 광학식 센서방법이 있다.
② 정량한계는 적정법이 0.1mg/L, 전극법이 0.5mg/L, 광화학 센서방법이 0.5 mg/L이다.
③ 시료의 착색·현탁된 경우 전처리는 포타슘명반용액과 암모니아수를 주입한다.
④ 미생물 플록(floc)이 형성된 경우 전처리는 황산구리-설퍼민산용액을 주입한다.
⑤ 산화성 물질을 함유한 경우(잔류염소) 전처리는 알칼리성 요오드화포타슘-아자이드화소듐용액을 주입한다.
⑥ 산화성 물질을 함유한 경우($Fe(III)$) 전처리는 $Fe(III)$ 100mg/L~200mg/L이 함유되어 있는 시료의 경우, 황산을 첨가하기 전에 플루오린화포타슘용액 1mL를 가한다.

15. 생물화학적 산소 요구량(BOD)

① pH가 6.5~8.5의 범위를 벗어나는 산성 또는 알칼리성 시료는 염산용액(1M) 또는 수산화소듐용액(1M)으로 시료를 중화하여 pH 7~7.2로 맞춘다. 다만 이때 넣어주는 염산 또는 수산화소듐의 양이 시료량의 0.5%가 넘지 않도록 하여야 한다.
② 수온이 20℃ 이하일 때의 용존산소가 과포화 되어 있을 경우에는 수온을 23℃~25℃로 상승시킨 이후에 15분간 통기하고 방치하고 냉각하여 수온을

다시 20℃로 한다.
③ 예상 BOD값에 대한 사전경험이 없을 때 희석하여 시료 조제방법
　㉠ 오염정도가 심한 공장폐수는 0.1%~1.0%
　㉡ 처리하지 않은 공장폐수와 침전된 하수는 1%~5%
　㉢ 처리하여 방류된 공장폐수는 5%~25%
　㉣ 오염된 하천수는 25%~100%의 시료가 함유되도록 희석 조제한다.
④ 5일 저장기간 동안 산소의 소비량이 40%~70% 범위 안의 희석 시료를 선택하여 초기 용존산소량과 5일간 배양한 다음 남아 있는 용존산소량의 차로부터 BOD를 계산한다.

16. 부유물질

① 나무 조각, 큰 모래입자 등과 같은 큰 입자들은 부유물질 측정에 방해를 주며, 이 경우 직경 2mm 금속망에 먼저 통과시킨 후 분석을 실시한다.
② 유리섬유여과지(GF/C)를 여과장치에 부착하여 미리 정제수 20mL씩으로 3회 흡인 여과하여 씻은 다음 시계접시 또는 알루미늄 호일 접시 위에 놓고 105℃~110℃의 건조기 안에서 2시간 건조시켜 황산 데시케이터에 넣어 방치하고 냉각한 다음 항량하여 무게를 정밀히 달고, 여과장치에 부착 시킨다.
③ 유리섬유여과지(GF/C) 또는 이와 동등한 규격으로 지름 47mm의 것을 사용한다.
④ 사용한 여과장치의 하부여과재를 다이크롬산포타슘·황산용액에 넣어 침전물을 녹인 다음 정제수로 씻어준다.

17. 노말헥산 추출물질

① 정량한계는 0.5mg/L이다.
② 폐수 중의 비교적 휘발되지 않는 탄화수소, 탄화수소유도체, 그리스유상물질 및 광유류가 노말헥산층에 용해되는 성질을 이용한 방법으로 통상 유분의 성분별 선택적 정량이 곤란하다.
③ 시료적당량(노말헥산 추출물질로서 5mg~200mg 해당량)을 분별깔때기에 넣고 메틸오렌지용액(0.1%) 2방울~3방울을 넣고 황색이 적색으로 변할 때까지 염산(1 + 1)을 넣어 시료의 pH를 4 이하로 조절한다.

18. 염소이온

염소이온 시험방법	정량한계(mg/L)	정밀도(% RSD)
이온크로마토그래피	0.1mg/L	± 25% 이내
적정법	0.7mg/L	± 25% 이내
이온전극법	5mg/L	± 25% 이내

19. 암모니아성 질소

암모니아성 질소 시험방법	정량한계(mg/L)	정밀도(% RSD)
자외선/가시선 분광법	0.01mg/L	± 25% 이내
이온전극법	0.08mg/L	± 25% 이내
적정법	1mg/L	± 25% 이내

20. 아질산성 질소

아질산성 질소	정량한계(mg/L)	정밀도(% RSD)
자외선/가시선 분광법	0.004mg/L	± 25% 이내
이온크로마토그래피	0.1mg/L	± 25% 이내

21. 질산성 질소

질산성질소	정량한계(mg/L)	정밀도(% RSD)
이온크로마토그래피	0.1mg/L	± 25% 이내
자외선/가시선 분광법(부루신법)	0.1mg/L	± 25% 이내
자외선/가시선 분광법 (활성탄흡착법)	0.3mg/L	± 25% 이내
데발다합금 환원증류법	중화적정법 : 0.5mg/L 분광법 : 0.1mg/L	± 25% 이내

22. 총질소

총질소	정량한계(mg/L)	정밀도(% RSD)
자외선/가시선 분광법(산화법)	0.1mg/L	± 25% 이내
자외선/가시선 분광법 (카드뮴 - 구리 환원법)	0.004mg/L	± 25% 이내
자외선/가시선 분광법 (환원증류 - 킬달법)	0.02mg/L	± 25% 이내
연속흐름법	0.06mg/L	± 25% 이내

23. 질소화합물의 분석방법 정리

질소화합물의 종류	분석방법
암모니아성 질소(NH_3-N)	① 자외선/가시선 분광법 ② 이온전극법 ③ 적정법
아질산성 질소(NO_2-N)	① 자외선/가시선 분광법 ② 이온크로마토그래피
질산성 질소(NO_3-N)	① 이온크로마토그래피 ② 자외선/가시선 분광법(부루신법) ③ 자외선/가시선 분광법(활성탄 흡착법) ④ 데발다합금 환원 증류법
총질소(T-N)	① 자외선/가시선 분광법(산화법) ② 자외선/가시선 분광법(카드뮴 - 구리 환원법) ③ 자외선/가시선 분광법(환원증류 - 킬달법) ④ 연속흐름법

24. 인산염인

인산염인	정량한계(mg/L)	정밀도(% RSD)
자외선/가시선 분광법 (이염화주석환원법)	0.003mg/L	± 25% 이내
자외선/가시선 분광법 (아스코르빈산환원법)	0.003mg/L	± 25% 이내
이온크로마토그래피	0.1mg/L	± 25% 이내

25. 총인

총인	정량한계(mg/L)	정밀도(% RSD)
자외선/가시선 분광법	0.005mg/L	± 25% 이내
연속흐름법	0.003mg/L	± 25% 이내

26. 페놀류(Phenols)

① 적용 가능한 시험방법

페놀 및 그 화합물	정량한계(mg/L)	정밀도(% RSD)
자외선/가시선 분광법	추출법 : 0.005mg/L 직접법 : 0.05mg/L	± 25% 이내
연속흐름법	0.007mg/L	± 25% 이내

② 자외선/가시선 분광법은 물속에 존재하는 페놀류를 측정하기 위하여 증류한 시료에 염화암모늄-암모니아 완충용액을 넣어 pH 10으로 조절한 다음 4-아미노안티피린과 헥사시안화철(Ⅱ)산포타슘을 넣어 생성된 붉은색의 안티피린계 색소의 흡광도를 측정하는 방법으로 수용액에서는 510nm, 클로로폼용액에서는 460nm에서 측정한다.

27. 시안

① 적용 가능한 시험방법

시안	정량한계(mg/L)	정밀도(% RSD)
자외선/가시선 분광법	0.01mg/L	±25% 이내
이온전극법	0.10mg/L	±25% 이내
연속흐름법	0.01mg/L	±25% 이내

② 자외선/가시선 분광법은 물속에 존재하는 시안을 측정하기 위하여 시료를 pH 2 이하의산성에서 가열 증류하여 시안화물 및 시안착화합물의 대부분을 시안화수소로 유출시켜 포집한 다음 포집된 시안이온을 중화하고 클로라민-T를 넣어 생성된 염화시안이 피리딘-피라졸론 등의 발색시약과 반응하여 나타나는 청색을 620nm에서 측정하는 방법이다.
③ 다량의 유지류가 함유된 시료는 아세트산 또는 수산화소듐 용액으로 pH 6~7로 조절하고 시료의 약 2%에 해당하는 노말헥산 또는 클로로폼을 넣어 짧은 시간 동안 흔들어 섞고 수층을 분리하여 시료를 취한다.

④ 황화합물이 함유된 시료는 아세트산아연용액(10%) 2mL를 넣어 제거한다.
⑤ 잔류염소가 함유된 시료는 잔류염소 20mg 당 L-아스코르빈산(10%) 0.6mL 또는 아비산소듐용액(10%) 0.7mL를 넣어 제거한다.

28. 불소화합물

① 적용 가능한 시험방법

불소화합물	정량한계(mg/L)	정밀도(% RSD)
자외선/가시선 분광법	0.15mg/L	± 25% 이내
이온전극법	0.1mg/L	± 25% 이내
이온크로마토그래피	0.05mg/L	± 25% 이내
연속흐름법	0.1mg/L	± 25% 이내

② 자외선/가시선 분광법은 물속에 존재하는 불소를 측정하기 위하여 시료에 넣은 란탄알리자린 콤프렉손의 착화합물이 불소이온과 반응하여 생성하는 청색의 복합 착화합물의 흡광도를 620nm에서 측정하는 방법이다.

29. 브롬이온

브롬이온	정량한계	정밀도(% RSD)
이온크로마토그래피	0.03mg/L	± 25% 이내

30. 황산이온

황산이온	정량한계(mg/L)	정밀도(% RSD)
이온크로마토그래피	0.5mg/L	± 25% 이내

31. 음이온계면활성제

음이온계면활성제	정량한계(mg/L)	정밀도(% RSD)
자외선/가시선 분광법	0.02mg/L	± 25% 이내
연속흐름법	0.09mg/L	± 25% 이내

32. 총 유기탄소

① 총 유기탄소 : 수중에서 유기적으로 결합된 탄소의 합을 말한다.
② 총 탄소 : 수중에서 존재하는 유기적 또는 무기적으로 결합된 탄소의 합을 말한다.
③ 무기성 탄소 : 수중에 탄산염, 중탄산염, 용존 이산화탄소 등 무기적으로 결합된 탄소의합을 말한다.
④ 용존성 유기탄소 : 총 유기탄소 중 공극 0.45 m의 막 여지를 통과하는 유기탄소를 말한다.
⑤ 부유성 유기탄소 : 총 유기탄소 중 공극 0.45 m의 막 여지를 통과하지 못한 유기탄소를말한다.
⑥ 비정화성 유기탄소 : 총 탄소 중 pH 2 이하에서 포기에 의해 정화(purging)되지 않는 탄소를 말한다.

33. 퍼클로레이트

퍼클로레이트	정량한계(mg/L)	정밀도(% RSD)
액체크로마토그래프-질량분석법	0.002mg/L	± 25% 이내
이온크로마토그래피	0.002mg/L	± 25% 이내

34. 크롬

▶ 적용 가능한 시험방법

크롬	정량한계(mg/L)	정밀도(% RSD)
원자흡수분광광도법	산처리법 : 0.01 용매추출법 : 0.001	25% 이내
유도결합플라스마 - 원자발광분광법	0.007	25% 이내
유도결합플라스마 – 질량분석법	0.0002	25% 이내

35. 6가 크롬

▶ 적용 가능한 시험방법

6가 크롬	정량한계(mg/L)	정밀도(% RSD)
원자흡수분광광도법	0.01	25% 이내
자외선/가시선 분광법	0.04	25% 이내
유도결합플라스마 – 원자발광분광법	0.007	25% 이내

36. 아연

▶ 적용 가능한 시험방법

아연	정량한계(mg/L)	정밀도(% RSD)
원자흡수분광광도법	0.002	25% 이내
유도결합플라스마 - 원자발광분광법	0.002	25% 이내
유도결합플라스마 - 질량분석법	0.006	25% 이내
양극벗김전압전류법	0.0001	20% 이내

37. 구리

▶ 적용 가능한 시험방법

구리	정량한계(mg/L)	정밀도(% RSD)
원자흡수분광광도법	0.008	25% 이내
유도결합플라스마 - 원자발광분광법	0.006	25% 이내
유도결합플라스마 – 질량분석법	0.002	25% 이내

38. 카드뮴

▶ 적용 가능한 시험방법

카드뮴	정량한계(mg/L)	정밀도(% RSD)
원자흡수분광광도법	0.002	25% 이내
유도결합플라스마 - 원자발광분광법	0.00	25% 이내
유도결합플라스마 – 질량분석법	0.002	25% 이내

39. 납

▶ 적용 가능한 시험방법

납	정량한계(mg/L)	정밀도(% RSD)
원자흡수분광광도법	0.04	25% 이내
유도결합플라스마 - 원자발광분광법	0.04	25% 이내
유도결합플라스마 - 질량분석법	0.002	25% 이내
양극벗김전압전류법	0.0001	20% 이내

40. 망간

▶ 적용 가능한 시험방법

망간	정량한계(mg/L)	정밀도(% RSD)
원자흡수분광광도법	0.005	25% 이내
유도결합플라스마 - 원자발광분광법	0.002	25% 이내
유도결합플라스마 - 질량분석법	0.0005	25% 이내

41. 비소

▶ 적용 가능한 시험방법

비소	정량한계(mg/L)	정밀도(% RSD)
수소화물생성 - 원자흡수분광광도법	0.005	25% 이내
유도결합플라스마 - 원자발광분광법	0.05	25% 이내
유도결합플라스마 - 질량분석법	0.006	25% 이내
양극벗김전압전류법	0.0003	20% 이내

42. 니켈

▶ 적용 가능한 시험방법

니켈	정량한계(mg/L)	정밀도(% RSD)
원자흡수분광광도법	0.01	25% 이내
유도결합플라스마 - 원자발광분광법	0.015	25% 이내
유도결합플라스마 - 질량분석법	0.002	25% 이내

43. 철

▶ 적용 가능한 시험방법

철	정량한계(mg/L)	정밀도(% RSD)
원자흡수분광광도법	0.03	25% 이내
유도결합플라스마 - 원자발광분광법	0.007	25% 이내

44. 셀레늄

▶ 적용 가능한 시험방법

셀레늄	정량한계(mg/L)	정밀도(% RSD)
수소화물생성 - 원자흡수분광광도법	0.005	25% 이내
유도결합플라스마-원자발광분광법	0.03	25% 이내
유도결합플라스마 - 질량분석법	0.03	25% 이내

45. 수은

▶ 적용 가능한 시험방법

수은	정량한계(mg/L)	정밀도(% RSD)
냉증기-원자흡수분광광도법	0.0005	25% 이내
양극벗김전압전류법	0.0001	20% 이내
냉증기-원자형광법	0.0005μg/L	25% 이내

46. 알킬수은

① 적용 가능한 시험방법

알킬수은	정량한계(mg/L)	정밀도(% RSD)
기체크로마토그래피	0.0005	25%
원자흡수분광광도법	0.0005	25%

② 기체크로마토그래피는 알킬수은화합물을 벤젠으로 추출하여 L-시스테인 용액에 선택적으로 역추출하고 다시 벤젠으로 추출하여 기체크로마토그래프로 측정하는 방법이다.

47. 바륨

▸ 적용 가능한 시험방법

바륨	정량한계(mg/L)	정밀도(% RSD)
원자흡수분광광도법	0.1	25% 이내
유도결합플라스마 - 원자발광분광법	0.003	25% 이내
유도결합플라스마 - 질량분석법	0.003	25% 이내

48. 안티몬

▸ 적용 가능한 시험방법

안티몬	정량한계(mg/L)	정밀도(% RSD)
유도결합플라스마 - 원자발광분광법	0.02	25% 이내
유도결합플라스마 - 질량분석법	0.0004	25% 이내

49. 주석

▸ 적용 가능한 시험방법

주석	정량한계(mg/L)	정밀도(% RSD)
원자흡수분광광도법	0.8(불꽃) 0.002(흑연로)	25% 이내
유도결합플라스마 - 원자발광분광법	0.02	25% 이내
유도결합플라스마 - 질량분석법	0.0001	25% 이내

50. 총대장균군

① 총대장균군의 시험방법에는 막여과법, 시험관법, 평판집락법, 효소기질정량법, 건조필름법이 있다.
② 막여과법에서 총대장균군의 정의는 그람음성·무아포성 간균으로서 락토오스를 분해하여 기체 또는 산을 생성하는 모든 호기성 또는 통성 혐기성균 혹은 베타-갈락토오스 분해효소(β-galactosidase)의 활성이 있는 세균을 말한다.
③ 배양기는 배양온도를 (35±0.5)℃로 유지할 수 있는 것을 사용한다.
④ 배양 후 금속성 광택을 띠는 적색이나 진한 적색 계통의 집락을 계수하며, 집락수가 20개~80개 범위인 것을 선정한다.

51. 분원성대장균군

① 분원성대장균군의 시험방법에는 막여과법, 시험관법, 효소기질정량법이 있다.
② 막여과법에서 분원성대장균군의 정의는 온혈동물의 배설물에서 발견되는 그람음성·무아포성 간균으로서 44.5℃에서 락토오스를 분해하여 가스 또는 산을 생성하는 모든 호기성 또는 통성 혐기성균을 말한다.
③ 배양기 또는 항온수조는 배양온도를 (44.5±0.2)℃로 유지할 수 있는 것을 사용한다.
④ 배양 후 여러 가지 색조를 띠는 청색 집락을 계수하며, 집락 수가 20개~60개 범위인 것을 선정한다.

52. 대장균

① 대장균의 시험방법에는 막여과법, 시험관법, 효소기질정량법이 있다.
② 막여과법에서 대장균의 정의는 그람음성·무아포성 간균으로서 베타-글루쿠론산 분해효소(β-glucuronidase)의 활성이 있는 모든 호기성 또는 통성 혐기성균을 말한다.
③ 배양기는 배양온도를 (35± 0.5)℃로 유지할 수 있는 것을 사용한다.
④ 자외선 램프 : 365nm~366nm(6와트) 범위에서 파장 조사할 수 있어야 한다.

53. 식물성플랑크톤

① 현미경계수법은 물속의 부유생물인 식물성 플랑크톤을 현미경계수법을 이용하여 개체수를 조사하는 정량분석 방법이다.
② 식물성 플랑크톤은 운동력이 없거나 극히 적어 수체의 유동에 따라 수체

내에 부유하면서 생활하는 단일 개체, 집락성, 선상형태의 광합성 생물을 총칭한다.
③ 시료의 개체수는 계수면적당 10~40 정도가 되도록 희석 또는 농축한다.
④ 정성시험의 목적은 식물성 플랑크톤의 종류를 조사하는 것으로 검경배율 100배~1,000배 시야에서 세포의 형태와 내부구조 등의 미세한 사항을 관찰하면서 종 분류표에 따라 식물성 플랑크톤 종을 확인하여 계수일지에 기재한다.
⑤ 정량시험은 식물성 플랑크톤의 계수는 정확성과 편리성을 위하여 일정 부피를 갖는 계수용 챔버를 사용한다. 식물성 플랑크톤의 동정에는 고배율이 많이 이용되지만 계수에는 저~중배율이 많이 이용된다.

54. 물벼룩을 이용한 급성 독성 시험법

① 치사 : 일정 희석 비율로 준비된 시료에 물벼룩을 투입하여 24시간 경과 후 시험용기를 손으로 살짝 두드리고 15초 후 관찰했을 때 독성물질에 영향을 받아 움직임이 명백하게 없는 상태를 '치사'로 판정한다.
② 유영저해 : 일정 희석 비율로 준비된 시료에 물벼룩을 투입하여 24시간 경과 후 시험용기를 손으로 살짝 두드리고 15초 후 관찰했을 때 독성물질에 영향을 받아 움직임이 없으면 '유영저해'로 판정한다. 이때 안테나나 다리 등 부속지를 움직이더라도 유영하지 못한다면 '유영저해'로 판정한다.
③ 반수영향농도(EC50 값) : 투입 시험생물의 50%가 치사 혹은 유영저해를 나타낸 농도이다.
④ 생태독성값 : 통계적 방법을 이용하여 반수영향농도 EC_{50} 값을 구한 후 100에서 EC_{50} 값을 나눠 준 값을 말한다. (EC_{50} 값의 단위는 %이다.)
⑤ 지수식 시험방법 : 시험기간 중 시험용액을 교환하지 않는 시험을 말한다.
⑥ 표준독성물질 : 독성시험이 정상적인 조건에서 수행되는지를 확인하기 위하여 사용하며 다이크롬산포타슘을 이용한다.
⑦ 물벼룩은 배양 상태가 좋을 때 7일~10일 사이에 첫 새끼를 부화하게 되는데 이때 부화된 새끼는 시험에 사용하지 않고 같은 어미가 약 네 번째 부화한 새끼부터 시험에 사용하여야 한다.
⑧ 외부기관에서 새로 분양 받았다면 2번 이상의 세대교체 후 물벼룩을 시험에 사용해야 한다.
⑨ 시험하기 2시간 전에 먹이를 충분히 공급하여 시험 중 먹이가 주는 영향을 최소화하도록 한다.
⑩ 시료의 희석비는 원수 100%를 기준으로 50%, 25%, 12.5%, 6.25%로 하여 시험한다.

04 상하수도계획

1. 상하수도 시설의 기본 계획

① 상수도 기본계획의 목표년도 : 15~20년
② 하수도 기본계획의 목표년도 : 20년

2. 지하수(복류수 포함)의 취수시설인 집수매거조건

① 집수매거의 방향은 통상 복류수의 흐름방향에 직각이 되도록 한다.
② 집수공의 유입속도는 3cm/sec 이하로 하고 집수매거의 경사는 수평하거나 1/500 이하의 완만한 경사로 한다.
③ 매설 깊이는 5m를 표준으로 하나 지질이나 지층의 제약으로 부득이한 경우에는 2m 이하로 할 수 있다.
④ 집수매거의 집수구멍의 직경은 10~20mm로 하며 그 수는 관거 표면적 $1m^2$당 20~30개 정도가 되도록 한다.
⑤ 집수매거의 재질은 철근콘크리트 유공관을 사용하며 단면은 원형 또는 장방형으로 한다.
⑥ 집수매거내 속도는 1m/sec 이하로 한다.
⑦ 취수량은 일반적으로 중량 취수에 이용된다.
⑧ 지질조건은 투수성이 큰 하천 바닥에 적합하다.

3. 지하수 양수시험 및 상수도

① 상수도 취수시 계획취수량 기준은 계획1일 최대 급수량의 10% 증가된 수량으로 정한다.
② 계획취수량은 계획1일 최대 급수량 기준으로 한다.
③ 계획취수량을 확보하기 위하여 필요한 저수용량의 결정에 사용되는 계획기준년은 원칙적으로 10개년에 제1위 정도의 갈수를 표준으로 한다.
④ 상수도의 구성순서는 취수 → 도수 → 정수 → 송수 → 배수 → 급수 순이다.
⑤ 경제 양수량(적정 양수량)은 한계양수량의 70% 이하의 양수량을 말한다.
⑥ 깊은 우물 배치는 우물을 2개 이상 설치할 경우에는 일반적으로 지하수의 흐름 방향과 직각으로 배치하거나 혹은 Z자 모양으로 배치한다.

4. 취수시설 중 취수탑

① 취수탑의 단면이 원형 또는 타원형인 경우에는 장축방향을 흐름방향과 일치하도록 설치하여야 한다.
② 대량 취수시 경제적이고 공사비가 많이 든다.
③ 시공시 가물막이 등 가설공사는 비교적 소규모로 할 수 있다.
④ 토사유입을 방지할 수 없다.

5. 취수시설 중 취수틀

① 호소의 중소량 취수시설로 많이 사용한다.
② 구조도 간단하며 시공도 비교적 용이하다.
③ 수중에 설치되므로 호소의 표면수는 취수할 수 없다.

6. 취수시설 중 취수문

① 보통 중·소량 취수에 이용된다. 그러나 취수둑에 비해서는 대량 취수에도 쓰인다.
② 유심이 안정된 하천에 적합하다.
③ 토사, 부유물의 유입방지가 용이하지 못하다.
④ 갈수시 일정 수심 확보가 안되면 취수가 불가능하다.
⑤ 비교적 수위변동이 적은 호소에 적합하다.
⑥ 수심 상황에 따른 취수의 영향이 거의 없다.
⑦ 갈수기에 호소에 유입되는 수량 이하로 취수할 계획이면 안정 취수가 가능하다.
⑧ 일반적으로 가물막이를 필요로 한다.

7. 취수시설 중 취수보(언)

① 일반적으로 대하천에 적당하고, 대량 취수시 사용된다.
② 안정된 취수가 가능하다.
③ 하천의 흐름이 불안정한 경우에 적합하다.
④ 침사효과가 크다.
⑤ 하천의 유황이 크게 변하는 장소에는 적당하지 않다.

8. 상수시설 중 도수시설

① 상수도 시설 중 원수를 취수지점으로부터 정수장까지 끌어들이는 시설이다.
② 도수시설의 계획 도수량은 계획 취수량을 기준으로 하고 도수노선을 원칙적으로 공공도로 및 수도용지로 한다.
③ 도수시설을 취수시설에서 취수된 원수를 정수시설까지 끌어들이는 시설로 도수관 또는 도수거, 펌프설비 등으로 구성된다.
④ 상수시설 중 도수관 설계사항 중 자연유하식인 경우에는 허용최대 한도를 3m/sec로 하고 도수관의 평균유속의 최소한도는 0.3m/sec이다.
⑤ 가능한 한 최소동수경사선 이하가 되도록 도수노선을 선정한다.
⑥ 도수 및 송수방식은 자연유하식과 가압식이 있다.
⑦ 도수거는 균일한 동수경사$\left(\dfrac{1}{1,000} \sim \dfrac{1}{3,000}\right)$로 도수하는 시설이다.

9. 정수시설 중 착수정

① 착수정의 고수위와 주변벽체의 상단간에는 60cm 이상의 여유를 두어야 한다.
② 형상은 일반적으로 직사각형 또는 원형으로 하고 유입구에는 제수밸브 등을 설치한다.
③ 착수정의 용량은 체류시간 1.5분 이상으로 한다.
④ 착수정의 수심은 3 ~ 5m 정도로 한다.
⑤ 수위가 고수위 이상으로 올라가지 않도록 월류관이나 월류위어를 설치한다.
⑥ 필요에 따라 분말활성탄을 주입할 수 있는 장치를 설치하는 것이 바람직하다.

10. 정수시설의 응집지의 플록형성지

① 혼화지와 침전지 사이에 위치하고 침전지에 붙여서 설치한다.
② 플록형성시간은 계획정수량에 대하여 20 ~ 40분간을 표준으로 한다.
③ 기계식 교반에서 플록큐레이션의 주변속도는 15 ~ 80cm/sec를 표준으로 한다.
④ 플록형성지 내의 교반 강도는 하류로 갈수록 점차 감소시키는 것이 바람직하다.
⑤ 직사각형이 표준이다.
⑥ 야간 근무자가 플록형성상태를 감시할 수 있는 적절한 조명장치를 설치한다.

11. 상수시설 중 완속여과지

① 여과지의 여과속도 표준은 4 ~ 5m/day이다.
② 여과지의 깊이는 하부집수장치의 높이에 자갈층 두께, 모래층 두께, 모래면 위의 수심과 여유고를 더하여 2.5 ~ 3.5m를 표준으로 한다.
③ 모래층 두께는 70 ~ 90cm를 표준으로 한다.
④ 여과지의 모래면 위의 수심은 0.9 ~ 1.2m(90 ~ 120cm)표준으로 한다.
⑤ 여과지의 형상은 직사각형(장방형)을 표준으로 한다.
⑥ 주위벽 상단은 지반보다 15cm 이상 높여서 여과지 내로 오염수나 토사 등의 유입을 방지하여야 한다.
⑦ 한냉지에서는 여과지 물이 동결할 염려가 있으므로 여과지를 복개한다.
⑧ 여과사의 유효경은 0.3 ~ 0.45mm이며, 균등계수는 2.0 이하이다.
⑨ 여과지는 2지 이상으로 하고 10지마다 1지 비율로 예비지를 둔다.

12. 상수시설 중 급속여과지

① 여과면적은 계획정수량을 여과속도로 나누어 계산한다.
② 1지의 여과면적은 150m^2 이하로 한다.
③ 여과사의 유효경은 0.45 ~ 0.7mm범위이어야 한다.
④ 여과속도는 120 ~ 150m/일을 표준으로 한다.
⑤ 중력식을 표준으로 한다.
⑥ 모래층의 두께는 60 ~ 120cm의 범위로 한다.
⑦ 여과모래의 최대경은 2mm이내이다.
⑧ 여과 모래의 균등계수는 1.7 이하로 한다.
⑨ 신규로 투입하는 여과사의 세척탁도는 30도 이하여야 한다

13. 급속여과지의 조절방식에 따라 분류

① 유량 제어형
② 수위 제어형
③ 자연 평형형

14. 배수시설 중 배수지

① 자연 유하식 배수지의 높이는 최소 동수압이 확보되는 높이여야 한다.
② 2개 이상의 배수계통으로 된 경우는 각 계통마다 배수지의 유효용량을 결정하여야 한다.
③ 배수지의 유효용량은 시간변동조정용량과 비상대처용량을 합하여 급수구역의 계획1일 최대급수량의 12시간분 이상을 표준으로 한다.
④ 배수지의 유효수심은 3 ~ 6m 범위를 표준으로 한다.
⑤ 배수지가 급수지역의 중앙에 있으면 관말까지의 배수관 연장이 짧아 관경을 작게 하여도 된다.
⑥ 배수지의 최소 동수압 $1.5kg/cm^2$(150kPa)이며 최대 동수압은 $4kg/cm^2$(400kPa)이다.
⑦ 배수지는 부득이한 경우 외에는 급수지역의 중앙 가까이 설치한다.
⑧ 유효용량은 시간변동 조정유량과 비상 대처용량을 합한다.
⑨ 고수위에서 배수지의 상부 슬래브까지는 30cm 이상의 여유고를 둔다.
⑩ 급수관을 분기하는 지점에서 배수관내의 최대정수압은 700kPa을 초과하지 않아야 한다.
⑪ 급수관을 분기하는 지점에서 배수관내의 최소동수압은 150kPa($1.5kg/cm^2$) 이상을 확보한다.

15. 상수도관의 부식

① 자연부식에는 Macro cell 부식(콘크리트, 토양, 이종금속, 산소농담)과 Micro cell 부식(산성토양, 박테리아, 일반토양, 대기중 부식)이 있다.
② 전기식(전식) 부식에는 간섭이 있다.

16. 하수도 관거 계획시 고려사항

① 오수관거는 계획시간 최대오수량을 기준으로 계획한다.
② 오수관거와 우수관거가 교차하여 역사이펀을 피할 수 없을 경우 오수관거를 역사이펀으로 하는 것이 좋다.
③ 분류식과 합류식이 공존하는 경우에는 원칙적으로 양지역의 관거는 분리하여 계획한다.
④ 관거는 원칙적으로 암거로 하여 수밀한 구조로 하여야 한다.
⑤ 합류관거는 오수관거보다 최소유속을 크게 하여야 한다.
⑥ 계획하수량은 계획시간 최대오수량으로 한다.
⑦ 오수관거의 유속은 계획시간 최대 오수량에 대하여 최소 0.6m/sec, 최대

3.0m/sec로 한다. 우수관거 및 합류관거에서의 유속은 계획우수량에 대하여 최소 0.8m/sec, 최대 3.0m/s이다.
⑧ 최소 관경은 오수관거에서는 250mm, 오수관거의 최소관경의 표준은 200mm, 우수관거및 합류관거에서는 300mm, 우수관거 및 합류관거의 최소관경의 표준은 250mm이다.

17. 하수의 배제 방식 중 합류식

① 관거내의 보수 : 폐쇄의 염려가 없으며, 검사 및 수리가 비교적 용이하다.
② 토지이용 : 기존의 측구를 폐지할 경우는 도로폭을 유용하게 이용할 수 있다.
③ 관거오접 : 철저한 감시가 필요없다.
④ 시공 : 대구경 관거가 되면 좁은 도로에서의 매설에 어려움이 있다.
⑤ 중계펌프장이나 처리장내 펌프장의 계획하수량 : 강우시 계획오수량 기준
⑥ 수질보전면(강우초기의 노면 세정수) : 시설의 일부를 개선 또는 개량하면 강우초기의 오염된 우수를 수용해서 처리할 수 있다.
⑦ 우천시 오수의 월류 : 있다.

18. 하수의 배제 방식 중 분류식

① 관거오접 : 철저한 감시가 필요하다.
② 시공 : 소구경 관거를 매설하므로 시공이 용이하지만 관거의 경사가 급하면 매설길이가 크게 된다.
③ 관거내 퇴적 : 퇴적이 적으며, 수세효과는 기대할 수 없다.
④ 처리장으로 토사유입 : 토사의 유입은 있으나 합류식 정도는 아니다.
⑤ 관거내의 보수 : 폐쇄의 염려가 있다.
⑥ 우천시 월류 : 우천시 오수의 월류가 없다.
⑦ 건설비 : 오수관거와 우수관거의 2계통을 건설하는 경우는 비싸지만 오수관거만을 건설하는 경우는 가장 저렴하다.

19. 하수관거 중 원형관

① 공장제품 사용시 이음이 많아져 지하수 침수를 효과적으로 막을 수 없다.
② 역학 계산이 가능하다.
③ 수리학적으로 유리하다.
④ 내경 3m(3,000mm) 정도까지 공장제품을 사용할 수 있어 공사기간이 단축된다.
⑤ 안전하게 지지시키기 위해서 모래 기초 외에 별도로 적당한 기초공을 필요로 하는 경우가 있다.

20. 하수관거 중 직사각형(장방형)

① 일반적으로 높이가 폭보다 작다.
② 역학계산이 간단하다.
③ 시공 장소의 흙두께 및 폭원에 제한을 받는 경우에 유리하다.
④ 현장 타설의 경우에 공사기간이 지연된다.
⑤ 만류가 되기까지는 수리학적으로 유리하다.

21. 하수관거 중 말굽형(마제형)

① 대구경 관거에 유리하며 경제적이다.
② 단면 형상이 복잡하기 때문에 시공성이 열악하다.
③ 상반부의 아치작용에 의해 역학적으로 유리하다.
④ 현장 타설의 경우는 공사기간이 길어진다.
⑤ 수리학적으로 유리하다.

22. 하수관의 관정부식

① 원인 : 유기물이 혐기성 상태에서 분해되어 H_2S가 발생되며 이는 공기중에서 호기성 박테리아에 의해 SO_2나 SO_3로 변화되고 다시 수분과 반응하여 H_2SO_4이 생성되어 콘크리트를 부식시킨다.
② 방지책은 하수의 유속을 빠르게, 하수관의 피복 및 도장, 하수내의 염소주입, 환기한다.

23. 오수량 산정

① 합류식에서 우천시 계획오수량은 원칙적으로 계획시간 최대오수량의 3배 이상으로 한다.
② 계획1일 평균오수량은 계획1일 최대오수량의 70 ~ 80%를 표준으로 한다.
③ 지하수량은 1인 1일 최대오수량의 10 ~ 20%로 한다.
④ 계획1일 최대오수량은 1인1일 최대오수량에 계획인구를 곱한 후 여기에 공장폐수량, 지하수량 및 기타 배수량을 가산한 것으로 한다.
⑤ 1인 1일 최대오수량은 1인 1일 최대급수량을 감안해 결정한다.
⑥ 계획시간 최대오수량은 계획1일 최대오수량의 1시간당 수량의 1.3 ~ 1.8배를 표준으로 한다.

24. 계획 우수량

① 확률년수는 원칙적으로 10 ~ 30년으로 한다.
② 유달시간은 유입시간과 유하시간을 합한 것이다.
③ 유출계수는 토지 이용도별 기초유출계수로부터 총괄유출계수를 구하는 것을 원칙으로 한다.
④ 최대 계획 우수 유출량의 산정은 합리식에 의한 것으로 한다.
⑤ 유하시간은 최상류관거의 끝으로부터 하류관거의 어떤 지점까지의 거리를 계획유량에 대응한 유속으로 나누어 구한다.
⑥ 우수배제계획에서 계획우수량 산정시 고려사항은 유출계수, 배수면적, 확률년수이다.

25. 역사이펀관

① 역사이펀실에는 수문설비 및 깊이 0.5m 정도의 이토실을 설치한다.
② 관거의 흙 두께는 1m 이상이며 역사이펀관의 관경은 최소 250mm 이상으로 한다.
③ 역사이펀실의 깊이가 5m 이상인 경우 중간에 배수펌프를 설치 할 수 있는 설치대를 둔다.
④ 역사이펀 관거와 유입구와 유출구는 손실수두를 적게 하기 위하여 종모양으로 하고 관거 내의 유속은 상류측 관거내의 유속을 20 ~ 30% 증가시킨 것으로 한다.
⑤ 오수관거와 우수관거가 교차하며 역사이펀을 피할 수 없을 경우 오수관거를 역사이펀으로 하는 것이 좋다.
⑥ 역사이펀관의 형상은 U자형이나 V자형으로 한다
⑦ 역사이펀의 손실수두(H) $= I \cdot L + 1.5 \times \dfrac{V^2}{2g} + \alpha$

26. 관거의 접합

① 관정접합은 유수는 원활한 흐름이 되지만 굴착깊이가 증가됨으로 공사비가 증대되고 펌프로 배수하는 지역에서는 양정이 높게 되는 단점이 있다.
② 관저접합은 굴착깊이가 얕아 공사기간과 공사비가 절감되며, 펌프로 양수하는 경우, 양정고 감소, 수위상승방지 등의 장점이 있어 펌프로 배수하는 지역에 적합한 하수관 접합방식이다.

27. 하수도용 펌프에서 비교회전도(NS)

① 비교회전도(Ns)가 크면 유량이 많은 저양정의 펌프로 된다.
② 비교회전도(Ns)의 값이 펌프 형식 선정의 기준이 된다.
③ 수량 및 전양정이 같다면 회전수가 많을수록 비교회전도(Ns)의 값이 크게 된다.
④ 비교회전도(Ns)가 크게 될수록 흡입성능이 나쁘고 공동현상(캐비테이션)이 발생하기쉽다.
⑤ 비교회전도(Ns)가 같으면 펌프의 크기에 관계없이 같은 형식의 펌프로 하고 특성도 대체로 같다.

28. 펌프의 캐비테이션(공동현상) 방지책

① 펌프의 설치 위치를 가능한 한 낮추어 가용유효흡입수두를 크게 한다.
② 흡입관의 손실을 가능한 한 작게하여 가용유효흡입수두를 크게 한다.
③ 펌프의 회전속도를 낮게 선정하여 필요유효흡입수두를 작게 한다.
④ 흡입측 밸브를 완전히 개방하고 펌프를 운전한다.

29. 수격작용(Water Hammer)이란 관속을 충만하게 흐르고 있는 액체의 속도를 급격히 변화시키면 액체에 큰 압력 변화가 발생하여 관내에 있는 액체에 물리적 변화가 일어남으로서 충격압을 형성시킴과 동시에 이로 인한 유체가 관벽을 치는 현상을 수격 작용(Water Hammer)이라 한다.

30. 펌프의 수격작용 방지법

① 펌프에 fly wheel(플라이휠)을 붙인다.
② 토출측 관로에 에어챔버를 설치한다.
③ 토출관측에 한방향수조(one-way tank)를 설치한다.
④ 펌프 토출측에 급폐체크밸브를 설치한다.
⑤ 토출관측 관로에 압력 릴리프밸브(Pressure relief Valve)를 설치한다.
⑥ 토출관쪽에 조압수조(Surge tank)를 설치한다.
⑦ 정전시에는 무제한으로 역류시킨다.(동결의 위험이 있는 곳에 유효하다)

MEMO

기출 계산공식

Contents

PART 01 수질오염개론

PART 02 수질오염방지기술

PART 03 수질오염공정시험기준

PART 04 상하수도계획

01 수질오염개론

1. Monod식에 의한 세포의 비증식 속도 계산식

$$\mu = \mu_{max} \times \frac{S}{Ks + S}$$

- μ : 세포의 비증식 계수(/hr)
- μ_{max} : 세포의 최대 비증식 계수(/hr)
- S : 제한기질의 농도(mg/L)
- Ks : 반포화 농도(즉, $\mu = \frac{1}{2}\mu_{max}$ 일 때 제한기질의 농도(mg/L))

2. 1차 반응식

$$\ln \frac{C_t}{C_o} = -k \times t$$

- C_t : t시간 후의 농도(mg/L)
- k : 상수(/hr)
- C_o : 초기농도(mg/L)
- t : 시간(hr)

3. 반감기 사용(1차 반응식에서)

$$\ln \frac{C_t}{C_o} = -k \times t \xrightarrow[C_t = 1/2C_o]{\text{반감기}} \ln \frac{1}{2} = -k \times t$$

4. 완전혼합형(CFSTR) 반응조에서 1차 반응식

① K(상수)가 없거나 희석만 고려할 경우

$$\ln \frac{C_t}{C_o} = -\left(\frac{Q}{V}\right) \times t$$

② K(상수)가 주어진 경우

$$Q(C_o - C_t) = k \times V \times C_t$$

5. 플러그반응조(PFR)에서 1차 반응식

$$\ln \frac{C_t}{C_o} = -k \times \left(\frac{V}{Q}\right) \quad \text{또는} \quad \ln \frac{C_t}{C_o} = -\left(\frac{Q}{V}\right) \times t$$

- C_o : 초기농도(mg/L)
- k : 상수(/hr)
- Q : 유량(m³/hr)
- C_t : t시간 후의 농도(mg/L)
- V : 체적(m³)

6. 산소부족농도 계산식

$$D_t(\text{산소부족농도}) = \frac{k_1 \times L_o}{k_2 - k_1} \times (10^{-k_1 \times t} - 10^{-k_2 \times t}) + D_o \times (10^{-k_2 \times t})$$

- k_1 : 탈산소계수(/day)
- L_o : 최종 BOD(= BOD_u)(mg/L)
- D_o = Cs(포화 DO농도) - C(혼합수중 DO농도)
- t : 시간(day) = $\dfrac{\text{거리(m)}}{\text{유속(m/day)}}$
- k_2 : 재포기계수(/day)
- D_o : 초기산소부족농도(mg/L)

7. BOD 공식

① 소모공식, 밑수 10(또는 상용대수)
$BOD_t = BOD_u \times (1 - 10^{-k_1 \times t})$

② 소모공식, 밑수 e(또는 자연대수)
$BOD_t = BOD_u \times (1 - e^{-k_1 \times t})$

③ 잔류공식, 밑수 10(또는 상용대수)
$BOD_t = BOD_u \times (10^{-k_1 \times t})$

④ 잔류공식, 밑수 e(또는 자연대수)
$BOD_t = BOD_u \times (e^{-k_1 \times t})$

- BOD_t : t일 BOD(mg/L)
- k_1 : 탈산소계수(/day)
- BOD_u : 최종 BOD(mg/L)
- t : 시간(day)

8. 혼합공식

$$C_m = \frac{Q_1 C_1 + Q_2 C_2}{Q_1 + Q_2}$$

- C_m : 혼합지점의 농도
- C_1, C_2 : 농도(mg/L)
- Q_1, Q_2 : 유량(m^3/day)

9. N농도 계산식

① N농도 = eq/L

화학명	화학식	분자량(g)	당 량	1당량g
과망간산포타슘	$KMnO_4$	158g	5당량	158g/5
다이크롬산포타슘	$K_2Cr_2O_7$	294g	6당량	294g/6

$$\text{N농도(eq/L)} = \frac{\text{질량(g)}}{\text{부피(L)}} \times \frac{1eq}{1\text{당량 g}}$$

② 만약에 질량(g)과 부피(L)가 주어지지 않고 비중이 주어지면 비중(g/mL)을 사용하면 된다.

$$\text{N농도(eq/L)} = \frac{\text{비중(g)}}{(mL)} \times \frac{10^3 mL}{1L} \times \frac{1eq}{1\text{당량 g}} \times \frac{\text{농도(\%)}}{100}$$

10. M 농도 계산식

① M농도 = mol/L

$$\text{M농도(mol/L)} = \frac{\text{질량(g)}}{\text{부피(L)}} \times \frac{1mol}{\text{분자량(g)}}$$

② 화합물의 1mol = 분자량(g)이다. 만약에 질량(g)과 부피(L)가 주어지지 않고 비중이 주어지면 비중(g/mL)을 사용하여 풀이한다.

$$\text{M농도(mol/L)} = \frac{\text{비중(g)}}{(mL)} \times \frac{10^3 mL}{1L} \times \frac{1mol}{\text{분자량(g)}} \times \frac{\text{농도(\%)}}{100}$$

11. pH 계산식

① pH와 POH의 정의
   $pH = -\log[H^+] \Rightarrow [H^+] = 10^{-pH} mol/L$
   $pOH = -\log[OH^-] \Rightarrow [OH^-] = 10^{-pOH} mol/L$

② pH와 POH의 상관관계
   $pH + pOH = 14$
   $pH = 14 - pOH$
   $pOH = 14 - pH$

③ pH 계산식
   산성물질에서 $pH = -\log[H^+]$
   알칼리성물질에서 $pH = 14 + \log[OH^-]$

12. 총경도 계산식

$$\frac{\text{총경도(mg/L)}}{50g} = \frac{Ca^{2+}mg/L}{20g} + \frac{Mg^{2+}mg/L}{12g} + \frac{Fe^{2+}mg/L}{28g} + \frac{Mn^{2+}mg/L}{27.5g} + \frac{Sr^{2+}mg/L}{43.8g}$$

13. 알칼리도(Alk) 계산식

① $\dfrac{Alk(mg/L)}{50g} = \dfrac{OH^-(mg/L)}{17g} + \dfrac{CO_3^{2-}(mg/L)}{60g/2} + \dfrac{HCO_3^-(mg/L)}{61g}$

② $Alk(mg/L) = \dfrac{A \times N \times 50{,}000}{V}$

   A : 적정에 사용되는 양(mL)   N : 적정용액의 N농도
   V : 시료량(mL)   50,000(mg) : $CaCO_3$ 1당량(mg)

14. 제거효율 계산(η)

① $\eta = 1 - \left(\dfrac{C_o}{C_i}\right) \times 100(\%)$

   η : 효율(%) C_i : 입구농도(mg/L)
   C_o : 출구농도(mg/L)

② $\eta = 1 - \left(\dfrac{C_o \times P}{C_i}\right) \times 100(\%)$

$$\left[P\,(희석배수치) = \frac{유입수의\;Cl^-\;농도}{유출수의\;Cl^-\;농도} = \frac{희석\;후\;유량}{희석\;전\;유량} \right.$$

③ $\eta_T = 1 - (1-\eta_1) \times (1-\eta_2) \times (1-\eta_3)$

$\left[\begin{array}{ll} \eta_T : 총합\;효율(\%) & \eta_1 : 1차처리\;효율(\%) \\ \eta_2 : 2차처리\;효율(\%) & \eta_3 : 3차처리\;효율(\%) \end{array} \right.$

④ ①식과 ③식을 합치면 다음과 같은 식이 성립된다.

$$1 - \left(\frac{C_o}{C_i}\right) = 1 - (1-\eta_1) \times (1-\eta_2) \times (1-\eta_3)$$

15. $\dfrac{BOD_6}{BOD_u}$ 비 계산

$BOD_6 = BOD_u \times (1 - 10^{-k_1 \times t})$

$\therefore \dfrac{BOD_6}{BOD_u} = (1 - 10^{-k_1 \times t})$

16. SAR(Sodium adsorption ratio) : 나트륨 흡착률 계산식

① $SAR = \dfrac{Na^+}{\sqrt{\dfrac{Mg^{2+} + Ca^{2+}}{2}}}$

② 단위 : meq/L = mN = mg/L ÷ 1mg 당량

$Na^+ = Na^+ mg/L \div 23$

$Ca^{2+} = Ca^{2+} mg/L \div 20$

$Mg^{2+} = Mg^{2+} mg/L \div 12$

③ 판정
- SAR 0~10 : 영향 적음
- SAR 10~18 : 중간 정도 영향
- SAR 18~26 : 큰 영향
- SAR 26 이상 : 아주 큰 영향

17. COD = BDCOD + NBDCOD

> BDCOD : 생물학적 분해 가능한 COD = BOD_u
> NBDCOD : 생물학적 분해 불가능한 COD
> ∴ NBDCOD = COD $-$ BDCOD(= BOD_u)

18. 총량 계산식

총량(kg/day) = 유량(m^3/day) × 농도(kg/m^3)

19. 중화적정 공식

NV = N'V'

20. 수은주 비중

$$\frac{10,332 mmH_2O}{760 mmHg} = 13.6 \Rightarrow \begin{cases} mmH_2O \xrightarrow{\div 13.6} mmHg \\ mmHg \xrightarrow{\times 13.6} mmH_2O \end{cases}$$

21. 유독성 단위 계산식

$$유독성\ 단위(TU) = \frac{환경수\ 중\ 오염물질\ 농도}{초기\ TLm(96TLm)}$$

22. 모세관 현상에서 물기둥 높이(h) 계산식

$$h = \frac{4 \cdot \sigma \cdot \cos\theta}{r \cdot d}$$

> h : 물기둥 높이(cm) σ : 표면장력(g_f/cm)
> θ : 접촉각 r : 물의 밀도(1g/cm^3)
> d : 유리관 지름(cm)

TIP

g_f/cm = dyne/cm × $\dfrac{g_f}{980 dyne}$, kg_f/m = N/m × $\dfrac{kg_f}{9.8N}$

23. 탈산소계수(K_1) 보정식, 재폭기계수(K_2) 보정식

$$K_1(T) = K_1(20°C) \times 1.047^{(T-20)}$$
$$K_2(T) = K_2(20°C) \times 1.018^{(T-20)}$$

24. 이온강도(I) 계산식

$$\text{이온강도}(I) = \frac{\text{합}\{(\text{이온의 몰수}) \times (\text{이온가수})^2\}}{2}$$

25. 산소전달계수(K_{La}) 계산식

$$\frac{dO}{dt} = \alpha \cdot K_{La} \times (\beta \cdot Cs - C)$$

$\frac{dO}{dt}$: 시간에 따른 용존산소농도 변화(mg/L·hr)
K_{La} : 산소전달계수(/hr)
Cs : 포화산소농도(mg/L)
C : 물속의 용존산소농도(mg/L)
α, β : 계수

26. 염소주입량 계산식

염소주입량 = 염소요구량 + 염소잔류량

27. DO 포화도 계산식

$$\text{DO 포화도}(\%) = \frac{\text{현재 DO 농도}}{\text{포화 DO 농도}} \times 100(\%)$$

28. 완충방정식

$$pH = pKa + \log\frac{[\text{염기}]}{[\text{산}]}$$

$$\frac{[\text{염기}]}{[\text{산}]} = \frac{Ka}{[H^+]}$$

29. 아세트산(CH_3COOH)에서 [H^+] 농도

$[H^+] = \sqrt{Ka \times C}$

- Ka : 산해리상수
- C : CH_3COOH의 농도(mol/L)

30. 임계점 도달시간(tc), 임계부족량(Dc)

$$t_c = \frac{1}{k_1(f-1)} \log[f\left\{1-(f-1)\frac{D_o}{L_o}\right\}]$$

$$D_c = \frac{L_o}{f} \times 10^{-k_1 \times t}$$

- k_1 : 탈산소계수(/day)
- k_2 : 재폭기계수(/day)
- D_o : 초기산소부족량($D_o = Cs-C$)
- f : 자정계수($f = \frac{k_2}{k_1}$)
- $L_o = BOD_u$: 최종 BOD(mg/L)

31. 생물지수(BI) 계산식

$$BI = \frac{2A+B}{A+B+C} \times 100$$

- BI : 생물지수
- B : 광범위 출현종의 미생물
- A : 청수성 미생물
- C : 오수성 미생물

- 판정
  - 깨끗한 물 : 20% 이상
  - 약간 오염된 물 : 11~19%
  - 오염된 물 : 6~10%
  - 심하게 오염된 물 : 5% 이하

32. $BIP = \frac{무색\ 생물수}{전\ 생물수} \times 100(\%)$

- 판정
  - 깨끗한 물 : 0~2%
  - 약간 오염된 물 : 10~20%
  - 심하게 오염된 물 : 70~100%

33. 주요반응식 정리

(1) 박테리아($C_5H_7O_2N$)의 호기성 반응식

$C_5H_7O_2N + 5O_2 \rightarrow 5CO_2 + 2H_2O + NH_3$

(2) 프로피온산(C_2H_5COOH)의 이온화 반응식

$C_2H_5COOH \rightleftarrows C_2H_5COO^- + H^+$

(3) 아세트산(CH_3COOH)의 이온화 반응식

$CH_3COOH \rightleftarrows CH_3COO^- + H^+$

(4) 글루코스($C_6H_{12}O_6$)의 호기성 반응식

$C_6H_{12}O_6 + 6O_2 \rightarrow 6CO_2 + 6H_2O$

(5) 글루코스($C_6H_{12}O_6$)의 혐기성 반응식

$C_6H_{12}O_6 \rightarrow 3CO_2 + 3CH_4$

(6) 에탄(C_2H_6)의 호기성 반응식

$C_2H_6 + 3.5O_2 \rightarrow 2CO_2 + 3H_2O$

(7) CH_2O(Foramaldehyde)의 호기성 반응식

$CH_2O + O_2 \rightarrow CO_2 + H_2O$

(8) $Ca(OH)_2$와 $Ca(HCO_3)_2$ 반응에 의해 $CaCO_3$의 침전형성 반응식

$Ca(OH)_2 + Ca(HCO_3)_2 \rightarrow 2CaCO_3 + 2H_2O$

- $Ca(OH)_2$: 수산화칼슘 $Ca(HCO_3)_2$: 중탄산칼슘
- $CaCO_3$: 탄산칼슘

(9) 자당($C_{12}H_{22}O_{11}$)의 호기성 반응식

$C_{12}H_{22}O_{11} + 12O_2 \rightarrow 12CO_2 + 11H_2O$

(10) 아황산나트륨(Na_2SO_3)의 산화 반응식

$Na_2SO_3 + 0.5O_2 \rightarrow Na_2SO_4$

(11) 메탄올(CH_3OH)의 호기성 반응식

$CH_3OH + 1.5O_2 \rightarrow CO_2 + 2H_2O$

(12) $Ca(OH)_2$의 이온화 반응식

$Ca(OH)_2 \rightleftarrows Ca^{2+} + 2OH^-$

(13) Glycine($CH_2(NH_2)COOH$)의 호기성 반응식

$CH_2(NH_2)COOH + 3.5O_2 \rightarrow 2CO_2 + 2H_2O + HNO_3$

(14) 페놀(C_6H_5OH)의 호기성 반응식

$C_6H_5OH + 7O_2 \rightarrow 6CO_2 + 3H_2O$

(15) 에탄올(C_2H_5OH)의 호기성 반응식

$C_2H_5OH + 3O_2 \rightarrow 2CO_2 + 3H_2O$

(16) 질산이온(NO_3^-)의 탈질 반응식

$6NO_3^- + 5CH_3OH \rightarrow 3N_2 + 5CO_2 + 7H_2O + 6OH^-$

02 수질오염방지기술

1. 소화조에서 소화율(%) 계산식

$$소화율(\%) = 1 - \left(\frac{VSS_2 / FSS_2}{VSS_1 / FSS_1}\right) \times 100(\%)$$

- VSS_1 : 생 슬러지의 휘발성 고형물
- FSS_1 : 생 슬러지의 잔류성 고형물
- VSS_2 : 소화 슬러지의 휘발성 고형물
- FSS_2 : 소화 슬러지의 잔류성 고형물

2. 탈질반응조(Anoxic basin)의 체류시간 계산식

$$체류시간 = \frac{S_i - S_o}{R_{DN} \times MLVSS}$$

- R_{DN} : T℃에서 탈질화율(mgNO$_3$-N/mg VSS·day)
- $R_{DN}(T℃) = R_{DN}(20℃) \times K^{(T-20)} \times (1-DO)$
- k : 보정계수
- S_i : 유입수 질산염 농도(mg/L)
- DO : 용존산소 농도(mg/L)
- S_o : 유출수 질산염 농도(mg/L)

3. 침강속도 계산식

$$V_S = \frac{d^2(\rho_S - \rho_W)g}{18}$$

- V_S : 침강속도(cm/sec)
- ρ_S : 입자의 비중(g/cm^3)
- g : 중력가속도(980cm/sec^2)
- d : 직경(cm)
- ρ_W : 물의 비중(1.0g/cm^3)
- μ : 점성도(g/cm·sec)

4. 완전혼합형 반응조(CFSTR)에서 반응식

$$Q(C_o - C_t) = K \times V \times C_t^m$$

- Q : 유량(m^3/hr)
- C_t : t시간 후의 농도(mg/L)
- V : 반응조 부피(m^3)
- C_o : 초기농도(mg/L)
- k : 속도상수
- m : 차수

5. 플러그 흐름 반응조(PFR)에서 반응식

$$\ln \frac{C_t}{C_o} = -\left(\frac{Q}{V}\right) \times t$$

- C_o : 초기농도(mg/L)
- Q : 유량(m^3/hr)
- t : 시간(hr)
- C_t : t시간 후의 농도(mg/L)
- V : 체적(m^3)

6. 1차 반응식

$$\ln \frac{C_t}{C_o} = -k \times t$$

- C_o : 초기농도(mg/L)
- k : 상수(/hr)
- C_t : t시간 후의 농도(mg/L)
- t : 시간(hr)

7. Q : 유량(m^3/day), V : 체적(m^3), t : 시간(day)의 상관관계식

① $Q(m^3/day) = \dfrac{V(m^3)}{t(day)}$

② $V(m^3) = Q(m^3/day) \times t(day)$

③ $t(day) = \dfrac{V(m^3)}{Q(m^3/day)}$

8. 슬러지량 계산식

$$슬러지량(m^3/day) = \frac{SS농도(kg/m^3) \times Q(m^3/day) \times \eta(제거율)}{비중량(kg/m^3)} \times \frac{100}{100-P}$$

TIP

슬러지 비중이 1.0이면 비중량은 1,000kg/m^3이다. 100-P(함수율)은 TS(고형물 함량)과 동일하므로 함수율(P)이 주어지면 $\dfrac{100}{100-P}$, 고형물(TS)가 주어지면 $\dfrac{100}{TS}$ 를 대입하면 된다.

9. 슬러지 비중 구하는 문제

① $\dfrac{100}{\rho_{SL}} = \dfrac{W_{TS}}{\rho_{TS}} + \dfrac{W_P}{\rho_P}$

- ρ_{SL} : 슬러지 비중
- ρ_P : 수분의 비중
- W_P : 수분의 함량(%)
- ρ_{TS} : 고형물 비중
- W_{TS} : 고형물 함량(%)

② $\dfrac{100}{\rho_{SL}} = \dfrac{W_{VS}}{\rho_{VS}} + \dfrac{W_{FS}}{\rho_{FS}} + \dfrac{W_P}{\rho_P}$

- ρ_{SL} : 슬러지 비중
- ρ_{VS} : 휘발성 고형물(유기물)비중
- ρ_P : 수분의 비중(1.0)
- ρ_{FS} : 잔류성 고형물(무기물)비중
- W_{VS} : 휘발성 고형물(유기물)함량(%)
- W_{FS} : 잔류성 고형물(무기물)함량(%)
- W_P : 수분의 함량(%)

10. 막의 면적(m^2)

① $Q_F = k \times (\triangle P - \triangle \pi)$

- Q_F : 유출수량(L/m^2·day)
- k : 막의 확산계수(L/m^2·day·kPa)
- $\triangle P$: 압력차(kPa)
- $\triangle \pi$: 삼투압차(kPa)

② 25℃의 막의 면적($A_{25℃}$) = $\dfrac{Q(유량)}{Q_F(유출수량)}$

③ 10℃의 막의 면적($A_{10℃}$) = $1.58 A_{25℃}$

11. 속도경사 계산식

$G = \sqrt{\dfrac{P}{\mu \times V}} \Rightarrow P = G^2 \times \mu \times V$

- G : 속도경사(/sec)
- μ : 점성도(kg/m·sec = N·sec/m^2)
- P : 동력(watt)
- V : 반응조 부피(m^3)

12. 동력 계산식

$$P = \frac{C_D \times A \times \rho \times V^3}{2}$$

- P : 동력(watt = kg·m²/sec³)
- A : Paddle의 이론적 면적(m²)
- V : Paddle의 상대속도(m/sec)
- C_D : 항력계수
- ρ : 물의 비중량(1,000kg/m³)

13. 공기와 고형물의 비(A/S비) 계산식

$$A/S비 = \frac{1.3 \times Sa \times (f \times P - 1)}{SS} \times R$$

- Sa : 공기의 용해도(mL/L)
- SS : 부유고형물 농도(mg/L)
- P : 절대압력(atm)
- R : 반송비

TIP

문제조건에서 A/S비 단위가 주어지지 않으면 공식에서 1.3을 사용한다.
문제조건에서 A/S비 단위가 주어지면 공식에서 1.3을 사용하지 않는다.

14. 월류부하 계산식

$$월류부하(m^3/m \cdot day) = \frac{Q}{L}$$

- Q : 폐수량(m³/day)
- L : 월류위어 길이(m) ⇒ 원형에서 $L = \pi \cdot D$

15. 수분과 고형물에 따른 슬러지 계산식

$$V_1 \times (100 - P_1) = V_2 \times (100 - P_2)$$
$$V_1 \times TS_1 = V_2 \times TS_2$$

- V : 슬러지량(m³)
- TS : 고형물 함량(%)
- P : 함수율(%)

16. BOD 면적부하 계산식

$$\text{BOD 면적부하}(g/m^2 \cdot day) = \frac{BOD \times Q}{A}$$

- BOD : BOD 농도(g/m^3)
- A : 면적(m^2)
- Q : 유량(m^3/day)

17. 등온 흡착공식

$$\frac{X}{M} = KC^{\frac{1}{n}}$$

- X : 농도차(처음 농도 − 나중 농도)(mg/L)
- k, n : 경험적인 상수
- M : 활성탄 주입 농도(mg/L)
- C : 나중 농도(mg/L)

18. 처리효율 계산식

① $\eta = 1 - \left(\dfrac{BOD_o}{BOD_i}\right) \times 100(\%)$

② $\eta = 1 - \left\{\dfrac{BOD_o \times P}{BOD_i}\right\} \times 100(\%)$

③ $\eta_T = 1 - (1 - \eta_1) \times (1 - \eta_2) \times (1 - \eta_3)$

④ $1 - \left(\dfrac{BOD_o}{BOD_i}\right) = 1 - (1 - \eta_1) \times (1 - \eta_2) \times (1 - \eta_3)$

- η : 처리 효율(%)
- η_1 : 1차 처리 효율(%)
- η_3 : 3차 처리 효율(%)
- BOD_o : 유출수 BOD 농도(mg/L)
- η_T : 총합효율(%)
- η_2 : 2차 처리 효율(%)
- BOD_i : 유입수 BOD 농도(mg/L)
- P : 희석 배수치 $\Rightarrow P = \dfrac{\text{유입수 } Cl^- \text{ 농도}}{\text{유출수 } Cl^- \text{ 농도}} = \dfrac{\text{희석 전 농도}}{\text{희석 후 농도}} = \dfrac{\text{희석 후 유량}}{\text{희석 전 유량}}$

19. 고형물 부하율 계산식

$$\text{고형물 부하}(kg/m^2 \cdot hr) = \frac{\text{고형물 농도}(kg/m^3) \times \text{유량}(m^3/hr)}{\text{면적}(m^2)}$$

20. 수두손실 계산식

$$h_L = \beta \sin\alpha \left(\frac{t}{b}\right)^{4/3} \times \frac{V^2}{2g}$$

- h_L : 수두손실(m)
- α : 경사각
- b : 스크린의 유효간격(m)
- V : 유속(m/sec)
- β : 형상계수
- t : 스크린의 막대 굵기(m)
- g : 중력가속도(9.8m/sec²)

21. 부상속도 계산식

$$V_f = \frac{d^2(\rho_w - \rho_s)g}{18}$$

- V_f : 부상속도(cm/sec)
- ρ_w : 물의 비중(1.0g/cm³)
- g : 중력가속도(980cm/sec²)
- d : 직경(cm)
- ρ_s : 입자의 비중(g/cm³)
- μ : 점성도(g/cm·sec)

22. 혼합공식 계산식

$$C_m = \frac{Q_1 C_1 + Q_2 C_2}{Q_1 + Q_2}$$

- C_m : 혼합지점의 농도(mg/L)
- C : 농도(mg/L)
- Q : 유량(m³/day)

23. 염소 주입량 계산식

염소 주입량 = 염소 요구량 + 염소 잔류량

24. 산기관수 계산식

$$\text{산기관수} = \frac{\text{공급공기량}(m^3/m^3 \cdot hr) \times \text{폐수량}(m^3/day) \times \text{체류시간}(day)}{\text{산기관의 공급 공기량}(m^3/hr \cdot \text{개})}$$

25. 선속도 계산식

$$선속도(m^3/m^2 \cdot hr) = \frac{유량(m^3/hr)}{면적(m^2)}$$

26. 원형 침전지에서 부피 계산식

$$원형\ 침전지에서\ 부피(V) = \left(\frac{\pi \cdot D^2}{4}\right) \times H_1 + \left(\frac{\pi \cdot D^2}{4}\right) \times H_2 \times \frac{1}{3}$$

27. Re(레이놀드 수) 계산식

① 원형일 때

$$Re = \frac{DV\rho}{\mu} = \frac{DV}{\nu}$$

- Re : 레이놀드 수
- V : 유속(cm/sec)
- ν : 동점도(cm^2/sec)
- D : 입자 직경(cm)
- μ : 점성도(g/cm·sec)

② 장방형

$$Re = \frac{D_o V \rho}{\mu} = \frac{D_o V}{\nu}$$

- D_o(환산직경 = 상당직경) = 4R

$$R(경심) = \frac{A(면적)}{S(윤변길이)} = \frac{b \times h}{b + 2h}$$

- b : 폭(m)
- h : 평균수위(m)

③ 판정

(층류) Re < 2,100

(난류) Re > 4,000

(천이구역) 2,100 < Re < 4,000

28. 활성 슬러지법의 계산식

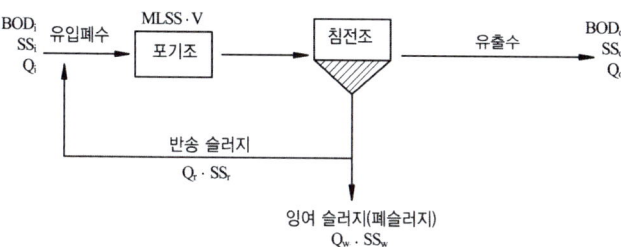

① HRT(수리학적 체류시간) = $\dfrac{V(m^3)}{Q(m^3/day)}$

② SRT = MCRT(미생물 체류시간)

$$= \dfrac{MLSS \times V}{Q_w \cdot SS_w + Q_o \cdot SS_o} \xrightarrow{SSo\ 무시} \therefore SRT = \dfrac{MLSS \times V}{Q_w \times SS_w} = \dfrac{V}{Q_w} \times \dfrac{X}{X_r}$$

③ L_V (BOD 용적부하) (kg/m³·day) = $\dfrac{BOD \times Q}{V}$

④ F/M비(BOD-MLSS부하)(/day) = $\dfrac{BOD \times Q}{MLSS \times V}$

- 응용 1 : $\dfrac{Q}{V} = \dfrac{1}{t}$ $\qquad \therefore$ F/M비 = $\dfrac{BOD}{MLSS} \times \dfrac{1}{t}$

- 응용 2 : $\dfrac{BOD \times Q}{V} = L_V$ $\qquad \therefore$ F/M비 = $\dfrac{1}{MLSS} \times L_V$

⑤ 슬러지량($Q_w \cdot SS_w$) = $Y \cdot Q \cdot BOD \cdot \eta - kd \cdot V \cdot MLSS$

TIP

$BOD \cdot \eta = BOD_i - BOD_o$

⑥ θ_v(유기물 반응시간) = $\dfrac{S_i - S_o}{반응상수(k) \times MLVSS \times S_o}$

$\begin{cases} MLVSS = MLSS의\ 75\% \\ S_i = COD_i - NBDCOD \\ S_o = COD_o - NBDCOD \end{cases}$

- 응용 1 : SRT, Y, Kd 주어지고 체적(V)계산?

  ① $SRT = \dfrac{MLSS \cdot V}{Q_w \cdot SS_w}$

  ② $Q_w \cdot SS_w = Y \cdot Q \cdot BOD \cdot \eta - Kd \cdot V \cdot MLSS$

  ②식의 $Q_w \cdot SS_w$를 ①식의 $Q_w \cdot SS_w$에 대입

  $SRT = \dfrac{MLSS \cdot V}{Y \cdot Q \cdot BOD \cdot \eta - kd \cdot V \cdot MLSS}$

  $\Rightarrow \dfrac{1}{SRT} = \dfrac{Y \cdot Q \cdot BOD \cdot \eta - Kd \cdot V \cdot MLSS}{MLSS \cdot V}$

  $\Rightarrow \dfrac{1}{SRT} = \dfrac{Y \cdot Q \cdot BOD \cdot \eta}{MLSS \cdot V} - \dfrac{Kd \cdot V \cdot MLSS}{MLSS \cdot V}$

  $\Rightarrow \boxed{\dfrac{1}{SRT} = \dfrac{Y \cdot Q \cdot BOD \cdot \eta}{MLSS \cdot V} - Kd}$

  $\Rightarrow \dfrac{1}{SRT} + Kd = \dfrac{Y \cdot Q \cdot BOD \cdot \eta}{MLSS \cdot V}$

  $\boxed{\therefore V = \dfrac{Y \cdot Q \cdot BOD \cdot \eta}{\left(\dfrac{1}{SRT}\right) + Kd \ \cdot MLSS}}$

- 응용 2 : SRT, Y, Kd 주어지고 폐슬러지량($Q_w \cdot SS_w$)계산?

  ① $SRT = \dfrac{MLSS \cdot V}{Q_w \cdot SS_w}$

  ② $Q_w \cdot SS_w = Y \cdot Q \cdot BOD \cdot \eta - Kd \cdot V \cdot MLSS$

  ①식의 $MLSS \cdot V = SRT \cdot Q_w \cdot SS_w$를 ②식의 $MLSS \cdot V$에 대입

  $Q_w \cdot SS_w = Y \cdot Q \cdot BOD \cdot \eta - Kd \cdot SRT \cdot Q_w \cdot SS_w$

  $Q_w \cdot SS_w + Kd \cdot SRT \cdot Q_w \cdot SS_w = Y \cdot Q \cdot BOD \cdot \eta$

  $Q_w \cdot SS_w (1 + Kd \cdot SRT) = Y \cdot Q \cdot BOD \cdot \eta$

  $\boxed{\therefore Q_w \cdot S_w = \dfrac{Y \cdot Q \cdot BOD \cdot \eta}{1 + (Kd \cdot SRT)}}$

$BOD \cdot \eta = BOD_i - BOD_o$

29. 활성슬러지법의 제어 지표

① SVI(슬러지 용적지수) : 포기조에서 성장한 미생물의 2차 침전지에서의 침강농축성을 나타내는 지표이다.
- 판정(SVI) $\begin{cases} 50\sim150 : 침강성\ 양호 \\ 200\ 이상 : 슬러지\ 팽화\ 발생 \end{cases}$

$$SVI(mL/g) = \frac{SV(mL/L)}{MLSS(mg/L)} \times 10^3 = \frac{SV(\%)}{MLSS(mg/L)} \times 10^4 = \frac{10^6}{SS_r(mg/L)}$$

여기서 $SS_r = SS_w$이다.

② 반송비(R)와 반송율(%)

㉠ $R = \dfrac{MLSS - SS_i}{SS_r - MLSS}$ $\underline{SS_i\ 무시}$ $R = \dfrac{MLSS}{SS_r - MLSS}$

여기서 $SS_r = SS_w$이다.

㉡ $SVI = \dfrac{10^6}{SS_r} \Rightarrow SS_r = \dfrac{10^6}{SVI}$ 을 ㉠식에 대입

$R = \dfrac{MLSS - SS_i}{10^6/SVI - MLSS}$

㉢ $R = \dfrac{SV(\%)}{100 - SV(\%)}$

㉣ $R = \dfrac{Q_r}{Q_i}$

㉤ 반송율(%) = R(반송비) × 100(%)

③ SDI(슬러지밀도지수) : SVI의 역수이며 2~0.67 적당

$SDI = \dfrac{1}{SVI} \times 100(g/100mL)$

03 수질오염공정시험기준

1. 벤츄리미터에서 유량 계산식

$$Q = A(단면적) \times v(유속) = \frac{\pi D_2^2}{4} \times C \times \frac{1}{\sqrt{1-\left(\frac{D_2}{D_1}\right)^4}} \times \sqrt{2gh}$$

- D_2 : 목부의 직경(cm)
- C : 유량계수
- h : 정수압차(cm)
- D_1 : 유입부의 직경(cm)
- g : 중력가속도(980 cm/sec^2)

2. Chezy 유속 계산식

① Chezy 유속 공식 : $V = C\sqrt{i \times R}$

② $R(경심) = \dfrac{A(면적)}{S(윤변의 길이)}$

③ Bazin의 유속계수 $(C) = \dfrac{87}{1+\dfrac{r}{\sqrt{R}}}$

- C : 유속계수
- i : 기울기
- R : 경심(m)

3. 냄새역치(TON) $= \dfrac{A+B}{A}$

- A : 시료 부피(mL)
- B : 무취 정제수 부피(mL)

4. 웨어의 유량 계산식

(1) 사각웨어

① 사각웨어의 유량 : $Q = k \cdot b \cdot h^{\frac{3}{2}}$

② 유량계수(k)

$$= 107.1 + \frac{0.177}{h} + 14.2 \times \frac{h}{D} - 25.7 \times \sqrt{\frac{(B-b) \times h}{D \times B}} + 2.04 \times \sqrt{\frac{B}{D}}$$

(2) 삼각웨어

① 삼각웨어의 유량 : $Q = k \cdot h^{\frac{5}{2}}$

② 유량계수(k) $= 81.2 + \frac{0.24}{h} + \left(8.4 + \frac{12}{\sqrt{D}}\right) \times \left(\frac{h}{B} - 0.09\right)^2$

- Q : 유량(m^3/min)
- b : 절단의 폭(m)
- D : 수로의 밑면에서 절단 하부점까지의 높이(m)
- k : 유량계수
- h : 웨어의 수두(m)
- B : 수로의 폭(m)

5. 농도 계산식

① M농도(mol/L) $= \frac{질량(g)}{부피(L)} \times \frac{1\,mol}{분자량(g)}$

M농도(mol/L) $= \frac{비중(g)}{(mL)} \times \frac{10^3\,mL}{1L} \times \frac{1\,mol}{분자량(g)} \times \frac{\%농도}{100}$

② N농도($\frac{eq}{L}$) $= \frac{질량(g)}{부피(L)} \times \frac{1\,eq}{분자량(g)/가수}$

N농도($\frac{eq}{L}$) $= \frac{비중(g)}{(mL)} \times \frac{10^3\,mL}{1L} \times \frac{1\,eq}{분자량(g)/가수} \times \frac{\%농도}{100}$

6. 감응계수

① 감응계수 : 검정곡선 작성용 표준용액의 농도(C)에 대한 반응값(R)

② 감응계수 $= \frac{R}{C}$

7. 부유물질(SS)의 농도와 제거효율

① 부유물질(SS)의 양(mg/L) $= \frac{(여과\ 후\ 무게\ -\ 여과\ 전\ 무게)(mg)}{시료량(L)}$

② SS 제거효율(%) $= \left(1 - \frac{SS_o}{SS_i}\right) \times 100$

8. 자외선/가시선분광법에서 흡광도(A) 계산식

① 흡광도(A) $= \log \frac{1}{투과율}$

② 투과율 $= 100 - 흡수율(\%)$

③ $\log \dfrac{1}{투과도} = \epsilon \times C \times L$

④ Lembert-Beer의 법칙 : $I_t = I_o \cdot 10^{-\epsilon CL}$

9. 화학적산소요구량에서 COD의 농도 계산식

① $COD(mg/L) = \dfrac{(b-a) \times f \times 0.2}{V(L)}$

② $COD\ 제거효율(\%) = \left(1 - \dfrac{COD_o}{COD_i}\right) \times 100$

10. 총대장균군수/100mL = $\dfrac{생성된 집락}{여과한 시료량(mL)} \times 100$

11. 유량 및 평균유속 계산식

① 총 평균 유속(m/s) = 표면 최대유속(m/s) × 0.75

② 유량(m^3/min) = 평균 단면적(m^2) × 평균유속(m/min)

12. 정량한계 및 정밀도

① 정량한계(LOQ) = 10 × 표준편차

② 정밀도(%) = $\dfrac{표준편차}{연속적으로\ n회\ 측정한\ 결과의\ 평균값} \times 100$

13. 하천수심에 따른 평균유속 계산식

① 수심이 0.4m 미만일 때 평균유속 = $V_{0.6}$

② 수심이 0.4m 이상일 때 평균유속 = $\dfrac{V_{0.2} + V_{0.8}}{2}$

14. 질량농도(%) = $\dfrac{용질}{용액} \times 100(\%) = \dfrac{용질}{용질 + 용매} \times 100(\%)$

$\left[중량(\%) = W/W(\%) = 질량(\%) \right.$

15. 용존산소 농도 계산식

① $DO(mg/L) = a \times f \times \dfrac{V_1}{V_2} \times \dfrac{1,000}{V_1 - R} \times 0.2$

② 용존산소 포화율(%) $= \dfrac{\text{시료의 용존산소량}}{\text{순수중의 용존산소 포화량}} \times 100$

16. 적정공식

$N_1 \times V_1 \times f_1 = N_2 \times V_2 \times f_2$

17. BOD 농도 계산식

① $BOD(mg/L) = (D_1 - D_2) \times P$
② $BOD(mg/L) = [(D_1 - D_2) - (B_1 - B_2) \times f] \times P$

D_1 : 15분간 방치된 후의 희석한 시료의 DO(mg/L)
D_2 : 5일간 배양한 다음의 희석한 시료의 DO(mg/L)
B_1 : 식종액의 BOD를 측정할 때 희석된 식종액의 배양 전 DO(mg/L)
B_2 : 식종액의 BOD를 측정할 때 희석된 식종액의 배양 후 DO(mg/L)
f : 희석시료 중의 식종액 함유율과 희석한 식종액 중의 식종액 함유율의 비
P : 희석시료 중 희석배수

04 상하수도계획

1. $Kw = \dfrac{r \times Q \times H}{102 \times \eta} \times \alpha$

   - Kw : 동력
   - Q : 토출량(m^3/sec)
   - η : 펌프의 효율
   - r : 물의 비중량(1,000kg/m^3)
   - H : 전양정(m)
   - α : 여유율

2. $W = C_1 \times r \times B^2$

   - W : 관이 받는 하중(t/m)
   - r : 표토의 밀도(t/m^3)
   - C_1 : 토압계수
   - B : 폭(m) → $B = 1.5 \times D + 0.3$(m)

3. 펌프의 흡입구경

$D = 146 \times \sqrt{\dfrac{Q}{V}}$

- D : 펌프의 흡입구경(mm)
- V : 유속(m/sec)
- Q : 펌프의 토출량(m^3/min)

4. 우수량 계산

합리식에 의한 우수량 : $Q = \dfrac{1}{360} CIA$

- Q : 우수량(m^3/sec)
- C : 유출계수
- I : 강우강도(mm/hr)
- t(유달시간) = 유입시간(min) + 유하시간(min)
- 유하시간 = $\dfrac{L(길이)(m)}{V(유속)(m/min)}$
- A : 면적(ha), 1km^2 = 100ha

5. $Ns = N \times \dfrac{Q^{1/2}}{H^{3/4}}$

- Ns : 비교회전도(rpm = 회/min)
- Q : 펌프의 토출량(m³/min)
- N : 규정회전수(rpm)
- H : 총양정(m)

6. 원형에서 유량계산

$Q = A \times V$

- Q : 유량(m³/sec)
- A : 면적(m²) → $A = \dfrac{\pi D^2}{4}$ (m²)
- V : 유속(m/sec) → Manning식에 의한 유속(V) = $\dfrac{1}{n} \times R^{2/3} \times I^{1/2}$
- n : 조도계수
- R : 경심(m) → $R = \dfrac{A(면적)}{S(윤변의\ 길이)} = \dfrac{\dfrac{\pi D^2}{4}}{\pi \cdot D} = \dfrac{D}{4}$ (m)
- I : 기울기 → 1%일 때 $I = \dfrac{1}{100}$, 1‰ 일 때 $I = \dfrac{1}{1,000}$
- ∴ $Q(m^3/sec) = \dfrac{\pi D^2}{4}(m^2) \times \dfrac{1}{n} \times \left(\dfrac{D}{4}\right)^{2/3} \times I^{1/2}$ (m/sec)

7. 장방형에서 유량 계산

$Q = A \times V$

- Q : 유량(m³/sec)
- A : 면적(m²) → A = b×h (b : 폭(m), h : 평균수위(m))
- V : 유속(m/sec) → Manning식에 의한 유속(V) = $\dfrac{1}{n} \times R^{2/3} \times I^{1/2}$
- n : 조도계수
- R : 경심(m) → $R = \dfrac{A(면적)}{S(윤변의\ 길이)} = \dfrac{b \times h}{b+2h}$
- I : 기울기 → 1%일 때 $I = \dfrac{1}{100}$, 1‰일 때 $I = \dfrac{1}{1,000}$
- ∴ $Q(m^3/sec) = b \times h(m^2) \times \dfrac{1}{n} \times \left(\dfrac{b \times h}{b+2h}\right)^{2/3} \times I^{1/2}$ (m/sec)

8. U(균등계수) : 체하 입경 60%와 체하입경 10%의 입경비

$$U = \frac{P_{60\%}}{P_{10\%}}$$

9. $T = \dfrac{P \times D}{2\sigma t}$

- T : 관 두께(mm)
- D : 직경(mm)
- P : 관내수압(kg/cm^2)
- σt : 강재허용응력(kg/cm^2)

10. 등차 급수 방법 : 발전이 끝난 도시에 적용

$P_n = P_o + N \times a$

- P_n : 현재부터 n년 후 추정되는 인구
- P_o : 현재 인구
- N : 설계기간(년)
- a : 연간 증가되는 평균 인구 → $a = \dfrac{P_o - P_t}{t}$
- P_t : 현재부터 t년 전의 인구
- t : 경과시간(년)

11. 등비급수법 : 발전이 계속되는 도시

$P_n = P_o \times (1+r)^n$

- P_n : 현재부터 n년 후 추정되는 인구
- r : 연간 인구 증가율 → $r = \left(\dfrac{P_o}{P_t}\right)^{1/t} - 1$
- n : 설계기간(년)
- P_o : 현재 인구
- P_t : 현재부터 t년 전의 인구

12. $Q = 2\pi kb \times \dfrac{H - h_o}{2.3 \log_{10}\left(\dfrac{R}{r_o}\right)}$

- Q : 양수량(m^3/sec)
- b : 피압 대수층 두께(m)
- R : 피압수 우물에서 반경(m)
- $2.3\log_{10} = \ln$
- k : 투수계수
- $H - h_o$: 양수정에서 수위강하(m)
- r_o : 우물반경(m)

13. Darcy-Weisbach 공식

$$h_L = f \times \frac{L}{D} \times \frac{V^2}{2g}$$

- h_L : 관마찰 손실수두(m)
- L : 길이(m)
- g : 중력가속도(9.8m/sec^2)

f : 마찰손실계수
D : 관경(m)
V : 유속(m/sec)

14. 역 syphons의 손실수두

$$H = I \cdot L + 1.5 \times \frac{V^2}{2g} + \alpha$$

MEMO